喇嘛甸油田特高含水期开发技术文集

任成锋　主编

石油工業出版社

内 容 提 要

本书收集了大庆喇嘛甸油田"十二五"后三年在油气田特高含水期开发及其配套工艺攻关中撰写的技术论文121篇。主要内容包括油藏工程、三次采油、采油工程、地面工程和信息工程五个部分，具有专题性强和适用性好的特点。

本书对大庆及同类油田特高含水期开发可以起到指导和借鉴作用，并可供从事油气田开发尤其是老油田高含水后期开发的油田工程技术人员、管理人员、科研人员和现场操作人员参考。

图书在版编目(CIP)数据

喇嘛甸油田特高含水期开发技术文集／任成锋主编.
—北京：石油工业出版社，2019.3
ISBN 978-7-5183-3137-6

Ⅰ.①喇… Ⅱ.①任… Ⅲ.①高含水期-油田开发-大庆-文集 Ⅳ.①TE34-53

中国版本图书馆CIP数据核字(2019)第035379号

出版发行：石油工业出版社
(北京安定门外安华里2区1号 100011)
网 址：www.petropub.com
编辑部：(010)64523738 图书营销中心：(010)64523633
经 销：全国新华书店
印 刷：北京中石油彩色印刷有限责任公司

2019年3月第1版 2019年3月第1次印刷
787×1092毫米 开本：1/16 印张：45.75
字数：1160千字

定价：280.00元
(如发现印装质量问题，我社图书营销中心负责调换)

《喇嘛甸油田特高含水期开发技术文集》

委　员　会

前　　言

在油田进入特高含水后期开发的关键时期，大庆油田有限责任公司第六采油厂组织编写了《喇嘛甸油田特高含水期开发技术文集》一书，旨在总结“十二五”后三年油田开发和科技创新所取得的经验和成果，以指导“十三五”及以后油田特高含水期的有效开发。

本文集收录的121篇科技论文，涵盖了油藏工程、采油工程、三次采油、地面工程和信息工程等专业技术领域，是第六采油厂广大技术人员和部分现场操作人员在油田特高含水期开发及其配套工艺的实践中不断创新总结出来的智慧结晶。这些研究成果以“增储上产”为中心，总结了核心技术攻关中取得的一些成果，结合特高含水期油田开发实际，针对一些深层次的理论和技术问题提出了实用性和前瞻性的技术对策，对大庆及同类油田特高含水期开发可以起到指导和借鉴作用，并可供从事油气田开发尤其是老油田高含水后期开发的油田工程技术人员、管理人员、科研人员和现场操作人员参考。

本书由大庆油田有限责任公司第六采油厂组织编写，任成锋同志负责总体统筹、组稿，厂技术发展部执行具体编撰工作。黄伏生负责审核油藏工程、三次采油和信息工程及其他三个部分，任成锋负责审核采油工程部分，孟令尊负责审核地面工程部分。

本书在编撰过程中得到第六采油厂一线科技人员的热情支持，在此表示感谢。由于编写人员水平有限，书中难免会有不当之处，敬请广大读者批评指正。

目　录

油藏工程

采油工程

地面工程

三次采油

信息工程及其他

油藏工程

喇 5-27 井区水驱层系井网适应性分析

徐春松　郑丽坤　刘　溪

（地质大队）

摘　要： 喇嘛甸油田于 1973 年投入开发，历经多次较大规模开发调整，形成了多套层系、多套井网方式。目前，已进入特高含水开发期，油层动用程度高，综合含水高，采油速度低，层系间含水差异小，调整余地小、难度大。特别是随着一二类油层逐步转入聚合物驱，水驱地质储量逐年减少，水驱产量下降较快。本文针对油田水驱井网对单元砂体控制程度较低，注采系统不完善，油层动用状况不均衡、差异较大等问题。在储层精细解剖研究基础上，应用油藏工程和数值模拟研究方法，搞清了目前油田水驱层系和井网的适应性，深入探讨了层系进一步细分、井网互换加密技术界限，以提高最终采收率和经济效益为出发点，评价对比了多套水驱层系井网重构方案，以油田中块为例优选推荐最佳方式，对特高含水期水驱开发调整意义较大，可有效指导老油田水驱开发。

关键词： 特高含水开发期；水驱；层系细分重组；井网互换加密

喇嘛甸油田于 1973 年投入开发，采用多套层系、多套井网方式开发。目前，已处于特高含水开发期，开发过程中暴露出的层间、层内和平面矛盾较为突出。如何针对目前油田的地质特征、层系划分、井网现状及油田开发形势，进行层系细分、井网重构的水驱低成本开发是特高含水期油田急需解决的课题和实际[1]。为此，选定比较有代表性的油田中块喇 5-27井区 1.1km^{2}区域作为研究区块，进行层系井网适应性分析，以实现油田可持续开发，指导今后老油田的开发调整。

1　区块概况

研究区钻遇萨尔图(S)、葡萄花(P)和高台子(G)(简称萨葡高)油层，先后部署 7 套开发层系和井网。水驱采用 300m 井距反九点法面积井网和行列注水开发。共有注采井 172 口，其中注入井 76 口，采油井 96 口；扣除聚合物驱井后，水驱共有 68 口井，其中注入井 31 口，采油井 37 口。至 2013 年底，研究区水驱采油井开井 35 口，累计产油 409.2×10^{4}t，累计注水 3075×10^{4}m^3，综合含水 95.7%，累计注采比 1.13，年采油速度 0.30%，含水上升率 1.63%。注水井开井 33 口，平均注水压力 13.0MPa，日注水 5836×10^{4}m^3，年注采比 1.38。

研究区萨葡高油层均得到有效动用，在厚油层内部各韵律段顶部、薄差层以及注采不完善部位存在剩余油，分布零散[2]。利用现水驱井网挖潜难度较大。

2　层系井网适应性分析

区块投产以来，应不同时期开发状况及产能要求，进行了多次调整，取得了有效的开发效果，也形成了多套层系、多套井网并存的开发格局，针对这种现状对目前层系的井网适应性进行了分析。

2.1 油层地质特征差异较大，注采井距基本相同

研究区块共发育萨尔图、葡萄花和高台子三套油层，划分为三种类型。一类油层：单层碾平有效厚度≥3.0m 的有效厚度占发育砂岩厚度的 85.7%，以辫状河道砂体沉积为主；二类油层：单层碾平有效厚度≥1.0m 的有效厚度占发育砂岩厚度的 76.6%，以河流相沉积为主。三类油层：单层碾平有效厚度<1.0m 的有效厚度占发育砂岩厚度的 56.3%，以席状砂体和表外储层为主。各类油层发育、沉积和储量分布等特征存在一定差异，为达到较高控制程度采用了不同井网方式，但每套井网均以 300m 注采井距为主，即使油田水驱绝对井网密度达到 60 口/km^2左右，但水驱各套层系的井网密度一般在 15 口/km^2左右，层系内进行调整的余地小(表 1)。

表 1　喇嘛甸油田油层发育及对应井网统计表

油层类型	砂岩组个	所属油层	发育厚度 砂岩 m	发育厚度 有效 m	储量比例 %	水驱井网(扣除二类油层聚驱) 布井方式	注采井距 m	研究区井网密度(中部)，口/km^2
一类油层	1	葡Ⅰ1-2	14.7	12.6	22.24	反九点面积井网	600、200	23.9
二类油层	16	萨Ⅱ组，萨Ⅲ组 葡Ⅰ4-7、葡Ⅱ组	52.7	40.4	68.34	反九点面积井网	300、424	基础：13.7 一次：10.9
三类油层	20	萨Ⅰ组、高Ⅰ6-20，高Ⅱ组、高Ⅲ组	61.8	34.8	9.41	行列井网	300	一次：10.9 二次：13.3
合　计	37		129.2	87.8				64.3

2.2 现水驱注采井距存在进一步缩小的空间、水驱控制程度能达到较高水平

分析区块不同类型井网水驱控制程度，基础井网控制程度最高，二次加密井控制程度最低，多向连通水驱控制程度介于 26%~32%之间；从不同沉积类型来看，河道砂的水驱控制程度最高，主体席状砂和非主体席状砂低于河道砂 4 个百分点左右，表外层的水驱控制程度最低；从不同级别折算有效厚度水驱控制程度来看，厚度不小于 2.0m 油层控制程度较高，均高于 85%，随着厚度减少，水驱控制程度逐渐降低[3](图 1)。

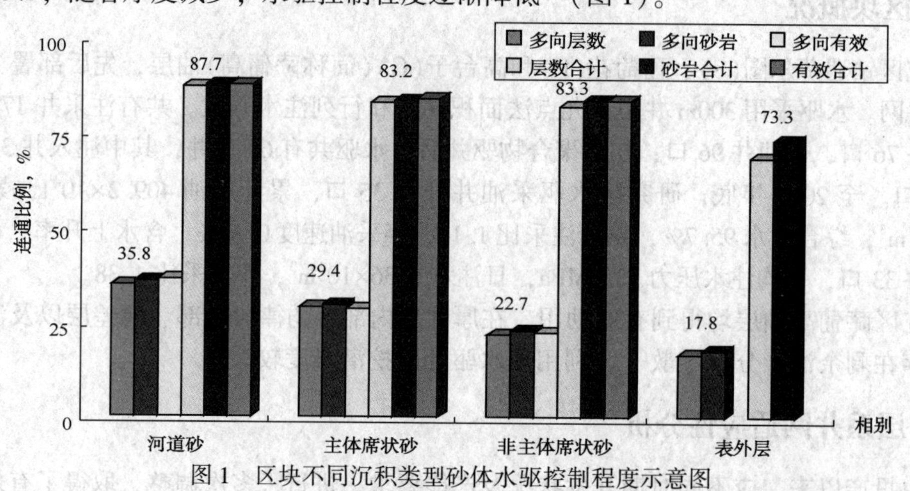

图 1　区块不同沉积类型砂体水驱控制程度示意图

2.3 纵向上，各套层系注采对象存在交叉重复、个别层系射孔厚度偏大，层间矛盾突出

区块目前水驱层系组合有效厚度平均为 19.4m，层系组合有效厚度 13.0m 以上的层系比例为 70%。受层系内油层的性质和发育状况存在一定差异影响，加之各套层系开发对象之间存在交叉重复的现象，导致同一开发层系内纵向上层间、层内矛盾严重[4]。从目前不同层系注采井渗透率变异系数来看，每套层系的渗透率变异系数介于 0.95~1.11 之间，均高于 0.95。

2.4 平面上，各套层系井网交错分布，存在一定平面矛盾

从平面上来看，各套井网相互交错分布。对于每个储层，均有二套或三套层系井同时射孔，形成了一口注水井对应多套层系多口采油井，一口采油井对应多套层系多口注水井，各个方向上注采井距不均衡，为 100~424m 不等，这样势必导致不均衡的地下流场形势，即在较近注采井距下形成优势通道，影响、干扰和限制其他较远注采井距方向上的开发效果，平面上注采关系及其复杂[5]。

2.5 目前各套层系含水高、采油速度低、层系间含水差异小，动用程度存在差异

区块 2013 年水驱综合含水为 95.7%，各套层系含水介于 94.9%~96.0%，采油速度为 0.30%。葡Ⅰ4 及以下油层各砂岩组采出程度存在较大差异，葡Ⅰ4 及以下油层采出程度为 35.0%，葡Ⅰ4—高Ⅰ4+5 油层的采出程度为 38.5%，高Ⅰ6—高Ⅱ18 油层的采出程度为 32.6%，高Ⅱ19 及以下油层的采出程度为 28.4%(图 2)。

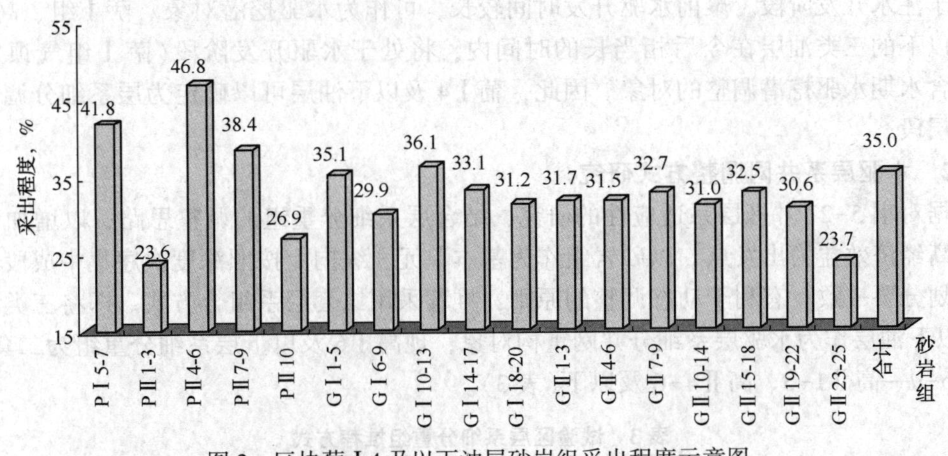

图 2 区块葡Ⅰ4 及以下油层砂岩组采出程度示意图

2.6 适当加密注采井距能提高水驱控制程度

依据油藏工程原理，综合对比分析区块葡Ⅰ4—高Ⅱ组油层，在现 300m 注采井距下，以及分别加密至 212m、170m、150m 注采井距下的水驱控制程度，随着注采井距缩小，水驱控制程度越来越高，特别是多向连通比例提高幅度较大[6]。当注采井距加密到 212m 时，总体控制程度介于 93.7%~95.7%之间，多向控制程度介于 77.4%~82.2%之间，相比于现 300m 注采井距，总体控制程度提高 10 个百分点左右，多向控制程度提高 50 个百分点左右；当注采井距加密到 170m 时，总体控制程度介于 94.3%~96.5%之间，多向控制程度介于 77.4%~82.2%之间，相比于现 212m 注采井距，总体控制程度提高 0.8 个百分点左右，多向控制程度提高 1.0 个百分点左右，提高幅度较小[7]；同样当注采井距再次加密到 150m 时，水驱控制程度提高幅度也较小(表 2)。

表2　区块不同注采井距下油层水驱控制程度统计表

注采井距分类	单向连通比例,%			双向连通比例,%			多向连通比例,%			合计连通比例,%		
	层数	砂岩	有效	层数	砂岩	有效	层数	砂岩	有效	层数	砂岩	有效
300m	28	26.7	25.6	26	27.4	27.3	26	29.4	32.2	81	83.5	85.1
212m	9	6.9	6.8	7	8.1	6.6	77	80.8	82.2	94	95.7	95.6
170m	10	7.1	6.6	9	7.5	5.6	75	81.9	84.4	94	96.5	96.5
150m	5	4.1	4.1	12	10.0	10.0	79	83.6	83.2	96	97.6	97.5

综上所述，区块目前井网控制程度较高，但多向连通比例较低，渗透率变异系数偏大，开发对象交叉，注采关系复杂。从开发效果上看，水驱层系含水高，层系间含水差异小，动用程度存在差异，剩余油分布零散，调整难度大。为实现特高含水期剩余油有效挖潜，改善水驱开发效果，建议以喇5-27井区为试验区块，开展规模性的层系井网调整。

3　水驱层系井网调整方式研究

3.1　确定试验对象

一类油层独立进行葡Ⅰ1-2油层后续水驱开发，不是本次试验对象。按照油田规划安排，二类B油层的葡Ⅰ4—高Ⅰ4+5层段，聚合物驱时间可能将在2030年左右开始，之前将长期处于注水开发阶段。聚前水驱开发时间较长，可作为水驱挖潜对象。萨Ⅰ组、高Ⅰ6-9层段及以下的三类油层在今后相当长的时间内，将处于水驱开发阶段(萨Ⅰ组气顶发育)，是特高含水期水驱挖潜调整的对象。因此，葡Ⅰ4及以下油层可以确定为层系细分调整的试验目的层段。

3.2　水驱层系井网调整方式研究

根据对喇5-27井区层系适应性的研究，结合层系细分重组的调整思路，以增加可采储量和提高经济效益为出发点，以砂岩组作为基本单元、纵向上按照深度次序集中成段、区块内层系划分要一致、有利于动态调整的原则，推荐采用二套层系组合方式。即将三类油层高Ⅰ6及以下油层作为水驱层系细分井网重构对象，现高Ⅰ6及以下层系细分重组为二套层系，即高Ⅰ6-9—高Ⅱ1-3、高Ⅱ4-6及以下(表3)。

表3　试验区层系细分重组推荐方式

序号	项目/层系	砂岩组个	层数个	厚度，m			平均渗透率 D	渗透率变异系数	一类隔层		地质储量，10^4t	
				砂岩	有效	有效厚度≥1.0			厚度 m	钻遇率 %	有效厚度≥1.0	合计
1	GⅠ6-9—GⅡ1-3	5	22	23.6	9.1	5.6	0.196	0.75	3.0	82.4	88.72	132.35
2	GⅡ4-6及以下	5	24	23.1	9.0	4.9	0.102	0.56	1.7	86.2	79.36	151.18
合　计		10	57	46.7	18.1	10.5	0.177		2.3	84.3	168.08	283.53

井网调整应以提高采收率、经济效益为出发点，采用均匀布井方式，有效利用一次加密和二次加密井网基础上，补充新钻调整井；搞好调整井网和二类、三类油层三次采油井网的衔接，较好实现水驱和聚驱开发方式转化的总体原则。

按照调整原则，结合区块层系井网现状，对以上推荐采用的二套层系组合方式，进行井网调整。即对于高Ⅰ6及以下油层采用二套层系和井网进行水驱开发。一是高Ⅰ6—高Ⅱ3层系，一次加密“8”字号全部作为注水井，新钻采油井，构成212m五点法面积井网；二是高Ⅱ4及以下层系，二次加密“1”字号全部作为注水井，新钻采油井，构成212m五点法面积井网。

4 结论

(1) 目前油田开发层间、层内和平面矛盾突出，各套层系含水高、采油速度低，利用现水驱井网挖潜难度较大。

(2) 对于长期进行注水开发的油层，进行层系的细分重组、井网的加密重构，能够从根本上缓解开发过程中矛盾，提高水驱采油速度，增加可采储量。

(3) 确定水驱主要对象应为葡Ⅰ4及以下层段。

(4) 推荐了二套层系二套井网的开发调整方案。

参考文献

[1] 新疆石油地质编辑部．大型多层系油田合理开发原则的发展[J]．新疆石油地质，1999，(05)：339-452.

[2] 李元萍，杜进宏，毛秀铃．多层油田开发的理论与实践[J]．吐哈油气，2003，(04)：391-394.

[3] 孙国．胜坨油田特高含水期井网重组技术优化研究[J]．油气地质与采收率，2005，(03)：48-51.

[4] 袁向春，杨凤波．高含水后期注采井网的重组调整[J]．石油勘探与开发，2003，(05)：94-96.

[5] 卢云之，等．注水开发后期提高油砂体采收率方法探讨[J]．断块油气田，2003，(04)：23-26.

[6] 王延杰，张红梅，江晓晖，等．多层系油田开发层系划分和井网井距研究[J]．新疆石油地质，2002，(01)：40-43.

[7] 赵志峰．河流相砂岩油藏特高含水期井网调整技术研究[D]．青岛：中国石油大学(华东)，2007.

喇北东块一区萨Ⅲ$^{4-10}$油层聚合物驱油不同射孔方式开发效果研究

徐 浩 金 鑫

（地质大队）

摘　要：根据油田二类油层三次采油开发需求，以最大程度动用剩余储量为总体原则，优化设计了二类油层新井射孔方案，整体上取得了较好的开发效果，但油层不同发育状况所采用的射孔方式，投产初期及聚驱开发效果还存在一定的差异。为了进一步明确不同射孔方式对聚合物驱油效果的影响，指导其他二类油层区块射孔方案编制，本文以喇嘛甸油田北东块一区为例，通过对选射井与全射井开发效果研究，得出选择性射孔可有效控制初期含水，提高聚驱见效程度，阶段采出程度多提高5个百分点以上，开发效果好于全射井。同时，选射井在含水回升后期补开目的层剩余高含水层段，可提高高含水层采出程度，具有一定的经济效益。

关键词：射孔；二类油层；聚合物驱；开发效果

喇嘛甸油田二类油层发育层数多、井段长、非均质性强，剩余油分布状况复杂，厚油层内存在着无效循环部位。根据二类油层三次采油开发需求，以最大程度动用剩余储量为总体原则，优化设计了二类油层新井射孔方案。其中，北东块一区采用普通射孔与选择性射孔结合的方式，整体上取得了较好的开发效果，但油层不同发育状况所采用的射孔方式，投产初期及聚驱阶段开发效果还存在一定的差异。为进一步明确采油井采取不同射孔方式对聚合物驱油效果的影响，指导其他二类油层区块射孔方案编制，本文以北东块一区为例，对不同射孔方式采油井聚驱开发效果进行了研究。

1　区块简况

北东块一区为喇嘛甸油田首个聚驱提效示范区，聚驱层位为萨Ⅲ$^{4-10}$油层，面积8.45km^2，地质储量960.0×10^{4}t，采用150m五点法面积井网，共有油水井355口，其中注入井165口、采油井190口。区块于2008年5月投产，2008年12月开始注聚合物，目前处于含水回升后期，至2013年底区块阶段提高采收率13.7个百分点，累计增油131.4×10^{4}t。

按照注采井射孔原则，区块采用全层射孔和选择性射孔结合的方式，编制完成了北东块一区射孔方案。其中为降低无效、低效注采循环，控制初含水，选择单层厚度在10m以上，渗透率级差在6以上，剩余油相对富集且存在稳定夹层的井，利用厚油层内夹层的遮挡作用，采取选择避射高水淹部位，区块选择性射孔采油井18口，同时考虑周围全射井及注采连通关系，对应注水井采取全层射孔的方式。355口注采井中，平均单井射开4.0个层，砂岩厚度10.7m，有效厚度8.1m，地层系数4.988μm^2·m。采用压裂方式投产11口，占总井数的 3.1%；射开与目的层粘连油层井 114 口，占总井数的 32.1%(表 1)。

表 1　北东块一区萨Ⅲ4-10 油层射孔情况表

区块	井别	井数 口	层数 个	发育			射开			压裂 口	粘连层 口
				砂岩厚度 m	有效厚度 m	地层系数 D·m	砂岩厚度 m	有效厚度 m	地层系数 D·m		
北东块一区	注入井	165	3.7	10.4	8.1	5.554	10.7	8.3	5.427	4	43
	采油井	190	4.2	10.4	7.9	5.023	10.7	8.0	4.607	7	71
	合计	355	4.0	10.4	8.0	5.269	10.7	8.1	4.988	11	114

18 口选射采油井中，目的层平均单井发育砂岩厚度 14.3m，有效厚度 11.7m。其中低、未水淹厚度 5.2m。与全区相比，多发育砂岩厚度 3.6m，有效厚度 3.6m，低、未水淹厚度 1.6m，低、未水淹厚度比例基本一致。选射井平均单井射开砂岩厚度 8.9m，有效厚度 6.9m，占目的层厚度比例的 62.2%。注聚见效后，陆续补开目的层剩余层段，至 2014 年 9 月已补孔采油井 7 口。平均单井补开砂岩厚度 5.8m，有效厚度 5.0m，地层系数 5.308μm²·m(表 2)。

表 2　北东块一区 18 口选射采油井射孔情况表

序号	井号	选射层				补孔层				备注
		层位	砂岩厚度 m	有效厚度 m	地层系数 D·m	层位	砂岩厚度 m	有效厚度 m	地层系数 D·m	
1	L8-PS1933	萨Ⅲ3-7上、萨Ⅲ8、萨Ⅲ9+10$^{1.2}$	8.7	4.2	2.237					
2	L8-PS2203	萨Ⅲ3-7上、萨Ⅲ9+10	9.5	7.6	3.032					
3	L8-斜 PS2231	萨Ⅲ3-8	12.6	9.7	5.291					
4	L8-PS2101	萨Ⅲ3-7上、萨Ⅲ9+10	8.2	7.4	4.304					
5	L8-斜 PS2113	萨Ⅲ3-7上、萨Ⅲ4-7、萨Ⅲ4-8上、萨Ⅲ9+10$^{1.2}$	12.3	9.3	5.088					
6	L8-斜 PS2123	萨Ⅲ3-10上	8.6	8.0	4.213					套变
7	L9-PS2111	萨Ⅲ3-7上、萨Ⅲ9+10	7.1	5.6	3.806					
8	L9-斜 PS2003	萨Ⅲ3-7上	5.6	5.4	3.073					
9	L9-PS2031	萨Ⅲ3-7上、萨Ⅲ8-10、萨Ⅲ9+10$^{1.2.3}$	13.0	10.8	9.886					
10	L10-PS1921	萨Ⅲ4-10上	10.2	7.5	4.008					
11	L12-PS2131	葡Ⅰ2^{1}	9.2	5.7	2.570					
12	L8-斜 PS2223	萨Ⅲ3-7上	6.4	5.7	2.885	萨Ⅲ3-7下、萨Ⅲ9+10	7.6	6.1	6.590	201310
13	L8-斜 PS2023	萨Ⅲ3-7上、萨Ⅲ9+10	8.5	6.1	3.534	萨Ⅲ3-7中	2.6	2.6	2.508	201405

续表

序号	井　号	选射层				补孔层				备注
		层　位	砂岩厚度 m	有效厚度 m	地层系数 D·m	层　位	砂岩厚度 m	有效厚度 m	地层系数 D·m	
14	L9-斜 PS1831	萨Ⅲ3-7^{上}、萨Ⅲ9+10	5.1	4.1	1.096	萨Ⅲ3-7^{下}	3.7	3.7	3.566	201405
15	L9-PS2101	萨Ⅲ3-7^{上}	5.0	5.0	1.904	萨Ⅲ3-7^{下}、萨Ⅲ8、萨Ⅲ9+10	8.4	7.5	7.718	201405
16	L9-斜 PS2103	萨Ⅲ3-7、萨Ⅲ4-7^{上}	8.4	7.4	3.264	萨Ⅲ4-7^{下}、萨Ⅲ8-10	7.6	5.8	4.472	201310
17	L9-PS2133	萨Ⅲ3-7^{上}、萨Ⅲ9+10$^{1.2.3}$	9.5	7.0	2.691	萨Ⅲ3-7^{下}	6.4	6.3	7.237	201206
18	L10-PS2201	萨Ⅲ4-7、萨Ⅲ4-8^{上}、萨Ⅲ9+10^{1}、萨Ⅲ9+10$^{3.4}$	11.5	7.9	4.731	萨Ⅲ4-8^{下}、萨Ⅲ9+10^{2}	4.3	3.1	5.062	201405
	平均		8.9	6.9	3.756		5.8	5.0	5.308	

2　不同射孔方式采油井空白水驱阶段开发效果分析

分析 190 口采油井投产初期效果，平均单井日产液 43t，日产油 2.7t，含水 93.7%。其中选择性射开剩余油富集部位采油井 18 口，初期日产液 48t，日产油 6.9t，含水 85.6%，与 172 口全射油井比，产液强度高 1.6t/(d·m)，初期日产油增加 4.5t，含水低 8.6 个百分点。

172 口全射井中，选择油层发育状况及油层动用状况与选射井相近的 15 口全射井，平均单井发育砂岩厚度 15.4m，有效厚度 12.0m，射开砂岩厚度 13.8m，有效厚度 10.9m，低、未水淹厚度 5.9m，低、未水淹厚度比例 49.2%。投产初期，平均单井日产液 53t，日产油 3.1t，含水 94.3%。与选射井相比，产液强度低 1.9 t/(d·m)，初期日产油低 3.8t，含水高 8.7 个百分点。表明选射井投产初期效果好于全射井(表 3)。

表 3　北东块一区萨Ⅲ4-10 油层聚合物驱选择性射孔与全射井投产初期效果对比表

射孔方式	发育厚度，m		低未水淹比例 %	厚油层内渗透率级差	射开厚度，m		产液 t/d	产液强度 t/(d·m)	产油 t/d	含水 %
	砂岩	有效			砂岩	有效				
18 口选射井	14.3	11.7	44.4	9.2	8.9	6.9	48	6.9	6.9	85.6
15 口全射井	15.4	12.0	49.2	5.3	13.8	10.9	53	5.0	3.1	94.1
172 口全射井	10.0	7.5	45.3	—	10.9	8.1	42	5.3	2.4	94.2
18 口选射井与 15 口全射井差值	-1.1	-0.3	-4.8	3.9	-4.9	-4.0	-5	1.9	3.8	-8.5

分析不同射孔方式采油井空白水驱阶段含水变化情况，选射井最高含水为 92.6%，月含水上升值 1.4 个百分点，与 172 口全射井相比，初期最高含水低 3.4 个百分点，月含水上升值高 1.0 个百分点。与 15 口油层发育状况相近的全射井相比，初期最高含水低 2.5 个百分点，月含水上升值高 1.2 个百分点。表明选择性射孔采油井初期含水上升速度快，但可有效控制初期含水，提高初期采油速度，有利于提高区块产能贡献率(图 1)。

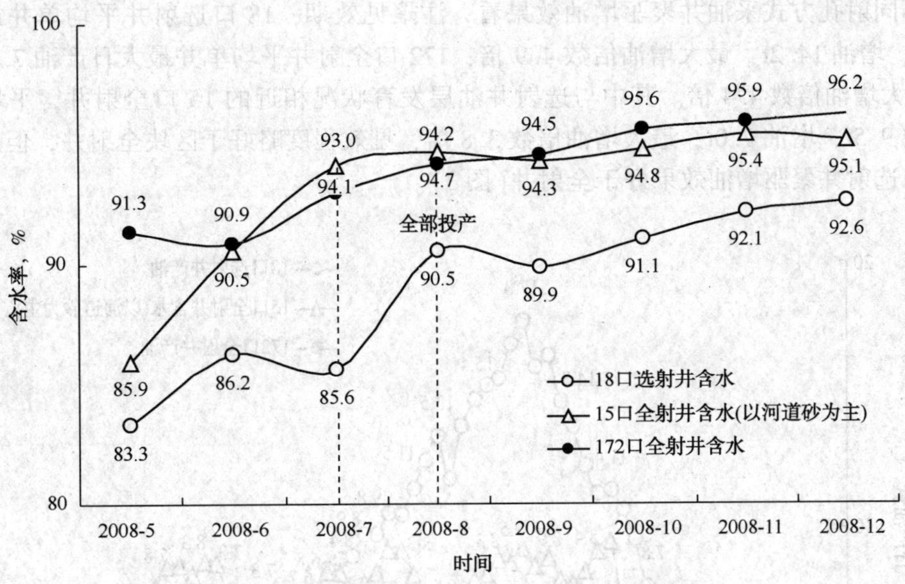

图 1　北东块一区不同射孔方式采油井空白水驱阶段含水曲线

3　不同射孔方式采油井聚驱阶段开发效果分析

根据不同浓度与油层渗透率匹配关系，对区块注入井的注入参数进行了个性化设计，实现了注入井注入参数与油层的最佳匹配[1]。同时，对不同注聚阶段注采井进行了及时有效的跟踪调整，确保了各井组采油井的聚合物驱油效果达到最佳[2]。

从不同射孔方式采油井注聚后产液变化情况看，18 口选射井见效期平均单井日产液46t，产液强度 6.7t/(d·m)，产液下降幅度 15%左右，与 15 口油层发育状况相近的全射井相比，产液下降幅度低 4 个百分点，产液强度高 1.0t/(d·m)。整体上看，选射井注聚见效后产液下降幅度低于全射井，产液变化趋势基本一致(图 2)。

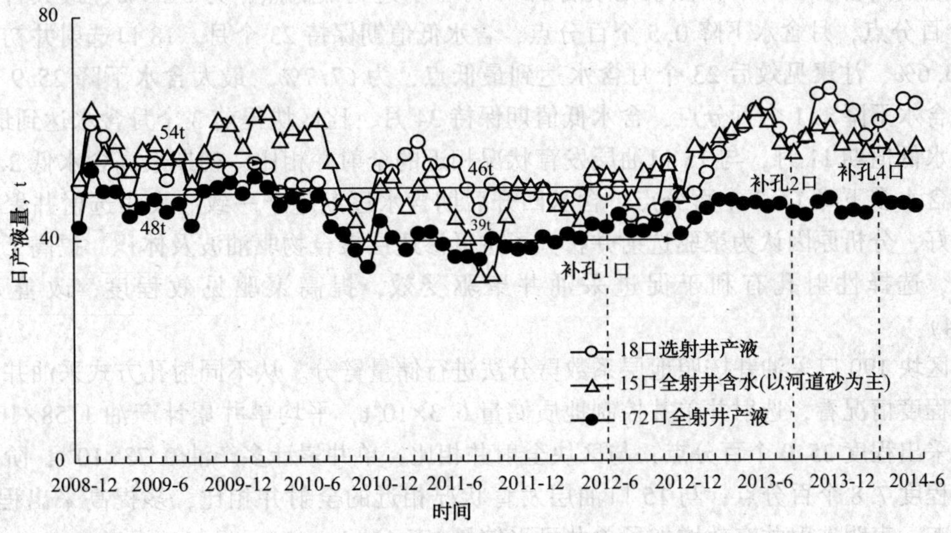

图 2　北东块一区不同射孔方式采油井聚驱阶段产液曲线

从不同射孔方式采油井聚驱增油效果看，注聚见效期，18 口选射井平均单井最大日产油 17.8t，增油 14.2t，最大增油倍数 4.9 倍；172 口全射井平均单井最大日产油 7.0t，增油 5.4t，最大增油倍数 4.4 倍。其中与选射井油层发育状况相近的 15 口全射井，平均单井最大日产油 9.5t，增油 7.0t，最大增油倍数 3.8 倍，见效程度略好于区块全射井，但差于选射井。表明选射井聚驱增油效果好于全射井(图 3)。

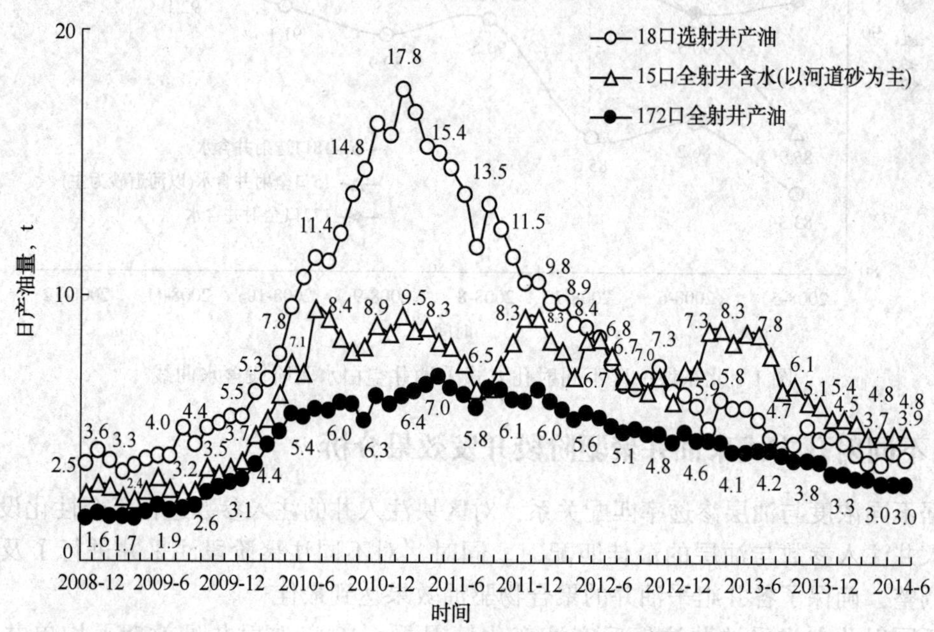

图 3　北东块一区不同射孔方式采油井聚驱阶段产油曲线图

从不同射孔方式采油井注聚后含水变化情况看，区块注聚 4 个月后开始见效，172 口全射井初期最高含水 96.6%，注聚见效后 26 个月含水达到最低点，为 81.9%，最大含水下降 14.7 个百分点，月含水下降 0.5 个百分点，含水低值期保持 23 个月。18 口选射井初期最高含水 93.6%，注聚见效后 23 个月含水达到最低点，为 67.7%，最大含水下降 25.9 个百分点，月含水下降 1.1 个百分点，含水低值期保持 34 月，比区块提前 3 个月含水达到最低值，延长含水低值期 11 月，与 15 口油层发育状况相近的全射井相比，初期最高含水低 2.2 个百分点，含水多下降 14.2 个百分点，含水回升后期含水逐渐趋于一致。表明选射井聚驱效果相对较好，分析原因认为聚驱选射井扩大了中低渗透层聚合物驱油波及体积，提高了油层动用状况，选择性射孔有利于促进采油井聚驱受效，提高聚驱见效程度，改善开发效果(图 4)。

对区块 190 口采油井按照地层系数劈分法进行储量劈分。从不同射孔方式采油井阶段提高采出程度情况看，选射井单井控制地质储量 6.3×10^4t，平均单井累计产油 1.58×10^4t，阶段提高采出程度 25.0 个百分点；与区块全射井相比，单井累计多产油 0.73×10^4t，阶段多提高采出程度 7.8 个百分点；与 15 口油层发育状况相近的全射井相比，多提高采出程度 5.2 个百分点。表明选射井有效增加了单井可采储量(表 4)。

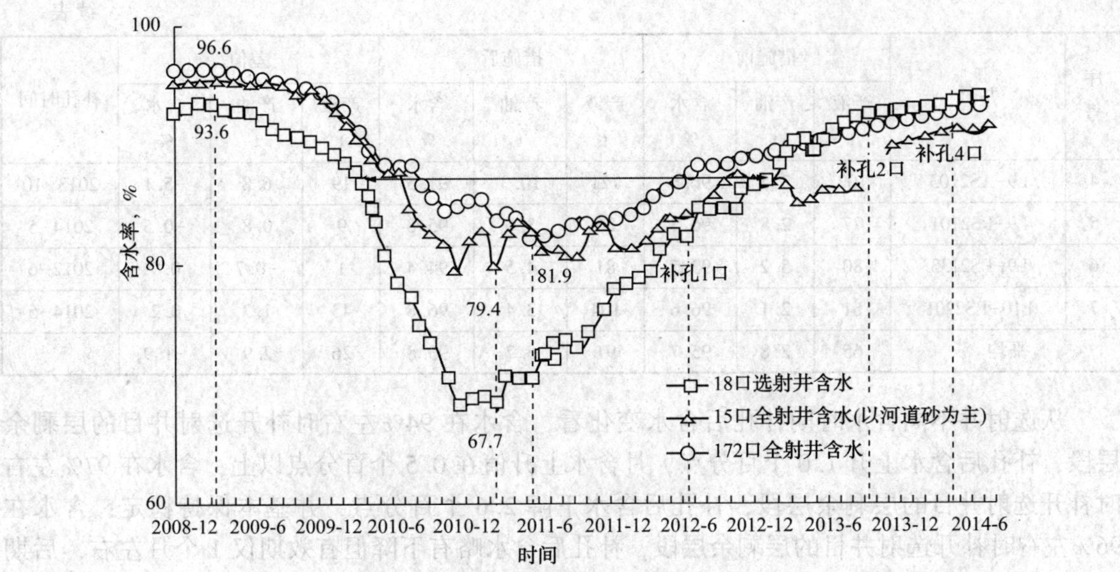

图4　北东块一区不同射孔方式采油井聚驱阶段含水曲线

表4　北东块一区萨Ⅲ4-10油层聚合物驱选择性射孔与全射井采出情况表

射孔方式	井数，口	控制地质储量 10^4t	单井控制地质储量，10^4t	累计产油 10^4t	单井累计产油 10^4t	注前采出程度百分点	阶段提高采出程度百分点
18口选射井	18	113.5	6.3	28.41	1.58	31.7	25.0
15口全射井(与选射井发育厚度相当)	15	94.1	6.2	18.62	1.24	31.5	19.8
172口全射井	172	846.5	4.9	145.91	0.85	33.8	17.2

综上所述，采油井选择性射孔可改善中、低渗透油层动用状况，提高聚驱见效程度，延长含水低值期，提高阶段采出程度，聚驱开发效果好于全射井。

4　选射井补孔效果分析

18口选射井中，补开目的层剩余层段井有7口，补孔前平均单井日产液65t，日产油2.8t，含水95.7%，补孔后平均单井日产液91t，日产油5.7t，含水93.8%，与补孔前相比日增液26t，日增油2.9t，含水下降1.9个百分点(表5)。

表5　北东块一区7口选射井补孔前后效果对比表

序号	井号	措施前			措施后			差值			补孔时间
		产液 t	产油 t	含水 %	产液 t	产油 t	含水 %	产液 t	产油 t	含水 %	
1	L8-AS2023	45	2.1	95.3	84	6.2	92.6	39	4.1	-2.7	2014-5
2	L8-AS2223	50	1.5	97.1	67	3.7	94.5	17	2.2	-2.6	2013-10
3	L9-AS1831	40	2.4	94.1	96	8.0	91.6	56	5.6	-2.5	2014-5

续表

序号	井号	措施前			措施后			差值			补孔时间
		产液 t	产油 t	含水 %	产液 t	产油 t	含水 %	产液 t	产油 t	含水 %	
4	L9-AS2103	102	3.5	96.6	121	10.3	91.5	19	6.8	-5.1	2013-10
5	L9-PS2101	77	2.8	96.3	86	3.6	95.8	9	0.8	-0.5	2014-5
6	L9-PS2133	80	5.2	93.5	81	4.5	94.4	1	-0.7	0.9	2012-6
7	L10-PS2201	61	2.1	96.6	104	3.4	96.8	43	1.3	0.2	2014-5
	平均	65	2.8	95.7	91	5.7	93.8	26	2.9	-1.9	

从选射井不同含水时期补孔后含水变化看，含水在94%左右时补开选射井目的层剩余层段，补孔后含水上升1.0个百分点，月含水上升值在0.5个百分点以上；含水在97%左右时补开选射井目的层剩余层段，补孔后含水下降2.6个百分点，并基本保持稳定；含水在96%左右时补开选射井目的层剩余层段，补孔后含水略有下降但有效期仅1个月左右，后期呈现缓慢上升趋势，月含水上升值0.2个百分点。表明含水在96%以上时补开选射井目的层剩余层段，可有效控制含水回升后期的含水和含水回升速度(图5)。

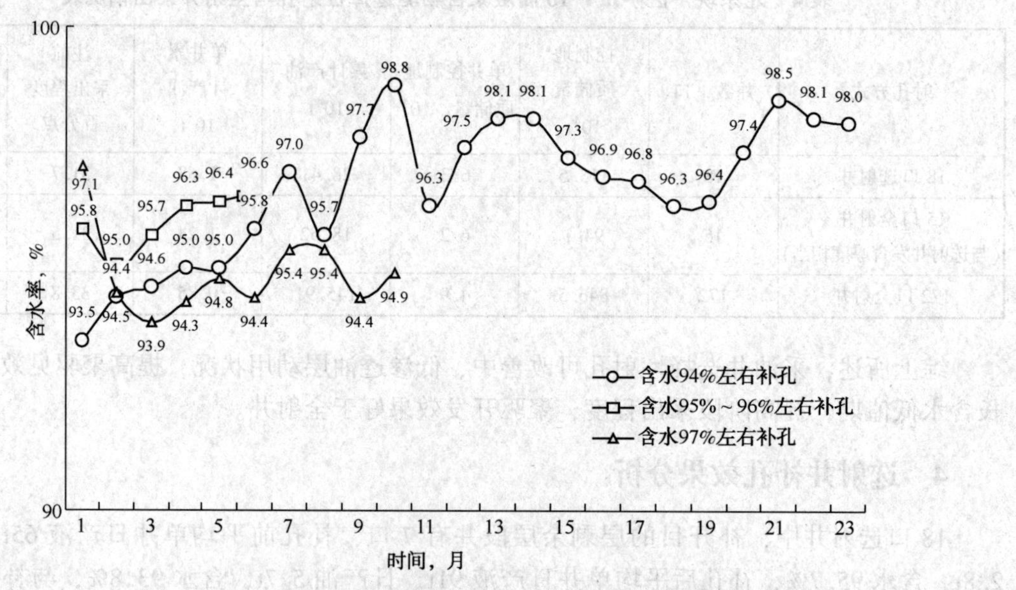

图5　北东块一区选射井不同含水时期补孔后含水变化曲线

7口补孔井补孔初期，产量出现了短期小幅上升，后迅速下降，分析原因认为补开剩余高含水层段，促进了高渗透层聚驱油墙的产出[3]。参照北东块一区数模含水回升速度，预测至含水98%时，7口补孔井可累计增油0.48×10^4t，提高采出程度1.03个百分点。按照80美元油价计算，多创造利润357.12×10^4元[4](图6)。

综上所述，含水回升后期补开目的层剩余高含水层段，虽然含水上升速度快，增油效果相对较差，但有利于高含水层聚驱油墙的采出，提高高含水层采出程度，具有一定的经济效益。

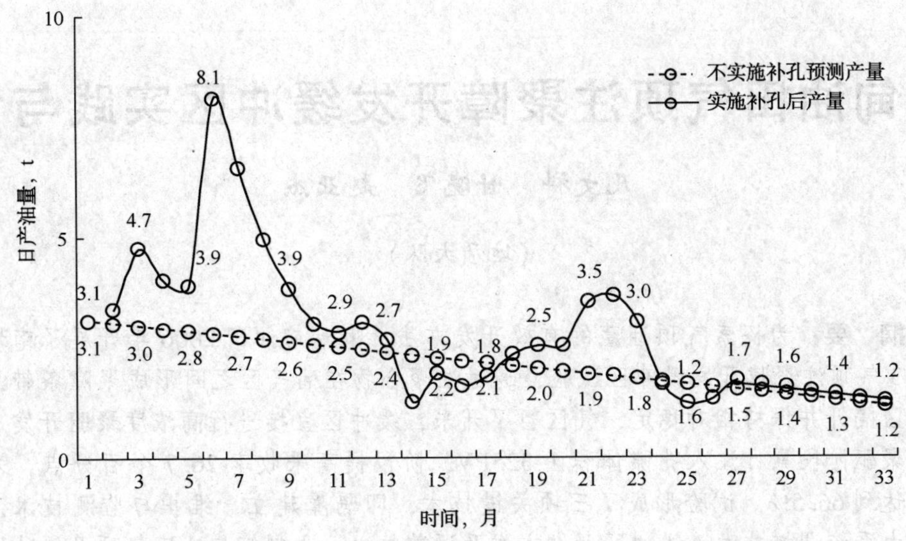

图6　北东块一区7口补孔井补孔与不补孔单井产量对比曲线

5　结论

(1) 在满足三次采油开发要求前提下，二类油层聚合物驱新井采用厚油层选择性射孔，开发效果好于全射井。

(2) 厚油层选择性射孔可有效控制采油井初期含水，提高初期采油速度，有利于提高区块产能贡献率。

(3) 选择性射孔可扩大中、低渗透层的聚合物驱油波及体积，提高聚驱见效程度，延长含水低值期，聚驱阶段采出程度多提高5个百分点以上。

(4) 含水回升后期补开目的层剩余高含水层段，可提高高含水层采出程度，具有一定的经济效益。

参考文献

[1] 张晓芹．改善二类油层聚合物驱开发效果的途径．大庆石油地质与开发[J]，2005，24(4)：81-83.

[2] 邵振波，张晓芹．大庆油田二类油层聚合物驱油实践与认识[J]．大庆石油地质与开发，2009，28(5)：163-168.

[3] 陆先亮，周洪钟，徐东萍，等．聚合物驱提液与控制含水的关系[J]．油气地质与采收率，2002，9(3)：24-26.

[4] 胡永宏，贺思辉．综合评价方法[M]．北京：科学出版社，2000.

喇嘛甸油田气顶注聚障开发缓冲区实践与认识

凡文科　甘晓飞　赵亚杰

(地质大队)

摘　要：为探索气顶油藏的有效开发方法，喇嘛甸油田 2006 年开展了南块萨Ⅱ2+3 气顶注聚障开发缓冲区试验，通过注聚合物在油气区之间形成聚障条带，将油气区隔开并保持相对稳定，气区暂不开采，缓冲区直接进行高浓度聚驱开发。缓冲区聚驱阶段累计注入孔隙体积 1.325PV，阶段提高采收率 26.7 个百分点，采出程度达到 66.5%。试验形成了三项关键技术，即隔障建立、维护与监测技术，三区压力系统调控技术，缓冲区开发方式及调整技术，为喇嘛甸油田气顶及缓冲区的全面开发做好了技术储备。

关键词：喇嘛甸油田；气顶；聚合物；隔障；缓冲区；压力调控

喇嘛甸油田是一个受构造控制的层状砂岩气顶油田，具有统一的油气界面和油水界面。开发初期，为保持油气界面稳定，减少油田开发和管理的复杂性，制定了“油气藏开发分两步走，先集中力量搞好油区开发，后期再根据国家需要开发利用气顶气资源”的总体开发原则。1973 年，油藏部分全面投入开发，气藏部分分层保持油、气层压力平衡，维持油气界面稳定，采取了气区油水井在气层和油气同层一律不射孔、距油气边界不足 300m 的油水井在油层一律不射孔、气顶外射开的第一排井必须为油井的做法，形成了宽 450~600m 的油气缓冲区，原油地质储量约 3100×10^4t[1]。国内外开发实践表明：气顶油藏开发的关键是保持油气区压力平衡，防止油气互窜，主要采取了注水障隔离、同时采油采气以及保持压力采油等三种做法，尚未采取过气顶注聚障开发缓冲区的方式[2-6]。为有效动用这部分储量，探索气顶油藏开发的有效途径，喇嘛甸油田 2006 年开展了南块萨Ⅱ2+3 气顶注聚障开发缓冲区试验。

1　试验简况

试验区位于南块构造轴部，总面积 $7.8km^2$，由气顶区、缓冲区和 3 排已射孔老油区 3 部分组成。试验目的层为萨Ⅱ2+3 油层，属于曲流河沉积砂体，平均单井钻遇目的层 2.5 个，砂岩厚度 5.5m，有效厚度 4.8m，平均渗透率 423mD。缓冲区面积 $2.9km^2$，孔隙体积 $452.5\times10^4m^3$，地质储量 179.8×10^4t，采出程度 22.9%。试验思路是在油气边界附近靠近气区一侧钻一排注聚障井，通过注聚合物在油气区之间形成聚障条带，将油气区隔开并保持相对稳定，气区暂不开采，缓冲区直接进行高浓度聚驱开发(图 1)。

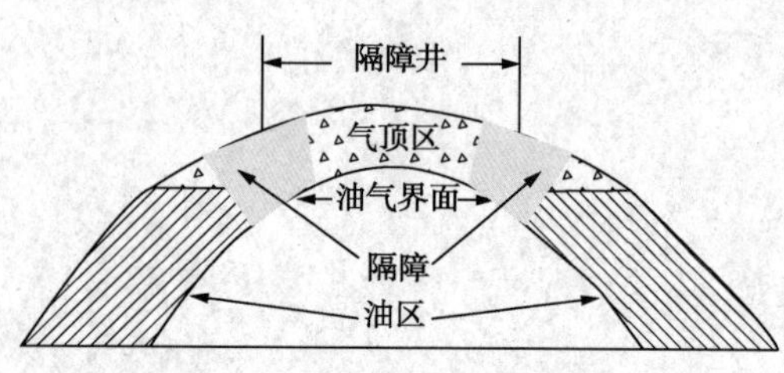

图 1　试验区构造剖面示意图

2 试验主要做法

2.1 隔障建立、维护与监测方法

2.1.1 隔障建立方法

在隔障介质选择上，应用试验区数值模型，模拟水聚两种隔障在缓冲区开采过程中的变化情况，从模拟结果来看，聚障允许气区与缓冲区之间平均压差为2~3MPa，最薄弱部位承压在2MPa以下；水障允许气区与缓冲区之间平均压差在1MPa左右，薄弱部位承压在0.6MPa以下。结合物理模拟实验数据，综合研究认为：与水障比，聚障具有承压能力强、稳定性好、注入剖面均匀等优点，并且较高浓度的聚合物溶液隔障承压能力更强。为此，试验采用了1900万相对分子质量，2000mg/L质量浓度的聚合物溶液作为隔障介质。

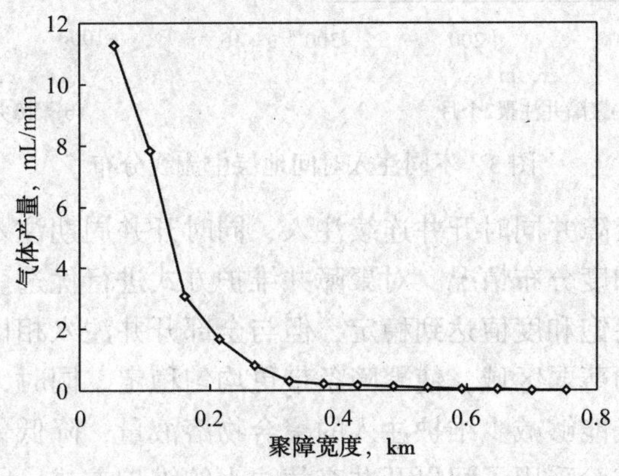

图2 不同聚合物隔障宽度的分隔效果

在隔障宽度确定上，通过物理模拟实验建立不同隔障宽度与气顶气产出量的关系，由实验结果可以看出，对于不同隔障介质在相同隔障宽度条件下，聚合物隔障分隔效果要好于水障；对于同一种隔障介质，隔障宽度越大分隔效果越好。对于水障，隔障宽度超过220m时，分隔效果基本差不多；对于聚合物隔障，隔障宽度超过150m时，分隔效果基本趋于稳定(图2)。考虑建立隔障的成本，确定隔障的合理宽度为100~150m。

在隔障井布井方式上，数值模拟研究表明：隔障井布在距离外油气边界100m左右的气区内，具有多方面的优点，包括减少建立隔障所需的溶液量、损失的原油储量少(只有1%)、有利于油气资源开发利用等；另外，隔障井在75m井距条件下，形成隔障所需时间最少(5个月)，同时建立隔障所需溶液量最少($54\times10^4m^3$)。结合国外气顶油田注隔障开发经验，综合考虑隔障形成所需的时间、聚合物用量及单井注入参数，试验确定新布隔障井位置距油气边界100m，隔障井之间井距75m，共设计注聚障井34口。

2.1.2 隔障维护方法

根据国外气顶油田的实际开发经验，结合数值模拟研究结果，缓冲区投入开发后，距离聚障较近的第一排采油井与聚障井之间形成的压力降将使聚障前缘向缓冲区推进。因此，聚障建立后缓冲区开发阶段，聚障井需要注入一定量的溶液以补充油井采出的液量，维持聚障条带的稳定。

聚障井多井干扰流场特征、饱和度场分布特征及压力场分布特征模拟研究表明：两口聚障井中心区域由于压降叠加，驱动压力接近零、注入液饱和度值较低，压力曲线较平缓，压

力梯度值很小，聚合物溶液不易到达，是聚障的薄弱环节(图3)。

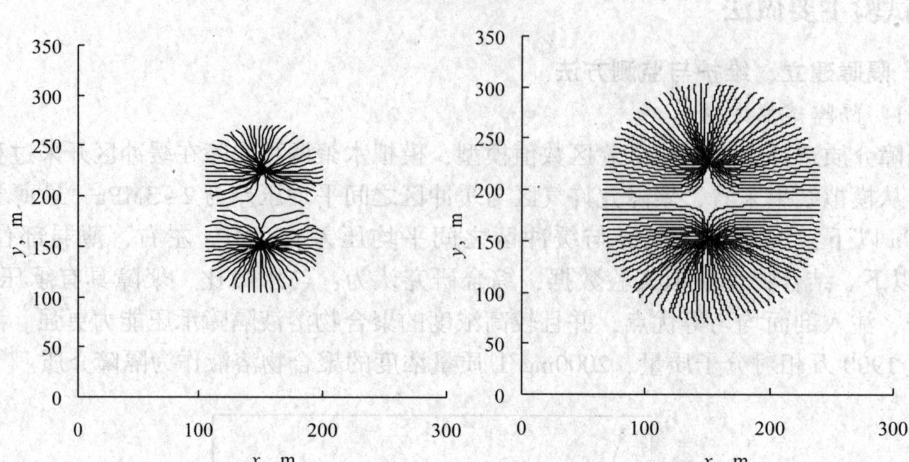

图3　不同注入时间地层中流线分布

应用理论模型模拟聚障井同时开井连续注入、同时开井周期注入、交替周期注入等三种注入方式下的聚障液饱和度分布情况，对聚障井维护方式进行优选。从模拟结果来看，三种注入方式都能使聚障最终饱和度值达到稳定，但与全部开井注入相比，交替周期注入能够减少在两井之间形成聚障的薄弱区域，使聚障条带更均匀稳定。同时，与持续注入的维护方式比较，交替周期注入方式能够减少维护注入的聚合物溶液量，降低聚障维护成本，减少对气顶空间的压缩。为此，试验采用了间隔开井交替注入的维护方式，同时综合数模跟踪的聚障形态、聚障井压力情况，在不同的聚障维护阶段，对聚障井的注入量和注入方式采取有针对性的调整。

2.1.3　聚障监测方法

由于聚障建立与封闭情况的复杂性，围绕聚障前缘推进情况、聚障形态、聚障两侧压力变化情况和缓冲区油井产气情况四方面监测内容，应用测试、试井等多种监测手段，对监测井部署及监测周期安排进行优化，构建了完善的聚障监测系统，实现对聚障形成情况的准确监测。

聚障前缘推进情况监测：纵向上采用三参数同位素示踪注入剖面测井，监测前缘推进的均匀性；平面上采用中子—中子测井、微地震测前缘、试井和示踪剂等四种测试手段，从不同角度反映聚障前缘推进情况，提高分析的准确性。

聚障条带形态监测：综合运用各项监测资料，采用数值模拟跟踪的监测方法，监测分析不同时期聚障的整体形态。

聚障两侧压力变化情况监测：对气顶区气井的气层静压、缓冲区偏心油井的静压进行定期测量，对气顶外第一排油井进行静液面静压测试，通过监测气顶区和缓冲区的地层压力变化情况，分析气顶区压力系统与缓冲区压力系统是否相互独立，进而分析聚障的封闭情况。

缓冲区油井产气情况监测：通过对缓冲区油井产气量和气体组分监测，分析气体来源，从而判断聚障的封闭情况。监测方法上，通过集输间内量气装置对缓冲区油井日产气量进行定期测量，同时计算气液比和气油比，分析油井的日产气量是否正常，对产气量较大井的产出气进行气组分分析。

监测系统每年安排各类监测 101 口井、2102 井次。其中缓冲区油井产气量、气油比监测 27 口井、1944 井次，油井压力监测 38 口井、76 井次，气区压力监测 1 口井、12 井次，中子—中子监测 35 口井、70 井次。

2.2　三区压力系统调控方法

聚障形成后，气顶区和缓冲区被聚障分隔开，成为两个相对独立的系统。受到聚障的承压能力影响，如果两侧压差过大，超过聚障的最大承压能力，聚障可能被突破，起不到分隔作用。因此，在聚障形成后缓冲区开发阶段，需要调控三区压力，保证三区压力的相对平衡。

数值模拟研究表明：保持聚障不被突破前提下，聚障条带两侧所能承受的最大压差为 2.5MPa。采取控制缓冲区第一排油井地层压力与气区压力保持基本平衡，同时缓冲区井按照距离气区由近及远的方向，逐级放大注采比提高地层压力，从而形成由气区向老油区地层压力逐级增加的三区合理压力值分布，既能保证聚障条带稳定，又能最大限度提高缓冲区开发效果。

压力系统调控的原则：以维持聚障两侧压力平衡同时兼顾缓冲区开发效果为总体目标；以全区整体调控为主，以单井调整为辅助；提高调整的及时性，避免滞后调整；与数值模拟相结合，精确调整的尺度，避免调整过度而进行反复调整。

对于气顶区，聚障井的注入量对气区压力影响较大，主要通过调整聚障井注入量控制气区压力。利用数值模拟研究，优化聚障维护阶段聚障井注入量，尽可能以最少的注入量维持聚障稳定，防止对气顶过度压缩，造成气顶压力快速上升。

对于缓冲区，通过调整注采比，控制不同位置井的地层压力，主要依靠调整缓冲区气顶外第一排采油井生产参数平衡聚障两侧压差。在调整尺度控制上，主要根据物质平衡方程建立的注采比与地层压力恢复速度的定量关系式，以及数值模拟计算的缓冲区注采比对应的地层压力变化速度，精确调整缓冲区生产参数，准确控制缓冲区地层压力。

对于老油区，对应的目的层为水驱井网，注水井一般都采取分层注入，可以通过调整目的层分层注水量控制注采比，从而调控老油区的地层压力。

2.3　缓冲区开发方式及调整方法

2.3.1　缓冲区注入溶液

从物模实验及数值模拟结果来看，低含水油层注聚合物开发可获得较高的驱油效率和采收率，与高含水期注聚的二类油层上返区块相比，最终采收率将至少提高 4.6 个百分点，同时能取得更好的经济效益。

另外，数值模拟研究表明：采用高浓度聚合物驱油可获得更高采收率。应用试验区模型，按照注采平衡的原则，对缓冲区注入 1000mg/L、1500 mg/L 和 2000mg/L 三种质量浓度聚合物溶液驱油的开发指标变化情况进行了模拟计算。在注入质量浓度为 2000mg/L 的聚合物时，缓冲区最终采收率达到了 60%，高于其他浓度 3%~5%。

根据上述研究认识，缓冲区采取了直接注入 1900 万相对分子质量，质量浓度为 2000mg/L 的高浓度聚合物溶液驱油。

2.3.2　缓冲区井网部署

根据马斯凯特公式推导计算的不同渗透率油层注入聚合物能力(注入速度)与注采井距

的关系(图4)，当缓冲区萨Ⅱ2+3油层采用150m注采井距时，注入速度至少在0.15PV/a以上。同时，高浓度聚合物体系黏弹性高，油层阻力系数大，注入高浓度聚合物后注入压力上升快，注采压差大幅度增加。喇嘛甸油田高浓度聚合物驱现场试验表明，在注采井距由237m缩小到100~150m后，压力梯度增加，高浓度段塞形成有效驱动，注入强度和采液强度增加50%，效果明显。

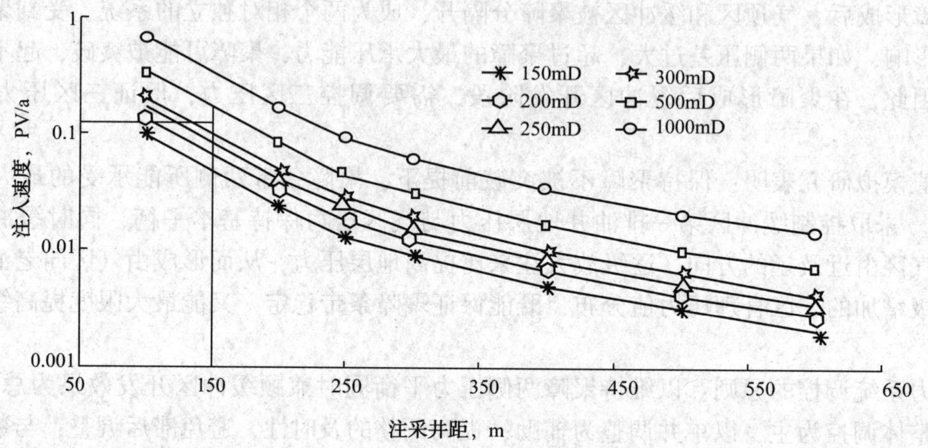

图4 不同渗透率油层聚合物驱注入速度与井距关系曲线

同时，数值模拟研究表明，对于聚合物驱，驱油效果由好到差的顺序为：五点法井网、七点法井网、四点法井网、反九点法井网(表1)。而聚合物驱增加采收率的幅度七点法最高，五点法次之，四点法与五点法相差不大，反九点法最低。但由于七点法注采井数比太大，因此五点法面积井网是聚合物驱的理想井网。

表1 不同井网对聚合物驱开发效果的影响

井网	水驱采收率,%	聚合物驱采收率,%	采收率提高,%
五点法	21.29	33.23	11.94
四点法	20.89	32.62	11.73
七点法	20.60	33.07	12.47
反九点法	20.57	29.32	8.75

综合考虑井网综合利用等其他因素，缓冲区开发采用了150m五点法面积井网，新钻井163口。其中注入井79口(注聚障井34口，注聚井45口)，采油井84口。考虑目的层与上下油层粘连，射孔时对部分粘连层进行了扩射，最终84口采油井平均单井射开砂岩厚度6.7m，有效厚度5.3m，45口注入井平均单井射开砂岩厚度7.2m，有效厚度5.9m。

2.3.3 缓冲区调整方法

由于开发层位油气共存的特殊性，试验区大部分井需按照气井标准作业，作业风险大、周期长、成本高，为此制定了以注入井方案调整为主，油井措施为辅的调整原则。

对于注入井，主要有三种做法：一是对注入压力低、注采比小的井上调注入量、注入浓度，控制聚合物前缘推进速度，共调整165井次；二是对注入压力高、注采比大的注入井下调注入量、注入浓度，控制高渗透层吸水量，共调整144井次；三是对注入压力高、注入困难井实施酸化及压裂等措施，提高注入困难井吸水能力，共实施酸化 6 口，压裂 5 口。

对于采油井，主要有两种做法：一是对产液量低、含水低、油层物性差的井或见效后采液指数下降幅度大的井进行压裂，提高油井产能，共实施 10 口；二是对液面高、流压高、供液充足的采油井上调生产参数，对液面低、流压低、供液不足的采油井下调生产参数，共实施 132 口。

3 试验效果

试验区聚障井于 2007 年 11 月开始注聚，至 2008 年 5 月聚障建立，转入维护阶段，阶段注入聚合物溶液 $52.4\times10^4m^3$，注入孔隙体积 0.97PV。截至 2016 年底，聚障井共开井维护 19 次，累计调整 158 井次，注入聚合物溶液 $10.5\times10^4m^3$，注入孔隙体积 0.19PV。监测表明：三区压力保持相对平衡，聚障条带保持封闭、稳定，有效分隔了油气区，没有发生气窜现象。

缓冲区开发井于 2008 年 5 月开始投产，2016 年 12 月转入后续水驱，投产初期，45 口注入井平均单井日注入 $40m^3$，注入压力 9.5MPa，注入聚合物质量浓度为 1511mg/L；83 口采油井平均单井日产液 23t，日产油 4.9t，综合含水 79.1%。截至 2016 年底，缓冲区 45 口注入井累计注入聚合物溶液 $599.4\times10^4m^3$，注入地下孔隙体积 1.33PV，平均注入质量浓度 2088mg/L，累计注入聚合物干粉 13904t，聚合物用量 2765PV · mg/L。缓冲区 83 口采油井累计产油 78.2×10^4t，阶段提高采收率 26.7 个百分点，采出程度达到 66.5%。

4 结论

(1) 在油气边界附近注聚合物能够形成封闭隔障，把油气区分隔开，保证缓冲区正常生产；采取间隔开井交替周期注入的维护方式，能够保证聚障条带的封闭与稳定，减少维护注入的聚合物溶液量。

(2) 围绕聚障前缘推进情况、聚障形态、聚障两侧压力变化情况和缓冲区油井产气情况四方面监测内容构建的监测系统，能够实现对聚障形成情况的准确监测。

(3) 合理调控压力系统是油气区有效开发的保障，平衡稳定的压力系统有利于保持聚障的封闭与稳定，有利于缓冲区的高效开发。

(4) 采用气顶注聚合物建立隔障，缓冲区直接进行高浓度聚驱的开发方式能够取得较好的开发效果，试验聚驱阶段提高采收率 26.7 个百分点，采出程度达到了 66.5%。

参考文献

[1] 姚再学，梁文福，余兴华，等．喇嘛甸油田特高含水期油井堵水效果[J]．大庆石油地质与开发，2003，22(5)：44-46.

[2] 王启民，许运新，韩景江，等．喇嘛甸层状砂岩气顶油藏[M]．北京：石油工业出版社，1996.28-29.

[3] 范子菲，李云娟，等．屏障注水机理研究[J]．石油勘探与开发，2001，28(3)：6-9.

[4] 戚志林，唐海，等．油环的凝析气藏物质平衡方程[M]．天然气工业，2003，23(1)：31-39.

[5] 王彬，朱玉凤．气田气顶气窜研究[M]．天然气工业，2000，20(3)：12-19.

[6] 伍友佳．双台子油气田气顶驱开发中的问题探讨[J]．西安石油学院学报，2001，19(5)：21-28.

拟声波曲线重构反演在喇嘛甸油田北北块二区储层预测中的应用

李红翠　韦裕琳

（地质大队）

摘　要：针对喇嘛甸油田河流相“砂包泥”型储层，非均质性强、储层纵横向变化快，砂泥岩速度差异小，常规的测井曲线不能有效地区分砂泥岩，井间储层预测难度大的实际情况，本文利用原始声波曲线的低频分量和电阻率高频分量，融合重构拟声波曲线，开展了基于模型的高分辨率波阻抗反演。反演结果经后验井验证，拟声波曲线重构反演分辨率高，预测结果与实钻结果吻合性好，应用井震结合反演结果有效指导了井间河道砂体的识别，精细刻画了河道砂体边界、走向及规模，提高了河道砂体预测精度，使研究区砂体分布特征得到重新认识，指导了动态分析调整及剩余油挖潜措施方案编制。

关键词：拟声波曲线重构；波阻抗反演；储层预测；河道砂体识别

喇嘛甸油田位于大庆长垣最北端，是松辽盆地中央凹陷大庆长垣上的一个三级构造。本次选定了喇嘛甸油田北北块二区为研究区，位于喇嘛甸油田最北端，属于背斜构造向西、向北双倾的构造部位，构造相对简单，但目的层储层非均质性严重，储层的中砂含量较少，多以细砂岩、粉砂岩、泥质粉砂岩为主，在纵向上砂岩与泥岩呈层状交互分布，属于典型的河流—三角洲相沉积砂体。本文针对这种“砂包泥”型储层非均质性强、砂体分布复杂的特点，进行了拟声波曲线重构反演研究。由于储层与围岩波阻抗难以明显区分，因此利用微电极电阻率曲线重构拟声波曲线进行反演，有效地识别了砂泥岩，运用地震反演结果分析河道砂体垂向叠置关系、几何形态及河道边界，提高了井间河道砂体的预测精度。

1　岩石物理分析

岩石物理分析是储层反演预测的基础，通过对测井曲线进行交会分析，得到反映储层的地球物理响应特征。从研究区多口实钻井的测井曲线上看，砂岩部位的电性特征表现为低声波时差、低密度、低伽马、高电阻、自然电位负异常的特征；而砂泥岩互层段，砂岩部位表现与理论相符，但泥岩部位声波时差曲线表现为低时差，说明声波时差曲线在部分层位岩性解释上存在多解性。

从研究区钻井的原始声波时差曲线与密度曲线交会图上可见（图 1），原始声波时差曲线及密度曲线区分砂泥岩效果均不理想，不能很好地分辨砂岩和泥岩。因此，需要利用其他测井曲线进行统计分析优选出对岩性变化敏感的测井曲线。纵观全井段，电阻率曲线对岩性的响应特征比较明显，偶尔在钙层夹层部位存在高阻现象，但利用微电极电阻率曲线之差并配合声波时差曲线可以消除这一异常影响，因此研究区内微电极电阻率曲线可以在一定程度上辅助岩性的识别，可作为井震联合反演的基础曲线。

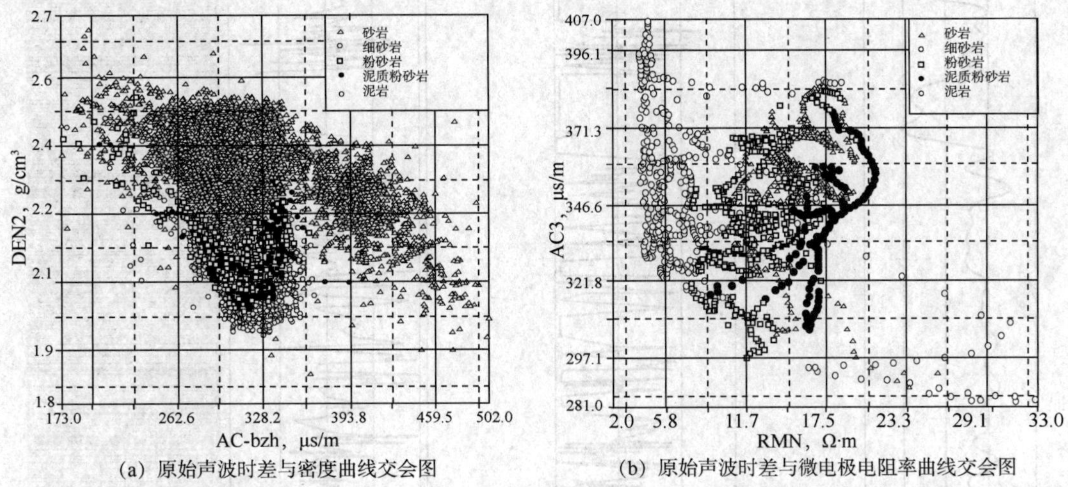

(a) 原始声波时差与密度曲线交会图　(b) 原始声波时差与微电极电阻率曲线交会图

图 1　研究区钻井原始声波曲线与密度曲线、微电极电阻率曲线交会分析图

2　拟声波曲线重构

目前，声波曲线重构的方法有很多种，但应用较为成熟的是小波多分辨率分解和信息融合处理技术。这种方法是将声波曲线中体现地层背景速度的低频信息与反映地层岩性变化比较敏感的测井曲线(如微电极电阻率曲线)的高频信息调制成拟声波测井曲线。其具体实现步骤为：

一是对测井曲线预处理，主要是指对测井曲线进行环境校正，在此基础上对不同测井曲线进行标准化处理，以克服系统误差；

二是利用数据缩放技术，对反映地层岩性变化比较敏感的微电极电阻率曲线进行缩放处理，将非声波的微电极电阻率曲线构建成具有声波量纲的新曲线；

三是根据研究区实际地质特点，合理选择滤波频率上限参数，对原始声波曲线滤波处理提取能够反映地层背景速度的低频分量，对微电极幅度差曲线提取能够反映地层岩性变化的高频分量；

四是利用信号调整方法，将已产生的具有声波量纲的新曲线和从原始声波曲线中提取的低频成分进行信息融合处理，根据实际地质特点选择正确参数，形成较为合理的拟声波测井曲线(图 2)。

3　基于曲线重构波阻抗反演

基于曲线重构的波阻抗反演是以测井资料作为约束，地震资料为桥梁，最终得到三维波阻抗模型。它的基本思想是要寻找一个最佳的地球物理模型，使得该模型的响应与观测数据(地震道)的残差在最小二乘意义下达到最小。

3.1　地震合成记录标定

合成地震记录是联系地震与测井数据的桥梁，在地震反演中占有重要地位。层位标定的好坏直接影响到子波的反演结果，而子波的正确性又对层位的准确标定具有重大影响，判断最佳标定与最优子波的根据是使井旁实际地震记录与合成记录之间的互相关具有最大的主峰

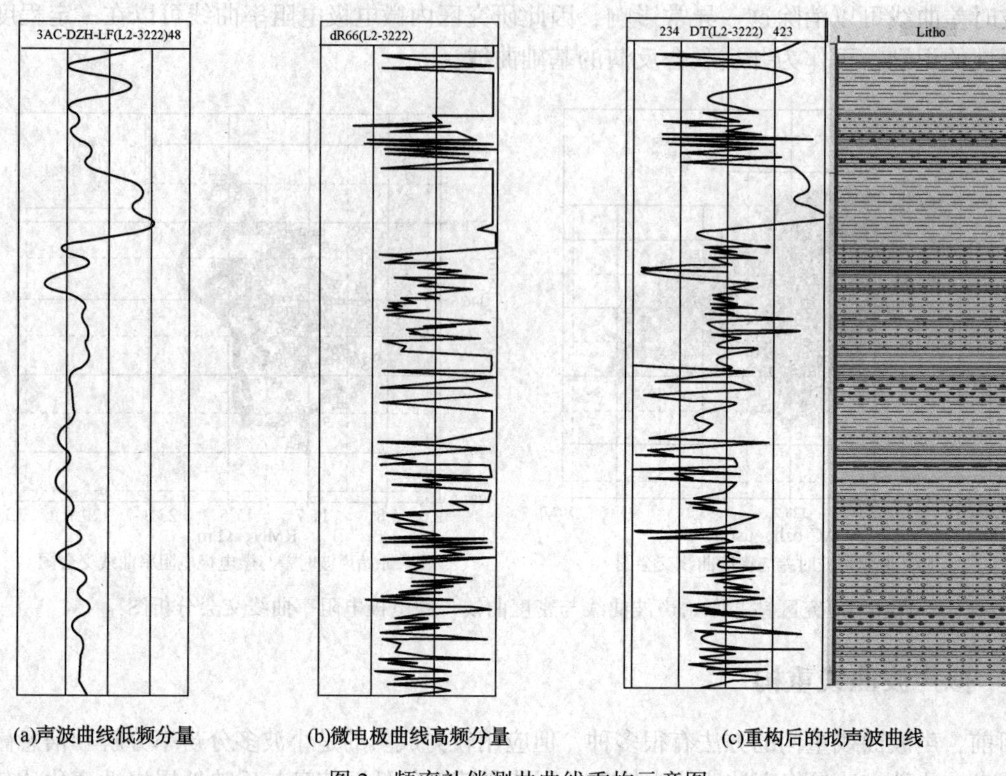

(a)声波曲线低频分量　(b)微电极曲线高频分量　(c)重构后的拟声波曲线

图 2　频率补偿测井曲线重构示意图

值以及主峰值与次峰值之比应尽可能大。为了增强合成记录与井旁地震道的相关性，在实际运用过程中，我们采用从实际地震数据提取统计子波的方法，提取范围为目的层上下100ms，子波形态良好：峰值凸出、旁瓣较小，和理论子波类似，确保反演结果的分辨率。

3.2　初始地质模型建立

初始地质模型的意义在于赋予反演地质结构框架概念，为波阻抗反演提供与地质构造相一致的低频分量模型。在本研究区地质模型建立过程中，采用信息融合技术把地质、测井、地震等多元地学信息统一到同一模型上，实现各类信息在模型空间的有机融合，来提高反演的信息使用量、信息匹配精度和反演结果的置信度，并且在建模时考虑了多种沉积模式(超覆、退覆、剥蚀和尖灭等)的约束，使用地震分形技术和地震波形相干技术内插方法，建造出复杂储层的初始地质模型，该模型完全保留了储层构造、沉积和地层学特征(通过地震波形变化)在横向上的变化特征。

4　反演效果与应用

4.1　拟声波曲线重构反演效果

在储层精细标定与初始地质模型准确建立基础上，利用连井剖面开展迭代次数、约束条件及测井高频信息等反演参数反复处理试验，参考测井解释结果，确定合适的反演参数，对全区进行反演处理，使得反演结果与验证井最佳吻合。通过反演剖面与地质剖面对比分析(图 3)，层间砂体分布合理，与地质认识较为一致，且能反映储层横向和垂相的分布特征。

其中，以喇 7-0800—喇 4-1731 井排连井剖面为例，喇 7-0800 井与喇 6-102 井在

SⅡ2+31单元为河道一类连通；喇 5-PS1123 井与喇 5-1232 井在 SⅢ1+2 单元为河道一类连通，在喇 6-102 井方向河道砂逐渐尖灭；喇 4-1731 井在 GⅠ11+12 单元砂岩发育，但往喇 4-PS1601 井方向逐渐尖灭，砂岩非均质性很强。

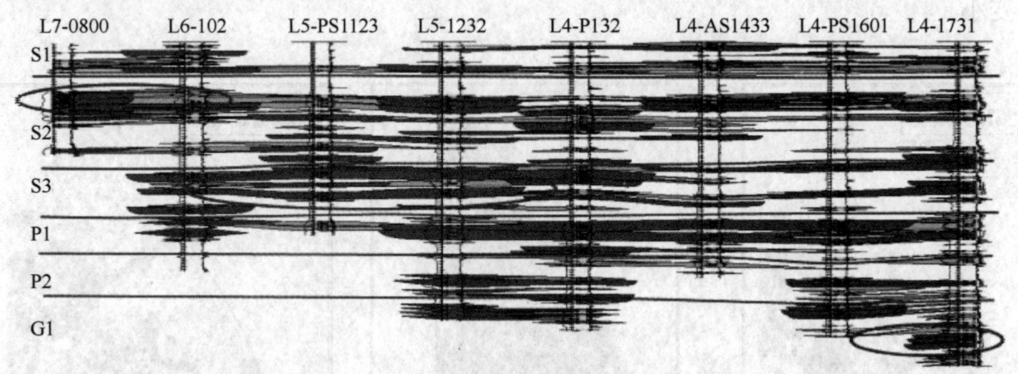

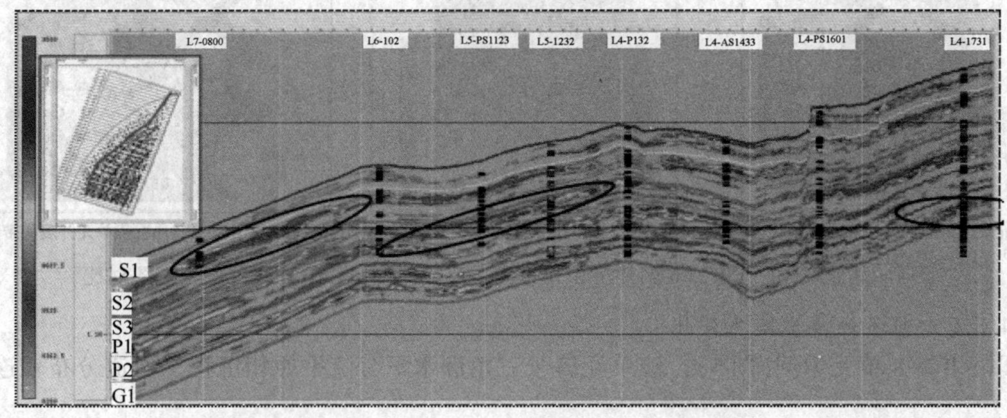

图 3　喇 7-0800—喇 4-1731 井排连井剖面与波阻抗剖面对比

4.2　井震结合沉积相图修改完善

地震反演的最终目的是解决井间砂体展布特征即平面沉积相的修正。喇嘛甸油田井震结合修改完善沉积相带图基本思路，主要是利用地震信息来弥补井间信息的不足，并结合测井信息联合刻画沉积微相的平面分布。本文要应用曲线重构反演预测井间砂体连续性、砂体几何形态和井间砂体的边界，并结合测井信息按一定的沉积模式进行合理的组合和预测。其具体的修改完善步骤如下。

（1）普查单井测井相类型。查看单井微电极（电位）、电阻率曲线形态，结合两类砂岩厚度及有效厚度确保单井沉积微相的准确性。

（2）利用波阻抗反演切片分析河道期次及砂体叠置关系。在波阻抗反演数据体上，沿沉积单元顶界限每隔 1ms 制作一张反演属性切片，从下至上观察切片，依据波阻抗变化分析河道沉积期次和砂体切割关系，平面上确定河道发育方向。

（3）利用反演纵剖面落实砂体宽度与连通性。通过反演剖面显示可以清楚地显示砂岩的厚度、组合形态和横向发育范围，能够更加准确地反映井间砂体的连通关系。

（4）参考原沉积微相图进行绘图。在绘制井震结合沉积相带图过程中，主要以原沉积微相图为蓝本，充分考虑反演信息，修改完善井震结合沉积相图。

4.2.1 河道规模发生变化

以PⅡ5+6单元为例(图4)，该单元属于三角洲内前缘相沉积，河道呈厚坨状，横向上连片发育，宽度较大，经井震结合重新认识，河道规模发生变化，如喇6-162井处规模较原来变小。

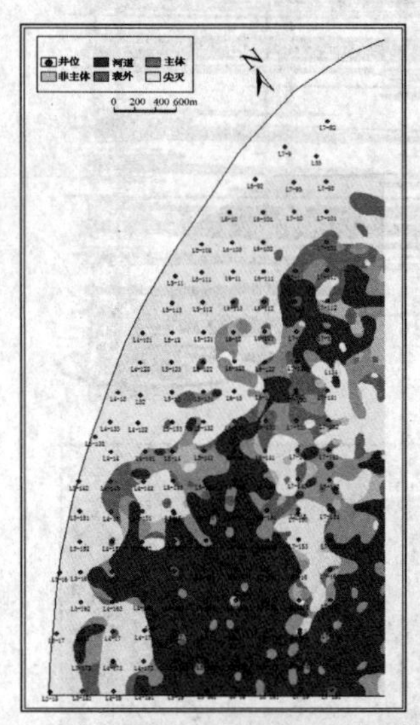

(a) 北北块二区PⅡ5+6沉积单元测井相带图

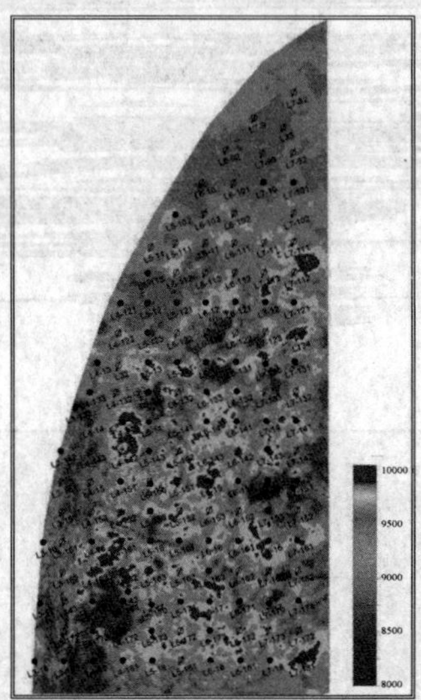

(b) 北北块二区PⅡ5+6沉积单元反演属性切片

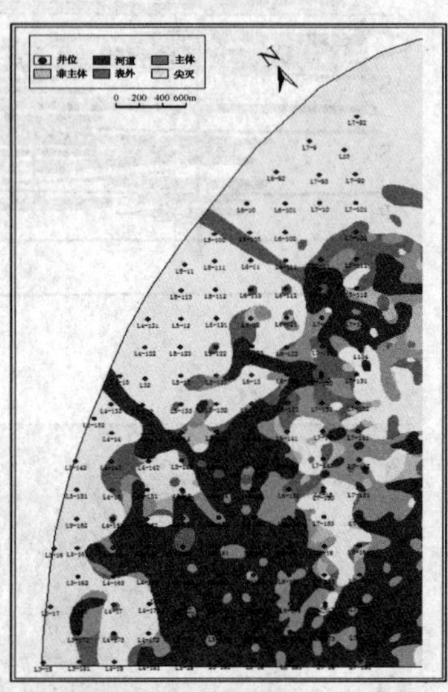

(c) 北北块二区PⅡ5+6沉积单元井震相带图

图4 北北块二区PⅡ5+6测井沉积相带图、反演属性切片与井震沉积相带图对比

4.2.2 河道连续性发生变化

以SⅡ7+8单元为例(图5)，该单元属于三角洲水下分流平原相沉积，河道分布较连续，

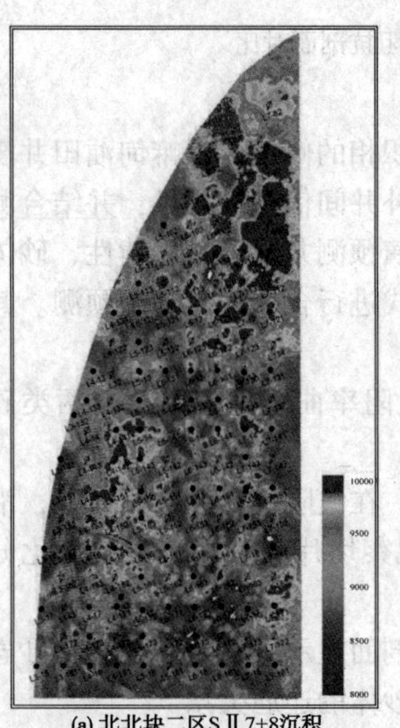

(a) 北北块二区SⅡ7+8沉积单元反演属性切片

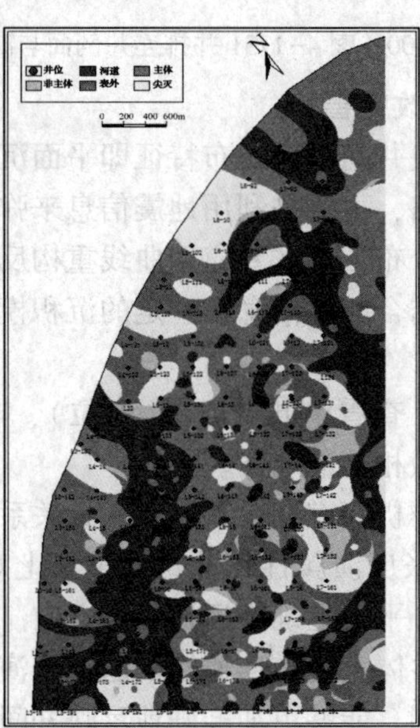

(b) 北北块二区SⅡ7+8沉积单元测井相带图

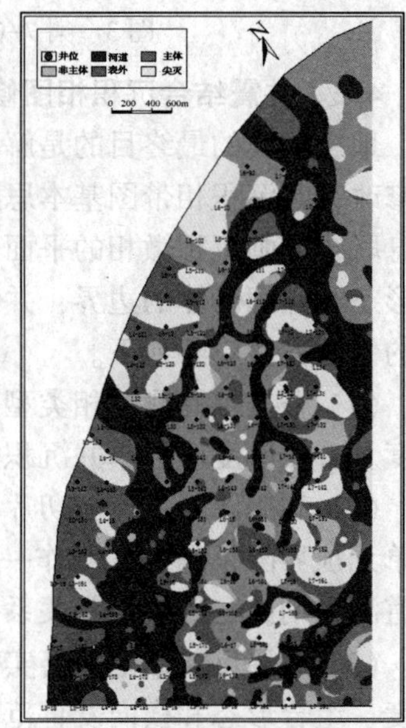

(c) 北北块二区SⅡ7+8沉积单元井震相带图

图5 北北块二区SⅡ7+8反演属性切片、测井沉积相带图与井震沉积相带图对比

经井震结合重新认识，井间的单砂体具有一定的连续性，河道砂体的条带状明显。

5 结论与认识

（1）利用微电极电阻率曲线高频分量与声波曲线低频分量进行拟声波曲线重构，可以有效的区分砂岩与泥岩的岩性，提高了砂泥岩区分的敏感性。

（2）通过地震合成记录精细标定、初始地质模型准确建立等技术开展波阻抗反演，提高了地震对井间河道砂体的预测精度，以此进一步明确了井间砂体分布特征及连通关系。

（3）利用反演属性切片对沉积微相进行了修改完善，砂体变化主要体现在河道规模发生变化、条带状分布的河道砂体连续性发生变化，砂体的相带分布更加清晰，为今后喇嘛甸油田特高含水期精准挖潜提供了更可靠的地质依据。

参 考 文 献

[1] 黄伏生，李占东，卢双舫，等．宽频带重构反演在喇嘛甸油田北东一区萨尔图油层的应用[J]．科学技术与工程，2010，10(35)：8682-8686.

[2] 李占东，赵伟，李阳，等．开发地震反演可行性研究及应用——以大庆长垣北部油田为例[J]．石油与天然气地质，2011，54(32)：797-806.

[3] 刘文波，汪益宁，腾蔓，等．反演技术在喇嘛甸油田储层预测中的应用[J]．石油天然气学报，2011，33(12)：63-67.

[4] 王琦，李红梅．开发地震在大庆长垣喇嘛甸油田储层预测中的应用[J]．石油与天然气地质，2012，33(3)：490-496.

[5] 沈荣，张宏健，夏连军，等．基于地震属性分析的储层预测方法研究[J]．小型油气藏，2008，13(2)：22-25.

[6] 尹兵祥，杨剑萍，尹克敏，等．东营凹陷永安地区地震反演及储层预测[J]．石油物探，2011，50(1)：59-64.

[7] 单敬福，王峰，孙海雷，等．基于地震波阻抗反演的小层砂体预测技术——在大庆油田州57水平井区块的应用[J]．石油与天然气地质，2010，31(2)：212-218.

识别厚油层内部微地质界面测井曲线重构方法

迟立娟　周志忱　杨　阳

（地质大队）

摘　要：近年来厚油层内部的微地质界面的研究成为精细解剖的新方向，研究对象为0.1m以下物性夹层，但由于测井技术条件限制，现有测井曲线对其响应特征不明显，识别符合率并不高，因此，研究曲线重构方法，放大曲线对界面的响应特征，从而提高界面识别率，对微地质界面的探索识别有积极意义，同时对认识微地质界面极其分布特征具有重要意义。

关键词：微地质界面；曲线重构方法；识别率

通过2013年开展河流相储层内部微地质界面识别与描述技术研究，建立了微地质界面识别方法及微地质界面的岩电对应关系，确定了微地质界面敏感测井曲线，但是对测井曲线反映不明显的界面识别精度较低，而且测井曲线测点间距是0.05m，这样对于识别0.1m以下的夹层是不确切的。因此，本次研究计划依据测井原理重构一条新的曲线，提高识别微地质界面精度。

1　重构曲线思路及原理

由于不同测井曲线的起测点位置不同，将敏感曲线进行整合，提高采样点中测点信息比例，增加测井信息的真实性；由于微地质界面的测井反应信息较弱，与储层差距较小，通过数学运算对薄夹层曲线特征进行放大处理，提高微地质界面的测井响应与储层之间的差距，然后通过图版分析，建立识别标准。

重构原理：储层特征曲线重构原理的关键是参考曲线和目标曲线必须对同一物理现象具有相似（相关）的测井响应特征，区别只在于参考曲线比目标曲线具有更好的响应，同时，两者曲线之间必须具有很好的相关性，且相关性越大，重构曲线越可靠。

2　敏感曲线分析

2.1　各测井曲线原理及特点

目前用于识别储层的常用曲线主要有以下六条。

微球形聚焦测井（MSFL）：采用的是贴井壁测井，电极和电极间的距离小，采用的是聚焦装置，因而受钻井液电阻率井眼影响小。纵向分辨能力强，0.2m的层都能很好的划分出来，0.1m的层也有明显的反映。

密度测井（DEN）：该测井是贴井壁的，它的探测深度不大，一般局限在冲洗带内，所以仪器和井壁之间的泥饼对测井结果影响较大。密度曲线在致密地层是高值，在砂岩中孔隙度越大，渗透性越好，密度值就越低。密度测井主要用于判别岩性、确定地层的孔隙度。同时反映储层的渗透性，与储层渗透率有比较好的对应关系。

高分辨率声波测井(HAC)：是测量滑行纵波在地层中的传播速度，为了提高分辨率而又不增大测量误差，采用间距对同一地层多次测量取平均值的方法。主要特点是分层能力强，对0.1m的薄层有明显反映，当地层厚层大于0.2m时，用仪器所测得的资料可以准确地求取地层的孔隙度。这样不仅能解决薄层的划分，岩性的判别，孔隙度计算等问题，还能扣除厚储层中的泥质和钙质夹层。

三侧向测井(RLLS)：根据同性电相斥的原理，在供电电极(主电极)的上、下方装上聚焦电极，使其电流与供电电极的电流极性相同，由于电流的排斥作用，使主电流只沿侧向(垂直井轴)进入地层。三侧向视电阻率曲线的特点是对高阻层具有对称性，最大值在地层中点，解释时读最大值，可以确定地层电阻率，且对薄层分层能力比其他电阻测井要清晰得多。根据两条曲线的幅度差可以划分渗透层和油气水层。油层、气层幅度差大，且显示正幅度差，水层幅度差小，或显示负幅度差。

微电极测井(RMN)：是一种探测井壁周围泥饼和冲洗带电阻率的测井方法。由三个微电极系测得的微梯度和微电位两条曲线组成。微梯度探测范围(横向深度)4~5cm，显示的是泥饼的电阻值；微电位探测深度8~10cm，显示的是冲洗带的电阻值。当地层为非渗透性的泥岩、页岩时井壁无泥饼和冲洗带，梯度电阻值等于或接近电位电阻值，曲线重合或叠置；当地层为渗透性的砂岩时，梯度电阻值小于电位电阻值，两条曲线分离，出现差异，差异越大说明砂岩渗透性能越好。微电极系由于电极距短，反应灵敏，极板紧贴井壁受钻井液影响小，对层界面反映比较清晰。

自然电位测井(SP)：获取的是井内不同深度上的自然电位与地面上某一点的固定电位值之差。储层物性越好、厚度越大，自然电位曲线负偏幅度越大。纯砂岩的自然电位负偏幅度最大。随着砂岩中泥质含量的增加或粒度减小或孔隙减少，自然电位曲线负偏幅度随之减小。因此，根据自然电位曲线负偏幅度变化，可以区分地层的岩石性质，定性判断砂岩的渗透性、旋回性、粒度等。

2.2 敏感曲线的优选

根据岩心与测井曲线在微界面响应特征，结合上述曲线特点，微地质界面在测井曲线响应特征不如0.1 m以上夹层明显，但仍有一定的低值或回返特征。主要表现为微电极曲线上出现低值回返，幅度差减小；微球形聚焦、声波时差曲线低值；密度曲线出现小的高值，自然电位曲线微弱回返。

根据已有0.1m以下的夹层标准曲线图版资料。对于界面厚度为0.01m、0.05m、0.07m的夹层，测井曲线上主要有微球形聚焦、密度、声波、微电极等4条曲线有响应，在界面位置曲线出现小正向尖峰或低值，在自然电位上有时会有微弱的回返或反映不明显。

综合以上测井曲线的响应特征，优选出纵向分辨率较高，仪器和井壁之间的泥饼对测井结果影响较小的测井曲线为敏感曲线进行曲线重构，包括微球形聚焦、声波、微电极等曲线。

3 曲线重构方法

3.1 曲线前处理

曲线重构是将相关性或特点相近的曲线，按照一定的方法进行重新构建。这种方法可以是加密测点、归一化(地震)处理、数学运算等。本次研究主要利用各种数学运算方法，将多条测井曲线重新构建一条新的测井曲线。重构曲线前，优选敏感曲线要加密处理。加密处理增加了曲线在叠加运算时的控制点，这样使得曲线运算后的重构曲线精准率更高。

选用插值的方法加密处理，由于敏感曲线的的起测点位置不同，测点距离相同，选出两条特点相近的敏感曲线，将两条曲线进行初步合成，互相插值，曲线上的测点均增加一倍，即可实现加密处理，提高曲线的测点信息比例。

3.2 曲线重构

利用三维地质建模软件，将2005年以后的8口取心井建立工区，根据三维地质建模软件中曲线的计算功能，结合岩心微地质界面信息，对反映微地质界面明显的曲线进行初步拟合重构，观察具有微地质界面位置的曲线特征是否明显，进行曲线重构的初步筛选。

将初筛后得到的曲线重构公式应用在其他取心井，并拾取采样点，做出散点图，观察有无清晰界面，如有清晰界面，重构曲线可用(图1)。

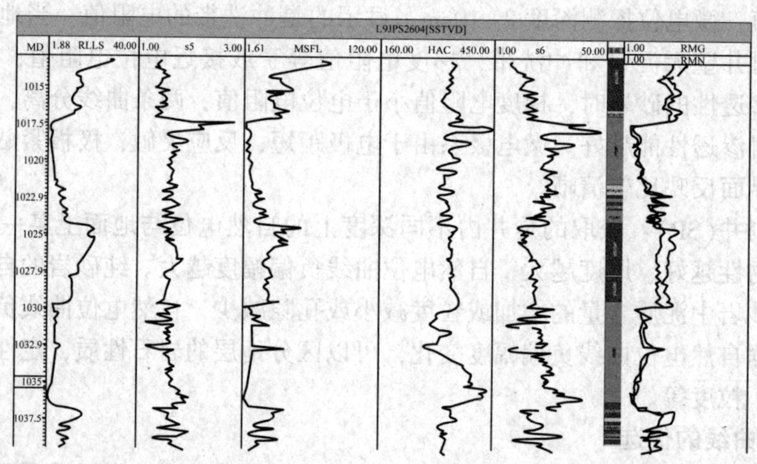

图1 喇9-检PS2604井重构曲线

3.3 重构曲线后处理

为了使重构后的曲线形态更加平滑清晰的显示其响应特征，对加密后的重构曲线重新取点，根据新采集的数据，利用程序将采样点信息进行重新构建，生成一条新的测井曲线，并通过后期的处理，使重构的测井曲线能够较好的反映微地质界面的信息。

通过反复实践，从重构的32个公式中初筛出20个重构曲线制作了图版对比分析，最终认为以下两条重构曲线对于识别微地质界面较为清晰：

$$QX11 = [(RMN - RMG)/RMN] \cdot HAC \tag{1}$$

$$QX24 = (HAC \cdot RMN)/(MSFL \cdot 10) \tag{2}$$

将QX11和QX24分别按照微电位和微梯度曲线格式进行处理，利用提剖面软件，将重构的曲线剖面显示(图2)。

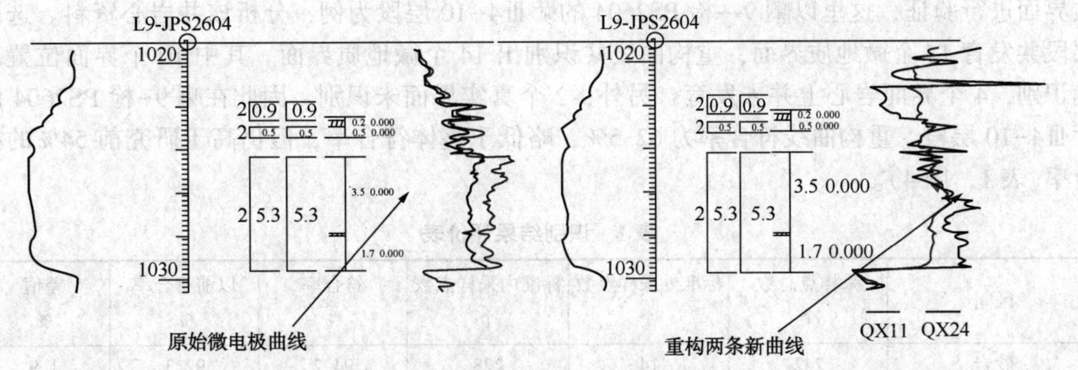

图 2　喇 9-检 PS2604 井重构曲线

4　重构曲线识别图版的制作及识别标准制定

通过对岩心上夹层对应的测井曲线读值，建立散点图，确定读值标准，并对曲线读值标准进行评价。最后结合夹层位置的重构曲线回返值，研究这类夹层的测井响应特征、分布特征，综合确定微地质界面的可识别下限。

4.1　制作微地质界面识别图版

根据重构的曲线，结合岩心上识别的微地质界面信息，在取心井喇 9-检 PS2604 井剖面上，重新收集界面位置附近的 152 个采样点信息，制作识别图版。从图中可以观察到，0.1m 以下界面标准：16.1<公式(1)<18.3 且 72.6<公式(2)<88.9(图 3)。

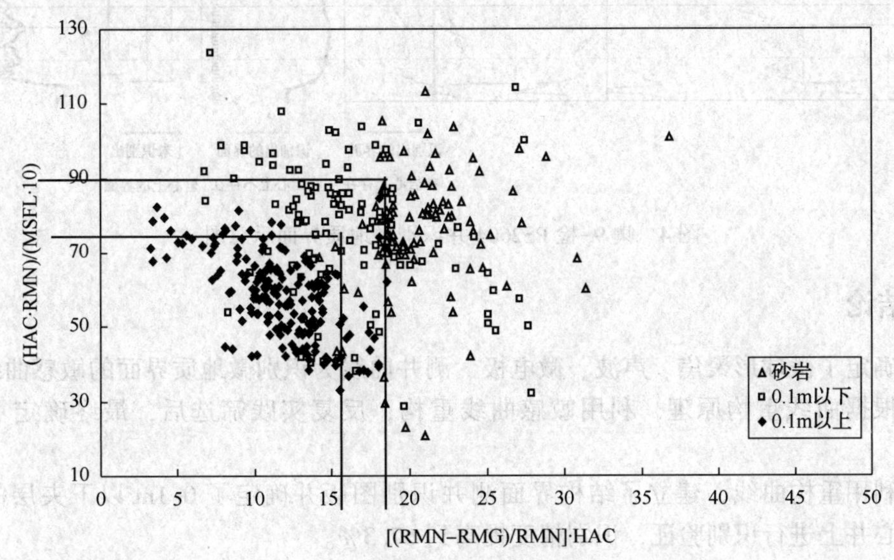

图 3　微地质界面识别图版

4.2　识别标准评价

分析改进的曲线识别图版，对识别结果进行验证评价。8 口取心井全井共采样 392 个。其中 0.1m 以下界面共有采样点 52 个，在标准外的采样点有 17 个，识别的符合率为 67.3%。

为了确保识别符合率在单井层段的精度，选取单井部分层段，并利用重构曲线识别微地质界面进行验证，这里以喇 9—检 PS2604 的萨Ⅲ4-10 层段为例，分析该井岩心资料。选取层段共发育 12 个微地质界面，重构曲线共识别出 14 个微地质界面。其中 10 个界面位置准确识别，4 个界面岩心上并未发育，另外，2 个真实界面未识别。因此在喇 9-检 PS2604 的萨Ⅲ4-10 层段，重构曲线符合率为 62.5%，略低于整体符合率，但仍高于研究前 54%的符合率(表 1，图 4)。

表 1　识别结果评价表

区间	采样点总数 个	标准外采样点数 个	标准内采样点数 个	符合率 %	以前符合率 %	差值 %
砂岩	242	14	228	94.2	92.3	1.9
0.1m 以下界面	52	17	35	67.3	54.0	13.3
0.1m 以下界面	98	3	95	96.8	95.4	1.4

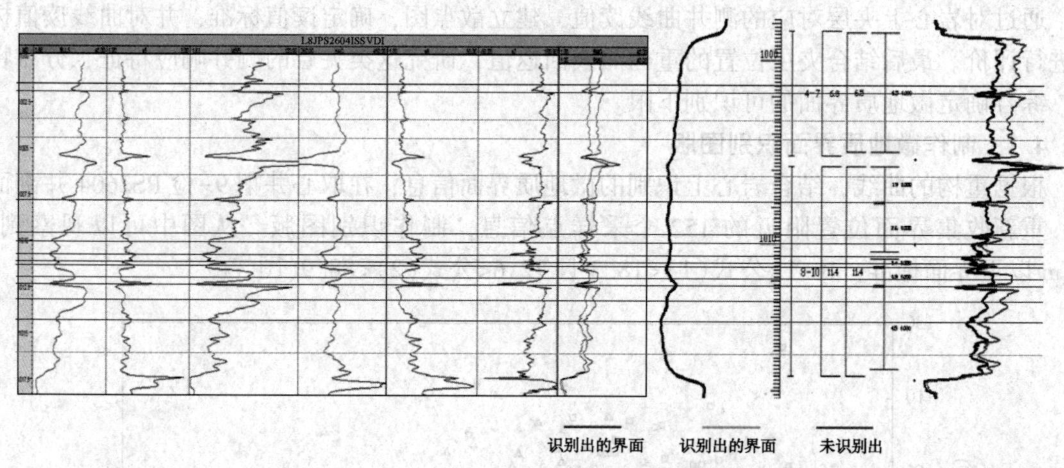

图 4　喇 9-检 PS2604 井识别微地质界面示意图

5　结论

（1）确定了微球形聚焦、声波、微电极、测井曲线为识别微地质界面的敏感曲线。

（2）根据曲线重构原理，利用敏感曲线重构，反复实践筛选后，最终确定了两条新曲线。

（3）利用重构曲线，建立了结构界面测井识别图版并确定了 0.1m 以下夹层的识别下限，在取心井上进行识别验证，识别精度提高到 67.3%。

参　考　文　献

[1] 亓校湘、马德勇，刘雷，等．河道砂体内部夹层特征研究[J]．大庆石油地质与开发，2005，3(4)：24-26.

应用断点包络面表征大断层破碎带的方法

于　江

（地质大队）

摘　要：三维地质建模在表达断层时采用一个断面表达一条断层，但实际的断层多数情况下不是一个面，而是一个破碎带，其宽度大小不等，该方法不能表达断层破碎带。本文通过观察、研究断层的测井和地震解释成果数据，利用现有的三维地质建模技术，提出断层破碎带的三维表征方法，并在断层附近设计大角度定向井轨迹中应用该方法取得成功。

关键词：三维地质建模；破碎带；包络面；大角度定向井

1　问题的提出

为提高油田开发效益，对于大断层附近的“墙角式”剩余油挖潜宜采用大角度定向井进行开发。由于剩余油靠近断层分布，钻井井轨存在钻遇断层的风险。因此既要贴近断层尽可能开发剩余油，又要规避钻遇断层，保证钻井成功率，需要精确表征断层特征。以往断层表征方法是以测井解释断点数据依据，结合井震落实断层形态，建立断层模型形成断面，以断层模型为基础设计井轨迹。该方法存在两方面不足，一是断层模型不能精确表达断层。断面是综合地震与测井解释成果的趋势面，部分断点分布在断面两侧，因此断层模型不能完全描述断点的区域分布。二是不能表达断层存在破碎带。在地震解释和建模中都是选择其中断距最大的断点作为断层控制点，建立断层面，无法表达破碎带具有厚度和厚度变化的特性。因此，在实际应用中，存在一定的钻井风险。2012 年设计的喇 6-SM3111 井油层部位钻遇断点，断失地层 124.2m，损失油层 56.5m(其中有效厚度 36.1m)。因此，针对上述问题，本文提出了应用断点包络面表征大断层破碎带的方法。

2　断层破碎带成因及特征

断距大的断层一般不是一个简单的面，而是由一系列破裂面或次级断层组成的断裂带。因此，断层破碎带指断层两盘相对运动，相互挤压，使附近的岩石破碎，形成与断层面大致平行的破碎带。断层规模越大，断裂带越宽越复杂。大断裂带还呈现分带性，断裂带内还夹杂或伴生搓碎的岩块、岩片以及各种断层岩。

喇嘛甸油田整体上属于短轴背斜构造，主要发育由于张扭性作用力下形成的正断层。因此喇嘛甸油田正断层既包括剪应力作用下形成的剪破裂，也包括张应力作用下形成的张破裂。在构造应力作用下，岩石的破裂方式主要决定于以下三个因素：一是岩石的抗剪强度和抗张强度。由于岩石的抗张强度仅为抗剪强度的 1/3，因此，在自然条件下，岩石更容易发生张破裂；二是岩石变形的地质环境。断层一般形成在地下围压很大的环境条件下，围压的作用不利于张性破裂的形成，而对剪破裂的发育比较有利；三是构造应力场性质。岩石在张应力作用下，超过其抗张强度形成张性破裂；在压应力作用下则形成剪性破裂。

按照断层所断穿的层位，喇嘛甸油田的断层分为早、中、晚及长期发育的断裂系统。早期断裂系统形成的断层在青二、青三段沉积中期前发育，青二、青三段沉积晚期以后停止活动的断层，断穿层位主要是 T_2 层，上部地层未断失。喇嘛甸油田 3D3C 地震 *Z* 分量资料解释的 Lmd6 号、Lmd7 号、Lmd15 号断层，断距一般在 30m 左右；中期断裂系统断层主要形成于青山口组—姚家组沉积时期或沉积末期，断层规模较小，断穿层位只有 T_1 层(萨二组)。喇嘛甸工区内的 6#、141#、19#、28#、30#、41#、74#等断层，断距一般 10～20m，延伸长度一般小于 2km；晚期断裂系统断裂系统断层发育在嫩江组沉积时期及沉积末期，断层以断开 T_{04}、T_{06}层的形式出现，喇嘛甸油田 3D3C 地震 *Z* 分量资料解释的此类断层断距较小，一般在 5～10m 左右，延伸长度较短。如 5#、11#、18#、46#、51#、581#等断层；长期发育断裂系统断层指青一段沉积前就已形成，到嫩江组沉积时期或末期仍然活动的断层，断层规模较大，断距下大上小，喇嘛甸油田 3D3C 地震 *Z* 分量资料解释的 14#、23#、29#、37#、40#、47#、81#等断层均属此类。

调查发现，喇嘛甸油田发育的断层破碎带与断裂系统形成时期有关，晚期及长期断裂系统形成规模比较大的断层存在破碎带。主要特征：一是单井多断点；二是伴生小断层；三是平面上多发育在靠近构造轴部部位；四是同一条断层，破碎带发育在中部断距较大部位(图 1)。

3 断层破碎带三维表征方法

断层是岩层或岩体沿断裂面发生显著位移的构造。本文的研究对象是以喇嘛甸油田三级断层为主的大断层，三级断层是喇嘛甸油田构造上的重要断层，断距在 100m 以上，延伸长度 1000～5000m。断面是岩层或岩体发生断裂位移的破裂面。断面有的平直，有的弯曲，在多数情况下不是一个面，而是一个破碎带，其宽度大小不等。要想充分表达断层破碎带，三维地质建模应用的数据主要有两种：测井解释断点数据和地震解释断层 Polygon 线或者 Stick 线。

3.1 研究区概况

研究对象为 51#断层，该断层为正断层，沿北西 295°～315°方向延伸，西南倾向，倾角在 44°～50°之间，葡一组油层顶面延伸长度 4.29km，东西落差为 25m，断层中部落差大、西部和东部落差小。共钻遇断点 512 个，大部分位于上覆地层，平均断距为 67.6m，最大断距为 184.0m，最小断距为 0.8m。其中油层部分钻遇断点 80 个，断失层位萨葡高均有，平均断距为 46.6m，最大断距为 163.2m，最小断距为 0.8m，单井钻遇多断点 106 个，占 20.7%。

研究区位于喇嘛甸油田 51#断层区域，面积 7.3km^2，总井数 753 口，建模层数 97 个，平面网格步长 25m×25m，垂向网格步长 1m，网格节点数为 1595.3×10^{4}个。

3.2 建立断点包络面

3.2.1 测井断点分析

通过观察 51#断层测井断点的三维空间展布，如图 2 所示，可知断点呈明显的条带状沿着断层的走向及倾向不均匀的分布，在一定程度上反映了断层破碎带的宽度、走向、倾向等信息；再通过观察地震解释断层 Polygon 线，如图 3 所示，可知上下盘断层 Polygon 线同样在一定程度上反映了断层破碎带的宽度、走向、倾向等信息。综合以上观察结论，将测井断点按照地震解释上下盘 Polygon 线所形成的面进行分类，作为表征破碎带的基础数据。

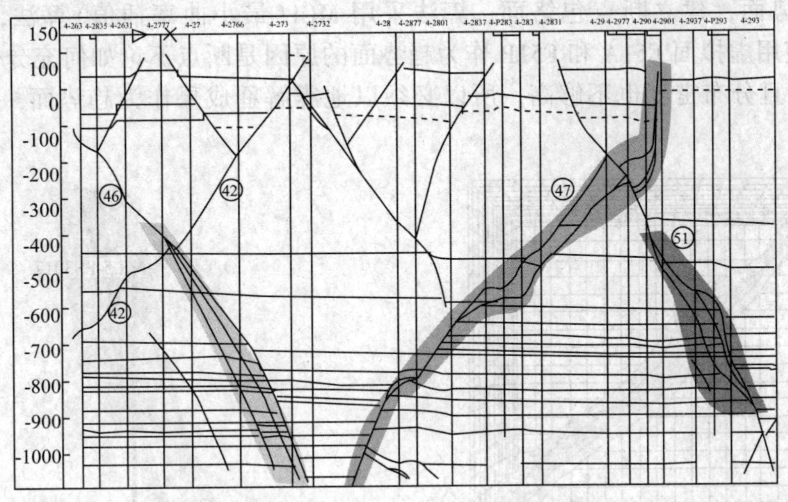

图 1　46#、47#、51#断层发育的断层破碎带

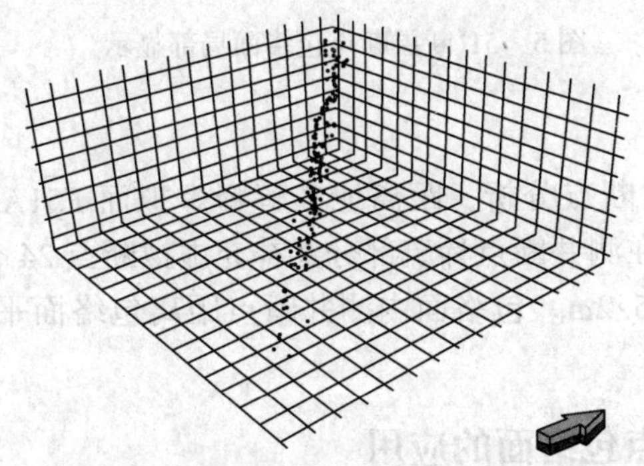

图 2　51#断层测井解释断点

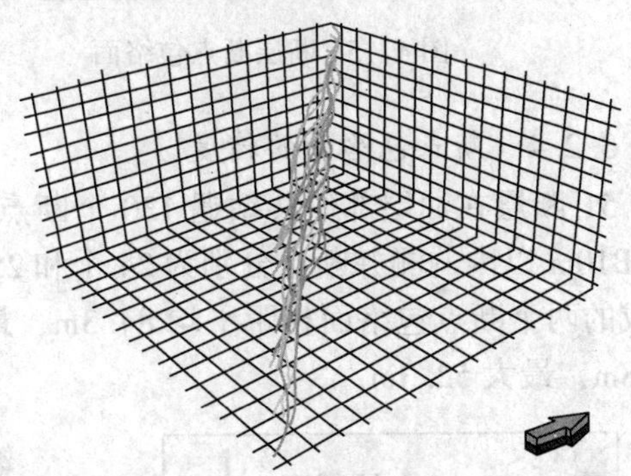

图 3　51#断层地震解释 Polygon 线

首先以地震解释上下盘 Polygon 线建立虚拟面 F51A 和 F51B，调整这两个面，使 51#断层的测井断点全部被包围在两个面所夹的条带状空间内，然后在该空间条带内分别挑选距离 F51A 和 F51B 两个虚拟面 10m 以内的测井断点，形成两个空间点的集合 FPA1 和 FPB1。

3.2.2　设计虚拟断点

由于在钻井过程中需要规避断层，断层破碎带的某些区域测井断点稀疏，不能完全反应断层破碎带的情况，所以建立虚拟井在地震解释断面上设计虚拟断点解决该问题。虚拟断点的设计以补充测井断点稀疏区域为目的，设计方法是将虚拟面 F51A 和 F51B 按 100m 间距划分为若干区域，在测井断点空白的区域补充虚拟断点，形成虚拟空间点集合 FPA2 和 FPB2，最后将虚拟断点与测井断点合并得到空间点集 FPA 和 FPB，即：

$$FPA = FPA1 \cup FPA2$$

$$FPB = FPB1 \cup FPB2$$

3.2.3　建立断点包络面

断点包络面是一组用来表征复杂大断层破碎带走向、倾向、宽度等参数的假想面状构造，它是包络断层全部断点的两个曲面。以测井断点分析结果和虚拟断点设计结果合并而成的空间点集 FPA 和 FPB 作为基础数据，用地震解释 Stick 线形成的断面或者虚拟面 F51A 和 F51B 作为趋势面，建立断点包络面，算法采用 MCI(最小曲率插值)算法，网格步长为 10m×10m。使用虚拟面 F51A 和 F51B 作为趋势面的原因是断点不论如何充分也不能完全表征破碎带，而且分布密度也不够高，所以必须以地震解释成果作为趋势面，如图 4 和图 5 所示。

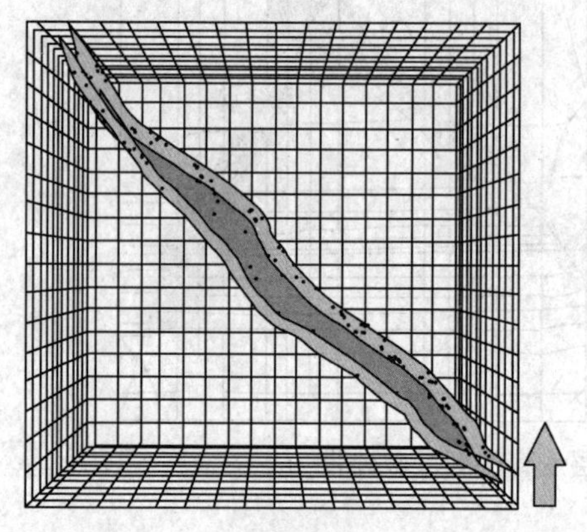

图 4　51#断层断点包络面

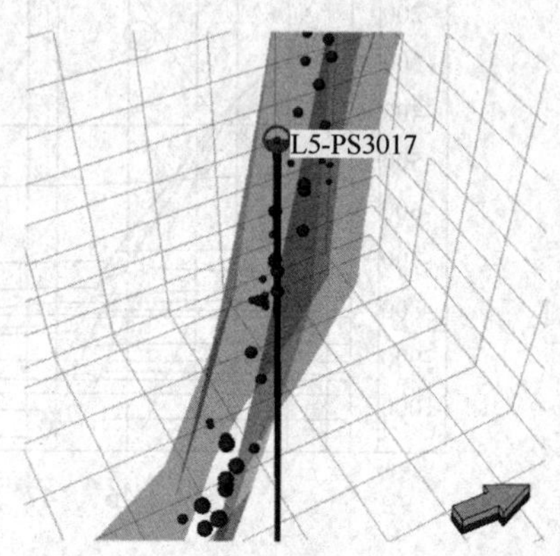

图 5　51#断层断点包络面局部显示

3.2.4　断点包络面的精度

51#断层在油层部位共钻遇 130 个断点，通过断点分析，距离地震解释虚拟面 F51A 和 F51B10m 以内的测井断点分别为 24 个和 25 个，在测井断点稀疏部分共补充虚拟断点 24 个，形成的两个断点包络面相距平均 84.3m，最大 145.2m。包络面内测井断点距离包络面平均 34.8m，最大 52.3m。

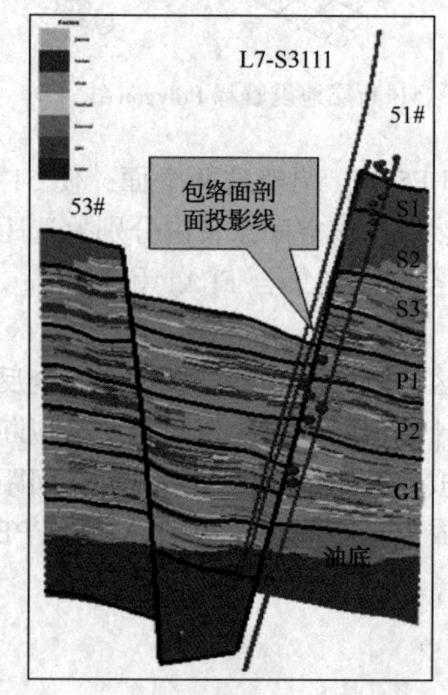

图 6　大角度定向井轨迹建模设计方法

4　断点包络面的应用

以往在设计断层附近大角度定向井轨迹时，由于只有断面表征断层，轨迹设计存在风险，因此，应用了采用断点包络面表征技术后，对破碎带断层的三维形态进行表征，以此为依据设计井轨迹降低了钻井风险，提高了钻井成功率。如图 6 所示，利用三维构造模型剖面图对 51#断层区 L7-S3111 井轨迹进行了建模设计，蓝色曲线为断点包络面剖面投影线，红色曲线为大角度定向井轨迹，并且使轨迹设计始终与包络面保持特定的设计距离(30m)，利用钻井轨迹导向技术进行控制，确保了钻井轨迹不穿越包络面，保障了钻井的成功率。

5　结论

(1) 喇嘛甸油田发育的断层破碎带与断裂系统形

成时期有关，晚期及长期断裂系统形成规模比较大的断层存在破碎带；

（2）以地震解释断层为依据，以测井断点为基准，采用井震结合的思路，应用断点包络面建模方法可以准确表征断层破碎带空间形态；

（3）在设计断层附近大角度定向井轨迹时，应建立断点包络面规避断层，提高了钻井成功率。

参 考 文 献

[1] 金强，周进峰，王端平，等 . 断层破碎带识别及其在断块油田开发中的应用[J]. 石油学报，2012，33（1）：82-89.

[2] 武刚 . 断层破碎带结构特征的露头模式[J]. 新疆石油天然气，2012，8(04)：12-15+5.

[3] 贾爱林 . 精细油藏描述与地质建模技术[M]. 北京：石油工业出版社，2010，123-132.

二类油层首套层系转后续水驱时机研究

贺云伟　林德章

（地质大队）

摘　要：喇嘛甸油田二类油层聚驱区块中已有四个区块处于注聚后期，面临逐步转入后续水驱的局面。为了提高区块最终采收率，获得最佳的经济效益，通过对以往转后续水驱区块的聚合物用量、采收率进行对比分析，给出转后续水驱合理聚合物用量的技术界限，并根据数值模拟和一类油层聚驱转后续水驱时的实践确定最佳含水界限。同时以北北块一区为例分析转后续水驱做法及效果，为其他区块转后续水驱提供经验。

关键词：转后续水驱；综合含水；聚合物用量

喇嘛甸油田二类油层聚驱区块中已有四个区块处于注聚后期，面临逐步转入后续水驱的局面。如何提高区块最终采收率，获得最佳的经济效益时合理的转入后续水驱，是亟需研究的课题。为此，以北北块一区为例开展了二类油层首套层系转后续水驱时机研究。

1　转后续水驱技术界限研究

为了提高区块最终采收率，最大限度地保证区块整体开发效果，首先确定了转后续水驱原则：当注聚比注水增加的成本大于多增油的效益时，应转入后续水驱。通过数值模拟理论研究以及一类油层转后续水驱的实践，分析不同聚合物用量和不同含水对聚驱采收率、采出程度及经济效益的影响，量化转后续水驱的技术界限。

1.1　用聚合物用量确定转后续水驱时机

根据近几年大庆油田注聚区块的实际开发数据，通过数值模拟计算了不同聚合物用量下聚驱提高采收率情况，绘制了聚合物用量与提高采收率幅度、吨聚增油及产出投入比的关系曲线。

从聚合物用量与提高采收率幅度关系曲线看（图 1），随着聚合物用量的增加，聚合物驱采收率幅度增大，但当聚合物用量达到 960PV · mg/L 后，采收率增加的幅度开始减小。

从聚合物用量与吨聚增油的变化关系看（图 1），随着聚合物用量的增加，吨聚增油量减小，当聚合物用量达到 960PV · mg/L 时，吨聚增油量为 90t，当聚合物用量达到 2000PV · mg/L时，吨聚增油量为 42t。

从聚合物用量与产出投入比关系曲线看（图 1），在聚合物用量小于 480PV · mg/L 时，产出投入比随着聚合物用量的增加而大幅增加；聚合物用量在 480PV · mg/L 到 720PV · mg/L之间时，产出投入比缓慢上升；当聚合物用量为 720PV · mg/L 时，产出投入比最大，达到最大经济效益值，然后开始缓慢下降。

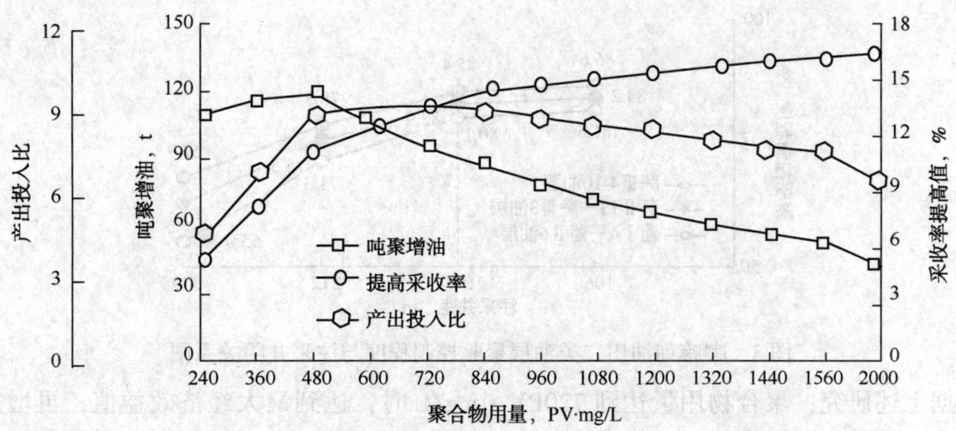

图1　不同聚合物用量下聚驱提高采收率、吨聚增油及产出投入比变化曲线

对于聚驱区块，为取得较高采收率和较好经济效益，应确定合理聚合物用量，在保证经济效益的前提下，最大程度提高采收率。因此，区块转后续水驱应主要参考采收率提高值和聚合物用量两项指标。

根据研究院不同聚驱控制程度下聚驱合理聚合物用量的研究，当聚驱控制程度大于85%时，合理聚合物用量为1400PV·mg/L，超过此用量采收率提高幅度明显减小（图2）。

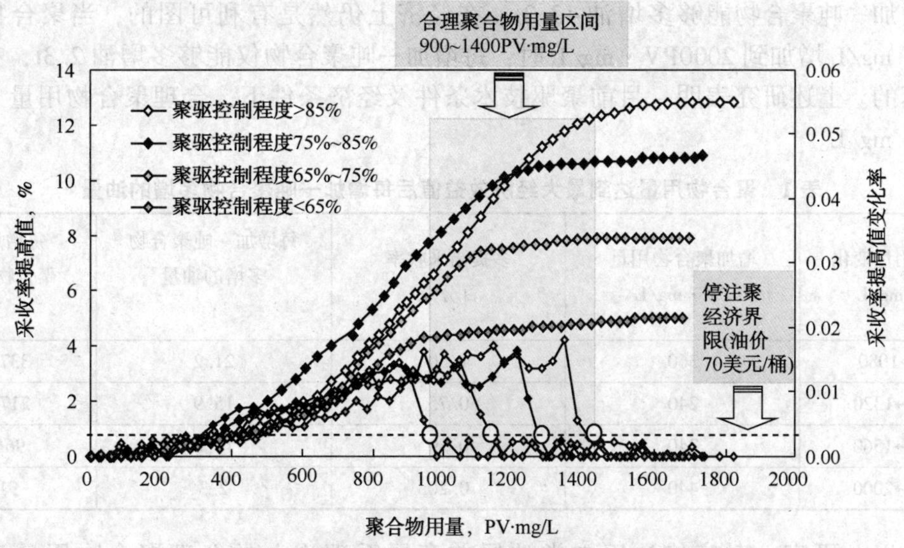

图2　大庆油田不同聚驱控制程度下聚合物用量与采收率提高值变化率关系曲线

根据喇嘛甸油田二类油层聚驱控制程度与注采井距关系研究，二类油层首套层系的聚驱控制程度均在85.0%左右。因此，首套层系的合理聚合物用量下限为1400PV·mg/L（图3）。

对于聚驱来说，应在经济上有利可图的情况下，最大限度提高原油采收率。对于一个聚驱区块，投产后继续增加聚合物用量，几乎不再需要增加地面建设等基础投资，对于地下，先前注入的聚合物已使地下吸附捕集达到饱和，再增加注入聚合物则多用于增加水相黏度，扩大驱油效果。因此，在经济条件可以接受条件下，可以适当增加聚合物用量以获得较高的采收率。

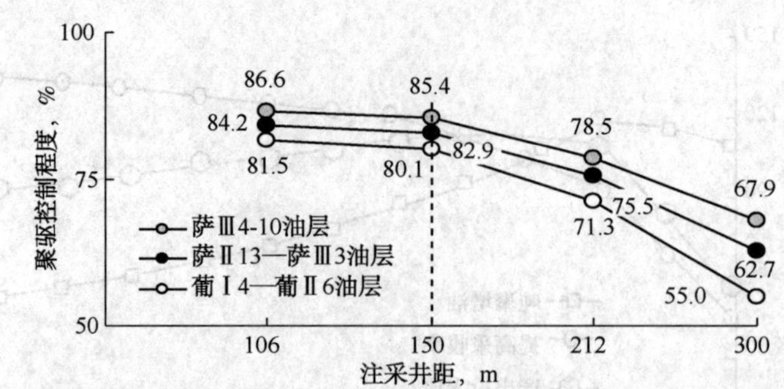

图3　喇嘛甸油田二类油层聚驱控制程度与注采井距关系图

根据上述研究，聚合物用量达到 720PV · mg/L 时，达到最大经济效益值，再增加聚合物用量，提高采收率幅度增大，但产出投入比下降。为此，需要确定能够最大程度提高采收率，但仍有利可图的合理聚合物用量。按照喇嘛甸油田二类油层平均孔储比 1.96 计算，根据上述不同聚合物用量下聚驱提高采收率幅度变化曲线，计算了聚合物用量达到最大经济效益值后每增加一吨聚合物用量能够多增的油量(表 1)。

按照大庆油田现原油价格 65 美元/bbl，聚合物干粉 1.44 万元/t 计算，当聚合物用量由 720PV · mg/L(最大经济效益用量)增加到 1080PV · mg/L 时，每增加一吨聚合物能够多增油 21.2t，在经济上是有利可图的；当聚合物用量由 1080PV · mg/L 再增加到1560PV · mg/L 时，每增加一吨聚合物能够多增油 13.3t，在经济上仍然是有利可图的；当聚合物用量由 1560PV · mg/L 增加到 2000PV · mg/L 时，每增加一吨聚合物仅能够多增油 2.3t，在经济上是不划算的。上述研究表明：目前聚驱技术条件及经济条件下，合理聚合物用量上限值为 1560PV · mg/L。

表 1　聚合物用量达到最大经济效益值后每增加一吨聚合物多增的油量

聚合物用量变化 PV · mg/L	增加聚合物用量 PV · mg/L	多提高采收率 百分点	每增加一吨聚合物 多增的油量 t	每增加一吨 聚合物的效益 元
720→1080	360	1.50	21.2	33736.0
1080→1320	240	0.75	15.9	21702.0
1320→1560	240	0.50	10.6	9668.0
1560→2000	440	0.20	2.3	−9148.8

综合以上研究，喇嘛甸油田二类油层首套层系理论上的合理聚合物用量为 1400～1560PV · mg/L。也就是说，当区块的阶段采收提高值达到数模预测水平后，聚合物用量在 1400～1560PV · mg/L 之间，可以考虑转入后续水驱。

1.2　用含水界限确定转后续水驱时机

为研究二类油层聚合物驱后期转后续水驱的最佳界限，用数值模拟方法和一类油层实践对比不同含水转后续水驱对采收率、采出程度以及投入产出比的影响，明确转后续水驱的最佳含水界限。

1.2.1　数值模拟研究

(1) 含水变化规律：注聚时间越长，含水上升速度越慢，含水上升幅度越小(图 4 和图 5)。

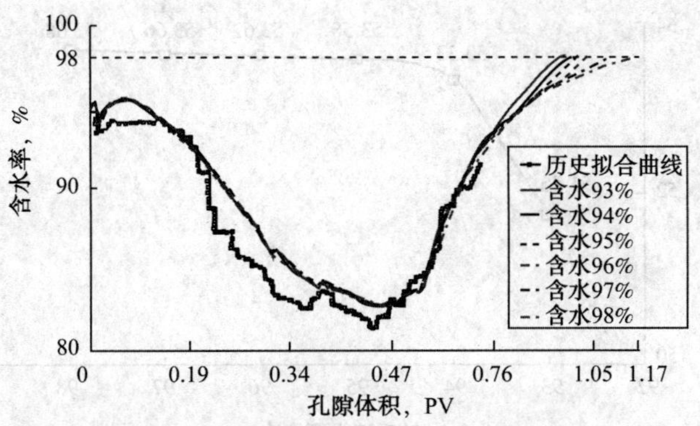

图4　不同含水转后续水驱数模预测曲线

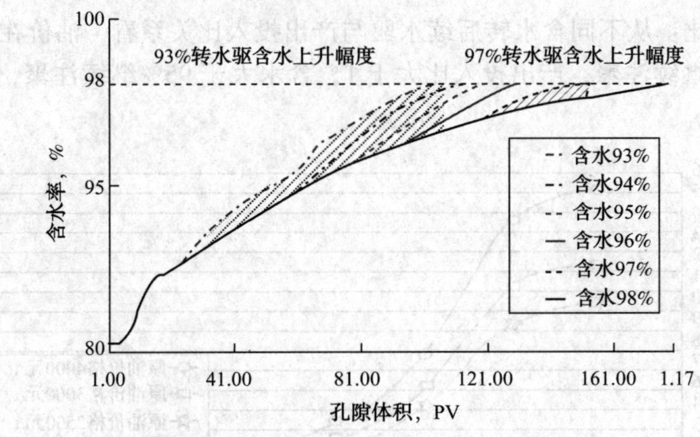

图5　数模预测含水上升幅度曲线

(2) 采收率和采出程度变化规律：注聚时间越长，提高采收率幅度越大，注聚至含水98%，提高采收率可达到14.18个百分点，比含水94%转后续水驱，仅多提高0.07个百分点。注聚时间越长，阶段提高采收率值越高，注聚至含水98%，阶段采出程度达到53.68%，含水95%后继续注聚阶段提高采收率明显减缓(图6和图7)。

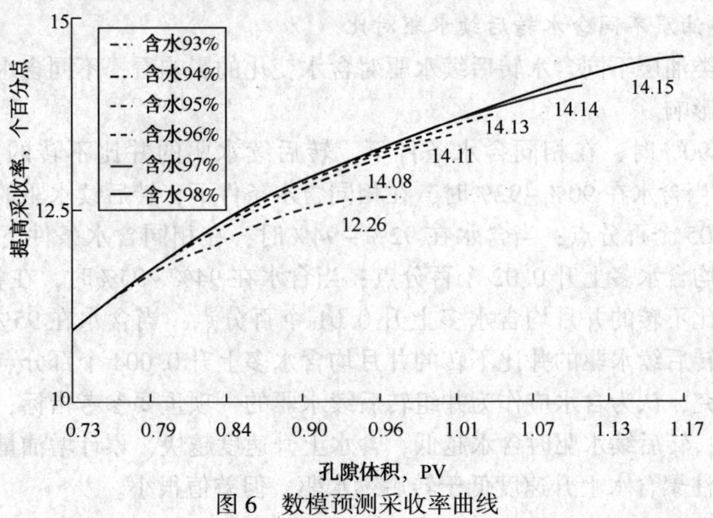

图6　数模预测采收率曲线

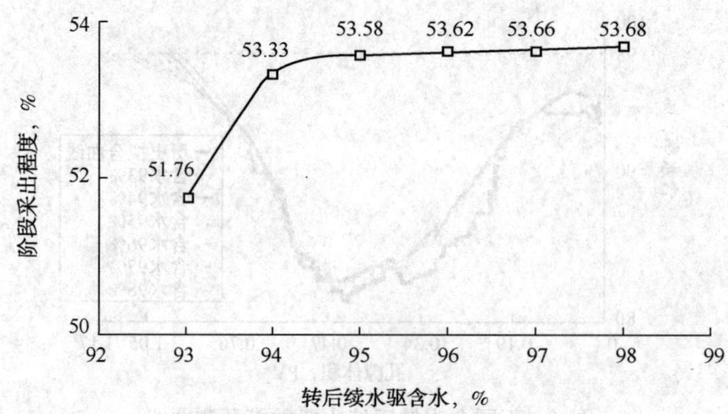

图 7　数模预测采出程度关系曲线

（3）投入产出比：从不同含水转后续水驱与产出投入比关系看，油价在 2500~4000 元/t 时，含水小于 95%继续注聚，产出投入比大于 1，含水大于 95%继续注聚，产出投入接近 1（图 8）。

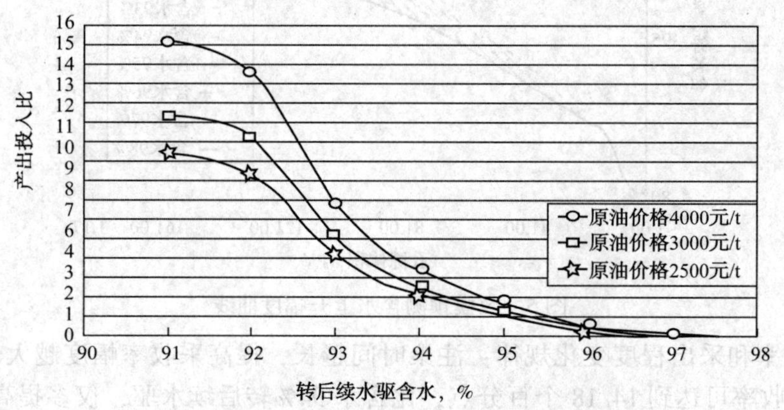

图 8　不同含水转后续水驱与产出投入比关系曲线

数值模拟研究表明：含水在 95%时转入后续水驱，对区块开发效果影响较小。

1.2.2　一类油层不同含水转后续水驱对比

通过对比一类油层不同含水转后续水驱对含水变化的影响看，不同含水时转后续水驱对含水变化有明显影响。

当含水小于 90%时，在相同含水条件下，转后续水驱的井比不转的井月含水多上升 0.09 个百分点；当含水在 90%~92%时，在相同含水条件下，转后续水驱的井比不转的井月均含水多上升 0.05 个百分点；当含水在 92%~94%时，在相同含水条件下，转后续水驱的井比不转的井月均含水多上升 0.02 个百分点；当含水在 94%~95%时，在相同含水条件下，转后续水驱的井比不转的井月均含水多上升 0.01 个百分点；当含水在 95%~96%时，在相同含水条件下，转后续水驱的井比不转的井月均含水多上升 0.004 个百分点（图 9）。

通过上述研究，认为含水应作为井组转后续水驱的一项重要参考指标；延长注聚能够减缓含水上升速度；转后续水驱时含水越低，含水上升速度越快，累计增油量越少；当含水大于 95%时，延长注聚含水上升速度低于转后续水驱，但差值很小。

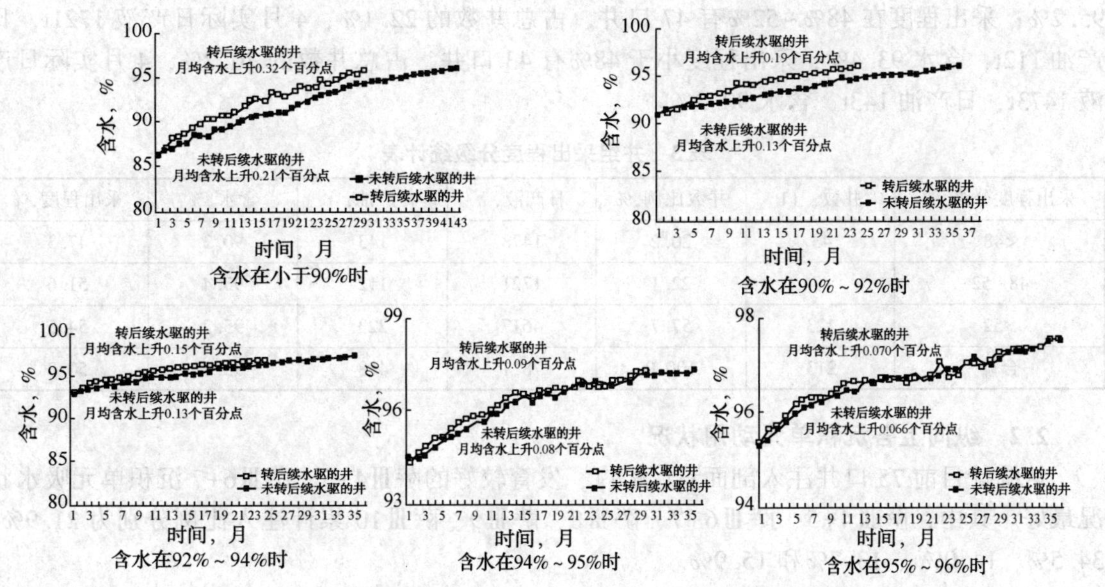

图9　不同含水转后续水驱井与不转后续水驱井含水变化曲线

2　区块动用状况

北北块一区是喇嘛甸油田第一个二类油层注聚区块，2006年9月投产，2007年10月转注聚，截至2013年4月处于注聚后期阶段。累计注入孔隙体积0.829PV，累注干粉43807t，聚合物用量1495PV·mg/L，累计增油143.14×10^4t（归一法计算），阶段提高采收率11.05个百分点，采出程度50.56%。区块综合含水达到了93.79%，面临逐步转入后续水驱的局面。

2.1　平面上井组间动用状况

从含水分级情况看（表2），高含水井比例较大。含水大于95%有127口井，占总井数的59.6%，4月实际日产液4582t，日产油179t，含水96.1%；含水在92%~95%有36口井，占总井数的16.9%，4月实际日产液1556t，日产油101t，含水93.5%；含水在90%~92%有18口井，占总井数的8.5%，4月实际日产液734t，日产油67t，含水90.9%；含水小于90%有32口井，占总井数的15.0%，4月实际日产液939t，日产油131t，含水86.1%。

表2　北北块一区含水分级统计表

含水分级,%	井数，口	井数比例,%	日产液，t	日产油，t	含水,%
<90	32	15.0	939	131	86.1
90~92	18	8.5	734	67	90.9
92~95	36	16.9	1556	101	93.5
>95	127	59.6	4582	179	96.1
合计	213	100.0	7811	478	93.8

截至2013年4月，全区平均采出程度50.56%。从井组采出程度上看（表3），采出程度大于52%有123口井，占总井数的57.7%，4月实际日产液4617t，日产油223t，含水

95.2%；采出程度在48%~52%有47口井，占总井数的22.1%，4月实际日产液1721t，日产油112t，含水93.4%；采出程度小于48%有43口井，占总井数的20.2%，4月实际日产液1473t，日产油143t，含水90.3%。

表3　井组采出程度分级统计表

采出程度分级,%	井数，口	井数比例,%	日产液，t	日产油，t	含水,%	采出程度,%
<48	43	20.2	1473	143	90.3	47.3
48~52	47	22.1	1721	112	93.4	51.6
>52	123	57.7	4617	223	95.2	54.5
合计	213	100.0	7811	478	93.8	50.3

2.2　纵向上各沉积单元动用状况

从统计目前75口井注入剖面看(表4)，发育较好的萨Ⅲ4+5、萨Ⅲ6+7沉积单元吸水状况最好。其中，萨Ⅲ4+5、萨Ⅲ6+7、萨Ⅲ8、萨Ⅲ9、萨Ⅲ10累计注入比例分别为21.9%、34.5%、14.0%、13.7%和15.9%。

表4　北北块一区注入剖面统计表(75口)

层位	射开有效厚度，m	厚度比例,%	累计注入比例,%
萨Ⅲ4+5	3.3	33.3	21.9
萨Ⅲ6+7	2.9	29.3	34.5
萨Ⅲ8	1.3	13.1	14.0
萨Ⅲ9	1.2	12.1	13.7
萨Ⅲ10	1.2	12.1	15.9
合计	9.9	100.0	100.0

从统计目前16口井产液剖面看(表5)，发育较好的萨Ⅲ4+5、萨Ⅲ6+7沉积单元动用程度较高。其中，萨Ⅲ4+5、萨Ⅲ6+7、萨Ⅲ8、萨Ⅲ9、萨Ⅲ10产液比例分别为19.7%、36.7%、10.6%、18.4%和14.6%。

表5　北北块一区产液剖面统计表(16口)

层　位	有效厚度，m	厚度比例,%	产液比例,%
萨Ⅲ4+5	3.1	32.6	19.7
萨Ⅲ6+7	2.9	30.5	36.7
萨Ⅲ8	1.1	11.6	10.6
萨Ⅲ9	1.3	13.7	18.4
萨Ⅲ10	1.1	11.6	14.6
合计	9.5	100.0	100.0

3　北北块一区转后续水驱做法及效果

3.1　转后续水驱具体做法

根据上述转后续水驱技术界限，结合井组含水、采出程度情况，计划分三批转入后续水驱。

第一批转后续水驱井 31 口，于 2013 年 5 月实施。第二批转入后续水驱井有 47 口，于 2013 年 8 月实施。第三批转入后续水驱井有 92 口，到 2013 年底全部转入后续水驱。

第一批转入后续水驱的 31 个井组，占注入井总数的 18.2%。共分为两类，第一类是周围油井有三个以上含水大于 95%、采出程度高于全区平均水平的井，这类井组有 25 个；第二类是周围油井有三个以上含水大于 95%，虽经过多次措施改造，但油层动用状况仍然比较差，虽然目前采出程度较低，但继续注聚对提高采出程度影响不大的井组，这类井组有 6 个。

从油井含水分级情况看(表 6)，大部分是高含水井组。其中，含水大于 95%有 51 口井，占总井数的 79.7%，4 月实际日产液 1775t，日产油 62t，含水 96.5%，采出液浓度973mg/L，采出程度 54.6%；含水在 92%~95%有 11 口井，占总井数的 17.2%，4 月实际日产液 469t，日产油 31t，含水 93.5%，采出液浓度 869mg/L，采出程度 52.1%；含水在 90%~92%有 2 口井，占总井数 3.1%，4 月实际日产液 41t，日产油 4t，含水 90.2%，采出液浓度 697mg/L，采出程度 51.3%。

表 6　第一批转后续水井周围油井含水分级表

含水级别 %	井数 口	比例 %	日产液 t	日产油 t	含水 %	采出液浓度 mg/L	采出程度 %
>95	51	79.7	1775	62	96.5	973	54.6
92~95	11	17.2	469	31	93.5	869	52.1
90~92	2	3.1	41	4	90.2	697	51.3
<90	—						
合计	64	100.0	2285	98	95.7	947	53.9

第二批转入后续水驱的 47 个井组，占注入井井数的 27.6%，这类井中平面上井组间油层动用状况不均衡。从油井含水分级情况看(表 7)，含水大于 95%有 75 口井，占总井数的 68.8%，4 月实际日产液 2973t，日产油 160t，含水 94.6%，采出液浓度 819mg/L，采出程度 51.4%；含水在 92%~95%有 15 口井，占总井数的 13.8%，4 月实际日产液 588t，日产油 40t，含水 93.2%，采出液浓度 743mg/L，采出程度 50.9%；含水在 90%~92%有 11 口井，占总井数的 10.1%，4 月实际日产液 224t，日产油 18t，含水 91.9%，采出液浓度 710mg/L，采出程度 50.1%；含水小于 90%有 8 口井，占总井数的 7.3%，4 月实际日产液 239t，日产油 35t，含水 85.4%，采出液浓度 644mg/L，采出程度 48.6%。

表 7　第二批转后续水井周围油井含水分级表

含水级别 %	井数 口	比例 %	日产液 t	日产油 t	含水 %	采出液浓度 mg/L	采出程度 %
>95	75	68.8	2973	144	95.2	819	51.4
92~95	15	13.8	588	40	93.2	743	50.9

续表

含水级别 %	井数 口	比例 %	日产液 t	日产油 t	含水 %	采出液浓度 mg/L	采出程度 %
90~92	11	10.1	224	22	90.2	710	50.1
<90	8	7.3	239	35	85.4	644	48.6
合计	109	100.0	4025	241	94.0	785	50.9

第三批转入后续水驱的92个井组，占总井数的54.1%，这类井中低含水井比例较大。从油井含水分级情况看(表8)，含水大于95%有55口井，占总井数的41.7%，4月实际日产液2084t，日产油95t，含水95.4%，采出液浓度823mg/L，采出程度51.6%；含水在92%~95%有28口井，占总井数的21.2%，4月实际日产液1220t，日产油83t，含水93.2%，采出液浓度739mg/L，采出程度50.4%；含水在90%~92%有17口井，占总井数的12.9%，4月实际日产液732t，日产油65t，含水91.2%，采出液浓度701mg/L，采出程度49.7%；含水小于90%有32口井，占总井数的24.2%，4月实际日产液760t，日产油108t，含水85.7%，采出液浓度621mg/L，采出程度48.3%。

表8　第三批转后续水井周围油井含水分级表

含水级别 %	井数 口	比例 %	日产液 t	日产油 t	含水 %	采出液浓度 mg/L	采出程度 %
>95	55	41.7	2084	95	95.4	823	51.6
92~95	28	21.2	1220	83	93.2	739	50.4
90~92	17	12.9	732	65	91.2	701	49.7
<90	32	24.2	760	108	85.7	621	48.3
合计	132	100.0	4797	351	92.7	736	49.9

3.2　转后续水驱时注采调整

转后续水驱时，为了减缓停注聚后单层突进，控制井组含水上升速度，对停注聚井组重点做好以下两方面工作。

一是对于层内渗透率级差较大、且没有稳定隔层的注入井，采取低速注入方式，控制含水上升速度。实施配注调整29口，日注入量下调410m^3。

二是对于层内(层间)渗透率级差较大、且有稳定物性夹层的注入井，利用胶筒封堵高渗透部位，控制高渗透层的吸水量。实施胶筒封堵25口。

3.3　转后续水驱井效果分析

转后续水驱后，油井月含水上升0.09个百分点，比转后续水驱前少上升0.05个百分点。因此，最大限度地控制该区块含水上升速度和产量递减幅度，同时节约聚合物用量(图10)。

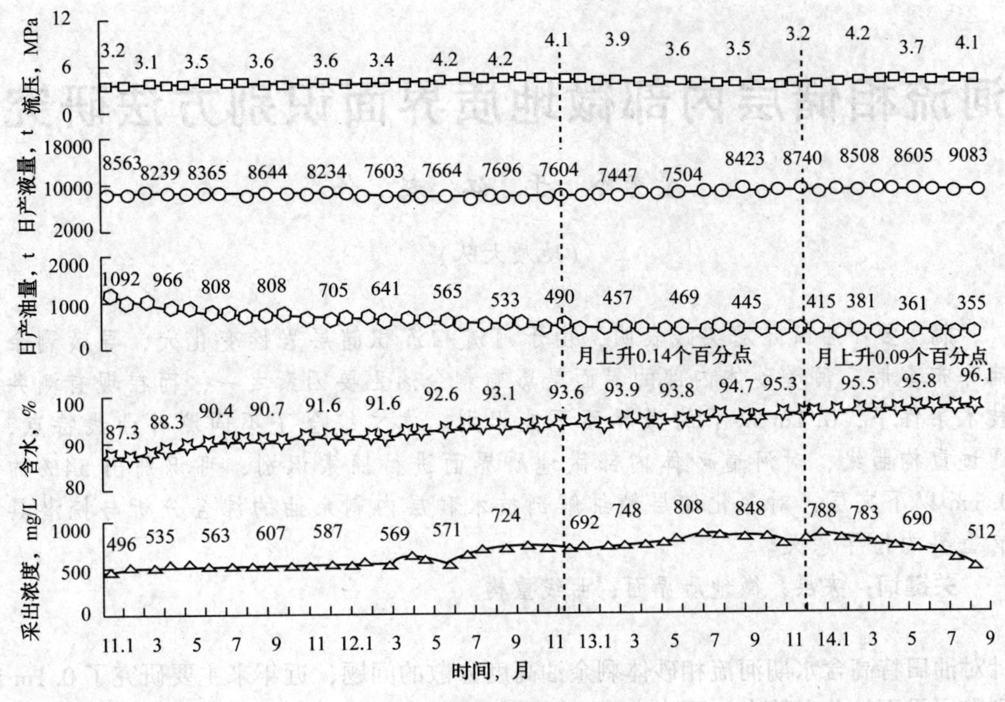

图 10 北北块一区生产曲线

4 结论

（1）根据数值模拟研究，二类油层首套层系理论上的合理聚合物用量为 1400～1560PV·mg/L,可以考虑转入后续水驱。

（2）根据数值模拟和一类油层实践研究，含水在 95%时转入后续水驱，对区块开发效果影响较小。

（3）转后续水驱时，及时进行注采调整，能够有效控制含水上升速度。

参 考 文 献

[1] 吴帅．聚合物驱转后续水驱时机和方法[J]．大庆师范学院学报，2014(3)：59-62.

[2] 刘吉英．北二东后续水驱综合调整方法及认识[J]．内蒙古石油化工，2014，40(06)：52-54.

[3] 黄伏生，等．完善聚驱综合配套调整技术　改善聚合物驱开发效果[M]//喇嘛甸油田特高含水期油田开发理论与实践．北京：石油工业出版社，2003.

河流相储层内部微地质界面识别方法研究

裴秀玲　于　江　赵　伟

（地质大队）

摘　要： 油田开发实践表明，由于河流相沉积储层岩性变化大，导致剩余油分布零散，河道砂体内部的界面是影响剩余油主要因素之一，而在现有测井技术条件下，0.1m 以下的微界面不能识别。本文综合了不同测井曲线特点，通过重构曲线，对河道砂体内部微地质界面进行探索识别，可识别出 54% 的 0.1m 以下夹层，对深化储层精细解剖技术和层内剩余油的综合分析与挖潜具有重要的指导意义。

关键词： 夹层；微地质界面；曲线重构

针对油田特高含水期河流相砂体剩余油高度分散的问题，近年来主要研究了 0.1m 以上可识别夹层界面的分布特点，而岩心上显示厚层内还存在较多 10cm 以下的泥质条带、钙质薄层等低渗夹层，夹层上下储层驱油效率存在差异。在现有测井技术条件下，这类夹层在曲线上具有一定的响应特征，但没有达到划分标准。为此，本文尝试利用多曲线，综合研究微界面的测井识别方法，对层内剩余油的分析与挖潜具有重要的指导作用。

1　微地质界面的发育特征

本文研究微地质界面指由于沉积成岩作用形成的，使得储集性能变差、未达到油层下限的超薄夹层界面，即河流相储层内部厚度在 10cm 以下的夹层。从储层层次分析理论上看，微地质界面属于层内结构界面，与层次界面中的部分薄的四级界面、部分三级界面相对应。

统计 7 口岩心井 1.5m 以上有效厚层内微地质界面发育情况，发育 2~5cm 夹层的频率为 0.5 个/m，6~10cm 夹层的频率为 0.3 个/m。岩心上可识别的微地质界面的岩性主要为泥岩、钙质岩、粉砂质泥岩、泥质粉砂岩、泥质细砂岩等。从现代沉积剖面上，辫状河内微界面厚度 1~10cm，延伸 30~70m 的范围，界面厚度 10~25cm 的层内夹层，多数延伸范围在 50~150m；分流河道与决口河道内部微界面水平产状，厚度 2~10cm，分布稳定；曲流河道内部发育微界面为倾斜产状，夹层厚度为 7~10cm，倾角在 3°~15°，夹层规模12.4~63.5m。

2　微地质界面的识别方法

2.1　微地质界面的岩性和曲线特征

通过对 6 口取心井的岩电分析，微地质界面在测井曲线有微弱或稍微明显的反映。具体表现为：微球形聚焦、声波时差曲线低值，密度曲线出现小的高值，自然电位曲线回返，微电极曲线出现低值及幅度值低，有一定的幅度差，但幅度差明显小于储层的幅度差（图 1）。

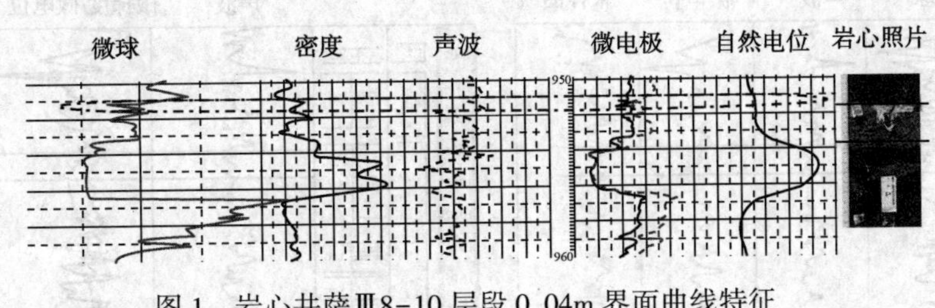

图1　岩心井萨Ⅲ8-10层段0.04m界面曲线特征

2.2　微地质界面的测井识别方法

2.2.1　研究思路

目前测井曲线测点间距5cm，不能直接解释超薄夹层。有研究成果证实，对测井曲线进行反褶积和多曲线融合处理后，可进一步提高薄夹层的分辨率。因此，通过建立岩电关系，落实夹层对应的曲线特征，研究能够反映微地质界面的敏感曲线，对敏感曲线进行重构处理，通过重构曲线建立曲线图版，确定识别标准。

2.2.2　微地质界面识别方法

2.2.2.1　确定敏感曲线

结合岩心、测井等资料，确定微地质界面敏感曲线。主要有微球形聚焦、密度、声波时差、微电极等4条曲线有响应，在界面位置曲线出现小正向或负向的尖峰，在自然电位上有时会有微弱的回返(图2)。

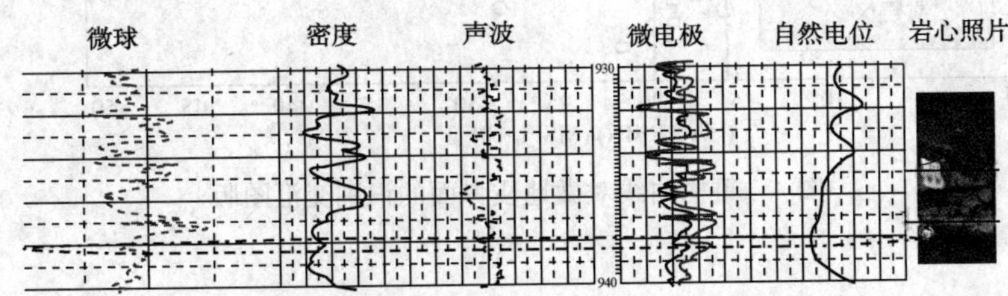

图2　岩心井萨Ⅲ4-7层段0.07m界面曲线特征

2.2.2.2　测井曲线重构方法研究

由于测井曲线测点间距是5cm，不足以识别微界面。本次研究借鉴了地震研究中的反褶积和融合技术，利用不同测井曲线的测点位置不同的特点，将敏感曲线进行整合重构，提高采样点中测点信息比例，增加测井信息的可靠性。

首先将确定的敏感曲线进行反褶积处理，得到地层测井响应的真实值，从而消除围岩的影响；然后利用反褶积处理后的微球形聚焦、声波时差、微电位曲线合成重采样，利用处理后的声波、微梯度、微电位等曲线放大界面的回返特征，通过多条曲线相互运算，结合岩心识别情况，确定了重构曲线和模型图3。

$$CG1 = (HAC \cdot RMN)/(MSFL \cdot 10)$$

$$CG2 = (RMN - RMG)/RMN \cdot HAC$$

2.2.2.3　曲线识别图版制作与评价

通过提取6口岩心井的重构曲线的幅度值，得到580个夹层采样点的数据，其中0.08~0.01m之间夹层共有124处，0.1m以上夹层共有456处，以及4573个砂岩点数据，利用这

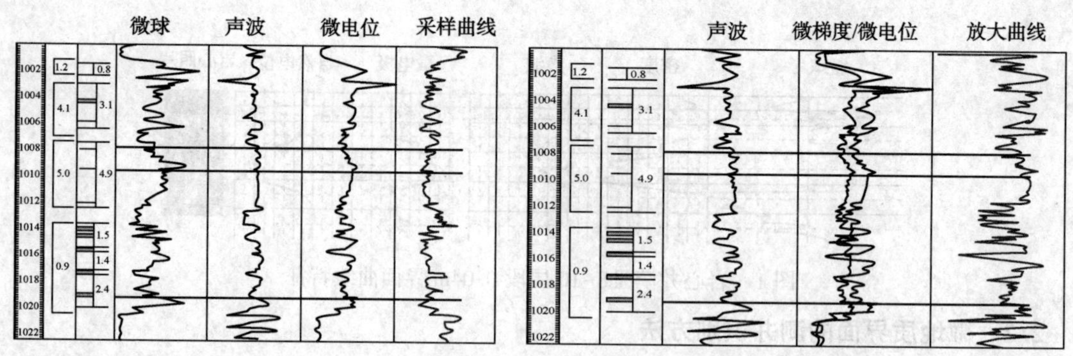

图3　重构曲线对微地质界面的响应能力

些数据制作曲线幅度值散点图确定界限值。微地质界面的界限值为：CG1 曲线界限值为 15.3，CG2 曲线界限值为 77.6。分析交会图版，0.1m 以下界面共有采样点 124 个，在标准外的采样点有 57 个，识别的符合率为 54.0%(图4)。

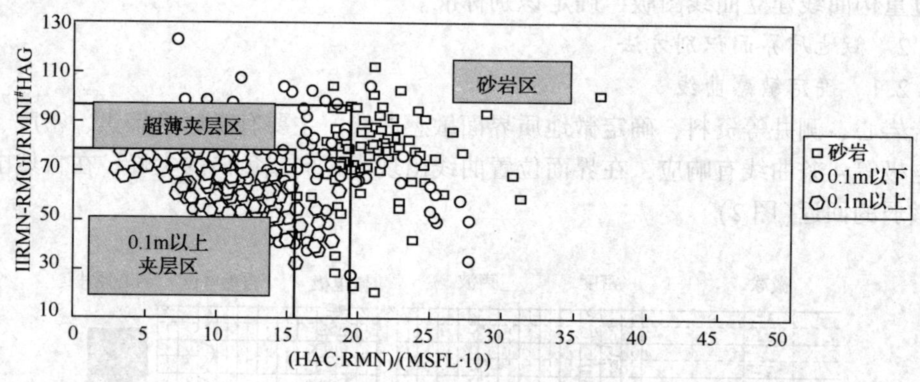

图4　重构曲线对微地质界面的识别交汇图版

3　结论

（1）岩心及现代沉积剖面资料显示，河道砂体内部存在微地质界面，对应地质界面层次为部分四级结构界面和三级层次界面。

（2）岩心与现代沉积露头上，微地质界面主要有泥岩、钙质岩、泥质粉砂岩、粉砂质泥岩等岩性，并具有水平状、波状和倾斜状等三种分布模式。

（3）微地质界面具有一定的测井响应特征，利用这些响应特征，通过对敏感曲线反褶积和融合处理，可以实现对微地质界面识别，识别精度为 68%。

参 考 文 献

[1] 亓校湘，马德勇，刘雷，等．河道砂体内部夹层特征研究[J]．大庆石油地质与开发，2005，24(3).

[2] 张宪国，林承焰，张涛．测井盲反褶积及在储层构型界面识别中的应用[J]．西南石油大学学报(自然科学版)，2010，32(2).

[3] 苏艳丽．提高测井曲线分辨率的方法研究及应用[J]．长江大学，2012.

[4] 吴胜河，王仲林．陆相储层流动单元研究的新丝路[J]．沉积学报，1999.

[5] 吕晓光，马福士，田东辉．隔层岩性、物性及分布特征研究[J]．石油勘探与开发，1994(5)：80-87.

喇嘛甸油田储气库调峰能力分析及应用

张　冶　周　磊

（地质大队）

摘　要： 喇嘛甸油田是一个层状砂岩气顶油藏，为合理利用天然气资源，建设了地下储气库，而气顶油藏开发中的关键问题就是确保油气界面的稳定，避免油、气间的相互窜流。由于油气区的同时开发，一方面使得储气库的调峰能力、生产运行不仅受储气库容量的控制，还受到油区生产状况的限制，一方面使得保持油气界面稳定性的难度加大。为此，应用理论公式计算，结合储气库运行实际、压力分布状况等，综合确定了储气库的理论和实际调峰能力以及单井注采气能力。在此基础上，应用数值模拟技术，确定了调峰需求与气井开井数之间的关系，给出了储气库运行过程中的优化运行方法。调峰能力及优化方法的合理确定，能有效指导储气库年度注采气运行的安排，确保油气界面的稳定。

关键词： 储气库；调峰；压力；优化

喇嘛甸油田是一个受构造控制的短轴背斜气顶油藏，整个构造被两组大断层切割成面积不等的南、中、北三大块。其中北块面积最大。油田具有统一的油气界面和油水界面，含气高度约 90m，气顶气主要集中在构造顶部的萨尔图储层中[1]。喇嘛甸油田作为气顶油田，在开发中最关键的问题就是保持油气界面的相对稳定，防止油气窜流。为此，在气顶外留有一定宽度的油环未射孔，作为油气运移的缓冲区，为合理利用天然气资源，在北块气顶内建设了地下储气库。近年来，随着油田开发调整的不断深入、储气库调峰需求的逐步扩大，控制油气界面稳定的难度也逐渐加大。因此，有必要对目前储气库调峰能力进行分析，进而确定调峰运行的优化方法，确保油气界面的稳定。

1　储气库基本情况

喇嘛甸油田储气库始建于 1975 年，位于油田北块，作为季节调峰、优化供气系统、事故应急和战略储备的一项重要保障措施。地下储气库投产初期，建设了气井 10 口，只采不注，1983 年建成地面注气站开始少量回注天然气。1996 年至 2004 年对储气库进行了地下及地面系统的扩建。目前储气库共有生产气井 14 口，地面注气站 1 座，包括 5 台单机注气能力为 $20\times10^4m^3/d$ 的注气压缩机，结合储气规模、单井能力及地区特点，配套完善了注采气净化、脱硫、过滤分离和计量设备等注采气工艺流程。

储气库目前主要由地下储库、地面井站设施和油气界面监测系统等三部分组成。储气库地质储量 $35.7\times10^8m^3$，14 口气井中正常注采气井 11 口，3 口为紧急情况下使用的备用及监测井。截至 2013 年底，储气库绝对采出气量 $1.78\times10^8m^3$（图 1）。

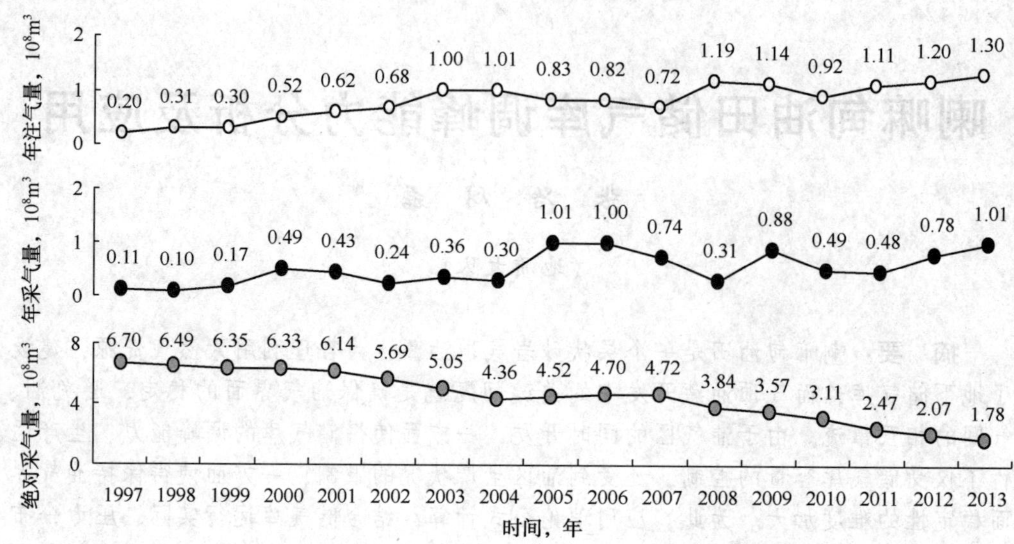

图 1　喇嘛甸油田储气库开采曲线

从储气库监测系统各项资料分析来看，未发现异常井点，油气区压差处在合理范围之内，油气界面继续保持稳定。

2　储气库调峰能力分析

天然气和水以及电一样，有一个高峰使用时段和低谷使用时段，其用量随着时间的变化会呈现出有规律的波峰以及波谷，但如果天然气使用高峰与低谷差距过大，会造成存储和运输等一系列问题。调峰就是要缩小波峰与波谷的差距。而储气库恰好可以解决这一问题，在用气高峰时，其可以将存储的天然气采出，保证管网压力，在天然气过剩时，又可将多余的天然气储存起来。其调峰能力通常是指年度调峰气量，即年度储采气量，是为补偿天然气用户季节供求差异的气量。对于喇嘛甸油田来说，储气库调峰能力的合理确定不但可以为供气系统的调整提供依据，以满足上下游用户的需求，同时有利于油气界面稳定性的维护。

2.1　储气库理论调峰能力

由于储气库油气界面基本保持稳定，可以看成是一个没有油浸入的封闭气藏，根据物质平衡方程可以推导出储气库的动用储量以及在保持油气界面相对稳定条件下的调峰能力。

天然气属于真实气体，其状态参数并不满足理想气体状态方程，而是存在一定的偏差，偏差的程度常用偏差因子（Z）来表示，即：

$$PV = ZnRT \tag{1}$$

式中　P——气体压力，MPa；

V——气体体积，m^3；

T——气体温度，K；

n——气体物质的量，kmol；

R——气体常数，$R=0.008315 MPa \cdot m^3/(kmol \cdot K)$；

Z——偏差因子，无量纲。

Z 的数值随气体温度和压力的变化而变化，正确确定天然气的 Z 值，对天然气的储量计算等至关重要。一般来说，可以通过实验进行测量，也可通过特定的方程进行计算，但更为常用的方法还是应用对应状态原理，通过图版进行确定。

由物质平衡方程：

$$G_P \times B_g = G \times (B_g - B_{gi}) + M \tag{2}$$

和非理想气体状态方程，进一步推导得到：

$$\frac{P}{Z} = \frac{P_i}{Z_i} \times \frac{1}{1 - R^B} \times (1 - R) \tag{3}$$

式中 $R = G_P/G$，$W = R^B$；

G_P、G——累计采出气量和地质储量，10^8m^3；

P_i、P——原始状态和某时刻的地层压力，MPa；

Z_i、Z——原始状态和某时刻的偏差因子；

B_{gi}、B_g——原始状态和某时刻的天然气体积系数；

M、W——外界浸入量和浸入系数；

R——采出程度，%；

B——浸入指数。

依据式(3)对储气库历年的生产数据进行了拟合，从压降曲线可以看出，目前储气库动用储量为 $32.0 \times 10^8 m^3$(图 2)，储气库地质储量动用程度已达到 89.6%，短期内不会大规模增加。

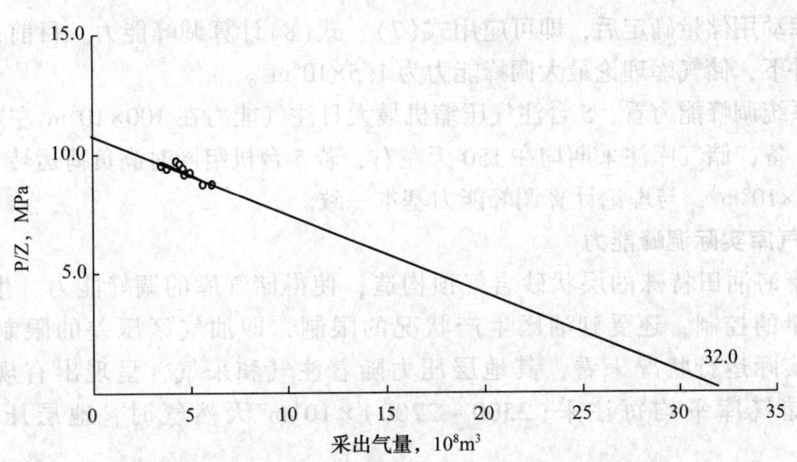

图 2 喇嘛甸油田储气库实际生产数据拟合压降曲线

由非理想气体状态方程可以得到储气库动用天然气储量在地下和地面条件的关系方程[2]：

$$\frac{P_i V_i}{Z_i} = \frac{P_b G}{Z_b} \tag{4}$$

式中 P_i——储气层原始状态下的地层压力，MPa；

V_i——储气层原始状态下的天然气体积，m^3；

Z_i——储气层原始状态下的气体压缩因子；

P_b——地面条件下的压力，MPa；

Z_b——地面条件下的气体压缩因子；

G——天然气动用储量，10^8m^3。

当储气库注采到第 t 时刻时，净剩累计采气量(累计采气与累计注气差值)为 G_P，储气层压力 P_t，相应的压缩因子 Z_t，若将累计采气量折算到地面状态，则有：

$$\frac{P_t V_t}{Z_t}=\frac{P_b G_p}{Z_b} \tag{5}$$

包括地下剩余储量和累计采出量两部分天然气总量遵循下述方程：

$$\frac{P_i V_i}{Z_i}=\frac{P_t(V_i+V_t)}{Z_t} \tag{6}$$

由式(4)和式(5)分别导出 V_i 和 V_t 后代入式(6)，可得到 t 时刻储气库地层压力 P_t 与净胜累计采气量 G_P 之间的关系。进一步演变后可测算储气库阶段调峰能力，在 t 时刻油气区压差为 P_{og}，而喇嘛甸油田保持油气界面稳定的合理油气区压差应用数值模拟技术，结合储气库运行实际，已经确定为±0.5MPa，则储气能力 Q_i 可由(7)式求出：

$$Q_i=\frac{(0.5+P_{og})Z_i G}{Z_{tj}P_i} \tag{7}$$

供气能力 Q_j 可由式(8)求出：

$$Q_j=\frac{(0.5-P_{og})Z_i G}{Z_{tj}P_i} \tag{8}$$

在储气库动用储量确定后，即可应用式(7)、式(8)计算调峰能力。目前，在油气区压力平衡的条件下，储气库理论最大调峰能力为 $1.5\times10^8m^3$。

从地面系统调峰能力看，5 台注气压缩机最大日注气能力在 $100\times10^4m^3$左右，目前运行方式为 4 开 1 备，储气库注采期均在 150 天左右，若 5 台机组同时满负荷运转，则储气库调峰能力为 $1.5\times10^8m^3$，与理论计算调峰能力基本一致。

2.2 储气库实际调峰能力

由于喇嘛甸油田特殊的层状砂岩气顶构造，使得储气库的调峰能力、生产运行不仅受储气库容量的控制，还受到油区生产状况的限制，即油气区压差的限制[3]。从整个北块储气库实际运行状况来看，其地层压力随着注气和采气，呈现出有规律的升降趋势(图 3)，储气库平均每注采(2500～2700)$\times10^4m^3$天然气时，地层压力升高或降低 0.1MPa。

以 2014 年第一阶段采气末为例，储气库压力 8.18MPa，油区压力为 8.38MPa，若考虑注气末油气区压差最低为-0.5MPa，则气区压力最高可为 8.88MPa。但实际上，在同一储层条件下，气体传导速度远大于油水混合物，气区压力可以视为基本相同，而油区虽然预留有一定宽度的油环未射孔，作为油气运移的“缓冲区”，整体压力变化较小，但受储层发育、构造等影响，局部压力分布差异相对较大，从各监测井点来看，最低的为 8.07MPa，最高的为 8.71MPa。因此，为保证油气界面整体与局部的稳定，2014 年注气期末气区压力不宜超过 8.57MPa，即局部油气区压差达到-0.5MPa，气区压力上升 0.39MPa。同时，结合近几年储气库运行实际，平均每注采 $2358\times10^4m^3$天然气时，地层压力升高或降低 0.1MPa，则 2014 年储气库实际调峰能力为 $0.9\times10^8m^3$。

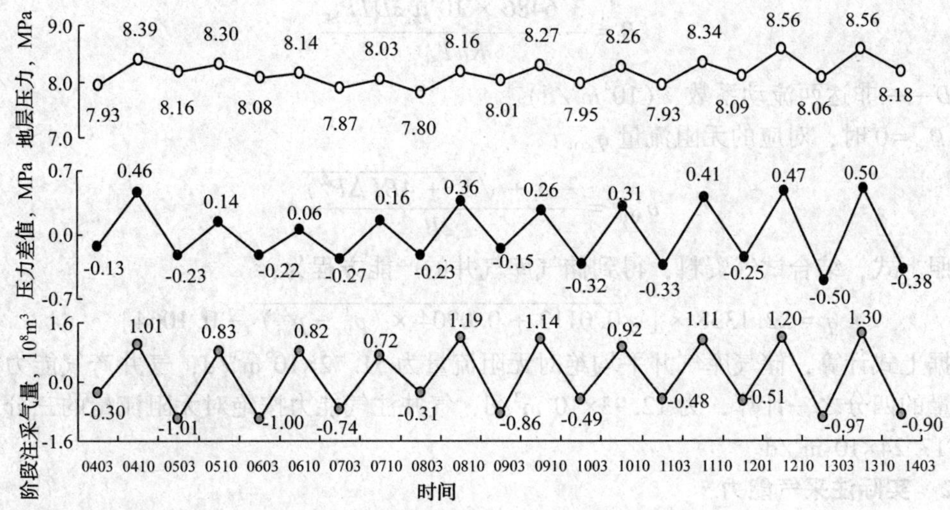

图 3　喇嘛甸油田储气库注采周期末地层压力与注采气量关系曲线

3　储气库单井注采气能力分析

3.1　理论注采气能力

根据气藏工程研究成果，采气中的有关原理及计算方法同样适用于注气。根据国外储气库运行经验，单井采气能力可定在试气所得无阻流量的四分之一至三分之一，单井注气能力可定在无阻流量的三分之一至二分之一[4]。

气井的二项式产能方程为：

$$R_{\mathrm{R}}^{2} - P_{\mathrm{wf}}^{2} = Aq_{\mathrm{sc}} + Bq_{\mathrm{sc}}^{2} \tag{9}$$

$$A = \frac{3.6846 \times 10^{4} T\bar{\mu}_{\mathrm{g}}\bar{Z}P_{\mathrm{SC}}}{KhT_{\mathrm{SC}}}\left(\ln\frac{0.427r_{\mathrm{e}}}{r_{\mathrm{w}}} + s\right)$$

式中　P_{R}——地层压力，MPa；

P_{wf}——井底流压，MPa；

q_{sc}——气井产量，$10^4\mathrm{m}^3/\mathrm{d}$；

A——层流系数；

T——气层温度，K；

$\bar{\mu}$——平均气体黏度，mPa·s；

$\bar{Z}$——平均气体偏差系数；

r_{e}——泄油半径，m；

r_{w}——井筒半径，m；

s——表皮系数；

K——渗透率，mD；

h——气层有效厚度，m；

P_{SC}——标准压力，MPa；

T_{SC}——标准温度，K；

B——紊流系数；

$$B = \frac{3.6486 \times 10^4 \bar{\mu}_g \bar{z} DTP_{SC}}{KhT_{SC}}$$

式中　D——非达西流动系数，$(10^4 m^3/d)^{-1}$。

当 $P_{wf}=0$ 时，对应的无阻流量 q_{AOF}：

$$q_{AOF} = \frac{-A + \sqrt{A^2 + 4B(\Delta P^2)}}{2B} \tag{10}$$

按照上式，结合试气资料，得到储气库气井的产能方程为：

$$q = 22.1338 \times [\sqrt{0.0113 + 0.0904 \times (p_R^2 - p_{wf}^2)} - 0.1064] \tag{11}$$

根据上式计算，储气库气井平均绝对无阻流量为 $51.72\times10^4 m^3/d$，气井产气能力按绝对无阻流量的四分之一计算，为 $12.93\times10^4 m^3/d$，气井注气能力按绝对无阻流量的三分之一计算，为 $17.24\times10^4 m^3/d$。

3.2　实际注采气能力

3.2.1　井间干扰系数研究

气井生产时，靠气藏弹性能量提供驱动压力，如果井距减小，采气指数增大，但单井控制储量降低，供给边缘地层压力下降幅度加大，单井产气量递减幅度大，一定时间内累计产气量不一定增加[5-9]。为了研究井距对气井产量的影响，选择气井定压生产条件进行分析。

根据气体渗流时以拟压力 $m(P)$ 表示的渗流偏微分方程：

$$\nabla^2 m(P) = \frac{\phi C_g \mu_g}{K} \frac{\partial m(P)}{\partial t} \tag{12}$$

式中　$m(P)$——拟压力，$m(P) = 2\int_{P_m}^{P} \frac{p}{\mu z} dp$，$P_m$ 为参考压力，一般取 0.1MPa 或 0.2MPa；

ϕ——孔隙度，%；

C_g——气体压缩系数，MPa^{-1}；

μ_g——气体黏度，mPa·s；

K——地层渗透率，mD；

t——生产时间，d。

为了研究井间干扰问题，如图 4 所示，假定有 9 口生产井定压生产，改变井距，研究中心井 5 的生产动态。

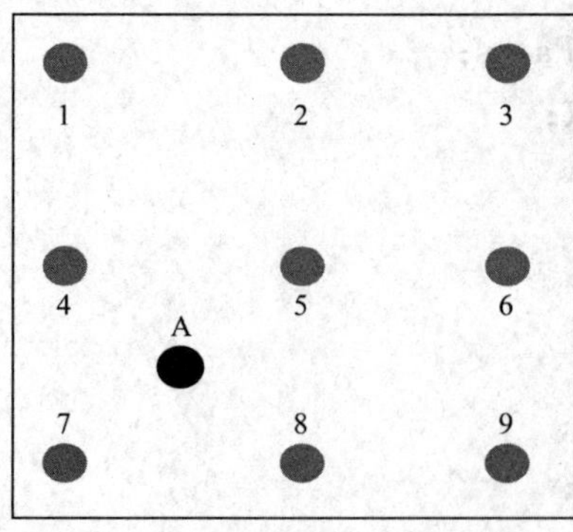

图 4　井间干扰研究理论模型示意图

根据压力叠加原理，可以计算到中心井与周围井之间任意一点 A 处的拟压力。

$$m(P)_{\mathrm{i}}-m(P)(r_{\mathrm{A}},t)=[m(P)_{\mathrm{i}}-m(P)_{1}(r_{1\mathrm{A}},t)]+$$

$$[m(P)_{\mathrm{i}}-m(P)_{2}(r_{2\mathrm{A}},t)]+\cdots=\sum_{j=1}^{9}[m(P)_{\mathrm{i}}-m(P)_{\mathrm{j}}(r_{\mathrm{jA}},t)]$$

$$m(P)(r_{\mathrm{A}},t)=\sum_{j=1}^{9}m(P)_{\mathrm{j}}(r_{\mathrm{jA}},t)-8m(P)_{\mathrm{i}} \tag{13}$$

式中 $[m(P_i)-m_j(r_{jA},t)]$——第 j 口井在 A 点处产生的拟压力降；

r_{jA}——第 j 口井到 A 点的距离，m；

根据拟压力与压力之间的关系式：

$$m(P)_{(r,t)}=\frac{p_{(r,t)}{}^{2}-p_{m}{}^{2}}{\mu z} \tag{14}$$

得到不同时间、不同位置处的气藏压力计算公式：

$$P_{(r,t)}=\sqrt{m(P)_{(r,t)}\mu z+p_{m}^{2}} \tag{15}$$

则中心井 5 的产量公式为：

$$Q_{\mathrm{sc}}=\frac{[m(P)(r_{\mathrm{e}},t)-m(P)_{\mathrm{wf}}]\pi KhT_{\mathrm{sc}}}{\ln\frac{r_{\mathrm{e}}}{r_{\mathrm{w}}}P_{\mathrm{sc}}T} \tag{16}$$

式中 π——圆周率，3.14；

h——储层有效厚度，m；

T_{sc}——标准温度，K；

r_{e}——泄油半径，m；

r_{w}——井筒半径，m

P_{sc}——标准压力，MPa；

T——气层温度，K。

研究井距在 300~1400m 条件下多井同时开井的井间干扰问题。结果显示(图 5)，多井同时生产时，平均单井日产气量逐渐下降，气井间井距越大，平均单井日产气量下降幅度越小，在 300m 井距条件下下降幅度最大，随着井距增大，产气量下降幅度变小，在 800m 井距条件下下降幅度为 15.3%，当井距超过 800m 时，井间干扰下降幅度明显变小。考虑现储气库气井间平均距离在 800m 左右，综合确定储气库多井同时生产的井间干扰系数为 0.85。

3.2.2 实际注采气能力

喇嘛甸油田储气库气井理论注采气能力分别为 $17.24\times10^4\mathrm{m}^3/\mathrm{d}$ 和 $12.93\times10^4\mathrm{m}^3/\mathrm{d}$，若井间干扰系数取值 0.85，则储气库气井的理论注采气能力分别为 $14.65\times10^4\mathrm{m}^3/\mathrm{d}$ 和 $10.99\times10^4\mathrm{m}^3/\mathrm{d}$。

为验证理论计算结果，统计了 2012 年以来储气库气井实际注采气能力(表 1)，其中单井注气能力为 4 台压缩机组同时运行时数据。从统计结果看，近两年储气库气井平均采气能力为 $10.40\times10^4\mathrm{m}^3/\mathrm{d}$，与理论计算结果基本一致；平均注气能力为 $8.22\times10^4\mathrm{m}^3/\mathrm{d}$，与理论计算的 $14.65\times10^4\mathrm{m}^3/\mathrm{d}$ 差距较大，这主要是由于储气库气井实际注气过程中受注气压缩机能力、来气压力、气源组分的影响较大，导致理论注气能力与实际注入偏差较大[10]。

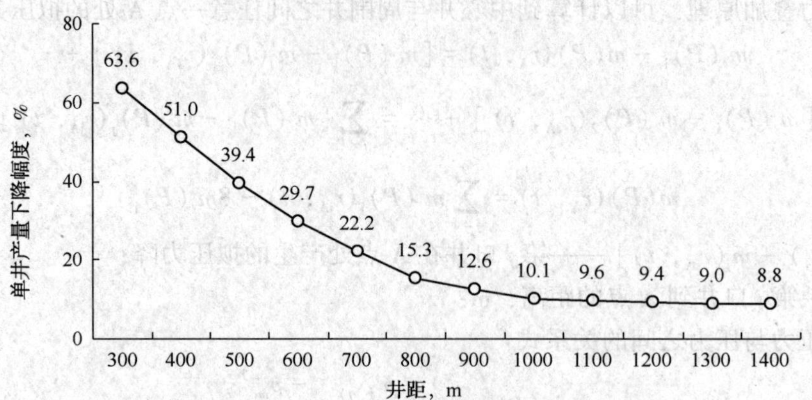

图 5　储气库不同井距下多井生产时产气能力下降幅度

表 1　2012 年以来储气库气井实际注采气能力表

序号	井号	注气阶段		采气阶段	
		注气压力 MPa	平均日注气 10^4m^3	采气压力 MPa	平均日采气 10^4m^3
1	L1	8.4	8.24	6.1	10.47
2	L2	8.3	8.25	6.2	11.20
3	L3	8.3	8.23	6.0	9.96
4	L4	8.4	8.24	6.2	10.92
5	L5	8.5	8.26	6.2	10.57
6	L6	8.5	8.25	6.0	9.14
7	L7	8.4	8.21	6.4	10.91
8	L9	8.5	8.19	5.9	10.53
9	L11	8.4	8.18	6.1	9.49
10	L12	8.4	8.18	6.1	10.60
11	L13	8.5	8.18	6.1	10.63
平均		8.4	8.22	6.1	10.40

综合以上分析，喇嘛甸油田储气库气井目前极限产气能力为 $11.0\times10^4m^3/d$ 左右，注气能力为 $8.5\times10^4m^3/d$ 左右(4 台注气机组联运)；平均采气能力在 $10.0\times10^4m^3/d$ 左右，注气能力在 $8.0\times10^4m^3/d$ 左右(4 台注气机组联运)。

需要指出的是，储气库整体调峰能力仅是指其库容规模的注采能力，具体运行时需要依靠单井进行注采。就喇嘛甸油田储气库而言，理论调峰能力为 $1.5\times10^8m^3$，注采周期内整个气库日均注采 $100\times10^4m^3$ 天然气，就目前的 14 口气井而言，其单井注采能力完全可以满足气库的调峰需求。

4　储气库运行优化方法研究

随着储气库注采气规模的不断扩大，控制油气界面稳定的难度也越来越大[11]。因此，需要结合油气区合理压差、储气库运行实际等确定严格的储气库运行原则及开关井顺序等优化方法，使得储气库在满足注采气调峰需求的同时，油气区压力又能够平稳变化，始终控制在合理范围之内，进而保证油气界面的稳定。

4.1 调峰气量与所需气井关系

为更好地对储气库注采气调峰进行优化设计，对储气库不同调峰需求所需的合理开井数进行了数值模拟研究。研究条件为：在油气区压力平衡的条件下，注采气周期均为150天，储气库目前11口气井全部开井，研究保持不同油气区压差下的储气库平均日调峰气量、平均单井日调峰气量，从而推算保持不同油气区压差所需的最少气井开井数。具体结果见表2、表3。

表2 油气区压差与日调峰气量及所需气井数关系表(注气)

油气区压差 MPa	单井极限 注气能力 10^4m^3	平均单井 日注气量 10^4m^3	平均日 调峰量 10^4m^3	注气期 调峰量 10^4m^3	最少气井 开井数 口
+0.1	8.5	2.3	25	3795	3
+0.2		4.1	45	6716	6
+0.3		5.8	64	9620	8
+0.4		7.5	83	12375	10
+0.5		9.3	102	15279	12

表3 油气区压差与日调峰气量及所需气井数关系表(采气)

油气区压差 MPa	单井极限 产气能力 10^4m^3	平均单井 日采气量 10^4m^3	平均日 调峰量 10^4m^3	采气期 调峰量 10^4m^3	最少气井 开井数 口
-0.1	11.0	1.7	19	2822	2
-0.2		3.6	40	5957	4
-0.3		5.5	61	9092	6
-0.4		7.4	82	12243	8
-0.5		9.3	102	15279	10
-0.6		11.3	124	18629	12

4.2 储气库注采气运行优化设计

以2014年为例，储气库实际注气能力为$0.9\times10^8m^3$，按照注采平衡的原则，同时考虑下游用户的用气需求，年采气目标定为$0.8\times10^8m^3$。

4.2.1 注气优化设计

储气库现共有5台并联使用的注气压缩机，同时运行最大注气流量在$100\times10^4m^3/d$左右。但由于5台同时运行时存在在电磁信号干扰，不但影响压缩机组的正常运行，同时存在安全隐患，目前最多同时运行4台注气机组，日最大注气能力为$80\times10^4m^3$左右。

2014年，按注气$9000\times10^4m^3$，注气周期150天计算，平均日注气量$60\times10^4m^3$，考虑到机组效率问题，应同时运行4台压缩机。同时，结合数值模拟结果，最少需同时开井8口。

则目前最佳运行方式为压缩机4开1备，结合单井所处位置及具体压力状况，11口气井的最佳运行方式为 8 开 3 备，循环开井。

以 2014 年第一阶段采气末为例，压力低的内部井先开始注气，内部井全部开井注气后，压力相对较低的外部井开井注气，每口井连续开井 10~15 天，逐步循环开井。

4.2.2　采气优化设计

采气调峰时，按年均采气量 $8000\times10^4m^3$，采气周期 150 天计算，平均日采气量 $53\times10^4m^3$，根据数值模拟结果，最少需开气井 5 口。则采气期内，11 口气井的最佳运行方式为 5 开 6 备，循环开井。

由上述分析可知，多井同时开井时，井距越大，井间干扰幅度越小。根据储气库注采气调峰原则，地层压力较高的内部井首先开井采气，在日采气调峰需求不变的情况下，首先在储气库内部结合单井地层压力状况，间隔选取压力较高的 5 口井开井采气，每口井连续开井 10~15 天，内部井全部开井一遍后，再由内至外调换开井井号，直至 11 口气井全部开井至少一遍后，再重新循环开井顺序。

截至 2014 年 12 月底，储气库年采气 $8380\times10^4m^3$，注气 $9877\times10^4m^3$，分别完成年计划的 104.8%和 109.7%，继续平稳运行，从各项监测资料来看，未发现异常井点，油气界面继续保持稳定。

5　结论

（1）喇嘛甸油田储气库理论调峰能力目前可达到 $1.5\times10^8m^3$，但其调峰能力不仅受储气库容量的控制，还受到油气区压差的限制。具体安排年度运行计划时需结合油气区的压力分布情况确定。

（2）结合目前年度注采气目标，储气库注气时最优运行方式为压缩机 4 开 1 备，气井 8 开 3 备，循环开井；采气时，气井的最优运行方式为 5 开 6 备，循环开井。

参　考　文　献

[1] 王莉明．喇嘛甸油田气顶天然气储量复算报告[R]．大庆：大庆油田勘探开发研究院，2001：17-41.

[2] 沙宗伦．大庆喇嘛甸地下天然气储气库开发技术研究[J]．天然气工业，2001(5)：80-83.

[3] 方亮．地下储气库储采技术研究[D]．大庆：大庆石油学院．2003：9-30.

[4] 杨川东．采气工程[M]．北京：石油工业出版社，1997：1-52.

[5] Beggs H D. Gas Production Operations[M]. OGCI Publications，1984：42-54.

[6] 扬尉．计算气井井底压力的新方法[J]．天然气工业，1995(6)：58-60.

[7] 王俊魁．气井产量递减规律与动态预测[J]．天然气工业，1995(3)：52-55.

[8] Sanjay Kumar. Gas Production Engineering[M]. Gulf Publishing Company，1987：12-23.

[9] 刘广峰．气井连续携液临界产量的计算方法[J]．天然气工业，2006，26(10)：114-116.

[10] 梁涛，郭肖．R 油藏改建地下储气库单井注采能力分析[J]．西南石油大学学报，2007，29(6)：39-43.

[11] 冀宝发．层状气顶油田注水开发中油气窜流的控制及调整[J]．石油勘探与开发，1987，14(5)：32-35.

喇嘛甸油田河流相沉积微相细分方法研究

张蕾蕾　李嘉琪

（地质大队）

摘　要： 目前在储层描述方面所研究的单砂体识别技术，表征的砂体类型较少，不同亚相环境划分的砂体类型基本是相同的，虽然具有成因解释意义，但不能代表各亚相环境控制的成因类型较全的沉积微相特征。本文在细分单期河道单元基础上，将河道内部各微相按照沉积成因进一步细分研究，通过建立识别图版，量化判相标准等方法，识别出河道亚相内部心滩、点坝、决口河道、废弃河道、天然堤、决口扇等成因微相，进一步深化河流相储层平面非均质特征，为寻找剩余油及精细控水挖潜提供支撑。

关键词： 喇嘛甸油田；河流相；微相细分

大庆油田目前在储层描述方面所研究的单砂体识别技术，表征的砂体类型较少，不同亚相环境划分的砂体类型基本是相同的，虽然具有成因解释意义，但不能代表各亚相环境控制的成因类型较全的沉积微相。随着油田开发进入特高含水开发阶段，根据剩余油精细分析与精细调整的需求，在单砂体基础上，需要细分出成因上的沉积微相，进一步深化河流相储层平面非均质特征，为寻找剩余油及精细控水挖潜提供支撑。

1　微相细分技术思路与河道砂体的特点

1.1　研究思路

从河流三角洲沉积体系域出发，按照泛滥分流平原及三角洲前缘两种环境，根据理论上确定的沉积体系域内发育的沉积模式，对不同沉积模式控制的沉积微相类型进行细分(图 1)。

1.2　泛滥分流平原环境下河道砂体的特点

泛滥平原沉积的主要是辫状河砂体和曲流点坝砂体。辫状河形成于坡降大、流量变化大、河岸抗冲性差、河截泥砂多的环境之中。其特征是水流绕着心滩不断分支和重新汇合，因而一个主河道被分割成若干个河道，在低水位时，这些心滩十分明显，在高水位时，它们可以被河水全部淹没。由于河道宽而浅，故在一个河道断面上可以出现许多心滩。

辫状河砂体的特点：辫状河的大流量和大坡降的结合，可搬运沉积大量的粗物质。以砾石、砂为主，少量的粉砂、泥沉积物；辫状河道改道频繁，河流断面宽而浅，在一个断面上可以出现许多心滩，互相联接起来，宽度大；底部有冲刷面。多次下切迭加、厚度大，常发现植物化石。主体砂岩的岩性较粗，以中一细砂岩为主，单层平均粒度中值为 0.23mm，砂岩厚度为 4~9m，为各类河道砂岩之最。旋回性以均匀块状为主要特征，具不显著正渐变，与韵律顶部夹层常显突变接触关系；沉积构造：整个层系均以槽状交错层理为主，层理规

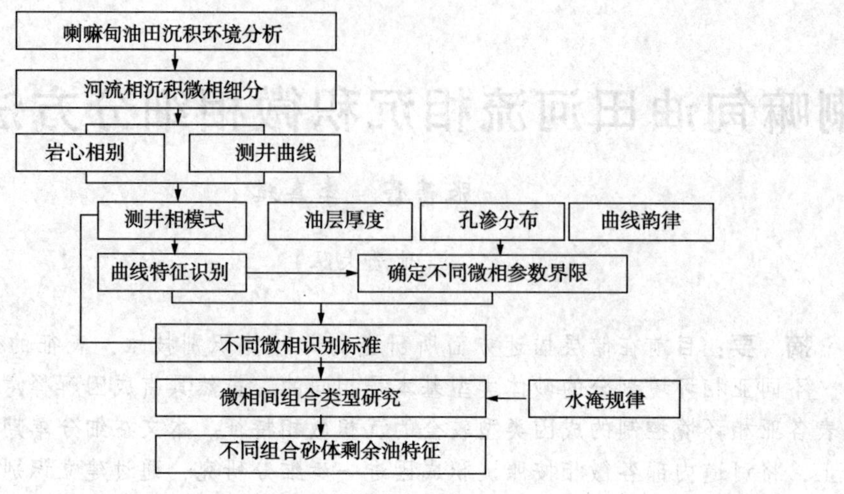

图1　研究技术思路

模、韵律厚度、夹层厚度及其垂向分布皆无明显规律。测井曲线形态以较厚的箱状为主要特征。

曲流河砂体分布于泛滥平原的曲流带内，由曲流河侧向迁移所形成。曲流河有两个沉积过程，既河道的迁移和废弃。当河道迁移在凹岸发生时，在凸岸就形成点沙坝。河道废弃有两种情况。一种是河流被切割，废弃一个单一的环状流（牛轭湖），另一种是废弃一个完整的曲流带。

曲流河砂体的特点：河流水流程度有所减弱，但碎屑物供给仍很丰富，只是粒度略变细些，具有正韵律特征；由于反复的迁移和改道，形成宽大的复合曲流带砂体。废弃河道发育；曲流河进入平原后，没有下切能力，只有侧蚀能力。曲流河砂体微相类型丰富，包括点沙坝、天然堤、决口扇等。其中点沙坝是曲流河最主要的砂体类型，它属于河道砂体，而天然堤、决口扇等属于溢岸成因砂体，为曲流河的次要砂体类型。河道砂主体部分由细砂岩组成，砂岩厚度为3~7m，顶层亚相比较发育，占层序总厚度的1/3左右。旋回性以正旋回为主，内部具多韵律，单韵律均为正渐变。沉积构造以波状层理为主，下半部以交错层理为主，砂岩粒度均向上逐渐减小，表现出典型的正渐变层序。测井曲线形态是以钟状及圆头状为主，典型的塔松状曲线多存在于废弃河道中。

分流平原内低弯曲分流河道砂体主要分布在下分流平原上，仍以侧向加积为主，在河道最后废弃的位置上充填的砂体为垂向加积产物，砂体形态为一低曲折的略窄条带状。分流平原内顺直型分流河道砂体分布在三角洲分流平原下游湖岸线附近，属三角洲分流体系末端高度分散的衰竭型河流。分流河道砂体沉积特点砂体规模较小，颗粒较细，渗透率较低而均匀，砂体为正韵律；砂体分支多，废弃频繁，河道充填物增加；平面上为或宽或窄的南北向条带状、树枝状、网状砂体。主体砂岩粒度平均只有0.12~0.15mm，是所有河道砂中最细的，砂层厚度也较小，为1.5~5m。这类砂体所表现的旋回性较复杂，在快速及较厚的充填处，显示为比较均质的块状砂体；在缓慢及较薄的充填处显示为互层状或向上变细的砂体。沉积构造以各种波状层理为主，大型层理少见。韵律厚度及层理规模也向上变小。测井曲线为圆头状、均匀指状、塔松状。

2 河流相储层成因微相识别方法

2.1 微相识别测井图版的建立

2.1.1 河道砂曲线特征及其变形

2.1.1.1 心滩坝曲线特征及其变形

心滩坝砂体的突出特点是厚度和测井响应稳定，测井曲线形态以较厚的箱状为主要特征，幅度大，曲线变形主要表现在厚度、水淹等影响的曲线幅度降低或者底部降低，以及新系列测井响应夹层较发育(图2)。

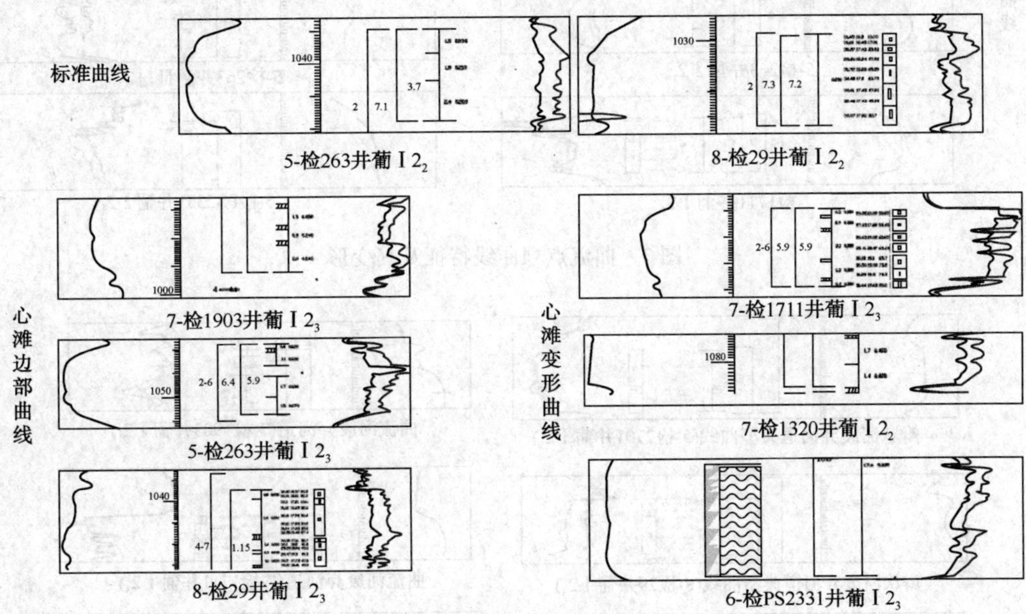

图2 心滩坝曲线特征及其变形

2.1.1.2 曲流点坝砂曲线特征及其变形

点坝砂体的突出特点是厚度和曲线特征变化较大，测井曲线形态是以钟状及圆头状为主。曲线变形主要表现在夹层、水淹等影响的曲线幅度降低，河道边部和中部钻遇砂体曲线响应不同，以及新系列测井夹层识别增多(图3)。

2.1.1.3 废弃河道标准曲线及其变形

河道在沉积末期均存在废弃河道沉积，而不同河型的废弃特征有所不同。辫状河废弃河道，一般称为废弃流槽，即最后期沉积末期形成，保留了河流的流动状态。其特点是底部砂体呈块状，上部变差，多为急速变差，无过渡岩性；低弯顺直型分流河沉积的废弃河道具备典型的正旋回特征，塔松型曲线，厚度薄，主体砂一般不超过整个砂体的1/2；曲流河内部的废弃河道较发育，但保存不完整，为多期河流迁移切割，破坏了其完整性。曲流河废弃河道分为突弃型和渐弃型，岩心上渐弃型较常见。反映在电测曲线上，一般有底部的砂、泥岩突变，而上部为砂、泥岩薄互层锯齿状曲线；二是突弃废弃河道砂是快速堆积，河流改道形成的废弃充填或是曲流度增大，曲流颈部截弯取直形成废弃河道充填，往往为泥质填充，反映在电测曲线上，一般底部有砂、泥岩突变，而上部则为光滑的泥岩低平曲线(图4)。

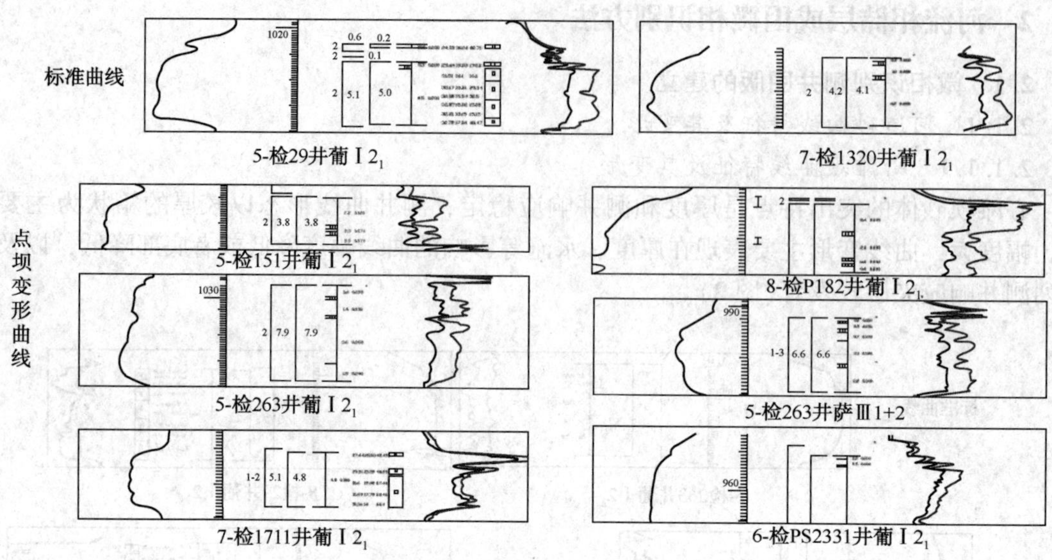

图3　曲流点坝曲线特征及其变形

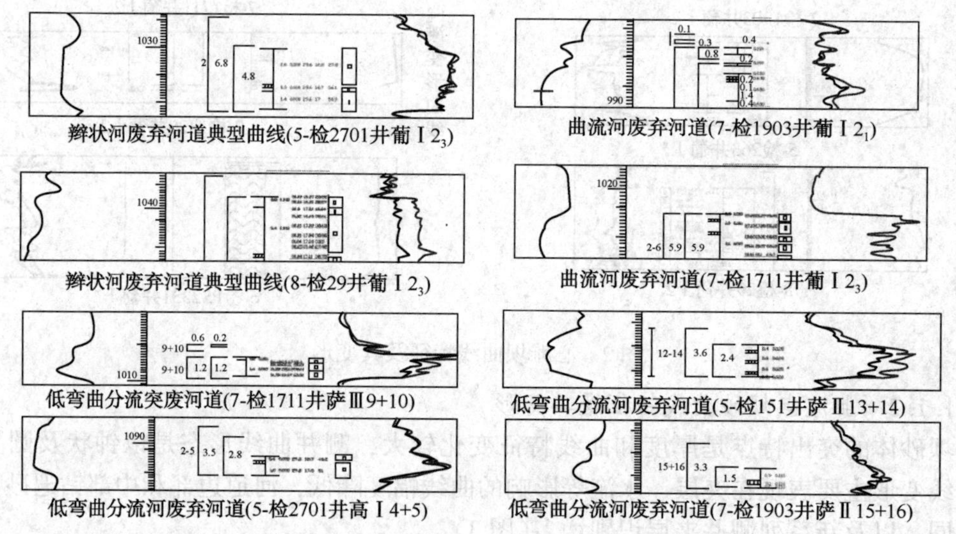

图4　废弃河道砂曲线特征

2.1.1.4　低弯顺直型分流河道砂曲线特征及其变形

低弯顺直型分流河道砂的突出特点是厚度和曲线特征变化不大，正旋回特征曲线，曲线变形主要表现在夹层、水淹等影响的曲线幅度降低，河道边部和中部钻遇砂体曲线响应不同，以及新系列测井夹层识别增多(图5)。

2.1.2　河间砂微相曲线特征及其变形

2.1.2.1　决口水道曲线特征及其变形

早期决口河道砂一般中、下部有陡的砂、泥岩突变，上部为光滑的泥岩低平曲线。后期决口河道砂的砂岩沉积层位要高于早期决口河道砂，一般中、下部为光滑的泥岩低平曲线，上部则为陡的砂、泥岩突变的接触关系(图6)。

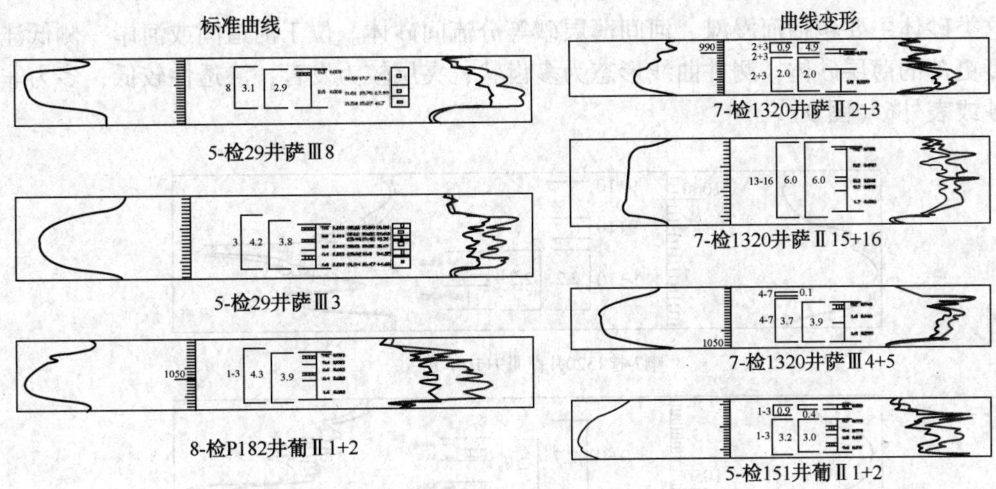

图5 分流河道砂曲线特征及其变形

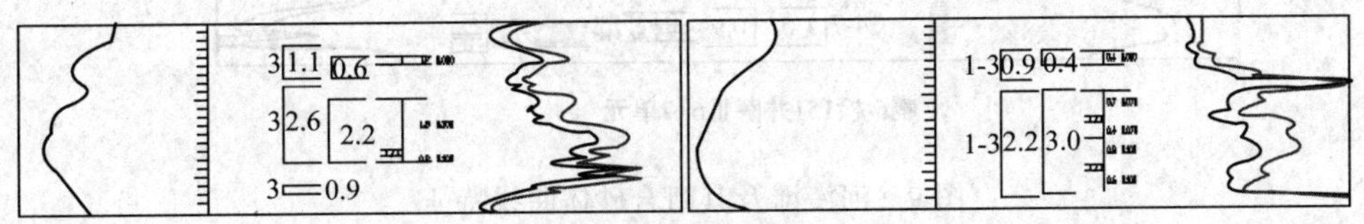

图6 决口水道及其组合砂体曲线特征

2.1.2.2 决口扇砂体曲线特征及其变形

位于天然堤外侧(或直接位于河道砂一侧)、厚度较大的薄层砂即为决口扇。反映电测曲线上，一般多为反旋回或复合旋回(图7)。

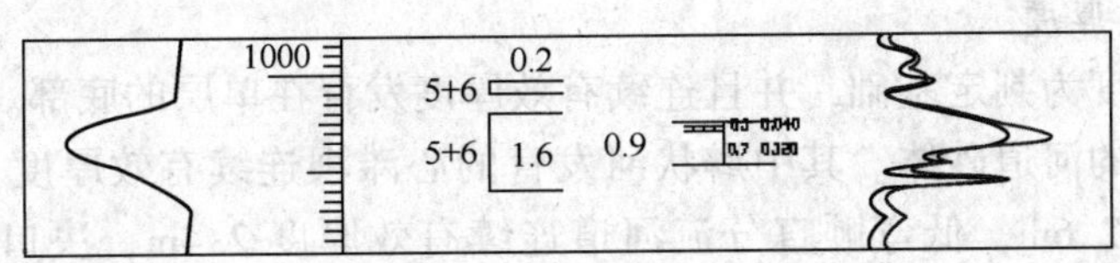

图7 决口扇及其组合砂体曲线特征(7-检1320葡Ⅱ5+6单元)

2.1.2.3 天然堤砂体标准曲线及其变形

为粉砂岩、泥质粉砂岩，河道中细粒悬浮物质，发育于河道砂两岸(或一侧)、层位偏上的薄互层砂体。测井曲线形态为多齿状，层数不固定、夹层较为发育、渗透性较低。一般底部为泥质或砂、泥质沉积物，向上岩性变好，砂质增多，呈反旋回(图8)。

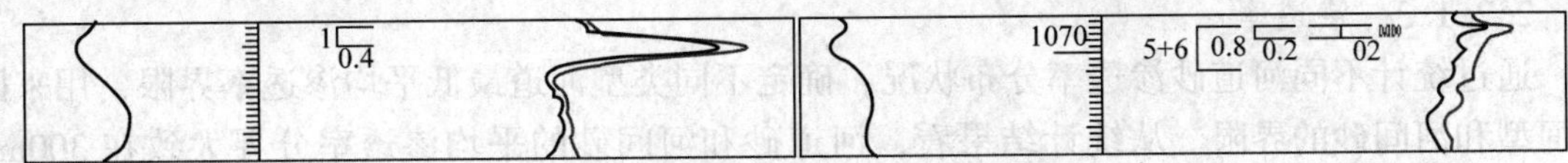

图8 天然堤及其组合砂体曲线特征

2.1.2.4 河漫滩砂体曲线特征及其变形

这类砂体主要包括河漫滩、河间薄层砂等分流间砂体。位于河道间或河岸一侧低洼地带的厚度更薄的薄层砂体，测井曲线形态为多齿状，夹层较为发育，渗透性较低，多为非主体席状砂或表外砂(图9)。

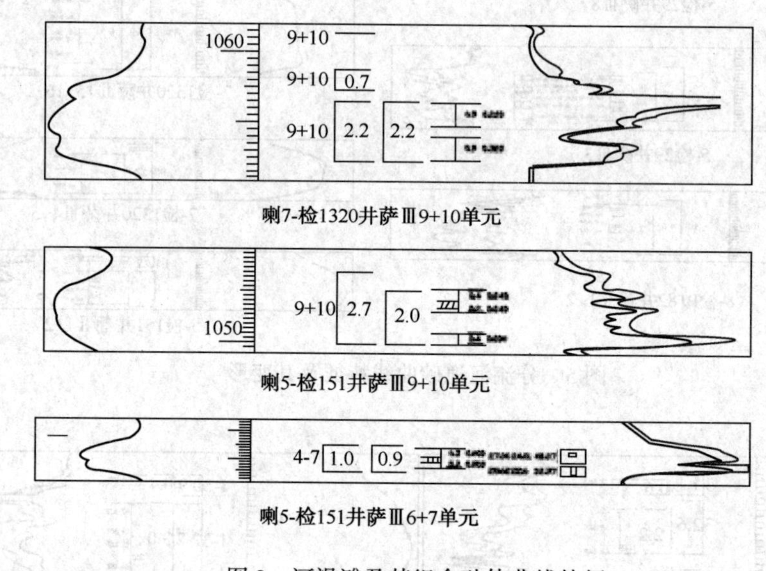

图9 河漫滩及其组合砂体曲线特征

2.2 微相识别量化标准研究

在原量化标准基础上，采用定量和定性相结合的判相方法。其中量化标准按照微相类别进行定量研究，各微相间界限指标非绝对标准，需要根据平面预测结果进行调整。标准采用样品点来自7口岩心井。

2.2.1 不同微相的判相指标确定方法

2.2.1.1 有效厚度

以连续有效厚度为判定基础，并且连续有效厚度发育在单层的底部。以连续有效厚度不同来区分不同河型的河道砂体。其中辫状河发育的心滩坝连续有效厚度平均4.1m，曲流河点坝连续有效厚度2.6m，低弯顺直分流河道连续有效厚度2.4m，决口水道连续有效厚度1.8m，决口扇连续有效厚度0.7m，河漫滩发育连续有效厚度0.6m，天然堤很少发育有效，平均有效厚度0.2m。

2.2.1.2 夹层

以夹层厚度所占比例来区分河道与河间砂体，以夹层发育密度和发育位置来作为曲流河与其他河型的划分标准。河道砂中曲流河内部夹层发育密度最大，为1.2个/m，河间砂中河漫滩发育夹层密度最大，为3.9个/m。

2.2.1.3 渗透率

通过统计不同河道砂渗透率分布状况，确定不同类型河道最低平均渗透率界限，用来区别河型和河间砂的界限。从统计结果看，河道砂和河间砂的平均渗透率分界大致在300mD左右(表1)。

表1　不同河型评价参数统计表

微相类型		有效厚度，m		夹层		平均渗透率，mD
		总有效厚度	连续有效厚度	密度，个/m	厚度，m	
辫状河	范围	3.4~8.3	2.1~6.3	0.1~1.9	0.2~1.2	794
	平均	5.3	4.1	0.8	0.5	
曲流河	范围	2.2~4.8	1.5~4.8	0.4~2.5	0.2~0.7	654
	平均	3.2	2.6	1.2	0.4	
废弃河道	范围	2.0~3.5	1.9~3	0.3~0.53	0~0.4	324
	平均	2.5	2.5	0.5	0.2	
低弯顺直分流河道	范围	1.5~5.1	1.4~4.9	0.2~15.0	0.2~0.7	224~591
	平均	3.3	2.4	1.2	0.3	
决口水道	范围	1.6~2.3	1.6~1.9	0~1.1	0~0.2	460
	平均	2.0	1.8	1.1	0.2	
决口扇	范围	0.4~2.5	0.4~1.2	1.4~3.3	0.1~0.5	10~308
	平均	1.4	0.7	1.1	0.3	
天然堤	范围	0~0.2	0~0.2			0~147
	平均	0.2	0.2			
河漫滩	范围	0.2~2.6	0.2~1.4	1.1~10	0.2~1.0	0~270
	平均	1.1	0.6	3.9	0.4	

2.2.1.4　韵律性

利用细分层段渗透率分布状况，判断砂体的韵律性。首先，按该层(单元)二类砂岩厚度(表外)进行三等分进行细分段，然后对每个细分段渗透率进行加权平均计算平均渗透率，最后比较平均渗透率的大小，以渗透率级差50mD划分为小、中、大。从上到下分为以下几种韵律类型：

Ⅰ类正韵律：渗透率值为“小—中—大”“中—小—大”；Ⅱ类反韵律：渗透率值为“中—大—小”“大—中—小”。Ⅲ类均值韵律：渗透率平均差异低于50mD；Ⅳ类复合韵律：“小—大—中”“大—小—中”等(图10)。

不可细分三段的以两段为主，以平均渗透率比较大小，按照变化情况划分到上述类别中。

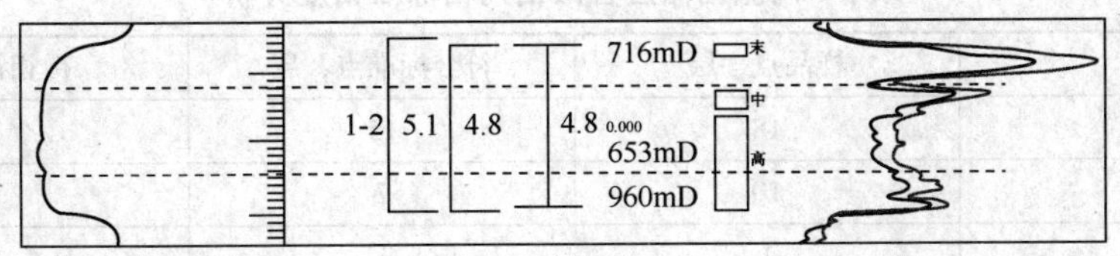

图10　7-检1711井葡Ⅰ21单元“中—小—大”韵律性特征

2.2.1.5　剖面位置

判断该井该层位(单元)与左右井相应层位(单元)上下位置关系。首先满足优势相，即先与最高相级别的井进行判断，其次，如果临井相别相同，与距离最近的井判断。判断时，将临井该层位(单元)三等分，给出该层位(单元)与临井纵向上的层位对应关系，即上、中、下部位(图11)。

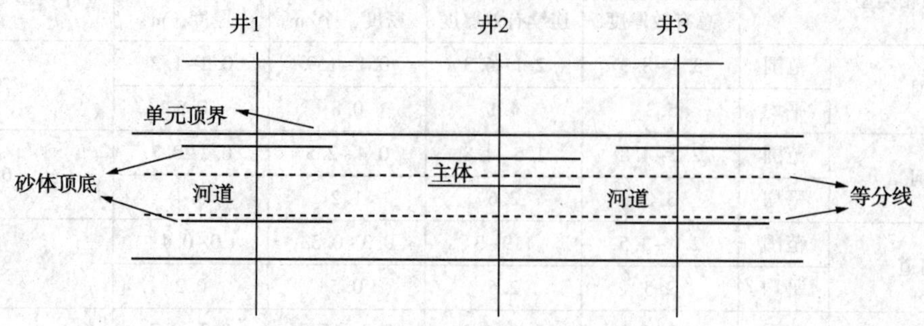

图11 剖面砂体对应关系示意图

2.2.2 判相标准确定

根据上述统计结果，确定了微相判定标准(表2)，在界限附近的层，在判相时根据具体情况进行一定的调整。比如废弃河道：厚度标准为1.5m以上，渗透率值为小—中—大，该井层位与临井河道对比，层位靠下，以此来初步判断该井该层(单元)为废弃河道。

表2 河流相储层各微相判相标准

微相类型	连续有效厚度，m	渗透率，mD	韵律性	剖面位置
辫状河	2.0	750	Ⅰ、Ⅲ、Ⅳ类	中、下
曲流河	1.5	650	Ⅰ、Ⅲ类	中、下
废弃河道	1.5	320	Ⅰ、Ⅲ类	下
低弯顺直分流河道	1.4	300	Ⅰ、Ⅲ类	上、中、下
决口水道	1.5	低于450	Ⅰ、Ⅲ类	上
决口扇	0.5	低于300	Ⅱ、Ⅳ类	偏上
天然堤	0.2	低于150		上
河漫滩	0.2	低于300	Ⅱ、Ⅳ类	中、下

2.2.3 标准的适应性

利用上述标准对12口井萨三组—葡二组具明显特征的层进行了判定，与人工判定结果对比，符合情况为74.0%(表3)。

表3 河流相储层各微相判相标准精度分析

微相类型	样品点，层	符合标准点，层	微相符合情况，%
辫状河	18	15	88.9
曲流河	10	7	70.0
废弃河道	1	1	100.0
低弯顺直分流河道	9	8	88.9
决口水道	2	0	0.0
决口扇	3	1	33.3
天然堤	4	2	50.0

续表

微相类型	样品点，层	符合标准点，层	微相符合情况，%
河漫滩	3	2	66.7
合计	50	37	74.0

2.3 各类微相平面边界的预测方法研究

首先应抓住单砂层中主体骨架砂岩的轮廓形态、连续性和方向性描述，判定它的成因类型和沉积机制；其次是搞清非主体砂岩与主体砂岩沉积时水流能量的演变关系、砂体分布的层次性和宏观分布组合面貌；最后结合以往小层沉积相研究所确定的沉积环境和沉积模式，判断出砂体最大可能的分布组合模式，并按照这种模式下各类砂体所应具有的连续性、方向性及其间的相互配置关系，对储层进行推理和预测性描述。

喇嘛甸油田属于河流—三角洲沉积体系，在沉积学理论指导下，本次研究将河流相储层细分 8 种沉积微相，分别是心滩、点坝、分流河道、废弃河道(包括辫状水道)、决口河道、决口扇、天然堤、河漫滩(包括变差心滩)。

河道：辫状河中河道砂的岩性较粗，以砂岩为主，其顶部的粉砂和泥质岩厚度比例很小，几乎全部小于 20%。以均匀块状为主要特征，具不显著正渐变，与韵律顶部夹层常显突变接触关系。整个层系韵律厚度、夹层厚度及其垂向分布皆无明显规律。曲流河的河道砂主体部分主要由细砂岩组成，以正旋回为主的沉积层序，单韵律均为正渐变。层理规模、韵律厚度以及砂岩粒度均向上逐渐减小，表现出典型的点坝正渐变层序。

废弃河道：是河流在河道凹岸一侧不断侧向侵蚀，进而发生截弯取直及河道决口改道时，老河道内形成垂向加积的泥质或粉砂质沉积体，平面上呈环形窄条带状分布在点坝外侧，剖面上为上凹底凸的不规则透镜状。其底部往往保存着河道沉积的特征，中、上部则为相邻活动河道在洪水期带来的沉积物所充填，一般为薄互层状的泥、粉砂质沉积。它又可分为渐弃和突弃两种形式。一是渐弃废弃河道砂是由于边滩顶部起伏不平，低凹的流槽可以成为洪水通过的河道，也可以逐渐取代主河道，河道充填表现为一个逐渐废弃的过程。

决口河道：洪水期洪水冲裂河道向外侧砂体侵蚀冲刷形成的河道内砂质沉积，平面上呈窄条带状，规模窄小，且与分流河道砂分离，沉积的砂体中泥质含量比主河道砂高，与河间薄层砂共生。剖面上为小透镜状，一般为单一河道。它又可分为早期决口河道砂和后期决口河道砂。

天然堤：洪水期，当富含悬移质的河水溢出河岸时，流速降低，细砂、粉砂和一些黏土沿河道边缘发生沉积形成天然堤。沉积以砂质为主，具有各种交错层理。天然堤的内部岩性特征反映了快速沉积，多期衰减的水动力条件。该类砂体绝大多数为 1~2 口井钻遇，面积小，以小豆荚状分布在河道砂体的边部，向河间延伸不超过 200~300m。与河道砂体比较，其层位较高。

决口扇：洪水期，洪水通过天然堤上的裂口或洼地发生决口，从而形成一些从天然堤裂口向外展布的扇状或舌状砂体。决口扇的内部沉积构造是不均匀的，说明它是在浅水条件下由多次洪水事件形成的且沉积速率快。通常与主河道砂体直交或斜交分布，分布规模不固定，即砂体面积大小不一，形态呈扇状或不规则扇状，相对天然堤，决口扇的有效厚度一般较厚、渗透性较高、夹层频率较低。

河漫滩：该类砂体多为曲流河泛滥成因，面积不固定，向河间延伸距离很远，形态不固定。河漫滩与河道砂体比较，层位偏中下(部分层位较低者可能属于三角洲早期沉积物)。

3　河流相储层砂体剖面组合特征

由于喇嘛甸油田复合厚砂体发育，即使划分出沉积单元，但是复合砂体部位单元间存在纵向叠置关系，单元间多为三类、四类夹层分隔。因此，对于措施调整来说，需要进一步明确纵向上层间砂体组合特征，横向上井间砂体发育特征，目前确定了井组砂体组合特征存在四大类十一种类型。

平铺类：指地层发育相对稳定，厚度相当，层间无明显下切作用，横向发育均衡，一层一层平铺而成，进一步细分为稳定平铺型和间变平铺型(图 12 和图 13)；

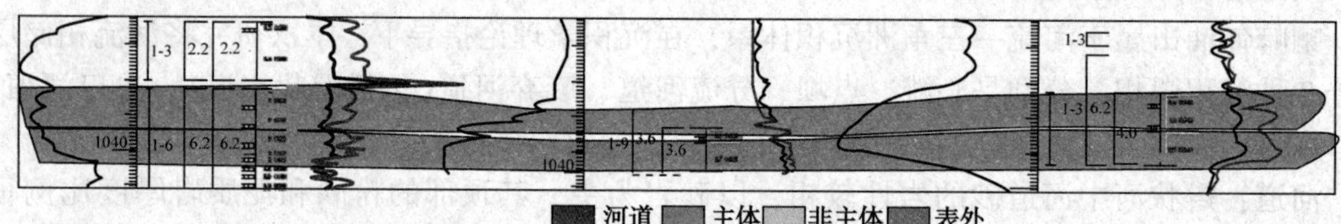

图 12　稳定平铺型砂体

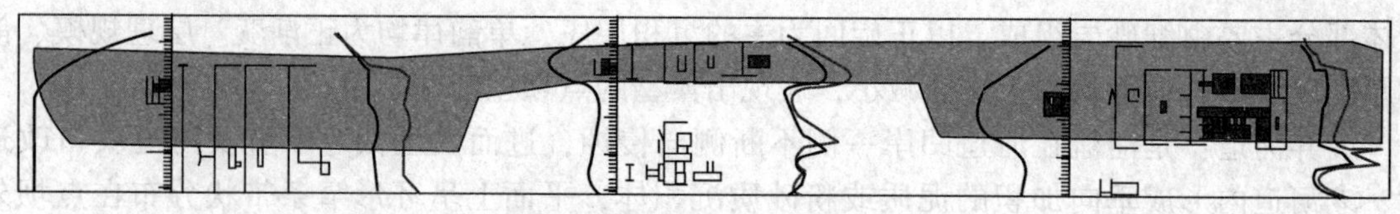

图 13　间变平铺型砂体

底型类：指厚层砂体横向发育稳定，河道纵向存在下切作用，形成底部下切底型，或存在附底层等，可进一步细分为底切型、底托型、底挂型(图 14 至图 16)；

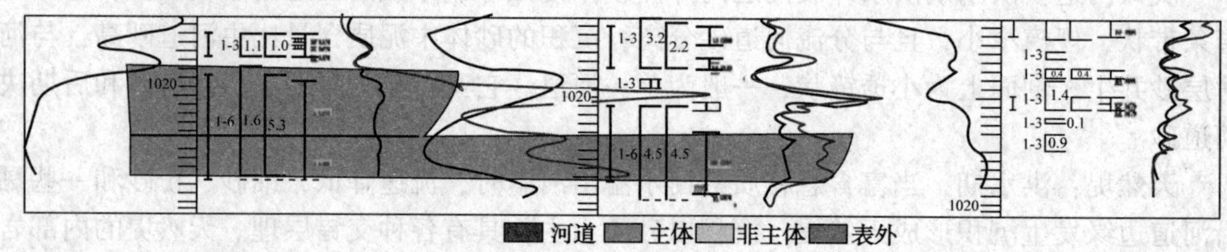

图 14　底切型砂体

搭接类：指砂体横向上相互搭接，纵向上无明显下切作用，为不同期次河流改道迁移形成，层间多为三类夹层接触，可进一步细分为前积型、叠瓦型、搭建型、三类切叠型(图 17 至图 20)；

特殊类：指砂体分布较前几类有所差别，横向上发育不稳定，纵向上河道独立发育在薄层砂中，注采不完善，可进一步细分为决口型和楔状独立型(图 21 和图 22)。

其中，稳定平铺型、底挂型砂体注采完善，层内物性差异形成低水淹部位；间变平铺型、底切型、底托型、前积型、叠瓦型这几种类型的砂体组合，注采井间存在完整砂体局部

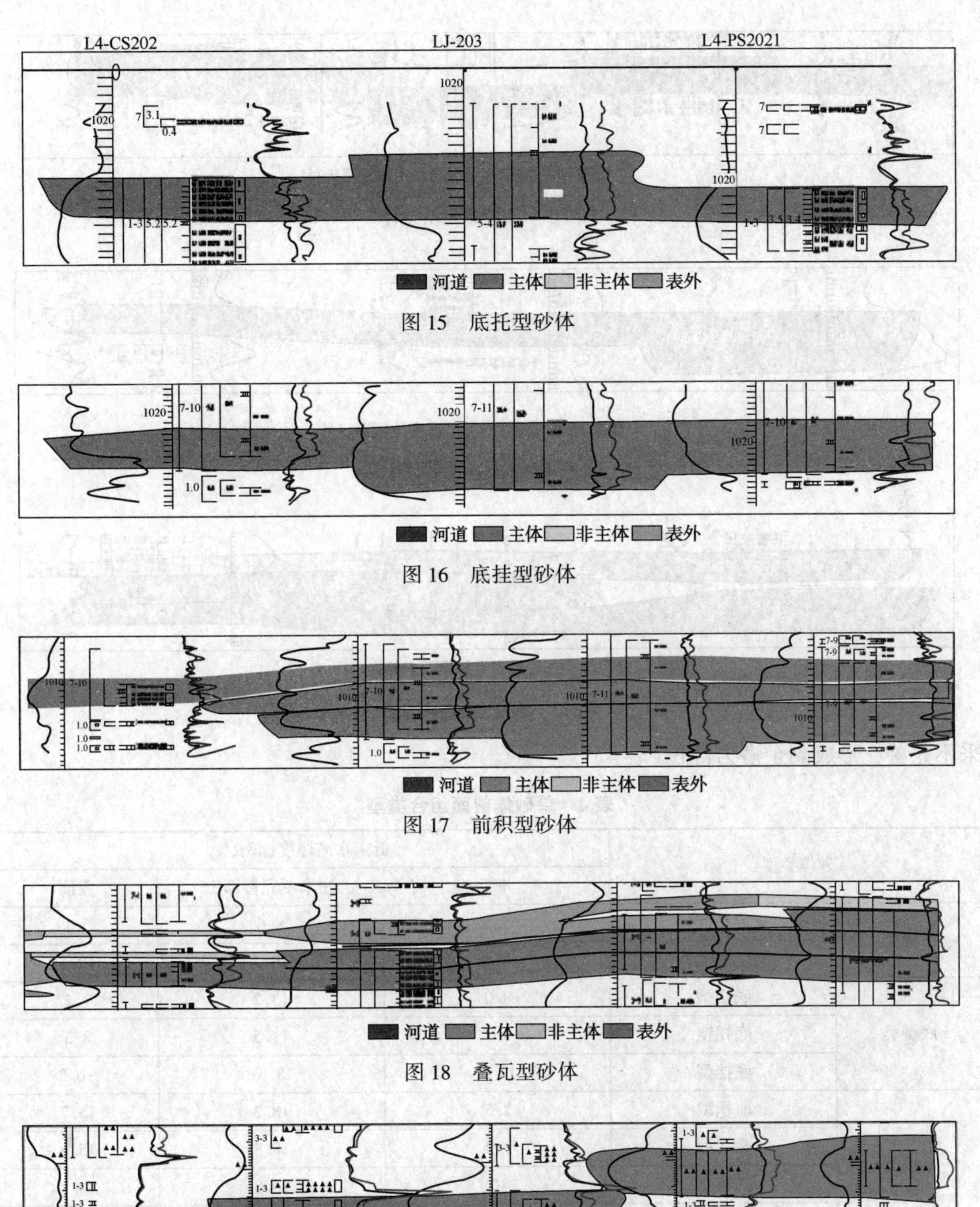

图 15　底托型砂体

图 16　底挂型砂体

图 17　前积型砂体

图 18　叠瓦型砂体

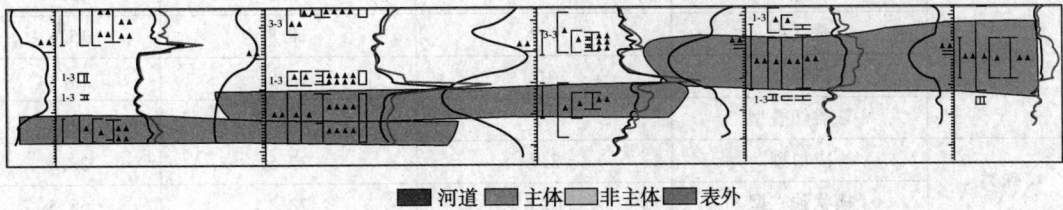

图 19　搭建型砂体

注采不完善状况，在结构界面遮挡作用下，可形成一定的潜力部位；而搭建型、三类切叠型、决口型、楔状独立型这几种类型的砂体组合，由于砂体发育宽度小，井间连通差造成注

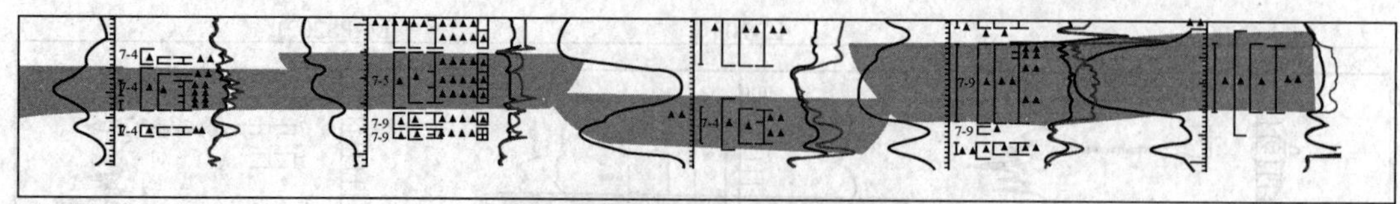

图 20　三类切叠型砂体

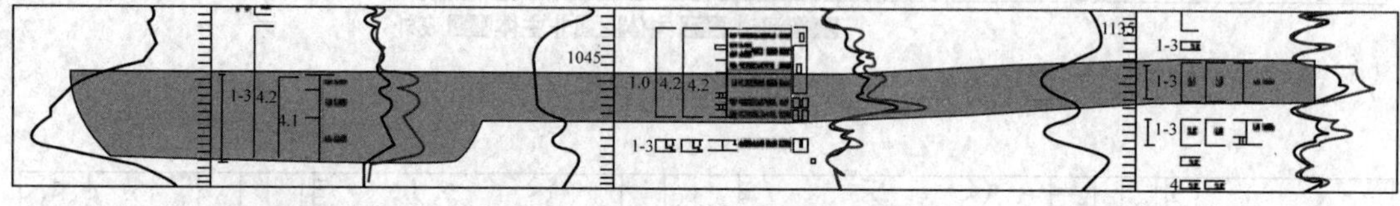

图 21　决口型砂体

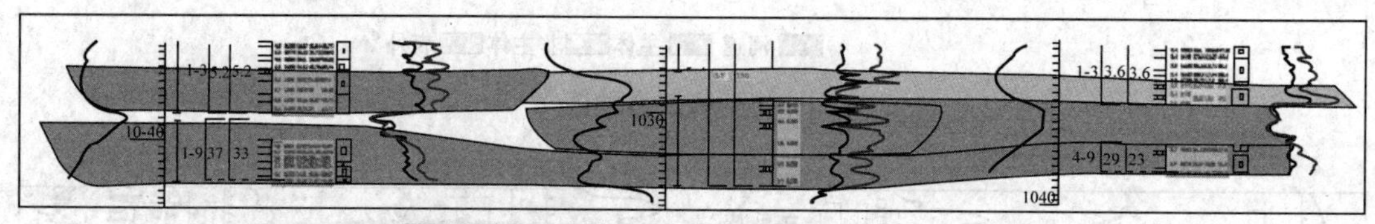

图 22　楔状独立型砂体

采不完善，形成剩余潜力部位(表 4)。

表 4　单砂体剖面组合类型

砂体类型		低未水淹厚度比例,%		
		井组	注采不完善部位	差值
平铺类	稳定平铺型	3.5	8.6	5.1
	间变平铺型	6.4	19.2	12.8
底型类	底切型	8.0	15.2	7.2
	底托型	3.2	11.5	8.3
	底挂型	14.5	8.3	−6.2
搭接类	前积型	2.5	18.2	15.7
	叠瓦型	3.2	18.8	15.6
	搭建型	10	24.8	14.8
	三类切叠型	7.1	21.4	14.3
特殊类	决口型	8.7	37.5	28.8
	楔状独立型	12.8	78.3	65.5

4　结论

(1) 喇嘛甸油田河流相储层可细分 8 种沉积微相：心滩、点坝、分流河道、废弃河道

(包括辫状水道)、决口河道、决口扇、天然堤、河漫滩(包括变差心滩)。

(2) 随着油田开发深入，储层所表现的电性特征发生了一定的变化，在微相识别时需要针对变形后的曲线进行综合分析。

(3) 从砂体剖面上的组合特征看，目前仍存在一些注采不完善的潜力部位，有待进一步完善。

参考文献

[1] 于兴河. 碎屑岩系油气储层沉积学[M]. 北京：石油工业出版社，2008.

喇嘛甸油田井震结合多学科油藏质量管理体系

裴秀玲

（地质大队）

摘　要：质量管理作为重要的管理方法是工作质量的保障，并贯穿各项工作体系中。而油藏研究是油田开发不可或缺的基础保障，随着开发难度逐年加大，多学科技术融合作为油藏精细研究的发展趋势，在质量控制上既需要过程质量控制，也需要一体化质量管理。本文针对多学科油藏研究工作中融合多专业技术方法，工作环节繁杂，成果类型多，应用技术广等特点，制定了分类质量控制措施，在实际工作中取得了较好的效果。

关键词：多学科油藏研究；过程质量管理；一体化

1　喇嘛甸油田多学科油藏研究内容

井震结合多学科油藏研究为提高原油的采收率并获取最大的经济、社会效益，把与油藏开发相关联的学科、技术有效地结合成一个整体，进行人员整合、应用软件集成、数据集成及技术集成，进一步提高了研究精度。其主要内容包括井震结合构造研究、基于测井的储层精细研究、井震结合储层精细描述、三维地质建模、油藏数值模拟等环节。多学科油藏研究具有融合多专业技术方法，工作环节繁杂，成果类型多，应用技术广等特点，各环节研究组成统一的工作流程，在质量控制上既需要过程质量控制，也需要一体化质量管理。

2　井震多学科油藏研究工作流程及质量管理方法

2.1　建立定量工作标准，明确工作目标

针对每项相对独立的工作内容，根据工作性质和技术难点分别细化了各环节工作标准和相应的绩效考核办法，从而实施质量控制。首先建立每个质量控制点的质量工作标准，然后根据工作标准进行定点考核，并与月度奖金挂钩。

在储层研究工作中，针对建立研究区块工区环节，保证研究区块的工区数据完整性、准确性达到100%；针对劈分单元环节，要保证每口井有85%的界限是合理准确的；针对绘制相带图工作环节，应保证每张图70%的地方合理准确；针对相带图数字化进机工作环节，应保证每张数字化相带图的准确率为99%，线条圆滑等。

在井震油藏研究工作中，合成地震记录整体拉伸或压缩量应小于10%，目的层相关系数应达到0.85以上；层位解释结果闭合，且抽稀井构造深度误差小于0.2%；地震断层解释保证剖面闭合，平面误差小于1个GDP距离，断点组合率不低于85%；时深转换后井点处深度与钻井地质分层深度相对误差小于1%；曲线重构质控要求曲线重构前后的合成地震记录与井旁地震道同相轴、能量对应关系明显改善、匹配更加合理，相关系数达到85%以上；

储层预测精度：大型河道砂体预测精度大于90%，分流平原中、小型分流河道砂体预测精度大于85%，三角洲内前缘相窄小河道砂体预测精度大于80%等。

在多学科建模数模工作中，井震构造建模层面抽稀井符合率80%以上，深度误差±1‰；储层及属性模型储量误差不超过±5%；全区含水拟合误差不超过±1%，全区采出程度误差不超过±0.2%；单井拟合率70%以上，油井含水拟合前期误差不能超过实际含水的±5%；后期误差不能超过实际含水的±1%等。

通过统一技术标准，提高人员的责任心，降低人为对质量的影响。研究中按照上述技术标准进行成果验收，未达到标准进行整改，整改合格后开展下步工作。

2.2 建立过程管理制度，设置质量控制

过程管理就是使用一组实践方法、技术来策划、控制和改进过程的效果、效率和适应性，是质量管理大师戴明在休哈特统计过程控制思想基础上提出的。实践中主要通过对过程环节进行质量控制和改进，而达到提高整体精度的效果。

2.2.1 *地震解释工作流程及过程质量控制*

地震研究逐渐向储层预测转变，属于新兴技术，咱厂掌握的人员少，深度不足，因此，需要足够的学习和探索的时间。为此对于地震解释工作采用“自主管理”。首先人员甄选上，优选具备技术特长、自我严格管理的人员进行地震解释方法研究，每个人工作区块或者研究内容不一样，因此由每个人结合工作规划自主制定工作进度安排上报到室里，室里定期进行成果检查。组内进行自我管理，这样就给技术人员提供一定的自由度，可以进行消化软件、做技术试验等工作，室内监控过程研究成果的合理性(图1)。

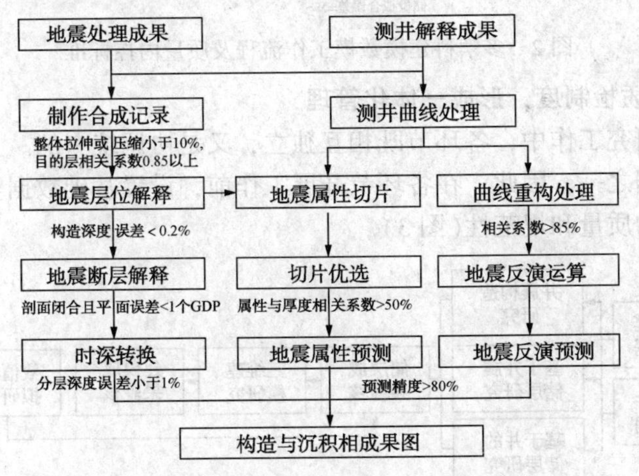

图1 地震解释工作流程及过程质量控制

2.2.2 *储层解剖工作流程及过程质量控制*

按照“先界限、后相图”的思路，首先针对剩余区块，根据生产需求的先后，开展单井界限划分和统层对比，建立沉积单元界限库；然后逐块开展相带图绘图，同时，有了单元界限后，就可以开展三维地质建模工作。

由于工作任务时间紧任务重，人员上采用“集中管理”。除了地震解释、建模数模组人员，其他组全部投入到储层解剖工作中，形成一个工作组，配置一个组长，室里配置一个副职。这里面存在三方面人员：一是原从事解剖工作的人员，二是建模数模、地震解释与应用组的人员，对解剖技术的掌握程度有限，需要进一步锻炼，三是厚层解剖实践人员。考虑到相带图的质量，对工作流程进行了调整，每一个环节均设置审核岗，但针对不同层次的人员采用分阶段审核设置。实践人员在每个工作环节先互审，然后由原从事解剖人员进行审核。对于技术掌握不熟的人员，界限互审，在绘成果图由成熟的技术人员进行审核。

2.2.3　多学科建模数模工作流程及过程质量控制

对于建模数模技术及成果来说，工作量大，而且成熟的技术人员有限，不能从中间过程中进行审核。根据工作性质采用"分段管理"。现在的工作流程是，首先明确了工作职责和责任，就是水驱层段的建模数模研究，由一个人全权负责；单就三维建模工作，也是由一个人负责到底，包括提交后进行的调整。然后为了控制成果质量，采取了两项措施：一是编制详细的工作流程，严格按照流程开展工作；二是对研究过程成果建立量化标准，约定成果的精度(图2)。

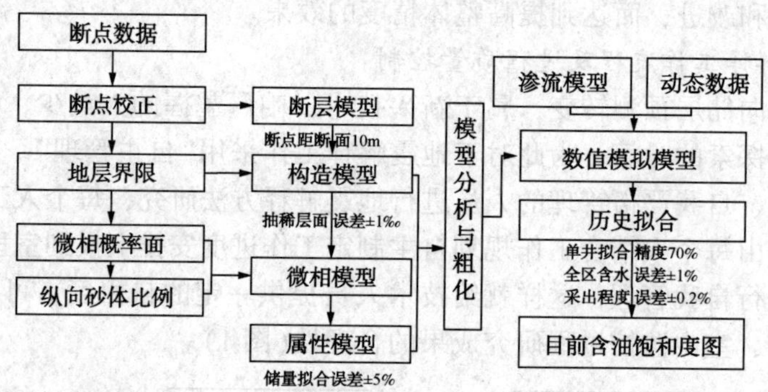

图2　多学科建模数模工作流程及质量内控标准

2.3　建立后验质检制度，形成一体化管理

在多学科油藏研究工作中，各环节既相互独立，又是协调统一的。上一环节研究成果是下一环节的基础数据之一，因此，在各环节开展工作前，设置基础数据整理及校验工作，进一步控制研究成果的质量和规范性(图3)。

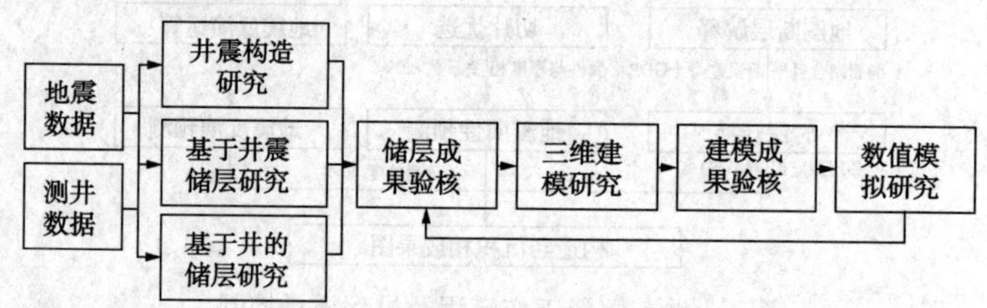

图3　井震结合多学科油藏研究一体化质量控制

2.4　建立效率管理制度，提高责任意识

对于技术研究质量保证，人员是根本，因此，为了提高人员责任意识，在人员管理上，采用一定效率管理制度。

一是建立层层负责制。首先主任对室副职、主管业务组组长负责，布置工作、监控进度。组长负责将工作任务分配到个人，培养组长以上管理人员的组织能力。每个组按月上报工作规划，每周上报工作进展，月底上报本月工作情况小结。

二是建立紧张意识反射。通过反复强调，任务重，时间紧，工作质量要求高，在全室营造了紧张的工作气氛，使技术人员主动承担技术任务，建立自我质量监控条件反射。

三是个性化设计工作任务。针对不同层次、不同个体条件设置工作任务。比如对于老同志和孕妇，不能上机操作，则进行手工绘图；对于技术不熟练的人员，则绘制高台子等相别简单的单元相带图等，既提高工作效率，又可以降低环节审核工作量，间接调高成果质量。

四是削弱专业组限制。针对井震结合多学科油藏研究中各部分工作任务的轻重缓急，及时调整技术力量，比如由于今年储层研究工作任务太重，年初在各项工作尚未启动开始，全室都投入到储层解剖工作中，包括地震应用组人员、建模组人员，打散原来的小组，形成一个新的工作组，降低由于人员紧、任务重，因为抢进度对质量的影响，同时也是建立培养多专业人才的一种途径。

五是细化工作安排。为了更加紧凑的工作衔接，有效利用工作时间，进行错时安排工作，并细化到“天”。在最初做井人劈分剖面时，审核人在无剖面可审的时间内绘制上一区块的相带图，审核人审界限时，做井人无井可做时或者开展下一块劈分，或者绘制高三组简单的相带图，见缝插针的安排工作。

六是绩效考核管理。绩效考核目的并非要考出一个精确的结果，而是通过建立考核制度，形成一套能普遍接受的管理规范，引导和鼓励每个人的行为。在管理过程中，通过了解职工诉求，提高考核标准的认可度。建立考核制度时考虑人员技术能力差异和一些客观因素，界定完成规划的80%即为完成任务，低于或者高于80%分别给予一定的扣罚和奖励。

2.5 质量控制体系效果分析

实施质量控制一年来，在井震储层反演预测工作方面，超额完成计划工作量的30%，对于井间厚度在2.0m砂体预测精度由2013年底的79.8%提高到89.6%，提高了近10个百分点；在储层解剖方面，在人员条件与往年持平的前提下，全年解剖工作累计解剖井次11527口，绘制相带图328张。全年工作量相当于以往年均工作量的3.4倍；在建模、数值模拟研究方面，建模层面抽稀井符合率提高0.3个百分点，储量误差降低0.5个百分点。数模单井拟合率提高4.2个百分点，全区末期含水误差降低0.04个百分点，采出程度误差降低0.03个百分点，单井含水误差降低1.29个百分点。由此可见，无论是研究成果质量，还是工作效率，均得到大幅度的提高(表1)。

表1　多学科建模数模实施质量控制前后成果精度对比表

区块	采用质量控制前						采用质量控制后					
	地质建模		数值模拟				地质建模		数值模拟			
	储量拟合绝对值误差 %	抽稀井符合率 %	全区末期含水绝对值误差 %	全区采出程度绝对值误差 %	单井含水绝对值误差 %	单井拟合率 %	储量拟合绝对值误差 %	抽稀井符合率 %	全区末期含水绝对值误差 %	全区采出程度绝对值误差 %	单井含水绝对值误差 %	单井拟合率 %
区块1	3.1	85.2	0.13	0.21	6.73	72.3	2.0	85.5	0.07	0.13	3.75	81.4
区块2	3.0	84.3	0.17	0.21	6.89	70.2	2.0	85.2	0.07	0.13	3.86	80.3
区块3	3.6	85.3	0.19	0.25	6.95	69.6	2.2	85.7	0.08	0.15	4.56	80.1
平均	2.6	85.2	0.11	0.17	5.35	76.4	2.1	85.5	0.07	0.14	4.06	80.6

3 结论

在井震结合多学科油藏研究过程中，过程质量控制是保证各环节研究精度的根本，通过量化技术标准、后验质量控制、绩效管理等方法，进一步提高成果的规范性和精确性，进而形成管理制度，为整体工作提供了有效保障。

参 考 文 献

[1] 季秉玉．多学科集集成化油藏研究方法及应用[M]．北京：石油工业出版社，2008，3.
[2] 马林，段一泓．全面质量管理[M]．2 版．北京：中国科学技术出版社，2006，4.
[3] 孙宪来．浅谈如何加强生产过程的质量管理[J]．石油工业技术监督，2014，6.

喇嘛甸油田水驱二次开发方法

王　伟

（地质大队）

摘　要：为改善喇嘛甸油田特高含水开发期水驱开发效果，减缓产油递减速度，提高水驱采收率，增加水驱可采储量，开展了喇嘛甸油田水驱二次开发方法研究。在储层精细解剖研究基础上，应用油藏工程和数值模拟研究方法，通过层系进一步细分重组、井网加密综合利用调整，形成了特高含水开发期水驱二次开发方法。能够从根本上缓解开发中的层间、层内和平面矛盾，有效提高水驱波及体积，改善开发效果，获得较好经济效益。可有效指导今后老油田的开发调整。

关键词：特高含水开发期；水驱；二次开发；层系细分重组；井网加密调整

中国石油近几年提出并逐步实施的"二次开发"战略性系统工程，是中国大部分油田进入特高含水开发阶段的必然需求，顺应我国油田开发的客观规律。通过几年的探索与实践，已初步形成了二次开发的基本理论，创建了二次开发具体可操作的总体技术路线：重构地下注采流场，重建井网结构和重组地面流程的"三重"路线，在"三重"技术路线指导下，明确了二次开发更加具体的技术思路：总体控制、层系细分、平面重组、立体优化[1]。

1　水驱开发层系井网适应性

1.1　研究区块概况

喇嘛甸油田为大庆长垣老油田，于1973年投入开发，历经多次较大规模开发调整，已形成了多套层系、多套井网开发方式。目前处于特高含水开发期，水驱平均综合含水高于95%。开发过程中暴露出层间、层内和平面矛盾较为突出，开发整体效果差，挖潜难度大。如何针对油田目前的地质特征、层系划分、井网现状及油田开发形势，进行水驱"二次开发"技术研究是特高含水期油田急需解决的课题和实际。为此，选定比较有代表性的油田中块1.1 km^2区域作为研究区块，研究区钻遇萨尔图、葡萄花和高台子油层，先后部署7套开发层系和井网。水驱采用300 m井距反九点法面积井网和行列注水开发，共有水驱68口，注水井31口，采油井37口。至2013年，累计产油量409.2×10^4t，年采油速度0.30%，综合含水率95.7%，含水上升率1.63%。研究区萨尔图、葡萄花、高台子油层均得到有效动用，平均含油饱和度为44.6%，采出程度为38.3%，在厚油层内部各韵律段顶部、薄差层以及注采不完善部位存在剩余油，分布零散[2]。

1.2　油层类型和井网井距

喇嘛甸油田共发育萨尔图、葡萄花和高台子3套油层[3]，划分为3种类型。一类油层：单层碾平有效厚度大于或等于3.0m的占发育砂岩厚度的85.7%，以辫状河道砂体沉积为主；二类油层：单层碾平有效厚度大于或等于1.0m的占发育砂岩厚度的76.6%，以河流相沉积为主。三类油层：单层碾平有效厚度小于 1.0m 的占发育砂岩厚度的 56.3%，以席状砂体和表外储层为主[4]。各类油层发育、沉积和储量分布等特征存在一定差异，为达到较高控制程度采用了不同井网方式，但每套井网均以 300m 注采井距为主，即使油田水驱绝对井网密度达到 60 口/km^2左右，但水驱各套层系的井网密度一般在 15 口/km^2左右(表 1)。

表 1　喇嘛甸油田油层发育及对应井网统计

油层类型	砂岩组数	所属油层	发育厚度		储量比例 %	水驱井网(扣除二类油层聚驱)		
			砂岩 m	有效 m		布井方式	注采井距 m	研究区井网密度 (口/km^2)
一类	1	葡Ⅰ1—2	14.7	12.6	22.24	反九点面积井网	600、300	23.9
二类	16	萨Ⅱ组，萨Ⅲ组 葡Ⅰ4—7，葡Ⅱ组	52.7	40.4	68.34	反九点面积井网	300、424	基础井网：13.7 一次加密：10.9
三类	20	萨Ⅰ组，高Ⅰ6—20，高Ⅱ组，高Ⅲ组	61.8	34.8	9.41	行列井网	300	一次加密：10.9 二次加密：13.3

1.3　层间、层内矛盾突出

纵向上，各套层系注采对象交叉重复、个别层系射孔厚度偏大。区块目前水驱每套层系组合有效厚度平均为 17.2 m，层系组合有效厚度 13.0 m 以上的层系比例为 70%。每套层系的渗透率变异系数为 0.95~1.11[5]。受油层性质和发育状况差异性、以及各套层系开发对象之间存在交叉重复现象等影响，导致纵向上层间、层内矛盾严重[6]。

1.4　平面上注采关系复杂

从平面上来看，各套井网相互交错分布。对于每个储层，均有 2 套或 3 套层系井同时射孔，形成了一口注水井对应多套层系多口采油井，一口采油井对应多套层系多口注水井，各个方向上注采井距不均衡[7]，为 100~424m，导致不均衡的地下流场形势，即在较近注采井距下形成优势通道，影响、干扰和限制其他较远注采井距方向上的开发效果，平面上注采关系复杂[8]。

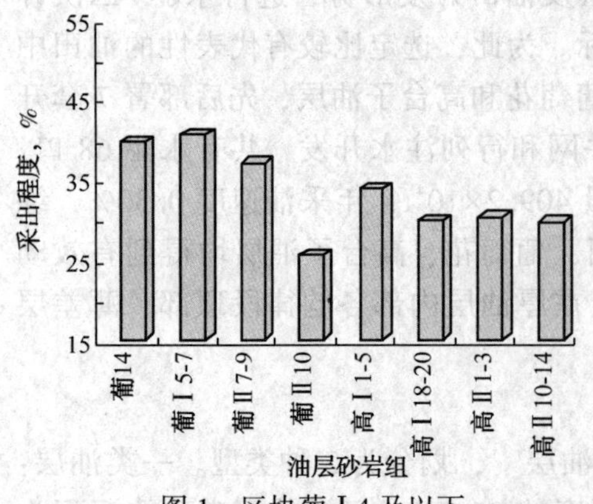

图 1　区块葡Ⅰ4 及以下油层砂岩组采出程度示意图

1.5　开发效果较差

研究区 2013 年水驱综合含水率为 95.7%，各套层系含水率为 94.9%~96.0%，采油速度为 0.30%。葡Ⅰ4 及以下油层采出程度为 34.8%，各砂岩组采出程度存在较大差异，如葡Ⅰ4 油层为 39.6%，葡Ⅱ10 油层为 25.5%，高Ⅰ1-5 油层为 33.7%，高Ⅱ10-14 油层为 29.6%(图 1)。

2　二次开发技术界限

2.1　水驱二次开发对象

喇嘛甸油田一类油层独立进行葡Ⅰ1-2 油层后

续水驱开发，不是本次试验对象。按照油田规划安排，二类A油层的萨Ⅱ1+2—萨Ⅲ10层段油层，目前已经划分为多套开发层系，萨Ⅲ组油层聚合物驱油开始开发[9]，也不是本次二次开发对象；二类B油层的葡Ⅰ4—高Ⅰ4+5层段油层，将在2030年进行三次采油开发，之前将长期处于注水开发阶段，即聚前水驱开发时间较长，可作为水驱挖潜对象。同时高Ⅰ6-9及以下的三类油层在今后相当长的时间内，将处于水驱开发阶段，是特高含水期水驱挖潜调整的对象。因此，葡Ⅰ4及以下油层确定为水驱二次开发目的层段，进行二次开发研究。

2.2 层系细分界限

按照二次开发取得成果认识，解决储层的非均质性是二次开发的切入点，陆相油藏单砂体储层油水运动规律是支持提高水驱采收率的核心。据此，细分重组层系是二次开发的技术策略之一[10]。油田理论研究成果和实际生产实际均表明，多层非均质砂岩油田水驱开发，每套层系合理组合厚度，层系内油层渗透率变异系数低于0.8，原油采收率较高且能保证较高的经济效益[11]。目前水驱每套层系组合有效厚度平均为17.2 m，渗透率变异系数为0.95~1.11。通过层系合理细分重组，能够进一步释放动用较差油层的潜力，实现合理流压下的产能。按照研究成果，研究区块葡Ⅰ4及以下层系，层系内油层渗透率变异系数低于0.8，平均单井折算有效厚度8.0 m左右，能达到较高采收率。

2.3 平面重组优化

依据目前二次开发理论研究和实践成果，井网优化重构，缩小注采井距，提高水驱波及体积是二次开发的核心技术策略。多年油藏开发实践和理论研究也表明，井网井距是油藏开发基础，直接影响注采系统和开发效果，决定最终采收率[12]。特高含水开发期，通过平面重组优化，改变地下几十年以来形成的固有注采流场，能提高水驱控制程度，扩大注水波及体积，提高水驱采收率。结合井网现状，利用油田一次、二次加密井网进行水驱井网调整。

依据油藏工程原理，对比分析区块葡Ⅰ4—高Ⅱ组油层，在现300m注采井距下、分别加密至212m、170m、150m注采井距下的水驱控制程度，随着注采井距缩小，水驱控制程度越来越高，特别是多向连通比例提高幅度较大[13]。当注采井距加密到212m时，总体控制程度为93.7%~95.7%，多向控制程度为77.4%~82.2%，相比于现300m注采井距，总体控制程度提高10百分点左右，多向控制程度提高50百分点左右；当注采井距加密到170m时，总体控制程度为94.3%~96.5%，多向控制程度为77.9%~84.4%，相比于现212m注采井距，控制程度提高幅度较小。因此，200m左右注采井距能有效提高水驱控制程度，特别是多向连通比例，为取得较好开发效果奠定坚实基础(表2)。

表2 区块不同注采井距下油层水驱控制程度统计

注采井距分类，m	单向连通比例，%			双向连通比例，%			多向连通比例，%		
	层数	砂岩	有效	层数	砂岩	有效	层数	砂岩	有效
300	28.2	26.7	25.6	26.4	27.4	27.3	26.2	29.4	32.2
212	9.0	6.9	6.8	7.4	8.1	6.6	77.4	80.8	82.2
170	9.7	7.1	6.6	9.3	7.5	5.6	77.9	81.9	84.4
150	4.9	4.1	4.1	12.3	10.0	10.0	78.6	83.6	83.2

3 二次开发调整方式

基于二次开发工程提出的背景、客观现实和主要理论认识，按照二次开发总体技术路线：即重构地下注采流场，重建井网结构和重组地面流程的“三重”路线，明确了二次开发具体技术思路：总体控制、层系细分、平面重组、立体优化。所谓总体控制，指在单砂体内部建立起有效注采关系，通过注采调控实现单砂体的波及体积最大化。为此，只有通过层系细分和平面重组来实现；所谓层系细分，指为解决长期水驱开发导致的层间和层内矛盾而进行的细分层系，进一步提高各油层及层内的动用程度；所谓平面重组，是在层系细分后，以地下单砂体为单元，重新组合注采关系，利用老井加上补充新钻井，实现重建地下注采流场系统，改善原来动用较差油层及部位动用程度的目的；所谓立体优化，是指兼顾区块目前开发现状，从油藏整体进行层系井网的优化调整，实现提高水驱采收率，获得较好经济效益的最终目的。

以此为指导，综合分析油田开发现状、各类砂体发育特点、潜力分布及层系开发现状和井网适应性，以提高采收率和经济效益为出发点，开拓思路，确定以细分开发层段、进一步提高井网控制程度为水驱二次开发的主攻方向，从平面上和纵向上共同调整。采取“纵向细划重组开发层系、平面缩小优化井网井距”的调整对策，确定了油田特高含水期水驱二次开发的调整原则。实现重构地下流场、提高油层动用状况，形成特高含水开发期水驱二次开发的可操作开发模式，以达到减缓水驱递减速度，扩大波及体积，提高水驱采收率的目的。

3.1 层系细分调整方式

以提高各类油层动用状况，提高采收率和经济效益为出发点，确定了层系独立为基础，按照油层组顺序重新划分组合，释放被抑制、动用较差油层生产潜力的层系细分重组原则。同时综合考虑层系厚度、储量和渗透率变异系数等因素，从调整工作量、实施难度、推广应用操作性等多方面综合分析，对比分析多种层系组合方案，推荐采用将三类油层高Ⅰ6及以下油层作为水驱层系细分井网重构对象，高Ⅰ6及以下层系细分重组为二套层系(表3)。

表3 层系细分重组推荐方式

层系	砂岩组数	厚度，m		平均渗透率 D	渗透率变异系数	一类隔层		地质储量 10^4t
		砂岩	有效			厚度 m	钻遇率 %	
高Ⅰ6-9-高Ⅱ1-3	5	23.6	9.1	0.196	0.75	3.0	82.4	132.35
高Ⅱ4-6及以下	5	23.1	9.0	0.102	0.56	1.7	86.2	151.18

推荐层系细分重组方式中，高Ⅰ6及以下层系属于三类油层，将长期进行水驱开发，彻底避免了与二类油层三次采油层系的交叉，有效规避了开发过程中复杂性。与原高Ⅰ6及以下层系划分相比，增加了一套层系，将原一次加密“8”字号井开发层系细分为2套层系。有效厚度为9.0m，渗透率变异系数低于0.8，地质储量分布比较均衡，层系间隔层条件良好，减缓了层间矛盾，可改善水驱开发效果，同时对应井网调整等工作量较少，可操作性强。

3.2 平面重组优化方案

以缓解平面矛盾，提高水驱控制程度，特别是多向连通比例为出发点，确定了与开发层系相匹配，缩小注采井距、增加驱油方向的注采井网重构原则[14]。依据研究区块层系井网现状，应用数值模拟方法，结合调整工作量、阶段采收率和经济效益预测多方面影响因素，优选推荐采用二套层系和井网进行水驱开发。一是高Ⅰ6—高Ⅱ3层系，一次加密“8”字号全部作为注水井，新钻采油井，构成212m五点法面积井网；二是高Ⅱ4及以下层系，二次加密“1”字号全部作为注水井，新钻采油井，构成212m五点法面积井网(图2)。

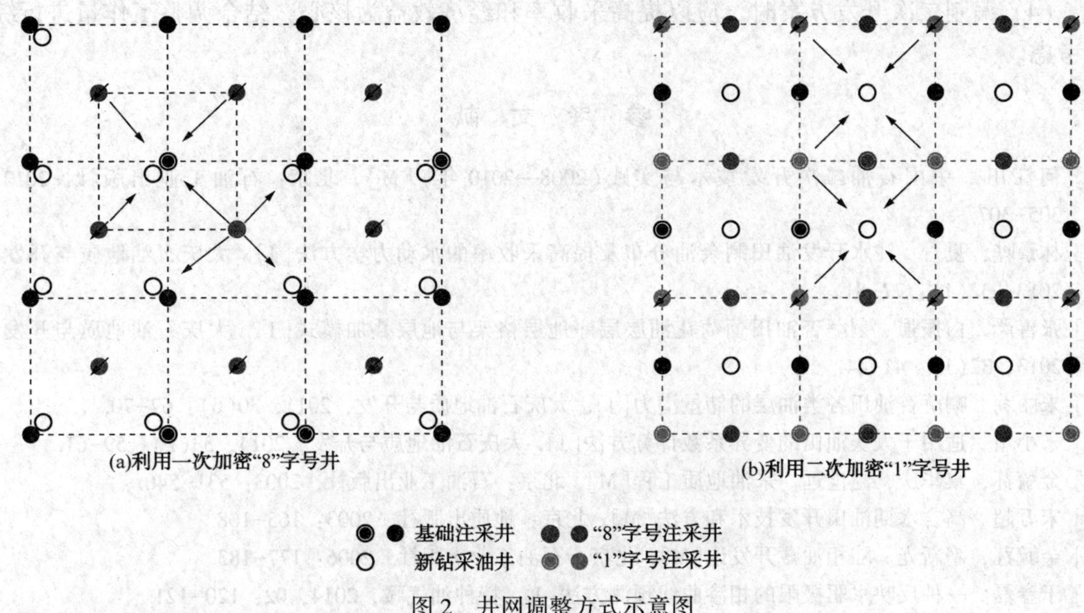

图2 井网调整方式示意图

推荐井网调整方式，将原300m反九点面积井网和300m行列井网，分别加密为连套212无点法面积井网，井网独立，注采井距比较均匀，水驱控制程度高，多向连通率提高幅度大，采油井全部新钻，新建产能较高，封堵工作量以注水井为主，有效避免了水转油，有利于提高特高含水期水驱采收率，改善开发效果，同时新钻采油井避开了老井主流线，位于老井井间位置，不给未来可能三类油层三次采油增添麻烦。

3.3 开发效果预测及经济效益评价

依据油藏工程原理和数值模拟方法，特高含水期通过水驱层系细分、缩小注采井距，可提高多向连通控制程度，增加可采储量，减缓含水率上升速度。预测投产初期平均单井日产液量31 t，日产油量2.0t，综合含水率93.9%[15]，建成产能1.70×10^4t/a。与采用原井网开发方式相比，高Ⅰ6及以下油层层系细分井网重构后最终采出程度提高2.6百分点，预计增加可采储量7.26×10^4t。

应用油田统一的效益评价系统，原油价格按80美元/桶，初步计算研究区产能总投资为$9\,624.14\times10^4$元，利润总额$7\,945.98\times10^4$元，所得税后财务内部收益率为23.68%，投资回收期为4.1 a，百万吨产能建设投资为55.89×10^8元。

4 结论

(1) 油田已进入特高含水开发期，层间、层内和平面矛盾突出，各套层系含水率高、采油速度低，利用现水驱井网挖潜难度较大。

(2) 对于长期进行注水开发的油层，依据二次开发理论，进行层系井网优化重组，能够从根本上缓解开发过程中矛盾，提高水驱控制程度，扩大波及体积，增加可采储量，是特高含水期水驱调整的核心。

（3）对于长期水驱开发油层，层系细分重组的折算有效厚度下限为 8.0m，合理注采井距为 200m 左右。

（4）编制二次开发方案时，应以提高采收率和经济效益为核心，结合调整工作量进行综合考虑。

参 考 文 献

[1] 何江川．中国石油二次开发技术与实践（2008—2010 年）[M]．北京：石油工业出版社，2012：305-307.

[2] 林景晔，夏丹．注水开发油田剩余油分布及提高采收率的水动力学方法[J]．大庆石油地质与开发，2013，32(1)：77-81.

[3] 张善严，白振强．喇萨杏油田葡萄花油层层序地层格架与地层叠加模式[J]．大庆石油地质与开发，2013，32(1)：41-44.

[4] 朱丽莉．喇萨杏油田各类油层的储量潜力[J]．大庆石油地质与开发，2011，30(6)：67-70.

[5] 宋小川．适用于大庆油田的变异系数计算方法[J]．大庆石油地质与开发，2014，33(2)：59-61.

[6] 金毓荪，巢华庆，赵世远．采油地质工程[M]．北京：石油工业出版社，2003：531-540.

[7] 宋万超．高含水期油田开发技术和方法[M]．北京：地质出版社，2003：165-168.

[8] 金毓荪，隋新光．陆相油藏开发论[M]．北京：石油工业出版社，2006：177-183.

[9] 于春磊．一种反映水驱极限的相渗曲线预测方法[J]．特种油气藏，2014，02：120-121.

[10] 闫丽萍．大庆油田北二东区块层系重组调整方法[J]．大庆石油地质与开发，2013，32(1)：101-102.

[11] 韩大匡，万仁溥．多层砂岩油藏开发模式[M]．北京：石油工业出版社，1999：228-230.

[12] 王乃举．中国油藏开发模式[M]．北京：石油工业出版社，1999：162-167.

[13] 林玉保，贾忠伟，侯站捷，等．高含水后期油水微观渗流特征[J]．大庆石油地质与开发，2014，33(1)：70-74.

[14] 罗钰涵，巢越，罗南，等．多套油水系统层状油藏开发实践与启示[J]．特种油气藏，2014(3)：49-53.

[15] 刘义坤，唐慧敏，梁爽，等．薄差层极限注采井距求解新方法探讨[J]．特种油气藏，2014(3)：76-80.

喇嘛甸油田特高含水期产注污水平衡应急调控方法研究

李　阁　杜建涛　董小双

（地质大队）

摘　要：喇嘛甸油田进入特高含水开发期以来，为了保持一定的产量规模，不断实施措施挖潜及井网加密调整，随着二类油层聚驱工业化推广产注规模的不断扩大，产注污水平衡问题日益凸显，逐渐成为制约油田可持续发展的主要因素之一。本文通过分析特高含水期产注污水平衡的波动性、临时性及局部性等特征，结合喇嘛甸油田目前产注污水平衡状况，对产注污水平衡应急调控方法进行研究，分析产注污水过剩和亏空时的调控手段，进而减少油田环境污染，提高油田经济效益，实现可持续发展。

关键词：污水平衡状况；污水平衡特征；污水平衡应急调控方案

喇嘛甸油田进入特高含水开发期以来，生产规模大不断扩大，截至 2014 年底，投产油水井 9012 口，井网密度 90. 12 口/km^2，年注水 11702. 7×10^4m^3，年产液 8992. 2×10^4t，年产油 439. 0×10^4t。同时，随着二类油层聚驱规模化推广，为满足注聚开发效果，对十个聚驱区块各注聚阶段采用不同水质配注，油田清水、污水用量处于动态变化中，出现产注污水临时不平衡。为缓解油田污水临时性短缺和过剩，减少环境污染，保障油田开发效益。通过对喇嘛甸油田特高含水期产注污水平衡特征进行详细研究，总结不同因素对产注污水平衡状况的影响，分析污水平衡状况特征，结合目前产注污水平衡状况，探索污水平衡调控方法，实现喇嘛甸油田可持续发展。

1　喇嘛甸油田污水平衡状况分析

1. 1　油田注采平衡状况调查

喇嘛甸油田投入开发以后，随着自喷开采时间的增长，油层本身能量不断被消耗，致使地层压力下降，为了弥补原油采出后所造成的地下亏空，对油田实施注水开发，并确保合理的注入采出比，保持充足地层能量。

从喇嘛甸油田 2009 年以来开发指标可以看出，喇嘛甸油田注采比一直保持在 1. 10 左右，符合油田合理注采比要求，流压保持在 4~5MPa 之间，动液面维持在 500m 左右，静压保持在 12MPa 左右，各项开发指标保持相对稳定，油田两驱注采速度比较合理，地层能量较为充足。从目前数据看，全油田共有油水井总数 9014 口，日注水量 30. 6×10^4m^3，日产水量 24. 4×10^4m^3，注采比 1. 15，流压 4. 36MPa，静压 11. 81 MPa，液面 525m，在目前注采规模下，流压、动液面等各项指标均在合理范围内，能够满足油田开发需求(表 1)。

表 1　喇嘛甸油田 2009 年以来开发指标统计表

开发方式	分类	2009 年	2010 年	2011 年	2012 年	2013 年	2014 年	2015 年
水驱	注采比	1.34	1.31	1.26	1.30	1.23	1.24	1.23
	流压，MPa	4.6	4.4	4.7	5.2	4.7	4.4	4.6
	静压，MPa	11.1	12.1	12.1	12.5	11.9	11.8	11.7
	动液面，m	535.4	560.2	519.0	446.3	508.4	563.0	535.0
聚驱	注采比	0.82	0.88	0.91	0.94	0.94	0.99	1.09
	流压，MPa	4.8	4.7	4.7	4.7	4.4	3.7	4.2
	静压，MPa	10.4	12.2	12.2	12.6	11.9	11.7	11.9
	动液面，m	482.0	481.8	491.7	473.1	508.4	580.6	517.0
全厂	注采比	1.10	1.11	1.09	1.12	1.09	1.11	1.15
	流压，MPa	4.7	4.5	4.7	5.0	4.6	4.0	4.4
	静压，MPa	10.7	12.2	12.2	12.5	11.9	11.7	11.8
	动液面，m	518.0	524.5	506.0	458.8	508.4	572.7	525.0

1.2　油田污水产注平衡状况调查

喇嘛甸油田目前水驱各层系注入水质为污水，聚驱注入水质由于各区块所处见效阶段不同，注入水质需求也不同，空白水驱和后续水驱阶段注入水质为污水，含水下降期为清配清稀，含水回升期为清配污稀。目前，共有 10 个区块注入水质为污水，10 个区块为清水配置污水稀释，1 个区块为清水配置清水稀释。根据目前水聚两驱注入水质分析，全厂每天产污水比注污水少 9536m^3(表 2)。

表 2　喇嘛甸油田产注平衡状况调查表(井口数据)

时间，年	区块	注污水量 m^3/d	注清水量 m^3/d	产污水量 m^3/d	污水过剩量 m^3/d
2009	水驱	169127		117296	−51831
	聚驱	70305	22701	104710	34405
	全厂	239432	22701	222006	−17426
2010	水驱	164717		117454	−47263
	聚驱	72481	26123	103411	30930
	全厂	237198	26123	220865	−16333
2011	水驱	165822		122970	−42852
	聚驱	85366	28278	115434	30069
	全厂	251188	28278	238405	−12783
2012	水驱	172550		124021	−48529
	聚驱	91593	26797	116565	24972
	全厂	264143	26797	240586	−23556

续表

时间，年	区块	注污水量 m³/d	注清水量 m³/d	产污水量 m³/d	污水过剩量 m³/d
2013	水驱	172385		131239	−41146
	聚驱	100091	34327	133167	33075
	全厂	272476	34327	264405	−8071
2014	水驱	175879		133562	−42317
	聚驱	107396	37348	136073	28677
	全厂	283274	37348	269635	−13639
目前	水驱	157808		135760	−22048
	聚驱	130120	17583	142632	12512
	全厂	287928	17583	278392	−9536

2 产注污水平衡特征分析

为了缓解油田污水临时性短缺或过剩，减少环境污染，对产注污水平衡状况进行分析，明确不同因素对产注污水平衡状况的影响，分析不同区块、不同时间污水产注平衡状况，搞清产注污水平衡特征。

2.1 不同影响因素对产注污水平衡状况影响不同

从实际生产中各项措施对油田产注水平的影响程度来看，钻控影响、措施调整、水质变化以及新井投产等因素是影响油田污水产注平衡的主要因素。

2.1.1 钻控影响分析

在钻井过程中，需要对油水井实施不同的钻关工作，导致日产注污水水平波动较大，同时在钻井过程中，起、下钻作业时产生大量污水，对污水产注平衡产生影响。北北块一区葡Ⅱ7—高Ⅰ5 聚驱区块从 2 月开始关水井泄压，3 月正式钻井，截至 7 月，累计影响注水量 $203.3\times10^4m^3$，影响产水量 $51.2\times10^4m^3$，影响注水量比影响产水量多 $152.1\times10^4m^3$，对污水产注平衡产生一定的影响(表 3)。

表 3 喇北北块一区实际钻控影响表

时间，年月	完钻井数，口	月影响注水量，m³	月影响产水量，m³	差值，m³
201502		41097	5333	−35764
201503	26	283373	36243	−247130
201504	34	383833	74092	−309741
201505	43	439737	121567	−318170
201506	35	462093	134046	−328047
201507	51	422433	140272	−282161
合计	189	2032566	511552	−1521014

2.1.2 措施调整影响分析

为减缓产量递减，油田对部分油水井采取措施调整，完善注采关系，弥补产量递减，但同时会导致区域注采不平衡。2015年为改善两驱开发效果，实施措施调整1331井次，其中水井作业842井次，年累计减少注入量$23.8\times10^4m^3$，目前日降低注入量$6031m^3$；油井作业489井次，年累计增水12.1×10^4t，目前日增水$1798m^3$，影响了产注污水平衡(表4)。

表4　喇嘛甸油田2015年措施影响产注平衡状况表(2015年上半年)

项目		实施井次	年增注 10^4m^3	日增注 m^3	项目		实施井次	年增水 10^4m^3	日增水 m^3
注水井	测调	559	16.0	-3894	采油井	压裂	19	4.8	589
	细分	185	-23.5	-1296		补孔	16	3.2	291
	周期	72	-17.7	-978		堵水	9	3.0	246
	压裂	24	1.3	129		长关井治理	8	1.8	314
	补孔	2	0.03	8		周期	76	-23.2	-2115
	酸化					调参	361	22.6	2473
	合计	842	-23.8	-6031		合计	489	12.1	1798

2.1.3　新井投产影响分析

新井投产是弥补产量递减、保持产量稳定的有效手段，但同时对污水产注平衡造成了影响。“十二五”期间，喇嘛甸油田新建水驱产能区块2个，基建水驱油井151口，日产污水量增加$6034m^3$；新投注水井87口，日注污水量增加$2617m^3$；新建聚驱产能区块6个，基建聚驱油井944口，日产污水量增加$38328m^3$，新投注聚井909口，日注污水量增加$30066m^3$，日增加清水注入量$10655m^3$。新井投产直接大幅度增加了油田的产注水量，对油田污水产注平衡影响较大(表5)。

表5　“十二五”以来新投产井影响产注平衡状况表(2015年上半年)

时间年	地区或区块	基建，口			目前日注水平，m^3		目前日产污水水平 m^3
		油井	水井	合计	清水	污水	
2011	北北块二区过渡带加密	45	24	69		593	1302
	北西块一区	316	306	622	3668	9133	11781
	北北块二区注聚井	66	69	135	985	3128	3655
2012	南中西一区	187	175	362	1871	5900	6587
	北东块二区	97	101	198	1045	3065	3831
2013	南中西二区过渡带加密	106	63	169		2024	4732
	南中东二区	64	57	121	888	2123	3056
2014	南中西二区	214	201	415	2198	6717	9418
合计		1095	996	2091	10655	32683	44362

2.1.4　水质变化影响分析

由于各注聚区块注入水质的不断变化，导致油田污水产注量不断变化，油田污水产注始终处于动态变化中。2015年3月高台子试验区转为后续水驱，注入水质由清配清稀转为污水，增加污水注入量 570m^3；2015 年 5 月北西块二区(断北)转入后续水驱，注入水质由清配污稀变为污水，增加污水注入量 1187m^3；2015 年 6 月南中西一区、北西块一区、北北块二区注入水质由清配清稀转为清配污稀，增加污水注入量 13855m^3；2015 年 5 月和 2015 年 7 月南中西二区、南中东二区开始注聚，为缓解污水短缺压力，注入水质由污水转为清配污稀，减少污水注入量 4153m^3(表 6)。

表 6　喇嘛甸油田 2015 年聚驱区块水质变化影响表(2015 年上半年)

区块	调整时间，年月	水质变化	增加日注污水量，m^3
高台子试验	201503	清配清稀转污水	570
北西块二区(断北)	201505	清配污稀转污水	1187
南中西一区	201506	清配清稀转清配污稀	4029
北西块一区	201506	清配清稀转清配污稀	5465
北北块二区	201506	清配清稀转清配污稀	4361
南中西二区	201505	污水转清配污稀	−2918
南中东二区	201507	污水转清配污稀	−1235
合计			11459

2.2　不同区块产注污水平衡状况存在差异

通过对比分析目前喇嘛甸油田各区块产注平衡状况可以看出，水驱与聚驱的产注平衡状况不同，水驱污水日亏空 22048m^3，聚驱污水日过剩 12512m^3，不同开发方式下产注污水平衡状况存在差异；通过对比分析目前聚驱各区块可以看出，不同区块产注污水平衡状况存在差异，北东块、北西块、北西块二区(断南)、北东块三元试验存在污水亏空状况，而其他区块则存在污水过剩状况，同时，注入水质的不同对各聚驱区块污水过剩量及产注平衡状况影响程度存在差异(表 7)。

表 7　喇嘛甸油田产注平衡状况调查表(2015 年 7 月)

区块		注水水质	注水量，m^3/d		产污水量	污水过剩量
			污水	清水	m^3/d	m^3/d
水驱		污水	157808		135760	−22048
聚驱	喇南试验	污水	2395		7374	4979
	北北块	污水	9251		9523	272
	北东块	污水	16969		10698	−6271
	北西块	污水	17873		10419	−7454
	南中东	污水	7330		8364	1034
	南中西	污水	13762		15351	1589
	北北块一区	污水	6587		6699	112
	北东块一区	清配污稀	7002	1286	8461	1459
	南中东一区	清配污稀	4916	1228	7700	2784
	北西块二区(断南)	清配污稀	1649	225	4114	2465
	北西块二区(断北)	污水	6433		6359	−74

续表

区块		注水水质	注水量，m^3/d		产污水量	污水过剩量
			污水	清水	m^3/d	m^3/d
聚驱	北北块二区	清配污稀	6368	2007	7559	1191
	南中西一区	清配污稀	5900	1871	6587	687
	北东块二区	清配污稀	3065	1045	3831	766
	南中东二区	清配污稀	2123	888	3056	933
	北西块一区	清配污稀	9133	3668	11781	2648
	南中西二区	清配污稀	6717	2918	9418	2701
	南块注聚障试验	清配清稀		1886	1451	1451
	北东块三元试验	污水	1455		1229	-226
	北东块高台子试验	污水	570		802	232
	小井距高浓度试验	清配污稀	622	561	1855	1233
	小计		130120	17583	142632	12512
合计			287928	17583	278392	-9536

通过对比分析目前喇嘛甸油田分矿产注平衡状况可以看出，由于各矿注聚区块产注规模以及区块所处见效阶段不同，各矿污水产注平衡状况各异。其中，一矿日产污水量多于日注污水量，污水日过剩 1605m^3；二矿由于北西块一区转为清配污稀以及北西块二区(断南)转入后续水驱，日产污水量严重不足，污水日亏空 9839m^3；三矿受北北块二区转为清配污稀以及北北块一区钻控两项因素综合影响，日产污水量少于日注污水量，污水日亏空 1228m^3；四矿产注污水量基本保持平衡(表 8)。

表 8　喇嘛甸油田分矿污水产注平衡状况调查表(2015 年 7 月)

分　项	一矿	二矿	三矿	四矿	全厂
注清水，m^3/d	8791	3893	2007	2892	17583
注污水量，m^3/d	102472	71240	59272	54944	287928
产水量，m^3/d	104077	61401	58044	54870	278392
产污水与注污水差值，m^3/d	1605	-9839	-1228	-74	-9536

2.3　不同时间段产注污水平衡状况存在差异

通过调查喇嘛甸油田 2009 年以来产注污水运行状况可以看出，不同时间段产注污水平衡状况存在差异。由于每年措施调整井数、新投井数、钻控影响等存在差异，同时聚驱区块水质在不同开发阶段不同，导致每年产注平衡有所差异；由于当年每个月实际生产情况不同，且受措施调整、钻控影响、新投油水井等因素影响较大，导致当年每月产注平衡有所差异(图 1)。

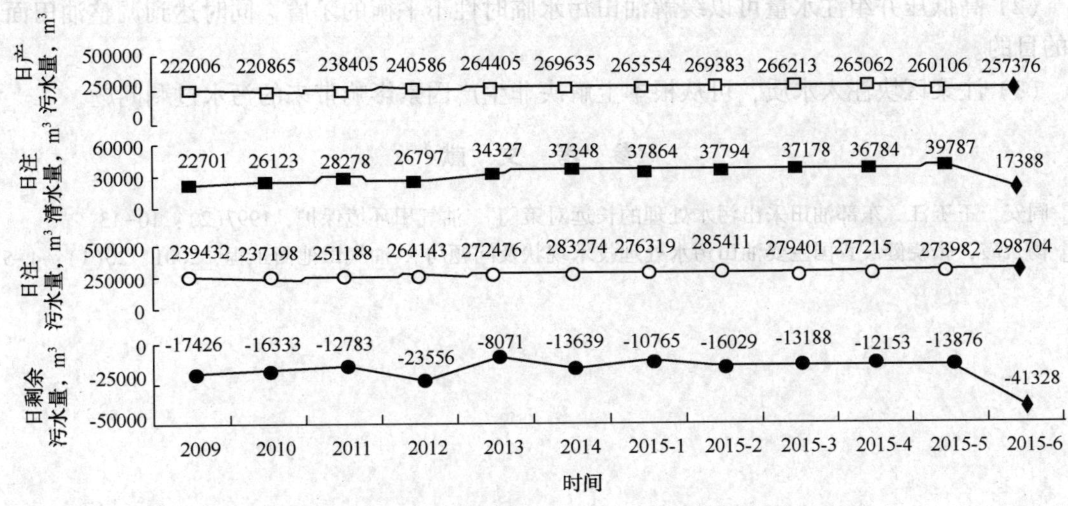

图 1　2009 年以来产注污水运行曲线

3　产注污水平衡应急调控方法研究

通过分析喇嘛甸油田特高含水期产注污水平衡特征，结合历年产注污水平衡状况，研究产注污水平衡调控方法，进而缓解油田污水临时性短缺和过剩，减少环境污染，保障油田开发效益。

3.1　注污水平衡调控原则

一是保证油田污水不外排，满足环保要求。

二是必须在详细落实污水产注平衡状况的基础上，明确治理时间段，把控治理周期，以生产运行平稳为中心，采取的各项应急调控方案以保证原油生产任务为前提。

三是根据过剩污水量，综合考虑方案可操作性、工作量、成本等因素，优选应急调控方案，实现低成本、高效率解决污水过剩问题。

四是不同区块应采取相符合的调控方法，局部治理、整体调控。

3.2　注污水平衡应急调控方法

针对产注污水过剩时：当污水过剩 $2000m^3/d$ 以内时，重点加大方案加水及部分停注层周期恢复注水力度，实施上调配注方案或翻牌临时性提高油压注水。当污水过剩 2000~$4000m^3/d$ 时，对含水大于 98% 的油井实施周期采油、下调参以及堵水等控注措施，精细控水调整，控制无效注采；当污水过剩 4000~$7000m^3/d$ 时，加大注聚区块注水水质需求研究，将处于含水回升期或油层发育较差、注入压力较高的含水下降期的清配清稀聚合物区块，调整为清配污稀，采取暴氧污水稀释聚合物。

针对产注污水亏空时：当污水亏空在 $4000m^3/d$ 以内时，主要采取注水井周期注水，实施方案减水，适当恢复周期关井采油井生产，采油井实施调大参；当污水亏空在 $4000m^3/d$ 以上时，将注聚见效区块调回清配清稀。

4　几点认识

(1) 田产注规模因素较多，污水平衡呈现临时性、局部性等特征。

（2）高低压井组注水量可以缓解油田污水临时性不平衡的矛盾，同时达到调整油田面矛盾的目的。

（3）注聚区块注入水质，可从根本上解决非生产因素影响带来的污水过剩问题。

参 考 文 献

[1] 阎安，王玉江．东部油田采出污水处理的长远对策[J]．油气田环境保护，1997(2)：10-13.

[2] 杨云霞，张晓健．我国主要油田污水处理技术现状及问题[J]．油气田地面工程，2001，20(1)：4-5.

喇嘛甸油田特高含水期过渡带开发调整研究

谢尚智　王　伟　冯薇澍

（地质大队）

摘　要：针对喇嘛甸油田过渡带现井网水驱控制程度低、采油速度低、采液强度不均衡、油水井数比不合理的状况，于2006年和2010年对北北块过渡带进行了井网加密调整。为保证开发调整质量和投产进度，通过对南中西过渡带开发调整过程进行深入研究，采用对过渡带开发现状及动用状况、调整潜力研究及调整方法优选、南中西过渡带加密调整应用情况及实施效果等方面进行研究。为新井投产提供了及时、准确的开发调整方案，为油田持续稳产提供保障。

关键词：开发调整；调整潜力；调整方法；投产效果

开发调整工作是油田开发的基础。喇嘛甸油田储量丰度较高，但过渡带动用状况较差，油田各条带动用状况不均匀，平面、层间、层内三大开发矛盾突出。按照大庆油田“持续有效发展、创建百年油田”的战略方针，喇南中西过渡带目前已进入特高含水开发期，面临井网密度小、水驱控制程度低、采油速度低、薄差层未动用比例高以及各条带砂体动用不均衡的实际状况。为提高南中西过渡带井网控制程度，进一步完善区块注采关系，改善南中西过渡带开发效果，开展南中西过渡带加密调整技术研究，结合喇嘛甸油田北北块过渡带于2006年和2010年进行了加密调整，均取得较好开发效果，为此，通过南中西过渡带加密调整技术研究，搞清南中西过渡带进行加密调整的效果和作用，并指导投产后开发调整合油田其他过渡带的加密调整。

1　过渡带开发现状及动用状况

开发现状及动用状况主要任务是确定喇南中西过渡带目前开发存在的问题，区块地质特征、油层发育状况、油层性质等分析基础上，从而确定南中西过渡带加密开发现状和动用状况。

依据喇萨杏油田高含水期油层分类标准和原则，结合喇嘛甸油田油层性质、发育及沉积特点，将南中西过渡带全部油层划分为三种类型，按照划分结果确定各条带油层性质，及厚度发育状况，在油层分类基础上，运用储层精细解剖方法，深化了各类储层特点及物性参数研究，确定了过渡带储量分布状况，流体分布及性质，储层敏感性。根据数值模拟研究及过渡带新钻97口井水淹资料解释，从而对各条带动用状况进行分析。

2　过渡带加密调整潜力

过渡带加密调整潜力通过对过渡带井网密度，各条带单井控制储量程度，油层动用均衡状况，采出程度分析，从而对过渡带剩余油分布特征，井距大小对控制程度的影响，过渡带采出程度低等方面进行研究。为后期的各项工作做准备，调整潜力分析直接影响方案编制的效果。

2.1 过渡带井网密度低，各条带单井控制储量不均

喇南中西过渡带共有油水井84口，井网密度为18.7口/km²。其中一条带井网密度为35.5口/km²，与全油田水驱井网接近；二、三、四条带只有基础井网开发，平均井网密度只有14.3口/km²，远低于全油田水驱井网密度。从油水井数比上看，二、三、四条带油水井数比接近4∶1，远高于合理水平。从单井控制储量上看，各条带单井控制储量差异较大。过渡带单井控制储量为22.2×10⁴t/口。

2.2 过渡带水驱控制程度为82.3%，多向连通比例低

喇南中西过渡带现井网水驱控制程度统计结果看(扣除萨Ⅲ1-7、葡Ⅰ1-2油层)，整体水驱控制程度为80.8%，其中，三向及以上水驱控制程度为50.0%(表1)。

表1 南中西过渡带现井网水驱控制程度统计表

项目		连通率,%			
		单向	双向	三向及以上	合计
条带	一条带	9.1	17.4	55.7	82.2
	二条带	10.4	21.1	53.9	85.4
	三条带	17.6	13.8	44.7	76.1
	四条带	20.1	14.2	40.2	74.5
项目	萨Ⅰ组	18.6	18.5	35.8	72.9
	萨Ⅱ组	9.5	18.0	56.0	83.5
	萨Ⅲ8-10	14.2	16.0	48.5	78.7
	葡Ⅰ4-7	13.9	18.4	45.6	77.9
合计		13.2	17.4	50.0	80.8

2.3 油层动用不均衡，采出程度存在差异

南中西过渡带油层动用状况从整体上看，萨、葡油层采出程度为32.2%。其中，萨Ⅰ1-5、萨Ⅱ1-3、萨Ⅱ4-6、萨Ⅱ10-12、萨Ⅱ13+14和葡Ⅰ5-7油层采出程度较低，介于19.0%~31.5%之间；葡Ⅰ1-2油层采出程度最高，为40.6%；剩余萨Ⅱ7-9等油层采出程度较高，介于33.0%~37.3%之间(图1)。

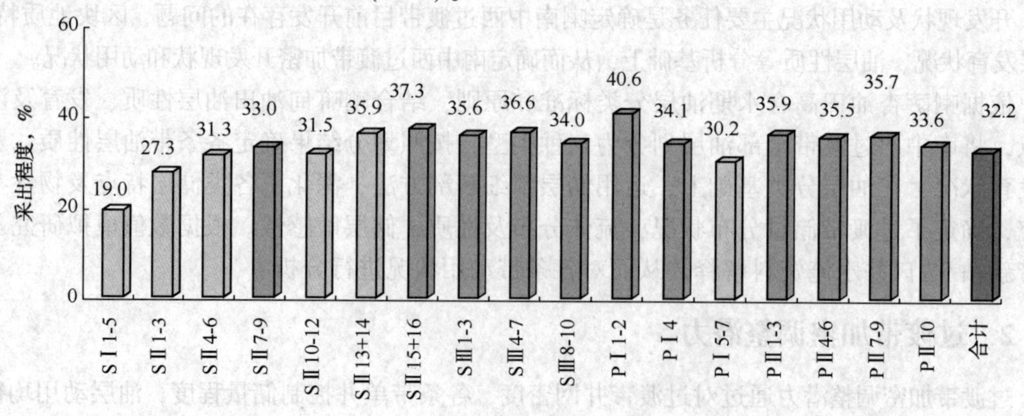

图1 南中西过渡带油层采出程度柱状图

2.4 过渡带剩余油分布特征

利用南中西过渡带数值模拟研究结果，分析了特高含水开发期南中西过渡带剩余油分布类型，主要划分为四种类型：一是在过渡带收边部位，缺少注入井点形成的注采不完善型剩余油。剩余储量比例为20%左右；二是在部分非主体席状砂及表外砂体中，受非均质和层间干扰作用形成的成片差油层型剩余油。剩余储量比例为30%左右；三是动用较差型剩余油。在发育规模较小砂体中，原井网注采井距过大，连通关系差，导致注入水波及效果较差，形成的动用较差型剩余油。剩余储量比例为40%左右；四是受薄差油层或尖灭遮挡，造成原井网注采关系不完善，形成的遮挡型剩余油。剩余储量比例为10%左右(图2)。

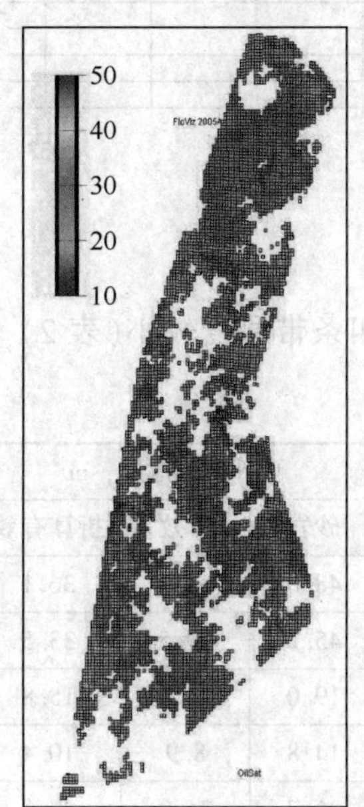

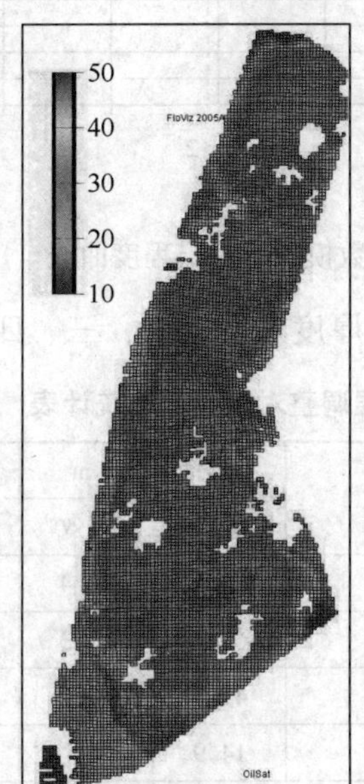

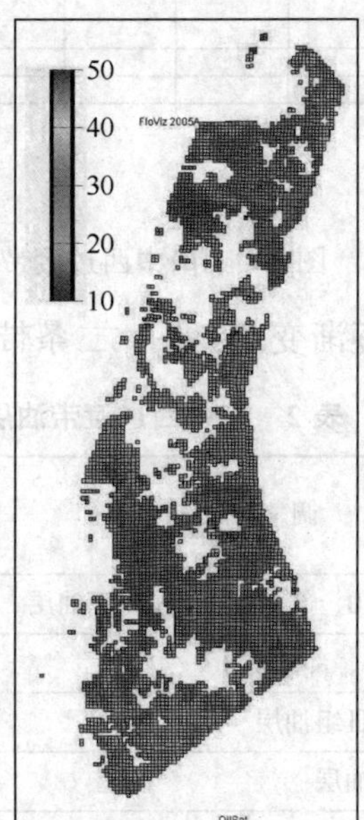

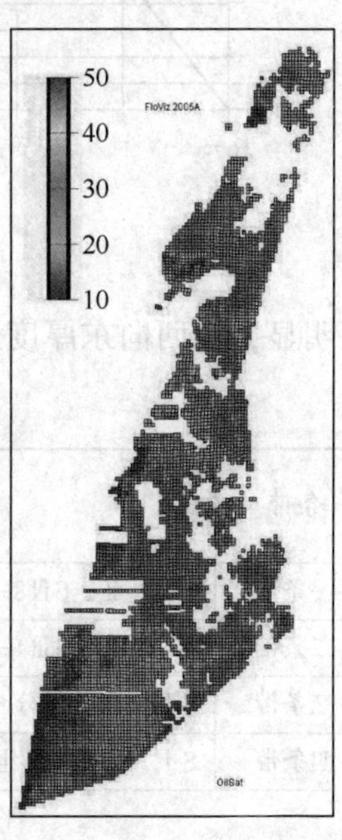

图2 研究区二类油层砂岩厚度等值图

2.5 过渡带采出程度低，可进一步提高各类油层采收率

南中西过渡带各类油层均得到一定程度的动用，全区地质储量 1863.54×10^{4}t，累计产油 600.06×10^{4}t，采出程度为32.2%，比全油田平均水平低6.8个百分点。数模预测结果表明，按照目前开发方式，至含水98%时最终采收率将达到34.5%，可提高采收率2.3个百分点。表明，现井网提高采收率潜力较小。因此，可通过再次调整，能够进一步提高各类油层采收率(图3)。

3 过渡带加密调整方法

过渡带加密调整方法是将调整思路和调整原则确定出来，明确加密调整对象。主要分为一条带、二条带、三条带、四条带四个区域。同时明确出各条带井网整体部署、各套开发层系利用、一条带和二条带新井与三次采油井网井位关系、油水过渡带边部以采油井收边等方法，为提高采收率及完善砂体注采关系对各条带单井确定射孔原则、射孔层位及完井方式，对注采井进行系统调整。

3.1 加密调整对象及厚度

喇南中西过渡带钻遇油层平均单井发育砂岩厚度58.7m，有效厚度44.1m。厚度条带特

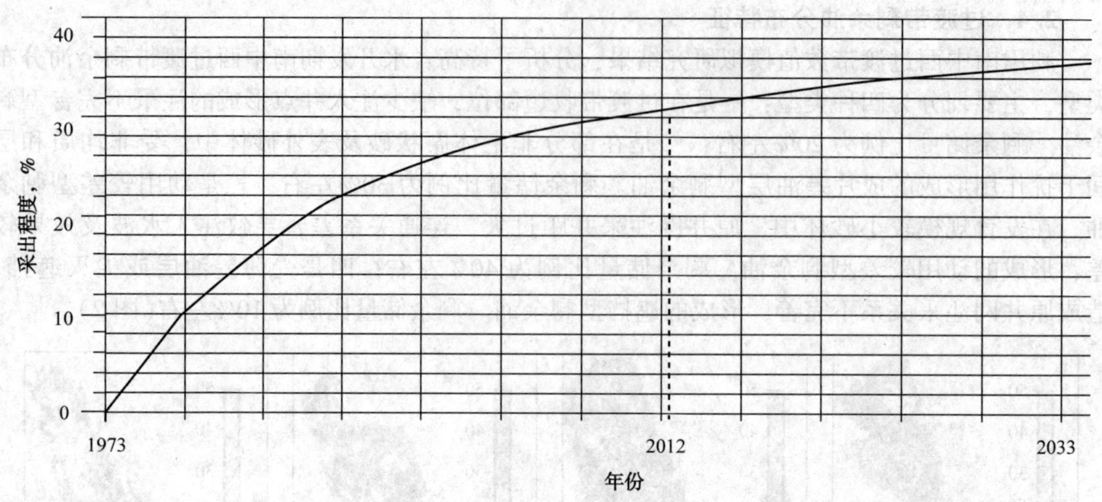

图3　喇南中西过渡带数模预测采出程度曲线

征明显，由西向东厚度逐渐变薄，一、二条带厚度发育较大，三、四条带厚度较小(表2)。

表2　南中西过渡带油层调整对象及厚度统计表

条带	调整对象	发育厚度，m		预计可调厚度，m		
		砂岩	有效	砂岩	有效	折算有效
一条带	SⅠ、Ⅱ、SⅢ8-10、部分葡Ⅰ4及以下油层	80.6	62.4	48.0	32.1	36.1
二条带	SⅠ、Ⅱ、SⅢ1-3、部分葡Ⅰ4-7油层	60.2	45.3	45.2	29.5	33.5
三条带	SⅠ、Ⅱ、部分SⅢ组油层	49.6	34.8	19.0	14.7	15.8
四条带	SⅠ、部分SⅡ组油层	14.9	9.8	14.8	8.9	10.4
平　均		58.7	44.1	36.7	24.9	27.9

3.2　数值模拟研究

为搞清喇南中西过渡带进行三次加密调整时，单独进行井网加密的开发效果，或者单独注采系统调整的开发效果，以及进行井网加密同时注采系统调整的开发效果。为此，设计了相关四种三次加密开发方案(表3)。

表3　南中西过渡带四种方案数值模拟结果对比调表

方案	布井方式	井数，口			最终采收率%	采收率提高值%
		油井	水井	合计		
基础方案	按照目前方式开发，不加密，不调整	53	31	84	34.5	
方案一	只进行注采系统调整，转注11口井	42	42	84	35.0	+0.5
方案二	只进行井网加密，新钻97口井	131	50	181	35.9	+1.4
方案三	进行井网加密(新钻97口井)，同时进行注采系统调整(转注32口井)	99	82	181	37.6	+3.1

在南中西过渡带数值模型和开发数据历史拟合基础上，按照上述四种三次加密开发方案

具体工作量和要求，分别进行了开发效果预测。表明，按照目前开发方式，98%时的最终采收率为 34.5%；方案一，只进行注采系统调整，缓解了注采失衡矛盾，最终采收率为35.0%，与基础方案相比，提高采收率 0.5 个百分点；方案二，只进行井网加密，增加了出油井点，没有形成有效驱替和注采流场，最终采收率为 35.9%，与基础方案相比，提高采收率 1.4 个百分点，与只进行注采方案调整的方案一，采收率提高了 0.9 个百分点；方案四，进行井网加密同时配合注采系统调整，最终采收率为 37.6%，与基础方案相比，提高采收率 3.1 个百分点，与方案一和方案二相比，采收率分别提高了 2.6 个百分点和 1.7 个百分点。因此，只进行注采系统调整或井网加密，提高采收率效果均较差。进行井网加密同时配合注采系统调整，建立起新的连续的注采驱动系统，能够实现较好开发效果。

3.3 各条带调整方式

一、二条带：油层发育最多，萨Ⅰ—葡Ⅱ组油层；可调厚度较大，砂岩厚度 46.8m，有效厚度 31.0m，折算有效厚度 35.0m；油层动用程度较高，但仍有 40%~60%比例厚度未动用和动用较差，剩余油主要位于厚油层的顶部和薄差油层中。为此，以提高薄差油层动用状况为中心，在充分利用现井网基础上，采取缩小注采井距式进行调整，有效挖潜薄差油层和注采不完善型剩余油。采用单独一套井网加密方式。

三、四条带：与一条带相比，油层发育相对稍差，可调砂岩厚度 26.29m，有效厚度 11.7m，折算有效厚度 13.0m；超过 60%左右比例厚度未动用和动用较差。为此，以完善注采关系为中心，在利用现井网基础上，采取缩小注采井距至 200m 左右、注采系统调整方式进行调整，新建注采驱动体系，有效挖潜注采不完善剩余油。

3.4 加密调整方式优选

通过三套布井方案对比，考虑到投资相对较低，内部收益率最高达到 51.04%，各条带均能得到有效动用。优选方案三的布井方式，一、二条带采用 150m 五点法面积井网，三、四条带与基础井网组成 212m 五点法面积井网。预计井网加密后砂体控制程度提高 10 个百分点左右，三向以上连通率提高 8.0 个百分点左右(图 4 和表 4)。

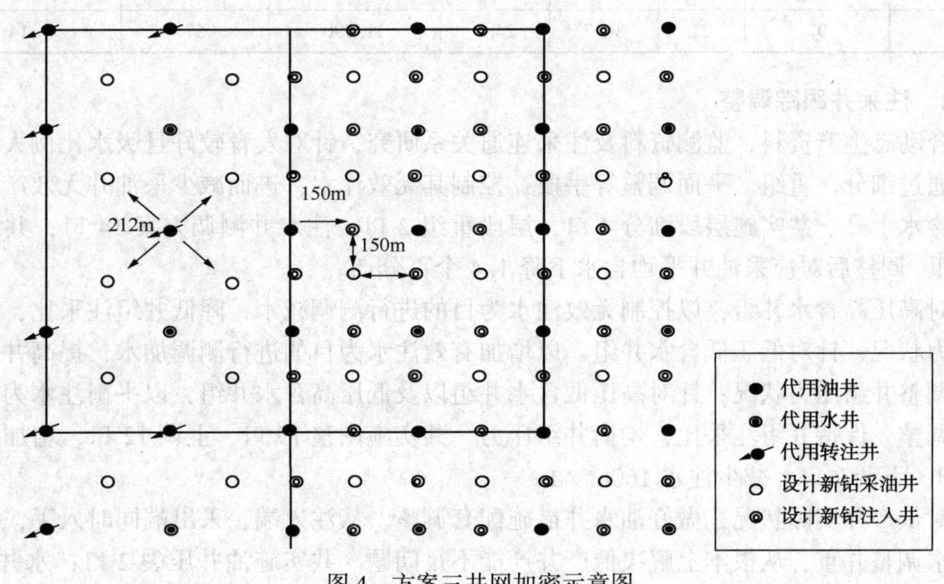

图 4　方案三井网加密示意图

表 4　喇南中西区过渡带加密井网方案对比表

项目＼方案	方案一	方案二	方案三（推荐方案）
新钻井，口	194	67	97
措施工作量，井次	539	220	296
总估算投资，10^4万元	47923.48	18592.68	30339.65
水驱阶段提高采出程度，%	2.26	1.60	2.72
税后内部收益率	8.02	24.72	46.03

4　选择性射孔及跟踪调整

南中西过渡带于 2012 年实施钻井，2013 年 8 月射孔，2013 年 10 月投产，投产以来，随即进行了跟踪调整。

4.1　选择性射孔

按照射孔原则，认真分析油层发育状况，结合精细解剖、描述和认识，编制射孔方案 97 口，采油井 78 口、注水井 19 口。97 口井，平均单井射开 22 个小层，砂岩厚度 36.7m，有效厚度 24.5m，地层系数 11.290D·m。共选择性射孔 57 口井，其中采油井 52 口，注水井 5 口；共压裂投产 14 口井，其中采油井 13 口，注水井 1 口(表 5)。

表 5　南中西过渡带加密新钻注采井射孔数据表

井别	井数 口	射孔				选射井数 口	压裂投产井数 口
		层数 个	砂岩 m	有效 m	地层系数 D·m		
采油井	78	21	35.7	23.7	10.428	52	13
注水井	19	22	41.0	27.6	14.830	5	1
平　均	97	22	36.7	24.5	11.290	57	14

4.2　注采井跟踪调整

结合动态生产资料、监测资料及注采连通关系研究，针对发育较好且吸水比例大的高渗透层，通过细分、重组、平面调整等手段，控制其无效注水，进而减少采油井无效产液，减缓井区含水上升。共实施层段细分 4 口，层段重组 2 口，注水井测调方案 14 口，共计减水 $320m^3/d$，调整后对应采油井平均含水下降 1.4 个百分点。

针对高压高含水井组，以控制无效注水为目的进行测调减水，降低井组注采比，以调整井组压力状况；针对低压低含水井组，以增加有效注水为目的进行测调加水，提高井组注采比，以调整井组压力状况；针对高压低含水井组以及低压高含水井组，以平衡注水为原则进行方案调整，保持井组注采比，均衡井组压力。共实施调整 19 口，上调 12 口，增加注水量 $140m^3/d$；下调 7 口，减少注水 $160m^3/d$。

针对低产井实际状况，做好油水井措施配套调整。从注入端、采出端同时入手，措施挖潜与注水调整并重，从根本上解决低产井产能不足问题。共实施油井压裂 2 口；水井压裂 3 口，水井酸化 2 口，水井配套方案调整 5 口。

5 过渡带加密调整实施效果及分析

5.1 投产初期效果较好，产油及含水均好于方案预测

南中西过渡带三次加密井于 2013 年 10 月投产，投产初期，78 口采油井，平均单井日产液 39t，日产油 3.5t，综合含水 91.0%；与南中西过渡带老油井同期生产数据相比(平均单井日产液 73t，日产油 3.1t，综合含水 95.7%)，日产液减少 34t，日产油提高 0.4t，综合含水降低 4.7 个百分点；与加密方案预测的平均单井日产液 40t，日产油 3.0t，综合含水 92.5%目标相比，日产液基本持平，日产油提高 0.5t，综合含水降低 1.5 个百分点(表 6)。

表 6 南中西过渡带加密油井初期开发效果表

项目	平均单井产液 t/d	平均单井产油 t/d	综合含水 %
方案预测	40	3.0	92.5
老井生产	73	3.1	95.7
初期效果	39	3.5	91.0
与方案差值	−1	0.5	−1.5
与老井差值	−34	0.4	−4.7

5.2 达到了较高新建产能

按照加密方案预测，新钻 78 口加密采油井，方案预测，平均单井日产油 3.0t，建成产能 7.00×10^4t/a，其中一、二条带 48 口油井，平均单井日产油 2.3t，建成产能 3.31×10^4t/a；三、四条带 30 口油井，平均单井日产油 4.1t，建成产能 3.69×10^4t/a。

投产后，实现平均单井日产油 3.5t，建成产能 8.20×10^4t/a，与方案预测相比，平均单井日产油高了 0.5t，建成产能高了 1.2×10^4t/a；其中一、二条带，实现平均单井日产油 2.4t，建成产能 3.47×10^4t/a，与方案预测相比，平均单井日产油高了 0.1t，建成产能高了 0.16×10^4t/a；三、四条带，实现平均单井日产油 4.1t，建成产能 4.73×10^4t/a，与方案预测相比，平均单井日产油高了 0.9t，建成产能高了 4.01×10^4t/a(表 7)。

表 7 南中西过渡带加密后初期产能预测表

条带	采油井数 口	方案预测		实际生产		差值	
		单井产油 t/d	建成产能 10^4t	单井产油 t/d	建成产能 10^4t	单井产油 t/d	建成产能 10^4t
一、二条带	48	2.3	3.31	2.4	3.47	+0.1	+0.16
三、四条带	30	4.1	3.69	5.3	4.73	+0.9	+1.04
合　　计	78	3.0	7.00	3.5	8.20	+0.5	+1.20

至 2015 年 4 月，新钻注采井累计产油 13.4902×10^4t，累计注水为 98.7128×10^4m^3。目前，平均单井日产液 68t，日产油 4.1t，综合含水 93.9%，注水压力 10.7MPa，日注水 113m^3，保持较高开发水平。因此，南中西过渡带加密后，较好完成了方案预测的各项指标，实现较好开发效果。

5.3 提高过渡带整体开发效果

新钻采油井位于原井网井间和排间位置，避开了基础注水井与边井采油井连线部位，油层动用状况相对较差，同时形成了与老井网不同的新注采方向，并缩小了注采井距，由300~424m缩小为150m，降低了渗滤阻力，从而保证了新钻78口采油井开发效果。伴随注采关系逐渐形成，保持了较高开发水平(表8)。

表8　南中西过渡带各条带加密后生产年数据表

条带	采油井井数 口	投产初期			目前		
		单井产液 t/d	单井产油 t/d	综合含水 %	单井产液 t/d	单井产油 t/d	综合含水 %
一条带	29	46	2.6	94.3	81	4.2	94.8
二条带	19	41	2.1	94.8	70	3.7	94.7
三条带	14	39	3.3	91.5	62	3.7	94.0
四条带	16	25	7.0	71.6	35	7.0	80.0
平均	78	39	3.5	91.0	68	4.1	93.9

新钻注水井改变了原井网注采方向即液流方向，对原井网老井形成新的驱替方向，形成新流场，同时，缩小了注采井距，降低了渗滤阻力，有利于老油井挖潜新驱替方向剩余油，改善了原井网老油井开发效果，与新钻井互相弥补，有效完善了砂体注采关系，提高了老井整体开发效果。

5.4 地层压力合理

分析南中西过渡带目前地层压力合理，平面上压力比较均衡。统计全区14口三次加密新井地层压力现状，地层压力为11.48MPa，总压差为-0.30MPa，其中压力合理井数比例为64.3%，局部高低压力井点减少，压力状况比较均衡(表9)。

表9　南中西过渡带加密井地层压力状况统计表

项　目	井数 口	比例 %	地层压力 MPa	总压差 MPa
合理井(-1.0~0.5MPa)	9	64.3	11.23	-0.28
高压井(≥+0.5MPa)	3	21.4	13.58	1.24
低压井(≤-1.0MPa)	2	14.3	9.44	-2.72
合计	14	100	11.48	-0.30

6 应用情况、效益分析与推广应用前景

6.1 应用情况

本项目研究成果应用于喇嘛甸油田南中西过渡带，面积4.65km^2，地质储量1863.54×10^{4}t，加密前区块内共有水驱油水井84口，其中注水井117口，采油井31口。根据现井网动用特点及各条油水过渡带油层发育状况，确定采取井网加密、配套注采系统调整和选择性挖潜等方式进行调整，一、二条带加密为150m五点法面积井网，三、四条带加密为212m五点法面积井网。方案设计总井数169口，其中注入井63口，采油井106口。新钻补充井

97 口，其中采油井 78 口，注水井 19 口，采油井转注水井 32 口；补孔 10 口。

6.2 效益分析

按照三次加密井实施工作，应用大庆油田工程有限公司于 2012 年 3 月统一编制使用的《油气田开发项目经济评价(水驱)第一版》的效益评价系统。原油价格按照 70 美元/bbl，成本参数及其他建设投资均参考 2012 年采油六厂实际发生费用，计算期和折旧年限按 10 年，建设期按半年，汇率按 6.20。按照 70 美元/bbl 评价，喇南中西二区过渡带三次加密产能建设总投资为 30339.65×10^4元，营业收入 177145.86×10^4元，所得税后财务内部收益率为 46.0%，财务净现值 38668.26×10^4元，投资回收期为 2.77 年，百万吨产能建设投资为 39.24 亿元。

6.3 推广应用前景

在特高含水开发阶段，应用本项技术研究成果，在油田过渡带井区或发育较差油层井区，均可适应，在减缓产油递减，控制含水上升等方面能发挥重要作用，对过渡带开发意义重大。

2014 年，《喇南中西过渡带加密调整技术》在油田北东块过渡带进行了推广应用。北东块过渡带位于油田东部，面积 16.5km^2，地质储量 5858.68×10^4t，应用《喇南中西过渡带加密调整技术研究》成果，结合北东块过渡带实际，对各条带进行了加密调整，补充新钻 200 口井，油转水 104 口，预计增油 86.88×10^4t，阶段采收率为 1.64%。税后内部收益率 26.58%。目前已开始实施。

7 结论

(1) 喇嘛甸油田一、二条带适合采用完善砂体注采关系的加密调整方式，三、四条带适合采用以提高水驱控制程度、扩大波及体积加密调整方式。

(2) 喇嘛甸油田过渡带加密适合采用 150~212mm 五点法面积井网，控制程度达到 89.3%，多向控制程度大于 70%。增加了可采储量规模。

(3) 过渡带进行井网加密的同时，进行注采系统配套调整，能有效提高加密调整效果。南中西过渡带加密调整取得了较好开发效果和推广应用，实现了油田水驱高效益调整挖潜。

参考文献

[1] 段立锋，陶成学，陈军．探索油田开发规律[J]. 中国石油和化工标准与质量，2013.

[2] 宋培基，宋宝菊，秦保杰，等．砂岩油藏油水过渡带剩余油分布影响因素及挖潜对策研究[J]. 科技信息，2013.

[3] 赵春颖．三次加密井动用特点研究[J]. 科技与企业，2012(13)：158.

喇嘛甸油田特高含水期水驱开发效果评价

李 阔 金 鑫

（地质大队）

摘 要： 大庆喇嘛甸油田是非均质多油层砂岩油田，经长期注水驱替后，地下油水分布犬牙交错，剩余油在空间上呈高度分散状态，近年来实施了大量挖潜工作，取得了一定效果，但措施效果越来越差，因此，有必要对特高含水期水驱开发效果进行研究。本文选取递减率、含水上升率、存水率、地层压力和水驱控制程度等指标对开发效果进行评价，总结油田水驱开发过程中经验教训，为油田高含水期挖潜提供指导。

关键词： 水驱；特高含水期；递减率；存水率；地层压力；水驱控制程度；调整对策

喇嘛甸油田自 1973 年投入水驱开发，先后经历了自喷开采、层系调整、全面转抽、注采系统调整、二次加密调整等五个水驱开发阶段，现有注水井 1425 口，采油井 2153 口。截至 2014 年底已累计采油 2.2×10^8t，累计产液 14.9×10^8t，累计注水 23.4×10^8m^3，累计注采比 1.29，综合含水 95.48%，处于特高含水开发期。近年为改善水驱开发效果，实施了大量综合调整工作，取得了一定的效果，但仍然存在剩余油分布零散、无效循环等问题。为了解油田目前的开发状况、开发井网及注采结构是否适应特高含水开发期的形势，开展了特高含水期水驱开发效果评价。

1 开发效果评价

1.1 水驱自然递减率和含水上升值分析

进入特高含水开发期后，随着油田精细开发的不断深入，为控制无效注水和提高注水利用率，水驱加大了各套井网细分注水、周期注水、有效堵水力度，合理调整平面和层内注水结构，含水上升率和自然递减率逐渐变小，产量递减和含水上升得到了有效控制。水驱自然递减率由 2002 年的 8.51%下降到 2014 年的 5.58%，水驱年均含水上升值由 0.28 个百分点下降到 0.22 个百分点（表 1）。

表 1 水驱 2000 年以来递减率及含水上升值统计表

时间，a	2002	2003	2004	2005	2006	2007	2008	2009	2010	2011	2012	2013	2014
自然递减率，%	8.51	7.85	7.10	6.72	6.52	6.35	6.13	6.09	5.95	5.63	6.01	5.70	5.58
年含水上升，%	0.28	0.32	0.30	0.28	0.15	0.20	0.14	0.20	0.21	0.07	0.14	0.24	0.22

从综合含水与含水上升率关系曲线看，喇嘛甸油田水驱开发总体上符合凸 S 形含水变化规律，目前油田含水上升率逐渐下降到 1.0 以下，控制在理论曲线以内（图 1）。

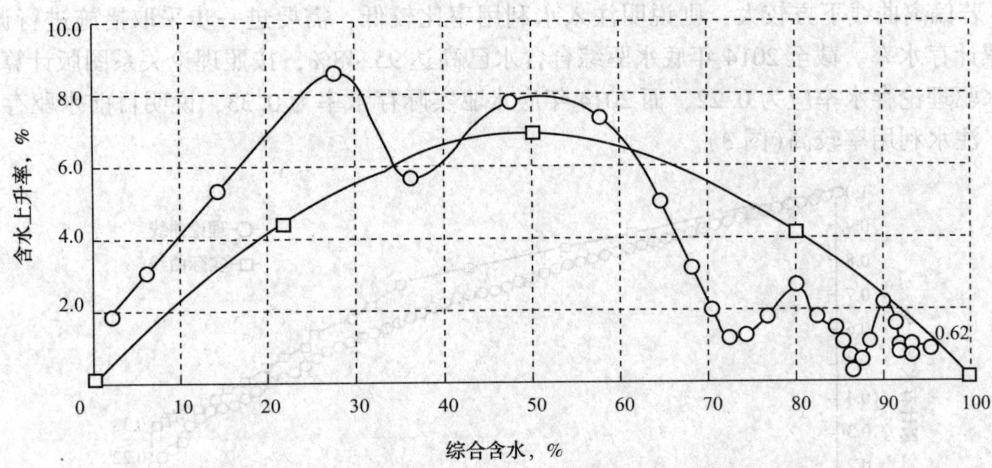

图 1　水驱综合含水与含水上升率关系曲线

从综合含水和采出程度关系曲线变化趋势看，特高含水期通过不断加大控水挖潜增储力度，使水驱实际曲线逐渐向采收率 40% 的理论曲线靠拢，表明水驱开发效果不断改善，采收率有所提高(图 2)。

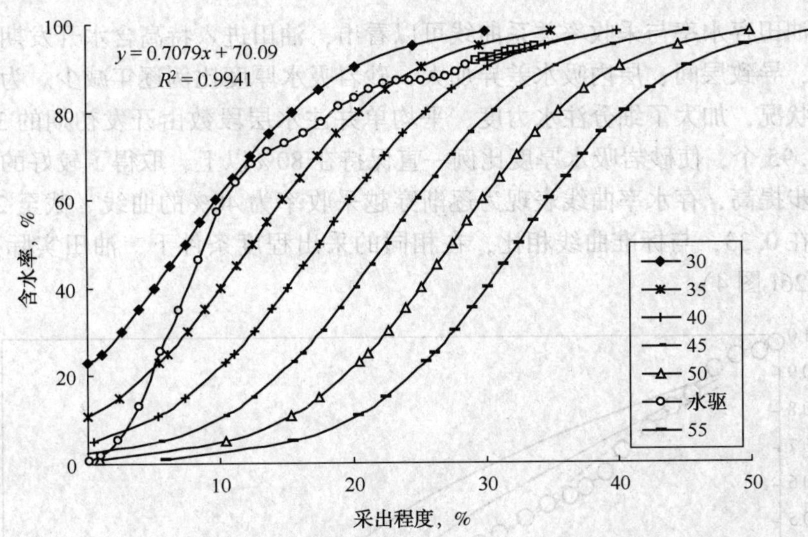

图 2　水驱综合含水与采出程度关系曲线

以上分析表明：喇嘛甸油田水驱进入特高含水开发期后，含水上升值和自然递减率逐渐变小，油田水驱开发水平不断提高。

1.2　水驱存水率分析

累计存水率是指地下存水量(累计注入水量减去累计采出水量) 与累计注入水量之比。它是评价注水开发油田注水状况及注水效果的一个重要指标，存水率越高，说明注水利用率越高。

根据理论公式，结合喇嘛甸油田开发状况，绘制了累计存水率与综合含水关系图版。从图版上看，累计存水率随着综合含水的增加而下降，将实际的存水率和相应的综合含水与理论存水率和综合含水关系曲线相比较，如果该点位于曲线附近或上方，则说明注入水利用率较高；若偏离曲线下方较大，则说明注入水利用率比较低，需要进一步采取措施进行调整，增加累计存水率。截至2014年底水驱综合含水已高达95.48%，按照理论关系图版计算，相应的水驱理论存水率应为0.22，而2014年底水驱实际存水率为0.33，说明目前水驱存水率较高，注水利用率较高(图3)。

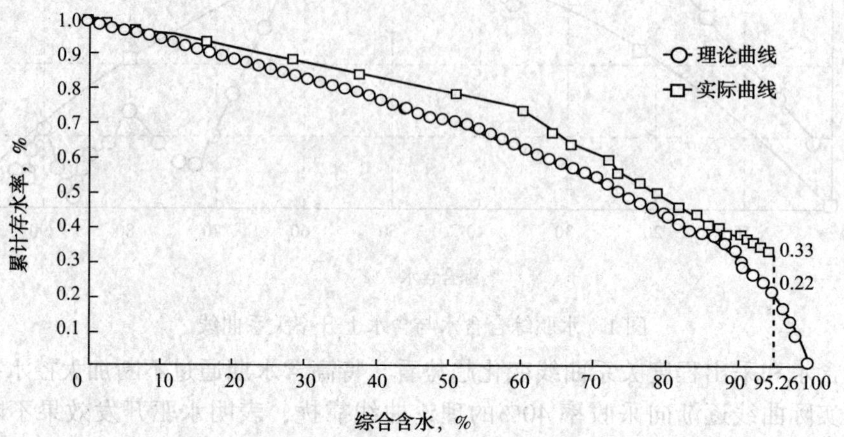

图3　存水率与综合含水关系图版

从喇嘛甸油田存水率与采收率关系曲线可以看出，油田进入特高含水开发期后，由于无效循环的存在，导致层间、层内吸水差异加大，砂岩吸水厚度比例逐年减少。为有效改善层间、层内吸水状况，加大了细分注水力度，平均单井注水层段数由开发初期的3.55个增加到2014年的4.95个，使砂岩吸水厚度比例一直保持在80%以上，取得了较好的效果，注入水利用率进一步提高，存水率曲线表现为逐渐穿越采收率为40%的曲线。截至2014年底油田存水率保持在0.33，与标准曲线相比，在相同的采出程度条件下，油田实际存水率比理论存水率高0.26(图4)。

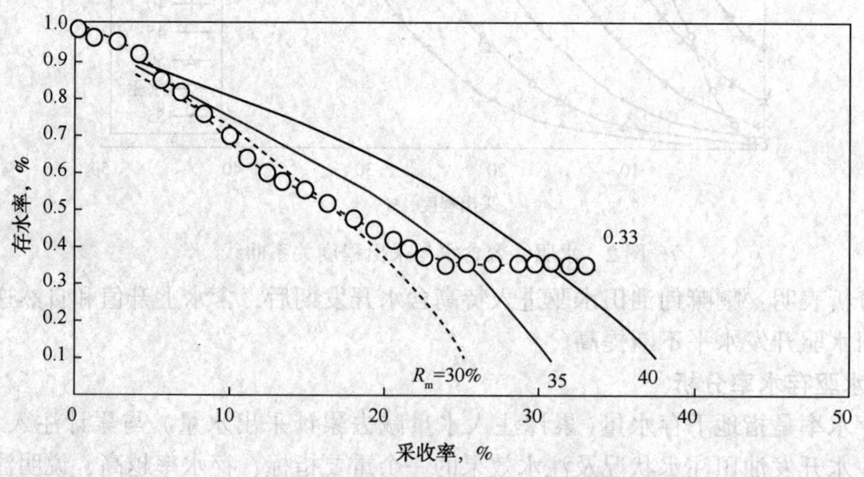

图4　存水率与采收率关系图版

以上分析表明：特高含水开发期不断加大了注水结构调整力度，水驱存水率较高，吸水厚度比例较大，依靠注水驱油作用进一步增强。

1.3 水驱控制程度分析

喇嘛甸油田水驱自投产以来，先后经历了基础井网、一次加密调整、二次加密调整三个主要阶段，井网密度由基础井网的8.75口/km²增加到2014年底的35.78口/km²，同时通过层系调整、局部三次加密、油水井局部补孔，使水驱控制程度由基础井网时期的78.21%提高到97.11%。

从不同厚度油层砂体控制程度上看，有效厚度大于2m的油层的水驱控制程度为98.62%，有效厚度大于1~2m油层的水驱控制程度为95.24%，有效厚度为0.5~1m油层的水驱控制程度为91.54%，有效厚度小于0.5m油层的水驱控制程度为89.92%，表外层的水驱控制程度为82.35%，说明在目前井网下，各类油层砂体均能得到有效控制(表2)。

表2 水驱不同井网不同厚度砂体控制程度统计表

井网	不同厚度级别砂体控制程度,%					
	≥2.0m	1~2m	0.5~1m	<0.5m	表外	合计
基础井网	96.21	93.23	87.22	78.75	29.08	93.81
一次加密	85.25	81.56	72.79	65.81	27.32	82.61
二次加密	15.35	22.74	24.97	45.72	68.61	53.16
三次加密	96.65	93.47	89.67	80.34	69.01	94.67
井网综合	98.62	95.24	91.54	89.72	82.35	97.11

不同层系井网含水情况表明：截至2014年底水驱综合含水高达95.48%，其中基础井网综合含水最高，为96.23%，而过渡带加密井综合含水最低，为93.88%，两者相差仅2.35个百分点。水驱综合含水大于95%以上的井数比例高达67.4%(表3)。

表3 水驱分层系生产状况表

层系	井数 口	日产液 t	日产油 t	综合 含水 %	含水≥95%			
					井数比例 %	日产液比例 %	日产油比例 %	含水 %
基础井网	517	34020	1283.5	96.23	78.3	88.5	78.5	96.65
一次加密	748	15677	691.9	95.59	64.9	77.7	57.9	96.71
二次加密	628	17077	862.3	94.95	60.3	68.2	37.2	96.47
过渡带加密	260	16649	1018.8	93.88	65.4	63.4	34.2	96.69
水驱	2153	20423	923.1	95.48	67.4	78.4	58.9	96.63

同时取心井资料表明：水驱通过井网加密、注采系统调整、综合调整等途径，河道砂与河间砂的动用程度差值逐步缩小，水洗厚度比例差值由喇5—检263井1982年的30.90个百分点缩小到喇9—检2600井2013年的5.07个百分点；采出程度差值由11.78个百分点缩小到3.16个百分点。

以上研究表明，目前水驱砂体控制程度已达到较高水平，整体上水驱油层均得到有效动用，水驱面临着综合含水高，井井高含水、层层高含水的问题，剩余油分布高度零散且挖潜难度大，必须探索特高含水期水驱精细挖潜的有效方法。

1.4　水驱地层压力分析

从喇嘛甸油田室内高压物性、相对渗透率曲线实验和现场实际情况出发，研究了不同地层压力开采时，原油黏度、体积系数、剩余油饱和度之间的关系。以此为基础，进一步用经济评价方法确定出了喇嘛甸油田合理的地层压力水平，认为合理的地层压力介于饱和压力与原始地层压力之间，即 10.7~11.3MPa。

从油田水驱实际地层压力统计结果上看，1991 年以来，水驱地层压力基本在合理地层压力范围内，很好的保持了地层能量，为油气开发提供了充足动力(图 5)。

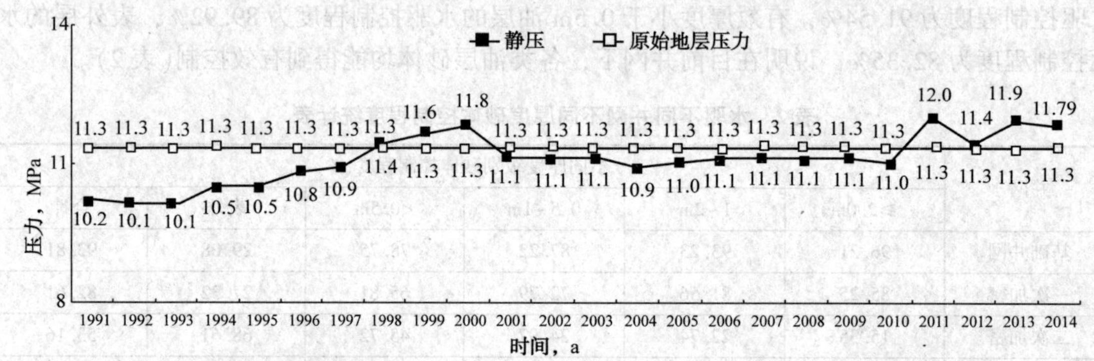

图 5　喇嘛甸油田静压与原始地层压力对比图

2　改善水驱开发效果对策

由于喇嘛甸油田水驱开发经过多次调整，开发层段划分较细，井网控制程度高，进入特高含水开发期以后，层系间含水差异小，井井高含水、层层高含水，进一步控含水、控递减难度大；同时，随着优质储量向二类油层聚驱转移，剩余油层性质差、剩余油分布高度零散，没有规模加密调整潜力，增加可采储量难度大。为了保持水驱开发效果，控制含水率上升，从以下几个方面对喇嘛甸油田水驱开发效果进行分析，明确改善开发效果对策，从而保证喇嘛甸油田水驱可持续开发。

2.1　过渡带加密对策

由于喇嘛甸油田过渡带采油井与注水井井距较远，多为 212m 五点法面积井网，井网控制程度较低，为了改善喇嘛甸油田水驱开发效果，可以对过渡带实施进一步的加密措施，从而提高井网控制程度，增加可采储量，提高水驱产量。

喇嘛甸油田过渡带地质储量 1.44×10^8t，具有加密潜力的地质储量 1.22×10^8t，2006 年以来对过渡带实施整体加密调整，目前已加密三个区块，新钻井 247 口，增加可采储量 129.1×10^4t。还剩余 1 个可加密潜力区块，地质储量 5458×10^4t，对于此区块可以进一步实施加密调整措施，预计可增加可采储量 86.9×10^4t。

2.2　断层边部挖潜对策

喇嘛甸油田发育断层较多，由于位于断层边部的采油井与注水井受断层遮挡的作用，导致注采关系较不完善，在断层边部附近形成剩余油富集区域。为此，应用多学科研究成果共确定了 36 个潜力井区。其中，规模较大断层、井震结合后形态没有变化，原井网控制不住形成的潜力区 16 个；产状变化大的断层附近，原井网注采不完善形成的潜力区 11 个；延伸长度、发育深度发生变化的断层附近，部分层注采关系变化潜力井区 9 个，预计新增可采储量 26.8×10^4t。

2.3 精细挖潜对策

为了进一步提高喇嘛甸油田水驱开发效果，精细水驱挖潜至关重要。为此，结合喇嘛甸油田水驱实际生产状况，分析合理的精细挖潜手段。

一是压裂精细挖潜对策。由于基础井网井产液强度高，不适合压裂；一次加密井网，重复压裂多效果差；二次加密井开采萨葡高薄差层，压裂潜力小；三次加密井过渡带油层发育、注采状况井距小，不适合压裂等原因限制，导致压裂潜力较小，针对压裂潜力变小、效果变差的实际，在选井选层上重点加强厚层内结构界面的识别及精细解剖，寻找厚油层内变差部位，依据多学科油藏研究成果综合判断可压裂井层，对水驱油井进行压裂效果分析，按照不同井网层系细分了挖潜潜力：(1)优先选择未压裂过的油井或重复压裂不超过两次的油井；(2)预选目标井的压前含水低于95%，日产油小于3t；(3)可压裂层累计有效厚度大于10.0m，有2个及以上连通方向注水井；(4)井下状况良好，没有套损或落物。

根据压裂选井选层技术界限，优选具备压裂潜力井106口(表4)。

表4 喇嘛甸油田水驱油井压裂潜力分析

层系	总井数 口	压裂井数，口				剩余未压裂井，口				预计压裂井数 口
		压裂一次	压裂两次	压裂三次 及以上	合计	长关 套损井	高产井	剩余 潜力井	发育 差井	
基础井	517	258	159	72	489	8	19	1		4
一次加密	748	204	216	326	746	2				30
二次加密	628	317	206	73	596	18	8	6		40
过渡带加密	260	67	1		68		68	9	115	52
水驱合计	2153	846	582	471	1899	28	95	16	115	106

二是补孔精细挖潜对策。由于基础井网开采萨葡高油层，无进一步补孔潜力；一次加密井网为不打乱开发层系，原则上不进行补孔；二次加密井网中62.4%的井已实施补孔，补孔潜力较小；过渡带三次加密井油层发育少，无补孔潜力等原因限制，导致补孔潜力较小。针对补孔潜力变小、效果变差的实际，在选井选层上重点加强地质再认识，通过井震结合断层变化及厚层解剖成果，寻找注采不完善部位，根据动静态资料、多学科油藏描述成果综合判断可补孔井层。

根据补孔井经济界限技术界限，综合注采关系分析，优选补孔潜力井84口，其中一次加密井16口，二次加密井56口，过渡带加密井12口(表5)。

表5 喇嘛甸油田水驱油井补孔层数潜力分析

层系	已实施 补孔	无补孔 层位井	未实施补孔井							合计
			一个 补孔层	两个 补孔层	三个 补孔层	四个 补孔层	五个 补孔层	五个以上 补孔层	小计	
基础井网	15	379	82	27	8	6			123	517
一次加密	90	539	20	30	38	15	9	7	119	748
二次加密	407		20	34	37	74	26	30	221	628

续表

层系	已实施补孔	无补孔层位井	未实施补孔井							合计
			一个补孔层	两个补孔层	三个补孔层	四个补孔层	五个补孔层	五个以上补孔层	小计	
过渡带加密	41		49	67	83	8	12		219	260
合计	553	918	171	158	166	103	47	37	682	2153

2.4 长关井治理对策

喇嘛甸油田水驱采油井共有长关井 79 口，为了进一步改善开发效果，对长关井的有效治理显得尤为重要，为了优选具备开井潜力的长关井，结合产量形势，针对区块、井组、单井油层发育及动态变化特征，逐井逐层全面分析单井各类油层动用状况，同时加强长关井管理，完善长关井治理方法，优选出具有治理潜力的 67 口长关井(表 6 和表 7)。

表 6　水驱长关油井分类表

关井原因	井数 口	比例 %	关前产液，t/d	关前产油，t/d	关前含水 %
低产能关井	21	26.6	216	12.9	94.03
高含水关井	28	35.4	1707	50.6	97.04
气顶影响关井	6	7.6	265	16.5	93.77
待大修	13	16.5	550	26.2	95.24
其他	11	13.9	485	25	94.85
合计	79	100	3223	131.2	95.93

表 7　水驱长关油井治理潜力类表

治理方式	井数 口	比例 %	关前单井产液 t/d	关前单井产油 t/d	关前含水 %
压裂	12	17.9	20	0.9	95.5
补孔	18	26.8	24	0.8	97.04
大修	12	17.9	39	2.2	93.77
堵水	10	14.9	92	2.6	95.24
检泵	15	22.4	35	1.9	94.85
合计	67	100	39	1.6	95.85

3　结论

（1）自然递减率、含水上升率得到有效控制，开发效果得到有效改善。

（2）存水率较高，地层能量充足，但存在油层吸水不均匀问题。

（3）水驱井网控制程度高，各油层得到有效动用，但面临综合含水高，剩余油分布零散问题。

(4) 地层压力保持在合理水平，具有较高生产能力，但存在局部压力系统不均衡的问题。

(5) 喇嘛甸油田水驱开发潜力逐年减少，为了保证油田持续稳产，需要结合多学科研究，进一步攻关，寻找更为有效的调整对策。

参考文献

[1] 李志军，王青梅．高含水油田开发效果评价方法探讨及应用研究[J]．青海石油，2010，12.

[2] 王冬艳．CK 注水示范区水驱开发效果评价分析[J]．内蒙古石油化工，2012，8.

[3] 陈雅洁．YJ 油田开发效果评价[J]．内蒙古石油化工，2009，12.

[4] 张治东．坪桥开发区长 4+5、厂 6 注水开发效果评价研究[J]．辽宁化工，2012.4.

喇嘛甸油田特高含水期水驱细分注水调整界限研究

姜绪波　刘春岩

（地质大队）

摘　要：喇嘛甸油田水驱进入特高含水期后，在保持一定产量规模的前提下，注水量及产液量逐年增加，能耗增加，成本也随之上升。为了进一步提高采收率，提升油田开发效益，需针对水驱开发调整中部分标准不适应现阶段开发需求的问题，结合长垣水驱注水界限现状，明确合理的细分注水调整界限标准。本文通过研究分析影响吸水砂岩厚度比例的因素，绘制不同层系渗透率极差、变异系数与吸水砂岩厚度比例的关系图版，优化了细分注水界限参数。从而确保分层注水井层段砂岩厚度吸水比例达到85%以上，满足了现阶段水驱开发调整需求。

关键词：特高含水期；细分注水；吸水比例

喇嘛甸油田水驱进入特高含水期后，剩余油高度零散，挖潜难度大，层内、层间无效循环严重，砂岩吸水厚度比例逐渐降低，开发效益下降。以2011年北北块二区示范区51口细分注水井为例，按原细分标准实施后，随着注水开发时间的延长，吸水砂岩厚度比例由2011年的86.82%下降到2014年83.46%，下降了3.36个百分点，表明层内、层间干扰进一步加剧，原细分注水界限已满足不了目前注水开发需求。为了进一步提高采收率，提升油田开发效益，需针对原细分注水界限标准不适应现阶段开发需求的问题，结合长垣水驱注水界限现状，明确新的合理细分注水调整界限标准，搞清渗透率级差、变异系数与砂岩厚度吸水比例关系，从而进一步改善吸水状况、控制无效循环，保持油田高效开发。

1　长垣水驱注水界限现状

根据各厂调研，在大庆长垣老区水驱调查结果显示各油田细分标准。萨中油田细分标准：渗透率变异系数界限在0.7以下，突进系数1.30~1.96之间，层段内小层数小于7个，层段砂岩厚度小于8.0m，达到以上标准后吸水砂岩厚度比例可达80.0%以上；萨南油田细分标准：要求渗透率级差在6以下，段内小层数在6个以下，断层跨度小于25.0m，层段砂岩厚度小于7.0m，达到以上标准后吸水砂岩厚度比例可达80.0%以上；萨北油田细分标准：渗透率级差为5.5以下，段内小层数为4.5个以内，层段砂岩厚度小于5.4m，达到以上标准后吸水砂岩厚度比例可达80%以上；杏北、杏南油田细分标准：渗透率、变异系数都要求小于0.6，段内小层数小于6个，杏北要求层段厚度小于6.0m，杏南要求小于5.0m，达到以上标准后吸水砂岩厚度比例可达80.0%以上；喇嘛甸油田细分标准：要求渗透率级差小于4，变异系数小于0.4，突进系数小于1.4，段内小层数小于5个，层段厚度6.1m，达到以上标准后吸水砂岩厚度比例可达 85.0%以上(表 1)。

表 1　长垣老厂细分注水界限标准

类别	层间细分标准						目标
	渗透率级差	变异系数	突进系数	段内小层数，个	层段跨度，m	层段厚度，m	吸水砂岩厚度比例，%
萨中		≤0.7	1.31～1.96	≤7		≤8.0	80
萨南	≤6.0			≤6	≤25.0	≤7.0	80
萨北	≤5.5			≤4.5		≤5.4	80
杏北		≤0.6		≤6		≤6.0	80
杏南		≤0.6		≤6		≤5.0	80
喇嘛甸	≤4.0	≤0.4	1.4	≤5		≤6.1	85

2　细分注水新标准的建立

2.1　原细分界限实施后油层动用变化特点

原层内细分注水界限标准的建立，一是通过研究厚油层层内渗透率级差(J_k)与砂岩厚度吸水比例关系，当级差大于 5 时，吸水比例达不到 85%；二是从厚油层层内变异系数与砂岩厚度吸水比例关系图看，随着注水厚油层层内变异系数(V_k)的增大，吸水比例呈下降趋势，当变异系数大于 0.6 时，吸水比例达不到 85%；三是从厚油层层内突进系数与砂岩厚度吸水比例关系图看，随着厚油层层内突进系数(T_k)的增大，吸水比例呈下降趋势，当突进系数大于 1.4 时，吸水比例达不到 85%。从而确定了厚油层层内细分调整注水界限，即要保证吸水厚度比例达到 85%以上，层内渗透率级差应小于 5，变异系数小于 0.6，突进系数小于 1.4(图 1)。

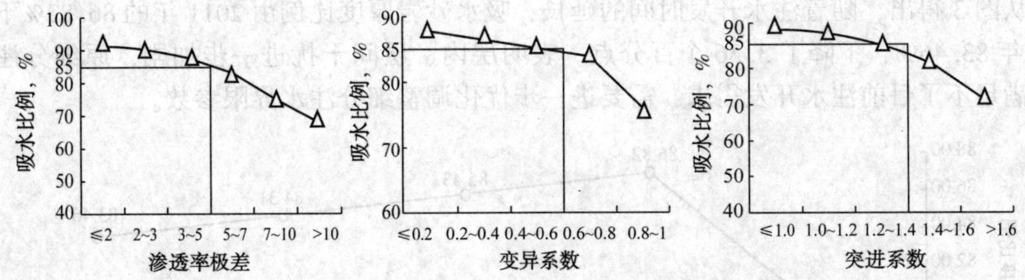

图 1　层内渗透率级差、层内变异系数、层内突进系数与砂岩厚度吸水比例关系图

原层间细分注水界限标准的建立，一是通过研究注水层段内渗透率级差(J_k)与砂岩厚度吸水比例关系，当级差控制在 4 以内，各套井网的吸水比例达到 85%以上；二是从注水层段内变异系数与砂岩厚度吸水比例关系图看，随着注水层段变异系数(V_k)的增大，吸水比例降低，变异系数在 0.4 以内，各套井网的吸水比例达到 85%以上，其中基础井网的变异系数可以放宽到 0.6 以内；三是从注水层段内小层数与砂岩厚度吸水比例关系图看，随着段内小层数的增多，吸水比例降低，小层数在 5 个以内，各套井网的吸水比例在 85%以上。通过以上研究，确定了层间细分调整注水界限，即要保证吸水厚度比例达到 85%以上，层段内

渗透率级差需控制在 4 以内，变异系数控制在 0.4 以内，小层数需控制在 5 个以内(图 2)。

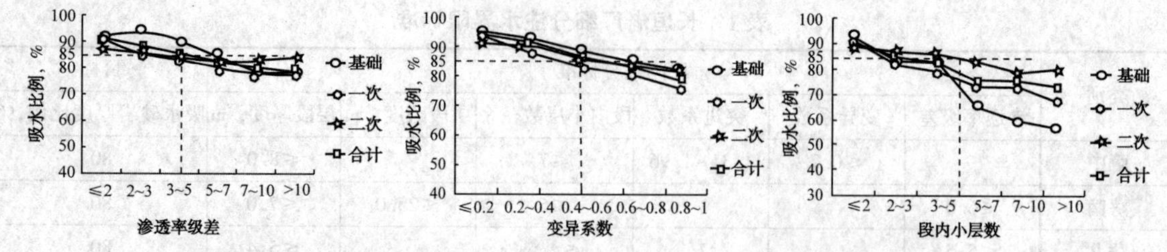

图 2　层间渗透率级差、变异系数、小层数与砂岩厚度吸水比例关系图

按原细分标准实施后，统计 2011 年北北块二区示范区 51 口细分注水井，砂岩吸水厚度比例达到 86.8%，提高了 8.1 个百分点(表 2)。

表 2　2011 年不同厚度级别同位素统计结果

分类	统计井总计				吸水层					
	井数 口	层数 个	砂岩厚度 m	有效厚度 m	小层吸水比例,%		砂岩吸水比例,%		有效吸水比例,%	
					2010 年	2011 年	2010 年	2011 年	2010 年	2011 年
≥2.0m	45	147	607.2	361.5	94.32	97.48	88.68	95.18	88.96	96.36
1.0m~2.0m	42	165	412.5	254.1	85.35	91.06	82.88	90.88	83.13	92.35
0.5m~1.0m	45	159	303	114.9	75.26	83.14	73.65	82.55	74.11	84.98
<0.5m	39	213	231.6	66.9	64.49	74.73	60.54	70.54	61.25	74.55
表外	21	105	57.9		51.23	67.63	44.96	57.66		
合计	51	789	1611.9	797.4	74.82	83.13	78.76	86.82	82.64	91.61

从图 3 得出，随着注水开发时间的延长，吸水砂岩厚度比例由 2011 年的 86.82%下降到 2014 年 83.46%，下降了 3.36 个百分点。表明层内、层间干扰进一步加剧，原细分注水界限已满足不了目前注水开发需求，需要进一步优化调整细分注水界限参数。

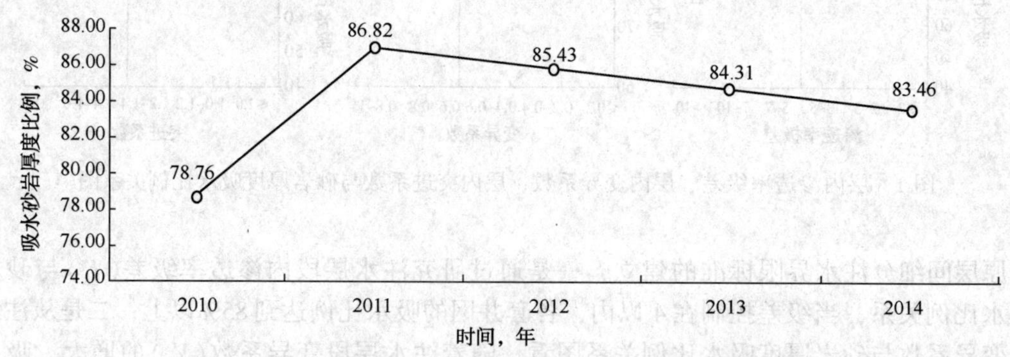

图 3　2010—2014 年 51 口细分井砂岩厚度吸水比例变化曲线

2.2　参数优选研究

研究表明，砂岩厚度吸水比例主要与渗透率级差(J_k)、变异系数(V_k)、突进系数(T_k)这 3 项参数有关。渗透率级差(J_k)为砂层内最大渗透率与最小渗透率的比值。变异系数是指

一定井段内渗透率的均方差与平均值的比值。突进系数是指砂层内最大渗透率与最小渗透率的比值。这 3 项参数均是反映储层非均质性的重要参数，其数值越大，即表明储层非均质性越严重。其中，按照突进系数可将各层段划分为均匀型(<2)、较均匀型(2~3)、不均匀型(>3)三种类型，而根据统计发现不均匀型(>3)层段所占比例很低，因此，主要通过渗透率级差及变异系数的优化来提高砂岩厚度吸水比例。

2.2.1　层内细分注水界限参数优选

经统计各套井网细分注水井 6078 个厚油层，层内均匀型层段数比例为 99.1%。其中基础井网平均单段砂岩厚度 4.4m，有效厚度 3.3m，吸水砂岩厚度比例为 83.2%；一次加密井网平均单段砂岩厚度 2.7m，有效厚度 1.5m，吸水砂岩厚度比例为 85.4%；二次加密井网平均单段砂岩厚度 2.7m，有效厚度 1.5m，吸水砂岩厚度比例为 85.1%；三次加密井网平均单段砂岩厚度 3.2m，有效厚度 2.4m，吸水砂岩厚度比例为 84.9%。研究结果表明：均匀型层段吸水厚度比例与单层厚度存在一定关系(表 3)。

表 3　各层系层内不同类型吸水砂岩比例状况表

井网类型	均匀型						较均匀型						层数 个	砂岩吸水比例 %	有效吸水比例 %
	层数 个	比例 %	平均单段厚度				层数 个	比例 %	平均单段厚度						
			砂岩厚度 m	有效厚度 m	砂岩吸水比例 %	有效吸水比例 %			砂岩厚度 m	有效厚度 m	砂岩吸水比例 %	有效吸水比例 %			
基础	1943	97.6	4.4	3.3	83.2	88.4	48	2.4	6.4	5	80.3	85.6	1991	83.1	88.3
一次	1931	99.8	2.7	1.5	85.4	89.6	3	0.2	3.2	1.8	82.3	86.2	1934	85.4	89.6
二次	1869	99.9	2.7	1.5	85.1	89.8	1	0.1	5.9	1.5	83.4	86.1	1870	85.1	89.8
三次	283	100.0	3.2	2.4	84.9	88.7							283	84.6	88.7
合计	6026	99.1	3.2	2.1	84.6	89.1	52	0.9	6.16	4.74	82	85.97	6078	84.6	89.1

根据上表得出，为保证层内吸水砂岩厚度比例达到 85.0%以上，单层砂岩厚度应控制在 3.0m 以内。

同时，利用厚油层层内渗透率极差、变异系数与吸水砂岩厚度比例绘制不同层系的关系图版，依据图版结果表明：为保证吸水砂岩厚度比例在 85.0%以上，各套井网渗透率极差应控制在 4.5 以内，变异系数控制在 0.5 以内。

2.2.2　层间细分注水界限参数优选

通过统计各套井网细分注水井 5871 个层段，均匀型层段数比例为 95.0%。其中基础井网平均单段砂岩厚度 6.5m，有效厚度 4.5m，吸水砂岩厚度比例为 79.4%；一次加密井网平均单段砂岩厚度 6.0m，有效厚度 2.7m，吸水砂岩厚度比例为 80.5%；二次加密井网平均单段砂岩厚度 7.6m，有效厚度 3.1m，吸水砂岩厚度比例为 78.6%；三次加密井网平均单段砂岩厚度 6.9m，有效厚度 4.7m，吸水砂岩厚度比例为 79.3%。研究结果表明：为保证吸水砂岩厚度比例达到 85.0%以上，需要进一步控制渗透率极差及变异系数(表 4)。

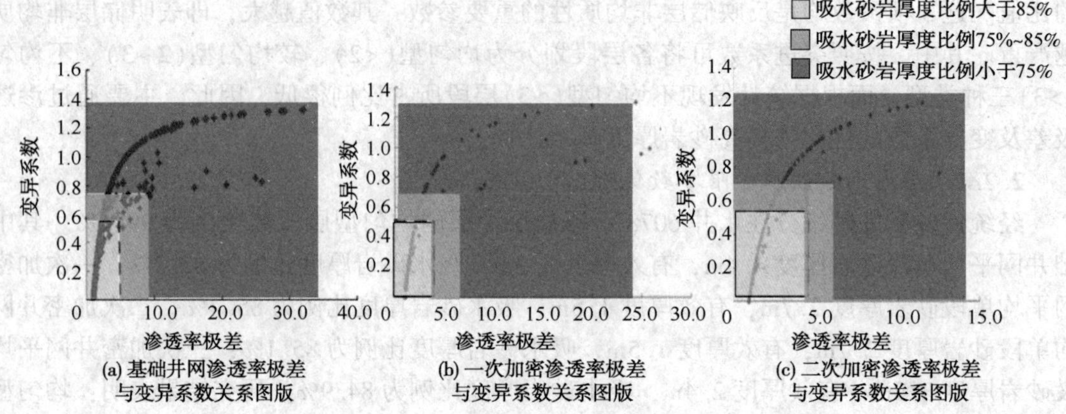

图 4　不同层系层内渗透率极差、变异系数、吸水砂岩厚度比例图

表 4　各层系层间不同类型吸水砂岩比例状况表

井网类型	均匀型						较均匀型						层数 个	砂岩吸水比例 %	有效吸水比例 %
	层数 个	比例 %	平均单段厚度				层数 个	比例 %	平均单段厚度						
			砂岩厚度 m	有效厚度 m	砂岩吸水比例 %	有效吸水比例 %			砂岩厚度 m	有效厚度 m	砂岩吸水比例 %	有效吸水比例 %			
基础	1723	96.1	6.5	4.5	79.4	84.5	70	3.9	13.8	8.2	63.3	67.6	1793	83.1	88.3
一次	1776	96.4	6.0	2.7	80.5	85.6	54	2.9	11.4	4.1	68.1	72.4	1830	85.4	89.6
二次	1859	93.0	7.6	3.1	78.6	83.7	126	6.3	10.5	4.4	67.4	71.7	1985	85.1	89.8
三次	242	92.0	6.9	4.7	79.3	84.4	21	8.0	9.4	5.5	64.5	68.8	263	84.6	88.7
合计	5600	95.0	6.7	3.5	79.5	84.6	271	4.6	11.4	5.4	65.8	70.1	5871	84.6	89.1

同时，利用层间渗透率极差、变异系数与吸水砂岩厚度比例绘制不同层系的关系图版，依据图版结果表明：为吸水砂岩厚度比例保证在 85%以上，各套井网渗透率极差应控制在 3.5 以内，变异系数控制在 0.3 以内(图 5)。

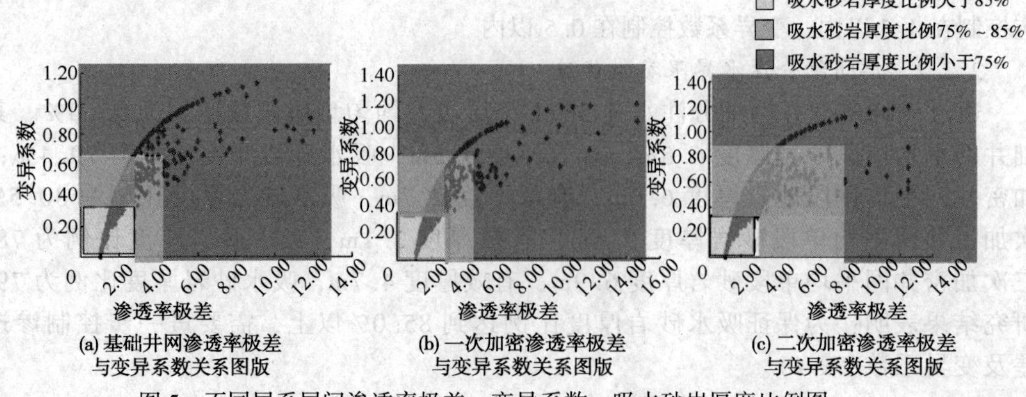

图 5　不同层系层间渗透率极差、变异系数、吸水砂岩厚度比例图

3 新细分注水调整界限实施效果

2015年新细分注水调整界限实施后，共实施细分注水井246口，根据97口测回注入剖面显示，层段砂岩吸水厚度比例达到85.6%，提高了3.7个百分点。其中，厚油层砂岩吸水厚度比例达到94.2%，比2014年提高了2.7个百分点；薄差层砂岩吸水厚度比例达到71.2%，比2014年提高了5.6个百分点(表5)。

表5 2015年不同厚度级别同位素统计结果

分类	统计井总计				吸水层					
	井数	层数	砂岩厚度	有效厚度	小层吸水比例,%		砂岩吸水比例,%		有效吸水比例,%	
	口	个	m	m	2014年	2015年	2014年	2015年	2014年	2015年
≥2.0m	91	297	1308.3	778.9	95.38	96.51	91.52	94.23	94.07	96.40
1.0~2.0m	87	342	888.8	547.5	84.50	90.15	86.74	88.97	89.30	93.43
0.5~1.0m	93	329	652.9	247.6	80.37	82.31	72.91	81.72	84.37	88.13
<0.5m	74	404	499.0	144.1	71.35	75.98	63.93	70.83	64.64	79.80
表外	47	235	124.8		50.72	66.95	49.51	57.08		
合计	97	1607	3473.8	1718.2	81.97	83.17	81.91	85.60	88.74	90.69

4 几点认识

(1) 砂岩厚度吸水比例主要与渗透率级差(J_k)、变异系数(V_k)、突进系数(T_k)这3项参数有关。这3项参数均是反映储层非均质性的重要参数，其数值越大，即表明储层非均质性越严重。

(2) 均匀型层段吸水厚度比例与单层厚度存在一定关系。为保证层内吸水砂岩厚度比例达到85.0%以上，单层砂岩厚度要控制在3.0m以内。

(3) 为保证厚油层层内砂岩厚度吸水比例达到85%以上，各套层系渗透率极差应控制在4.5以内，变异系数控制在0.5以内；为保证层间砂岩厚度吸水比例达到85%以上，各套层系渗透率极差应控制在3.5以内，变异系数控制在0.3以内。

参考文献

[1] 黄伏生，陈维佳，方亮，等．喇嘛甸油田注采无效循环治理的做法及效果[J]．大庆石油地质与开发，2006，25(1)：70-72.

[2] 中国石油天然气总公司科技发展局，开发生产局．改善高含水期油田注水开发效果实例[M]．北京：石油工业出版社，1993，15-18.

二三维结合断点组合方法在51#断层区应用

于　江　赵　伟

（地质大队）

摘　要：51#断层区是喇嘛甸油田的一个复杂构造区域，51#、53#、541#三条规模较大断层发育破碎带，单井断点多，断层交切、削截关系复杂，精细落实断层空间特征难度较大。针对技术难点，本文以单井断点为基础，以基于地震资料的断层解释成果为依据，以基于测井资料的断层组合结果为参考，采用二三维结合方法，对断点进行合理组合，对疑似新断层进行井震结合分析，落实了51A断层存在的依据，实现了该断层区各条断层的合理组合，为该断层区附近注采关系分析及精细调整提供了可靠依据。

关键词：三维地质建模；井震结合；断点组合

1　问题的提出

在进行51#断层区三维地质建模研究时，发现51#断层与541#断层之间有11个断点无论归属到51#断层还是归属到541#断层都不合理。其原因在于：一是这些断点与51#、541#断层存在一定距离（平均距离分别为122.9m和136.9m）；二是这些断点的空间分布趋势与51#、541#断层不一致；三是这些断点附近地层的存在一定的落差（2.47～10.19m）。基于以上三点原因，怀疑这11个断点在此处构成一个新断层（暂编号为51A），本文将采用二三维结合断点组合方法分析51A断层存在的合理性并且确定51A断层各项断层要素。

2　二三维结合构造分析

二三维结合断点组合方法是在二维上利用断层面图、过断点剖面、断点距离断面的距离和断距进行分析；在三维空间上综合运用断点空间分布趋势、地震解释成果、断层及构造模型进行分析，使断点组合与断层之间空间关系更加合理。

2.1　三维分析

2.1.1　断点空间分布趋势分析

在三维空间中，断层一般表现为具有一定延伸长度、倾向、倾角的一个曲面。断点组合主要是判断每个断点在空间分布趋势上是否构成一个面体或多个面体，即被组合起来的断点在空间分布趋势上应该相同或者相近，因此，必须分析断点之间的空间联系。

从该区域的单井断点的空间分布上（图1），分析认为51#断层与541#断层之间有11个断点的分布趋势与51#断层和541#断层不一致，不能组合到51#断层或者541#断层，其空间分布形成一个均匀的条带，因此，将其从原组合断层上剥离开进行单独组合更加合理。

2.1.2 断点与断面之间的距离分析

通过分析断点距离断面的距离可以在一定程度上判断断点组合的合理性。在构造运动中，大规模的断层往往不是沿着一个简单的面发生，而是沿着一个错动带发生，形成断层破碎带，51#断层和541#断层均发育破碎带，合理的断点组合应该是断点距离断面的距离小于破碎带宽度的一半。

在三维空间量(图2)取上述的11个断点距离51#断层和541#断层的距离(表1)，最小为26.4m，最大为187.4m，平均分别为122.9m和136.9m，而51#断层和541#断层的破碎带宽度分别为64.3~145.2m和46.2~127.5m，多数断点距离面的距离大于破碎带宽度的一半，将它们归属到51#断层或者541#断层都是不合理的，因此，进一步认为将这11个断点必须从51#断层和541#断层上剥离开来，进行单独分析组合更为合理。

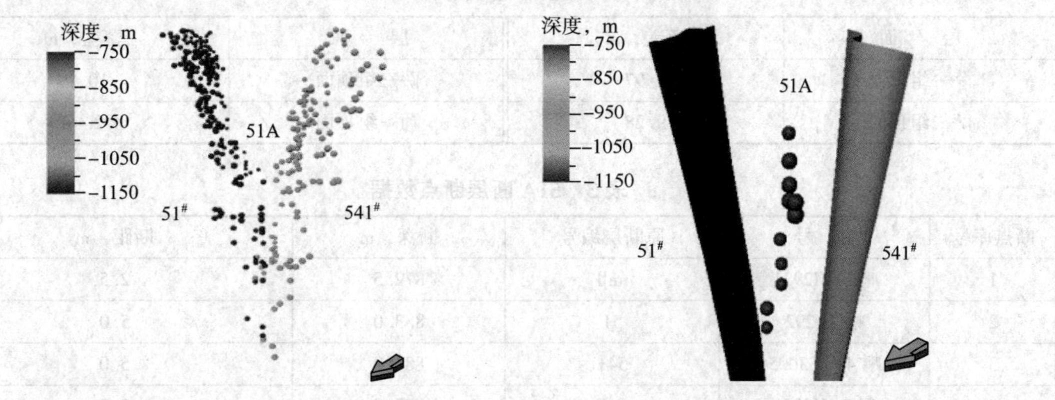

图1 51#断层区断点空间分布　　图2 51A断点与51#、541#断面

表1 51A断层断点距离断面距离

断点序号	井号	断点距离断面距离，m	
		51#	541#
1	喇3-292	187.1	151.9
2	喇3-292	171.6	145.3
3	喇3-M2921	187.4	165.6
4	喇3-M2921	179.2	159.3
5	喇3-M2921	172.9	154.8
6	喇4-301	76.9	110.1
7	喇4-301	69.2	104.8
8	喇4-AS3005	156.4	127.6
9	喇4-AS3015	26.4	137.1
10	喇4-M2931	39.8	131.2
11	喇4-PS3006	85.1	118.3
平均	—	122.9	136.9

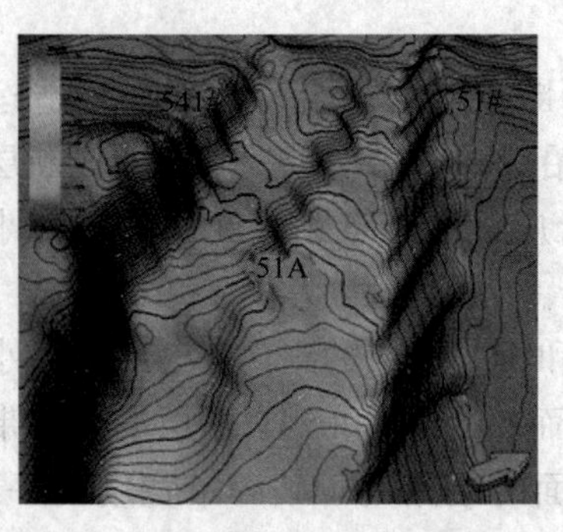

图 3 51#断层区萨Ⅲ1+2 单元三维层面

2.1.3 层面落差分析

通过观察 51#断层区三维层面(图 3)，在 51#断层和 541#断层之间明显存在一个等值线急剧变化的条带区，说明此处的层面存在落差，同时该区域与上述 11 个断点的空间分布吻合。在各油层组顶面对该层面落差进行统计(表 2)，发现层面落差先变大后变小，此变化规律与这 11 个断点的断距变化规律(表 3)是一致的。以上分析进一步证明这 11 个断点原组合不合理，应组合为一个新断层。

表 2 51A 断层地震解释层面落差

层面	落差，m	层面	落差，m
萨一组顶面	4.97	萨三组顶面	10.19
萨二组顶面	9.28	葡一组顶面	2.47

表 3 51A 断层断点数据

断点序号	井号	原断层编号	断深，m	断距，m
1	喇 3-M2921	null	872.5	2.5
2	喇 3-292	51	883.0	5.0
3	喇 4-AS3005	541	884.0	5.0
4	喇 3-M2921	null	887.0	2.2
5	喇 3-292	51	890.0	2.5
6	喇 3-M2921	null	896.6	1.0
7	喇 4-PS3006	541	957.8	15.8
8	喇 4-301	541	978.6	19.2
9	喇 4-M2931	541	987.8	8.4
10	喇 4-301	541	994.6	2.4
11	喇 4-3016	541	1065.0	8.0

2.2 二维分析

通过以上三维分析表明上述 11 个断点的原组合方式不合理，应该将其组合为一条新断层，下面在二维中通过面图及剖面进行分析。在进行二维分析前需要对上述 11 个断点数据的测井解释进行落实，以保证后续分析的可靠性。

2.2.1 断层面图分析

断层面图是由一条断层上的断点构成的海拔深度控制的等高线图，能够在一定程度上反应断面的形态与规模，该类图件是断点组合的必要图件之一，可用于判断断点组合的合理性。

例如喇 4-AS3005 井钻遇两个断点，其中断深为 884.0m 处断点原归属 514#断层，断层面图在这个断点处等值线出现异常(图 4)，如果将该断点剥离 541#断层，那么面图等值线变得更加均匀(图 5)。

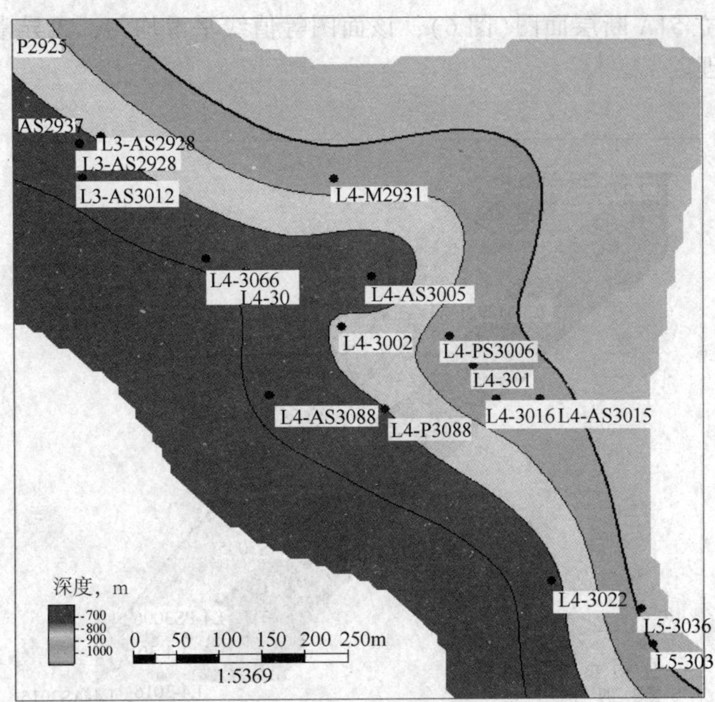

图 4 541 断层面图(喇 4-AS3005 断点剥离前)

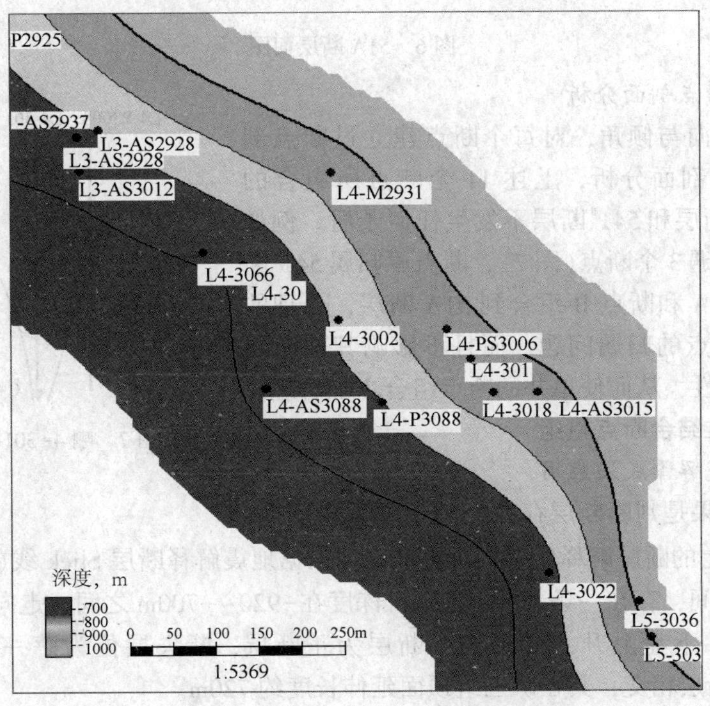

图 5 541 断层面图(喇 4-AS3005 断点剥离后)

将上述 11 个断点中 8 个的全部剥离原归属断层，再加上未组合的 3 个孤立断点，组合为 51A 断层，建立 51A 断层面图(图 6)，该面图等值线平滑均匀，无异常凸起或者凹进，说明断点组合合理。

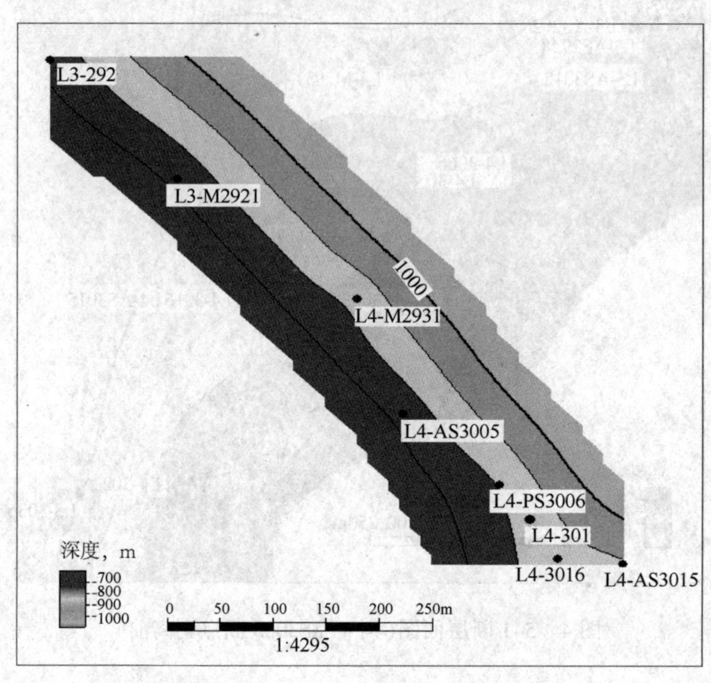

图 6　51A 断层面图

2.2.2　过断点剖面分析

依据断层倾向与倾角，对每个断点建立过断点剖面图，通过逐个剖面分析，上述 11 个断点所组合的 51A 断层与 51# 断层和 541# 断层不发生任何矛盾。例如喇 4-301 井共钻遇 3 个断点(图 7)，断点原归属 541# 断层，如果将断点 A 和断点 B 组合到 51A 断层，合理的解决了单井多断点的归属问题，而且不影响其他断层空间分布的合理性，从而使单井的断点组合更加合理。

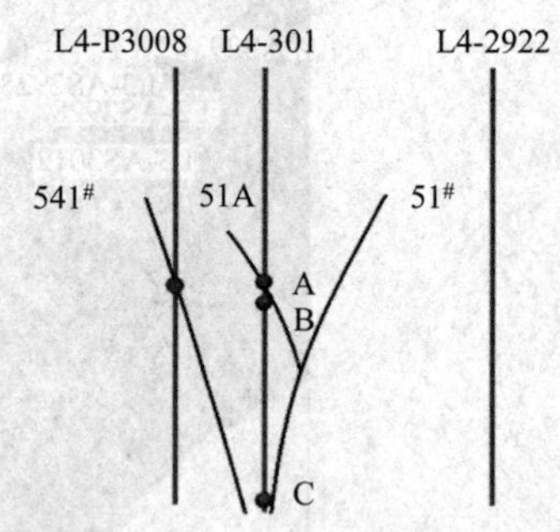

图 7　喇 4-301 过井剖面图

2.3　二三维结合断点重组

2.3.1　地震解释成果应用

地震解释成果是判断断层存在性的一项重要依据，对于断距 5m 以上的断层解释成果相对更准确。依据地震解释断层 Stick 线(图 8)，在 51# 断层与 541# 断层之间，存在一条新断层 51A，深度在-920～-700m 之间，走向北西向，倾角约 60°，上盘下降，下盘上升，判断 51A 断层为正断层，断失层位为萨一组—葡一组，在-910m处与 51# 断层相交，其在萨三组顶面延伸长度约 720m。

2.3.2　模型一致性验证

通过建立三维地质模型对 51A 断层及其附近层面进行一致性检验。从断层模型上看，重新组合后的51[#]、541[#]、51A三条断层的断点均匀分布在断面两侧(图9)，断点与断层空间展布没有异常或者矛盾；从层面模型上看，断层51A上下盘分层数据与层面完全吻合(图10)。以上两方面验证了断点重组的正确性以及断层51A的存在性。

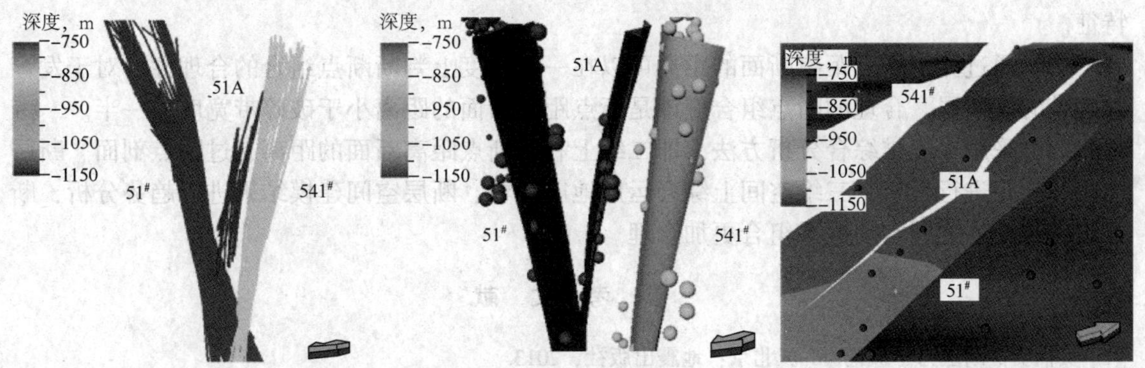

图8　51[#]断层区地震解释Stick线　　图9　断层51A断点及断面　　图10　断层51A萨二组顶面局部层面

3　结论

(1) 断层51A存在，位于在51[#]断层和541[#]断层之间(图11)，该断层为正断层，走向

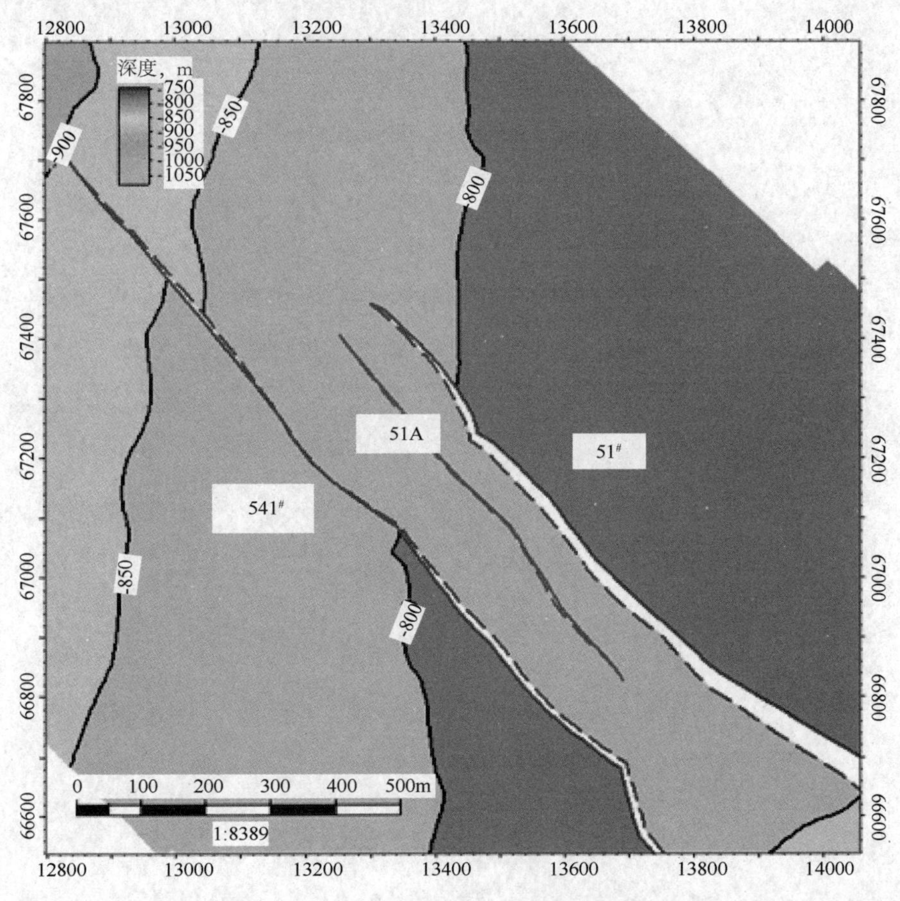

图11　51A断层区萨三组顶面构造图

北西向，萨三组顶面延伸长度720m，断层的倾角56.6°，断失层位萨一组至葡一组，组合断点11个。

（2）应用断点断距变化规律结合地震解释层面在断层区的落差有助于明确断层发育特征。

（3）通过分析断点距离断面的距离可以在一定程度上判断断点组合的合理性，对于发育破碎带的大断层，合理的断点组合应该是断点距离断面的距离小于破碎带宽度的一半。

（4）采用二三维综合分析方法，即二维上利用断点距离断面的距离、过断点剖面、断层面图和断距进行分析，三维空间上综合运用地震解释、断层空间建模结果进行趋势分析，断点组合与断层之间空间关系组合更加合理。

参 考 文 献

[1] 黄福明．断层力学概论[M]．北京：地震出版社，2013.

[2] 吴胜和．储层表征与建模[M]．北京：石油工业出版社，2010.

喇嘛甸油田地下储气库注采气实践与认识

凡文科　冯丽铭　高　松

（地质大队）

摘　要： 喇嘛甸油田地下储气库是利用正在开发的气顶油田建设的，是我国投产最早的地下储气库，具有鲜明的特点。储气库运行40多年来，在确保油气界面稳定、减少资源浪费、解决油田季节性用气不均衡矛盾等方面起到了非常重要的作用。同时，针对油田特殊地质构造，摸索出一套保持油气界面稳定的地下储气库合理运行管理的关键技术，实现了油区正常的原油生产和储气库的平稳运行。

关键词： 喇嘛甸油田；地下储气库；注采气；调峰；油气界面

喇嘛甸油田位于大庆长垣最北端，是一个受构造控制的层状砂岩气顶油田，油藏具有统一的水动力系统，开发的关键是防止油气互窜，保持油气界面稳定。1973年，油藏部分全面投入开发，气藏部分分层保持油、气层压力平衡，维持油气界面稳定，暂缓开发。1975年，为解决油田季节性用气量不均衡的矛盾、合理利用天然气资源，在油田北块设计建造了储气库，作为季节调峰、优化供气系统、事故应急和战略储备的一项重要保障措施。在运行过程中，结合气库地质特点，采取了针对性的监测及调整做法，同时建立了高效的运行及管理机制，既实现了储气库的安全平稳运行，满足了市场调峰需求，同时防止了油侵气窜的发生，保障了油区的正常开发。

1　储气库基本情况

1.1　地质特征

喇嘛甸油田构造为一不对称的短轴背斜，被两组北西方向延伸的大断层切割成南、中、北3大块。油藏具有统一的水动力系统，油水界面海拔-1050m，油气界面海拔-770m左右。油田从下至上发育高台子、葡萄花和萨尔图三套油层，储层为砂岩和泥质粉砂岩组成的一套湖相—河流三角洲相沉积砂体。构造顶部存在气顶，气顶气主要集中在萨零1—萨Ⅲ4-7共11个砂岩组的25个小层中，平均气砂厚度41.7m。气顶面积32.3km^2，天然气地质储量99.59×10^8m^3。

萨一组和萨零组气层，均属下白垩统嫩江组沉积。萨一组地层厚度22～24m，与下部萨二组有8～10m的稳定泥岩隔层，最大承注压力可达12.08MPa。储层物性较好，平均空气渗透率600mD，平均有效孔隙度26.5%。萨零组气层，地层厚度35～40m，上部发育200～250m全区稳定分布的嫩一、嫩二段黑色泥岩。砂体分布面积较小，厚度较薄，平均空气渗透率38mD，平均有效孔隙度22.0%。

1.2　开发及建设情况

喇储气库始建于1975年，初期投产气井10口，储采层位为萨Ⅰ1、萨Ⅰ2及萨零组下部，含气面积 18.1km^2，天然气地质储量 13.7×10^{8}m^3；注气系统配有三台国产压缩机，每台注气能力为 10×10^{4}m^3/d。运行初期为了倒出库容，气井只采不注，1983 年建成地面注气站后断断续续注入少量天然气。

结合大庆夏季多余的放空气量和冬季用气需求，于 1998 年、2000 年分别对地下和地面系统进行了扩建。目前储气库共有气井 14 口，其中正常生产井 11 口，另外 3 口井位于油气边界附近，为避免注采引起油气界面波动，由生产井转为监测井。储采层位为北块整个萨零组、萨一组气层，平均单井射开气砂厚度 19.6m，其中一类气砂厚度 7.9m；含气面积 27.6km^2，天然气地质储量 35.7×10^{8}m^3。

注气系统配有 5 台 VIP 型注气压缩机，每台注气能力 20×10^{4}m^3/d，全站最大注气能力 100×10^{4}m^3/d，相应配套建设了注采气过滤分离、脱硫等净化工艺和单井管道电伴热、防冻堵及高压气体计量等配套设施。注气时，天然气管网来的深冷干气经计量、分离缓冲、脱硫后进入压缩机组增压，最后经净化后至分配器输送至井场注入地下；采气时，气井气进站经分离脱水、电加热后进入分配器混合，最后经净化、计量后输送至天然气管网。

截至 2017 年底，储气库累计注气 18.90×10^{8}m^3，累计采气 20.59×10^{8}m^3，地层压力 8.47MPa，总压差-1.61MPa。

2 运行管理做法

2.1 油气界面监测及调控

2.1.1 建立油气运移缓冲区，平稳油气区压力

开发初期为防止油气互窜，减少油田开发和管理的复杂性，制定了“油气藏开发分两步走，先集中力量搞好油区开发，后期再根据国家需要开发利用气顶气资源”的总体开发原则。同时，确定了建立油气缓冲带，保持油区和气顶的压力平衡，维持油气界面稳定的思路。缓冲区建立原则：

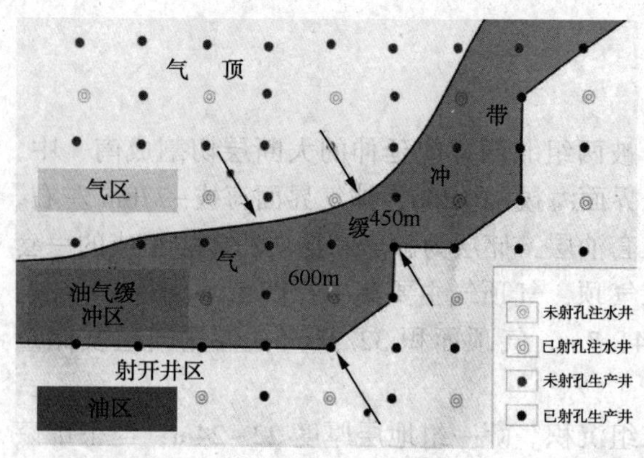

图 1 油气缓冲区示意图

一是油水井中的气层和油气同层以及距油气边界不足 300m 的油层暂不射孔；

二是 300m 以外的第一排射孔井必须是油井，水井暂不射孔，防止注入水将原油驱入气顶；

三是在气顶内部的油水井中，射孔顶界与气层或油气同层之间应有不小于 3m 的泥岩隔层。

按照上述原则，气顶外形成一个 450～600m 的未射孔油环，即油气缓冲区(图 1)，为平稳油气区压力，防止油气互窜起到了较好的缓冲和控制作用。

2.1.2 合理部署监测井点，定期监测油气界面变化

为及时掌握油气区压力及油气界面的变化情况，结合油田地质认识及井网部署情况，建立了气顶及储气库监测系统。监测系统部署原则：

一是监测井点分布相对均匀，满足对气顶、油气界面及油气缓冲区全面监测的需求。气

区压力监测井距在 800m 左右，油气界面及油区压力监测井距在 1200m 左右。

二是监测井部署区域砂体发育好，具有一定的连通比例，容易发生油侵气窜，且测试结果具有代表性，能反映周围的基本情况。

三是油气界面及生产气油比监测选择距离油气边界较近的油水井，便于第一时间发现油气界面变化及气窜区域。

四是油区压力监测井为油气边界附近第一排采油井，尽量选择射孔层位少的偏心井，测试结果能准确反映测试层位压力状况。

按照上述原则，全油田部署监测井 123 口，其中油区、气区压力监测井各 25 口，油气边界中子—中子监测井 41 口，生产气油比监测井 32 口，监测周期为半年，在注采间歇期进行监测。平面上以油气两区压力同步监测为重点，通过压差变化判断油气两区的边界变化；纵向上以中子—中子测井为重点，根据油气性质变化，判断单层油气运移状况，为油气界面分析及调控提供了大量资料。

2.1.3 及时注采调整，确保油气界面稳定

根据油气区压力及油气界面监测情况，对两区压差超标和单层存在油气运移的情况，及时调整储气库气井及油气边界附近对应气层的油水井工作制度，降低油气区压差，保持油气界面稳定。

首先，通过电网络及数值模拟，确定油气区压差合理界限为 0.5MPa，指导油气区压力调控。模拟结果表明，虽然各气层发生油侵和气窜时的油气区压差不同，但均在±0.5MPa 左右，当油气区压差超过+0.5MPa，容易发生油浸；压差小于-0.5MPa，容易发生气窜。

调整依据：(1)地层压力不平衡，局部区域油气区压差达到 0.5MPa 以上；(2)中子—中子测试放射性比值显示储层性质发生变化；(3)生产井伴生气量显著增加，达到或超过正常值的 2.0 倍。

调控方法：油侵(气顶收缩)时，通过停注油侵区域注水井的对应注水层段，上调油井生产参数，控制区域注采比，降低油区压力；同时通过调整储气库的注采气量，提高气区压力。气窜(气顶扩张)时，通过加强气窜区域注水井的对应层段注水量，下调油井生产参数或直接关井，提高油区压力；同时通过调整储气库的注采气量，降低气区压力。

2017 年，共监测 236 井次，发现油气界面变化 1 处，气窜井区 1 个，对应油水井调整 26 井次。从监测结果来看，油气区压力始终保持在±0.5MPa 的合理范围之内，油气界面虽然局部、短期有变化，但整体、长期保持稳定。

2.2 注采气运行优化

2.2.1 注采气时间优化

结合大庆地区季节用气量需求大小，将储气库全年运行分为五个阶段，其中 1—3 月、11—12 月为采气期，5—9 月为注气期，4 月和 10 月调峰需求较少，为注采切换期。在满足市场调峰需求的同时，利用间歇期取得可靠的地层压力资料，同时对地面压缩机等设备进行检修，转换单井及站内生产流程，保证储气库正常运行。

2.2.2 注采气量优化

根据储气库界面稳定、井站注气能力、气井合理工作制度，形成了一套气库及井站调峰能力评价方法，优化储气库及气井注采气量。

2.2.2.1 地下系统调峰能力

喇嘛甸油田油气界面一直保持相对稳定，储气库可以看成是一个没有油浸入的封闭气藏，根据物质平衡方程[1]可以推导出储气库在保持油气界面相对稳定条件下的理论调峰能力。

注气调峰能力 Q_i 可由式(1)求出：

$$Q_i = \frac{(P_{\mathrm{ogmax}} + P_{\mathrm{og}})\, Z_i G}{Z_t P_i} \tag{1}$$

采气调峰能力 Q_j 可由式(2)求出：

$$Q_j = \frac{(P_{\mathrm{ogmax}} - P_{\mathrm{og}})\, Z_i G}{Z_t P_i} \tag{2}$$

式中 P_{ogmax} ——油气区极限压差，MPa；

P_{og} ——目前油气区压差，MPa；

Z_i、Z_t ——原始状态和 t 时刻的偏差因子；

G ——动用地质储量，$10^8\mathrm{m}^3$；

P_i ——原始地层压力，MPa。

同时，可根据储气库地层压力变化与注采气量之间动态变化规律，结合储气库压力运行幅度，对地下系统调峰能力进行验证。

2.2.2.2 地面系统调峰能力

地面系统调峰能力取决于压缩机运行台数及其运行时间。考虑5台机组联运存在电磁信号干扰，影响压缩机组正常运行，同时为了应对机组突发事件，消除安全隐患，确保持续平稳注气，科学运行方式为4开1备。4台机组联合使用，流量可控制在 $(10\sim100)\times10^4\mathrm{m}^3/\mathrm{d}$ 范围内。注气能力按照 $100\times10^4\mathrm{m}^3/\mathrm{d}$，注气150天满负荷运行计算，地面系统调峰能力为 $1.35\times10^8\mathrm{m}^3$。

2.2.2.3 气井调峰能力

根据气井二项式产能方程[2]，推导出目前储气库气井产能公式为：

$$q = 22.1338 \times \left[\sqrt{0.0113 + 0.0904 \times (p_R^2 - p_{\mathrm{wf}}^2)} - 0.1064\right] \tag{3}$$

式中 q ——日产气量，$10^4\mathrm{m}^3/\mathrm{d}$；

P_{wf} ——井底流压，MPa；

q_{sc} ——气井产量，$10^4\mathrm{m}^3/\mathrm{d}$。

根据上式计算，储气库气井平均绝对无阻流量为 $51.72\times10^4\mathrm{m}^3/\mathrm{d}$。根据气藏工程研究成果[3]，结合储气库运行经验，气井产气能力按绝对无阻流量的四分之一计算，为 $12.93\times10^4\mathrm{m}^3/\mathrm{d}$，气井注气能力按绝对无阻流量的三分之一计算，为 $17.24\times10^4\mathrm{m}^3/\mathrm{d}$。

同时，考虑多井同时开井生产存在井间干扰，根据数值模拟研究结果，在目前气井800m注采井距情况下，多井同时开井的井间干扰系数为0.85，计算气井注采气能力分别为 $14.65\times10^4\mathrm{m}^3/\mathrm{d}$ 和 $10.99\times10^4\mathrm{m}^3/\mathrm{d}$。根据气井注采气能力、最大开井数以及气井生产天数，进行气井调峰能力计算。

综合地下系统、地面系统以及气井调峰能力分析结果，最终确定储气库调峰能力。同时，结合储气库运行安排，以及地层压力、气损耗大小，制定年度注采气计划。

2.2.3　运行管理优化

根据11口气井距油气边界距离、所处位置关系及压力大小，确定了储气库内、外部井，制定了开井优化原则，明确了生产过程中的开井方式及管理要求。

一是注气时先压力低井再压力高井，采气时先压力高井再压力低井，由内向外逐步开井，确保压力均匀分布。

二是间隔选取开井，且每口井连续开井时间在10~15天左右，减少井间干扰并防止局部气层压力升降过快。

三是采气高峰期，为防止气井产气能力下降过快发生冻井，尽量留有1~2口备用井，确保持续平稳供气。

四是注气初期逐步增加压缩机运行台数，采气初期逐步增加开井数，防止地面系统压力上升过快，造成安全隐患。

五是注采气过程中，要把气井全开一遍，以清理井筒及附近地层杂质，保证气井注采气能力。

同时，为提高注采气效率，结合储气库运行经验、压缩机及气井生产能力，制定了量化注采气运行模式，确定了不同日调峰气量大小对应的开井数及压缩机运行台数(表1)。

表1　储气库量化注采气运行模式表

日调峰气量 10^4m^3	采气开井数 口	注气压缩机运行台数 台	注气开井数 口
<30	1~3	1	2~3
30~50	3~5	2	4~6
50~70	5~7	3	7~8
70~90	7~9	4	9~10
90~100	9~10	4	11

2.3　运行管理做法

2.3.1　研制了地下储气库管理系统

采用现代化管理方法，把储气库管理分为储气库状况分析、方案编制及实施、生产管理及跟踪调整、注采气效果评价等4个方面，建立了储气库管理系统[4](图2)，加强了工作各环节的紧密性和协调性，有效提高了储气库管理水平和经济效益。

2.3.2　修订了压缩机组巡检及修保规定

在生产管理中，除了按照《压缩机组操作手册》要求，开展日检查、周保养、月维护、年检修以外，结合生产实际，修订了压缩机组巡回检查及修保规定，确保压缩机连续、安全、平稳运行。在修保制度上，细化并提高了维修保养频次，重新划分修保时间为例保8小时，一保1000±24小时，二保2000±72小时，三保8000±240小时，降低机组故障率；在机组运行参数上，针对压缩机说明书中对机组润滑油液位、压力规定不精确的问题，明确了检查标准：机组润滑油液位在1/2~2/3之间，润滑油压力在345~414kPa之间；在巡回检查上，增加了补油桶液位、注油器是否工作、注油分配器滑块是否动作等三个检查项目，确保巡检无死角。同时，成立故障处理小组及时解决生产故障。

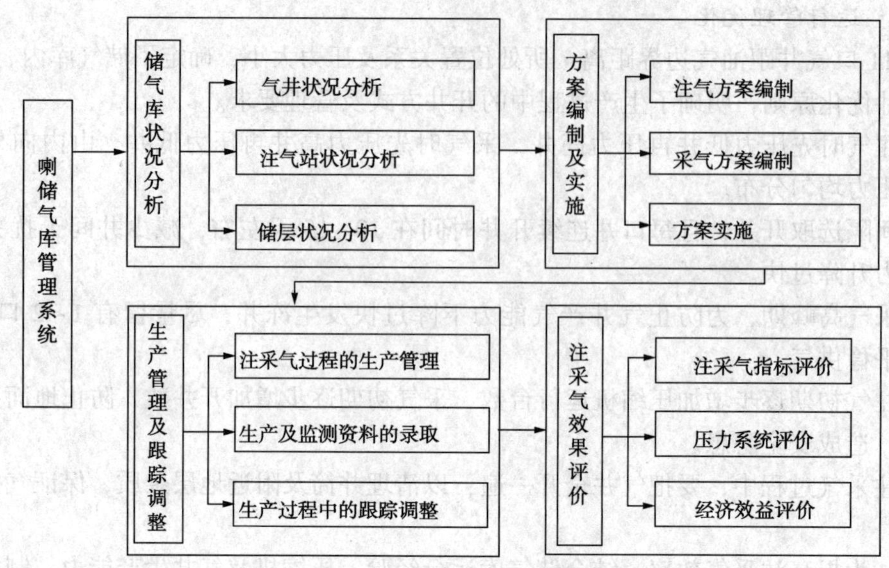

图2　储气库管理系统图

2.3.3　形成了一套冻堵预防及处理做法

为防止冬季采气生产期发生冻井，采取勤检查、勤分析、勤处理，针对不同情况采取不同的处理措施：勤检查是每天对每口生产气井进行巡回检查；勤分析是根据单井压力和温度分析判断是否出现冻堵；勤处理就是及时向单井管线中加注甲醇解堵。同时，根据冻堵前温度、压力变化特征及处理经验，采取了增加缓冲罐、分配器旁通压力及流量计、伴热带测温等巡检点；常规巡检时间由 2 小时一次缩短为 1 小时一次；关井故障状态压力由原来的 3MPa 提高到 5MPa 等措施，有效预防和控制冻堵，保证气井生产能力。

2.3.4　制定了注采气运行规范

针对岗位危险系数大、管理难度大、技术标准高的实际，编制并实施了系列运行管理规范，强化储气库运行管理。制定了《喇嘛甸油田地下储气库地质资料管理标准》，规范了地质资料、生产数据及敏感指标录取，完善了资料内容及生产数据库，确保生产资料及数据库十全十准；形成了储气库运行管理规定，明确了管理机构与职责、方案及动态分析内容，建立了重点工作、方案执行上报机制、检查及考评机制，提高方案执行效率及运行管理水平；建立了储气库管理七项制度，即岗位责任制、岗位安全生产制度、巡回检查制、设备维修保养制、质量责任制、技术培训制、交接班制，确保分工到位、职责到位；编制了储气库油侵气窜应急预案，明确了油侵气窜现象及危害、应急组织机构及职责、应急响应流程及处理方法、油侵气窜重点调整对象，提高了突发事故的应急处理能力。

3　注采气效果

3.1　油气界面保持持续稳定

2000 年以来，依据监测结果，优化气井及油、水井调整 1925 井次，监测显示油气区压差始终控制在±0.5MPa 的合理范围之内，不同时期井网气底深度保持在 920m 左右，油气界面并未发生明显变化(图 3)。

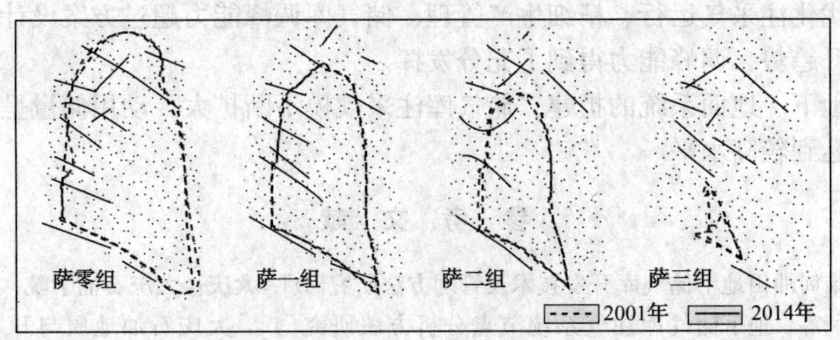

图 3　喇北块各油层组油气边界线

3.2　调峰能力达到设计要求

储气库调峰能力保持在 1.30×10^{8}m^{3}左右，超过方案设计的 1.0×10^{8}m^3。近年来，储气库注采气量均保持在较高水平，年注气量最高达到 1.30×10^{8}m^3，年采气量最高达到 1.20×10^{4}m^3，调峰能力得到了充分发挥(图 4)。

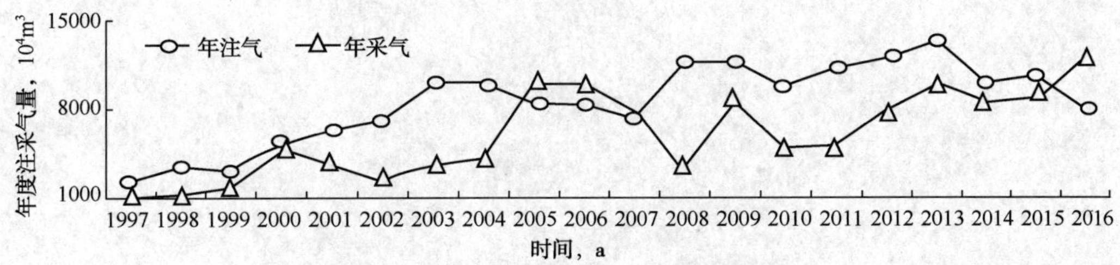

图 4　储气库年度注采气量变化曲线

3.3　动用储量达到较高水平

应用物质平衡方程和非理想状态气体方程推导出压降与产量无因次关系式，对储气库生产数据进行拟合，1980 年、2000 年、2017 年动用储量分别为 16.0×10^{8}m^3、25.0×10^{8}m^{3}和 32.0×10^{8}m^3，呈逐步上升趋势(图 5)，2017 年动用程度达到 89.6%。

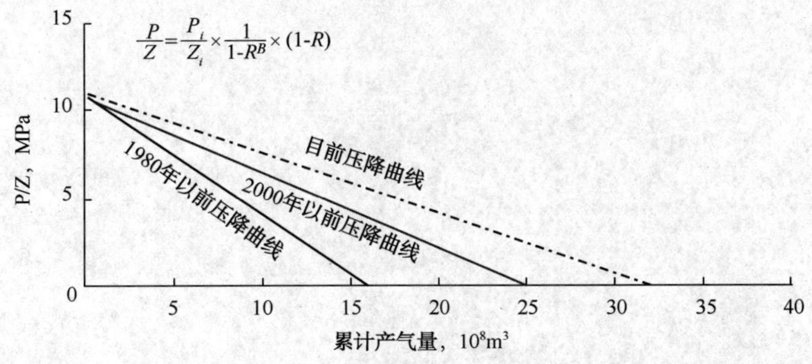

图 5　储气库实际生产数据拟合压降曲线

4　取得的认识

(1) 通过建立油气运移缓冲区、部署监测井点，实时监测油气界面变化，及时调控油气区压力的方式，能够确保油气界面稳定，实现油区正常的原油生产和储气库的平稳运行。

（2）通过优化注采气运行、精细生产管理，储气库调峰能力超过方案设计要求，年调峰气量呈逐年上升趋势，调峰能力得到了充分发挥。

（3）通过地下、地面系统的扩建，储气库注采规模不断扩大，动用储量呈逐步增加的趋势，动用程度达到较高水平。

参 考 文 献

[1] 沙宗伦．喇嘛甸油田地下储气库开发技术及管理方法研究[D]．大庆：大庆石油学院，2006.

[2] 方亮，高松，等．地下储气库注气系统节点分析方法研究[J]．大庆石油地质与开发，2000，(2)：27-29.

喇嘛甸油田二类油层注聚体系参数优化方法研究

杜建涛

（地质大队）

摘　要：由于二类油层非均质性严重，按照注入井平均渗透率设计注聚体系参数，与油层匹配性较差，吨聚增油效果差。本文根据不同聚合物体系在油层中的恒压渗流实验研究结果，结合井组平均渗透率计算公式，完善了二类油层注聚体系参数与油层匹配方法，提高了注聚体系参数与油层的匹配性。注聚参数优化调整后，喇嘛甸油田某区块注入压力分布更加均衡，低渗透部位、厚度小于2.0m的薄差层吸水厚度比例增加17个百分点以上，提高采收率达到17.1个百分点，吨聚增油59.3吨，开发效果显著。

关键词：二类油层；注聚体系参数；井组平均渗透率；恒压实验

喇嘛甸油田二类油层已全面转入聚驱开发，通过近几年的优化调整，取得较好开发效果，但由于二类油层非均质严重、连通率低等特点，导致聚驱开发过程中存在三方面问题：一是注聚体系匹配性差，注入压力分布不均衡，注入困难井多；二是油层动用不均衡，中、低渗透层动用相对较差；三是聚合物用量大，吨聚增油低。因此，二类油层聚驱需要进一步优化注入体系参数，提高注聚体系参数与油层的匹配性，提高聚合物驱替效率，最大限度提高二类油层聚驱采收率。

1　注聚体系参数与油层匹配关系实验

为搞清注聚体系参数与油层的匹配关系，开展了不同压力梯度条件下聚合物体系在油层中的恒压渗流实验。从实验结果看，采用接近二类油层现场使设计压力梯度（0.1MPa/m），清水体系条件小，渗透率为0.15D的油层，最高能够注入950万分子量，注入浓度为1500mg/L聚合物体系；渗透率为0.27D的油层，能够注入950万分子量，最高注入浓度为2000mg/L聚合物体系；渗透率为0.35D的油层，能够注入2500万分子量，注入浓度为1500mg/L聚合物体系；渗透率为0.49D的油层，能够注入1900万分子量，最高注入浓度为2200mg/L聚合物体系；渗透率为于0.68D的油层，能够注入2500万分子量，注入浓度为2000mg/L聚合物体系；渗透率大于1.24D的油层，能够注入2500万分子量，注入浓度为2500mg/L聚合物体系。相同条件下，污水体系油层注入能力好于清水体系（图1和图2）。

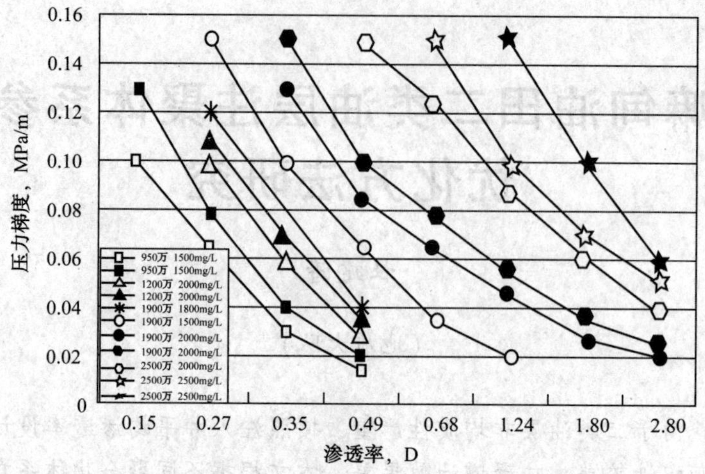

图 1　清水聚合物体系与油层匹配关系图

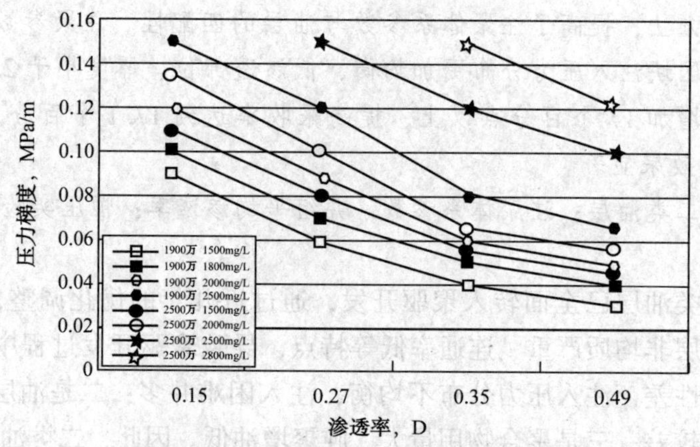

图 2　污水聚合物体系与油层匹配关系图

2　井组平均渗透率计算方法

由于二类油层平面、纵向渗透率差异大，平面渗透率变异系数达到 0.76，纵向上渗透率级差达到 3.4，且不同渗透率层段有效厚度比例接近，均在 15%左右，根据注入井平均渗透率进行的注入浓度优化设计，不能完全满足注聚体系个性化设计要求。因此，为了实现注聚体系参数与油层的最佳匹配，综合考虑井组内油水井渗透率分布、连通状况及连通层厚度等。引入能够代表井组渗流能力的井组平均渗透率概念，进行注聚体系参数匹配设计。

井组平均渗透率计算的主要思路是：首先计算以水井为中心的井组各小层平面渗透率和有效厚度；将各小层平面渗透率和有效厚度加权平均；再考虑纵向上各小层的连通方向数，就得到能够代表井组渗流能力的井组平均渗透率。

2.1　平面模型建立

根据平面串联模型推导出小层的平均渗透率公式，对其厚度算术平均及渗透率加权平均得到某井组渗透率(图 3 至图 5)。

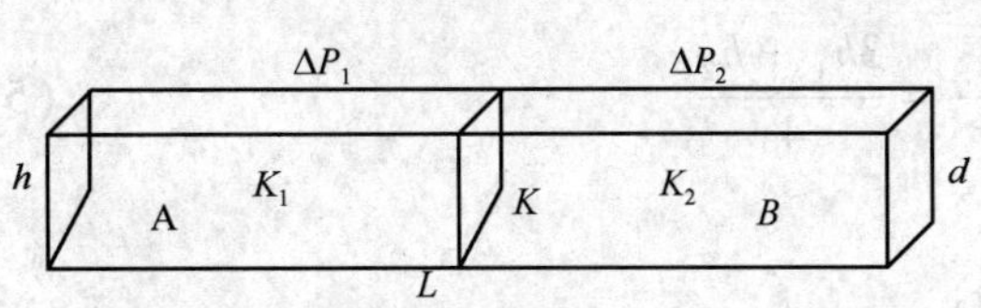

图 3　油层厚度均匀渗透率变化模型

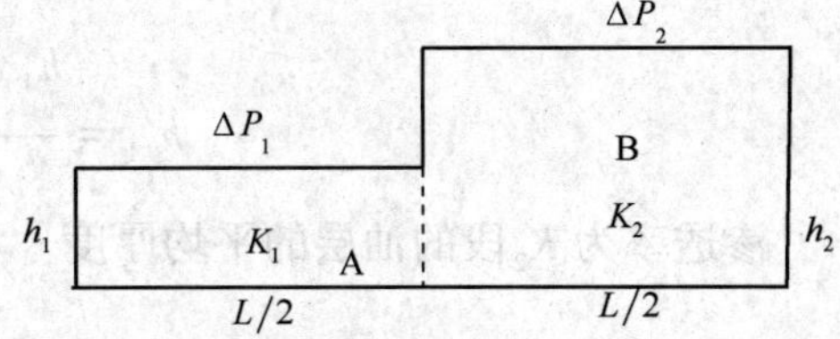

图 4　油层厚度和渗透率变化模型(突变型)

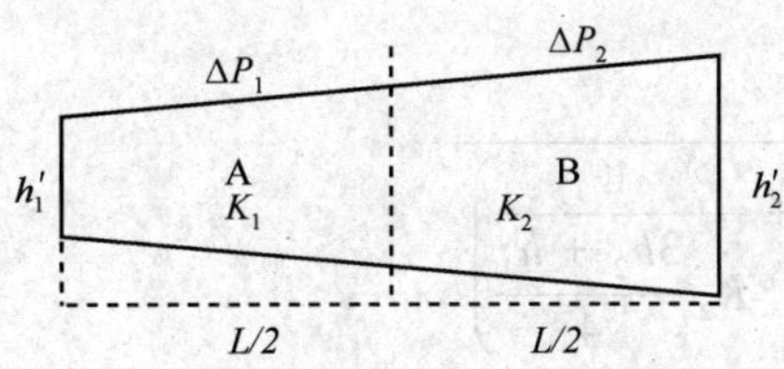

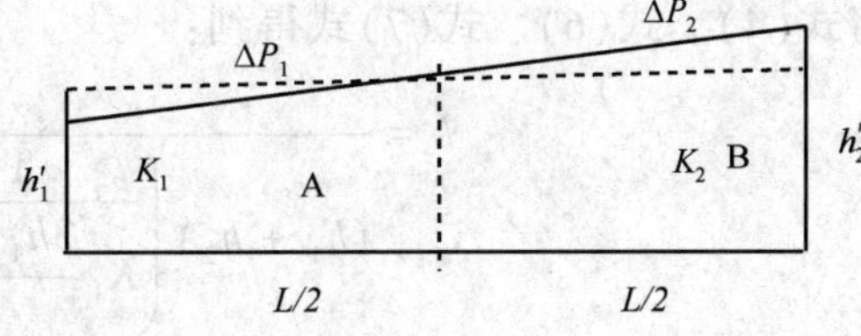

图 5　油层厚度和渗透率均发生变化模型(渐变型)

2.2　单小层平均渗透率方法

对于模型(1)假设 K 变化发生在井距之半，厚度 h 与宽度 d 都不发生变化，根据达西定律，产液量 Q 的计算公式为：

$$Q=\frac{Khd(\Delta P_1+\Delta P_2)}{\mu L} \tag{1}$$

注入液量的消耗压差 ΔP_1、ΔP_2表示为：

$$\Delta P_1=Q\mu\frac{L}{2}/K_1hd;\qquad \Delta P_2=Q\mu\frac{L}{2}/K_2hd \tag{2}$$

由式(2)和式(3)，则可得到：

$$K=\frac{2}{\dfrac{1}{K_1}+\dfrac{1}{K_2}} \tag{3}$$

式中　ΔP_1、ΔP_2——分别为 A、B 段压差，MPa；

Q——液量，m^3/d；

h——有效厚度，m；

d——模型宽度，m；

L——注采井距，m；

μ——流体黏度，mPa·s；

K_1、K_2——A、B 段的渗透率，D。

对于模型(2)假设宽度 d 不变，厚度 h 突变发生在井距之半，可得到

$$K=\frac{4}{(h_1+h_2)\left(\dfrac{1}{K_1h_1}+\dfrac{1}{K_2h_2}\right)} \tag{4}$$

式中　h_1、h_2——分别为 A、B 段油层厚度，m。

对于模型(3)油层的厚度是渐变型，渗透率为 K_1段的油层的平均厚度

$$h'_1 = \frac{h_1 + \frac{h_1 + h_2}{2}}{2} = \frac{3h_1 + h_2}{4} \tag{5}$$

渗透率为K_2段的油层的平均厚度

$$h'_2 = \frac{h_2 + \frac{h_1 + h_2}{2}}{2} = \frac{3h_2 + h_1}{4} \tag{6}$$

将式(4)、式(6)、式(7)式得到：

$$k = \frac{4}{(h_1 + h_2)\left(\frac{1}{K_1 \frac{3h_1 + h_2}{4}} + \frac{1}{K_2 \frac{3h_2 + h_1}{4}}\right)} \tag{7}$$

一注多采渗透率公式计算：

将所有采油井某层厚度按算术平均计算，渗透率按加权平均法计算：

$$K = \sum_{i=1}^{n} K_i h_i / \sum_{i=1}^{n} h_i \tag{8}$$

则一注多采井组内平面渗透率：

$$K_{xi} = \frac{4}{(\overline{h_{oi}} + h_{wi})\left(\frac{1}{\overline{K_{oi}}\ \overline{h_{oi}}} + \frac{1}{K_{wi} h_{wi}}\right)} \quad \text{（突变型）} \tag{9}$$

$$K_{xi} = \frac{1}{(\overline{h_{oi}} + h_{wi})\left(\frac{1}{\overline{K_{oi}}(3\overline{h_{oi}} + h_{wi})} + \frac{1}{\overline{K_{wi}}(3h_{wi} + \overline{h_{oi}})}\right)} \quad \text{（渐变型）} \tag{10}$$

式中　K_{xi}——i层平面平均渗透率，D；

K_{wi}——注入井i层渗透率，D；

h_{wi}——注入井对应i层有效厚度，m；

$\overline{h_{oi}}$——采油井对应i层平均单井有效厚度，m；

$\overline{K_{oi}}$——采油井对应i层加权平均渗透率，D；

$\overline{K_{wi}}$——注入井对应i层加权平均渗透率，D。

在平面上渗透率相同的情况下，注采方式越少井组泄流面积越小，它的渗透能力越差。因此，需要引入注入井连通方向比例对求得的小层平面渗透率公式进行校正。

$$K'_{xi} = K_{xi} f_i \tag{11}$$

式中　f_i——第i层连通方向比例，%；

K_{xi}——第i小层平面平均渗透率，D；

K'_{xi}——校正后的第i小层平面平均渗透率，D。

井组渗透率为式(12)。

$$K = \sum_{i=1}^{m} K'_{xi} h_i / \sum_{i=1}^{m} h_i \tag{12}$$

式中 m——注入井不同渗透率层段的小层数，个；

h_i——第 i 层碾平厚度，m。

由单小层平面突变渗透率式(9)加权平均得出注采井组间突变型平均渗透率计算公式：

$$K = \sum_{i=1}^{m}\left(\frac{4f_i}{n/\sum_{j=1}^{n}K_{oij}h_{oij} + 1/K_{wij}h_{wij}}\right) \Big/ \sum_{i=1}^{m}\left[\left(\frac{\sum_{j=1}^{n}h_{oij}}{n} + h_{wij}\right)f_i\right] \quad (13)$$

由单小层平面渐变渗透率公式(10)加权平均得出注采井组间渐变型平均渗透率计算公式：

$$K = \frac{\sum_{i=1}^{m}\left(\frac{f_i}{1/\left[\left(3\sum_{j=1}^{n}k_{oij}h_{oij}/n\right) + h_{wij}\sum_{j=1}^{n}k_{oij}h_{oij}/\sum_{j=1}^{n}h_{oij}\right] + 1/\left(3k_{oij}h_{oij} + k_{wij}\sum_{j=1}^{n}h_{oij}/n\right)}\right)}{\sum_{i=1}^{m}\left[\left(\sum_{j=1}^{n}h_{oij}/n + h_{wij}\right)f_i\right]} \quad (14)$$

式中 K——井组平均渗透率，D；

k_{wij}——井组内注入井第 j 层与第 i 口连通井连通层渗透率，D；

h_{wij}——井组内注入井第 j 层与第 i 口井连通厚度，m；

k_{oij}——井组内第 i 口油井第 j 层渗透率，D；

h_{oij}——井组内第 i 口油井第 j 层与注入井连通厚度，m；

f_j——第 j 层连通方向数比例，%；

n——注入井第 i 层连通方向数；

m——注入井不同渗透率层段层数。

3 注聚体系参数优化方法

3.1 井组注聚体系参数优化方法

从井组平均渗透率计算结果看，存在两种情况，一是井组平均渗透率大于注入井的渗透率；二是井组平均渗透率小于或等于注入井的渗透率。注聚参数设计时首先保证注聚体系能够顺利注入。为此，在井组平均渗透率大于注入井渗透率时，井组注聚体系根据注入井渗透率匹配，在注入能力允许的条件下适当上调浓度；在井组平均渗透率小于或等于注入井的渗透率时，井组注聚体系参数应根据井组平均渗透率计算结果匹配，下调注入浓度。

在确保顺利注入的前提下，为了最大限度挖掘剩余油潜力，考虑井组剩余油分布状况，根据不同渗透率层段剩余油分布状况进行注入浓度优化调整。若剩余油集中在小于井组平均渗透率的油层时，则需要先注入高浓度段塞调堵高渗透层段，再适时下调注入浓度驱替低渗层剩余油；若剩余油集中在与井组平均渗透率相当的油层时，则根据井组平均渗透率匹配注入浓度能够满足开发需要；若剩余油集中在大于井组平均渗透率的油层时，注入浓度匹配时先注入大段塞高浓度体系驱替，待高渗透层得到较好动用时，下调注入浓度驱替低渗透层剩余油。

3.2 注入方式优化方法

根据室内实验及井组综合渗流能力的计算结果，结合油层韵律性质及不同渗透率层段剩余油分布状况，优化注入方式，实现注聚体系参数与层段的匹配。针对不同韵律油层纵向上不同部位渗透率差异大，单一聚合物段塞注入不能实现不同渗透率层段剩余油的有效驱替，为此，根据油层韵律性质，优化了段塞注入方式，提高聚合物驱替效率。对于单一韵律油层，采取不同浓度的梯次注入，先注高浓度段塞调堵高渗层，再逐步下调浓度驱中低渗层；对于多段多韵律且夹层稳定油层，采取浓度优化与分层结合，先注高浓度段塞调堵高渗层，再结合分层优化浓度驱低渗层；对于多段多韵律但夹层不稳定油层，采取高低分子量、高低浓度交替注入，分子量先高后低段塞注入，高低浓度周期交替注入。

4 注聚体系参数优化效果

4.1 注入压力分布趋于均衡

注入浓度优化后，上调注入浓度的 34 口井注入压力由 11.7MPa 上升到 12.3MPa，上升 0.6MPa；下调注入浓度的 413 口井注入压力由 13.5MPa 下降到 13.1MPa，下降 0.4MPa。从喇嘛甸油田某二类油层聚驱区块注入压力分布看，注入压力主要分布在 10~14MPa，注入压力分布均衡，高低压井比例明显降低。

4.2 吸水剖面得到改善

统计 301 口井优化调整前后吸水剖面资料，吸水厚度比例达到 88.3%，比调整前提高 6.3 个百分点，比注聚前提高 17.8 个百分点，吸水剖面得到进一步改善。从不同厚度自然层浓度调整前后吸水剖面变化看，不同厚度级别油层吸水厚度比例均有所增加，有效厚度小于 2.0m 的薄差油层吸水厚度比例增加 17.0 个百分点。

4.3 提高采收率效果显著

上述方法在喇嘛甸油田某区块应用后，该区块含水下降 15.7 个百分点，低含水期持续 24 个月，阶段提高采收率达到 17.1 个百分点，吨聚增油 59.3t，开发效果及经济效益显著。

5 结论与认识

（1）恒压实验方法按照矿场实际注入压力梯度研究注聚体系参数与油层匹配关系，实验结果更符合现场实际。

（2）井组平均渗透率计算公式综合考虑了综合考虑井组内油水井渗透率分布、连通状况及连通层厚度等储层参数，计算结果能够代表油层渗流能力。

（3）根据恒压实验和井组平均渗透率进行注聚体系参数设计，提高了注聚体系参数与油层匹配性。调整后，油层动用厚度比例提高了 17.8 个百分点，薄差油层吸水比例增加 17 个百分点左右，阶段提高采收率达到 17.1 个百分点。

（4）在注聚体系参数优化调整的基础上，根据油层韵律特点、井组剩余油分布状况，优化注入方式，能够实现注聚体系参数与层段的匹配，有效提高剩余油动用。

参 考 文 献

[1] 王德龙，郭平，亡周华，等．非均质油藏注采井组均衡驱替效果研究[J]．西南石油大学学报(自然科学版)，2011，20(1)：24-26.

[2] 梁成钢，孙起，杜军社，等．非均质油藏平均渗透率的计算[J]．新疆石油天然气，2008，34(1)：34-38.

[3] 黄伏生，胡广斌，刘连福，等．喇嘛甸油田聚合物驱油研究与实践[J]．上海：上海辞书出版社，2006，6(5)：33-38.

[4] 卢祥国，高振环，闰文华，等．聚合物驱油效果及其影响因素的实验研究[J]．油气采收率技术，1995，2(4)：1-5.

喇嘛甸油田水驱特高含水期合理注采比研究

董小双　王明刚

（地质大队）

摘　要：喇嘛甸油田 1973 年投入开发以来，经过多次较大规模开发调整，已进入特高含水开发阶段，无效注水增多、采油速度放缓，油田注采两端调整面临新的难题。因此，有必要对合理注采比展开研究，在保证地层能量的前提下，提高注水利用率。本文结合油田实际开发特征选取物质平衡法，研究产液量、注水量与地层压力之间的关系，搞清合理产注规模，实现对注采比的合理计算和预测，为调节规划油田水驱注水量提供依据。

关键词：水驱；注采比；地层压力；物质平衡法

注采比是表征油田注水开发过程中注采平衡状况，反映产液量、注水量与地层压力之间联系的一个综合性指标，是规划和调节油田注水量的重要依据。合理的注采比有利于油田保持稳定的地层压力，减少无效注水，提高油田开发效益。因此，根据油田实际地质特征与开发状况，研究合理的注采比范围，明确地层压力与产液量、注水量的关系，是实现油田开发注采系统最优化的重要组成部分。

1　问题的提出

喇嘛甸油田水驱自 1973 年投入开发以来，先后经历多个较大规模开发调整，形成多套层系、多套井网并存的开发格局，一直保持较高开发水平。但随着过渡带三次加密井投产、综合含水升高以及两驱储量转移，油田产注规模不断扩大，层间、平面矛盾突出，无效注水日益增多，油田注采比发生了很大变化。因此，需开展合理注采比研究，调整注采结构，在保证地层能量充足的前提下控制无效注水，以适应喇嘛甸油田的进一步高效开发。

2　合理注采比确定

2.1　注采关系调查

从整个水驱来看，“十二五”以前注采比都在 1.30 以上，地层压力稳步上升，生产压差不断加大，说明在当时采油速度较大情况下，为保证地层能量充足，采用较高注采比注入开采。“十二五”以后水驱采油速度放缓，地层压力、生产压差保持相对稳定，注采比逐渐下降到 1.23 左右，能够满足油田开发需求。从分套井网来看，各套井网实际注采比差异较大，基础井网注采比在 0.82~0.98 之间，一次加密井网注采比在 1.66~1.38 之间，二次加密井网注采比在 2.89~1.60 之间，主要是因为水驱层系调整、补孔作业等打乱了开发层系，各套井网开发对象交叉，注采关系复杂，分层系注采比不能真实反映各套井网的实际注采状况。因此，计划不分层系，直接对整个水驱计算合理注采比(表 1)。

表1　喇嘛甸油田水驱各套井网实际注采比调查表

年份	基础井网	一次加密	二次加密	水驱
2001	0.84	1.63	2.83	1.39
2002	0.85	1.43	3.17	1.44
2003	0.81	1.66	2.89	1.37
2004	0.82	1.52	2.49	1.34
2005	0.91	1.57	2.41	1.39
2006	0.88	1.55	2.30	1.35
2007	0.82	1.64	2.32	1.36
2008	0.87	1.59	2.07	1.33
2009	0.97	1.57	1.96	1.34
2010	0.93	1.52	1.88	1.31
2011	0.92	1.48	1.84	1.25
2012	0.97	1.56	1.83	1.29
2013	0.97	1.48	1.60	1.21
2014	0.98	1.47	1.60	1.24
2015	0.98	1.38	1.60	1.19

2.2　理论推导

水驱砂岩油藏注采比是油田配产配注的一项重要指标．注采比是否合理直接影响着地层压力保持水平及油层生产能力，合理注采比的确定应能满足对地层压力保持合理水平及产量的要求。油田在确定合理注采比时常缺乏一种简便有效的方法，多是凭借经验来确定，不利于提高油藏整体管理水平。笔者利用物质平衡方程从注采平衡原理入手，采用理论推导与实际资料拟合相结合的方法，通过合理地层压降来确定合理注采比。

$$W_e + W_i + K_1 \times \Delta P = W_L \tag{1}$$

$$K_1 = N \times C_t \times B_o / \gamma \tag{2}$$

$$W_L = N_p \times B_o / \gamma + W_p \tag{3}$$

式中　W_e——累计水侵量，$10^4 m^3$；

W_i——累计注入体积，$10^4 m^3$；

W_L——累计采出量，$10^4 m^3$；

W_p——累计产水量，$10^4 m^3$；

K_1——弹性产率，$10^4 m^3/MPa$；

N——地质储量，$10^4 t$；

ΔP——地层压降，MPa；

N_p——累计产油，$10^4 t$；

B_o——原油体积系数；

γ——原油相对密度；

C_t——岩石综合压缩系数，MPa^{-1}。

将式(1) 中各项对时间进行微分得：

$$\frac{\mathrm{d}W_\mathrm{e}}{\mathrm{d}t}+\frac{\mathrm{d}W_\mathrm{i}}{\mathrm{d}t}+K_1\times\frac{\mathrm{d}\Delta P}{\mathrm{d}t}=\frac{\mathrm{d}W_\mathrm{t}}{\mathrm{d}t} \tag{4}$$

注采比：$\mathrm{IPR}=\dfrac{\mathrm{d}W_\mathrm{i}}{\mathrm{d}W_\mathrm{L}}$，则有：

$$\frac{\mathrm{d}W_\mathrm{i}}{\mathrm{d}t}=\mathrm{IPR}\times\frac{\mathrm{d}W_\mathrm{L}}{\mathrm{d}t} \tag{5}$$

对于定态水侵油藏，有：

$$Q_\mathrm{e}=\frac{\mathrm{d}W_\mathrm{e}}{\mathrm{d}t}=K_2\times\Delta P \tag{6}$$

式中　K_2——水侵系数，$10^4\mathrm{m}^3/(\mathrm{a}\cdot\mathrm{MPa})$。

把式(5)、式(6)代入式(4)整理得：

$$K_2\times\Delta P=(1-\mathrm{IPR})\frac{\mathrm{d}W_\mathrm{L}}{\mathrm{d}t}-K_1\times\frac{\mathrm{d}\Delta P}{\mathrm{d}t} \tag{7}$$

当油藏稳定生产时，$Q_\mathrm{L}=\dfrac{\mathrm{d}W_\mathrm{L}}{\mathrm{d}t}$为定量，则对式(7)进行积分并整理得：

$$\Delta P=\frac{1-\mathrm{IPR}}{K_2}\times Q_\mathrm{L}+\left(\Delta P-\frac{1-\mathrm{IPR}}{K_2}\times Q_\mathrm{L}\right)\times e^{-\left(\frac{K_2}{K_1}\right)t} \tag{8}$$

当 $t\to\infty$时，则 $\dfrac{K_2}{K_1}t\to\infty$

$$\left(\Delta P-\frac{1-\mathrm{IPR}}{K_2}\times Q_\mathrm{L}\right)\times e^{-\left(\frac{K_2}{K_1}\right)t}\to 0$$

因此由式(8)得到：

$$\mathrm{IPR}=1-\frac{K_2}{Q_\mathrm{L}}\Delta P \tag{9}$$

随着油田开采时间的延长油水井的增多，地面、地下的情况都日趋复杂、不可避免地出现一部分无效注水，一个油田(或单元)的无效注水量与油田开发时间的长短、油田的管理水平和进行的主要调整措施有关，一般随油田开发的延长而增大，随油田管理水平的提高而减小。但在具体的某一开发阶段内，无效注水的比例接近于定值(阶段内无重大调整措施)。

$$(1-S)\times\mathrm{IPR}=1-K_2\frac{\Delta P}{Q_1} \tag{10}$$

$$\mathrm{IPR}=\frac{1}{1-S}-\frac{K_2}{1-S}\times\frac{\Delta P}{Q_1} \tag{11}$$

令 $\dfrac{1}{1-S}=a$，$\dfrac{K_2}{1-S}=b$

$$\mathrm{IPR}=a-b\times\frac{\Delta P}{Q_\mathrm{L}} \tag{12}$$

2.3　合理注采比确定

根据上述公式推导结果，结合水驱井网 2001—2015 年实际年注水量、年产液量、含水率、地层压力等实际生产数据，得出油田实际 $\Delta P/Q_\mathrm{L}$值和注采比 IPR 的线性关系如图 1 所示。

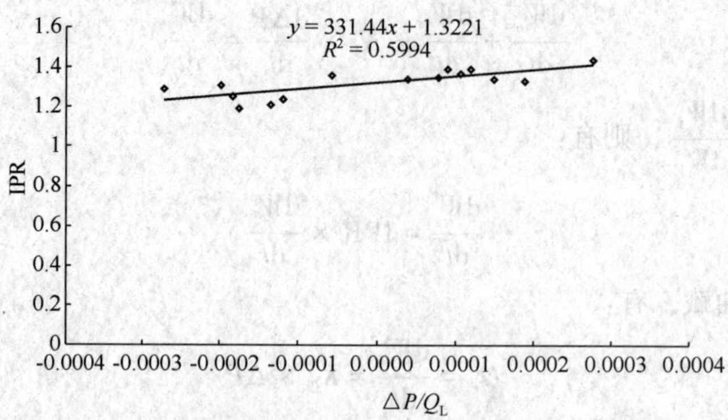

图 1　喇嘛甸油田水驱 IPR—$\Delta P/Q_L$关系曲线

拟合精度 R^2=0.5994，得出相应线性公式：

$$\text{IPR} = a - b \times \frac{\Delta P}{Q_L}$$

根据上述线性公式判断，喇嘛甸油田水驱无效注水比例 S 为 24.36%，2015 年水驱有效注采比为 1.01，年无效注水规模达 1474.4×10^{4}m^3。但考虑到我厂水驱注水井对后续水驱区块注水的实际情况，单独对水驱进行计算并不能真实反映无效注水比例和有效注采比，因此，将水驱和后续水驱作为一个整体进行计算，得出油田实际 $\Delta P/Q_L$值和注采比 IPR 的线性关系如图 2 所示。

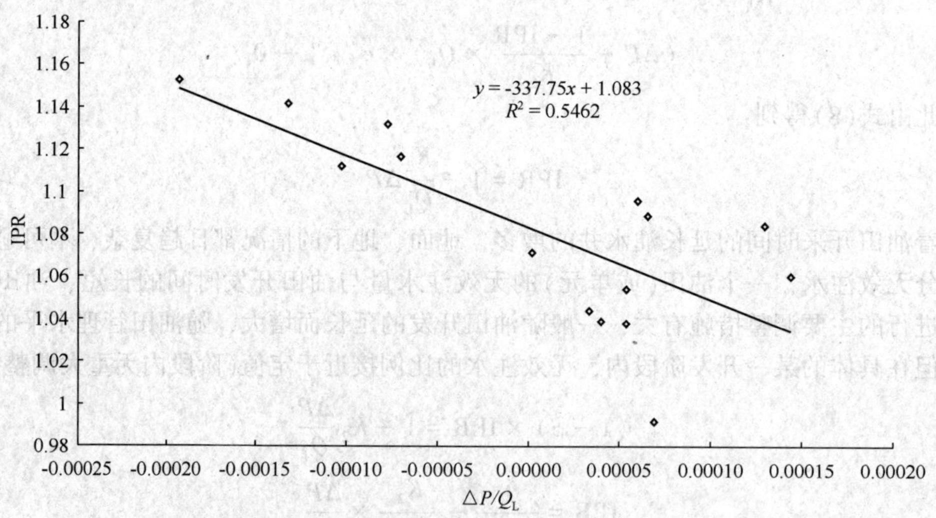

图 2　喇嘛甸油田水驱及后续水驱 IPR-$\Delta P/Q_L$关系曲线

拟合精度 R^2=0.5462，得出相应线性公式：

$$\text{IPR} = a - b \times \frac{\Delta P}{Q_L}$$

根据拟合结果可知，水驱和后续水驱无效注水比例 S 为 7.66%，要保持 2015 年的压力水平和产液规模，需要实际注采比为 1.13，有效注采比为 1.04，年无效注水规模达 747.8×10^{4}m^3。

2.4 应用实例

2015 年，北西块一区水驱和后续水驱年注水 $1035\times10^4m^3$，年产液 825×10^4t，年产油 31.0×10^4t，注采比达 1.24，总压差-0.87MPa，综合含水高达 96.25%，无效注采循环严重。为此，对该区块 2001—2015 年实际生产数据进行拟合，得出区块实际 $\Delta P/Q_L$ 值和注采比 IPR 的线性关系。搞清保持 2015 年产液规模和压力水平，合理注采比为 1.08，年无效注水规模达 $115.5\times10^4m^3$(图 3)。

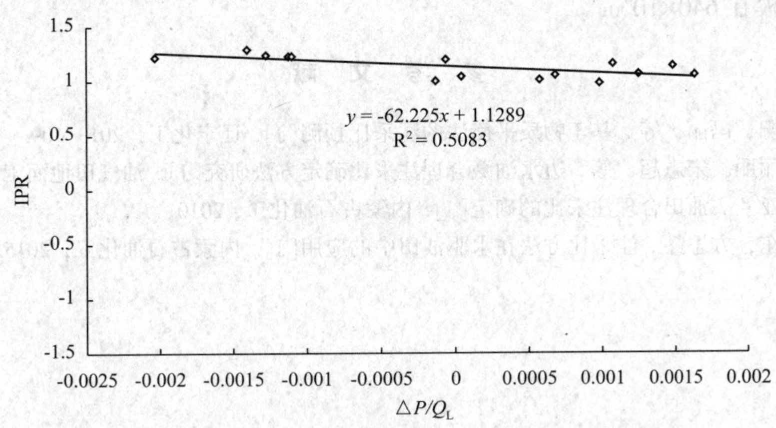

图 3　北西块一区水驱及后续水驱 IPR—$\Delta P/Q_L$关系曲线

根据以上研究成果，结合全区产量形势的需要，在 2014 年、2015 年的注水综合调整中，加大了高注采比、高压力以及高含水井区的控水调整力度，控制区块无效注采，2014 年和 2015 年北西块一区年注水分别比 2013 年下降了 $61.5\times10^4m^3$ 和 $112.4\times10^4m^3$，水驱年注采比由 2013 年的 1.24 下降到 1.14，水驱自然递减率控制在 3.62%，年均含水分别下降了 0.10 和 0.16 个百分点，地层压力相对稳定，保持了较高的开发水平，实际开发效果与理论计算结果基本吻合。

3 “十三五”合理注采比预测

首先运用甲型规律曲线和水驱规律曲线预测出的未来五年合理产液规模和采油速度，再根据上述注采比拟合公式对“十三五”期间水驱和后续水驱合理注采比进行预测，预计“十三五”期间喇嘛甸油田水驱和后续水驱实际注采比在 1.13 左右，有效注采比为 1.04，年均无效注水规模在 $640\times10^4m^3$左右(表 2)。

表 2　喇嘛甸油田水驱“十三五”期间合理注采比预测结果表

时间 a	预测产液量 10^4t	实际 注采比	有效 注采比	无效注水 10^4m^3
2016	6277	1.13	1.04	646
2017	6264	1.13	1.04	644
2018	6252	1.13	1.04	643
2019	6239	1.13	1.04	642
2020	6227	1.13	1.04	640

4 结论

(1)水驱实际注采比在 1. 20 左右，主要是因为无效注水和水驱给后续水驱注水。

(2)运用油田实际的产液量、总压降和注采比资料进行回归，可以定量地计算无效注水的比例。

(3)“十三五”期间喇嘛甸油田水驱及后续水驱实际注采比为 1. 13，有效注采比为 1. 04，年无效注水规模在 $640\times10^4m^3$。

参考文献

[1] 杨磊，田洋阳，冯丽，等. 基于物质平衡法的注采比预测[J]. 辽宁化工，2013，09.

[2] 崔传智，武丽丽，宋志超，等. 边水油藏合理注采比确定方法研究[J]. 油气田地面工程，2010，9.

[3] 屈斌学，孙亚兰. 油田合理注采比的确定[J]. 内蒙古石油化工，2010，12.

[4] 辛晶，李占东，方思懿. 注采比方法在水驱油田中的应用[J]. 内蒙古石油化工，2015，09.

喇嘛甸油田特高含水期水驱开发效果评价

肖千祝

(地质大队)

摘　要：大庆喇嘛甸油田是非均质多油层砂岩油田，经长期注水驱替后，地下油水分布犬牙交错，剩余油在空间上呈高度分散状态，近年来实施了大量挖潜工作，取得了一定效果，但措施效果越来越差，因此，有必要对特高含水期水驱开发效果进行研究。本文选取递减率、含水上升率、存水率、地层压力和水驱控制程度等指标对开发效果进行评价，总结油田水驱开发过程中经验教训，为油田高含水期挖潜提供指导。

关键词：特高含水期；递减率；存水率；地层压力；水驱控制程度

喇嘛甸油田自1973年投入水驱开发，先后经历了自喷开采、层系调整、全面转抽、注采系统调整、二次加密调整等五个水驱开发阶段，现有注水井1684口，采油井2393口。目前已累计采油2.2×10^8t，累计产液14.0×10^8t，累计注水$22.1\times10^8m^3$，累计注采比1.34，综合含水95.02%，处于特高含水开发期。近年为改善水驱开发效果，实施了大量综合调整工作，取得了一定的效果，但仍然存在剩余油分布零散、无效循环等问题[1,2]。为了解油田目前的开发状况、开发井网及注采结构是否适应特高含水开发期的形势，选取具有代表性的递减率、含水上升率、存水率等指标进行对比分析，结合油田压力及动用状况分析，进一步评价油田特高含水期水驱开发效果。

1　开发效果评价

1.1　水驱自然递减率和含水上升值逐渐变小，开发水平不断提高

进入特高含水开发期后，随着油田精细开发的不断深入，为控制无效注水和提高注水利用率，水驱加大了各套井网细分注水、周期注水、有效堵水力度，合理调整平面和层内注水结构，含水上升率和自然递减率逐渐变小，产量递减和含水上升得到了有效控制。水驱自然递减率由2000年的8.68%下降到2012年的5.85%，水驱年均含水上升值由0.57个百分点下降到0.14个百分点(表1)。

表1　水驱2000年以来递减率及含水上升值统计表

时间，a	2000	2001	2002	2003	2004	2005	2006	2007	2008	2009	2010	2011	2012
自然递减率,%	8.68	7.44	8.51	7.85	7.10	6.72	6.52	6.35	6.13	5.87	6.08	5.97	5.85
年含水上升率,%	0.57	0.40	0.28	0.32	0.30	0.28	0.15	0.20	0.14	0.20	0.21	0.07	0.14

根据理论公式绘制了综合含水和含水上升率关系曲线[3]，喇嘛甸油田水驱开发总体上符合凸S形含水变化规律，目前油田含水上升率逐渐下降到1.0以下，控制在理论曲线以内(图1)。

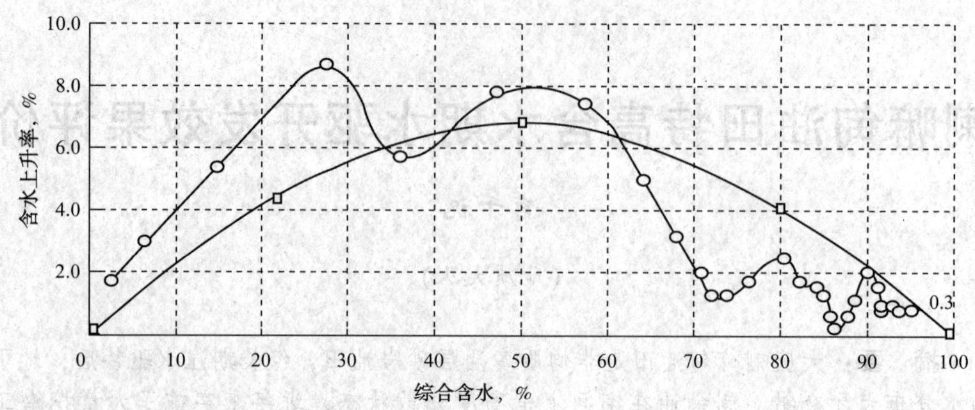

图1　水驱综合含水与含水上升率关系曲线

利用Ⅱ型经验公式法绘制了综合含水和采出程度关系曲线[3]，从变化趋势看，特高含水期通过不断加大控水挖潜增储力度，使水驱实际曲线逐渐向采收率40%的理论曲线靠拢[4]，表明水驱开发效果不断改善，采收率有所提高(图2)。

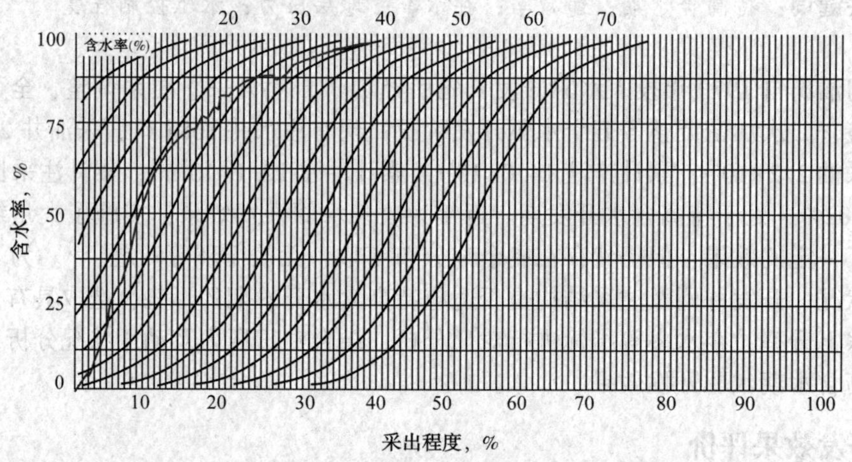

图2　水驱综合含水与采出程度关系曲线

以上分析表明：喇嘛甸油田水驱进入特高含水开发期后，含水上升值和自然递减率逐渐变小，油田水驱开发水平不断提高。

1.2　水驱存水率较高，依靠注水驱油的作用进一步增强

累计存水率是指地下存水量(累计注入水量减去累计采出水量)与累计注入水量之比。它是评价注水开发油田注水状况及注水效果的一个重要指标，存水率越高，说明注水利用率越高[5-7]。

根据理论公式[2,3]，结合喇嘛甸油田开发状况，绘制了累计存水率与综合含水关系图版。从图版上看，累计存水率随着综合含水的增加而下降，将实际的存水率和相应的综合含水与理论存水率和综合含水关系曲线相比较，如果该点位于曲线附近或上方，则说明注入水利用率较高；若偏离曲线下方较大，则说明注入水利用率比较低，需要进一步采取措施进行调整，增加累计存水率。目前水驱综合含水已高达94.8%，按照理论关系图版计算，相应的水驱理论存水率应为0.20，而目前水驱实际存水率为0.32，说明目前水驱存水率较高，注水利用率较高(图 3)。

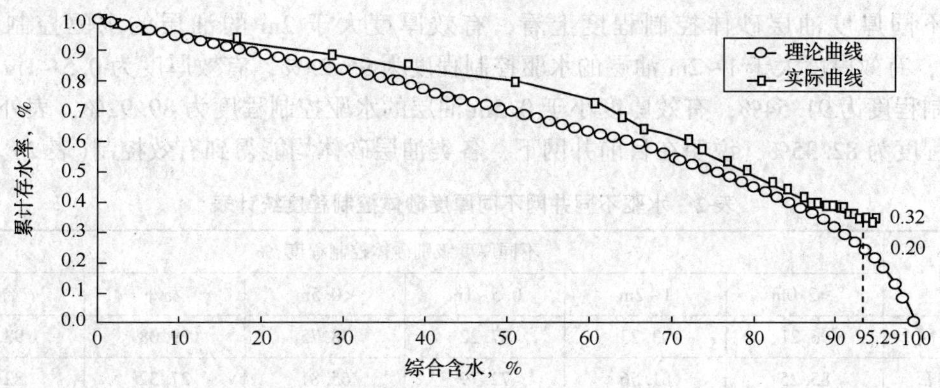

图 3　存水率与综合含水关系图版

利用油田不同井网采出程度下存水率统计结果，绘制了存水率与采收率关系曲线[2-3]，油田进入特高含水开发期后，由于无效循环的存在，导致层间、层内吸水差异加大，砂岩吸水厚度比例逐年减少。为有效改善层间、层内吸水状况，加大了细分注水力度，平均单井注水层段数由开发初期的 3.55 个增加到 2010 年的 4.81 个，使砂岩吸水厚度比例一直保持在 80%以上，取得了较好的效果，注入水利用率进一步提高，存水率曲线表现为逐渐穿越采收率为 40%的曲线。目前油田存水率保持在 0.32，与标准曲线相比，在相同的采出程度条件下，油田实际存水率比理论存水率高 0.22(图 4)。

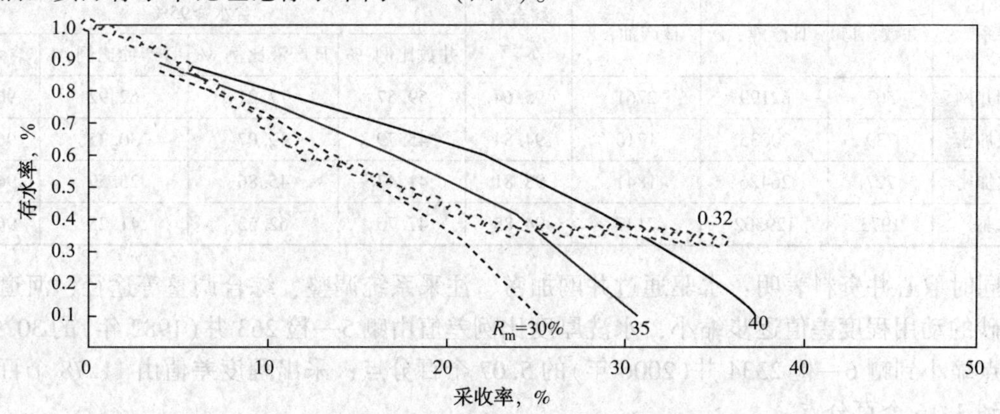

图 4　存水率与采收率关系图版

从存水率与采出程度理论曲线也可以看出，特高含水期注采比控制在 1.3 左右，而特高含水实际存水率在 0.32 左右，与注采比为 1.4 的理论曲线基本吻合，存水率略高于理论曲线。

以上分析表明：特高含水开发期不断加大了注水结构调整力度，水驱存水率较高，吸水厚度比例较大，依靠注水驱油作用进一步增强。

1.3　水驱控制程度高，各类油层均得到有效动用

喇嘛甸油田水驱自投产以来，先后经历了基础井网、一次加密调整、二次加密调整三个主要阶段，井网密度由基础井网的 8.75 口/km²增加到目前的 34.19 口/km²，同时通过层系调整、局部三次加密、油水井局部补孔，使水驱控制程度由基础井网时期的 78.21%提高到目前的97.11%。

从不同厚度油层砂体控制程度上看，有效厚度大于2m的油层的水驱控制程度为98.62%，有效厚度大于1~2m油层的水驱控制程度为95.24%，有效厚度为0.5~1m油层的水驱控制程度为91.54%，有效厚度小于0.5m油层的水驱控制程度为89.92%，表外层的水驱控制程度为82.35%，说明在目前井网下，各类油层砂体均能得到有效控制(表2)。

表2　水驱不同井网不同厚度砂体控制程度统计表

井网	不同厚度级别砂体控制程度,%					
	≥2.0m	1~2m	0.5~1m	<0.5m	表外	合计
基础井网	96.21	93.23	87.22	78.75	29.08	93.81
一次加密	85.25	81.56	72.79	65.81	27.32	82.61
二次加密	15.35	22.74	24.97	45.72	68.61	53.16
三次加密	96.65	93.47	89.67	80.34	69.00	94.67
井网综合	98.62	95.24	91.54	89.72	82.35	97.11

不同层系井网含水情况表明：目前水驱综合含水高达94.85%，其中基础井网综合含水最高，为95.64%，而二次加密井综合含水最低，为93.81%，两者相差仅1.84个百分点。水驱综合含水大于95%以上的井数比例高达47.75%(表3)。

表3　水驱分层系生产状况表

层系	井数，口	日产液，t	日产油，t	综合含水,%	含水≥95%			
					井数比例,%	日产液比例,%	日产油比例,%	含水,%
基础井网	507	62199	2761	95.64	59.57	77.21	62.92	96.38
一次加密	739	30035	1710	94.84	45.79	49.07	30.35	96.15
二次加密	727	26426	1841	93.81	41.47	45.86	25.59	96.30
水驱	1973	129302	7147	94.85	47.75	62.53	41.25	96.36

同时取心井资料表明：水驱通过井网加密、注采系统调整、综合调整等途径，河道砂与河间砂的动用程度差值逐步缩小，水洗厚度比例差值由喇5—检263井(1982年)的30.90个百分点缩小到喇6—检2334井(2006年)的5.07个百分点；采出程度差值由11.78个百分点缩小到3.16个百分点。

以上研究表明，目前水驱砂体控制程度已达到较高水平，整体上水驱油层均得到有效动用，水驱面临着综合含水高，井井高含水、层层高含水的问题，剩余油分布高度零散且挖潜难度大，必须探索特高含水期水驱精细挖潜的有效方法。

1.4　地层压力保持在合理水平，具有较高生产能力

从喇嘛甸油田室内高压物性、相对渗透率曲线实验和现场实际情况出发，研究了不同地层压力开采时，原油黏度、体积系数、剩余油饱和度之间的关系。以此为基础，进一步用经济评价方法确定出了喇嘛甸油田合理的地层压力水平，认为合理的地层压力介于饱和压力与原始地层压力之间，即10.7~11.3MPa。

从油田水驱实际地层压力统计结果上看，1991年以来，水驱地层压力基本在合理地层压力范围内，很好的保持了地层能量，为油气开发提供了充足动力(图5)。

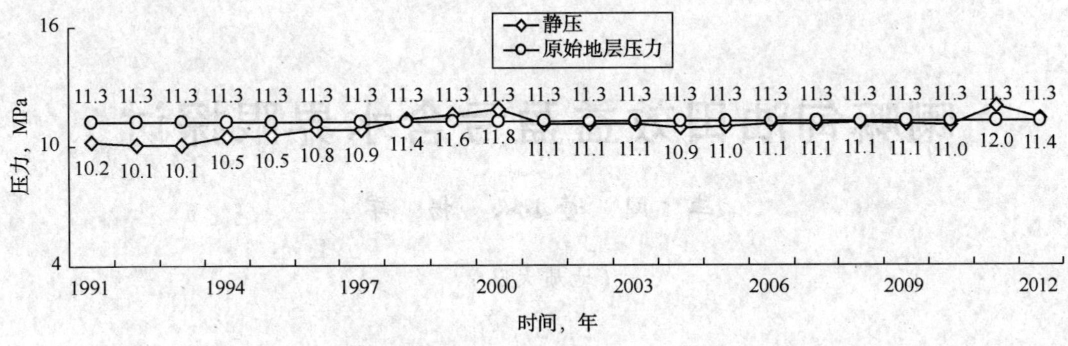

图5 喇嘛甸油田静压与原始地层压力对比图

2 结论

（1）自然递减率、含水上升率得到有效控制，开发效果得到有效改善。

（2）存水率较高，地层能量充足，但存在油层吸水不均匀问题。

（3）水驱井网控制程度高，各油层得到有效动用，但面临综合含水高，剩余油分布零散问题。

（4）地层压力保持在合理水平，具有较高生产能力，但存在局部压力系统不均衡的问题。

（5）喇嘛甸油田水驱开发潜力逐年减少，为了保证油田持续稳产，需要结合多学科研究，进一步攻关，寻找更为有效的调整对策。

参 考 文 献

[1] 王俊魁．油田产量递减类型的判别与预测[J]．大庆石油地质与开发，1991，10(4)：27-34.

[2] 俞启泰．俞启泰油田开发论文集[M]．北京：石油工业出版社，1999.

[3] 张锐．油田注水开发效果评价方法[M]．北京：石油工业出版社，2013.

[4] 李志军，王青梅．高含水油田开发效果评价方法探讨及应用研究[J]．青海石油，2010，12：11-12.

[5] 王冬艳．CK 注水示范区水驱开发效果评价分析[J]．内蒙古石油化工，2012，8：20-21.

[6] 陈雅洁．YJ 油田开发效果评价[J]．内蒙古石油化工，2009，12：25-26.

[7] 张治东．坪桥开发区长 4+5、厂 6 注水开发效果评价研究[J]．辽宁化工，2012，4：30-31.

喇嘛甸油田效益盈亏含水界限探讨

李　闯　董小双　杨　军

（地质大队）

摘　要：喇嘛甸油田经过40多年的开发，目前已进入特高含水开发阶段，油田综合含水高达95.64%。一方面油田生产规模扩大、聚合物驱深化推广、含水升高、人工材料费用攀升等因素造成油田生产成本不断扩大；另一方面国际油价持续走低，油田销售收入不断减少，油田效益状况出现新的变化，油田企业面临较大的经济压力。本文从经济角度出发，结合目前油田水聚两驱效益状况，运用盈亏平衡分析方法，给出油田含水经济界限，为油田降低成本、提高经济效益指明了调整方向。

关键词：效益评价；盈亏平衡分析原理；含水经济界限

喇嘛甸油田是大庆油田最早进入特高含水开发期的油田，“十二五”以来，油田原油产量实现了400×10^4t持续稳产，随着含水升高、成本攀升，低效无效循环日趋严重，剩余油分布逐渐零散，油田面临着增油降耗的双重压力，经营管理难度越来越大，经济效益逐渐变差，呈现出投入增加、产出减少的现状。在今后的开发过程中，如何在油田原油稳产的同时，实现产量最优化、效益最大化是我们当前急需解决的问题。因此，根据油田目前实际效益状况，应用经济效益盈亏平衡分析方法，给出油田含水经济界限，明确油田在有效益时的含水盈亏平衡点，为油田通过控制含水手段，降低成本、提高经济效益指明了调整方向。

1　油田效益状况调查

喇嘛甸油田自1973年投入开发以来，先后经历多个较大规模开发调整，形成多套层系、多套井网并存的开发格局，一直保持较高开发水平。随着油田含水不断升高，剩余油分布逐渐零散，生产成本不断攀升，国际油价持续下降，导致油田产量递减速度逐渐加快，控制成本提高效益产量难度逐渐加大。

截至2015年底，全油田投产油水井9395口，其中采油井5349口，注入井4046口，井网密度达到93.95口/km^2，生产规模越来越大；2015年油田计划原油商品量414.9×10^4t，实际原油商品量415.6×10^4t，与2014年同期相比，原油产量下降18.2×10^4t，下降了4.2个百分点，产量下降幅度逐年加大；2015年油田综合含水95.29%，与2014年同期相比，综合含水上升了0.17个百分点（表1）。

表1　2015年喇嘛甸油田生产情况

项目	计量单位	本年计划	本年实际	上年同期	完成计划,%	同比增减,%
原油产量	10^4t	421.0	421.7	439.0	100.2	−3.9
原油商品量	10^4t	414.9	415.6	433.8	100.2	−4.2

续表

项目	计量单位	本年计划	本年实际	上年同期	完成计划,%	同比增减,%
天然气商品量	10^4m^3	3.3	4.18	4.3	126.7	-1.6
注入量	10^4m^3	11920	11500	11703	96.5	-1.7
产液量	10^4t	9140	8954	8992	98.0	-0.4
含水	%	95.39	95.29	95.12	—	—

通过对比分析 2014 年与 2015 年喇嘛甸油田油井销售收入与成本费用可以看出，随着国际油价的持续下跌，2015 年原油销售收入比 2014 年下降了 64.70×10^8 元，下降幅度高达 39.4%，同时，2015 年成本费用比 2014 年增加了 3.6×10^8 元，增幅达到 6.6%。成本费用上升、销售收入下降导致了 2015 年油田利润大幅下降，比 2014 年下降了 62.6×10^8 元，下降幅度高达 70.2%(表 2)。

表 2　2015 年喇嘛甸油田油井销售收入与成本费用表

时间年	开发方式	销售收入万元	销售税金及附加万元	最低运行费万元	操作成本万元	折旧折耗万元	期间费用万元	地质勘探费用万元	成本费用万元	利润万元
2014	水驱	752818	53048	102535	151585	62445	58501	5678	278208	421562
	聚合物驱	697909	49396	43172	85978	91558	54473	5287	237295	411218
	后续水驱	192409	13553	31462	44796	58502	14946	1451	119695	59161
	全厂	1643136	115997	177169	282359	212505	127920	12415	635198	891941
2015	水驱	446553	26631	92990	147119	70341	64048	5121	286629	133293
	聚合物驱	437244	25899	42872	92449	102369	62289	4981	262089	149256
	后续水驱	109121	6494	28814	42040	57738	15618	1249	116644	-14017
	全厂	996158	59216	165616	283769	233165	142418	11388	670739	266202

通过调查“十一五”以来油田效益状况可以看出，由于生产规模逐渐加大，电力、人工、井下作业费、材料、燃料、维护、处理及修理等各项费用逐渐增加，成本费用呈逐年上升的趋势。随着油田综合含水不断升高，利润呈逐年下降的趋势，因此，如何以控制含水为手段，在油田原油稳产的同时，实现产量最优化、效益最大化是我们当前急需解决的问题(表 3)。

表 3　“十一五”以来效益状况统计表

年份	成本费用，亿元	销售收入及税金，亿元	利润，亿元	综合含水,%
2011	53.96	99.32	45.36	94.50
2012	60.04	98.59	38.55	94.55
2013	62.30	99.55	37.25	95.01
2014	63.52	100.01	36.49	95.12
2015	67.07	96.06	28.99	95.29

2　含水经济界限分析方法

喇嘛甸油田由于生产规模逐年加大，产液量也随之逐年上升，从而导致油田生产成本不断提高。为了保证油田盈利，就必须提高销售收入，而油田每年的原油商品量直接决定着销售收入的高低，这就需要通过分析油田综合含水对效益状况的影响，明确油田在有效益时的含水界限，从而实现稳油增效的目标。本文采用效益盈亏平衡分析方法，根据油井的销售收入、成本费用、利润之间关系进行综合分析，运用理论推导与实际资料拟合相结合的方法，分析油田综合含水与效益状况之间的关系，来判断油田经营状况。

2.1 含水经济界限计算方法

盈亏平衡分析是在一定市场、生产能力及经营管理条件下，通过对产品产量、成本、利润三者之间相互关系的分析，确定盈亏平衡点，判断企业对市场需求变化的适应能力的一种分析方法。盈亏平衡点(BEP)是指随着影响项目的不确定因素(如投资额、生产成本、产品价格及销售量等)的变化，项目的盈利与亏损至少会有一个转折点，这个转折点称为盈亏平衡点。盈亏平衡点越低，项目盈利的可能性就越大，对不确定因素变化所带来的风险承受能力就越强。

含水经济界限公式推导：

$$R=P\times Q \tag{1}$$

$$C=F+\Delta F \tag{2}$$

$$=F+V\times Q \tag{3}$$

$$S=T\times Q \tag{4}$$

$$B=R-C-S \tag{5}$$

通过将式(1)、式(3)、式(4)代入利润式(5)可以得到：

$$B=(P-V-T)\times Q-F \tag{6}$$

通过推导可以得到：

$$Q=\frac{B+F}{P-V-T} \tag{7}$$

当利润为0时，总成本与销售收入及税金持平，这时就可以得出油田产量的盈亏平衡点公式：

$$\mathrm{BEP_Q}=\frac{F}{P-V-T} \tag{8}$$

由于油田产量与液量及含水有关，则得出公式：

$$\mathrm{BEP_H}=100-\frac{100\times F}{Y(P-V-T)} \tag{9}$$

式中 R——销售收入；

P——销售价格；

Q——原油产量；

C——总成本费用；

F——固定成本；

ΔF——变动成本；

V——单位变动成本；

S——销售税金；

T——单位销售税金；

B——利润；

Y——产液量；

H——综合含水；

BEP_Q——产量盈亏平衡点；

BEP_H——含水盈亏平衡点。

通过上述分析推导，式(9)即为含水的盈亏平衡点公式，通过此公式即可算出油田的含水经济界限 BEP_H。

2.2 盈亏平衡分析图版

为了明确油田含水经济界限，搞清销售收入、生产成本与综合含水之间关系，本文在通过公式测算的基础上，建立效益盈亏平衡分析模板，结合油田实际生产数据及效益评价结果，直观反映出切合喇嘛甸油田实际开发情况的效益盈亏经济界限。

图版中，成本费用方面，主要是在确定产液量的基础上，运用总成本计算公式（$C=Y\times F_Y$），结合实际吨液成本费用，对当前液量下总成本费用进行计算。销售收入方面，主要是在确定油价的基础上，根据产油量与含水、产液量之间的关系，结合销售收入公式（$R=P\times Q$），得出含水与销售收入计算公式［$R=P\times Y\times(1-H/100)$］。在 $R=C$ 的情况下，就会得出效益盈亏含水平衡点。综合上述分析，对相关数据进行拟合，得出含水界限图版。

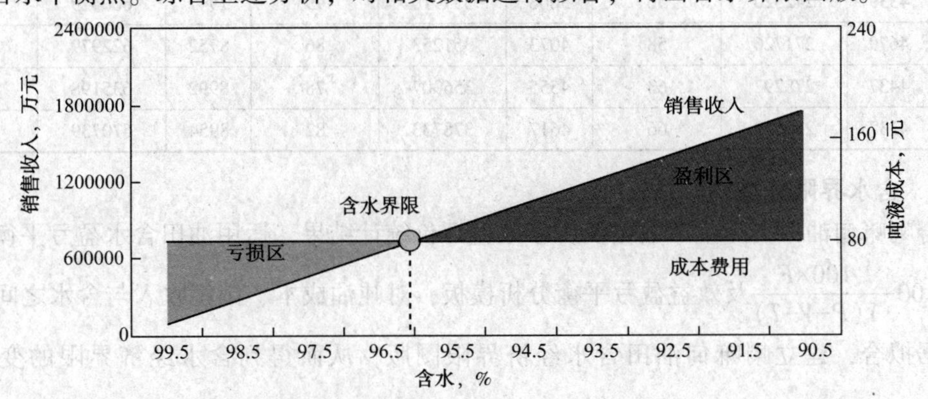

图1 效益盈亏含水界限分析图板

3 效益盈亏含水界限分析

3.1 油价盈利平衡点分析

通过运用盈亏平衡分析方法，可以得出油价盈利平衡点计算公式 $BEP_P=\frac{F}{Q}+V+T$，结合2015年原油商品量、成本费用、销售税金及附加费用统计结果，可以计算出2015年油田水聚两驱油价盈利平衡点，分别为36.8美元/bbl与39.5美元/bbl，全油田为38.6美元/bbl。因此，当油价高于38.6美元/bbl时，油田将会盈利。

表4 2015年喇嘛甸油田油价盈利平衡点统计表

开发方式	年产液量 10^4t	原油商品量 10^4t	成本费用 万元	销售税金及附加 万元	油价盈利平衡点 元/t	油价盈利平衡点 美元/bbl
水驱	4337	186.9	286629	26631	1676	36.8
聚驱	4617	228.7	378733	32393	1798	39.5
合计	8954	415.6	670739	59216	1756	38.6

3.2 成本费用分析

喇嘛甸油田在进行效益评价时，成本费用是根据产液量进行劈分的，因此，在产液量一定时，吨液成本费用决定了当年的总成本费用。通过分析调查油田 2009 年以来油田成本费用情况可以看出，由于生产规模不断加大，全厂吨液成本费用呈逐年上升趋势，全厂吨液成本高于 55 元/t，同时，水驱吨液成本高于 50 元/t，聚驱吨液成本高于 60 元/t(表 5)。

表 5　2009 年以来喇嘛甸油田成本费用统计表

时间 年	水驱			聚驱			全厂		
	年产液 10^4t	成本费用 万元	吨液成本 元/t	年产液 10^4t	成本费用 万元	吨液成本 元/t	年产液 10^4t	成本费用 万元	吨液成本 元/t
2009	4145	224919	54	3429	208794	61	7575	433713	57
2010	4148	241594	58	3454	260171	75	7601	501765	66
2011	4304	246275	57	3628	293366	81	7932	539641	68
2012	4339	242520	56	3608	357910	99	7947	600429	76
2013	4679	271726	58	4073	351253	86	8752	622979	71
2014	4437	278292	63	4555	356907	78	8992	635198	71
2015	4337	286629	66	4617	378733	82	8954	670739	75

3.3 含水界限分析

结合喇嘛甸油田实际生产数据及历年效益评价统计结果，运用油田含水盈亏平衡点公式 $BEP_H=100-\dfrac{100\times F}{Y(P-V-T)}$ 及效益盈亏平衡分析模板，对吨油成本、销售收入与含水之间的关系进行数据拟合，建立喇嘛甸油田含水经济界限图版，从而得到含水经济界限的变化曲线(图 2)。

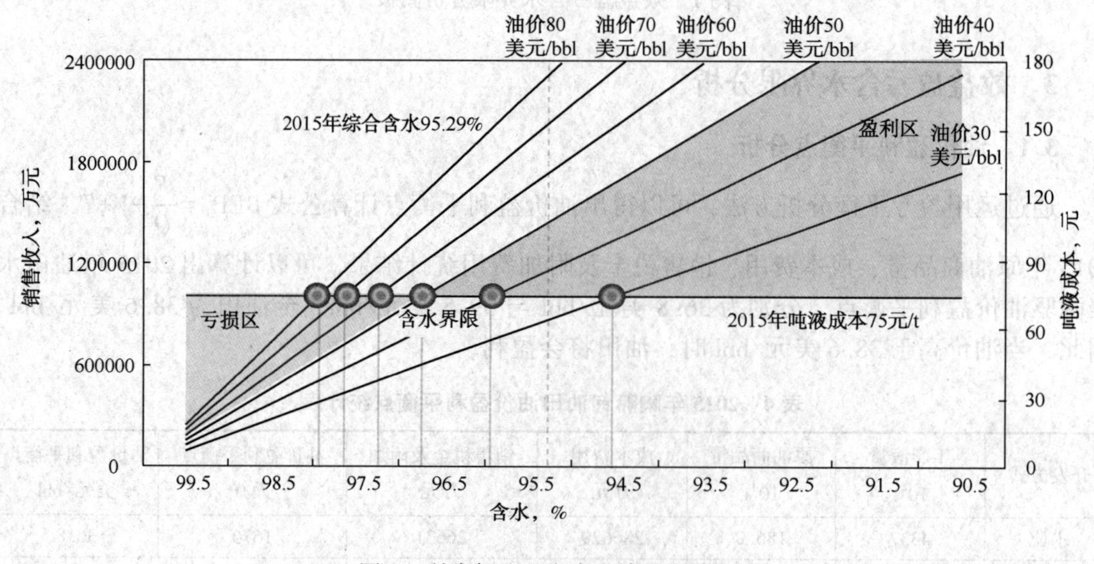

图 2　喇嘛甸油田含水经济界限图版

当油价降低时，对油田含水的要求将进一步提高，含水盈亏平衡点 BEP_H 逐渐向右平移；当油田吨油成本升高时，对油田含水的要求将进一步提高，含水盈亏平衡点 BEP_H 逐渐向上偏移。通过运用图版，还可以计算出不同吨油成本及油价状况下，含水盈亏平衡点 BEP_H 的准确值。例如，2015 年油田产液量为 8954×10^4t，当油田吨液成本为 75 元、油价为 50 美元/bbl 时，运用含水经济界限图版可以得出，油田在此时的含水盈亏平衡点 BEP_H 为 96.71%，即当综合含水低于 96.71%时，油田将处于盈利状态，当综合含水高于 96.49%时，油田将处于亏损状态。

表 6　2015 年不同油价及成本状况下效益盈亏含水界限统计表

不同油价		不同吨液成本下效益盈亏含水界限,%					
国际油价，美元/bbl	折算值，元/t	45，元/t	60，元/t	75，元/t	90，元/t	105，元/t	120，元/t
30	1367	96.71	95.61	94.51	93.42	92.32	91.22
40	1822	97.53	96.71	95.88	95.06	94.24	93.42
50	2278	98.02	97.37	96.71	96.05	95.39	94.73
60	2734	98.35	97.81	97.26	96.71	96.16	95.61
70	3189	98.59	98.12	97.65	97.18	96.71	96.24
80	3645	98.77	98.35	97.94	97.53	97.12	96.71

油田含水经济界限图版能够有效地判断在当前含水状态下，油田处于何种状态，若油田处于亏损状态，可以运用图版来分析达到盈利状态需满足的综合含水值，从而给出适合的开发调整方式来控制含水，若油田处于盈利状态，可以运用图版来分析含水经济界限，从而实现稳油增效，可持续发展。

3.4　效益盈亏含水界限应用

通过调查 2009 年以来喇嘛甸油田成本费用情况可以看出，成本费用呈逐年上升状态，2015 年达到最大值 67.07×10^8 元；同时，随着生产规模加大，水电、人工等费用的增加，导致吨液成本费用总体上呈上升趋势，2015 年达到 75 元/t。2015 年相比于 2009 年，吨液成本增加了 18 元/t，平均年增幅 5.1%，因此，预计 2016 年吨液成本将达到 80 元/t。

2016 年喇嘛甸油田年产液量 9173×10^4t，结合目前国际油价 44.5 美元/bbl，利用效益盈亏含水平衡点公式 $BEP_H=100-\dfrac{100\times F}{Y(P-V-T)}$，可以计算出 2016 年效益盈亏含水界限为 96.05%，2016 年实际综合含水为 95.68%，低于含水界限 0.37 个百分点，全年将处于盈利状态(表 7)。

表 7　2009 年以来喇嘛甸油田成本费用统计表

年份	2009	2010	2011	2012	2013	2014	2015
成本费用，万元	433713	501765	539641	600429	622979	635198	670739
吨液成本，元/t	57	66	68	76	71	71	75
吨液成本上升幅度,%	5.8	15.3	3.1	11.1	−5.8	−0.8	6.0

通过运用效益盈亏含水界限分析模板建立方法，根据 2016 年吨液成本及油价，建立了符合 2016 年实际情况的含水经济界限图版(图 3)。

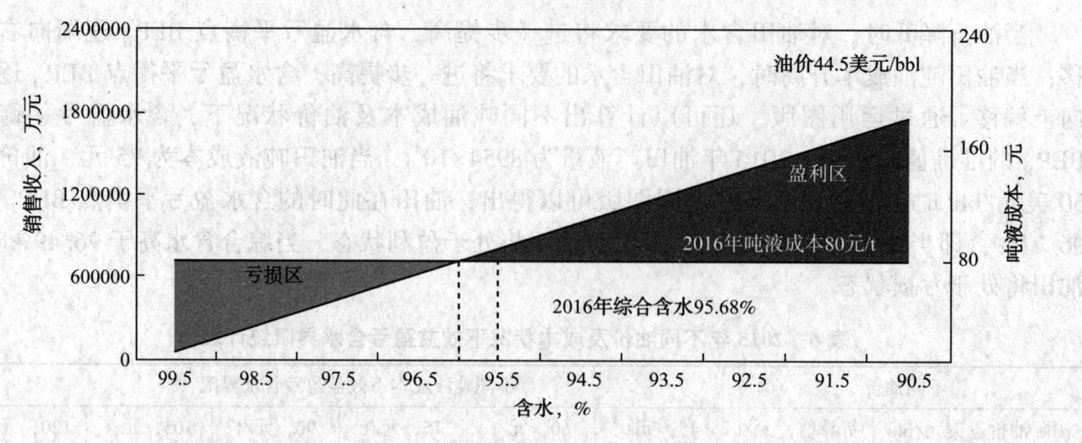

图 3　2016 年喇嘛甸油田含水经济界限图版

4　几点认识

一是在不同生产及效益状况下，当综合含水高于含水经济界限时，油田将处于盈利状态，反之，则处于亏损状态。

二是通过运用含水盈亏平衡点计算公式及含水经济界限图版，可以为油田测算含水经济界限，实现油田经济效益最大化及稳油增效的目的。

利用数值模拟技术研究无效循环注采倍数识别标准

周　博　杜思禹

（地质大队）

摘　要： 喇嘛甸油田进入特高含水期后，由于注水长时间冲刷和油层本身的非均质性，孔隙结构发生了变化，注入水主要沿各沉积单元的高渗透层突进，油层水洗厚度基本不变，导致油层低效、无效循环日益严重。严重影响了油田注水开发效果和经济效益。目前，我厂已总结出一套有效识别厚油层无效循环的电测曲线标准。即含油饱和度在30%以下，含水饱和度在65%以上，驱油效率在60%以上作为无效循环层判定标准。并总结出了特高含水期油层极易形成无效循环的三个部位，即垂向高渗透层、厚油层底部和注入水主流线。本文在前人研究成果的基础上，利用数值模拟方法研究了喇嘛甸油田特高含水期厚、薄油层无效循环与累计注采倍数的关系，并建立了无效循环与累计注水倍数、累计产液倍数理论图版。为识别无效循环提供更加丰富的理论依据。

关键词： 数值模拟；无效循环；注采倍数；识别标准

1　问题的提出

"油层无效循环"是油田特高含水期由于注入水长期冲刷，使油层某些高渗透部位形成超强水洗段(带)，进而形成注采优势通道。无效循环形成后，注入水逐渐沿高渗透优势通道突进，导致注水波及体积下降，吸水厚度比例减少，油层动用程度变差。随着油层无效循环的逐步加剧，在相同注采规模下无效循环部位的注采强度逐渐增大，导致剩余油富集部位驱替效果越来越差，挖潜难度加大。为此，本文通过研究累计注水倍数、累计产液倍数与无效循环的关系，建立了无效循环与累计注水倍数、累计产液倍数关系理论图版(图1和图2)。

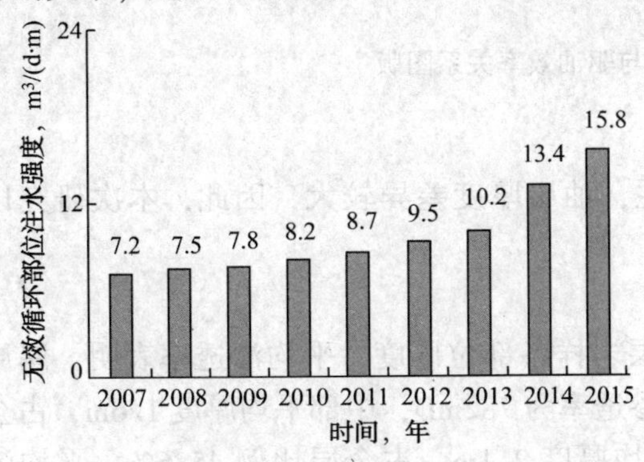

图1　无效循环部位注水强度变化曲线

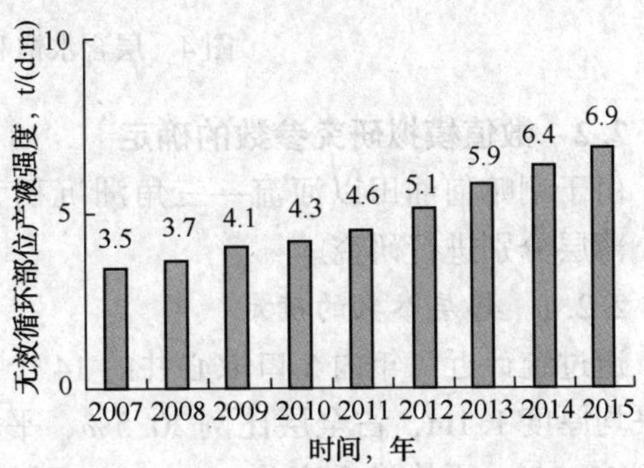

图2　无效循环部位产液强度变化曲线

2 无效循环注采倍数研究

2.1 依据取心井资料确定驱油效率标准

以取心井统计结果为基础，分析强水洗层的含水饱和度及驱油效率的分布规律，以强水洗判断精度大于90%为界限，确定驱油效率大于57%、含水饱和度大于65%为无效循环层判别标准(图3和图4)。

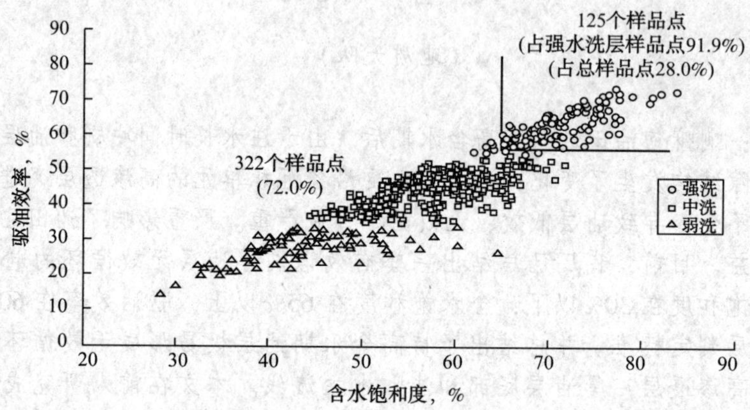

图3 厚层含水饱和度与驱油效率关系图版

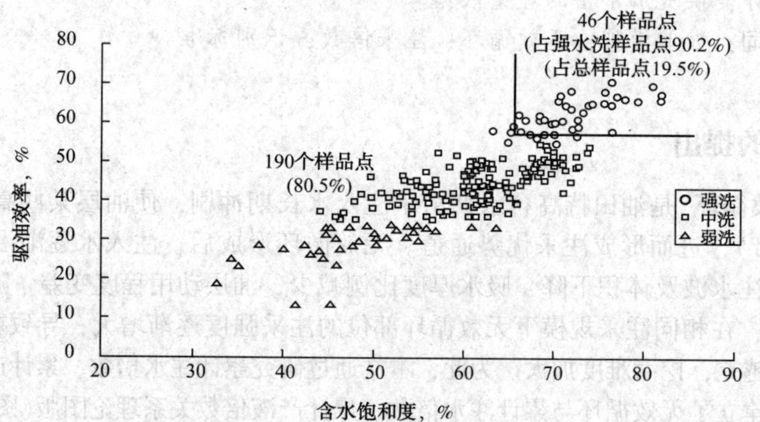

图4 层含水饱和度与驱油效率关系图版

2.2 数值模拟研究参数的确定

由于喇嘛甸油田以河流—三角洲沉积为主，油层厚度差异较大，因此，本次研究以厚层、薄层分别进行研究。

2.2.1 厚层参数的确定

通过统计近三年内5口取心井的14个厚层岩样各部位厚度、平均渗透率表明，厚层顶部平均厚度1.1m，占全层比例20.5%，平均渗透率为782mD，中部平均厚度1.6m，占全层比例33.9%，平均渗透率为1128mD，下部平均厚度2.1m，占全层比例45.6%，平均渗透率为1207mD，由于孔隙度变化不大，厚层平局孔隙度为28.7%(表1)。

表1　取心井厚层上中下部厚度、渗透率统计表

序号	井号	上部			中部			下部			全层		
		厚度 m	比例 %	平均渗透率 mD	厚度 m	比例 %	平均渗透率 mD	厚度 m	比例 %	平均渗透率 mD	厚度 m	比例 %	平均渗透率 mD
1	3-JPS3217	0.6	24.0	489	0.8	32.0	1848	1.1	44.0	1800	2.5	100	1501
2	3-JPS3217	0.6	17.6	1067	1.3	38.2	1138	1.5	44.1	587	3.4	100	882
3	3-JPS3217	1.3	15.9	1240	3.4	41.5	1087	3.5	42.7	2130	8.2	100	1556
4	3-JPS3217	1.2	17.9	1172	2	29.9	2011	3.5	52.2	1333	6.7	100	1507
5	9-J2600	1.4	19.2	1607	2.4	32.9	2172	3.5	47.9	1878	7.3	100	1923
6	9-J2600	1.1	30.6	809	1.1	30.6	1079	1.4	38.9	824	3.6	100	897
7	9-J2600	1.1	22.9	1590	1.5	31.3	1627	2.2	45.8	1664	4.8	100	1635
8	5-J2701	0.7	18.9	134	1.0	27.0	834	2.0	54.1	1573	3.7	100	1101
9	5-J2701	1.1	22.4	242	1.9	38.8	462	1.9	38.8	482	4.9	100	420
10	5-J2701	0.5	16.1	134	0.9	29.0	834	1.7	54.8	1573	3.1	100	1126
11	8-JPS1407	1.0	18.9	486	2.1	39.6	1074	2.2	41.5	1135	5.3	100	988
12	8-JPS1407	1.2	29.3	422	1.2	29.3	617	1.7	41.5	528	4.1	100	523
13	8-JPS1407	0.7	19.4	1260	1.0	27.8	675	1.9	52.8	1065	3.6	100	995
14	9-JPS2604	0.9	21.4	291	1.6	38.1	332	1.7	40.5	327	4.2	100	321
平均		1.1	20.5	782	1.6	33.9	1128	2.1	45.6	1207	4.7	100	1098

2.2.2　薄层参数的确定

根据近三年内5口取心井的42个薄层岩样厚度、平均渗透率统计结果，薄层平均厚度为1.6m，平均渗透率为333mD，平均孔隙度为27.1%(表2)。

表2　取心井薄层厚度、渗透率统计表

序号	井号	厚度，m	渗透率，mD
1	L3-JPS3217	1.73	587
2	L9-J2600	1.74	231
3	L5-J2701	1.33	132
4	L8-JPS1407	1.44	237
5	L9-JPS2604	1.40	479
平均值		1.56	333

2.3　理论模型的建立

2.3.1　厚层层理论模型的建立

由于原水驱注采井网大部分为300m反九点法。因此，本次数值模拟分别建立了厚层和薄层两种理论模型。采用300m井距反九点法井网(1口注水井，8口采油井)。模拟初始参数采用参数采用喇嘛甸油田参数(表3)。

表 3　喇嘛甸油田流体物性参数数据

流体	物理参数	参数值	流体	物理参数	参数值
原油	地面原油密度，g/cm^3	0.879	原油	体积系数	1.118
	地面原油黏度，mPa·s	22.9		凝固点，℃	26.2
	地下原油黏度，mPa·s	10.3	地层水	黏度，mPa·s	0.6
	原始溶解气油比，m^3/t	48.5		pH 值	7.59~8.0
	压缩系数，$10^{-4}/MPa$	8.2		总矿化度，mg/L	7150
	族组分总烃含量,%	81.9		氯离子含，mg/L	2270

根据取心井统计结果，在研究厚层无效循环与累计注采倍数的关系时，将厚层理论模型分上、中、下三个层，全层厚度为 6m。其中上部厚度定义为 1m，渗透率 800mD，孔隙体积为 $8.64\times10^4m^3$；中部厚度定义为 2m，渗透率 1000mD，孔隙体积为 $18.72\times10^4m^3$；下部厚度定义为 3m，渗透率 1200mD，孔隙体积为 $30.24\times10^4m^3$。上、中、下三部分的孔隙度值均为 28.7%，井底注采压差设为 4MPa。模拟初始参数采用参数采用喇嘛甸油田参数，平面上以 25m×25m 的步长，划分成 24×24 个网格。相渗曲线采用萨三组油层相渗曲线(图 5)。

2.3.2　薄层理论模型的建立

薄层属于三角洲沉积，厚度小于 1m。根据取心井薄层厚度及渗透率的统计结果。薄层理论模型，只建立一个层，全层厚度为 1.0m，渗透率为 320mD，孔隙体积为 $8.64\times10^4m^3$。孔隙度值均为 27.1%，井底注采压差设为 4MPa。模拟初始参数采用参数采用喇嘛甸油田参数，平面上以 25m×25m 的步长，划分成 24×24 个网格。相渗曲线采用高一组油层相渗曲线(图 6)。

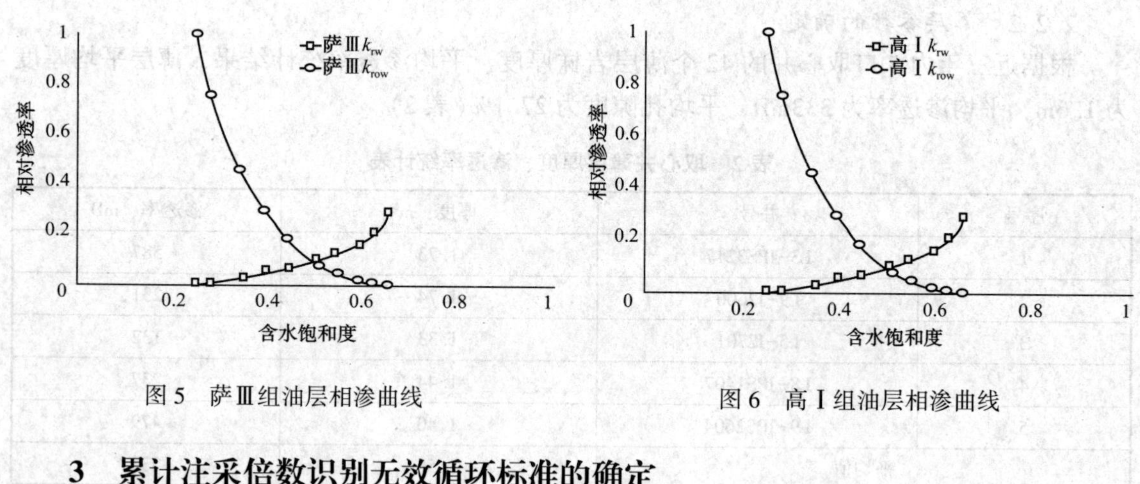

图 5　萨Ⅲ组油层相渗曲线　　　图 6　高Ⅰ组油层相渗曲线

3　累计注采倍数识别无效循环标准的确定

3.1　厚层累计注采倍数识别无效循环标准的确定

根据无效循环层判定标准，即含油饱和度在 30%以下，含水饱和度在 65%以上，驱油效率在 60%以上。从厚层相对渗透率曲线可以看出：含水饱和度在 65%是对应油层含水为 98%。因此，以含水达到 98%作为油层无效循环的判断标准(图 7)。

厚层数值模拟研究结果表明：油层渗透率级差在 3~5 之间变化最明显，高渗层含水很

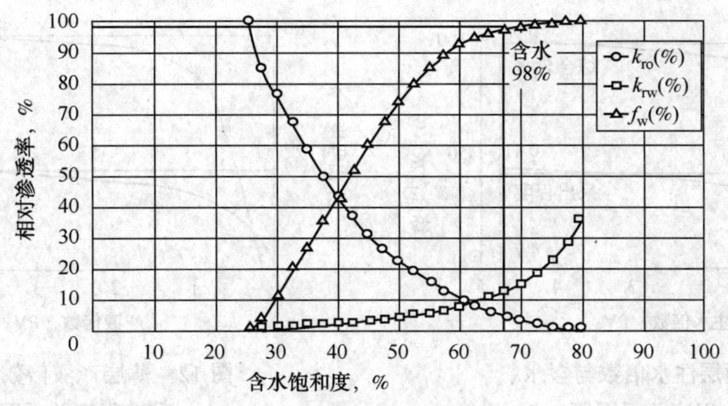

图 7　厚层相对渗透率曲线

快达到98%，采出程度达到47%，且之后采出程度提高幅度逐渐减小，此时，井组的注水倍数为3. 2PV，产液倍数达到3. 1PV(图8至图10)。

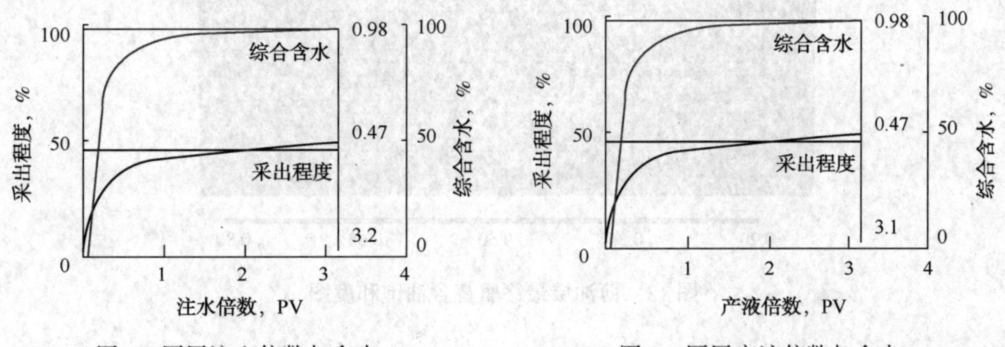

图 8　厚层注入倍数与含水、采出程度关系图版

图 9　厚层产液倍数与含水、采出程度关系图版

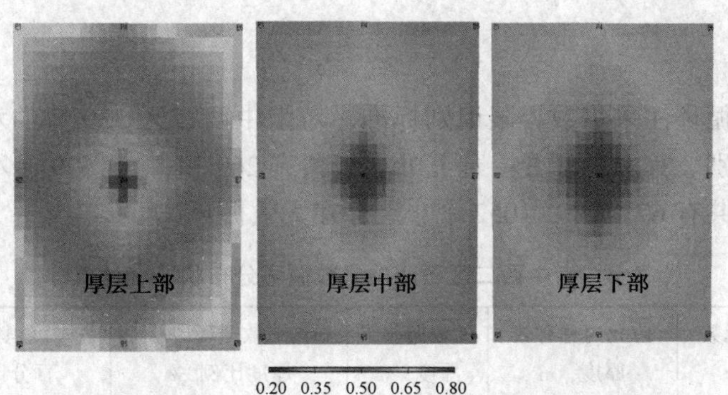

图 10　厚油层上、中、下部最终驱替含油饱和度图

因此，以油层含水率达到98%为界限，确定3. 2PV为厚油层累计注水倍数识别无效循环标准，3. 1PV为累计产液倍数识别无效循环标准。

3. 2　薄层累计注采倍数识别无效循环标准的确定

薄层模拟研究结果表明：当井组综合含水达到98%时，采出程度达到41%，且之后采出程度增加幅度逐渐减小，此时，井组的注水倍数为4. 7PV；产液倍数为4. 6PV(图11至图13)。

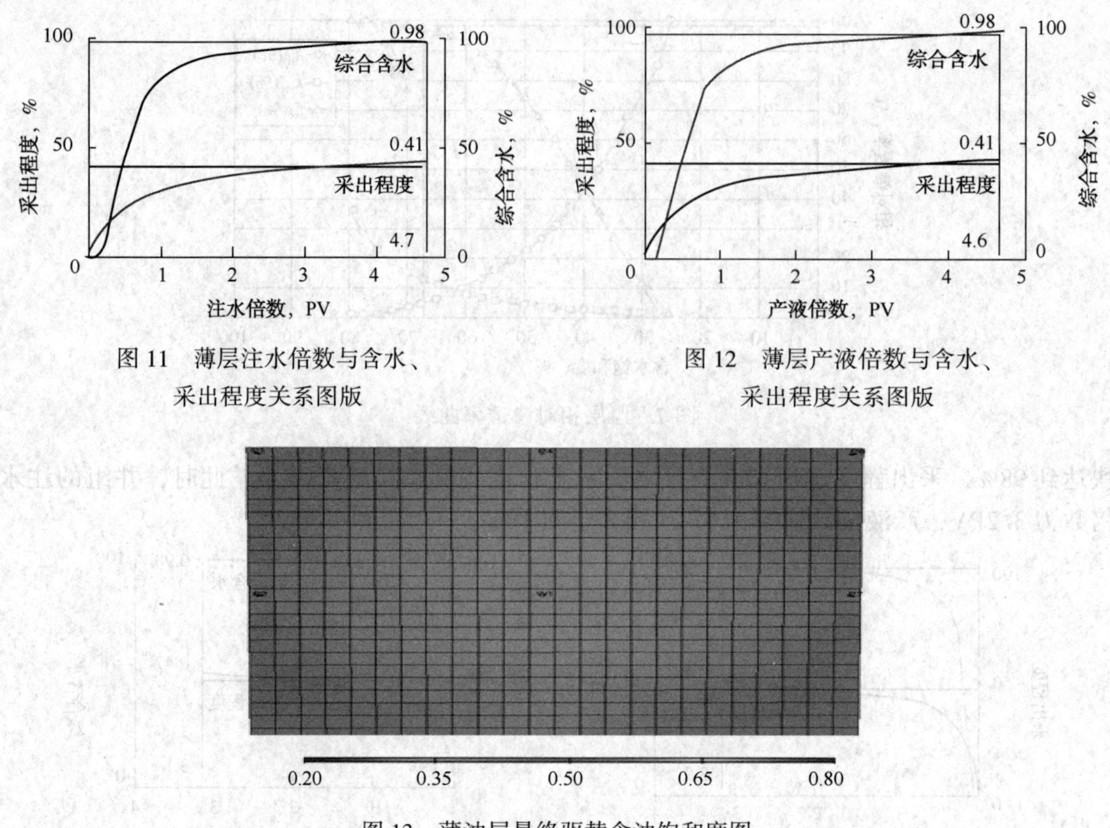

图 11　薄层注水倍数与含水、采出程度关系图版

图 12　薄层产液倍数与含水、采出程度关系图版

图 13　薄油层最终驱替含油饱和度图

因此，以油层含水率达到98%为界限，确定4.7PV为薄油层累计注水倍数识别无效循环标准，4.6PV为累计产液倍数识别无效循环标准。

4　应用验证

通过应用无效循环注采倍数界限识别标准，对南中西二区330口油水井的9631个小层进行了无效循环识别。其中，萨Ⅱ—葡Ⅱ油层组共有262口井，1639个小层存在无效循环。高Ⅰ—高Ⅲ油层组共有67口井，1052个小层存在无效循环(表4)。

表 4　南中西二区各油层无效循环分布状况统计表

油层组名称	单元数 个	单元内总有效 厚度，m	无效循环层 厚度，m	占无效循环层总 厚度比例，%	占本沉积单元厚度 百分比，%	备注
萨二组	12	12363.9	655.2	12.9	5.3	部分含气
萨三组	6	9430.9	1145.1	22.5	12.1	
葡 I1-2 油层	4	9789.7	1763.9	34.7	18	聚驱后
葡一组其他油层	4	3032.7	298.8	5.9	9.9	
葡二组	8	6896.8	881.8	17.3	12.8	
高一组	17	4993.6	309	6.1	6.2	
高二组	35	1438.2	27.6	0.5	1.9	部分钻遇
合计	90	50455.1	5086.1	100	10.1	

5 结论

(1) 通过建立理论模型进行数值模拟研究，确定喇嘛甸油田厚层无效循环注水倍数界限识别标准为3.2PV；产液倍数界限识别标准为3.1PV；薄层无效循环注水倍数界限识别标准为4.7PV；产液倍数界限识别标准为4.6PV。

(2) 通过此方法对南中西二区各油层组进行无效循环识别，萨三组、葡I1-2油层、葡二组无效循环最严重。无效循环厚度比例分别达到了12.1%、18.0%、12.8%。

参 考 文 献

[1] 黄修平. 喇嘛甸油田特高含水期注采无效循环识别方法[J]. 大庆石油地质与开发，2007，26(1)：76-78.

[2] 付志国. 低效、无效循环层测井识别描述方法[J]. 大庆石油地质与开发，2007，26(1)：68-71.

[3] 邱艳. 异常高压层的识别及解释方法研究[D]. 大庆：大庆石油学院，2007.

[4] 陈天愚，刘殿魁. 油田注水产生数值模拟及参数确定[J]. 哈尔滨工业大学学报，2004，(03).

作业压力高井影响因素分析及下步建议

张丽丽　李洪男　何　华　滕立惠

(地质大队)

摘　要：由于目前作业施工井压力高、溢流量大，导致作业周期长，无法正常实施，除了通过控注降压、关井降压、带压作业等手段进行解决，无法进行作业操作。致使严重影响了油水井正常生产，降低了油水井利用率，影响油田产量，因此，开展了作业压力高井影响因素分析及下步建议工作。本文通过对作业压力高井的现状调查及原因分析，找出了导致作业压力高井的主要影响因素，对各个因素进行分类，并针对相应的影响因素开展细致的分析，提出了遇到作业压力高井有效的处理方法及跟踪机制，为减少目前由于作业压力高无法正常作业的井，提供了有效的治理措施。

关键词：作业压力高；溢流量；措施作业

近两年来，由于两法的规定，施工作业时对环保和安全的要求较严格，目前由于作业施工压力高、溢流量大导致无法实施的情况，必须通过控注降压、关井降压、带压作业等手段进行解决，导致作业周期长，严重影响了油水井正常生产，降低了油水井的利用率，影响原油产量。为此，针对油田作业压力高井展开调查，通过分析作业压力高井影响因素，制定相应的管理对策，为下步减少作业压力高井提出切实可行的建议。

1　作业压力高现状调查

目前，由于作业压力高、自喷生产，无法作业的标准没有相关压力标准，主要是通过测算瞬时溢流量进行衡量，油田公司规定每小时溢流量超过 15m^3，认定为作业压力高、溢流量大的参考标准。

2015 年至 2016 年 5 月共实施作业井 6809 井次，其中作业压力高 206 井次，占总实施井次的 3.03%。

统计 2015 年至 2016 年 5 月作业压力高井，共 200 口井，其中三矿地区作业压力高井最多达到 76 口井。

从措施类型上看，主要是检泵、换泵、堵水、压后下泵高压井较多。换泵主要是由于地层能量充足，长期高液面；堵水井主要是由于周围注采完善，本井液量较高；压后下泵主要是由于压裂见效(图 1)。

2　问题的提出

从目前作业压力高的井统计分析，检泵和换大泵作业井数比例较大，压裂、补孔等增产措施井数较少。由于作业压力高导致作业周期延长，不仅严重影响油水井的利用率，还直接

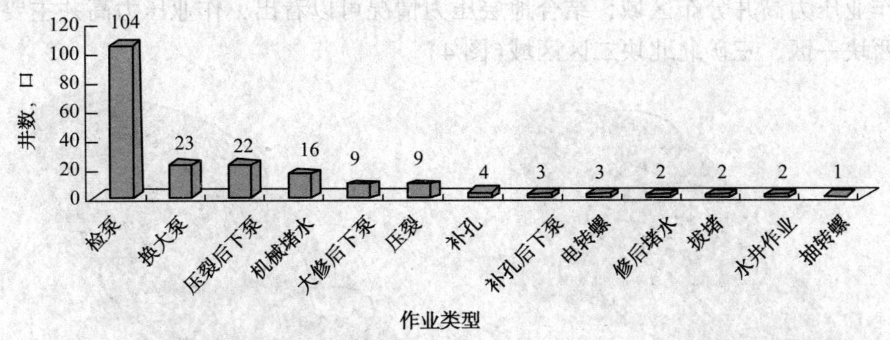

图 1　分措施类型压力高井状况

影响原油产量。据统计，2015 年以来，由于作业压力高导致平均单井作业周期延长 35 天，累计影响产液量 36.22×10^4t，影响产油 1.44×10^4t，为此，需要针对作业压力高井进行分析，研究作业压力高具体影响因素，并提出减少作业压力高井几率的有效建议。

3　作业压力高井影响因素分析

造成地层压力高的因素有很多，例如注水方案调整、注采比大、井组间压差、长期有注无采等均会造成地层压力高。通过对 200 口高压井作业前后生产数据分析，主要引起地层压力高因素是由于关井待作业周期长、区域地层压力高、周围注水井方案调整等原因影响。

3.1　关井待作业周期长

通过统计作业压力高井作业关井周期，关井大于 1 个月的井 50 口，占作业压力高井数 25%，主要是长期泵况未检泵，井组间形成相对注采比大；待大修井关井时间长，长期处于有注无采造成，其中 24 口井属于检泵、待大修井(图 2)。

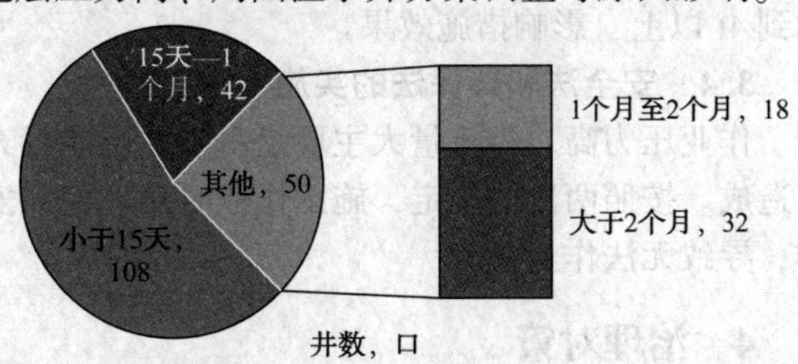

图 2　作业压力高作业关井周期状况

3.2　作业井区域地层压力高

从统计作业压力高井地层总压差上看，作业压力高井主要位于总压差在 1~3MPa 区间，说明作业压力高井处于高压区，由于注水开发过程中注水调整因素，造成局部区域地层压力偏高造成(图 3)。

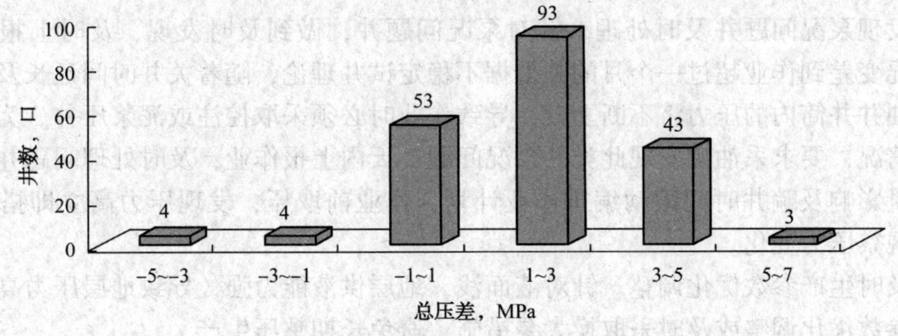

图 3　作业压力高井总压差分级状况

根据作业压力高井分布区域，结合地层压力情况可以看出，作业压力高井主要集中分布在二矿北西块一区、三矿北北块二区区域(图4)。

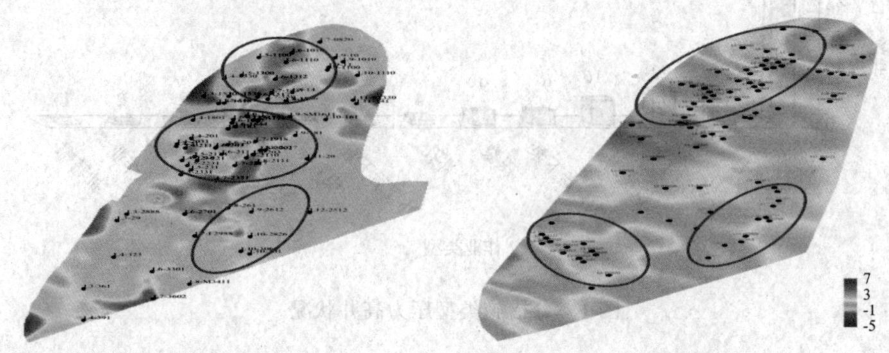

图4　水聚驱2016年地层总压差及作业压力高井分布图

3.3　周围注水井方案加水调整

统计200口作业压力高井，其中47口井周围注水井由于近一年内进行了方案加水调整，日注水增加825m^3，导致周围油井地层压力局部升高造成。方案调整主要分为措施前培养、措施后保护和提液井区增注等原因，此类造成地层压力高，导致的作业压力高是为了提液提效为目的，因此，这类井在作业时压力高属于正常情况。其中，28口井属于措施前培养，通过控注、带压作业、措施后自喷生产，导致措施后增油效果较差，仅有12口井初期增油达到4t以上，影响措施效果。

3.4　安全法和环保法的实施

作业压力高、溢流量大主要是由于地层能量充足，导致井底流压高，使管内液体涌出井口造成。按照两法的规定，施工作业时对环保和安全的要求较严格，施工过程中溢流不让外排，导致无法作业。

4　治理对策

通过分析作业压力高情况，可以根据具体的影响因素进行预防和采取相应的治理对策。

4.1　注采调整压力平衡

针对作业压力高井区，及时对地层压力进行调整，为水井调整指导方向，做到分析到位、调整到位，稳定地层压力，避免由于长期地层压力高造成作业压力高。

4.2　加强油水井日常跟踪管理

一是发现泵况问题井及时处理。针对泵况问题井，做到及时发现、及时上报、及时处理。从泵况变差到作业超过一个月的井根据不稳定试井理论，随着关井时间延长及注入井不断注入，油井井筒内的压力将不断上升，导致作业时必须采取控注或泥浆压井。为了杜绝此类压力高情况，要求采油矿发现此类井泵况问题2天内上报作业，及时处理问题井场，上报后根据产量影响及躺井时间滚动编排作业计划，作业前取压，发现压力高立即搭接管线放喷，跟踪观察压力变化。

二是及时生产参数优化调整。针对液面浅，地层供液能力强，导致地层压力高的井，要加强生产参数优化调整或及时采取换大泵措施，避免长期憋压生产。

三是加强日常洗井管理。针对蜡堵井，要求采油队及时进行洗井处理，强化日常洗井及泵况管理，要求泵况变差立即进行洗井，洗净后关闭生产闸门待作业。

4.3　研究推广相应配套工艺

一是针对高产井、措施井等重点井，加大内防喷工具的研究与应用力度。

二是针对措施前培养、换大泵等重点井，无法正常施工的井，进行带压作业处理。

4.4　建立压力、溢流量跟踪机制

针对压裂施工前井内压力高的井，先由小修队将原井起出，下光油管和单流阀完井，再交给井下压裂队伍施工。确定压力高井定量判断标准，梳理压力、溢流量跟踪机制，明确相关部门的具体职责(图5)。

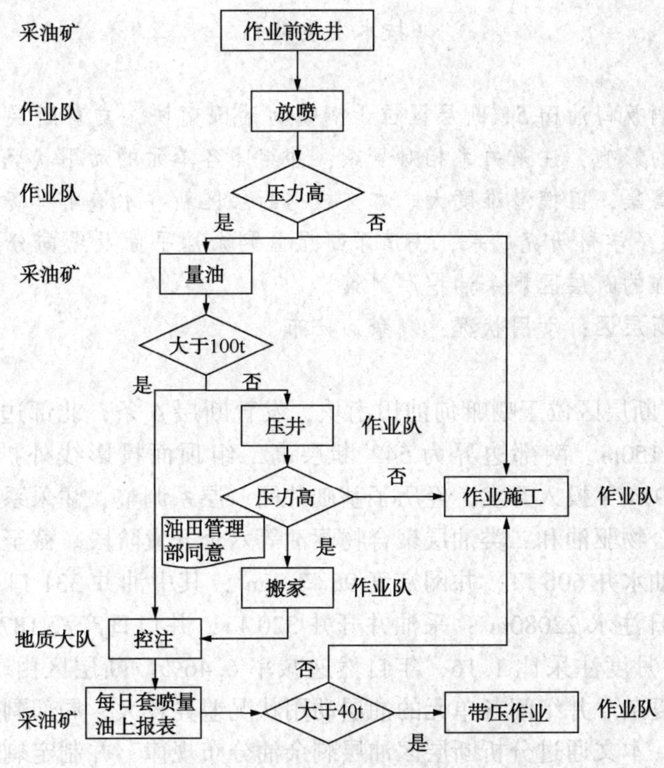

图5　作业压力高作业工作流程

5　几点认识

(1) 做好压力分析工作，根据对比总压差及时对高压井区进行注采调整，平衡地层压力，减少长期地层压力高导致作业压力高井比例。

(2) 针对待大修井，及时跟踪大修情况，对于短期无法进行大修井，调整周围水井水量，避免长时间关井导致的压力升高。

(3) 出方案时，要对压裂前培养压力高、无法下泵情况具体分类，提前做好压力高预防工作。

参　考　文　献

[1] 陈恭洋．油气田地下地质学．北京：石油工业出版社，2007：350-351.

[2] 陈晓平．高地层压力变化原因分析及对策[J]．石化技术，2015.

喇嘛甸油田$51^{\#}$断层区剩余油分布特征及挖潜方法研究

王兴业

（技术发展部）

摘　要：喇嘛甸油田51#断层区位于喇嘛甸油田南块，发育断层4条断层。由于受断层分布的影响，注采关系相对复杂，井组间各单元的动用状况存在差异，局部剩余油相对富集，但挖潜难度大。本文根据断层区新井水淹解释资料、动静态资料及51#断层区多学科研究成果，搞清了断层区剩余油平面及纵向分布特征。并制定了针对性较强的断层区剩余油挖潜对策。

关键词：断层区；动用状况；剩余油分布

喇嘛甸油田51#断层区位于喇嘛甸油田南块，发育断层4条，北部边界为51#断层萨一组顶面投影线外扩150m，南部边界为542#断层高二组顶面投影线外扩150m，控制面积$6.13km^2$。区块于1974年投入开发，经历了基础井网、层系调整、注采系统调整、二次加密调整、一类油层聚合物驱油和二类油层聚合物驱油等六个开发阶段。截至2016年12月。区块内共有水聚两驱油水井606口，井网密度98口$/km^2$，其中油井331口，水井252口。注水井开井230口，日注水$22080m^3$；采油井开井320口，井口日产液18722t，日产油876t，综合含水95.32%，月度注采比1.16，年自然递减率6.46%。断层区由于受断层分布的影响，注采关系相对复杂。井组间各单元的油层动用状况差异较大，局部剩余油相对富集，但挖潜难度大。因此，本文通过分析断层区油层剩余油分布规律，并制定剩余油挖潜对策，提高断层区整体开发效果。

1　利用新井水淹解释资料分析断层区内各油层组动用状况

从51#断层区内127口新井水淹解释资料统计结果看，区块低未水淹厚度比例为22.0%，比非断层区(断层区外扩150m，共139口井)高1.4个百分点。其中萨一组、萨二组油层动用程度相对较低，低未水淹厚度比例分别为58.1%、37.4%，葡一组及以下油层动用较好，低未水淹厚度比例在15%左右(表1)。

表1　51#断层区不同油层组水淹状况统计表

油层组	断层区(距断层150m)						非断层区(距断层大于150m)					
	未水淹		低水淹		低未水淹		未水淹		低水淹		低未水淹	
	厚度，m	比例,%	厚度，m	比例,%	厚度，m	厚度，m	厚度，m	厚度，m	厚度，m	厚度，m	厚度，m	厚度，m
萨一组	0.28	17.5	0.65	40.6	0.93	58.1	0.31	16.3	0.80	42.1	1.11	58.4

续表

油层组	断层区(距断层 150m)						非断层区(距断层大于 150m)					
	未水淹		低水淹		低未水淹		未水淹		低水淹		低未水淹	
	厚度，m	比例,%	厚度，m	比例,%	厚度，m	厚度，m	厚度，m	厚度，m	厚度，m	厚度，m	厚度，m	厚度，m
萨二组	1.38	10.5	3.54	26.9	4.92	37.4	1.51	12.5	3.04	25.2	4.55	37.7
萨三组	0.55	5.3	2.34	22.5	2.89	27.8	0.31	2.9	2.19	20.5	2.50	23.4
葡一组	0.13	0.8	1.21	7.4	1.34	8.2	0.11	0.7	1.18	7.5	1.29	8.2
葡二组	0.11	1.5	0.84	11.5	0.95	13.0	0.15	1.9	0.75	9.5	0.90	11.4
高一组	0.09	1.7	0.83	15.7	0.92	17.4	0.13	1.9	0.88	12.9	1.01	14.8
高二组	0.03	4.0	0.09	12.0	0.12	16.0	0.02	1.8	0.21	18.9	0.23	20.7
合计	2.57	4.7	9.50	17.4	12.07	22.0	2.54	4.5	9.05	16.1	11.59	20.6

通过分析萨一组、萨二组油层动用程度相对较低的原因，主要有以下两个方面：一是51#断层区内发育的4条断层中，有3条断层断失层位以萨尔图层为主，平均断距在2.2~9.4m之间。由于受断层遮挡作用，导致断层区油层局部注采关系不完善，油层动用程度较低。

二是开采萨尔图油层井网密度较低。断层区基础井网密度为6口/km²，开采葡Ⅰ4及以下油层井网密度为12口/km²(表2)。

表2　51#断层区现井网连通情况表

井网	开采层位	油井(口)	四向		三向		二向		一向	
			井数，口	比例,%	井数，口	比例,%	井数，口	比例,%	井数，口	比例,%
基础	萨一组—萨三组	35	3	8.6	13	37.1	12	34.3	7	20.0
一次	葡Ⅰ4及以下	39			6	15.4	26	66.7	7	17.9
二次	萨葡高薄差层	70			16	22.9	26	37.1	28	40.0
合计		144	3	2.1	35	24.3	64	44.4	42	29.2

从有效厚度分级的低未水淹统计结果看，断层区各厚度级别低未水淹厚度比例略低于非断层区。断层区厚度小于0.5m油层动用较差，低未水淹厚度比例达到52.5%(表3)。

表3　51#断层区不同区域各厚度级别动用状况统计表

有效厚度分级	断层区(距断层 150m)						断层区(距断层 150m)					
	未水淹		低水淹		低未水淹		未水淹		低水淹		低未水淹	
	厚度 m	比例 %	厚度 m	比例 %	厚度 m	比例 %	厚度 m	比例 %	厚度 m	比例 %	厚度 m	比例 %
<0.5m	0.38	12.9	1.16	39.5	1.54	52.5	0.40	13.4	1.11	37.6	1.51	51.0
0.5~0.9m	0.19	4.9	0.74	18.9	0.93	25.2	0.20	5.0	0.80	20.2	1.00	23.8
1.0~1.9m	0.47	5.4	1.40	16.1	1.87	21.5	0.34	3.5	1.50	15.5	1.84	19.1
2.0~3.9m	0.75	4.8	2.49	15.9	3.24	20.7	0.81	5.2	2.41	15.4	3.22	20.6
≥4.0m	0.78	3.3	3.71	15.8	4.49	19.1	0.79	3.3	3.23	13.5	4.02	16.8
合计	2.57	4.7	9.50	17.4	12.07	22.0	2.54	4.5	9.05	16.1	11.59	20.6

从不同厚度级别吸水厚度比例统计结果看，断层区砂岩吸水厚度比例为79.7%，有效吸水厚度比例为72.4%。其中，厚度小于1m砂体吸水较差，有效吸水厚度比例分别为74.8%、51.4%(表4)。

表4　51#断层区不同厚度级别吸水状况统计表

分类	统计井总计				吸水状况					
	井数，口	层数，个	砂岩，m	有效，m	层数，个	比例,%	砂岩，m	比例,%	有效，m	比例,%
h≥2.0m	82	193	632.2	596.2	160	82.9	551	87.2	510.2	85.6
1m≤h<2m	82	360	637.3	526.7	284	78.9	528	82.8	428.3	81.3
0.5m≤h<1m	82	691	755.9	515.2	526	76.1	626	82.8	385.5	74.8
h<0.5m	82	2224	1556.1	655.2	1659	74.6	1282	82.4	337	51.4
表外	82	994	731.9	0	613	61.7	450	61.5		
合计	82	4462	4313.4	2293.3	3242	72.7	3437	79.7	1661	72.4

从断层区上下盘各油层组动用状况统计结果看，断层区上盘低未水淹厚度比例比下盘低2.0个百分点。其中，萨一、萨二油层组下盘低未水淹厚度比例分别为58.2%、37.6%。明显低于葡萄花和高台子油层组(表5)。

表5　51#断层上下盘各油层组动用状况统计表

油层组	上盘						下盘					
	未水淹		低水淹		低未水淹		未水淹		低水淹		低未水淹	
	厚度 m	比例 %	厚度 m	比例 %	厚度 m	比例 %	厚度 m	比例 %	厚度 m	比例 %	厚度 m	比例 %
萨一组	0.21	10.6	0.79	39.7	1.00	50.2	0.22	10.6	0.99	47.6	1.21	58.2
萨二组	1.04	6.8	4.13	26.9	5.17	33.7	1.87	14.0	3.16	23.6	5.03	37.6
萨三组	0.26	2.5	2.00	19.2	2.26	21.7	0.58	4.6	2.89	22.7	3.47	27.3
葡一组	0.09	0.8	0.66	6.1	0.75	6.9	0.12	0.8	1.11	7.6	1.23	8.4
葡二组	0.19	2.4	0.76	9.6	0.95	12.0	0.12	1.8	0.75	11.5	0.87	13.3
高一组	0.09	1.6	0.81	14.9	0.90	16.5	0.12	1.9	0.96	15.6	1.08	17.5
高二组	0.01	4.0	0.02	9.2	0.03	13.2	0.02	2.6	0.17	18.9	0.19	21.5
合计	1.89	3.6	9.17	17.6	11.06	21.2	3.05	5.4	10.03	17.8	13.08	23.2

通过以上分析认为：一是区块内剩余油主要分布在萨Ⅰ、萨Ⅱ油层组；二是断层下盘剩余油相对富集。

2　利用数值模拟方法研究断层区内剩余油分布特征

2.1　喇嘛甸油田51#断层区剩余油纵向分布特征

根据51#断层区数值模拟研究成果，从断层上下两盘剩余油富集区域统计结果(剩余油饱和度≥45%)可以看出。断层区内下盘剩余油富集部位明显高于上盘(148个)，且剩余油饱和度平均值高于上盘1.5个百分点。因此，区块内断层的下盘是剩余油相对富集区域(表6)。

表6　51[#]断层两盘剩余油富集区域统计

断层	剩余油富集部位，个	剩余油饱和度，%		
		最大值	最小值	平均值
上盘	37	70.9	48.6	62.3
下盘	148	71.0	55.0	64.8
合计/平均	185	71.0	51.8	63.6

从断层区各沉积单元拟合采出程度及断层区各油层组剩余油富集区域统计结果看，高二组剩余油富集部位最多(65个)，但剩余油饱和度平均值较低。萨二组和葡二组的剩余油饱和度指标均高于全区平均值，是剩余油富集区域(图1和表7)。

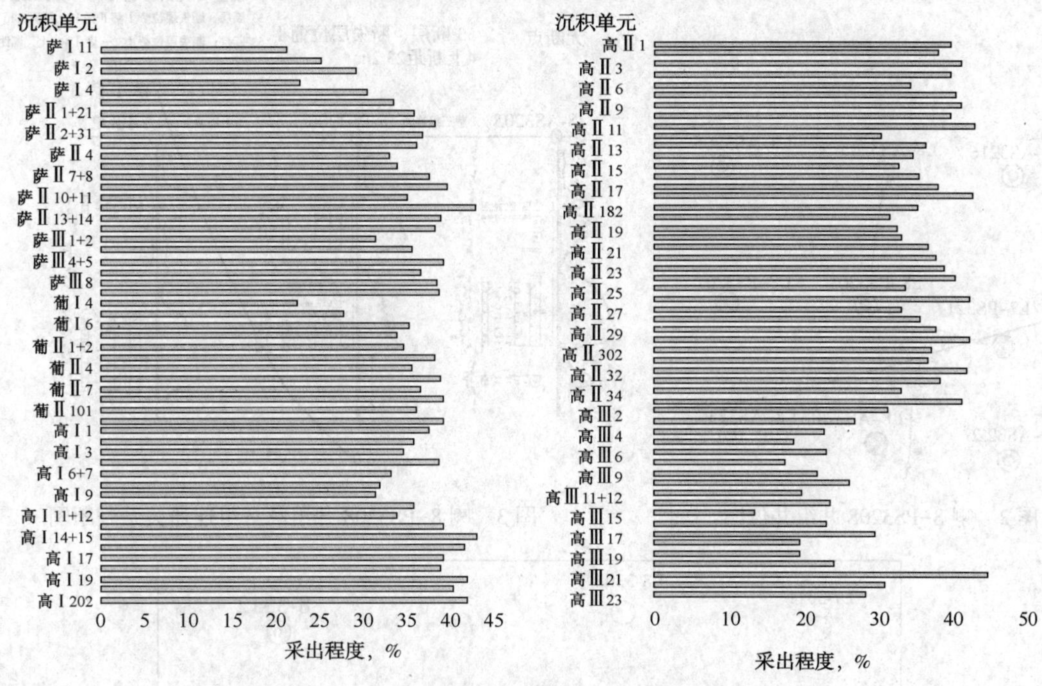

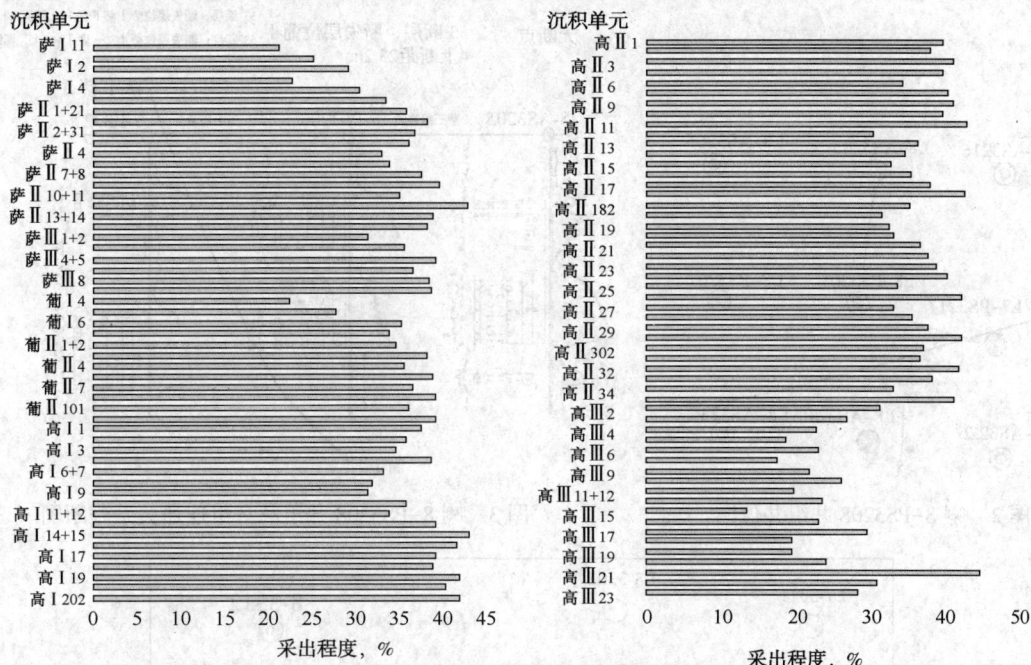

图1　51[#]断层区各沉积单元采出程度柱状图

表7　各油层组剩余油富集区域统计表

油层组	剩余油富集部位，个	剩余油饱和度，%		
		最大值	最小值	平均值
萨一组	13	68.1	60.2	64.8
萨二组	26	71.0	55.0	67.2
葡一组	12	68.0	62.8	65.6
葡二组	22	67.9	58.5	64.8
高一组	34	68.4	50.9	62.5
高二组	65	65.6	48.6	60.1
高三组	13	65.0	54.7	62.6
合计/平均	185	67.7	55.8	63.7

综上所述，根据51#断层区数值模拟研究成果可以看出，区块内剩余油纵向上主要分布在萨Ⅱ及葡Ⅱ油层组。

2.2 喇嘛甸油田51#断层区剩余油平面分布特征

在分析断层区内油水井注采关系及断层遮挡作用时。砂体有注水井控制但局部方向受断层遮挡，或砂体有注水井控制但在局部方向没有采出井点，从而了形成注采不连通或缺乏注采连通的情况，导致断层区内油层局部水洗不到形成的剩余油相对富集区域。因此，本文将断层区剩余油平面分布类型分为以断层遮挡型剩余油和注采不完善型剩余油两种剩余油类型(图2至图6)。

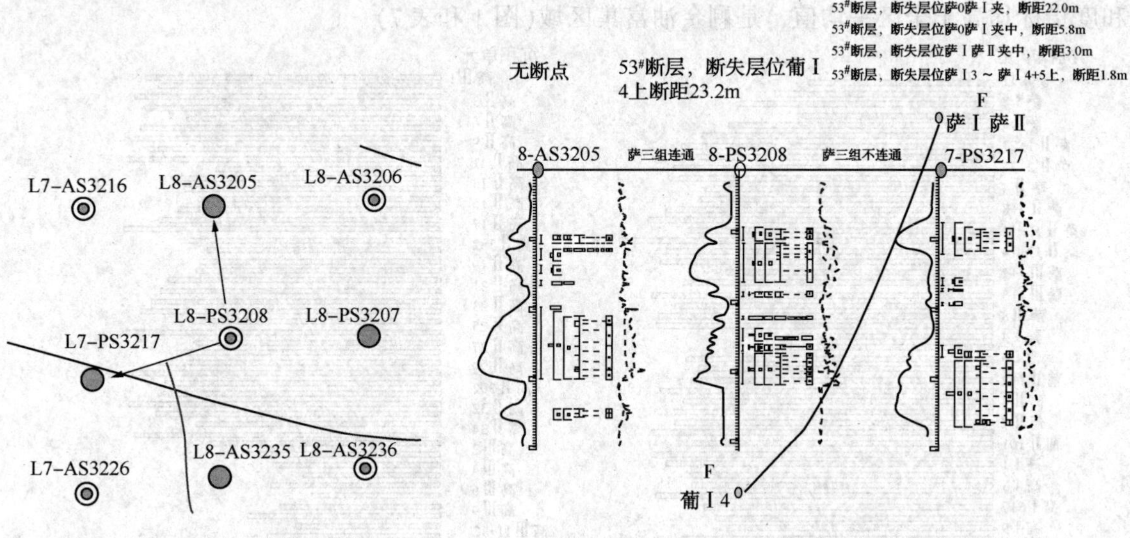

图2　喇8-PS3208井组井位图

图3　喇8-PS3208井组萨三组连通关系判断图

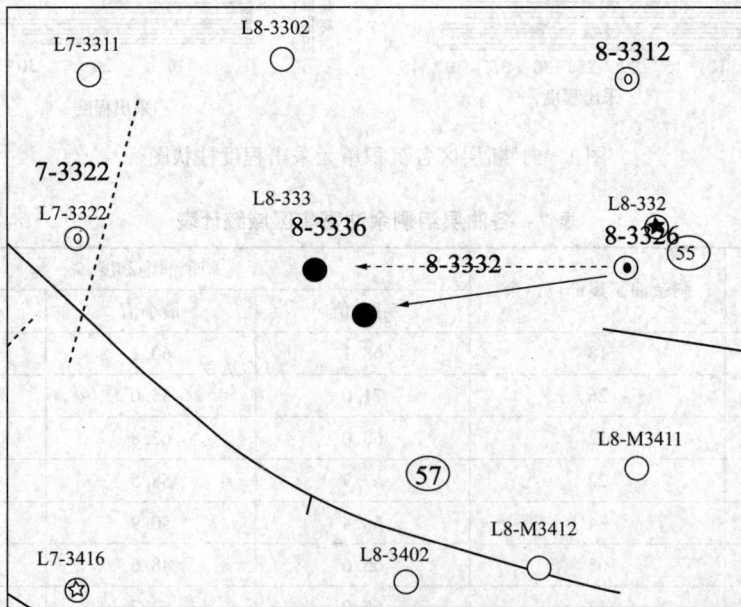

图4　喇8-3332井组井位图

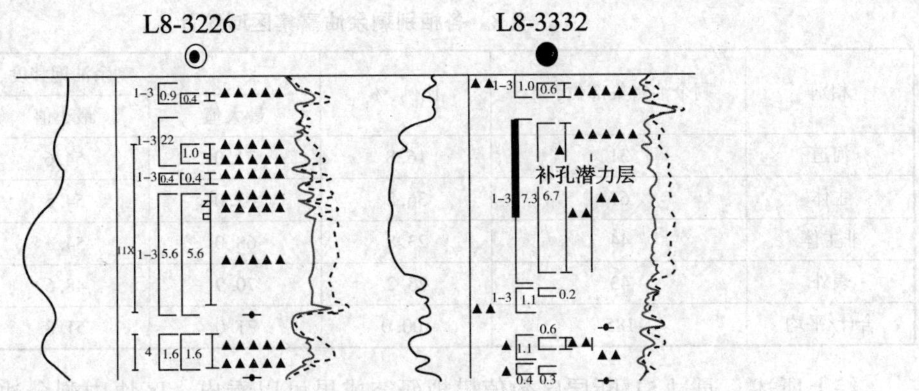

图 5　喇 8-3332 井组葡二组补孔潜力示意图

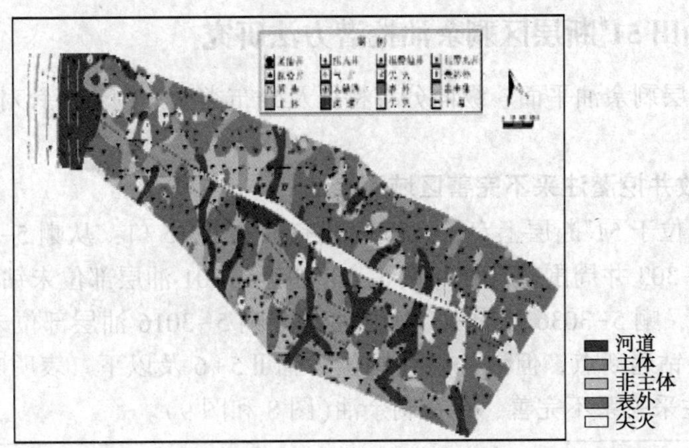

图 6　51#断层区葡Ⅱ5+6 单元沉积相带图

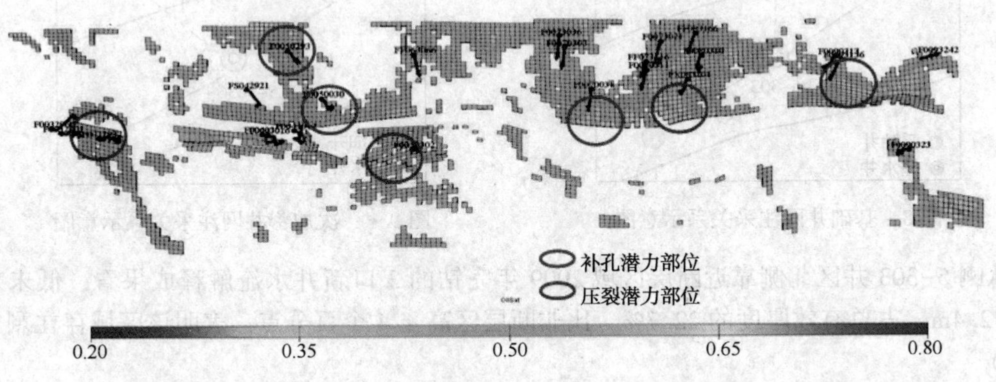

图 7　51#断层区葡Ⅱ5+6 单元含油饱和度图

同时，根据 51#断层区数值模拟研究成果。统计 185 个剩余油富集区域。剩余油富集区以主体席状砂为主（富集部位 67 个），剩余油饱和度平均值为 63.5%。河道砂体剩余油富集区虽然较少（富集部位 31 个），但剩余油饱和度平均值最高，为 64.9%。因此，剩余油富集区主要以河道砂体及主体席状砂为主（表 8）。

表 8　各相别剩余油富集区域统计

相别	剩余油富集部位，个	比例，%	剩余油饱和度，%		
			最大值	最小值	平均值
河道	31	16.8	71.0	54.6	64.9
主体	67	36.2	67.0	54.5	63.5
非主体	44	23.8	68.0	54.7	61.9
表外	43	23.2	70.9	48.6	61.0
合计/平均	185	100.0	71.0	51.8	63.6

综上所述，通过 51#断层区数值模拟研究成果可以看出，区块内剩余油平面上主要以断层遮挡型和注采不完善型剩余油为主。且发育砂体多为河道及主体席状砂。

3　喇嘛甸油田 51#断层区剩余油挖潜方法研究

根据断层区油层剩余油平面、纵向分布特征及分布类型。制定了针对性较强的断层区剩余油挖潜对策。

3.1　部署高效井挖潜注采不完善区域剩余油

喇 5-303 井区位于 51#断层上盘，区域内共有油水井 15 口，从喇 5-303 井区基础井网注采关系看，喇 5-303 井周围基础油井喇 5-30 和喇 5-301 油层部位未钻遇断点；从一次加密井网注采关系看，喇 5-3036 井周围一次加密油井喇 5-3016 油层部位未钻遇断点，喇 5-3066 萨Ⅱ2+3 油层钻遇断点，但该井射孔层位为葡Ⅱ5+6 及以下。表明喇 5-303 井区靠近 51#断层上盘区域注采关系不完善，存在剩余油(图 8 和图 9)。

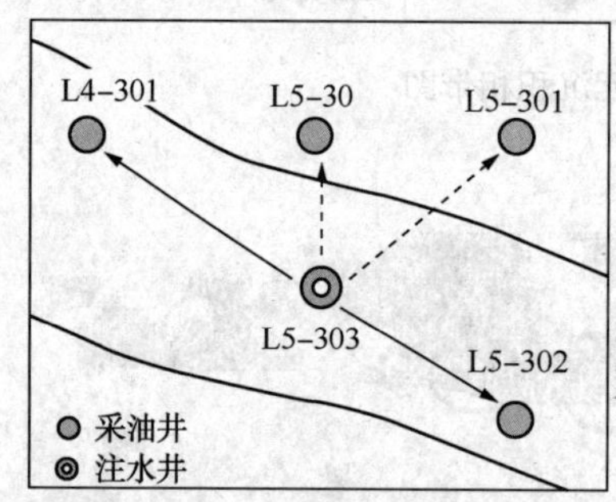

图 8　基础井网注采关系示意图

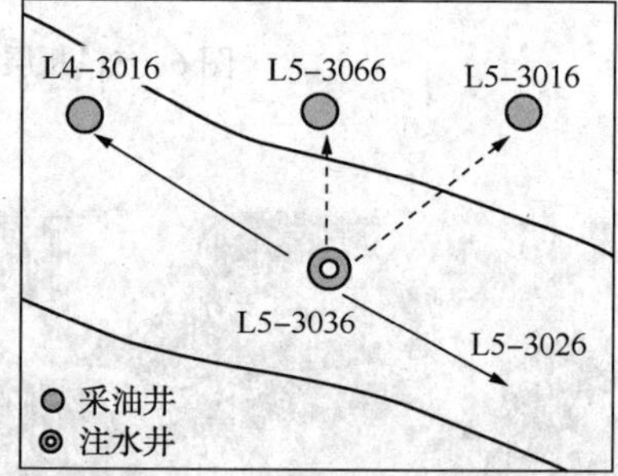

图 9　一次加密井网注采关系示意图

从喇 5-303 井区北侧靠近断层区域 2009 年完钻的 3 口新井水淹解释成果看，低未水淹厚度 12.4m，占总有效厚度的 22.7%，比非断层区高 4.4 个百分点，表明该区域存在剩余油(表 9)。

表 9　喇 5-303 井区北侧靠近断层区域 3 口新井水淹层解释统计表

油层分类	有效厚度 m	高水淹		中水淹		低水淹		未水淹	
		厚度，m	比例，%	厚度，m	比例，%	厚度，m	比例，%	厚度，m	比例，%
萨一组	0.7	—	—	0.1	14.3	0.1	14.3	0.5	71.4
萨二组	9.4	1.8	19.1	3.9	41.5	2.5	26.6	1.2	12.8

续表

油层分类	有效厚度 m	高水淹		中水淹		低水淹		未水淹	
		厚度，m	比例，%	厚度，m	比例，%	厚度，m	比例，%	厚度，m	比例，%
萨三组	8.4	2.1	25.0	3.6	42.8	2.6	31.0	0.1	1.2
葡一组	18.5	10.2	55.1	6.1	33.1	1.6	8.6	0.6	3.2
葡二组	10.9	3.4	31.2	5.6	51.4	1.9	17.4	—	—
高一组	5.5	2.2	40.0	2.3	41.8	1.0	18.2	—	—
高二组	1.2	0.2	16.7	0.7	58.3	0.2	16.7	0.1	8.3
合计	54.6	19.9	36.4	22.3	40.9	9.9	18.1	2.5	4.6

51#断层上、下盘剩余油宽度在100~200m之间，空间狭小。根据定向井轨迹与断层面、断层走向之间关系，以及上、下盘定向井间相互关系，设计定向井轨迹纵向空间上平行于断层面，平面投影垂直于断层走向。考虑51#断层走向为319°~334°，预计设计定向井轨迹走向为229°~244°。

设计井油层入靶点在萨Ⅰ1油层顶部，平面上处于喇5-PS3015与喇5-P3020连线上，距喇5-PS3015井194m，油田横坐标(Y)14147.39，纵坐标(X)66585.76，海拔深度-780.57m。设计井轨迹距断层面保持30m，预计井斜角26.35°。设计井油层出靶点在油底，油田横坐标(Y)14070.85，纵坐标(X)66484.90，海拔深度-1036.21m(图10和图11)。

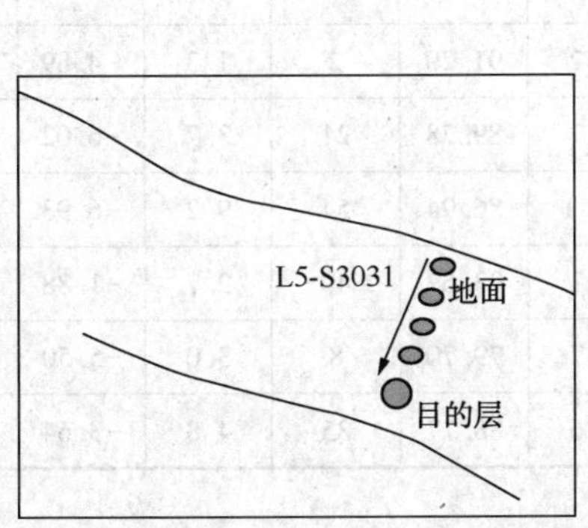

图10 喇5-斜3031井平面轨迹图

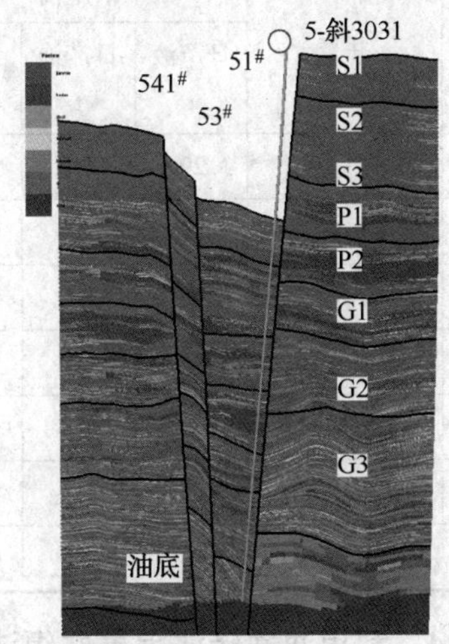

图11 喇5-斜3031井剖面轨迹图

喇5-S3031井2017年9月18日投产。射开砂岩厚度27.8m，有效厚度17.1m。投产时间虽然较短，该井效果还无法评价。但生产一个月以来，平均单井日产油15.2t，综合含水88.15%。

3.2 补孔挖潜注采不完善部位剩余油

根据断层区剩余油平面、纵向分布特征及断层区内断层断失层位主要分布在萨尔图油层。同时，结合区块内各套层系井网注采关系。对受断层遮挡及注采不完善影响的剩余油富集区域实施补孔。编制实施4口，补孔初期平均单井日增油8.8t。截至目前已累计增油2830t(表10)。

表 10 喇嘛甸油田 51#断层区补孔井效果统计表

序号	井号	剩余油类型	措施前			措施初期			差值			累计增油 t
			日产液 t	日产油 t	含水 %	日产液 t	日产油 t	含水 %	日产液 t	日产油 t	含水 %	
1	L2-2912	断层遮挡型	45	1.3	97.11	66	6.3	90.45	21	5.0	-6.7	956
2	L4-F3001	断层遮挡型	12	0.2	98.33	40	2.4	94.00	28	2.2	-4.3	218
3	L8-3102	注采不完善型	10	0.6	94.00	31	17.0	45.16	21	16.4	-48.8	1100
4	L9-3312	注采不完善型	73	2.3	96.85	80	13.8	82.75	7	11.5	-14.1	556
合计			35	1.1	96.57	54	9.9	78.09	19	8.8	-18.5	2830

3.3 利用压裂措施挖潜剩余油

截至 2016 年 12 月，区块内共有低产液(日产液<30t)、低含水(含水<96%)井 21 口。针对低产液、低含水井主要以压裂方式进行措施改造，提高本井产液能力，已达到剩余油挖潜的目的。通过逐井落实泵况、注采关系及利用数值模拟研究成果落实剩余油潜力部位。编制实施 6 口。压裂初期平均单井日增油 4.8t。截至目前已累计增油 2764t(表 11)。

表 11 喇嘛甸油田 51#断层区压裂井效果统计表

序号	井号	措施前			措施初期			差值			累计增油 t
		日产液 t	日产油 t	含水 %	日产液 t	日产油 t	含水 %	日产液 t	日产油 t	含水 %	
1	L2-29	29	2.8	90.34	113	11.6	89.73	84	8.8	-0.61	704
2	L2-293	23	0.9	96.09	25	2.2	91.20	2	1.3	-4.89	166
3	L3-3002	25	1.0	95.80	46	4.7	89.78	21	3.7	-6.02	133
4	L4-3016	31	1.9	93.87	85	11.1	86.94	54	9.2	-6.93	1374
5	L4-3111	9	0.4	95.56	49	3.1	93.67	40	2.7	-1.88	24
6	L8-SM3101	25	3.7	85.20	33	6.7	79.70	8	3.0	-5.50	363
合计		24	1.8	92.42	59	6.6	88.77	35	4.8	-3.64	2764

3.4 利用油井转注完善井组注采关系

根据二次加密井组注采状况分析，结合井组生产状况，初步考虑对 2 口井实施转注。喇 8-X3101 井日产液 7.1t，日产油 4.07t，含水 43.0%，该井位于 51#断层边部，产油量高、含水低，无注水井点，井组内喇 7-3021 井日产液 7.1t，日产油 0.56t，含水 92.05%，考虑将喇 7-3021 井转注，完善注采关系，提高井组供液能力；喇 4-M2931 井日产液 10.6t，日产油 0.42t，含水 96.01%，井组内有两口井产液量低、含水低，且无注水井点，其中喇 3-M2921 井日产液 38.2t，日产油 5.54t，含水 85.51%，喇 4-F3001 井日产液 17t，日产油 0.98t，含水 94.24%。为此，考虑将喇 7-3021 井转注，完善注采关系，提高井组供液能力(图 12、图 13、表 12)。

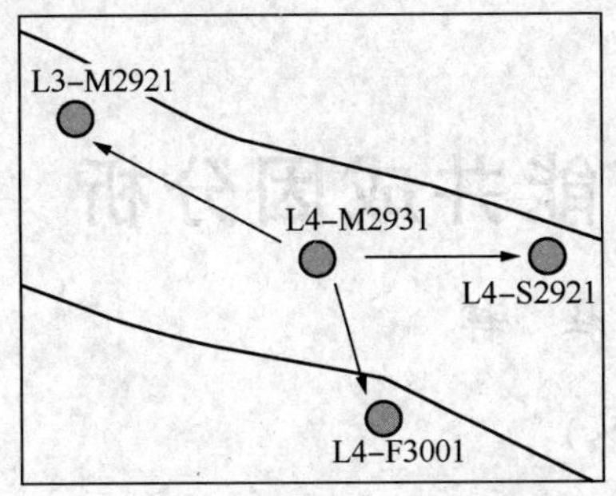

图 12 喇 4-M2931 井组井位图

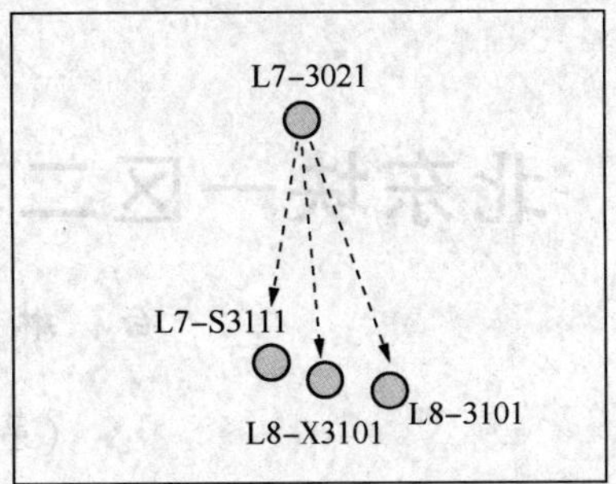

图 13 喇 7-3021 井组井位图

表 12 转注潜力井基础数据表

序号	计划转注井生产状况				受效井生产状况			
	井号	日产流，t	日产油，t	含水，%	井号	日产液，t	日产油，t	含水，%
1	7-3021	7. 1	0. 56	92. 05	8-X3101	7. 1	4. 07	43. 00
2	4-M2931	10. 6	0. 42	96. 01	4-S2921	119. 3	2. 18	98. 17
					3-M2921	38. 2	5. 54	85. 51
					4-F3001	17. 0	0. 98	94. 24

通过对 51#断层区剩余油分布特征分析及剩余油潜力落实。与 2016 年同期对比，日产油增加 28t；含水下降 0. 32 个百分点。区块开发效果有了明显改善(图 14)。

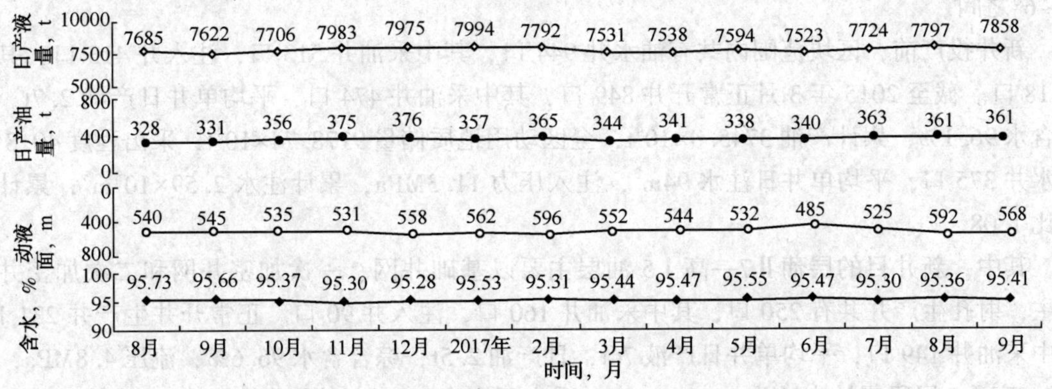

图 14 51#断层区 2016 年 8 月—2017 年 9 月开发曲线

4 几点认识

（1）51#断层区剩余油纵向上主要分布在萨二组和葡二组。平面上以断层遮挡型和注采不完善型剩余油为主。

（2）采取补钻新井、补孔、压裂、转注等方法挖潜断层区的剩余油，增油效果较好。

北东块一区二套低产能井成因分析

白 琳 刘东晖 杜 辉

（第四油矿地质队）

摘 要：北东一区二套是我厂今年新投产的二类油层聚驱下返区块，该区块目前存在产液指数低，产出困难，含水偏高的问题，通过对开发前的静态地质资料与现场生产的实际情况结合分析，对低产能井进行原因分析和归类，并针对不同原因形成的低产低效井井提出有针对性的提产建议，达到增油上产的目的，改善区块开发效果。

关键词：北东一区二套；低产能井；成因分析

喇北东块位于油田北块东部，划分为北部的北东块一区和南部的北东块二区，北东块一区油层顶部埋藏深度为912~1086m，平均深度为982m，油层底部埋藏深度为1119~1206m，平均深度为1193m，油层构造高点海拔为-760m。构造较为平缓，断层不发育，地层倾角在4°~6°之间。

新井投产前，区块范围内共有油水井944口，其中采油井513口，注入井413口，其他井18口。截至2015年3月正常开井849口，其中采油井474口，平均单井日产油2.7t，综合含水96.1%，累计产油3745.0×10^4t，全区动用地质储量9178.74×10^4t，采出程度40.8%；注水井375口，平均单井日注水$94m^3$，注入压力11.3MPa，累计注水$2.59\times10^8m^3$，累计注采比1.08。

其中，新井目的层葡Ⅱ7—高Ⅰ5油层主要以基础井网、一次加密井网和二次加密井网为主，射孔生产井共有250口，其中采油井160口，注入井90口。正常开井生产井231口，其中采油井149口，平均单井日产液74t，日产油2.5t，综合含水96.6%，流压4.8MPa，葡Ⅱ7—高Ⅰ5层段累计产油为240.3×10^4t，采出程度为37.9%；注水井82口，平均单井注入压力11.6MPa，日注水$126m^3$。

1 北东块一区二套井投产后生产状况分类

通过对北东块一区二套目的层位葡Ⅱ7—高Ⅰ5油层的8个单元沉积模式和砂体沉积特点进行分析，发现该部分油层发育以河道砂沉积为主，葡Ⅱ组整体渗透率相对较高，高Ⅰ组渗透率相对较低，层间非均质性较强(表1)。从砂体厚度发育状况上来看葡Ⅱ7-9和高Ⅰ4+5层发育有效厚度相对较大，葡Ⅱ10，高Ⅰ1和高Ⅰ2+3层发育有效厚度相对较小(表2)。

表1　喇北东块一区葡Ⅱ7—高Ⅰ5油层沉积单元划分及主体砂岩类型统计表

小层号	沉积单元	成因模式	主要砂体特征
葡Ⅱ7-9	葡Ⅱ7	分流平原低弯曲分流河道	分流河道、决口河道、河间砂
	葡Ⅱ8+9		
葡Ⅱ10	葡Ⅱ10_1	分流平原低弯曲分流河道	分流河道、河间砂
	葡Ⅱ10_2		
高Ⅰ1	高Ⅰ1	坨状三角洲内前缘	分流河道、河间砂
高Ⅰ2+3	高Ⅰ2	枝坨过渡状三角洲内前缘	分流河道、河间砂
	高Ⅰ3	分流平原低弯曲分流河道	分流河道、河间砂
高Ⅰ4+5	高Ⅰ4+5	分流平原低弯曲分流河道	分流河道、河间砂
葡Ⅱ7—高Ⅰ5		分流平原亚相	分流河道、河间砂

表2　喇北东块一区葡Ⅱ7—高Ⅰ5各小层有效厚度分级统计表

小层层号	砂岩厚度 m	有效厚度										
		合计	0.5m以下		0.5~1.0m		1.0~2.0m		2.0~4.0m		4.0m以上	
		厚度 m	厚度 m	厚度比例 %	厚度 m	厚度比例 %	厚度 m	厚度比例 %	厚度 m	厚度比例 %	厚度 m	厚度比例 %
葡Ⅱ7-9	5.12	4.00	0.10	2.4	0.21	5.1	0.49	12.3	1.29	32.4	1.91	47.8
葡Ⅱ10	2.69	1.63	0.15	9.4	0.21	13.1	0.40	24.7	0.46	28.5	0.40	24.3
高Ⅰ1	0.34	0.11	0.02	13.6	0.02	17.4	0.04	37.6	0.04	31.4	—	—
高Ⅰ2+3	1.79	1.07	0.06	5.9	0.16	14.5	0.16	15.2	0.32	29.5	0.37	34.9
高Ⅰ4+5	1.05	0.74	0.03	4.4	0.04	5.6	0.24	33.1	0.42	56.9	—	—
合　计	10.99	7.55	0.36	4.8	0.64	8.4	1.34	17.8	2.53	33.5	2.68	35.5

在编制射孔方案阶段，考虑到两个问题：一是从横向图上看井间差异较大，部分地层发育差，有效厚度小，甚至有一口井没有有效厚度；二是部分井位于葡Ⅱ组的油水过渡带边界线上，存在目的层位油水同层问题。为保证投产效果，我们做了两方面工作：一是对发育特别差的采油井采取压裂投产的投产方式；二是对新井发育在油底的目的层位采取避射原则控制含水。但是均未取得理想的效果。

新井于2016年7月开始投产，截至10月下旬，采油井144口已经全部投产，注入井投产99口。在新井投产初期，对144口采油井进行生产状况分析，日产油超过1.0t的采油井仅有47口，平均单井产液量为29t/d，低于预测的40t/d，97口井未达到生产要求，整体产能偏低。

2　北东块一区二套低产能井成因分析

结合动静态资料对低产能井进行分析，发现导致新井产能低主要是由于各种地质因素限制而没有能达到正常的产能，只要找到低产能的成因，采取有针对性地治理措施，就可以改善其中部分井的开发效果。对低产能原因进行分析，将低产能井的成因分为五类，即过渡带边部油水同层避射井，油层本身发育差井，由于含水偏高导致的产量不达标井，供液不足井和由于老井未封堵造成的新老井间干扰井(表3)。

表3　低产能井原因分类表

低产井分类	井数 口	砂岩厚度 m	有效厚度 m	渗透率 D	产液 t/d	产油 t/d	综合含水 %	液面 m
过渡带边部	7	5.7	3.3	0.504	9	0.3	96.7	727
油层发育差	24	8.0	4.2	0.527	11	0.4	96.4	724
高含水	29	12.5	9.5	0.498	48	0.8	98.3	451
供液不足	26	8.9	5.2	0.543	12	0.4	96.7	840
新老井间干扰	11	12.2	8.4	0.460	23	0.7	97.0	527

2.1　过渡带边部油水同层避射井

这类井主要是在新的井网部署时由于部分目的层为油水同层，编制射孔方案过程中，为了控制含水，对油水同层部分进行避射，这类井射孔厚度小，投产后产液量低，导致产油未能达标。这类井共有7口，平均射开有效厚度为3.3m，投产初期产液9t/d，液面727m，产液强度2.7t/d·m。

2.2　油层发育差，供液能力低井

这类井油层发育差，有效厚度小，薄差层和夹层较多，渗透率低，导流能力差导致开采效果差，产能低。据统计这类井共有24口，日产液264t，日产油9.6t。平均射开砂岩厚度8.0m，有效厚度4.2m，平均单井日产液11t，日产油0.4t，综合含水96.4%，液面深度724m。

2.3　含水偏高导致的产量不达标井

由于高含水导致的日产液量达标但日产油未达标的采油井共29口，第一类为由于采出程度高导致的高含水井，该类型井共18口；第二类为由于层间差异大导致的高含水井，该类型井共11口(表4)。

表4　低产能井原因分类表

类型	井数 口	砂岩厚度 m	有效厚度 m	渗透率 D	产液 t/d	产油 t/d	综合含水 %	液面 m
采出程度高井	18	12.0	9.3	0.530	46	0.7	98.5	456
层间差异大井	11	13.2	9.9	0.446	52	0.9	98.3	443

2.3.1　由于采出程度高导致的高含水井

从新井解释水淹结果看，北东块一区葡Ⅱ7—高Ⅰ5油层动用程度较高。目前采出程度达到42%以上，高于方案预测的37.9%，低未水淹厚度比例仅为7.8%。有18口采油井由于动用程度高，高水淹比例大导致含水过高，达不到正常生产水平。

2.3.2　由于层间差异大导致的高含水井

这类井射开油层单一采出程度高，造成油井多层高含水。部分井高渗透、高含水层在纵向上相间分布，并且大都以薄隔层或物性夹层分开，这类井综合含水高，层间矛盾突出，注入水无效循环严重。统计这类井共有11口，平均单井射开砂岩厚度13.2m，有效厚度9.9m，平均射开渗透率0.446D，平均单井日产液52t，日产油0.9t，综合含水98.3，液

面 443m。

2.4 供液不足井

区块于 2015 年 11 月—2016 年 3 月钻井，8 月开始投产，地层亏空水量 $16.1\times104m^3$。新钻注水井目前投产 99 口，投产滞后，计划注水量 28.692×10^4t，实际注水量 12.1896×10^4t，欠注量 16.5024×10^4t。对采油井进行液面分级，发现有 55 口井液面达到 800m 以上，考虑为地层能量不足，影响产液能力。经统计，由于供液不足导致的未达标井有 26 口，平均单井日产液 12t，日产油 0.4t，含水 96.7%，液面达到 840m，产液强度为 2.3t/d·m。

2.5 由于老井未封堵造成的新老井间干扰井

对比投产初期到目前的单井数据，发现 11 口井与投产初期相比液面差别不大，功图显示正常，但日产液量大幅度下降，日均产液量降低 28t/d，日均产油量降低 1.5t/d。对这些井进行井位分析，发现与已有井网中的采油井距离较近，考虑是由于老井未封堵造成的新老井间干扰导致低产能。

3 下步措施建议

(1) 针对油层发育较差井，在射孔方案编制阶段，考虑到油井提前投产，为避免地层严重亏空，仅对一部分发育极差，有效厚度小于 3m 且仅发育薄差层的油井进行压裂投产。建议在注入井全部投产后对一部分发育相对较差导致低产能的采油井进行油水井对应压裂。

(2) 针对由于层间差异大导致的高含水井，建议对注入井采取分层注水，并对高渗透率层位实施控注方案。

(3) 针对供液不足井，建议一是加快水井投注进度，积极与相关相关部门沟通协调，抢投注入井，尽快完成水井投产工作；二是调整水井配注量，平衡油水井注采关系，确保区块均衡开采。

(4) 针对由于老井未及时封堵导致新老井间干扰造成的新井低产能井，建议一是加大新老井配套调整力度，控制产液量下降和含水上升；二是尽早对老井进行封堵，保证新井效果。

参考文献

[1] 胡浩．基于砂体结构的剩余油挖潜调整措施研究[J]. 岩性油气藏，2016，(04).

[2] 张宁，李战勇，马君，等．精细注采管理不断提升油藏经营管理水平[J]. 中国石油和化工标准与质量，2016，(09).

采油工程

抽油机井皮带和密封填料松紧度调整标准的改进

李　阳　许　斌

（工程技术大队）

摘　要：抽油机井密封填料和皮带是传输动力的重要环节，其松紧度直接影响系统效率和耗电量。Q/SY DQ0313—2011《采油岗位技能操作程序及要求》中没有明确密封填料、皮带松紧度在什么范围内能耗最低。密封填料过松会导致井口漏油；过紧引起电流上升，耗电量增加。皮带过松导致发生丢转，传输效率低；而过紧会导致皮带和电动机轴承磨损加速，耗电量上升。因此，研究密封填料和皮带能耗最低点的操作标准，合理的调整既可以降低抽油机耗电量，又可以提高抽油机系统效率。

关键词：标准；皮带；密封填料；松紧度；抽油机能耗

据统计，2014 年第六采油厂总年耗电量约 11.5×10^8kW·h，其中机采系统耗电占厂总能耗的 1/3 左右。因此，提高抽油机系统效率，降低能耗是目前油田的重要研究课题。

国内外的研究表明，影响有杆抽油系统效率的因素较多，不仅受到抽油设备和抽汲参数的影响，而且还受到油井管理水平的影响。

为了进一步提高和优化抽油机系统效率，先后进行了“抽油机井皮带、密封填料松紧度与能耗关系试验研究”，总结出不同类型皮带、密封填料松紧度与能耗变化规律，找到最合理的松紧度调整实施界限，便于指导现场实际操作，降低抽油机井能耗，达到节能降耗的目的。

抽油机井口密封填料和皮带是传输动力的重要环节，其松紧度直接影响系统效率和耗电量。密封填料过松会导致井口漏油；密封填料过紧引起电流上升，耗电量增加。皮带过松导致发生丢转，传输效率降低；而过紧导致皮带和电动机轴承磨损加速，耗电量也上升。因此，研究了密封填料和皮带能耗最低点的操作标准，合理调整皮带和密封填料松紧度既可以降低抽油机耗电量，又可以提高抽油机的系统效率。

1　原操作标准的不适应性分析

抽油机井口密封填料和皮带是传输动力的重要环节，其松紧度直接影响系统效率和耗电量。原有的操作调整标准为 Q/SY DQ0313—2011《采油岗位技能操作程序及要求》，在此标准中没有具体规定抽油机井密封填料、皮带松紧度执行标准，仅要求加完密封填料应不渗、不漏，光杆不发热；抽油机井皮带上好后，下压不超过 20mm 为松紧合适。没有明确抽油机密封填料松紧度、皮带松紧度在什么范围内能耗最佳。

在各矿的日常管理中，现场工人在保证抽油机正常运行的过程中，缺少节电意识，所以在调整密封填料、皮带松紧度时采取如下做法。

（1）在日常管理中调整密封填料松紧度，以光杆不发热、不带油为宜。但现场大多数操作人员为了能够确保光杆光洁不带油，所以在紧密封填料时自然要紧些，但是这样就加剧了密封填料和光杆之间的磨损，增加了抽油机的耗电量。

(2) 对于皮带松紧调整，大部分现场工人上翻皮带后松手能恢复原状，或手按皮带弯曲在2指左右，启动不打滑为准。但由于皮带长短、宽窄以及工人的经验不同，导致皮带松紧不一，耗电量增多。

2 原标准的改进研究

2.1 试验测试方案与测试结果

2.1.1 密封填料松紧度与能耗关系的现场试验

现场选取抽油机泵况正常、密封填料完好的抽油机井进行现场试验，并充分考虑了各种密封填料组合(O型、皮带、组合密封填料等)、光杆光洁度等因素的影响，分别对现场4口井进行了现场试验。

为了直观地研究和分析密封填料松紧度对能耗影响的变化规律，分别对其中两口井进行测试，以密封填料较松处为起点，在拧紧的过程中每隔1圈为一个测试点，选取6个点进行测量，测得能耗变化曲线如图1所示。

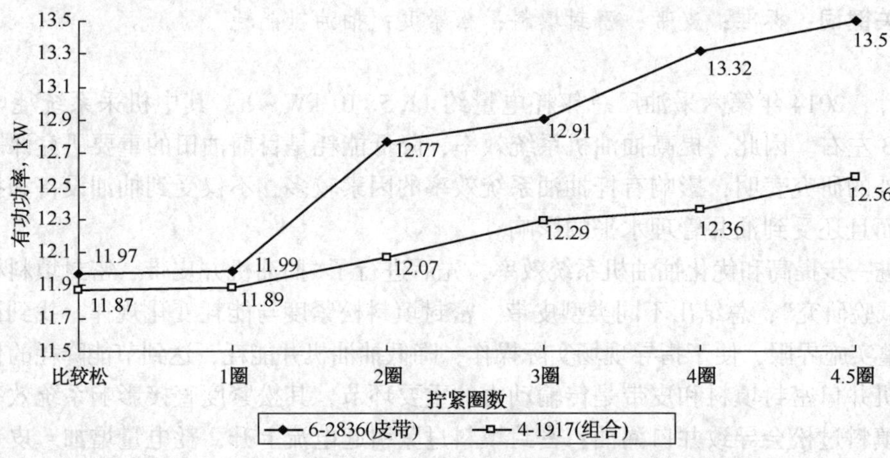

图1 6-2836与4-1917密封填料松紧度对能耗影响曲线

为了更加精确地认知密封填料松紧度与耗电量的关系，找到最佳节能操作合理区。在第一油矿6-F290(O型)加大了测试点的密度，并采用扭矩扳手为辅助测量工具，进行量化测量(图2)。以抽油机密封填料最松状态(密封填料发出轻微呲呲声响，但是不跑油，密封填料盒扭矩为0N·s)为起点，逐渐拧紧密封填料，在密封填料最松拧到最紧(光杆发烫，用手转不动密封填料)过程中，每转相同圈数为一个测试点，记录这些点的有功功率(每点测试时间不得小于10min)。经现场实际测量，测得能耗与系统效率影响曲线如图3所示。

图2 采取扭矩扳手量化密封填料调节

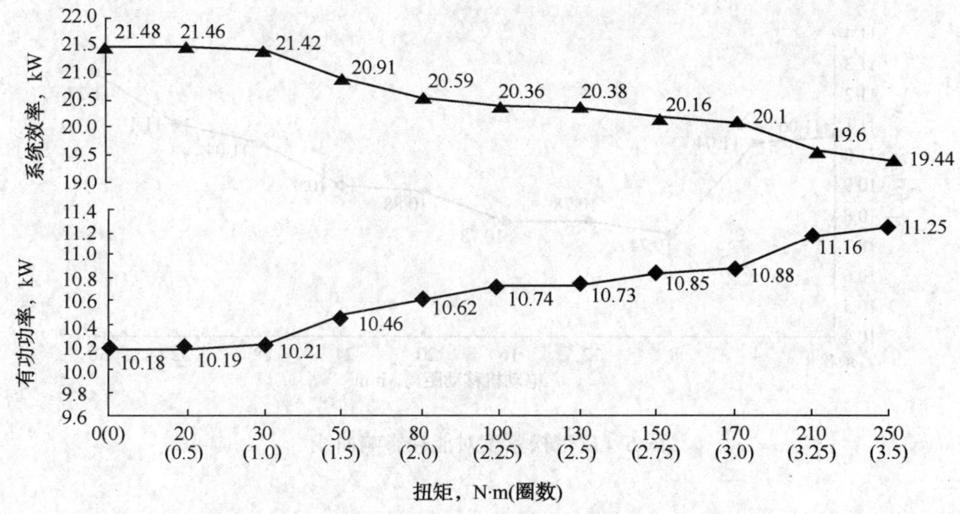

图 3　6-F290 密封填料松紧度对能耗与系统效率影响曲线

通过所测量的数据得出抽油机能耗变化趋势(图 3)，在距离最松点 1.5 圈(50N·m)处到最紧点平均有功功率下降 0.79kW，平均日节电 18.96kW·h。在密封填料由松到紧的过程中，由于密封填料与光杆之间摩擦阻力增大，使得抽油机悬点载荷上升，表现为有功功率增加，系统效率下降。

2.1.2　*皮带松紧度与能耗关系的现场试验*

在现场选取泵况、功图正常的一口井(该抽油机皮带为 D6350 型号)作为试验井，并采用抽油机紧带装置(图 4)对该井进行皮带调整试验。以抽油机井电动机皮带最松状态(不打滑、皮带抽打状态)为起点，逐渐上紧皮带，每隔 4mm 确定一个测试点。根据数据变化分析皮带松紧度对抽油机能耗的影响。测得能耗变化曲线如图 5 所示，系统效率变化如图 6 所示。

图 4　抽油机井紧带装置

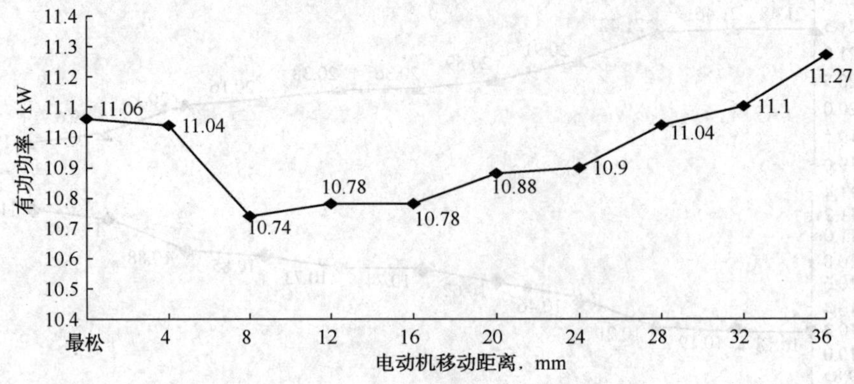

图 5　皮带松紧度对能耗影响曲线

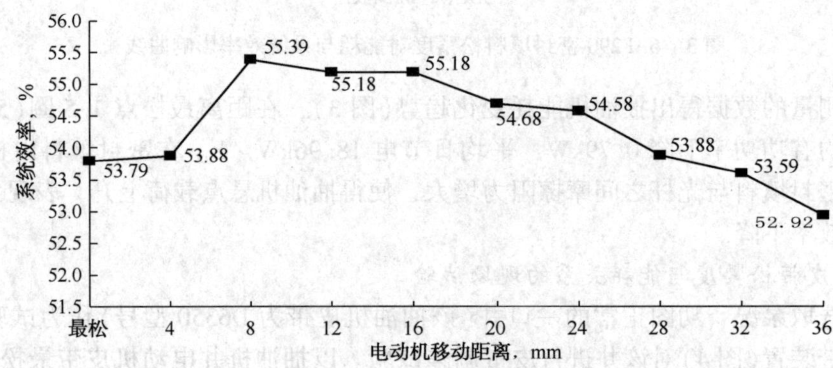

图 6　7-201 系统效率变化曲线

通过对试验数据的分析发现，皮带传动效率增加，但滑动摩擦损失增加，由于二者的共同存在，表现为从最松到最紧，有功功率先下降到最低后逐步上升。分析表明，皮带过松导致发生丢转，传动效率降低。此时电动机轴承受力不均导致电动机起初能耗高。而随着电动机的移动，在皮带由最松点逐步调至 8mm 点处的过程中，皮带与电动机咬合得越加紧密，皮带的传动效率最佳，其电动机轴承受力点均匀，也使得能耗随之降低。而随着电动机的移动，使得过紧的皮带与电动机轴承的摩擦磨损加速，耗电量也随之上升。

在皮带最松点，能耗并不是最小的，适当地上紧皮带，在距离电动机最松（图 4 中粗点）点 7~8mm 处，有功功率最低，系统效率最高。实际点距离合理点 8mm 处平均有功功率下降 0.16kW，系统效率提高 0.81 个百分点，平均日节电 3.84kW · h。

2.2　制定抽油机井密封填料、皮带松紧度合理实施界限

2.2.1　确定抽油机井密封填料松紧度实施界限

从节能角度出发，密封填料调整到不漏油最松状态下最节能。但从环保和管理角度看，最松状态下抽油机运转过程中由于密封填料损耗，短时间内会出现漏油情况，不利于环保，而且不易管理，过多增加现场工人的劳动强度。

通过以上试验结果和大量的试验数据统计，制定出抽油机井密封填料松紧度实施界限：

（1）密封填料盒应不刺不漏，光杆不发热。

（2）密封填料调整至不漏油最松状态下紧30~50N·m（1~1.5圈），此时抽油机理论上应达到最佳节电和管理效果。

2.2.2 确定抽油机井皮带松紧度实施界限

由于在实际操作时不易测量标准中规定的施加压力，因此可简便采用电动机移动距离作为实施界限。通过上述现场试验和大量试验统计数据，制定4种常用的型号皮带松紧度实施界限。其余型号皮带有待以后进一步的分析确定。

（1）电动机皮带轮与减速箱皮带轮四点成一线。

（2）在安装抽油机紧带装置的前提下，以抽油机井皮带不打滑为最松点，调整电动机移动距离，使皮带适当绷紧，根据井的实际情况进行调节，如6350型皮带，调整电动机距离皮带最松点7~8mm（表1）。

表1 皮带调节标准

序　号	型　号	对应松紧度，mm
1	5380	6~7
2	6000	7~8
3	6350	7~8
4	8000	9~11

（3）伴随抽油机井的运行，皮带也随之变形拉伸，建议现场管理人员进行动态跟踪。

2.3 新标准的实施情况

量化密封填料、皮带的调节方法，可有效指导现场员工进行密封填料、皮带调节，在延长密封填料、光杆、皮带使用寿命的同时，提高了抽油机井系统效率，做到节能工作的日常化。该标准的修订具有显著的社会效益和经济效益。现已编制到《油田生产运行系统能耗节点工作手册》当中。

纵观大庆油田，抽油机井依然是油田主要采油方式，目前喇嘛甸油田有2603口抽油机井，2014年已在喇嘛甸油田4个采油矿全面推广，按此方式调整抽油机井的日常维护，2014年调整12000多井次，可为喇嘛甸油田年节约电量300×10^4kW·h，可见应用前景十分广阔。

3 几点认识

（1）Q/SY DQ0313—2011《采油岗位技能操作程序及要求》操作标准不适合采油岗位员工现场调节密封填料、皮带。

（2）抽油机井密封填料、皮带松紧度的操作，要加大现场推广力度，通过现场的应用，及时掌握标准是否适应生产实际，从而为进一步修订标准提供可靠的依据。

（3）现场试验研究表明，调整皮带、密封填料松紧度，可以达到降低抽油机井能耗、提高系统效率、节约材料损耗、减轻工人现场劳动强度的目的。

（4）开展现场技术研究过程，既是一个总结节能新技术、突破节能新手段，完善、细化已有抽油机井节能技术标准的过程，也是拓展节能空间新技术标准的过程。

（5）抽油机井管理应加大对节电潜力的分析与研究，增加节能技术含量与现场操作的实用性，充分发挥技术管理在节能工作中的作用。

参 考 文 献

[1] 卜文杰，王文秀，秦晓东．提高抽油机井系统效率的理论分析与对策措施[J]．资源节约与环保，2008(3)：1-5.

[2] 郑祖芳，袁结连，姜涛，等．抽油机皮带张紧装置可靠性设计与改进[J]．石油工业技术监督，2006，22(10)：5-9.

采油井应用对标方法进行能效优化设计研究

洪微微

（工程技术大队）

摘　要：针对传统优化设计方法存在输入数据烦琐、输出方案不唯一及理论偏离实践的操作缺陷，将对标管理的方法引入采油井能效优化设计，摒弃了以往以理论公式为主的优化设计方法，采用现场经验为主导的创新工作方法，充分利用了计算机的优点，开展能效优化设计研究，实现地面方案和综合方案两种对标方案的推理研究，最终给出地面和综合两个对标方案，实现系统能效的最优化。该方法是采油井优化设计方法的一种创新，具有广阔的发展前景。

关键词：能效对标；优化设计；标杆指标

1　能效对标的定义

能效对标是指企业为提高能源利用水平，以国际国内同行业企业为标杆，与之进行能效指标对比，查找各项能效指标差距背后的生产工艺或企业管理方面的制约因素，进而制订有针对性的提效方案，促进企业达到标杆或更高能效水平的节能实践活动。

企业能效对标涉及能效度量标准和最佳节能实践两个基本要素。能效度量标准是指能够真实客观地反映企业能源管理绩效的一套能效指标体系以及与之相应的标杆或标杆值；最佳节能实践是指国际国内同行业节能先进企业在能源管理中所推行的有效的节能管理和技术措施。

2　能效对标优化设计的意义

传统的单井优化设计方法存在以下操作缺陷：一是输入数据烦琐。优化时需要输入油层、设备、管柱及目前生产水平等一系列50余个相关数据，单井优化有效时间平均50min。二是输出方案不唯一。优化后需要进一步结合现场实际情况，在众多方案中凭经验挑选出最优方案，操作上没有确凿的依据和规律。三是措施后现场反馈存在弊端。一方面输出方案存在应用组合杆的情况，总结现场经验，应用组合杆结构会严重影响杆管偏磨，不予采取；另一方面，输出方案还存在泵挂深度不合理、换大泵未考虑换新杆管增加费用等问题。

将对标管理的方法引入采油井能效优化设计，摒弃了以往以理论公式为主的优化设计方法，采用现场经验为主导的创新工作方法，充分利用计算机运算速度快、推理精准、数据吞吐量大的优势，解决人工选优过程中遇到的障碍与困难，从大量繁杂、无序的数据中，按规定的标准推理出标杆井，再按一定约束将措施井进行对标调参，实现系统能效的最优化。事实证明，该方法在油田企业尚属首例，这是采油井优化设计方法的一种创新，具有广阔的发展前景。

3 能效对标优化设计的工作原理及规范

3.1 工作原理

研究以系统效率最高为目标，以实现最大产能、合理沉没度为约束条件，选取系统效率较小的井采取措施，措施井以标杆井为目标，与其进行生产参数、设备参数、生产制度等标杆指标的对标，以此对措施井进行参数、设备的对标调整，最终直接形成实现节能、提效的优化设计方案。

3.2 标杆指标的选取规范

3.2.1 标杆指标确定原则

选择确定指标一是要能够反映企业整体能源利用状况能效水平，能够涵盖全部生产流程的指标；二是能够反映主要工艺流程、环节或设备能效水平的指标，多工序能耗主要设备的能源利用效率等指标；三是重要工序设备等的关键性工艺参数指标。

对标指标标准的确定具体遵循以下原则：

（1）基准值一般是企业最近几年的平均值或最高值，也可能是设备的设计值或经设备性能试验确定的额定工况值。

（2）基准值一般是同行业的平均水平或先进水平，也可以用国家、行业标准的限定值、节能平均值。

3.2.2 标杆指标的确立

根据现场的实践经验，在诸多影响油井系统的因素中，重点选取三大类指标6个要素建标：一是采油系统能耗指标；即百米吨液单耗、系统效率；二是终端设备能效指标；即泵效、功率因数；三是机采管理指标；即冲程利用率、沉没度。

通过前期大量调研工作，各要素边界条件的默认参考值为：0<百米吨液单耗≤平均值，平均值≤系统效率≤60%，平均值≤泵效≤88%，平均值≤功率因数≤1，平均值≤冲程利用率≤100%，250m≤沉没度。为满足油田发展及不同区域的实际需要，边界条件可以重新进行调整(图1)。

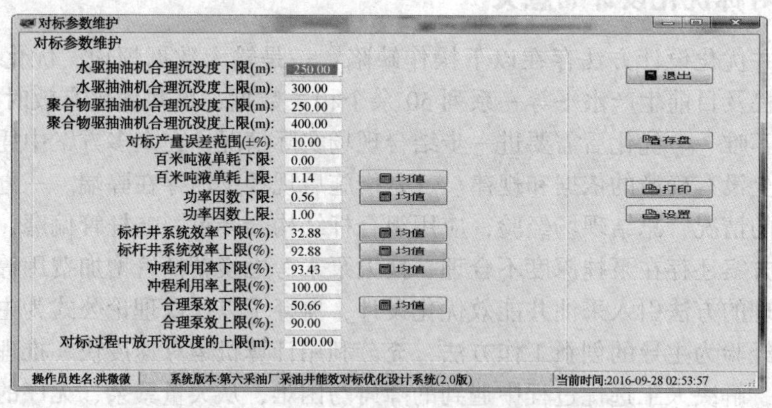

图1 对标边界条件参数维护界面

4　能效对标优化设计的工作机制

4.1　对标方式

合理沉没度是机采井工作制度中的重要内容，其目的是以较小的能耗获得最大产量，对提高油井的系统效率具有重要意义，为此，能效对标优化设计将选取合理沉没度这一指标开展工作。前期对喇嘛甸油田的合理沉没度进行了深入的调研分析，确定了符合油田实际的合理沉没度范围：水驱抽油机井的合理沉没度范围为250~300m；聚合物驱抽油机井合理沉没度范围为250~400m。

根据现场的实践经验，措施井按沉没度在合理范围、沉没度小于合理沉没度的下限、沉没度大于合理沉没度的上限三个层次开展对标。在此基础上分层次推理，给出对标结果。针对以上的三种对标方式，最终实现地面方案(地面调参)和综合方案(整体调参)两种对标方案。

4.2　对标机制

4.2.1　沉没度在合理范围内对标的工作机制

按水驱或聚合物驱开展七级对标，最终给出地面和综合两个对标方案(图2)。

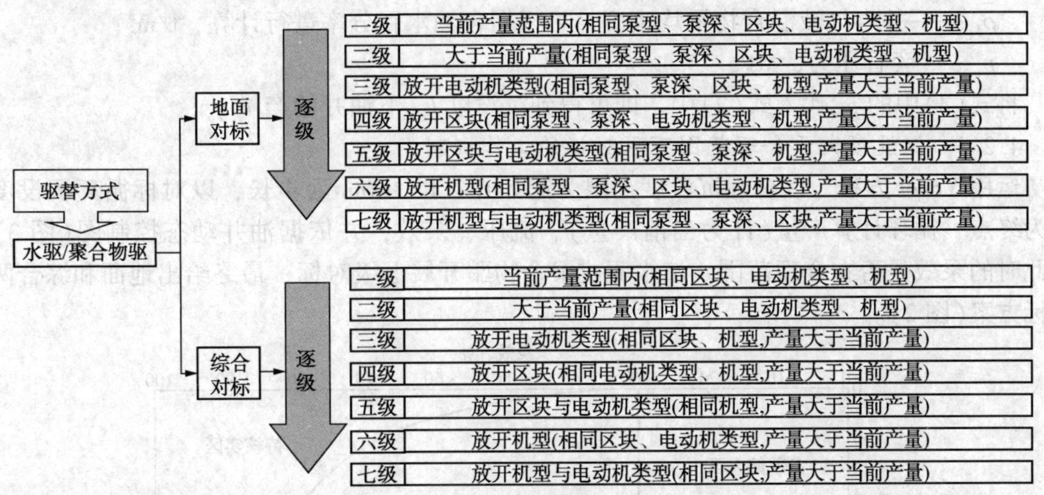

图2　七级对标推理机制流程图

4.2.2　沉没度小于合理范围下限对标的工作机制

运用Vogel方程，按合理沉没度的下限计算产量(计为当前产量)、流压、泵效，并依据油井动态控制图(图3)判断此时的泵效是否在合理范围。按水驱或聚合物驱开展七级对标，最终给出地面和综合两个对标方案(图2)。

已知油藏压力 p_r 及一个测试产量流压 $p_{wf(test)}$ 时的产量 $q_{o(test)}$ 时，应用Vogel方程绘制IPR曲线的步骤如下。

计算 q_{omax}：

$$q_{omax}=\frac{q_{o(test)}}{1-0.2\times\frac{p_{wf(test)}}{p_r}-0.8\left(\frac{p_{wf(test)}}{p_r}\right)^2} \tag{1}$$

给定不同流压，用下式计算相应的产量 q_o：

$$q_o=\left[1-0.2\times\frac{p_{wf}}{p_r}-0.8\left(\frac{p_{wf}}{p_r}\right)^2\right]q_{omax} \tag{2}$$

抽油机井正常生产时，泵吸入口以上的油套环形空间不会产生液体流动。因此，由于油水密度差而发生重力分离，使油套环形空间划分为气柱段、纯油段(进油口以上，气柱段以下)和油水混合液段(进油口至油层中部深度)。

这时的井底流压可近似地用下式表示：

$$p_{wf}=0.00981\{[(D_m-D_o)\overline{\rho}_{Lg}+h_s\overline{\rho}_o]+p_c\} \tag{3}$$

式中 p_{wf}——流压，MPa；

D_m——油层中部深度，m；

D_o——泵挂深度，m；

h_s——动液面到泵挂距离，m；

$\overline{\rho}_o$——吸入口以上环形空间油柱的平均密度，可采用地面脱气原油密度和地下原油密度的平均值，t/m³；

$\overline{\rho}_{Lg}$——井内气液混合物平均密度，可根据含油水百分率进行计算，t/m³；

p_c——套管压力，MPa。

将式(3)中的 p_{wf} 代入式(2)中，即可得到沉没度 $h_{沉}$ 下油井的产量 q_o。

4.2.3 沉没度大于合理范围下限对标的工作机制

运用 Vogel 方程，以合理沉没度上限为起始点，以 100m 为步长，以对标循环沉没度上限为终点，循环计算产量(计为当前产量)、流压、泵效，并依据油井动态控制图(图 3)判断此时的泵效是否在合理范围。按水驱或聚合物驱开展七级对标，最终给出地面和综合两个对标方案(图 2)。

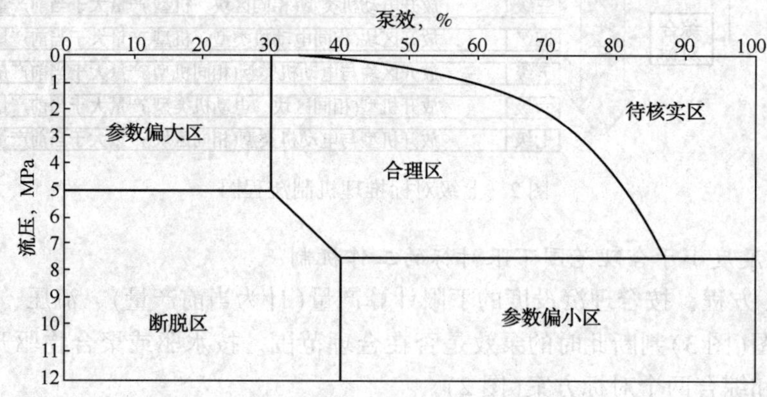

图 3 抽油机动态控制图版

5 能效对标优化设计的运用

运用能效对标优化设计的工作机制，开发了采油井能效对标优化设计软件，运用该软件提取抽油机井基础数据 1880 口，共形成 3922 井次可执行方案。以 L10-PS2201 井为例，该井基本情况：北东块一区，聚合物驱驱替方式，沉没度为 300.02m 在合理范围内，通过上述推理方法开展对标，给出了地面和综合两个对标方案，如图 4 和图 5 所示。

地面对标方案：标杆井为 L9-PS2203，对标方式为 4 级，冲次由 6 次/min 调到 4 次/min，电动机由 FA280M-8 型 45kW 调到 TNM250M-8 型 30kW，预计系统效率可以提高 17.15 个百分点。

综合对标方案：标杆井为 L10-AS2223，对标方式为 4 级，泵径由 70mm 调整为 57mm，泵挂深度上提 80m，电动机由 FA280M-8 型 45kW 调到 TNM250M-8 型 30kW，预计系统效率可以提高 20.5 个百分点。

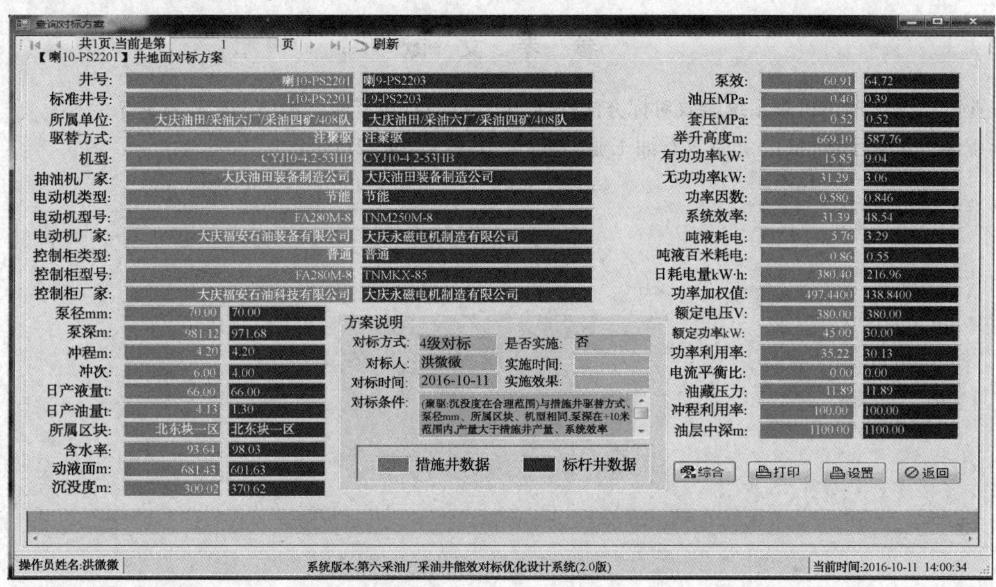

图 4　L10-PS2201 井的地面对标方案

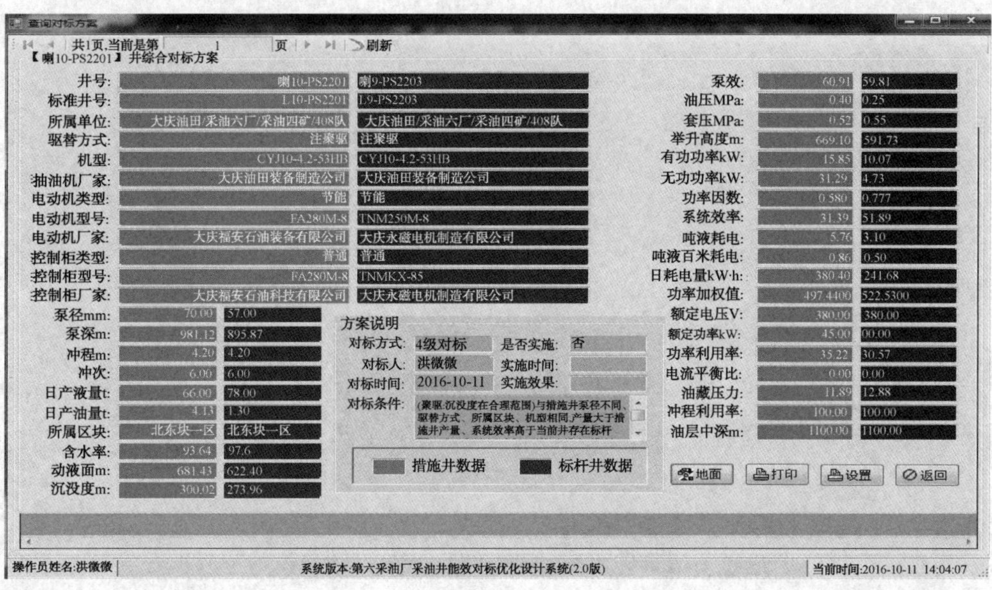

图 5　L10-PS2201 井的综合对标方案

6 结论与认识

（1）采油井应用对标方法进行能效优化设计，克服了传统优化设计围绕理论公式计算为指导的弊端，实现了通过对标方法直接给出优化实施设计方案。

（2）将对标管理的方法引入采油井能效优化设计是一种创新，具有广阔的发展前景。

（3）采油井应用对标方法进行能效优化设计，采取不同驱替方式下的七级对标，实现地面方案（地面调参）和综合方案（综合调参）两种对标方案的研究。

参 考 文 献

[1] 王业开．大庆油田机采系统能效对标方法探讨[J]．石油石化节能，2013，7(3)：3-5.

[2] 李虞庚．试井手册[M]．北京：石油工业出版社，1992：208-211.

超长冲程采油技术研究与应用

李　季

（工程技术大队）

摘　要：伴随着聚合物驱开发，杆、管偏磨逐年加剧，杆、管偏磨断脱检泵率高，检泵周期短，检泵原因构成占比最高。理论研究表明，冲次增加，会导致轴向压力增大，临界压力减小，当冲次大于6.7min^{-1}时，轴向压力大于临界压力，易发生偏磨。而在用的塔架式抽油机最大冲程仅为8m，未能实现“长冲程、低冲次”采油。为此，开展超长冲程采油技术应用研究，通过对超长冲程抽油泵研究、柔性抽油杆研究及地面举升设备等研究，最终实现将柔性采油设备与抽油泵优势相结合，地面采用柔性采油设备，井下采用超长冲程抽油泵，冲程可达100m，以实现真正意义上的“长冲程、低冲次”采油模式，达到延长偏磨断脱井检泵周期、降低运行能耗的目的。

关键词：偏磨；长冲程；低冲次；现场试验

针对高冲次导致杆、管偏磨加剧的问题，塔架式抽油机可实现最大冲程8m，仍没有实现真正意义上的长冲程，且存在一次性投入大的缺点。而智能提捞机虽能实现超长冲程，但因其泵工作原理的局限性导致泵高效期短、捞油效率低且下行易遇阻。

为此，开展超长冲程采油技术应用研究，将柔性采油设备与抽油泵优势相结合，地面采用柔性采油设备(图1)，井下采用超长冲程抽油泵(图2)，冲程可达100m，真正实现“长冲程、低冲次”采油，达到延缓杆、管偏磨，节约成本的目的。

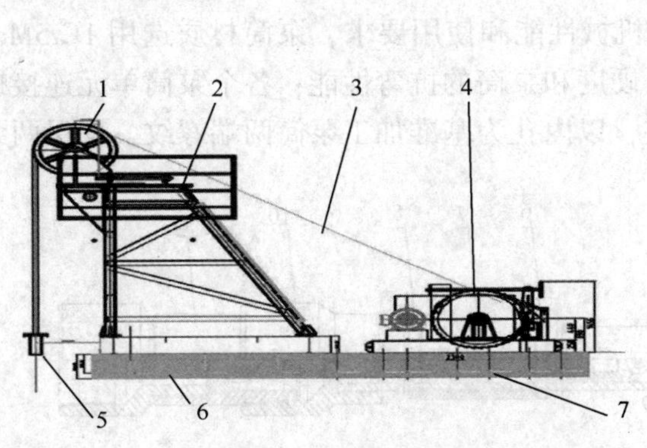

图1　柔性采油设备示意图

1—天车轮总成；2—机架总成；3—柔性光杆；4—动力系统总成；5—直通双密封可调芯密封盒总成；6—基础；7—地脚螺栓

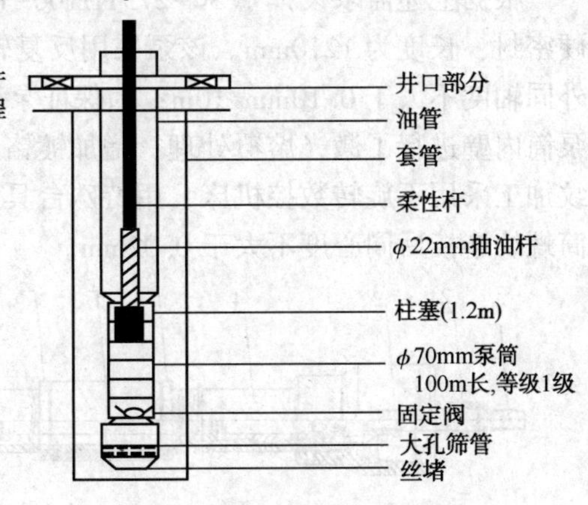

图2　超长冲程抽油泵井下示意图

1 超长冲程抽油泵研究

1.1 超长冲程抽油泵对产液量的适应性研究

通过统计计算，以平均采出液浓度为 325mg/L 作为泵确定间隙的标准，确定其为Ⅰ级整筒泵，Ⅱ级泵间隙，同时在泵筒内部通过激光熔覆技术添加内涂层，确保生产过程中的漏失量满足要求且不发生下行遇阻等问题。

为使该泵能满足生产需要，能够满足理论排量 50~100m³的要求，根据理论排量公式 $V=\frac{\pi}{4}D^2S$，得出 $Q_{理}=1440Vn=KSn$，其中常数 K 当泵径为 ϕ57mm 时 $K=3.67$，当泵径为 ϕ70 时为 $K=5.54$。通过计算可得表 1。

表 1 计算泵理论排量相关数据表

理论排量，m³	50		100	
泵径，mm	ϕ57	ϕ70	ϕ57	ϕ70
冲次，h^{-1}	8.17	5.42	16.3	10.8
每个冲程用时，min	7.35	11.1	3.68	5.55
柔性杆平均速度，m/s	0.45	0.3	0.9	0.6

由表 1 内数据可知，冲程 S 为 100m，假设在不存在间抽的情况下，当最小理论排量为 50m³时，若选用泵径为 ϕ57mm，则柔性杆平均运行速度为 0.45m/s；若选用泵径为 ϕ70mm，则柔性杆平均运行速度为 0.3m/s。当最大理论排量为 100m³时，若选用泵径为 ϕ57mm，则柔性杆平均运行速度为 0.9m/s；若选用泵径为 ϕ70mm，则柔性杆平均运行速度为 0.6m/s。在用的智能提捞机柔性杆的平均运行速度在 0.5~0.75m/s 之间，因此满足理论排量 50~100m³的要求，当产液量较低时也可考虑实施间抽生产，既可保证正常的理论排量，同时又能进一步节能。

1.2 超长冲程抽油泵设计

根据上述需求设计了 30-275TH100-1.2 重球×100m 超长冲程抽油泵(图 3)，柱塞采用硬密封，长度为 1210mm。该泵采用反复轧拔工艺，以解决泵筒内外壁等壁厚问题，泵筒内外同轴度不大于 0.10mm/10m；为保证泵筒的机械性能和使用要求，泵筒材质选用 1Cr5Mo；泵筒内壁进行了激光熔覆处理，增加镀铬底层硬度和泵筒的抗弯性能；各个泵筒单元连接螺纹加工采用不旋转数控机床，用特殊台具卡装，以内孔为基准加工泵筒两端螺纹，确保两泵筒螺纹连接后同心度不大于 0.02mm。

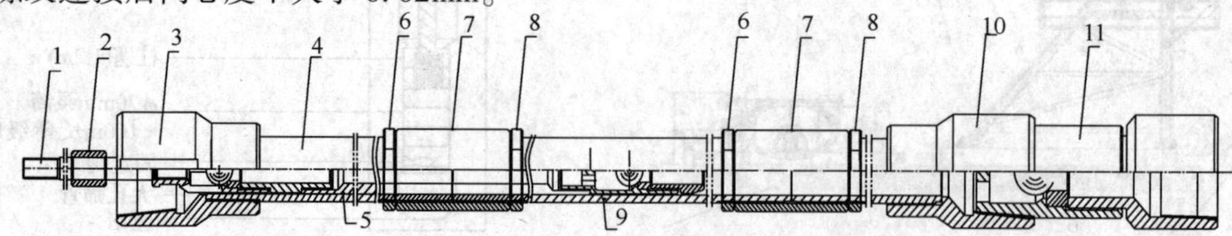

图 3 30-275TH100-1.2 重球×100m 超长冲程抽油泵示意图

1—拉杆；2—拉杆扶正套；3—泵筒接头；4—上泵筒；5—柱塞总成；6，8—锁紧螺母；7—连接泵筒接箍；9—下泵筒；10—泵筒接头；11—固定阀球总成

为了使超长冲程抽油泵在高温、有蠕动的井下能保持良好的同心度，该超长冲程抽油泵采用了膨胀系数极低的进口特种合金材料的无缝钢管作为泵筒的主体，并且在泵体的内表面采用激光熔覆特殊处理。在连接的螺纹处采用了多元共渗技术，并且在加工接箍时采用了高精度的旋转夹头，使加工的接箍同心度小于 0.01mm。

1.3 超长冲程抽油泵室内漏失量测试

(1) 配合间隙漏失量检测试验的介质选择为 GB 252 中的 10#轻柴油，20℃时其运动黏度为 3~8mm^2/s。

(2) 将组合柱塞放进泵筒内，一端接上试压接头，另一端旋入专用堵头，将泵置于水平位置打压 10MPa，稳压 3min 后测漏失量。

得到 ϕ70mm 泵漏失量为 980mL/min，达到二级整筒泵漏失量标准的要求。

2 柔性抽油杆研究

2.1 理论计算

由于智能提捞机大部分时间处于匀速运行，速度较低，因此，只考虑静载荷与摩擦载荷。

2.1.1 静载荷

静载荷包括抽油杆柱载荷、作用在柱塞上的液柱载荷、沉没压力对悬点载荷、井口回压对悬点载荷几部分。

(1) 抽油杆柱载荷。

上冲程：$W_r = f_r \rho_s gL = q_r gL$(即杆柱在空气中的重力)

下冲程：$W'_r = f_r L(\rho_s - \rho_l) g = q'_r Lg$(即杆柱在液体中的重力)

式中 W_r——抽油杆柱在空气中的重力；

f_r——抽油杆的截面积；

ρ_s——抽油杆的密度；

g——重力加速度；

L——抽油杆的长度；

q_r——每米抽油杆在空气中的重力；

W'_r——抽油杆柱在液体中的重力；

ρ_l——井中液体的密度；

q'_r——每米抽油杆在液体中的重力。

(2) 作用在柱塞上的液柱载荷。

上冲程：游动阀关闭，作用在柱塞上的液柱载荷为 $W_l = (f_p - f_r) L\rho_l g$

下冲程：游动阀打开，液柱载荷作用于油管，而不作用于悬点 $W_l = 0$。

式中 W_l——作用在活塞上的液柱压力；

f_p——活塞的截面积；

f_r——光杆的截面积。

(3) 沉没压力(泵口压力)对悬点载荷的影响。

上冲程：在沉没压力作用下，井内液体克服泵入口设备的阻力进入泵内，此时液流所具有的压力即为吸入压力。吸入压力作用在柱塞底部产生向上的载荷：

$$P_i = p_i f_p = (p_n - \Delta p_i) f_p = (p_c + \rho g h_f - \Delta p_i) f_p$$

式中 p_n——沉没压力；

Δp_i——进阀阻力；

ρ——原油密度。

下冲程：吸入阀关闭，沉没压力对悬点载荷没有影响。

(4) 井口回压对悬点载荷的影响。

液流在地面管线中的流动阻力所造成的井口回压对悬点将产生附加载荷。

2.1.2 摩擦载荷(F)

摩擦载荷共有五部分，分别为抽油杆柱与油管的摩擦力、柱塞与衬套之间的摩擦力、液柱与抽油杆柱之间的摩擦力、液柱与油管之间的摩擦力、液体通过游动阀的摩擦力。

上冲程主要受杆管、柱塞与衬套、管液摩擦力影响，增加悬点载荷。

下冲程主要受杆管、柱塞与衬套、杆液、阀阻力影响，减小悬点载荷。

2.2 杆径优选

拟定1000m泵挂井，泵径为ϕ70mm，沉没度为500m，按照最大载荷计算，井口100m为柔性杆，井下900m为ϕ22mm钢制抽油杆，ϕ22mm钢制抽油杆每米质量为3.136kg，柔性连续抽油杆每米质量为1.5kg。

上冲程最大载荷：$P_{杆}+P_{液}+F_{摩擦}=29.6\text{kN}+34.6\text{kN}+3.2\text{kN}=67.4\text{kN}$($F_{摩擦}$按总载荷的5%取值)

现智能提捞机在用柔性杆中纯钢丝直径为ϕ10mm，不能满足该最大载荷要求。因此，需要将柔性杆中的纯钢丝直径增加至ϕ16mm，整体杆直径为ϕ30mm。其最大破断拉力为720kN，满足安全系数大于4的使用条件。

同时，将原有的柔性杆由普通的高分子材料包裹改进为外部编织钢丝网，涂覆高分子材料，提高耐磨、抗腐蚀性能，同时有利于井口密封。

改进前

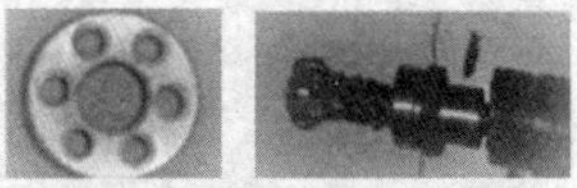

改进后

图4 连接方式由插接改为压接

2.3 柔性杆与加重杆连接方式优选

柔性杆与接头的连接更改以往的插接方式，采用整体压接的方式，实现其均匀受力，提高其抗拉强度，经过室内疲劳及抗拉强度测试，接头破断拉力为280kN，能够满足井内的高强度需要(图4)。

3 地面设备研究及改进

在用的智能提捞机整体机身无法满足下入超长冲程抽油泵的要求，需要更换钢丝绳、电动机、天车轮、传动链条等设备。因此，在借鉴原智能提捞机的基础上对柔性采油设备进行改造，使其整体机身的承载力更大，且电动机直接连接减速器，由减速器通过电动机连接滚筒，滚筒带动柔性光杆运动，减少了多链条连接在动力传递过程中的能量损失，减少了故障发生。同时，其具备冲程、冲次无级调整，其运行速度范围为0.01~0.45m/s，自动启停机、过载、欠载飘绳保护、实时监测等功能，可根据油井的实际情况对冲程、冲次、泵径等进行灵活调整匹配，以满足油井不同排量需求(表2)。

表 2　柔性采油设备改造情况

序　号	项　目	改进前	改进后
1	传动系统	链条传动，易断	使用变速箱，齿轮传动
2	制动系统	配重带动刹车制动	电动机制动与滚筒锁止
3	控制系统	普通控制，换向冲击大	柔性控制，绳速可调整
4	井头大轮	直径 0.6m，钢丝绳弯曲变形	直径增大到 1.05m

同时，对智能控制柜进行改进，改进后的智能控制柜具有柔性控制技术。由对比曲线(图 5)可以看出，实现了柔性启动、变速控制、平稳运行，解决了启停时无缓冲作用而使柔性杆易断的问题。

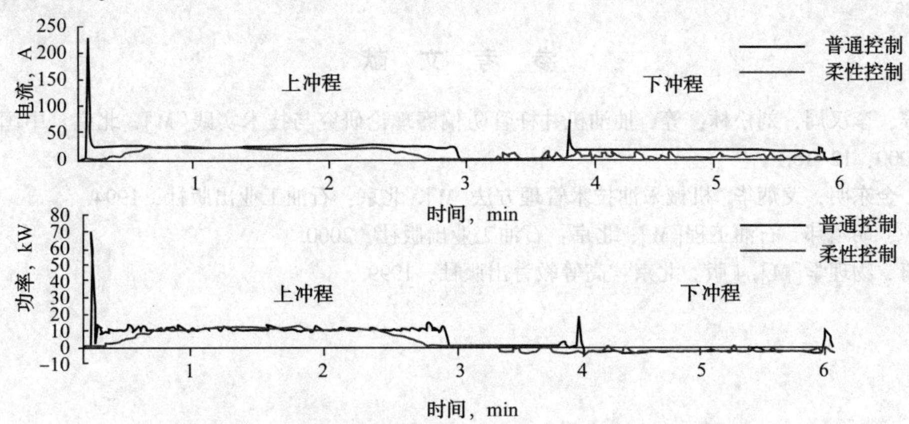

图 5　柔性控制与普通控制电流及功率变化曲线

4　现场试验

选取喇 9-2501 井作为试验井，该井原为 CYJY10-3-53HB 抽油机。日产液 24t，日产油 0.5t，含水率为 97.9%，泵效为 71.75%，冲程为 2m，冲次为 5min^{-1}，泵深 998m，沉没度为 618m，日耗电 164kW · h。

该井于 2016 年 7 月 27 日柔性采油设备投产，投产后通过几次调整运行速度及调试，现冲程变为 42.6m，冲次为 0.168min^{-1}，产量为 39t/d，泵效提高了 26.6 个百分点，日耗电降低了 34kW · h，系统效率提高了 12.9 个百分点(表 3)。

表 3　喇 9-2501 井试验前后数据对比表

井号	措施前后	下泵深度 m	泵径 mm	产量 t/d	冲程 m	冲次 min^{-1}	泵效 %	沉没度 m	功率 kW	系统效率 %	动液面 m	日耗电 kW · h
喇 9-2501	措施前	998.4	57	24	1.98	4.6	71.75	618	6.83	15.14	380	164
	2016.08.09	998.4	70	24.37	50	0.133	66.01	868	2.94	12.21	130	71
	2016.08.16	998.4	70	24	41.8	0.137	75.61	818	3.55	13.80	180	85
	2016.08.18	998.4	70	28	42.6	0.141	84.46	788	4.30	15.52	210	103
	2016.09.01	998.4	70	33	42.6	0.148	94.40	709	5.01	21.59	289	120
	2016.09.19	998.4	70	35	42.6	0.158	93.88	644	5.35	26.28	354	128
	2016.10.10	998.4	70	39	42.6	0.168	98.38	656.4	5.40	28.02	342	130

5 结论与认识

（1）超长冲程智能采油配套技术研究，真正意义上实现了“长冲程、低冲次”采油模式（冲程形成100m以上等多种规格系列，冲次低至0.14min^{-1}），彻底改变了传统采油模式（最长冲程8m，冲次6min^{-1}以上）。

（2）由于该技术实现了低冲次采油，偏磨断脱检泵周期将大幅度延长，在控制机采井检泵率上有很好的应用前景。

（3）与普通抽油机井对比日耗电降低了34kW·h，系统效率提高12.9个百分点，节电效果显著。

参 考 文 献

[1] 杨海滨，李汉周，刘松林，等．抽油机井杆管防偏磨理论研究与技术实践[M]．北京：中国石化出版社，2000：12-15.

[2] 李青，金东明，戈炳华．机械采油技术管理方法[M]．北京：石油工业出版社，1994.

[3] 陈涛平，胡靖邦．石油工程[M]．北京：石油工业出版社，2000.

[4] 马文蔚．物理学[M]．4版．北京：高等教育出版社，1999.

抽油机井变速运行对能效的影响

王永强

（工程技术大队）

摘　要： 随着油田进入中、高含水开发期，为确保增加油井的产量，机械采油系统的能耗费用成本急剧增加。抽油机井在整个机械采油系统中占有很大比例，因此，抽油机井系统工作特性差和系统效率低成为保证产量、降低采油成本亟待解决的问题。根据抽油机的结构特点，通过建立抽油机井优化运行控制模型，尤其是曲柄转角速率变化规律，提出一种抽油机井变速优化运行理论，确定抽油机井最佳的变速比方案，实现油井单耗降低，并通过现场试验测试抽油机井变速运行的能耗变化，确定调节抽油机井变速运行参数的合理范围，确定了其变化规律及效果。

关键词： 抽油机；变速；上快下慢

抽油机作为最常用的机械采油设备，具有可靠性高、使用寿命长、维修方便等优势，但是由于运行过程中负载具有冲击性的周期交变特点，启动转矩大，曲柄的角度时刻变化，因此也存在着高能耗的缺点。常规的游梁平衡抽油机，在平衡率接近 1 时的近绝对平衡点，上下冲程耗时一致；而各种异形抽油机（如异相抽油机）则在基本平衡的条件下上行时间短于下行时间，会产生节能的效果。

对于黏度大的油井，因原油黏度上升，驴头、光杆等部件会运行不畅，通过调节冲程频次和选用上快下慢的开采工艺，能保证抽油机井的有效运行，确保油井长期稳产。

1　曲柄运动中的变速度计算

抽油机井变速运行计算主要需对抽油机井杆柱瞬时速度进行计算，从而保证抽油机井产量的准确计算。根据抽油机生产参数，其理论产量的计算方法见式（1）：

$$Q_{th}=1440FSn \tag{1}$$

式中　Q_{th}——油井理论产量，m^3/d；

F——抽油泵柱塞截面积，m^2，$F=\frac{\pi}{4}D^2$；

D——泵柱塞直径，m；

S——悬点冲程，m；

n——悬点冲次，min^{-1}。

其中，当上下冲程变速运行时，n 为等效的悬点冲次，即 $n=n_{eq}$，其等效计算方法见式（2）：

$$n=n_{eq}=\frac{60\omega_{up}\omega_{down}}{\theta_{up}\omega_{down}+\theta_{down}\omega_{up}} \tag{2}$$

式中　ω_{up}、ω_{down}——上、下冲程时，电动机对应的旋转角速度，rad/s；

θ_{up}、θ_{down}——上、下冲程时，曲柄对应转过的角度，rad。

当抽油机匀速运行时的冲次为 n 时，对应的每个冲程一个循环所用的时间 t 为：

$$t=\frac{60}{n} \tag{3}$$

与 n 相同的一个循环周期时，上冲程冲次 n_{up} 与下冲程冲次 n_{down} 计算方法如下：解方程组(4)，计算式(5)和式(6)得到 n_{up} 与 n_{down}。

$$\begin{cases} x+y=t \\ \dfrac{z}{x}/\dfrac{360-z}{y}=c \end{cases} \tag{4}$$

式中　x——上冲程所用时间，s；

y——下冲程所用时间，s；

z——上冲程曲柄转过的角度，(°)；

则可推导上、下冲程中曲柄角速度的计算方法，见式(5)和式(6)。

$$\begin{cases} \omega_{up}=\dfrac{z\pi}{180x} \\ \omega_{down}=\dfrac{(360-z)\pi}{180y} \end{cases} \tag{5}$$

$$\begin{cases} n_{up}=\dfrac{30\omega_{up}}{\pi} \\ n_{down}=\dfrac{30\omega_{down}}{\pi} \end{cases} \tag{6}$$

2　现场测试数据对比

为验证理论计算与现场的拟合情况，在7-2418井进行了变速运行试验，其抽油机型号为CYJY10-4.2-53HB，泵挂904.78m，泵径70mm，杆柱25mm。现场调整变速运行的测试数据见表1。

表1　抽油机井变速运行现场测试数据

序号	冲程 m	冲次 min^{-1}	产液量 m^3/d	含水率 %	动液面 m	油压 MPa	套压 MPa	百米吨液耗电 kW·h	上下冲程速度比
1	4.2	5	69.2	90.1	598	0.51	0.8	0.62	1.0
2	4.2	5	76.8	90.1	587	0.51	0.82	0.53	1.67
3	4.2	5	75.2	90.1	595	0.51	0.8	0.53	2.29
4	4.2	5	83	89	662	0.53	1.1	0.48	1.0
5	4.2	5	80	89.5	640	0.52	0.8	0.47	1.18
6	4.2	5	78	90.3	600	0.57	0.8	0.53	1.33

依据该井的实际生产参数理论计算对应变速运行结果，见表2。

表2 抽油机井变速运行理论计算结果

序号	ω_{up}	ω_{down}	$\omega_{up}/\omega_{down}$	系统效率	百米吨液耗电，kW·h
1	0.52	0.52	1.00	43.68	0.62
2	0.69	0.42	1.67	46.68	0.58
3	0.84	0.37	2.29	42.79	0.64
4	0.52	0.52	1.00	54.09	0.50
5	0.57	0.48	1.18	52.47	0.52
6	0.61	0.45	1.33	49.48	0.55

理论计算与现场测试结果对比见表3。

表3 理论计算与现场测试结果对比

序号	理论计算上下冲程速度比	理论计算单耗，kW·h	现场测试上下冲程速度比	现场测试单耗，kW·h
1	1.0	0.62	1	0.62
2	1.18	0.52	1.18	0.47
3	1.33	0.55	1.33	0.53
4	1.67	0.58	1.67	0.53
5	2.29	0.64	2.29	0.53

由表3数据的对比分析，绘制出上下冲程速度比与百米吨液耗电的函数关系，如图1所示。

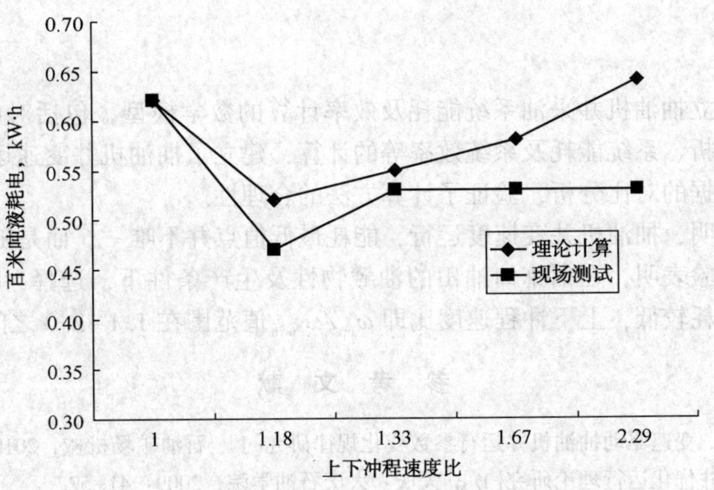

图1 上下冲程速度比与百米吨液耗电函数关系图

由图1可以看出，理论计算结果与现场测试结果趋势相同。分析表明，调节抽油机上下冲程速度比，可以提高原油在泵中的充满度；尤其是适当提高上冲程的速度，减少了提升过程中的漏失量，有效地提高了单位时间内的原油产量，从而取得节电的效果。

3 变速运行最佳低耗点的漂移

为进一步寻找抽油机井在不同生产参数下的变速运行最佳点，分别在动液面深度为 800m、500m 和 300m 时，$\omega_{up}/\omega_{down}$ 值在 1.1~1.2 之间变化时，计算系统效率和百米吨液耗电值，绘制百米吨液耗电与 $\omega_{up}/\omega_{down}$ 的函数关系，如图 2 所示。

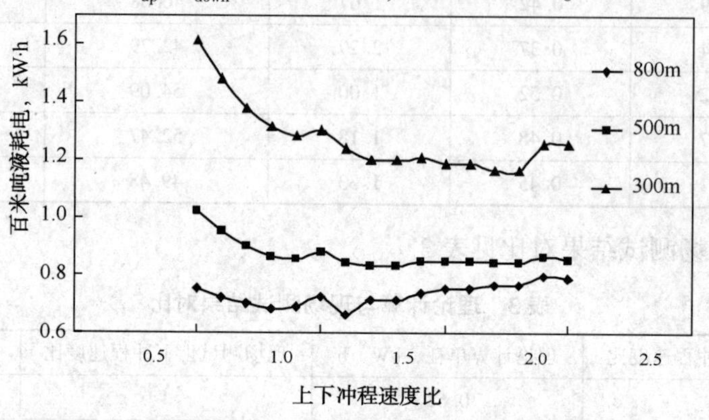

图 2 百米吨液耗电与上下冲程速度比的函数关系图

由图 2 可知，在该试验井设备参数条件下，动液面在 800m、500m 时，$\omega_{up}/\omega_{down}$ 值在 1.1~1.2 之间时，抽油机的系统效率较高，百米吨液耗电较低。动液面在 300m 时，$\omega_{up}/\omega_{down}$ 值在 1.7~1.8 之间时百米吨液耗电较低。计算表明，抽油机井变速运行时，抽油机井能耗的最低值点虽然上下冲程速度比始终大于 1.0，但最低值并不固定，而是随动液面由深到浅的变化逐渐向速度比高值处漂移。

4 结论

（1）通过建立抽油机井采油系统能耗及效率计算的数学模型，包括对曲柄轴运行速度、悬点运行规律分析、系统能耗及系统效率等的计算，建立了抽油机井变速运行计算方法，通过与现场实测数据的对比分析，验证了计算方法的合理性。

（2）计算表明，抽油机井变速度运行，能耗最低值点并不唯一，而是随油井动液面的变化逐渐变化。试验表明，在喇嘛甸油田的油藏物性及生产条件下，选择“上快下慢”变速运行时，油井的能耗较低，上下冲程速度比即 $\omega_{up}/\omega_{down}$ 值范围在 1.1~2.0 之间。

参 考 文 献

[1] 姜民政，王慧．变速驱动抽油机井运行参数变化规律研究[J]．石油矿场机械，2010，39(10)：81-83.

[2] 赵洋．抽油机井优化运行理论研究[D]．大庆：大庆石油学院，2009：41-52.

[3] 魏延富，陈祥光，孙大奎，等．SURF 抽油机运行优化控制技术节能测试研究[J]．石油石化节能，2012(1)：4-5.

[4] 栾国华，冯华健，杨志．应用电机变速运动优化机抽井的产液量[J]．国外油田工程，2008，24(11)：22-26.

抽油机井防喷锚定一体化工艺技术研究

梁　猛

（工程技术大队）

摘　要：随着新《中华人民共和国环境保护法》的颁布实施，给油井清洁作业生产提出了更高的要求，针对抽油机井作业防喷技术问题，开展了抽油机井防喷锚定一体化工艺技术研究与应用，防喷锚定一体化工具由丢手封隔装置、支撑装置、防喷浮子开关等部件构成，作业时将丢手封隔装置、支撑装置、防喷浮子开关依次连接抽油泵下，下入预设深度后，通过上提下放管柱使支撑装置锚定，再下压油管完成封隔装置坐封及丢手接头丢开等动作；二次作业时，上提生产管柱带动防喷浮子开关捅杆上行，浮子开关关闭，实现防喷目的。现场应用表明：防喷锚定一体化工艺技术性能可靠；浮子开关打开、关闭性能良好，实现防喷目的。

关键词：抽油机井；套管；防喷；锚定

2015 年，新《中华人民共和国环境保护法》的颁布实施，给油井清洁作业生产提出了更高的要求，针对抽油机井作业防喷技术问题，目前在用的主要防喷工具为654-ⅢD 滑套式防喷开关，由于井液腐蚀作用及开关滑套处结垢情况，导致作业时开关关闭动作失效，现场应用效果不理想。为此，开展抽油机井防喷锚定一体化工艺技术研究，即防喷管柱与生产管柱同步下入井内，并完成防喷工艺管柱的锚定、密封胶筒的坐封及与生产管柱的分离。

1　结构与工作原理

1.1　防喷锚定一体化装置结构

抽油机井防喷锚定一体化装置主要由三部分构成，分别为丢手封隔装置、支撑装置、防喷浮子开关。丢手封隔装置、支撑装置、防喷浮子开关依次连接抽油泵下，将防喷浮子开关捅杆上端外螺纹接在丢手封隔装置下端内螺纹处，将支撑装置连接在丢手封隔装置下端外管螺纹处，将防喷开关装置接在支撑装置下端，防喷锚定装置连接如图 1 所示。

1.2　防喷锚定一体化装置工作原理

下井应用时，油管、抽油泵、防喷锚定一体化装置、尾管依次连接。防喷锚定一体化装置与生产管柱同时下井，与654-ⅢD 滑套式防喷开关相比，减少一趟丢手管柱及协调泵车打压释放工序，管柱连接如图 2 所示。工作原理：当工具下入井内预设深度后，通过上提下放生产管柱使支撑装置坐封，再下压管柱使丢手封隔装置胶筒撑开，并完成丢手动作，实现生产管柱与防喷管柱的分开，上提生产管柱，带动捅杆机构上行，防喷浮子开关关闭，即实现防喷目的。

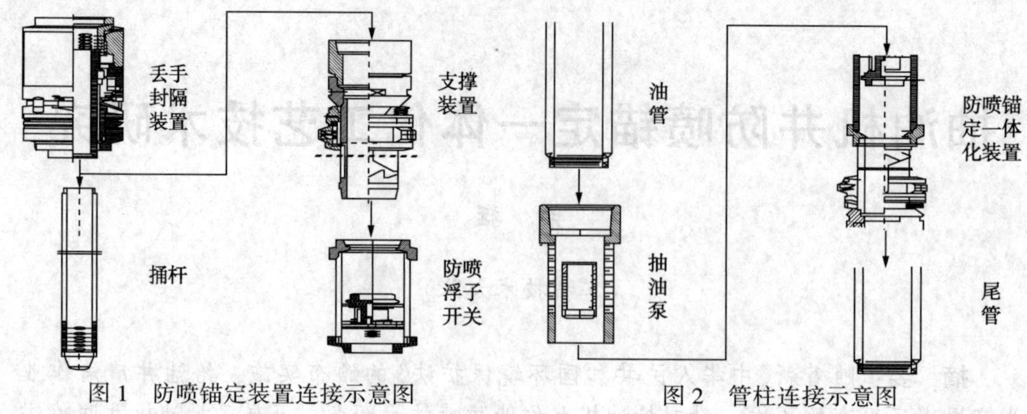

图1　防喷锚定装置连接示意图　　　　图2　管柱连接示意图

2　工具结构设计

2.1　丢手封隔装置结构设计

丢手封隔装置即在 Y211-114 封隔器基础上进行改进，主要增加丢手机构，结构如图 3 所示。

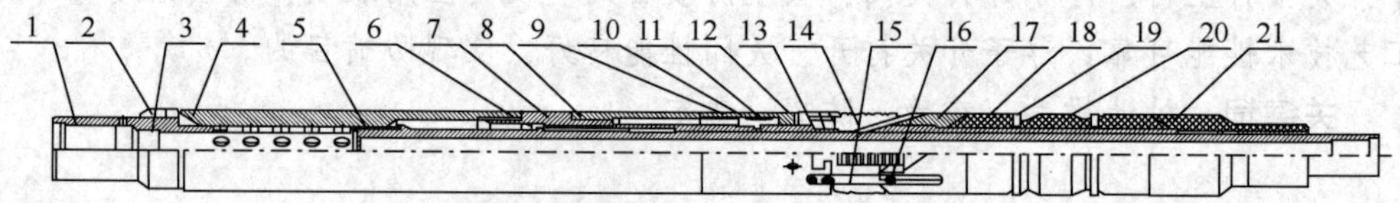

图3　丢手封隔装置结构示意图

1—连接接头；2—定位环；3—死堵；4—打捞接头；5—连接杆；6—上中心管；7—释放套；8—连接套；9—卡簧座；10—解封销钉；11—卡簧；12—释放销钉；13—卡瓦挂；14—卡瓦 A；15—键；16—逐级销钉；17—上锥体；18—边胶筒；19—垫片；20—中胶筒；21—连接头

坐封动作：通过下压生产管柱，连接接头带动打捞接头、释放套、连接套、卡瓦挂下行，剪断释放销钉，胶筒压缩、卡瓦张开，此时卡簧与连接套锁死，完成装置释放。

解封动作：将分瓣捞矛下到工具位置处，捞矛捞到打捞接头后，上提管柱，打捞接头带动释放套、连接套、卡瓦挂上行，剪断卡簧座上解封销钉，卡瓦、胶筒回缩，完成解封。

丢手动作：采用爪形结构设计，在支撑装置锚定后，释放套解除上中心管爪形件的锁定，此时上提油管，带动连接接头与连接杆上行，连接杆台阶处经过上中心管爪形处并撑开爪，防喷锚定装置部分被丢开。

2.2　支撑装置结构设计

支撑装置即在螺杆泵专用支撑卡瓦基础上进行改进，坐封行程由 350mm 提高到 500mm，防止下管柱时提前坐封，导致丢手封隔装置在下管柱惯性力作用下提前坐封。结构如图 4 所示。

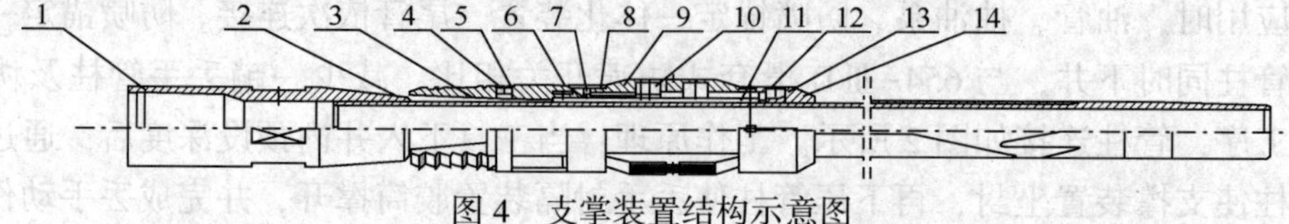

图4　支掌装置结构示意图

1—下撑接头；2—中心管；3—卡瓦 B；4—固定环；5—弹簧 1；6—弹簧 2；7—隔环；8—挡环；9—摩擦块；10—弹簧 3；11—摩擦体；12—导向环；13—导向钉；14—导向套

2.3 防喷开关结构设计

防喷开关采用浮子开关，即在插杆的下压力作用下实现打开功能，插杆上提后，浮子在井液浮力及井液喷势作业下上浮关闭，实现防喷目的。防喷浮子开关结构如图5所示。

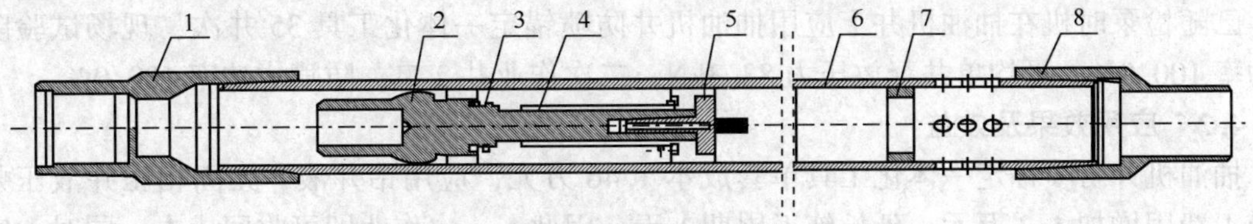

图5 防喷开关装置结构示意图

1—上接头；2—浮子；3—弹簧；4—主体；5—限位螺母；6—外套；7—定位环；8—下接头

防喷浮子开关有以下技术优势：

(1) 结构简单，不易损坏，且打开、关闭动作易实现。浮子开关的主要部件为浮子阀，打开力为插杆压力，关闭作用力为井液浮力，插杆下入开关工作筒内即实现打开，插杆提出开关工作筒即实现关闭。

(2) 插杆通用性强。插杆的作用是在油井正常生产时下压浮子，防止浮子阀上浮关闭，因此在结构和尺寸上无特殊要求，只要长度和直径满足要求即可，根据工具结构尺寸，插杆长度在2500~3500mm、插杆直径在30~50mm范围内均可满足要求。

3 工具参数计算

3.1 丢手封隔装置坐封力设计

丢手封隔装置坐封时，需下压油管剪断解封销钉。下压油管压力按下式计算：

$$F_{压}=F_{浮}-Q_{坐}-G \tag{1}$$

式中 G——油管重力，N；

$F_{浮}$——油管浮力，N；

$Q_{坐}$——丢手封隔器坐封力，N；

$F_{压}$——下压油管压力，N。

泵挂深度按1000m、井液密度按1.0g/cm^{3}计，若全井应用外径ϕ89mm油管，当$F_{压}$为0时，计算$Q_{坐}=112.25$kN，设计$Q_{坐}$为160kN。

根据销钉剪切力计算剪断销钉直径：

$$d \geqslant 2\sqrt{\frac{Q}{n\pi\tau_b}} \tag{2}$$

式中 d——剪断销钉直径，mm；

$Q_{坐}$——总剪切力，N；

n——销钉个数；

τ_b——材料抗剪强度，N/mm。

设计应用抗剪强度$\tau_b=600$N/mm^{2}销钉，销钉个数6个，求得销钉直径$d \geqslant \phi 6.9$mm。

3.2 丢手封隔器解封力设计

封隔器解封力通常设计60~70kN，销钉个数$n=4$，应用同样抗剪强度销钉，求得解封销钉最小直径$d=5.5$mm。

4 现场应用情况

4.1 应用范围及数量

已随检泵时机在抽油机井上应用抽油机井防喷锚定一体化工具 35 井次，现场试验防喷成功率 100.0%，平均单井释放压力 83.3kN，二次作业井 2 口，防喷成功率 100.0%。

4.2 应用效果及效益

抽油机井防喷锚定一体化工具单套成本 1.46 万元，应用钻井液、无固相压井液压井单井施工费用增加 1.3 万元，延长施工周期 1 天。因此，一次作业即可收回成本，同时，实现了清洁作业生产，减少了作业躺井时间。

5 结论与认识

(1) 抽油机井防喷锚定一体化装置随生产管柱一次下入井内，与目前在用 654-ⅢD 滑套式防喷开关相比，减少一趟丢手打压释放管柱，缩短作业周期 1 天，并节约了生产成本。

(2) 抽油机井防喷锚定一体化装置在成熟井下工具基础上进行改进并组合应用，工具稳定性好。

(3) 防喷开关采用浮子开关，结构简单，打开力为捅杆下压力，关闭力为井液浮力，打开、关闭动作易实现。

(4) 与 654-ⅢD 滑套式防喷开关相比，对捅杆无特殊结构尺寸要求，通用性强，且不易损坏。

参 考 文 献

[1] 万仁溥．采油工程手册(下册)[M]．北京：石油工业出版社，2000：255-258.

[2] 谢建华，刘崇江，赵骊川，等．桥塞压裂工艺技术[J]．大庆油田地质与开发，2004，23(4)：38-39.

[3] 隋春彦，马来增，孙卫娟，等．自验封可洗井封隔器的研制与现场试验[J]．石油机械，2002，30(8)：35-36.

[4] 周全兴．钻采工具手册(下)[M]．北京：科学出版社，2000：228-230.

[5] 范家齐，曲宪刚，杨晓翔．非线性有限元混合法分析油井封隔器胶筒[J]．石油学报，1991，12(1)：129-138.

[6] 岳澄，王燕群，邵立国，等．高温封隔器胶筒与套管接触压力的实验研究[J]．实验力学，1999(3)：390-394.

抽油机井机型优化匹配技术的研究与应用

李　阳

（工程技术大队）

摘　要：随着油田加密扩边井的不断开发，机采井的能耗问题日益突出，对油田的经济开发产生了重要影响，沿用早期开发时采油工程方案中规定使用的抽油机机型已不适用，存在抽油机的载荷利用率低、机采能耗增加的矛盾。结合油田的开发特点，从油井载荷及产液量两方面入手，对早期的载荷计算公式及安全系数进行修正，通过现场试验，优化抽油机机型，从而达到提高抽油机载荷利用率、降低机采能耗的目的。

关键词：抽油机井；载荷利用率；节能降耗

1　问题的提出

随着油田开发的深入，机采井的能耗问题日益突出，对油田的经济开发产生影响。造成抽油机能耗高的原因主要有：抽油机的载荷利用率低，抽油机的系统效率低，泵的利用效率低等。而抽油机的载荷利用率是决定抽油机能耗的重要因素，目前存在两个主要问题。

（1）载荷利用率不合理。从设计的角度出发，设计标准为额定载荷在65%~95%之间为抽油机井的合理区间。

统计全厂2200口抽油机井载荷使用情况，平均载荷利用率仅为53.58%。其中，载荷偏大30口，载荷偏小1236口。载荷偏大的30口抽油机井存在生产安全隐患。

（2）机型匹配不合理。从运行的角度出发，抽油机井的运行合理载荷利用率为40%~80%，扭矩利用率为40%~80%。统计全厂2025口抽油机井，其中953口井载荷、扭矩不在该区域，占统计井数的47.06%。

统计喇嘛甸油田主要运行机型的能耗情况，由表1可以看出，当抽油机井机型载荷与扭矩在合理范围内时，系统效率最高，百米吨液耗电最低。因此，对于一口生产井，选择合适的机型，并使其载荷、扭矩在一个合理的工作区间，才可以达到机型、泵型、生产参数的最佳组合，最终达到抽油机井能耗最低、系统效率最高的目的。

表1　抽油机机型能耗对比

机型	类别	统计井数，口	产液量，t/d	动液面，m	系统效率，%	百米吨液耗电，kW·h
10型	不合理（小于40%或大于80%）	271	58	666	36.99	0.68
	合理（40%~80%）	342	52	702	37.54	0.64
	平　均	613	55	686	37.30	0.65

2　悬点最大载荷公式的优选

2.1　计算公式的优选

抽油机在正常工作时，悬点所承受的载荷根据其性质可分为静载荷、动载荷、沉没压力以及井口回压在悬点上形成的载荷。静载荷通常是指抽油杆柱和液柱所受的重力以及液柱对抽油杆柱的浮力所产生的悬点载荷；动载荷是指由于抽油杆柱运动时的振动、惯性以及摩擦所产生的悬点载荷。沉没压力的影响只发生在上冲程，它将减小悬点载荷。液流在地面管线中的流动阻力所造成的井口回压，将对悬点产生附加载荷，其性质与油管内液体的作用载荷相同，即上冲程中增加悬点载荷，下冲程中减小悬点载荷。因二者可以部分抵消，一般计算中常可忽略。

在实际生产中对悬点载荷影响最大载荷是抽油杆载荷、液柱载荷、振动载荷和惯性载荷，在考虑上述因素后优选悬点最大载荷的数学模型。

目前，方案设计中常用的计算公式有以下几种：

$$P_{\max}=(W_r+W'_1)\left(1+\frac{sn}{137}\right)\quad \text{（可用于中深低速的油井，考虑了液柱载荷）} \tag{1}$$

$$P_{\max}=(W_r+W'_1)\left(1+\frac{sn^2}{1790}\right) \tag{2}$$

$$P_{\max}=W_1+W_r\left(1+\frac{sn^2}{1790}\right)\quad \text{（没有考虑液柱动荷）} \tag{3}$$

$$P_{\max}=W_r+W_1+\frac{W_r sn^2}{1790}\left(1+\frac{r}{l}\right)\quad \text{（没有考虑液柱动荷）} \tag{4}$$

$$P_{\max}=(W_r+W_1)\left(1+\frac{sn^2}{1790}\right)\quad \text{（考虑了液柱动荷）} \tag{5}$$

式中　$P_{\max}$——悬点最大载荷，N；

W_r——抽油杆在空气中的重力，N；

W_1——液柱在柱塞环形面积上的重力，N；

W'_1——液柱在柱塞面积上的重力，N；

S——冲程，m；

N——冲次，min^{-1}；

r——曲柄旋转半径，m。

应用数据参数以及5个区块的抽油机井生产参数，对上述公式进行验算。

式(1)至式(3)计算结果偏大，式(4)和式(5)计算结果与实测值比较接近。其中，式(5)考虑了液柱动载荷，且符合率最高，优选式(5)作为抽油机悬点最大载荷的预测公式。结合实际生产情况，对该公式进行修正，得出平均修正系数(表2)。应用以上修正系数对式(5)进行修正，从而得到各区块抽油机悬点最大载荷的预测公式。

表2　不同区块的修正系数

采聚合物浓度(5口)，mg/L	公式计算的平均悬点载荷，kN	实测悬点最大载荷，kN	修正系数
0	74.35	70.63	0.95
0~200	62.58	63.21	1.01

续表

采聚合物浓度(5 口)，mg/L	公式计算的平均悬点载荷，kN	实测悬点最大载荷，kN	修正系数
200~400	62.03	66.99	1.08
>400	63.97	75.49	1.18

2.2 装机载荷上限的确定

在抽油机的悬点载荷中，抽油杆载荷及液柱载荷占总载荷的95%以上，振动载荷及惯性载荷所占比例低于5%，抽油机后期的冲程、冲次的变化只影响振动载荷及惯性载荷，因此在考虑载荷、扭矩及装机功率的增加比例时可以忽略冲程、冲次的影响。

现场设计中抽油机载荷利用率小于95%时即可安全使用。油井产液量一定时，含水率为100%时抽油机的悬点载荷比初期抽油机的悬点载荷的增加比例可用下式计算：

$$\eta_w = \frac{W_{max1} - W_{max0}}{W_{max0}} \tag{6}$$

抽油机初期装机载荷利用率上限关系式：

$$\frac{W_{max0}(1+\eta_w)}{0.95} = \frac{W_{max0}}{\eta_{wup}} \tag{7}$$

经整理得：

$$\eta_{wup} = \frac{0.95}{1+\eta_w} \times 100\% \tag{8}$$

式中 η_w——载荷变化率；

W_{max1}——含水率为100%时悬点最大载荷；

W_{max0}——含水率为0时悬点最小载荷；

η_{wup}——初期装机载荷利用率上限。

通过程序，分别计算不同抽油杆直径、泵径、冲程、冲次及泵挂深度的含水率为100%时抽油机的悬点载荷比初期抽油机的悬点载荷的增加百分比，如图1和图2所示。

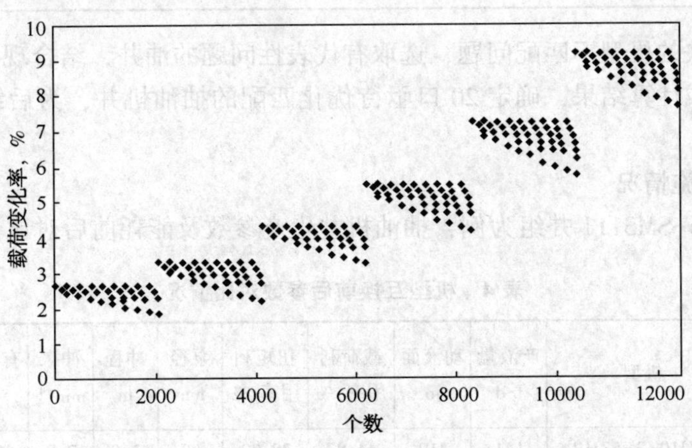

图1 抽油杆直径为22mm的载荷变化率示意图

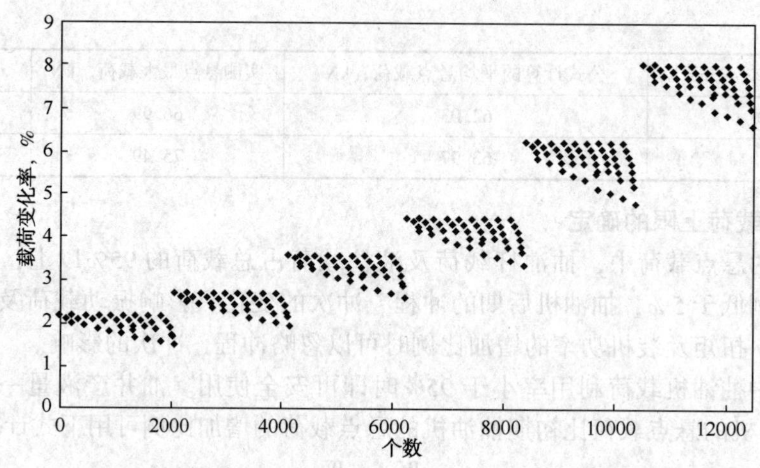

图2 抽油杆直径为25mm的载荷变化率示意图

从图1和图2中可以看出，根据第六采油厂实际井深情况，可得抽油机悬点载荷的增加范围0%<η_w<3%。因此，抽油机初期装机载荷利用率上限为 η_{wup} = 0.95/(1+0.03)×100% =92.23%。

3 抽油机井机型优化现场试验

3.1 现场选井情况

根据2013年底生产数据，确立选型范围(表3)。

表3 机型互换选型范围情况

类别	数量	载荷利用率,%	扭矩利用率,%	其他
机型偏小	10	>85	>80	日产液量高，动液面浅，生产参数满负荷
机型偏大	10	<50	<50	日产液量低，动液面深，生产参数小

针对基层反映的机型不匹配问题，选取有代表性问题的油井，结合现场机型、井场实际情况以及载荷公式计算结果，确定20口亟待优化匹配的抽油机井，为后续上产、扩展节能空间奠定基础。

3.2 现场实施情况

以4-3116、6-SM3111井组为例，抽油机井生产参数及能耗前后对比情况详见表4。

表4 机型互换前后参数对比情况

措施	井号	机型	产液量 t/d	动液面 m	载荷利用率,%	扭矩利用率,%	泵径 mm	冲程 m	冲次 min^{-1}	有功功率 kW	系统效率,%	百米吨液耗电 kW·h
前	4-3116	CYJ10-3-53HB	131	412	44.87	28.37	83	3.0	7.0	19.38	28.88	0.86
	6-SM3111	CYJY14-5.5-73HF	35	631	39.04	50.99	57	5.5	4.0	10.19	22.81	1.11
后	4-3116	CYJY14-5.5-89HB	151	612	62.01	90.53	83	5.5	4.5	27.13	36.51	0.70
	6-SM3111	CYJY10-3.0-53HB	36	590	66.32	53.88	57	3.0	6.0	9.48	34.35	0.73

续表

措施	井号	机型	产液量 t/d	动液面 m	载荷利用率,%	扭矩利用率,%	泵径 mm	冲程 m	冲次 min^{-1}	有功功率 kW	系统效率,%	百米吨液耗电 kW·h
差值	4-3116		20	200	17.14	62.16	—	—	-2.5	7.75	7.63	-0.16
	6-SM3111		1	-41	27.28	2.89	—	—	2.0	-3.71	11.54	-0.38

由表4可见，机型互换效果显著，既解决了现场抽汲参数、设备匹配不合理的情况，又大幅度地降低了吨液单耗电量，仅这一组互换调整即可日节电170kW·h，年节约电费4万元。由现场试验可以得出，在新井投产机型选定的同时，新井可与老井相互匹配，这样既可以减少后期的投入费用和投产费用，又能满足现场实际生产的需要。

4 几点认识

(1) 对于一口生产井，选择合适的机型，并使其载荷、扭矩在一个更加合理的工作区间，可以达到机型、泵型、生产参数的最佳组合。最终达到抽油机井能耗最低、系统效率最高的目的。

(2) 在新井投产之前，购买新机型的同时，可根据现场实际情况进行动态调整，以达到新装一口、调整一口的目的，既可以满足现场产油的需求，又降低能耗。

参 考 文 献

[1] 万仁溥．采油技术手册[M]．北京：石油工业出版社，2003.

[2] 姜大为．提高新井抽油机载荷利用率方法的研究与应用[J]．石油石化节能，2012(6)：7-8.

抽油机井示功图自动诊断方法的改进

丁浩洪

（工程技术大队）

摘　要：抽油机井示功图是目前对抽油机井的井下故障进行诊断的主要方法。传统的计算机诊断方法是将实测示功图经数学方法处理后进行诊断。为了提高诊断准确率，本文结合几何参数法、差分曲线法和生产参数，建立了抽油机井综合诊断方法，弥补了数学方法的不足，提出了自动诊断软件的设计思路，为诊断软件的开发提供了依据。

关键词：抽油机；示功图；诊断

在抽油机井的生产管理中，故障诊断是较为重要的一个环节，了解抽油机井的运行状况，及时采取相应的治理措施，对提高油井产量、延长检泵周期、保证抽油效率方面都有着重要意义。抽油机井的泵况诊断主要依据示功图，再结合泵效、流压等参数，确定诊断结果。示功图的分类诊断主要依靠人工识别，随着油田数字化改造的进行，近几年国内外致力于示功图的智能诊断。传统的计算机诊断方法是将实测示功图经过数学方法处理，消除各种因素影响，使其转换为理想的井下示功图进行诊断。2008 年，第六采油厂开发了抽油机井泵况故障自动识别系统，初步实现了模式化智能诊断，但诊断准确率仅达到 90%。为了提高诊断的自动化程度及诊断准确率，结合各种方法的优缺点，研究了一种简单易于实现的计算机自动诊断方法。

1　示功图自动诊断方法概述

由于多种因素共同影响，计算机直接正确判断地面示功图有一定的困难，而用井下示功图比地面光杆示功图判断要简单。传统的计算机诊断技术是将实测地面示功图利用数学的方法，借助计算机求出抽油杆任意截面上的载荷与位移，绘制井下示功图。经过数字处理后，由于消除了抽油杆柱的变形和黏滞阻力以及振动和惯性的影响，得到形状简单又能真实反映泵工作状况的井下示功图，以此判断并分析抽油泵的工作状况。

第六采油厂原有的示功图诊断软件就是依据 S. Glbbs 波动方程建立基础理论，利用状态方程对井下示功图求解，建立完善阻尼系数求解过程及计算方法。再依据几何特征的差异，对泵况进行诊断。应用的阻尼系数计算方法得出井下示功图，虽然排除了主要影响因素，但由于井下泵工作状况复杂，仍有其他因素没有考虑，造成部分井诊断不准确。

本文直接提取地面示功图的特征值，在原有的几何特征方法的基础上，增加了特征值的提取项，又提出了差分曲线法，再结合生产参数对抽油机井工况做出准确诊断，以弥补原有诊断方法的不足，验证诊断结果，提高诊断准确率。

2 抽油机井典型示功图的特征分析

抽油机井示功图是抽油机井在一个完整冲程中光杆悬点载荷与悬点位移之间的关系曲线图，反映了光杆的工作状况。静载荷作用下的理论示功图为平行四边形。以实测的示功图作为诊断依据，不同泵况的示功图有不同的特征。由于受到工作中油气水蜡腐蚀等多种因素的影响，实测示功图形状很不规则。在实际应用中总结出抽油机井典型示功图主要分为 9 种类型，如图 1 至图 10 所示。

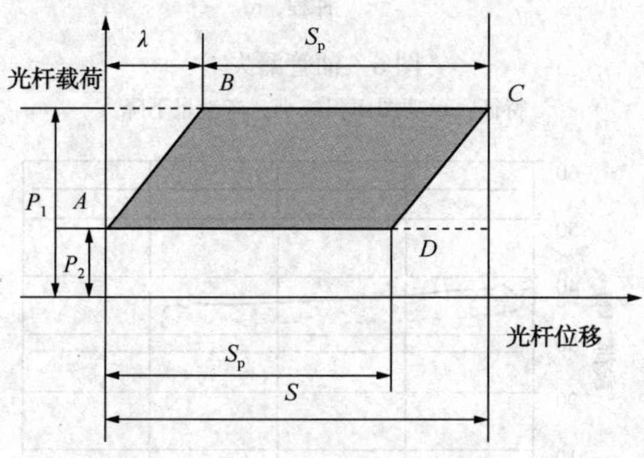

图 1 理论示功图

S——光杆冲程，m；S_p——杆柱与管柱弹性伸缩影响下的活塞冲程，m；λ——冲程损失，m；P_1——光杆最大载荷，N；P_2——光杆最小载荷，N

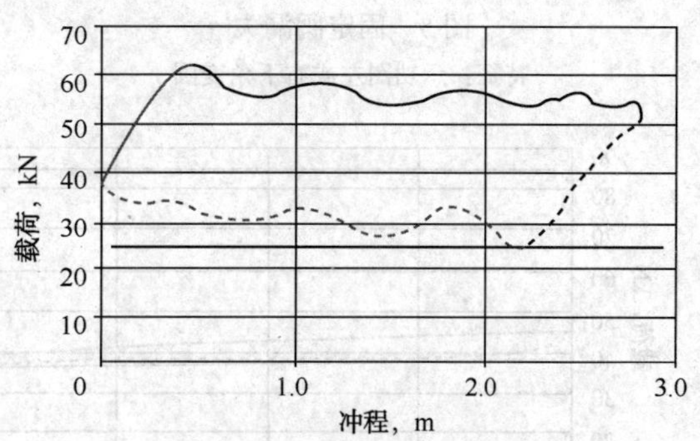

图 2 正常功图

特征：平行四边形，左右、上下曲线平行，载荷线接近理论值，泵效接近理论值

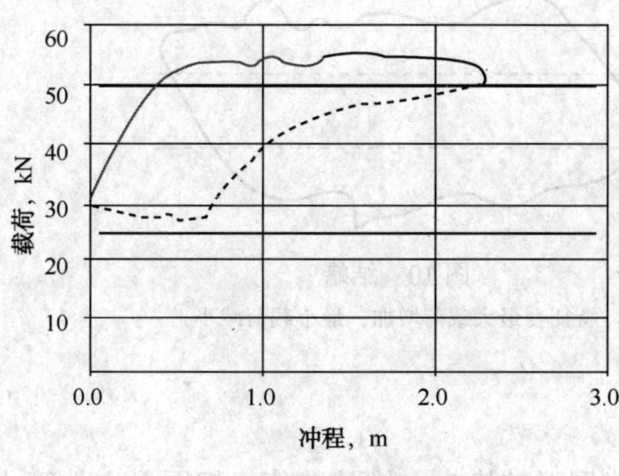

图 3 气影响

特征：卸载线呈圆弧状，曲率半径越大，泵效越低

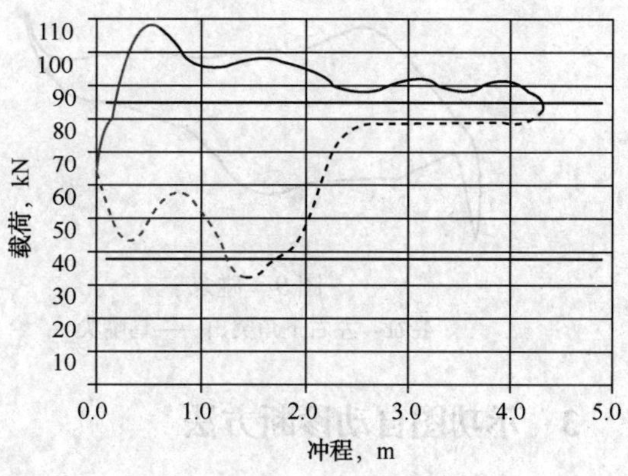

图 4 供液不足

特征：卸载线与加载线平行，越左移充满越不好，“刀把”形

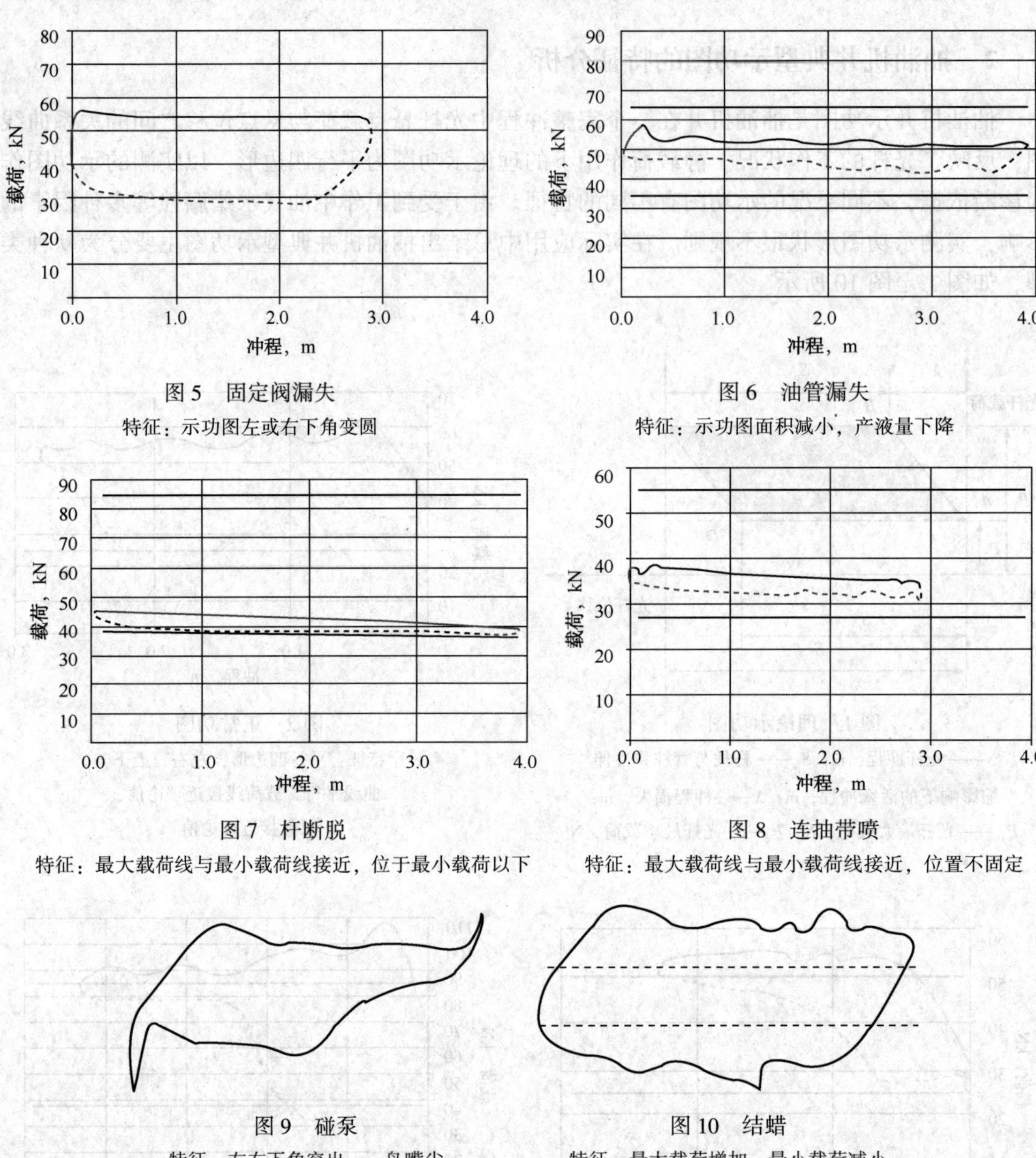

图5　固定阀漏失

特征：示功图左或右下角变圆

图6　油管漏失

特征：示功图面积减小，产液量下降

图7　杆断脱

特征：最大载荷线与最小载荷线接近，位于最小载荷以下

图8　连抽带喷

特征：最大载荷线与最小载荷线接近，位置不固定

图9　碰泵

特征：左右下角突出——鸟嘴尖

图10　结蜡

特征：最大载荷增加，最小载荷减小

3　示功图自动诊断方法

9种典型示功图都有不同的典型特征，将二维图形转换为一维的数值，把图形文件简化为数据库文件，计算机通过提取不同示功图的典型特征值，判断泵况。本文运用几何参数法、差分曲线法提取特征值，结合油井动态参数对泵况进行诊断。每种方法的特征提取点不同，对不同泵况的判断各有优点，因而组合使用，可以得到较准确的诊断结果。

3.1　几何参数分析法

每一种故障类型的示功图都有自己的特点。几何参数法识别是最简易、最直观的一种方法。原来的几何参数特征值提取包括2条线、8个点、3个面积。2条线是指上下两条理论载荷线；8 个点是指理论示功图的 4 个顶点，游动阀关闭点、固定阀关闭点、供液不足拐点、有效行程起始点；3 个面积是指理论示功图面积、实际示功图面积、实际与理论示功图面积差值。

本文在原有的基础上增加了特征值提取项。根据几何特征的差异，提取实际值与理论值的比值，提取如下 11 个直观的特征值，包括 2 条线、5 个面积、5 个点，基本能概括出典型故障类型示功图所对应的特征。

3.1.1　2 条线特征值

2 条线即最大载荷、最小载荷线。提取实测示功图的最大载荷与最小载荷，与理论值进行对比，可得到 3 个比值：$\delta_{大}=P_{实大}/P_{理大}$，$\delta_{小}=P_{实小}/P_{理小}$，$\delta_{\Delta}=\Delta P_{实}/\Delta P_{理}$。依据 3 个值的阈值，得出判定结果。

理论最大载荷计算公式：

$$W_{max}=W'_r+W'_l+\frac{w_r\,sn^2}{1790}\left(1+\frac{r}{l}\right) \tag{1}$$

理论最小载荷计算公式：

$$W_{min}=W'_r+\frac{w_r\,sn^2}{1790}\left(1-\frac{r}{l}\right) \tag{2}$$

式中　W_{max}——悬点最大载荷，N；

W_{min}——悬点最小载荷，N；

W'_r——抽油杆柱在液体中的重力，N；

W'_l——占油管流通面积的液体重力，亦为上下冲程静载荷差，N；

W_r——抽油杆柱的重力，N；

s——光杆冲程，m；

n——冲次，min^{-1}；

r——抽油机曲柄长，m；

l——抽油机连杆长，m。

通过 3 个比值可明确识别出抽油杆断脱及连抽带喷的工况。抽油杆断脱时，示功图的上下载荷线比较接近，而且位于下冲程载荷线以下，表现为 $P_{实大}/P_{理大}$、$\Delta P_{实}/\Delta P_{理}$ 明显减小；连抽带喷时，上下载荷线接近，位于下载荷线以上，位置不确定，表现为 $P_{实大}/P_{理大}$ 减小不明显，$P_{实小}/P_{理小}$ 变大或变小，$\Delta P_{实}/\Delta P_{理}$ 明显减小。

特点：易于识别抽油杆断脱、连抽带喷、油管严重漏失泵况。

3.1.2　5 个面积特征值

示功图曲线所围成的总面积表示一个冲次内光杆做的功。5 个面积即示功图总面积 A 和 4 个角的面积(A_1、A_2、A_3、A_4)。将这 5 个面积与理论示功图做对比，根据实际面积与理论面积的比值大小，根据设定的阈值判定示功图类型。

(1) 理论示功图的面积。

理论示功图这里仅考虑静载荷的影响，未考虑惯性载荷及其他载荷影响。依据最大载荷、最小载荷、静载荷冲程损失可绘制理论示功图。最大载荷最小载荷可通过式(1)和式(2)计算。

静载荷冲程损失计算公式：

$$\lambda = \frac{A_{\mathrm{p}}\rho_1 H_{\mathrm{f1}} g}{E}\left(\frac{L}{A_{\mathrm{t}}} + \sum_{i=1}^{m}\frac{L_i}{A_{ri}}\right) \tag{3}$$

式中 λ——静载荷冲程损失，m；

A_{p}——活塞截面积，m^2；

ρ_1——液体密度，$\mathrm{kg/m}^3$；

H_{f1}——动液面深度，m；

E——钢的弹性模量，2.06×10^{11}Pa；

L——抽油杆柱总长度，m；

A_{t}——油管金属截面积，m^2；

A_{ri}——第 i 级抽油杆的截面积，m^2；

L_i——第 i 级抽油杆的长度，m；

g——重力加速度，$9.8\mathrm{m/s}^2$。

绘制理论示功图，确定理论示功图中心，将示功图分为 4 部分(左上 A_1、右上 A_2、左下 A_3、右下 A_4)，计算理论示功图面积 A，4 部分的示功图面积(A_1、A_2、A_3、A_4)。

(2) 实测示功图的面积。

第六采油厂数据库中的示功图数据是由 144 个点的数据构成的，一个位移点对应上下冲程两个载荷，因此示功图的面积近似等于 72 个矩形的面积之和。

实测示功图面积计算公式：

$$A = \sum_{i=1}^{n} x_i (F_{i2} - F_{i1}) \tag{4}$$

式中 A——实测功图面积，m^2；

x_i——光杆冲程的 1/72，m；

F_{i2}——第 i 个点对应的最大载荷，kN；

F_{i1}——第 i 个点对应的最小载荷，kN。

(3) 5 个面积变化率：

变化率计算公式：

$$\delta = \frac{A_{实}}{A_{理}} \tag{5}$$

式中 δ——面积变化率,%；

$A_{实}$——实测功图面积，m^2；

$A_{理}$——理论功图面积，m^2。

最终得到 5 个面积变化率：总面积变化率 δ、左上面积变化率 δ_1、右上面积变化率 δ_2、左下面积变化率 δ_3、右下面积变化率 δ_4。

根据 5 个面积变化率大小，根据设定的阈值判定示功图类型。

当存在供液不足或气影响时，总面积变化率 δ 减小，右下面积变化率 δ_4 明显减小；当油管漏失时，漏失量越大，总面积变化率 δ 越小，左上面积变化率 δ_1、右上面积变化率 δ_2 明显减小；当抽油杆断脱时，示功图总面积会出现较大的面积缺失，5 个面积变化率明显减小，甚至为零。

特点：易于识别供液不足或气影响的功，但对于窄条型示功图，受振动载荷和惯性载荷影响较大的井的判断误差较大。

3.1.3　5 个点特征值

由于供液不足与气影响示功图较为相似，因此找到供液不足的拐点，判断拐点的曲率是区分两种示功图的关键。

确定下冲程中 5 个点的位置，5 个点分别为示功图的下死点 A、上死点 C、固定阀的关闭点 E、供液不足的拐点 F、有效行程的起始点 G(图 11)。

(1) A、C 点的提取。

可以直接在曲线上确定，下死点 A 即为位移最小点，上死点 C 即为位移最大点。

(2) E、F、G 点的提取。

从示功图形状上分析，这 3 点是下冲程曲线上 3 个曲率最大的点。

① 求曲线上各点的曲率：采用相邻 3 点圆弧曲率的计算方法来求各离散点的曲率 K_i。利用任意示功图上任意一点 $P_i(x_i,\ F_i)$ 及其前一点 $P_{i-1}(x_{i-1},\ F_{i-1})$ 和后一点 $P_{i+1}(x_{i+1},\ F_{i+1})$ 3 点之间的几何关系计算出 $P_i(x_i,\ F_i)$ 点的曲率 K_i，计算数学模型如下，

如图 12 所示，点 P_i 离散曲率：

$$K_i=\frac{2S_{\Delta P_{i-1}P_iP_{i+1}}}{L_iL_{i+1}Q_i} \tag{6}$$

式中　K_i——第 i 点的曲率；

$S_{\Delta P_{i-1}P_iP_{i+1}}$——三角形面积，$m^2$；

L_i，L_{i+1}，Q_i——P 点与相邻两点间的相互距离，m。

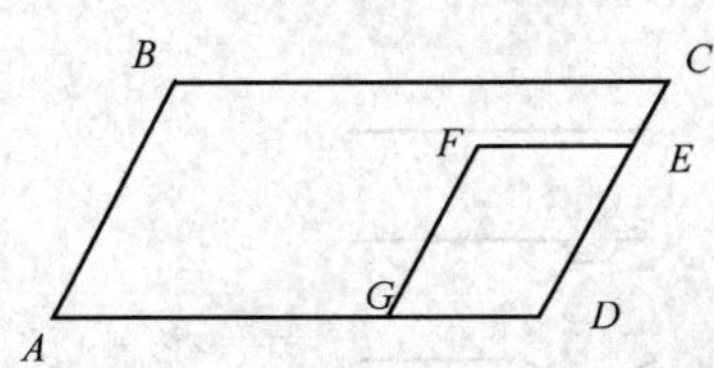

图 11　供液不足示功图

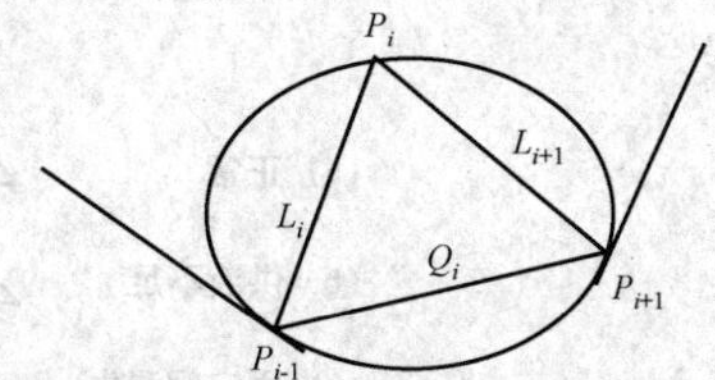

图 12　离散点曲率求解示意图

② 求下冲程曲线上各点的曲率变化：根据任意采集点的曲率及后一采集点的曲率，可求出点 $P_i(x_i,\ F_i)$ 曲率变化量 δK_i，即 $\delta K_i=K_i+1-K_i$。

③ 消除波动误差：由于泵示功图曲线中含有大量的高频成分，有时曲线的波动比较大，可能出现多个曲率较大点，为了消除或降低曲率变化的波动，在实际算法中采用五点平均法求得中间点的变化量，$\delta K_i=\delta K_{i-2}+\delta K_{i-1}+\delta K_i+\delta K_{i+1}+\delta K_{i+2}$，以提高算法的精度。

④ 寻找曲率变化最大点：在求得所有采集点的曲率变化量之后，运用穷举比较法，可以容易地找到曲率变化最大点，对于正常示功图可找到一个最大点，对于供液不足或气影响井可找到曲率变化最大 3 个点，即为 E、F、G。

(3) 确定拐点 F 点的曲率。

对 3 个点组成的线段区域进行多项式回归，曲线拟合处理，根据拟合方程计算曲率变化值，设定曲率阈值，供液不足的拐点曲率较大的判定为供液不足，较小的判定为气影响。

曲率计算公式：

$$K=\frac{|y''|}{(1+y')^{3/2}} \tag{7}$$

式中 K——拐点的曲率；

y——拟合的曲线方程式。

特点：易于识别供液不足、气影响、正常井，对于杆断脱，管漏失的识别较差。

3.2 差分曲线法

对于用几何特征法判定不清或难以判定的图形，如泵的阀门漏失、碰泵，再应用差分曲线法进行诊断。

差分曲线法原理：由于理论示功图是一个对称的平行四边形，下冲程即为上冲程的反向过程。对于正常运行的抽油机，上冲程线为下冲程线的反向对称线，即上冲程线与下冲程的反向对称线重合。抽油井的各种故障状况都会体现到上下冲程载荷线上，上或下冲程的载荷线就不会沿着应有的方向变化，而出现异常。因此，差分曲线法就是运用上冲程线与下冲程线的反向线的差值变化，区分不同类型示功图，做出判断。

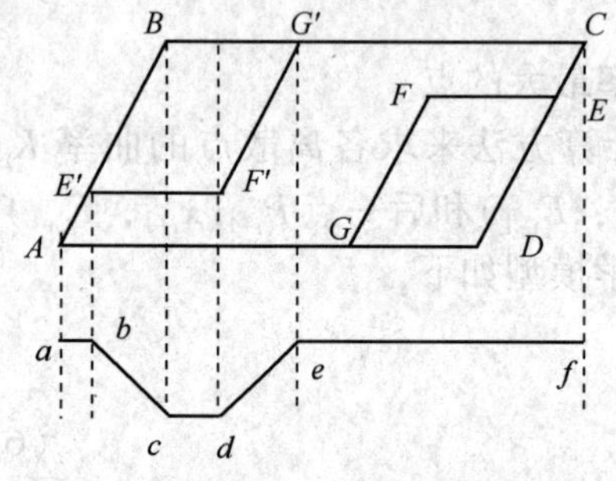

图 13　供液不足示功图的差分曲线

以理想供液不足示功图的差分曲线说明差分曲线判定法。如图 13 所示，曲线 $ABCEFG$ 是供液不足的理想示功图。ABC 为上冲程，$CEFGA$ 为下冲程，下冲程的反向曲线为 $AE'F'G'C$，将 ABC 与 $AE'F'G'C$ 两条线相减就得到了差分曲线 $abcdef$。

不同泵况的典型示功图的差分曲线都有明显的特征。图 14 表示了不同类型示功图对应的差分曲线。

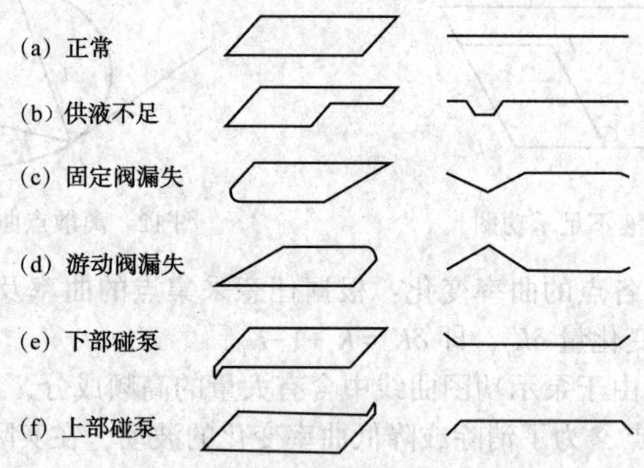

图 14　示功图与差分曲线对应图

把实际差分曲线和各种故障的差分曲线模板做对比，根据差分曲线与 x 轴所包围面积的正负变化情况，可判断油井的工况类型(正常、供液不足或气影响、固定阀漏失、游动阀漏失，活塞下部碰泵，活塞上部碰泵)，给出诊断结果。

特点：易于识别阀门漏失、碰泵、供液不足气影响井，对杆断脱、管漏失的识别较差。

3.3 泵况诊断软件设计思路

泵况诊断软件由特征值提取、数据处理、故障诊断、措施建议四部分构成。

3.3.1 特征值提取

信息中心数据库中提取油井静态数据与动态数据，根据几何参数法提取 2 条线、5 个面积、5个点数据，依据差分曲线法提取差分曲线数据。

3.3.2　数据处理

对提取的特征值进行数据处理。2条线中处理得到3个比值数据，5个面积中处理得到5个比值数据，5个点中得到5个点的位置关系及拐点曲率，差分曲线中得到差分曲线面积值。

3.3.3　故障诊断

依据处理后得到特征值所对应设定的阈值，做出诊断。每种方法得到一个诊断结果，多种方法的诊断结果相同，则确定为最终诊断结果。

3.3.4　措施建议

软件输出诊断结果后，提出处理措施，系统根据设定的故障状况对生产影响的严重程度进行分级，反馈给用户故障信息和报警信息。

4　结论及认识

（1）提出了直接提取地面示功图特征值进行诊断的方法，完善了几何参数法，增加了差分曲线法，两种方法组合应用，运算简便，识别稳定。

（2）提出了将几何参数法、差分曲线法与生产参数结合编制示功图自动诊断软件的思路。实现了将二维图形信息转化为一维数据信息，经过数字化处理后，示功图特征明显，能够实现计算机的自动诊断识别。

参考文献

[1] 朱荣杰，张国庆．抽油机井故障诊断及处理方法[M]．北京：石油工业出版社，2011.

[2] 陈涛平，胡靖邦．石油工程[M]．北京：石油工业出版社，2000.

[3] 严长亮，庞勇．泵示功图单井自动量油技术研究[J]．西安石油大学大学学报，2006，21(6)：92-96.

[4] 韩国庆，吴晓东．示功图识别技术在有杆泵工况诊断中的应用[J]．石油钻采工艺，2003，25(5)：70-74.

[5] 刘益江，张学臣，李伟．抽油机井示功图综合解释[J]．油气田地面工程，2007，26(8)：3-5.

[6] 王丽君，支志英．多智能故障诊断技术在油田生产中的研究与应用[C]//油气藏监测与管理国际会议论文集，2014.

储气库注采井套管安全评估方法应用

孟泽天

（工程技术大队）

摘　要：为确定套管柱的安全性，2015 年优选了两口储气库注采井喇气 103 井和喇气 109 井，开展了 MIT 测井、PIT 测井和 CAST-V 测井。通过对 MIT 测井、PIT 测井和 CAST-V 测井曲线综合分析，可判断测试井段内套管是否有变形、腐蚀现象，射孔层位深度是否正确、孔眼是否清晰等情况。利用测井数据，按照 Q/SY1486—2012《地下储气库套管柱安全评价方法》标准的评价流程，对测试井进行安全评价，判断管柱目前安全状态，并且能够预测出继续安全运行年限。同时为安全评价提供更多可靠的数据。

关键词：储气库；注采井；套管检测；安全评估

喇嘛甸储气库生产运行时间已经达到 41 年，目前有注采井 14 口，储层为萨尔图油层，原始地层压力为 10.16MPa，地层温度为 39.7℃。近年来，CO_2、H_2S 含量逐年升高，按分压计算已属于严重腐蚀环境。从 2010 年电流法套管腐蚀检测结果（表 1）来看，14 口注采井井下管柱均出现腐蚀问题。为保证储气库能够长久地安全平稳运行，优选两口注采井进行套管检测及安全评估，为注采井风险识别、防范与治理提供理论指导。

表 1　2010 年喇嘛甸油田储气库气井套管腐蚀情况

井号	射孔井段 m	监测井段 m	全井腐蚀速率 mm/a	重点腐蚀部位		
				深度，m	点蚀速率，mm/a	腐蚀程度
Q101	831.0~901.4	0~900	0.0305~0.1934	800~900	0.1493~0.1934	中度
QF102	810.4~891.7	0~800	0.0360~0.1720	700~800	0.1520~0.1720	中度
Q103	807.8~882.0	0~900	0.0120~0.1532	800~900	0.1440~0.1532	中度
Q104	800.6~880.2	0~790	0.0246~0.1744	500~600	0.1573~0.1744	中度
Q105	811.4~889.2	0~790	0.0208~0.3377	600~700	0.2965~0.3377	严重
Q106	834.4~881.6	0~870	0.0044~0.2354	700~800	0.1591~0.2344	严重
Q107	820.6~894.3	0~890	0.0376~0.2422	800~890	0.1885~0.2422	严重
Q108	837.8~857.2	0~855	0.0201~0.2505	800~855	0.2223~0.2505	严重
Q109	776.3~853.0	0~856	0.0147~0.5120	600~856	0.2407~0.5120	极严重
Q110	839.0~912.0	0~913	0.0076~0.4967	800~913	0.4490~0.4967	极严重
Q111	780.8~855.4	0~770	0.0364~0.2508	700~770	0.1913~0.2508	严重
Q112	825.7~903.4	0~817	0.02238~0.2461	700~817	0.1738~0.2461	严重
L153	890.3~910.4	0~909	0.0055~0.4260	800~909	0.3990~0.4260	极严重
L253	821.6~875.0	0~848	0.0009~0.2344	600~848	0.1520~0.2344	严重

1 检测井的优选

从储气库 14 口注采气井钻井时间来看，主要集中在 1968—1975 年，综合考虑注采井完钻日期、生产情况、措施次数等因素，参考 2010 年监测结果，优选了完钻时间较早、生产时率相对较高的喇气 103 井和喇气 109 井作为中度腐蚀和重度腐蚀的代表井，进行套管检测及安全评估。

2 检测技术的优选

为保证评价结果的科学性，依据 Q/SY1486—2012《地下储气库套管柱安全评价方法》，并与采油工程研究院、测试分公司多次结合，优选 CAST-V 测井、PIT 测井和 MIT 测井 3 种技术进行套管检测工作。

2.1 技术原理

2.1.1 CAST-V 测井技术原理

CAST-V 是超声脉冲回波测井仪，传感器既作为发射器，又作为接收器，它垂直地向套管壁发射超声波短脉冲。有成像模式和套管模式两种工作模式。

(1) 成像模式：在套管中进行套管变形、错断、内壁腐蚀等内壁状况检测及射孔孔眼检测，在裸眼井中进行井周裂缝、孔洞检测及薄层探测。

(2) 套管模式：给出套管内径、壁厚和界面的胶结情况等。

2.1.2 PIT 测井技术原理

PIT 测井仪器探头的主要部分是极板阵列每个极板含有两个接收线圈，分别为涡流线圈和漏磁通量线圈。漏磁通量线圈测量套管总壁厚上的金属损失情况，可以探测到套管内外表面的缺陷。涡流线圈是一种高频线圈，测量套管内表面金属损失情况。通过这两种测量方式可以明确指出，套管的缺陷在内表面、外表面，还是完全穿过套管。

2.1.3 MIT 测井技术原理

MIT 测井仪器由 40 个测量臂、电路、遥测、两个六臂扶正器组成。仪器到达目的层段供给直流电，使扶正器打开，仪器居中，测量臂打开，在套管内壁运动，产生脉冲信号上传输出。每个臂单独把脉冲信号经电缆传输给地面，记录下套管内径的最大、最小曲线。

2.2 测井解释结果

喇气 103 井套管 302~304m 有轻微变形，最大半径 64mm，最小半径 61mm，308~310m 套管外壁轻微腐蚀，漏磁通量曲线显示射孔孔眼清晰。

喇气 109 井套管无明显变形和腐蚀现象，射孔层深度正确，孔眼清晰。

3 套管柱剩余强度分析

利用 CAST-V 测井和 MIT 测井数据，按照 Q/SY 1486—2012《地下储气库套管柱安全评价方法》的方法计算喇气 103 井套管抗外挤强度和内压强度，其中最小抗内压强度和最小抗外挤强度分别为 18.06MPa 和 24.1MPa(图 1)。最小抗内压和抗外挤安全系数分别为 2.16 和 2.74，高于标准规定值 1.6(图 2)。目前，套管处于安全状态。

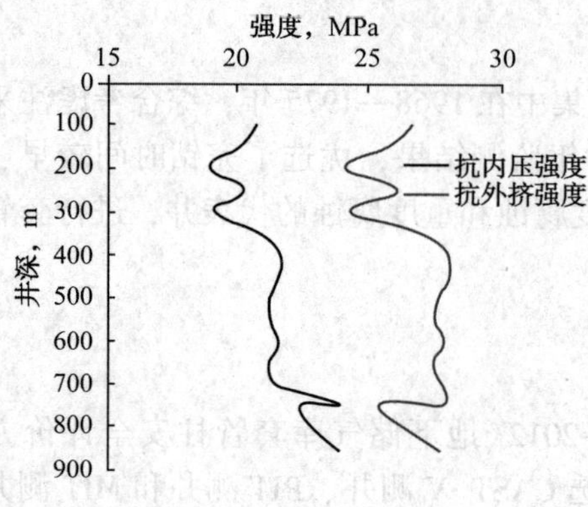

图 1　套管强度分析图

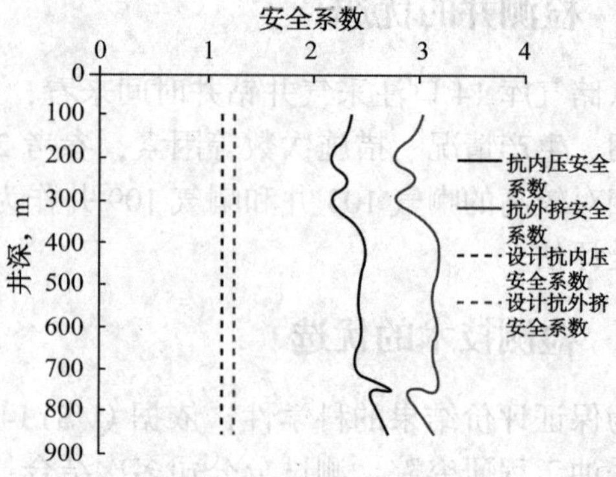

图 2　套管安全系数分析

3.1　腐蚀速率分析

从 2005 年以后进行腐蚀分析，喇气 103 井依据剩余壁厚折算腐蚀速率，见表 2 和图 3。由此可见，在 50～150m、650～850m 井段腐蚀速率较高(未考虑注入、采出差异对腐蚀的影响，只平均计算一个注采周期壁厚减薄量，其单位为 mm/a)，在 50～150m 井段腐蚀速率高达 0.1077～0.112mm/a；在 745～850m 井段腐蚀速率为 0.1019～0.2070mm/a。依据标准，属于中度腐蚀范畴。

表 2　喇气 103 井套管折算腐蚀速率

深度，m	设计壁厚，mm	内径，mm	外径，mm	折算腐蚀速率，mm/a
50～100	6.2	129.67	141.13	0.1077
100～150	6.2	129.76	141.82	0.1120
150～200	6.2	128.76	139.69	0.0663
200～250	6.2	127.74	138.83	0.0201
250～300	6.2	127.62	138.85	0.0146
300～350	6.2	128.08	139.37	0.0357
350～400	6.2	127.16	139.23	0.0025
400～450	6.2	128.16	140.26	0.0391
450～500	6.2	128.24	140.31	0.0429
500～550	6.2	129.55	141.68	0.1023
550～600	6.2	128.41	140.51	0.0506
600～650	6.2	129.48	141.52	0.0993
650～700	6.2	130.28	142.33	0.1353
700～745	6.2	129.54	141.56	0.1019
745～800	6.98	129.25	141.19	0.1598
800～850	6.98	130.29	140.27	0.2070

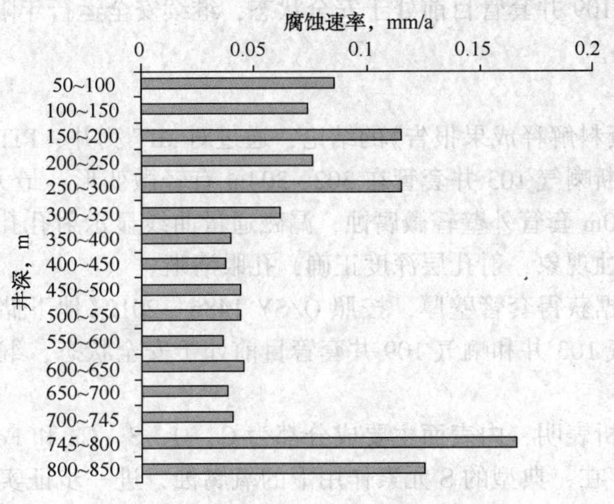

图 3　喇气 103 井套管腐蚀剖面

3.2　安全运行年限预测

依据 CAST-V 测井数据中的内径、壁厚和外径数据，依据 Q/SY 1486—2012《地下储气库套管柱安全评价方法》标准计算目前 JS 钢级 ϕ139.7mm×6.98mm 套管的抗内压强度和抗外挤强度及套管安全运行年限。通过测井数据计算 50～300m 井段最大折算腐蚀速率为 0.112mm/a；650～850m 井段最大折算腐蚀速率为 0.207mm/a。按照 Q/SY 1486—2012《地下储气库套管柱安全评价方法》腐蚀严重程度级别(表 3)，该井属于中等腐蚀级别。

表 3　Q/SY 1486—2012 标准腐蚀程度分类

腐蚀性	含碳钢		
	腐蚀速率，mm/a	耐久度	强度下降,%
非腐蚀性	<0.01	1～3	0
微腐蚀性	0.01～0.05	4～5	<5
中等腐蚀性	0.05～0.5	6	<10
严重腐蚀性	>0.5	7	>20

依据测井数据，50～300m 井段和 650～850m 井段壁厚损失严重，按照当前腐蚀状况，计算 650～850m 井段套管继续安全运行年限为 13.06 年；650～850m 井段套管剩余安全使用年限均小于其他井段(图 4)。据此判断喇气 103 井套管继续安全运行年限为 13.06 年。

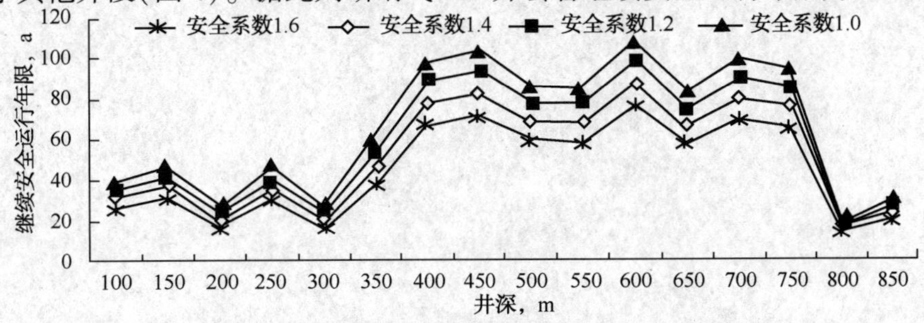

图 4　套管继续安全运行年限

同理，计算喇气 109 井套管目前处于安全状态，继续安全运行年限为 11.3 年。

4 结论

（1）依据《测井资料解释成果报告》的结论，通过对 MIT 测井、PIT 测井和 CAST-V 测井曲线综合分析，可判断喇气 103 井套管在 302~304m 有轻微变形，最大半径 64mm，最小半径 61mm，在 308~310m 套管外壁轻微腐蚀，漏磁通量曲线显示射孔孔眼清晰；喇气 109 井套管无明显变形和腐蚀现象，射孔层深度正确，孔眼清晰。

（2）通过测井数据获得套管壁厚，按照 Q/SY 1486—2012《地下储气库套管柱安全评价方法》标准计算，喇气 103 井和喇气 109 井套管目前处于安全状态，继续安全运行年限分别为 13.06 年和 11.3 年。

（3）微观成分分析表明，内表面主要成分都为 C、O、S、Ca 和 Fe，说明腐蚀产物层中有硫化物和 Ca 垢的存在，典型的 S 元素作用下的氧腐蚀，进一步证实了 S 元素对套管腐蚀的影响。

厚油层内机械细分及挖潜技术

高恒达

（工程技术大队）

摘　要：喇嘛甸油田有效厚度大于 2m 的厚油层地质储量占总储量的 67.5%，采出程度只有 31.4%。取心资料表明，厚油层层内剩余油与水淹段呈“五花肉”状态交错分布，弱、未水洗段有效厚度 51.7%位于各韵律段上部，25.0%位于中部，23.3%位于下部。因此，根据“厚油层内结构界面识别方法、层内结构界面对剩余油的控制及层内剩余油分布特征研究”的油藏研究成果，以利用和保护结构界面为出发点，通过实施层内细分注水和堵水技术，扩大波及体积，提高有效注入，控制无效产液，累计应用 1064 口井，控制无效水循环 $880.4\times10^4m^3$，增油 11.5×10^4t；通过实施层内精细压裂技术，完善结构单元内注采关系，改善连通效果，提高中低渗透层动用程度，实现有效挖潜，累计应用 281 口井，增油 18.4×10^4t。结果表明，厚油层细分及挖潜的对象由层间拓展到了层内，复杂的层内矛盾转换成了可操作的层间问题。该技术对中国陆上近 100×10^8t 储量深度挖潜、进一步提高采收率具有重要指导作用，可在国内各油田全面推广应用。

关键词：喇嘛甸油田；厚油层；机械细分；压裂挖潜

喇嘛甸油田是大庆油田长垣老区厚油层发育的典型代表，属于多段多韵律油藏，厚油层比较发育，有效厚度大于 2m 的厚油层地质储量有 5.5×10^8t，占总储量的 67.5%，采出程度只有 31.4%，层内未动用地质储量约 1.4×10^8t。喇嘛甸油田经过长期的注水开发，目前已经进入特高含水开采阶段，综合含水率达到 95.02%，储层中剩余油的分布无论在层间和平面，还是在层内和孔隙中都呈高度分散状态，既存在剩余油，又存在无效注采循环部位。密闭取心资料表明，剩余油主要分布在层内各韵律段上部，其中弱、未水洗段有效厚度 51.7%位于各韵律段上部，25.0%位于中部，23.3%位于下部，层内剩余油与水淹段呈“五花肉”状态交错分布。

根据岩心现场观察及水淹层解释结果的分析表明，岩性界面与超薄物性界面对层内剩余油均具有控制作用，表明砂体内部结构界面是造成层内动用不均衡的主要影响因素。进一步研究后认识到：在原来已划分的沉积单元内，仍有为数众多的突变接触的单一韵律结构单元砂体叠加在一起。井间结构单元的岩性变化（相带的分异）、韵律的变化造成注采井间连通性变差，甚至注采不完善，层内流体重力分异作用加剧了无效注采循环，导致波及体积变小，这些都是厚油层内剩余油富集的主要原因。

综上所述，受井网和隔层发育规模限制，常规的细分和挖潜措施，已不能满足特高含水开发阶段厚油层内进一步提高采收率的需求。

1 层内机械细分及挖潜思路

精细地质理论研究成果及厚油层挖潜实践表明，结构界面是导致厚油层内注采不完善、采出程度低的主要因素，而层内注采完善程度低是造成厚油层内剩余油富集的主要原因。为此，厚油层内机械细分及挖潜技术的思路是：如何利用和保护结构界面，通过实施层内细分注水和堵水工艺，提高有效注入，控制无效循环，扩大波及体积；通过实施层内精细压裂工艺，完善结构单元内注采关系，改善连通效果，提高中低渗透层动用程度，实现有效挖潜。针对剩余油分布特征，精细挖潜工艺对策如下。

(1) 针对层状间隔式结构单元剩余油(图 1)：由于剩余油主要分布在砂体顶部，而底部由于注入水的长期冲刷，形成注采无效循环场，主要实施层内细分注水和堵水工艺。

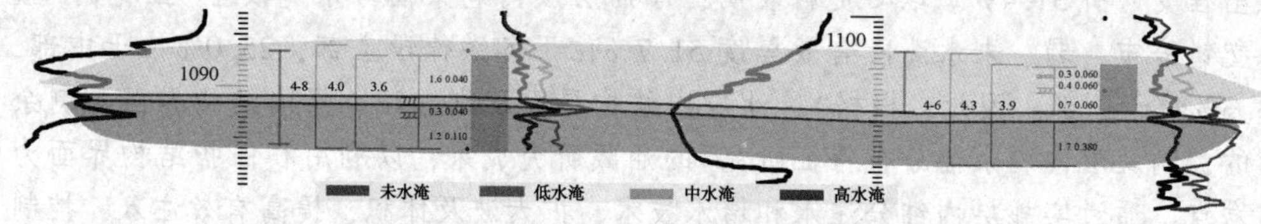

图 1 萨Ⅱ4-6 层层状间隔式结构单元剖面图

(2) 针对底托悬挂式、底型切叠式结构单元剩余油(图 2)：由于层内结构单元注采不完善，首先通过精细定位压裂完善注采关系，沟通渗流通道，再配合实施层内细分注水和堵水工艺，实现剩余油挖潜。

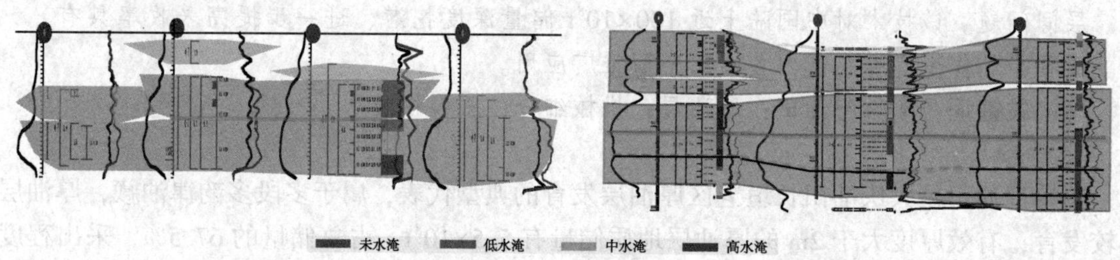

图 2 萨Ⅲ4-7 层底托悬挂式、葡Ⅰ2 层底型切叠式结构单元剖面图

(3) 针对楔状镶嵌式、交错迷宫式结构单元剩余油(图 3)：楔状镶嵌式及交错迷宫式结构单元砂体注采井间存在夹层遮挡、变差部位，可通过实施层内精细定位压裂工艺，改善连通效果来挖潜。

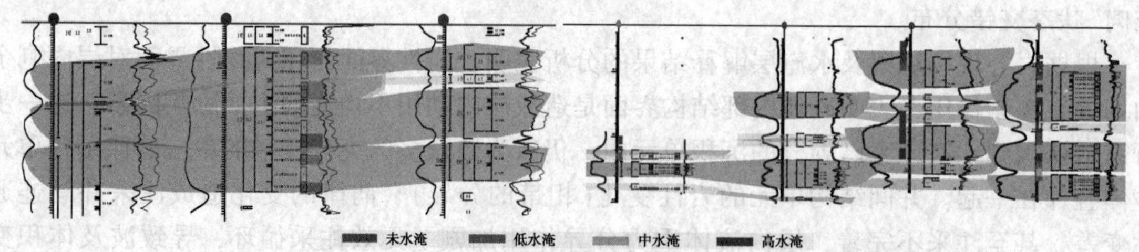

图 3 萨Ⅱ1-3 层楔状镶嵌式、葡Ⅰ1-2 层交错迷宫式结构单元剖面图

2 配套技术及应用效果

2.1 层内细分注采

2.1.1 配套技术及应用情况

油藏精细研究表明，厚油层内由于纵向上渗透率的差异使得注入水首先进入高渗透部位，并向高渗透方向推进形成无效注采循环，使得低渗透部位的剩余油动用较差。因此，应用精细地质研究成果，追踪层内结构界面的发育状况，利用稳定的结构界面及物性变差部位实施了三种工艺方案。

(1) 对于结构界面发育稳定且结构界面上下存在吸水差异需要细分的厚油层，利用长胶筒封隔器封堵结构界面，将一个厚层细分为几个小层，实现层内细分注水。

如喇 5-1621 井，该井高Ⅱ9-10—高Ⅱ17 注水层段中，高Ⅱ15-17 砂岩厚度和有效厚度分别占该层段的 42.2%和 41.2%，而吸水量却达到 77.5%，因隔层小无法实施常规细分注水。针对此问题，采用长胶筒封隔器封堵高Ⅱ14 小层，单卡停注高Ⅱ15-17，细分后，高Ⅱ15-17 停注水量 $62m^3/d$，高Ⅱ9-10—高Ⅱ13 注水量增加 $25m^3/d$。对比周围 4 口无措施油井，降液 14t/d，增油 2t/d，含水率下降 1.74 个百分点。

累计实施 194 口井，平均单井结构界面厚度 0.14m，注水层段由 3.2 个增至 5.8 个，累计控制无效注水 $215.4\times10^4m^3$，增加有效注水 $165.2\times10^4m^3$。

(2) 对于注采层段需要调整，但因结构界面厚度小于 0.5m 常规封隔器无法有效封卡的井，组合应用长胶筒封隔器和常规封隔器，实现注采层段的调整与重组。

如喇 4-32 井，利用萨Ⅱ4—高Ⅰ1-3 层内两个结构界面(0.2m、0.3m)实施层段重组，由原来的封堵一段调整为封堵两段。措施后，降液 28t/d，增油 3t/d，含水率下降 5.0 个百分点。

累计实施 306 口井。其中，注水井 242 口，注水层段由 4.5 个增至 6.7 个，累计控制无效注水 $185.9\times10^4m^3$，增加有效注水 $129.9\times10^4m^3$；采油井 64 口，累计降水 $34.8\times10^4m^3$，增油 6.1×10^4t。

(3) 对于存在无效循环部位且不发育结构界面的厚油层，以及层段厚度小、封隔器卡不开而无法进行细分注采的厚油层，利用长胶筒封隔器的封堵特性，封堵射孔炮眼，控制无效循环，创造条件实施细分注采。

如喇 8-123 井，萨Ⅱ7+8 层内的结构界面厚度为 0.5m，方案采用 1 级长胶筒封隔器对此夹层进行封堵，将萨Ⅱ7+8 分为两段，下部停注。细分后，上部层段的日注水量增加 $15m^3$，下部层段的日注水量减少 $20m^3$。对比周围 4 口无措施油井，降液 20t/d，增油 0.9t/d，含水率下降 0.63 个百分点。

累计实施 564 口井。其中，注水井 425 口，注水层段由 4.1 个增至 7.3 个，累计控制无效注水 $380.2\times10^4m^3$，增加有效注水 $310.1\times10^4m^3$；采油井 139 口，累计降水 $64.1\times10^4m^3$，增油 5.4×10^4t。

2.1.2 总体应用效果

自 2002 年以来，层内细分注采技术累计应用 1064 井次，其中细分注水 861 井次，单井注水层段由 4.0 个增至 6.8 个，控制无效注水 $781.5\times10^4m^3$，增加有效注水 $606.2\times10^4m^3$；细分堵水 203 井次，降水 $98.9\times10^4m^3$，增油 11.5×10^4t，含水率下降 2.2 个百分点(表 1)。

按照吨油结算价格4763元/t、单位生产成本1252元/t、水处理价格4.7元/m^3计算，获得直接经济效益44514万元，投入产出比达到1：6.6。

表1　长胶筒层内细分注采应用效果

年度	细分注水			细分堵水			
	井数，口	控注，10^4m^3	增注，10^4m^3	井数，口	降水，10^4m^3	增油，10^4t	含水率下降，百分点
2002	51	55.0	47.2	8	3.8	0.5	3.9
2003	65	90.1	64.1	8	4.1	0.4	3.4
2004	71	76.3	58.3	17	8.5	1.3	3.0
2005	83	66.4	52.0	21	10.6	1.3	2.3
2006	56	68.1	48.3	27	13.4	1.0	2.7
2007	32	35.4	51.2	10	5.1	0.9	1.1
2008	65	50.2	44.5	7	3.2	0.8	1.7
2009	152	80.5	64.2	22	10.7	1.1	1.4
2010	88	74.2	50.1	26	11.9	0.9	1.7
2011	57	57.5	38.7	32	15.7	1.4	2.0
2012	69	66.2	45.1	20	10.1	1.7	2.4
2013	72	61.6	42.5	5	1.8	0.2	1.0
合计	861	781.5	606.2	203	98.9	11.5	2.2

2.2　层内精细压裂挖潜

2.2.1　配套技术及应用情况

厚油层内挖潜实践表明：利用长胶筒封隔器封堵结构界面及炮眼，在目的层强制造缝，实现厚油层顶部低、未水淹段的精细定位挖潜，将有利于完善厚油层内中、低渗透部位的注采关系并挖潜剩余油。但结构界面作为精细定位压裂的物质基础，其岩性类型、发育连续性和抗剪切强度尤为重要，特别是结构界面发育的连续性决定了剩余油的富集程度和水淹速度。因此，以结构界面特性为重点，实施了4类厚油层内精细定位压裂控制技术。

（1）对于油层发育厚度大于2m、岩性结构界面在0.5~0.8m之间的油层，采用1m长胶筒封隔器组合成分层压裂管柱，定位挖潜中、低渗透部位剩余油。

（2）对于油层发育厚度大于2m、岩性结构界面在0.1~0.5m之间的油层，考虑其抗剪切强度较弱，容易破坏第二胶结面造成直接水窜，因此采用1m长胶筒封隔器组合成定位平衡工艺管柱，保护结构界面，定位挖潜中、低渗透部位剩余油。

（3）对于油层发育厚度不大于2m、岩性结构界面在0.2~0.8m之间的油层，采用1m长胶筒封隔器将结构界面及炮眼连续反向封隔，使其整体作为夹层，定位挖潜中、低渗透部位剩余油。

以上3类技术均利用岩性结构界面，采用1m长胶筒封隔器定位压裂管柱，典型井如喇8-AS2103，该井发育结构界面频率为0.28层/m，比较密集，剩余油主要集中在萨Ⅲ4-8和萨Ⅲ8^2—萨Ⅲ9+10层位顶部，可以实施长胶筒封隔器精细定位压裂工艺，胶筒定位深度为1012.1m和1025.8m。现场施工压力平稳，未出现窜层现象，措施初期增液40t/d，增油10.9t/d，含水率下降3.3个百分点，有效期289天。

累计实施 170 口井，工艺有效率为 92%，平均夹层厚度为 0.3m，措施初期平均单井增液 34t/d，增油 6.2t/d，含水率下降 5.3 个百分点，累计增油 13.1×10^4t。

(4) 对于油层发育厚度大于 2m、岩性结构界面不大于 0.1m，油层发育厚度不大于 2m、岩性结构界面不大于 0.2m，以及仅存在渗透率级差的物性结构界面的油层，采用 2m 长胶筒封隔器将结构界面及炮眼连续反向封隔，强制卡封油层，并与选择性压裂工艺组合，定位挖潜中、低渗透部位剩余油。

如喇 10-PS1901 井，该井发育结构界面频率为 0.34 层/m，比较密集，剩余油主要集中在萨Ⅲ3-8 层位顶部，且在 1070.8m 深度存在较稳定的物性结构界面，可以实施长胶筒封隔器强制卡封油层的定位压裂工艺，胶筒定位深度为 1070.4m。现场施工压力平稳，选择性压裂的破裂压力为 22~27MPa，未出现窜层现象，措施初期增液 55t/d，增油 14.2t/d，含水率下降 8.8 个百分点，有效期 254 天。

累计实施 86 口井，工艺有效率为 81%，措施初期平均单井增液 34t/d，增油 5.9t/d，含水率下降 3.1 个百分点，累计增油 5.3×10^4t。

2.2.2 总体应用效果

自 2011 年以来，层内精细压裂挖潜技术累计应用 281 口井，其中采油井 256 口，平均夹层厚度为 0.2m，措施后平均单井增液 34t/d，增油 6.1t/d，含水率下降 4.7 个百分点，累计增油已达 18.4×10^4t(表 2)。按照吨油结算价格 4763 元/t、单位生产成本 1252 元/t 计算，获得直接经济效益 64602 万元，投入产出比达到 1∶7.2。

表 2 采油井长胶筒精细定位压裂应用效果

年度	井数 口	压裂前			压裂后			差值			有效期 d	累计增油 t	夹层厚度 m
		产液量 t/d	产油量 t/d	含水率 %	产液量 t/d	产油率 t/d	含水率 %	产液量 t/d	产油量 t/d	含水率			
2011	48(压堵 20 口)	30	2.7	91.2	68	9.8	85.5	38	7.1	−5.7	284	921	0.22
2012	109(压堵 14 口)	29	2.9	90.2	62	8.7	86.1	33	5.8	−4.1	276	801	0.20
2013	99(压堵 3 口)	28	2.6	90.7	61	8.5	86.0	33	5.9	−4.7	132	526	0.18
总计	256(压堵 37 口)	29	2.7	90.6	63	8.8	85.9	34	6.1	−4.7	224	725	0.20

3 几点认识

(1) 长胶筒封隔器层内机械细分及挖潜技术的应用，是厚油层挖潜的重要技术创新，与常规技术相比，细分及挖潜的对象由层间拓展到层内，封隔界面由岩性隔层延伸到物性结构界面，将复杂的层内矛盾转换为可操作的层间问题，有效控制了厚油层的无效注采循环，提高了厚油层挖潜效果。

(2) 适用于层内细分注采的系列长胶筒封隔器，保证了井下应用的长效性，利用稳定的结构界面及物性变差部位实施了 3 种工艺方案，使细分注水和堵水工艺突破了层间调整的限制，实现了 0.2m 以下结构界面条件下的有效封隔和套管炮眼处的层内封堵，达到了控制层内无效注采循环，提高中、低渗透层动用程度的目的。

(3) 基于系列长胶筒封隔器的层内定位压裂技术，实现了厚油层内不同结构界面的利用和保护，达到了层内精细定位压裂挖潜的目的；同时，根据结构界面特性，形成了稳定隔层、物性隔层两种条件4类工艺管柱，取得了显著的应用效果。

（4）该技术具有重大的推广价值，对于多段多韵律的砂岩油田，只要层内存在薄隔层或结构界面，就可以推广应用，对中国陆上近 100×10^{8}t 储量深度挖潜、进一步提高采收率具有重要指导作用，仅大庆长垣老区第一、第三、第六采油厂，年应用空间就可达到787口井，预计措施增油 27.5×10^{4}t。

（5）厚油层内细分及挖潜技术是采油工程与油藏工程密切结合的结果，随着精细地质解释精度的提高，其应用范围会更加广泛。有结构界面细分及定位压裂效果，证明该技术满足结构界面地质解释精度对层内挖潜技术的需求；无结构界面细分及定位压裂效果，显示提高地质解释精度后，该技术还有更广阔的应用空间。

参考文献

[1] 余成林，国殿斌，熊运斌，等．厚油层内部夹层特征及在剩余油挖潜中的应用[J]．地球科学与环境学报，2012，34(1)：35-39.

[2] 甯波，贾爱林，彭缓缓，等．河流相储层层内非均质表征程度对水淹规律的影响[J]．石油天然气学报，2014，36(2)：114-119.

[3] 薛大伟．特高含水期厚油层挖潜技术[J]．中国石油和化工标准与质量，2013(12)：153-155.

[4] 张冲．厚油层储层非均质性研究[J]．内蒙古石油化工，2012(1)：150.

[5] 刘立支，冯其红，崔传智．正韵律厚油层高含水期挖潜方法研究[J]．胜利油田职工大学学报，2007，21(5)：37-39.

回压对油井生产的影响分析

于德水

（工程技术大队）

摘　要：油井回压是将油井采出的液量输送到计量间的动力，但油井回压过高，会增加抽油机井上冲程的悬点载荷和螺杆泵井的举升压力，影响抽汲设备使用寿命，增加能耗。为此，选取不同浓度下的抽油机及螺杆泵井开展了油井回压测试现场试验，定性分析了回压对油井产液量、交变载荷、扭矩以及能耗的影响程度，同时针对影响回压的因素，提出了切实可行的降低回压方法。

关键词：回压；产液量；载荷；扭矩；能耗

1　概述

2014 年 10 月，全厂共有抽油机井和螺杆泵井 4709 口，平均回压为 0.42MPa。回压在 1.0MPa 及以上井有 104 口（抽油机井 49 口，螺杆泵井 55 口），占两种举升方式总井数的 2.2%，平均回压达 1.16MPa，较全厂平均回压高 0.74MPa（表 1）。

表 1　油井回压基本情况

序号	井别	全厂水平		高回压井		增加	
		井数，口	回压，MPa	井数，口	回压，MPa	井数比例，%	回压，MPa
1	抽油机	2609	0.40	49	1.11	1.9	0.71
2	螺杆泵	2100	0.45	55	1.21	2.6	0.76
全厂		4709	0.42	104	1.16	2.2	0.74

对 49 口抽油机井、55 口螺杆泵井按照回压进行分级发现（表 2）：

表 2　油井回压分级情况

序号	回压分级，MPa	抽油机井			螺杆泵井		
		井数，口	泵效，%	交变载荷，kN	井数，口	泵效，%	电流，A
1	1.0~1.2	41	64.8	38.4	42	56.99	25
2	1.3~1.5	7	64.5	40.5	9	56.01	29
3	1.6~2.0	1	63.2	43.2	4	50.47	34
合计/平均		49	64.7	38.8	55	56.23	26

（1）抽油机井泵效有随回压升高而下降的趋势，但变化不明显，与全厂抽油机井平均泵效（65.1%）相比降低 0.4 个百分点。螺杆泵井泵效随着回压升高而降低，变化较明显，与全厂螺杆泵井平均泵效（61.42%）相比降低 5.19 个百分点。

(2) 抽油机井交变载荷随回压升高而逐渐增大，回压在 1.0MPa 及以上的 49 口井平均交变载荷较全厂平均水平(34.2kN)增加 13.4%。

(3) 螺杆泵井运行电流随回压的升高逐渐增大，回压在 1.0MPa 及以上的 55 口井平均运行电流较全厂平均水平(24A)增加 2A。

油井回压是将油井采出的液量输送到计量间的动力，但油井回压过高，会增加抽油机井上冲程的悬点载荷和螺杆泵井的举升压力，影响抽汲设备使用寿命，增加能耗。因此，为明确高回压对油井生产情况的影响，选取不同浓度下的抽油机井及螺杆泵井开展了油井回压测试现场试验，并对影响因素进行了分析，提出了切实可行的降低回压的方法。

2 回压对产液量的影响

2.1 抽油机井

通过拟合 12-PS2321 井产液量、动液面随回压的变化曲线(图 1)可以看出，随着回压的不断升高，产液量、动液面变化不大。当回压由正常生产时的 0.35MPa 上升到 2.5MPa 时，产液量呈下降趋势，但变化不明显，动液面一直处于 730m 左右，无明显变化。

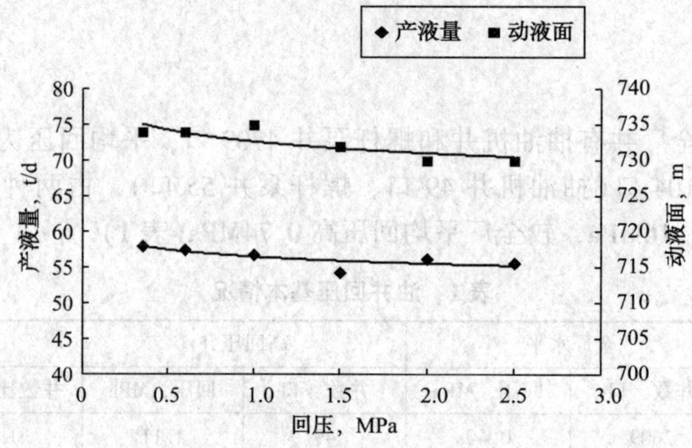

图 1 12-PS2321 井产液量、动液面随回压的变化曲线

2.2 螺杆泵井

通过拟合 3-PS3115 井产液量、动液面随回压的变化曲线(图 2)看出，随着回压的不断升高，产液量呈下降趋势，动液面呈上升趋势。当回压由正常生产时的 0.3MPa 上升到 2.3MPa 时，产液量由 53t/d 下降到 44dt/d，下降 9t/d，下降了 16.9%，动液面由 745m 上升到 785m，上升了 5.1%。

3 回压对抽油机井载荷、螺杆泵井扭矩的影响

3.1 抽油机井

通过拟合 12-PS2321 井 $P_{大}$、$P_{小}$以及交变载荷随回压的变化曲线(图 3)，同时结合测试示功图看出，随着回压升高，$P_{大}$ 逐渐增大，$P_{小}$ 逐渐减小，交变载荷逐渐增大。当回压由正常生产时的 0.4MPa 上升到 2.5MPa 时，$P_{大}$ 由 64.79kN 上升到 72.47kN，$P_{小}$ 由 18.56kN 下降到 18.26kN，交变载荷由 46.23kN 上升到 54.21kN，上升了 17.3%。

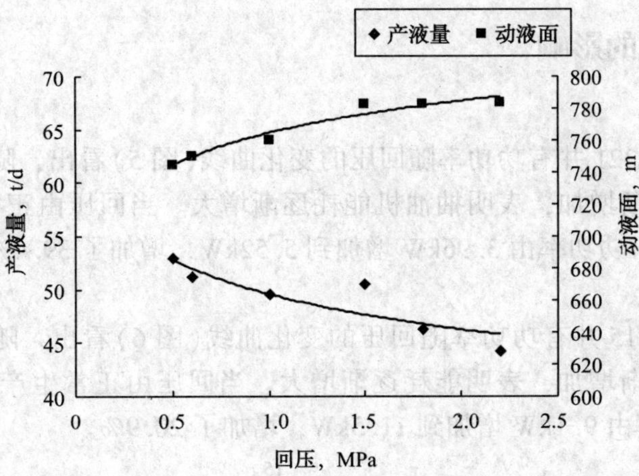

图 2 3-PS3115 井产液量、动液面随回压的变化曲线

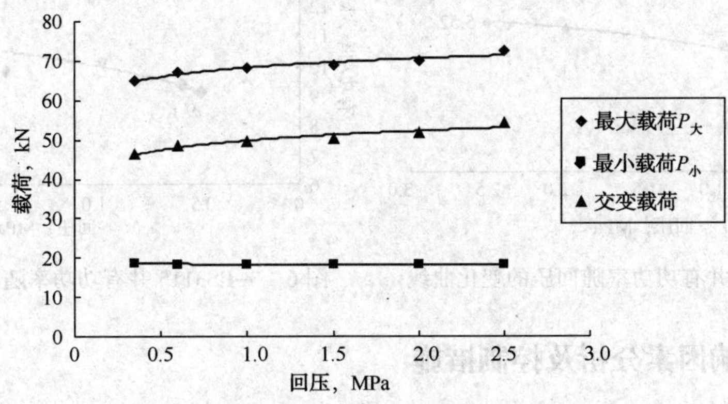

图 3 12-PS2321 井载荷随回压的变化曲线

3.2 螺杆泵井

通过拟合 3-PS3115 井扭矩随回压的变化曲线(图 4)看出，随着回压升高，扭矩逐渐增大，当回压由正常生产时的 0.3MPa 上升到 2.3MPa 时，扭矩由 698N · m 上升到 889N · m，上升了 27.4%。

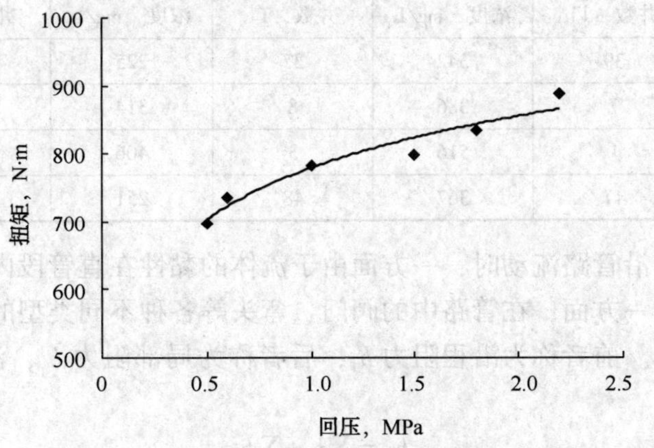

图 4 3-PS3115 井扭矩随回压的变化曲线

4 回压对能耗的影响

4.1 抽油机井

通过拟合 12-PS2321 井有功功率随回压的变化曲线(图 5)看出，随着回压的不断升高，电动机的有功功率逐渐增加，表明抽油机能耗逐渐增大。当回压由正常生产时的 0.35MPa 上升到 2.5MPa 时，有功功率由 3.96kW 增加到 5.52kW，增加了 39.4%。

4.2 螺杆泵井

通过拟合 3-PS3115 井有功功率随回压的变化曲线(图 6)看出，随着回压的不断升高，电动机的有功功率逐渐增加，表明能耗逐渐增大。当回压由正常生产时的 0.3MPa 上升到 2.3MPa 时，有功功率由 9.1kW 增加到 11.5kW，增加了 20.9%。

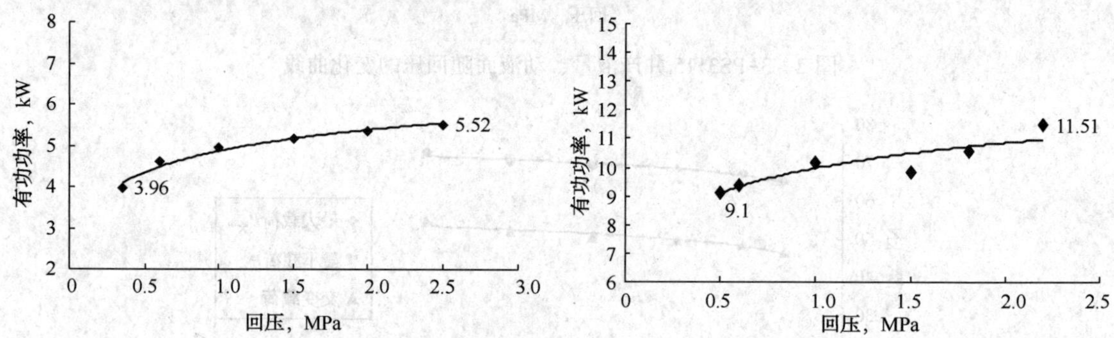

图 5 12-PS2321 井有功功率随回压的变化曲线　　图 6 3-PS3115 井有功功率随回压的变化曲线

5 回压影响因素分析及控制措施

5.1 采出液含聚合物浓度影响及控制

统计 104 口高回压井中 95 口聚合物驱井可以看出(抽油机井 47 口，螺杆泵井 48 口)，随着采出液含聚合物浓度的增加，抽油机井回压值逐渐增大(表 3)。

表 3 浓度按回压分级情况

序号	回压分级，MPa	抽油机井		螺杆泵井		合计	
		井数，口	浓度，mg/L	井数，口	浓度，mg/L	井数，口	浓度，mg/L
1	1.0~1.2	39	342	37	225	76	285
2	1.3~1.5	7	386	8	314	15	348
3	1.6~2.0	1	516	3	406	4	434
合计/平均		47	367	48	251	95	310

分析认为，流体沿管路流动时，一方面由于流体的黏性在直管段内所产生的黏性切力将阻止流体的流动；另一方面，在管路中的阀门、弯头等各种不同类型的局部管件处将形成漩涡，产生额外的阻力。前者称为沿程阻力 h_f，后者称为局部阻力 h_j，流体流动阻力 h_w 即为二者之和。

$$h_w = \sum h_f + \sum h_j$$

式中 h_w——流体流动阻力；

h_f——沿程阻力；

h_j——局部阻力。

采出液浓度越高，黏性越大，运动黏滞系数越大($\upsilon=\mu/\rho$)，因此产生的黏性切力阻止流体的阻力(沿程阻力 h_f)就越大。故导致随着采出液浓度的增加，抽油机井管路中流动阻力增大，进而造成油井回压值增大。8-AS2803 井采出液浓度由 136mg/L 上升到 986mg/L 时，回压由 0.5MPa 上升到 1.2MPa，上升了 0.7MPa(图 7)。

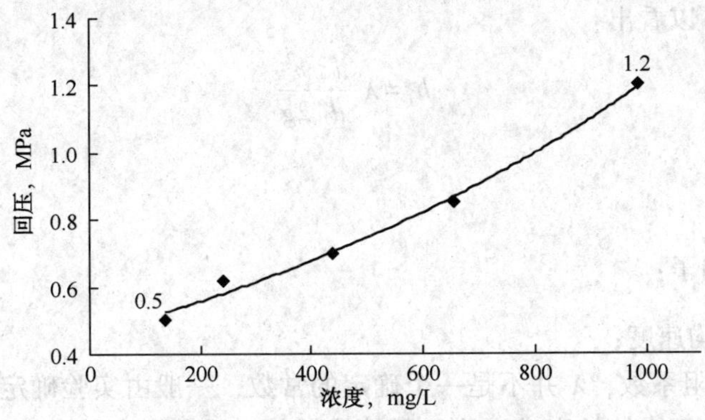

图 7　8-AS2803 井回压随浓度变化曲线

通过在管理及技术配套上采取了以下措施，有效降低了采出液浓度对回压的影响。

(1) 定期使用高压热洗车或外接临时掺水管线对高回压井冲洗地面管线 724 井次，以降低管线的沿程阻力，实施前后回压降低了 0.55MPa。

(2) 采用井口加药方法，降低采出液的黏性，进而减小沿程阻力，以降低回压。实施 4 井次，交变载荷下降了 2.7kN，下降了 5.16 个百分点，回压下降了 0.45MPa。

(3) 针对抽油机井，结合检泵应用低摩阻泵 47 口，主动降低杆管负荷，应用后交变载荷下降了 9.6kN，下降了 15.9%，降低了泵筒与柱塞之间的摩擦阻力。

(4) 针对螺杆泵井，结合检泵应用多级数泵 11 口，增大级数后产液量增加 8t/d，泵效增加 11.5 个百分点，液面下降 392m。

5.2　集输工艺的影响及控制

统计 104 口高回压抽油机、螺杆泵井，采用单管集输工艺的有 53 口井，采用环状集输工艺的有 39 口井，二者共计 92 口井，占 88.5%(表 4)。

表 4　高回压井的集输工艺情况

序号	集输工艺	抽油机井		螺杆泵井		合计	
		井数，口	所占比例，%	井数，口	所占比例，%	井数，口	所占比例，%
1	单管集输工艺	23	46.9	30	54.5	53	51.0
2	环状集输工艺	14	28.6	25	45.5	39	37.5
3	双管集输工艺	12	24.5	—	—	12	11.5
合计/平均		49	100	55	100	104	100

采用环状集输工艺和单管集输工艺的油井由于取消了掺水管线，故只能采用高压热洗车洗井来确保管线畅通，加之高压热洗车数量有限，使得部分井洗井不及时，故造成管线堵

塞。堵塞会在管路中形成缩径，故而产生局部阻力 h_j，进而增加流动阻力，造成油井回压值增大。因此，将单管流程井改为双管生产。9－PS3103 井改进前后回压由 1.1MPa 下降到 0.6MPa，下降了 0.5MPa，电流由 23A 下降到 20A，下降了 13.0%，有效降低了回压对油井的影响。

5.3 输油管线长度影响及控制

流体在流动时，由于黏性阻力而产生能量损失，能量损失的大小常用压差即水头损失来衡量，由达西公式可以看出：

$$h_f=\lambda \frac{l}{d}\frac{v^2}{2g}$$

式中 l——管长；

d——管径；

$\frac{l}{d}$——几何因子；

v——管内平均速度；

λ——沿程摩阻系数，λ 并不是一个确定的常数，一般由实验确定。

沿程阻力与集输管线的长度成正比，即管线越长，沿程阻力越大，回压越大，因此，优化布置输油管线的长度，能够降低回压对油井的影响。

6 结论与认识

（1）油井回压是将油井采出的液量输送到计量间的动力，但油井回压过高，会增加抽油机井上冲程的悬点载荷和螺杆泵井的举升压力，影响抽汲设备使用寿命，增加能耗，因此应将回压控制在合理范围内。

（2）在管理上，定期使用高压热洗车或外接临时掺水管线对高回压井冲洗地面管线，或是采用井口加药方法，能够有效降低采出液的黏性，减小沿程阻力，降低回压对油井的影响。

（3）在配套技术上，通过应用低摩阻泵、降低杆管负荷以及应用多级数螺杆泵，增加泵的扬程，能够有效降低回压的影响。

（4）优化集输工艺，能够有效降低环状集输工艺和单管集输工艺对回压的影响。

参 考 文 献

[1] 张琪．采油工程原理与设计[M]．东营：石油大学出版社，2000.

[2] 王海斌，韦学臣．井口回压对油井工况影响及对策分析[J]．石油天然气学报，2005(S4)：154-156.

[3] 孙传伟．抽油机井回压对产液量及电流的影响[J]．城市建设理论研究，2013(7).

[4] 刘勤．井口回压对油井生产的影响及控制措施[J]．中国化工贸易，2014，6(7).

[5] 罗晓鹏，刘洪见，马季．桩 837 块井口回压对油井产量及抽油机耗电量的影响[J]．中国科技纵横，2013(23)：161.

[6] 王翠霞．井口回压对油井产量及抽油机耗电量的影响[J]．油气田地面工程，2010，29(5)：69-70.

[7] 宋承毅．对抽油机井口回压与产液量耗电量关系的实测分析[J]．油气田地面工程，1992(6)：25-26.

降低电泵井检泵率配套技术研究与应用

张学斌　朱宏伟

（工程技术大队）

摘　要：本文针对近年来电泵井在喇嘛甸油田应用过程中出现的电缆绝缘值过低时或频繁启停时机组容易短路，分离器轴断引起检泵，由于修旧、利旧部件使用不当造成的机组过早损坏，以及保护器频繁损坏等问题，积极开展相应的技术攻关及现场试验，减少电泵检泵井次，延长电泵检泵周期，形成适用于喇嘛甸油田的电泵井配套技术，为电泵稳定生产提供保障。

关键词：电泵；检泵率；保护器；分离器；控制柜

电泵井具有产液量高、排量效率高、检泵周期长、易于管理等优势，尤其在高产液井（产液量大于300t/d）上的普及应用，具有其他举升方式无可替代的优势，在油田提液上产方面做出了突出贡献。

2015年10月，第六采油厂共有电泵井306口，占机采井总数的5.9%；共有从50m^3/d到550m^3/d之间的8种泵型，覆盖了从40t/d到660t/d之间的全部产液量范围，是对产液量范围适应性最广的举升方式。针对电泵井在运行过程中存在的不适应环节，积极开展技术攻关及现场试验，应用相应的配套技术，减少电泵检泵井次，延长电泵检泵周期，形成适用于喇嘛甸油田的电泵井配套技术，为电泵稳定生产提供保障。

1　应用软启停控制柜技术

电动潜油泵机组随着运转时间的延长，机组绝缘随之下降，低绝缘状态下电泵机组的启停操作是造成机组损坏的关键环节。电泵井在生产过程中，由于欠过载停机、停电、线路检修、测试及其他地面故障等原因均不可避免地需要启停机操作。

软启动控制柜可使机组启动时的电流由全压启动时的4~8倍降低到2.5倍以内。从启动电流特征曲线图（图1）可以看出，常规全压启动存在瞬时电流冲击波峰，而智能软启动升压、降压缓慢，不存在明显的冲击波峰，最大限度降低了电流冲击，有效地保护了低绝缘电泵井的机组。

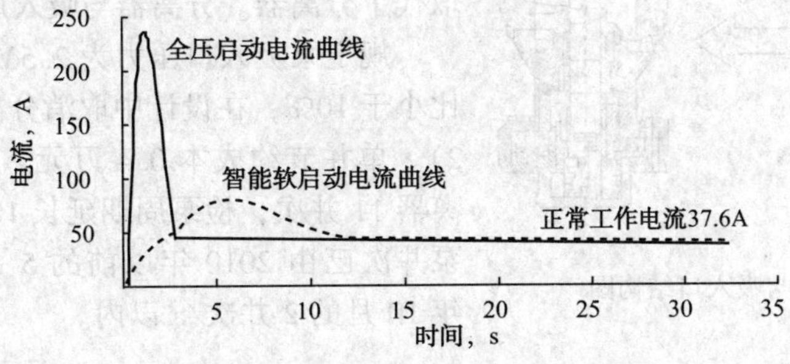

图1　喇9-P292井实测启动电流曲线

2015 年 10 月，全厂共有 102 口井安装软启停控制柜，为最大限度发挥软启停控制柜功能，每年随检泵时机实施动态优化调整，以 2014 年为例，共对 20 井次绝缘值低于 100MΩ 的井调整安装软启停控制柜，平均检泵周期达到 1321d，运行周期延长 112d，软启停控制柜应用效果如图 2 所示，应用情况见表 1。

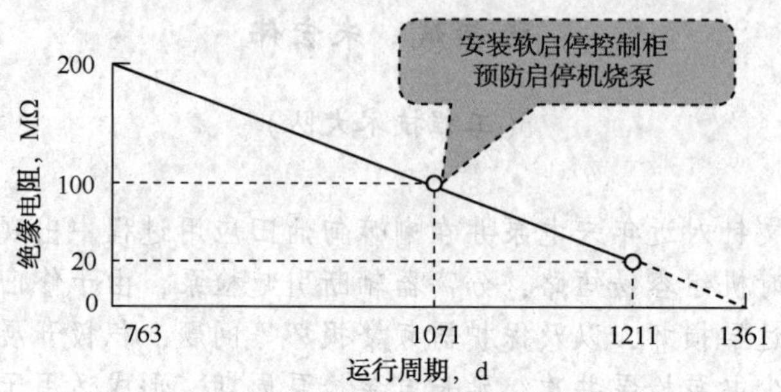

图 2　软启停控制柜应用效果

表 1　软启停控制柜应用情况

序号	绝缘电阻，MΩ	井数，口	软启停控制柜应用数量，口	安装比例，%	措施
1	<20	11	11	100.0	挂牌管理，杜绝启停
2	20~100	44	23	52.2	调整安装软启停控制柜
3	100~200	47	—	—	加大绝缘电阻监测力度
合计		102	23	38	—

2　应用简化管柱设计技术

旋转分离器的分离能力为 70%，当泵吸入口气液比不超过 10%时，分离器不起作用。另外，分离器结构复杂，加工难度大，分离器与接头件如不同轴，造成在启泵瞬间由于载荷过大而发生轴断，或因偏摆度过大使叶轮与分离器内壁发生扫膛，以致外壳被扫断、叶轮被卡死等现象时有发生，而吸入口结构简单，承受扭矩能力强，同轴度好，弯矩小，可有效防止轴断现象的发生。为避免分离器轴断和被扫断、叶轮被卡死等现象，对气体影响小的井应用吸入口取代了分离器。分离器与吸入口结构如图 3 所示。

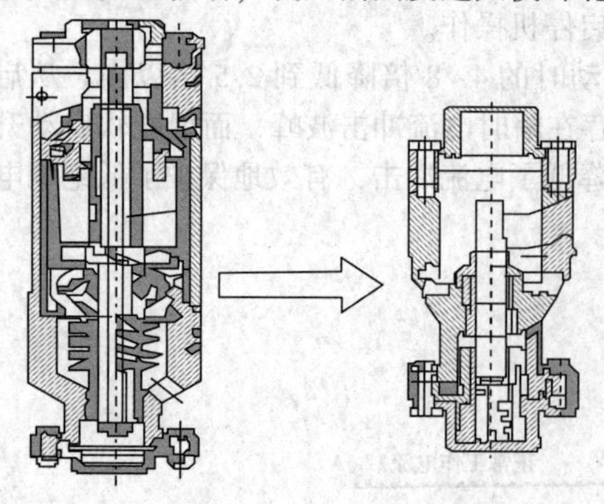

图 3　分离器与吸入口结构图

规定泵吸入口压力为 2.5MPa 时，吸入口气液比小于 10%，在设计中取消分离器改下吸入口(表 2)。单井节约成本 0.4 万元。2015 年累计更换分离器 11 井次，检泵周期延长 107d，分离器损坏检泵井次已由 2010 年以前的 5 井次/a 下降到 2015 年 10 月的 2 井次/a 以内。

表 2　分离器与吸入口设计使用模板

序号	设计部件	适应范围	设计要求
1	分离器	井产气量>10%	泡沫复合试验区、气聚两相试验区、注聚障、气影响及缓冲区电泵井需采用分离器
2	吸入口	井产气量≤10%	其余电泵井在采油矿无特殊要求的情况下，应下入吸入口

3　应用修旧利旧标准技术

对电泵井应用修旧、利旧机组，可降低一次检泵费用，但结合修旧、利旧机组的检泵周期进行统计分析发现：应用修旧、利旧机组虽然单次检泵费用较低，但其检泵周期却远低于新机组检泵周期。统计 2010—2013 年，修旧、利旧机组检出 66 套，年均检出 17 套，检泵周期仅 714d，而新机组的平均检泵周期可达到 1300d，2014 年至今，修旧、利旧机组检出仅有 5 套。达到新机组检泵周期，应用修旧、利旧机组的检泵费用将高于新机组的一次投入。通过分析电泵机组各部件在机组中的费用比例、损坏比例以及损坏原因，建立起“电泵井修旧、利旧应用模板”（表 3），有效降低了修旧、利旧机组对电泵井检泵率的影响，修旧、利旧机组检泵井次已由高峰期的 18 井次下降到 2015 年 10 月的 2 井次。

表 3　电泵井修旧、利旧应用模板

部件名称	费用比例 %	损坏比例,%		是否可应用		原因分析
		检修	利旧	检修	利旧	
保护器	3.5	63.6	100.0	否	否	检泵比例高
分离器	2.0	13.3	18.8	否	否	检泵比例虽然较低，但费用占比很小
电动机	40.0	10.3	12.3	是	是	电动机烧主要受保护器失效影响，纯电动机烧检泵比例较低，因此，检修电动机，利旧电动机绝缘电阻达到 500MΩ 以上可应用
泵	30.0	1	2.9	否	否	检修泵的磨损、疲劳速度比新泵快；利旧泵泵轴的横向摆动情况现场无法检测，与机组新部件同轴度也无法保证，加快其他部件损坏速度，尤其会加快保护器密封失效速度
电缆	20.0	6.7	4.5	是	是	电缆问题检泵比例较低，检修电缆、利旧电缆绝缘电阻达到 500MΩ 以上可应用

4　应用双保护器技术

保护器的主要目的是阻止井液进入潜油电动机，避免烧毁潜油电动机。保护器在潜油电动机中主要有以下 4 个作用：(1)密封潜油电动机轴的动力输出端，防止井液进入潜油电动机；(2)将充油腔体与油井相连通，从而平衡潜油电动机和保护器中各密封部位两端的压差，在潜油电动机停机时补充润滑油；(3)内设推力轴承，承担作用在泵轴、分离器轴和保护器轴传递下来的轴向力；(4)作为潜油电动机轴与泵轴、电动机机壳与泵壳体的连接。保护器作为电泵生产运行过程中必不可少的一部分，对机组的运行寿命起到了至关重要的作用。为增强保护器的保护能力与使用寿命，自 2012 年开始，安装应用双保护器，相对于单保护器，双保护器具有电动机油存储量高、呼吸量大、电动机散热速度快的优点，可延长电动机油的消耗寿命、减小胶囊被吸破概率、延缓电动机绝缘的老化(表4)。截至2015年10月，已应用203井次，其中最长周期1170d，对比同期下入的单保护器井，损坏比例降低7.6个百分点。

表4　双保护器与单保护器应用效果对比

部件名称	同期应用，井次	损坏，井次	同期损坏比例,%
单保护器	121	17	14.0
双保护器	78	5	6.4
对比	—	—	-7.6

通过应用以上配套技术管理措施，电泵井检泵率自2012年以来呈逐年下降趋势，检泵周期整体呈上升趋势(表5)。2015年整体检泵率为13.1%，检泵周期1225d，同比2014年检泵率下降7.2个百分点，检泵周期延长139d。

表5　电泵井检泵指标变化情况

年份	井数，口	检泵井次	检泵周期，d	检泵率,%
2012	309	89	1159	28.8
2013	310	86	1186	27.7
2014	306	81	1155	26.5
2015年1—9月	306	40	1225	13.1

5　结论与认识

(1) 应用软启停控制柜模板，可以减少低绝缘烧泵井次，同时降低机组启动时负载。

(2) 应用分离器与吸入口设计模板，减少因分离器损坏造成的检泵井次，同时降低成本。

(3) 制定修旧、利旧标准模板，可以解决电泵井由于修旧、利旧部件使用不当造成的机组过早损坏，减少修旧、利旧井损坏比例。

(4) 应用双保护器技术，增强了保护器的保护能力与使用寿命，解决了电泵井保护器频繁损坏的问题。

参 考 文 献

[1] 师世刚．潜油电泵采油技术[M]．北京：石油工业出版社，1993.

[2] 徐正顺，戴跃进，曹瑞成，等．机械采油技术研究与应用[J]．北京：石油工业出版社，2000.

[3] 董振刚，张铭钧，张雄，等．潜油电泵合理选配工艺研究[J]．石油学报，2008，29(1)：128-131.

聚合物驱后沥青调剖开发方式优选及现场技术应用

周仲河

（工程技术大队）

摘　要：沥青调剖是聚合物驱后进一步提高采收率的有效方法之一，具有调剖强度大、封堵效率高、对地层选择性强、成本低廉、无设备腐蚀、无地层伤害等特点，但对其开发方式尚无一个完善的、系统的评价，为此利用数值模拟方法，通过对大庆油田 L5-29 井区进行精细数值模拟研究，对沥青调剖井组在不同浓度、注入速度、调剖半径、不同调剖时机及段塞组合方式条件下的驱油效果进行评价及优选。结果表明，单段塞条件下，采用 3000~4000mg/L 的浓度，0.15PV/a 的注入速度，调剖半径在 1/3~1/2 井距，含水率为 96%，多段塞条件下，采用“高—低—高”的段塞注入方式。并在 L5-29 井区开展了 7 注 11 采沥青颗粒调剖现场试验，取得了较好的措施效果，为厚油层聚合物驱后开展沥青调剖提供了有效的开发依据。

关键词：沥青调剖；聚合物驱后；开发方式；数值模拟

随着油田开发进入特高含水期，无论水驱，还是聚合物驱油田均面临着非均质性造成的纵向或平面的注入流体突进现象，调剖作为一种有效封堵高渗透层，扩大中、低渗透层波及体积，改善开发效果的方法，已经成为油田开发不可或缺的一种手段。随着油田开发的精细化，对调剖的要求也越来越高，从常规的化学调剖方法(包括凝胶型、体膨颗粒型、聚合物微球型)到复合粒子型调剖剂，再到我们所说的沥青调剖方法，均被油田工作者为适应不同油层或开发方式的条件下提出，并得到有效应用，沥青调剖具有调剖强度大、封堵效率高、对地层选择性强、成本低廉、无设备腐蚀、地层伤害等特点，已经被室内试验所证明，并在大庆喇嘛甸油田率先得到应用，也取得了一定的效果，但对其开发方式尚无一个完善的、系统的评价。本文利用数值模拟方法，通过对大庆油田 L5-29 井区进行精细数值模拟研究，对沥青调剖井组在不同浓度、不同注入速度、不同调剖半径、不同调剖时机及段塞组合方式条件下的驱油效果进行评价及优选，并详细阐述了沥青调剖的机理。结果表明，单段塞条件下，采用 3000~4000mg/L 的浓度，0.15PV/a 的注入速度，调剖半径在 1/3~1/2 井距，含水率为 96%；多段塞条件下，采用“高—低—高”的段塞注入方式。并在 L5-29 井区开展了 7 注 11 采沥青颗粒调剖现场试验，取得了较好的措施效果，为厚油层聚合物驱后开展沥青调剖提供有效的开发依据。

1 沥青调剖开发方式优选

1.1 数值模拟模型建立

大庆油田 L5-29 井区(12 注 16 采)，目的层 PⅡ-2，有效厚度为 16.8m，平均渗透率为 800mD，采用 212m×237m 的斜行列井网开发。于 2004 年 7 月开始注聚合物，2010 年 1 月陆续转入后续水驱，停注聚合物后综合含水率为 94.2%，采出程度为 51.4%，阶段提高采收率 12.2 个百分点，2013 年 6 月含水率为 96.13%，采出程度为 53.2%。

该井区位于北端 47#断层与南端 51#断层之间，封闭性较好(图 1)，选用 Eclipse 软件开展注沥青调剖效果数值模拟预测，为确保模拟的精度和预测的准确度，采用 25m×25m 的平面网格，纵向上采用 0.5m 厚度细分，划分 40 个小层，总网格共计 62×62×40＝153760 个(图 2)。根据矿场需要，将井组内 7 注 11 采定为调剖井区。

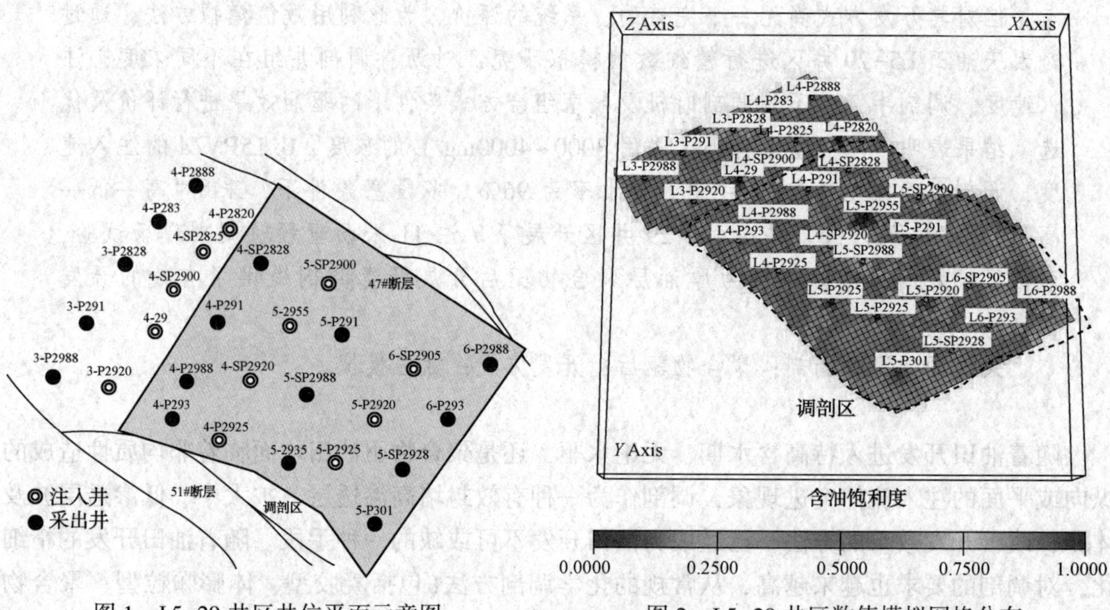

图 1 L5-29 井区井位平面示意图

图 2 L5-29 井区数值模拟网格分布

1.2 开发方案设计

针对现场实际研究的需要，设计了 5 类共 22 个正交调剖方案(表 1)，均于 2013 年 11 月至 2014 年 7 月期间调剖，预测至 2018 年 12 月。

表 1 沥青调剖正交方案表

不同浓度，mg/L	不同注入速度方案，PV/a	不同调剖半径，m	不同调剖时机	不同段塞组合方式
1000，1500	0.10	1/3	含水率为 95%	高—低—高
2000，2500	0.12	1/2	含水率为 96%	低—高—低
3000，3500	0.13	2/3	含水率为 97%	低—中—高
4000，4500	0.15	—	—	高—中—低
5000	0.17	—	—	中—低—高

（1）不同浓度方案：为选择最优的注入浓度，注入 9 种不同沥青调剖剂浓度，1000mg/L、1500mg/L、2000mg/L、2500mg/L、3000mg/L、3500mg/L、4000mg/L、4500mg/L、5000mg/L，分别对比预测不同浓度的含水率及累计产油量，优选最佳注入体系浓度。

（2）不同注入速度：根据优选出的浓度，进行速度方案优选，注入速度分别为 0.10PV/a、0.12PV/a、0.13PV/a、0.15PV/a、0.17PV/a，优选最佳注入体系速度。

（3）不同调剖半径：根据优选出的浓度、速度，设置调剖半径为 1/3 井距、1/2 井距、2/3 井距，优选调剖半径。

（4）不同调剖时机：在含水率分别为 95%、96%、97%时利用上述最优方案预测最佳调剖时机，确定技术可行调剖方案。

（5）不同段塞组合方式：根据优选出的最优浓度，选取 3 种不同浓度，组成“高—低—高”“低—高—低”“低—中—高”“高—中—低”“中—低—高”5 种段塞组合，优选段塞组合方式。

1.3 沥青调剖不同开发方式效果分析

1.3.1 不同注入浓度方案优选

2013 年 11 月至 2014 年 7 月，按矿场实际注入速度，优选注入浓度。模拟结果表明，随着注入浓度的增加，含水率呈下降趋势，累计产油量呈增加趋势，但浓度从 1000mg/L 增至 5000mg/L 时，含水率下降幅度逐渐减小，累计产油量增加幅度逐渐减小；浓度 4000mg/L 后含水率下降及累计产油量基本相同，推荐采用 3000~4000mg/L 浓度注入。

1.3.2 不同注入速度方案优选

2013 年 11 月至 2014 年 7 月，根据优选出的浓度 4000mg/L 注入，设计注入速度分别为 0.10PV/a、0.11PV/a、0.13PV/a、0.15PV/a、0.17PV/a。模拟结果表明，随着注入速度增加，含水率下降幅度减小，累计产油量增加，但速度增至 0.15PV/a 后，0.15PV/a 与 0.17PV/a 的含水率趋势、累计产油量基本一致，推荐采用 0.15PV/a 的速度注入。

1.3.3 不同调剖半径优选

在注入浓度为 4000mg/L、注入速度为 0.15PV/a 条件下，预测调剖半径为 1/3 井距、1/2井距、2/3 井距的含水率及累计产油量，对比优选调剖半径。模拟结果表明，方案达到了预计的调剖半径 1/3 井距及 1/2 井距的设计；含水率随调剖半径增加而最低点逐渐降低，但幅度呈减小趋势；累计产油量随调剖半径增加而增大，幅度同样呈减小趋势，且 1/2 井距与 2/3 井距含水率及累计产油量接近，从经济角度考虑推荐 1/3~1/2 调剖井距。

1.3.4 不同调剖时机优选

在含水率分别为 95%、96%和 97%时利用最优方案预测最佳调剖时机，确定技术可行调剖方案。模拟结果表明：沥青调剖的时机不同于以往聚合物驱后注高浓度聚合物驱的结果，即注入时机越早越好，而此次沥青调剖的结果为 95%、97%时调剖的效果均较差于 96%时的调剖效果。不同含水率时调剖，含水率下降幅度相当，但在含水率为 96%时调剖，其含水率上升幅度最小，在含水率为 97%时调剖，初期含水率要小于 96%调剖的，但后期，调剖效果降低，油墙突破后，含水率上升速度加快，在 2018 年底，其含水率与 95%调剖的含水率相当；从累计产油量来看，在含水率为 96%时调剖，其累计产油量一直高于 95%、97%时调剖的，所以推荐在含水率 96%附近进行调剖。

1.3.5 不同段塞组合方式优选

根据优选的最佳浓度 4000mg/L，从经济角度考虑设置了 4000mg/L、2000mg/L 和 1000mg/L3 种浓度，组成“高—低—高”“低—高—低”“低—中—高”“高—中—低”“中—低—高”5 种段塞组合方式。2013 年 11 月至 2014 年 7 月，共计 9 个月，以 3 个月为时间点，进行浓度交换。例如：“高—中—低”方式，前 3 个月注入高浓度 4000mg/L，中间 3 个月注入中浓度 2000mg/L，后 3 个月注入低浓度 1000mg/L，对比不同方式的含水率及累计产油量，优选段塞组合方式。

结果表明：“高—低—高”组合方式含水率下降幅度最大，“低—高—低”含水率下降幅度最小。分析认为：“高—低—高”组合方式，初期注入高浓度段塞，有效封堵了高渗透层，提高中、低渗透层动用状况，中期注入低浓度，在中、低渗透层内部进行剖面调整，而后期注入高浓度巩固了调剖的效果，使高、中、低渗透层均得到了有效动用，所以其含水率最低，累计产油量最高；“低—中—高”组合方式注入初期采用低浓度，对高渗透层封堵不明显，其含水率在初期，下降幅度仅大于“低—高—低”组合方式，后期随着浓度增加，对高渗透层作用提高，所以后期含水率上升幅度最小。而“高—中—低”组合方式恰恰相反，初期含水率下降仅次于“高—低—高”组合方式，但后期浓度逐渐减小，调堵作用减小，含水率回升幅度加大，仅比“低—高—低”组合方式略低。在累计产油量方面，“高—低—高”组合方式最大，“低—高—低”组合方式最小，推荐采用“高—低—高”组合方式进行调剖。

2 沥青调剖方案设计及试验效果

2.1 试验区基本情况

选定喇 5-A2900 试验区开展现场注入试验。试验区位于喇嘛甸油田南中块西部，目的层是葡Ⅰ1-2 油层，区块面积 9.05km^2，平均有效厚度 14.2m，孔隙体积 3660×10^{4}m^3，地质储量 2002×10^{4}t；采用 237m×212m 斜行列井网，井网分布均匀；区块内井组均为单注单采，注采完善程度较高；南北两侧均有断层遮挡，使该区块成为一个封闭空间，不受其他试验的干扰；试验区油层发育状况具有代表性，且厚油层发育；具有 3 口中心受效井，有利于评价调剖效果。

试验区共有深调剖注水井 7 口，均为笼统管柱注水，平均单井实注 197m^3/d，注水压力 10.3MPa，比破裂压力低 2.8MPa。采油井 11 口，平均单井产液 113t/d，产油 3.7t/d，综合含水率为 96.8%。

2.2 工艺方案设计

依据 7 口井测井解释成果图，从渗透率、含水饱和度等指标综合考虑，确定平均单井调剖层段厚度 6.3m。并结合调剖层段的砂体发育情况及与周围油井连通情况，综合考虑采收率提高值与经济效益因素，确定调剖半径为 2/5 井距，即 85m。

本次调剖的注入量按如下计算公式确定：

$$Q=Sh\phi E_V F_n/4$$

式中 Q——调剖剂用量，m^3；

S——调剖面积，m^2(调剖半径确定为 80m)；

ϕ——地层有效孔隙度，29%；

E_V——波及系数，0.45；

h——调剖油层厚度，m；

F_n——调剖方向数(4口井均为4个方向)。

根据上式确定7口井平均单井调剖剂量为34140m³。

为了保证调剖剂能够进入地层深部，实现有效封堵，达到控制无效水循环的目的，方案设计采取三段塞注入方式，分别为前置段塞、主段塞和封口段塞，注入浓度采用高—低—高的原则(表2)。

第一段塞采用4500mg/L浓度(4.5kg/m³)的粒径为0.02~0.06mm的沥青颗粒调剖溶液作为前置段塞，防止调剖剂窜流。

第二段塞为主段塞，采用3000mg/L浓度(3.0kg/m³)的粒径为0.02~0.06mm的沥青颗粒调剖溶液，确保调剖剂进入深部，主要调整平面和层内的非均质性，提高面积波及效率。

第三段塞采用4500mg/L浓度(4.5kg/m³)的粒径为0.04~0.08mm的沥青颗粒调剖溶液，主要起到防止突破的作用，确保调剖效果。

表2　调剖井调剖段塞设计表

井　　号	段　　塞	2/5井距	
		调剖液量，m³	固体量，t
L5-2955	第一段塞	1590	7.16
	第二段塞	17289	51.87
	第三段塞	994	4.47
	小计	19873	63.50
L4-P2925	第一段塞	2226	10.02
	第二段塞	24206	72.62
	第三段塞	1391	6.26
	小计	27823	88.90
L4-SP2920	第一段塞	3233	14.55
	第二段塞	35156	105.47
	第三段塞	2020	9.09
	小计	40409	129.11
L5-P2925	第一段塞	3310	14.89
	第二段塞	37200	111.62
	第三段塞	2150	9.68
	小计	42660	136.19
L5-P2920	第一段塞	3657	16.46
	第二段塞	39767	119.30
	第三段塞	2285	10.28
	小计	45709	146.04

续表

井号	段塞	2/5 井距	
		调剖液量，m^3	固体量，t
L5-SP2900	第一段塞	2360	10.63
	第二段塞	24460	73.38
	第三段塞	1390	6.27
	小计	28210	90.28
L6-SP2905	第一段塞	2743	12.34
	第二段塞	29825	89.48
	第三段塞	1714	7.71
	小计	34282	109.53
平均		34140	109.08

2.3 现场试验效果

7 口沥青颗粒调剖井平均施工周期 247d，单井累计注入颗粒固体 109.55t、调剖液 42184m^3，达到方案设计要求。

2.3.1 注入井效果

措施后在注水量不变的条件下，平均注水压力上升 1.9MPa，平均单井低渗透层段相对吸水量上升 36.82%(表 3)，说明低渗透层得到动用，无效循环得到有效控制。

表 3 调剖前后吸水比例对比数据表

序号	井号	调剖前		调剖后		差值	
		高渗透层吸水比例,%	低渗透层吸水比例,%	高渗透层吸水比例,%	低渗透层吸水比例,%	高渗透层吸水比例,%	低渗透层吸水比例,%
1	4-A2920	68.59	11.26	31.98	43.93	-36.61	32.67
2	4-P2925	42.66	7.99	4.37	40.56	-38.29	32.57
3	5-2955	70.53	11.51	49.3	44.30	-21.23	32.79
4	5-P2925	48.94	11.35	5.3	64.91	-43.64	53.56
5	5-P2920	62.20	16.48	5.08	48.98	-57.12	32.50
小计		58.58	11.72	19.21	48.54	-39.38	36.82

2.3.2 采出井效果

全区 11 口无措施采油井见效 7 口井，措施初期平均产液 830t/d，产油 30.8t/d，综合含水率为 96.3%，与措施前相比，增液 73t/d，增油 8.9t/d，含水率下降 0.8 个百分点，平均有效期 166d，累计增油 2206t，投入产出比为 1∶1.27。

3 结论与认识

(1) 数值模拟表明，单段塞条件下，采用 3000~4000mg/L 的浓度，0.15PV/a 的注入速度，调剖半径在 1/3 井距~1/2 井距，含水率为 96%；多段塞条件下，采用“高—低—高”的段塞注入方式，措施效果好。

（2）现场试验表明，措施后在注水量不变的条件下，平均注水压力上升 1.9MPa，低渗透层段相对吸水量上升 36.82%，区块累计增油 2206t，措施效果明显，该技术可以作为聚合物驱后进一步挖潜的有效措施。

参 考 文 献

[1] 尚宏志 .CYY－Ⅱ凝胶型调剖剂强度影响因素及应用效果[J]. 东北石油大学学报，2014，38(2)：91-95.

[2] 路群祥，刘志勤，贾丽云，等 . 延迟硅酸凝胶堵剂研究[J]. 油田化学，2004，24(1)：33-35.

[3] 李宇乡，刘玉章，白宝君，等 . 体膨型颗粒类堵水调剖技术的研究[J]. 石油钻采工艺，1999，2(13)：65-68.

[4] 甄静，卢祥国，王伟 . 体膨聚合物调剖效果及参数优化[J]. 大庆石油学院学报，2006，30(2)：27-30.

[5] 王鑫，王清发，卢军 . 体膨颗粒深部调剖技术及其在大庆油田的应用[J]. 油田化学，2004，21(2)：150-153.

[6] 韩秀贞，李明远，林梅钦 . 交联聚合物微球分散体系的性能评价[J]. 油气地质与采收率，2009，16(5)：63-65.

[7] 周泉，陈凤，王力，等 . 柔性微球颗粒调剖剂的性能表征[J]. 东北石油大学学报，2013，37(5)：90-96.

[8] 陈先超，冯其红，张安刚，等. 聚合物驱后凝胶微球调剖效果预测与评价方法[J]. 石油钻采工艺，2014，36(3)：82-86.

[9] 卢祥国，高养军，周福臣 . 复合离子型调剖剂配方优选及性能评价[J]. 大庆石油学院学报，2003，27(1)：85-87.

[10] 闫继颖，李成 . 复合离子调剖剂配制方法及改进[J]. 大庆石油学院学报，2003，27(4)：30-32.

[11] 高波 . 喇嘛甸油田沥青颗粒调剖技术研究[J]. 大庆石油地质与开发，2006，25(4)：96-97.

[12] 任成锋 . 喇嘛甸油田低成本沥青颗粒调剖技术[J]. 东北石油大学学报，2014，38(3)：81-85.

[13] 王为 . 改性沥青堵水调剖剂的室内评价[J]. 精准石油化工进展，2012，13(6)：24-26.

[14] 王仁辉，冯敏驾，程国香，等. 石油沥青产品的开发与应用[J]. 石油沥青，2002，16(2)：1-5.

[15] 王敬，刘慧卿，张颖. 常规稠油油藏聚合物驱适应性研究[J]. 特种油气藏，2010，17(8)：75-77.

喇 10-302 井区水驱沥青颗粒调剖现场试验

元彦辉

（工程技术大队）

摘　要：喇嘛甸油田以厚油层发育为主，67.5%的地质储量分布在大于2.0m的厚油层中。经过长期的注水开发，2013年1月这部分油层的综合含水率已高达95.04%，但采出程度只有35%左右。以往机械细分工艺无法满足强非均质性油层带来的无效循环问题，以往深度调剖又存在费用高、施工工艺复杂等情况，为此，研制了新型改性沥青颗粒调剖剂，通过改性，提高沥青的亲水性能、运移能力、封堵性能等，满足现场施工需求。通过施工参数优化研究，确定了调剖剂的浓度、用量、粒径、调剖半径及最佳段塞组合方式，根据理论研究成果，在10-302井区开展了现场试验，措施初期，降液17t/d，增油42t/d，含水率下降1.8个百分点，平均阶段有效期498d，区块累计增油1.47×10^4t，取得了较好的措施效果。

关键词：沥青；深部调剖；接枝；改性

喇嘛甸油田经过多年的注水开发，水驱综合含水率已达95.04%，进入特高含水期开发阶段，厚油层吸水剖面统计资料表明：厚油层主要吸水部位，有效厚度比例为29.5%，但吸水比例却高达56.8%，说明厚油层内吸水差异大，层内无效注水严重。

以往工艺对策主要采取长胶筒层内细分工艺缓解层内吸水矛盾，但由于层内夹层不稳定或无隔层，导致机械细分工艺对注入剖面调整效果不理想。研究表明，采用深部调剖的方法可改善层内吸水矛盾，但以往深度调剖存在费用高、施工工艺复杂、调剖剂与地层流体匹配性差等问题，为此，提出开展喇10-302井区水驱改性沥青颗粒调剖现场试验，利用改性沥青的机械封堵作用，实现层内高吸水层段的有效封堵，改善吸水剖面，提高低渗透层段的动用程度。

1　试验区概况

喇10-302井区共有油、水井82口，其中注水井24口，采油井58口，区块相对独立和完整，不受其他试验的干扰，厚油层发育，油层发育状况具有代表性，井组内注采井连通状况较好。发育萨尔图、葡萄花、高台子三套油层，总面积2.9km^2，地质储量为3436.6×10^4t，孔隙体积$2174.8\times10^4m^3$。

调剖前，24口注水井平均单井层段5.8个，配注4390m^3/d，实注水量4448m^3/d，平均注水压力12.5MPa，比破裂压力低2.0MPa；采油井58口，产液4804t/d，产油196t/d，综合含水率为95.9%，平均液面深度510m。

2 方案设计及施工参数

2.1 调剖厚度确定

通过对该区块各单井的吸水剖面进行逐井逐层的统计分析，调剖厚度按照强吸水层的厚度计算，确定了24口试验井的调剖厚度，平均单井调剖厚度为5.8m(表1)。

表1 调剖井调剖层段吸水情况数据表

序号	井号	砂层厚度，m	有效厚度，m	调剖层		
				调剖厚度，m	占全井厚度,%	占全部吸水量,%
1	11-F310	57.3	29.6	6.0	10.1	76.28
2	11-293	30.6	17.6	4.0	25.6	55.11
3	11-F30	66.5	48	7.0	8.3	83.09
4	11-302	34.1	20.2	5.5	34.7	91.4
5	9-302	32.2	26.8	8.0	29.9	86.03
6	12-F293	18.1	10.3	4.0	38.8	86.62
7	10-302	32.3	20.6	6.0	31.6	88.38
8	9-292	42.6	33.9	8.0	23.6	81.83
9	12-2936	26.6	16.5	7.5	51.5	85.8
10	11-F3026	33.1	22.3	7.0	22.4	79.7
11	11-F3066	20.1	13.3	4.0	45.1	74.0
12	11-2936	32.4	14.2	5.0	52.8	88.6
13	10-3026	42.3	16.7	8.0	47.9	79.9
14	11-3166	22.8	18.8	3.5	10.6	42.1
15	9-3026	50.1	18.9	6.5	15.9	73.3
16	10-2932	71.3	36.8	5.0	8.2	66.5
17	11-2922	24.7	14.2	4.0	28.2	88.4
18	12-2922	43.7	23.3	6.0	36.5	87.6
19	10-3032	50.8	17.8	5.8	22.5	59.2
20	9-3012	57.5	20.7	5.2	37.7	66.8
21	11-F2916	34.6	26.5	6.5	17.7	54.3
22	11-3032	32.5	22.1	5.6	27.1	60.4
23	11-290	85.3	55.1	7.9	16.2	54.7
24	12-3002	33.5	24.7	4.0	20.2	53.6
平均		40.6	23.7	5.8	24.1	73.5

2.2 调剖液量设计

本次调剖的注入量按如下计算公式确定：

$$Q=Sh\phi E_{V}\times F_{n}/4$$

式中 Q——调剖剂用量，m^3；

S——调剖面积，m^2(调剖半径确定为1/3井距，80m)；

ϕ——地层有效孔隙度，29%；

E_V——波及系数，0.45；

h——调剖油层厚度，m；

F_n——调剖方向数(连通方向)。

确定24口井平均单井设计固体量为63.25t，调剖液量为19361m^3(表2)。

表2 调剖井调剖段塞设计表

序号	井号	配水间号	第一段塞		第二段塞		第三段塞		合计	
			固体量 t	调剖液 m^3	固体量 t	调剖液 m^3	固体量 t	调剖液 m^3	固体量 t	调剖液 m^3
1	11-F310	19#	6.71	1492	49.20	16400	9.04	2008	64.95	19900
2	11-293	19#	4.49	997	33.00	11000	5.86	1303	43.35	13300
3	11-F30	19#	7.83	1740	57.00	19000	11.07	2460	75.90	23200
4	11-302	19#	6.17	1372	45.00	15000	8.68	1928	59.85	18300
5	9-302	18#	8.94	1987	66.00	22000	11.31	2513	86.25	26500
6	12-F293	19#	4.49	997	33.00	11000	5.86	1303	43.35	13300
7	10-302	19#	6.71	1492	48.90	16300	9.49	2108	65.10	19900
8	9-292	18#	8.98	1995	65.40	21800	12.62	2805	87.00	26600
9	12-2936	19#	8.40	1867	61.50	20500	11.40	2533	81.30	24900
10	11-F3026	19#	7.83	1740	57.00	19000	11.45	2460	76.28	23200
11	11-F3066	19#	4.49	997	33.00	11000	5.86	1303	43.35	13300
12	11-2936	19#	5.60	1245	40.80	13600	7.90	1755	54.30	16600
13	10-3026	19#	8.98	1995	65.40	21800	12.62	2805	87.00	26600
14	11-3166	19#	3.92	870	28.50	9500	5.54	1230	37.95	11600
15	9-3026	18#	7.29	1620	54.00	18000	8.91	1980	70.20	21600
16	10-2932	19#	5.60	1245	41.10	13700	7.45	1655	54.15	16600
17	11-2922	19#	4.49	997	33.00	11000	5.86	1303	43.35	13300
18	12-2922	19#	6.71	1492	49.20	16400	9.04	2008	64.95	19900
19	10-3032	19#	6.48	1440	47.23	15744	9.07	2016	62.78	19200
20	9-3012	18#	5.84	1298	42.56	14186	8.17	1817	56.57	17300
21	11-F2916	19#	7.26	1613	52.89	17630	10.16	2258	70.31	21500
22	11-3032	19#	6.30	1400	45.90	15301	8.82	1959	61.02	18660
23	11-290	19#	8.81	1958	64.21	21402	12.33	2741	85.35	26100
24	12-3002	19#	4.49	998	32.72	10906	6.28	1397	43.49	13300
平　均			6.53	1452	47.77	15924	8.95	1985	63.25	19361

2.3 施工参数确定

(1) 调剖半径。根据室内研究成果，随着调剖半径的增加，采收率提高值随之增加，而对应单位用量采收率提高值下降。因此，确定最佳调剖半径为1/3井距~2/5井距，结合试验区油层实际，确定注入半径为80m(图1)。

（2）颗粒粒径。通过室内实验得出了不同渗透率地层与不同粒径沥青颗粒的匹配关系：岩心渗透率500mD匹配0.02mm粒径，1000mD匹配0.02~0.06mm粒径，2000mD匹配0.1~0.3mm粒径时，颗粒在岩心中运移良好，并且封堵效果好，结合试验区油层实际，确定最佳粒径范围为0.02~0.08mm（图2）。

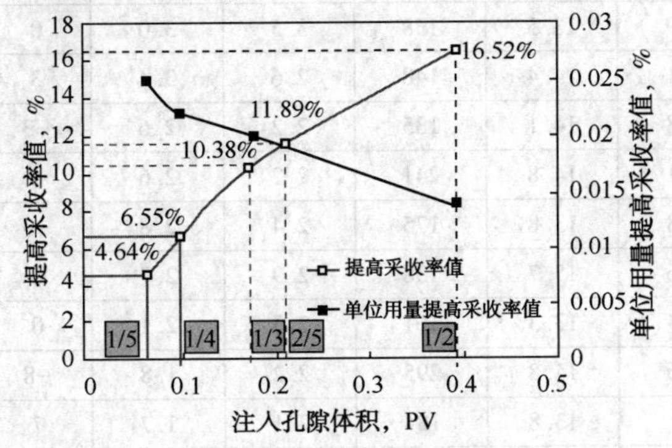

图1　采收率与注入体积之间的关系图

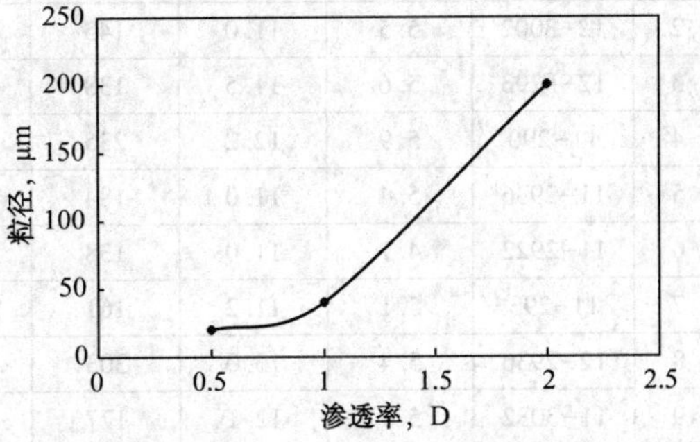

图2　渗透率与粒径的匹配关系曲线

（3）注入浓度。室内实验表明，浓度从1000mg/L增加到3000mg/L时，采收率提高值从9.19%增加到13.54%，增加了4.35个百分点，浓度继续增加至5000mg/L，采收率提高值仅增加1.3个百分点，结合试验区油层实际，综合考虑认为3000mg/L为最佳注入浓度（图3）。

（4）段塞组合。不同段塞组合方式驱油实验表明，“高—中—高”段塞组合方式效果最好，采收率提高了15.01%。因此，设计采用“高—中—高”的段塞组合模式（图4）。

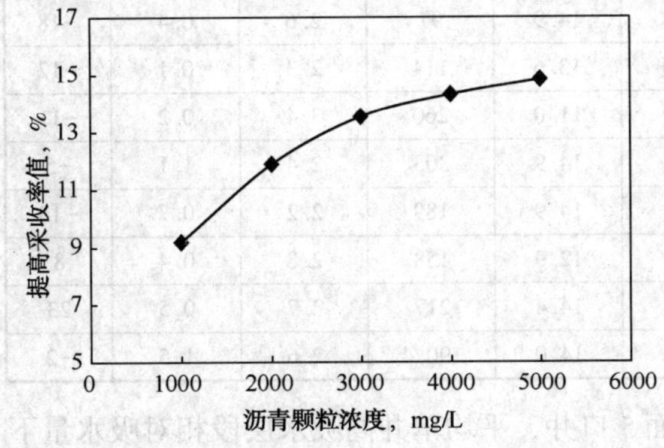

图3　提高采收率值与注入浓度关系

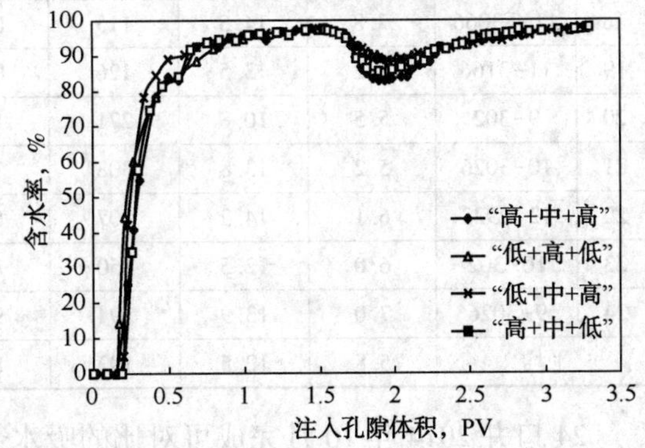

图4　段塞组合采收率与注入孔隙体积关系图

3　施工及措施效果

24口沥青颗粒调剖井，从2013年9月开始陆续施工，截至2014年5月底，全部施工完成，平均施工周期115d，平均单井累计注入颗粒固体63.6t，调剖液20380m³。与设计方案相比，平均单井多注入沥青颗粒固体0.35t，多注入调剖液1020m³，达到了方案设计要求。

3.1　注入井效果分析

24口注入井在注入量不变的情况下，平均注入压力由调剖前的12.5MPa上升到14.0MPa，上升了1.5MPa；油层平均启动压力从5.8MPa上升到8.4MPa，上升了2.6MPa（表3）。

表 3 调剖前后压力及注入量变化表

序号	井号	调剖前			调剖后			差值		
		启动压力 MPa	注入压力 MPa	注入量 m^3/d	启动压力 MPa	注入压力 MPa	注入量 m^3/d	启动压力 MPa	注入压力 MPa	注入量 m^3/d
1	11-302	4.4	10.5	138	7.9	13.5	138	3.5	3.0	0
2	12-3002	5.5	11.0	145	8.1	14.4	148	2.6	3.4	3
3	12-F293	5.6	11.5	138	7.8	14.1	135	2.2	2.6	-3
4	11-290	5.9	12.2	235	8.1	14.8	241	2.2	2.6	6
5	11-2936	5.4	11.0	184	7.8	13.8	175	2.4	2.8	-9
6	11-2922	4.7	11.0	138	7.6	13.7	138	2.9	2.7	0
7	11-293	5.1	11.2	161	7.4	13.3	161	2.3	2.1	0
8	12-2936	5.4	13.0	303	7.6	14.8	295	2.2	1.8	-8
9	11-3032	5.9	12.1	177	8	13.8	184	2.1	1.7	7
10	11-F3026	4.9	12.5	322	8.3	14.2	302	3.4	1.7	-20
11	9-292	3.1	9.4	253	6.5	10.8	258	3.4	1.4	5
12	11-F30	5.1	12.1	240	8.5	13.8	237	3.4	1.7	-3
13	11-F2916	5.2	13.8	207	7.5	15.0	201	2.3	1.2	-6
14	9-3012	6.6	13.8	150	8.9	14.9	164	2.3	1.1	14
15	11-F310	7.2	14.1	147	9.5	14.9	140	2.3	0.8	-7
16	10-2932	6.5	13.2	150	8.7	14.2	168	2.2	1.0	18
17	10-3032	6.8	13.8	155	8.9	14.4	146	2.1	0.6	-9
18	11-F3066	7.8	14.5	115	10.4	14.9	97	2.6	0.4	-18
19	11-3166	8.2	13.5	126	10.5	13.6	114	2.3	0.1	-12
20	9-302	5.5	10.8	271	8.9	11.0	260	3.4	0.2	-11
21	10-3026	5.2	13.8	308	7.6	14.9	303	2.4	1.1	-5
22	12-2922	6.1	14.2	207	8.3	14.9	189	2.2	0.7	-18
23	10-302	6.0	12.5	150	8.8	12.9	158	2.8	0.4	8
24	9-3026	7.0	13.9	194	9.7	14.4	217	2.7	0.5	23
平均		5.8	12.5	192	8.4	14.0	190.4	2.6	1.5	-2

24 口井 2014 年 10 月完成可对比的吸水剖面 5 口井，平均单井高吸水层段相对吸水量下降 45.88%，低渗透层段相对吸水量上升 46.89%(表 4)。

表 4 调剖前后吸水比例对比数据表

序号	井号	调剖前		调剖后		差值	
		高渗透层吸水比例,%	低渗透层吸水比例,%	高渗透层吸水比例,%	低渗透层吸水比例,%	高渗透层吸水比例,%	低渗透层吸水比例,%
1	12-F293	68.71	24.5	17.05	76.89	-51.66	52.39
2	9-292	77.41	14.19	12.76	87.24	-64.65	73.05
3	11-290	63.27	10.79	6.5	66.69	-56.77	55.90

续表

序号	井号	调剖前		调剖后		差值	
		高渗透层吸水比例,%	低渗透层吸水比例,%	高渗透层吸水比例,%	低渗透层吸水比例,%	高渗透层吸水比例,%	低渗透层吸水比例,%
4	11-293	36.68	24.51	1.56	51.63	-35.12	27.12
5	11-F3066	55.99	33.62	34.8	59.63	-21.19	26.01
小计		60.41	21.52	14.53	68.42	-45.88	46.89

如 12-F293 井，措施后主要吸水层 SⅡ2+31、SⅡ10+11、SⅢ3-7、SⅢ4-7 吸水剖面发生反转，高吸水层段相对吸水量下降 51.66%，低渗透层段相对吸水量上升 52.39%(表 5)。

表 5　12-F293 井调剖前后吸水剖面解释数据表

吸水剖面		射孔层位	射开厚度 m	相对吸水量,%	
调剖前 2013.07	调剖后 2014.09			调剖前	调剖后
		SⅡ2+3^{1}	2.5	15.15	57.63
		SⅡ2+3^{2}	0.2	5.38	
		SⅡ7+8	0.3	6.96	6.06
		SⅡ10+11	1.2	68.71	17.05
		SⅡ13+14	0.2		
		SⅡ13-16	1.6	3.80	
		SⅢ3^{2}	0.4		
		SⅢ3-7	1.8		10.17
		SⅢ4-7	2.1		9.09

3.2　采出井效果分析

区块 58 口井(长关井 2 口、控水关井 4 口、压裂井 2 口、管漏井 2 口)，措施初期，区块可对比 48 口无措施油井见效 29 口，效果最好时，降液 17t/d，增油 42t/d，含水率下降 1.8 个百分点(图 5)。

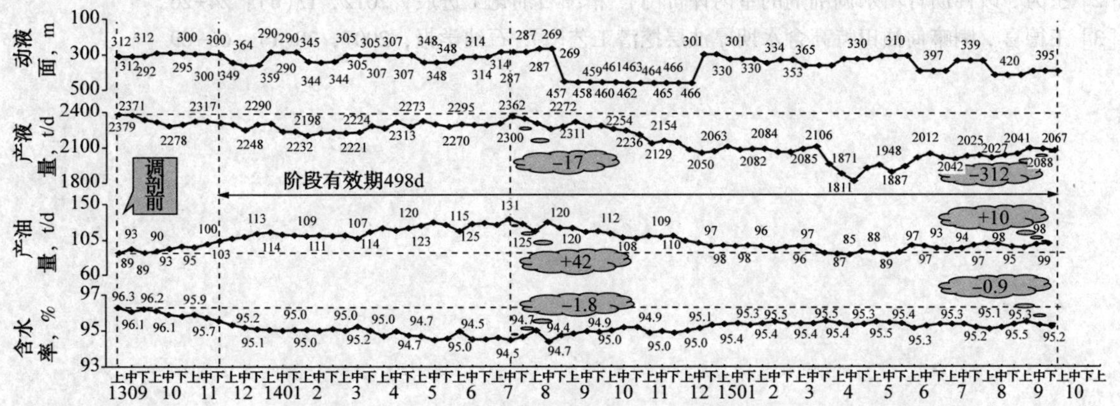

图 5　29 口受效井生产运行曲线图

截至 2015 年 9 月底，15 口井有效，降液 344t/d，产油量持平，含水率下降 0.3 个百分点，平均阶段有效期 498d，累计增油 1.47×10^4t，阶段投入产出比为 1：3.49(图 6)。

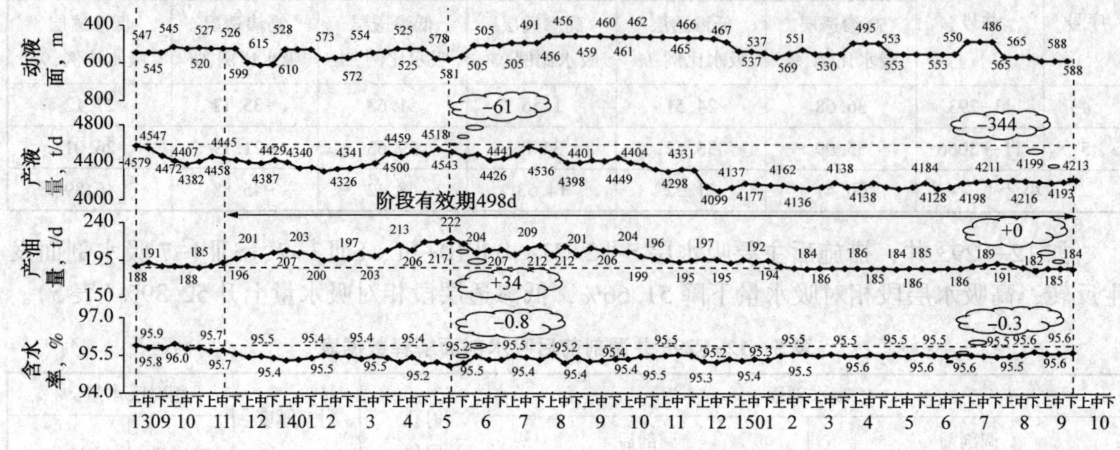

图 6　区块油井生产运行曲线图

4　结论及认识

（1）现场试验表明，改性沥青颗粒调剖能够封堵厚油层内无效循环部位，扩大注入液波及体积，且具有封堵强度高、有效期长的特点。调剖后初期 24 口注水井在注入量不变的情况下注水压力平均上升 1.5MPa，启动压力上升了 2.6MPa，高渗透层吸水量减少 45.88%，封堵有效期已达 498d。

（2）现场试验表明，沥青颗粒调剖是一种经济有效的挖潜措施，具有广阔的推广应用前景。配制浓度为 3000mg/L 的调剖剂，每立方米成本在 20 元以下，区块阶段累计增油 1.47×10^4t，投入产出比达到 1：3.49。

参 考 文 献

[1] 高波．喇嘛甸油田沥青颗粒调剖技术研究[J]．大庆石油地质与开发，2006，25(4)：96-97.

[2] 王为．改性沥青堵水调剖剂的室内评价[J]．精细石油化工进展，2012，13(6)：24-26.

[3] 王德喜．喇嘛甸油田特高含水期厚油层挖潜工艺[J]．石油学报，2007，28(1)：66-69.

喇嘛甸油田北东块
三元复合驱油井套管除垢技术研究与应用

朱宏伟

（工程技术大队）

摘　要：本文针对套管结垢阻碍封堵工艺实施及弱碱开采的问题，积极开展相应的技术攻关及现场试验，确定出刮削法、酸洗法、磨铣法三种除垢工艺，并对优化方案设计、优选除垢工具、研究除垢剂配方等关键技术开展相应工作。按照制订的方案，三元复合驱油井套管除垢技术现场应用 59 口井，达到了套管除垢的要求，保障北东块二区三元复合驱下返工作的顺利开展。

关键词：三元复合驱；套管除垢；除垢工艺；现场试验

2016 年，第六采油厂利用喇北东块二区原强碱三元区块井网进行层系调整下返开发二类油层弱碱三元复合驱现场试验，由于强碱三元复合驱油井经历 7 年的开采，在开发过程中共发现 8 口油井套管结垢，占全区油井比例 12.9%，其中有 2 口井套管结垢严重，内径小于 73mm，套管已经形成不同程度的结垢，给封堵工艺和弱碱的开采带来一定困难，同时三元复合驱油井在开发过程中存在套管结垢阻碍检泵及措施作业实施的问题，因此积极开展相应的技术攻关及现场试验，保障北东块二区三元复合驱下返工作的顺利开展，同时为强碱三元复合驱油井套管除垢提供技术支撑。

在现场试验过程中得知，单一的刮削法不能完成套管除垢，对于结垢严重的油井采取刮削法，施工周期长，成功率低，不能满足现场需求，因此确定出刮削法、酸洗法、磨铣法三种套管除垢工艺(图 1)。不同除垢工艺分类界限的确定，直接影响着除垢成功率、除垢工序以及除垢费用。调研其他采油厂将 95mm 套管内径作为刮削法和酸洗法的分类界限，在现场试验中发现界限过低，工序增多、费用增多，同时结合前期 8 口油井套管结垢情况及现场试验结果，确定 105mm 套管内径作为刮削法和酸洗法的分类界限；在套管除垢过程中发现，40 臂测井仪(外径 73mm)及 ϕ73mm 油管遇阻的油井采取酸洗法除垢达不到套管除垢要求，因此将 73mm 套管内径作为酸洗法和磨铣法的分类界限，准确采取适合除垢工艺，提高除垢成功率，降低除垢费用。

(1) 刮削法：适用于结垢轻微井，套管内径不小于 105mm，起出原井管柱后下入 ϕ118mm 刮蜡器，若遇阻，应用 ϕ105mm 刮削器，逐级增大外径，直至 ϕ120mm 刮削器下至人工井底。

(2) 酸洗法：适用于结垢严重井，套管内径不小于 73mm 且小于 105mm，化学除垢剂浸泡后，再应用刮削器刮削，直至 ϕ120mm 刮削器下至人工井底。

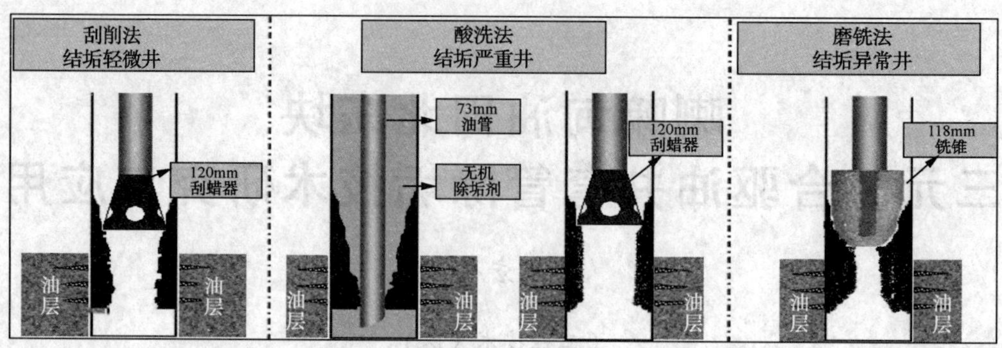

图 1　不同除垢工艺示意图

（3）磨铣法：适用于结垢异常井，套管内径小于 73mm，采用 ϕ118mm 铣锥磨铣至人工井底。

1　刮削法除垢工艺

1.1　除垢工具优选

针对套管垢质厚而坚硬的特点，对除垢工具进行了改进和优选：(1)在除垢工具上开横槽，但遇垢卡死，无法满足除垢要求；(2)除垢工具开竖槽，成功 1 口井，效果不理想；(3)应用刮削器，遇垢时牙体可以伸缩，反复刮削有效去除垢质；(4)应用铣锥，转盘带动铣锥，适用于结垢异常、化学法无法除垢的井，铣锥可以有效去除垢质。因此，优选出刮削器和铣锥作为除垢工具。

1.2　除垢工艺流程

优选出除垢工具，确定刮削法和酸洗法的分类界限后，刮削器外径增大步长是刮削法除垢工艺的关键，步长过低，增加工序；步长过高，降低成功率。结合调研和现场试验结果，确定 5mm 为刮削器外径增大步长，做成从 100mm、105mm、110mm、115mm、120mm 5 个不同外径等级的刮削器，现场通过逐级加大刮削器外径的方式去除垢质，达到恢复井径、满足下步施工要求的目的。因此，刮削法除垢工艺流程为：

（1）下 ϕ105mm 除垢刮削器至人工井底，若顺利下至人工井底，起出管柱后依次下 ϕ110mm、ϕ115mm、ϕ120mm 的除垢刮削器至人工井底，在射孔井段处井段反复刮削三次；

（2）若遇阻，则下入 ϕ73mm（外径）光油管至人工井底，上提 2m，执行酸洗除垢工艺。

2　酸洗法除垢工艺

2.1　套管垢质成分分析

强碱三元复合驱油井经历 7 年的开采，套管上长期积累的垢质与生产管柱上的相比，成分和外观状态发生了变化，通过成分分析，为除垢剂配方的优选提供依据。L9-PS2623 井采用磨铣法进行套管除垢，磨铣过程中携带出套管垢质，通过套管垢样的放大图（图 2）和分析数据（表 1）可知，垢质分层明显，表面光滑、结构致密，以硅酸盐垢为主，含量达到 60.18%。

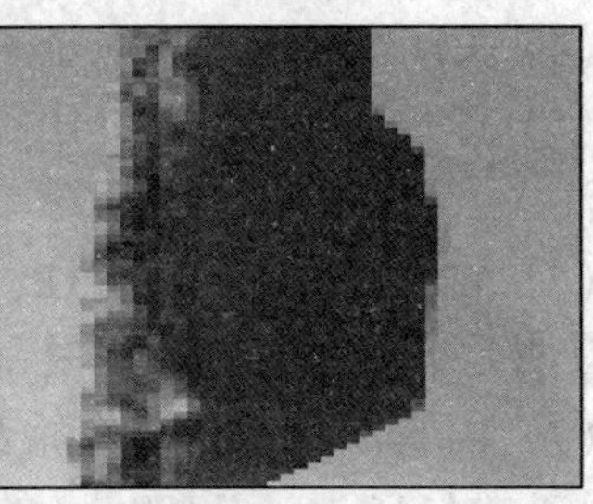

图 2　L9-PS2623 井套管垢样放大图

表 1　L9-PS2623 套管垢样分析表

外观描述	乳白色，片状，分层明显，厚度 10mm
成分分析	碳酸盐(碳酸钙、碳酸镁、碳酸钡)18.52%，硅酸盐(以二氧化硅计)60.18%，垢样主要成分为硅酸盐垢

2.2　除垢剂配方研究

该区块油井套管上垢质成分主要为硅酸盐垢，借鉴前期油井生产管柱的除垢效果，决定采用无机除垢剂配方，与有机除垢剂相比，除垢率高，反应时间短，费用低。无机除垢剂是由无机酸、缓蚀剂等成分按一定比例配制而成的混合溶液，其中与垢发生化学反应的成分为无机酸，反应产物为可溶的离子化合物。

2.2.1　室内实验

室内实验，共做 3 种无机除垢剂配方，采用 L9-PS2623 井套管上的垢质开展室内实验，碳酸盐含量 18.52%，硅酸盐含量 60.18%，室内实验情况见表 2。

表 2　3 种无机除垢剂室内实验效果对比表

名　　称	浸泡时间，h	碳酸盐垢除垢率，%	硅垢除垢率，%	总除垢率，%
配方 1	6	75.4	28.6	45.3
配方 2	6	82.1	59.8	68.4
配方 3	6	93.5	78.3	84.6

从表 2 中可以看出，配方 3 的除垢效果最好，该除垢剂的最佳除垢时间为 6h，化验分析实验后残余垢质得知，总除垢率达到 80%以上。

2.2.2　腐蚀率检测

在无机除垢剂配方优选时，考虑到盐酸和氢氟酸对金属管柱具有一定的腐蚀性，因此通过对除垢剂浓度、反应时间的严格控制及缓蚀剂的优选，在保证达到除垢效果的同时，减小对套管的腐蚀。在 45℃ 下应用 20 碳钢试片做腐蚀率检测实验，实验 6h，其腐蚀速率为 $0.86g/(m^2 \cdot h)$，低于部颁标准 $1.0g/(m^2 \cdot h)$，因此可用于套管除垢。

2.3　除垢工艺流程

在刮削除垢工艺流程遇阻时，则下入 ϕ73mm(外径)光油管至人工井底，上提 2m，采取酸洗除垢工艺，其流程为：

(1) 按照设计要求连接地面设备管线，试压 15MPa，稳压 10min 压力不降为合格；

(2) 将 $20m^3$ 热水(80℃以上)从油管注入，排量不低于 $0.50m^3/min$；

(3) 将 $15m^3$ 药液用高压柱塞泵车从油管注入，注入 $12m^3$ 药液时关闭套管阀；

（4）关闭油管阀，反应至6h；

（5）打开套管阀放喷，用罐车接走，放喷无液量时，清水替液，用泵车将40m^{3}清水从油管注入，将药液替出，用罐车接走，并用pH试纸检测，出口pH值为6.5以上；

（6）酸洗除垢后起出管柱，下入ϕ105mm、ϕ110mm、ϕ115mm、ϕ120mm的除垢刮削器至人工井底，在射孔井段反复刮削三次；

（7）若下ϕ105mm的除垢刮削器遇阻，起出后依次下入ϕ95mm、ϕ100mm、ϕ105mm、ϕ110mm、ϕ115mm、ϕ120mm的除垢刮削器至人工井底，在射孔井段反复刮削三次；

（8）若刮削器再次遇阻，则采取磨铣除垢工艺。

3 磨铣法除垢工艺流程

采取酸洗法除垢工艺仍无法达到除垢要求的井，采取磨铣除垢工艺，这类井结垢异常严重，磨铣时以地面转盘为动力，通过旋转管柱带动工具旋转，在转压作用下切削磨碎套管上的垢质，在磨铣过程中有以下技术要求：

（1）磨鞋最大钢体外径应小于施工井套管内径6~8mm；

（2）磨铣时一般采用较高的磨铣转速(100r/min左右)，加压不得超过40kN；

（3）在磨铣深度以上有严重出砂层位，必须处理后再磨铣，井漏时应堵住漏层再进行磨铣作业；

（4）磨铣过程中不能随意停泵，如需停泵需将钻柱及钻头上提20m以上；

（5）磨铣时每磨铣完一根钻杆，应充分洗井，洗井时间不少于5~15min；

（6）起磨铣钻柱时，应控制上提速度，并向井内灌满修井液。

4 现场试验

按照制订的方案，套管除垢技术现场应用59口井，套管除垢成功率100%，具体情况见表3。

表3 套管除垢现场应用情况统计表

时间	完成情况，口	
2016年4—8月	刮削法	42
	酸洗法	14
	磨铣法	3
	合计	59

4.1 刮削法除垢工艺现场应用情况

采取刮削法除垢共有42口油井，其中19口井下入ϕ118mm刮蜡器一次通过，其余23口油井采用刮削器多次刮削进行套管除垢。通过统计得知，ϕ118mm刮蜡器遇阻深度在射孔井段附近，采取3次及其以上刮削除垢工序有19口井，占采用该除垢工艺井数的82.6%，说明刮蜡器一旦因垢遇阻需要采取多次刮削措施才能达到套管除垢要求。

4.2 酸洗法除垢工艺现场应用情况

采取酸洗法除垢共有14口油井(15井次)，酸洗除垢后有7口井采取1次刮削即完成套管除垢，有1口井酸洗未成功转为磨铣除垢工艺，酸洗除垢一次成功率达到93.3%。

按照方案设计要求，酸洗除垢后起出管柱，依次下入 ϕ105mm、ϕ110mm、ϕ115mm、ϕ120mm 的除垢刮削器至人工井底、在射孔井段反复刮削三次。在实际施工过程中有 7 口井酸洗除垢后直接下入 ϕ120mm 刮削器顺利下至人工井底，因此酸洗除垢后起出管柱，从大到小开始下入刮削器，减少施工工序，若 ϕ120mm 刮削器下至人工井底，则完成套管除垢。

4.3 磨铣法除垢工艺现场应用情况

采取磨铣法除垢共有 3 口油井，磨铣井段在射孔顶界上 100m 至射孔底界下 50m 左右，平均每天磨铣 11m，磨铣法施工周期较长，采用磨铣法进行套管除垢的油井分为两类：

(1) 套管进行酸洗除垢后，ϕ120mm 刮削器无法下至人工井底。

(2) 采取刮削除垢工艺遇阻，则下入 ϕ73mm(外径)光油管至人工井底，上提 2m 后进行酸洗除垢；若下入的 ϕ73mm(外径)光油管遇阻，不再执行酸洗除垢工艺，直接进行磨铣除垢。

例如，L9-PS2705 井采用磨铣法除垢工艺前进行 40 臂井径测井，测井仪器在 965m 遇阻，该处套管内径小于 73mm，磨铣后 ϕ118mm 铣锥顺利下至人工井底(图 3)。

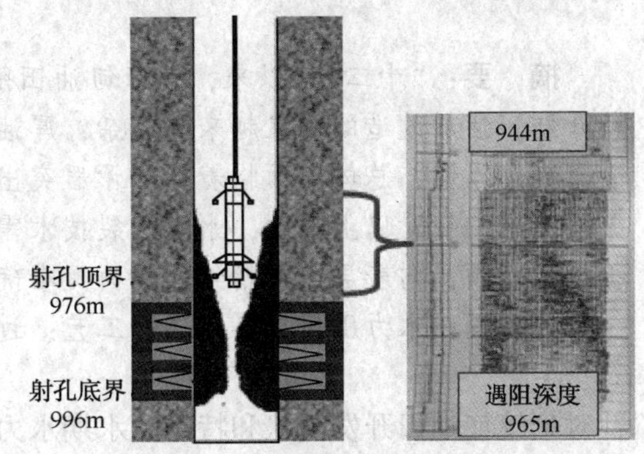

图 3 L9-PS2705 井磨铣除垢示意图

5 结论与认识

(1) 刮削法、酸洗法、磨铣法三种除垢工艺可以满足套管除垢现场需求。

(2) 刮削法适用于结垢轻微井，即套管内径不小于 105mm；酸洗法适用于结垢严重井，即套管内径不小于 73mm 且小于 105mm；磨铣法适用于结垢异常井，即套管内径小于 73mm。

(3) 北东块三元复合驱 59 口油井应用三种套管除垢工艺，除垢成功率达 100%，满足下步封堵工艺施工要求。

参 考 文 献

[1] 程杰成，廖广志，杨振宇，等. 大庆油田三元复合驱矿场试验综述[J]. 大庆石油地质与开发，2001，20(2)：46-49.

[2] 王贤君，谢朝阳，王庆国. 三元复合驱采油井结垢物质组成分析研究[J]. 油田化学，2003，20(4)：307-309.

[3] 王贤君，王庆国. 大庆油田三元复合驱水岩反应实验研究[J]. 油田化学，2003，20(3)：250-253.

喇嘛甸油田压裂技术发展形势及攻关方向

程 航

（工程技术大队）

摘 要："十二五"以来，喇嘛甸油田随着水驱、聚合物驱和三元复合驱的不断开发，油层改造的对象越来越复杂，厚油层内和平面非均质性日益严重，剩余油分布更加零散，总体上面临着层内矛盾突出、剩余油分布零散、工艺适应性降低三方面问题。针对以上难题，水力压裂技术需要充分利用精细地质研究成果，深入挖掘技术瓶颈，向着层内更精细、平面更准确、见效更持久的方向发展。

关键词：水力压裂；厚油层；工艺；过程管理

针对喇嘛甸油田开发现状和特高含水期水力压裂的技术瓶颈，采油工程系统积极与油藏部门结合，充分利用精细地质研究成果，经过多年科研攻关，形成了以大砂量压裂工艺为主的技术体系，并在技术上实现了单缝砂量60m^3、隔层厚度0m和多裂缝加砂模式的三方面突破，初步实现了改造规模更大、层内定位更精确、加砂模式更优化的攻关目标。但随着综合含水率的不断上升，层内矛盾更加突出，油层改造的难度越来越大，部分核心技术还需要进一步完善，空白领域更需要加大攻关力度。

1 喇嘛甸油田压裂技术现状

"十二五"期间，结合精细地质研究成果，主要从压裂部位、压裂规模、压裂方式三方面开展压裂措施配套，形成了长胶筒层内定位压裂、大缝长比压裂及逐缝加大砂量压裂三项核心技术。

1.1 长胶筒层内定位压裂工艺

通过应用创新研制的高承压长胶筒封隔器，反向封堵厚油层内0~0.8m结构界面或炮眼，在目的层强制造缝，实现层内低水淹段剩余油的定位压裂挖潜。根据油层与结构界面厚度，分别优化应用1m长胶筒定位平衡、2m长胶筒定位平衡、1m长胶筒封堵定位及2m长胶筒封堵定位4种定位压裂工艺管柱。自长胶筒定位压裂工艺应用以来，采油井累计实施326口，平均夹层厚度为0.2m，措施后平均单井增液32t/d，增油5.9t/d，含水率下降4.4个百分点，累计增油22.4×10^{4}t。

1.2 大缝长比压裂工艺

特高含水期阶段，层内平面剩余油分布更加零散，常规单缝6m^{3}的加砂规模，最大裂缝半长仅24m，无法满足深部挖潜需要。为此开展了缝长比优化理论研究和配套工艺完善，缝长比从0.12提高到0.35，单缝最大加砂60m^3，裂缝半长达80m。以初期日增油和最大累计增油为目标，综合考虑井网、井距等参数，确定最优缝长比，指导压裂方案设计。同时配套应用大砂量压裂固砂工艺技术，确保防砂效果。累计实施302口，措施后平均单井增液

36t/d，增油 5.0t/d，含水率下降 3.2 个百分点，累计增油 20.3×10^4t。

1.3 逐缝加大砂量压裂工艺

多裂缝压裂施工时，第二条缝破裂压力比第一条缝高 2MPa 以上，因此，为提高中、低渗透部位改造规模，改变常规加砂方式，采用逐缝加大砂量措施。同时，将逐缝加大砂量压裂工艺与选择性压裂有机结合，达到充分挖潜层内低渗透部位剩余油目的。累计实施 293 口，措施后平均单井增液 29t/d，增油 4.8t/d，含水率下降 3.1 个百分点，累计增油 15.6×10^4t。

2 喇嘛甸油田压裂技术瓶颈

(1) 常规选择性压裂工艺无法实现油层中、高水淹段的层内封堵。

历年压裂措施分类效果表明，常规选择性压裂措施效果呈下降趋势。2014 年选择性压裂井与 2010 年相比，措施后平均单井增液下降了 12t/d，增油下降了 1.3t/d，含水率少下降 2.1 个百分点。分析认为，常规选择性压裂工艺属于层间选择，利用各层段间吸液能力差异，通过投入暂堵剂将渗透率高、吸液能力强、启动压力低的高含水层段暂时封堵，迫使压裂液分流，在其他层段压开新缝，达到选择性压裂低渗透层段的目的。而对复合韵律油层，仅能实现层间选择，无法实现层内剩余油的精确挖潜。

(2) 聚合物驱固砂工艺仍存在不适应性，需进一步创新。

随着压裂加砂规模的扩大及注聚合物开发的不断深入，部分压裂井受改造规模、油层条件和聚合物浓度影响，化学固砂工艺和机械防砂工艺均出现不适应性，主要表现为砂卡检泵的问题。

在化学固砂方面，北东块外扩加密区块存在集中砂卡返工的问题。据统计，该区块实施压裂投产 46 口井，砂卡返工 7 口井(返工率 15%)，其中 6 口井位于区块边部的四条带地区，返工率高达 30%。分析认为该地区油井具有液量低、黏度大的特点，同时部分井存在地层出砂的问题，常规树脂固砂工艺无法满足固砂要求，需要优化调整固砂工艺和固砂方式。

在机械防砂方面，常规防砂筛管只能用于水驱油井，还没有一种专门设计应用于聚合物驱采油井的防砂筛管，由于聚合物驱油井采出液黏度比较大，聚合物胶团很容易携带压裂砂堵塞筛管，严重影响其过流能力，因此需要设计新型防砂筛管，解决聚合物驱采油井砂卡问题。

(3) 平面上对于注采不完善型和储层非均质型剩余油还无法实现定向的压裂挖潜。

喇嘛甸油田经过多年的注采开发，平面上受储层非均质性影响，剩余油主要集中在油层边部或砂体平面渗透率变差部位，导致部分井组在不同连通方向剩余油分布差异较大，压裂挖潜时压裂砂铺展方向总是向高水淹连通井延伸，对剩余油富集的油层边部和渗透率变差部位挖潜效果有限。平面上压裂造缝方向控制技术一直是压裂施工的难点，目前的施工工艺还无法实现裂缝方向的精确控制。

(4) 聚合物驱油井压裂增液效果不理想。

随着聚合物驱开发的不断深入，聚合物驱挖潜的对象由一类油层转变为二类油层，油层条件逐年变差，压裂措施效果呈逐年下降的趋势，主要表现为措施增液不理想。聚合物驱井压裂与水驱相比增液幅度低 20 个百分点左右。分析认为主要有两方面原因：一是聚合物驱采出液黏度较高，其渗流阻力影响裂缝的排液能力；二是层段内多裂缝压裂多为两条缝，纵向改造规模不足无法全面发挥油层潜力。

3 下一步攻关思路及目标

3.1 厚油层内低渗透部位二次暂堵技术研究

针对渗透率差异较大的厚油层，常规暂堵剂只能封堵炮眼，实现层段间选择性压裂，无法满足厚油层内二次选择性压裂的工艺需求。因此，计划研制油溶性二次暂堵剂，通过对油溶性树脂、强度调节剂和密度调节剂的优选和配比实验，确定二次暂堵剂配方。根据油层发育特点，采取两种工艺组合方式开展前期试验。

单一韵律油层采用长胶筒定位压裂与二次层内暂堵结合工艺。利用长胶筒反向封堵厚油层内 0~0.8m 结构界面或炮眼，在目的层通过一次压裂强制造缝，再应用油溶性暂堵剂通过炮眼对裂缝进行暂堵，迫使裂缝转向压开新裂缝，从而使裂缝形成于层内低渗透部位。

复合韵律油层采用层内暂堵与选择性压裂结合工艺。利用常规暂堵剂封堵炮眼实现层段间的选择性压裂，然后对层内将要改造的低渗透层段实施造缝压裂，目的是找到其高渗透部位，再应用层内暂堵剂，通过炮眼选择性封堵复合韵律油层中、高渗透部位，达到改造低渗透层段的目的。

目前已开展前期实验研究，初步确定暂堵剂配方，并实施现场试验 14 口，措施后平均单井增油 8.1t/d，含水率下降 1.4 个百分点，取得了较好的试验效果。下一步为了验证其在油层中的封堵效果以及造缝机理，还需要开展两方面工作：一是开展基础理论研究，优选厚油层比较发育的井组，建立三维数值模型，模拟计算厚油层内二次暂堵压裂过程中地应力、流体和裂缝形态的变化规律，为实验井的选井选层和工艺设计提供理论支持；二是开展物理模拟实验，制作渗透率差异较大的多层岩心，在聚合物溶液驱替后，实施二次暂堵剂模拟封堵实验，总结封堵压力和造缝位置的变化规律。

预计目标：压裂施工过程中顺利通过炮眼封堵地层，其封堵压力与一次封堵相比提高 2MPa 以上。与常规井相比，措施后平均单井多增油 1.5t/d 以上，含水率多下降 1.5 个百分点以上。

3.2 聚合物驱防砂工艺研究

随着压裂加砂规模的扩大及注聚合物开发的不断深入，部分聚合物驱压裂井投产后出现砂卡问题，不同程度地影响了压裂后的增产效果。目前，普通的防砂筛管只能用于水驱抽油机井，聚合物驱抽油机井采出液黏度比较大，很容易携带压裂砂堵塞筛管。针对这一情况，开展聚合物驱泵下新型防砂筛管研制，利用砂卡造成的负压，设计动静体相对运动结构，有效去除砂粒附着。

预计目标：新型防砂筛管可有效防止聚合物驱井压裂后砂卡，在现场试验中保证试验井压裂投产后 5 个月内不因砂卡问题检泵。

3.3 厚油层内定向压裂工艺研究

喇嘛甸油田部分井注采关系不完善，常规压裂工艺无法对剩余油富集的油层边部和渗透率变差部位实施定向挖潜。根据调研，水力喷射打孔技术可实现定向 100m 长度水平打孔，且打孔方位和进尺精度较高，为定向压裂工艺的研究提供有力的技术支撑。具体攻关思路是在平面剩余油富集方向实施水力喷射打孔，提高低渗透方向导流能力，为压裂施工提供导向支持，使裂缝沿着水力喷射孔道方向延伸，实现定向挖潜。目前攻关难点有两方面：一是水力喷射打孔技术在打孔轨迹、进尺精度方面需要进一步提高；二是需要优化定位压裂工艺管柱，确定压裂参数与水平打孔的合理匹配关系，最终形成措施组合挖潜方式。

预计目标：定向压裂工艺与常规压裂相比，措施后初期平均单井多增油 3t/d 以上，含水率多下降 2.0 个百分点以上，措施后有效期延长 50d 以上。

3.4 聚合物驱采油井高效压裂现场试验

为了改善聚合物驱压裂井增液效果，计划以“少层多缝、高导流”为目标，一方面通过增加缝宽和支撑剂粒径改善裂缝对高黏度采出液的适应性；另一方面，通过增加层段内裂缝条数，提高小层改造数量，加大纵向改造力度。同时，针对多缝、宽缝易出砂的问题，探索新的固砂工艺，以确保措施井的高效、长效。

预期目标：纵向裂缝规模达到 4 条，破压梯度在 2MPa 以上。在现场试验中，与常规多裂缝压裂工艺相比，措施初期平均单井多增液 10t/d，多增油 1.0t/d。

4 结论

(1) 喇嘛甸油田压裂工艺经过多年的科研攻关，已经形成了三项核心工艺，在压裂规模、压裂部位和压裂方式上取得了突破，并在油田得到广泛应用。

(2) 面对日趋复杂的油层条件，压裂工艺仍面临层内矛盾突出、剩余油分布零散、工艺适应性降低的问题，需要有针对性地开展科研攻关。

(3) 喇嘛甸油田压裂工艺将立足于油藏精细地质研究成果，在调研前沿技术的前提下，向着层内更精细、平面更准确、见效更持久的方向发展。

参 考 文 献

[1] 箭晓卫．喇嘛甸油田特高含水期厚油层内剩余油描述及挖潜技术[J]．大庆石油地质与开发，2006，25(5)：31-33.

[2] 郑焕军，崔金哲．厚油层内精细定位压裂技术[J]．大庆石油地质与开发，2010，29(4)：125-128.

[3] 陈步高，张士诚，张劲，等．水平缝水力压裂数值模拟研究[J]．内蒙古石油化工，2008，34(14)：111-113.

[4] 薛大伟．特高含水期厚油层挖潜技术[J]．中国石油和化工标准与质量，2013(12)：153.

[5] 李小波，史英，张修明，等．水力压裂裂缝模拟研究[J]．西安石油大学学报(自然科学版)，2009，24(3)：52-53.

笼统注入井井下承压连通器研制与试验

孙　岩

（工程技术大队）

摘　要：针对笼统注入管柱中，爆破喇叭口形成井内落物影响后续作业施工、容易在套管内径过渡位置遇阻的问题，提出应用笼统注入井井下承压连通器替代爆破喇叭口，在保证封隔器坐封效果的前提下，避免管柱遇阻及井内落物。试验表明，承压连通器承压性好，能够满足封隔器的坐封要求。

关键词：笼统注入井；保护封隔器；承压连通器；管柱遇阻及井内落物

为了保证保护封隔器坐封效果，第六采油厂在笼统注入管柱中应用爆破喇叭口，使管柱承压达到15MPa，以满足封隔器的坐封要求。受设计结构及工作原理的限制，爆破喇叭口存在两个问题：一是爆破喇叭口通道打开后，承压挡板落入井底形成落物，可能出现冲砂不彻底、影响井内工具打捞等问题，影响后续作业施工；二是爆破喇叭口的下部呈外扩式结构，其最下端外径最大(为100mm)，容易在套管内径过渡位置遇阻，无法下至预定深度。2010年以来，在小井距高浓度试验区块有15井次遇阻。

为此，提出应用注入井承压连通器替代爆破喇叭口，在保证封隔器坐封效果的前提下，避免管柱遇阻及井内落物。

1　结构及工作原理

笼统注入井井下承压连通器，由上接头、外套、中心管、复位弹簧、承压活塞、承压销钉、下接头等部分组成。其技术参数及结构分别见表1和图1。

表1　井下承压连通器技术指标统计表

外径，mm	内径，mm	连接扣型	工作压力，MPa
114	50	2⅞inTBG	15

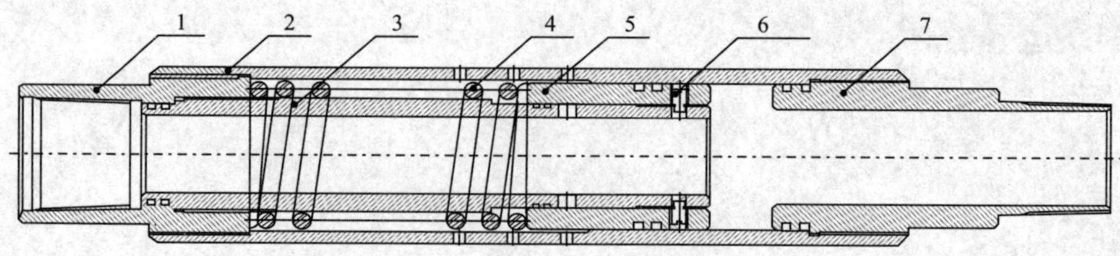

图1　井下承压连通器结构图

1—上接头；2—外套；3—中心管；4—复位弹簧；5—承压活塞；6—承压销钉；7—下接头

工作原理：该工具连接在保护封隔器的下端，下至设计深度后，油管打压至 15MPa 时，承压销钉剪断，承压机构处于承压状态，使封隔器顺利坐封；停止打压，油管泄压后，复位弹簧推动承压活塞下移，使中心管与外套的注水孔连通，实现正常注水。

2 技术关键

井下承压连通器的技术关键是承压机构的设计。

承压机构由复位弹簧、承压活塞、承压销钉组成，使管柱承压达到15MPa，从而保证保护封隔器的坐封效果，满足笼统注水需要：

(1) 以销钉作为主要的承压元件，以弹簧作为承压活塞的复位元件，结构简单，可靠性高；

(2) 承压销钉剪断后，复位弹簧推动承压活塞下移至下接头顶部，保证井筒无落物；

(3) 下接头设计了连接螺纹，可以连接油管、底球、导锥，保证管柱顺利通过套管内径过渡位置，避免管柱遇阻；

(4) 注水通道为侧向开孔，不影响正常测试操作。

3 设计计算和强度校核

3.1 承压销钉的强度校核

销钉为 45 钢，许用剪切强度$[\tau]=300$MPa，数量 $n=4$，直径 $d_0=6$mm，解封活塞内径 $D_0=100$mm，外中心管外径 $D=72$mm，中心管内径 $d=50$mm，注水压力 $p=15$MPa。

注水时，销钉受到的剪切力为：

$$F=p\times S=\frac{\pi}{4}p(D_0^2-D^2-d^2) \tag{1}$$

销钉截面积为：

$$S_0=\frac{\pi}{4}nd_0^2 \tag{2}$$

由式(1)、式(2)得出销钉剪切强度：

$$\tau=\frac{F}{S}=P\frac{D_0^2-D^2-d^2}{nd_0^2}=214\text{MPa}<[\tau]=300\text{MPa}$$

表明剪切强度符合应用要求。

3.2 中心管强度校核

中心管下端进液孔部位截面最小，为受力危险截面。

危险截面尺寸：外径 $D=60$mm，内径 $d=50$mm，4 个进液孔内径 $d_0=6$mm；材质为 45 钢，许用应力$[\sigma]=600$MPa；注水压力 $p=25$MPa。

内中心管危险截面面积为：

$$S=\frac{\pi}{4}(D^2-d^2-4d_0^2) \tag{3}$$

内中心管受力为：

$$F=p\times\frac{\pi}{4}d^2 \tag{4}$$

由式(3)、式(4)得出内中心管危险截面强度：

$$\sigma=\frac{F}{S}=\frac{pd^2}{D^2-d^2-4d_0^2}=65.4\text{MPa}<[\sigma]=600\text{MPa}$$

表明内中心管的设计尺寸满足强度要求。

3.3 连接螺纹强度校核

螺纹连接部分的尺寸：螺纹 M72×2，螺距 $P=2\text{mm}$，螺纹小径 $d_1=69.835\text{mm}$，啮合系数 $K_Z=0.56$，齿根宽度 $a=0.87\times2=1.74\text{mm}$，螺纹工作圈数 $Z=10$，中心管内径 $d=50\text{mm}$，工作压差 $p=25\text{MPa}$。

螺纹受力为：

$$F=p\times S=\frac{\pi}{4}pd^2 \tag{5}$$

螺纹强度为：

$$\tau=\frac{F}{k_Z\pi d_1 aZ} \tag{6}$$

将式(5)代入式(6)，则：

$$\tau=\frac{pd^2}{4k_Z d_1 aZ}=50\text{MPa}<[\tau]=300\text{MPa}$$

表明螺纹强度满足要求。

4 现场试验

2014 年 4 月 2 日，在 7-2121 井进行承压试验。

承压连通器上部连接 4 根油管，下部连接 1 根油管、1 个底球，由配水间来水阀门打压。

打开来水阀门，压力升至 15MPa 时，注水量由 $5\text{m}^3/\text{h}$ 降至 0，稳压时间 30min，承压可靠；关闭来水阀门后井口泄压，再次打开来水阀门，注水压力 5MPa，注水量 $10\text{m}^3/\text{h}$，注水通道顺利打开。

试验表明，承压连通器承压性好，能够满足封隔器的坐封要求。

5 几点认识

(1) 井下承压连通器具有可靠的承压性能，可以满足笼统注入井保护封隔器的坐封要求。

(2) 与爆破喇叭口相比，井下承压连通器可避免在井内形成落物、完井管柱遇阻的问题，提高了笼统注入井井下管柱的适应性。

参 考 文 献

[1] 李新勇．螺纹实用手册[M]．北京：机械工业出版社，2009.

螺杆泵复合密封洗井阀的研制及应用

公　杰

（工程技术大队）

摘　要： 随着螺杆泵技术的不断发展完善，这种采油方式已成为油田生产的主要技术之一，然而螺杆泵井的热洗配套工艺仍未得到有效解决，主要原因是螺杆泵热洗时不能让过量的热洗水经泵进入油管，当经泵流量超过泵的排液能力时，液流会驱动泵转子高速反旋转，造成杆柱脱扣，因此必须在泵上加装洗井阀，让洗井液绕过泵体经洗井阀进入油管。目前使用的洗井阀，主要是采用洗井开关使用压力推动活塞的结构，在压力密封处使用橡胶件密封，然而橡胶密封件在热洗开关过孔处高温高速液流冲击作用下，容易造成漏失及变形，因此须研制新型复合密封洗井阀，使密封件能适应高温、高压的洗井条件，具有较长的使用寿命。

关键词： 热洗配套工艺；橡胶密封；洗井阀；复合密封

随着螺杆泵技术的不断发展完善，这种采油方式已成为原油生产的主要手段之一，然而螺杆泵井的热洗配套工艺仍未得到有效解决，主要原因是螺杆泵热洗时不能让过量的热洗水经泵进入油管，当经泵流量超过泵的排液能力时，液流会驱动泵转子高速反旋转，造成杆柱脱扣，因此必须在泵上加装洗井装置，让洗井液绕过泵体进入油管。

目前使用的螺杆泵洗井装置主要有两种：一种是管式洗井阀，另一种是空心转子泵。其中，管式洗井阀的特点是洗井开关使用压力推动活塞的结构，压力密封处使用橡胶件密封，这种结构有两方面弊端：一是橡胶密封件在热洗开关过孔面积和高温高速液流冲击下，容易出现橡胶密封件胶体老化或剥离；二是外露的中心管弹簧处容易进入异物，在高压作用下容易造成弹簧变形或断裂。空心转子泵利用了抽油泵的原理，热洗液在压力作用下顶开阀门球，进入管柱内完成洗井。这种方式虽然解决了洗井阀橡胶剥离问题，但是由于转子尺寸小，限制了过流面积，易造成洗井憋压的情况。

2013 年，第六采油厂使用的橡胶密封洗井阀多次发生橡胶脱落、弹簧断裂等情况，同时空心转子泵也出现了卡泵漏失的情况。为降低洗井装置损坏带来的检泵影响，提高小排量螺杆泵洗井效果，在对现有洗井阀密封机构进行研究的基础上，提出复合密封洗井阀的想法，即改变洗井阀的密封形态，将金属活塞与中心管直接接触密封，橡胶密封件后移至活塞后侧，这样起到复合密封作用。既可有效降低高温、高压的影响，同时将进液孔扩大，满足大排量洗井的要求。

1　复合密封洗井阀结构设计及原理

复合密封洗井阀在结构设计上借鉴了注水井可洗井封隔器钢圈密封的思路，采用硬密封结构形式，以金属对金属的压合实现密封，主要原因是金属对温度的敏感性要比胶件弱，抗高温性好，因此受热后不会象橡胶件那样变形变软，耐冲击性也大大强于橡胶件，只要加工精度保证，便可以实现长寿命密封。在金属材料及热处理工艺上，经过研究讨论多次调整、试验，密封部件由低碳钢对中碳钢镀铬组合，黄铜对铬钼钢组合，最后通过对密封部件不同部位进行不同的热处理方式，使部件材料硬度错开达到较好的密封水平。其中，环形柱塞采用 6Cr18Mo，内筒采用 9Cr13Mo，热处理后两者的硬度分别为 HRC55 和 HRC60。

1.1 复合密封洗井阀结构设计

具体结构如图 1 所示。在总体结构布局上，外部为壳体，对密封系统起保护作用和连接管柱纵向承载作用；密封系统在内腔，由环形柱塞和内筒组成开关密封副；环形柱塞落在内筒上部则处于关闭状态；柱塞上部为弹簧；弹簧和柱塞之间为调压环。上主体的上部和下主体的下部分别为 3½in 油管内螺纹和外螺纹与变螺纹头相连接。

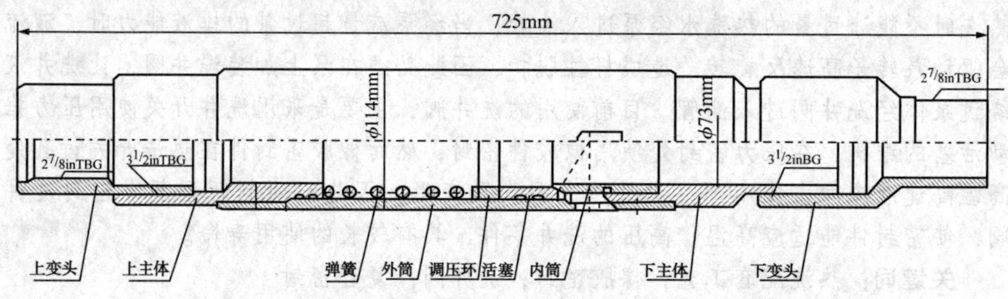

图 1 复合洗井阀结构示意图

（1）上主体、下主体：该部分为洗井阀与管体的连接件，设计为筒状结构，设计尺寸为长度 160mm、外径 107mm、内通径 73mm，使用 45 钢进行调质及镀铬处理。

（2）弹簧：内衬管弹簧使用的是螺旋簧，用于推动活塞下落及回复动作。弹簧通过洗井阀内部活塞克服运动阻力下落关闭进液口的力学计算得到使用螺旋弹簧圈数及适合的金属材料，其中弹簧的变形量与推力之间的关系：

$$F = 8pD^3 n / Gd^4$$

式中 F——压缩量；

p——在该压缩量下的推力；

D——弹簧中径；

n——弹簧有效工作圈数；

G——所使用钢材的弹性模量；

d——簧丝直径。

最终确定弹簧材料为 60Si2Mn，中径 87mm，簧丝直径 10mm，工作圈数 5，自由高度 155mm，并紧高度 65mm，可压缩距离为 90mm。

（3）外筒：主要作用是作为洗井阀的腔体。设计为筒状结构；设计尺寸为长度 340mm、外径 114mm、内径 100mm；材质为 45 钢。

（4）调压环：其结构为环状结构，主要作用是调节弹簧的初装压缩量，改变弹簧的初装推力，进而达到改变阀的开启压力(增加一个环可使弹簧增加 10 倍的初始压缩量)。使用 45 钢加工，应用镀铬工艺。

（5）接箍上下变螺纹头：该部位为筒状结构，设计尺寸为长度 146mm、170mm，加工材质为 45 钢，使用调质、发黑处理，可满足 $2\frac{7}{8}$in 和 $3\frac{1}{2}$in 管柱的需要。

（6）活塞：该部件为环状结构，设计为长度 45mm、外径 100mm、内径 80mm，使用材质为 6Cr18Mo。

（7）内筒：该部件为筒状结构，设计尺寸为长度 80mm、外径 88mm、内径 73mm，使用 9Cr13Mo 材料，通过粗车、精磨、热处理等工艺满足下密封副使用条件。

1.2 复合密封洗井阀工作原理

开启动作：当热洗时油管外压力大于油管内压力，且超过弹簧所给予的设定值时，热洗水经过外筒上的孔道推动活塞上行，使进液口开启，使热洗水进入油管内。

关闭动作：当热洗压差撤除后，活塞在弹簧的推动下下落，落在内筒的上部，使进液口处于关闭状态。当螺杆泵恢复正常生产时，油管内压力大于管外压力，该压差也加给活塞向下的推力，使之压合。管内外压差越大，压合力越大，更有助于密封。

1.3 复合密封洗井阀特点

（1）关闭后压合力大，保证洗井阀密封效果。与弹簧和环形柱塞在外的洗井阀结构相比，柱塞的关闭不光依靠弹簧推力，也利用了生产时的管内外压差作为关闭动力。比如，柱塞外径 100mm，密封周外径 83mm，液压截面积 24.4cm^2，如果抽油生产时净举升液柱高度为 700m，则液柱高差所给予的压合力可达到 1708kg[液压截面积×净举升液柱高度=24.4×70=1708(kg)]。

（2）壳体有效保护密封件，防止异物破坏。在壳体保护下，密封系统中活塞及弹簧不会在洗井过程中受到井筒内冲异物或杂质侵蚀和卡死，保证机械动作的可靠。

（3）采取周向进液，保证大排量洗井要求。洗井阀开启后除外筒进液孔为节流点外，柱塞下为全周向进液，没有内层管孔的限流。壳体的侧向进液孔为 4 个宽 20mm 的长条形孔，面积为 24cm^2，接近 $2\frac{7}{8}$in 油管的流通截面，洗井时，环形流道的横截面积达到 28cm^2，与空心转子泵洗井通道和截面积 15.9cm^2 相比增加 12.1cm^2，单位时间内进水量增加 14.8m^3，满足大排量洗井需要。

（4）开启压力灵活调整，满足不同井况的洗井要求。由于单井井筒内压力不同，如果洗井阀开启压力设计不合理将造成部分油井下入洗井阀后活塞提前开启，管柱出现漏失现象，因此，复合密封洗井阀设计了调压片，通过改变调压片的数量和厚度，从而改变弹簧的初装压缩量，改变开关打开的启动压力，防止洗井阀下井活塞提前开启的情况。在只装一个调压片时，初装压缩量为 25mm，弹簧初载 77.8kg，在活塞下端外露面积为 24.4cm^2 的条件下，对应的启动压力为 0.31MPa，加上胶圈的摩擦阻力，室内实验结果表明，1MPa 就可以开启。

2 复合密封洗井阀现场应用及效果

2.1 室内实验情况

针对复合密封洗井阀的各项指标进行了室内实验，首先对开启压力进行了测试，设计开启压力为 1~1.5MPa，实际实验时密封系统开启压力为 1.1MPa；其次，对使用次数进行了测试，通过打压，复合密封洗井阀连续进行打开、关闭动作 64 次，未出现金属碰撞、卡等情况；最后，对洗井能力进行测试，设置流量为 5m^3/h 时，入口压力为 1.1MPa；流量为 50m^3/h 时入口压力为 1.4MPa。通过室内实验，复合密封洗井阀满足设计要求，进行现场试验。

2.2 现场试验情况

在两口井上进行了现场洗井试验。初期试验结果：喇 9-2717 井平均日产液 45t，日产油 1.1t，含水率为 97.6%，该井在安装洗井阀前平均洗井周期为 58d。2013 年 11 月 26 日，随检泵下入复合密封洗井阀，施工现场实施正洗井打压 5.0MPa，密封开启动作良好，无憋压现象；实施反洗关闭洗井阀，启机后压力迅速上升，洗井阀关闭动作完成，密封良好。重复上述动作 15 次，没有出现问题。

该井共实施洗井 2 次，平均洗井后回压降低 0.03MPa，电流下降 2.5A，扭矩下降 67N·m(表 1)，洗井周期由第一次的 63d 延长至 2014 年 10 月的 115d。

表 1　9-2717 井洗井效果对比情况(复合密封)

项目	洗井前			洗井初期			效果对比		
	回压 MPa	电流 A	扭矩 N·m	回压 MPa	电流 A	扭矩 N·m	回压 MPa	电流 A	扭矩 N·m
第一次洗井	0.24	24	645	0.20	21	565	-0.04	-3	-81
第二次洗井	0.28	25	672	0.25	23	618	-0.03	-2	-54
合计	0.26	24.5	659	0.23	22	591	-0.03	-2.5	-67

为更好地评价复合密封洗井阀使用效果，与普通洗井阀洗井效果进行了对比。其中，应用普通洗井阀洗井，平均单次洗井回压降低 0.015MPa，电流下降 1.0A，比复合密封洗井阀洗井回压少下降 0.015MPa，电流少下降 1.5(表 2)。由此可以看出，使用复合密封洗井阀效果优于普通洗井阀。

表 2　9-2717 井洗井效果对比情况(普通)

项目	洗井前			洗井初期			效果对比		
	回压 MPa	电流 A	扭矩 N·m	回压 MPa	电流 A	扭矩 N·m	回压 MPa	电流 A	扭矩 N·m
一次洗井	0.33	29	735	0.32	28	678	-0.01	-1	-57
二次洗井	0.33	28	716	0.31	27	665	-0.02	-1	-51
合计	0.33	29	726	0.32	28	672	-0.015	-1	-54

喇 16-221 平均日产液 30t，日产油 3.3t，含水率为 89.1%。2013 年 12 月 2 日，随检泵下入，现场实施多次正反洗操作，验证洗井阀性能，均达到标准。截至 2014 年 10 月，该井共实施洗井 3 次，洗井后平均回压降低 0.04MPa，电流下降 2.0A，扭矩下降 52N·m(表 3)，洗井周期从最短 30d 延长至 56d。

表 3　16-221 井洗井效果对比情况(复合密封)

项目	洗井前			洗井初期			效果对比		
	回压 MPa	电流 A	扭矩 N·m	回压 MPa	电流 A	扭矩 N·m	回压 MPa	电流 A	扭矩 N·m
第一次洗井	0.32	17	411	0.29	15	363	-0.03	-2	-48
第二次洗井	0.33	17	457	0.30	15	403	-0.03	-2	-54
第三次洗井	0.33	17	466	0.30	15	411	-0.03	-2	-55
合计	0.33	17	445	0.29	15	392	-0.04	-2	-52

与使用普通洗井阀时期进行对比，普通洗井阀洗井时平均回压降低 0.01MPa，电流下降 1.3A(表 4)；与使用复合密封洗井阀相比，回压少下降 0.03MPa，电流少下降 0.7A。由此可以看出，使用复合密封洗井阀效果优于普通洗井阀。

表 4 16-221 井洗井效果对比情况(普通)

项目	洗井前			洗井初期			效果对比		
	回压 MPa	电流 A	扭矩 N·m	回压 MPa	电流 A	扭矩 N·m	回压 MPa	电流 A	扭矩 N·m
第一次洗井	0.37	26	687	0.36	25	645	-0.01	-1	-42
第二次洗井	0.35	25	631	0.34	24	607	-0.01	-1	-24
第三次洗井	0.36	26	673	0.34	24	626	-0.02	-2	-47
合计	0.36	25.7	664	0.3	24.3	626	-0.01	-1.3	-38

通过对两口井的现场洗井跟踪、数据采集、后期生产情况反映，发现使用复合洗井阀洗井效果明显优与普通洗井阀。

3 几点认识

(1) 复合密封洗井阀从设计上解决了普通洗井阀橡胶密封件易老化剥离、空心转子泵洗井排量小的缺点。

(2) 通过反复试验、摸索，确定复合密封洗井阀密封件的材料及加工工艺，确定同一部件不同部位的热处理办法，完善金属对金属的密封方法。

(3) 复合密封洗井阀给油田小排量螺杆泵洗井带来了新的办法，能有效解决实际洗井问题。通过不断完善设计及解决实际使用问题，复合洗井阀必定会成为重要的螺杆泵洗井工具。

参 考 文 献

[1] 韩修廷，王秀玲，焦振强．螺杆泵采油原理及应用[M]．哈尔滨：哈尔滨工业大学出版社，1998.
[2] 马文蔚．物理学[M].4 版．北京：高等教育出版社，1999.
[3] 李青，金东明，戈炳华. 机械采油技术管理方法[M]. 北京：石油工业出版社，1994.
[4] 陈涛平，胡靖邦．石油工程[M]. 北京：石油工业出版社，2000.
[5] 李青，金东明，戈炳华. 机械采油技术管理方法[M]. 北京：石油工业出版社，1994.

马来酸酐接枝沥青调剖剂制备及改性配方研究

亢彦辉

（工程技术大队）

摘　要：在深部调剖现场施工过程中，要求调剖剂具有一定的亲油、亲水的双亲性能，但在沥青颗粒调剖现场应用的调剖剂是沥青，且沥青表现为憎水性，因此需要对调剖用沥青进行水性化化学接枝。在提高其亲水性能的同时，需要有效控制化学接枝反应速率以达到均匀反应及生成匀化反应产物的目的。本文通过室内研究，揭示了马来酸酐接枝沥青的原理，利用红外图谱证明沥青颗粒接枝改性的可行性，通过充分考虑溶解性、亲水性、黏弹性和吸附性等现场应用条件，确定了现场调剖用沥青的最优配方，满足现场施工需求。

关键词：深部调剖；马来酸酐；接枝；改性

喇嘛甸油田经过多年的注水开发，水驱综合含水率已达95.04%，进入特高含水期开发阶段。厚油层吸水剖面统计资料表明：厚油层主要吸水部位，有效厚度比例为29.5%，但吸水比例却高达56.8%，说明厚油层内吸水差异大，层内无效注水严重。

以往工艺对策主要采取长胶筒层内细分工艺缓解层内吸水矛盾，但由于层内夹层不稳定或无隔层，导致机械细分工艺对注入剖面调整效果不理想。研究表明：采用深部调剖的方法可改善层内吸水矛盾，但以往深度调剖存在费用高、施工工艺复杂、调剖剂与地层流体匹配性差等问题，为此，借鉴以往调剖剂的优缺点，结合沥青本身的固有属性，开展马来酸酐接枝沥青的制备及改性配方研究实验，使其具备亲水、亲油的双亲性能，提高沥青的黏弹性和分散性，能够运移到地层深部，实现层内高吸水层段的有效封堵，改善吸水剖面，提高低渗透层段的动用程度。

1　室内实验

1.1　材料优选

沥青是一种复杂的混合物，主要成分包括沥青质、胶质、芳香酚和饱和酚4种组分。沥青根据针入度可分为不同型号，针入度又称为锥入度，是润滑脂软硬程度的质量指标，它的定义是：在25℃时，总载荷为150g±0.25g的标准锥在5s内垂直穿入润滑脂深度，以1/10mm表示。锥入度表示润滑脂软硬程度，锥入度大则表示润滑脂软、稠度小。本实验研究的沥青分别来自大庆油田、胜利油田和辽河油田，型号分别为10#、20#、30#和50#。

沥青的沥青质和胶质含量越高，黏度越大，弹性变形能力越强，调剖效果越好。本实验通过采用液固吸附色谱得到不同型号沥青的组分含量（表1）。

表 1 各种牌号沥青溶解实验结果

沥青品种		饱和酚,%	芳香酚,%	胶质,%	沥青质,%	胶质与沥青质含量,%
大庆油田	50#	30.8	25.6	38.7	1.9	43.6
	30#	24.1	21.1	52.7	2.1	54.8
	20#	17.7	16.1	64	2.2	66.2
	10#	12.5	13.6	71.5	2.4	73.9
辽河油田	50#	31.3	24.5	39.8	4.4	44.2
	30#	25.8	22.6	47.3	4.3	51.6
	20#	19.3	15.8	60.2	4.7	64.9
	10#	12.5	11.6	70.7	5.2	75.9
胜利油田	50#	26.4	27.8	44.3	1.5	45.8
	30#	19.7	22.9	55.7	1.7	57.4
	20#	14.2	20.4	63.6	1.8	65.4
	10#	8.3	14.2	75.4	2.1	77.5

胶质和沥青质总含量大于40%即可满足现场施工要求，从表1可以看出，所有型号沥青均满足施工要求，但考虑到沥青黏度较大时，接枝改性反应容易团聚生成均聚物，影响接枝效果。因此，本次实验选取大庆油田50#沥青作为基质沥青进行改性接枝，优化最佳配方。

1.2 马来酸酐接枝沥青的制备

1.2.1 接枝反应机理

马来酸酐和沥青分子发生接枝反应原理是马来酸酐通过 Diels-Alder 反应与沥青分子中的共轭双烯结构发生双烯加成，如图1所示。

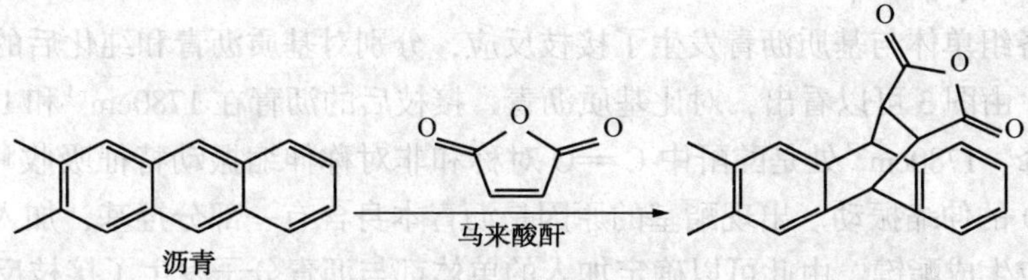

图1 马来酸酐与沥青质双烯加成示意图

1.2.2 实验方法及流程图

实验方法：将马来酸酐和沥青加入三口瓶中，加入引发剂和其他助剂(DEHP)，缓慢升温并机械搅拌，升温至指定温度后恒温反应 8h，倒出接枝产物，用丙酮抽提纯化后待用，具体实验流程如图2所示。

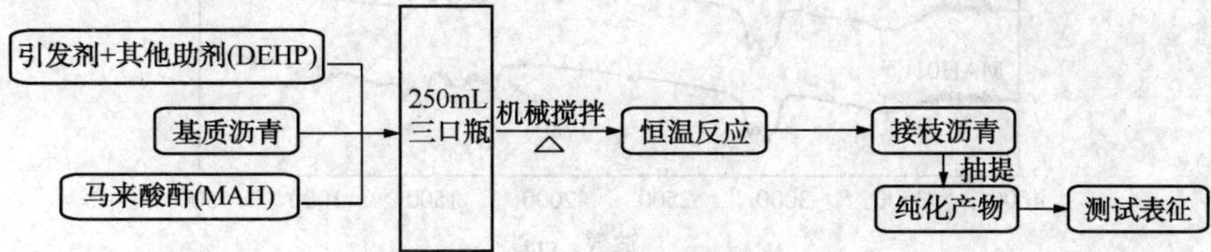

图2 马来酸酐接枝沥青制备流程图

1.2.3　接枝沥青纯化

用索氏提取器抽提产物进行纯化，马来酸酐在丙酮中有良好的溶解性，引发剂过氧化二苯甲酰和过氧化二异丙苯，以及增塑剂 DEHP 等小分子添加剂均可溶于丙酮，因此，选用丙酮为抽提液。

具体方法：取少量接枝产物，用预先丙酮抽提 12h 以上的洁净纱布包裹，放入装有 100mL 丙酮的索氏提取器中连续抽提 12h。收集抽提后的产品放入烘箱，在 100℃下烘干至恒重，得到纯化后的接枝产物待用。

1.3　配方优化研究

实验时，考虑不同引发剂组合、不同单体组合及增塑剂对接枝产物性能的影响，列出了 4 组 MAH 接枝沥青工艺及配方，见表 2(基质沥青均为 30g)。

表 2　马来酸酐接枝沥青制备配方及工艺

配方	单体		引发剂		DEHP	反应温度	反应时间	搅拌速率
	名称	用量,%	名称	用量,%	mL	℃	h	r/min
MAH01	MAH	6	BPO	5	2	120	8	200
			DCP	5				
MAH02	MAH	6	DCP	5	2	120	8	200
MAH03	MAH	6	DCP	5	—	120	8	200
MAH04	MAH	6	DCP	5	—	120	8	200
	HPAA	4						
	AM	2						

1.3.1　红外图谱分析

为了验证各组单体与基质沥青发生了接枝反应，分别对基质沥青和纯化后的 4 组样品进行红外谱图分析。由图 3 可以看出，对比基质沥青，接枝后的沥青在 1780cm^{-1}和 1725cm^{-1}附近出现了新的吸收峰，1780cm^{-1}处是酸酐中 C ═O 对称和非对称伸缩振动特征吸收峰。1725cm^{-1}处是酯基中 C ═O 的伸缩振动。出现酯基的原因是沥青本身含有一部分羟基，加入体系中的酸酐基团与羟基反应生成酯键，由此可以确定加入的单体都与沥青分子发生了接枝反应。

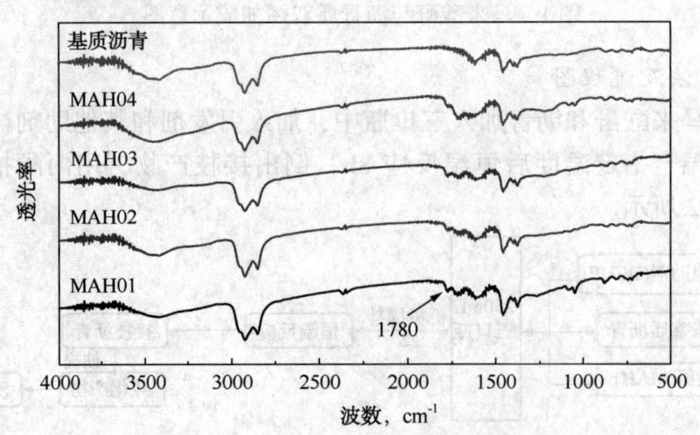

图 3　MAH 接枝沥青红外谱图

由图 4 可以看出，MAH04 组除了 1780cm^{-1} 处出现了 C ═O 的特征峰外，还分别在 1700cm^{-1} 、1650cm^{-1} 和 1150cm^{-1} 出现了酰胺键的 C ═O 特征峰和 NH_2 的特征峰，说明后加入的丙烯酰胺也和沥青发生了反应。

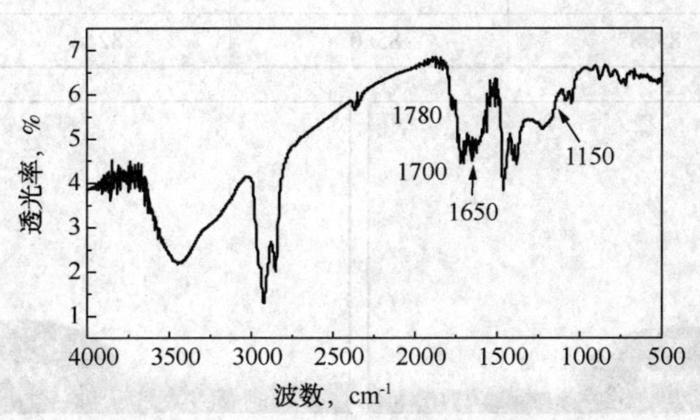

图 4　MAH04 接枝沥青红外谱图

1.3.2　接枝沥青亲水性研究

(1) 溶胀性结果分析。

分析方法：将一定量沥青浸泡在水中，每隔 12h 称重所得质量变化曲线如图 5 所示。基质沥青在浸泡 12h 后质量减少约 1%后不再变化，而接枝沥青的质量变化均呈现先减少后增加的变化趋势。

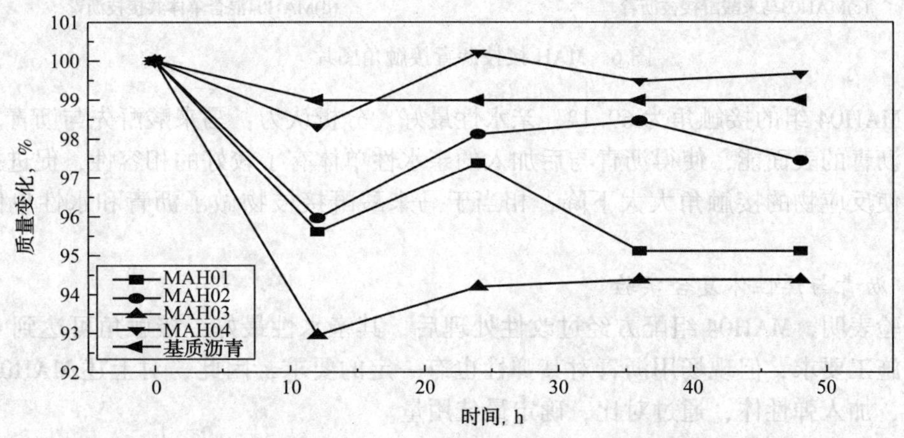

图 5　沥青在水中浸泡质量随时间变化

溶胀实验表明：基质沥青中含有一小部分溶于水的小分子，这部分溶解后，由于本身缺乏亲水性基团，基质沥青的质量不再变化；接枝沥青在损失一部分质量后，由于马来酸酐的亲水性以及自身水解，加之本身生成了交联结构，质量有所增加，表现出一定的吸水性；MAH04 组的吸水性大于其在水中的溶解性，说明丙烯酸/丙烯酰胺和马来酸酐共接枝沥青取得了较好的效果。

(2) 接触角结果分析。

为了验证接枝沥青的亲水性能，分别对接枝产物和水的接触角进行表征(表 3)，接触角图片见图 6。可以看到，这一组样品的接触角均小于 85°，达到了现场用亲水性要求，表明

MAH 接枝沥青取得了较好的效果。

表 3　接枝沥青接触角值

样品	MAH01	MAH02	MAH03	MAH04
接触角	83. 8°	85. 0°	82. 6°	69. 1°

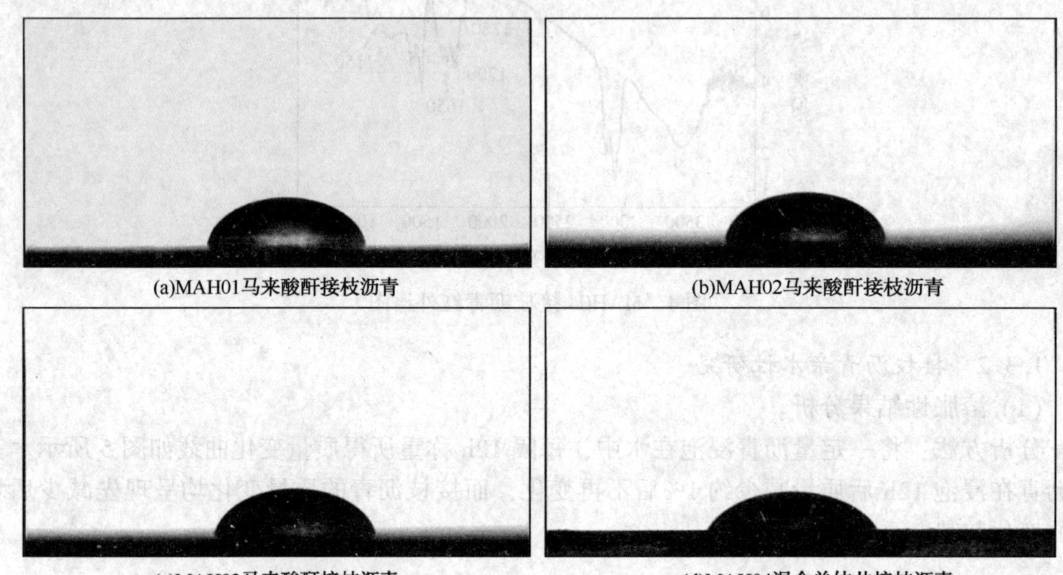

(a)MAH01马来酸酐接枝沥青　(b)MAH02马来酸酐接枝沥青

(c)MAH03马来酸酐接枝沥青　(d)MAH04混合单体共接枝沥青

图 6　MAH 接枝沥青接触角图片

其中，MAH04 组的接触角为 69. 1°，亲水性最好。分析认为：马来酸酐先与沥青发生反应，提高了沥青的表面能，使得沥青与后加入的亲水性单体有了较好的相容性，促进接枝反应的发生，使反应物的接触角大大下降，相当于马来酸酐接枝物做了沥青和水性单体的相容剂。

1. 3. 3　沥青与弹性体复合实验

上述实验表明，MAH04 组配方经过改性处理后，其亲水性最好，接触角可达到 69. 1°，满足现场的施工要求，但现场用沥青对其弹性也有一定的要求，因此，对上述 MAH04 组配方进行完善，加入弹性体，通过对比，确定最佳用量。

为了对比改性后对力学性能的影响，分别进行了不同温度的蠕变性能测试实验和模量测试实验，优选出性能最佳弹性体用量。

通过蠕变性能测试实验(图 7)可以看出：相同温度下，随着 SBS 添加量的增多，复合沥青的黏弹性能即抗蠕变的能力越强，表现为模量越大；相同 SBS 添加量条件下，当温度从 -10℃升至 0℃时，模量基本不变；温度升高到 0℃后，模量下降明显。

通过模量测试实验(图 8)可以看出：当应变一定时，随着 SBS 添加量的增多，复合沥青的模量增大；当 SBS 添加量一定时，随着应变增加，复合沥青的模量初始下降显著，随后趋于平稳，继续增加时，模量缓慢下降，SBS 含量为 3%和 4%时，模量差别不大，增加至 5%时，模量提高，但较含量为 3%和 4%时模量升高不明显。

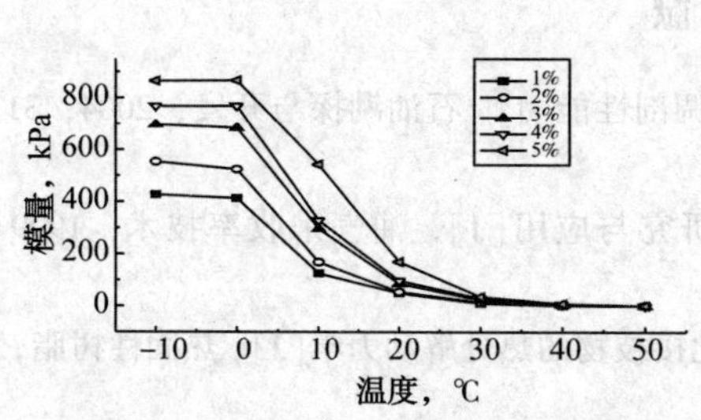

图 7　不同 SBS 含量复合沥青随温度模量变化曲线

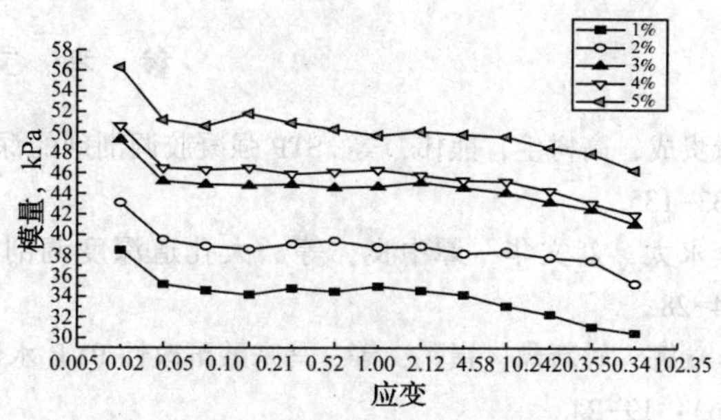

图 8　30℃不同 SBS 含量 0.1Hz 应变扫描曲线

为了进一步对比改性后沥青的现场适应性，分别进行了初始黏结温度测试实验和岩石黏附性实验确定适应现场应用的最佳 SBS 弹性体用量。

通过改性后样品初始黏结温度测试(图 9)可以看出，对于不同 SBS 含量改性沥青的初始黏结温度均略高于软化点，均可满足现场应用的需求。

通过改性后样品对岩石吸附性测试(图 10)可以看出，基质沥青对岩石的初始吸附量在 50%左右，随着 SBS 含量的增加，吸附量迅速提高，当 SBS 的加入量为 3%时，提高到 80%左右，但当 SBS 的加入量进一步增多时，吸附量增加不明显。

因此，通过上述 4 个实验，综合考虑调剖用沥青对力学性能的要求，认为 SBS 含量为 3%时为最佳添加量。

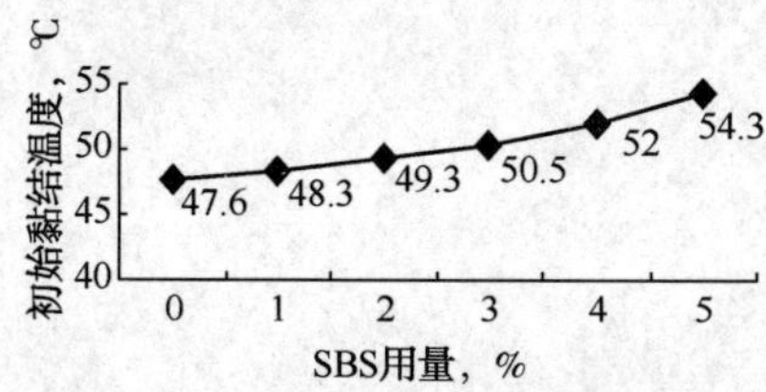

图 9　改性后样品初始黏结温度测试

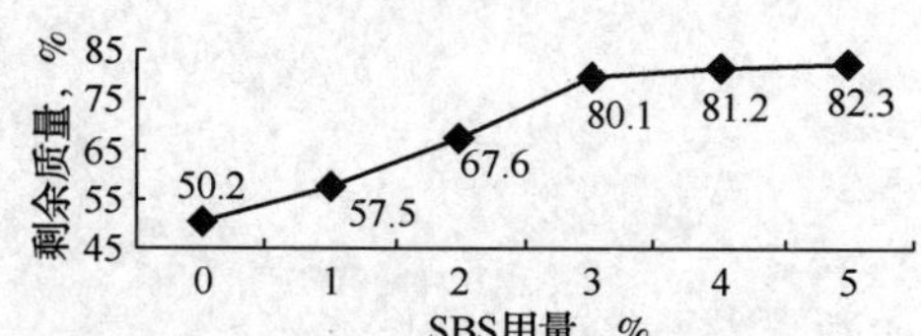

图 10　改性后样品对岩石吸附性测试

2　结论及认识

(1) 通过液固吸附色谱分离实验，检测到沥青质和胶质含量最低的为大庆油田产的 50#沥青，但含量也达到了 43.6%，因此，所有试验用沥青均符合要求，但考虑对接枝效果的影响，选用三个油田生产的 50#沥青作为原料为宜，本次试验选用大庆油田 50#沥青作为原料。

(2) 基质沥青的接触角在 103°左右，经过考虑不同引发剂组合、不同单体组合及增塑剂对接枝产物性能的影响，探索确定了 MAH04 组配方(马来酸酐和丙烯酸/丙烯酰胺共接枝沥青)的表面接触角可降至 70°以下，达到改善亲水性的要求。

(3) 通过接枝沥青与弹性体的复合实验及岩石吸附性测试实验，验证了沥青的模量、黏结温度、岩石吸附性等性能均随着 SBS 添加量的增多而增强，综合考虑沥青对力学性能的要求，最终确定马来酸酐改性接枝沥青的 SBS 的质量分数为 3%时为最佳添加量。

(4) 通过探索研究，确定了满足现场应用的调剖剂配方，既考虑亲水性，确定 MAH04 组最好，又考虑力学性能，确定 SBS 量为 3%时最佳。

参 考 文 献

[1] 景贵成，高树生，熊伟，等.STP强凝胶调剖剂的深度调剖性能[J]. 石油勘探与开发，2004，31(3)：133-135.

[2] 李永太，刘文华，谭中良，等. 大孔道深度调剖的研究与应用[J]. 油气采收率技术，1999(3)：24-28.

[3] 方瑞娜，姚新鼎，崔鹏，等. 马来酸酐改性PVB水性化接枝物的热分解动力学[J]. 热固性树脂，2013(6)：19-24.

浅析3:4型螺杆泵结构设计及其现场应用

谢凡玲

(工程技术大队)

摘　要：螺杆泵采油是一种油田常用的采油技术，但螺杆泵杆管偏磨问题一直是制约其发展的难题。目前在用单头螺杆泵因其偏心距较大，导致杆管偏磨检泵的井逐年增加。为解决杆管偏磨问题，第六采油厂应用了3:4结构螺杆泵，该型泵与单头单螺杆泵相比具有排量大、扬程高、散热好、偏心距小等优点。此外，还可降低转子在定子衬套中的滑动速度，减轻定转子磨损，延长泵的使用寿命。本文从3:4型泵结构设计和性能特点上展开分析研究，对3:4结构的螺杆泵有了进一步的认识。2016年现场随检泵应用53井次，平均单井增液5.1t/d，泵效提高4.8个百分点，动液面下降146m。

关键词：3:4结构；螺杆泵；偏磨；偏心距

螺杆泵采油方式具有投资少、管理方便、节能效果好以及适应性强等技术优势，应用规模不断扩大。随着其规模扩大的同时，对螺杆泵工作性能和使用寿命的要求也越来越高。目前，第六采油厂主要使用单头单螺杆泵，因其偏心距较大和采用水平的往复摆动方式，导致杆管偏磨检泵的井中最短检泵周期仅为200d。统计2016年10月第六采油厂螺杆泵井偏磨断脱检泵比例已高达75.0%以上，成为螺杆泵井检泵的主要原因。螺杆泵偏磨问题急需解决。针对这一问题，在第六采油厂应用了3:4结构的螺杆泵，该结构螺杆泵与普通单头螺杆泵相比，偏心距减小，采用圆周运动的摆动方式，具有排量大、扬程高、散热好等特点，且可降低转子在定子衬套中的滑动速度，减轻定转子磨损，延长使用寿命。2016年，在第六采油厂随检泵现场试验3:4结构螺杆泵53井次，平均单井增液5.1t/d；泵效提高4.8个百分点。因此，开展3:4结构螺杆泵研究具有积极的现实意义和重要的应用价值。

1　3:4型螺杆泵的结构及性能特点

1.1　3:4型螺杆泵结构设计

1.1.1　3:4型螺杆泵定子、转子成型原理

螺杆泵转子在定子内绕自身几何中心自转并绕定子几何中心公转的行星运动，在空间啮合形成的共轭曲面将围成三个密封腔室。当转子和定子做相对转动时，油液在吸入端压差的作用下被吸入，并由吸入端推挤到排出端。同时，共轭曲面需要满足能啮合、能密封、能推移三点要求，此即3:4结构螺杆泵定子、转子成型的基本原理。

1.1.2　3:4结构单螺杆泵线型的确定

首先根据螺杆泵线型理论，在摆线形成过程中动圆和定圆半径的大小和比值不同，形成的骨线的形状和头数也不同，在此基础上形成的轮廓线的形状也各不相同。因此，按螺杆泵

端面线型可将其分为头数比为 1∶2 的单头单螺杆泵及 2∶3、3∶4、4∶5 等多头单螺杆泵，如图 1 所示。目前，所应用的螺杆泵线数(头数)均采用 $N/N+1$ 形式，即定子的线数总是比转子的线数多一线，这是由空间啮合理论所决定的。

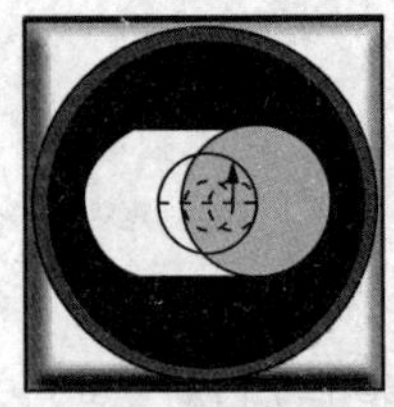
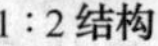
1∶2 结构

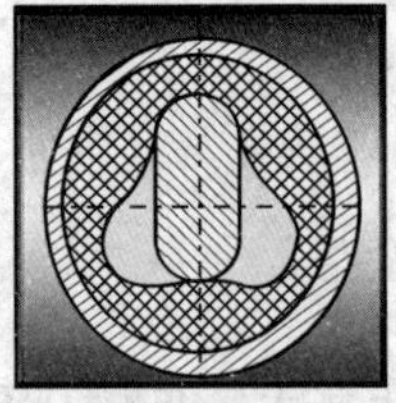
2∶3 结构

3∶4 结构

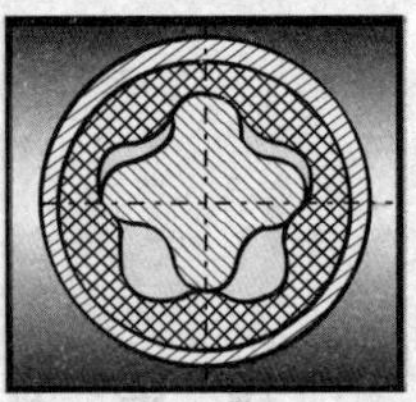
4∶5 结构

图 1　螺杆泵端面线型示意图

3∶4 结构螺杆泵以短幅内摆线的外等距线作为衬套的原始齿形曲线，其共轭曲线作为转子的齿形曲线。

其定子—转子副相当于一对偏心内啮合的两个瞬心圆组成的共轭副，由共轭曲线的原理，以衬套为短幅内摆线的外等距曲线，则：

$$Z_1 = Z_2 - 1 \tag{1}$$

式中　Z_1——螺杆的头数；

Z_2——衬套的头数。

由摆线的成型原理：

$$i = z_2 = \frac{R}{r}$$

若令 $R=4r$，3∶4 型单螺杆泵 $Z_1=3$，$Z_2=4$，则滚比 $i>1$，代入短幅内摆线方程，则：

$x = 3r\sin\theta - e\sin(3\theta)$　$y = 3r\cos\theta - e\cos(3\theta)$

求导得：

$$x' = 3r\cos\theta - 3e\cos(3\theta) \quad y' = 3r\sin\theta - 3e\sin(3\theta) \tag{2}$$

令 $h=(x')^2+(y')^2$，$R=4r$，则

$$h=(x')^2+(y')^2=[3r\cos\theta-3e\cos(3\theta)]^2+[-3r\sin\theta-3e\sin(3\theta)]^2=9r^2+9e^2-18re\cos(4\theta)$$

则定子短幅内摆线的外等距曲线方程为：

$$x_a = 3r\sin\theta - e\sin(3\theta) - a\frac{y'}{\sqrt{h}}$$

$$y_a = 3r\cos\theta - e\cos(3\theta) - a\frac{x'}{\sqrt{h}} \tag{3}$$

式中　a——等距圆半径；

θ——滚圆滚动一段圆弧后与 y 轴的夹角，$0 \leqslant \theta \leqslant 2\pi$；

r——滚圆半径。

即 3∶4 型单螺杆泵定子衬套曲线的方程为式(3)。

定子短幅内摆线的外等距曲线的共轭曲线方程为：

$$x_1 = x_2\cos\left(\frac{\varphi_2}{3}\right) + y_2\sin\left(\frac{\varphi_2}{3}\right) - a\sin\left(\frac{4}{3}\varphi_2\right)$$

$$y_1=-x_2\sin\left(\frac{\varphi_2}{3}\right)+y_2\cos\left(\frac{\varphi_2}{3}\right)-a\cos\left(\frac{4}{3}\varphi_2\right) \tag{4}$$

式中 $(x_1,\ y_1)$——转子方程坐标；

$(x_2,\ y_2)$——定子方程坐标；

φ_2——在点$(x_2,\ y_2)$啮合时，定子转过的角度；

a——两节圆的中心距 $a=R-r=3r$。3∶4 型单螺杆泵转子曲线的方程为式(4)。

1.1.3 转子直径的确定

在设计转子直径时，首先应考虑的是影响寿命的参数，即转子所能承受的扭矩。当设计一个泵时，首先要确定这个泵的理论排量和泵的压头，这两个主要性能参数确定之后，由式(5)可求出转子有功扭矩，也就是转子在工作中克服压力及定转子间的摩擦扭矩。

$$2\pi M=\Delta pq \tag{5}$$

$$M=\Delta pq/2\pi=2eDT\Delta p/\pi \tag{6}$$

那么转子直径：

$$D=\pi M/2eT\Delta p \tag{7}$$

式中 q——理论排量，m^3/s；

e——偏心距，mm；

T——导程，mm，泵的总长度及每级压力确定后 T 随之而定；

Δp——泵进出口压力差，MPa。

转子最小直径、最大直径受泵筒径向尺寸的控制，当泵筒直径确定后，转子及定子的最大径向尺寸也就确定了，继而转子的偏心距也随之而定。即：

$$e=(D'-D)/2 \tag{8}$$

1.1.4 定、转子导程的确定

定、转子导程主要根据要求的螺杆泵的排量来确定。式(9)为 3∶4 结构螺杆泵的定子导程计算公式。

$$T_{定}=10^{-9}xQ_{th}/1440\times 4eDn \tag{9}$$

式中 Q_{th}——理论排量，m^3/d；

e——偏心距，mm；

D——转子截圆直径，mm；

n——转速，r/min。

则转子导程为：

$$T_{转}=\frac{3}{4}T_{定} \tag{10}$$

在确定了定子的导程及泵的压头后，定子橡胶衬套的长度也就确定了。转子总长度应比定子橡胶衬套长度长出一个定子导程的长度，即 $L_{转子}=L_{定子}+T$。

1.1.5 初始过盈值的确定

采油螺杆泵单级工作压差主要是靠定、转子间过盈量来实现的。过盈量大，转子扭矩也越大，会使转子对定子橡胶的磨耗加剧，会使摩擦生热量大，加剧橡胶老化，容易出现卡泵现象；过盈量小，会造成泵的举升液漏失，无法实现举升功能。因此，定、转子间过盈量存在一个合理值。对于合理过盈量的确定，必须在掌握定子橡胶的物理特性，特别是橡胶的热膨胀和溶胀性能的基础上，才能实现过盈量确定的合理性。

首先，确定定子橡胶体积变化率，再依据3∶4线性结构螺杆泵定子尺寸计算出定子单边橡胶最大、最小厚度，然后计算出单边最大、最小厚度橡胶在不同液体环境的膨胀量，即为泵的初始过盈值。

以3∶4型螺杆泵GLB 500—25初始过盈值为例，通过室内水力特性检测及实际应用经验，满足单级承压0.5MPa的设计工况要求，实际应用单边过盈值应确定为0.2～0.3mm。再根据定子橡胶在不同液体中的体积变化率(聚合物驱原油为2.3%；水驱原油为1.6%)，计算出橡胶膨胀量。则初始过盈值水驱中应控制在0～0.1mm，聚合物驱中应控制在-0.1～0mm。

1.2　3∶4结构螺杆泵性能特点

三头单螺杆泵与单头单螺杆泵相比(图2)，虽然工作原理相同，但是三头单螺杆泵与之设计原理不完全相同，因此具有不同的性能特点。

优点：

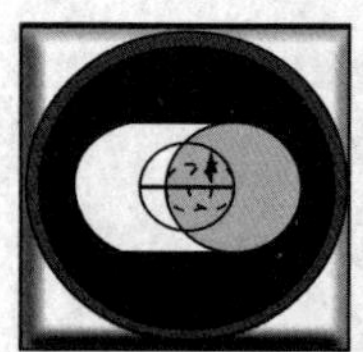

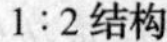

1∶2结构

3∶4结构

图2　3∶4结构单螺杆泵与单头单螺杆泵端面线型对比

(1) 3∶4结构螺杆泵在每个导程内比单头单螺杆泵多两个液压密封腔室，因此，每个导程的密封压力均高于单头单螺杆泵。

(2) 在转子转速相同的条件下，3∶4结构螺杆泵定、转子间的最大滑移速度要比单头单螺杆泵小得多，并且转子相对运动的滑动摩擦也小于单头单螺杆泵，工作过程中定子橡胶的磨损程度相对较小，泵的工作寿命较长。

(3) 3∶4结构螺杆泵定、转子间的偏心距小于单头单螺杆泵，因此，由偏心导致的振动有所缓解，运行速度较平缓。

(4) 3∶4结构螺杆泵橡胶分布较单头螺杆泵更均匀，定、转子接触磨损时，橡胶膨胀更均匀，避免了橡胶膨胀不均匀造成转子扭矩增加，同时橡胶散热更快，能延长橡胶的使用寿命。

对目前投入使用的3∶4结构螺杆泵与普通单头泵参数进行了对比。在排量相同、级数相同的情况下，3∶4结构泵较单头螺杆泵相比，具有偏心距小、导程短、扬程高、单级压差高等特点(表1)。

表1　3∶4结构泵与普通泵参数对比

泵型	型号	转子长度，mm	定子长度，mm	偏心距，mm	导程，mm	扬程，m	单级压差，MPa
3∶4结构	GLB800-18	5000	5100	6	240	900	0.5
普通泵	GLB800-18	7100	6690	5.5	360	700	0.4
3∶4结构	GLB500-20	5430	5441	5	240	1000	0.5
普通泵	GLB500-20	8100	7650	4.6	360	800	0.4

缺点：

3∶4结构螺杆泵较单头单螺杆泵加工工艺复杂、费用高，对比GLB500和GLB800型泵，费用较单头单螺杆泵高27%。因此，一般针对GLB500及以上泵型采用该结构泵型。

2 3∶4结构螺杆泵的现场应用

2016年1月在第六采油厂对3∶4结构螺杆泵进行现场试验。截至2016年10月，下井102台。不考虑措施、换泵、高开井，对比正常检泵换成3∶4泵的53口井，平均单井增液5.1t/d；泵效提高4.8个百分点；电流下降1A，动液面下降146m。2016年10月，第六采油厂螺杆泵单井平均日产液48.7t，泵效60.5%，动液面为499m(表2)。

表2 3∶4结构螺杆泵现场试验效果统计表

序号	下泵时间	泵型	井次	换前正常水平				2016年10月水平			
				产液量，t/d	泵效，%	液面，m	电流，A	产液量，t/d	泵效，%	液面，m	电流，A
1	2016年	GLB400	7	18.2	48.8	633	22	22.2	52.3	719	20
2	2016年	GLB500	22	32.4	61.2	361	29	36.8	67.4	613	25
3	2016年	GLB800	16	71.3	61.5	461	23	74.4	65.6	521	24
4	2016年	GLB1200	8	107	71.1	273	30	116	76.4	460	33
统计53口井				57.3	60.6	432	26	62.4	65.4	578	25
差值								5.1	4.8	146	

为了进一步对比3∶4螺杆泵现场试验效果，选择出4口在保证参数、泵型、驱动等不变情况下的可对比井，单井增液8t/d，泵效提高7个百分点，电流下降3A，动液面下降139m(表3)。根据螺杆泵工作电流与扭矩的变化关系，螺杆泵扭矩有所降低，减缓了杆管偏磨作用。

表3 3∶4结构螺杆泵现场试验效果可对比井统计表

序号	井号	泵型	试验前					试验后				
			产液量 t/d	泵效 %	液面 m	电流 A	转速 r/min	产液量 t/d	泵效 %	液面 m	电流 A	转速 r/min
1	L5-AS2413	GLB400	22	76	728	22	50	24	80	871	20	50
2	L9-PS2313	GLB800	46	50	642	29	80	48	53	734	25	80
3	L11-2912	GLB500	44	63	454	22	100	52	72	599	22	100
4	L10-2415	GLB1200	138	78	203	22	103	157	85	380	16	103
合计			62	66	507	24	83	70	73	646	21	83
差值								8	7	139	-3	0

3 结论与认识

(1) 使用3∶4结构螺杆泵可提高泵效，减缓杆管偏磨作用，达到延长检泵周期的目的。

(2) 通过对3∶4结构螺杆泵的现场应用，该泵较普通单头螺杆泵有增加产量、提高泵效、降低扭矩等效果，能够达到减缓杆管偏磨的作用。

(3) 3∶4结构螺杆泵应用于油田含水高、井深、排量大的油井，效果更好，适应性更强，可以满足油田后期开采的需要。

参 考 文 献

[1] 王国庆，张斌 . GLB1200-14 型多线螺杆泵的研制与应用[M]. 石油机械，2004，32(9)：39-41.
[2] 向明光，李小龙，高军，等 . 地面驱动双头单螺杆泵的应用与效果分析[J]. 石油矿场机械，2004，33(2)：60-62.
[3] 杜秀华，任彬，韩国有 . 双头单螺杆泵的线型设计及虚拟建模[J]. 石油矿场机械，2007，36(1)：33-35.

浅析举升方式优化调整在降本增效中的应用

李 阳 李 濛

（工程技术大队）

摘　要：随着油田开发层系的不断优化调整，举升方式与产能不匹配的问题日益突出，对油田生产、运行以及能耗产生了重要影响。为此现场结合检泵时机，进行举升方式优化调整现场试验，运用现有资源，合理地进行举升设备、产量、参数的优化设计。通过现场互换举升设备，达到提高产能及系统效率、延长检泵周期、降低机采系统吨液单耗的目的。

关键词：举升方式；优化；调整；设计；节能降耗

目前，喇嘛甸油田经过了40多年的开发，已然进入开发后期。油田油井具有高含水、聚合物黏度大、开采层系不断调整等特点，产能结构发生根本性的变化。由此导致部分举升设备与产能不匹配，致使机采系统抽汲参数匹配难度大、检泵率升高、能耗高等问题。面对油价低迷、成本紧张的现实，寻求“低成本、高效益”的解决方案成为油田未来发展的重点。

为此结合检泵时机，通过开展举升方式优化调整现场试验，从而解决现场产能足液面浅、参数调整受限、检泵问题频发的生产井的问题，达到能耗最低、系统效率最高的目的。

1　现场主要存在的问题

1.1　部分高产能井液面浅、产能足

通过现场生产数据统计，部分井的设备无法满足生产，存在“小马拉大车”的现象，情况如下：

（1）部分螺杆泵井有上产潜能，其设备无法满足生产需求。有145口大泵型（1200以上泵型）且高产的螺杆泵存有上产空间，平均日产液130t，动液面356m，平均转速95.9r/min（表1）。其中有6口井平均日产液大于190t，螺杆泵举升设备已无法满足生产需求，可更换电泵设备。同时现场有107口转速调至120r/min，参数调整受限。通过近些年的数据统计，转速大于120r/min的螺杆泵井，其检泵率普遍偏高。

（2）部分抽油机井有上产潜能，但生产设备受限。有64口高产能、低液面井参数满负荷，有上产空间（表2）。

表1　高产螺杆泵井生产参数情况

泵型	数量，口	日产液，t	日产油，t	含水率，%	动液面，m	平均转速，r/min
2000	5	171.1	4.2	97.26	314	88.8
1600	20	145.1	3.3	97.72	389	90.6
1400	21	141.2	3.4	97.45	271	92.1

续表

泵型	数量，口	日产液，t	日产油，t	含水率，%	动液面，m	平均转速，r/min
1200	99	123.7	3.4	97.22	370	98.1
小计	145	130.8	3.4	97.41	356	95.9

表 2　抽油机井生产参数情况

机型	数量，口	日产液，t	泵径，mm	冲次，min^{-1}	泵效，%	动液面，m
CYJ10-3	12	113	83	6.0	87	335
CYJ10-4.2	46	132	84	5.4	77	437
CYJ14-5.5	6	215	95	4.9	79	310

1.2　部分井能耗高、效率低

通过现场生产数据统计，部分井设备与产能不匹配，时率低，存在“大马拉小车”现象，情况如下：

(1)部分电泵井低效，掺液方式维持生产。有 8 口低产能电泵井，平均单井日产液 81t，日耗电 858kW · h，是同产量抽油机、螺杆泵井耗电量 4 倍多(表 3)。

表 3　低效电泵井生产参数情况

泵型	数量，口	日产液，t	动液面，m	日耗电，kW · h	同产液量抽油机井日耗电量，kW · h	同产液量螺杆泵井日耗电量，kW · h
100	1	59	566	711	174	160
150	6	83	739	857	209	200
200	1	82	632	1013	202	200

(2)部分抽油机井低效。统计全厂 200 口 14 型机，其中有 127 口井匹配 ϕ57mm 和 ϕ70mm 的抽油泵，造成了一定的资源浪费(表 4)。

表 4　低效 14 型抽油机井生产参数情况

泵型	数量，口	日产液，t	动液面，m	有功功率，kW	系统效率，%	百米吨液耗电，kW · h
ϕ57mm	26	49.35	631	10.27	30.41	1.07
ϕ70mm	101	81.86	526	12.15	32.79	0.97

1.3　油田生产形势严峻

目前油田发展面临着油价低迷、成本紧张、生产任务紧张的客观现实，如何盘活且高效运用现有设备，来解决“低成本、高效益”的突出矛盾，寻求提高产能及用能效率、降低检泵率及能耗的全效方案，成为油田未来发展的重点及难点问题。

2　技术解决方案

在以往的举升方式“双转”的过程中，更换下来的地面设备、井下杆管会被暂时存放，以备他用，一定程度上造成了不必要的浪费。为此，方案设计结合检泵时机与地质预产，以“泵效最高，设备吨液单耗最低”为匹配原则，利用原井管柱及机组，同步开展举升方互换调整以及检泵作业，最大限度地降低成本投入，盘活资产。举升方式互换如图 1 所示。

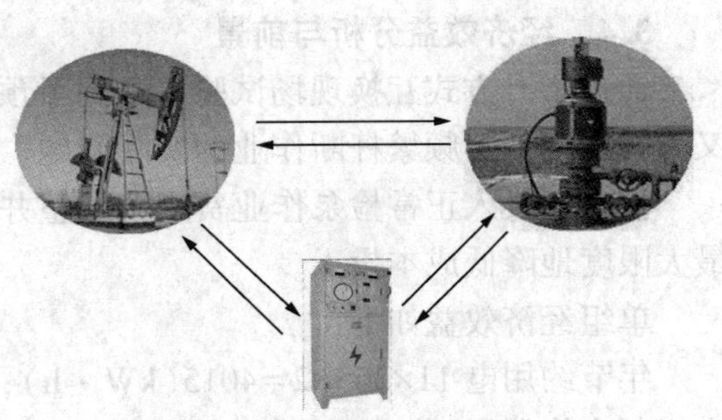

图 1　举升方式互换示意图

3　举升方式优化互换调整现场试验

3.1　措施前油井生产基础资料概况

以电泵井喇 5-341 井、螺杆泵井、喇 12-281 井组为例，抽油机井生产参数及能耗前后对比情况详见如下。

3.1.1　电泵井喇 5-341 井概况

该井为 150m^3 电泵，日产液 34.17t，排量效率为 30%，动液面 410m。该井存在如下问题：

(1)该井产能与电泵举升方式不匹配，靠掺水打回流维持生产。

(2)该井能耗较高、效率低，日耗电 672kW・h，吨液单耗达 19.67kW・h。

3.1.2　螺杆泵井喇 12-281 井概况

该井为 1600 型螺杆泵，日产液 154t，动液面为 273m，转速 95r/min。该井存在如下问题：

(1)该井产能足，液面浅，且频繁杆断小修。两年中共杆断小修 8 井次，停井作业，严重影响产量，增加维修作业费用。

(2)该井能耗较高、效率低，日耗电 232kW・h，吨液单耗达 1.51kW・h。

3.2　举升方式优化互换调整设计

首先结合两个井同步检泵时机，电泵井喇 5-341 井经严格检测使用原井电泵、电缆、井口、油管等设备，更换保护器后移交螺杆泵井位使用。螺杆泵井喇 12-281 井使用原井杆经检测后，移交至喇 5-341 井位使用，减少设备、杆管入库，直接运到井场作业使用。

3.3　现场实施情况

现场对两口井实施地面设备、井下管柱泵互换。测试前后参数对比情况见表 5。

表 5　举升方式互换前后参数对比情况

井号	举升方式	泵型	日产液，t	日产油，t	动液面，m	消耗功率，kW	系统效率，%	百米吨液耗电，kW・h	吨液耗电，kW・h
喇 5-341	电泵	150	34.2	0.4	410.0	28.00	5.55	4.80	19.67
喇 12-281	螺杆泵	1600	154.0	3.9	273.0	9.67	47.67	0.55	1.51
措施前小计			94.1	2.1	341.5	18.84	26.61	2.67	10.59
喇 5-341	螺杆泵	500	56.2	1.7	398.0	7.21	33.77	0.77	3.08
喇 12-281	电泵	150	165.0	4.1	451.0	30.00	27.53	0.97	4.36
措施后小计			110.6	2.9	424.5	18.61	30.65	0.87	3.72
效果对比			16.5	0.8	83.0	-0.2	4.0	-1.8	-6.9

喇 5-341 井与喇 12-281 井举升方式互换调整取得一定的效果。优化调整后平均单井日产液增加 16.5t，日增油 0.8t；单井系统效率提高 4 个百分点，平均单井吨液耗电下降 6.9kW，下降幅度 65.16%。日节电 11kW・h。

3.4 经济效益分析与前景

通过举升方式互换现场试验，达到了预期效果，既解决了产能与举升设备矛盾的问题，又大幅度降低了频繁杆断作业的实际问题。效益计算如下。

投入：投入正常检泵作业费用，调整井使用原举升设备以及经检验的原井杆、管、泵，最大限度地降低成本投入。

单组经济效益如下：

年节约用电 11×365×2＝4015(kW·h)；年节约电费 4.15×0.6381 元＝2561 元；节约单次杆断小修费用(作业费用+光杆费用)1 万元，按照以前平均每年 4 次小修计算，年节约小修费用 4 万元；年增油 0.8×365×2＝584(t)，增加原油效益 584×2468＝144(万元)。

单组年经济效益为 0.8+0.51+4+144＝149(万元)。

经统计，现场可进行举升方式转换潜力井有 118 口，预计单井增油 0.4t/d，吨液耗电下降幅度可达 10%。

4 结论与认识

(1)挖掘产能潜力：可使部分调整井增液上产，挖掘产油潜力。

(2)提升设备价值：盘活可用资产，合理匹配产能、举升方式、生产参数之间的关系。发挥在用设备最大价值，挖掘闲置设备最大潜能，是降本增效的一项有效途径。

(3)降低运行能耗：在保证产量不变的情况下，降低油井产液单耗、提高系统效率。

(4)延长检泵周期：合理调整举升方式，可有效地降低设备冲次及转速，一定程度上可以减少杆不下、杆管偏磨等检泵问题，延长检泵周期。此外，通过优化举升方式，减少频繁检泵、小修次数，减少停井时间及作业费用。

参 考 文 献

[1] 姜大为．提高新井抽油机载荷利用率方法的研究与应用[J]. 石油石化节能，2012(6)：7-8.
[2] 万仁溥．采油技术手册[M]. 北京：石油工业出版社，2003.
[3] 张冬吉．低渗透油田抽油机选型方法研究[D]. 大庆：大庆石油学院，2008.

水平打孔结合调剖封堵挖潜试验

楚世雨

（工程技术大队）

摘　要：水平打孔结合调剖封堵挖潜工艺是在高渗透部位实施调剖封堵、低渗透部位实施水平打孔，充分发挥措施互补优势，在控制无效循环的同时有效挖潜层内剩余油，从而实现控水增油并举，为厚油层高效开发探索一项行之有效的组合工艺技术。

关键词：水平打孔；调剖；封堵；剩余油挖潜

喇嘛甸油田储层以多段多韵律沉积的厚油层发育为主，非均质性严重。厚油层内既存在严重的无效注采循环，又存在剩余油相对富集的部位。一方面，大量的注入水沿高渗透、高含水的优势通道无效或低效循环；另一方面，层内还有一定厚度的储量因注水驱替不到或驱替程度低而无法动用或动用较差。无效注采循环的存在，导致油田采收率低，生产成本上升，开发效益下降。针对无稳定结构界面、层内剩余油交错分布的井，目前只能采取调剖措施，虽然控制了部分高渗透条带，但不能完全启动低渗透层，无法保证增油效果。因此，为探索向层内要油、在层内控水的注采结构调整方法，开展了水平打孔结合调剖封堵挖潜试验。

1　工艺原理

水平打孔结合调剖封堵挖潜试验是在高渗透部位实施调剖封堵、低渗透部位实施水平打孔，充分发挥措施互补优势，在控制无效循环的同时有效挖潜层内剩余油，从而实现控水增油并举的目的。

具体做法：首先在注入井试验层位按设计量注入沥青颗粒，合理控制注入压力、注入速度。然后在证实调剖有效的前提下，在试验层位顶部即低渗透部位定深度、定方位喷射出一定长度的水平孔眼。最后，对试验井进行细分调整，恢复正常注入。

2　水平打孔与调剖封堵组合工艺优化研究

为最大限度地挖潜剩余油，实现经济效益最大化，因此开展水平打孔与调剖封堵组合工艺优化研究，确定最佳打孔长度、打孔方向和打孔时机，同时依据室内实验研究结论，为现场提供重要的理论支持和技术支撑。

2.1　打孔长度的确定

取5块3层非均质岩心，按五点法布井，饱和油后水驱到含水率为98%，注入沥青颗粒调剖液，在最上层按注采井距的1/5、1/4、1/3、1/2和2/3分别进行打孔。根据采收率提高幅度和含水率变化值计算投入产出比，优选最佳打孔长度。

当打孔长度占注采井距的比例小于1/3时，提高采收率的值随着打孔长度的增加而增加，当打孔长度占注采井距的比例大于 1/3 时，提高采收率的值随着打孔长度的增加而减小，从而确定最佳打孔长度为注采井距的 1/4~1/3(图 1)。

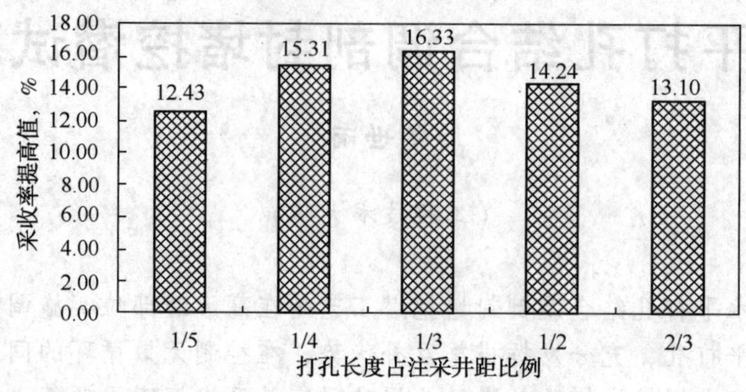

图 1　提高采收率值与打孔长度关系图

2.2　打孔方向的确定

最佳打孔长度确定后，取 4 块 3 层非均质岩心，按五点法布井，饱和油后水驱到含水率为 98%，注入沥青颗粒调剖液，分别以与主流线方向的 0°、15°、30°、45°夹角进行打孔，根据采收率提高幅度计算投入产出比，优选出最佳打孔方位。打孔长度从 0°增加到 45°，采收率提高值呈现减小的变化趋势，从 16.33%减小到 13.01%(图 2)，因为打孔角度越偏离主流线方向，启动的含油面积越小，从而确定最佳打孔方向与主流线的夹角为 0°。

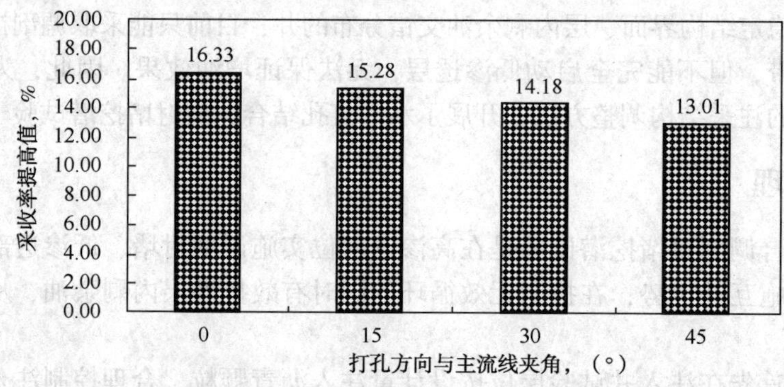

图 2　提高采收率值与打孔方向关系图

2.3　打孔时机的确定

最佳打孔长度和打孔方向确定后，准备 4 块 3 层非均质岩心，按五点法布井，饱和油后水驱到含水率为 98%，然后分别以注入沥青颗粒调剖液后注水 0PV、0.1PV、0.665PV 和 1.33PV 的时机进行打孔，开展实验，最终再水驱至含水率为 98%，根据采收率提高幅度和含水率变化值计算投入产出比，优选最佳打孔时机。打孔时机从注水 0PV 打孔推迟到注水 1.33PV 打孔，采收率提高值呈现先升高后降低的变化趋势，从 17.48%上升到 18.37%后又降低到 16.54%，从而确定最佳打孔时机为注水 0.1PV 时(图 3)。

3　试验方案优化设计

3.1　区块概况

现场试验选定喇嘛甸油田 10-302 井区(图 4)，确定试验井 2 口，分别为喇 11-F30 井和

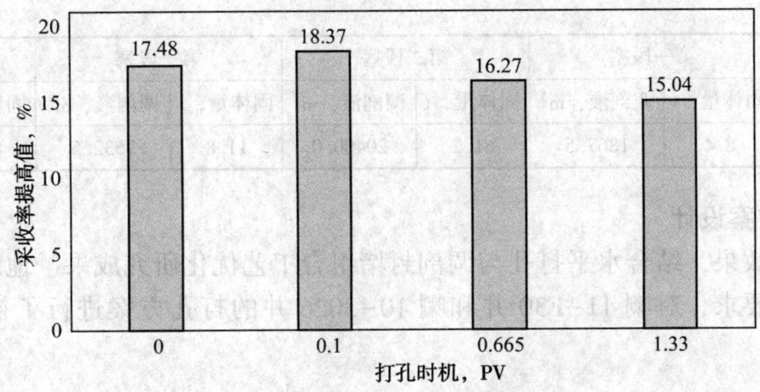

图 3　提高采收率值与打孔时机关系图

喇 10-3026 井，同井组采油井对应油层发育好，与本井连通较好，且动用较差。喇 11-F30 井周围有 1 口连通油井喇 11-3036 井，注采井距 300m。喇 10-3026 井周围有 2 口连通油井，分别为喇 11-3036 井和喇 10-301 井，注采井距 300m。

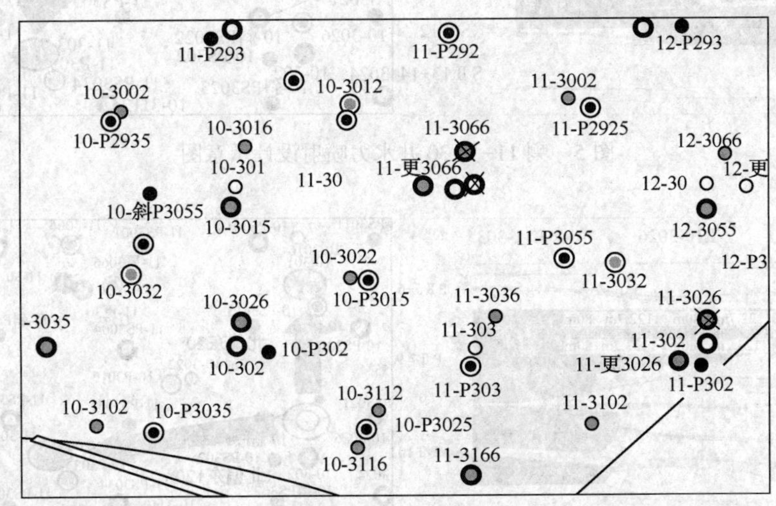

图 4　试验井组井位图

3.2　沥青调剖方案设计

为了保证调剖剂能够进入地层深部，实现有效封堵，针对该试验区块情况对段塞进行了优化，方案设计采取三段塞注入方式，分别为前置段塞、主段塞和封口段塞，注入浓度采用“高—低—高”的原则(表 1)。根据调剖层段的砂体发育情况及与周围油井连通情况，同时借鉴以往调剖经验，确定调剖半径为 1/3 井距。

表 1　单井注入段塞方案设计

井号	调剖厚度	第一段塞		第二段塞		第三段塞		合计	
	m	固体量，t	调剖液，m^3	固体量，t	调剖液，m^3	固体量，t	调剖液，m^3	固体量，t	调剖液，m^3
喇 11-F30	4	7.8	1740.0	57.0	19000.0	11.1	2460.0	75.9	23200.0
喇 10-3026	8	9.0	1995.0	65.4	21800.0	12.6	2805.0	87.0	26600.0

续表

井号	调剖厚度	第一段塞		第二段塞		第三段塞		合计	
	m	固体量，t	调剖液，m^3	固体量，t	调剖液，m^3	固体量，t	调剖液，m^3	固体量，t	调剖液，m^3
平均	6	8.4	1867.5	61.2	20400.0	11.8	2632.5	81.5	24900.0

3.3 打孔方案设计

为确保施工效果，结合水平打孔与调剖封堵组合工艺优化研究成果、地质设计与水力喷射水平打孔工艺要求，对喇 11-F30 井和喇 10-3026 井的打孔方案进行了初步设计与优化(图 5、图 6)。

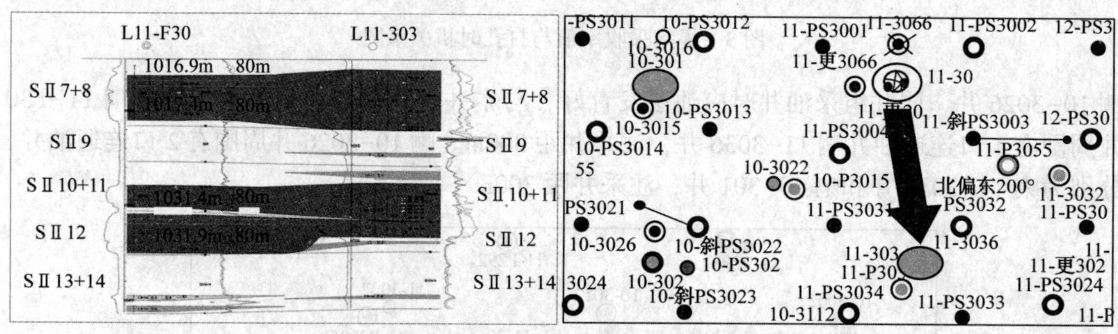

图 5 喇 11-更 30 井水力喷射设计示意图

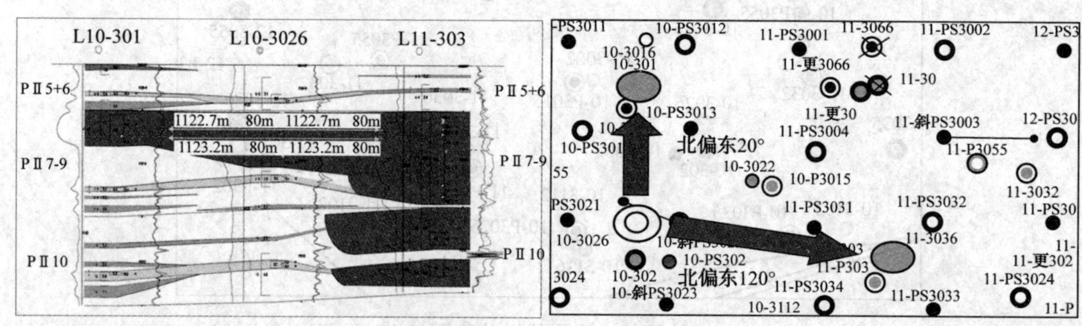

图 6 喇 10-3026 井水力喷射设计示意图

4 试验效果及经济效益分析

4.1 注入井效果

调剖后在注入量不变的情况下，喇 11-F30 井启动压力上升 3.4MPa，喇 10-3026 井启动压力上升 2.4MPa，且实际注入压力均有抬升(表 2、表 3)，分析认为调剖后成功遏制了水流优势通道，由原来的沿高渗透部位循环改变为驱替低渗透层和剩余油富集区域，对流场的重新建立起到了积极作用(图 7)。打孔后由于进行了注水调整，两口井在注入量基本不变的情况下注入压力均上升了 0.15MPa(表 4)。

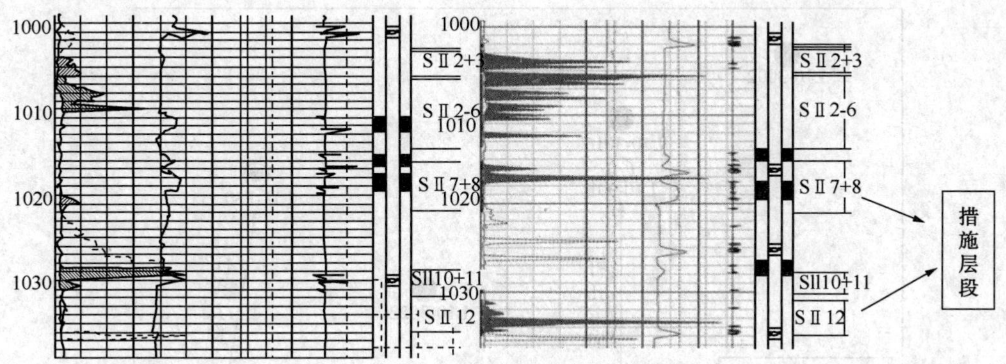

图 7　喇 11-F30 井措施前后注入剖面图

表 2　调剖前后启动压力对比表　　　单位：MPa

井号	调剖前	调剖后	差值
喇 11-F30	5.1	8.5	3.4
喇 10-3026	5.2	7.6	2.4
平均	5.2	8.1	2.9

表 3　调剖前后注入数据对比表

井号	调剖前		调剖后		差值	
	油压，MPa	实注，m^3/d	油压，MPa	实注，m^3/d	油压，MPa	实注，m^3/d
喇 11-F30	12.1	240	13.8	237	1.7	-3
喇 10-3026	13.8	308	14.9	303	1.1	-5

表 4　打孔前后注入数据对比表

井号	打孔前		打孔后		差值	
	油压，MPa	实注，m^3/d	油压，MPa	实注，m^3/d	油压，MPa	实注，m^3/d
喇 11-F30	14.5	214	14.7	240	0.2	26
喇 10-3026	14.8	360	14.9	354	0.1	-6

4.2　采出井效果

在注入沥青颗粒调剖剂 30d 后，采出端开始见效。统计区块内的 6 口油井，其中见效井 3 口(喇 11-303 井、喇 10-301 井、喇 11-3036 井)，距离措施井较远的边角井未见效或者见效不明显(图 8)。

以喇 11-3036 井为例，调剖后平均日产油 7.2t，含水率为 96.1%，与调剖前相比增油 2.1t/d，含水率下降 1.2 个百分点。打孔后平均日产油 6.1t，含水率为 96.5%，与打孔前相比增油 2.1t/d，含水率下降 1.0 个百分点(图 9)。该井目前仍然有效。

调剖后表现产油量上升，含水率下降，说明调剖成功封堵了大孔道，使注入水产生绕流，使注入水由原来的沿高渗透部位循环改变为驱替低渗透层和剩余油富集区域。随着时间

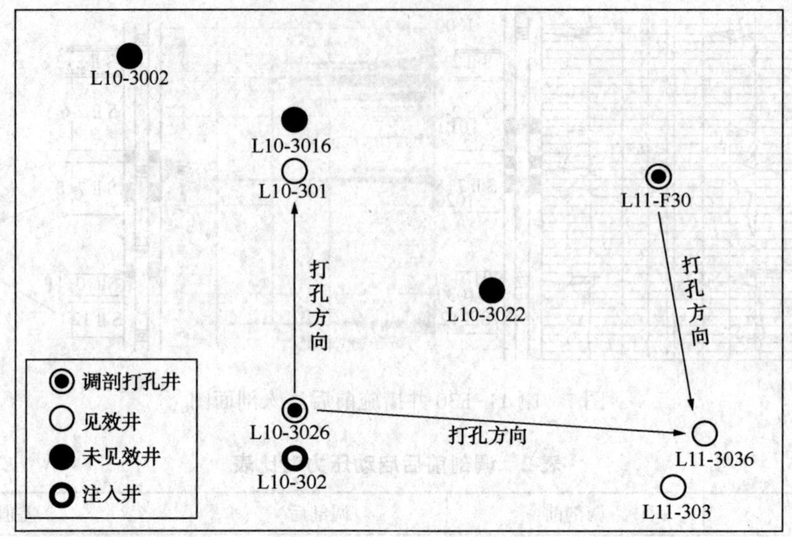

图 8　水平打孔结合调剖封堵挖潜试验受效井分布图

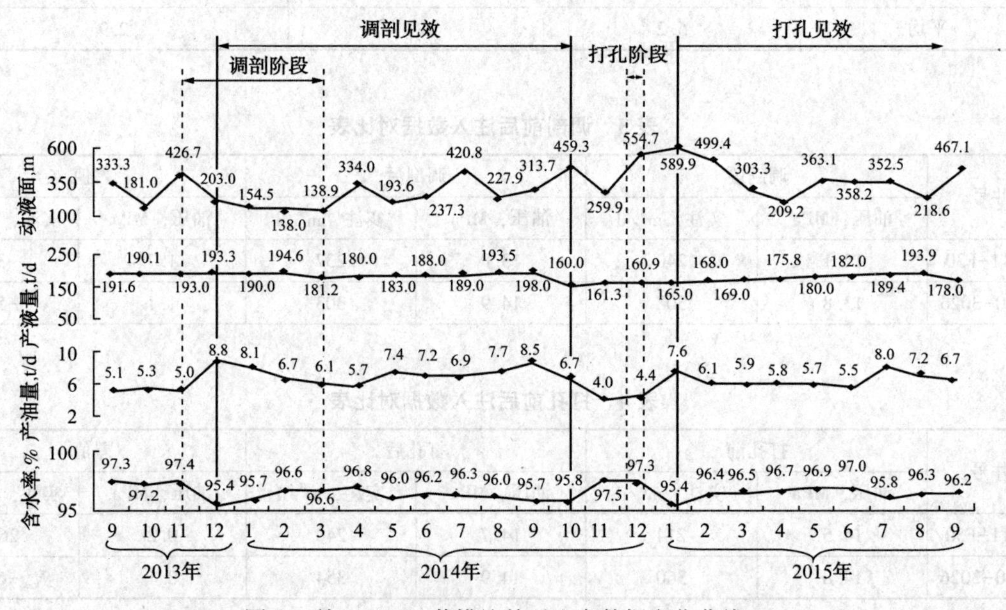

图 9　喇 11-3036 井措施前后生产数据变化曲线

的延长，增油效果逐渐下降，含水率也恢复至调剖前的水平。打孔后再次出现产油量上升、含水率下降的趋势，说明在低渗透部位打孔后，为注入水提供驱替通道，有效降低了低渗透层的启动压力梯度，扩大了水驱波及体积，更有效地驱替低渗透部位的剩余油。两项技术的结合，成功发挥了两者的协同效应，取得了理想效果。措施后 3 口见效井累计增油 2682t。

4.3　经济效益分析

(1)投入费用。投入费用由研究费用、施工费用、测试费用和材料费用四部分组成。其中，研究费用 40 万元；2 口井施工费用 102.276 万元，包括作业费用 7.476 万元，水力喷射水平打孔施工费用 78.8 万元，调剖施工费用 16 万元；2 口井四十臂井径测试费用 3.78 万元；材料费用 116.3191 万元，包括沥青颗粒材料费用 109.1 万元，工具费用 7.2191 万元。总投入费用为 262.3751 万元。

(2)产出效益。区块累计增油 2682t，按原油结算价格 2468 元/t 计算，则增油获得效益 =2682t×2468 元/t=661.9176 万元。

(3)投入产出比。投入产出比为 1∶2.52。

5 结论与认识

(1)通过开展水平打孔与调剖封堵组合工艺优化研究，得出最佳打孔长度为注采井距的 1/4~1/3，最佳打孔方向与主流线的夹角为 0°，最佳打孔时机为注入调剖液后注水 0.1PV 时。

(2)喇嘛甸油田进入特高含水期开发阶段，油层动用程度已经很高，但厚油层顶部还存在一定的剩余油，通过开展水平打孔结合调剖封堵挖潜试验，为挖潜剩余油、提高采收率提供了有益探索，是厚油层高效开发当中一项行之有效的组合工艺技术。

(3)水平打孔与沥青调剖措施结合增油效果明显，一方面改善了吸水剖面，封堵了高渗透层；另一方面，降低了低渗透层的启动压力梯度，增加了低渗透层的动用程度，投入产出比达到了 1∶2.52。

参 考 文 献

[1] 刘钰铭，侯加根，宋保全，等．辫状河厚砂层内部夹层表征——以大庆喇嘛甸油田为例[J]．石油学报，2011，32(5)：836-841.

[2] 林玉保，张江，刘先贵，等．喇嘛甸油田高含水后期储集层孔隙结构特征[J]．石油勘探与开发，2008，35(2)：215-219.

[3] 白宝君，李宇乡，刘翔鹗．国内外化学堵水调剖技术综述[J]．断块油气田，1998，5(1)：1-4.

[4] 殷艳玲，张贵才．化学堵水调剖剂综述[J]．油气地质与采收率，2003，10(6)：64-66.

[5] 刘翔鹗．我国油田堵水调剖技术的发展与思考[J]．石油科技论坛，2004(1)：41-47.

[6] 王为．改性沥青堵水调剖剂的室内评价[J]．精细石油化工进展，2012，13(6)：24-26.

[7] 高波．喇嘛甸油田沥青颗粒调剖技术研究[J]．大庆石油地质与开发，2006，25(4)：96-97.

[8] 朱怀江，刘强，沈平平，等．聚合物分子尺寸与油藏孔喉的配伍性[J]．石油勘探与开发，2006，33(5)：609-613.

[9] 祝仰文．聚合物 MO-4000 与油藏渗透率的配伍性研究[J]．油田化学，2008，25(1)：38-41.

水驱沥青颗粒调剖注入参数优化研究

周仲河

（工程技术大队）

摘　要：针对沥青颗粒调剖现场试验方案设计没有理论指导的问题，开展了沥青颗粒调剖注入参数优化研究。通过室内岩心评价研究，给出不同渗透率地层与沥青颗粒粒径的匹配关系，同时优选出最佳沥青颗粒配制浓度、调剖半径和段塞组合方式，为优化沥青调剖现场试验方案设计提供技术指导和理论支撑。

关键词：沥青调剖；参数优化；调剖剂评价；岩心实验

喇嘛甸油田以多段多韵律沉积的厚油层发育为主，非均质性严重。目前，油田已经处于高含水期，厚油层内既存在无效注采循环部位，又存在剩余油相对富集部位。为充分挖掘厚油层的生产潜力，目前主要采取长胶筒层内细分工艺，而部分井采取层内机械细分后，由于层内夹层不稳定或无隔层，封堵后封堵段存在吸水的状况，采用常规的机械方法已无法实现剖面调整的目的，只能采用调剖封堵的方法。沥青颗粒调剖是利用注入液携带沥青颗粒进入地层，在运移过程中，利用颗粒的机械堵塞作用和地层温度条件下的黏结特性，封堵层内高渗透部位，从而扩大波及体积，提高采收率。与常规凝胶型、颗粒型调剖相比，沥青颗粒调剖具有以下优点：一是强度高，沥青颗粒在油层高温条件下相互黏结，且在地面合成，避免了常规凝胶在地下交联反应的不确定性；二是环保型，沥青颗粒源于地层，对地层的伤害小，有利于后续储层的再利用及改造；三是选择性好，通过控制颗粒粒径能选择性进入高渗透层水流通道，而不进入或少量进入中、低渗透层；四是成本低：配制浓度3000mg/L的调剖液低于20元/m^3，可大剂量应用。

但是沥青颗粒调剖剂自开展现场试验以来，还没有进行过系统的室内岩心评价研究。因此，为进一步掌握沥青颗粒调剖特性、优化方案设计，开展了沥青颗粒调剖注入参数优化研究。从油藏条件下评价沥青颗粒的配伍性能、注入性能、封堵性能，同时优选出最佳沥青颗粒配制浓度、调剖半径和段塞组合方式，优化沥青调剖方案设计，为现场试验提供重要的技术指导和理论支撑。

1　沥青颗粒粒径与渗透率匹配关系研究

注入体系与油藏孔喉的配伍关系是决定驱油效果的重要因素。若颗粒粒径与地层孔喉不匹配，尺寸大会造成注入压力高注不进，尺寸小会导致封堵效果差。沥青颗粒调剖是利用颗粒本身的机械堵塞作用和大于40℃条件下的黏结特性，需要对其匹配性进行研究。

1.1　实验原理

采用横向上渗透率渐变的柱状岩心开展实验，尺寸为ϕ30cm×4.5cm×4.5cm，横向上渗透率前段较大，过渡到目的层岩心，目的层有效渗透率分别为500mD、1000mD和2000mD。

岩心从入口到出口布置有 4 个测压点，分别为 P_1、P_2、P_3 和 P_4。后续压力分析过程中，P_2P_3 定义为前段，P_3P_4 定义为后段。向人造岩心中以相同的注入速率连续注入 1.5PV 不同粒径调剖剂体系，观察测压点压力随注入量的变化关系，以此测定残余阻力系数及封堵率，通过注入过程中不同位置的阻力系数来衡量运移性能，通过残余阻力系数和封堵率来评价封堵性能。

1.2 实验结果与分析

当岩心渗透率为 500mD 时，粒径 0.02mm 沥青颗粒前后段阻力系数较接近，表明颗粒在岩心中运移良好，并且封堵效果好；而粒径大于 0.02mm 的沥青颗粒随粒径增加，前段阻力系数与后段差异增大，表明沥青颗粒大量堆积在离注入端较近位置。残余阻力系数及封堵率规律也与阻力系数一致。因此，渗透率为 500mD 的地层与 0.02mm 粒径的沥青颗粒匹配，见表 1 和表 2。

表 1 阻力系数实验结果（$K=500$mD）

粒径，mm	阻力系数		
	综合	前段	后段
0.02	19.27	22.16	15.94
0.02~0.06	24.32	39.24	7.25
0.06~0.1	28.04	46.84	6.52
0.1~0.3	33.11	56.96	5.8
0.3~0.8	34.12	60.12	4.35

表 2 残余阻力系数及封堵率实验结果（$K=500$mD）

粒径，mm	残余阻力系数			封堵率，%		
	综合	前段	后段	综合	前段	后段
0.02	7.77	6.96	8.7	87.13	85.64	88.5
0.02~0.06	8.78	13.29	3.62	88.62	92.48	72.4
0.06~0.1	12.5	20.89	2.00	92.00	95.21	65.5
0.1~0.3	17.06	30.38	1.81	94.14	96.71	44.8
0.3~0.8	20.27	36.71	1.45	95.07	97.28	65.5

当岩心渗透率为 1000mD、粒径为 0.02~0.06mm 沥青颗粒时，前段的阻力系数比后段稍大，残余阻力系数及封堵率差异较小，说明沥青颗粒能在后续注水过程中运移到离注入段较远的地方，并且岩心不同位置有一定量的残余滞留。因此，渗透率为 1000mD 的地层与 0.02~0.06mm 粒径的沥青颗粒匹配。

当岩心渗透率为 2000mD、粒径为 0.1~0.3mm 沥青颗粒时，前段的阻力系数比后段稍小，残余阻力系数及封堵率差异较小，说明沥青颗粒能在后续注水过程中运移到离注入段较远的地方，并且岩心不同位置有一定量的残余滞留。因此，渗透率为 2000mD 的地层与 0.1~0.3mm 粒径的沥青颗粒匹配。

2 沥青颗粒调剖注入参数优化研究

2.1 沥青颗粒浓度优选

利用人造3层非均质岩心模拟现场的渗透率级差进行驱油实验，尺寸为30cm×4.5cm×4.5cm的长方体岩心，有效渗透率分别为500mD、1000mD和2000mD。先水驱至综合含水率为98%，然后注入0.2PV不同浓度沥青颗粒，再后续水驱至含水率为98%。实验结果表明，粒径为0.1~0.3mm沥青颗粒最佳注入浓度为3000mg/L，在水驱基础上提高采收率13.54%，比浓度为1000mg/L增加了4.35%。而沥青颗粒浓度从3000 mg/L增加到5000 mg/L，采收率提高值仅增加1.30%，见表3。

表3 不同浓度调剖体系驱油实验结果

实验方案	水驱采收率，%	最终采收率，%	采收率提高值，%
1000mg/L	40.96	50.15	9.19
3000mg/L	42.86	56.40	13.54
5000mg/L	43.43	58.27	14.84

2.2 沥青颗粒调剖半径优化

利用3层非均质平板模型，尺寸为30cm×30cm×4.5cm的长方体岩心，有效渗透率分别为500mD、1000mD和2000mD。按五点法布井(1注4采)，饱和油后水驱到含水率为98%，按注采井距的1/5、1/4、1/3和1/2分别注入沥青颗粒调剖液，然后后续水驱至含水率为98%时给出最佳的调剖半径。实验结果表明，当注入PV大于0.1PV(即调剖半径大于1/4井距)时，随着注入量增加，提高采收率增幅继续增加，而对应单位用量采收率下降幅度下降。当调剖半径从1/4井距增加到1/2井距时，提高采收率从6.55%增加至16.52%。因此，调剖半径至少大于1/4体积，PV，在注入良好的条件下，调剖半径越大，增油效果越好，见表4。

表4 不同调剖半径下沥青颗粒驱油实验结果

调剖半径	注入体积 PV	浓度 mg/L	用量 mg/(L·PV)	水驱采收率 %	最终采收率 %	提高采收率值 %	单位用量提高采收率值
1/5井距	0.063	3000	189	42.55	47.19	4.64	0.025
1/4井距	0.098	3000	294	41.70	48.25	6.55	0.022
1/3井距	0.174	3000	522	43.09	53.47	10.38	0.02
1/2井距	0.393	3000	1179	43.76	59.89	16.52	0.014

2.3 沥青颗粒调剖段塞优选

利用3层非均质平板模型，尺寸为30cm×30cm×4.5cm的长方体岩心，有效渗透率分别为500mD、1000mD和2000mD。先水驱到含水率98%，再分别注入不同沥青颗粒段塞组合调剖液900mg/L·PV，对比采收率、含水率评价驱油效果，优选合理段塞组合方式。实验结果表明，“高—中—高”段塞组合方式效果最好，采收率提高了15.01%。这主要是因为“高—中—高”组合，前置高浓段塞可封堵大孔道，防止中间低浓度段塞窜流，使其均匀推进到地层深部，后置高浓段塞提高了近井地层封堵强度，延长了后续注入水突破时间，从而提高了整体调剖效果，见表5。

表 5 不同沥青颗粒段塞组合驱油实验结果

段塞组合方式	水驱采收率, %	采收率提高值, %	最终采收率, %
高—中—高	41.91	15.01	56.92
低—高—低	42.18	10.02	52.20
低—中—高	42.74	10.12	52.86
高—中—低	43.47	12.77	56.24

3 结论与认识

(1)建立了一套可用于胶结岩心中沥青颗粒调剖参数评价的实验装置及实验方法，创新性地解决了胶结岩心中沥青颗粒堵塞端面的难题，确定了适合喇嘛甸油田不同渗透率油层的沥青颗粒调剖的合理注入参数。

(2)通过岩心实验，确定了不同渗透率地层与沥青颗粒粒径的匹配关系，即500mD匹配0.02mm粒径，1000mD匹配0.02~0.06mm粒径，2000mD匹配0.1~0.3mm粒径。

(3)通过沥青颗粒驱油实验，确定主段塞合理注入浓度为3000mg/L，调剖半径至少大于井距的1/4，最优段塞组合为“高—中—高”(0.03PV+0.2PV+0.03PV)，其中高浓段塞浓度为5000mg/L，中浓段塞浓度为3000mg/L，低浓段塞浓度为1000mg/L。

参 考 文 献

[1] 高波. 喇嘛甸油田沥青颗粒调剖技术研究[J]. 大庆石油地质与开发，2006，25(4)：96-97.

[2] 王为. 改性沥青堵水调剖剂的室内评价[J]. 精细石油化工进展，2012，13(6)：24-26.

[3] Blbic O, Polikar M, Boyd J. Laboratory Testing of Novel Sealant for Leaky Wells[P]. SPE2006-078, 2006.

碳纤维柔性杆技术的研究与应用

付　尧　齐　曦

（工程技术大队）

摘　要：针对抽油机井检泵率居高不下、检泵周期缩短，导致检泵成本增加的难题，本文进行了碳纤维柔性杆技术研究，该柔性杆采用高温树脂为胶结质、高强度碳纤维为杆芯、高强度耐磨纤维为外包层，经挤压、固化工艺一次成型，其区别于钢制抽油杆和以钢丝绳外包裹橡胶为主体材料的连续抽油杆，兼有这两种抽油杆的技术优势，如质量轻、耐腐蚀、耐疲劳、摩擦系数低等。通过7口井的现场试验，取得了较好的效果，适用于抽油机井举升工艺技术，柔性杆平均运行504d，最长运行896d，增液6t/d，泵效提高7.4个百分点，交变载荷下降11.98kN。

关键词：抽油机井；碳纤维；连续抽油杆

统计近年来抽油机井检泵情况，偏磨断脱检泵率均较高(2013年33.6%，2014年30.4%，2015年26.8%)，偏磨断脱问题检泵同比与2013年下降6.8个百分点，但偏磨断脱比例却由59.6%上升到75.7%，上升了16.1个百分点，成为抽油机井检泵率居高不下、检泵周期缩短、检泵成本增加的最主要原因。为此，开展碳纤维柔性杆技术的研究与应用，以解决金属驱动杆使用寿命短、易造成杆管偏磨和断脱的问题，达到降本增效目的。

1　技术指标评价

优选含碳量99%以上的碳纤维作为主体材料，碳纤维是一种三维碳化合物，由聚丙烯腈等有机纤维在保持纤维形状的条件下，经固相反应转化而成。碳纤维柔性杆以耐高温树脂作为树脂基体，以碳纤维作为增强材料，采用挤压、固化工艺一次成型，杆体截面呈圆形，力学性能优于杆体呈带状结构。该抽油杆区别于钢制抽油杆和以钢丝绳外包裹橡胶为主体材料的连续抽油杆，并兼有这两种抽油杆的技术优势，如质量轻、耐腐蚀、耐疲劳、摩擦系数低等，能够较好地适用于抽油机井举升工艺技术。

1.1　耐疲劳性、耐磨性、抗拉性实验

室内模拟井况实验：将碳纤维柔性杆下入油管内，设置冲程为2.5m，频率为75次/min，经10^7次疲劳实验后，剩余强度仍有90%，同样条件下，钢制杆的剩余强度仅为30%~40%；磨损实验1100万次，碳纤维柔性杆外壁稍有磨损痕迹；拉力实验时拉力达20tf，碳纤维柔性杆未断，满足现场试验要求。从各项技术参数对比(表1)看，碳纤维柔性杆耐磨性、耐疲劳性、抗拉性均好于钢制抽油杆。

表 1　碳纤维柔性抽油杆和 D 级抽油杆的技术参数对照

序号	项目	D 级抽油杆	碳纤维柔性抽油杆
1	材料	35CrMo	碳纤维、树脂
2	每根长度，m	7. 8~10. 0	5000
3	公称尺寸，mm	22/25	22/25
4	结构伸长率,%	0. 05	≤0. 01
5	疲劳寿命，次	10^7	$\geq 10^7$
6	抗拉强度，MPa	794	1640
7	破断拉力，kN	335/415	187
8	弹性模量，MPa	21.4×10^4	12.0×10^4
9	线密度，kg/m	3. 31/4. 33	0. 19

1. 2　耐腐蚀性实验

高矿化度的地层水对钢制抽油杆会产生强大的腐蚀作用，降低其使用寿命。碳纤维柔性杆是以高分子复合材料为主体，在 90℃的酸碱溶液和原油中浸泡 3 个月，无任何变化，具有较强的耐腐蚀性能。

1. 3　质量实验

碳纤维柔性杆每米质量为 0. 5kg，而同样尺寸钢制抽油杆每米质量高达 4. 0kg，钢丝绳连续抽油杆每米质量为 1. 5kg，碳纤维柔性杆单位长度质量是钢制抽油杆的 1/8，是钢丝绳连续抽油杆的 1/3，质量轻，具有节能降耗的效果。

2　配套工艺研究

2. 1　匹配技术研究

抽油机井在抽汲过程中，作用在悬点上的摩擦载荷由抽油杆柱与油管的摩擦力、柱塞与衬套之间的摩擦力、抽油杆柱与液柱之间的摩擦力、液体与油管之间的摩擦力、液体通过游动阀的摩擦力、惯性载荷六部分组成，同时杆柱在举升液体中受到浮力作用。而碳纤维柔性杆需克服上述各种载荷和浮力的影响。因此，计算不同驱替方式下，即不同采出液浓度的各种载荷和浮力，便可计算出与之匹配加重杆的长度参数。

以 200mg/L 为步长对采出液浓度进行分级，测试和查阅对应黏度值，进而计算不同泵径与不同杆径(钢制 ϕ22mm 为 3. 136kg/m，钢制 ϕ25mm 为 4. 091kg/m，碳纤维柔性杆 ϕ22mm 为 0. 5kg/m，碳纤维柔性杆 ϕ25mm 为 0. 6kg/m)组合下的抽油杆柱与油管的摩擦力、柱塞与衬套之间的摩擦力、抽油杆柱与液柱之间的摩擦力、液体与油管之间的摩擦力、液体通过游动阀的摩擦力、惯性载荷和浮力，得到不同采出液浓度下的碳纤维柔性杆应用的匹配方案。本文计算形成了 5 种常用的抽油泵与柔性杆组合下的匹配方案，即 ϕ57mm 抽油泵与 ϕ22mm 柔性杆组合、ϕ70mm 抽油泵与 ϕ22mm 柔性杆组合、ϕ70mm 抽油泵与 ϕ25mm 柔性杆组合、ϕ83mm 抽油泵与 ϕ25mm 柔性杆组合、ϕ95mm 抽油泵与 ϕ25mm 柔性杆组合(表 2 至表 6)。

表 2　ϕ57mm 抽油泵与 ϕ22mm 柔性杆匹配方案

序号	浓度区间 mg/L	黏度 mPa·s	F_{rt} kN	F_{pb} kN	F_{rl} kN	F_{lv} kN	F_{aldown} kN	W_r kN	加重杆重量 kN	加重杆长度 m	修正后加重杆重量，kN	修正后加重杆长度，m
1	0~400	3.5	0.1	0.85	0.15	0.89	1.07	6.67	2.11	69	5.50	179
2	400~800	10	0.105	0.85	0.33	0.89	1.13	7.01	2.51	82	6.35	207
3	800~1200	14	0.108	0.85	0.46	0.89	1.16	7.21	2.75	89	6.82	222
4	≥1200	16	0.11	0.85	0.52	0.89	1.18	7.32	2.87	94	7.15	233

注：F_{rt}表示抽油杆柱与油管的磨擦力；F_{pb}柱塞与衬套之间的摩擦力；F_{rl}抽油杆柱与液柱之间的磨擦力；F_{lv}液体通过游动阀的摩擦力；F_{aldown}惯性载荷；F_r总摩擦力。

表 3　ϕ70mm 抽油泵与 ϕ22mm 柔性杆匹配方案

序号	浓度区间 mg/L	黏度 mPa·s	F_{rt} kN	F_{pb} kN	F_{rl} kN	F_{lv} kN	F_{aldown} kN	W_r kN	加重杆重量 kN	加重杆长度，m	修正后加重杆重量，kN	修正后加重杆长度，m
1	0~400	3.5	0.11	1.11	0.18	1.14	1.18	7.32	2.88	94	6.26	204
2	400~800	10	0.116	1.11	0.51	1.14	1.24	7.72	3.36	109	7.18	234
3	800~1200	14	0.12	1.11	0.72	1.14	1.28	7.97	3.65	119	7.74	252
4	≥1200	16	0.121	1.11	0.82	1.14	1.31	8.09	3.79	124	8.07	263

表 4　ϕ70mm 抽油泵与 ϕ25mm 柔性杆匹配方案

序号	浓度区间 mg/L	黏度 mPa·s	F_{rt} kN	F_{pb} kN	F_{rl} kN	F_{lv} kN	F_{aldown} kN	W_r kN	加重杆重量 kN	加重杆长度，m	修正后加重杆重量，kN	修正后加重杆长度，m
1	0~400	3.5	0.129	1.11	0.16	1.14	1.38	8.57	3.15	79	7.58	189
2	400~800	10	0.124	1.11	0.45	1.14	1.44	8.93	3.57	89	8.58	214
3	800~1200	14	0.137	1.11	0.63	1.14	1.48	9.15	3.83	95	9.14	228
4	≥1200	16	0.139	1.11	0.72	1.14	1.49	9.26	3.96	99	9.54	238

表 5　ϕ83mm 抽油泵与 ϕ25mm 柔性杆匹配方案

序号	浓度区间 mg/L	黏度 mPa·s	F_{rt} kN	F_{pb} kN	F_{rl} kN	F_{lv} kN	F_{aldown} kN	W_r kN	加重杆重量 kN	加重杆长度，m	修正后加重杆重量，kN	修正后加重杆长度，m
1	0~400	3.5	0.149	1.33	0.17	2.01	1.60	9.94	4.75	119	9.18	229
2	400~800	10	0.155	1.33	0.49	2.01	1.66	10.33	5.21	130	10.23	255
3	800~1200	14	0.158	1.33	0.69	2.01	1.67	10.56	5.49	137	10.83	270
4	≥1200	16	0.16	1.33	0.79	2.01	1.72	10.68	5.63	140	11.19	279

表 6　ϕ95mm 抽油泵与 ϕ25mm 柔性杆匹配方案

序号	浓度区间 mg/L	黏度 mPa·s	F_{rt} kN	F_{pb} kN	F_{rl} kN	F_{lv} kN	F_{aldown} kN	W_r kN	加重杆重量 kN	加重杆长度 m	修正后加重杆重量，kN	修正后加重杆长度，m
1	0~400	3.5	0.172	1.55	0.20	3.03	1.84	11.45	6.53	163	10.95	273
2	400~800	10	0.179	1.55	0.57	3.03	1.92	11.90	7.06	176	12.07	301
3	800~1200	14	0.183	1.55	0.80	3.03	1.96	12.18	7.38	184	12.71	317
4	≥1200	16	0.185	1.55	0.91	3.03	1.98	12.32	7.54	188	13.11	327

2.2　专用金属接头设计研究

由于碳纤维柔性杆质量轻，在抽汲过程中要受到柱塞和泵筒间的摩擦、杆柱和液体间的摩擦等阻力影响，因此要下入钢制抽油杆作为加重杆以克服各种阻力影响。因此，采用航空金属材料设计了专用金属接头，接头设计成锥形割缝结构，通过耐高温碳纤维将专用金属接头一端固定在碳纤维柔性杆上，另一端采用标准螺纹连接钢制抽油杆，大大提升了碳纤维柔性杆系统的稳定性(图 1)。

图 1　碳纤维柔性杆及专用金属接头

室内高温抗拉强度试验：使用 WDW-300 试验机，恒温 120℃条件下，将金属接头与碳纤维柔性杆连接后进行抗拉强度试验，最大拉力达到 203kN(图 2)。相同条件下，进行同样尺寸钢制抽油杆试验，最大拉力为 194kN(图 3)。室内实验证明，碳纤维柔性杆和专用金属接头连接处较钢制抽油杆耐高温稳定性好。

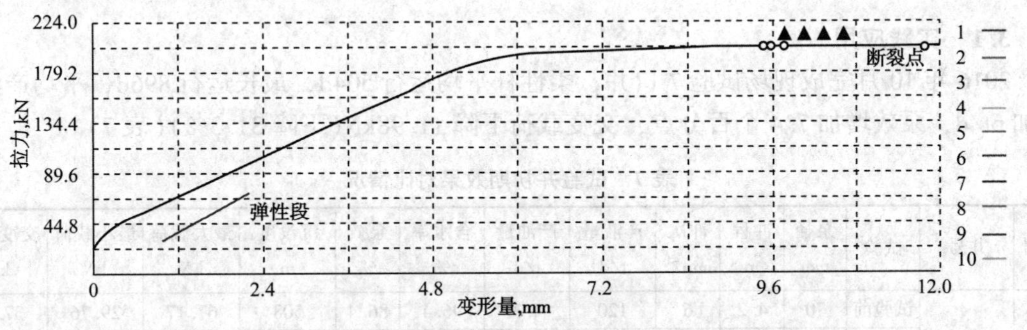

图 2　高温下碳纤维柔性杆与金属接头连接系统抗拉强度试验曲线

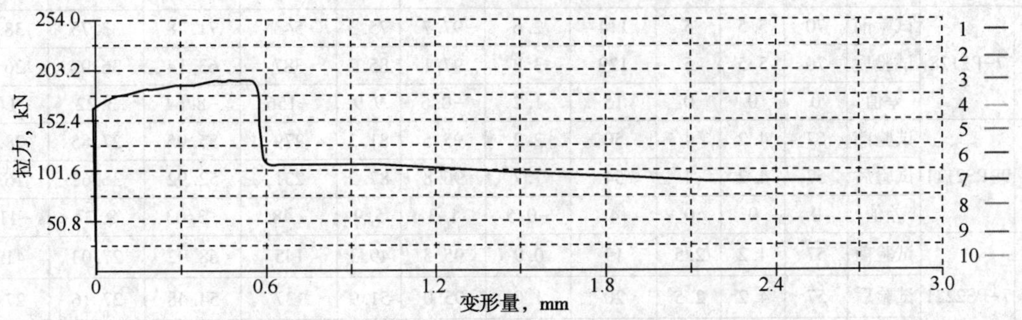

图 3　高温下钢制抽油杆抗拉强度试验曲线

2.3 作业技术研究

作业施工以电动液压系统为输出动力，其中输出轴输出拉力可以达到500kN。电动机通过减速装置输出正反向旋转力，带动转盘转动实现起下柔性抽油杆作业施工。

(1)碳纤维柔性杆下井作业施工。上井前，将下金属接头(连接螺纹是左旋)与碳纤维柔性杆杆体安装固定好；到井场后将碳纤维柔性杆起下作业车摆正位置；在井口四通法兰上固定好井口导向装置；将碳纤维柔性杆杆体连同下金属接头穿过井口导向装置；通过螺纹，将加重杆与下金属接头连接牢固；启动电动机使滚筒匀速旋转，使碳纤维柔性杆以不大于40m/min的速度下井，预计柱塞底部快接触固定阀门罩时放慢速度至不大于5m/min，直至柱塞底部接触固定阀门罩；上提碳纤维柔性杆，直至油管内液柱和杆柱刚开始由碳纤维柔性杆承载时再停住，并使用专用卡具卡住碳纤维柔性杆，并坐在四通法兰上；用卷尺自四通法兰沿碳纤维柔性杆测量出防冲距加光杆长度，再减去悬绳器至井口四通法兰的距离长度，并做记号，在记号处截断碳纤维柔性杆；将上金属接头与碳纤维柔性杆安装固定好；将上金属接头与光杆连接固定好。至此，碳纤维柔性杆下井作业施工过程完毕。

(2)碳纤维连续抽油杆起出井外的作业过程。在井口四通法兰上固定好井口导向装置；使用作业机将上金属接头及碳纤维柔性杆起15m左右，再使用专用卡具卡住碳纤维柔性杆，并坐在四通法兰上；连接牵引钢丝绳；启动电动机带动滚筒旋转，以不大于40 m/min的速度将碳纤维柔性杆起出并盘绕在滚筒上，直至下金属接头起出井口；卸下金属接头与加重杆，将碳纤维柔性杆全部盘绕在滚筒上，拆卸并收起井口导向装置。至此，碳纤维柔性杆起出作业施工过程全部完成。

3 现场实践应用

3.1 实践应用

2016年10月完成现场试验7口井，柔性杆平均运行504d，最长运行896d，平均产液量增加6t/d，泵效增加7.4个百分点，交变载荷下降11.98kN(下降31.3%)(表7)。

表7 试验井初期效果对比情况

序号	井号	试验	泵径 mm	冲程 m	冲次 min^{-1}	产液量 t/d	产油量 t/d	含水率 %	泵效 %	沉没度 m	最大载荷 kN	最小载荷 kN	交变载荷 kN
1	7-P261	试验前	70	4.2	6	120	4.3	96.4	86.4	508	67.17	29.76	37.41
		试验后	70	4.2	6	122	3.5	97.2	88.2	215	61.35	31.42	29.93
		差值	0	0	0	2	-0.8	0.8	1.8	-293	-5.82	1.66	-7.48
2	7-P2128	试验前	70	5.5	5	114	2.6	97.7	75.3	543	71.78	33.75	38.03
		试验后	70	5.5	5	129	3.8	97.1	85.2	387	63.14	36.97	26.17
		差值	0	0	0	15	1.2	-0.6	9.9	-156	-8.64	3.22	-11.86
3	9-PS2111	试验前	57	4.2	4	50	2.2	95.5	81.3	279	55.95	27.85	28.10
		试验后	57	4.2	4	54	1.7	96.8	87.2	231	52.92	36.62	16.30
		差值	0	0	0	4	-0.5	1.3	5.9	-48	-3.03	8.77	-11.80
4	7-PS2221	试验前	57	4.2	2.5	19	0.9	95.5	49.3	145	68.92	27.03	41.89
		试验后	57	4.2	2.5	20	1.0	95.0	51.9	137	54.48	27.16	27.32
		差值	0	0	0	1	0.1	-0.9	2.6	-8	-14.44	0.13	-14.57

续表

序号	井号	试验	泵径 mm	冲程 m	冲次 min^{-1}	产液量 t/d	产油量 t/d	含水率 %	泵效 %	沉没度 m	最大载荷 kN	最小载荷 kN	交变载荷 kN
5	8-PS2813	试验前	57	4.2	4	9	1.2	87.5	15.4	150	75.97	27.76	48.21
		试验后	57	4.2	4	13	2.6	80.1	21.9	128	63.73	27.44	36.29
		差值	0	0	0	4	1.4	-7.4	6.5	-22	-12.24	-0.32	-11.92
6	11-PS1931	试验前	57	4.2	4	29	3.0	89.5	47.3	232	70.15	27.99	42.16
		试验后	57	4.2	4	33	3.2	90.3	54.7	189	56.09	25.31	30.78
		差值	0	0	0	4	0.2	0.8	7.4	-43	-14.06	-2.68	-11.38
7	8-2501	试验前	57	3.6	6	42	2.8	93.3	53.5	226	58.11	25.82	32.29
		试验后	57	3.6	6	56	3.1	94.5	71.1	210	49.74	32.27	17.47
		差值	0	0	0	14	0.3	1.2	17.6	-16	-8.37	6.45	-14.82
平均变化值						6	0.3	—	7.4	-84	-9.51	2.46	-11.98

以试验井 7-P261 为例，该井采出液浓度为 428mg/L，2012 年 12 月至今由于偏磨检泵 3 次，平均检泵周期为 213d，杆管偏磨比较严重。为客观评价碳纤维柔性抽油杆试验效果，设计使用加重杆 250m，与之匹配设计使用内喷涂油管，加重杆部分不布置扶正器，而使用双向保护接箍。该井于 2014 年 5 月 16 日成功投产，2016 年 4 月 27 日杆断检泵，起出柔性杆 671m，检出发现柔性杆与加重杆连接处杆体接箍磨断，柔性杆无磨损，第 27 根抽油杆杆体偏磨，有 14 根普通油管偏磨，4 根内涂层油管偏磨。2016 年 5 月 5 日利旧下入柔性抽油杆 671m，更换柔性杆与光杆及下部加重杆接头。2016 年 5 月 7 日检泵完开井，恢复正常生产，柔性杆至今运行 896d。

现场实践应用表明，碳纤维柔性杆以其质量轻、耐腐蚀、耐疲劳、柔性好、阻力小、摩擦系数低等优点，较好地适应抽油机井举升工艺技术，可有效减缓杆管偏磨问题，促进该工艺技术更好地发展。

3.2 效益评价

以 7-P261 井为例，综合考虑一次性投资、检泵、维护和能耗费用，对 ϕ70mm 抽油泵与 ϕ25mm 柔性杆匹配和 ϕ70mm 抽油泵与 ϕ25mm 钢制杆匹配进行经济效益评价。从 15 年总费用看，柔性杆运行 896d 与试验前平均检泵周期 213d 相比，节省投资 149.4 万元；与钢制杆平均检泵周期 721d 相比，节省投资 27.1 万元，具有显著的经济效益(表 8)。

表 8 柔性杆与钢制杆 15 年费用对比

抽油杆	周期 d		一次性投资 万元	检泵维护费用		维护费用 万元/a	能耗费用 万元/a	15 年费用 万元
				单次检泵费用万元	平均单井年费用，万元			
钢制杆	2016 年 10 月周期	213	51.07	9.84	16.86	1.8	6.46	309.7
	检泵周期	721	51.07	9.84	4.98	1.8	6.46	187.4
柔性杆	2016 年 10 月周期	896	51.87	9.84	4.01	1.8	4.72	160.3

4 几点认识

(1)室内实验和现场试验表明，碳纤维柔性杆能够满足实际生产要求，适用于抽油机井举升工艺。

(2)碳纤维柔性杆是一项新的工艺技术，有效缓解了钢制杆的杆管偏磨、断脱问题，同时具有节能降耗的优势，有力推动了抽油机井举升工艺更好更快地发展。

(3)开展碳纤维柔性杆配套技术研究，有利于其高效长命运行。

参 考 文 献

[1] 万仁溥．采油工程手册[M]. 北京：石油工业出版社，2006.
[2] 韩修廷．有杆泵采油原理及应用[M]. 北京：石油工业出版社，2007.
[3] 邹艳霞. 采油工艺原理[M]. 北京：石油工业出版社，2006.
[4] 陈宪侃，叶利平，谷玉洪．抽油机采油技术[M]. 北京：石油工业出版社，2006.
[5] 陈涛平，胡靖邦．石油工程[M]. 北京：石油工业出版社，2000.

提高抽油机井热洗时机准确性的探讨分析

高艳华

（工程技术大队）

摘　要：洗井是控制机采井检泵率的有效管理手段，提高热洗质量对机采管理具有重要意义。影响热洗效果的因素有很多，如热洗温度、时间、排量、时机等。目前，第六采油厂抽油机井的洗井时机都是观察电流变化进行判断，洗井周期也是根据电流变化摸索制定的。利用电流法确定热洗周期存在一定的局限性，而交变载荷的变化直接反映抽油杆的受力情况，对结蜡的反应更加敏感。本文对杆断井的电流与交变载荷情况分析、跟踪洗井前后电流与交变载荷的变化情况发现，洗井后交变载荷会随着结蜡程度的增大而增大，因此判断洗井时机时应综合考虑电流及交变载荷的变化。

关键词：热洗时机；交变载荷；电流

洗井是控制机采井检泵率的有效管理手段，通过总结热洗规律、加强热洗管理，为降低检泵率提供了有力支持，机采井检泵率由2013年的51.9%下降为2014年的37.9%，下降了14.0个百分点，蜡卡检泵井由每年23井次下降为6井次，因此提高热洗质量对机采管理具有重要意义。影响热洗效果的因素有很多，如热洗温度、时间、排量、时机等，为提高洗井效果，近几年做了大量工作，总结了很多好的工作做法，如油井电流预警系统洗井法、全过程热洗监督制度洗井法、ABC分类法洗井法，洗井效果得到了提高。目前，第六采油厂抽油机井的洗井时机都是通过观察电流变化进行判断，洗井周期也是根据电流变化摸索制定的，而交变载荷的变化直接反映抽油杆的受力情况，对结蜡的反应更加敏感。因此，本文首先通过对杆断井的电流与交变载荷情况进行分析，然后跟踪生产过程中电流与交变载荷的变化情况，从而确定电流法及载荷法判断热洗时机的准确性。

1　电流法判断热洗时机的准确性分析

第六采油厂抽油机井热洗时机、热洗周期都是根据电流的变化来摸索和制定的，如电流预警系统洗井方法就是根据电流的变化确定热洗时机的。当标准电流小于20A时，电流升高20%即进行洗井；电流大于20A时，电流升高15%即进行洗井。但抽油机井电流的变化是产量变化、井下工具状况、地面设备状况、结蜡状况等多种因素综合作用的结果，因此，电流法来确定热洗周期存在一定的局限性，而交变载荷的变化直接反映抽油杆的受力情况，对结蜡的反应更加敏感，因此对2015年1—6月的抽油机杆断井电流及交变载荷的变化情况进行了分析。

1.1　杆断井电流与交变载荷变化情况分析

2015年上半年，抽油机井杆断33井次，杆断前电流波动小于10%的24井次，占

62.5%，而第六采油厂目前的洗井标准都在10%以上。这部分井中10口井的交变载荷与正常值相比变化超过15%(表1)。

表1　杆断井电流与交变载荷变化单井统计表

序号	井号	正常运行交变载荷，kN	正常运行上电流，A	杆断前交变载荷，kN	杆断前上电流 A	正常—杆断交变载荷比值,%	杆断—正常电流比值,%
1	6-PS3323	34.07	27	40.13	26	17.8	-3.7
2	5-2911	27.13	49	32.04	49	18.1	0.0
3	3-2818	50.34	71	60.03	69	19.2	-2.8
4	6-3021	27.31	67	32.85	67	20.3	0.0
5	9-AS3307	62.99	69	76.23	70	21.0	1.4
6	5-3102	45.24	61	55.46	59	22.6	-3.3
7	7-2234	34.65	25	45.3	24	30.7	-4.0
8	7-PS3505	42.31	86	59.12	88	39.7	2.3
9	8-AS3131	28.6	64	42.76	65	49.5	1.6
10	6-P3525	34.11	42	54.55	42	59.9	0.0

例如7-PS3505井为ϕ70mm抽油泵，正常运行时电流为86A，杆断前为88A，波动仅为2.3%，但交变载荷由正常的42.31kN上升至59.12kN，4月10日该井杆断(图1)。

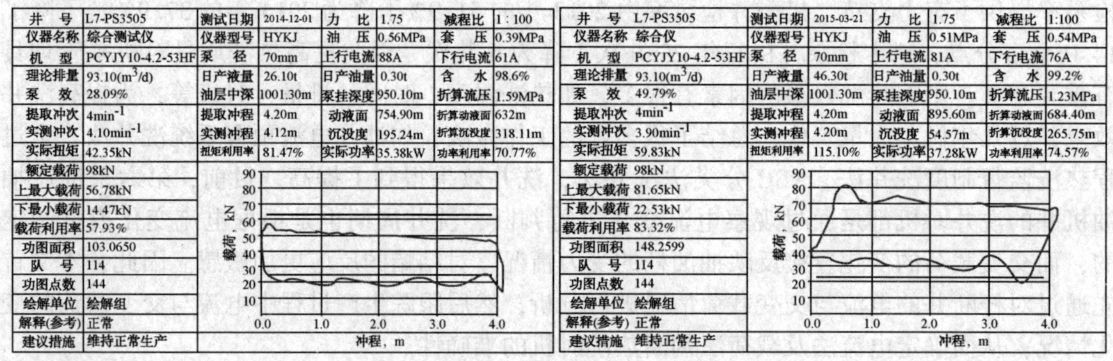

图1　7-PS3505井正常电流与杆断前示功图对比

通过分析可以发现，通过电流判断热洗时机存在误差，而交变载荷的变化对结蜡的反映更加直接、敏感。

1.2　生产过程中电流及交变载荷的变化情况

为确定生产过程中交变载荷及电流的变化，跟踪了30口井两次洗井之间电流及交变载荷的变化，发现25口井随着结蜡程度的增大，电流及交变载荷增大；5口井随结蜡程度的增大，交变载荷增大，但电流变化不大。

例如L8-PS1701井，在产液量及动液面变化不大的情况下，电流及交变载荷都逐渐升高，直到洗井之前，电流升高35%，载荷升高49.0%(表2)。

表 2　L8-PS1701 两次洗井之间电流及交变载荷的变化情况

时间	交变载荷，kN	上电流，A	产液量，t/d	动液面，m
洗井初期	19.24	20	35	724
洗井 1 个月	25.73	21	33	828
洗井 2 个月	27.79	24	33	731
洗井 3 个月	33.88	25	31	709
洗井 4 个月	37.71	27	32	732

L10-PS1523 井，在产液量及动液面变化不大的情况下，电流变化较小，但交变载荷逐渐升高，直到洗井之前，交变载荷升高 19.0%(表 3)。

表 3　L10-PS1523 两次洗井之间电流及交变载荷的变化情况

时间	交变载荷，kN	上电流，A	产液量，t/d	动液面，m
洗井初期	32.82	31	32	826
洗井 1 个月	36.11	31	32	863
洗井 2 个月	37.04	32	33	827
洗井 3 个月	37.13	32	31	853
洗井 4 个月	39.04	33	32	872

通过跟踪两次洗井之间电流及交变载荷的变化情况看，电流与载荷具有相关性，当交变载荷上升时，多数井的电流增大，说明通过电流判断热洗时机在多数情况下是准确的。但交变载荷的变化与电流不是线性的，因此，一些井的结蜡情况通过电流无法反映。因此，洗井时在通过电流法判断的同时，还应观察交变载荷的变化情况。

2　载荷法判断洗井时机的分析

2.1　洗井时交变载荷的判断标准

当交变载荷超过设计交变载荷时，杆断的几率大大增加，因此当交变载荷大于设计值时应及时进行洗井。

设计交变载荷可以用下面公式计算：

$$P_{设计交变}=P_{max}-P_{min} \tag{1}$$

$$P_{max}=(W_r+W_{ll})\times(1+S\times n\times n/1790)+P_{bu}-P_I \tag{2}$$

$$P_{min}=W_{rl}-I_{rd}-P_{db} \tag{3}$$

式中　P_{max}——最大设计载荷，kN；

P_{min}——最小设计载荷，kN；

W_r——抽油杆在空气中的重量，N；

W_{ll}——作用在活塞上的液柱重量，N；

S——冲程，m；

n——冲次，min^{-1}；

P_{bu}——上冲程井口回压产生的载荷，N；

P_I——上冲程泵入口压力产生的载荷，N；

W_{rl}——杆柱在液体中的重量，N；

I_{rd}——下冲程杆柱最大惯性载荷，N；

P_{db}——下冲程井口回压产生的载荷，N。

应用式(1)至式(3)计算了10口杆断井的设计交变载荷，从计算的结果看，正常运行时的交变载荷低于设计交变载荷，但杆断前有8口井的交变载荷高于设计值，因此当交变载荷高于设计值时应及时洗井(表4)。

表4　杆断前交变载荷与设计载荷的对比情况

序号	井号	设计交变载荷，kN	正常运行交变载荷，kN	杆断前交变载荷，kN	杆断前-设计交变载荷，kN
1	6-PS3323	36.78	34.07	40.13	3.35
2	5-2911	27.95	27.13	32.04	4.09
3	3-2818	51.55	50.34	60.03	8.48
4	6-3021	39.16	27.31	32.85	-6.31
5	9-AS3307	64.11	62.99	76.23	12.12
6	5-3102	46.53	45.24	55.46	8.93
7	7-2234	39.07	34.65	45.3	6.23
8	7-PS3505	43.72	42.31	59.12	15.4
9	8-AS3131	31.16	28.6	42.76	11.6
10	6-P3525	57.2	34.11	54.55	-2.65

2.2　载荷法的洗井效果分析

选择3口抽油机井，跟踪其电流及交变载荷的变化，根据电流法及载荷法判断热洗时机，当交变载荷达到或接近设计载荷时进行洗井，洗井后电流及交变载荷都大幅度下降，抽油机井运转正常，说明应用该方法洗井能够更加准确地判断热洗时机(表5)。

表5　洗井前后电流及交变载荷变化情况

序号	井号	设计交变载荷，kN	洗井前		洗井后		差值		变化比例	
			上电流 A	交变载荷 kN	上电流 A	交变载荷 kN	上电流 A	交变载荷 kN	上电流 %	交变载荷 %
1	8-M3412	73.6	118	72.3	111	64.0	7	8.3	-5.9	-11.5
2	8-3466	56.6	107	57.2	98	49.2	11	8.0	-10.2	-14.0
3	9-X3242	60.3	61	59.8	56	49.7	5	10.1	-8.2	-16.8

例如，8-3466井为ϕ70mm抽油泵，正常电流107A，洗井前电流为98A，还没有达到洗井的标准，当交变载荷达到了57.2 kN时，与设计值相比高0.6个百分点；需要进行洗井，洗井后交变载荷下降8.0kN，下降了14.0个百分点，达到了降低交变载荷的目的(图2)。

3　结论

(1)洗井是控制机采井检泵率的有效管理手段，通过总结热洗规律、加强热洗管理，能够达到降低检泵率的目的。

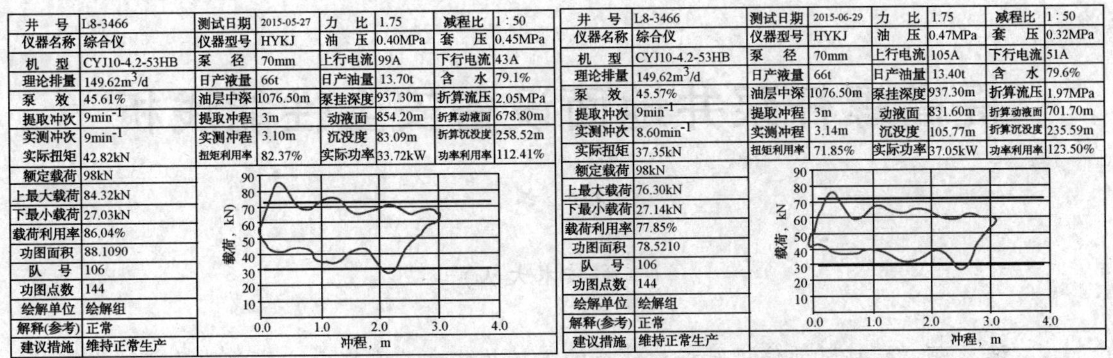

井　号	L8-3466	测试日期	2015-05-27	力　比	1.75	减程比	1∶50
仪器名称	综合仪	仪器型号	HYKJ	油　压	0.40MPa	套　压	0.45MPa
机　型	CYJ10-4.2-53HB	泵　径	70mm	上行电流	99A	下行电流	43A
理论排量	149.62m³/d	日产液量	66t	日产油量	13.70t	含　水	79.1%
泵　效	45.61%	油层中深	1076.50m	泵挂深度	937.30m	折算流压	2.05MPa
提取冲次	9min⁻¹	提取冲程	3m	动液面	854.20m	折算动液面	678.80m
实测冲次	9min⁻¹	实测冲程	3.10m	沉没度	83.09m	折算沉没度	258.52m
实际扭矩	42.82kN	扭矩利用率	82.37%	实际功率	33.72kW	功率利用率	112.41%
额定载荷	98kN						
上最大载荷	84.32kN						
下最小载荷	27.03kN						
载荷利用率	86.04%						
功图面积	88.1090						
队　号	106						
功图点数	144						
绘解单位	绘解组						
解释(参考)	正常						
建议措施	维持正常生产						

井　号	L8-3466	测试日期	2015-06-29	力　比	1.75	减程比	1∶50
仪器名称	综合仪	仪器型号	HYKJ	油　压	0.47MPa	套　压	0.32MPa
机　型	CYJ10-4.2-53HB	泵　径	70mm	上行电流	105A	下行电流	51A
理论排量	149.62m³/d	日产液量	66t	日产油量	13.40t	含　水	79.6%
泵　效	45.57%	油层中深	1076.50m	泵挂深度	937.30m	折算流压	1.97MPa
提取冲次	9min⁻¹	提取冲程	3m	动液面	831.60m	折算动液面	701.70m
实测冲次	8.60min⁻¹	实测冲程	3.14m	沉没度	105.77m	折算沉没度	235.59m
实际扭矩	37.35kN	扭矩利用率	71.85%	实际功率	37.05kW	功率利用率	123.50%
额定载荷	98kN						
上最大载荷	76.30kN						
下最小载荷	27.14kN						
载荷利用率	77.85%						
功图面积	78.5210						
队　号	106						
功图点数	144						
绘解单位	绘解组						
解释(参考)	正常						
建议措施	维持正常生产						

图 2　8-3466 井洗井前后示功图对比

(2)抽油机井电流的变化是多种因素综合作用的结果，电流法来确定热洗周期存在一定的局限性，而交变载荷的变化直接反映抽油杆的受力情况，对结蜡的反映更加敏感，因此在判断洗井时机时应该采取电流法与交变载荷共同分析的方法。

(3)当抽油机井交变载荷达到或接近设计值时应及时进行洗井，防止杆断现象发生。

(4)由于电流法具有测试方便、数据连续的优点，因此在判断洗井时机时应该采取电流法与交变载荷共同分析的方法。

参 考 文 献

[1] 辛辉，辛宾．油井结蜡问题原因分析与管理探讨[J]．中国石油和化工标准与质量，2011，31(3)：62.

[2] 刘业国，张杰．采取增加液体流速措施降低油井结蜡[J]．油气田地面工程，2007，26(9)：27.

[3] 张佳民，韩冬，郑俊德，等．聚合物驱油井结蜡分析及合理热洗周期的确定[J]．石油钻采工艺，2005，27(3)：41-44.

[4] 胡博仲．聚合物驱采油工程[M]．北京：石油工业出版社，1997.

[5] 陈涛平．石油工程[M]．北京：石油工业出版社，2004.

[6] 余庆东．提高抽油机井热洗质量方法研究田[J]．国外油田工程，2004，20(8)：15.

[7] 李燕江，曹乐天．油井清、防蜡技术研究现状[J]．油气田地面工程，2004，23(7)：14.

[8] 马殿坤．原油中蜡的沉积及影响因素[J]．油田化学，1988，5(1)：64-70.

提高螺杆泵井地面设备安全性能浅析

付　尧

（工程技术大队）

摘　要：螺杆泵井停机时杆柱储存的弹性势能和油套环空液位差的马达效应可导致螺杆泵高速反转，一旦超过皮带轮或零部件的使用强度就会导致零部件飞出，给油田生产和人身安全带来较大危害。本文分析了螺杆泵举升技术的安全隐患点，并从提高安全隐患点的可靠性出发，兼顾地面设备和井下两方面提出了新型防反转技术，同时，配套完善管理方法，以进一步提高螺杆泵地面举升设备的安全性能，为该举升工艺更好更快地发展奠定坚实的基础。

关键词：螺杆泵井；地面设备；安全性能

1　概述

随着机采举升技术的不断发展，螺杆泵逐步成为重要的举升工艺技术。1992 年在喇嘛甸油田试验了第一口井，至今已发展到 2092 口井，占机采井总数的 42.3%。在突破规模化发展的同时，各项技术指标均得到显著提高：检泵周期由 2003 年的 163d 延长到 2014 年 10 月的 652d，延长 489d；泵型有 12 种规格系列(GLB75—GLB2000)，能够满足的排量范围广(4~270t/d)，基本适应了喇嘛甸油田的生产需求。但螺杆泵井停机时杆柱储存的弹性势能和油套环空液位差的马达效应可导致螺杆泵高速反转，一旦超过皮带轮或零部件的使用强度就导致零部件飞出，给油田生产和人身安全带来较大危害。

以第六采油厂为例，应用该工艺以来出现 17 口井(常规 13 口，直驱 4 口)因防反转失灵，导致安全事故(表 1、图 1~图 4)。分析认为，发生事故这部分井井下势能较大，同时地面设备防反转控制装置或系统出现异常，未起到防反转作用，因此造成事故。

图 1　9-1413 井现场图片

图 2　8-PS1211 井现场图片

图 3　6-PS1817 井现场图片

图 4　6-PS1837 井现场图片

表 1　事故螺杆泵基本情况

序号	井号	投产时间	事故时间	事故原因及后果	备注
1	3-2866	2004.8	2005.1	防反转失灵，皮带轮甩碎	
2	9-1431	2003.1	2007.9	防反转失灵，皮带轮甩碎	
3	8-PS1211	2006.9	2009.12	防反转失灵，皮带轮甩碎	
4	4-2977	2004.3	2009.9	防反转失灵，皮带轮甩碎	
5	9-PS1631	2006.1	2010.11	防反转失灵，皮带轮甩碎	
6	9-PS1513	2006.1	2010.12	防反转失灵，杆甩弯	
7	11-PS1701	2006.1	2010.12	防反转失灵，杆甩弯	常规
8	6-PS1023	2011.7	2011.1	防反转失灵，皮带轮甩碎	
9	8-AS1023	2006.11	2011.3	防反转失灵，皮带轮甩碎	
10	4-S1200	2011.4	2011.7	防反转失灵，皮带轮甩碎	
11	6-PS1113	2011.7	2012.7	防反转失灵，皮带轮甩碎	
12	6-3202	2006.6	2012.7	防反转失灵，皮带轮甩碎	
13	6-PS2217	2010.12	2012.8	防反转失灵，皮带轮甩碎	
14	10-PS1621	2011.5	2011.5	接触器烧坏，光杆甩弯	
15	11-183	2009.4	2011.6	外挂电阻未连接，光杆甩断	直驱
16	6-PS1837	2011.4	2011.7	电动机烧，光杆甩断	
17	6-PS1817	2011.6	2011.11	防反转失效，光杆甩弯，电动机壳体撕裂	

本文分析了螺杆泵举升技术的安全隐患点，并从提高安全隐患点的可靠性出发，兼顾地面设备和井下两方面提出了新型防反转技术，同时，配套完善管理方法，以进一步提高螺杆泵地面举升设备的安全性能，为该举升工艺更好更快地发展奠定坚实的基础。

2　安全隐患点分析

螺杆泵安全事故常常发生在停机时刻，从防反转技术原理和破坏性看，常规卧式驱动螺杆泵存在三处安全隐患点，即防反转技术可靠性、皮带轮和光杆；直驱驱动螺杆泵同样存在三处安全隐患点，即防反转技术可靠性、电动机壳体和光杆(表 2)。而正常生产工作过程中很少出现安全事故，但杆柱中储存了大量的弹性势能，同时油套环空液位差的马达效应增加了井下的弹性势能，故视杆柱弹性势能和液位差马达效应为工作过程中的安全隐患点。

表 2 螺杆泵安全隐患点分析

项目	常规卧式驱动螺杆泵	直驱驱动螺杆泵
停机	防反转技术可靠性、皮带轮和光杆	防反转技术可靠性、电动机壳体和光杆
工作过程	杆柱弹性势能、液位差马达效应	杆柱弹性势能、液位差马达效应

3 治理手段

从提高安全隐患点的可靠性出发，兼顾地面设备和井下两方面改进，同时，配套完善管理方法，规避风险，从而提高螺杆泵井地面设备的安全性能，促进其更好更快地发展。

3.1 完善地面控制，提高防反转技术可靠性

3.1.1 多重保险反转控制装置

采用增加外爪和手动爪的组合设计防反转技术，实现三级保护(图 5)。在非人为停机时“卡住”双保险。螺杆泵井停机后内棘爪首先在扭簧作用下回弹并被棘轮卡住时，当反转速度超过最高正常运行转速时，外棘爪就会克服扭簧弹力向外甩出并被制动盘卡住；在人为停机时“卡住”三保险。设计了手动棘爪，停机前放下手动棘爪，当内外棘爪都失灵时，手动棘爪与压盘固定在一起，棘爪盘反转即可被手动棘爪卡住。第六采油厂试验应用 5 口井，安全可靠，未发生危险，提高了停机时的安全性能。

3.1.2 超越离合器型防反转装置

采用增加超越离合器的防反转技术，实现两级保护(图 6)。该装置加装在皮带轮和传动轴之间，当停机发生反转时，由于超越离合器的作用，皮带轮不随传动轴反向转动，这样可有效避免皮带轮及侧轴附属零件因高速反转损坏飞出，提高了地面设备的安全性。第六采油厂试验应用 1 口井，实现了皮带轮及侧轴附属零件不随传动轴转动，提高了地面设备的安全性能。

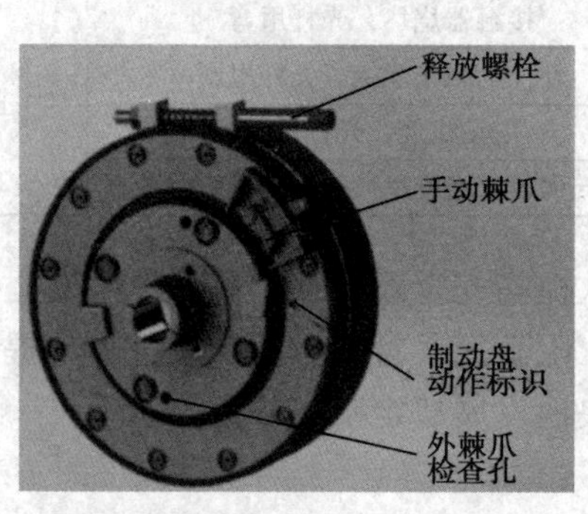

图 5 多重保险反转控制装置

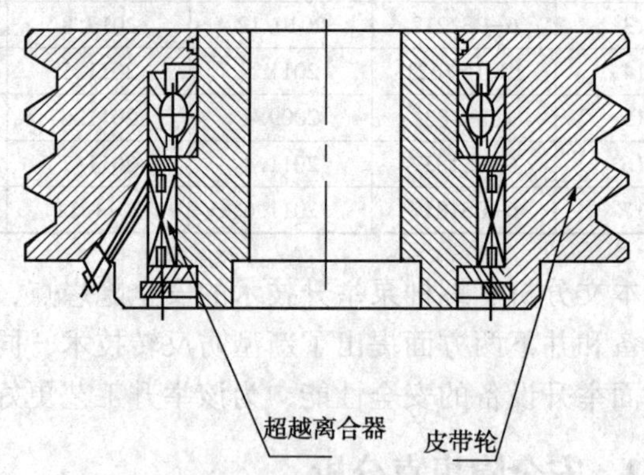

图 6 超越离合器型防反转装置

3.1.3 离心内胀式防反转装置

采用增加离心内胀机构和长臂释放机构的防反转技术，实现两级保护。在原结构基础上增加长臂释放杠杆和离心内胀式刹车结构(图 7)。长臂释放杠杆实现了人工远距离安全释放功能；离心内胀式刹车部分是在棘轮棘爪失效时起到制动作用，螺杆泵反转速度达到一定值，内胀式刹车片在离心力作用下压向制动毂，当主轴转速达到 200r/min、侧轴转速达到

1050r/min 时与制动毂啮合起到减速作用，主轴转速越高，离心力越大，刹车效果越好。第六采油厂试验应用 5 口井，解决了常规卧式驱动在释放过程中释放螺栓松小了不释放、松大了控制不住的问题。

3.1.4　液压释放反转装置

采用增加液压控制系统的防反转技术，实现两级保护，保证螺杆泵采油系统停机后及时制动和抽油杆柱扭矩自动间歇释放(图 8)。

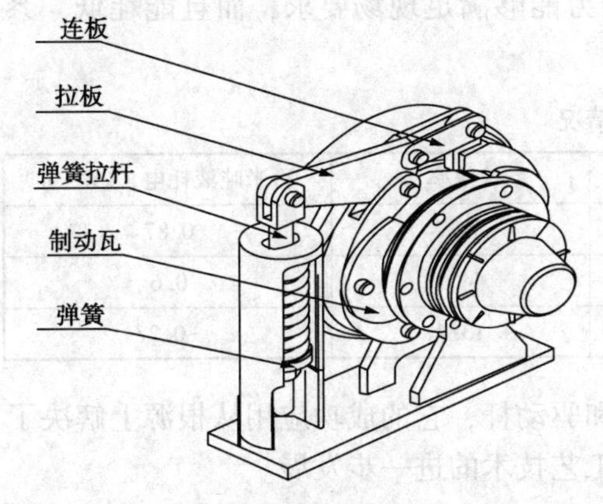

图 7　离心内胀式制动刹车装置

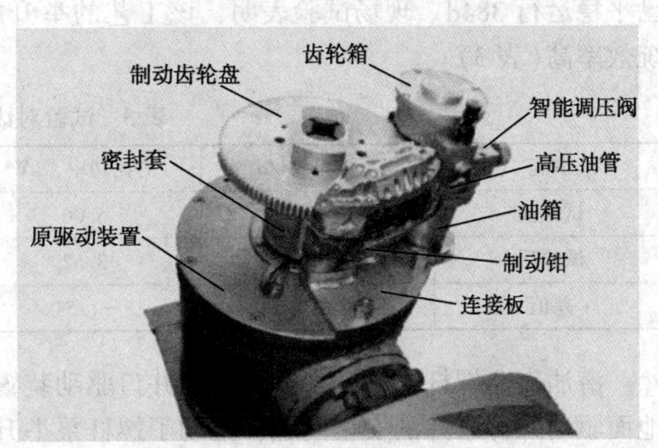

图 8　液压防反转制动装置

正常运转时，大、小齿轮随主轴转动，单向机构脱开，齿轮泵不工作；停机后，主轴产生反转时，单向机构瞬时啮合，带动齿轮泵工作。其工作大致过程如下：在制动钳卡紧制动盘后，系统压力会迅速降低，制动钳失去压力，主轴反转，转动后齿轮泵工作，制动钳继续产生压力卡紧制动钳，这样时断时续的卡紧—松开—卡紧—松开，直至主轴的反转扭矩为零。第六采油厂推广应用 100 口井，达到了井下弹性势能可控释放的目的，提高了地面设备的安全性能。

3.2　优化井下控制，解决或削弱井下弹性势能的影响

3.2.1　井下自动释放装置

该技术通过超越离合器反转制动作用，实现驱动杆离合。在原结构基础上，齿轮箱内传动轴用花键连接上螺纹驱动轴，由上螺纹驱动轴牙嵌式离合器传动承载轴旋转，带动驱动杆及螺杆泵转子旋转工作。停机时驱动杆所产生的扭矩会形成反转释放，承载轴反转两转时上螺纹驱动轴由单向离合器自动上提与承载轴瞬间分离，传动齿轮箱和皮带部分空载停机，下部驱动杆自动释放。第六采油厂试验应用 2 口井，使得井下弹性势能不能传递到地面，进而提高了地面设备的安全性能。

3.2.2　限流控制

通过井口安装单流阀，或是泵上安全限流阀，阻止回流产生的“马达效应”。第六采油厂试验应用 11 口井，控制释放反转时间平均由试验前的 13min 降低到 1min 以内，达到了削弱井下势能的目的。

3.2.3　匹配过盈值

控制过盈值，减小运行扭矩，推广应用 203 口井，井下扭矩平均下降了 10.2%。

3.2.4 改变定子结构

应用等壁厚橡胶，均匀膨胀，减小运行扭矩，推广应用 80 口井，井下扭矩平均下降了 15.1%。

3.2.5 取消驱动杆，从根源解决安全问题

伴随着永磁电动机的出现，2009 年第六采油厂率先试验应用了潜油直驱螺杆泵。截至 2014 年 10 月，已经开展了“4 口井、5 井次”的现场试验。通过不断改进和完善，7-0820 井已平稳运行 384d。现场试验表明，该工艺的举升能力能够满足现场要求，而且能耗低，系统效率高(表 3)。

表 3 试验对比情况

措施	产液量，t/d	消耗功率，kW	系统效率，%	百米吨液耗电，kW·h
试验前	61	5.06	30.7	0.87
试验后	61	3.52	44.1	0.6
差值	0	-1.54	13.4	-0.27

潜油直驱螺杆泵举升工艺取消了井口驱动装置和驱动杆，它的成功应用从根源上解决了地面驱动螺杆泵井的安全问题，推动了螺杆泵举升工艺技术的进一步发展。

3.3 提出规避风险措施，奠定管理基础

为提高螺杆泵地面设备安全性能，规范现场操作管理，提出规避风险措施。

3.3.1 做好安全防护

(1)操作者必须穿戴好各类劳保用品，带上操作螺杆泵地面设备的相关工具。

(2)维修操作时不得少于两人，操作时必须有人监护。

(3)在操作过程中如果遇到异常情况(电流过高、井下卡泵及控制箱提示的各种异常)，及时联系生产厂家相关人员，待专业技术人员处理。

3.3.2 提出“四禁”要求

(1)严禁利用电动机对脱扣杆柱。

(2)严禁雷雨天气对电气设备进行操作。

(3)严禁地面设备运转时攀爬设备或在皮带轮侧工作。

(4)严禁无故停机、频繁停机。

3.3.3 规范地面设备管理

(1)规范方余长度在 30cm 以内，避免光杆甩弯或甩断造成伤害。目前，已随螺杆泵井方案设计注明此要求。

(2)改变常规驱动皮带轮材质，避免造成二次机械伤害。

(3)分隔开直驱驱动中能耗制动电阻与电器元件，防止其发热烧毁电器元件。

(4)将控制部分安装于井口房内，保护操作人员安全。

(5)开展优化防护罩材质试验。拟选用塑性好的聚乙烯材质取代铁制防护网，避免造成二次机械伤害。

3.3.4 加强产品质量监管

(1)投产前，生产厂家提供权威部门出具的驱动质检报告和安检报告，确保产品质量和安全性能。

(2)投产后，生产厂家提供驱动接地测试数据报告，避免烧电动机或相关电器元件现象的发生。

3.3.5　强化日常管理

(1)进行螺杆泵井维护时，须先向井下灌满掺水，以削弱液柱差积蓄的井下反转的能量，确认反转能量完全释放后，方可开展其他工作。

(2)每年集中组织春、秋检两次安全大检查，及时更换老化损坏的相应元件，确保使用期间安全可靠。对异常井、大扭矩井每月安全检查一次。

(3)各矿组织制定螺杆泵井热洗周期，并且确保洗井质量，可有效减少卡泵现象的发生，避免由此造成的安全事故。

4　几点认识

(1)从螺杆泵防反转技术原理和破坏性看，螺杆泵举升工艺技术存在五处安全隐患点：防反转技术可靠性、皮带轮(电动机壳体)、光杆、杆柱弹性势能和液位差马达效应。

(2)通过不断改进和完善地面防反转控制技术，实现“多级保护”，进一步提升了防反转技术的可靠性，进而提高地面设备的安全性能。

(3)通过深入优化井下控制技术，推广应用限流阀、匹配过盈值、等壁厚螺杆泵、潜油直驱螺杆泵等技术，解决或削弱了井下弹性势能的影响。

(4)配套完善管理方法，规范现场操作管理，提出了规避风险措施，为提高螺杆泵地面设备安全性能奠定了坚实的管理基础。

(5)从提高安全隐患点的可靠性出发，兼顾地面设备和井下两方面提出的新型防反转技术，可以有效提高地面设备安全性能，推动螺杆泵举升工艺技术的进一步发展。

参 考 文 献

[1] 韩修廷，王秀玲，焦振强．螺杆泵采油原理及应用[M]．哈尔滨：哈尔滨工业大学出版社，1998.

[2] 马文蔚．物理学[M]．4版．北京：高等教育出版社，1999.

[3] 李青，金东明，戈炳华．机械采油技术管理方法[M]．北京：石油工业出版社，1994.

[4] 陈涛平，胡靖邦．石油工程[M]．北京：石油工业出版社，2000.

提拉式泄油装置的研制与应用

梁　猛

（工程技术大队）

摘　要：随着新《中华人民共和国环境保护法》的颁布实施，给油井清洁作业生产提出了更高的要求，针对抽油机井作业起管柱过程中油管内井液外溢产生的环境污染问题，研制提拉式泄油装置，装置由提拉式泄油器与旋转式管柱锚定装置共同构成，一次作业下完井管柱时将泄油器安装在泵上，锚定装置安装在泵下，通过旋转油管使管柱锚定装置坐封；二次作业起管柱时，上提管柱，泄油器与锚定装置依次解封，泄油器泄油孔漏出，使油套环空连通，实现泄油功能。室内实验与现场试验表明，泄油器承压性良好，不给油井正常生产增加隐患，锚定装置与泄油器解封性能可靠，能够成功实现泄油功能，并保障作业顺利进行。

关键词：抽油机井；泄油；油管锚；解封

2015 年，随着新《中华人民共和国环境保护法》的颁布实施，给油井清洁作业生产提出了更高的要求，针对抽油机井作业起管柱过程中油管内井液外溢产生的环境污染问题，目前在用的油管泄油技术主要为泵下泄油阀，安装在抽油泵的固定阀与游动阀之间，维修作业时，起出原井杆柱及柱塞后，从油管内投下撞击棒砸开泄油阀芯实现油套环空连通，达到泄油目的。但对于杆断或卡泵井，由于柱塞不能起出，撞击棒无法投下，导致泄油技术失败，而第六采油厂抽油机井杆断及卡泵检泵占比已高达 60.0%以上，因此，需开展新的油管泄油工艺技术研究，在常规泄油技术基础上，满足杆断及卡泵井泄油需要。

1　泄油装置结构设计

设计的泄油装置共由泄油器和旋转式油管锚定装置组成，共同作用发挥泄油功能，其中泄油器安装在泵上，油管锚安装在泵下。

1.1　泄油器结构设计

泄油器由上主体、外筒、内筒、剪钉和密封胶圈等部件组成，结构如图 1 所示。

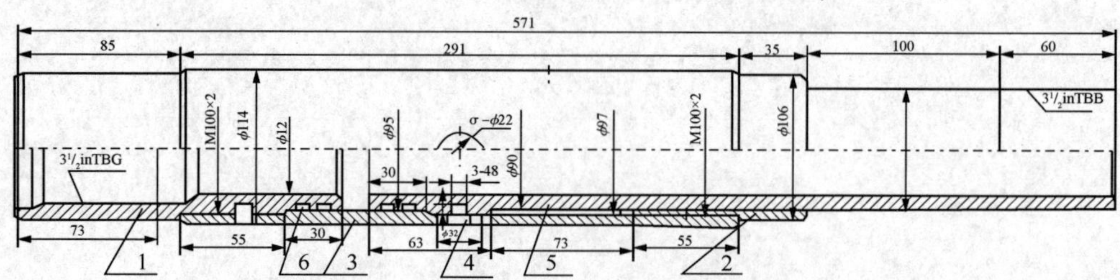

图 1　泄油器结构图(单位：mm)

1—上主体；2—变径套；3—外筒；4—剪钉；5—内筒；6—密封圈

1.2 油管锚结构设计

管柱锚定装置是在常规旋转油管锚基础上所做的技术改进，共由上接头、下接头、中心管、锥体、锚牙、箍环、摩擦块、固筒稳钉、螺母筒、螺杆筒、剪钉和大小弹簧等部件组成，由中心管将其余各部件串成一体，其中螺杆筒以剪钉固定在中心管上，螺母筒和下锥体以稳钉固接在一起，下锥体上镶有摩擦块，结构如图2所示。

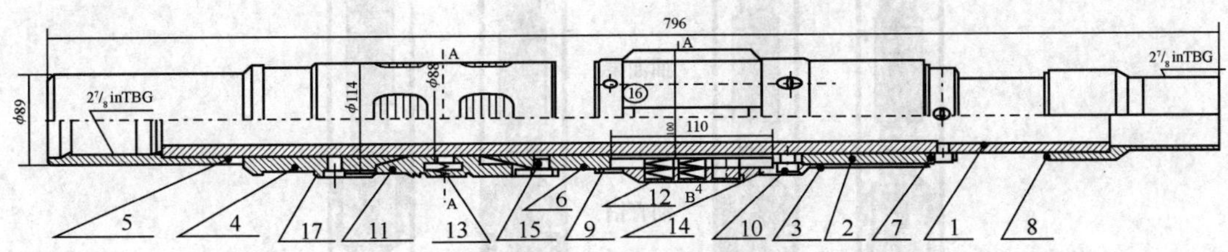

图2 管柱锚定装置结构图(单位：mm)

1—中心管；2—螺杆筒；3—螺母筒；4—上椎体；5—上接头；6—下椎体；7—剪钉；8—下接头；9—砸环；10—固筒稳钉；11—锚牙；12— 摩擦块簧；13—牙小簧；14—摩擦块；15—限位钉；16—固环钉；17—锚筒

由于旋转锚存在中途坐封的缺点，对于安装泄油器的管柱，中途坐封活动管柱时，易拉断泄油器销钉，导致作业失败。为降低中途坐封概率，在坐封工艺结构上进行了改进，即将常规坐封圈数由8圈增加到15圈，通过增加背钳跑空余量降低中途坐封概率。

2 泄油装置工作原理

一次作业下完井管柱时，将泄油器安装在泵上，管柱锚定装置安装在泵下，下完全井管柱后，按油管上扣方向旋转油管，油管锚的螺杆筒与螺母筒产生相对运动，螺母筒上升，下锥体推动锚牙径向撑开，挤压在井壁上，锚定装置坐封；二次作业起原井管柱时，上提管柱，上提力大于泄油器销钉最大剪切力时，泄油器销钉剪断，泄油孔漏出，达到泄油目的。当泄油器下主体台阶落到限位环上时，泄油器下方管柱开始上行，当作用在锚定装置上的上提力大于油管锚销钉最大剪切力时，锚定装置销钉剪断，纵向挤压锚牙力消除，锚牙收回解封。工作原理如图3所示。

3 参数设计与计算

3.1 泄油器上提解封力设计

泄油器的解封力即销钉的最大抗剪力，泄油器在油井生产时受到3种力作用：一是下方工具自重产生的拉力；二是举升液体时管柱伸长产生的拉力；三是交变载荷产生的交替变化的拉力与压力。3种力均为径向力，由于泵下安装了油管锚，均作用在锚牙上，作用在销钉上的力忽略不计。但在作业下完井管柱时，应用作业机下管柱时，易出现急放急停情况，急放的极端状态是全井管柱处于自由落体状态(此处忽略井液浮力和油管与套管之间的摩擦力)，作业机刹车时，作用在泄油器销钉上的力，即其下方井下工具产生的惯性力，根据自由落体物理公式：

$$L=\frac{1}{2}gt^2 \tag{1}$$

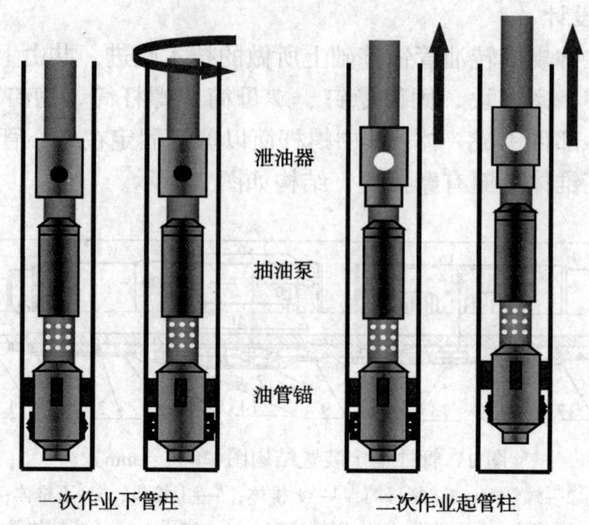

图 3　泄油原理示意图

$$v=gt \tag{2}$$

式中　L——单根油管长度，按 10m 计；

g——重力加速度，m/s^2；

t——单根油管下放时间，s；

v——单根油管下放最大速度，m/s；

计算出油管下至井口时速度为 13.9m/s。

根据冲量定理：

$$mv=F\Delta t \tag{3}$$

式中　m——泄油器下方泵、锚、筛管和尾管等井下工具质量，kg；

Δt——单根油管从最大速度到静止所需的时间，s；

F——销钉所承受的径向最大剪切力，N。

由公式可知，如果 Δt 足够小，动量向冲量转化过程中，可产生很大的冲击力，使泄油器销钉剪断，因此，在下完井管柱时，要求作业机操作工严禁出现急放急停的操作，为确保下井过程中，不出现泄油器销钉提前剪断造成泄油器提前解封情况，对泄油器销钉剪切力进行了设计与计算。

泄油器下方泵、锚、筛管和尾管等井下工具质量按 500kg 计算，Δt 按 0.2s 计算，泄油器销钉能承受 35kN 以上的力即可避免出现提前解封情况，因此，设计泄油器销钉剪断力为 50kN±5kN。

3.2　油管锚上提解封力设计

理论上，油管锚上提解封力越大，保证泄油器先于油管锚解封的安全系数越高，但锚的解封力越大，拔脱油管概率越高，因此，应科学设计油管锚上提解封力。

第六采油厂抽油机井平均泵深按 1000m 计，对使用 ϕ88.9mm 油管的采油井，全井油管质量 13.7t，上提油管最大载荷为 135kN。同时考虑全井抽油杆起不出来的特殊情况，需额外增加 40kN 左右的杆柱载荷。常规作业提升设备的额定提升力为 360kN，油管锚上提解封力设计上限为 185kN。综合考虑泄油器解封力，设计配套锚上提解封力设计为 80kN±5kN，与泄油器销钉剪切力最小差值为20kN，最大差值为50kN，可保证泄油器解封在前，配套锚定装置解封在后。此时，上提总载荷的极限值为255kN（ϕ88.9mm 油管管柱自重+杆柱自重+锚解封力)，给提升设备留有100kN的安全余地。

3.3 泄油器密封承压能力设计

泄油器密封承压能力必须大于油井生产过程中可能发生的最高压力。第六采油厂平均泵深在1000m左右，假设油井含水率为100.0%，在动液面抽至泵吸入口的极限情况下，由液柱产生的管内外压差为10MPa，憋泵诊断泵况时井口最高压力可达6MPa，此时，油管内外极限压差为16MPa。

泄油器内腔上环形净承压面积为25.5cm²，在油管锚定条件下，内压对泄油器向下的压力由锚来承受，内压对泄油器只有作用在环面积上的压力。因此，对泄油器环面设计的承压能力为20MPa，可保证油井在正常生产及憋压诊断泵况时的承压需要，密封胶圈使用市售抗压24MPa级承压胶圈，满足设计要求。

3.4 泄油孔径的设计与计算

泄油孔的过流面积设计，应满足在起单根油管并在卸扣前，油管内井液能顺利流出，即在1根油管的液柱高差下，起一根油管的时间内(包括卸扣的时间在内)，该根油管内的井液经泄油孔全部流出。由于油井作业前均采取洗井措施，井筒内充满了洗井液，洗井液为泵站污水，在流动性上与清水介质较为接近，因此，以下计算按清水介质进行推导。根据水力学相关知识对泄油孔过流面积进行推导，得如下积分式：

$$\int_0^t t\mathrm{d}t = \int_0^h \frac{Q}{4.9h^{0.5}d^2}\mathrm{d}h \tag{4}$$

式中 h——油管内液柱高度，m；

t——泄油时间，s；

d——泄油孔直径，m。

设计6个ϕ22mm 泄油孔，单孔过流面积为3.8cm²，6个孔过流面积之和为22.8cm²。而ϕ88.9mm 油管的横截面积为45.3cm²，两者过流面积比为50.3%。单根油管按9.0m计，对卸掉单根油管内井液所需时间进行积分计算，t为6.8s。由作业现场经验可知，起油管平均用时120s/根，泄油用时远低于起管时间，满足现场泄油需要。

4 室内检测与现场试验情况

4.1 室内检测情况

将设计的泄油装置送到中国石油天然气股份有限公司采油工程产品质量监督检验中心进行检测，检测结果(表1)表明，各项指标均满足设计要求。

表1 采油井泵上泄油装置室内试验检测情况

部件名称	检测项目	设计指标	检测结果	是否满足设计要求
泄油器	密封性能	承压20MPa	初始压力20.3MPa终止压力20.1MPa稳压5min	满足
	上提解封力	50kN±5kN	54kN	满足
管柱锚定装置	上提解封力	80kN±5kN	82kN	满足

4.2 现场应用情况

在第六采油厂3口抽油机井上进行了现场试验，其中1口试验井(L11-AS2401)现场检测泄油功能。试验表明，泄油器成功地将井液泄流到井筒内，有效避免了井液外溢产生的环境污染问题。

5 结论认识

(1)研制的泄油器与常规泄油技术相比，解决了杆断及卡泵作业井泄油技术的需要，拓宽了适应性，满足第六采油厂检泵形势需要。

(2)设计泄油器的泄油孔径可满足油井在作业时实现快速泄油的要求。

(3)设计的泄油器具有较好的密封承压性能，适应油井各种工况的需要。

(4)锚定装置与泄油器解封性能可靠，解封力差设计科学，能够保障作业顺利进行。

(5)改进油管锚参数，降低中途坐封概率。

参 考 文 献

[1] 关天势，杨书会，马强．抽油泵泄油阀的现场试验应用[J]．石油石化节能，2014，38(4)：7-8.

[2] 曲占庆，王在强，潘宏文．油管锚工艺的应用分析[J]．石油矿场机械，2014，35(1)，81-83.

压裂 2m 长胶筒封隔器研制及应用研究

崔金哲　程　航

（工程技术大队）

摘　要：喇嘛甸油田随着精细地质研究的不断深度，充分揭示了厚油层内部结构特征，将复杂的厚油层剥离成单个结构单元，并划分出 4 类结构界面。根据岩心观察及室内实验表明，粉砂质泥岩界面垂向上具有较好的渗流遮挡作用，部分泥质粉砂岩界面具有一定的渗流遮挡作用，为层内精细挖潜提供了物质基础。为了有效利用这部分界面实施精细挖潜，本文以提高压裂封隔器的胶筒长度为目的，深入研究了胶筒硫化和加工工艺，研制出胶筒长度可达 2m 的压裂封隔器，有效封堵 2m 炮眼，使结构界面和地层作为整体提高夹层的抗剪切性，保证层内挖潜效果。

关键词：厚油层；胶筒；封隔器；结构界面

剩余油分布特征的研究成果表明，喇嘛甸油田主力油层纵向上呈多段水淹特点，剩余油存在于每个韵律段的上部，压裂挖潜难度大，常规压裂工艺无法在厚层内利用 0.5m 以下隔层和物性变差部位，只能采取大井段内暂堵高渗透层的选择性压裂工艺，而喇嘛甸油田属于复合韵律油层，选择性压裂无法确定开缝位置，还可能破坏结构界面。因此，本文以提高压裂封隔器的胶筒长度为目的，深入研究了胶筒硫化和加工工艺，研制出胶筒长度可达 2m 的压裂封隔器，有效封堵 2m 炮眼，使结构界面和地层作为整体提高夹层的抗剪切性，保证层内挖潜效果。

1　压裂 2m 长胶筒封隔器研制

1.1　工具结构及原理

该封隔器为扩张式胶筒，采用液压坐封、液压解封方式(图 1)。胶筒长度 2m，胶筒采取菱形交叉绕线方式，并增加金属合金丝，提高承压性能，中心管采用激光割缝技术，保证胶筒的正常坐封、解封。

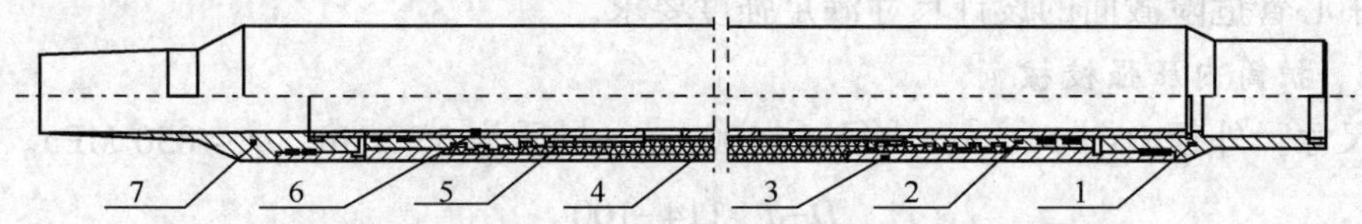

图 1　K344-114mm CG-2000-90/50 封隔器示意图

1—上接头；2—胶筒挂；3—胶筒座；4—胶筒；5—防砂管；6—中心管；7—下接头

1.2　胶筒设计及加工工艺

该胶筒主要是针对油田实施厚油层内定位压裂措施设计的，根据其对于胶筒长度和承压强度的要求，进行了加工工艺的优化和改进。

常规压裂封隔器胶筒：采用尼龙帘线做骨架，即封隔器胶筒两端有带螺纹的钢制管头，管头一端与橡胶圆筒经平板硫化工艺连接在一起，橡胶筒内布有尼龙帘线，但由于尼龙帘线强度低不耐热，因此该结构在胶筒长度和强度有更高要求的条件下，无法满足设计需要。

钢丝胶筒技术方案：胶筒两端的钢制管头与胶筒是通过蒸汽硫化工艺连接在一起的，也可称为罐式硫化工艺。封隔器胶筒的内壁沿胶筒圆周方向由高强度高伸长钢丝帘线做骨架，钢丝帘线层沿封隔器胶筒的圆周方向一根挨着一根紧密排列布置，钢丝帘线长度方向与封隔器胶筒长度方向一致，并与封隔器胶筒的轴向呈大于0°、小于45°的角度，钢制管头与钢丝帘线采用金属压环进行加固，金属压环扣压在钢制管头外部，金属压环内有多个凸凹槽，钢制管头外部有与之匹配的凸凹槽，可克服现有技术高温、高压作业队容易出现的金属管头脱落、承压、防磨系数小等问题(图2)。

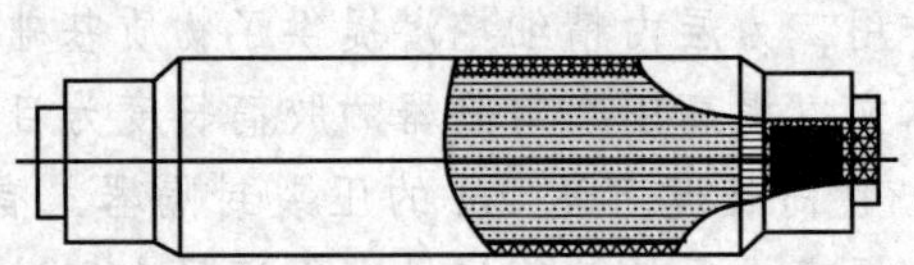
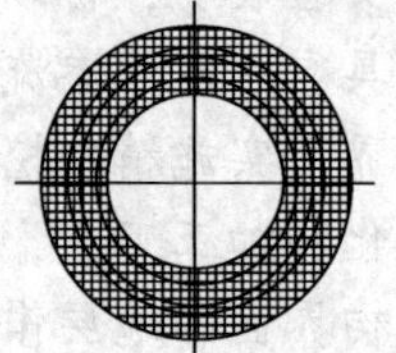

图2　胶筒局部及剖面示意图

1.3　长胶筒封隔器设计计算

1.3.1　中心管强度校核

中心管危险截面尺寸：外径 $D=65.89$mm，内径 $d=50$mm；材质为35CrMo，许用应力 $[\sigma]=1000$MPa；最大工作压力 $p=50$MPa。

危险截面面积：

$$S=\frac{\pi}{4}(D^2-d^2)$$

危险截面受力：

$$F=p\frac{\pi}{4}d^2$$

所以，危险截面强度为：

$$\sigma=\frac{F}{S}=p\frac{d^2}{D^2-d^2}=50\times\frac{50^2}{65.89^2-50^2}=68\text{MPa}<[\sigma]$$

表明中心管危险截面的设计尺寸满足强度要求。

1.3.2　护筒内压强校核

护筒尺寸：外径 $D=114$mm，内径 $d=100$mm；材质为35CrMo，$\sigma_s=850$ MPa。壁厚为：

$$\delta=\frac{D-d}{2}=\frac{114-100}{2}7\text{mm}$$

护筒所承受的最大压力为：

$$p=\frac{2\sigma_s\delta}{D}=\frac{2\times850\times7}{114}104\text{MPa}>50\text{MPa}$$

所以护筒套强度完全可以满足现场要求。

1.4 室内评价实验

采用 50MPa 打压法对封隔器的密封性和坐封可靠性进行检验，具体数据见表 1。

表 1 压裂 2m 长胶筒封隔器研制室内检验结果

检测分类	检测参数	标准规定指标	检测数据
监测指标	最大外径，mm	114±1.0	113.9
	内通径	ϕ60mm 通径规通过	ϕ60mm 通径规通过
	扩张外径，mm	≤138	137
	残余变形，%	≤3	2.90
	油管螺纹(内)	$2\frac{7}{8}$inTBG 油管螺纹塞规手紧紧密距牙数为 2	2
	油管螺纹(外)	$2\frac{7}{8}$TBG 油管螺纹环规手紧紧密距牙数为 2	2
	坐封性能	18MPa±0.5 MPa，5min 内压降<1MPa	初始压力 18.0MPa
			终止压力 17.6MPa
	密封性能(上端)	50MPa±0.5 MPa，5min 内压降<2MPa	初始压力 50.2MPa
			终止压力 48.7MPa
	密封性能(下端)	50MPa±0.5 MPa，5min 内压降<2MPa	初始压力 50.1MPa
			终止压力 48.6MPa

2 长胶筒封隔器的应用

为了验证封隔器的各项指标，并进行优化和改进，对长胶筒封隔器进行现场试验。

2.1 方案设计

选井选层时，由于该工具胶筒长度达到 2m，与常规长胶筒封隔器相比封堵炮眼数量增加 16 个，解封负荷相对较高，因此优选压裂一个层位，压裂管柱使用 3 级封隔器的试验井，确保解封成功率。长胶筒封隔器压裂设计施工参数见表 2。

表 2 长胶筒封隔器压裂设计施工参数

序号	井号	压裂层位	射开厚度，m		夹层厚度，m		砂量，m^3	破裂压力，MPa
			砂岩	有效	上隔层	下隔层		
1	L11-PS2833	SⅢ4-10^{上}	5.6	5.2	未射	0.2	8	22
							12	26
2	L4-AS2917	SⅢ3-3-7^{上}	5.6	4.4	3.9	0.1	8	18
							12	26
3	L6-AS2935	SⅢ3-7^{上}	5.4	4.5	未射	0	8	21
							12	24
4	L6-PS2103	SⅢ1+2-3^{2}	4.9	1.1	10	0.3	6	19
							12	25
5	L11-PS2721	PⅠ1-PⅠ2^{2}	4.0	3.4	未射	0.8	6	21
							7	24
		PⅠ2^{3}	1.4	1.0	0.8	4.7	8	21
		PⅠ2$^{4\text{上}}$	3.1	2.4	4.7	0.2	8	23

2.2 措施效果

累计开展现场试验5口井，措施初期平均单井增液17t/d，增油3.4t/d，含水率下降4.1个百分点，阶段累计增油237t，工艺成功率100%(表3)。

表3 长胶筒封隔器压裂井效果对比表

井号	压裂前			压裂后			差值			夹层厚度	累计增油	解封拉力
	产液量 t/d	产油量 t/d	含水率 %	产液量 t/d	产油量 t/d	含水率 %	产液量 t/d	产油量 t/d	含水率 %	m	t	t
L11-PS2833	31	1.3	95.8	35	6.1	82.6	4	4.8	-13.2	0.2	88	21
L4-AS2917	27	1.2	95.5	38	4.4	88.3	11	3.2	-7.2	0.1	45	23
L6-AS2935	46	5.1	88.9	77	8.6	88.8	31	3.5	-0.1	0.0	75	21
L6-PS2103	32	4.9	84.8	52	9.4	82.0	20	4.5	-2.8	0.3	21	22
L11-PS2721	25	0.4	98.4	45	1.4	96.9	20	1.0	-1.5	0.2	8	23
合计	32	2.5	92.0	49	6.0	87.9	17	3.4	-4.1	0.2	237	22

以L6-AS2935井为例，该井位于南中西一区，压裂SⅢ3-7上层位，改造深度为1004.8~1010.2m，从横向解释成果来看，SⅢ3-7共有11个小层，渗透率在0.135~0.572D之间，底部中、高水淹小层3个，发育有效厚度5.6m，占层段的51%。由于物性界面附近渗透率差异不大，因此1m长胶筒封隔器存在压窜的风险，采用2m长胶筒层内精细定位压裂工艺。

根据压裂层位的小层数和剩余油分布规律，SⅢ3-8上层采用逐缝加大砂量压裂工艺，主缝加砂12m^3，裂缝半长35m，缝长比为0.23。尾砂采用树脂砂固砂，固砂半径为15m。

现场施工压力平稳，破裂压力为23MPa和26MPa，未出现窜层现象，压力扩散300min后活动管柱解封负荷21tf，起出压裂管柱后下泵，固砂反应3d后顺利投产，措施初期增液31t/d，增油3.5t/d，含水率下降0.1个百分点，阶段有效期25d，累计增油75t。

3 结论

(1)研制了胶筒长度达到2m的压裂长胶筒封隔器，通过胶筒绕线方式和合金丝加强层的改进，承压强度达到50MPa，满足压裂现场施工需要；

(2)现场试验表明工具坐封、解封性能可靠，解封负荷均在24tf以内，能够连续封隔2m炮眼，有效保证裂缝位置和延伸方向，工艺成功率100%；

(3)该工具适用于厚油层内有0.2m以下物性夹层可以利用，实施2m炮眼连续封堵定位压裂的井，可满足油藏对于厚油层内难采剩余油的挖潜需要。

参考文献

[1] 王增林．膨胀式长胶筒封隔器及其应用[J]．石油钻采工艺，2000，22(4)：55-57.

[2] 王德喜．张建军，高志刚，等．喇嘛甸油田特高含水期厚油层挖潜工艺[J]．石油学报，2007，28(1)：66-69.

[3] 高志刚，高波，孟楠．喇嘛甸油田注入井高渗透层胶筒封堵技术研究[J]．大庆石油地质与开发，2003，22(3)：75-77.

[4] 刘永喜，班丽，刘崇江，等．定位平衡压裂技术在大庆油田的应用[J]．石油钻采工艺，1999，21(6)：90-93.

应用载荷法优化抽油机井热洗时机探讨

高艳华　韦雨柔

（工程技术大队）

摘　要：结蜡造成的交变载荷高导致的杆断井，占总检泵井的18.1%，且周期仅为492d。第六采油厂洗井周期是根据电流得到的，如果参照交变载荷的变化判断热洗时机就有可能避免杆断，延长检泵周期。因此，本文通过对抽油机井杆柱的受力情况进行理论计算，得到影响交变载荷最大的因素为抽油杆在空气中的重量和作用在活塞上的液柱重量。现场实测确定结蜡对电流及载荷的影响规律，即洗井初期与计算值相当，之后上载荷及交变载荷逐渐增大。根据历史数据及现场实测数据的分析研究，制定了载荷法洗井模板，确定抽油机井合理热洗时机。通过现场试验可知，应用载荷法洗井后免修期达到289d，与上次检泵周期相比延长169d。

关键词：热洗时机；交变载荷；检泵周期；载荷法

洗井是控制机采井检泵率的有效手段，通过总结热洗规律、加强热洗管理，蜡卡直接造成的检泵井由2013年的23井次下降为6井次。但分析2014年、2015年的抽油机检泵井发现，杆断井的周期最短，平均为492d，共374井次，占总检泵井的18.1%。分析可知，杆断井主要是由于结蜡造成交变载荷高导致的。洗井可以降低交变载荷，但第六采油厂洗井周期是根据电流得到的。统计杆断井发现，杆断前电流比正常值高6.1%，还没有达到电流上升10%，按照标准还没有达到洗井时机，但交变载荷上升23.1%。如果参照交变载荷的变化判断热洗时机就有可能避免杆断，延长检泵周期。为准确判断热洗时机，提高洗井效果，需要对抽油机井的热洗时机进行研究，通过交变载荷的变化判断热洗时机，提高热洗时机的准确性，延长检泵周期。

1　结蜡对电流及载荷的影响规律研究

1.1　计算抽油机杆柱的受力情况

为明确结蜡对载荷的影响规律，首先要明确不结蜡情况下载荷的计算方法。

1.1.1　上冲程最大载荷

抽油杆上冲程所受最大载荷由抽油杆在空气中的重量 W_r、作用在活塞上的液柱重量 W_{ll}、上冲程井口回压产生载荷 P_{bu} 和上冲程泵入口压力产生的载荷 P_I 决定。

$$P_{max}=(W_r+W_{ll})\times(1+S\times n\times n/1790)+P_{bu}-P_I$$

$$W_r=q_r\times L$$

$$W_{ll}=f_p\times L\times\gamma_{ml}$$

$$P_{bu}=p_o\times(f_p-f_r)$$

$$P_I=p_c\times f_p$$

式中　P_{max}——上冲程最大载荷，kN；

W_r——抽油杆在空气中的重量，N；
W_{ll}——作用在活塞上的液柱重量，N；
P_{bu}——上冲程井口回压产生的载荷，N；
P_I——上冲程泵入口压力产生的载荷，N；
S——冲程，m；
n——冲次，min^{-1}；
q_r——杆柱在液体中的重量，N
f_p——活塞截面积，mm^2；
γ_{ml}——混合液密度，N/m^3；
f_r——抽油杆截面积，mm^2；
P_o——井口回压，Pa；
P_c——上冲程吸入口压力，Pa。

1.1.2 下冲程最小载荷计

抽油杆下冲程所受最小载荷为抽油杆在空气中的重量 W_r 与下冲程杆柱最大惯性载荷、下冲程井口回压产生载荷的差值。

$$P_{min}=W_{r1}-I_{rd}-P_{db}$$

式中 P_{min}——最小载荷，kN；
W_{rl}——杆柱在液体中的重量，N
I_{rd}——下冲程杆柱最大惯性载荷，N；
P_{db}——下冲程井口回压产生的载荷，N。

1.1.3 交变载荷

抽油杆所受交变载荷为上冲程最大载荷与下冲程最小载荷的差值。

$$P_{交变}=P_{max}-P_{min}$$

通过上面公式可知，影响交变载荷最大的因素为抽油杆在空气中的重量和作用在活塞上的液柱重量，抽油杆在空气中的重量受抽油杆的尺寸决定，作用在活塞上的液柱重量与泵的尺寸和泵的充满程度即泵效成正比，因此计算了冲程 4m、冲次 6min^{-1}、沉没度 350m 时，不同杆柱尺寸、泵径和泵效的 25 组最大载荷、最小载荷及交变载荷数据表 1。

表 1 不同影响因素交变载荷计算数据表

杆柱尺寸，mm	泵径，mm	泵效，%	最大载荷，kN	最小载荷，kN	交变载荷，kN	折算应力，kN/mm^2
22	57	50	32.16	22.91	9.25	48.00
		60	38.59	22.91	15.68	57.60
		70	45.02	22.91	22.11	67.20
		80	51.46	22.91	28.54	76.80
		100	64.32	22.91	41.41	96.00
	70	50	40.62	22.91	17.70	64.02
		60	48.74	22.91	25.83	76.82
		70	56.86	22.91	33.95	89.62
		80	64.99	22.91	42.07	102.43
		100	81.23	22.91	58.32	128.04

续表

杆柱尺寸，mm	泵径，mm	泵效，%	最大载荷，kN	最小载荷，kN	交变载荷，kN	折算应力，kN/mm²
25	57	50	37.80	31.28	6.52	41.69
		60	45.36	31.28	14.08	50.03
		70	52.92	31.28	21.64	58.36
		80	60.48	31.28	29.20	66.70
		100	75.59	31.28	44.32	83.38
	70	50	46.25	31.28	14.98	54.21
		60	55.50	31.28	24.23	65.05
		70	64.76	31.28	33.48	75.89
		80	74.01	31.28	42.73	86.73
		100	92.51	31.28	61.23	108.42
	83	50	56.44	31.28	25.17	69.13
		60	67.73	31.28	36.45	82.96
		70	79.02	31.28	47.74	96.78
		80	90.31	31.28	59.03	110.61
		100	112.88	31.28	81.61	138.26

1.2 现场实测洗井后载荷的变化规律

对 53 口杆断周期短于 200d 的杆断井进行跟踪测试，洗井后，每周测试示功图、动液面 1 次，洗井后上载荷及交变载荷逐渐增大。

如 5-1612 井，泵径 70mm，产液 61t/d，泵效 62.2%，杆径 22mm，计算交变载荷为 30.36kN，洗井后初期交变载荷为 32.82 kN，与计算值相当，但随着结蜡程度的增加，交变载荷值逐渐增大(图 1)。

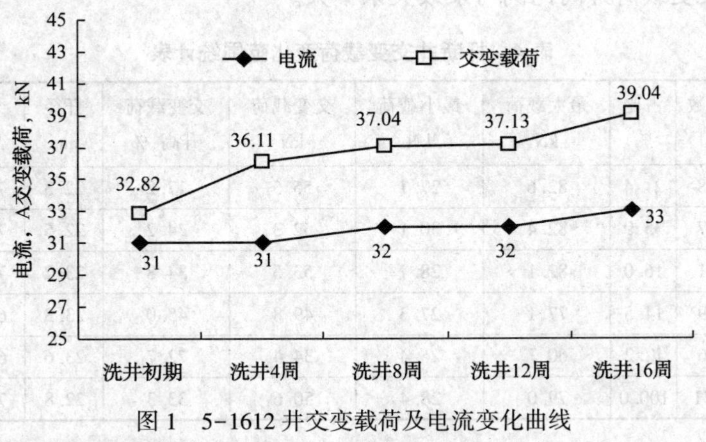

图 1　5-1612 井交变载荷及电流变化曲线

根据计算的数据及现场测试的数据可得到以下认识：

(1)洗井初期的交变载荷值与计算值基本相符。

实测值与计算值相比误差全部小于 15%，小于 10%的占 90.8%(表 2)。

表 2　洗井初期的交变载荷值与计算值对比统计表

计算值与实际值相差比例,%	0~5	5~10	10~15	小计
井数，口	32	16	5	53
所占比例,%	60.4	30.2	9.4	100

(2)随着结蜡程度的增加，交变载荷增大，但与时间不成正比。洗井 2 个月后，交变载荷增大的比例没有明显规律，因此判断热洗时机时还应根据载荷的变化进行判断(表 3)。

表 3　洗井 2 个月后交变载荷变化值与井数统计表

交变载荷升高,%	0~10	10~20	20~30	≥30	合计
井数，口	13	19	14	7	53
比例,%	24.5	35.8	26.4	13.2	100

2　抽油机井合理热洗时机探讨研究

2.1　交变载荷的合理变化范围研究

2014 年、2015 年的杆断井共 374 井次，对历史数据进行回归查询，选取杆断前 15d 内具有载荷数据且动液面与正常值相当的 131 井次进行分类分析，汇总了杆断井交变载荷变化范围统计表，分析统计表(表 4)可知：

(1)杆断井交变载荷升高主要集中在 15%~50%，其中 20%~30%比例最高，占 35.9%。

(2)杆断前交变载荷升高比例与杆径成反比，即相同条件下，杆径越大，可承受的交变载荷升高值越大。

(3)杆断前交变载荷升高比例与最大载荷和产液量成反比，即相同条件下，产液量及最大载荷越大，越容易发生杆断。

(4)杆断前交变载荷升高比例与泵效关系不大。

表 4　杆断井交变载荷变化范围统计表

序号	交变载荷升高比例,%	井数口	占比%	最大载荷kN	最小载荷kN	交变载荷kN	交变载荷升高,%	杆径mm	泵径mm	产液量,t/d	泵效%
1	15~20	28	21.4	82.6	27.1	55.5	17.2	22.3	71.8	83.7	58.9
2	20~30	47	35.9	82.4	30.1	52.3	24.2	22.5	70.8	77.1	65.2
3	30~40	21	16.0	82.1	28.7	53.5	34.8	23.2	71.8	73.2	56.3
4	40~50	19	14.5	77.1	27.3	49.8	45.0	23.3	68.6	71.8	65.2
5	≥50	16	12.2	60.7	26.4	34.4	72.7	23.6	68.4	62.1	63.4
合计		131	100.0	79.0	28.4	50.6	33.3	22.8	70.5	75.3	62.2

2.2　热洗时机模板的制定

根据杆断井交变载荷的变化范围，按照产液量、杆径的分级，初步制定了热洗时机模板(表 5)。如杆径为 25mm 时，产液量在 60~80t/d 之间，当交变载荷升高至 27%时，即应该洗井。

表 5　最佳热洗时机模板

杆柱尺寸，mm	产液量，t/d	最佳热洗时机交变载荷升高比例,%
22	≤40	30
	40~60	27
	60~80	24
	80~100	20
	>100	15
25	≤50	35
	50~80	30
	60~80	27
	80~120	25
	120~150	20
	>150	15

2.3　应用模板洗井效果分析

对杆断周期短于 200d 的 53 口井应用初步制定的模板重新制定热洗时机，进行优化洗井，平均热洗周期由 82d 缩短为 48d，截至 2016 年 11 月 20 日，共进行热洗 189 井次(表 6)。

表 6　优化热洗周期洗井统计表

分矿	一矿	二矿	三矿	四矿	小计
计划井次	118	16	29	27	190
热洗井次	117	16	29	27	189
优化前周期，d	76	76	107	83	82
优化后周期，d	45	46	57	48	48

例如，8-PS2903 井为 ϕ70mm 抽油泵，原洗井周期 120d，产液 103t/d，抽油杆直径为 25mm，当交变载荷升高 25%时即应该洗井。洗井 8 周后，交变载荷达到 33.89kN，上升 25.9%，达到了洗井标准，因此将热洗周期定为 55d(图 2)。通过及时洗井交变载荷下降 9.1kN，达到了降低交变载荷的目的，应用交变载荷法洗井后，该井免修期 316d，与检泵周期相比延长 181d。

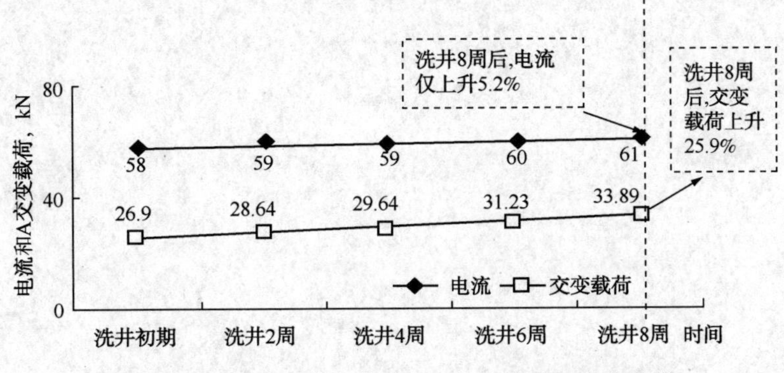

图 2　L8-PS2903 井洗井后电流与交变载荷变化曲线

应用载荷法洗井后53口井免修期289d，与上次检泵周期相比延长169d，虽然增加热洗115井次，费用增加6.7万元，但可减少检泵井83井次，节约检泵费用约730万元。

3 结论

(1)载荷法洗井与电流法相比更加准确，对结蜡的反应更加敏感。

(2)影响交变载荷最大的因素为杆柱尺寸和产液水平；相同条件下，杆径越大，可承受的交变载荷升高值越大；产量越高，越容易发生杆断。

(3)应用载荷法洗井53口，热洗周期缩短34d，免修期289d，与上次检泵周期相比延长169d。应用载荷法洗井能够达到降低交变载荷延长检泵周期的目的。

(4)由于电流法具有测试方便、数据连续的优点，因此在判断洗井时机时应该采取电流法与交变载荷共同分析的方法。

参 考 文 献

[1] 陈涛平．石油工程[M]．北京：石油工业出版社，2004.

[2] 辛辉，辛宾．油井结蜡问题原因分析与管理探讨[J]．中国石油和化工标准与质量，2011，31(3)：62.

[3] 张佳民，韩冬，郑俊德，等．聚合物驱油井结蜡分析及合理热洗周期的确定[J]．石油钻采工艺，2005，27(3)：41-44.

油井全生命周期技术管理措施在检泵率控制工作中的效果分析

付　尧

（工程技术大队）

摘　要：油井全生命周期闭环技术管理措施体系，即将油井全生命周期划分为正常、异常和检泵三个生命节点，通过精细生产管理抓正常井，控制好井变坏；通过积极开展治理抓异常井，控制坏井变检；通过现场监督紧密方案设计抓检泵井，确保下一个生命周期的良好开端，从而实现油井全生命周期的闭环管理。通过深入攻关，2015 年 10 月机采井检泵率为 23.4%，低于考核计划 3.0 个百分点，同比下降 3.4 个百分点，少检泵 120 井次，节约检泵成本 1581 万元，减少躺井时间影响油 0.27×10^4t；检泵周期 727d，长于考核值 7d，同比延长 40d；油井综合返工率为 3.80%，低于考核计划 0.2 个百分点，同比下降 1.17 个百分点。

关键词：油井；技术管理；检泵率；效果

面对检泵率控制难度加大、维护成本攀升的严峻形势，2014 年成立了由多个专业和部门组成的机采井检泵率控制联合攻关项目组，构建了"思想统一、目标一致、职责明确、整体联动"的联合攻关组织模式。项目组以"效益产量"为目标，按照"地上与地下、科研与生产、技术与管理"一体化攻关思路，寻找管理过程中的关键节点，建立起立竿见影的"定、抓、重、促"生产管控模式；梳理应用技术中的薄弱环节，建立起保障长效的"防、优、治、研"技术配套模式。通过技术、生产等部门的共同努力、通力协作，有效遏制检泵率上升的趋势，机采井检泵率 2014 年同比 2013 年下降 14.1 个百分点。但检泵指标与先进水平相比还存在一定差距，仍有挖潜空间，为此，2015 年持续推进机采井检泵率控制联合攻关，建立并实施了油井全生命周期闭环技术管理措施体系（图 1）。即将油井全生命周期划分为正常、异常和检泵三个生命节点，通过精细生产管理抓正常井，控制好井变坏；通过积极开展治理抓异常井，控制坏井变检；通过现场监督紧密方案设计抓检泵井，确保下一个生命周期的良好开端，从而实现油井全生命周期的闭环管理。

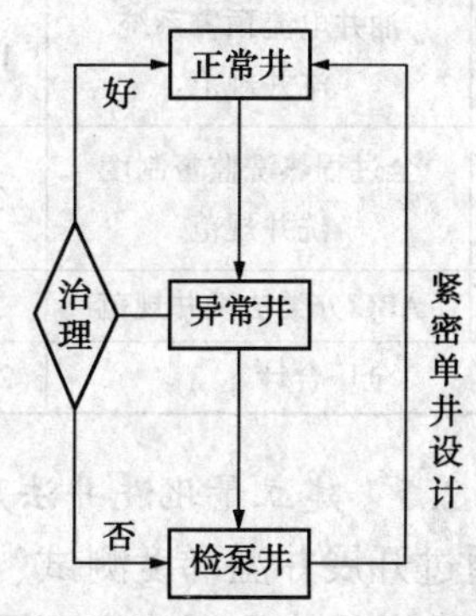

图 1　油井全生命周期闭环管理图

在技术应用上进一步优化"防、优、治、研"的技术配套模式，编制成熟技术系列化应用模板 12 个，提升成熟配套技术适应性和针对性；在生产管理上进一步强化"定、抓、重、促"的生产管控模式，建立管理手段标准化应用技术规范 14 个，提升管理手段的可操作性。

1 精细生产管理抓正常井，控制好井变坏

1.1 精细泵况管理

在油井泵况管理上提出了“资料准、分析实、维护勤、监督严”的油井泵况管理四项工作方法(表1)，推广应用4358井次，大大提升了油井泵况管理水平。

表1 油井泵况管理四项工作方法

序号	方法	作用
1	资料录取突出一个“准”字	保证了资料录取及时、准确，切实提高资料管理水平
2	单井分析突出一个“实”字	方便了对抽油机井示功图的分析对比与判断井下机泵的工作状况
3	设备维护突出一个“勤”字	发现问题及时处理不过夜，使“五率”(平衡率、对中率、水平率、紧固率、润滑合格率)指标始终保持在98%以上
4	作业监督突出一个“严”字	做好作业现场质量监督与作业后质量跟踪，确保油井健康运行

1.2 强化热洗管理

通过现场试验，总结建立4项热洗管理规范，指导热洗7750井次，平均热洗周期延长7.5d(表2)。

表2 热洗管理规范应用情况

序号	项目	第一油矿		第二油矿		第三油矿		第四油矿		全厂	
		井次	延长周期，d	井次	延长周期，d	井次	延长周期，d	井次	延长周期，d	井次	延长周期，d
1	量化洗井参数洗井规范	428	9	302	4	272	7.9	193	8	1195	7.3
2	油井电流预警系统洗井规范	1930	1.9	403	3.2	250	3	161	5	2744	2.4
3	全过程热洗监督制度洗井规范	305	5	411	6	1019	12.5	237	8	1972	9.4
4	ABC分类法洗井规范	154	6	438	11	271	8	976	16.8	1839	13.2
全厂合计		2817	3.5	1554	6.3	1812	10	1567	13.2	7750	7.5

1.2.1 建立量化洗井法应用技术规范

通过开展井温梯度测试、析蜡试验确定不同产液量、含水率条件下的结蜡段，通过融蜡试验、洗井温度测试确定不同洗井参数下井下各点的温度，得到析蜡点达到融蜡温度所需的排量、温度及时间，据此总结归纳为“量化洗井法”，该方法主要适用于中转站泵洗的抽油机井和螺杆泵井。

为更加方便地应用该方法，编制了量化洗井软件。油井热洗前将需要热洗井的产液量、含水率输入软件内即可得到该井的结蜡位置，输入层位即可确定该井的融蜡温度，根据不同参数井底温度的变化规律可得到该井的最佳洗井参数，根据该参数即可指导洗井，达到以最少的成本完全清蜡的目的。指导洗井1195井次，延长热洗周期7.3d。

1.2.2 建立油井电流预警系统洗井技术规范

通过对比运行电流与标准电流(标准电流不大于20A的波动大于20%，标准电流大于

20A 的波动大于 15%)，建立预警机制，界定螺杆泵井热洗周期，达到降低单井负荷、提高运行时率的效果。指导洗井 2744 井次，延长热洗周期 2. 4d。

1.2.3 建立全过程热洗监督制度洗井技术规范

研究设计热洗监控仪，可记录井口来水温度、洗井液返回温度和压力等数据，实现油井洗井各环节动态参数的全过程监督，并且通过采集数据进机，可以在计算计中回放，自动形成温度、压力等参数曲线，实现了油井热洗质量的量化分析，为热洗质量评价提供新的科学依据，提高了洗井效果。指导洗井 1972 井次，延长热洗周期 9. 4d。

1.2.4 建立 ABC 分类法洗井技术规范

针对不同区块、不同驱替阶段油井洗井周期制定存在一刀切或制定不合理，导致结蜡慢油井频繁洗井浪费能耗，结蜡快油井洗井不及时出现泵况的问题。根据影响结蜡的主要因素(产液量、含水率、动液面、含聚合物浓度)进行分类，确定每类井合理的洗井周期，建立了 ABC 分类法洗井技术规范，达到按照合理周期洗好井的目的(表 3、表 4)。指导洗井 1839 井次，延长热洗周期 13. 2d。

表 3 水驱 ABC 分类洗井周期标准

分类标准	分级	权重	分级	权重	分级	权重
产液量，t/d	<30	1	30~80	0. 8	>80	0. 6
含水率，%	<85	1	85~93	0. 8	>93	0. 6
动液面，m	<300	0. 8	300~600	0. 6	>600	0. 4
综合分类	A		B		C	
分类权重	≥2. 4		2. 4~2. 2		<2. 2	
分类周期，d	<130 合物		90~280		220~500	

表 4 高浓度聚合物驱 ABC 分类洗井周期标准

分类标准	分级	权重	分级	权重	分级	权重
产液量，t/d	<30	1	30~80	0. 8	>80	0. 6
含水率，%	<80	1	80~90	0. 8	>90	0. 6
动液面，m	<300	0. 8	300~600	0. 6	>600	0. 4
综合分类	A		B		C	
分类权重	≥2. 4		2. 4~2. 2		<2. 2	
分类周期，d	<60		50~160		120~210	

通过精细泵况管理，油井泵况合理率由 2014 年的 89. 7%提高到 2015 年 10 月的 91. 9%，同比提高 2. 2 个百分点，提升了泵况管理水平。

2 积极开展治理抓异常井，控制坏井变检

编写完成 9 类非检泵井治理技术规范，规定了各项规范的适用范围、应用原则和具体步骤，同时绘制了流程图，实现了资源共享与高效利用。治理泵况变差井 412 井次，延长运行周期 113d。例如，加阻垢剂处理抽油杆运行滞后技术规范。

2.1 适用范围

该方法适用于因泵筒内结垢而导致光杆下行滞后的抽油机井(若安装变频，则操作相对简易)。

2.2 适用原则

将阻垢剂按比例加入清水稀释成除垢液，通过热洗车注入套管环形空间，使除垢液充分与管壁、抽油杆、泵阀等位置上的垢质物接触反应，从而达到除垢的目的，解决光杆下行滞后的问题。

2.3 具体步骤

加阻垢剂处理抽油杆运行滞后技术规范操作步骤见表5。

表5 加阻垢剂处理抽油杆运行滞后技术规范操作步骤

步骤	治理措施	具体方法
第一步	清洗套管	对套管进行泵车洗井，清洗套管壁杂质，同时降低套管压力，热洗温度达到85℃以上，滞后无缓解采取降参措施
第二步	除垢液的配比及用量	将阻垢剂与清水按1∶10的体积比调配混合成除垢液。处理1口井需要向载有5m³水的罐车投加0.5m³阻垢剂
第三步	注入除垢液	通过热洗车将除垢液由套管注入，使除垢液与井下结垢的管杆、泵筒充分接触反应。此时需注意下调冲次，防止光杆滞后现象的加重
第四步	浸泡	注入完毕后，将驴头停在下死点浸泡3h，每隔半小时启抽运转3min，防止卡泵
第五步	参数调整	待滞后现象缓解后，根据抽油机实际运转情况调整冲次
第六步	巩固效果	运行5~7d后，以上述相同方式再次向该井注入除垢液，巩固效果
第七步	参数恢复	持续观察抽油机运转情况，待发现无滞后现象时，落实生产参数，逐步上调冲次，恢复正常生产

2.4 流程图

加阻垢剂处理抽油杆运行滞后技术规范操作流程如图2所示。

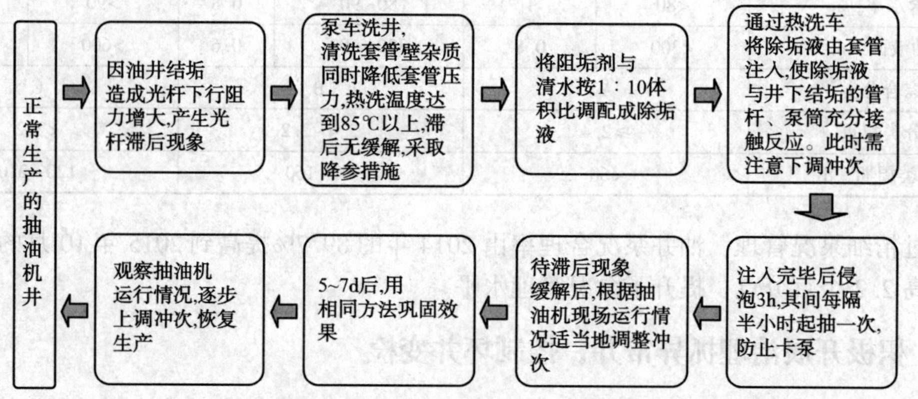

图2 加阻垢剂处理抽油杆运行滞后技术规范操作流程图

通过积极开展非检泵井治理，同比2013年多成功治理67井次，治理有效率提高11.4

个百分点，运行周期多延长 18d，有效延长了油井检泵周期。

3 紧密方案设计抓检泵井，确保下一个生命周期的良好开端

鉴定 881 井次，其中保修期内和返工井监督、鉴定率 100%，纠正误判 27 井次，有力促进了施工、管理单位责任意识的全面提升；指导方案设计覆盖率达 100%，科学有效地指导油井下一个生命周期内的稳定运行。例如，11-PS2737 井于 2015 年 3 月 28 日检泵施工，检出第 102 根油管外螺纹偏磨漏，检泵周期 232d，该井连续 3 次由于泵上油管磨漏检泵，且平均检泵周期仅 224d。结合现场及历次施工优化检泵设计，将泵上 1~5 根油管设计为 N80 级别，提高材质耐磨性，延缓泵上杆管偏磨。

4 应用效果

2015 年 10 月，累计实施技术配套措施 36 项 8160 井次；推广成熟管理经验 14 项 12520 井次(表 6)。在技术应用上，编制成熟技术系列化应用模板 12 个，提升成熟配套技术适应性和针对性；在生产管理上，建立管理手段标准化应用技术规范 14 个，提升管理手段的可操作性。

表 6 技管措施应用情况

项目		措施项目数量	完成井次
技术配套措施	抽油机	16	4942
	螺杆泵	17	3098
	电泵	3	120
	小计	36	8160
成熟管理经验	精细泵况管理	1	4358
	热洗管理	4	7750
	非检泵治理	9	412
	小计	14	12520
合计		50	20680

通过深入攻关，机采井检泵周期为 728d，长于考核值 8d，同比延长 42d；油井综合返工率为 3.80%，低于考核计划 0.2 个百分点，同比下降 1.17 个百分点；机采井检泵率为 23.4%，低于考核计划 3.0 个百分点，同比下降 3.4 个百分点，少检泵 120 井次，节约检泵成本 1581 万元，减少躺井时间影响油 2700t。

5 几点认识

(1)通过精细油井管理，抓正常井；积极开展治理，抓异常井；紧密方案设计抓检泵井三个生命节点，实现了油井全生命周期的闭环管理。

(2)在技术应用上，编制了成熟技术系列化应用模板 12 个，提升了成熟配套技术适应性和针对性；在生产管理上，建立了管理手段标准化应用技术规范 14 个，提升了管理手段的可操作性。

(3)通过深入攻关，取得了良好的应用效果，机采井检泵周期为 727d，长于考核值 7d，

同比延长 40d；油井综合返工率为 3.80%，低于考核计划 0.2 个百分点，同比下降 1.17 个百分点；机采井检泵率为 23.4%，低于考核计划 3.0 个百分点，同比下降 3.4 个百分点，少检泵 120 井次，节约检泵成本 1581 万元，减少躺井时间影响油 2700t。

参 考 文 献

[1] 李青，金东明，戈炳华. 机械采油技术管理方法[M]. 北京：石油工业出版社，1994.
[2] 陈涛平，胡靖邦. 石油工程[M]. 北京：石油工业出版社，2000.

油井优化洗井方法的探索与实践

高艳华

（工程技术大队）

摘　要： 第六采油厂每年因蜡卡造成的检泵井约20井次，说明目前的洗井参数不能洗好全部的井。本文首先按产液量、含水率、开采层位对油井进行分类，根据析蜡化验得到不同井的析蜡温度；根据井温测试得到不同井的温度梯度；这样就可得到不同井的结蜡位置。根据蜡样融化试验得到不同产液量、含水率、开采层位的融化温度，同时在洗井时进行井筒温度测试，用不同的参数进行洗井，得到不同排量、温度、时间洗井时井筒各点温度的变化规律。这样结合前面得到的结蜡位置就可得到不同井的最佳洗井参数。对得到的参数组合进行现场试验，根据试验结果可知，洗井后电流全部下降到标准电流，说明该方法能够达到洗好井的目的，为全厂的洗井工作提供了理论支持。

关键词： 洗井；融蜡温度；析蜡温度；井温测试

洗井是目前采油队提高泵况合理率、降低检泵率最有效的手段，但第六采油厂每年因蜡卡造成的检泵井约20井次，说明目前的洗井参数不能洗好全部井。因此，本文对现场测试、实验室化验的数据进行分析，明确井筒结蜡规律及洗井参数规律，从而确定最佳洗井参数，提高洗井质量。首先，通过化验确定原油的析蜡温度、融蜡温度等参数；通过井温测试确定井温梯度；通过开展洗井温度测试确定不同井的最佳洗井参数。根据试验的结果优化制定多种洗井参数组合，并对得到的参数组合进行现场试验，由试验结果可知，洗井后电流全部下降到标准电流。

1　通过化验析蜡温度及测试井温梯度确定结蜡位置

井筒温度是促成结蜡的主要条件，当井筒温度低于析蜡温度时，蜡即会析出、聚结、长大，形成结蜡现象。结蜡位置取决于原油的析蜡温度及井筒温度，因此进行了析蜡温度实验及井温梯度测试。

1.1　析蜡温度化验

共化验30组，析蜡温度在40~48℃之间，即井筒温度低于40~48℃时，井筒开始结蜡，不同层位的析蜡温度存在差别(表1)。

表1　不同油层析蜡实验结果

序号	油层组	化验样数组	析蜡温度,℃	
			范围	平均值
1	萨Ⅱ组	3	40~45	43
2	萨Ⅲ组	11	42~48	45
3	葡Ⅰ组、葡Ⅱ组	9	42~47	44

续表

序号	油层组	化验样数组	析蜡温度,℃	
			范围	平均值
4	高Ⅰ组	5	42~45	43
5	高Ⅱ组、高Ⅲ组	2	43~45	44
平均		30	40~48	44

1.2 井温梯度测试

为得到不同井的井筒温度变化规律，进行了井温测试，共16口井，井下920m的温度在42.1~49.0℃之间。

根据测试的数据绘制了各井的井温梯度曲线，如图1所示，开始结蜡位置随着井筒温度的降低而上升，当析蜡温度为40℃时，开始析蜡位置在760~420m之间；当析蜡温度为48℃时，开始析蜡位置在920~800m之间；通过测试数据可知，相同层位时结蜡位置跨度也较大，因此洗井时应按照最深的结蜡点计算。

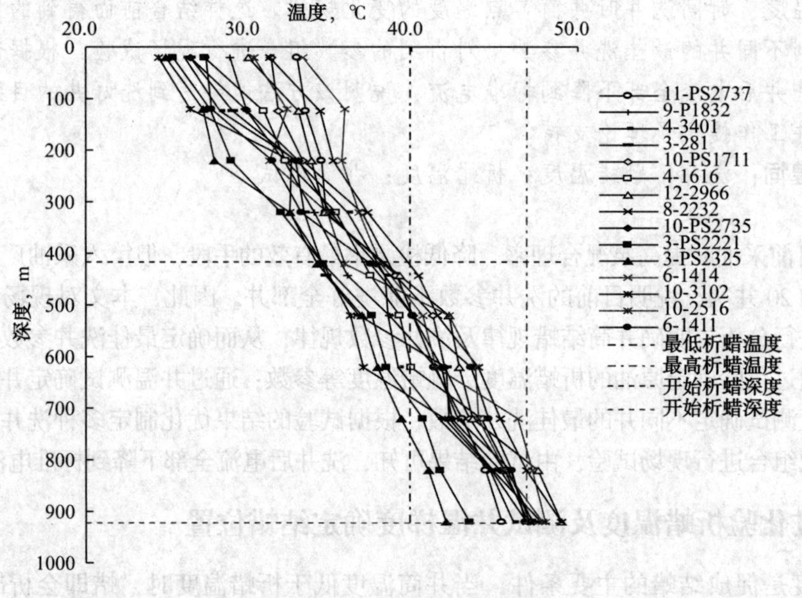

图1 实测井温梯度曲线

2 优化洗井方法的探讨

2.1 蜡质融化温度化验

共进行融化温度化验60组，据试验结果(表2)可知，平均初始融化温度为51℃，完全融化温度为59℃，平均融化时间为27min，不同开采层位的蜡融化温度稍有差别。

表2 融蜡温度试验结果

序号	油层组	化验样数个	初始融化温度,℃		完全融化温度,℃	
			范围	平均值	范围	平均值
1	萨Ⅱ组	8	48~54	50	58~62	59
2	萨Ⅲ组	25	49~56	53	59~64	60

续表

序号	油层组	化验样数个	初始融化温度,℃		完全融化温度,℃	
			范围	平均值	范围	平均值
3	葡Ⅰ组、葡Ⅱ组	12	51~55	52	57~61	58
4	高Ⅰ组	8	49~52	51	57~62	59
5	高Ⅱ组、高Ⅲ组	7	49~54	50	58~64	59
平均		60	48~56	51	57~64	59

从化验结果看，完全融化温度多为平均温度，以萨Ⅲ组为例，化验25组，共有14组为平均温度60℃，仅有4组高于60℃，因此洗井时结蜡点高于平均融蜡温度即可。

2.2 洗井温度变化规律测试

为确定洗井时不同参数下井口及井底各点的温度变化规律，进行洗井温度测试。中转站洗井测试13口井，井口的洗井温度从78℃到92℃，热洗排量从16m³/h到32m³/h，洗井时间全部大于6h(表3)。

表3 洗井温度测试参数统计表

序号	井号	洗井排量，m³/h	井口洗井温度,℃	洗井时间，h
1	9-P1832	16	80	10
2	3-281	16	87	6.5
3	10-PS1711	16	90	8
4	10-2516	18	86	6
5	6-1411	19	89	6
6	11-PS2737	20	86	8
7	4-3401	21	86	7.5
8	4-1616	22	85	9
9	12-PS2333	22	78	6.5
10	10-3102	25	89	8
11	12-2966	28	84	6.5
12	6-1414	30	92	7.5
13	8-2232	32	82	6

2.2.1 井筒温度与洗井温度及排量的关系

其中，4口井洗井排量大于25m³/h，如图2所示，排量大于25m³/h、温度高于82℃时，全井能够达到完全融蜡温度。

4口井洗井排量在20~25m³/h之间，排量大于21m³/h、温度高于86℃时，全井能够达到完全融蜡温度。

5口井洗井排量小于20m³/h，洗井排量低于20m³/h时，井筒温度下降较快，只有温度高于86℃时，全井才能够达到完全融蜡温度，排量继续降低，井底达不到完全融蜡温度。

2.2.2 洗井温度与洗井时间的关系

对其中8口井420m(最高开始结蜡深度)、920m(最低开始结蜡深度)两点不同时间的温度变化进行统计，并绘制了随温度的变化曲线。

如图3和图4所示，随着洗井的进行，井底各点温度达到平衡，继续延长时间，温度也不会继续增加，说明洗井的最佳时间等于结蜡点达到融化温度的时间与融蜡时间的和，继续延长洗井时间对提高洗井质量的帮助不大。

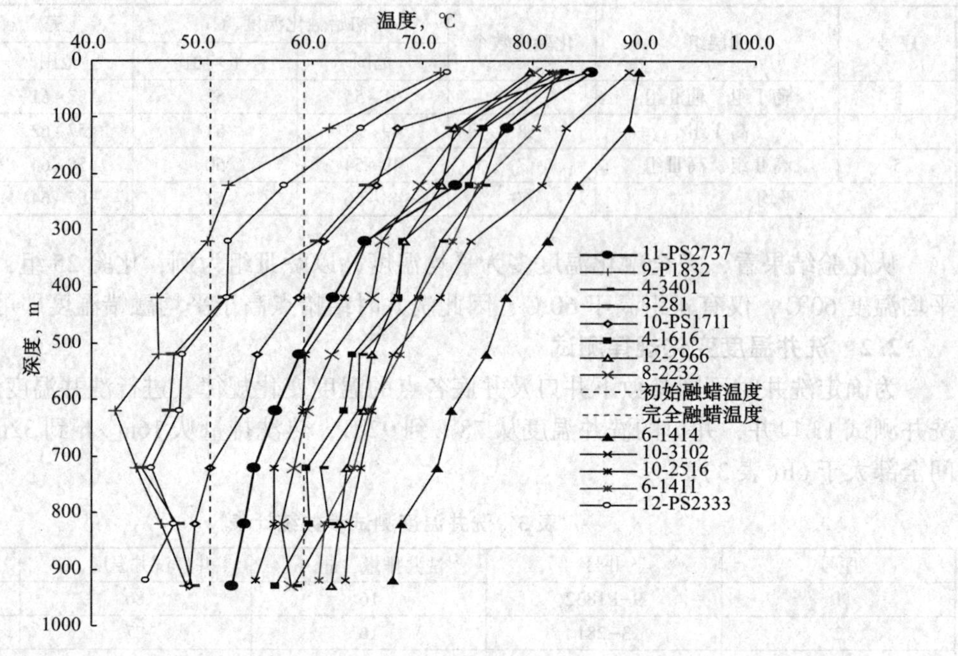

图 2　洗井温度测试曲线

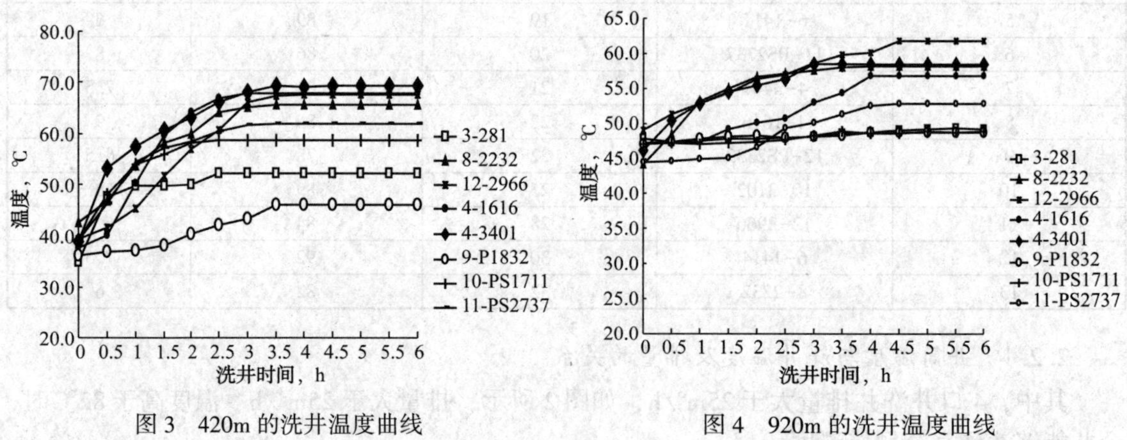

图 3　420m 的洗井温度曲线

图 4　920m 的洗井温度曲线

由此确定不同产量下井下各点达到最高温度的时间(表 4)，这样就可以计算出最佳洗井时间。

表 4　各井洗井时各点达到最高温度的时间

序号	产液量，t/d	深度，m						融蜡时间，h
		420	520	620	720	820	920	
1	≤20	2.7	3.0	3.3	3.8	3.8	4.5	0.5
2	20~50	2.6	3.0	3.5	3.5	3.8	4.1	0.5
3	≥50	1.9	2.4	2.8	3.4	3.7	4.1	0.5
平均		2.3	2.8	3.2	3.5	3.8	4.1	0.5

3 应用效果

根据测得的数据及总结的规律建立了数学模型，并开发了单井最优热洗参数软件，输入开采层位、产液量、含水率等参数即可得到每口井的最佳热洗参数。截至 2014 年 9 月下旬，已在全厂 32 个小队应用该软件 952 井次。

3.1 应用效果

应用软件 952 井次，其中抽油机井 422 口，螺杆泵井 530 口，应用优化后的参数进行洗井，电流全部恢复到正常水平。对比 96 口井优化前后的热洗周期，截至 2014 年 11 月 30 日，免洗周期平均延长 8d。

3.2 适应性分析

(1)该软件对抽油机及螺杆泵井都有较好的适应性，其中抽油机井应用 422 井次，螺杆泵井应用 530 井次，洗井后全部恢复到正常电流。

(2)该软件在不同区块都有较好的适应性，其中水驱区块应用 359 井次，聚合物驱区块应用 593 井次，洗井后全部恢复到正常电流。

(3)该软件在第六采油厂不同含水条件下应用，最小含水率为 48.0%，最大含水率为 99.6%，基本满足第六采油厂不同含水油井的要求。

(4)该软件在第六采油厂不同产液条件下应用，最小产液量为 10t/d，最大产液量为 192t/d，可满足第六采油厂不同产量油井的要求。

该软件对不同举升方式、产液量、含水率和区块条件都有较好的适应性。

4 结论

(1)通过化验确定原油的析蜡温度、融蜡温度等参数；通过井温测试确定原始井温梯度和不同井的洗井参数下井底各点温度，总结一套优化洗井方法，应用该方法洗井可以达到完全清蜡的目的。

(2)第六采油厂原油析蜡温度在 40~48℃之间，开始析蜡位置在 920~420m 之间；相同层位时结蜡位置跨度较大，洗井时应按照最深的结蜡点计算。

(3)洗井排量及温度对洗井效果影响较大，当排量低于 $20m^3/h$ 时，温度应高于 86℃时。

(4)该方法对不同举升方式、产液量、含水率和区块都有较好的适应性。

参考文献

[1] 辛辉，辛宾．油井结蜡问题原因分析与管理探讨[J]．中国石油和化工标准与质量，2011，31(3)：62.

[2] 刘业国，张杰．采取增加液体流速措施降低油井结蜡[J]．油气田地面工程，2007，26(9)：27.

[3] 张佳民，韩冬，郑俊德．聚合物驱油井结蜡分析及合理热洗周期的确定[J]．石油钻采工艺，2005，27(3)：41-44.

[4] 胡博仲．聚合物驱采油工程[M]．北京：石油工业出版社，1997.

[5] 陈涛平．石油工程[M]．北京：石油工业出版社，2004.

抽油机井日常管理能耗节点标准的确定

张　滨　刘三军　魏翼祥　李荣成　马越平

（第一油矿）

摘　要：Q/SY DQ0804—2002《采油岗位技能操作程序及要求》标准中规定抽油机井平衡率应达到85%以上；皮带上好后，皮带下按不超过二指为松紧适合；加完密封圈后，应不渗不漏，光杆不发热。该标准定性给出了一个参考范围，没有定量给出具体参数，无法作为能耗节点控制参数标准执行使用。通过应用CDY-IA型抽油机井电动机多参数测试仪，现场测试不同生产状况抽油机井在不同平衡率、皮带和密封圈松紧度工作状态下的能耗值，通过对试验数据进行回归分析，确定出抽油机井最佳能耗调整范围平衡率在90%～100%之间；皮带松紧度力量值在15～20N之间；密封圈松紧度力矩值小于60N·m。研制了皮带和密封圈松紧度测试仪，实现了皮带和密封圈松紧度定量管理。经现场应用和效果评价，节电率达11.66%，取得了较好的经济效益。

关键词：抽油机井；日常管理；能耗节点

抽油机井采油是油田主要采油方式，其耗电量占油田总耗电30%以上。在日常生产管理中，抽油机井主要控制的能耗节点有平衡率、密封圈和皮带松紧度三个，在保障抽油机井正常运行的前提下，通过现场试验对这三个能耗节点参数进行优化，使抽油机井运行在最佳能耗状态下，对降低油田能源消耗、实现抽油机井节能措施的标准化管理具有重要意义。

1　原有抽油机井操作标准不适应性分析

Q/SY DQ0804—2002《采油岗位技能操作程序及要求》标准中关于抽油机井平衡率、皮带和密封圈松紧度调整的规定为：

平衡率应达到85%以上；皮带上好后，皮带下按不超过二指为松紧适合；加完密封圈后，应不渗不漏，光杆不发热。

从标准的规定中可以看出，该标准由于侧重提高岗位工人的操作技能和操作水平，对于能耗的控制考虑较少，只是定性给出了一个参考范围，没有定量给出具体参数。在实际应用上，从能耗控制的角度来看，可操作性不能适应目前的要求，无法作为能耗节点控制参数标准来执行使用。因此，有必要对抽油机井的这三个能耗节点参数进行研究，定量给出其在最佳能耗状态下的参数值，以达到抽油机井在最佳能耗状态下运行、降低油田能源消耗的目的。

2　抽油机井日常管理能耗节点标准的确定

通过应用CDY-IA型抽油机井电动机多参数测试仪，现场测试6口不同生产状况抽油机井在不同平衡率、皮带和密封圈松紧度工作状态下的能耗值，摸索分析随平衡率、皮带和密封圈松紧度的变化耗电量的变化规律，进而确定抽油机井平衡率、皮带和密封圈松紧度调整的最佳能耗范围。为了确保数据准确，在参数调整 30min 后录取。

2.1 抽油机最佳能耗平衡率的确定

由于现场 90%抽油机井机型为 CYJ10-3(4.2)-53HB，因此选择 CYJ10-3(4.2)-53HB 机型进行试验。通过对 6 口抽油机井的平衡率与日耗电关系的试验数据进行回归分析，得到平衡率与日耗电关系试验数据回归曲线(图 1、图 2)和回归结果对比表(表 1)。

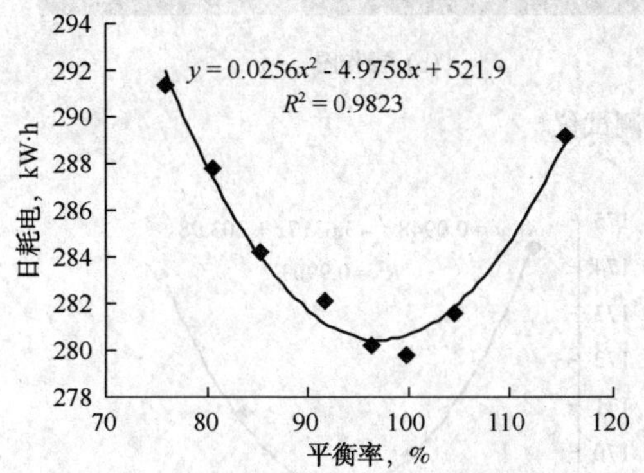

图 1 喇 6-3466 井平衡率与日耗电回归曲线

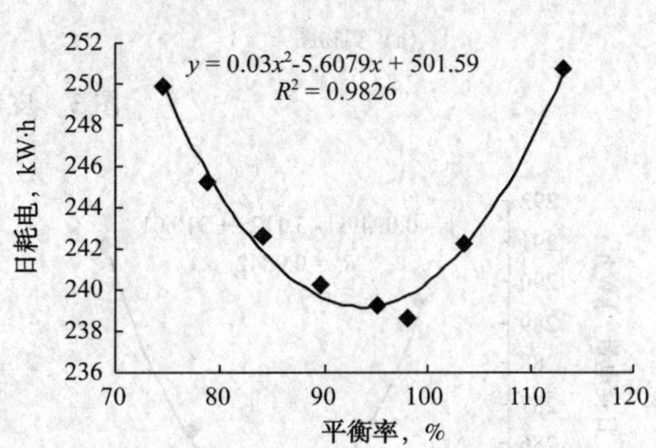

图 2 喇 7-2701 井平衡率与日耗电回归曲线

表 1 抽油机井最佳耗电平衡率试验数据回归结果对比表

序号	井号	机型	冲程 m	冲次 n/min	电动机功率 kW	产液量 t/d	含水率 %	动液面 m	回归结果		
									R^2	日耗电最低值，kW·h	平衡率最佳值,%
1	6-3466	CYJ10-4.2-53HB	4.2	6	55	121	93.6	541	0.9823	280.12	97.18
2	7-2701	CYJ10-4.2-53HB	3	8	45	62	94.9	643	0.9826	239.52	93.47
3	2-381	CYJ10-4.2-53HB	4.2	8	45	85	93.2	254	0.9752	204.98	94.91
4	4-3502	CYJ10-3-53HB	4.2	6	30	110	96.2	356	0.9725	175.37	94.09
5	9-P32	CYJ10-3-53HB	3	3	22	42	97.3	552	0.9702	145.21	96.23
6	4-3002	CYJ10-3-53HB	4.2	6	22	87	91.4	327	0.9736	138.77	96.53

通过 6 口井的回归曲线得出，随着平衡率的变化，单井耗电量呈一开口向上的抛物线规律变化，曲线的最低点即日耗电最低点对应的平衡率范围在 93%~97%之间，考虑到平衡率调整的可操作性，结合回归的结果，建议平衡率调整的最佳能耗范围为 90%~100 %。

2.2 抽油机最佳能耗皮带松紧度的确定

为了便于测试皮带松紧度，研制了皮带松紧度测试仪(图 3)。该测试仪由测试部分和显示部分组成，操作时将测试部分作用于皮带上、下水平面，压力传感器将皮带所受力的大小传给显示部分。通过对 6 口抽油机井的皮带松紧度与日耗电关系的试验数据进行回归分析，得到皮带松紧度与日耗电关系试验数据回归曲线(图 4、图 5)和回归结果对比表(表 2)。

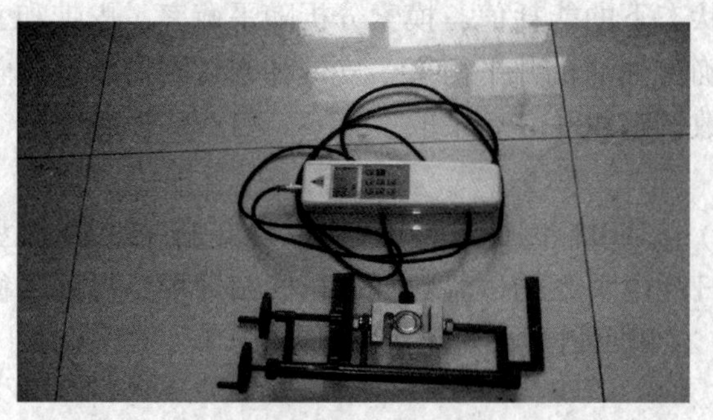

(a) 实物图

(b) 操作图

图 3　皮带松紧度测试仪

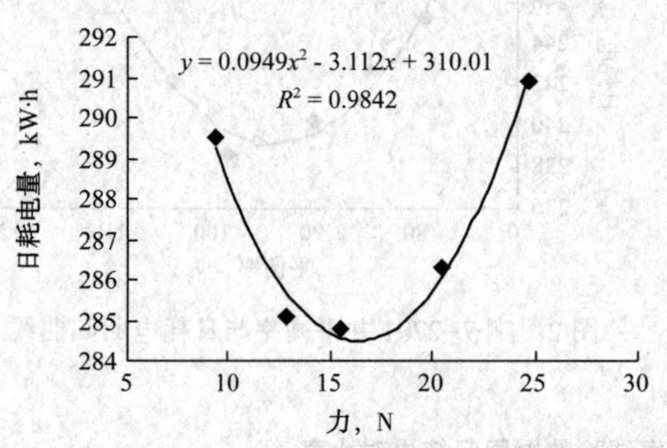

图 4　喇 6-3466 井皮带松紧力量与日耗电回归曲线

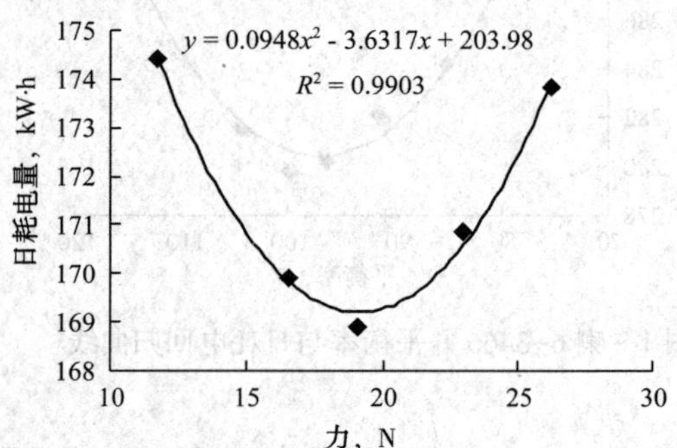

图 5　喇 7-3436 井皮带松紧力量与日耗电回归曲线

表 2　抽油机井最佳耗电皮带松紧度试验数据回归结果对比表

序号	井号	皮带型号	冲程 m	冲次 n/min	电动机功率，kW	产液量 t/d	含水率 %	动液面 m	回归结果		
									R^2	日耗电最低值，kW · h	紧皮带力最佳值，N
1	6-3466	V6350	4. 2	6	55	121	93. 6	541	0. 9842	284. 5	16. 4
2	6-3516	V5380	3	9	45	39	96	703	0. 9738	214. 42	17. 49
3	7-3436	V5380	2. 5	6	45	33	93. 7	209	0. 9903	169. 19	19. 15
4	3-3302	V6350	4. 2	6	45	115	92	321	0. 9887	217. 23	16. 56
5	8-3302	V6350	3	5	55	37	940	882	0. 9967	182. 85	16. 51
6	8-3232	V6350	3	7	55	72	94. 2	515	0. 9766	259. 89	15. 33

通过 6 口井的回归曲线得出，随皮带松紧度的变化，单井耗电量呈一开口向上的抛物线规律变化，曲线的最低点即日耗电最低点对应的皮带松紧度，范围在 16~19N 之间，考虑到皮带松紧度调整的可操作性，结合回归的结果，建议皮带松紧度调整的最佳能耗力量值范围在 15~20N 之间。

2. 3　抽油机最佳能耗密封圈松紧度的确定

为了便于测试密封圈松紧度，通过市场调查，发现扭矩扳手可以确定螺丝的松紧力矩。

将扭矩扳手的六角侧面垂直钻两个与抽油机井密封盒把直径相同的圆，使扭矩扳手也能确定紧密封圈力矩的大小(图6)。操作时将扭矩扳手插入抽油机井密封盒把内；通过顺时针旋转扭矩扳手，带动抽油机井密封盒把旋转，使抽油机井密封圈受力。从扭矩扳手上的力矩盘指针的变化就可以确定抽油机密封圈所受力量的大小。通过对6口抽油机井的密封圈松紧度与日耗电关系的试验数据进行回归分析，得到抽油机井密封圈松紧度与日耗电关系试验数据回归曲线(图7、图8)。

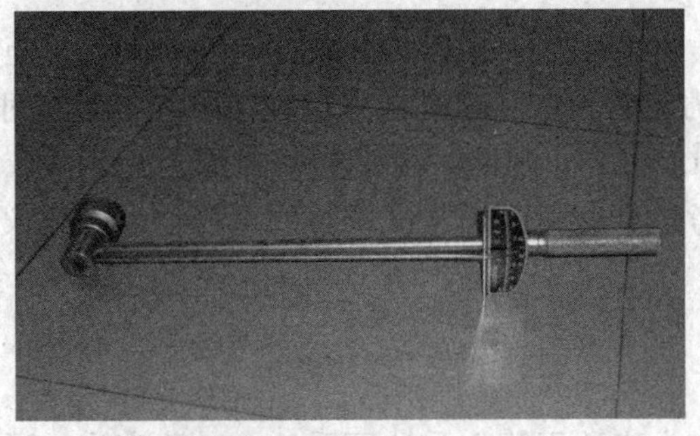

(a) 实物图

(b) 操作图

图6　密封圈扭矩扳手

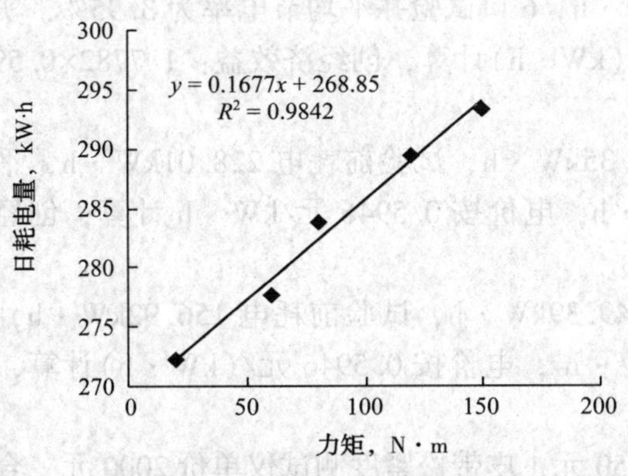

图7　喇6-F290井密封圈松紧力矩与日耗电回归曲线

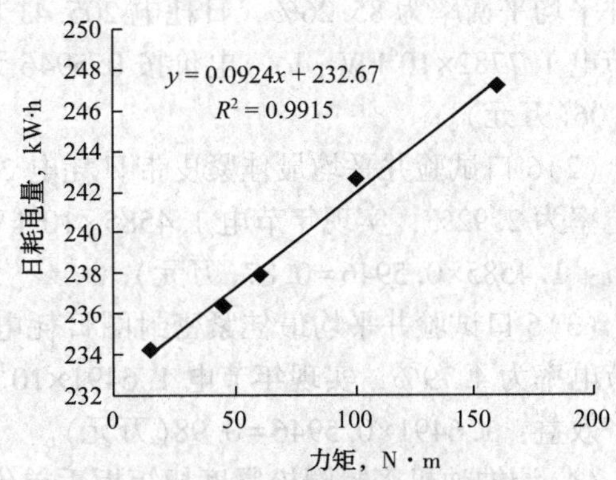

图8　喇6-3466井密封圈松紧力矩与日耗电回归曲线

通过6口井的回归曲线得出，随着紧密封圈力矩的增大，单井耗电量呈线性增加，在保证井口不漏油的前提下，紧密封圈力矩越小，耗电量越小。为此进一步开展了抽油机井紧密封圈力矩与井口漏油时间的关系试验(表3)。

表3　抽油机井紧密封圈力矩与井口漏油时间统计表

序号	井号	力矩，N·m			
		20h	40h	60h	80h
1	6-3466	2.4	34	173	151
2	6-F290	1.8	31	151	125
3	6-SF2936	2.1	33	167	132

续表

序号	井号	力矩，N·m			
		20h	40h	60h	80h
4	4-3616	1.6	28	149	119
5	3-2801	2.5	34	178	155
6	3-2888	1.9	31	155	131

从表3看，紧密封圈力矩为20N·m时，井口在2.5h以内漏油；紧密封圈力矩为40N·m，井口在28~34h之间漏油；紧密封圈力矩为60N·m时，井口在149~178h之间漏油；紧密封圈力矩为80N·m时，井口在119~155h之间漏油，由于紧密封圈力矩增大，造成密封圈磨损严重，导致井口漏油时间缩短。考虑到密封圈松紧度调整的可操作性，建议密封圈松紧度调整的最佳能耗力矩值小于60N·m。

3 经济效益评价

抽油机井日常管理能耗节点标准确定试验在大庆油田第六采油厂采油104队实施，通过一年试验摸索，取得了较好的经济效益。

(1)6口试验井平均最佳能耗平衡率为95.41%，日耗电197.29kW·h；全队42口抽油机井平均平衡率为85.26%，日耗电205.41 kW·h，6口试验井平均节电率为3.95%，实现年节电1.7782×10^4kW·h，电价按0.5946元/(kW·h)计算，创经济效益：1.7782×0.5946=1.06(万元)。

(2)6口试验井平均最佳紧皮带日耗电221.35kW·h，试验前耗电228.01kW·h，平均节电率为2.92%，实现年节电1.4585×10^4kW·h，电价按0.5946元/kW·h计算，创经济效益：1.4585×0.5946=0.87(万元)。

(3)6口试验井平均最佳紧密封圈日耗电149.39kW·h，试验前耗电156.92kW·h，平均节电率为4.79%，实现年节电1.6491×10^4kW·h，电价按0.5946元/(kW·h)计算，创经济效益：1.6491×0.5946=0.98(万元)。

(4)调抽油机密封圈松紧度扭矩扳手单价150元，皮带松紧度测试仪单价2000元，合计投入费用2150元。

(5)获得的经济效益：创造效益-投入费用=2.91-0.215=2.695(万元)。

投入产出比为0.215∶2.91=1∶13.53。

4 几点认识及结论

(1)抽油机井平衡率调整最佳能耗范围在90%~100%之间。

(2)抽油机井皮带松紧度调整最佳能耗力量值范围在15~20N之间。

(3)抽油机井密封圈松紧度调整最佳能耗力矩值小于60N·m。

(4)合理调整平衡率、皮带和密封圈松紧度可以实现单井节电率在10%以上，是降低抽油机井生产耗电的主要管理手段。

长胶筒封隔器胶筒的失效分析及改进研究

司高锋[1]　王祥立[1]　高　珊[2]　杨　晶[1]

(1. 作业大队；2. 第三油矿)

摘　要：利用长胶筒封隔器进行结构界面的封隔及套管炮眼封堵，有效地扩大了厚油层内细分挖潜的空间和潜力，阻断了高渗透层注入通道，强制注入液进入低渗透层，提高了注入液利用率，为厚油层内的细分注采工艺实现提供了有力的保障。但是，长胶筒封隔器常会出现胶筒肩部爆裂、胶筒的橡胶层与缠绕线层脱落的问题，进而使得长胶筒封隔器失效，不能够有效封堵目的层位，严重制约着厚油层细分注采工艺的进一步深入。通过认真的分析研究，从胶筒肩部结构、硫化头结构、胶筒材质及缠绕线方式对长胶筒进行了改进，并通过现场应用，证明了改进后的长胶筒封隔器能够有效解决胶筒肩部爆裂、胶筒的橡胶层与缠绕线层脱落的问题，满足了对厚油层内高渗透部位的无效循环进行有效控制，强化了低渗透部位的动用程度，发挥了厚油层内剩余油的开发潜力，提高了厚油层的开发效果。

关键词：长胶筒封隔器；封堵；失效；改进

厚油层在开发中，由于纵向上渗透率的差异使得注入水首先进入高渗透部位，并由高渗透方向推进到达采出井，形成无效循环，不但使得低渗透部位的剩余油动用较差，采收率比较低，而且使得注入水大量浪费，增加了生产成本。利用长胶筒封隔器进行结构界面的封隔及套管炮眼封堵，可以进一步扩大厚油层内细分挖潜的空间和潜力，解决常规压缩式和扩张式封隔器在封堵过程中将隔层厚度在0.5m以上夹层错过的问题，达到阻断高渗透层注入通道、强制注入液进入低渗透层、提高注入液利用率的目的，为厚油层内的细分注采工艺实现提供了有力的保障。但是，在现场应用过程中，长胶筒封隔器常会出现胶筒肩部爆裂、胶筒的橡胶层与缠绕线层脱落的问题(图1)，进而使得长胶筒封隔器失效，不能够有效封堵目的层位，严重制约着厚油层细分注采工艺的进一步深入。

(a)胶筒肩部爆裂图

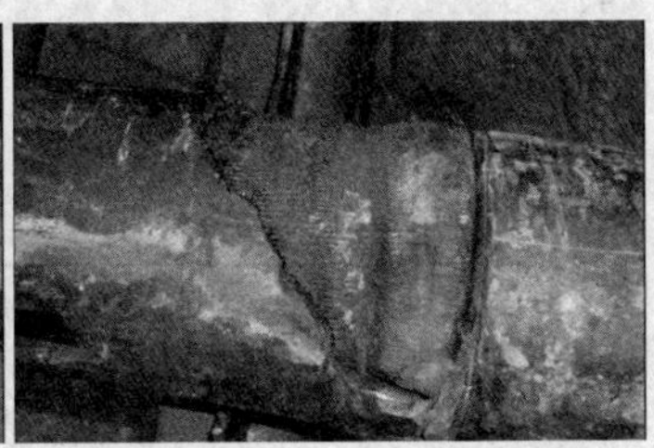

(b)橡胶层与缠绕线层脱落图

图1　长胶筒封隔器现场失效图

1 胶筒失效原因分析

1.1 胶筒肩部爆裂原因分析

长胶筒封隔器属于扩张式封隔器，而扩张式封隔器封隔机理是在外部提供液压坐封力的作用下，依靠液压作用使封隔器的胶筒膨胀，使其在径向发生扩张增大，进而密封油套环形空间。由于长胶筒在端部要与封隔器的连接套连接，为保证连接可靠性，此处一般将橡胶硫化在钢体上，要确定胶筒坐封时承受剪切力的大小，需要对胶筒进行有限元分析。

图 2 胶筒的模型示意图

胶筒呈轴对称结构，本文选择硫化头处和胶筒部分对其进行分析，建立模型如图 2 所示。

本文采用默认的橡胶材料泊松比 μ，为 0.475。

在忽略油套环形空间的压力作用时，胶筒在坐封过程主要受到坐封压力及管柱内液体重量产生的压力带来的剪切应力的影响，其所受的剪切应力为：

$$p_0 = p_{坐} + p_{液}$$

式中 p_0——胶筒承受的剪切应力；

$p_{坐}$——胶筒承受的坐封应力；

$p_{液}$——管柱内液体重量产生的压力。

$$p_{液} = \rho \pi R^2 H$$

坐封介质为清水，其密度为 1g/cm^3，在 1250m 井深时，按照 ϕ62mm 油管计算，其产生的液柱压力为：

$$p_{液} = \frac{1}{4}\rho \pi D^2 H = \frac{1}{4}\pi \times 62^2 \times 1250 \times 10^{-6} = 3(\text{MPa})$$

封隔器坐封压力为 15 MPa，则胶筒受到的最大剪切力为 18MPa。

经有限元分析，得到胶筒所受到的应力如图 3 所示。

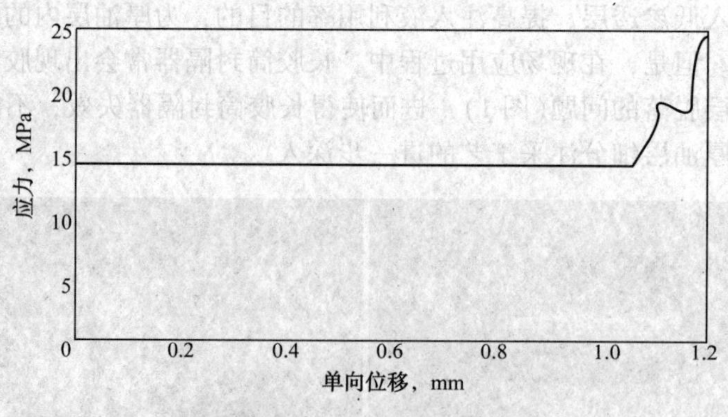

图 3 胶筒所受到的应力图

从图 3 中可以看出，胶筒中部所受到的最大应力为 15MPa，而在胶筒端部即硫化头处所受的最大应力为 27MPa，超过了胶筒所承受的最大受力极限 25MPa，导致胶筒肩部出现爆裂问题，使得长胶筒封隔器失效。

1.2 胶筒的橡胶层与缠绕线层脱落原因分析

封隔器坐封后，胶筒内部充满高压液体，对其进行膨胀以密封油套环形空间。胶筒主要由橡胶和缠绕线组成，常规缠绕线采用长方形网格结构，其结构如图 4 所示。

当其受到高压液体的压力作用时，其受力模式如图 5 所示。

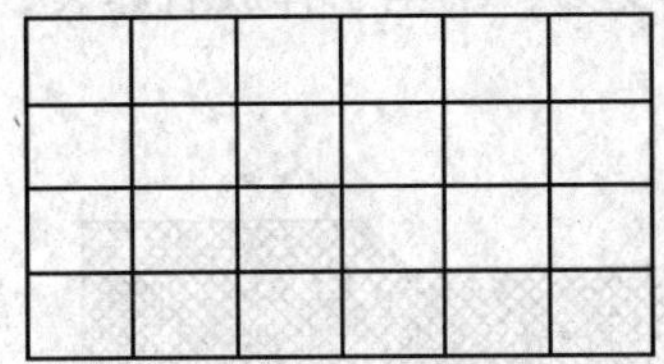

图 4 常规缠绕线结构示意图

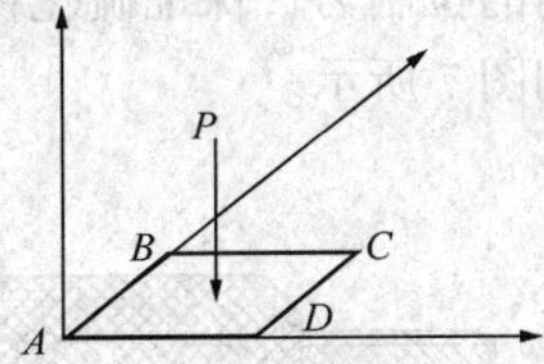

图 5 常规结构受力示意图

从图 5 中可以看出，在不考虑胶筒自重、所受井内液体浮力等因素影响，胶筒的承压能力主要受胶筒内部高压液体产生的压力及胶筒与套管的接触力影响，密封后封隔器承受压差时，胶筒会向承压低的方向变形，压力越高，变形越大，而此时 A、B、C、D 点则受到斜向外的挤压力，从而使得硫化橡胶与缠绕线剥离，是导致胶筒的橡胶层与缠绕线层脱落的主要原因；同时，当橡胶和缠绕线硫化强度不够时，在封隔器注水过程，管柱会随着注水压力波动发生蠕动，使封隔器发生窜动，从而使橡胶层与缠绕线层脱落，导致长胶筒封隔器失效。

为此，要保证厚油层细分注采工艺的进一步深入，就需要对长胶筒封隔器进行改进，以提高其可靠性，增强其持续封堵能力。

2 胶筒的改进及技术参数

2.1 胶筒肩部的改进

从胶筒有限元受力分析可知，胶筒肩部所受到的剪切应力最大，超过了胶筒的最大承力极限，从而使胶筒肩部爆裂，为此从以下 3 方面对其进行改进，以增强其可靠性。

2.1.1 改变胶筒外肩部夹角

长胶筒封隔器胶筒肩部的夹角为 45°，当封隔器坐封时，胶筒外金属钢体与油套环形空间的间距较大，会出现较大的应力集中现象，为此，将胶筒肩部夹角增大，缩小肩部空隙，以减小应力集中，改进后胶筒肩部与改进前对比如图 6 所示。

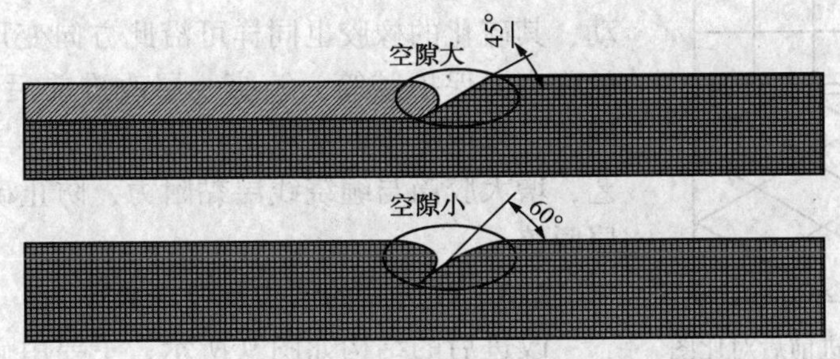

图 6 改进后胶筒肩部与改进前对比图

2.1.2　改变肩部硫化头结构

凹槽式硫化头依靠硫化头钢体支撑、外部胶筒座压紧及自身硫化形成的综合力保持其紧固性，当其受到内部坐封压力带来高压挤胀力作用时，硫化头上的橡胶会发生剥离硫化头现象，进而爆裂。为此采取了凹槽孔眼式硫化头，孔眼处在高压坐封力作用时，其对胶筒向外的挤胀力产生向内的拉制力，保证硫化橡胶整体受力，不至于释放后爆裂，改进后胶筒硫化头与改进前对比如图 7 所示。

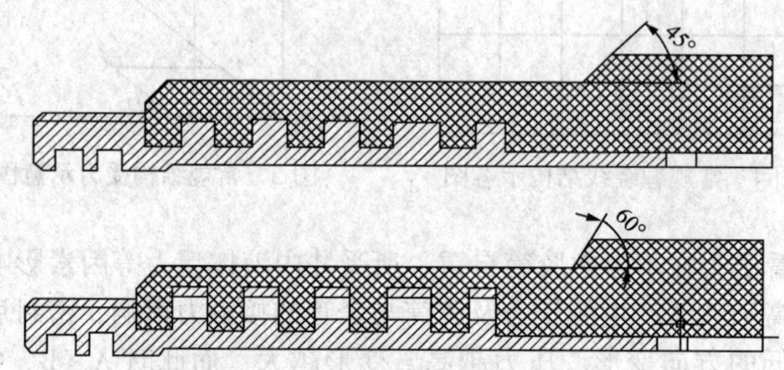

图 7　改进后胶筒硫化头与改进前对比图

2.1.3　改进的胶筒材质

胶筒的材质是丁腈橡胶，通过受力分析，胶筒肩部承受的最高压力达到 27MPa，超出了其设计的最高 25MPa 极限。为此要满足承压要求，根据承温性、承压性、抗老化性、价格等特点，对其添加 40%的半补强填充剂，使其可以在 90℃、35 MPa 作用下使用。改进后的胶筒性能见表 1。

表 1　胶筒性能参数表

拉伸强度，MPa	35	变形，%	40
伸长率，%	600	硬度（邵氏）	40~55

2.2　胶筒缠绕线层改进

通过受力分析可知，在受到挤胀力作用时，胶筒缠绕线层的网格顶点向外张，导致硫化橡胶从缠绕线层剥离，进而失去密封性能；为了改变这一受力状况，将缠绕线的横格式的布线方式改变成斜拉格布线方式。受力时，顶点受力，4 个角约束可沿斜格方向滑动，其硫化的橡胶也同样可沿此方向变形，进而减小向外的张力，保护胶筒，缠绕线层改进前后对比如图 8 所示；同时，采取模压一次成型工艺，改变手工缠绕再硫化的工艺，增大胶筒与缠绕线层黏附力，防止硫化橡胶与缠绕线层脱落。

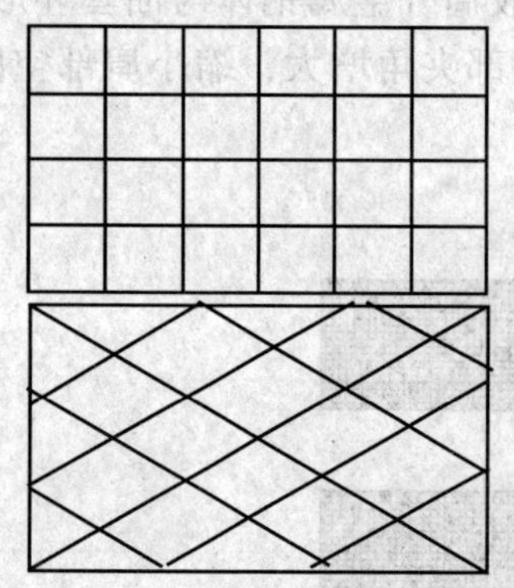
图 8　缠绕线层改进前后对比图

2.3　改进后的结构及技术参数

改进后的结构如图 9 所示，主要由硫化钢体、硫化头和胶筒组成。

其技术参数如下：最大外径 ϕ112mm；最小内径 ϕ90mm；正常工作温度 90℃；最大承

压 35MPa；适用于：ϕ124~127mm 套管。

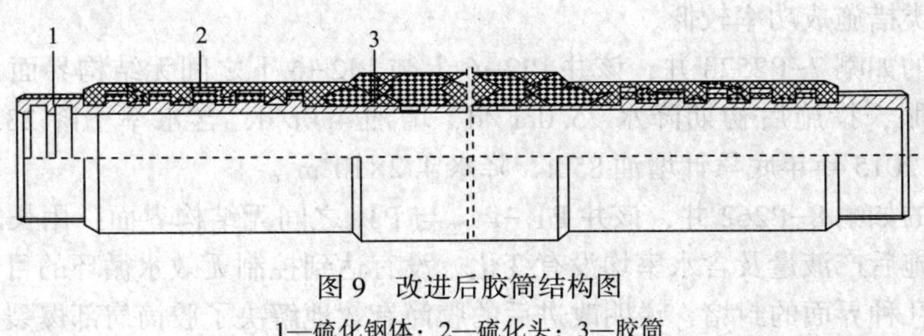

图 9　改进后胶筒结构图

1—硫化钢体；2—硫化头；3—胶筒

3　现场试验及效果

结合喇嘛甸油田储层特征，在以钙质砂岩层或泥质粉砂岩为主界面厚度不小于 0.4m 的Ⅱ类界面、钙质砂岩层或泥质粉砂岩为主界面厚度 0.1~0.3m 的Ⅲ类界面及垂向砂体叠加或切叠存在的渗透率分级界面厚度不大于 0.1m 的Ⅳ类界面进行现场封堵应用，具体情况如下：

(1)对于厚度不小于 0.4m 的Ⅱ类结构界面，采用胶筒长度为 1m 的长胶筒封隔器与常规的 Y341-114L 及 Y445-114 封隔器组合，利用结构界面进行层内细分注采，将厚油层内的高渗透部位单卡出来停注停采。

如喇 8-123 井，萨Ⅱ7+8 层内的结构界面厚度为 0.5m，方案采用 1 级长胶筒封隔器对此夹层进行封堵，将萨Ⅱ7+8 分为两段，下部停注。细分后，上部层段的日注水量增加 15m^3，下部层段的日注水量减少 20m^3。对比周围 4 口无措施油井，日产液下降 20t，日增油 0.9t，含水率下降 0.63 个百分点。

(2)对于厚度为 0.1~0.3m 的Ⅲ类结构界面，采用胶筒长度为 2m 的长胶筒封隔器与常规的 Y341-114L 及 Y445-114 封隔器组合，利用结构界面进行层内细分注采，将厚油层内的高渗透部位单卡出来停注停采。

如喇 8-P2815 井，PI_{21}—PI_{23}注入层段中，PI_{22}—PI_{23}之间的结构界面厚度为 0.2m，方案采用 1 级长胶筒封隔器对此夹层进行封堵，将 PI_{21}—PI_{23}分为 PI_{21}—PI_{22}和 PI_{23}两段注入。细分后，上部层段 PI_{21}—PI_{22}的日注水量增加 15m^3，下部层段 PI_{23}的日注水量减少 20m^3。对比周围 3 口无措施油井，日产液下降 18t，日产油增加 3.5t，含水率下降 1.6 个百分点。

(3)对于厚度不大于 0.1m 的Ⅳ类结构界面，利用胶筒长度为 2m 的长胶筒封隔器封堵炮眼的特性，创造条件进行细分注采。牺牲与高含水层邻近的一个薄层，将无效生产层单卡出来停注停采，其他差油层继续注采。

如喇 5-1621 井，该井高Ⅱ9-10—高Ⅱ17 注水层段中，高Ⅱ15—高Ⅱ17 砂岩厚度和有效厚度分别占该层段的 42.2%和 41.2%，而吸水量占层段的 77.5%，因隔层小无法实施常规细分注水。针对此问题，方案采用长胶筒封堵高Ⅱ14 小层，单卡停注高Ⅱ15—高Ⅱ17，细分后主要吸水层高Ⅱ15—高Ⅱ17 日注水量减少 62m^3，差油层高Ⅱ9-10—高Ⅱ13 日注水量增加 25m^3。对比周围 4 口无措施油井，日产液下降 14t，日产油增加 2t，含水率下降 1.74 个百分点。

(4)对于精细地质研究认识不清，或厚油层内没有结构界面发育而又确实存在无效循环部位的井，利用不同长度类型的长胶筒封隔器组合应用，进行炮眼封堵，达到控制无效循环的目的，但此类措施成功率较低。

效果较好的如喇 7-P2528 井，该井 PI2-6 上与 PI2-6 下之间无结构界面，用长胶筒封堵下部射孔炮眼，措施后初期降水 75.0m^3/d，增油 4.0t/d，含水率下降 23.6 个百分点，2014 年 3 月至 2015 年年底累计增油 850t，降水 4.2×$10^4$$m^3$。

效果不好的如喇 8-P262 井，该井 PI_1-PI_{22}与 PI_{23}之间无结构界面，用长胶筒封堵下部射孔炮眼，措施后产液量及含水率均没有变化，没有达到控制无效水循环的目的。

通过对这几种界面的封堵，说明改进后的胶筒有效地解决了胶筒肩部爆裂、胶筒的橡胶层与缠绕线层脱落的问题，达到了阻断高渗透层注入通道、保证注入液进入低渗透层、提高注入液利用率的效果，为厚油层内的细分注采工艺实现提供了有力的保障。

4 结论

(1)通过对长胶筒封隔器胶筒肩部结构、硫化头结构、胶筒材质及缠绕线方式的改进，有效地提高了长胶筒封隔器胶筒的可靠性。改进后的胶筒完全能够满足现场 90℃、15MPa 正常坐封及肩部承受最大 27MPa 压力的密封封堵要求。

(2)通过改进，长胶筒封隔器切实达到了阻断高渗透层注入通道、保证注入液进入低渗透层、提高注入液利用率的效果，为特高含水期厚油层挖潜提供有力的技术支持。

参 考 文 献

[1] 吴国荣．大变形条件下材料本构关系研究[J]．浙江海洋学报(自然科学版)，2007，26(3)：285-288.
[2] Treloar L R G. 橡胶弹性物理学[M]．王梦蛟，王培国，薛广智译．北京：化学工业出版社，1982.
[3] 赵明宸．分层注水管柱封隔器受力分析[J]．长江大学学报(自然科学版)，2011(4)：59-62.
[4] 郑亮．油井采出液对封隔器丁腈橡胶密封件性能的影响[J]．橡胶工业，2012，59(8)：494-498.
[5] 王尧，蒋建勋．注水开发油田稳油控水技术研究[J]．中国石油和化工标准与质量．2013(3)：164.

流压对油井结垢的影响

殷昌磊　齐明超　宋广庆　郑　文　李雪岩

（第三油矿）

摘　要：近年来现场经常发生水驱抽油机井结垢问题，并有逐渐增多趋势，我们对井内结垢的原因进行了多方面的分析。本文通过对全矿各结垢井历史生产数据进行统计分析，发现这些井存在一个共同特点：随着近几年沉没度不断下降，井底流压及所在区块系统压力逐渐降低，并且在低流压下生产了一段时间后，当井底流压降到最低值时出现了杆滞后问题。为了找出成垢机理，对问题井采出液成分进行分析，确定了成垢离子，并将成垢条件逐一分析，充分验证，最终找到了成垢的最主要因素：大面积增产提液，地层压力和井底流压不断下降，长期低压环境生产导致碳酸钙垢沉淀，是造成结垢的主要原因。根据结垢的成因，提出了缓解油井结垢的可行性办法：一是通过控制合理的沉没度和套压，将流压控制保持在足够的范围内；二是加强注水，及时补充地层能量，同时寻找在不影响产量的前提下合理液面和流压控制的范围。

关键词：结垢；碳酸钙；流压；套压

1　问题的提出

近几年，第六采油厂第三油矿水驱抽油机井结垢的问题逐年增多，导致抽油杆下行滞后、偏磨加剧，造成卡泵作业，给泵况管理带来巨大压力。虽然采取了有针对性的治理措施，但仍然很难避免再次结垢。所以找出造成结垢的根本原因是需要解决的最主要问题。由于问题是近几年才出现，这些年不论从注入水质还是日常管理洗井等方面均符合行业标准。在管理泵况的过程中发现：这些易出现结垢问题的井普遍存在液面较深、流压低于历史正常时期水平的特点。个别井在用掺水压井后打开套管阀门，存在“倒吸”现象，具有区块系统压力偏低的共同点。再加上 2015 年钻控区大量出现杆滞后问题也具有共同特点。于是结合现场实际以及地质和油田化学资料展开研究，找寻造成结垢井的普遍规律。

2　问题井分析

为了证实上述问题的普遍性，汇总了 2012—2014 年水驱抽油机井的生产情况，找出典型杆滞后 75 井次，它们都具有沉没度和流压较低的特点。其中，62 井次在出现杆滞后问题之前的一段时间，都存在沉没度及流压逐步降低的过程，并且在出现杆不下问题之前的几个月时间内都是在低沉没度和低流压环境下生产，杆滞后问题的出现都是在沉没度及流压下降到最低值时。这类情况所占比例高达 82. 7%。

以喇 5-1718 井为例，该井 2013 年以前平均沉没度在 400m 以上，流压在 4. 0MPa 以上，但从2013年5月开始，沉没度流压逐渐下降，到2014年5月出现杆滞后(表1)。

表1　喇5-1718历史数据表

井号	时间	油压，MPa	套压，MPa	测试		生产参数			备注
				动液面，m	流压，MPa	沉没度，m	上电流，A	下电流，A	
L5-1718	2013.02	0.31	1.1	570.84	4.26	431.68	105	72	
L5-1718	2013.03	0.3	1.08	551.37	4.46	451.15	96	67	
L5-1718	2013.04	0.29	1.05	600.18	4.04	402.34	76	66	
L5-1718	2013.05	0.29	1.04	窗体顶端 849.2 窗体低端	窗体底端 2.56 窗体低端	153.32	74	59	
L5-1718	2013.06	0.29	1.04	窗体顶端 740.65 窗体底端	窗体顶端 3.2 窗体底端	261.87	139	72	
L5-1718	201307	0.3	1.08	708.16	3.1	294.36	138	74	
L5-1718	2013.08	0.3	1.06	窗体顶端 963.97 窗体底端	窗体顶端 1.91 窗体底端	38.55	136	77	
L5-1718	2013.09	0.31	1.08	675.02	3.52	327.5	130	94	
L5-1718	2013.10	0.32	1.03	704.84	3.32	297.68	110	89	
L5-1718	2013.11	0.41	0.6	窗体顶端 724.19 窗体底端	窗体顶端 3.17 窗体底端	278.33	107	93	
L5-1718	2013.12	0.4	0.66	703.09	3.25	299.43	97	91	
L5-1718	2014.01	0.36	0.74	762.34	2.95	240.18	138	110	
L5-1718	2014.02	0.35	0.74	833.33	2.52	169.19	104	88	
L5-1718	2014.03	0.33	0.85	647.23	3.52	255.29	102	80	
L5-1718	2014.04	0.33	0.88	839.56	2.61	162.96	125	98	
L5-1718	2014.05	0.32	0.93	667.05	3.73	335.47	118	104	出现杆滞后

经过一年的低流压生产，该井于2014年5月示功图出现杆滞后(图1)，并逐渐加重，2014年9月检泵，从检泵起出情况来看，底部40根杆管上面结了一层垢质(图2)。

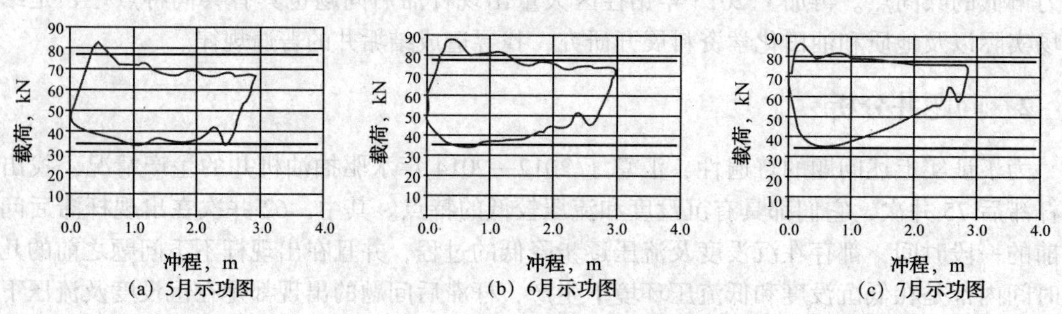

(a) 5月示功图　(b) 6月示功图　(c) 7月示功图

图1　喇5-1718井5—7月示功图

图 2　喇 5-1718 井抽油杆起出图

在之后的生产过程中，该井也多次出现杆滞后问题，比较突出的是 2017 年连续两次比较严重的滞后，从历史数据(表 2)看，杆滞后出现前都有一个较为明显的短时间低流压，已呈现出一定的规律性。喇 5-1718 井杆滞后前后示功图变化如图 3 所示。

表 2　喇 5-1718 井 2017 年生产数据表

井号	测式时间	产液量，t/d	产油量，t/d	含水率，%	油压，MPa	套压，MPa	流压，MPa	动液面，m	沉没度，m	备注
L5-1718	2017-1-4	70.15	3.80	94.6	0.33	0.81	2.96	809.68	192.68	
L5-1718	2017-2-6	71.01	4.57	93.6	0.33	0	3.53	705.37	296.99	
L5-1718	2017-3-1	69.04	2.80	96.0	0.32	0.71	3.29	735.3	267.06	
L5-1718	2017-4-6	36.17	1.16	96.8	0.32	0.87	3.23	779.76	222.6	
L5-1718	2017-5-2	40.09	2.76	93.1	0.33	0.79	2.99	797.71	204.65	
L5-1718	2017-6-1	44.04	2.47	94.4	0.32	0.69	2.98	778.05	224.65	杆滞后
L5-1718	2017-7-20	53.04	1.60	97.0	0.33	0.45	2.75	798.35	204.31	
L5-1718	2017-8-17	66.15	1.71	97.4	0.34	0.47	2.56	801.13	201.23	
L5-1718	2017-9-7	58.18	2.47	95.8	0.34	0.8	2.73	852.43	149.93	
L5-1718	2017-10-16	69.04	2.85	95.9	0.42	0.74	2.95	796	206.36	
L5-1718	2017-11-9	69.04	2.71	96.1	0.3	0.74	3.16	761.8	240.56	
L5-1718	2017-12-5	68.22	3.07	95.5	0.33	0.78	2.84	825.93	176.43	杆滞后

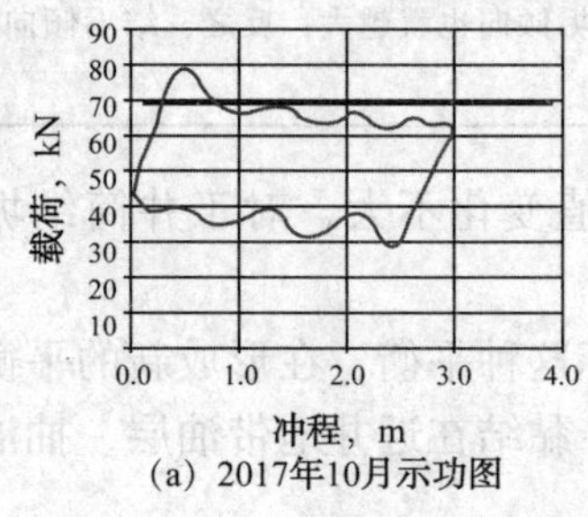

(a) 2017年10月示功图

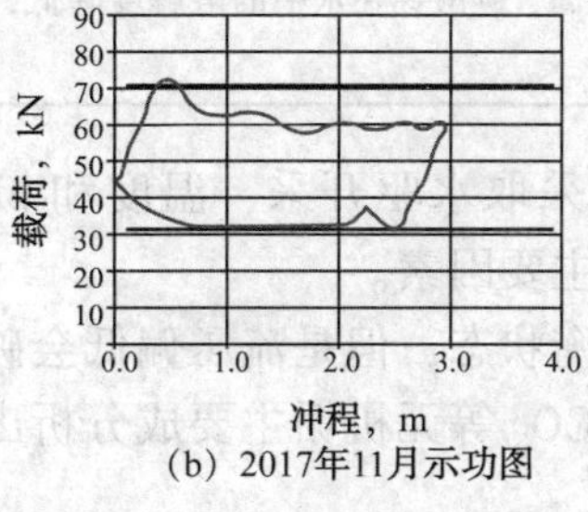

(b) 2017年11月示功图

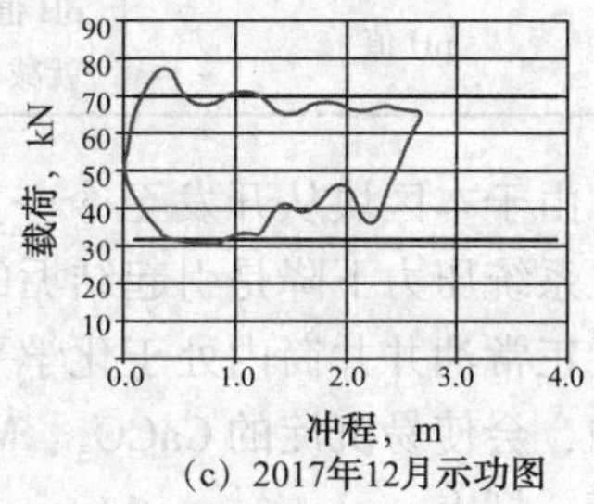

(c) 2017年12月示功图

图 3　喇 5-1718 井杆滞后前后示功图变化

通过分析统计，在 75 口井中有 62 井次出现了类似的规律。大量的实例证明：在近几年的生产中，沉没度下降是普遍现象，这又导致了流压逐步降低。而长期低流压生产使垢沉积在井筒中析出，随着流压的逐步降低，沉积速度加快，当流压下降到最低值时，出现杆滞后，示功图出现大肚情况，地面生产出现杆不下，严重者出现卡泵问题。为证实这项推论，在随后的工作中对这项推论进行了验证。

3 低流压成垢原理研究

3.1 地层水离子化验

为证实成垢条件，对 4 口频繁杆滞后井的地层水进行采样化验，结果反映出 HCO_3^- 浓度较高，矿化度和氯离子含量均符合这一特点，且略高于第六采油厂目前平均值，属重碳酸钠型($NaHCO_3$)，具备产生碳酸盐垢以及氯化钙、氯化镁垢的潜在因素(表 4)。

表 4 地层水离子含量

序号	井号	离子含量，mg/L							总矿化度，mg/L	采聚合物浓度，mg/L
		Ca^{2+}	Mg^{2+}	Cl^-	SO_4^{2-}	CO_3^{2-}	$HCO_3^-+OH^-$	K^++Na^+		
1	5-183	24.05	14.59	1333.74	0	207.97	2507.01	1833.49	5920.84	30.5
2	6-1835	44.09	41.33	1017.86	43.23	178.26	1963.32	1358.86	4646.93	189.4
3	5-1718	52.1	21.88	947.66	0	178.27	2416.39	1491.55	5107.85	59.9
4	6-1818	40.08	24.31	1228.45	24.02	148.55	2718.44	1796.65	5980.49	45.6

3.2 成垢环境分析

结合地质学和油田化学知识，针对碳酸垢的成垢条件进行综合分析，油井结垢的主要影响因素见表 5。

表 5 油井产生碳酸钙垢的原因分析

影响因素	原　因
系统压力	系统压力增大，水中二氧化碳分压增大，水中碳酸钙的溶解度也增大，结垢倾向减小；反之，碳酸钙结垢倾向增大(图 2)
温度	当温度升高时，碳酸钙的溶解度降低，碳酸钙结垢倾向增大；反之，碳酸钙的溶解度增加，碳酸钙结垢倾向减小
矿化度	矿化度越高，碳酸钙在水中的溶解度越大，结垢倾向也就越小；反之，结垢倾向也就增大
pH 值	pH 值升高，碳酸钙在水中的溶解度降低，结垢倾向也就越大；反之，结垢倾向也就减小

由于本区块从开发至今一直采取水驱开采，温度和 pH 值变化不大，对于井筒结垢来说，系统压力下降是引起结垢的主要因素。

正常油井井筒内处于化学平衡状态，但是流压偏低会破坏这种平衡，在形成新的平衡过程中，会使易沉淀的 $CaCO_3$、$MgCO_3$ 等无机垢主要成分析出，黏结在近井地带油层、抽油泵或管、杆上。

采用强采方式生产，油井流压低，当地层液流入井底和汲入泵筒时，由于液柱压力低于地层水溶解二氧化碳气体的分压，导致二氧化碳气体逸出，碳酸氢钙在水中的平衡方程式向有利于生成碳酸钙垢的方向移动，形成盐垢：

$$Ca(HCO_3)_2 \xrightarrow{\Delta p \downarrow} CaCO_3 \downarrow + CO_2 \uparrow + H_2O$$

在成垢过程中，垢晶体吸附周围环境的泥砂、腐蚀物、原油等物质一起沉积增大，形成无机垢混合物。

3.3 低流压环境易出泥质物

喇嘛甸油田岩层中黏土总量为9%~11.5%，其中黏土以高岭石、伊利石、蒙脱石和绿泥石为主(表6)。

表6 喇嘛甸油田黏土矿物成分及成岩阶段

油层组	黏土总量 %	黏土矿物成分,%					成岩期
		高岭石(K)	伊利石(I)	绿泥石(C)	蒙/绿(S/C)	蒙/伊(S/I)	
萨尔图	11.5	55	20	—	20	5	中成岩早期
葡萄花	9.0	21	14	—	51	14	中成岩早期
高台子	<10.0	20	28	52	—	—	中成岩早期

流压偏低，会使近井地带油层压力也随之降低，形成压力漏斗。而上覆岩层压力没有变化，对于储层内可动微粒而言，油层压力降低破坏了原来压力平衡体系，没有合理的油层压力来平衡上覆岩压会加剧微粒的脱落和运移。

综上所述，得出一个结论：流压的大幅度下降，是导致目前油井结垢增多的主要原因。随着油井普遍上调参数提液，使区块各油井流压不断降低，造成整个区域油层压力也随之降低，系统压力的下降一方面降低了采出液中的碳酸盐溶解度，使碳酸钙垢沉积；另一方面，地层压力下降也使得地层中压力平衡受到破坏，使油层中黏土微粒随碳酸盐晶体运移出地层，两者混合就形成了在泵筒中见到的垢质。随着长期低压生产，能量得不到及时补充，垢不断沉积，最终导致杆滞后和卡泵，缩短了检泵周期。

4 解决办法

通过以上分析，给我们带来了一个解决结垢问题的有效思路。那就是通过合理控制保持流压，避免流压大幅度下降，在出现结垢问题之前，保持系统压力，从而降低结垢速度，而不是等油井已经结垢卡泵时进行处理，从而起到延长油井检泵周期的作用。

在平时机采井的管理过程中，往往忽略了流压的重要性。通常只重视降低高流压井的压力，而把流压过低的井仍算在合理范围内，只有示功图出现明显供液不足或气体影响时才想到调整，这是一个误区。因为只有动液面下降到吸入口左右或原油开始脱气时才会出现此种图形，但此时油井可能已经长时间低压生产，泵筒中就已经有碳酸垢沉积。对于那些检泵后反复出现结垢问题的井，示功图还没有明显的“刀把形”时，地面就已经出现了杆滞后。

那么如何控制流压？根据流压的计算公式：

$$p_L = (H_z - H_Y)/y + p_T$$

式中 p_L——油井流压；

p_T——油井套压；

H_Y——井液深度；

H_Z——油层中部深度；

y——井液密度。

生产管理中可以通过套压和动液面两个参数控制流压。通过对历年结垢井动液面和套压数据的摸索，对曾经出现过结垢问题的抽油机井进行特殊管理，并制定管理标准。

4.1 确立合理流压范围

将全矿水驱部分75井次典型杆滞后所涉及的抽油机井的历史资料套压、沉没度、流压进行统计。通过数据统计得出，这些杆不下的抽油机井在临近杆滞后前的流压、沉没度逐步降低，低流压平均值只有2.45MPa，低沉没度平均值只有129.40m(表7)。在出现滞后之前的正常流压平均值为3.77MPa，正常时沉没度平均值为347.64m。因此，为了控制油井结垢速度，应将流压控制在3.8MPa以上。

表7 沉没度、流压范围

参数	平均流压，MPa	平均沉没度，m
正常生产时	3.77	347.64
临近结垢时	2.45	129.4

4.2 制定沉没度与套压控制标准

为了缓解结垢，流压应高于3.77MPa。如果单一地提高沉没度会影响产量，为避免这一矛盾，适当提高套压也可增大流压。因此制定了套压和流压的控制标准，将结垢区油井沉没度保持在250m以上，套压控制在1.5~2.0MPa之间即可满足流压标准。对于个别低套压井，通过调整参数，适当提高沉没度。控制250m的沉没度对于产量的影响不会很大，如果能控制结垢速度延长检泵周期，将带来巨大效果。

4.3 控制套压，避免低套压生产

通常情况下，抽油机生产中都强调放套管气，规定套压不得高于标准值，但这一点对于低流压井并不适用。因为在越低的流压下生产，天然气的溶解度随着压力的变化就越大。也就是说，压力每变化一个单位时，对溶解气量有很大影响。可一旦套压降低，会使原油迅速脱气，使成垢的化学反应加速，随着气体的流向运移进泵筒，造成卡泵。

4.4 维持地层压力防垢

由于近井地带地层压力的下降，易导致地层泥质微粒析出，加快结垢的速度。上文提到部分油井存在“倒吸”现象，说明区块油井大面积增产提液，使地层能量不足，而注水还没来得及跟上，造成“负压”，对这类油井及时调整注水方案，保持并提高底层能量，既有利于提高流压减结垢卡泵，更有利于产能的保持。

5 结论及认识

(1)通过工程与地质资料的全面分析，认识到各单井流压的大幅度降低及区域系统压力的降低是导致近几年水驱油井结垢增多的最主要原因。

(2)控制沉没度和套压能够提高流压，起到防止油井结垢的作用，从而达到延长检泵周期的目的。通过资料统计摸索出了具体的套压和沉没度控制范围。

(3)但是对于沉没度的控制，涉及抽油机井参数的调整，要根据生产情况更为及时地调整参数，这需要相关部门给予支持。

(4)在下一步工作中，应该将工作具体到各个单井，根据各井具体生产状况，制定合理的套压控制范围。

地 面 工 程

6kV电容器侧悬标式熔断器爆裂的原因分析

吕继承

（电力维修大队）

摘　要：变压器台电容器侧安装的高压悬标式熔断器经常在阴雨天气发生爆裂现象，为 6kV 配电线路的平稳运行造成很大的危害，本文对悬标式熔断器爆裂原因进行简要分析。

关键词：悬标式熔断器；电容器；熔管

喇北区块 6kV 配电线路电容器侧的高压悬标式熔断器是近几年来才投运使用的，随着年限的延长，熔断器也暴露出一些问题，每当有阴雨天气，熔断器就经常发生爆裂现象，造成线路接地或跳闸。

1　悬标式高压熔断器结构

悬标式高压熔断器的结构为：高压瓷套、熔管、上卡套、下卡座、固定支架和悬标。熔管在高压瓷套内，其上触头与上卡套连接，下触头连接到下卡座上。熔管为具有双层结构的复合熔管，其外层为稳定绝缘层，内层为受热汽化绝缘层。熔管内有熔丝，熔丝穿过内层连接到熔管的两端。高压瓷套通过卡箍与支架、固定架连接固定，由于其在悬标处设有跌落弹簧，所以当熔管中的熔丝断开时，在跌落弹簧的作用下，悬标可以快速跌落。图 1 为一种悬标式熔断器。

悬标式熔断器上卡套外设计了全封闭的不锈钢防污罩，避免风沙雨雪的侵害，抗自然灾害的性能很强。同时上卡套与熔管上触头设计成内插式结构，增加了导体接触面，使接触电阻大大降低，减少了拉、合闸操作时造成的弧光短路问题。但从实际现场运行情况来看，悬标式熔断器却经常发生爆裂。

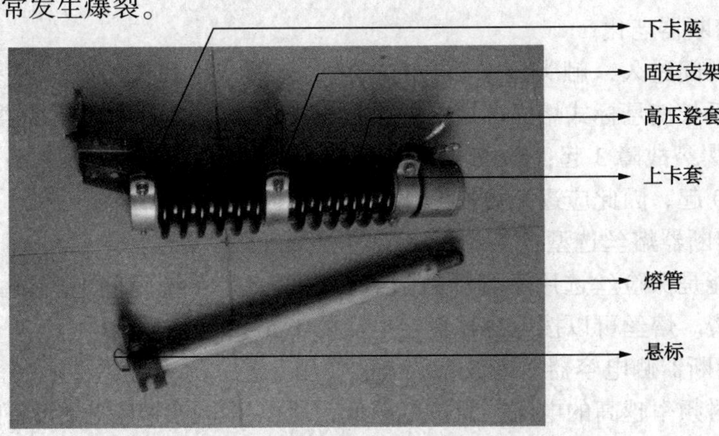

图 1　悬标式高压熔断器

2 问题分析及解决

与环境温度的变化有关，雨雪天气时，悬标式熔断器密封不严，瓷套内存储雨水，使熔管在高压瓷套内放电，高压瓷套内温度高，瓷套外温度低，长时间就会造成瓷套爆裂(图 2)。

图 2　悬标式熔断器瓷套管爆裂

因此悬标式熔断器爆裂造成线路接地或跳闸危害较大，熔断器爆裂主要由以下原因：

(1)悬标式熔断器未合到位。

①上插头没有插入上卡套，合熔管时力量不够或上卡套过紧，使上插头接触不良。

②熔管在高压瓷套内方向装反，上插头与上卡套接触面过小。

③熔管内熔丝虚接接触不良，熔丝在熔管内未紧固。

对于合熔断器时力量不够、熔管在高压瓷套内方向装反或熔管内熔丝虚接的状况，工作人员在操作时只要严格细心操作，认真检查熔断器分合位置即可。

(2)悬标式熔断器制造工艺不良。

①熔管或高压瓷套本体质量有缺陷。

②上插头护罩密封效果不好。

针对本体质量有缺陷，护罩密封效果不好的熔断器，安装时一定要严格检查熔断器瓷套外观是否有裂痕，同时检查上插头护罩能否密封上瓷体，固定螺丝是否拧紧，防止把次品安装到线路上。

(3)悬标式熔断器老化。

熔断器使用时间过久，触头接触面会有氧化，从而产生弧光短路，容易造成熔断器爆裂。运行时间的延长使悬标式熔断器爆裂的次数逐年增加，2010 年，熔断器爆裂故障 5 起；2011 年，熔断器爆裂故障 3 起；2012 年，熔断器爆裂故障 6 起；从 2013 年 9 月 14 日至今，熔断器爆裂故障 9 起。因此应逐渐更换老化悬标式熔断器。

(4)悬标式熔断器熔丝选型过小。

过电流有可能是保险丝选用不当导致过载，也可能是系统瞬间电流过大导致保险丝烧掉，造成熔管爆裂。熔丝可以按电容器额定电流的 1.5~2 倍选取。

(5)悬标式熔断器侧电容器对谐波有放大的作用。

因为电容器对频率越高的电流，阻抗就越低，所以当电网中有变频设备时，就会产生谐波，电容器对谐波呈现出来的阻抗，比正常 50Hz 时的阻抗低很多，从而引起谐波电流放大。因此谐波也是导致熔断器容易烧毁的原因之一。应使用专业设备检测后，串联电抗的方法降低谐波的危害。

(6)悬标式熔断器铁箍与瓷体直接接触不合理。

上卡套、下卡座及固定支架的铁箍与瓷体直接接触，由于铁与瓷在受冷热时膨胀系数不同，所受的应力也不同。在阴雨天，如果熔丝虚接打火，瓷体受热膨胀，而铁箍紧紧固定着瓷套，当达到瓷体破坏应力时，瓷体断裂，因此熔断器总是在铁瓷结合部位爆裂。仅在 7 月就有 5 起熔断器爆裂故障发生。应在上卡套、下卡座及固定支架的铁箍与瓷体之间加装石棉垫，减轻铁箍对瓷体的压力。

3 结束语

悬标式熔断器基本上是在 2003 年开始应用，已经运行近 10 年，而最近一两年熔断器故障集中爆发，说明这种熔断器无论从设计上还是从生产工艺上都有需要改进的地方。因此建议在安装电容器保险时选用新型高压跌落式熔断器。而新型高压跌落式熔断器在材料运用及制造工艺上的进一步提升，完全可以满足 6kV 电容器的安全运行，从而使高压配电线路的供电更加平稳。

参 考 文 献

[1] 李晓东. 跌落式熔断器的使用、维护及操作[J]. 科技资讯，2007(8)。

喇嘛甸油田埋地管道运行管理及维护技术研究

邵守斌 张建军 印 重

（规划设计研究所）

摘　要：喇嘛甸油田地势低洼，土壤腐蚀性强。随着油田生产管道运行时间的延长，管道穿孔的次数逐年增多，已严重影响了油田的正常生产，本文简要介绍了在埋地管道完整性管理风险消减与维护的主要做法。在管道检测上，通过应用PCM、电容法等技术手段对防腐层整体情况进行检测，形成一套完整的完整性检测评价体系，在管道的保护上，开展了数值模拟阴极保护技术、大区域阴极保护技术、套管辅助阳极技术。在管道的维护上开展了碳纤维补强技术、废旧油管利用技术、合金化油管应用技术，延长了在用设备使用年限，保证地面系统的安全运行。

关键词：管道；完整性管理；维护检测；保护技术；探讨

1　油田埋地管道现状

截至2012年底，我厂共建成各类管道7016.68km，其中金属管道6228.18km，非金属管道788.5km。运行15年以上的金属管道3229.3km，此类管道需要大修维护或者降低标准运行。我厂埋地管道外防腐方式一般用H88环氧煤沥青涂料，埋地管道保温方式主要是憎水复合硅酸盐及聚氨酯泡沫夹克管，沥青珍珠岩保温管道由于保温效果差逐渐被淘汰，详细情况见表1。

表1　喇嘛甸各类管道运行年限统计表

序号	使用时间，a	集油管道，km	集气管道，km	注水管道，km	污水管道，km	其他管道，km	总计，km
1	0~5	808.10	25.09	667.897	16.26	25.34	1542.68
2	6~10	818.66	63.35	423.144	13.06	39.26	1357.46
3	11~15	514.96	79.40	248.737	26.83	17.36	887.283
4	16~20	661.84	13.03	666.554	40.04	13.74	1395.21
5	21~25	170.21	4.46	223.314	43.31	6.96	448.242
6	26~30	450.23	45.56	111.788	12.35	20.32	640.246
7	30以上	393.06	19.84	312.388	6.49	13.78	745.56
合计		3817.06	250.72	2653.82	158.33	136.75	7016.68

2 埋地运行维护管理完成的主要工作

2.1 埋地金属管道腐蚀检测情况

(1)由于地理环境造成的腐蚀。

喇嘛甸油田地势低洼，地下水位高，所处区域腐蚀性较强，pH 值为 4~7，土壤平均电阻率为 10~20Ω·m，部分埋地管道长年泡在水里。地下环境复杂，随着时间的推移，在土壤侵蚀等因素影响下，管道的防腐层会发生老化、发脆、剥离、脱落，开始腐蚀管体。

(2)由于施工损伤管体造成的局部腐蚀。

在管道检测中，经常发现等距离腐蚀点，这些点集中在管道的接口处。由于施工补口造成管体缺陷腐蚀，同时补口处腐蚀防护措施质量有问题，管体埋入地下后，地下水直接进入防腐层内，造成管道的不同部位氧的浓度不同，形成氧浓差电池腐蚀，在贫氧的部位，管道的自然电位(非平衡电位)低，是腐蚀原电池的阳极，其阳极溶解速度明显大于其余表面的阳极溶解速度，故遭受腐蚀。

(3)喇嘛甸油田土壤腐蚀性强。

含 Cl^-离子浓度比较高，管道腐蚀形式以点腐蚀为主，外防腐层破坏后，腐蚀将在此处集中产生，形成大阴极小阳极结构，最终导致外防腐层破坏处在短时间内即可穿孔泄漏。

(4)内腐蚀严重。

由于喇嘛甸油田注入、采出介质成分复杂，含有大量 SRB 以及 Ca^{2+}、Mg^{2+}、Si^{4+}等离子，特别是三元采出液集中离子聚合形成一种不溶于水的络合物，造成埋地管道内部结垢腐蚀。

2.2 金属管道腐蚀检测情况

2.2.1 防腐层检测评价

针对喇嘛甸油田腐蚀状况以及多年检测经验。将运行 15 年以上的普通管道检测周期定为 5 年比较合适。目前运行 15 年以上的埋地管道达到 3229.3km。2004 年以来，喇嘛甸油田开展了埋地管道检测工作，采用 SL-2099 埋地管道外防腐层检测仪，对埋地金属管道腐蚀情况进行了检测。2010 年开始应用 PCM+检测仪检测。已经累计检测管道达到 1620km 管道，其中站间管道 857km，注水管道 672km，天然气和清水管道 91km，为油田老区改造项目提供了技术依据。

PCM 检测仪主要由发射机和接收机组成，检测时发射机连接到管体上，一名检测人员持接收机，另一检测人员持 PDA 记录仪和手持 GPS 机。发射机施加的电流信号，沿管道走向呈缓慢衰减趋势。防腐层破损点因电流信号泄漏衰减大。接收机通过蓝牙将接收的电信号传到 PDA 记录仪中，自动记录检测距离和电流值。室内评价时将数据传进电脑，通过 GDWFF 软件计算各检测点的电流衰减值。对不同电流衰减值的管段，进行人为分段计算外防腐层绝缘特性参数 Rg 数值，分段判断管道防腐层的腐蚀状况好坏，判定管道防腐层老化情况。表 2 为 PCM 法检测评价标准。

表 2　PCM 法检测评价标准

等级标准	优	良	一般	差	劣
防腐层绝缘特性参数 Rg，$\Omega\cdot m^2$	>10000	5000~10000	3000~5000	1000~3000	<1000
老化程度及表现	无老化	老化轻微，无剥离破损	老化较轻，防腐层基本完整	老化较重有剥离破损和吸水现象	老化剥离严重，轻剥即掉

2.2.2　喇 360 转油站—喇 3611 计量间检测情况分析

喇 360 转油站至喇 3611 计量间集油管道管道投产于 1997 年，为 ϕ325mm×7mm 黄夹克管，全长 650m，管道已运行 15 年，位于油田中部沼泽地中，处于强腐蚀区域。2017 年 6 月对该管道进行防腐层破损检测，在整条管道检测中，电流信号陡降大。由 1000mA 迅速下降至 80mA，经数据结果导出绘图记录判断，整条管道存在防护层破损。经现场对管道进行开挖检测，发现该管道防腐层已存在大面积裂缝，并引起管道腐蚀。防腐层电绝缘性能等级劣，根据 Q/SYDQ 1228 应对此管道进行防腐层大修改造(表 3)。

表 3　喇 3611 集油管道电阻计算表

检测管段	管段长，m	Y，dB/m	Rg，$\Omega\cdot m^2$	防腐层等级	管段描述
0~100	100.0	0.15167	≤100	劣	
100~150	50.0	0.13665	2800	差	
150~200	50.0	0.12163	≤100	劣	
200~250	50.0	0.10669	≤100	劣	
250~300	50.0	0.09258	≤100	劣	
300~350	50.0	0.07656	≤100	劣	
350~400	50.0	0.06154	≤100	劣	
400~450	50.0	0.04653	≤100	劣	
450~500	50.0	0.03151	≤100	劣	
500~650	150.0	0.01648	≤100	劣	

注：管道防腐层绝缘特性参数 Rg 为 300$\Omega\cdot m^2$，防腐层综合等级为劣。

2.2.3　管体腐蚀分析评价

根据 SY/T 6151 管体腐蚀损伤评价方法的规定按(1)式计算：

$$A=d/t\times100\% \tag{1}$$

式中，A 为腐蚀坑相对深度；d 为实测腐蚀坑深，mm；t 为管道工称壁厚，mm。当 $A>80\%$时为一类腐蚀；当 $10\%<A\leqslant80\%$时为二类腐蚀；当 $A\leqslant10\%$时为三类腐蚀(表 4)。

表 4　腐蚀损伤类别评定

腐蚀等级	腐蚀评定类别	评定结论
一类 $A>80\%$	立即修复	腐蚀程度严重应立即修复
二类($10\%<A\leqslant80\%$)	计划修复	腐蚀程度较严重应制定修复计划
三类($A\leqslant10\%$)	监测使用	腐蚀程度不严重能维持正常运行但监测使用

管体检测评价目前只能采用开挖检测方式，开挖后对破损处清理防腐层、浮锈、油污，然后确定腐蚀坑的深度和长度。对检测评价破损管道漏点进行开挖检测共 23 次。对以上 3611 集油管道腐蚀点经行开挖，用超声波测厚仪对管壁厚进行测量，得到剩余壁厚为 5.48mm，管道的腐蚀坑相对深度最大为 21.7%，管体评价为二类腐蚀。防腐层修复后还应适当增加检测频率，以保证管道安全运行。

2.2.4　检测中的积累的经验

(1)T 型或 Y 型管道对检测的影响。

应用 PCM 检测 T 型或 Y 型管道时，常常在交叉点引起信号的急剧下降或局部失真，但通过开挖确未发现外防腐层异常，这是临近交叉点的电磁信号形成回路并相互干扰的结果。检测点应选在距离交叉点 5m 以外的地点。

(2)外界电磁干扰。

测量点附近存在高压线、接地装置等外界干扰时，会产生类似地下管道磁场的作用，使检测数据失真，在检测时应避免这些检测点。

图 1 为 PCM+管道探测示意图。2017 年检测埋地管道 100km，严格按照规范，修复防腐层破损点 127 处，消除了管道腐蚀的安全隐患。完成埋地管道探测 2670km，探明了埋地管道的深度、走向、拐点坐标，完善了埋地管道地理信息管理系统。

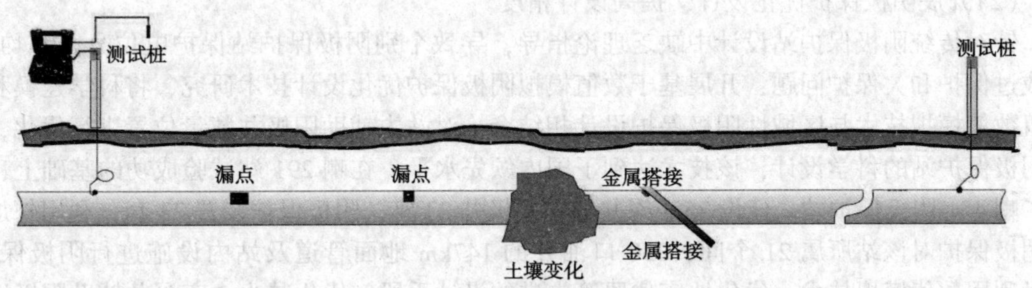

图 1　PCM+管道探测示意图

2.3　埋地金属管道保护及缺陷修复措施

2.3.1　加大阴极保护技术应用力度、控制埋地管道腐蚀速率

(1)开展区域阴极保护研究，控制腐蚀速率。

喇嘛甸油田北部三矿地区中间低四周高，特殊的自然环境造成了这个低洼地块常年积水。管道容器腐蚀严重。以 501 地区为例：喇 501#中转站现辖 6 座计量间，48 口油井，共有埋地管道 46.3km，电阻率为 8~10Ω·m，地处低洼地带中心。该区域每年穿孔累计 138 次，管道穿孔率达到 3 次/(km·a)。为了控制站内容器及埋地管道腐蚀速率，开展了喇Ⅲ-1地区大区域阴极保护现场应用试验研究(图 2)。建设 100m 深井辅助阳极 8 座，阴极保护装置 8 套，分流柜 5 个，开发应用直流分配技术、IR 降测试等技术，经过 10 年的维护运行，目前 501 地区的保护效果明显，保护电位都在-1.2~-0.85V 之间，控制了腐蚀速度，经过挂片试验显示，腐蚀速率由原来 0.57 mm/a 下降到 0.0125 mm/a。保护电位均在-1.2~-0.85V 之间，穿孔率由原来的 3 次/(km·a)下降到 0.04 次/(km·a)，有效地控制了该地区站内容器、管道及套管的腐蚀速度，形成了一个完整的综合区域防护体系，使阴极保护技术由平面管网拓展到油水井套管，实现了地上地下立体化防护。

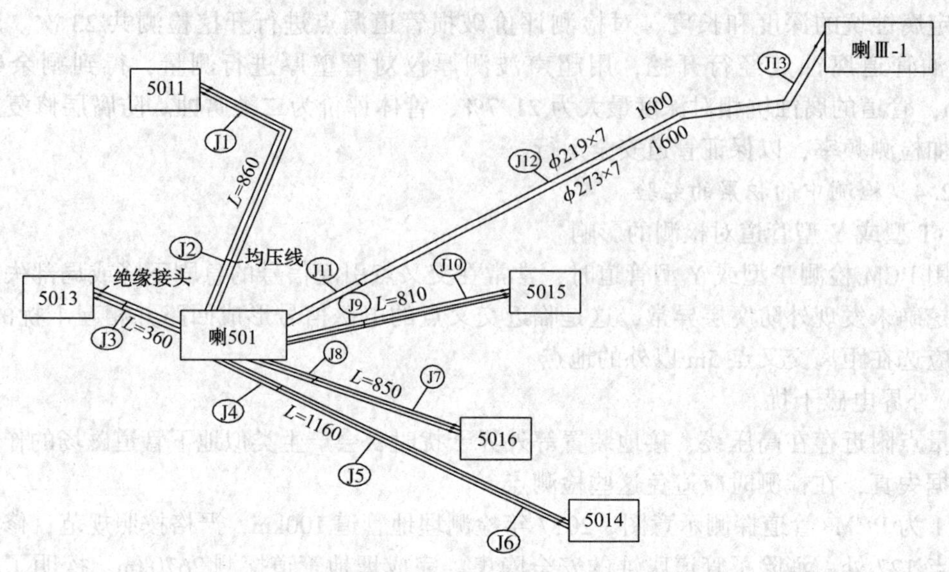

图 2　喇Ⅲ-1 联合站地区实施区域阴极保护示意图

(2)开展阴极保护优化设计，提高设计精度。

针对传统阴极保护站设计中缺乏理论指导，导致个别阴极保护站保护电位分布不均衡，造成过保护和欠保护问题，开展基于数值模拟阴极保护优化设计技术研究，将科学建模和计算机数值模拟技术与区域性阴极保护设计相结合，对站内辅助阳极井数量位置进行优化，实现阴极保护站的科学设计，该技术达到了国内领先水平。在喇 291 站试验成功的基础上，建设了喇 451 阴极保护站，建设 75m 深井辅助阳极井 23 座，阴极保护装置 23 套，利用外加电流阴极保护对该站所属 21 个间，350 口油井的 147km 地面管道及站内设施进行阴极保护，通过利用数值模拟技术，优化地床位置等先进的设计手段，优化减少 2 座深井辅助阳极地床及配套设施，降低了工程造价 60 万元，目前已经投产运行，进一步控制该地区腐蚀速度，实现了喇 451 中转站—21 座计量间—单井管道大区域立体防护体系。

(3)开展废弃油水井套管为辅助阳极试验，降低成本。

为了降低阴极保护项目的基建投资，我厂自 2007 年以来，自主试验采用废弃油水井套管作为钢铁辅助阳极，利用外加电流法，直流电源正极连接套管辅助阳极，负极连接被保护金属构筑物(管道、浅表层套管)构成了一个完整的电流回路，实现阴极保护(图 3)。在喇 5016#两座计量间进行现场应用，利用喇 6-1837 报废井套管作为深井辅助阳极，各选择一台恒电位仪，对 15 口油井地面管道及套管进行保护，经过 10 年运行，保护电位为 -1.125V，接电电阻为 0.1Ω，保护电位均在-1.2～-0.85V 之间，运行平稳。延长了埋地管道使用年限，节约基建投资 60 万元。

2.3.2　在管道更换及维护上，实施了四项修复技术

我厂在埋地管道更换上，将废旧油管替代地面管道技术研究和合金化油管应用技术研究两项技术应用于地面管道。在管道局部维护上，在原有的焊接技术基础上，引进了碳纤维补强技术，实现了不停产带温、带压补强技术。

(1)开展了合金管应用技术研究。

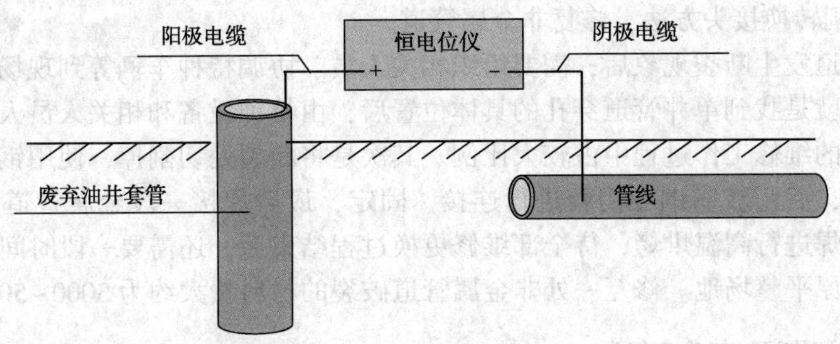

图 3　废弃油水井套管辅助阳极示意图

合金化电化学防腐保温管以成熟的热浸镀锌技术为基础，以油田大量报废的油管为基材，将经过处理的钢或铸铁制件浸入熔融的锌液中，在其表面形成锌和(或)锌铁合金层，利用热浸镀锌的金相生长能力，修复油管表面的微观缺陷处，使报废油管的微小裂缝被金相填补，达到地面埋地管道应用的性能要求。因此，将油田大量的报废油管经低成本的处理后应用于地面管道。

试验井选择喇 9-PS2610 油井，将该井集油、掺水管道部分更换，中间用绝缘法兰断开，在管道中间设置 2 个测试桩，用于检测合金化电化学管道的电位，并在试验地点附近的土壤中埋设了挂片，计算土壤对合金化电化学管道的腐蚀速率。现场试验表明，合金化电化学管道的电位均在-0. 85~-1. 20V 之间，符合阴极保护规范的要求。2012 年在六厂长关井治理中，在 9 口井推广应用了合金化油管 3. 15km。

(2)开展了利用废旧油管技术研究。

针对第六采油厂集输系统管道腐蚀严重，穿孔频繁，每年要投入大量资金对管道进行维修或更换，为了降低油田开发成本，开展了废旧井油管修复后应用于地面集输管道技术研究。通过室内理化试验表明：第六采油厂 J55 废旧井油管的机械性能高于地面管道常用的 20#碳钢。根据力学性能计算和利用漏磁原理的探伤仪器现场检测确定临界壁厚：$\phi73\times5.5$ 油管的临界壁厚为 2. 79mm，$\phi89\times6.5$ 油管的临界壁厚为 3. 09mm。当两种规格油管最小壁厚大于临界壁厚时，可直接应用，内壁不做防腐，外防腐，采用黄夹克管保温。在喇 8-191、喇 9-1902 两口井的单井管道试验中，共更换 0. 78km，2017 年推广应用 2. 2km。满足了正常生产的要求，投资比新无缝钢管下降了 36%。

(3)应用碳纤维补强技术，实现不停产带压堵漏。

针对地面管道局部出现点腐蚀，站内主要管道出现渗漏情况而不能轻易停产的问题，利用树脂基纤维增强复合材料在管道外形成复合材料修补层，分担管道承受的载荷，降低管壁的应力并且限制管道缺陷处的应力集中的原理，达到对管道补强的目的，恢复管道的正常承压能力。通过爆破实验，修复后的管道各项指标均达到管道考核各项指标要求。在喇Ⅰ-1 联合站 7#游离水脱除器进液管道和脱水泵汇管进行试验，经过测试，这两条管道穿孔位置剩余壁厚都为 1mm，腐蚀严重。经过堵漏、除锈、涂刷底漆、铺设 6 层碳纤维复合材料等工序后，管道可承压 10MPa，管道补强处承压能力能够满足工艺要求。采用碳纤维补强技术比更换新管道节约费用达 42. 9%，并且施工周期短，无需停产，施工过程不动火，不存在安全隐患，适合站内、外大管径的管道修复。

(4)应用刚转换接头方法，修复非金属管道。

非金属管道发生断裂现象后，需要组织相关人员、协调特种车辆等到现场进行维护、更换。常规办法就是找到单井管道穿孔的具体位置后，由特种设备和相关人员人工配合进行挖沟，这在整个的维修工作过程中占较大比例。其次是将断裂处切割掉，使用钢转换接头，并进行现场螺纹，后用玻璃钢专用胶进行连接、固定，最后焊接一段金属管道，冬季更加困难，还需用气焊进行高温烘烤，待全部维修更换过程结束后，还需要一段时间等待特重胶的凝固，最后还原平整场地。修复一处非金属管道破裂的材料费大约为3000~5000元。

3 存在问题及下步建议

(1)加大金属管道检测评价力度。

埋地管道检测评价手段单一，目前只能检测防腐层破损情况，喇嘛甸油田埋地金属管道为7016km，扣除十年内新建管道，按每年检测50~100km管道的速度计算，全面检测一次至少需要50年，因此需要公司在检测设备和检测资金上给予大力支持。建议由专业的检测队伍对埋地管道进行检测评价，对管道实施完整性评价。

(2)加大阴极保护技术应用力度。

埋地管道传统的牺牲阳极保护应用较少。建议在产能建设中，站库及新铺设的管道增加牺牲阳极保护，确保管体开始投运就处于保护状态。在管道保护设计上，推广加大阴极保护技术，外加电流保护和牺牲阳极保护配合使用，能有效控制腐蚀速率。

(3)加强施工管理，加大补强新技术应用。

喇嘛甸油田运行15年以上的金属管道为3229. 3km，这类管道需要更换及维修。建议加大废旧油管应用力度，减低投资，及时更换腐蚀严重管道。在管道维护管理上，加大埋地管道的施工维护管理工作，特别是对埋地管道补孔，要严格按照操作规范进行防腐保温，避免二次腐蚀。在管道局部维修上，建议应用碳纤维补强技术，实现不停产、带压堵漏。

(4)加大非金属管道管理，确保管道安全运行。

非金属管道在低洼地带具备抗腐蚀性等特点，但缺点是受施工影响外力作用极易损伤。由于单井管道埋深不够、受外力作用以及跨公路地面季节性交替后下沉、管道交叉重叠等因素，导致非金属管道断裂。因此建议加大非金属管道管理力度。

①在施工中严格按标准将管道埋在地下1. 8m，保证埋地深度及铺设要求；尽量避免管道重叠、减少多根管道同沟并排相邻铺设，这是管道交叉、重叠，高低不平，一旦管道附近有外力作用，玻璃钢管道极易破碎。

②针穿越道路管道情况，由于有套管保护，现场一根套管中有时会一起穿过2~4根管道，这样一旦一根管道发生穿孔，处理难度大，建议根据套管尺寸适当穿入单井管道数量，一根套管内不超过两条单井管道为佳，还要避免套管内拥挤，防止由于地面下沉，直接导致套管内管道全部断裂的现象的发生。

③建议在地面上设置与地下非金属管线走向一致的明显标识，根据单井管线的实际长度确定标识的数量，以达到醒目、警示的作用。

(5)建立管道完整性管理质量控制体系。

建立从规划设计—物资采购—基建施工—竣工检测—运行检测—运行维护—穿孔修复的管道全过程质量控制体系，通过建立管道大数据管理运行平台，对管道进行时时管理，确保埋地管道平稳运行。

参 考 文 献

[1] 邵守斌，刘长福．喇嘛甸油田腐蚀与防护技术综合研究[C]// 2006 西部油田腐蚀与防护论坛．2006.

[2] 邵守斌，郑岩，王书浩，等．喇嘛甸油田外输油管道完整性评价[J]．全面腐蚀控制，2006，20(1)：20-23.

[3] 邵守斌．基于数值模拟区域阴极保护优化设计研究[C]// 中国油气管道安全运行与储存创新技术论坛．2010.

[4] 于敏，邵守斌，张天宇，等．站场区域阴极保护技术参数优选[J]．油气田地面工程，2016，35(6)：65-66.

油田集输系统仿真评价及优化运行技术研究

张建军　阚宝春

(规划设计研究所)

摘　要：进入特高含水期后，集输系统逐渐偏离原始高效区运行，系统运行效率降低，能耗升高。为降低集输系统能耗，挖掘集输系统的节能潜力，运用水力、热力学原理及能量平衡关系，建立了集输仿真评价及优化系统，通过工艺仿真、能耗评价，对集输系统进行优化，并将优化结果应用于实际改造项目。其中，针对喇341站外管网优化，运用仿真评价系统对站外管网能耗进行分析，将双管掺水及单管停掺的改造方案进行对比，以能耗最小为目标，确定以单管树状集油工艺作为管网改造的最佳方案，利用仿真技术对树状管网的连接方式及管径进行优化，使集输系统管网处于最优运行状态，优化后，实现年节气 $35.24\times10^4m^3$，年节电 $11.12\times10^4kW\cdot h$，管网运行费用降低了44.5%，取得了较好的经济效益和社会效益。

关键词：集输系统；能耗评价；节能；仿真；优化

目前，喇嘛甸油田集输系统共有联合站7座，转油站46座，处理工艺包含了从油井产出后，经计量、接转、脱水到外输的整个过程。进入特高含水期后，地面系统经过多年运行，生产设施老化，系统运行负荷率降低，系统能耗高的矛盾日益突出。由于集输系统构成复杂、能耗节点较多，在进行能耗分析的过程中，不仅要考虑各单元内部的情况，还要考虑各单元的关联性，在日常设计、方案选择及生产管理中，针对集输系统能耗，均是采用人工分析及手工测算的方法，效率低而且效果差，且目前集输系统还没有成熟的能耗评价及优化系统，现有的仿真软件也仅是用于油气管道的设计。为进一步提高集输系统评价及优化手段，挖掘实施常温集输后集输系统的节能潜力，在对集输系统运行情况及采出液物性进行分析的基础上，我们通过建立集输仿真评价及优化系统平台，开展了集输系统能耗分析与优化试验，并通过现场试验方案优选，实现了集输系统站外管网及站内工艺的全方位优化。

1　建立集输仿真评价系统

1.1　建立仿真评价系统模型

数学模型是建立集输系统仿真、评价平台的理论基础，需要建立的数学模型包括系统仿真模型及能耗评价模型。

1.1.1　建立仿真模型

为对复杂的集输系统进行仿真，系统平台充分吸取序贯模块法的特点，将集输系统进行分解，分别建立管网及站内工艺的仿真模型。

(1)集输管网的仿真模型。

油气集输系统的管网类型较多，不仅含有单节点的集输管网，同时还具有多个节点的复杂管网。为计算管网的流动特性，建立了两相流管网系统的热力、水力计算基本方程。在实际处理过程中，对于任何管网，不管是单相流还是多相流，流动方程都符合质量守恒、能量守恒定理，质量守恒由连续性方程表示，根据连续性方程，在管网的任一节点均满足克希霍夫第一定律，即对于管网内的任一节点，任一时间区间内流入该节点的流量等于从该节点流出的流量。能量守恒由两相流管网系统的基本物性及水力计算基本方程列出。通过对油气物性的计算方法、经验关系式、混合规则等进行归纳，选出了原油基本物性数学模型，同时对混输管路的热力、水力计算方法进行总结，建立了热力学数学模型及 15 种水力学计算模型，为提高模型计算精度，利用现场实测数据对数学模型进行修正和筛选，采用最小二乘法确定了其中的修正系数。通过对连续性方程和能量平衡方程组进行求解，实现了集输系统管网的水力、热力计算。

(2)工艺设备的仿真模型。

集输系统主要是实现采出液油气分离、原油脱水、输送介质的增压及提温等功能，相应的设备包括分离器、脱水器、离心泵、加热炉等设备。设备仿真时，通过研究设备的工作原理和特性，根据质量守恒和能量守恒及相关热力学基本方程，建立了设备输入变量与输出变量之间的动态关系，确定各工艺设备的动态模型，反映出各种工作状况下设备的生产过程，同时对关系方程中涉及到的未知参数采用现场实测数据进行设计。例如，在建立分离器的仿真程序过程中，原油和天然气是两种互溶的流体，油气混合物进入分离器后，在分离器内有一定的停留时间，油气两相经过充分接触，接近气液平衡状态。在分离器内的压力和温度条件下，首先计算出溶解气油比，然后再根据质量守恒，计算出口的油、气流量。根据能量守恒定律计算出口压力，通过建立设备质量及能量守恒的方程，实现了集输设备仿真模型的求解，完成了站内工艺设备的仿真。

1.1.2 建立能耗评价模型

能量平衡方法是油田节能测试的基本方法，利用系统输入、输出能量的平衡关系，可准确模拟系统能量利用的状态，直接给出系统的能量损失及有效能量利用情况。利用能量平衡关系，建立了集输系统单井至转油站的能量平衡模型(图 1)。

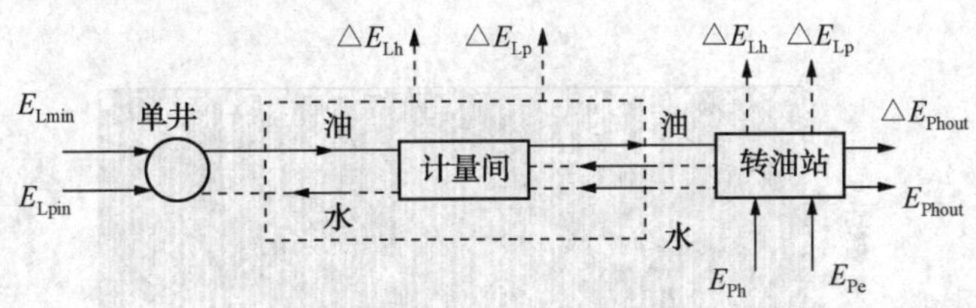

图 1　集输系统的能量平衡模型

E_{Lhin}—采出液带入的热能；E_{Lhout}—出口介质带出的热能；

E_{Lpin}—采出液带入的压能；E_{Lpout}—出口介质具有的压力能；

ΔE_{Lh}—热能损失；ΔE_{Lp}—压力能损失；

E_{Ph}—加热炉供给转油站的热能；E_{Pe}—机泵供给转油站的压能

从系统能量平衡模型可以看出，输入系统的能量有采出液带入系统的热能及压能和转油站供入的能量，输出系统的能量为出口介质带出的热能及压能，建立系统能量平衡方程(1)，即：

$$E_{\mathrm{Lhin}}+E_{\mathrm{Lpin}}+E_{\mathrm{Ph}}+E_{\mathrm{Pe}}=E_{\mathrm{Lhout}}+E_{\mathrm{Lpout}}+\Delta E_{\mathrm{Lh}}+\Delta E_{\mathrm{Lp}} \tag{1}$$

根据能量关系分别建立集输管网效率、站库效率、电能、热能利用率等评价指标。

1.2 建立系统仿真评价平台

1.2.1 管网的仿真评价平台

利用修正后的15种水力数学模型，建立相应的仿真模块，管网仿真时，综合考虑采出液介质的管输状态，如倾斜管、水平管、持液率等情况，选择合适的仿真模块，然后通过数据库导入和人工输入两种方式建立管网的仿真模型，可实现不同性质的采出液仿真计算。在实际应用中，管网的管径等属性可利用地面工程数据库内的动静态数据快速导入，直接生成管网的仿真图形(图2)，同时黏度、密度等工艺参数可根据采出液的现场性质测试后进行手动修改，仿真后直观给出各单井管网的仿真结果图形，并直接在图形中显示各节点的压力、温度、流量等重要集输参数。

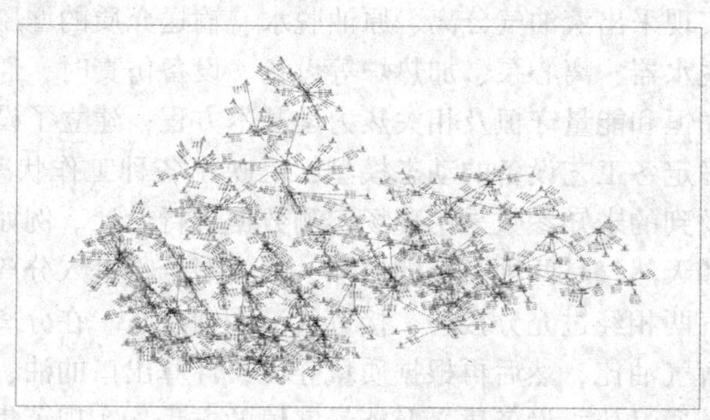

图2 站外管网的仿真图形

管网评价模块内设置了多种评价指标，包括管网效率、管网单位输油总能耗、单位输油热耗等参数，从不同角度对管网运行情况进行评价，通过输出对比图形，直接给出管网的效率、单位输油能耗等参数情况(图3)，可直观确定管网能量损失较大的管线，并最终输出管网的评价结果文档，给出管网的所有能耗指标情况，可准确快速地对能量损失大的管网进行具体分析。

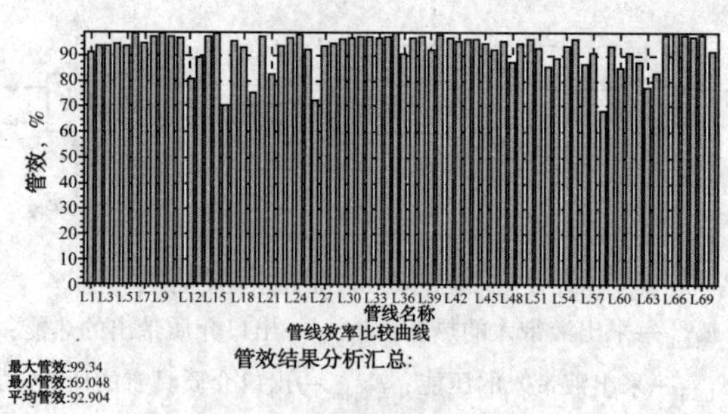

图3 站外管网的评价图形

1.2.2 站内工艺的仿真评价平台

利用建立的设备仿真模型，生成设备的图形库。仿真时，可直接通过拖动建立设备的仿真图形，且图形可根据不同的工艺进行任意组合和删减，实现了工艺流程的智能化组合。输入运行参数后，仿真输出设备的出口变量，实现设备的真实运行状态模拟。再利用混合和分流功能，建立设备间的能流、物流关系，将各仿真图形进行组合，实现集输工艺全过程仿真。在仿真图形中，直接显示各节点的相关压力、温度、流量等运行参数，便于对能耗节点进行分析。

站内工艺评价是利用能耗评价指标，建立站内工艺的能耗评价模块。模块内除给出公司要求的能耗指标外，可运用能量分析指标，包括能量利用效率、电能及热能利用率等参数，从能量利用角度对系统进行能耗分析。利用整体用能分析结果及分层给出系统及设备的能流分布图，找出系统用能的薄弱环节，并通过窗口直接给出评价结果，确定不合理的用能设备。

2 集输仿真评价系统的应用

2.1 喇 341 和喇 340 转油站集输系统优化

2.1.1 管网的仿真评价

针对喇 341 和喇 340 转油站合并改造项目，应用仿真优化系统平台，对老化严重的喇 341 站外管网进行优化，首先建立管网的仿真模型。为在软件系统中精确确定各单井的位置，首先通过数据库形成各单井、站、间位置的坐标文档，利用数据导入功能调用此坐标文件，通过现场录取管线的管径、长度、产液量、含水率等参数，建立喇 341 站外管网的仿真模型，并给出管网能耗评价结果。喇 341 转油站管网的最大管效为 98.79%，最小管效为 52.65%，平均管效为 93.12%；其中 13 条管网效率相对较低，且单位输油总能耗较高，存在一定的优化空间。

2.1.2 改造方案优化

对站外管网能耗评价结果进行分析得出：低效管线的共同特点是单位输油总能耗高，电耗低，管网的流量小，管径大，单位输油热耗较高，管网能量损失大。为提高管网效率，降低能耗，将双管掺水工艺和单管不加热集油工艺两种优化方案进行对比，优选最佳的改造方案(表 1)。

表 1 喇 341 和喇 340 转油站优化方案对比表

项目	方案一 常规双管掺水管网改造方案	方案二 单管树状集油工艺改造方案
工程投资，万元	1851.43	704.31
主要工程量	更换站内平面管网 2.8km，大修站内老化分离设备，优化机泵及配套设施；优化站间管线 7.4km，单井管线 23.25km	扩建喇 340 站内集油阀组 2 套，优化新建管道 11.3km，井口计量装置及集输阀岛各 46 套，超导热洗装置 1 套，井口电加热器 4 台，计量监控装置 1 套
平均管网效率,%	95.74	98.46
平均单位输油总能耗，kJ/(t · km)	16576.8	11419
年耗电，10^4kW · h	37.66	26.45
年耗柴油，10^4L	0	3.15
年耗气，10^4m^3	35.24	0
年维护费用，万元	95.94	0.6
合计成本	150.14	37.94

从对比结果来看，单管集输工艺改造比常规双管工艺改造少改造转油站 1 座，计量间 6

座，少建站外管网 19.2km，减少投资 1147 万元，年减少运行成本 112.2 万元，管网效率提高 2.72%，平均管网能量损失降低了 31%。通过对比，优选单管树状集油工艺对喇 341 站外管网进行改造。

应用仿真优化系统平台将原双管掺水工艺(图 4)优化为单管树状集油工艺。管网连接方式的优化遵循以下原则：为方便优选经济合理的集油干线管径和进站阀组，连接时尽量使各条集油干线及支线串接井数保持均衡，各条干线总产液量相对均衡；为保证安全集输，优先选用热耗较低的单井作为端点井，辅助低产液油井生产，端点井到第二口油井之间的集油管道深埋-2m，同时，设定转油站端回压为 0.2MPa，在单井端参数输入估计压力和给定产液量，反算各单井的回压，判断连接管网是否满足回压小于 1.5MPa 的输送要求。

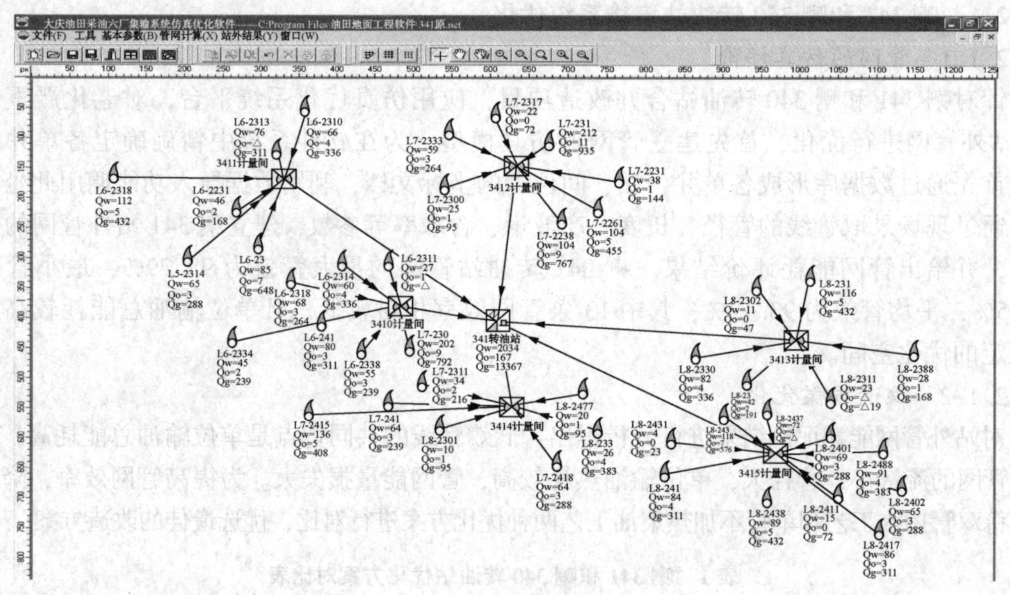

图 4　改造前管网仿真模型

优化管网连接方式共形成集油干线 4 条，集油支线 18 条，每条支线挂接油井 1~4 口(图 5)。同时对各管线管径进行优化，使管网的效率达到最大值。改造完成后，跟踪 46 口单井井口回压及回油温度情况，其中单井回压符合率达到 96.82%，井口最大单井回压为 0.57MPa，各单井均满足单井回压不大于 1.5MPa 的要求，干线温度仿真结果符合率达到 98.4%，4 条支线的实际进站温度在 36.5~40℃之间，均高于凝固点，满足了安全集输要求。

2.1.3　效果分析

对喇 340 和喇 341 站进行合并、优化区域内的管网后，喇 340 站分离转液负荷由 64.4% 提高到 81.7%，站内机泵等设备负荷率增加，效率提高，节约喇 341 站及计量间的改造投资 780 万元。与原来双管掺水流程相比，节省了集油、掺水管道 19.2km，节约了管网投资 367 万元，单井运行费用由 1.91 万元/年降到 1.06 万元/年，降低了 44.5%。改造后实现年节气 $35.24\times10^4m^3$，年节电 $11.12\times10^4kW\cdot h$，节省药剂及维护费用 74.5 万元，累计节省各类运行费用 112.2 万元。

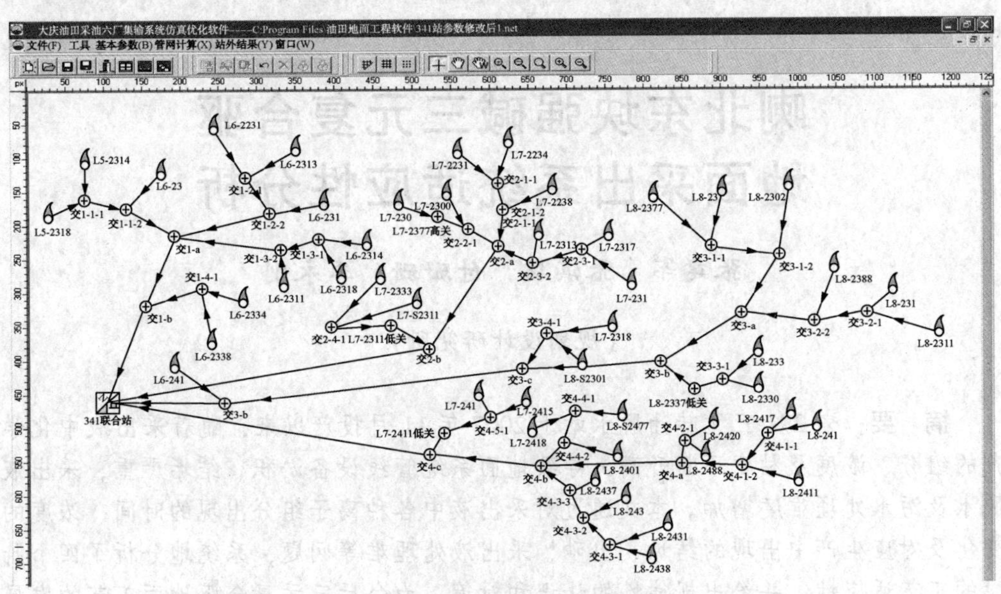

图 5　改造管网后仿真模型

3　结论

本次研究通过开发集输系统仿真评价及优化运行平台，将仿真优化技术成功应用于集输系统的能耗评价及工艺优化，取得了较好的节能效果。主要得出以下的结论：

(1)集输仿真评价及优化运行平台可以真实模拟油田生产过程中的复杂工作状态，能够对集输管网及站内工艺进行仿真评价，并给出系统优化运行及改造方案，为油田规划提供理论上的支持。

(2)系统平台采用图形与数据的交互模式，能够直观地给出站外管网、站内工艺的能耗情况及能流分布，并根据指标进行全方位的能耗分析评价，计算准确，模拟速度快，克服了人工分析工作量大、耗时长的缺点，成为油田规划有力的辅助手段。

(3)应用仿真优化技术实现了喇 341 和喇 340 转油站集输系统优化，首次实现了喇嘛甸油田水驱集输系统单井—转油站的二级布站模式，并在实际改造中，突破了常规人工分析方法的局限性，能够从集输系统的全面和整体的角度进行能耗分析与评价，并充分考虑了系统性和关联性，实现了全系统优化、全方位降耗的目的，满足了高含水后期集输系统的精细化管理需求。

参 考 文 献

[1] 王金峰，史秀敏．计算机仿真技术在输油管道系统方面的应用[J]．国外油田工程，1998(2)：36-37.

[2] 肖芳淳．灰色物元分析在优选油气管道设计方案中的应用[J]．油气田地面工程，1996，15(1)：1-6.

[3] 李玉星，冯叔初，范传宝．多相混输管道温降的计算[J]．油气储运，2001，20(9)：32-34.

[4] 张兰双，魏立新，王文秀，等．原油集输系统效率计算与能耗分析软件开发[J]．油气田地面工程，2005，24(11)：14-15.

[5] 袁永惠．油气集输能量系统的热力学评价与分析[D]．大庆：大庆石油学院，2009.

喇北东块强碱三元复合驱地面采出系统适应性分析

张建军　张淇铭　付珊珊　李永刚

（规划设计研究所）

摘　要：喇291三元转油脱水站于2007年11月投产以来，随着采出液中化学剂的组分、浓度及黏度不断升高，导致地面系统管线设备淤积、结垢严重，采出液脱水及污水处理难度增加。本文通过对采出液中各种离子组分出现的时间、浓度的变化及对应生产中出现的结垢、出砂、采出液处理难等问题，系统地分析了四个阶段的工艺适应性，并给出规律性的认识和对策，为今后三元复合驱地面工艺的发展提供了技术方向。

关键词：三元复合驱；地面；采出系统

1　区块概况

喇291转油脱水站集输工艺采用三级布站、双管掺水工艺，站内脱水采用“三相分离器+电脱水器”两段脱水工艺，外输油输送至喇Ⅱ-1联合站，污水处理系统采用曝气沉降+高效油水分离+二级压力过滤流程。本站于2007年11月投产，2008年10月进入三元主段塞，2010年12月进入三元副段塞，2012年2月进入聚合物保护段塞，2013年6月起分批次转为后续水驱，2013年11月全部转为后续水驱。

自区块投产以来，受三元液的影响，地面单井结垢井数增加，平均回压逐渐升高，站外管网结垢及管线内淤积情况加重；站内三相分离器泥沙淤积堵塞较为严重。清淤周期由525d缩短至60d，清淤量由50m^3/次增加到120m^3/次；掺水，热洗炉（管式高效炉），火管结垢烧坏，采出液见剂期间共实施加热炉清淤除垢、维修10台次，脱水炉清淤周期由720d缩短至150d，掺水、热洗炉酸洗除垢周期由720d缩短为300d；随着注入表活剂浓度进一步提高，采出液黏度增大，污水系统水相黏度增大，过滤罐滤料板结、跑料，1000m^{3}污水沉降罐底部淤积物增多，由于出口管线距离罐底仅0.5m，导致掺水泵及热洗泵过滤网堵塞、叶轮滑脱，平衡盘损坏。2012年维修机泵由36次增加到105次，更换泵件由28个增加到325个。

2　采出系统适应性分析

三元复合驱过程中的碱与地层水、矿物反应生成氢氧化物垢、碳酸盐垢和硅酸盐垢，碱液与地层物质反应时间越长，生成的垢质越多，对采出系统影响越大。垢产生的情况可归纳为3种：（1）化学剂与地层内流体不配伍直接产生沉淀而结垢；（2）化学剂与储层矿物反应后产生离子与储层流体发生化学反应，导致不配伍的沉淀产生；(3)流体采出过程中随温度和压力的变化，某些物质沉淀结垢。在成垢过程中，溶液过饱和状态、结晶的沉淀与溶解等是关键因素。其中过饱和是结垢的主要因素，而过饱和不仅与溶解度有关，还受热力学、结晶动力学、流体动力学等多种因素的影响。

2.1　采出液各离子浓度变化对系统的影响

在生产过程中，跟踪检测采出液中各种离子浓度的变化，根据集输系统地面管线及站内设备的清淤、结垢情况，结合采出液脱水处理、污水处理工艺运行情况及外输油含水指标、水质指标的变化情况将生产过程分成了四个阶段(图1)，各阶段系统运行情况如下：

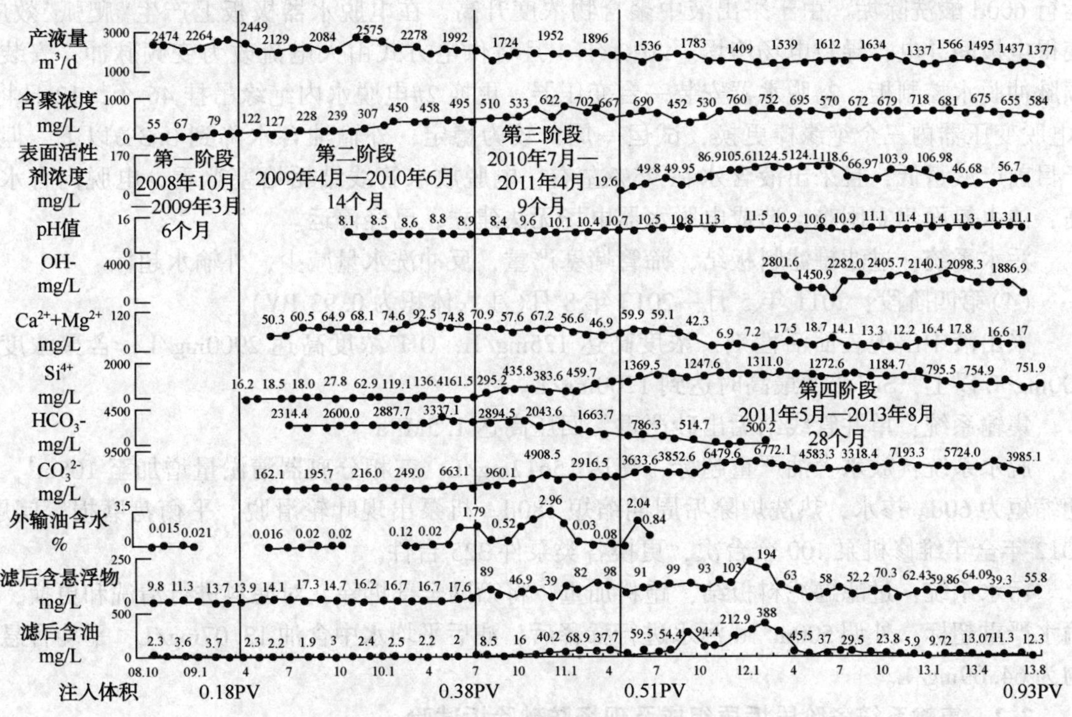

图1　三元复合驱采出液各阶段离子浓度变化曲线

(1)第一阶段：2008 年 10 月—2009 年 3 月(注入体积为 0.18PV)。

集输系统：井口平均回压稳定在 0.3MPa 左右，集油系统运行正常，未见结垢离子及其他离子。

脱水系统：外输油指标合格。

污水系统：水质指标合格。

(2)第二阶段：2009 年 4 月—2010 年 6 月(注入体积为 0.38PV)。

采出液中出现结垢离子，Ca^{2+}、Mg^{2+}浓度在 70mg/L 以内，Si^{4+}浓度在 200mg/L 以内，含聚浓度在 500mg/L 以内。

集输系统：有 11 口单井管网出现轻微结垢，最高单井回压达到 0.5MPa，集输系统出现轻微结垢。

脱水系统：1#脱水加热炉烟火管出现结垢情况，造成火管局部过热变形。电脱水器电流由 17A 升高至 60A，期间出现 3 次垮电场问题。外输油指标合格。

污水系统：石英砂滤罐出口堵塞，滤料板结，反冲洗水量由 $500m^3/h$ 降至 $90m^3/h$，反冲洗压差增大。水质指标合格。

(3)第三阶段：2010 年 7 月—2011 年 4 月(注入体积为 0.51 PV)。

含聚浓度超过 500mg/L 上升到 700mg/L，Si^{4+}浓度持续上升至 1000mg/L。

集输系统：地面单井管线结垢加重并出砂，回压达到 0.8MPa，计量间掺水压力由 1.0MPa 下降至 0.4MPa。

脱水系统：放水含油开始超标，高达 6113mg/L，三相分离器清淤量由 $30m^3$ 增加至 $50m^3$，清淤周期由 525d 缩短至 403d，加热炉运行 150d 时，火管出现穿孔，掺水，热洗炉，运行 600d 酸洗除垢。由于采出液中聚合物浓度升高，在电脱水器极板上产生“爬弧”效应，使得电极间导电，导致电场垮塌。2012 年 4 月将供电方式由大电流改为变频脉冲，安装变频脉冲脱水控制柜，2#脱水器安装一台变压器。更换 2#电脱水内绝缘吊挂 46 个，12 日将 2#电脱变压器内三个绝缘棒更换，试运一周，较为稳定，外输油含水降到 0.3%以下，但由于目前产液量低，且采出液含水在 95%左右，电脱放水管线结垢堵塞严重，电脱内含水超高，油水界面建立困难，造成电脱水器电场无法建立，已经停运。

污水系统：过滤罐滤料板结，筛管堵塞严重，反冲洗水量减少，外输水超标。

(4)第四阶段：2011 年 5 月—2013 年 8 月(注入体积为 0.93 PV)。

采出液中出现表面活性剂，浓度高达 125mg/L，OH^-浓度高达 2900mg/L，含聚浓度在 600mg/L 以上，Si^{4+}浓度最高时达到 1200mg/L。

集输系统：单井管线结垢出砂严重，回压高达 1.5MPa。

脱水系统：放水含油严重超标，高达 15617mg/L。三相分离器清淤量增加至 $105m^3$，周期缩短为 60d。掺水，热洗炉除垢周期缩短 180d。机泵出现叶轮滑脱、平衡盘磨损等问题，2012 年全年维修机泵 100 余台次，更换各类泵件 325 台件。

污水系统：过滤罐滤料板结，跑料加重，将筛网全部拆除，对滤料进行清洗和更换，外输水严重超标。外调 $500m^3/d$ 污水进行稀释后，滤后平均水中含油 13.07mg/L，平均含悬浮物为 64.09mg/L。

2.2 集输系统各阶段垢质组成及现场防砂除垢试验

2.2.1 垢质组成

系统结垢初期管网垢质以碳酸盐为主，垢质坚硬较脆。随着溶液 pH 值增加，采出液体中 Ca^{2+}、Mg^{2+}浓度减少，Si^{4+}浓度增加，中期垢质以碳酸盐及硅酸盐的混合垢为主，结垢后期垢质为硅酸盐垢，并出现大量淤泥附着，垢的致密程度增加，类似混凝土。各阶段垢质组成见表 1。

表 1 各阶段垢质组成表

阶段　　含量	有机物,%	碳酸盐,%	硅铝酸盐,%	其他,%
第二阶段(结垢初期)	7.21	76.16	8.26	7.37
第三阶段(结垢中期)	14.51	36.56	44.5	4.43
第四阶段(结垢后期)	15.16	2.44	78.41	3.99

通过对管线内部堵塞物进行分析得出，复合驱油井管线堵塞情况呈现为大量泥沙堆积而成，堵塞物质地松散、松软，主要成分为无定型二氧化硅和油，聚合物等有机物的混合物，

经除油、煅烧后的无机组分粒径细微，含有少量石英石、长石和黏土矿物。

通过对堵塞物与我厂岩心进行各项对比发现，二者差别较大，但堵塞物和采出液中富含硅元素，且堵塞物中含有石英石、长石和黏土矿物等储层物质，可推断出复合驱堵塞物大部分为三元驱替液与储层岩石的间接产物。三元驱替液中大量的强碱对储层岩石进行溶蚀，而且三元驱替液、采出液携砂能力极强，大量溶蚀产物随着采出液带至地面造成管线堵塞，而驱替液中强碱的存在使得采出液也呈现碱性，为碳酸盐的生成提供良好的条件，加之聚合物的絮凝、架桥作用，使得细微岩石溶蚀产物和碳酸盐迅速聚集、沉积，最终导致地面管线堵塞。

2.2.2 现场防砂试验

选取出砂堵塞问题较为严重单井堵塞物以及采出液，对堵塞物无机成分进行粒径分析，对采出液中含沙量进行测定。通过分析，采出液中含量约为0.0226%，堵塞物无机成分粒径分析见表2。

表2 喇8-AS2611单井出沙粒径分布数据表

序号	粒径范围，mm	重量，g	质量分数，%
1	<0.053	0.02	0.08
2	0.053~0.104	0.67	2.74
3	0.104~0.25	5.01	20.49
4	0.25~0.84	7.68	31.41
5	0.84~2	2.54	10.39
6	>2	8.53	34.89
合计		24.45	100

通过粒径分析得出，喇8-PS2611井粒径大于0.05mm的砂含量在99%以上，其中粒径大于0.25mm的砂含量为76.69%，占大多数。因此选用除垢精度为50目，能去除粒径为0.25mm以上颗粒的防砂器进行现场试验。选用该精度的除砂器，一是能够拦截绝大多数的砂粒，二是可以控制除砂器的成本。

在喇8-AS2611井口集油管线安装除砂器进行现场试验，并对除砂器进出口采出液进行取样，化验其含砂量，并通过对比来评价除砂器的效果(表3)。

表3 除砂器前后采出液含砂量数据表

时间	除砂器前含砂量，%	除砂器后含砂量，%
10月27日	0.0224	0.0104
11月9日	0.0238	0.0093
11月22日	0.0217	0.0120
平均	0.0226	0.0106

根据表中数据进行计算得出：

除砂率=（除砂器前含砂量-除砂器后含砂量）×100%÷除砂器前含砂量

=(0.0226-0.0106)×100%÷0.0226=53.54%

该过井口滤式防砂装置起到了良好的防砂效果，有效控制了油井出砂对后续地面管线的影响。

2.2.3　现场除垢试验

利用“空穴效应”原理对单井管线以及计量间管线开展空穴射流除垢试验。投放在管线中的清洗器在流体的推动下快速前进，在清洗器的叶片上产生高频、剧烈振动，清洗器被由此产生的急速旋转的涡流所包围，形成连续移动的低压区，这个区域的流体始终呈汽化状态，因此产生众多的微气泡，而微气泡随后又被迅速压缩直至崩裂，瞬时激射出强力的微射流，并聚成冲击波，彻底粉碎罐壁上的污垢。

在喇 9-PS2601 油井掺水热洗管线、集油管线进行了单井管线空穴射流除垢现场试验，实施后油压由 1.4MPa 下降至 0.4MPa，除垢效果较好。

在喇 2912#计量间进行了站间干线空穴射流除垢现场试验，分别对掺水、热洗、集油三条干线进行了除垢，实施后管线畅通，用肉眼观察可见管道内壁光滑。掺水管线除垢后，掺水泵至计量间管线压差由原来的 1.6MPa 下降到 0.3MPa，除垢效果较好。

2.2.4　现场除垢试验对井口工艺的改进

通过对管道进行除垢时发现，由于井口工艺复杂、通径较小，极易造成结垢和砂堵，酸洗或物理除砂、垢工艺很难清理，不能从根本上疏通管道。因此对井口工艺进行改造，将原来复杂的掺水热洗合一流程井口工艺改造成简易井口工艺，在简化井口流程的同时，各段管线管径增大，降低了采出井出砂对井口管线的冲击(图 2)。

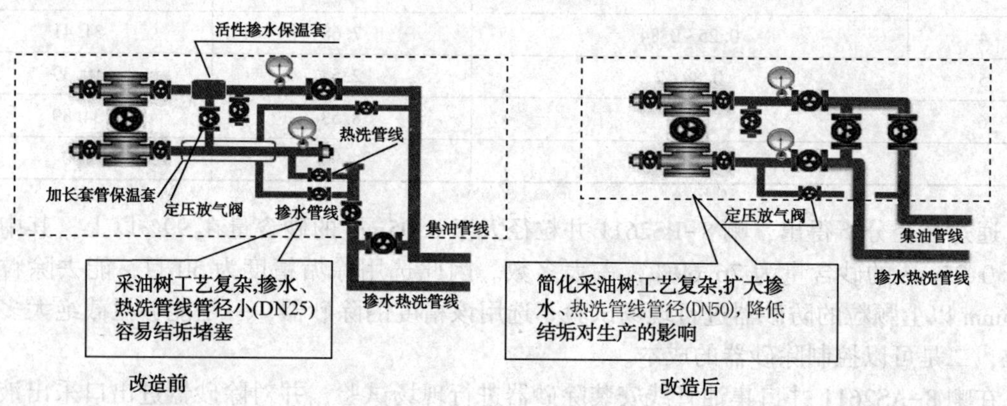

图 2　井口工艺改造示意图

2.3　水质达标率下降与氧化法处理三元污水现场试验

2.3.1　水质达标率下降

采出液中表活剂浓度达到 100mg/L 以上时，界面张力接近 10^{-1}mN/m，使水包油型乳状液油珠更加细小，造成采出液乳化程度高，油水分离困难，放水含油指标超标。2012 年 6 月，通过在 1000m^3沉降罐进口加入清水 200m^3/d 进行稀释；2012 年 12 月，从管网调污水 500m^3/d 进行稀释，指标略有好转，但是放水含油和悬浮物依然超标。图 3 为污水系统水质变化曲线。

2.3.2　氧化法处理三元污水现场试验

通过室内化验得出，三元污水 pH 值在 10~11 之间，呈碱性。水中含有大量的 CO_3^{2-}、OH^-、Na^+、Ca^{2+}、Fe^{2+}等离子。污水中聚合物含量平均为 525.38mg/L，黏度达 15.25mPa·s，

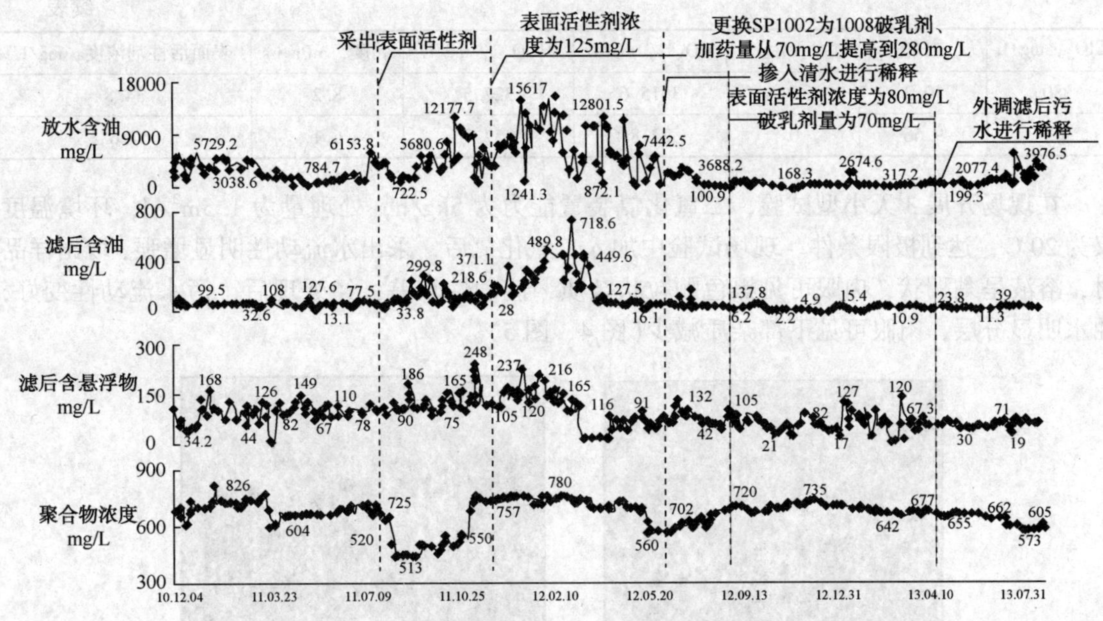

图 3　污水系统水质变化曲线

放水含油和悬浮物较高，水质达标率下降。为此利用二氧化氯的氧化性、酸性，降低污水中聚合物、碱及表活剂的含量，增加油水破乳、降黏的效果，保证三元污水系统正常运行。

聚合物降解原理：

$$\left[-\overset{H_2}{C}-\underset{\underset{NH_2}{|}}{\underset{\underset{C=O}{|}}{\overset{H}{C}}}-\right]_m\left[-\overset{H_2}{C}-\underset{\underset{NH_2}{|}}{\underset{\underset{C=O}{|}}{\overset{H}{C}}}-\right]_n \xrightarrow{ClO_2} \left[-\overset{H_2}{C}-\underset{\underset{NH_2}{|}}{\underset{\underset{C=O}{|}}{\overset{H}{C}}}-\right]_m + \left[-\overset{H_2}{C}-\underset{\underset{NH_2}{|}}{\underset{\underset{C=O}{|}}{\overset{H}{C}}}-\right]_n$$

OH^-、Fe^{2+}反应原理：

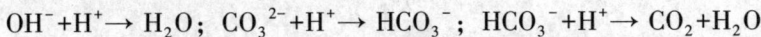

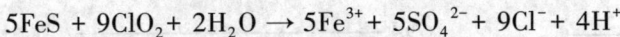

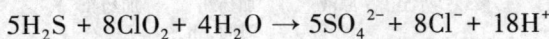

$OH^- + H^+ \rightarrow H_2O$；$CO_3{}^{2-} + H^+ \rightarrow HCO_3{}^-$；$HCO_3{}^- + H^+ \rightarrow CO_2 + H_2O$

$5FeS + 9ClO_2 + 2H_2O \rightarrow 5Fe^{3+} + 5SO_4{}^{2-} + 9Cl^- + 4H^+$

$5H_2S + 8ClO_2 + 4H_2O \rightarrow 5SO_4{}^{2-} + 8Cl^- + 18H^+$

通过室内试验（表 4），二氧化氯最佳反应浓度为 40 mg/L。OH^-离子下降 97.8%，黏度下降 45.1%，表活剂下降 28.2%。

表 4　氧化法处理三元污水室内试验数据

ClO_2，mg/L	pH 值	OH^-，mg/L	$CO_3{}^{2-}$，mg/L	$HCO_3{}^-$，mg/L	黏度，mPa·s	表面活性剂浓度，mg/L
0	10.8	404.8	4192.9	0	17.1	63.3
10	10.78	387.5	3919.4	0	14.9	60.7
20	10.66	198.1	4040.9	0	11.8	64.5
40	10.52	8.6	4132.1	0	9.4	45.4

续表

ClO_2，mg/L	pH 值	OH^-，mg/L	CO_3^{2-}，mg/L	HCO_3^-，mg/L	黏度，mPa·s	表面活性剂浓度，mg/L
80	10.3	0	3615.6	327.5	8.2	34.8
120	9.66	0	2218	957.7	6.1	7.6

在现场开展 3 天小型试验，二氧化氯装置能力为 5kg/h，处理量为 1.5m^3/d，环境温度仅为 20℃，达到极限条件。现场试验中加入二氧化氯后，采出水流动性明显增强，取出样品时，溶液呈黏稠状，肉眼可见黑色颗粒状杂质，流动性较差；经处理后，污水流动性变好，油水明显分层，肉眼可见下部杂质减少(图 4、图 5)。

图 4　处理前

图 5　处理后

搅拌初期明显感到阻力。反应 2h 后再次搅拌感阻力减小，说明样品黏度降低。处理 2h 后，黏度明显下降，并随着处理时间的增加呈下降趋势，三个样品黏度分别下降为 2.7mPa·s、1.45mPa·s 和 2.95mPa·s，分别下降了 20%、13%和 25.8%。处理后的三元污水 pH 值为 9.93，达到了普通水聚驱 pH 标准(8~9)，如图 6 所示。

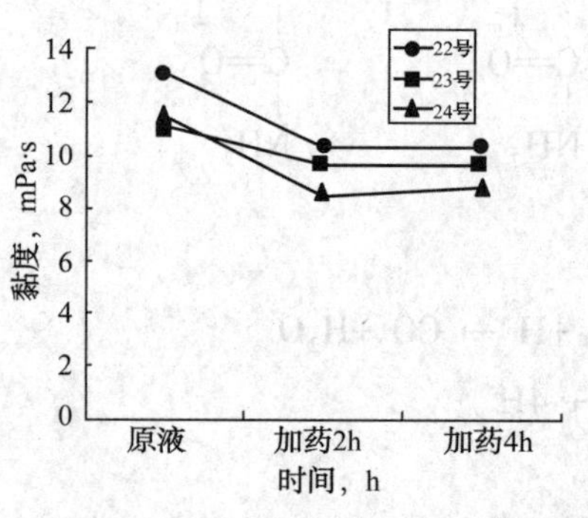

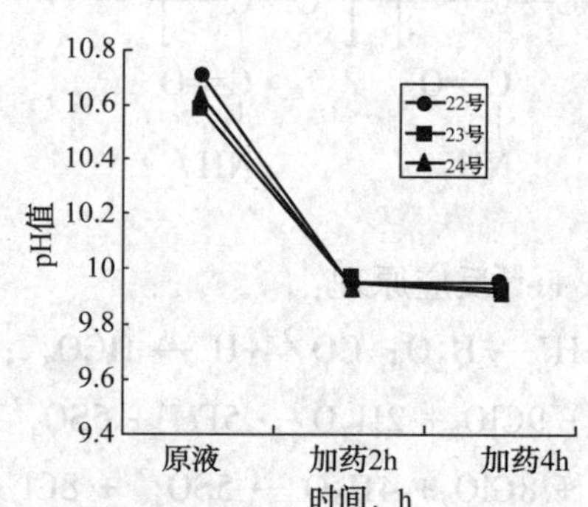

图 6　氧化法现场试验黏度及 pH 值变化曲线

通过小型试验得出，二氧化氯能够降低三元污水中各种离子浓度、油水乳化程度及水相黏度，大大降低了污水处理难度。

3　结论

(1)三元采出液携带泥砂，造成站内管线内淤积物增多，管线压力升高。如集油管网前端没有有效拦截措施，只能定期进行清淤，所以配套相应的除砂工艺是有必要的。

(2)有效的防垢技术还需要加大试验应用。空穴射流除垢是物理方法，具有一定的适应性。配套工艺中应该设计除垢工艺流程及短接，便于在不停产的情况下，定期对主体工艺管线及设备进行清淤除垢。

(3)三元注入中后期，采出液乳化程度高，水相黏度大，“破乳降粘”是有效解决采出液处理能力的有效途径，需要加大试验研究力度。

参 考 文 献

[1] 李杰训．三元复合驱地面工程技术试验进展[M]．东营：中国石油大学出版社，2009.

[2] 侯志峰，徐广天，高清河，等．三元复合驱体系碳酸钙微粒形成的影响因素[J]．油气田地面工程，2015(2)：7-8.

高含聚污水处理站工艺适应性分析

田　旭　惠云博

（规划设计研究所）

摘　要：喇嘛甸油田高浓度聚驱的不断推广应用，导致高含聚产水量逐年升高，污水含聚浓度逐渐升高，已建常规聚驱污水处理工艺不能满足污水的处理需求。为此，近两年，喇嘛甸油田新建高含聚污水站3座，高含聚污水处理主体工艺上仍采用两级沉降、一级过滤工艺，为满足高含聚污水的处理需求，对具体工艺、参数进行优化，一是在沉降段采用气浮技术，以提高除油效果；二是对工艺参数进行优化，以保证各段污水处理水质。为确定高含聚污水处理工艺适应性，2014年，在高含聚污水站A开展了高含聚污水处理现场试验，通过试验跟踪，高含聚污水站A在含聚浓度最高达到797mg/L时，滤后平均含油2.2mg/L，含悬浮物8.2mg/L，高于水质考核指标含油≤20mg/L、含悬浮物≤20mg/L的要求。试验效果表明，该种高含聚污水处理工艺能够满足高含聚污水处理需求，具有较好的工艺适应性，可解决高含聚污水处理难题。

关键词：高含聚污水；气浮；现场试验；适应性

为了提高原油采收率，喇嘛甸油田形成了以高浓度聚驱为主的开发格局。随着高浓度聚驱区块的陆续投产、见效，我厂已建水驱、普通聚驱污水站处理能力及工艺难以满足污水处理需求，急需新增高含聚污水处理规模，寻求新的高含聚污水处理工艺。为此，近两年第六采油厂已新建高含聚污水站2座，由于高含聚污水处理工艺在我厂首次应用，且高含聚污水站A含聚浓度最高达到797mg/L，为此，2014年，第六采油厂在某高含聚污水站开展了高含聚污水处理现场试验研究，为日后高含聚污水处理提供技术支撑。

1　高含聚污水特性研究

1.1　建设现状

喇嘛甸油田已建高含聚污水站2座，总设计规模$2\times10^4m^3/d$，实际处理量$1.35\times10^4m^3/d$，负荷率为67.50%。其中，高含聚污水站A含聚浓度为797mg/L，采用“一级气浮沉降→二级混凝沉降→一级过滤”的处理工艺。

1.2　特性研究

为确定我厂高含聚污水特性，开展高含聚污水特性研究，主要对高含聚污水站A、高含聚污水站B和某水驱污水站来水进行水质特性化验对比分析，主要化验指标包括含聚浓度、Zeta电位、粒径中值和黏度。表1为污水特性化验数据表。

表 1　污水特性化验数据表

项目	聚驱		水驱
	A	B	水驱站
含聚浓度，mg/L	797	380	270
黏度，mPa · s	1. 940	1. 036	0. 980
Zeta 电位，mV	−48. 87	−37. 30	−31. 41
粒径中值，μm	2. 200	2. 574	2. 267

根据表 1，综合考虑含聚浓度、Zeta 电位、粒径中值和黏度等 4 项指标，A 站污水含聚浓度、黏度、Zeta 电位绝对值最高，粒径中值最小，其次为 B 站；水驱污水站含聚浓度和黏度最低，Zeta 电位绝对值最小，处理难度最小。

2　高含聚污水站现场试验研究

2. 1　高含聚污水站 A 工艺适应性分析

高含聚污水站 A 平均处理水量为 8286m^3/d，负荷率为 82. 86%，工艺上采用“气浮沉降罐→混凝沉降罐→石英砂磁铁矿双层滤料过滤罐”，其中，气浮沉降罐、混凝沉降罐设计有效停留时间分别为 12h 和 6h，双层滤料过滤罐设计滤速为 8m/h。目前该站污水含聚浓度为 797mg/L。通过对高含聚污水站 A 水质进行取样化验，得到其来水平均含油 253. 3mg/L、悬浮物 177. 5mg/L，气浮沉降罐出水含油 37. 5mg/L、悬浮物 47. 2mg/L，污油、悬浮物去除率分别为 85. 2%和 73. 4%；混凝沉降罐出水含油 23. 1mg/L、悬浮物 37. 6mg/L，污油、悬浮物去除率分别为 38. 4%和 20. 3%；石英砂滤罐出水含油 2. 2mg/L、悬浮物 8. 2mg/L，污油、悬浮物去除率分别为 90. 6%和 78. 1%。整体试验效果表明，高含聚污水站 A 整体工艺能够满足其污水处理需求。为确定高含聚污水站 A 在不同运行负荷下的参数合理性，对不同负荷下污水水质情况进行统计，当高含聚污水站 A 负荷率在 50%～90%之间波动时，各段出水水质良好，滤后水含油、悬浮物最高分别为 2. 1mg/L 和 8. 4mg/L，出水水质达到了中、低渗透层注水水质要求，当负荷率在 85%～102%之间波动时，各段出水水质能满足处理需求，滤后水含油、悬浮物最高分别为 6. 1mg/L 和 11. 9mg/L，出水水质可以满足设计指标要求。因此，高含聚污水站 A 在不同负荷下的各段污水水质均在设计指标范围之内，参数设计合理。

综上，通过工艺适应性分析，一是在不投加药剂的条件下，当高含聚污水站 A 含聚浓度达到 797mg/L、污水负荷在 50%～106%之间时，能够满足水质处理要求，因此，“气浮沉降罐→混凝沉降罐→石英砂磁铁矿双层滤料过滤罐”的处理工艺，对高含聚污水具有较好的适应性，可解决高含聚污水处理难题；二是高含聚污水站 A 所采用的设计参数能够满足设计需求，未来高含聚污水站主体工艺参数可按照该站参数进行设计，即一级气浮沉降时间为 12h，二级混凝沉降时间为 6h，过滤罐滤速为 8m/h。

2. 2　高含聚污水站 A 气浮参数优化分析

高含聚污水站 A 工艺适应性分析表明，其采用的“气浮沉降罐→混凝沉降罐→石英砂磁铁矿双层滤料过滤罐”的处理工艺，对高含聚污水具有较好的适应性，且不同负荷下各段污水水质均在设计指标范围之内，整体工艺不存在问题。由于高含聚污水站 A 一级沉降采用气浮沉降工艺，为确定气浮工艺最优运行参数，开展气浮参数优化试验。

2.2.1　气浮参数优选试验工艺原理

高含聚污水站A采用部分回流式气浮工艺，气浮沉降罐部分出水与空气通过溶气泵加压，进入气液恒压混合装置进行充分混合后，通过气浮沉降罐内溶气释放装置进行释放。该站设计溶气泵3台，排量为60m^3/h，气浮工艺主要设计参数为回流比和溶气比。其中，溶气比为固定值(10∶1)，回流比可调，试验通过控制溶气泵启泵台数以控制回流比，确定在不同回流比下，气浮沉降罐的运行效果，实现优化气浮运行参数的目的。

2.2.2　气浮参数优选试验方案

高含聚污水站A已建7000m^3一级气浮沉降罐2座，本次采用对比试验的方式，即启动运行1#气浮沉降罐溶气工艺，停止运行2#气浮沉降罐溶气工艺。一是通过改变1#气浮沉降罐溶气泵启泵台数，改变气浮工艺回流比，确定其在不同回流比下的气浮运行效果；二是1#气浮沉降罐在不同溶气状态下与未启动运行气浮工艺的2#气浮沉降罐进行对比试验，对比分析气浮沉降与常规沉降工艺除油、除悬浮物效果。试验历时3天，高含聚污水站A溶气泵启停试验化验数据见表2，不同溶气泵启动运行台数下气浮沉降罐回流比见表3。

表2　溶气泵启停试验化验数据表

日期	启泵台数	化验时间	1#沉降罐出口（投运气浮）		2#沉降罐出口（停运气浮）		去除率差值	
			含油去除率,%	悬浮物去除率,%	含油去除率,%	悬浮物去除率,%	含油去除率,%	悬浮物去除率,%
11.21	1台	08：30	86.64	68.8	84.3	52.35	2.34	16.45
	1台	10：30	85.18	62.35	84.05	35.72	1.13	26.63
	1台		85.91	65.58	84.18	44.04	1.73	21.54
11.22	2台	08：30	79.99	85.08	74.01	52.5	5.98	32.58
	2台	10：30	80.2	83.44	74.33	55.23	5.88	28.2
	2台		80.1	84.26	74.17	53.87	5.93	30.39
11.23	3台	08：30	79.45	88.93	73.99	60.98	5.46	27.95
	3台	10：30	75.73	81.49	69.87	53.07	5.87	28.43
	3台		77.59	85.21	71.93	57.02	5.66	28.19

表3　不同溶气泵启运台数下回流比统计表

日期	启泵台数，台	瞬时水量，m^3/h	溶气泵排量，m^3/h	回流比,%
11.21	1	411.5	60	15
11.22	2	402.5	120	30
11.23	3	445.1	180	40

根据表2，当启动运行1台溶气泵时，1#气浮沉降罐含油去除率较2#气浮沉降罐(停止运行气浮工艺)平均提高了1.73%，悬浮物平均提高了21.54%；当启动运行2台溶气泵时，1#气浮沉降罐含油去除率较2#气浮沉降罐(停止运行气浮工艺)平均提高了5.93%，悬浮物

平均提高了30.39%；当启动运行3台溶气泵时，1#气浮沉降罐含油去除率较2#气浮沉降罐(停止运行气浮工艺)平均提高了5.66%，悬浮物平均提高了28.19%。试验效果表明，启动运行2台溶气泵时，油及悬浮物去除率较常规沉降工艺的提高率最高；根据表3，在启动运行2台溶气泵的状态下，对应气浮沉降罐回流比为30%。因此，高含聚污水站A气浮沉降罐在启动运行2台溶气泵，气浮回流比为30%的状态下，油及悬浮物去除率最高，为最优运行状态。

3 运行成本初步分析

目前高含聚污水站A采用停止运行气浮工艺、不加药剂的运行方式，考虑到未来水质变化，高含聚污水站A可能启动运行气浮、投加药剂。因此，按照停止运行、启动运行气浮下，加药剂、不加药剂共计4种运行状态，对其进行运行成本纵向对比计算，并与常规工艺进行对比分析，以确定其经济适应性。经计算，高含聚污水站A在启动运行气浮、投加药剂的状态下，吨水运行成本最高，为0.69元/m^3。目前，高含聚污水站A采用停止运行气浮工艺、不加药剂的运行方式，实际吨水运行成本为0.43元/m^3。常规聚驱污水站(设计规模为$1\times10^4m^3/d$)采用投加药剂的运行方式，吨水运行成本为0.52元/m^3。通过纵向比较，目前，实际运行的高含聚污水站A较常规聚驱污水站吨水运行成本低0.09元/m^3。因此，高含聚污水站A具有较好的经济适应性。

4 几点认识

(1)通过现场跟踪，得到目前采用的高含聚污水处理工艺具有较好的工艺适应性，对含聚浓度在797mg/L以下、负荷率在50%~106%之间的高含聚污水处理效果较好。

(2)通过现场试验，确定了我厂采用“气浮沉降罐→混凝沉降罐→石英砂磁铁矿双层滤料过滤罐”的高含聚污水处理工艺，其中，设计一级气浮沉降时间为12h、二级混凝沉降时间为6h、过滤罐滤速为8m/h，能够满足“双20”的指标要求，解决了高含聚污水处理难题，为未来高含聚污水站建设指明方向。

(3)按照“保证水质、降低成本”的原则，下一步我们将在高含聚污水站A开展超负荷运行试验，确定气浮沉降、混凝沉降及石英砂双层滤料过滤的工艺参数界限，为高含聚污水站参数优化、工艺简化提供技术支撑。

参 考 文 献

[1] 李杰训，李效姝. 大庆油田地面工程建设回顾及发展方向[J]. 石油规划设计，2005，16(1)：15-21.
[2] 贾晓朗，张书怀，陈磊，等. 油田水处理新技术应用[J]. 石油规划设计，2000，11(3)：8-10.
[3] 赵永庆，赵玉鹏，张明顺，等. 聚合物驱产出液的污水处理[J]. 油气田地面工程，2007，26(9)：33-34.

喇嘛甸油田埋地管道标准化修复技术研究

顾行崛　邵守斌　周泳含　李文娟　李淑英

（规划设计研究所）

摘　要：本文以降低钢质埋地管道二次穿孔次数为目的，通过分析第六采油厂埋地管道穿孔形势，大量调研钢质埋地管道穿孔数据，总结钢质埋地管道二次穿孔原因，最终得出穿孔修复施工工序的不标准是造成钢质埋地管道二次穿孔率高的主要原因。通过制定标注化钢质埋地管道修复流程，规范钢质管道穿孔修复施工中的管体修复、防腐层修复、保温层修复工序来提高钢质埋地管道的修复质量，从而大幅度减少钢质埋地管道二次穿孔次数，降低油田生产维护成本，降低埋地管道穿孔率。

关键词：管道；穿孔修复；二次穿孔

埋地管道穿孔是油田生产中不可避免的常见问题，钢质埋地管道穿孔原因除了自然环境因素引起的外腐蚀、受介质影响引发的内腐蚀及受到外力破坏产生的管体破损之外，最主要的因素为管道二次腐蚀穿孔。而解决管道二次穿孔率高问题，既可以降低钢质埋地管道穿孔率，又可以降低管道维护费用，对油田生产平稳运行具有重要的意义。

1　现状及存在问题

我厂现有各类埋地管道7306.46km（表1），2013年全厂管道穿孔次数达5389次，穿孔率达到0.738次/km·a，高于公司指标0.5次/(km·a)，如图1所示。

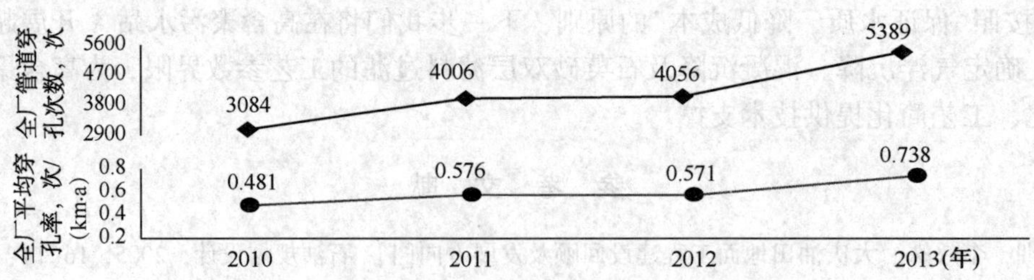

图1　第六采油厂2010—2013年穿孔次数及穿孔率曲线图

表1　喇嘛甸油田各类埋地管道统计表

	集油系统管道，km	集气系统管道，km	注水系统管道，km	污水系统管道，km	其他管道，km	总计，km
0~5年	713.95	62.91	846.35	15.83	29.15	1668.19
6~10年	1036.22	44.85	513.29	15.38	47.65	1657.39
11~15年	685.76	84.33	238.14	41.52	39.95	1089.69

续表

	集油系统管道，km	集气系统管道，km	注水系统管道，km	污水系统管道，km	其他管道，km	总计，km
16~20年	590.33	21.40	407.68	28.49	19.00	1066.89
21~25年	264.03	3.59	186.63	36.18	9.17	499.60
26~30年	392.90	28.52	92.08	13.53	12.62	539.64
30年以上	490.64	30.45	224.51	20.45	19.01	785.06
合计	4173.83	276.04	2508.67	171.38	176.55	7306.46

通过调查在2012年1月至2014年7月期间穿孔情况最严重的16个产能区块及作业区，统计穿孔数据8180条，统计埋地钢质管道1852条，共计1093.37km，穿孔率为2.99次/(km·a)，其中二次穿孔1763次，二次穿孔率为21.6%(表2)。

表2　2012年1月至2014年7月期间穿孔情况最严重的16个产能区块数据统计表

所属矿	区块	管道数量	管道长度，km	穿孔次数	二次穿孔次数	穿孔率	二次穿孔率
第一油矿	喇南实验区	45	29.51	117	13	1.586	11.11%
	南中东	50	36.66	115	10	1.255	8.7%
	南中东一区	5	2.24	16	2	2.857	12.5%
	南中西	13	5.41	37	6	2.738	16.22%
	二次加密井	147	87.38	435	58	1.991	13.33%
	一次基础井网	87	49.47	129	7	1.043	5.43%
	一次加密井	114	60.70	305	46	2.01	15.08%
	注聚障	35	33.89	94	5	1.109	5.32%
第一油矿合计		496	305.26	1248	147	1.035	11.78%
第二油矿	北西块	116	56.11	765	220	5.454	28.76%
第三油矿	北北一区	474	282.96	2524	653	3.568	25.87%
	北北二区	310	140.61	1816	382	5.166	21.04%
第三油矿合计		784	423.56	4340	1035	4.099	23.85%
第四油矿	北东块后续水驱	44	24.66	162	28	2.628	17.28%
	北东块水驱	260	155.34	939	121	2.418	12.89%
	北东上返一区	21	19.65	68	10	1.384	14.71%
	北东上返二区	8	6.73	39	7	2.317	17.95%
	南中东一区	9	7.42	56	14	3.019	25%
第四油矿合计		298	189.15	1102	152	2.33	13.79%
试验大队	北北块	72	56.82	306	89	2.154	29.08%
	北北块一区	3	2.78	22	8	3.165	36.36%
	南中东一区	83	59.7	397	112	2.66	28.21%
试验大队合计		158	119.3	725	209	2.431	28.83%
总计		1852	1093.38	8180	1763	2.993	21.55%

二次穿孔已经成为影响埋地管道穿孔率的重要因素，如何减少钢质埋地管道的二次穿孔

成为了油田技术人员的新课题。

2 原因及解决方式

现行穿孔修复施工工序如图2所示。通过调查发现，引发二次穿孔的主要原因为：钢质埋地管道穿孔处修复后没有对破坏的防腐保温层进行恢复，而是直接覆土填埋，金属管体与土壤发生直接接触，加快了金属的电化学反应，从而加大了管体修复部位的腐蚀速率，引发管道的二次穿孔。

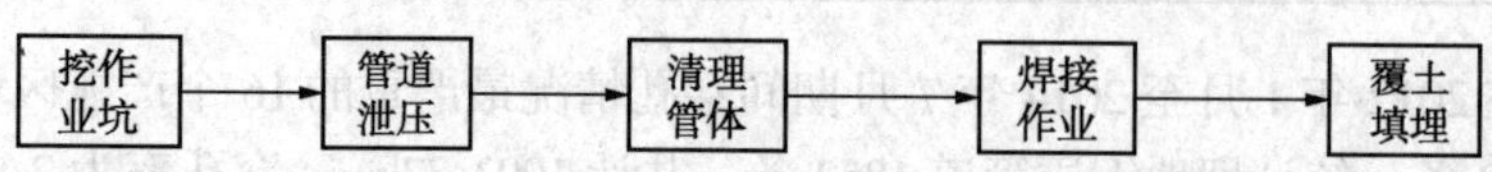

图2 现行穿孔修复施工工序

在无法改变环境因素及介质因素的条件下，通过完善管道修复流程，规范穿孔修复施工，使钢质埋地管道的管体、防腐层及保温层修复技术标准化，进而控制管道修复的质量，达到减少二次穿孔次数的目的。因此，修复流程的规范化、修复技术的标准化势在必行。

3 内容及主要做法

通过调查研究我厂钢质埋地管道的材质、防腐形式、保温形式及修复方式，发现我厂钢质埋地管道主要为涂料防腐管道、沥青防腐管道和黄夹克管道。根据管道的性质，结合我厂的管道现状，通过查阅相关专业书籍、行业规范、企业标准，总结出一套适合我厂的标准化修复技术，包括管道修复、防腐层修复及保温层修复。

3.1 管道的标准化修复技术

我厂钢质埋地管道采用的钢材主要为20#碳钢，强度高，塑性及焊接性能良好，因此可以在管体破损部位实施焊接作业。我厂管道主要应用的修复方式有点焊补漏、局部更换、粘结法、碳纤维补强及打卡子(表3)。文中主要介绍最常使用的点焊补漏法及局部更换法的修复方式。

表3 我厂管道主要应用的修复方式

修复方式	适用范围	修复费用，元	服役寿命
点焊补漏	穿孔较小，可以停产	6250	取决防腐层效果
局部更换	穿孔较大，可以停产	6250	取决防腐层效果
粘结法	穿孔较小，不能停产，压力较低	3300	临时抢修
碳纤维补强	不能停产，不能动火，压力较高	8000	永久修复
打卡子	不能停产，不能动火，压力较高	5000	临时抢修

3.1.1 管道的点焊补漏

(1)挖作业坑，将管道穿孔位置附近的防腐层、保温层材料清理干净；

(2)打磨穿孔部位至St3级，使焊接部位露出金属原色；

(3)由外向内逐圈焊接穿孔部位，直至满焊，焊接部位要光滑，无焊渣、棱角；

(4)打磨焊接部位至St3级，露出金属原色，以便恢复防腐层。

图3为模拟点焊补漏施工的现场试验图。

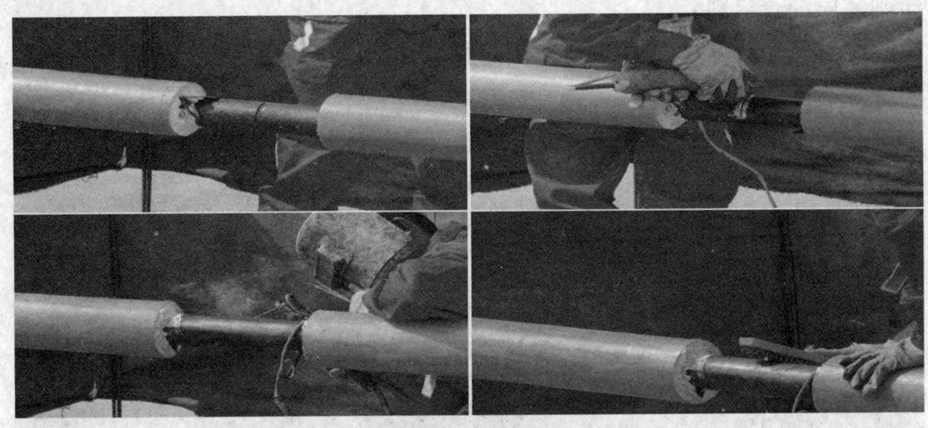

图 3 点焊补漏的修复方式

3.1.2 管道的局部更换

图 4 为局部更换的修复方式。

(1)挖作业坑，将管道穿孔位置附近的防腐层、保温层材料清理干净，截取与更换部位等长的钢质管道，并做好内防腐措施；

(2)打磨穿孔部位至 St3 级，使焊接部位露出金属原色；

(3)焊接穿孔部位，直至满焊，焊接部位要光滑，无焊渣、棱角；

(4)打磨焊接部位至 St3 级，露出金属原色，以便恢复防腐层。

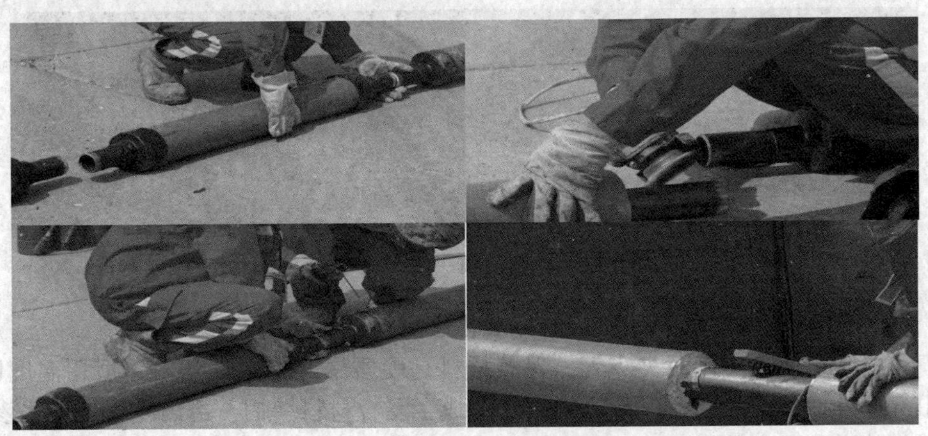

图 4 局部更换的修复方式

3.2 防腐层的标准化修复技术

我厂管道外防腐层主要采用沥青防腐层及涂料防腐层两种方式。沥青防腐是最早使用的一种防腐方式，具有防腐性能优异，价格低廉的特性，但是施工较复杂，不耐热，易老化脱落。涂料防腐技术是应用最广泛的防腐方式，且种类丰富，可根据不同条件采用专用型号，但是易老化，抗冲击性差，易造成局部脱落，影响管道防腐层完整性。

3.2.1 沥青防腐层修复

图 5 为沥青防腐层的修复方式。

(1)处理修补后的管道钢质表面及防腐层；

(2)涂刷底层沥青涂料；

(3)边缠绕玻璃布边涂刷沥青涂料，使防腐层达到原来厚度；

(4)缠绕聚乙烯薄膜保护层。

图5　沥青防腐层的修复方式

3.2.2　涂料防腐层修复

图6为涂料防腐层的修复方式。

(1)涂刷环氧防腐涂料底漆两道、面漆两道；

(2)缠绕聚乙烯薄膜保护层。

图6　涂料防腐层的修复方式

3.3　黄夹克管道保温层及保护层的标准化修复

我厂集输管道大量应用黄夹克管，保温材料是硬质聚氨脂泡沫塑料，适用温度区间广，保温效果好，外面加敷的高密度聚乙烯层，形成了复合材料结构，可以防止地下水渗入保温层内，增加管道的防腐效果。

图7为黄夹克管保温层及保温层的修复方式。

(1)修复部位两端加装防水帽；

(2)利用模具现场发泡；

(3)局部清理管体及保温层；

(4)缠绕聚乙烯胶带保护层。

4　效果评估

4.1　减少生产维护成本

通过调查，我厂油、水井管道穿孔基本由采油队自行施工，采用方法为点焊补漏及局部

图 7　黄夹克管保温层及保温层的修复方式

更换，特殊情况无法处理时，上报至矿生产办，由采油矿安排维修队焊接班进行修复，也是采用点焊补漏及局部更换的修复方式。通过对修复费用的调查，得到单次穿孔修复费用为 6250 元(表 4)。

表 4　单次穿孔修复费用表

项目	拖车	挖掘机	电焊车	人工费（5 人）	材料（焊条、手套、擦布、工具等）	合计
金额，元	1200	1850	600	2400	200	6250

以 2012 年 1 月至 2014 年 7 月期间穿孔情况最严重的 16 个产能区块为例，如果修复穿孔后能做好管道的防腐保温层恢复工作，根据钢质腐蚀特性，钢质管道在防腐层完整的情况下，腐蚀速率是极小的，预计二次穿孔率可下降至 10%，即每年减少 700 次的穿孔，即可将穿孔率下降至 2.45 次/(km · a)，同时年节约维修资金(700×6250)元=437.5 万元。在应用于全厂后，将大幅减少二次穿孔的数量，降低全厂管道穿孔率，节约大量生产维护成本。

4.2　降低管道更换周期

根据 2013 年第六采油厂裸钢埋地腐蚀速率(表 5)可知，我厂埋地管道在无防腐层时，管壁 5 年即可减少 1mm，我厂单井、注水管道多为 4.5mm 壁厚，如果无防腐层，4~5 年后，管道承压将无法满足设计压力，管体就需要更换。在实施管道标注化修复技术后，可将延长管道 4~5 年使用年限，减少管道更换费用，预计年减少管道更换 10km，节约费用 10km×18 万元/km=180 万元。

表 5　第六采油厂裸钢埋地腐蚀速率

位置	喇Ⅰ联合站	喇Ⅱ联合站	喇Ⅲ-1 联合站	喇八注水站	平均
腐蚀速率，mm/a	0.12	0.17	0.38	0.18	0.21

4.3　获得社会效益

减少管道穿孔引起的产量损失，减轻管道穿孔对环境造成的污染，降低了员工的劳动强度，提升了员工技能水平，增加了工作效率。

5 结论

通过对埋地钢质管道标准化修复，可以保证修复穿孔的管段都具有完整的防腐层、保温层及保护层，能够有效地防止修复管段发生二次腐蚀，从而大幅度减少管道二次穿孔次数，降低管道穿孔率，减少二次腐蚀产生的破坏以及由此带来的环境污染，保证油田生产平稳运行，节约生产运行成本，对油田生产具有重要的意义。

参 考 文 献

[1] 韩凤臣．油田埋地钢质管道修复技术[J]．油气田地面工程，2013，11(4)：78-79.
[2] 刘士庆．浅析输油管道的腐蚀与防护技术[J]．中国石油和化工标准与质量，2017，37(19)：76.

喇嘛甸油田脱水系统优化调整与效果

高晶霞　印　重　苏建中　顾行崛　秦　萍

(规划设计研究所)

摘　要：本文结合开发中长期规划对喇嘛甸油田7座脱水站负荷率进行了预测，并根据目前存在的问题对脱水系统的布局及负荷进行了分析。对7座脱水站从布局和负荷率方面提出了优化调整的措施与建议。通过系统优化，可减少脱水站数量，提高脱水系统负荷率，减少运行费用。

关键词：脱水系统；优化调整；效果预测

1　脱水系统现状

喇嘛甸油田经历了四十年的开发历程，先后建立了7座脱水站，担负着喇嘛甸油田四个采油矿的采出液处理任务(图1)。

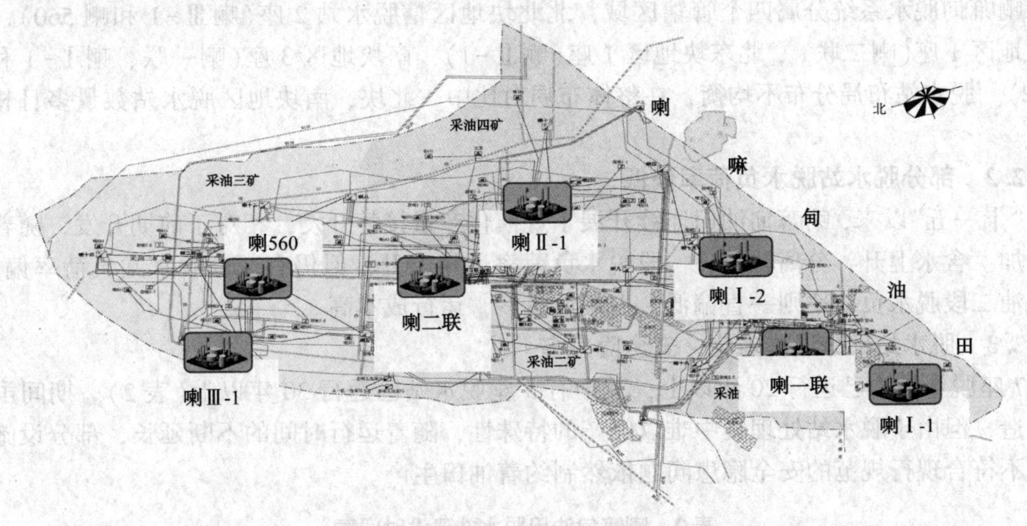

图1　喇嘛甸油田脱水站布局图

7座脱水站中除喇Ⅲ-1脱水站采用“化学沉降+压力沉降+电脱水”三段式脱水处理工艺外，其余脱水站均采用“化学沉降+电脱水”两段式处理工艺。

喇嘛甸油田脱水系统游离水脱除运行负荷率为70.1%，电脱水处理运行负荷率为48.9%。喇嘛甸油田脱水系统分站负荷状况见表1。

表1　喇嘛甸油田脱水站负荷状况表

序号	站名	负荷率,%	
		一段	二段
1	喇Ⅰ-1	69.7	45.4
2	喇Ⅰ-2	65.2	37.8
3	喇一联	72.7	40.1
4	喇二联	68.1	78.7
5	喇Ⅲ-1	52.4	26.0
6	喇560	85.0	69.7
7	喇Ⅱ-1	80.5	48.6
合计		70.1	48.9

2　存在问题

2.1　现有脱水站布局不适应当前的地面形势

随着产能区块的增加以及开发井距的缩小，地面井网密度及各类设施建设密度迅速增大，站库密度、管网密度、电网密度也相应增大。在已建地面系统中，地域情况复杂，在各种安全规范的约束下，新建、异地改建站选址非常困难。因此，地面系统减小站、建大站、集中管理的需求越来越迫切。

喇嘛甸脱水系统分属四个管辖区域，北北块地区辖脱水站2座(喇Ⅲ-1和喇560)，北西块地区1座(喇二联)，北东块地区1座(喇Ⅱ-1)，南块地区3座(喇一联、喇Ⅰ-1和喇Ⅰ-2)。脱水站布局分布不均衡，在整体布局对比中，北块、南块地区脱水站数量多且相对集中。

2.2　部分脱水站脱水负荷率偏低

"十一五"以来，喇嘛甸油田连续开展了规模化产量接替开发，相对于前期开发，随着产液增加、含水上升，分离转液、一段脱水负荷率逐年上升，但仍有部分脱水站负荷率偏低。而原油二段脱水负荷率则一直偏低，占用设备多，运行成本高。

2.3　脱水站部分设施老化，安全隐患多

7座脱水站均已运行20年以上，其中有5座脱水站已运行30年以上(表2)。期间虽经过改造，但由于脱水站处理集中难以停产的特殊性，随着运行时间的不断延长，部分设施老化及不符合现行规范的安全隐患问题依然制约着油田生产。

表2　喇嘛甸油田脱水站建设时间表

站名	喇Ⅰ-1	喇Ⅰ-2	喇一联	喇二联	喇Ⅲ-1	喇560	喇Ⅱ-1
建设时间	1982	1986	1973	1974	1983	1991	1982

3　脱水系统优化分析与调整措施

为适应开发中长期规划，保持地面系统高效运行，利用脱水站改造时机，对脱水系统布局、能力进行优化调整。在优化中，一是要确保各区域脱水处理在生产管理上的独立性；二

是由于井位、管网密集，站场异地选址困难，同时由于脱水站与污水、注水等站合建的优势，优化调整均利用原有站址；三是选择有利时机，既要在脱水站必要的改造期内，又要尽量避开见聚高峰所带来的负荷高峰期。

3.1 开发预测及脱水系统负荷预测

根据油田开发规划安排，喇嘛甸油田2015年及"十三五"期间，将安排新的产能建设区块。将产能区块新增液量与相关脱水站负荷对应，对脱水系统未来负荷率进行预测，作为优化调整的数据支持。2015—2023年脱水系统分站负荷率预测见表3。

表3 2015—2023年原油脱水系统负荷预测表

站名	负荷率，%	2015	2016	2017	2018	2019	2020	2021	2022	2023
喇一联	游离水	74.4	72.3	71.0	70.4	69.8	69.5	69.2	68.9	68.7
	电脱水	38.1	36.2	34.7	33.5	32.5	31.8	30.9	30.6	30.6
喇Ⅰ-1	游离水	70.1	70.0	69.9	69.4	69.7	69.6	69.5	69.7	69.6
	电脱水	70.4	74.7	86.6	85.9	77.0	57.9	49.6	45.4	42.9
喇Ⅰ-2	游离水	65.3	65.3	65.7	64.8	64.2	64.0	63.8	63.6	63.3
	电脱水	48.1	48.3	52.2	43.4	38.8	36.5	35.0	33.6	32.9
喇二联	游离水	67.3	65.1	64.0	63.1	62.3	61.8	61.4	61.2	60.3
	电脱水	78.4	78.3	77.5	76.3	75.7	75.1	73.0	71.9	70.9
喇Ⅲ-1	游离水	58.5	57.8	57.3	57.0	56.8	56.7	56.6	56.3	56.1
	电脱水	43.0	38.0	34.7	32.4	31.2	30.5	29.3	27.5	26.2
喇560	游离水	85.7	85.0	84.5	84.3	85.5	86.5	86.1	84.5	83.6
	电脱水	69.8	64.0	59.8	57.6	67.0	74.2	70.9	59.0	52.4
喇Ⅱ-1	游离水	90.7	78.2	78.7	77.6	76.3	76.1	75.4	75.4	75.2
	电脱水	61.9	58.4	54.6	50.1	53.0	56.3	56.3	58.9	51.7

3.2 脱水系统优化分析

从南、北区域位置看，喇二联和喇Ⅱ-1位于喇嘛甸油田的中部，距北北块脱水站（喇560和喇Ⅲ-1）和南中块脱水站（喇一联、喇Ⅰ-1和喇Ⅰ-2）均在5km以上，综合输送距离、剩余处理能力、扩建条件及管理功能等因素，中部区域与南、北区域的脱水站均不能彼此合并与取代。

对于相距较近的喇Ⅱ-1和喇二联（相距1.6km），根据开发预测，两座站脱水一、二段脱水处理能力均无法承担北西块和北东块区域的液量处理。在未来10年内，喇嘛甸油田采出液仍呈稳定趋势且两座站周围无扩建空间，因此，两座站不具备合并的条件。综上，脱水系统优化调整适于在各区块内进行。

3.3 调整措施及建议

针对南、北块区域内脱水站数量相对集中的实际情况，通过合并部分脱水功能和重新调整脱水辖站关系，分别对区域内的脱水站布局进行优化。

3.3.1 北北块区域

从区域布局看，喇560和喇Ⅲ-1脱水站分别位于北北块一区和二区，两站相距2.2km，距离较近，如图2所示。

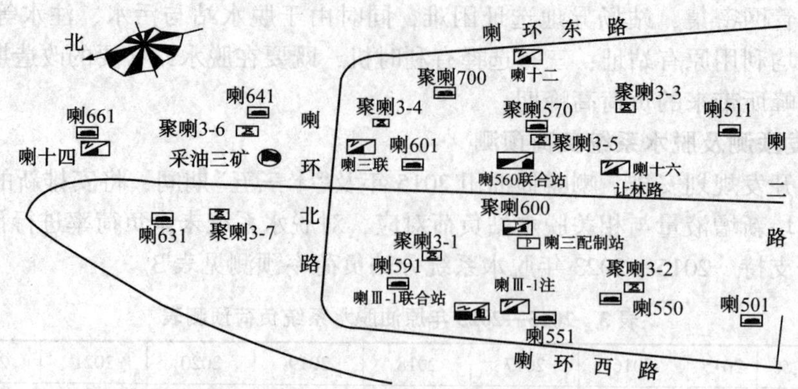

图2　北北块脱水系统辖站布局图

从两座站一、二段设计能力和负荷率可知，两座站在不扩建的情况下不能完全处理该区域的全部液量，受区域内已建设施限制，两座站均无直接扩建的条件。

考虑到喇560脱水站的区域位置优于喇Ⅲ-1脱水站，因此利用喇Ⅲ-1脱水站改造的时机，将其改为放水站工艺，减少了沉降、电脱水、加热等工艺环节。放水后30%含水油输至喇560脱水站二段工艺进行处理。通过能力核实，喇560脱水站电脱水器能力不足，需扩建1500t/d。

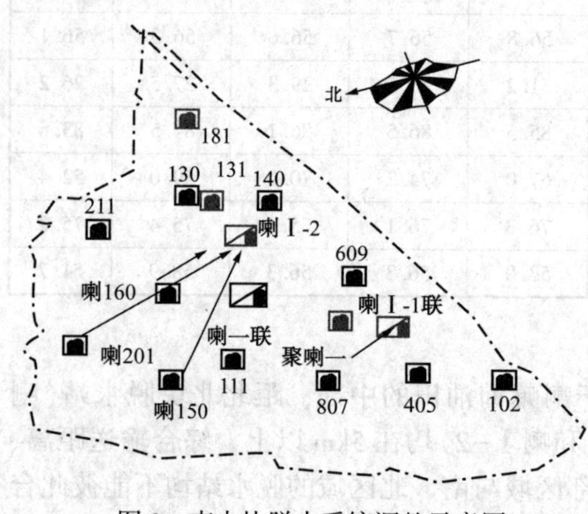

图3　南中块脱水系统调整示意图

3.3.2　南中块区域

南块区域共有15座转油(放水站)分属3座脱水站管辖。区域内整体负荷率偏低。考虑到喇一联辖转油(放水)站4座，辖站数量少且位置居于喇Ⅰ-1和喇Ⅰ-2脱水站之间，与喇Ⅰ-1和喇Ⅰ-2脱水站分别相距2.2km和1.3km，规划取消喇一联脱水站，将所辖转油(放水)站重新调整站属关系。基于输油距离优化的角度，将喇160站、喇201站和喇150站调入喇Ⅰ-2脱水站，将聚喇Ⅰ转油站调入喇Ⅰ-1脱水站，如图3所示。调整后喇Ⅰ-1和喇Ⅰ-2脱水站一、二段处理能力均能满足要求，见表4。

表4　南中块地区脱水系统优化前后负荷率对比表

序号	脱水站	调整前负荷率,%		调整后最高负荷率,%	
		一段	二段	一段	二段
1	喇Ⅰ-1	69.7	45.4	85.7	92.4
2	喇Ⅰ-2	65.2	37.8	91.0	87.1

3.3.3　北西块和北东块区域

根据开发预测及脱水负荷率预测，对于运行负荷率较低的站，可在改造时通过选择适宜设备或核减相应设备，降低其处理能力，提高运行负荷率。

喇二联脱水站来液处理量在 2015 年达到最高负荷。通过优选分离缓冲游离水脱除器设计、电脱水器单台处理能力和台数，使其在满足设计及生产需求的条件下，控制游离水和电脱水的设计能力，使其运行负荷率达到合理状态。通过优化，喇二联脱水站游离水最高运行负荷率为 72.6%，单台检修时为 96.8%；电脱水最高运行负荷率为 88.2%，单台检修时为 117.6%。

喇Ⅱ-1 脱水站一段处理负荷率一直保持在较为合理的水平（75.15%~90.71%），无需调整。电脱水能力可减少 1200t/d，其最高运行负荷率可达 75.3%，单台检修时为 100.4%。

4 优化效果预测

喇嘛甸油田脱水系统优化后，脱水站可减少两座。与优化前相比，游离水脱除、电脱水处理能力分别核减了 7.55×10^4t/d 和 1.055×10^4t/d；按目前负荷计算，一段运行负荷率为 84.7%，二段运行负荷率为 69.0%。与优化前比，一、二处理负荷率分别提高了 14.6% 和 20.1%。喇嘛甸油田脱水系统优化后分站能力负荷状况见表 5。

表 5 喇嘛甸油田脱水系统优化后能力负荷情况表

序号	站名	负荷率，%	
		一段	二段
1	喇 I-1	85.6	53.3
2	喇 I-2	93.3	62.9
3	喇二联	73.5	88.5
4	喇 560	85.0	75.7
5	喇Ⅱ-1	80.5	60.8
合计		84.7	69.0

通过将喇Ⅲ-1 脱水站改为放水站工艺，取消喇一联脱水站可减少 3 台游离水脱器、6 台电脱水器、8 台加热炉、3 台输油泵及相应设施，预计年减少用电量为 199.3×10^4kW·h，减少天然气用量为 171.78×10^4 m^3，减少运行费用为 408.72 万元，优化岗位人员 15 人。

参 考 文 献

[1] 李杰训．大庆老油田地面系统优化调整措施及效果[J]．石油规划设计，2007，18(3)：1-4.
[2] 王德喜，罗士平，李俊国，等．喇嘛甸油田产量规模调整及地面系统优化研究[J]．石油规划设计，2007，18(3)：29-31.

油田站库区域集中监控探讨

向学会　潘　旭　吴　晶　黄　颖　任岂毓

（规划设计研究所）

摘　要： XX油田布站主要为三级布站形式，从单井到计量间到转油站再到联合站。要实现生产过程参数的区域集中监控就是将单井、转油站及联合站的各生产参数进行采集、处理再经过传输到矿管理中心的集中监控室进行统一显示、报警及控制，并在井站场及重要路口设置视频监控系统。为适应区域集中监控的技术要求，优化调整管理模式，按照“专业整合，区块优化，人机组合和现代高效”的原则，把原有的14个采油队、联合站和后线队重组成4个工区，实行专业化工区管理模式，确保生产管理横向和纵向的全方位覆盖。实现区域集中监控后，在节约用工成本、节省维修费用上取得了一定的经济效益，同时为确保油田持续稳产提供了有力保障，为油田安全生产提供了技术支撑。

关键词： 数据；参数；集中监控；管理

XX油田布站主要为三级布站形式，从单井到计量间到转油站再到联合站。在生产过程中，监测数据主要有压力、温度、液位、流量、电压、电流等模拟量参数，泵的起、停，电动阀的开、关等数字量参数。实现集中监控就是将这些参数集中在同一地方进行显示、控制、报警等。实现生产过程参数的区域集中监控就是将现场参数进行采集、处理再经过传输到矿管理中心的集中监控室进行显示、控制及报警等，并在井站场及重要路口设置视频监控系统。集中监控技术是一个综合学科，集网络技术、通信技术、计算机技术及PLC技术于一身。为提高集中监控的可靠性，将视频监控技术作为辅助技术应用在站库重要生产场所。在油田用工紧张及数字化油田建设的背景下，实现油田站库的区域集中监控及全厂的生产过程集中监控。

1　数据采集及监控

数据采集是指从传感器和其他待测设备等模拟和数字被测单元中自动采集非电量或者电量信号，送到上位机中进行分析、处理。

1.1　井场数据采集

井场采集参数有：抽油机井的油压、套压、电流、电压及冲程冲次；螺杆泵井的油压、套压、电流、电压及电机转速；电泵井的油压、套压、电流、电压；注水井的油压、套压、泵压及流量。井场数据采集采用手操器及仪表，现场操作人员在巡检时，根据设备仪表的读数人工采集于手抄器中，录入的数据存储在手抄器内，巡检完成后，通过无线WiFi将数据一次性上传至计算机内，再由系统软件实现数据的查询、报表生成及报表打印。

1.2 计量间、配水间数据采集

计量间、配水间采集的数据主要有：掺水汇管温度、压力，集油汇管温度、压力，集油头温度，掺水汇管流量等。采用无线网络自动采集数据。在计量间、配水间值班室内安装RTU设备，掺水汇管温度、集油汇管温度、集油头温度检测采用无线温度传感器；掺水汇管、集油汇管压力检测采用无线压力传感器；掺水汇管流量采用无线流量计。将现场一次表采集数据通过Zigbee(低速短距离传输的无线网络协议)无线通信方式上传至计量间RTU，利用McWill(多载波无线信息本地环路)无线通信模块将数据传输到基站，再通过光缆上传到矿生产调度中心。

1.3 站场数据采集与控制

某矿区共有站场36座(除注入站外)，其中转油站14座，联合站3座，污水站7座，注水站6座，变电站6座。部分站场在近几年改造中已实现集中监控，转油站除三座实现集中监控外，其余均为盘面仪表监控；污水站均有反冲洗系统；联合站只有一座实现集中监控，其余的都是部分岗位有PLC系统；注水站只有一座有PLC系统；变电所中有两座有综合自动化系统，其余为传统继电保护。所有站库的泵启、停信号均未进入控制系统。

1.3.1 转油站

转油站需采集数据的主要有来液温度、压力，加热炉液位，火焰监视及熄火保护，三相分离器液位、界面、压力，天然气除油器压力、液位，泵出口压力、状态、电流，外输油流量、压力，掺水热洗流量、压力，总耗电量等40项。

(1)已建有PLC控制系统的转油站。将系统进行升级改造，对各项参数实施自动采集，数据通过有线光纤网络传输至矿生产调度中心实时数据服务器，供各级生产管理人员监控。监控终端显示工艺流程、主要生产参数、报警信息和视频监控画面，并生成、打印报表。

(2)未建PLC控制系统的转油站。采用手操器方式采集参数，巡检人员每2小时巡检，现场读取仪表读数，手工录入并存储于手操器中；巡检完成后，通过无线WiFi将手操器中的数据上传至计算机中，由系统软件实现数据查询、报表生成及打印功能。

1.3.2 联合站

联合站各岗改造原则：(1)联合站采用多岗合并、集中监控的管理方式，设立中央控制室。(2)充分利用已建仪表、控制系统及通信设备，降低建设费用。(3)优化站内控制系统，采集控制点少的岗位不建控制系统，信号传入就近控制系统，降低建设费用。(4)操作频繁控制点实现自动控制，降低工人劳动强度。(5)重要生产工艺参数上传至中控室，降低数据录取工作量。

联合站内新建或改造集中监控室1座，新建集中监控系统1套，将脱水岗、电脱水岗、输油岗、污水岗、注水岗、锅炉岗的生产数据上传至中控室，通过以太网交换机上传至矿生产调度中心，完善站内火灾报警系统、视频监控系统及周界报警系统。根据生产管理、操作、巡检要求，结合生产实际及站内平面布局情况，尽量选取处于较中心位置的房间作为监控室，为满足监控需要和相关规范，监控室面积一般为60~70m^2。根据岗位的设置确定集中监控系统的操作员站数量，每个岗位设置1个操作员站，其中1个可兼工程师站，并设置打印机及服务器等。

各岗位的PLC系统由处理器和相应的I/O模块组成系统。可充分利用各岗位已建仪表和系统，按照监控要求进行升级和改造。各岗位的PLC机柜放在已建值班室内，并设有交换机。各岗位信号传输到各岗位控制系统，在各岗位控制系统进行处理。上传信号遵循 Ethernet/IP 协议，电信号通过各站光口交换机转换成光信号，由场区光纤环网传输到中央控制室。传到中央控制室光信号由交换机转成电信号，由服务器进行数据采集。站内重要场所设置视频监控。

联合站已实现整个站的集中监控，只需将部分新增的采集参数如泵的启、停控制，电流信号等进入原有系统，将原系统进行升级改造即可。

1.4 视频监控系统建设

视频监控系统主要用于打击偷盗和保障安全生产管理，在防盗井、作业现场、重要路口和站场进行部署，满足油田生产安全防范的需求。

建设原则：防盗井、作业现场及站场的视频监控实现移动侦测、图像报警、突出锁定、声光提示、近景判识、抓拍照片、语音警示、智能记忆等功能。路口视频监控实现对进出油区的所有车辆及人员进行实时监控，实现车型捕获、清晰辨析车牌等功能。同时，将原有的视频监控系统实现统一平台管理。

建设方案：筛选出某矿区产量高、位置偏远且治安环境较差的防盗井共 50 口，设置视频监控系统。站场监控系统中，摄像头的布置按泵房内平均设置 1~2 个，炉区设置 1~2 个，罐区设置 2~3 个，场区内大门口设置 1 个，其余场区内根据实际要求设置，转油站、联合站内分别设置监控系统 1 套，将泵房、场区内的摄像头信号统一集中监控。路口监控系统中，选取某矿区外围路口 11 个，中间路口 2 个，总计路口视频监控点 13 个。作业现场监控系统中，新建 1 个矿级维修队的作业现场监控系统，将 1 个移动视频监控点纳入新建统一视频管理平台。在矿生产管理中心设置管理服务器及存储系统，实现井场、站场、作业现场、重要路口视频按需存储与调用；站场设置硬盘录像系统，实现各岗位运行状态实时监控。

2 数据传输

数据传输就是依照适当的规程，经过一条或多条链路，在数据源和数据宿之间传送数据的过程，也称数据通信。网络传输介质是指在网络中传输信息的载体，常用的传输介质分为有线传输介质和无线传输介质两大类。

(1)有线传输介质是指在两个通信设备之间实现的物理连接部分，它能将信号从一方传输到另一方，有线传输介质主要有双绞线、同轴电缆和光纤。双绞线和同轴电缆传输电信号，光纤传输光信号。

(2)无线传输介质指我们周围的自由空间。利用无线电波在自由空间的传播可以实现多种无线通信。在自由空间传输的电磁波根据频谱可分为无线电波、微波、红外线、激光等，信息被加载在电磁波上进行传输。

2.1 数据传输建设原则

2.1.1 有线传输网络

(1)利用现有光缆网络资源搭建覆盖厂、矿、站的生产专用网络，与现有办公网络实现物理隔离，并在厂、矿网络节点设置相应的网络隔离设施。

(2)新建生产专网应充分考虑网络自愈能力，重要的网络节点要求具有备份传输路由以确保数据传输安全。

(3)新建光缆除满足近期组网需求外，还应能够适应今后一段时间内的网络建设需要。

2.1.2　无线传输网络

(1)具备独立组网能力，可通过光纤直连方式接入油田生产专用网络，与公众网络完全隔离。

(2)使用专有无线频率，具备较高的抗干扰能力。

(3)具有信号广覆盖能力，能够实现对某矿区无缝信号覆盖。

(4)系统需支持高带宽传输能力，满足数据和多点视频同步传输的需要。

2.2　数据传输建设方案

2.2.1　有线传输网络建设方案

结合网络现状，对某矿区有线传输网络进行整体规划。技术上采用先进的电信级 SDH(同步数字体系)MSTP(基于 SDH 的多业务传送平台)光传输设备+工业级以太网交换机方式进行组网，在组网结构上采用环形网络架构。在网络的关键节点处设置 STM-16(第三级同步传输模块，传输速率为 2488.320Mbit/s)SDH 光传输设备组成具有自愈功能的千兆级光纤环网，在网络的其他节点设置工业级千兆以太网交换机，采用双归属方式就近接入两端的 SDH 设备，个别偏远节点采用链形结构就近接入千兆以太网交换设备。

2.2.2　无线传输网络建设方案

某矿区建立 McWill 无线网络。McWill(多载波无线信息本地环路)是国内某公司自主研发的移动宽带无线接入(BWA)系统，也是 SCDMA 综合无线接入技术的宽带演进版。McWill 立足于新型本地专网，为行业客户提供多种满足不同层次需求的行业专网应用。McWill 与 WiFi 和 CDMA 1XDO 的兼容效果都很好，基本符合了标准化组织的要求。

利用 McWill 无线网络实现无线远程数据采集与视频监控。在某采油厂已建立基站 44 座。借鉴其经验，可在地区一建立基站 3 座。

3　矿生产管理中心建设

利用原矿综合调度室改建矿生产管理中心，选取旁边的房间作为设备间安装服务器和 UPS。建设内容为：安装服务器机柜 1 套，千兆网络交换机 1 套，视频监控服务器 1 台，工控机 1 台，UPS 电源 1 套，烟雾报警系统 1 套，机房空调 1 台。配置 3 台终端计算机，1 台监控终端用于调度办公；2 台监控终端采用一拖二显示器，用于显示井、站视频监控信息、站库实时数据和综合生产信息。

4　矿专业化管理模式

某矿区共有油水井 1906 口，全矿下设 17 个基层小队，包括 14 个采油队，3 个联合站，1 个测试队，1 个维修抽修队，1 个地质工艺队。共有 22 个工种，155 个班组。管理、技术和操作人员共计 1248 人。

为了不断适应企业现代化管理的需要，最大限度地提高劳动工效和经济效益，按照“专业整合，区块优化，人机组合和现代高效”的原则，把原有的 14 个采油队、联合站和后线队重组成 4 个工区，即：注采工区、集输工区、技术工区和保障工区。每个工区分出若干个单元，形成矿、工区和单元三级管理构架。

4.1 注采工区

按照“集中巡视，快速处理，优化人力”的原则，将机采井维修、电力、电气焊、热洗及原油中转等工作从采油队剥离出去，进行科学重组，并修订完善相应的岗位职责，实行专业化工区管理模式，确保生产管理横向和纵向的全方位覆盖。

人员配置：(1)注采单元：实行专业化管理，分为资料录取、巡维两个岗位；每个小单元管理油水井 110~120 口，计量间 6~7 座。每个小单元配置 12 人，合计 48 人。全矿合计 16 个小单元，共计 192 人。(2)干部配置：每个工区设置书记、区长各 1 人，副区长 2 人，技术副区长 3 人，共计 7 人。每工区配置一名经管员兼材料员，合计 4 人。在岗人员 224 人，加上轮替和培训人员，共计 276 人。

注采工区人员配置见表 1。

表 1　注采工区人员状况表

<table>
<tr><th rowspan="2">工区</th><th rowspan="2">油水井</th><th colspan="2">注采单元</th><th colspan="2">区</th><th rowspan="2">在岗</th><th rowspan="2">轮替休假</th><th rowspan="2">培训</th><th rowspan="2">合计</th></tr>
<tr><th>单元数量</th><th>岗位人数</th><th>干部</th><th>经管人员</th></tr>
<tr><td>注采一工区</td><td>480</td><td>4</td><td>48</td><td>7</td><td>1</td><td>56</td><td>5</td><td>8</td><td>67</td></tr>
<tr><td>注采二工区</td><td>473</td><td>4</td><td>48</td><td>7</td><td>1</td><td>56</td><td>5</td><td>7</td><td>66</td></tr>
<tr><td>注采三工区</td><td>480</td><td>4</td><td>48</td><td>7</td><td>1</td><td>56</td><td>6</td><td>9</td><td>67</td></tr>
<tr><td>注采四工区</td><td>473</td><td>4</td><td>48</td><td>7</td><td>1</td><td>56</td><td>5</td><td>7</td><td>66</td></tr>
<tr><td>合　计</td><td>1906</td><td>16</td><td>192</td><td>28</td><td>4</td><td>224</td><td>21</td><td>31</td><td>276</td></tr>
</table>

4.2　集输工区

按照“统筹工艺，流程匹配，平稳集输”的原则，除了 3 座联合站外，集输工区还将原来归属于采油队管理的 14 座中转站重新整合，纳入集输工区管理范围，设立集输一工区和集输二工区两个工区，每个工区分 3 个单元：油处理单元、水处理单元和变电单元。油处理单元负责原油脱水、原油含水化验、原油外输和原油中转；水处理单元负责污水处理、污水注入、生产伴热、生活采暖；变电单元负责电力输送。集输一工区负责区块一和区块二，集输二工区负责区块三和区块四。集输工区共 252 人，人员配置情况见表 2。

表 2　集输工区人员状况表

<table>
<tr><th rowspan="2">工区</th><th rowspan="2">单元总数</th><th colspan="2">油处理单元</th><th colspan="2">水处理单元</th><th colspan="2">变电单元</th><th rowspan="2">干部</th><th rowspan="2">经管岗</th><th rowspan="2">在岗</th><th rowspan="2">轮替休假</th><th rowspan="2">培训</th><th rowspan="2">合计</th></tr>
<tr><th>岗位数量</th><th>岗位人数</th><th>岗位数量</th><th>岗位人数</th><th>岗位数量</th><th>岗位人数</th></tr>
<tr><td>集输一工区</td><td>3</td><td>1</td><td>40</td><td>1</td><td>29</td><td>1</td><td>8</td><td>7</td><td>1</td><td>81</td><td>14</td><td>14</td><td>109</td></tr>
<tr><td>集输二工区</td><td>3</td><td>1</td><td>60</td><td>1</td><td>29</td><td>1</td><td>8</td><td>7</td><td>1</td><td>98</td><td>17</td><td>17</td><td>133</td></tr>
<tr><td>合　计</td><td>6</td><td>2</td><td>100</td><td>2</td><td>58</td><td>2</td><td>16</td><td>14</td><td>2</td><td>179</td><td>31</td><td>31</td><td>252</td></tr>
</table>

4.3　技术工区

按照“技术集成，系统配套，高效顺畅”的原则，将现地质工艺队(仪表管理、检校维修 7 人除外)、测试队高低压测试岗、测试队资料室、测试队后勤人员、所有采油队资料室整合为技术工区。将技术工区划分为 6 个单元，分别为技术管理单元、动态分析单元、资料整理单元、水驱测试单元、聚驱测试单元和化验单元。6 个单元下设共 25 个岗位。整合后技术工区人数为 161 人，负责全矿 1906 口油水井技术管理、开发动态分析、高压测试、低压测试、注入采出化验、地质资料录入整理等。人员配置见表 3。

表 3　技术工区人员状况表

工区	单元总数	技术管理单元		动态分析单元		资料整合单元		测试单元		化验单元		区		在岗工作	轮替休假	轮替培训	合计
		单元数量	岗位人数	单元数量	岗位人数	单元数量	岗位人数	单元数量	岗位人数	单元数量	岗位人数	干部	经管员				
技术工区	6	1	25	1	16	1	20	2	47	1	16	6	1	131	16	14	161

4.4　保障工区

按照“整合资源，专业升级，保障有力”的原则，保障工区将原采油队的抽油机维修、电气焊、维修电工和原测试队的热洗、清防蜡、加药等工种整合，纳入保障工区进行专业化管理。保障工区共分为 5 个专业化单元：机采井维修、管焊维修、洗井、特车和电工仪表。共有人员 192 人，人员配置情况见表 4。

表 4　保障工区人员状况表

工区	单元总数	机采井检维修单元		管焊维修单元		电工仪表单元		洗井单元		特车单元		区		在岗工作	轮替休假	轮替培训	合计
		单元数量	岗位人数	单元数量	岗位人数	单元数量	岗位人数	单元数量	岗位人数	单元数量	岗位人数	干部	经管员				
保障工区	20	4	25	7	30	7	28	1	35	1	20	7	1	146	22	24	192

5　区域集中监控的效益分析

某矿区实现区域集中监控后，实现了数字化与专业化相结合，为确保油田持续稳产提供有力保障；实现了数字化与生产过程自动监控的结合，为油田安全生产提供了技术支撑；通过生产过程的数字化监控，节能降耗，降低生产运行成本。

(1)在节约用工成本方面，通过实施矿专业化管理模式后，由现有的 1248 人减少到 881 人，全区单井综合用人由 0.65 人/井下降到 0.46 人/井，其中优化下来的员工 90 人轮替休假、100 人轮替培训，177 人优化转岗投入到新区产能管理中。按照单名员工的薪酬、保险、福利、配套车辆、设备、办公用具等费用成本合计每年为 8 万元左右，预计可节约员工费用支出 1416 万元/年。

(2)在节省维修费用方面，数字化建设实施后，将不符合数字化要求的仪表进行了更换，年均可节省维修维护费用(仪表维修费、维护费、更换费等)约 113 万元，其中 3 座联合站节省 48 万元，14 座转油站节省 40 万元，132 座计量间、阀组间节省 25 万元。

某矿区集中监控投入 7950.8 万元，5.2 年即可收回投资。

6 几点认识

(1)区域集中监控是全厂实现集中监控的缩影，通过相同的思路可实现其余矿区的区域集中监控，将各矿管理中心的数据通过有限网络传输至厂管理中心，实现全厂的集中监控。

(2)对于一些安全性要求较高的场所，如锅炉岗等，应加强巡检，保障安全生产。

(3)实现区域集中监控及全厂集中监控后，管理模式的优化将是一个新的挑战，从人员的转变思路和自身技术本领上都应该下工夫，加强岗位培训、新技术的学习等。自动化程度的提升，也将会对管理技能和技术技能的要求更高；仪表或系统的维修能力也要求更高。需要综合型人才。

(4)注入站内各参数可通过已建有线网传至矿管理中心，再通过有线传输网络传至试验大队。

参 考 文 献

[1] 王树青，乐嘉谦. 自动化与仪表工程师手册[M]. 北京：化学工业出版社，2011.

[2] SY/T 0091—2006 油气田及管道计算机控制系统设计规范[S].

注水泵房轻质复合墙体的设计及应用

安慧斌　丑作安　徐　博　李　阳　杜　伟

（规划设计研究所）

摘　要：目前油田注水泵房内注水机组功率大且设备多，产生的噪声相对较大，以致泵房噪声超标对职工的身体健康影响较为突出。为降低注水泵房内的噪声，减轻其危害，本文基于传统注水泵房内采用吸声材料降噪的设计方法，对新建泵房墙体结构进行隔声设计，提出了轻质复合墙体的改造措施。在有效治理注水泵房内噪声污染的同时，加快施工进度，缩短施工周期；由于轻质复合墙体的改造设计，既减少了后期的降噪改造费用，又因建筑结构的改变，相应增加了使用面积，具有较好的经济效益与社会效益。

关键词：注水泵房；噪声污染；轻质复合墙体

油田进行注水开发可实现油井稳产，注水泵房是实施注水工艺的重要设施。在泵房内，注水系统一般由注水泵机组、润滑油泵机组、冷却水泵机组及若干注水管线组成。当设备运转时，泵机组噪声和管道振动噪声交织在一起，形成了以低频为主的宽频带噪声。

根据调查，注水站的生产工人每班工作 8h，其中在泵房巡检的累计时间约为 2h，占总工作时间的 25%；在值班室的累计时间约为 6h，占总工作时间的 75%。通过对喇嘛甸油田 10 座注水站噪声（同是运行一台机泵）的现场测量，发现其注水泵房和值班室噪声最高值分别达到了 103. 5dB（A）和 60. 7dB（A），超过了 GB/T 50087—2013《工业企业噪声控制设计规范》和 GB/Z 1—2010《工业企业设计卫生标准》的设计标准，即值班室 24 小时值班时间内噪声≤45dB（A）及注水泵房噪声≤85dB（A）的标准，时刻威胁着一线员工的健康。为此，如何对喇嘛甸油田注水站噪声污染进行防治，以达到降低噪声、改善工作环境的目的，是我们面临的主要问题。

1　注水泵房传统降噪治理措施

近几年，为了降低注水站的噪声，我厂先后在喇六和喇七等注水站采用注水机组隔声罩；泵房及值班室的棚面采用吸声材料。然而，注水泵房现多以砖混结构构建，以承重墙作为受力体系。当噪声波遇到硬质、光滑砖墙面、地面时，便垂直反射，导致各声波叠加，混响声严重，治理后效果并不明显；而且隔声罩虽然具有较好的隔声降噪效果，但其通风散热性能差，经常使设备因温度过高而不能正常运行，且不利于日常维护，影响生产。

2009 年，我厂针对喇十三注水站噪声污染现状，研究选用适合声场、音质特性的结构和材料，在已建注水泵房内安放隔声屏障、泵房与值班室顶棚安装吸音材料等，采用强吸声结构来减少声波反射，降低室内混响声，注水泵房噪声值为 84. 4~83. 3dB（A），值班室噪声值为 43. 3~39. 6dB（A）。虽以达到吸声降噪的目的，但要应用到新建注水站的噪声治理中，针对降噪设计部分还需一定的改造投资。

由此可见，我们在新建注水泵房的噪声治理设计方面缺少相关经验，对工业厂房噪声治理设计知之甚少。

2　轻质复合墙体的设计及应用

结合喇Ⅱ-1注水站改造工程的具体情况，考虑新建注水泵房跨度大、净空高、要求设置桥式起重机的结构需求，从建筑的结构开始优化。注水泵房整体的建筑结构通过采用门式刚架结构来实现；在内墙面结构层的改造设计上，采用轻钢骨架内添玻璃丝棉，骨架外挂硬质矿棉板，对注水泵房内的噪声进行综合治理。延用传统降噪设计方法，在有效控制投资的情况下，采用建筑装修的主动控制技术，继续完善注水站噪声防治技术，有效改善注水站一线职工的工作环境和生活环境。

2.1　建筑结构设计

随着压型钢板和型钢作为经济合理的基材在工业厂房中的频繁应用，并以其在建筑规模、结构中大跨度、大空间的出色表现，钢结构逐渐代替了钢筋混凝土结构，正被广泛运用到工业厂房等大型基建项目中。

图1　轻型门式刚架结构

在喇Ⅱ-1注水站改造工程中，结合以往注水泵房降噪设计，考虑在墙体内部做内保温及吸音降噪处理，采用多种围护结构及轻质屋面板材，为使注水泵房达到更好的保温节能、降噪效果，对新建注水泵房采用轻型门式刚架结构(图1)。

轻型门式刚架结构作为一种承重结构体系，整体刚度和抗震性能好；可在工厂焊接加工完成、现场安装，柱脚可与基础刚接或铰接(高强螺栓连接)，施工速度快；而且，门刚钢柱的截面(300mm×300mm)相比以往混凝土现浇柱(600mm×400mm)的截面要节省所占空间面积，结构占有面积小、承载力高，以便新建注水泵房、墙体围护结构特殊性的设计。

2.2　墙体的结构设计

结合建筑采用的轻钢结构，在墙体设计中采用轻钢龙骨墙体，具有施工方便、轻质高强、延性好、易于拆卸和搬迁的特点。由于钢材导热系数较大，龙骨处易产生冷桥现象，致使龙骨附近热流率大大增加，如果整个墙体采用轻钢结构，墙体隔热性能会大幅度降低，增加建筑耗能。

为此，喇Ⅱ-1注水泵房的墙体(外)工程中，结合轻钢墙体的特性，依据砌块砌筑的规格要求，在整体墙体的外侧部分采用290mm厚混凝土空心砌块砌筑，内饰轻钢龙骨外挂吸声材料，采用轻质复合墙体的设计方法。由于空心砌块砖的自重为800kg/m^3，相比混凝土多孔砖(1400kg/m³)较轻，所以整体墙体的砌筑可减轻墙身自重。相比于以往370mm厚的浮石混凝土多孔砖砌筑，即节省室内实用面积，又可减少墙体砌体的砌筑，施工简单，施工周期缩短；同时降低了轻钢龙骨墙体的热能损耗。

然而，整体墙面的吸声结构是通过安装吸声材料来实现的，其吸声原理为：当声波入射到多孔吸声材料表面时，激起微孔内的空气振动，空气与固体孔隙产生相对运动，由于空气的黏滞性，在微孔内产生相对黏滞阻力，使空气振动动能不断地转化为热能，从而使声能衰减，达到降低噪音的目的。又因噪声透过损失随材料表面密度的增大和频率数的升高而增大，为此，多孔型吸声材料适合在中高噪声区使用。作为多孔吸声材料，其分类包括：纤维材料、颗粒材料、泡沫材料。不同材质的吸声材料所表现的特性、价值以及应用情况也各不相同。因此，在新建泵房墙壁内侧采用轻钢龙骨外挂矿棉板(具有自重轻、不易燃、隔声、保温、抗震性能好、施工简便、干作业等优点)面层(图2)。

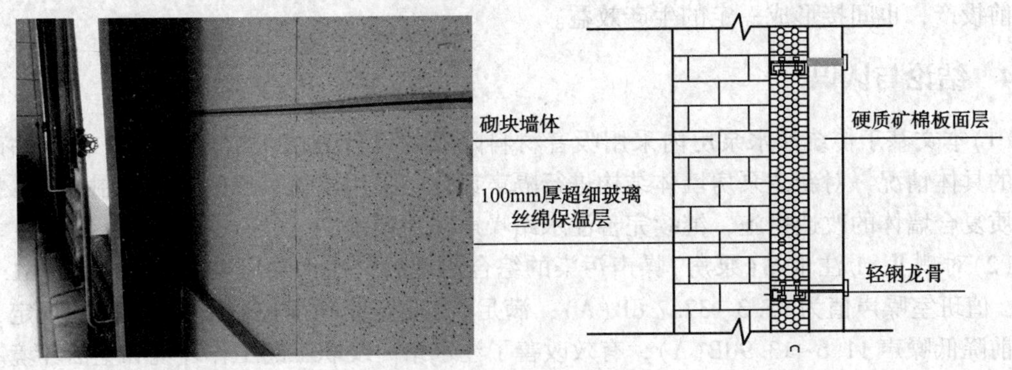

图2　隔声墙体改造设计

为了保证墙体在自身结构改变的同时，不降低墙体的保温隔热性能。设计时，在矿棉板与墙体间增添了一定100mm厚度的玻璃丝棉。由空腔大小进行厚度设计，以吸声材料背后空腔的影响为依据。在吸声材料层与刚性壁之间留一定距离的空腔，可改善对低频的吸声性能，相当于增加了多孔材料的厚度，更经济。空腔增厚，对吸收低频声有利。当腔深近似于入射声波的1/4波长时，吸声系数最大；当腔深为入射声波的1/2波长或其整数倍时，吸声系数最小。为此，设计空腔深为100mm厚，既可增加墙体的保温性能；还因噪声在空腔来回反射多次而消耗，即使每次反射吸声较小，但多次反射的积累效果也起到一定的吸声降噪效果。

2.3　轻质复合墙体的应用

轻质复合墙体的设计应用是通过对墙面吸声材料的合理布置，有效控制注水泵房中噪声的传播和反射，降低室内的混响声，使其降低到国家规定的设计标准要求，以达到防治噪声的目的。

目前喇Ⅱ-1注水站(普通污水站)改造工程已经竣工投产，通过对泵房噪声治理改造后的噪声监测并对比分析，发现对于隔声墙体的改造设计，在新建注水泵房时便可使注水泵房内的噪声达到规定设计的标准值，并且低于设计标准要求。注水泵房的噪声值为81.3~79.7dB(A)，同改造前相比降低11.6dB(A)；值班室噪声主要由室内噪声和注水泵房传播噪声两部分组成，注水泵房传播噪声是决定值班室噪声大小的决定因素。然而，此次改造中泵房内噪声已得到有效的降低，为此值班室内在无降噪改造措施下，采用常规做法，测得值班室最高噪声值为 37.7dB(A)，相比改造前降低 13.9 dB(A)，取得了令人满意的效果。

3 效益分析

将喇Ⅱ-1 注水(普通注水)泵房轻质复合墙体的各项工程材料及造价同以往常规设计的注水泵房墙体(噪声值超标)进行了对比。整个改造工程投资费用比常规注水站注水泵房墙体的设计投资要高，但是降噪隔声墙体改造后，免除了后期泵房室内降噪治理(增加隔声设备、室内顶棚增加吸引材料)的各项费用。

在此次改造中，墙体的改造设计由原来的 370mm 厚砌体改为 290mm 厚；由以往室内墙面的涂料粉刷施工改为干挂设计。墙体的建设工期由 70 天缩短到 55 天，建设工期缩短 21.5%。整体施工期的缩短也相应节省了一定的施工费用，而且由整个建设工期的缩短带来的提前投产，也间接形成一定的生产效益。

4 结论与认识

(1)本文基于传统注水泵房内采用吸音材料降噪的设计方法，结合喇Ⅱ-1 注水站改造工程的具体情况，对新建泵房墙体结构进行隔声设计，采用建筑装修的主动控制技术，提出了轻质复合墙体的改造措施，继续完善注水站噪声防治技术。

(2)对喇Ⅱ-1 注水站(泵房)噪声污染的综合治理后，注水泵房噪声值为 79.7~81.3dB(A)，值班室噪声值为 35.3~37.7 dB(A)，满足《工业企业噪声控制设计规范》的规定，较改造前降低噪声 11.6~13.9dB(A)，有效改善了注水站一线职工的工作环境和生活环境。

(3)通过经济效益的对比分析，证实新建的注水泵房应采用门式刚架结构，从建筑的结构到保温、吸音性能，都得到了优化。相比常规设计，既节省了未来降噪改造设计的投资费用，在加快施工进度，大幅度减轻工人劳动强度的同时，又可提前投产。由此可见设计阶段是提高工程方案经济效果的关键环节。

参考文献

[1] 刘荣志．油田注水泵房噪声治理[J]．石油与化工设备，2010，11(13)：58-59.
[2] 陈涛．油田注水泵房噪声危害和防治措施[J]．石油化工安全环保技术，2010，1(26)：40-41.
[3] 王众．深化建筑隔音新技术打造绿色建筑新模式[J]．黑龙江科技信息，2011(16)：248.

加热炉热效率影响因素分析及对策

张建军　孙立波

（规划设计研究所）

摘　要：加热炉提效工作是油田公司2015年节能重点工作，为提高加热炉运行效率，喇嘛甸油田开展提效技术研究工作，通过研究相关规范及资料，确定加热炉各项参数的合理界限。通过开展加热炉各项参数与效率关系分析研究工作，得出各项参数与效率的关系。开展加热炉效率测试工作，录取相关数据，研究加热炉空气系数、排烟温度、负荷率及炉管结垢与效率之间的关系，定量分析负荷率、排烟温度、空气系数以及加热炉结垢等对效率的影响程度，用于指导加热炉技术管理工作。针对喇嘛甸油田加热炉实际运行情况，提出加热炉效率治理措施建议。

关键词：过剩空气系数；排烟温度；负荷率；结垢；效率

截至2014年底，喇嘛甸油田建有加热炉303台，总设计能力为412MW。我厂加热炉以二合一加热缓冲装置、卧式圆筒炉为主，另有少量水套炉、真空炉，单台加热炉功率一般在0.35~3.6MW之间。通过调查，目前加热炉存在以下问题：一是过剩空气系数不合理；二是加热炉排烟温度高；三是加热炉负荷不合理；四是加热炉烟火管结垢。油田公司要求各单位进一步提高天然气开发利用效益，合理利用天然气资源。天然气能耗占油田总能耗的41.76%，在总能耗中的比例比较大，因此有必要开展加热炉提高效率技术研究，降低喇嘛甸油田天然气消耗量。

1　研究加热炉运行参数合理界限

影响加热炉效率的主要因素有过剩空气系数、排烟温度、负荷率及炉管结垢等。负荷率及过剩空气系数是加热炉输入端参数，炉管换热系数决定加热炉获取热量的多少，排烟温度、炉体温度属于加热炉的输出端参数，热效率是各项参数共同作用的结果。

1.1　研究过剩空气系数合理界限

过剩空气系数是实际供给燃料燃烧的空气量与理论空气量的比值。过剩空气系数过大，属于富氧状态燃烧，增大排出烟气量，排烟损失增加，热效率降低。过剩空气系数过小，属于缺氧状态燃烧，增加不完全燃烧损失，燃烧不稳定，容易出现熄火现象。为研究过剩空气系数合理界限，查阅了有关资料：在合理燃烧情况下，过剩空气系数应为1.2，燃烧器过剩空气系数应为1.25，空气系数限定值为1.6~2.0。因此，过剩空气系数合理界限确定在1.2~2.0。

1.2　研究排烟温度合理界限

排烟温度是加热炉换热后排出的烟气温度。排烟温度过高，排烟损失大，效率降低。为研究排烟温度合理界限，查阅了有关资料：当气体燃料含硫量为0.05%~1%时，烟囱不保温时排烟温度限定值为 150~205℃。根据 GB/T 31453—2015 油田生产系统节能监测规范，排烟温度限定值为 180~220℃。因此排烟温度合理界限确定在 150~220℃之间。

1.3 研究负荷率合理界限

负荷率是加热炉的输入端参数，当燃气量增加时，介质吸收的热量多，出口温度上升，负荷率提高；当燃气量减少时，介质吸收的热量减少，出口温度下降，负荷率降低。低负荷运行时，炉膛温度低，会造成不完全燃烧，导致加热炉效率下降。为研究负荷率合理界限，查阅相关资料：单台加热炉负荷率宜为 80%~100%，加热炉运行负荷在 75%~100%之间的效率比较高，1.16MW 卧式圆筒炉的最低负荷为额定负荷的 65.2%，1.74MW 加热炉的最低负荷为额定负荷的 73.5%。因此，负荷率的合理界限确定在 65.2%~100%之间。

通过开展加热炉运行参数合理界限研究，从理论角度确定运行参数合理界限，为加热炉优化运行提供技术支撑。

2 研究加热炉参数与效率关系

2.1 加热炉热平衡

查阅《油气田及长输管道能量平衡》，热效率公式如下：

$$\eta=[100-(q_2+q_3+q_4)]\%$$

式中，q_2为排烟热损失；q_3为不完全燃烧损失；q_4为散热损失。

燃气加热炉运行时，不完全燃烧损失 q_3 最大为 0.1%；当加热炉处于额定负荷时，q_5 为 2.9。

反平衡公式简化公式：$\eta=(97-q_2)\%$

$$q_2=(0.035\times\alpha_{py}+0.005)\times(t_{py}-t_{lk})$$

式中，α_{py}为排烟中的过剩空气系数；t_{py}为排烟温度；t_{lk}为入炉空气温度。

$$\eta=[97-(0.035\times\alpha_{py}+0.005)\times(t_{py}-t_{lk})]\%$$

通过以上公式的推导，建立了加热炉效率与过剩空气系数和排烟温度的数学关系式，可以直观地看到，加热炉过剩空气系数、排烟温度是影响排烟热损失的两个主要因素。

2.2 过剩空气系数对效率影响分析

假定加热炉排烟温度为 200℃(符合节能标准)，当 α_{py} 由 1.65 变化为 1.485(降低 10%)时，环境温度为 20℃，即 t_{lk} 为 20℃，分析加热炉过剩空气系数变化后的效率变化情况。计算过程如下：

依据公式

$$\eta=[97-(0.035\times\alpha_{py}+0.005)\times(t_{py}-t_{lk})]\%$$

当 $\alpha_{py}=1.65$ 时

$$\eta=[97-(0.035\times1.65+0.005)\times(200-20)]\%=85.7\%$$

当 $\alpha_{py}=1.485$ 时

$$\eta=[97-(0.035\times1.485+0.005)\times(200-20)]\%=86.74\%。$$

$\Delta\eta=1.04\%$。

因此，当加热炉过剩空气系数由 1.65 变化为 1.485 时(即降低 10%时)，热效率升高

1.04 个百分点。

2.3 排烟温度对效率影响分析

假定加热炉过剩空气系数 α_{py} 固定为 1.65 不变时，当排烟温度由 220℃降低到 200℃（降低 10%）时，环境温度为 20℃，即 t_{lk} 为 20℃，分析加热炉排烟温度变化后效率变化情况。计算过程如下：

依据公式

$$\eta = [97 - (0.035 \times \alpha_{py} + 0.005) \times (t_{py} - t_{lk})]\%$$

当排烟温度为 220℃时

$$\eta = [97 - (0.035 \times 1.65 + 0.005) \times (220 - 20)]\% = 84.45\%$$

当排烟温度为 200℃时

$$\eta = [97 - (0.035 \times 1.65 + 0.005) \times (200 - 20)]\% = 85.70\%$$

$\Delta\eta = 1.25\%$。

因此，当加热炉排烟温度由 220℃降到 200℃时（即降低 10%时），热效率提高 1.25 个百分点。

通过理论计算，加热炉过剩空气系数降低 0.165（降低 10%），效率提高 1.04 个百分点；排烟温度每降低 20℃（10%），加热炉效率提高 1.25 个百分点。

查阅《管式加热炉工艺计算》得知，管式加热炉过剩空气系数每降低 10%，加热炉效率提高 1%～1.5%。查阅《油气田节能监测工作手册》得知，加热炉排烟温度每升高 12～15℃，排烟热损失提高 1%，即加热炉效率降低 1%。

2.4 负荷率对效率影响分析

加热炉低负荷运行时，炉膛内热强度不够，炉膛温度下降，散热损失增大，炉效率降低。当加热炉负荷不小于 80%时，其散热损失为 3.75%；当加热炉负荷率为 30%时，其散热损失为 10%，低负荷加热炉运行效率较正常负荷加热炉低 6.25 个百分点。

2.5 结垢对效率影响分析

加热炉结垢后，影响换热面的换热，垢的导热系数仅为 0.464～0.697W/(m·℃)，导热系数很小，仅是 20R 钢[34.9～52.2 W/(m·℃)]的 1.3%左右。加热炉烟火管、盘管结垢后，加热炉传热效率下降，导致加热炉耗气量增加。

3 定量分析各个运行参数与效率的关系

通过现场调节加热炉运行参数，录取加热炉运行数据，研究分析过剩空气系数、排烟温度、负荷率及炉管结垢与效率之间的关系，定量给出负荷率、排烟温度、空气系数、加热炉结垢对效率的影响程度。

3.1 空气系数、排烟温度与加热炉效率的关系研究

保持加热炉热负荷不变、烟道挡板位置不变，现场调节喇 XX 加热炉空气系数，录取加热炉运行数据。从测试数据可以看出，当调节加热炉过剩空气系数时，排烟温度也发生变化；随着过剩空气系数增大，排烟温度随着升高，加热炉效率呈现下降趋势。过剩空气系数、排烟温度与加热炉效率呈现线性关系。测试数据见表 1。

表 1 喇 XX 加热炉测试数据

组号	空气系数	排烟温度,℃	排烟热损失,%	效率,%
1	1.43	152	7.27	88.83
2	1.61	157	8.28	87.57
3	1.90	182	11.62	84.22
4	2.11	189	13.59	82.26
5	2.34	192	14.86	80.99

喇 XX 加热炉过剩空气系数、排烟温度与效率的关系如图 1 和图 2 所示。

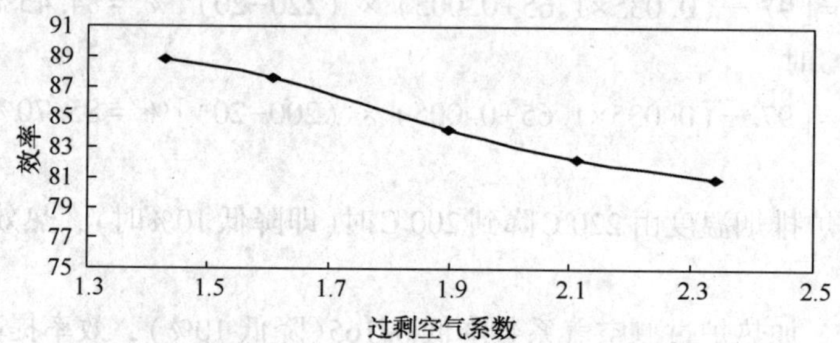

图 1 喇 XX 加热炉过剩空气系数与效率关系图

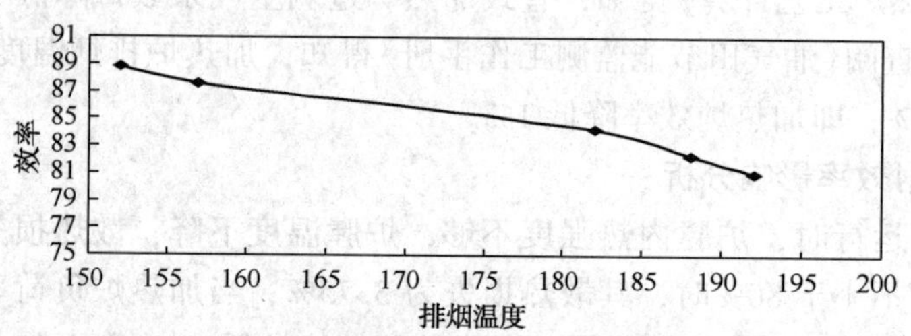

图 2 喇 XX 加热炉排烟温度与效率关系图

为研究过剩空气系数、排烟温度与效率的关系，将喇 XX 加热炉测试数据进行回归，得到如下的关系式：

$$\eta=101.37-6.1288\alpha-0.0637T$$

其中，η 为效率；α 为空气系数；T 为排烟温度。

从关系式可以看出：喇 XX 加热炉过剩空气系数降低 0.16，效率提升 1 个百分点；排烟温度降低 15.69℃，效率提升 1 个百分点。

当过剩空气系数变化并增加时，排烟温度也随着增加，因此加热炉的过剩空气系数、排烟温度是相互关联的，尤其是过剩空气系数对排烟温度影响较大。因此，过剩空气系数、排烟温度是影响加热炉效率的两个主要因素。

3.2 负荷率与加热炉效率的关系

当加热炉低负荷运行时，炉膛温度低，燃烧反应速度减小，炉管换热能力低于设计值，加热炉散热损失增加，加热炉运行效率下降。当喇 XX 加热炉负荷率变化时，测试加热炉运行效率，测试数据见表 2。

表 2 喇 XX 加热炉测试数据

组号	排量，m^3/h	进口温度，℃	出口温度，℃	负荷率，%	效率，%
1	19.3	39	64	46.1	73.9
2	19.3	39	77	79.7	80.1
3	19.3	39	88	95.2	81.8

对测试数据进行回归，得到关系式：

$$\eta=0.165x+66.44$$

其中，η 为效率；x 为负荷率。

因此，当喇 XX 加热炉负荷率提高 6.06 个百分点时，效率提高 1 个百分点。

3.3 炉管结垢与效率的关系

油田污水中含有大量的原油、沥青质、地层黏泥和泥沙。目前油田热洗、回掺使用的都是未经净化处理的水，在输送过程中携带大量泥沙及其他混合物。同时水中含有大量钙、镁等矿物，受热易结垢。加热炉烟火管、炉管结垢以后，加热炉传热效率下降，导致耗气量增加。现场取喇 XX 加热炉炉管 2 根，测量喇 XX 加热炉炉管结垢厚度，通过测量炉管软垢和硬垢总厚度为 4.28mm。酸洗前后对喇 XX 加热炉效率进行测试，测试数据见表 3。

表 3 喇 XX 加热炉效率测试数据表

状态	流量，m^3/h	进口温度，℃	出口温度，℃	进出口温差，%	效率，%
酸洗前	31	38	74	36	70.54
酸洗后	32	44	79	35	77.02

效果分析：酸洗后，喇 XX 加热炉效率提高 6.48 个百分点。即结垢 1mm，加热炉效率降低 1.51 个百分点。

4 提高加热炉效率技术对策

根据喇嘛甸油田加热炉实际运行情况，提出以下节能措施。

(1) 优化加热炉运行负荷。

目前加热炉平均运行负荷仅为 50.2%，散热损失比较大，导致加热炉效率降低。经过调查，掺水加热炉出口温度在 40~55℃之间，最低负荷率仅为 34%，散热损失达到 8.52%，合理散热损失为 2.9%~3.62%，致使炉效率降低 4.9 个百分点。因此为保证加热炉高效运行，加热炉热负荷率必须达到 65.2%。

(2) 调节过剩空气系数，降低排烟热损失。

通过测试，目前喇嘛甸油田加热炉平均过剩空气系数达到 2.12 以上，因此建议由燃烧器厂家对加热炉空气系数进行优化，监测排烟处的过剩空气系数，减少排烟热损失。

(3) 提高炉管传热能力，降低排烟热损失。

①加热炉定期清淤、结垢。通过现场调查，加热炉炉管年结垢平均厚度为 3.75mm，降低热效率 5.6 个百分点。依据油田公司加热炉运行管理规定，水驱区块的加热炉清淤、除垢周期为 1 年，聚驱、三元驱、高浓度聚驱等化学驱区块的加热炉的清淤周期为 6 个月。

②加热炉炉管涂刷节能涂料，提高炉管辐射吸收率。加热炉受热面上涂刷远红外线节能

涂料，增强了受热面的辐射吸收率，并且红外线波被涂层反复多次吸收转化为内能传递，增强了受热面吸收辐射热量的能力，使用后加热炉节气率可达6%。

③烟道挡板需要根据负荷进行及时调节。烟道挡板的作用是通过控制加热炉的负压，调整加热炉的进入空气量，调节燃烧器的火焰燃烧情况。中国石油集输工(技能鉴定)教程规定：当加热炉运行时，通过调节合风及挡板开度，使火焰呈明亮的兰色；通过调节烟道挡板，加热炉效率可提高 1 个百分点至 1. 6 个百分点。

5 几点认识

(1)过剩空气系数和负荷率是加热炉的输入端参数，是影响加热炉效率的主要因素，治理加热炉应该优先从过剩空气系数和负荷率入手。

(2)排烟温度是加热炉的输出端参数，过剩空气系数增大时，排烟温度会随之升高，导致加热炉运行效率降低。

(3)加热结垢后炉管的吸热能力下降，导致排烟温度升高，致使加热炉运行效率下降。因此，加热炉应该定期清淤、除垢。

参 考 文 献

[1] 石油化学工业部石油化工规划设计院 . 管式加热炉工艺计算[M]. 北京：石油化学出版社，1975.

[2] SY 5262—2000　火筒式加热炉规范[S].

[3] GB/T 31453—2015　油田生产系统节能监测规范[S].

[4] SY/T 0049—2006　油田地面工程建设规划设计规范[S].

[5] 穆剑 . 油气田节能监测工作手册[M]. 北京：石油工业出版社，2013.

[6] 油气田及长输管道能量平衡编辑组 . 油气田及长输管道能量平衡[M]. 北京：石油工业出版社，1982.

喇嘛甸油田污水注水管网优化研究

金胜男　王　琮　张　强　白　冰　雷敏菊

（规划设计研究所）

摘　要：随着油田清水注入量大幅度增加及区域钻控影响，喇嘛甸油田出现局部地区水多而注不下去，其他地区水少而不够注的现象。通过对现有污水、注水管网及区域内污水站，注水站水量进行分析，提出对全厂低压污水管网进行改进、优化调整。通过建立区域内环状管网、区域间支状管网，实现区域内污水自产自销，区域间污水相互调用，有效解决因区域内产注失衡而导致能耗增加的问题。

关键词：管网优化；区域；调水

1　管网现状

喇嘛甸油田污水注水系统管网主要由原水、滤后水和注水3套管网组成。

原水是指脱水站(转油放水站)分离出油后的含油污水。原水管网将原水由脱水站、转油放水站输送至污水站。在生产管理过程中，污水站的负荷可以调节。

滤后水管网负责将污水站处理后的污水输送至注水站，由中央污水干线调控全厂滤后水分配，各支干线与中央干线相连，负责向各注水站分配滤后水。中央干线为污水至注水的主要调控管道，管道全长16km，共有8个输入节点，14个输出节点，由于全厂管网相互连通，因此其具有"包容性大，调节能力强"的特点。

注水管网主要由普通污水、深度污水和聚驱污水3套管网组成。除聚驱为"枝状"结构外，其他两套均为"环网"结构，各管网间相互连通。由于普通污水和深度污水两套管网相互连通，它们同样具备"包容性大，调节能力强"的特点。

2　存在的问题

根据近几年来的生产情况来看，随着清水用量的增加及钻控的影响，污水失衡问题越来越严重，经常会出现局部地区水多而注不下去，其他地区水少而不够注的现象。以2013年为例，区域一从7月到10月，每个月对水量的影响都在$30\times10^4\sim40\times10^4m^3$之间，而在这期间区域二和区域四的水量是正常的，从而导致该地区水多而注不下去，区域三又因为水少而不够注，促使三矿地区只能增加注水电机，从高压注水管网争水来弥补本身水量不足的问题，造成能耗大幅度提高。据7月17日至7月27日的生产数据统计，因滤后水管网压力高，导致日均关井100余口，累计减少产液量$43000m^3$左右。同时在现有流程上，在通往中央干线的过程中，各路水源相互拥挤、碰撞，部分污水站缺少外输流程，导致这一地区管网憋压现象时常发生。

同时，受钻控影响，部分区块产注失衡严重。按照油田开发中长期规划安排，

2015—2017年，喇嘛甸油田共安排6个产能钻建区块，其中水驱产能区块2个，聚合物驱产能区块1个，三元复合驱产能区块3个。另外，计划新钻更新井10口，预计新钻井767口，共基建油水井1139口，建成产能39.8×10^4t(表1)。

表1　2015—2017年产能建设规划安排

时间 a	地区或 区块	钻井			基建					钻井时间	投产时间
		井数，口			井数，口			单井日产 t	建成能力 10^4t		
		油井	水井	小计	油井	水井	小计				
2015	区块一	194	6	200	219	183	402	2.5	16.7	2014-10—2014-12	2015-06—2015-09
	区块二				62	45	107	1.5	2.8	2006-06—2006-10	2015-09—2015-11
	区块三				20	12	32	1.8	1.1	2009-05—2009-07	2015-09
	区块四	130	107	237	130	107	237	2.2	8.6	2015-04—2015-07	2015-11—2016-03
	区块五	30		30	30	31	61	1.9	1.7	2015-03	2015-10
	更新井 及高效井	3	7	10	3	7	10	2	0.2	2015-05	2015-10
	小计	357	120	477	464	385	849		31.0		
2017	区块六	146	144	290	146	144	290	2	8.8	2016-09—2016-12	2017-08—2017-12
合计		503	264	767	610	529	1139		39.8		

根据产能建设安排，同一区块内将有2个产能区块陆续新钻井，届时受钻控影响，整个地区将会出现污水过剩现象。

因此，为了能够有效地平衡区域间的污水过剩问题，首先应该对污水管网进行完善，使其具备长距离、有针对性的调水功能。主要思路是将管网分为4个区域，然后将各区域内的注水站重新分配，打断原有的注水环状管网结构，最后形成低压供水环状、高压供水支状管网的新格局。

3　管网优化

3.1　污水站与注水站之间的水量供求分析

普通污水站(含聚驱)为19座，注水站为21座。现行供求关系见表2。

从表2中可以看出，目前区域三属于污水过剩的状态，区域一、区域二和区域四属于微欠缺污水的状态。但是从设计能力上分析，区域一、区域二和区域三的污水能力是能够满足所辖区域的用水需求的，只有区域四由于注水站5的存在，使其在总的能力上处于欠水的状态。因此，滤后水管网的建立应根据各矿所辖区域污水站—注水站的供需关系，在供水方面以污水站为根本建立小型环状管网，在用水方面建立污水—注水直供的支状管网，同时每座注水站应与环状管网连接，作为用水站的双源头供水的备用方式。

表2 污水站—注水站能力表

区域	供水站	设计能力 $10^4 m^3/d$	实际负荷 $10^4 m^3/d$	用水站	注水能力 $10^4 m^3/d$	实际负荷 $10^4 m^3/d$	备注
区域一	污水站1	2.4	1.2	注水站1	2.88	2.19	
	污水站2	2	0.85	注水站2	1.68	1.5	
	污水站3	3	2.4	注水站3	1.2	1.19	
				注水站4	1.92	1.46	
	污水站4	3	2.43	注水站5	1.44	1.43	
				注水站6	2.28	2.17	
				注水站7	2	0.88	
				深度污水站1	0.8	0.45	不计算水量
				深度污水站2	2.5	1.23	不计算水量
	污水站5	1.3	0.89	深度污水站3	2	0.85	不计算水量
	污水站6	4	2.89				
	合计		10.66	合计		10.82	
区域二				注水站1	2.16	1.71	
	污水站1	2.88	2.53	注水站2	1.92	1.64	
	污水站2	3	2.46	注水站3	2.88	2.29	
				注水站4	1.44	0.81	
				注水站5	1.44	—	改造、停产
	污水站3	2	1.19	注水站6	1.44	1.62	
	污水站4	1	0.68				
	合计		7.86	合计		8.07	
区域三	污水站1	2	1.2	注水站1	3	2.4	
	污水站2	3	2.8	注水站2	1.44	0.95	
	污水站3	3	2	注水站3	1.92	1.39	
	污水站4	3	1.9				
				注水站4	1.44	0.96	
				注水站5	1.92	0.91	
	污水站5	1	0.4	注水站6	1.92	1.5	
	污水站6	1.04	0.58				
	合计		8.88	合计		8.11	
区域四	污水站1	4	2.34	注水站1	2.16	1.37	
				注水站2	2.88	0.73	
	污水站2	4	2.1	注水站3	1.8	0.72	
				注水站4	3	0.56	
				注水站5	4.2	1.97	
	污水站3	2	1.37	注水站6	1.44	0.87	
	合计		5.81	合计		6.22	

3.2 区域管网优化

3.2.1 区域一管网优化

区域一有供水站6座，用水站7座，由于原有的滤后水干线在一矿间穿过，所要建立的新管网可以在原有的基础上进行完善。首先将污水站形成小型环状管网，目前各污水站都与干线相连，已经可以形成一个独立的闭环管网，无需单独改造。

3.2.2　区域二管网优化

由于原有的滤后水干线在区域二和区域四同时共用，根据两区域内各站的分布情况分析，这段管线在区域二滤后水管网建设中利旧，区域四的滤后水环状管网应以新建为主。

3.2.3　区域三管网优化

区域三地处喇嘛甸油田最北端，区域内有供水站 5 座，用水站 5 座。原有的滤后水干线可以直接利用，所要建立的新管网可以在原有的基础上进行完善。目前各污水站大部分都与干线相连，只有两座污水站未与干线相连，因此，新建污水站滤后水管道至原滤后水干线即可形成一个独立的闭环管网。

3.2.4　区域四管网优化

由于在二矿管网新建中已经考虑原有的滤后水干线，因此，区域四的滤后水环状管网可以在原有的聚驱滤后水管道基础上新建完善。

区域四有供水站 3 座，用水站 6 座。现有的聚驱滤后水管道已经成形，可以形成一个独立的闭环管网。

4　主要工作量及投资

根据现有管网的运行状况，优化四个区域管网需要新建 DN400 管道 15.14km，DN400 切断阀 21 个，配套管道穿越 47 处。所需投资为 1588.24 万元。

5　小结

管网改造后，可以保证自身区域内注采平衡。当其他区域中注水压力低时，可迅速通过低压供水管网调水，直接供向缺水区域。管网优化后既能够解决各区域内产注水量不平衡的问题，达到了“自产自消”的目的，又能够改变区域之间的不平衡状态，可以有效、迅速、直接、有针对性的进行调水。

参　考　文　献

[1] 向华，罗颖．基于粒子群优化算法的树状注水管网拓扑优化[J]．长江大学学报(自科版)，2011，(819)：76-78.

[2] 孙玉龙．油田注水系统运行优化[J]．中国石油和化工标准与质量，2013(19)：120-120.

喇嘛甸油田站场供热调节技术研究

夏庆祖　阮文渊　王　伟　刘　佳　周志仁

（规划设计研究所）

摘　要：某地区室外采暖计算温度为-26℃，根据近五年气象资料表明，室外温度低于-20℃的天数约占整个供暖期（210 天）的 22%～30%，因此，采暖系统存在较大的节能空间。通过分析认为，当采暖系统的供热负荷与建筑物的用热负荷相等时，系统最节能。而用热负荷是随着室外气温变化而变化的，结合热负荷公式得出，随着室外温度变化来调节循环水量和供回水温差可降低采暖系统能耗。为此，在保证室内设计温度的前提下，本文通过研究确定出了在不同室外温度下采暖系统循环水量与供热温度的调节范围，提出了分阶段供热运行调节的实施建议和预期效果，为油田供热系统的节能工作提供了技术支撑。

关键词：热负荷；供热调节；节能降耗

某油田各站场的供暖期为每年十月份至次年四月份前后，约 7 个月。站场内用热单元分为采暖用热及工艺伴热两种。其中，联合站、污水站等大型站库由于工艺伴热负荷较大，总用热负荷处于 0.7～5.6MW 之间；供热设备普遍采用热水锅炉供热；转油站、注水站等中小型站库工艺伴热负荷较小，总用热负荷处于 0.04～0.25MW 之间。供热设备多数采用独立采暖炉、二合一炉和聚能加热装置供热，少数采用电暖气供热。同时每 1MW 的热负荷年耗气约 $4\times10^5 m^3$，耗电 $1.9\times10^5 kW\cdot h$。

上述站场中的热负荷是根据该地区室外温度-26℃计算得出，而在采暖系统中，热负荷是随着室外气温不断变化的。从由近五年气象资料作出的该地区供暖期中热负荷的分布可以看出，热负荷率为 25%～75%的阶段占总运行时间的主要部分。因此需要通过某种调控方法来使供热负荷与建筑物的用热负荷保持一致，避免热能的浪费。目前尚没有一套切实可行的调节方法，为此在保证室内设计温度的前提下，需要制定出一种供热调节方法来降低采暖系统运行能耗。

1　变温度调节方式分析

在现场工作中，变温度调节是常用的一种方式，但目前这种方式都是由锅炉岗人员根据经验随着室外温度的变化来调整锅炉供水温度的，即所谓的“看天烧火”，因此并不能起到合理有效的节能效果。应通过供热调节公式进行理论计算，求得在任意室外温度下的供、回水温度。但该公式成立的条件是建筑物的热负荷、散热器散出的热量和热网输出的热量三者必须相等，而在实际当中，由于存在管线结垢、供热设备能力不同等因素，散热器实际散出热量要与建筑物所需的热负荷不符。因此，采用该公式不能准确计算出实际的供、回水温度，应在原有公式基础上加入热负荷修正系数，并根据供暖期中某一天的实际运行参数，来推导出修正系数。式(1)和式(2)为修改的供热调节方程式。

$$t'_g = t_n + \frac{n}{2}(t_g + t_h - 2t_n)\left(\frac{t_n - t'_w}{t_n - t_w}\right)^{\frac{1}{1+B}} + \frac{n}{2G}(t_g - t_h)\left(\frac{t_n - t'_w}{t_n - t_w}\right) \tag{1}$$

$$t'_h = t_n + \frac{n}{2}(t_g + t_h - 2t_n)\left(\frac{t_n - t'_w}{t_n - t_w}\right)^{\frac{1}{1+B}} - \frac{n}{2G}(t_g + t_h\left(\frac{t_n - t'_w}{t_n - t_w}\right) \tag{2}$$

式中 t'_g——任意室外日均温度时的供水温度,℃;

t'_h——任意室外日均温度时的回水温度,℃;

t_n——室内设计温度,℃;

t_g——室外计算温度时的供水温度,℃;

t_h——室外计算温度时的回水温度,℃;

t'_w——任意室外日平均温度,℃;

B——散热器指数(参考样本);

G——流量比(即系统实际流量与设计流量比)。

根据公式(1)和公式(2)推导出热负荷修正系数 n 和相对流量比 G 的公式为:

$$n=\frac{(t'_g+t'_h-2t'_n)^{1+B}(t_n-t_m)}{(t_g+t_h-2t_n)^{1+B}(t'_n-t'_w)} \tag{3}$$

$$G=\frac{(t'_g+t'_h-2t'_n)^{1+B}(t_g-t_h)}{(t_g+t_h-2t_n)^{1+B}(t'_g-t'_h)} \tag{4}$$

根据某站供暖期中某一天的采暖运行工况来进行实例计算,该站供热参数如下:

系统设计工况:室外计算温度 $t_w=-26$℃;室内温度 $t_n=18$℃;供水温度 $t_g=95$℃;回水温度 $t_h=70$℃。

测定获得数据:室外日均温度 $t'_w=-14.8$℃;室内日均温度 $t'_n=18.0$℃;供水日均温度 $t'_g=57.4$℃;回水日均温度 $t'_h=48.5$℃。

根据系统设计工况及测定的数据带入公式③④得出,该站在当前环境下,$n=0.59$,$G=1.3$,将得出的热负荷修正系数 n 和相对流量比 G 带入式(1)和式(2)中,推导出当室外温度 t'_w 在 5~27℃之间时,所需的调节参数如下(表1)。

表1 某站采暖炉进出口温度调节表

室外温度 t'_w,℃	供水温度 t'_g,℃	回水温度 t'_h,℃	室外温度 t'_w,℃	供水温度 t'_g,℃	回水温度 t'_h,℃	室外温度 t'_w,℃	供水温度 t'_g,℃	回水温度 t'_h,℃
5	43	38	-6	59	50	-17	72	59
4	44	39	-7	61	51	-18	74	60
3	46	40	-8	62	52	-19	75	61
2	48	41	-9	63	53	-20	77	62
1	49	42	-10	65	54	-21	78	63
0	51	43	-11	66	55	-22	80	64
-1	52	44	-12	67	55	-23	82	64
-2	53	45	-13	68	57	-24	84	65

续表

室外温度 t'_w,℃	供水温度 t'_g,℃	回水温度 t'_h,℃	室外温度 t'_w,℃	供水温度 t'_g,℃	回水温度 t'_h,℃	室外温度 t'_w,℃	供水温度 t'_g,℃	回水温度 t'_h,℃
-3	54	47	-14	69	57	-25	85	66
-4	56	48	-15	69	57	-26	88	67
-5	58	49	-16	71	58	-27	90	68

由表 1 中的室外气温与供回水温差可看出：在流量保持不变、室内温度保持在 18℃ 的情况下，随着室外气温的不断升高，建筑物所需的热负荷不断减小，供回水温差也逐步减小。结合热量方程式 $Q=cm\Delta t$ 得出，根据热负荷的大小来调节供回水温差可有效降低采暖系统耗气量。

2 变流量调节方式分析

变流量调节就是只改变系统水量，不改变供水温度的调节方式，即 $t_g=t'_g$。目前该油田各站场内的采暖泵均是相同规格的两台或三台互备互用，因此变流量调节只能通过手动控制进出口阀门来实现，但采用这种方法一是会造成热能的浪费，二是影响热网循环。因此需要经过理论计算来确定出可调节范围。以室外温度为-26℃、系统供回水温度为 95/70℃、室内温度为 18℃的采暖运行工况进行计算，根据供热调节基本公式从理论上推导出当室外温度 t'_w在 5~27℃之间时系统水量的调节范围，见表 2。

表 2 水量调节范围表

室外温度 t'_w,℃	流量比 $\bar{G}$	回水温度 t'_h,℃	室外温度 t'_w,℃	流量比 $\bar{G}$	回水温度 t'_h,℃	室外温度 t'_w,℃	流量比 $\bar{G}$	回水温度 t'_h,℃
5	—	—	-6	0.17	19.5	-17	0.42	47.9
4	—	—	-7	0.19	22.1	-18	0.46	50.4
3	—	—	-8	0.20	25.4	-19	0.50	52.9
2	—	—	-9	0.22	27.8	-20	0.55	55.4
1	—	—	-10	0.24	30.3	-21	0.60	57.9
0	0.10	2.9	-11	0.26	32.9	-22	0.65	60.3
-1	0.11	5.6	-12	0.28	35.3	-23	0.72	62.7
-2	0.12	8.6	-13	0.31	37.8	-24	0.80	65.1
-3	0.14	11.3	-14	0.33	40.4	-25	0.89	67.6
-4	0.15	14.0	-15	0.36	42.9	-26	1	70
-5	0.16	16.8	-16	0.39	45.4	-27	1.25	72.3

由室外气温与流量比和供回水温差可得出：在供水温度保持不变、室内温度保持在 18℃的情况下，随着室外气温的不断升高，建筑物所需的热负荷不断减小，通过降低系统水量可降低供热负荷。但由于供回水温差也相应逐步增大，因此变流量调节不能有效降低采暖系统耗气量，只能降低采暖泵的耗电量。同时由于场区热网只有一套，而热网管径根据室外采暖计算温度得出系统流量，在规定的比摩阻(29.43~78.48Pam)、规定的流速(0.5~3m/s)范围

内计算得出的，因此不能随着热负荷的变化任意调节系统流量。根据计算得出不同管径下，允许的流量调节范围(表3)。

表3 不同管径下流量允许调节范围表

管径规格，mm	DN32	DN40	DN50	DN65	DN80	DN100	DN125	DN150	DN200
允许流量范围，t/h	0.75~1.2	1.2~1.9	2.4~3.8	5.4~8.8	8.2~13.3	14~24	25~42	40~65	95~165

目前该油田转油站的循环水量通常为20m³/h左右，热网径为DN65两根。根据表3得出，在该种类型的站场中，系统流量的调节范围为10.8~17.6，最小流量比为0.61。结合表2得出，在室内温度为18℃、供水温度为95℃不变的情况下，系统流量只能在室外温度为-27~-21℃之间时调节。

3 分阶段采暖运行调节

3.1 分阶段采暖运行调节方法

根据以上研究结果，制定出了一套变流量、变温度调节相结合的采暖运行调节方式，简称分阶段变流量温度调节。将该地区2014年10月—2015年4月室外最低温度绘制成分布图，如图1所示。

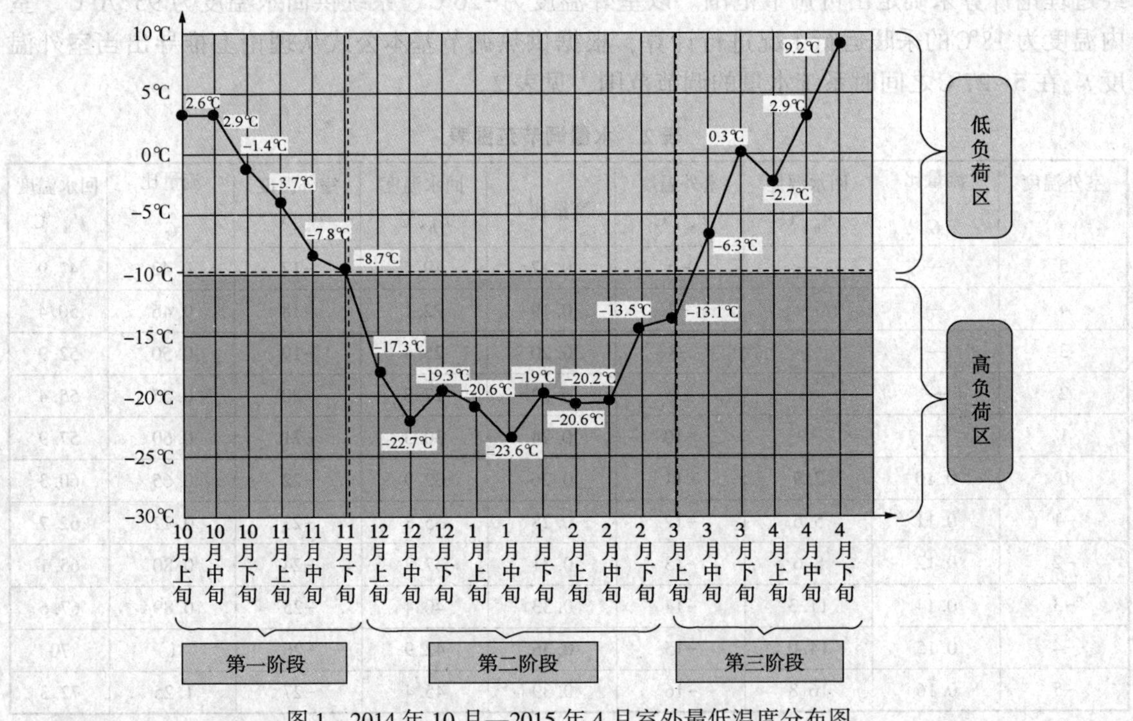

图1 2014年10月—2015年4月室外最低温度分布图

具体运行调节方法：将供暖期按室外最低温度的高低，以-10℃为界限分为低负荷区和高负荷区，管网在高负荷区中保持较大的流量，而在低负荷区中保持较小的流量。并根据每月每旬平均最低气温的变化，将采暖期分为3个阶段，10月上旬至11月下旬为第一阶段，12月上旬至次年2月下旬为第二阶段，3月上旬至4月下旬为第三阶段。在每一个阶段内，管网均采用一种流量并保持不变，第一阶段和第三阶段中循环水泵的流量根据室外热网管径的大小，按计算值的 50%～75%选择，第二阶段中的循环水泵按计算值的 100%选择。同时采用变温度调节的理论计算得出每一阶段中不同室外温度下采暖炉的供回水温度。

3.2 分阶段采暖运行调节现场试验

某转油站实施分阶段采暖运行后，该站低负荷区的热负荷为 0.17MW，采用 $15m^3/h$ 的采暖泵；高负荷区的热负荷为 0.28MW，采用原有 $25m^3/h$ 的采暖泵。进入供暖期后，根据现场测定的数值，即可推导每个阶段内采暖炉出口温度的调节范围(表 4)。

表 4　改造前后该转油站采暖系统基本状况表

	采暖炉	热网管径	热负荷	采暖泵
改造前	0.35MW	DN65 2 根	0.28MW	$P=7.5kW$；$Q=25m^3/h$；$H=50m$
改造后	0.35MW	DN65 2 根	高负荷区：0.28MW 低负荷区：0.17MW	$P=7.5kW$；$Q=25m^3/h$；$H=50m$ $P=5.5kW$；$Q=15m^3/h$；$H=50m$

预期经济效益：节电量为 $(7.5-5.5)\times120\times24=5.76\times10^3kW\cdot h/a$。

每降低 1℃的节气量：$2.8\times10^5\div44\times1.163\div8000\div0.75\times24\times210=6.2\times10^3m^3/a$。

该转油站实施分阶段采暖运行调节后，在保证室内设计温度的前提下，室内平均温度降低 3℃。按照电费价格为 0.635 元/(kW·h)、天燃气价格为 0.9 元/m^3计算，预计每年可节约运行费用 2.05 万元。

4 结论

根据室外气温的高低，通过降低采暖炉出口温度的方法来减小供回水温差可有效降低采暖系统的耗气量；根据供暖期中某一天的实际运行参数，通过加入修正系数后的供热调节公式可得出温度调节范围；变流量调节不能有效降低采暖系统耗气量，只能降低采暖泵的耗电量。同时由于热网管径的限制不能随着热负荷的变化任意调节流量；分阶段变流量温度调节综合了温度调节和流量调节的优点，并根据场区情况的不同将采暖期换分为不同阶段，在变流量调节的基础上进行变温度调节，显著降低了采暖系统的能耗。

参 考 文 献

[1] 韩红杰．采暖运行调节和热负荷普查[J]．黑龙江科技信息，2013(20)：9-9.
[2] 仲继业．浅析集中供热系统调节与节能措施[J]．建筑工程技术与设计，2014(35)：1077-1077.

喇南中块深度污水系统区域布局优化研究

孙 彤 蒋 擎

（规划设计研究所）

摘　要：喇南中块建有深度污水站 3 座，其中喇Ⅰ-2 深度污水站设计能力小，且距离喇一深度污水站较近，因此进行区域的布局优化研究。结合开发预测，对 2 座深度污水站进行合并，合并后，不仅能够解决站库老化的问题，同时，使喇南中块区域深度污水系统运行负荷更加合理，并减少了岗位员工 7 人，保证了该地区深度污水系统的优化运行。

关键词：深度污水；优化合并；负荷率

喇南中块已建深度污水处理站 3 座，设计污水处理能力为 5.3×10⁴m³/d。目前实际处理量为 2.7×10⁴m³/d。负荷率为 50.94%，负荷率较低。根据开发预测（表 1），未来几年，喇南中块区域深度污水系统负荷率将维持在 60.3%左右，负荷率偏低。

表 1　喇南中块区域深度污水系统水量预测表

时间，a	2016	2017	2018	2019	2020	2021	2022	2023
深度污水水量，m^3/d	31915	31926	31937	31948	31960	31971	31982	31993
含聚浓度，mg/L	260	260	260	200	180	180	220	260
核定后深度水设计规模	53000	53000	53000	53000	53000	53000	53000	53000
深度水处理负荷率，%	60.22	60.24	60.26	60.28	60.30	60.32	60.34	60.36

为提高喇南中块区域深度水系统负荷，需对该区域深度污水站进行现状分析，并制定出具体的区域布局优化措施。

1　喇南中块深度污水系统能力及现状分析

1.1　喇南中块深度污水系统现状及能力

在喇南中块已建 3 座深度污水站中，喇Ⅰ-1 深度污水站投产于 2014 年，设计处理能力为 $2.0\times10^4m^3/d$，实际处理量为 $1.0\times10^4m^3/d$，负荷率为 50%，含聚浓度为 105.65mg/L。站内采用两级双滤料过滤工艺，滤后水经过外输泵提升后外输至喇六注及喇一注。目前运行状态良好。其他两座深度污水站为喇一深度污水站和喇Ⅰ-2 深度污水站，分别投产于 1994 年和 1995 年，运行时间较长，其中喇一深度污水站设计处理能力为 $2.5\times10^4m^3/d$，实际处理量为 $1.3\times10^4m^3/d$，负荷率为 52%，含聚浓度为 105.65mg/L。站内采用一级核桃壳+二级石英砂过滤工艺，滤后水经过外输泵升压后外输至喇一注、喇六注及喇十八注；喇Ⅰ-2 深度污水站设计处理能力为 $0.8\times10^4m^3/d$，实际处理量为 $0.4\times10^4m^3/d$，负荷率为 50%，含聚浓度为 253.34mg/L。站内采用一级搓洗式核桃壳+二级石英砂过滤工艺，滤后水余压外输至喇十五注水站。喇南中块深度污水系统区域布局如图 1 所示。

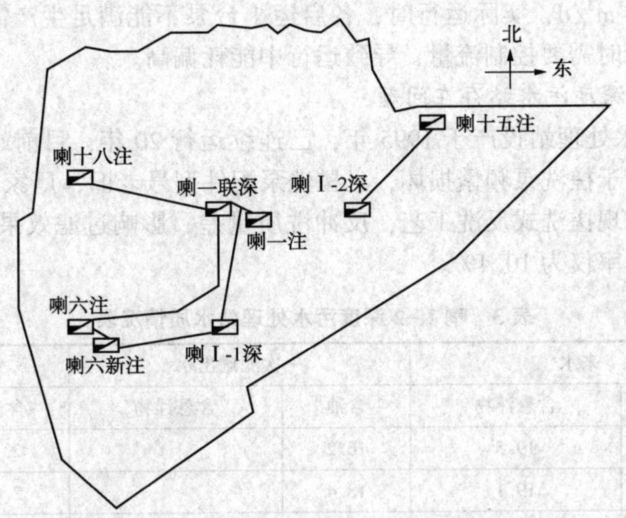

图 1　喇南中块区域深度污水系统布局图

由于喇一深及喇Ⅰ-2 深为早期建站，当时的设计滤速较高，按照 Q/SY DQ 2005—96《大庆油田地面工程建设设计规定》中深度污水站的现行设计参数要求，对两座深度污水站处理能力重新核定，核定后喇一联深污升压能力为 $1.63\times10^4 m^3/d$，外输能力为 $1.44\times10^4 m^3/d$；喇Ⅰ-2 深污升压能力为 $0.46\times10^4 m^3/d$，外输能力为 $0.39\times10^4 m^3/d$。喇南中块区域深度污水系统实际处理能力为 $3.83\times10^4 m^3/d$，根据开发预测，截至 2023 年，该区域深度污水系统次高负荷率为 83.50%，负荷较为合理(表 2)。

表 2　喇一深度污水站能力核定表

名称	原设计滤速 m/h	原设计能力 m^3/d	现行滤速 m/h	核定后能力 m^3/d
喇一联深污	一级 18.43 二级 10.37	25000	一级 12 二级 8	14400
喇Ⅰ-2 深污	一级 18.43 二级 10.37	8000	一级 12 二级 8	3900

1.2　喇南中块深度污水系统存在问题

1.2.1　喇一深度污水站存在问题

一是喇一深度污水处理站已连续运行 21 年，投产以来，仅在 2003 年对滤罐工艺方面进行过改造(将原两级双向过滤改为两级单向过滤)，目前站内容器设备阀门管线存在不同程度的腐蚀老化现象，急需对该站进行整体改造。二是随着处理污水含聚浓度的升高，一级核桃壳过滤工艺显现出了不适应性，通过检测，目前该站一级核桃壳滤罐除油率仅为 12.86%，二级石英砂滤罐处理效果较好，除油率为 63.42%。三是按照现行滤速重新核定后，喇一深的处理能力由原来的 $2.5\times10^4 m^3/d$ 核减至 $1.44\times10^4 m^3/d$，导致已建升压泵及外输泵能力偏大，匹配不合理：该站建有升压泵 4 台，投产于 2004 年，单台设计能力为 $1.12\times10^4 m^3/d$(排量为 $468m^3/h$，扬程 54m)。外输泵 5 台，投产于 2001 年，单台设计能力为 1.12×10⁴m³/d(排量为 468m³/h，扬程 54m)。该站目前实际升压水量为 1.42×10⁴m³/d，外输水量为 1.32×10⁴m³/d，实际运行时，各启运 1 台泵不能满足生产需求，各启运 2 台泵能力偏大，实际运行时需要控制流量，导致运行中能耗偏高。

1.2.2 喇Ⅰ-2 深度污水站存在问题

喇Ⅰ-2 深度污水处理站投产于 1995 年，已连续运行 20 年，目前站内已建 3 座一级搓洗式核桃壳滤罐，由于搓洗泵频繁损坏，且搓洗泵配件型号老旧，厂家已无法维修，导致 3 座核桃壳滤罐不能实现搓洗式反洗工艺，反冲洗质量差，影响过滤效果，由表 3 可以看出，一次核桃壳滤罐除油率仅为 10.4%。

表 3　喇Ⅰ-2 深度污水处理站水质情况表　　单位：mg/L

日期	来水		一次滤罐出水		二次滤罐出水	
	含油	含悬浮物	含油	含悬浮物	含油	含悬浮物
6.11	18.4	19.5	16.2		2.2	3.0
6.12	18.0	19.1	18.4		2.6	3.2
6.13	17.8	18.9	17.2		2.6	3.8
6.16	18.7	18.4	17.1		2.1	2.8
6.17	17.2	17.8	15.0		1.6	2.5
6.18	18.6	18.0	13.5		2.4	2.6
平均	18.12	18.62	16.23		2.25	2.98
去除率	—	—	10.4%		86.14%	

站内其他回收水池、反冲洗水罐等设备，管线阀门等均存在不同程度老化，急需整站改造。

2　喇南中块深度污水系统区域布局优化可行性

由于喇一深和喇Ⅰ-2 深均需要进行整站改造，因此以该 2 座站的改造为契机，进行区域的深度污水站布局优化研究，力争在解决站库老化问题的同时，优化站库运行模式，从而降低生产运行成本。

通过对喇一深和喇Ⅰ-2 深的能力重新核定，喇一深的设计能力为 1.44×10⁴m³/d，主要负责为喇南中块区域喇十八注、喇一注及喇六注水站提供深度污水，其中，喇六注距离最远，距离为 2.7km；喇Ⅰ-2 深设计能力为 0.39×10⁴m³/d，主要负责为喇南中块区域的喇十五注水站提供深度污水。图 2 为喇南中块区域深度污水系统相对位置图。

由于喇Ⅰ-2 深站库规模偏小，且与喇一深距离较近，直线距离为 1.06km。因此，对喇一深和喇Ⅰ-2 深污水站进行优化合并，保证区域深度水系统优化运行。根据表 1，喇南中块在 2016—2023 年高年深度污水水量为 3.20×10⁴m³/d，含聚浓度为 220mg/L，按照运行负荷为 90%计算，确定喇南中块深度污水系统整体能力为 3.6×10⁴m³/d。其中，已建喇Ⅰ-1 深度污水站设计能力为 2×10⁴m³/d，因此，合并 2 座深度污水站后，新建深度污水站能力确定为 1.6×10⁴m³/d。

喇一深已建深度污水外输管网比较完善，且站库规模为 1.44×10⁴m³/d，与合并后站库能力相差不大，因此，扩建喇一深度污水站能力至 1.6×10⁴m³/d，并新建喇一深至喇十五注

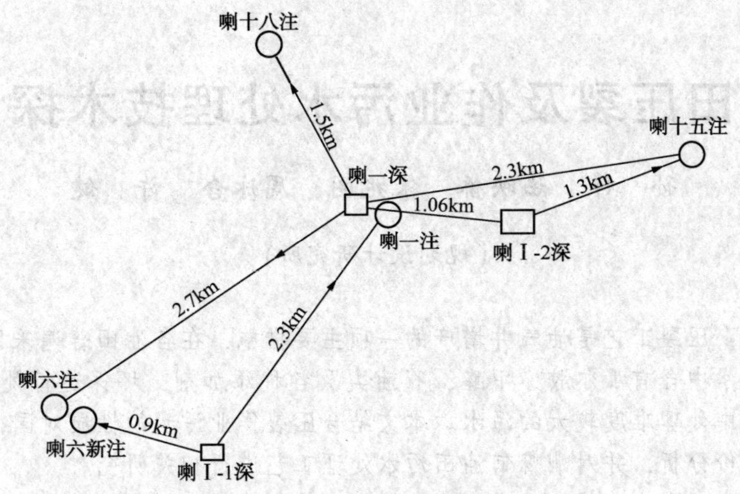

图 2　喇南中块区域深度污水系统相对位置图

水站外输水管线，即可满足喇南中块区域深度污水未来 8 年的水量需求。

3　喇南中块深度污水系统区域布局优化效果

对南中块地区进行区域优化后，可以彻底解决喇南中块地区 2 座深度污水站的设备老化问题，同时，提高该区块的深度污水负荷，降低生产运行成本，核减深度污水站 1 座，减少岗位员工 7 人。

4　几点认识

(1) 由于采出水含聚浓度的上升，深度污水站一级核桃壳过滤工艺的适应性逐渐变差，已不能满足深度污水处理需求。

(2) 随着油田采出水处理难度的增加，污水处理设备的设计参数也在不断变化，未来建站应该充分考虑泵、滤罐等设备的位置预留。

参 考 文 献

[1] 李雪辉．油田采出水过滤器的原理与应用[J]．石油机械，2002，30(11)：56-58.

油田压裂及作业污水处理技术探讨

孙　铎　陆映桥　朱兆阁　周泳含　许　健

（规划设计研究所）

摘　要： 压裂工艺是油气井增产的一项主要措施，在各油田普遍采用。压裂作业排出的污水中含有瓜尔胶、甲醛、石油类及各种添加剂，环保达标处理难度大，是油田污水中处理难度较大的污水。本文结合压裂作业污水的性质对国内现有处理技术进行评价分析，并对喇嘛甸油田污水处理工艺进行相关研究。

关键词： 压裂液；作业污水；处理技术

目前，我国许多油田已经进入油田开采的中后期，为了提高采收率，保证原油稳产，油气井压裂作业技术是主要措施，然而随之带来的环境问题也越来越引起人们的广泛关注。由于现在很多油井在压裂作业完成后，压裂及作业污水未经处理就直接外排到环境中，污水的化学成分复杂，对周边的土壤、植被、地下以及地表水都产生了一定的污染，对油田的正常生产以及长远发展也造成了一定的影响。因此，必须对污水进行有效的处理。

1　喇嘛甸油田压裂及作业污水现状

喇嘛甸油田由于干线冲洗、洗井作业等原因，年产生污水 $57.4\times10^4m^3$，其中油水井压裂及作业污水年产 $21.9\times10^4m^3$，需进行回收处理。由于压裂及作业污水含油、聚合物及固体杂质较高，而压裂及作业污水回收处理工艺在我厂属首次应用，工艺运行尚在摸索阶段，因此，需要通过现场试验研究确定该工艺运行参数，并分析处理后的污水水质对现有污水系统工艺的影响，实现含油污水合理回收利用。此项工作对保障污水回收处理工艺和污水系统安全平稳运行以及保护环境具有重要意义。

压裂液主要有水基压裂液、油基压裂液、酸基压裂液、乳状压裂液和泡沫压裂液等几种类型。其中最常用的是水基压裂液，它具有高黏度、低摩擦阻力、悬沙性好、对地层伤害性小等优点，已成为我国主要压裂液类型。压裂作业污水成分复杂，与压裂液种类、地层性质等有关，包括增黏剂、胶黏剂、破胶剂等。为了改善各项指标，还会在压裂液中添加调节剂、高温稳定剂、表面活性剂等多种化学添加剂。总的来说，压裂及作业污水具有以下特点：

（1）成分复杂，污染物种类多、含量高。压裂作业污水的主要成分是高浓度瓜尔胶和高分子聚合物等，其次是 SRB 菌、硫化物和总铁等。

（2）黏度大，乳化程度高。由于压裂使用复合型压裂液，乳化严重，放出的污水乌黑、黏稠。

（3）处理难度大。悬浮物是常规含油污水处理中最难达标的项目，压裂污水组分的复杂性及其性质的独特性决定了其处理难度很大。

2 油田压裂及作业污水处理技术现状

目前国内处理压裂作业污水的方法主要有絮凝沉降法(化学法)、生物法以及电解法等。由于油田压裂及作业污水中添加剂种类较多，处理难度较大，目前较经济和安全的处理方式主要有两种：一种是经预处理后回注地下；另一种是处理后达到国家相关水质标准直接排放。两种处理方式各有优点，但目前尚无成熟完善的处理工艺。

(1)电解法，利用金属腐蚀原理，在污水中形成 Fe/C 原电池进行氧化还原反应来降解污染物，它的化学反应式为：

$$CN^- + 2OH^- \xrightarrow{-2e} CNO- + H_2O$$

$$2CNO^- + 4OH^- \xrightarrow{-6e} 2CO_2\uparrow + N_2\uparrow + 2H_2O$$

$$Fe \xrightarrow{-2e} Fe^{2+}$$

$$6Fe^{2+} + Cr_2O\ + 14H^+ \longrightarrow 6Fe^{3+} + 2Cr^{3+} + 7H_2O$$

在电解过程中，主要以废铁屑为原料，除初级反应和次级反应的处理废水作用外，还因电解水的作用，分别在阴极和阳极产生氢气和氧气，这两种初生态[H]和[O]能对污水中污染物起到化学还原和氧化作用，使大分子物质分解为小分子物质，使难降解的物质转变成易降解的物质，并能产生细小的气泡。新生态的 Fe^{2+} 和 Fe^{3+} 是良好的絮凝剂，使絮凝物或油分附在气泡上浮升至液面以利于排除，使污染物相互凝聚成较大的絮体而沉淀，从污水中分离出来。

电解法的优点是使用低压直流电源，不必大量耗费化学剂，可在常温常压下操作，管理简便，处理装置占地面积不大。但在处理大量废水时电耗和电极金属的消耗量较大，且电极清洗较频繁，一般 1~2 个月需要彻底清洗一遍，分离出的沉淀物质不易处理利用，且不适于处理较低浓度的含重金属离子的污水处理。

(2)生物法主要是通过微生物的代谢作用，使污水中呈溶解、胶体状态的有机污染物转化为稳定的无害物质，使污水得以净化。微生物的细胞质因个体比较大，且比较容易凝聚，可以同污水中的某些物质(包括一些被吸附的有机物和部分无机的氧化产物以及菌体的排泄物)通过物理凝聚作用一起沉淀或上浮，从而与污水分离。

生物法对污水的处理主要分两步进行，即污水的预处理和菌种的培养。生物法具有很强的针对性和可行性，其工艺简单，具有投资少、运行管理方便等优点；缺点是处理时间和菌种培育所需时间长，菌种生长环境受气候影响较大，所以寻找优势菌种是一个迫切需要解决的问题。

(3)絮凝沉降法，即在污水中加入絮凝剂，使污水中的悬浮微粒和油失去稳定性，使杂质、悬浮微粒沉降形成絮体，絮凝体长大到一定体积后即在重力作用下脱离水相沉淀，使污水的各项污染指标(如 COD、色度、悬浮物、重金属离子等)得到大幅度的降低，从而去除污水中的大量悬浮物，从而达到水处理的效果。为提高分离效果，可适时、适量加入助凝剂。

絮凝沉降法的特点是絮凝能力强，沉降速度快，分层效果好，絮凝体体积小，且在碱性和中性条件下均可以同等效果地实现固液分离，为目前油田水处理技术中重要的分离方法之一。

3 喇嘛甸油田压裂及作业污水处理工艺

3.1 喇嘛甸油田压裂及作业污水处理工艺原理

压裂及作业污水成分复杂，污染物种类多、含量高，黏度大。结合喇嘛甸压裂作业污水性质、投资预算以及自然地理环境等因素，最终选择絮凝沉降法来处理压裂及作业污水。经过筛选，我们最终确定应用次氯酸钠为氧化剂、聚合氯化铝为絮凝剂、阳离子聚丙烯酰胺为助凝剂为压裂及作业污水进行回收处理工艺的化学药剂。

(1)次氯酸钠，化学式为NaClO，是强碱弱酸盐，次氯酸[ClO^-]在水中会发生水解反应生成次氯酸，次氯酸再分解生成氧气和盐酸。化学方程式简单表示如下：

$$NaClO + H_2O = HClO + NaOH$$

$$HClO \longrightarrow HCl + [O]$$

次氯酸钠作为氧化剂，最主要的作用是通过它的水解形成次氯酸，次氯酸再进一步分解形成新生态氧[O]，新生态氧的极强氧化性使菌体和病毒上的蛋白质等物质变性，从而杀死细菌等微生物。

(2)聚合氯化铝，简称PAC，介于$AlCl_3$和$Al(OH)_3$之间的一种水溶性无机高分子聚合物，是一种无机高分子混凝剂，一种氢氧根离子的架桥作用和多价阴离子的聚合作用而生成的分子量较大、电荷较高的无机高分子水处理药剂。

聚合氯化铝的分子结构大，吸附能力强，用量少，处理成本低。用于絮凝剂时絮凝体成形快，过滤性好，稳定性好，水解速度快，适应的源水pH为5.0~9.0，形成矾花大，出水浊度低，脱水性能好，腐蚀性低，便于储存、运输。水温低时，仍可保持稳定的混凝效果，因此在我国北方地区更适用。

(3)聚丙烯酰胺，简称PAM，目前被认为是最有效的高分子之一，在污水处理中常被用作助凝剂，常与聚合氯化铝一起搭配使用。助凝剂是用于调节或改善混凝条件，促进凝聚作用所添加的药剂或为改善絮凝体结构的高分子物质，可使其与混凝剂结合生成较大、较坚固、密实的絮体。助凝剂的密度和重量促使絮体沉淀加速。在污水的絮凝处理中，当单独使用絮凝剂不能取得良好效果时，常使用助凝剂。

3.2 喇嘛甸油田压裂及作业污水处理工艺现状

喇I-2压裂及作业污水回收处理工艺位于喇I-2联合站东南侧，设计处理量为$240m^3/d$。喇I-2污水处理工艺采用絮凝沉降法的原理，应用次氯酸钠为氧化剂、聚合氯化铝为絮凝剂、阳离子聚丙烯酰胺为助凝剂对压裂及作业污水进行处理回收，在酸性较大($pH \leqslant 5$)时应用氢氧化钠进行酸碱度调整，处理后的污水含油不大于50mg/L、悬浮物不大于100mg/L，达标后的污水经管道输送至喇I-2污水站进行回收利用。图1为喇I-2压裂液回收处理工艺图。

图1 喇I-2压裂液回收处理工艺

压裂及作业污水回收处理工艺是通过提升泵将污水池中的压裂及作业污水输送至氧化罐预处理装置，然后依次经过一级高效溶气气浮装置和二级高能旋流气浮装置分离，初步分离后的污水经缓冲箱进入石英砂过滤装置，过滤后的污水进入外输缓冲水箱，然后外输至喇I-2污水站。压裂液回收处理工艺的加药点分别位于氧化罐预处理装置进口管线、一级高效溶气气浮分离装置进口管线和二级高效溶气气浮分离装置进口管线，酸碱度调节剂加药点位于来液进水管线，分离出来的悬浮物或油污可以选择进收渣箱或收油箱。图2为喇I-2压裂液回收处理工艺流程示意图。

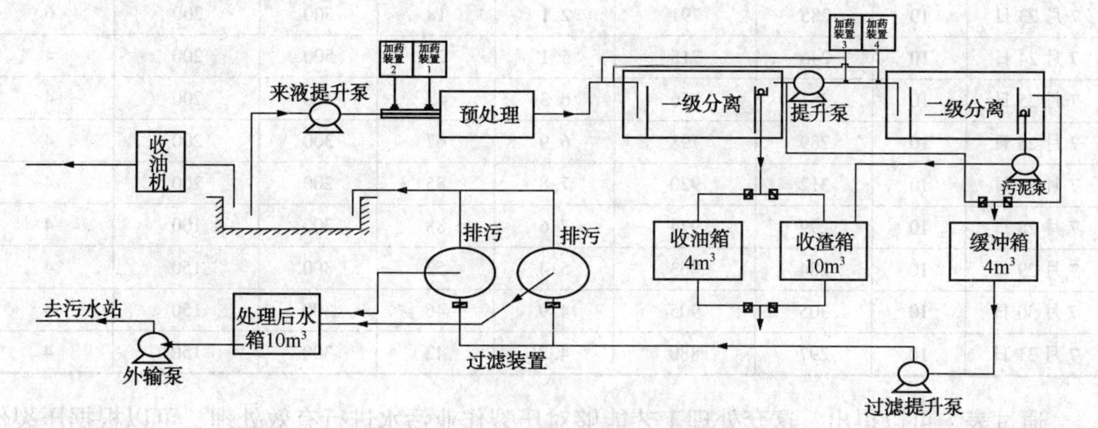

图2 喇I-2压裂液回收处理工艺流程示意图

在预处理装置内，压裂作业污水与次氯酸钠氧化剂混合反应，使污水中的聚丙烯酰胺、聚糖等水溶性大分子氧化成低溶解度的絮体以便絮凝、气浮除去，Fe^{2+}离子、S^{2-}离子氧化成Fe^{3+}离子和单质硫，以便絮凝、气浮除去，降低污水的油、悬浮物、黏度和COD。

污水经过预处理装置后进入到一级气浮分离装置，絮凝剂在进入一级气浮分离装置前加入。加入絮凝剂的污水在气浮机的折流反应室内经搅拌形成絮体。经过氧化预处理后，污水中的硫、铁、增稠剂、聚丙烯酰胺等组分可较好地与絮凝剂形成絮体。一级分离是以除油为目的，将大部分原油分离出来。出液口有两个路径可供选择，当来液中含油较少时，可以不用二级分离直接排入缓冲箱。二级气浮处理装置的主要目的是进一步去除悬浮固体，利用高能涡流混合技术，可根据需要加入助凝剂，充分捕集水中污染物，形成比重极轻的中空絮体，絮体浮升被刮除。

一级分离及二级分离后的污水先流入缓冲箱，然后经由过滤提升泵提升到石英砂过滤装置过滤。待处理的污水由下往上经过石英砂层过滤得到滤后水；罐内下层滤砂最先接触待处理水，污染物含量高，用压缩空气将下层滤砂提升到滤罐顶部洗砂器，部分滤后清水与滤砂逆流接触，滤砂被洗净落到罐内上层；洗砂水回压裂液池或一级气浮再处理。实现了过滤和滤砂的清洗同时进行，生产过程中无需停产洗砂。收油箱用于收集一级分离分离出的油污，内部有电加热管恒温加热，防止油凝固，加热的温度由温度传感器控制，需5~10d外排一次。收渣箱用于收集一级分离和二级分离产生的浮渣。由石英砂过滤器过滤后的污水流入外输缓冲水箱，然后由外输泵打入喇I-2污水岗。

4 喇嘛甸油田压裂及作业污水回收处理工艺运行参数分析

在运行期间，通过调整次氯酸钠氧化剂、聚合氯化铝絮凝剂、阳离子聚丙烯酰胺助凝剂的加药量，对污水处理工艺进行了初步的调试运行，加药量和处理后污水含油、含悬浮物见表1。

表1　喇 I-2 压裂液回收处理工艺运行参数记录表

时间	处理液量 m^3/h	来液含油 mg/L	来液含悬浮物 mg/L	出水含油 mg/L	出水含悬浮物 mg/L	氧化剂加药量 g/t	絮凝剂加药量 g/t	助凝剂加药量 g/t
7月22日	10	315	986	1.3	9.8	500	200	8
7月23日	10	285	791	2.1	18	500	200	6
7月24日	10	246	715	5.1	27	500	200	4
7月25日	10	351	856	6.3	43	400	200	4
7月26日	10	289	798	6.9	67	300	200	4
7月27日	10	312	920	7.8	85	200	200	4
7月28日	10	299	974	7.6	88	300	100	4
7月29日	10	284	863	5.4	52	300	150	4
7月30日	10	305	905	4.9	46	300	150	4
7月31日	10	297	880	4.7	42	300	150	4

通过表1可以得出，这套处理工艺能够对压裂作业污水进行有效处理，可以根据压裂作业污水中含油、含悬浮物浓度对氧化剂、絮凝剂及助凝剂的加药量进行调节，处理后的污水含油率、含悬浮物量达到了设定标准，且处理效果趋于稳定。随着药量的增加，水中含油率、含悬浮物量会进一步减少，但是运行成本也随之逐渐增加。综合考虑，现阶段药剂投加量最佳为氧化剂300g/t、絮凝剂150g/t，助凝剂4g/t左右。当放水水质要求较高时，可适当提高加药量。

为了研究处理后压裂作业污水对现有污水系统的影响，对喇 I-2 污水系统各节点水质指标进行了跟踪化验，表2为回收处理后压裂作业污水过程中水质指标，表3为未回收压裂作业污水时水质指标。

表2　喇 I-2 污水系统回收处理后压裂作业污水过程中水质指标

时间	处理液量 m^3/d	来液含油 mg/L	来液含悬浮物 mg/L	滤前含油 mg/L	滤前含悬浮物 mg/L	出水含油 mg/L	出水含悬浮物 mg/L	外输油中含水 %
8月6日	17964	158.5	26.9	92.4	27.2	19.2	19.0	0.08
8月7日	18088	178.5	27.5	86.4	26.3	17.9	18.6	0.08
8月8日	20211	186	27.3	84.5	26.8	18.5	18.2	0.09
8月9日	20784	168	27.6	88.6	26.8	17.5	19.5	0.08
8月18日	17647	169.5	26.8	87.9	27.9	18.2	19	0.08
8月19日	21219	172.5	26.7	82.5	27.1	18.6	18.8	0.07
8月21日	19853	176.1	28.6	90.1	27.5	18.9	17.3	0.09
8月22日	19048	182	27.4	92.5	28	18.0	18.2	0.09

表 3　喇 I –2 污水系统回收处理后压裂作业污水前水质指标

时间	处理液量 m^3/d	来液含油 mg/L	来液含悬浮物 mg/L	滤前含油 mg/L	滤前含悬浮物 mg/L	出水含油 mg/L	出水含悬浮物 mg/L	外输油中含水 %
8 月 10 日	18308	189.2	29.4	98.2	28.1	18.5	19.2	0.06
8 月 11 日	19742	179.8	26.3	90.5	27.8	17.9	18.5	0.09
8 月 12 日	19130	185.4	28.2	92.5	27.3	17.8	18.3	0.06
8 月 13 日	22243	168.9	27.2	88.5	29.6	17.9	18.5	0.06
9 月 6 日	20406	189.4	27.9	87.5	26.7	18	17.1	0.08
9 月 7 日	19547	186	27.6	86.9	27.8	19.1	19.2	0.09
9 月 8 日	19997	185.3	29.5	88.4	28.1	19.4	18.7	0.09
9 月 9 日	19562	187.9	28.3	89.1	27.5	18.9	19.1	0.08

通过对比表 2 和表 3 可以得出，喇 I–2 污水系统在接收处理后压裂作业污水过程中的各节点水质指标与正常生产时的水质指标基本一致，证明压裂作业污水得到有效处理。

5　结论

(1)喇 I–2 压裂液回收处理工艺能够对压裂作业污水进行有效的处理，通过调整氯酸钠氧化剂、聚合氯化铝絮凝剂、阳离子聚丙烯酰胺助凝剂的使用量，保证滤后污水达到设定标准。

(2)在喇 I–2 压裂液回收处理工艺跟踪化验分析中，喇 I–2 压裂液回收处理工艺能够对压裂及作业污水进行有效处理，处理后的污水对现有污水系统影响很小，可以直接进入到现有的污水系统中，也为下一步加药参数详细优化研究奠定了基础。

6　结束语

随着油田的持续发展，国内外各油田结合自身实际情况对压裂及作业污水处理方法都进行了研究探索，制定了相应的治理措施，压裂污水处理工艺也在逐渐成熟完善。因此，为了实现压裂及作业污水达标排放与回注，还需要不断优化现有处理技术，才能实现油田的可持续发展。

参 考 文 献

[1] 迟永杰，卢克福．压裂返排液回收处理技术概述[J]．油气田地面工程，2009，28(7)：89–90.

[2] 万里平，李治平，王传军，等．油田压裂液无害化处理实验研究[J]．石油地质与工程，2002，16(6)：39–42.

喇嘛甸油田土壤腐蚀性评价及对策研究

初 旭 邵宇斌 张淇铭 苏红明 史云鹏

(规划设计研究所)

摘 要：喇嘛甸油田第一次土壤腐蚀评价是1996年完成的，20年间土壤腐蚀性发生根本变化，亟需重新评价。本文通过对腐蚀穿孔管段取样化验，确定了埋地管道腐蚀类型，分析了腐蚀产物组成，同时对喇嘛甸油田区域土壤进行测试、试验、研究，制定了符合喇嘛甸油田地域特征的评价标准，并绘制土壤腐蚀性分级图，提出埋地管道腐蚀防护对策，为提高腐蚀防护的规划设计水平提供有效依据。

关键词：腐蚀老化；综合评价；土壤腐蚀性；土壤电阻率

喇嘛甸油田位于大庆市北部，南与萨尔图油田相邻，处于北纬46°40′—46°50′，东经124°53′—125°01′范围内。地势平坦，无河流，属闭流区域。油田北部地势较低，地下水位较高，丰水期地表积水。油田区域内土壤电阻率在9~45Ω·m之间，属于中、强腐蚀性土壤，随着投产时间累计增加，原有管道腐蚀穿孔现象频繁发生，给油田生产带来极大安全隐患，针对此类问题，每年对腐蚀老化管道进行更换(表1)。

表1 2014—2016年腐蚀老化管道更换统计表

年份	项目名称	主要工程内容	总投资，万元
2014	腐蚀老化管道更换工程	埋地管道勘察测试1000km；腐蚀评价检测150km；更换集油管线：ϕ323.9×6.4管线7.38km、ϕ273.1×6.4管线1.272km、ϕ219×6管线3.06km；掺水热洗干线：ϕ114×4.5管线1.356km、ϕ89×4.5管线4.056km；外输气干线ϕ219×4.5管线1.2km；清水管线ϕ323.9×6.4管线6.72km	1629
2015	腐蚀老化管道更换工程	埋地管道勘察测试1000km；腐蚀评价检测150km；更换腐蚀老化严重的站间集油、污水和注水管线：ϕ60×4管线1km，ϕ89×4管线11.03km，ϕ114×5管线5.04km，ϕ219×7管线5.15km，ϕ273×7管线2.16km，ϕ325×7管线4.3km	1520
2016	腐蚀老化管道更换工程	更换腐蚀老化的站间管线30km，其中集油、掺水、热洗管线10km，注水管线8km，污水管线6km，其他管线6km	2500

1 腐蚀失效管段样本分析

为明确喇嘛甸油田管道腐蚀机理，对腐蚀失效管道进行样品处理、腐蚀深度测试、X射线衍射分析、扫描电镜观察及分析试验。

1.1 失效管段腐蚀产物成分鉴定

表1为腐蚀管段外壁腐蚀产物成分分析结果，由表1可得，管段外部腐蚀产物以C、O

和 Fe 元素为主要成分，含有微量的 S、Cl 元素，另外还有 Si、Na、K、Ga、Cu 等元素，为掺杂在腐蚀产物中土壤的成分。

由能谱分析结果可知，腐蚀管段外壁腐蚀产物主要为铁的氧化物，管段第一层红棕至黑色腐蚀产物为 Fe_2O_3，第二层红棕色腐蚀产物为 Fe_3O_4和铁的羟基氧化物。

1.2 失效管段腐蚀机理分析

失效管段的外腐蚀严重，可知所取管段外防腐层破损严重，导致管道基体与土壤中电解质接触，发生了电化学腐蚀。由土壤环境测试分析可知，喇嘛甸油田大部分区域土壤类型为黏土，pH 值均在 8.0 以上，属典型的碱性土壤，在碱性土壤中钢质管道电极电位较负为阳极，发生氧化反应，形成的阳离子进入介质中，放出的电子通过阳极自身的导电作用进入阴极区，与存在于土壤空隙中的氧发生作用，生成 OH^-，反应过程如下：

$$\text{阳极反应：} Fe \longrightarrow Fe^{2+} + 2e$$

$$\text{阴极反应：} H_2O + O^{2-} + 2e \longrightarrow 2OH^-$$

形成的 $Fe(OH)_2$在一定条件下与土壤中的氧继续作用，形成 $Fe(OH)_3$，$Fe(OH)_3$产物不稳定，脱水后形成羟基氧化铁 FeOOH。

$$Fe(OH)_3 \longrightarrow FeOOH + H_2O$$

FeOOH 在一定条件下失水形成 Fe_2O_3，与 Fe^{2+}反应生成 Fe_3O_4。

$$8FeOOH + Fe^{2+} + 2e \longrightarrow 3Fe_3O_4 + 4H_2O$$

在上述腐蚀过程中，随着腐蚀的不断进行，$Fe(OH)_2$含量逐渐增加，将促进 Fe_2O_3、Fe_3O_4和羟基氧化铁 FeOOH 的形成，形成的这些腐蚀产物在阳极区附近以沉淀形式析出。若 FeOOH 脱水不完全或 Fe_3O_4为长期暴露于有氧环境中，则最后在管线外表面形成以 Fe_2O_3、Fe_3O_4和羟基氧化铁 FeOOH 为主的腐蚀产物。

腐蚀产物中含有一定的 Cl^-，Cl^-可以破坏材料表面的氧化物膜引起点蚀，在 Cl^-的腐蚀作用下将形成坑状点腐蚀形态，成为 Cl^-渗透的源头。孔蚀坑一旦形成，具有深挖的动力，即向深处自动加速。在蚀孔内的金属表面处于活化状态，电位较负，蚀孔外的金属表面处于钝化状态，电位较正。于是孔内和孔外构成一个活态—钝态微电偶腐蚀电池，电池具有大阴极小阳极面积比结构，使孔内发生阳极溶解，其反应式为：

$$Fe \longrightarrow Fe^{2+} + 2e$$

孔外的主要反应为：

$$H_2O + O^{2-} + 2e \longrightarrow 2OH^-$$

由于阴、阳两极彼此分离，二次腐蚀产物将在孔口形成，保护作用较小。孔内介质相对于孔外介质呈滞流状态，溶解的金属阳离子不易往外扩散，溶解氧也不易扩散进来。由于孔内金属阳离子浓度增加，Cl^-迁入以维持电中性，这样就使孔内形成金属氯化物的浓溶液，可使孔内金属表面继续维持活化状态，继续发生腐蚀，最终导致管线加速穿孔失效。

2 喇嘛甸油田土壤腐蚀性分区布点及测试

管道腐蚀情况与土壤腐蚀性存在密切关系，而油田第一次土壤腐蚀评价是 1996 年普查完成的。随着时间的推移，喇嘛甸油田土壤含水量、电阻率等重要参数都发生了变化，20 年前的土壤腐蚀性分级图已经发生了根本变化，不能作为规划设计依据。因此，需要重新评价土壤腐蚀特性。

2.1 分区布点

为摸清喇嘛甸油田土壤腐蚀性，对油田土壤进行样品采集，将喇嘛甸油田均匀分成70个区域，对每一个区域选点进行测试，对土壤样本点的土壤电阻率、金属(碳钢)自然电位、土壤电位梯度、土壤氧化还原电位、含水率、土壤容重等土壤腐蚀性参数进行了测试，分区布点情况如图1所示。

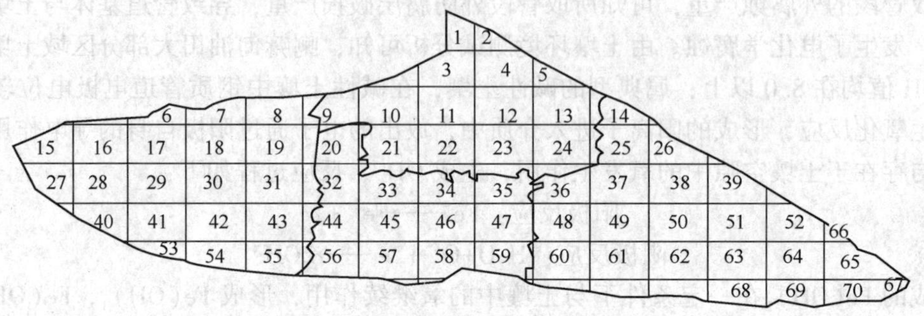

图1 第六采油厂土壤评价区域网格划分图

2.2 土壤腐蚀性现场测试

对布置的70个测试点进行了现场开挖、测试、取样，测试现场如图2和图3所示。

图2 土壤取样现场

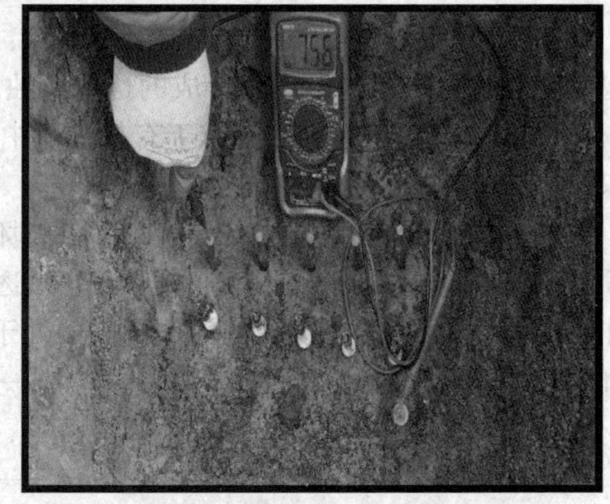

图3 土壤腐蚀性参数测试

通过测试，取得了土壤类型、土壤电阻率、金属自然电位、电位梯度、氧化还原电位、含水率、容重等8项土壤腐蚀性参数，部分测试点测试数据见表2。

表2 土壤腐蚀性现场测试数据

测试点编号	土壤类型	土壤电阻率，Ω·m	氧化还原电位，mV	金属自然电位，mV	含水量%	容重 g/cm³	总孔隙度%	电位梯度，mV/m	
								东西	南北
3#	壤土	0.942	471	−746	22.72	1.67	37.98	0.79	0.80
11#	黏土	8.164	500	−714	16.29	1.65	38.34	0.16	0.10
16#	黏土	1.884	469	−737	27.13	1.59	40.4	0.28	0.04
23#	黏土	0.628	509	−749	23.57	1.59	40.49	0.66	1.42
30#	黏土	3.768	314	−728	18.65	1.70	36.93	0.81	0.44

续表

测试点编号	土壤类型	土壤电阻率，Ω·m	氧化还原电位，mV	金属自然电位，mV	含水量%	容重 g/cm^3	总孔隙度%	电位梯度，mV/m	
								东西	南北
33#	黏土	2.512	357	−760	20.65	1.52	42.78	0.38	0.05
37#	砂土	25.748	601	−554	13.76	1.52	42.93	0.67	0.72
46#	壤土	0.502	432	−802	28.2	1.56	41.61	0.63	0.74
50#	砂土	19.468	512	−566	4.04	1.66	38.26	1.23	1.11
55#	黏土	0.628	399	−763	25.68	1.51	43.21	0.5	0.62
58#	壤土	25.12	571	−712	15.79	1.41	46.37	0.15	0.61
64#	砂土	35.796	558	−552	8.34	1.55	41.95	0.62	0.33

2.3 土壤环境测试

在现场测试期间，采取土壤样品，对土壤环境参数等进行了测试分析，包括土壤中 CO_3^{2-}、HCO_3^{2-}、SO_4^{2-}、Cl^-、Ca^{2+}、Mg^{2+}、土壤酸碱度、土壤含盐量等8项指标。部分测试点分析数据见表3。

表3 土壤样品分析数据

测试点编号	pH值	CO_3^{2-},%	HCO_3^-,%	Ga^{2+},%	Mg^{2+},%	Cl^-,%	SO_4^{2+},%	总含盐量,%
3#	7.84	0.0000	0.0419	0.0252	0.0010	0.1227	0.3442	5.93
11#	8.43	0.0000	0.0767	0.0022	0.0002	0.0000	0.0022	3.37
16#	10.08	0.0663	0.0930	0.0000	0.0006	0.0202	0.0087	4.11
23#	10.02	0.0800	0.1790	0.0000	0.0004	0.0145	0.0138	8.98
30#	8.71	0.0000	0.0953	0.0006	0.0005	0.0128	0.0039	2.99
33#	8.65	0.0000	0.1023	0.0007	0.0002	0.0273	0.0134	0.68
37#	8.04	0.0000	0.0442	0.0057	0.0003	0.0000	0.0019	0.29
46#	10.20	0.1555	0.2604	0.0007	0.0005	0.0028	0.0046	7.90
50#	7.90	0.0000	0.0419	0.0015	0.0001	0.0000	0.0007	0.46
55#	10.18	0.1486	0.2255	0.0001	0.0003	0.1239	0.0310	0.14
58#	8.14	0.0000	0.0465	0.0015	0.0009	0.0000	0.0024	0.84
64#	7.87	0.0000	0.0302	0.0022	0.0001	0.0000	0.0003	0.59

2.4 土壤类型

通过对各测试点的土壤类型进行实地调查，结合喇嘛甸油田地区土壤实际情况，将调查范围内的土壤分为黏土、壤土、砂土3种主要类型，见表4。

表4 喇嘛甸油田土壤类型表

类 型	特 点
黏土	黏质颗粒为主，盐碱地，苇塘、苇地，地势较低
壤土	含有相当黏质颗粒，少量砂粒，耕地，地势中、较高
砂土	以砂质颗粒为主，草地、耕地，地势中、高

3 土壤腐蚀性评价研究

3.1 土壤腐蚀性评价标准方法研究

土壤腐蚀性评价标准方法主要分为碳钢自然埋藏法、土壤电阻率测试法和多指标综合评价法三种。

碳钢自然埋藏测试数据评价土壤腐蚀性。根据 GB/T 21447—2008《钢质管道外腐蚀控制规范》，参照《国家材料环境腐蚀测试站网材料土壤腐蚀测试规程》，可选取碳钢平均腐蚀速率和孔蚀速度两项指标确定土壤腐蚀性等级，见表 5。

表 5 按碳钢腐蚀程度评价土壤腐蚀性

腐蚀性等级	极弱	较弱	弱	中	强
平均腐蚀率，g/(dm^2·a)	<1	1~3	3~5	5~7	>7
孔蚀速度，mm/a	<0.1	0.1~0.3	0.3~0.5	0.5~0.9	>0.9

土壤电阻率测试结果评价土壤腐蚀性。GB/T 21447—2008《钢制管道外腐蚀控制规程》中规定，一般地区也可采用工程勘察中常用的土壤电阻率评价土壤腐蚀性，见表 6。

表 6 按土壤电阻率评价土壤腐蚀性

腐蚀性等级	重	中	较轻
	三级	二级	一级
土壤电阻率，Ω·m	<20	20~50	>50

多指标综合评价土壤腐蚀性。GB/T 19285—2014《埋地钢质管道腐蚀防护工程检验》中规定，一般情况下，土壤腐蚀性调查包括土壤电阻率、碳钢自然腐蚀电位、氧化还原电位、土壤 pH 值、土壤质地、土壤含水率、土壤含盐量、土壤 Cl^- 含量等 8 项指标，土壤腐蚀性可按上述 8 项指标的评分分为 4 个等级，见表 7 和表 8。

表 7 土壤腐蚀性单项检测指标评价分数

序 号	检测指标	数值范围	评价分数，Ni=1，2，3，…，8
1	土壤电阻率，Ω·m	<20	4.5
		≥20~50	3
		>50	0
2	碳钢自然腐蚀电位 CSE，mV	<-550	5
		≥-550~-450	3
		>-450~-300	1
		>-300	0
3	氧化还原电位 SHE，mV	<100	3.5
		≥100~200	2.5
		>200~400	1
		>400	0

续表

序　号	检测指标	数值范围	评价分数，Ni=1，2，3，…，8
4	土壤 pH 值	<4.5	6.5
		≥4.5~5.5	4
		>5.5~7.0	2
		>7.0~8.5	1
		>8.5	0
5	土壤质地	砂土	2.5
		壤土	1.5
		黏土	0
6	土壤含水率，%	>12~25	5.5
		>25~30 或>10~12	3.5
		>30~40 或>7~10	1.5
		>40 或≤7	0
7	土壤含盐量，%	>0.75	3
		<0.15~0.75	2
		>0.05~0.15	1
		≤0.05	0
8	土壤 Cl^- 含量，%	>0.05	1.5
		<0.01~0.05	1
		>0.005~0.01	0.5
		≤0.005	0

表 8　土壤腐蚀性评价等级

N 值	土壤腐蚀性等级
$19<N\leqslant32$	4(强)
$11<N\leqslant19$	3(中)
$5<N\leqslant11$	2(较弱)
$0<N\leqslant5$	1(弱)

注：N 为表 7 中的 $(N_1+N_2+N_3+N_4+N_5+N_6+N_7+N_8)$。

3.2　喇嘛甸油田土壤腐蚀性等级评价

2008 年进行土壤腐蚀大调查，全油田 229 个自然埋藏测试点碳钢平均腐蚀速率和孔蚀速率测试结果统计见表 9 和表 10。

表 9　碳钢平均腐蚀速率测试结果统计

土壤类型	腐蚀速率 g/(dm^2·a)	<1	1~3	3~5	5~7	>7	总计
黏土	数量，个	0	5	31	44	9	89
	百分比，%	0	5.6	34.8	49.4	10.1	100

续表

土壤类型	腐蚀速率 g/(dm²·a)	<1	1~3	3~5	5~7	>7	总计
壤土	数量，个	0	39	48	3	0	90
	百分比,%	0	43.3	53.3	3.3	0	100
砂土	数量，个	0	38	12	0	0	50
	百分比,%	0	76	24	0	0	100
合计	数量，个	0	82	91	47	9	229
	百分比,%	0	35.8	39.7	20.5	3.9	100

表 10 碳钢孔蚀速率测试结果统计

土壤类型	孔蚀速率 mm/a	<0.1	0.1~0.3	0.3~0.6	0.6~0.9	>0.9	总计
黏土	数量，个	0	10	33	45	1	89
	百分比,%	0	11.2	37.1	50.6	1.1	100
壤土	数量，个	0	23	58	9	0	90
	百分比,%	0	25.6	64.4	10	0	100
砂土	数量，个	1	33	15	1	0	50
	百分比,%	2	66	30	2	0	100
合计	数量，个	1	66	106	55	1	229
	百分比,%	0.4	28.8	46.3	24	0.4	100

统计结果表明，土壤腐蚀性强弱与土壤类型关系较大：黏土以“Ⅳ”级为主，部分为“Ⅲ”或“Ⅱ”级；壤土以“Ⅲ”级为主，部分为“Ⅱ”或“Ⅳ”级；砂土以“Ⅱ”级为主，部分为“Ⅲ”级。

因大庆油田土壤腐蚀性是按土壤类型“黏土”“壤土”“砂土”的顺序递减，在此将多指标综合评价方法进行改进，将表 5 中土壤质地指标评价分数改为“黏土 2.5 分”“壤土 1.5 分”“砂土 0 分”更符合大庆油田土壤实际。

以 2008 年土壤腐蚀性大调查六厂及三厂的 22 个定点测试点测试数据为例，对几种土壤腐蚀性评价方法评价结果进行了比较，结果见表 11。

表 11 几种土壤腐蚀性评价方法结果比较

序号	测试点名称	腐蚀等级		
		碳钢腐蚀程度综合评价	按电阻率评价	多项指标评价
1	喇 405 转	Ⅱ	Ⅲ	Ⅱ
2	喇 551 转	Ⅱ	Ⅲ	Ⅲ
3	喇 181 转	Ⅲ	Ⅳ	Ⅲ
4	喇Ⅰ联	Ⅱ	Ⅱ	Ⅱ
5	喇 390 转	Ⅲ	Ⅳ	Ⅳ
6	喇 470 转	Ⅲ	Ⅳ	Ⅲ

续表

序　号	测试点名称	腐蚀等级		
		碳钢腐蚀程度综合评价	按电阻率评价	多项指标评价
7	喇 211 转	Ⅳ	Ⅳ	Ⅳ
8	喇 661 转	Ⅳ	Ⅳ	Ⅳ
9	喇 570 转	Ⅳ	Ⅳ	Ⅳ
10	喇Ⅱ联	Ⅲ	Ⅱ	Ⅲ
11	萨北 10 号站	Ⅲ	Ⅳ	Ⅳ
12	北三二站	Ⅰ	Ⅳ	Ⅳ
13	萨北 3 号站	Ⅲ	Ⅳ	Ⅲ
14	萨北 2 号站	Ⅱ	Ⅳ	Ⅳ
15	201 号站	Ⅱ	Ⅱ	Ⅱ
16	萨北 4 号站	Ⅰ	Ⅱ	Ⅱ
17	萨北 16 号转	Ⅱ	Ⅱ	Ⅱ
18	萨北 2801 转	Ⅲ	Ⅳ	Ⅲ
19	萨北 8 号站	Ⅱ	Ⅳ	Ⅱ
20	北Ⅲ-3 转	Ⅲ	Ⅳ	Ⅲ
21	萨北 21 号转	Ⅲ	Ⅳ	Ⅲ
22	萨北 50 转	Ⅲ	Ⅳ	Ⅲ

由表 11 比较结果可以看出，以碳钢自然埋藏测试在土壤环境中取得的平均腐蚀速率和孔蚀速度数据评价结果为基准，土壤电阻率单项指标评价结果中有 7 个点与碳钢自然埋藏测试在土壤环境中取得的平均腐蚀速率和孔蚀速度数据评价结果相符合，符合率为 32%；多指标综合评价法评价结果中有 16 个点与碳钢自然埋藏测试在土壤环境中取得的平均腐蚀速率和孔蚀速度数据评价结果相符合，符合率为 73%，符合率是土壤电阻率单项指标评价结果的 2. 3 倍，是此次喇嘛甸油田土壤腐蚀性等级评价最适宜的方法。

按多指标综合评价法，对喇嘛甸油田的土壤腐蚀性进行了评价：2 级腐蚀区域占喇嘛甸油田总面积的 2. 8%，3 级腐蚀区域占 37. 2%，4 级腐蚀区域占 60%。喇嘛甸油田区域的土壤类型以黏土为主的二矿、三矿和四矿，土壤含盐量高，电阻率低，具有极强的腐蚀性，腐蚀性等级为“强”。一矿部分区域土壤类型为壤土或砂土，土壤含盐量相对较低，电阻率较高，土壤腐蚀性等级较黏土降低 1 到 2 个等级，为“中”或“较弱”，如图 4 和图 5 所示。对比 1996 年土壤腐蚀性分级图可以发现，近 20 年来喇嘛甸地区的土壤腐蚀性发生了巨大的变化。

4 埋地金属管道腐蚀防护对策

埋地油气管道腐蚀控制的普遍方法是采用防腐涂层和阴极保护的联合保护措施。其中防腐涂层是管道腐蚀控制的第一步措施，合适的选择和使用防腐涂层能够对完好涂敷的管道提供超过 99%的保护。油气管道防腐涂层必须符合以下基本条件：一是涂层材料是有效的绝缘体；二是涂层没有任何破损，而且在回填后保持无破损；三是涂层长期保持完好。这样才能达到对管体的保护作用。

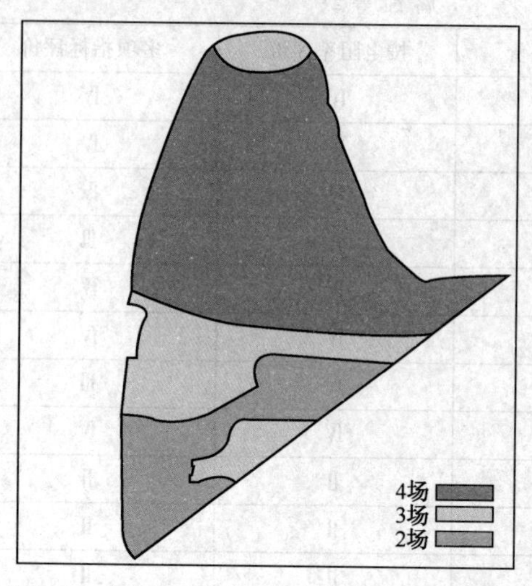

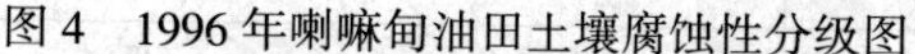

图4　1996年喇嘛甸油田土壤腐蚀性分级图

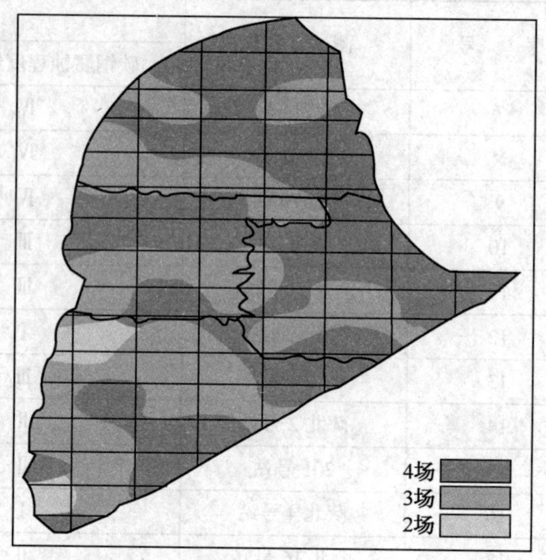

图5　2016年喇嘛甸油田土壤腐蚀性分级图

4.1　在源头设计上，针对腐蚀区域优选高性价比防腐类型

在管道防腐设计时，依据喇嘛甸油田土壤腐蚀性等级，在保证经济性的同时应选用等于或高于(表12和表13)要求的防腐层类型。

表12　不同腐蚀区域内管道外防腐层类型

腐蚀等级	是否有保温层	防腐层选用
2级腐蚀区域	埋地不保温	两层PE防腐层，常温型加强级，防腐层
3级腐蚀区域	埋地不保温	三层PE防腐层，常温型普通级，防腐层
4级腐蚀区域	埋地不保温	三层PE防腐层，常温型加强级，防腐层
埋地保温		硬质聚氨酯泡沫管壳

表13　管道内防腐层结构类型(含三元聚合物)

内防腐	$T\leqslant 80$	熔结环氧粉末内防腐层，一次成膜，总厚度为300μm
	$80<T\leqslant 100$	环氧酚醛涂料，2底2面，干膜总厚度为200μm
	$T>100$	有机硅耐高温防腐涂料，2底2面，干膜总厚度为80μm

4.2　加大阴极保护力度

我厂共有埋地管道8233.9km，其中金属管道7142.9km，已建阴极保护站16座，覆盖6座联合站、9座转油(放水)站以及1200km管道，集输系统站库覆盖率为27.8%，金属管道覆盖率为16.8%。阴极保护技术可以有效降低埋地管道的腐蚀速率，对于管道的保护具有良好的效果。喇451地区的区域阴极保护系统运行投产后具有明显的效果，对于被保护的213.9km管道，2015年仅发生穿孔24次，穿孔率仅为0.112次/(km·a)，远低于公司指标0.5次/(km·a)。因此，在腐蚀严重区域，比如喇381地区，实施区域阴极保护措施，是控制管道腐蚀、降低管道穿孔率的有效办法。

4.3 加大埋地管道检测力度，及时修复损坏的防腐层

一是对使用年限超过15a以上，腐蚀严重的埋地管道定期检测，发现防腐层破损按照规范修复，及时控制土壤对埋地管道腐蚀。

二是对新建埋地管道，竣工后进行复测，发现防腐层破损，要求施工单位及时返工修复。

4.4 应用套管辅助阳极技术，控制腐蚀速率

我厂有报废的油水井486口，分布于不同的腐蚀区块。每口井表层套管深150m，重100余吨，是一个很好的深埋辅助阳极，利用辅助阳极和整流器，建立简易阴极保护装置。可以对周边500m之内的埋地管道、表层套管进行立体防护，从而达到保护埋地管道的目的。

4.5 规范埋地管道修复作业

管道的防腐层是应对腐蚀的重要保护手段，但由于管道发生穿孔时，修复施工过程中往往仅对管体进行修复而忽略防腐层的修复，使管道修复部位发生二次腐蚀。而规范化的修复作业应当对管体、防腐层、保温层及防护层做统一修复，规范化的修复施工可以提高管道的修复质量，提高管道防腐层完整性，减少管道的二次腐蚀危害。

参 考 文 献

[1] SY/T 5523—2006 油田水分析方法[S].
[2] SY/T 5329—2012 碎屑岩油藏注水水质推荐指标及分析方法[S].
[3] GB/T 21447—2008 钢制管道外腐蚀控制规程[S].
[4] GB/T 19285—2014 埋地钢质管道腐蚀防护工程检验[S].

喇嘛甸油田变电所无人值守可行性探讨

向学会　于艳晖　田　蕊　赵　明　陈　旭

（规划设计研究所）

摘　要：喇嘛甸油田运行变电所（35kV/6kV）23座，每座变电所单独设置人员进行监视和操作，存在周期性管理盲区，在数据信息不完整的条件下，不利于故障的及时预警、分析及判断。为提高变电所管理水平、电网运行质量，变电所实现无人值守管理模式。变电所实现无人值守包括集控中心的建设、通信网络的建设以及前端变电所的改造等。集控中心的建设包括房屋主体结构的建设和集中监控系统的建设；通信网络建设包括确定数据流向、网络的带宽及数据传输设备等；变电所的改造包括局部和整体改造。变电所实现无人值守后，完善了电力系统信息数字化、调度自动化的管理体系，由以前的单独有人值班管理变为统一的无人值守的管理模式，达到优化人员配置，节约成本的目的。

关键词：油田变电所；无人值守；建设

喇嘛甸油田运行变电站的35kV和6kV主接线均采用单母线分段的接线方式；保护方式采用综合自动化保护或电磁式继电保护；6kV高压开关柜采用中置式或固定式。变电所采用微机综合自动化保护方式的有16座，采用电磁式继电保护的有7座。每座变电所单独设置人员进行监视和操作，用传统的人力定期巡检（数小时一次）的方式管理实时运行的变电站系统，存在着周期性管理盲区，在数据信息不完整的条件下，不利于故障的及时预警、分析及判断；继电器保护的变电所手工纸质化记录运行状态、故障等信息；运行年限在28年以上微机保护的变电所，系统信息化程度相对落后，无法为多站点的运行管理提供高效的系统保障。为解决以上问题，同时贯彻油田公司关于变电所完善“集中监控，无人值守”的生产管理模式的要求，探讨喇嘛甸油田变电所实现无人值守的可行性。

1　变电所无人值守现状及存在问题

根据现场调研，喇嘛甸油田变电所无人值守建设现状及存在问题如下：一是无集中监控中心；二是变电所之间的ADSS光缆未形成环网，数据可靠性差；三是15座变电所无光端机或光端机型号不满足喇嘛甸油田无人值守的要求；四是23座变电所无视频监控系统；五是变电所火灾报警系统无法远传通信或变电所内无火灾报警系统；六是7座变电所无微机综合自动化系统、就地通信系统和远动控制系统，无法与光端机进行数据交换，进行数据上传；七是23座变电所无周界报警系统。具体相关问题如下：

（1）视频监控、周界报警、火灾预警：由于喇嘛甸油田尚未建设集中控制中心，现有变电所在改造初期均未考虑视频监控系统和周界报警系统。同时，变电所火灾报警系统无法远传通信或变电所内无火灾报警系统。目前喇嘛甸油田变电所除了8座整体改造的变电所设有火灾报警系统外，其余15座变电所未设有火灾报警系统。

(2) 控保系统：喇嘛甸油田23座变电所中只有9座进行了整体改造，其余变电所只进行了部分改造或未改造，部分变电所由于运行年限较长，供电设备老化严重，存在安全隐患，需进行设备更新。部分变电所还在使用继电保护系统，且变电所投产时间较长，设备老化严重，需要整体改造。

(3) 高压开关柜：XX油田11座变电所采用GG1A高压开关柜，无法满足无人值守的数据传输要求，需对高压开关柜进行局部改造或更换成VS1型高压开关柜。4座变电所采用综合自动化控保系统，但高压开关柜仍采用GG1A模式，需将高压开关柜进行局部改造或更新，以满足无人值守的要求。

(4) 光端机：现有变电所共计8座更新了光端机，光缆铺送至上一级一次变电所进行数据传输，其余15座变电所未设有光端机设备，无法满足变电所无人值守的要求。

2 变电所无人值守可行性探讨

变电所无人值守需具备条件：集控中心满足运行要求，各变电所光缆线路满足通信要求，变电所为综合自动化保护系统，变电所通信系统满足要求，同时具备必要的视频监控系统、火灾报警系统、周界报警系统。

变电所实现无人值守从3个方面进行探讨：一是集控中心的建设；二是通信网络建设；三是变电所的改造。

2.1 集控中心的建设

集控中心作为操作层管理，对每座变电所运行参数进行监测，同时向电力调度汇报变电所缺陷事故、异常处置等，并配合处理，传达操作指令。同时对每座变电所实施视频监控及火灾监控，室内部分实现电力设施的外观及进入室内人员等的视频监控、烟警报警功能。室外部分实现主变、开关场、变电所周界的视频监控、周界入侵报警功能。

集控中心的建设包括房屋主体结构的建设和集中监控系统的建设。

2.1.1 房屋主体结构的建设

房屋主体结构的建设，目前没有统一的标准和规范，借鉴某采油厂的建设经验，并结合XX油田相关单位的实际需求，集控中心的建设可采用以下两种方案。

方案一：集控中心建设按照集中管理23座变电所规模设置，根据XX油田电力大队要求，集控中心和电力调度分开建设，属电力大队管理，集控中心建在电力大队院内，新建结构为2层混凝土建筑。建筑面积970m^2。

方案二：集控中心建设按照集中管理23座变电所规模设置，集控中心和电力调度分开建设，初步确定集控中心建在电力大队南侧500m处，利旧物资供应站闲置房屋进行改造，房屋结构为单层混凝土建筑。改造面积473m^2。

2.1.2 集中监控系统的建设

变电所远动设备将数据通过电力专网传送至集控中心主机，集控中心和电力调度均可调用主机数据。

集中监控系统总体构架包括显示层、支持层、应用层、底层支持和数据层。

(1) 显示层：集控中心工作站，电力调度大屏幕显示系统。

(2) 支持层：集控中心硬件设备，变电所通信硬件设备。

(3) 应用层：变电所综合信息采集监控系统，电力调度应急预警工作流程系统，油田电网 GIS 数字化监控控制系统，电力标准化作业管理系统。

(4) 底层支持：GIS 公共服务平台，三维仿真公共服务系统平台。

(5) 数据层：基础地理信息数据库、地理信息数据库及数据管理工具硬件配置主要有 SCADA 服务器、WEB 服务器、历史数据库服务器、GIS 服务器、前置通信机、交换机、KVM 切换装置、GPS 时钟、正向物理隔离装置及配套软件等；软件平台主要由变电所综合信息采集监控系统、电力调度应急预警工作流程系统、油田电网 GIS 数字化监控控制系统和操作队电力标准化作业管理系统四大系统构成。

2.1.3　效益分析

集中监控的建设效益分析见表 1。

表 1　集控监控的建设效益分析表

方案	主体结构	集中监控系统	估算投资，万元	备注
方案一	新建房屋 970m²	硬件、软件	471	
方案二	改造房屋 473m²	硬件、软件	151	

由表 1 可看出，从投资角度看，方案二比方案一的投资低 320 万元。

从长远期用户使用角度看，方案一为新建集控中心控制楼，采用二层房屋建设模式，房屋布局设置更为合理，建筑面积大，为日后变电所集控中心人员和操作人员办公提供方便，有利于集中化管理。方案二中控楼利旧于器材房屋，受布局限制，基层小队部分操作人员需在电力大队主楼办公，距离中控楼较远，不利于变电所紧急情况信息的传递及维护和维修，更不方便集中管理。

2.2　通信网络建设

2.2.1　通信网络建设思路

通信网络的建设为无人值守变电所和集控中心之间的信息传递提供保障条件。网络通信技术首先确定变电所到集控中心的数据流向；根据变电所传输数据的数量，确定网络的带宽；最后根据网络的带宽配置数据传输设备。

(1) 数据流向。数据流向是指数据通信的方向，主要有两种方式，如图 1 和图 2 所示。而数据通信是指按一定通信协议(规程)传输离散数据的通信。

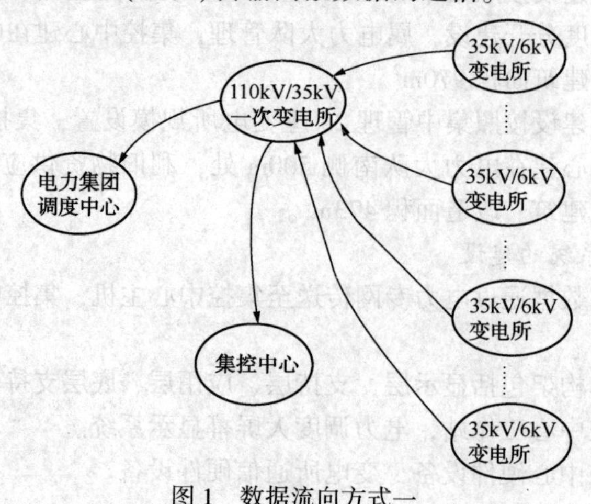

图 1　数据流向方式一

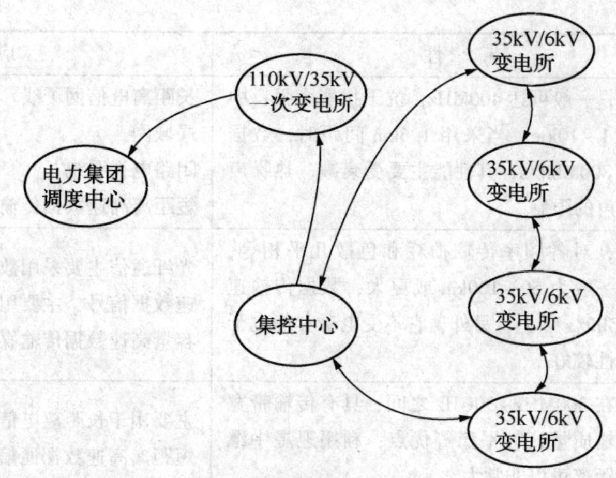

图 2　数据流向方式二

由图 1 可看出，所有 35kV/6kV 变电所自动化数据通过分支光缆传输至一次变电所，然后经过一次变同步传输设备汇聚后，再通过主环光纤回传至集控中心。缺点：这种数据流向路径过长，无法满足对自有变电所数据的管理要求；光缆呈分散状态，未形成独立环网。

由图 2 可看出，所有 35kV/6kV 变电所之间通过光缆与集控中心形成环网进行数据传输，数据可以双向传输，可靠性高。集控中心数据可通过传输设备传到一次变电所，利用已有一次变电所的网络就可以把数据传到电力集团调度中心。

从数据传输的路径及可靠性方面来看，选择数据流向方式二。

(2) 网络带宽。传输通道的带宽是该信道能够传输信息容量大小的决定性因素，网络带宽通常定义为一条信道能够传送信号的频率范围或宽度，单位为赫兹(Hz)。带宽是限制数据传输速率的主要因素之一。数据速率越高，信号频谱分布越广，因此要求信道的带宽就越宽。

每个变电所安装摄像头大约 5 个，每个摄像头的带宽约为 5MHz，综合自动化、火灾报警、周界报警的数据带宽总和约为 20MHz，因此每个变电所的数据带宽总共约为 25MHz。考虑到以后数据的扩容，每个变电所的数据带宽按照 40MHz 考虑。

(3) 数据传输设备选择。

数据传输的媒体一般分为两大类，即有线线路和无线线路。前者包括对称电缆、同轴电缆和光缆等；后者主要包括微波、无线电波散射、超短波和短波等。

数据传输的特性和质量取决于信号和媒体的性质。在有线媒体的情况下，媒体本身在决定传输极限时更为重要；而对于无线媒体，由天线所产生信号的频谱和带宽在决定传输特性上比媒体本身更重要。数据通信中几种常用的传输媒体及其特性和应用范围见表 2。

表 2　数据通信中几种常用的传输媒体及其特性和应用范围

媒　体	特　性	应　用
双绞线	传输距离、带宽和数据速率有限，易受外来电磁场干扰；传输模拟信号时，带宽可达 250kHz，衰减约为 1dB/km，每隔 5～6km 需要中继放大；对于数字信号传输，每隔 2～3km 需要中继放大，传输速率一般小于 10Mbit/s	主要应用于传输模拟信号和低速数据信号；在较短的距离内，也可用于中、高速数据传输，如用作局域网中的传输媒体

续表

媒 体	特 性	应 用
同轴电缆	带宽较宽，一般可达400MHz，抗干扰能力强；中继间距为1~10km，当采用1.6km间距时，数据速率可达800Mbit/s；其性能主要受衰减、热噪声和互调噪声的限制	长距离电信网干线 局域网 闭路电视系统 短距离高速数据传输
光缆	频带很宽，对各频率传输损耗和色散几乎相等，中继间隔一般为50~100km或更大，数据传输速率可达1Gbit/s以上；另外，它不受电磁和静电干扰，保密性较好	光纤通信主要采用数字通信方式，用于传输高速数据信号，主要用作各种通信网干线以及大容量高速数据传输媒体
微波	频率范围在300MHz~30GHz之间；具有传输带宽较宽、传输质量比较平稳等优点，利用卫星中继时，传输距离可以非常大	主要用于长距离电信网干线、卫星通信网以及短距离高速数据通信
无线电波散射	利用地面发射的无线电波在对流层散射而返回地面来进行通信；其频率在100MHz~10GHz之间，通信距离一般为150~400km，最远可达1000km左右，带宽可达数兆赫兹；传输损耗大，衰落现象严重，须采用分集接收技术，通信成本较高	主要用于军事通信，以及边远地区通信
短波	频带较窄，损耗及衰落严重，质量不稳定；成本低，建设快，通信距离较远(可达上万千米)，移动方便	主要用于移动通信、军事通信以及边远地区低速数据和话音通信

通过表2的对比，选择光缆传输媒体。

每个变电所的数据带宽按照40MHz计算，每个环网最多有10个变电所，总共带宽为400MHz，考虑到以后数据的扩容，选择相应的光纤设备传输容量为622MHz。

从现有变电所光纤设备及节约投资角度考虑，选择光纤设备为SDH光同步传输设备S330进行组网。

2.2.2 通信网络建设方案

喇嘛甸油田变电所已建ADSS光缆沿35kV电力线路加挂敷设，共有70km，但未形成环网。

为形成变电所无人值守环形的数据通道，全厂23个变电所光纤线路进行“手拉手”的方式环网改造，并考虑每个变电所内S330光端机的规划传输容量为622M，尽量使光端机的最大负载率在80%以内，因此每个环中最多有10个变电所。环网中变电所较多时，当其中1座变电所通信故障时，对其他变电所影响较大。考虑到通信网络的安全运行，同时根据变电所的地理位置并考虑光缆敷设方便，在全厂变电所范围内形成3个环，环之间采用环切环的方式实现网络数据相通，保证每个变电所至少有2个数据通道。

全厂新建光缆125km。采用ADSS-12B1芯(12芯)光缆。光缆沿已建35kV电力线路加挂敷设；对于个别无法利用已建35kV线路加挂敷设的变电所，采取新建杆路架空敷设光缆的方式。

光端机改造：某两座变电所的9809光纤设备无法满足变电所无人值守传输要求的进行更新改造，安装光端机S330共计2套；针对无光纤设备的15座变电所进行新安装光端机S330共计15套；针对某其余两座变电所的Optix OSN设备进行更新改造，安装光端机S330

共计 2 套；针对工业交换机设备的变电所进行更新改造，安装光端机 S330 共计 1 套；集控中心新建 1 套。因此新建光端机 S330 共计 21 套，利旧 3 套 S330 设备。

主要工作量及投资：主要工作量为光传输系统 21 套，集控中心网管系统 1 套，光缆 125km。网络建设综合估算投资为 786. 5 万元，其中设备费为 503. 2 万元。

2. 3　变电所的改造

2. 3. 1　变电所改造总体思路

思路一：针对满足无人值守、集中监控条件的变电所，完善周界报警、视频监控等系统的建设。

思路二：针对采用微机综合自动化保护，GG1A 高压开关柜的变电所进行局部改造，以满足变电所无人值守、集中监控的要求。

思路三：针对不符合变电所无人值守、集中监控条件且投产运行时间较长，供电设备老化严重的变电所进行整体改造。

2. 3. 2　变电所改造方案

根据喇嘛甸油田现状调查，截至 2015 年底，共建设 35kV 变电所 23 座，投产改造时间在 10 年以内的有 10 座，11~20 年的有 8 座，20 年以上的有 5 座。

(1) 符合变电所无人值守、集中监控的变电所为 12 座；这类变电所均采用微机综合自动化保护系统、VS1 高压开关柜，进行完善周界报警、视频监控系统的建设。

(2) 控保系统符合要求，但高压开关柜不符合要求的变电所为 4 座；这类变电所属于微机综合自动化控保，GG1A 高压开关柜无法满足无人值守的信号传输要求，需进行改造。

(3) 需要整体改造的变电所为 7 座。这类变电所由于投产时间较长，变电所整体老化严重，如主变大部分采用 S7 系列高耗能型变压器，控保系统仍采用继电保护方式，高压开关柜采用 GG1A 型，元器件老化、操作不灵活等问题。

3　变电所无人值守效益分析

变电所实现无人值守，完善了电力系统信息数字化、调度自动化的管理体系，由以前的单独有人值班管理变为统一的无人值守的管理模式。社会效益：提高 35kV/6kV 变电所的供电可靠性，为油田开发提供更可靠的电力保障；消除 35kV/6kV 变电所安全隐患，提高油田的安全管理水平，同时减轻岗位工人劳动强度。

集控中心配备一个基层小队，负责全厂变电所的运行监控、日常巡视维护、倒闸操作以及故障排除等任务。集中监控中心组织共设有队长 1 人、书记 1 人、副队长 2 人、技术员 1 人、操作班 56 人、集控班 12 人，共 73 人。小队分为管理层 5 人、运行班组 56 人，分为操作班一班、操作班二班各 28 人，主要负责喇嘛甸油田变电站的日常设备巡视、检修工作的安全措施实施、启停电机操作、紧急故障处理和监控设备维护等工作。监控班人数为 12 人，主要负责变电站信号的实时监控和开关远程操作、数据收集整理等。23 座变电所由原来的 230 人减少到 73 人，减少 157 人。

目前，前期适合无人值守的变电所有 12 座，估算总投资 1874. 3 万元；后期实施无人值守的变电所估算总投资 9445. 8 万元；投资回收期为 5. 5 年。

4 几点认识

(1) 油田变电所无人值守在满足微机综合自动化技术、网络通信技术、视频监控、周界报警技术等技术可靠的前提下，还应在转变无人值守变电所管理方法、完善运行管理制度及提高人员综合素质上下工夫。

(2) 油田变电所无人值守的运行参数、视频信号等统一传至集控中心。集控中心应一次建成，包括房屋主体结构的建设和监控系统的建设。

(3) 对于油田无人值守变电所通信网络的建设，可一次建成网络主体结构，再根据投资情况逐步完善各变电所支线的建设，变电所网络相关设备也可分期建成。

(4) 如受投资影响，前端变电所的运行参数等信号可根据综合自动化程度、通信网络建设情况分阶段传至集中监控中心。

参 考 文 献

[1] 张建国，刘智广．油田电网调度自动化主站系统运行及发展方向[J]．油气田地面工程，2011，30(5)：67-68.

[2] 鲁鹏，白福海．浅析胜利油田微机综合自动化变电所的应用[J]．东北电力技术，2005，26(9)：31-34.

[3] 王金龙．油气田联合站 10(6)kV 变电所合一设计[J]．油气田地面工程，2015(9)：72.

[4] 高彬．头台油田 35kV 源一联变电所无人值守优化升级技术改造[J]．科技创新与应用，2015(18)：177.

浅析喇嘛甸油田污水平衡问题及对策

尤　勇　陈柏宇　印　重

(规划设计研究所)

摘　要：近年来，我厂二类油层聚驱产能项目不断增加。由于聚驱清水稀释区块不断增加和钻井控注的影响，污水平衡问题日益突出，依靠聚驱区块水质调整、临时启动备用注水泵等常规手段已无法控制钻井期间污水过剩问题。通过近两年对污水平衡规律的摸索，初步形成了一套污水平衡综合调整方案，为解决我厂各个时期污水平衡问题奠定了基础。

关键词：污水平衡；钻井控注；分时段综合调整

1　污水平衡问题概述

污水平衡问题贯彻于油田生产过程始终。由于注采结构或生产措施调整带来的污水过剩或短缺，造成污水注水系统管网超高(低)压，最终导致污水站生产困难、注水井注入困难等问题。

在不同的生产时期，污水平衡问题表现的形式和对生产的影响都不相同。根据全年注采变化情况，可分为污水短缺期、产注平衡期和污水过剩期三种情况。

污水短缺期一般出现在年底、年初及钻控恢复期，这些时段一般采用笼统井上限注水和120%放大注水，导致注水量大幅度增加，且远高于采出污水量和聚驱清水稀释量的总和，系统表现为缺水状态。

产注平衡期一般出现在年中时段，这一时段注水量与采出污水量和聚驱清水稀释量的总和基本相当。

污水过剩期一般出现在钻井期间，这一时段为缓解钻井区域地层压力，会关掉钻井区附近的注水井，钻井区域越大，注水井关井数量越多。而相比之下，油井关井的数量较少，导致注水量大幅度下降，且远低于采出污水量，污水大量过剩。

在生产过程中，影响污水平衡的首要问题是油田注采关系。目前我厂总注采比大约为1.08，若按照日均产液量$31\times10^4m^3$计算，日均注水量应达到$33.48\times10^4m^3$，差值为$2.48\times10^4m^3$，也就是说，在没有外来水源的情况下，油田整体为缺水状态。而我厂所有区块已经全部实现聚合物驱工业化推广，在聚驱见效阶段，需采用清配清稀的方式开发，而见效期过后则采用清配污稀的方式开发，这就意味着聚驱区块越多，见效区块越多，清水的回注量就越大。

油田采出液中的污水和聚驱的清水是目前我厂注水的主要组成，这两者随着不同的生产开发阶段而变化，当二者之和小于实际注水量时，系统表现为缺水状态，需要补水；当二者之和等于实际注水量时，系统表现为平衡状态；当二者之和大于实际注水量时，系统表现为过剩状态，需要调整。而在日常生产过程中，受产能建设、注采结构调整、增油上产及控水

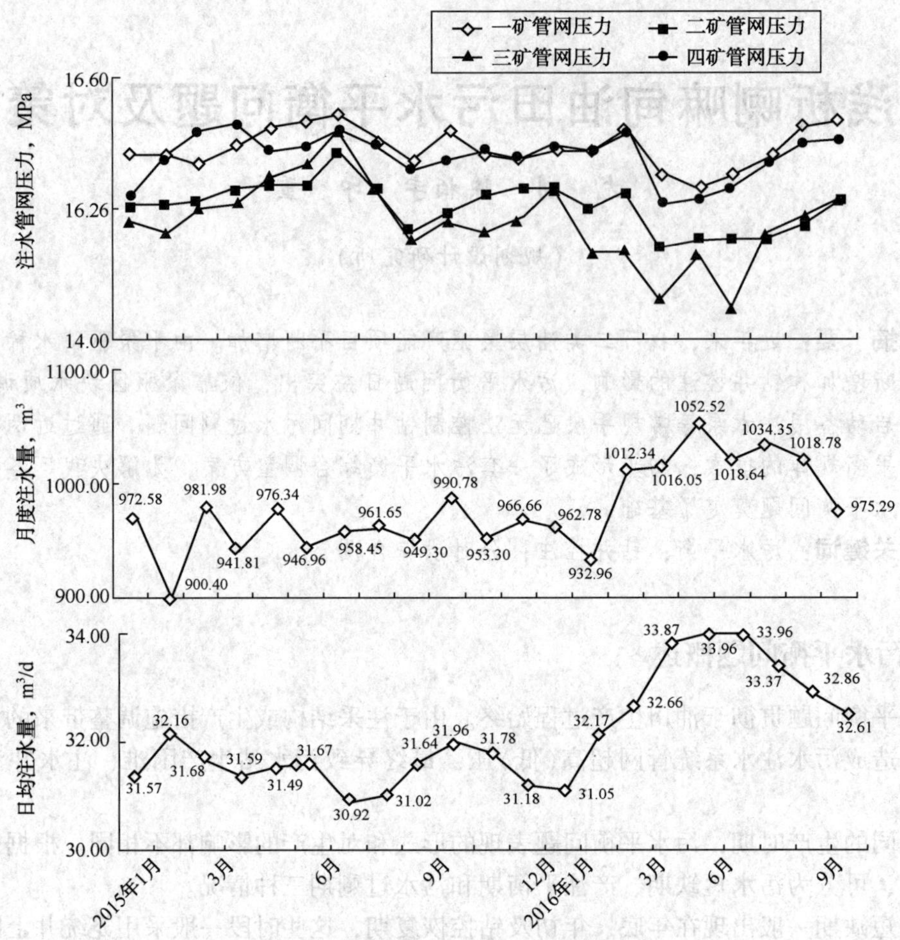

图 1　注水系统管网压力与注水量变化关系曲线图

控液等相关措施的实施等因素影响，极少会出现平衡的时段，多数表现为缺水或过剩状态。

当系统出现缺水情况时，可通过补清水或启动地面污水站补水的方式解决。目前，在喇400、喇三及喇360等6座注水站可实现清污调整注入，调节量在0~2000m³/h，喇五地面污水站补水能力为400m³/h左右，完全能够满足需求。

当系统出现过剩情况时，在2015年前，主要通过调整聚驱注水水质和外排的方式调节。2015年1月1日后，污水外排全面禁止，通过调整聚驱水质已不能满足过剩时期污水平衡的需求，尤其是在钻控期间，过剩问题持续时间长，过剩量大。下面重点对钻控期间污水平衡问题进行分析，并制定对策。

2　2015年以来污水平衡问题分析

2015年，污水外排全面禁止。而全年却有北北块一区葡Ⅱ7-高Ⅰ5油层聚驱、北东块过渡带三次加密、中块井网重构试验和北东块一区葡Ⅱ7-高Ⅰ5油层聚驱4产能项目钻井控注，喇南中块二区开始注聚，清水回注量增加，导致全厂污水过剩。

针对污水过剩问题，首先聚驱区块由清水注入调整为污水注入，增加污水回注量22004m³/d，但滤后水管网压力依然居高不下。油田东南部高压区管网压力达到0.6~

0.7MPa，这一地区的聚喇 360 和 140 污水站为过滤后余压外输流程，且均为 40000m^3/d 的大规模污水处理站，升压泵扬程为 65m，管网压力已超过污水站外输泵扬程，影响污水外输。与此同时，油田北部低压区管网压力也达到了 0.5MPa 左右。图 2 为污水过剩严重时期滤后水管网压力分布图。

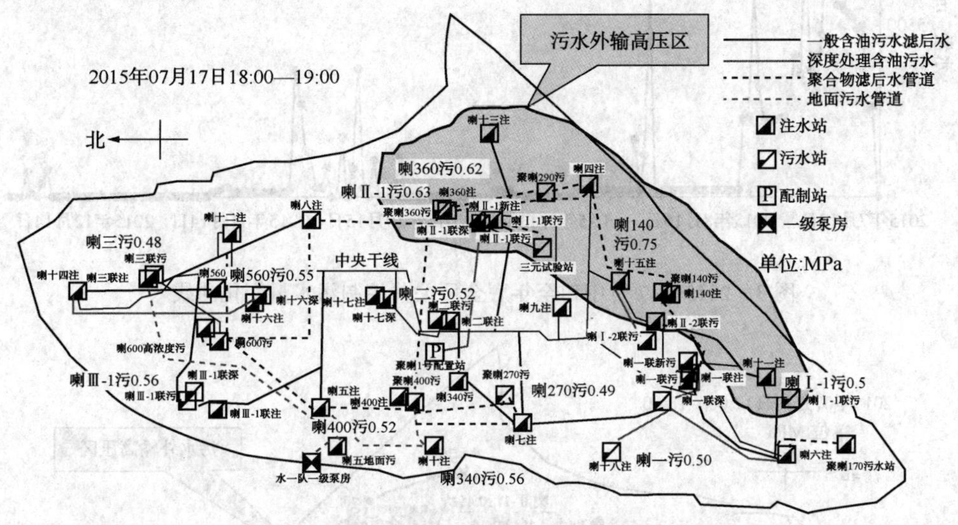

图 2　污水过剩严重时期滤后水管网压力分布

聚驱区块调整为清配污稀，由于污水矿化度高，还原性物质和菌类含量较高，因此对聚合物的降解非常严重。采用清水稀释的聚合物溶液黏度能够达到 120~140mPa·s，而采用污水稀释的聚合物溶液黏度仅有 60~90mPa·s，影响聚驱开发效果。表 1 为水质调整后聚驱区块黏度变化表。

表 1　水质调整后聚驱区块黏度变化表

序　号	区块名称	黏度，mPa·s	
		清水稀释	污水稀释
1	北北块二区	137.2	62.8
2	南中西二区	130.7	82.3
3	北西块一区	140	72

针对滤后水管网压力高、污水站外输憋压、容器溢流的问题，保证污水零外排，采取了周期采油关井的应急措施，控制污水过剩问题，但对油田当年产量及后期开发效果影响较大。在污水过剩集中的 7 月中旬至 8 月中旬，在油田污水高压区的第一油矿和第四油矿关井次数较多，第二油矿和第三油矿关井较少，累计关井 2297 井次，影响产液 120179m^3，影响产油 2117t。平均日关井 92 井次，影响产液 4807m^3，影响产油 84.7t。日最大关井液量达到 10857m^3，影响产油 243t。图 3 为 2015 年 7 月中旬至年底全厂关井控制污水量变化曲线。

通过关井减少污水量，管网压力有所缓解，但油田东南部高压区管网压力依然接近 0.6MPa（图 4）。

此时采取了上调配注措施，缓解系统压力，全年共上调后续水驱注水井配注 8 批次，截止到 8 月中旬，采取第七批增注措施，增注 12726m^3/d。2015 年 10 月，喇北东块一区钻控

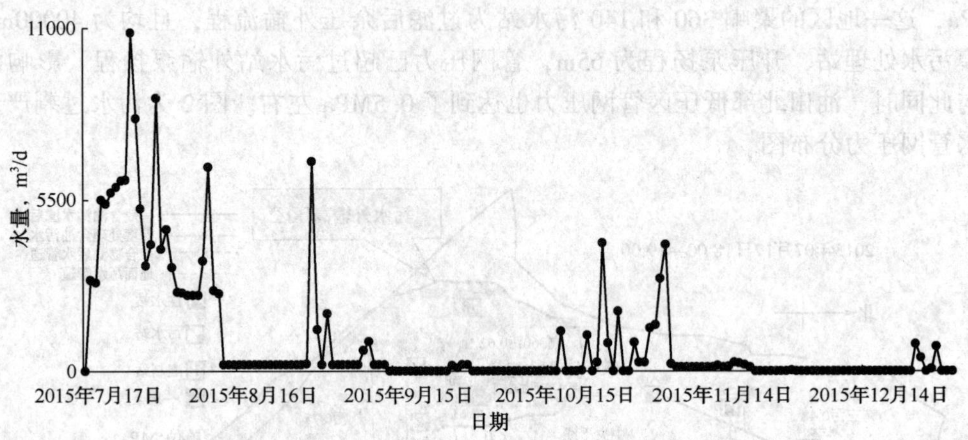

图 3　2015 年 7 月中旬至年底全厂关井控制污水量变化曲线

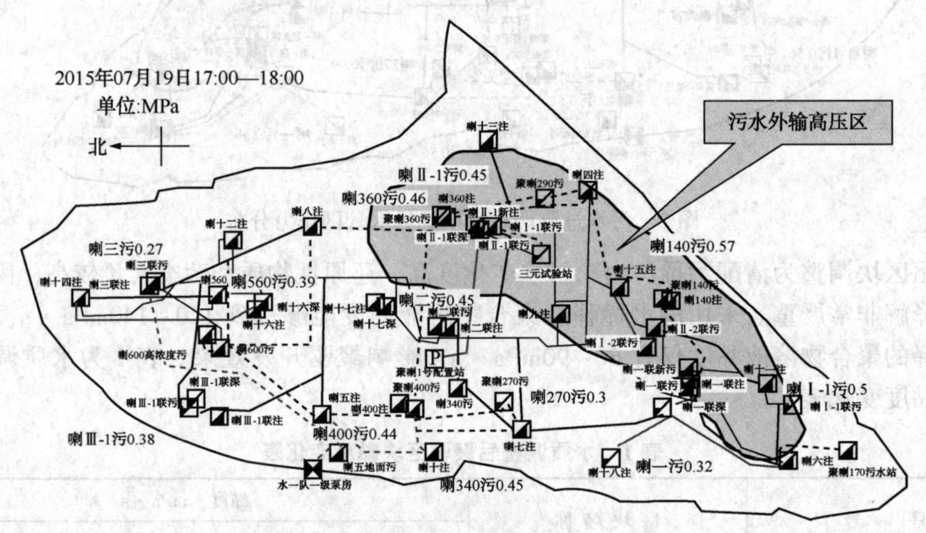

图 4　部分地区关井后滤后水管网压力分布

开始，为平衡污水，采取第八批增注措施，累计增注 17149m^3/d。

2015 年钻控期间，通过聚驱注水水质调整量 22004m^3/d、上调配注量 17149m^3/d (4709m^3/d) 和并备临时关井 5000m^3/d 等措施，确保了喇北东块一区钻控期间生产的平稳运行。

3　污水平衡问题对策及措施

借鉴 2015 年钻控时期的调控方案，在 2016 年北东块一区钻控前，合理地安排了聚驱水质调整、后续水驱增注，并备好临时关井措施，保证了该区块钻井期间的生产平稳。钻控期间，因污水过剩关井影响液量 2786m^3，影响产油 61t，与 2015 年相比有较大改善。

钻井结束后，为弥补亏空放大注水，污水平衡问题也由过剩转变为缺水。此时，陆续将喇南中西二区、北西块一区、南中东二区等见效区块调整为污水注入，并在亏空较大的三矿地区补清水调节，解决了缺水问题。

2016 年 8 月，根据油田公司生产要求，我厂产量上调至 400×10^{4}t，同时为确保 2017 年产能贡献率，原定于2017年钻井的喇北北块二区产能项目提前至2016年11月份钻井，我厂生产形势严峻，并实施了周期开井、调参、换大泵、压裂等一系列增油上产措施，液量增幅较大，在6000m^3/d左右，但由于没有实施相应的注水调整措施，在9月上旬连续出现2次因污水过剩而导致的关井情况发生，累计影响液量13000m^3，影响产油286t。

喇北北块二区葡Ⅰ2-高Ⅰ5油层聚驱产能项目将于2017年11月中旬钻井，钻井期间，预计污水过剩最大量约为25000m^3/d。为了解决钻控期间污水过剩问题，保障站库安全平稳运行，油田管理部协同地质大队、规划设计研究所共同制订了钻控期间污水注水系统运行方案。

3.1 建立压力预警管理

实践表明，压力是反映污水系统生产情况的最敏感因素，合理的滤后水管网压力应该在0.20~0.4MPa之间波动，偶有超范围现象发生，因此确定压力为主要预警参数。

一是选择污水管网相对高压区的喇140和喇360污水站外输压力作为污水过剩预警点，选择污水管网相对低压区的喇二注水站来水压力作为污水短缺预警点。选择污水管网末端的喇十四注水站来水压力和流量作为污水过剩、短缺预警点。

在压力缓慢变化的情况下：

(1) 在压力上升阶段，喇140污水站外输压力预警值初步定为0.45MPa，喇360污水站外输压力预警值初步定为0.45MPa，喇十四注水站来水压力预警值初步定为0.1MPa(并结合来水流量)，当压力达到预警值时，污水过剩；

(2) 在压力下降阶段，当喇二注水站来水压力低于0.15MPa时，管网缺水；

(3) 在压力上升阶段，当喇十四注水站来水压力超过0.1MPa，普通污水来水流量高于注水泵出口流量时，污水过剩；在压力下降阶段，当来水压力为0，普通污水来水流量低于注水泵出口流量时，污水短缺。

出现上述情况，生产单位需及时向油田管理部汇报，以便调节。

在压力突变(即在短时间内突然蹿升)的情况下，除采取常规的增注、启动备用泵、聚驱由清水注入调整为污水注入等常规性措施外，各矿要组织好人员，在无法控制污水压力的情况下，选择性关井。地质大队要选择好临时关井的井号，并通知各采油矿，以便基层单位执行。

二是各压力预警点要每小时录取一次压力值，每日16：00汇总上报油田管理部和规划设计研究所。

三是各矿要严格执行压力预警机制相关要求，油田管理部和规划设计研究所将采用定期检查和临时抽查方式进行检查考核。

四是油田管理部和规划设计研究所要摸索污水压力与水量之间的关系及规律，要进一步优选污水压力监测点，做好压力录取、分析工作，确定全厂监测点的压力变化规律。

3.2 应对措施

(1) 与地质大队结合，制定增注措施。

地质大队根据钻井时间安排、钻井区域及钻井队伍安排情况，预测出整个钻井期间各个时段的污水过剩量。根据过剩水量，制定相应的增注措施。增注方案确定后，由油田管理部组织实施。目前已经确定增注方案12000m^3/d，后续还将研究制订7000m^3/d的方案。此外，在采取上述措施增加产液的同时，要配套调整注水，确保产注平衡。

（2）新产能区块水井加快投产进度，增加污水回注量。

协调相关部门，加快喇北东块一区葡Ⅰ2-高Ⅰ5油层聚驱产能注水井和喇北东块过渡带三次加密产能项目剩余转注井的投产进度，预计可增加污水回注量4500m^3/d。

（3）调整聚驱区块水质。

目前，喇南中西气顶注聚障区块已由清水注入调整为污水注入，增加污水注入量1100m^3/d。喇南中西和喇南中东二区全部采用清水稀释，喇北北块二区补充部分清水，预计清水注入量为13000m^3/d。在污水过剩阶段，可将这部分清水调整成污水注入，缓解污水过剩问题。

（4）生产管理应急措施。

① 容器中低液位管理，增加缓冲时间。

油田管理部和规划设计研究所组织采油矿结合站库已建各类容器，提前调整组织污水站、注水站各类缓冲罐（在保证水质处理效果的基础上）液位，在不影响日常生产的情况下，保持中低液位运行，预计可增加缓冲罐缓冲空间20000m^3，做好调峰储备。

② 加强注水泵的运行、保养、维护，确保设备安全平稳运行。

油田管理部提前组织采油矿、机修大队、电力大队等相关部门，对注水站、变电所进行问题排查，并及时处理，保证钻控期间注水机组稳定运行。

③ 临时启动备用注水泵，缓解污水管网压力。

目前，全厂共有可启动备用注水泵3台，在钻控期间可短时间启动备用注水泵，缓解污水管网压力。

④ 临时关闭高含水采油井，缓解污水管网压力。

地质大队和采油矿结合，选取一批高含水、产量低的井作为备用调整方案，由油田管理部统一组织协调，在上述措施不能缓解污水管网压力时实施。

4 几点认识

（1）污水平衡问题贯穿于生产全过程，不同时期表现的形式不同。

（2）钻控期间，要提前准备好污水平衡调控方案。合理安排并实施好水质调整、增注、缓冲调峰、临时关井等措施，能够保证钻控期间的生产平稳。

微生物处理含聚污水现场应用研究

李兴国　惠云博

（规划设计研究所）

摘　要： 喇嘛甸油田已建微生物污水处理站目前已连续运行3年，工艺上采用“调储罐→气浮装置→微生物反应池→固液分离气浮装置→中间水池→石英砂滤罐”，其核心技术是通过筛选、配伍等方式培养出适应油田污水的高效生物菌群，通过生物降解，将污水中的油、有机杂质等降解成简单的无机物（H_2O 和 CO_2 等），从而有效地降低污水中油、悬浮物等的含量。微生物站处理水质为含聚污水，实际含聚浓度为480mg/L，处理后的水质整体能够满足指标要求。本文通过对该站3年来的运行及水质情况进行跟踪，研究分析其水质及各工艺节点运行情况，以确定微生物污水处理站工艺适应性、优化方向及改进措施，为同类站库的建设及新工艺推广应用提供技术支撑。

关键词： 微生物；含聚污水；工艺；改进

喇嘛甸油田已建微生物污水处理站于2013年8月建成投产，设计处理聚驱污水规模 $2\times10^4m^3/d$，实际处理量 $1.54\times10^4m^3/d$，负荷率为77.34%，目前污水含聚浓度480mg/L。该站主要流程为“调储+气浮+微生物处理+固液分离+过滤”的微生物污水处理流程。污泥处理流程为“污泥浓缩+离心分离”。

本次通过对微生物站水质及现场应用情况进行持续跟踪，以确定该种工艺的适应性及优化方向，为同类站库的建设及新工艺推广提供技术支撑。

1　现场应用研究

1.1　水质情况分析

我厂微生物污水处理站投产至今已连续运行3年，整体处理效果良好，固液气浮装置出水即可达到含油、悬浮物均不大于20mg/L的指标要求，为减少运行成本，2014年5月8日起，停运过滤工艺。

根据水质跟踪，微生物污水站平均处理水量为 $14978m^3/d$，负荷率为74.89%。来水平均含油444.6mg/L、悬浮物280.4mg/L，固液气浮装置出水含油5.5mg/L、悬浮物13.3mg/L，能够满足处理水质指标要求。水质跟踪效果表明，当含聚浓度达到480mg/L时，取消过滤工艺后，整体工艺适应性良好，能够满足处理指标要求。根据开发预测，2016年微生物污水站含聚浓度达到高峰，未来十年呈递减趋势，最高含聚浓度仅为420mg/L，污水处理难度呈递减趋势。综上，微生物污水站简化过滤工艺后，其采用的“调储罐→气浮装置→微生物反应池→固液分离气浮装置”的处理工艺，工艺适应性良好，能够满足该站未来污水处理需求，可实现微生物处理工艺的优化，减少运行成本。

通过节点水质分析，微生物反应池及固液气浮装置均在水质指标控制范围之内，但2014年和2015年中，调储罐、气浮装置出水含油及悬浮物不能满足其水质节点参数要求，一会导致微生物反应池内污油、污泥堆积，影响反应池运行及处理效果。二是由于微生物反应池通过降解作用实现对污油的去除，气浮装置出水含油超标，将导致部分原油的浪费，预计多消耗原油408t/a。由于微生物反应池前段调储罐、气浮装置参数固定，无法进行工艺优化，为保证处理水质，2016年进行节点水质控制试验，以提高反应池前段油及悬浮物去除率。

根据连续两年水质跟踪情况，在最佳运行状态下，微生物污水站反应池前段调储罐油去除率为50%，悬浮物去除率为30%；气浮装置油去除率为55%，悬浮物去除率为20%。为此，根据调储罐、气浮装置除油及悬浮物效率，按照气浮装置出水含油≤50mg/L、含悬浮物≤100mg/L的参数要求，确定来水及调储罐应满足的水质情况。在目前工艺条件下，如果微生物污水站气浮装置出水达到含油≤50mg/L、含悬浮物≤100mg/L的参数要求，在强化管理的同时，需对该站来水含油及悬浮物进行控制，即：在来水含油≤240mg/L、含悬浮物≤180mg/L的条件下，能保证微生物污水站反应池前段出水水质满足设计要求，可避免原油的浪费。为此，依托理论计算结果，2016年开展现场水质控制试验，当来水含油平均为216mg/L、悬浮物含量为148mg/L时，调储罐出口含油为87mg/L、悬浮物含量为80.7mg/L，气浮装置出口含油为49.3mg/L、悬浮物含量为49.7mg/L，均在指标范围之内，能够满足处理需求。

综上，由于目前微生物污水站来水为喇360转油放水站和喇Ⅱ-1联合站放水，为避免对下游的冲击及减少微生物对原油不必要的降解，造成原油的浪费，可控制来水指标，即：放水含油≤240mg/L，含悬浮物≤180mg/L。未来建议利用产能契机，优化调储罐、气浮装置设计参数(预计延长调储罐沉降时间至8h、气浮装置停留时间至15min)，改善反应池前段出水水质。

1.2 工艺适应性研究

为确定微生物污水站各工艺节点运行情况及适应性，按照液流顺序，将其分为调储罐、气浮装置、微生物反应池、固液气浮和辅助共计5个单元。其中，气浮工艺整体适应性良好，且已开展过相关研究，本次主要针对调储罐、微生物反应池和辅助单元进行跟踪研究，确定其工艺适应性。

1.2.1 调储罐

微生物污水站已建3000m³调储罐2座，设计缓冲时间4h。工艺设置上取消了常规的调节水箱及调节堰板，采用罐内出水的方式，收油采用电动调节机构自动收油。图1为调储罐内部结构示意图。经过3年运行，该种工艺具有较好的适应性，可推广应用于未来污水站沉降工艺的建设或改造。具体如下：

(1)避免了调节水箱及调节堰板腐蚀、锈损带来的安全隐患。

我厂污水站沉降罐采用外挂调节水箱及调节堰板的工艺，实际生产中，外挂式的调节水箱易出现腐蚀、渗漏、穿孔等问题，而调节堰丝杠位于出水口上方，受水气腐蚀，易锈损，导致无法操作，存在安全隐患。微生物污水站调储罐采用罐内出水方式，运行情况良好，避免了调节水箱带来的安全隐患。

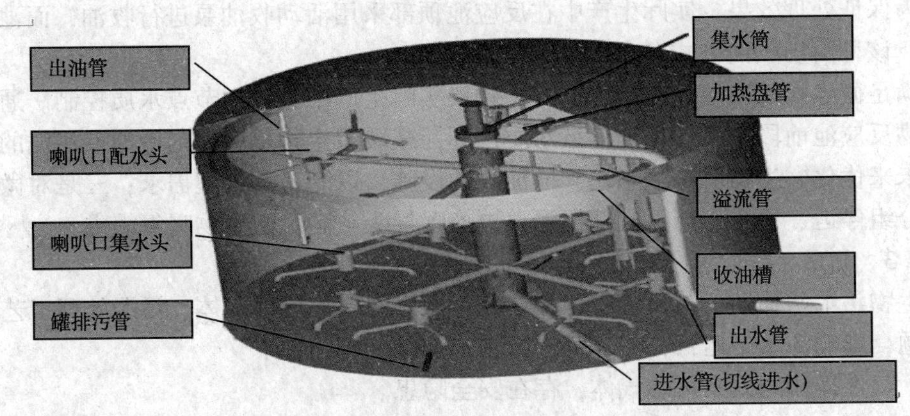

图 1　调储罐内部结构示意图

(2) 调储罐收油调节采用电动调节控制，可实现自动控制收油。

微生物污水站调储罐出水管、收油管设置电动调节机构，并将其信号引至值班室，值班室内通过控制出水管及收油管电动调节阀开度，以控制罐内油、水液位高度，实现自动收油的目的。该种工艺具有较好的适应性，油层厚度实际控制在 0.3m 以下，减少了工人劳动强度，便于及时收油，避免罐内污油长时间堆积形成老化油及过渡层。运行中由于电动调节阀开度设置为开、关及 50%开度，无法实现液位的精确管理，未来规划开展电动调节机构精确控制研究，以更好地满足生产需求。

1.2.2　*微生物反应池*

微生物污水站已建 4 组微生物反应池，可分组停运检修，设计停留时间为 8h。图 2 为微生物反应池示意图。目前，微生物反应池工艺整体适应性良好，但由于前段水质难以达标，导致微生物反应池内污油、污泥堆积，影响处理效果，具体如下：

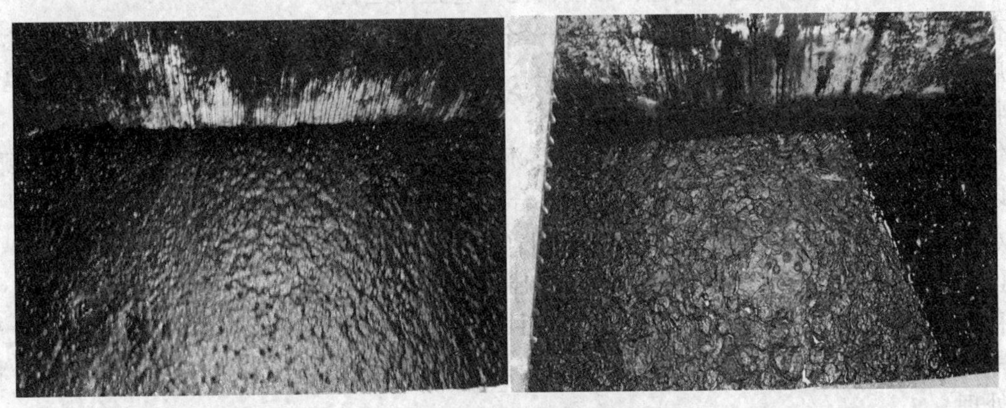

图 2　微生物反应池示意图

微生物反应池来水设计指标含油≤50mg/L、含油≤100mg/L，受到来水水质、前段调储罐和气浮设置运行情况等的影响，微生物反应池来水易出现超标现象，导致池内污油、污泥堆积，严重影响处理效果。目前一级、二级微生物反应池中污油厚度达到 0.4m，一级反应池内曝气头损坏严重，影响微生物活性，导致微生物反应池出水水质超标。目前反应池出水平均含油 34.3mg/L、含悬浮物 21mg/L，超过了含油≤30mg/L、含悬浮物≤20mg/L 的设计规定。为保证处理效果，实际生产中在反应池顶部采用活动收油泵进行收油，而池顶油气大量挥发，该种活动收油方式存在极大安全隐患。

为满足微生物反应池处理需求，一是建议实际生产中，采用节点水质控制。通过严格控制微生物反应池前段水质，保证节点水质达标，减缓微生物反应池内污油及污泥的堆积；二是建议未来优化微生物反应池工艺，增加收油设施，以满足其处理需求；三是对微生物反应池进行分组停运、检修，清除底部污泥，更换曝气头，满足微生物曝氧需求。

1.2.3 辅助单元

微生物污水站辅助工艺设置中，存在气浮操作间聚集可燃气体、污泥处理工艺设置不合理的问题，影响污水站运行，需对其进行工艺优化，具体如下：

（1）气浮操作间聚集可燃气体，存在安全隐患。

存在问题：气浮操作间内设置气浮除油装置2套，收油装置1套，其主要作用就是将污水中的绝大多数污油去除，并进行回收。由于气浮操作间为该污水站一级除油装置，该节点污水中含油量高，在气浮装置运行过程中，含油污水及污油不断释放可燃气体，并从观察口及其盖板缝隙处散发。气浮装置观察口设置在接近屋顶处，由于屋顶采用自然通风，换气效果不佳，可燃气体不断在屋顶聚集。经检测，气浮收油装置箱体上盖缝隙处及上方200mm处，甲烷气体浓度达到50%，已经超过了爆炸下限5%的设计要求，存在重大安全隐患。

优化措施：一是优化气浮间内排气设置。根据气体浓度分布，拆除气浮操作间内原4座轴流风机，移位安装至接近屋脊处，以满足排气需求，同时，操作间内安装可燃气体报警器，便于检测气浮浓度是否超标。二是优化气浮装置排气设置。在每套气浮除油装置顶部新开排气孔1个，并在排气孔上新建排气通道，排气通道伸出屋顶，并在顶端设施防水帽。排气通道距离气浮装置较近处安装阻火器，伸出室外的管道采用扁钢与气浮间接地线进行连接。对原观察口的缝隙进行密封处理。目前，现场已完成气浮装置排气工艺的安装。

（2）污泥处理设施设置不合理，影响污泥工艺正常运行。

存在问题：污泥提升泵（$15m^3/h$，运一备一）和离心脱水机（$10m^3/h$，1台）处理量不匹配，启运后造成离心脱水机浓缩污泥效果差，污水从离心机下部排泥口渗出，地面未建设污水回收装置，导致渗漏污水无法回收。

优化措施：合理匹配污泥处理设施，污泥操作间内为污泥提升泵设置一拖二变频器1台，以实现对污泥提升泵排量的变频控制，合理匹配污泥提升泵及离心脱水机的处理量；新建污水回收装置1套（$Q=6m^3/h$）回收离心机产生的污水，并输送至回收水池。

（3）污泥暂存间为敞开式，冬季运行困难。

存在问题：污泥经离心机脱水处理后，由螺旋输送机输送至室外污泥暂存间，由于暂存间为敞开式，冬季运行时，螺旋输送机（出墙部分）内污泥及排出的污泥易发生冻结，影响污泥处理。

优化措施：新建污泥暂存间（密封）$80m^2$，以保证冬季正常生产。

2 运行成本初步分析

微生物污水站实际运行中，停运过滤工艺、不投加混凝剂及杀菌剂，每年投加微生物菌剂一次，药剂费用为0.06元/m^3。本次采用微生物处理站与常规聚驱污水站进行对比分析的方式，确定其经济适应性。经计算，微生物污水站吨水运行成本为0.60元，常规聚驱污水站吨水运行成本为 0.56 元，同规模微生物处理站较常规聚驱污水站吨水运行成本高 0.04 元。

3 几点认识

(1) 微生物污水站取消过滤工艺后，当含聚浓度达到 480mg/L 时，采用的“调储罐→气浮装置→微生物反应池→固液气浮装置”处理工艺整体适应性良好，能够满足当前及未来该站水质处理需求，为微生物处理技术推广应用及工艺简化提供技术及应用支持。

(2) 微生物污水站调储罐采用的罐内出水、电动调节机构自动收油工艺，具有良好的适应性，为污水站沉降罐工艺设计提供新思路。

(3) 通过对微生物污水站水质跟踪及应用分析，优化了该站的运行模式。即：采用水质节点控制模式，控制来水水质指标(放水含油≤240mg/L，含悬浮物≤180mg/L)，以满足节点水质指标要求，优化站库运行。

(4) 为未来微生物处理站工艺优化提供技术支撑。一是在未来的微生物站建设中，为保证微生物反应池的经济优化运行，建议优化前段调储罐及气浮装置设计参数；二是建议优化微生物反应池工艺，增加收油设施，以避免反应池内污油堆积影响处理水质；三是建议完善气浮间排气、污泥处理等辅助工艺设置，满足其处理需求。

参 考 文 献

[1] 崔峰花. 生物处理含油污水试验研究[J]. 油气田地面工程，2005，27(4)：1-20.
[2] 李红梅. 好氧生物处理污水的过程控制[J]. 油气田地面工程，2002，11(8)：13-14.
[3] 栾海波. 稠油采出含聚污水微生物处理研究[J]. 油气田环境保护，2013，12(2)：11-12.

关于注水泵降低单耗技术的探讨

王　刚　尤　勇

（规划设计研究所）

摘　要：注水系统是油田用电大户，约占油田用电总量的50%。尤其是深度污水和聚驱注水系统，一般供大于需，依靠控制阀门开度调节水量，导致能耗升高。只能通过与其他管网连通的方式，调节水量，降低单耗。但由于聚驱系统水量调整频繁，因此连通阀的开关操作也频繁，易造成阀门不严或损坏，失去调节作用。因此，通过其他途径达到流量调节、节能降耗和平稳生产的目的尤为重要。

关键词：注水泵；节能；高压变频

1　注水系统能耗情况分析

注水系统主要由注水泵、注水干线管网、配水间（注入站）和注水单井管网组成，而我厂注水系统管网分为普通污水、深度污水和聚驱水3大系统。

普通污水注水系统管网为高压、低压两套管网，呈网格状结构，分布于全厂各个角落。由于该套管网分布广泛，供水的注水泵多（22台左右），管网所带的注水井数多，因此水量供需关系调整便利，注水泵基本能保持在高效工作区间范围内运行，因此单耗较低。

深度污水注水系统只有一套管网，分布稀疏，供水的注水泵较少（9台左右），管网所带的注水井数少，因此水量供需关系调整不便，尤其在管网末端，易出现供过于求或供不应求的情况，难以保证注水泵在高效工作区范围内工作，因此单耗偏高。如新喇六注水站6#注水泵，为喇南中西二区过渡带注水，额定流量为400m³/h，实际流量为359m³/h，单耗6.78kW·h/m³。

聚驱注水系统均为独立的树枝状管网，每座注水站对应相应的区块，少量注水泵对应少量的注入井，供需关系难以匹配，几乎每个区块都存在着供过于求的问题，导致注水泵偏离高效工作区范围，因此单耗最高。如喇360注水站，为喇北东块聚驱井注水，运行两台注水泵，额定流量为550m³/h，今年二月份，两台机组实际运行流量为460m³/h左右，单耗为7.03kW·h/m³。到四月份，钻控结束恢复注水，且喇北东块一区转入后续水驱，注水量增加，该站两台机组实际运行流量为573m³/h左右，接近泵额定流量，单耗下降至6.04kW·h/m³。

此外，也有部分注水泵实际注水能力与名牌参数不符。喇140注水站2#注水泵为2013年南中东二区产能项目中更换的排量为155m³/h的注水泵，为该区块注水。区块需水量为2395~3700m³/d，瞬时流量为100~154m³/h，而该泵实际运行流量达到4700m³/d左右，瞬时流量达到195m³/h左右。为了不造成憋泵，只能打开高压阀组连通，串至喇南中东一区部分水量。目前，喇南中东一区已转入后续水驱，水质为污水，而喇南中东二区正在见效期，水质为清水，打开连通，每天浪费清水约2300m³。

综上分析，由于供需关系难以匹配，深度水注水系统和聚驱注水系统单耗高，是节能挖潜的主要方向。

2 注水泵节能方式分析

在实际生产运行中，当额定流量大于需求时，一般只能通过控制注水泵出口阀门开度来调节水量，这样不但会造成能源浪费，情况严重时会造成憋泵。为了缓解这一问题，聚驱注水系统在注水站高压阀组或注水管网处一般都设置了连通管线，将聚驱注水管网和普通污水注水管网连通，将“多余”的水串至普通污水注水管网，来解决憋泵的问题，同时降低单耗。但由于聚驱系统水量调整频繁，因此连通阀的开关操作也频繁，易造成阀门不严或损坏，失去调节作用。因此，如何通过其他途径达到流量调节、节能降耗和平稳生产的目的尤为重要。目前，机泵主要的调速调量方式有以下几种。

2.1 液力偶合

液力耦合器主要由泵轮、涡轮、勺管室等组成，通过泵轮将机械能转化为液体动能，再由涡轮将液体动能变为机械能，向外输出动力(图1)。

当主动轴带动泵轮旋转时，在泵轮内叶片及腔的共同作用下，工作油将获得能量并在惯性离心力的作用下，被送到泵轮的外圆周侧，形成高速油流，泵轮外圆周侧的高速油流又以径向相对速度与泵轮出口的圆周速度组成合速度，冲入涡轮的进口径向流道，并沿着涡轮的径向流道通过油流动量矩的变化而推动涡轮旋转，油流至涡轮出口处又以其径向相对速度与涡轮出口处的圆周速度组成合速度，流入泵轮的径向流道，并在泵轮中重新获得能量。如此周而复始的重复，形成工作油在泵轮和涡轮中的循环流动圆。

图1 液力耦合器示意图

当勺管插入液耦腔室的最深处时，循环圆中油量最小，泵轮和涡轮转速偏差大，输出转速最低；当勺管插入液耦腔室的最浅处时，循环圆中油量最大，泵轮和涡轮转速偏差小，输出转速最大。

液力偶合器的传动效率等于输出转速与输入转速之比，转速比在0.95以上时效率较高；转速比在0.95以下时效率较低，高效范围窄，成本较低，实际上可以看作一种柔性的可调速的联轴器，必须加装在电机和泵之间，改造场合受限。

2.2 磁力偶合

磁力耦合器又称永磁调速器，由铜转子、永磁转子和控制器3个部分组成，铜转子与电机轴连接，永磁转子与工作机的轴连接，铜转子和永磁转子之间有气隙，没有传递扭矩的机械连接(图2)。

当电机转动时，铜转子在切割永磁体的磁力线时产生感应涡电流，而感应涡电流的磁场与永磁体的磁场之间的作用力，实现了电机与工作机之间的扭矩传递。当气隙小时，传动能力强；当气隙大时，传动能力弱。气隙大小可调节。当接收到一个控制信号，如压力、流量或液面高度，控制器对信号进行识别、计算和转换后，对其执行元件发出调节指令，执行元件就会调节铜转子与永磁转子之间的气隙，从而改变工作机的工作点，即调节了工作机的转速和扭矩。

图 2　永磁调速装置示意图

永磁调速装置的输出扭矩等于输入扭矩，而输出转速即工作机转速和输入转速即电机转速是不相等的，额定转差率约为 1%～4%，调速范围窄，不能超过 4%。没有软起动功能，也不能提高功率因数，必须加装在电机和泵之间，改造场合受限。同时，该技术主要应用于低转速泵和功率较小的电机，对于高转速离心泵，国内还没有成功应用。

2.3　串级调速

串级调速装置由整流器、逆变器和控制器组成，通过改变电机转子回路的电势，改变电机转差率，进而调节电机转速。

在转子回路中串联晶闸管逆变器，引入附加可调电势，感应出转差频率的电压，经一组不控的三相桥式变流器变成直流电压，再经一组全控桥式变流器实现有源逆变，把电能(转差功率)反馈送回电网中去。改变逆变角，即可改变馈送回电网的电能，进而改变电机转速。

由于串级调速装置只把转差功率回馈电网，所以可以使用很小的功率器件，如 22kW 的电机用 5kW 的串级装置就够了，成本很低，调速性能也很好。但是只能用在绕线式电机上，才能将附加电势引入转子回路，目前绕线式电机应用很少，改换电机又造成浪费。更严重的问题是回馈电网受限，首先相位同步很难，其次逆变器输出为脉宽调制波，拖动负载时没问题，因为电机就是一个大电感，可以近似为正弦波，回馈电网则不行。

2.4　变频调速

变频器由整流器、逆变器和控制器组成，通过输出可以改变频率的交流电，进而改变机电机转速。

现在的变频器都是基于交—直—交原理，即交流电通过整流器变成直流电，存到称为直流母线的地方，然后逆变器再把此直流电变成频率可调的交流电。

整流部分比较简单，逆变部分是变频器中最关键的部分。逆变器的作用就是高速开关，每秒几千次甚至上万次，将直流母线上的直流电变成一系列高度相同、宽度不等的脉冲输出。这列脉冲称为脉宽调制波，按一定规律控制各脉冲开关时间，如中间接通时间长，两边逐渐变短，在电气上波就近可似为正弦波，性能稳定，调速范围宽。不足之处是会带来谐波干扰以及共模电压的问题，但是目前处理措施也很成熟完善。

2.5　节能方式比较

各种节能方式的比较见表 1。

表1 节能方式比较表

项 目	磁力偶合	液力偶合	变频调速	串级调速
工作原理	通过磁场偶合传递动力，改变铜转子和永磁转子的气隙改变转速	通过泵轮把机械能变为液体动能，再由涡轮变回机械能	把交流电整流为直流电，再逆变为可改变频率的近似交流电	在电机转子上加电动势，改变转差率，能量需要回馈电网
软启动	无	无	真正软起动	无
功率因数	无提高与电机相同	无提高与电机相同	提高到0.95以上	无提高与电机相同
调速范围	窄	窄	宽	宽
电力谐波	无	无	有	有
使用寿命	大于25年	15~20年	10年	10年
安装	安装在泵和电机间	安装在泵和电机间	原电机和泵位置不变	更换绕线式电机
效率	低速时效率低	低速时效率低	高	较高

从以上几种节能方式的比较分析可知，变频调速技术存在谐波干扰和共模电压问题，但是目前通过采用移相变压器等技术有效控制了上述问题，且变频器调速范围宽，并能较好地适应高压、大功率电机，因此作为节能的主要挖潜途径。

3 注水泵节能方式分析

目前，高压变频技术非常成熟，在很多领域都有成功应用，例如电力行业，马莲台电厂2012年将原给水泵液偶调速改造为变频调速，功率为5500kW，每年可节省标煤3594t，节电超过1.1×10^7kW·h。再如冶金行业，宝钢宁波钢铁厂2009年改造两台烧结主抽风机采用变频调速技术，功率为7800kW，平均节电率高达40%，两台机组年节电3×10^7kW·h，稳定运行至今，收益显著。油田注水设备功率一般在2000kW左右，工艺相对清晰，高压变频技术可以成功应用。

3.1 高压变频器结构

高压变频由手动/自动切换柜、移相降压变压器柜、功率单元柜和控制柜组成。

高压变频器的基本结构和低压变频相同，也是“交—直—交”结构。由于电压高，需要先用变压器把电压降下来，与低压变频相比多了一套变压器柜，主体结构采用若干个低压PWM功率单元，串联叠加输出可调频的脉宽调制高压交流电。这种结构只有降压变压器，没有升压变压器，并采用移相降压变压器，输出波形质量好，有效控制了谐波和共模电压。

3.2 节能效果预测

对离心泵来说，当叶轮直径不变时，改变转速，有如下公式：

$$Q_1/Q_2=N_1/N_2$$

$$H_1/H_2=(N_1/N_2)^2$$

$$P_1/P_2=(N_1/N_2)^3$$

式中 Q_1，H_1，P_1——转速为N_1时的流量、扬程、轴功率；

Q_2，H_2，P_2——转速为N_2时的流量、扬程、轴功率。

调节要受到扬程制约，即降低转速下调流量时，幅度受到公式$H_1/H_2=(N_1/N_2)^2$限制，如扬程为1600m，注水井口压力为15MPa，二者比值1600/1500≈1.06，即$H_1/H_2\approx1.06$，

折算到 $N_1/N_2 \approx 1.04$，$N_2/N_1 \approx 0.96$，也就是说转速或频率只能下调 4%左右。此时，扬程为平方关系，下降 8%左右；但功率成立方关系，下降 12%左右。如扬程能下调 11%，即可降到 89%，那么功率可降低到 0.89×0.89≈0.8，即大约节能 20%。

以新喇六注水站 6#和 9#注水泵为例，估算节能效果。

两个机组现在都用阀门调节流量，泵管压差偏高，注水井口压力为 15MPa 足够，远低于额定扬程，具备较大节能空间。

9 号机组：扬程降低空间为 1600-1500=100，频率可降低 4%左右，按理论计算公式，功率节省空间为 12%。日节电：$4.698\times10^4\times0.12=0.5637\times10^4$kW·h。年节电：$0.5637\times10^4\times360=202.932\times10^4$kW·h。6 号机组：扬程降低空间为 1700-1500=200，频率可降低 6%左右，功率节省空间为 17%。日节电：$5.8\times10^4\times0.17=0.9860\times10^4$kW·h。年节电：$1.624\times10^4\times360=354.96\times10^4$kW·h。

实际中节能效果不会有理论上那么大，保守估计 9 号机组年节电 200×10^4kW·h，6 号机组年节电 300×10^4kW·h，折合电费 300 万元左右。

2250kW 和 2550kW 高压变频系统分别约为 200 万元和 220 万元（含板房和基础施工），投资回收期约为 1.4 年，节能效果显著。

4 几点认识

（1）通过对注水系统能耗进行分析，深度污水和聚驱注水系统因供需关系难以匹配，能耗较高，是今后节能挖潜的方向。

（2）通过对比 4 种调速节能技术，高压变频调速适应范围广泛，节能效果较好，并在电厂、冶金等领域得到广泛应用，且运行稳定，可作为今后注水泵主要的节能技术进行研究。

参 考 文 献

[1] 姜艳姝．PWM 变频器输出共模电压抑制技术研究[D]．哈尔滨：哈尔滨工业大学，2003.

[2] 李晔，余时强，朱宗晓，等．单元串联多电平变频器的研制综述[J]．电器传动自动化，2002，24(2)：3-7.

[3] 陈贞．高压变频器在离心式循环压缩机上的应用[J]．变频器世界，2009(4)：48-50.

[4] 张振阳，刘军祥，李遵基．高压变频技术在火电厂吸风机中的应用与研究[J]．热能动力工程，2002，17(2)：191-194.

转油站成本分析和挖潜方法探讨

甄　珍　孟凡君

（规划设计研究所）

摘　要： 成本是企业在生产经营过程中发生的各种耗费。成本分析是按照一定对象进行分配和归集，找出影响企业生产运行中的关键节点。通过计算企业的总成本和单位成本，找出经济上的不合理性，运行中存在的问题。本文拟找出油田运营中生产成本的归集、分配方法，并通过成本分析，针对成本过高的关键节点进行挖潜，改善技术薄弱节点，确定合理技术参数，保证地面系统生产高效运行，影响企业日后成本预测和经营决策。

关键词： 成本；分析；技术参数

随着油田生产规模不断扩大，运行成本不断上升，同时油价的持续走低，使企业的效益水平下降，老区采油厂效益处在盈亏平衡点附近。地面系统运行成本在厂生产运行成本中占有很大比列，其中站库消耗更是主要生产费用消耗节点。因此，有必要汇集和分配分析站库运行的成本构成，明确生产固定成本、可变成本的组成要素，分析对比不同站库的运行成本，并找出挖潜方法。

1　转油站成本测算

1.1　转油站成本测算原则

1.1.1　全厂统筹原则

转油站从建设到竣工投产再到生产运行，发生的总成本主要分为两类：一是站库建设时发生的一次性投资，即建设投资，这部分费用在生产过程中以计提折旧、折耗的方式计入生产成本中；二是生产运行中逐年发生的以维持正常生产管理为目标的人工、物料和动力消耗的费用，即运行维护成本，它又进一步细分为：(1)人工成本，即员工工资及福利费；(2)物料成本，包括生产运行中使用消耗的基础材料、仪器仪表、化学药剂及工矿配件等费用；(3)燃料动力成本，主要包括耗气成本和耗电成本；(4)专项成本，包括专项检测费、专项校验费、专项保养费、专项检修费及生产维修费。

1.1.2　成本可控原则

成本从形态上可划分为固定成本和变动成本。对降低集输系统运行成本具有研究价值的成本就是可控成本，我们初步确定将人工成本、物料成本、动力成本和专项成本作为可控成本。但是专项成本虽然是可控成本，但其中有些计入矿成本(如机泵保养、压气站检修)，有些计入厂成本(如容器清淤清洗、防腐保温)，这部分成本无法确定付款单位，量化分解计入转油站成本当中，因此本次成本分析暂不考虑。

因此，本次运行成本分析的主要成本是人工成本、物料成本和燃料动力成本，即人工成本、基础材料成本、通用仪器成本、化学药剂成本、工矿配件成本和燃料动力成本。

2 转油站成本分析

站库运行成本受地面系统管理、生产运行管理及财务经营管理等多方面影响，成本发生来源繁杂、不确定因素较多，在众多影响因素中，梳理3个主要方面：地面系统工艺流程、生产运行参数控制、经营管理相关费用。通过财务数据分析找出站库成本消耗存在规律，找到消耗点，进而运用技术分析方法找到影响成本消耗的主要问题，针对问题制定挖潜方法。

2.1 成本数据财务分析

以喇嘛甸油田北东块2013—2015年成本水平为测算基数，将各成本分类所占比例进行分析，找出集输站库运行过程中的关键节点。各要素所占比例分析如图1所示。

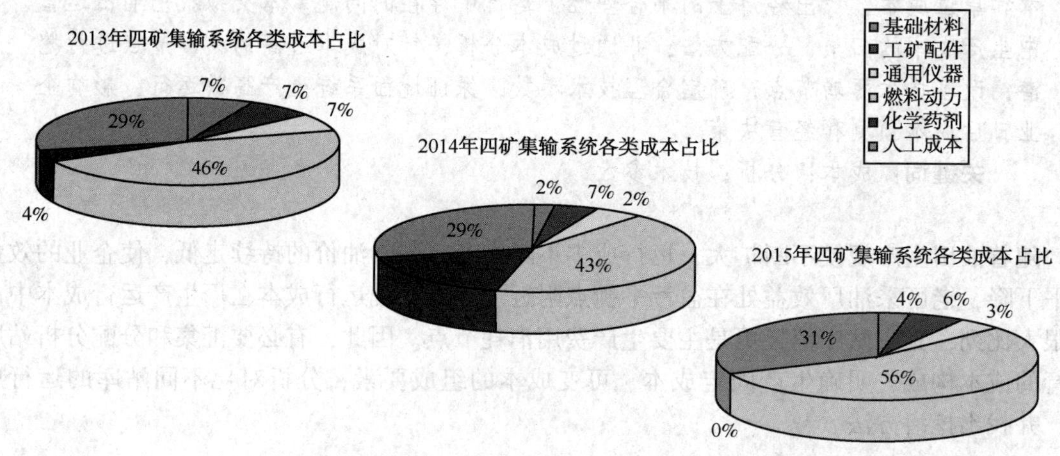

图1 2013—2015年四矿转油站各类成本占比图

从图1中可以看出站库各成本分类构成比例，确定成本分析的重点。集输系统的成本分类包括基础材料、工矿配件、通用仪器、燃料动力、化学药剂和人工成本，已考虑班组台帐、设备工况、价格波动及人员调整等多方面影响因素。在6类构成要素中，燃料动力费在成本中占一半的比例，比例在逐年增加，是成本控制的重点；其次是人工成本，所占比例为30%。受岗位调整、设备数量的影响，成本有小幅变动；其他4类要素总和占总成本的30%左右。药剂成本在2013年和2015年所占比例较小，在2014年占较大比例，这是由于2014年全厂成本节余，其中一部分用于药剂备库。因此，2014年药剂成本较高，但不代表药剂成本占较大比例。工矿配件占7%，且三年无较大变动，基础材料占比2%~7%不等。通用仪器也占比2%~7%不等，一旦采购，可使用多年。每个要素变化都对成本有不同的影响，最终影响经济效益。针对各成本要素重要程度，我们绘制成本要素排列图(图2)。

2.2 成本数据技术分析

按照成本要素重要等级系统图的顺序，进行各要素的技术经济分析。由数据反映存在问题，并从规划设计、经营管理等各个角度汇总分析。燃料动力成本占总成本和吨液成本的比例最大，因此，主要对燃料动力成本展开分析，燃料动力成本包括耗气和耗电成本，各站耗电成本均高于耗气成本。耗电成本主要受外输泵、掺水泵和热洗泵的用电量影响，

耗气成本受加热炉掺水和热洗用气量影响。将转油站拆分为外输部分和掺水热洗部分，

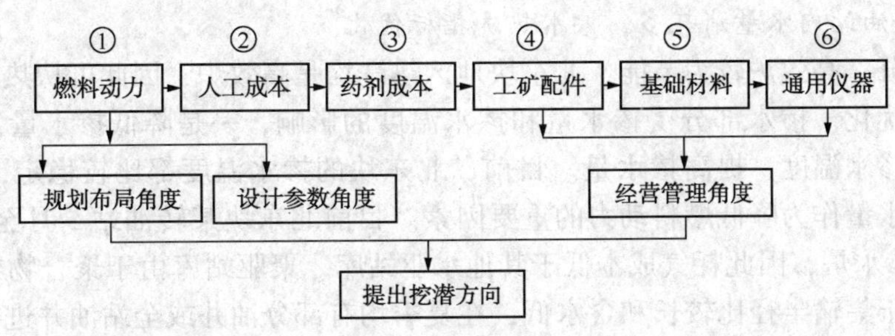

图 2　成本要素重要等级系统图

外输部分主要受外输泵的耗电影响，掺水热洗部分中掺水泵、掺水炉、热洗泵和热洗炉都是随生产流程共同作用，既耗电又耗气。找到外输、掺水、热洗流程的节能点，就是降低燃料动力成本的关键所在。转油站的流程如图 3 所示。

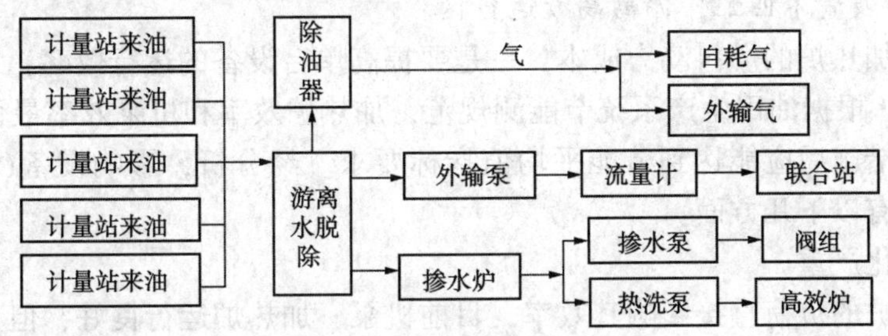

图 3　转油站采用的工艺流程图

2.2.1　转油站产液量降低，工艺流程繁琐应简化

目前北东块区域转油站全部采用季节性不加热集输工艺，根据各单井不同的回压及出油温度情况，有 2 座转油站采用季节性停掺工艺，5 座转油站采用常温集输工艺，2 座转油站采用降温集输方式。从工艺流程看，7 座转油站归纳起来共采用了 3 种工艺流程，一是游离水脱除器—掺水炉—热洗泵—热洗炉的二次提温方式；二是高效炉—污水缓冲罐—掺水泵的一次提温方式；三是转油放水站流程，通过三相分离器—污水沉降罐—掺水/热洗泵—高效炉方式掺水热洗，并具有电脱水器净化油外输流程。

(1) 外输流程。

站内外输工艺及加热工艺存在工艺流程繁琐、能耗较高的问题，实行不加热集输后，转油站内工艺取消了外输加热工艺，但仍保留流量调节阀调节工艺，造成外输局部损失增大，外输泵扬程较高，如某转油站，原设计外输工艺采用调节阀进行调节，目前调节阀均已停用，但外输流程还是经过调节阀，外输距离增加约 80m，且经过多处弯头，造成外输压力损失较大，使外输耗电量增加。

(2) 掺水热洗流程。

进入特高含水期后，油井含水上升，产液量降低，单井集油管网管输特性发生变化，单井回压降低，管网散热损失增大，现有的双管出油集输工艺及三级布站方式，能耗节点多，管网散热损失大。掺水工艺采用分离缓冲游离水脱除器、二合一加热炉，运行效率较低，热洗工艺采用二合一及高效炉的二次加热工艺，不仅增加了能耗损失环节，也造成加热炉系统的整体效率降低。

2.2.2　转油站内水量消耗多，掺水热洗指标优化

在热洗部分，高效炉较为节能，北东块地区热洗均是高效炉，因此可从热洗温度及启泵数量方面进行优化。掺水部分受掺水量和掺水温度的影响，一是降低掺水量，提高掺水温度；二是降低掺水温度，提高掺水量。目前，北东块的掺水温度都比较稳定，在50°左右。因此，应将掺水量作为降低燃料动力的重要因素。目前北东块某转油站5月至9月不掺水，5个月不运行掺水炉，因此耗气成本低于其他水驱站库。聚驱站库由于聚合物黏性大，过渡带地区站库由于集输半径比较长和含水低，在夏季均有部分油井或全站油井进行掺水。但是对于水量可以相应进行调整。

一般情况下，单井产液量越高，所需要的掺水量就会越少。液量含水高，井口回压低，可保证正常的回油温度。为了保证生产，个别井超出标准，相应成本较高，在以后的站库改造时，将理论计算与实际生产相结合，优化掺水量，减少燃料动力成本。

2.2.3　设备液量不匹配，偏离高效运行区

降低机泵、加热炉的燃料动力成本，一是要提高单台设备的运行效率；二是多台设备的整合匹配。目前，根据油田生产系统节能测规范，加热炉效率和机泵效率最低能达到限定值指标要求，采取措施后应能达到节能平均值指标要求。经分析，影响设备(机泵、加热炉)效率的主要原因有以下几方面：

(1) 设备老化严重。

机泵、加热炉的负荷直接影响其效率，目前机泵、加热炉运行良好，但是尚未处于高效运行区。进入开发后期，地面设施老化问题日益突出，主要设施已进入更新维护高峰期，目前在运行的10座转油站中，有6座站运行在20年以上，使用年限在20年以上的加热炉有21台，在运行的D系列和Y系列老化机泵有11台。由于站库的外输液量、掺水的规模及热负荷等参数发生较大的变化，而与之相对应的设备工艺参数调整相对滞后，造成系统内设备偏离高效区运行，运行效率降低。

(2) 设备液量不匹配。

机泵。设计规模根据设计站的产量预测确定。机泵、加热炉的选择综合考虑建站10年以内的最大流量，预留最大能力。北东块地区运行20年以上的老站有6座，随着实际运转的液量浮动，油井转水井、油井合并等情况发生，机泵与液量的不匹配成为转油站存在的普遍问题。由于处理液量降低，合用一台泵处理现有液量能力不足，启用两台泵会增加能耗。

加热炉。从运行效果看，高效炉更为节气。从设备能力看，功率=掺水量×温差，设计时掺水温度按70°计算，水驱温差达到35°，而目前掺水温差仅为15°，随着掺水量和温差的下降，加热炉的负荷也逐渐降低。部分站库加热炉能量剩余，改造时也可适当考虑大炉换小炉，对全厂范围有2台以上的掺水炉，可优化1台，间接达到提效的目的。

另外，除油器的除油效果也是影响加热炉效率的重要因素。目前，除油器的油气分离效果不好，气含水高，影响燃烧效率，从而影响加热炉效率，增加能耗。

2.3　成本数据管理分析

生产运行系统是实现油田经营目标所进行的计划、组织、管理等一系列活动的总称。基层站库的基础材料、工矿配件、通用仪器及化学药剂的使用情况和消耗成本，反映了站库运行情况日常管理水平和各类参数指标。

基础材料包括日用电器(电工材料、电工元器件、日用电器)、建筑五金、工具器具、

杂品(轻纺产品、塑料制品、橡胶制品、涂料)等日常所用材料，是与生活、生产密切结合的辅助道具。没有一个站库的基础材料在三年都处于较高水平，且每个站的整体水平都无太大差距。基础材料所用多少与站库规模、驱替方式并无明显关系。

工矿配件费用分为石油及产品、电子工业产品、阀门、工矿配件、轴承、密封类、通用机械设备、管道配件、钢材、电力电工设备、动力设备、石油专用设备、通用化工产品、石油钻采设备配件及其他共计 15 个小项。在 3 年工矿配件总费用上，石油产品类、阀门及密封类物资各小队每年消耗较为固定，目前消耗在正常范围内波动，由于站内机泵使用年限在延长，这几类物资消耗量会逐年小幅增长。临时性消耗物资较多，电子工业产品、管道配件、石油钻采设备等物资更换周期不确定，属于临时发生，在几年内都不会再次维修或更换。

3 集输系统站库成本挖潜

(1) 简化集输工艺，减少站内能耗节点。

北东块区域 10 座转油站中有 3 座站，虽然已停用外输加热炉，但仍保留外输流量调节阀工艺，建议取消调节阀，采用直接外输工艺。同时有 6 座站掺水工艺仍采用分离缓冲二合一加热炉进行加热，热洗工艺也采用二合一二次提温的加热方式，运行效率较低，优化将二合一加热炉改为高效管式加热炉，提高系统效率。

(2) 优化集输工艺，降低管网热损失。

进入特高含水期后，同建站初期相比，集输系统管网及设备负荷率普遍降低，管网效率普遍降低，针对部分集输管网保温层破损及液量低、流速慢，散热损失大的问题，可更换管网，重做保温及对管网进行串接，提高产液量，充分利用油井剩余压力，减少掺水量，同时应用井口回压及掺水监控，摸索单井掺水量及热洗周期。

(3) 采取多种措施，提高加热炉效率。

为提高加热炉的效率，达到节能值的要求，可通过在加热炉表面刷涂节能涂料，改进加热炉空气系数、排烟温度、氧含量等方面进行考虑。当站库需要改造时，在运行 3 台掺水炉时，可考虑优化一台掺水炉，提高掺水炉的负荷率。

(4) 对老化严重、高耗、低效设备进行更换。

北东块区域转油站共有运行 10 年以上的 D 系列和 Y 系列的低效泵 11 台，按单台效率提高 5%进行计算，年可节电 61.68×10^4 kW · h，采用新型节能建筑，墙体散热系数达到 1.27W/(m^2 · K)，减少 0.4W/(m^2 · K)。

(5) 优化掺水系统，对机泵进行合理匹配。

降低掺水能耗，同时对站内低效泵及低效加热炉进行优化，提高设备运行效率。根据转油站实际产液量及预测产量，计算机泵的合理排量，可对区域内 6 台外输泵进行梯级优化，同时通过掺水量优化，对 8 台掺水泵进行合理匹配，并应用变频技术结合现场热洗系统运行状况，对 8 台热洗泵进行缩小排量的改造。

(6) 掺水热洗指标优化，满足生产需要降低能耗。

① 掺水时间调整。

有选择性地对含水高、回油温度高的油井实施不掺水、减少掺水时间及降低掺水量等措施，可有效减小掺水泵能耗。

② 热洗温度优化。

一是根据不同油井设定不同热洗温度。可根据油井产液量、含水率、含聚浓度及集输距离的不同，有针对性地对部分油井降低热洗温度。可取满足产液量高于 $80m^3/d$、含水率高于95%、含聚浓度低于150及集输距离小于300m这4项指标中2~3项以上的油井，降低热洗温度，以达到节能降耗的目的。二是有选择性地实施单泵双洗。目前我厂部分转油站由于辖井数超过100口，为保证洗井周期及热洗效果，热洗流程改为双泵双洗流程，热洗2口油井需同时使用2台热洗炉及2台热洗泵。可选择同一计量间所辖的采出液性质及集输距离相近的2口油井，使用1台热洗炉和1台热洗泵就能达到热洗2口油井的效果，可有效降低热洗能耗。

(7) 加强各站库人员巡检意识，提高管理水平。

在日常生产中加强小队干部的巡检意识，避免因保养维护不及时而产生大量维修更换工作，按时检修保养仪器仪表设备。提高站上员工的岗位意识，严格按照规范操作，避免因操作原因造成配件损坏。对于设备运转情况，在做好记录的同时，实时观察各项参数，确保设备高效运行。比如除了通过噪音检测，可通过观测电压、电流判断机泵是否处于良好运行状态。通过平稳操作，减少维修更换次数，降低生产运行成本，实现转油站高效低耗平稳运行。

4 结论

(1) 站库达到一定的规模，可以保证吨液成本较低。外输液量越多，相应吨液成本越少。负荷率越高，吨液成本越低。吨液成本最低需要规模和设备的良好匹配。

(2) 已取消的流程仍存在较多的能耗点，外输流程需取消调节阀工艺。

(3) 单井产液量越高，所需要的掺水量就会越少。成本不受所辖井数的影响，而受井产液量的影响。相同的产液量，集输半径较长，成本也越高。

(4) 在日后站库改造时，将理论计算与实际生产相结合，优化掺水量，减少燃料动力成本。

(5) 泵老化、机泵不匹配等问题影响转油站的高效运行。

(6) 掺水炉的成本降低可通过降低负荷，大炉换小炉，3台运行时优化1台掺水炉，对单台加热炉采取多种节能措施，调整掺水时间等提高加热炉效率。

(7) 管理是降低成本的主要因素。避免因保养维护不及时而产生大量维修更换工作，通过平稳操作，减少维修更换次数，降低生产运行成本，实现转油站高效、低耗、平稳运行。

参考文献

[1] 赵维兰．浅谈概预算在工程设计中的作用[J]．山西交通科技，2003(S1)：42-43.
[2] 王玉翠，祝华，卢克福．石油企业成本核算探析[J]．油气田地面工程，2009，28(5).
[3] 陶维静，李文玉．建设工程项目的成本控制方法[J]．城市建设理论研究，2015(20).

喇嘛甸油田 6kV 配电系统优化运行措施

张建军

（规划设计研究所）

摘　要：通过现场勘查分析 6kV 配电系统运行现状，确定影响优化运行的主要因素为所辖变压器的负载率、线路平均功率因数和网损率。通过实施应用提高变压器负载率技术，优化变压器参数性能及合理匹配变压器容量；实施应用无功补偿技术，减少线路无功损耗，提高线路功率因数；实施应用线路优化调整技术，合理调整负荷，优化线路长度，减小运行电流。“十二五”期间累计节电 4003×10^4kW·h。

关键词：配电系统；负载率；功率因数；网损率；优化运行

目前喇嘛甸油田已进入中后期开发阶段，由于产能建设和老区改造，部分变压器使用年限过长，性能指标已进入淘汰期，产液量逐年变化，导致部分电动机与变压器容量不匹配，变压器负载率低于国标变压器运行区间；线路无功补偿受环境影响损坏和负荷变化，导致部分线路平均功率因数低于国家标准（为 0.9）；油田线路分散跨度较大，电能在线路远距离输送时，导致迂回送电，运行电流偏高，部分线路网损率高于国家标准（为 6%）。

1　提高变压器负载率技术

通过调查，喇嘛甸油田在“十二五”期间仍有 30% 的变压器为高能耗变压器，按照国家相关规定及公司要求，到“十二五”末，S7 及以下系列变压器达到“零在用”。根据现场勘察测试，油田在运的 S7 及以下系列变压器平均负载率为 33%（变压器经济运行区间为 40%~75%）。由于数量众多的高能耗变压器低负载率运行，导致电能损耗严重。因此，提高变压器性能指标和给合变压器容量合理匹配技术可以实现提高变压器负载率的目的。

1.1　提高变压器性能指标

通过变压器更换和节能改造技术，可以提高变压器性能指标，减少运行损耗，提高变压器负载率。

变压器更换的主要做法是将 S7 及以下系列高能耗变压器更换为 S11 系列节能型变压器。S11 系列变压器是以不同宽度的冷轧硅钢片组成的一个无接缝芯柱环绕封闭铁芯，通过改变内部线圈材质（铝线圈换为铜线圈），在更换铁芯立柱的同时增加铁芯立柱级数来实现节能。与 S7 系列变压器相比，励磁电流为其 1/8~1/6，空载损耗降低 30%，负载损耗降低 30%，总损耗降低 30%，变压器负载率提高 15%。变压器更换主要适用于单台变压器，除了带动井用电动机，还为井口温度、压力传感器、节能控制柜等用电设备提供电源，更新时为同容量更换的变压器，即更换前后变压器容量不变。

变压器节能改造的主要做法是降容改造，主要原理是通过增加线圈匝数，减少铁芯磁通密度。改造后变压器容量降低 25%~30%，适用于容量在 500kVA 以下的变压器，具有改造元件少、技术难度小、改造费用低等特点，广泛用于大批量改造的井用变压器。变压器节能改造原则是将高能耗变压器改造为 S11 节能型变压器，改造后的变压器与 S11 节能型变压器在性能、数据及运行经济性上相同，使用寿命一般为 15 年。变压器节能改造主要适用于产液量降低的油井，同时不为其他用电设备供电的、只保留设计预留量的变压器。变压器性能对比见表 1。

表 1 变压器性能对比表

额定容量，kVA	S7 系列		S9 系列		S11 系列	
	空载损耗，W	负载损耗，W	空载损耗，W	负载损耗，W	空载损耗，W	负载损耗，W
63	220	1400	200	1040	150	1040
80	270	1650	250	1250	180	1250
100	320	2000	290	1500	200	1500
125	370	2450	340	1800	240	1800
315	766	4795	960	3470	480	3650
500	1030	6686	1160	4880	680	5100

1.2 变压器容量合理匹配技术

通过变压器容量合理匹配技术，提高变压器运行的视在功率，从而提高变压器负载率。原井用变压器与电动机的匹配方法是以所带电动机的额定输出功率和额定电流为匹配原则。以电动机额定功率为 55kW 的井为例，设选用变压器容量为 k，额定电流为 110A，则 1.52(井用变压器负载电流系数)$\times k=110$A，即 $k=72.36$kVA，通过对变压器容量进行等级选择，应匹配 80kVA 的变压器。通过对油田井用变压器进行测试和计算，根据现场实际输出功率、运行电流和功率因数，总结出折算后井用变压器与电动机的匹配方法是以所带电动机实际负荷为匹配原则。以电动机额定功率为 55kW 的井为例，实测输出功率为 24.75kW，实际运行电流为 49.5A，设预选用变压器容量为 k，则 $1.52\times k=49.5$A，即 $k=32.5$kVA，因为井用电动机所带负荷的特性，功率因数为 0.55，则设变压器的实际容量为 y，则 $y\times 0.55=32.5$kVA，即 $y=59$kVA，通过对变压器容量进行等级选择，匹配 63kVA 的变压器可以满足生产需要。井用电动机功率折算后与变压器容量之间的合理匹配数据见表 2。

表 2 井用电动机功率折算后与变压器容量之间的合理匹配数据表

电动机铭牌功率，kW	25	30	35	40	45	50	55	75	100	125
电动机折算后功率，kW	11.56	12.04	14.52	18.75	19.63	22.15	25.14	31.25	40.25	51.85
原变压器匹配容量，kVA	50	50	63	63	63	80	80	100	125	200
折算后变压器匹配容量，kVA	30	30	50	50	50	63	63	80	100	125

某油井电动机额定功率为 55kW，实际测试负载率为 30.3%，变压器功率因数为 0.5，通过容量合理匹配确定其最佳变压器容量为 63kVA(匹配前为 S7-80，匹配后为 S11-63)，则单位时间内视在功率为 8.76kW，变压器负载率提高 13.9%，通过变压器节能改造和容量匹配，负载率为 44.2%。

2 无功补偿技术

功率因数 $\cos\phi$ 是线路运行的重要影响因素之一。提高线路功率因数主要从两个层面实施无功补偿技术，第一层面是在变电所对母线进行输出端集中补偿，将母线功率因数提高到0.99；第二层面是在线路上进行高压无功补偿，将整条线路的功率因数提高到0.9。

2.1 无功补偿点选取

随着无功补偿技术的更新换代，目前油田主要采用高压自动无功补偿来代替早期安装的跌落式无功补偿。其原理是采用成组设备集中自动补偿，补偿容量可根据当时整体运行工况需要，自动投入所需容量，与跌落式无功补偿相比可以达到较高的补偿精确度和稳定性。

补偿点的选取应符合无功就地平衡的原则。根据现场试验和测试数据，总结规律为线路上安装无功补偿越多，功率因数提高越明显，但是相应增加了运行维护费用，所以在负荷分布均匀的线路上无功补偿点最多不宜超过2个。

线路补偿点计算方法：

$$Li=(2n/2n+1)L$$

式中 Li——补偿点位置；

n——补偿点数量，1，2，3…；

L——线路总长。

通过总结规律和计算方法，当线路需要1个补偿点时，最佳位置为线路始端的2/3处；当线路需要2个补偿点时，最佳位置为线路始端的2/3处和线路始端的4/5处。

2.2 无功补偿容量匹配技术

“十二五”期间，油田逐年推广应用无功补偿技术。无功补偿容量匹配应以减少主干线路上的无功电流为目标。补偿容量过大会导致线路在轻载时的过电压和过补偿现象，通过测试和计算，总结出单点补偿容量不宜超过满载时无功功率的1/3。

1#线路长度为1.38km，为3口油井及1座站提供电源，根据现场实际测试数据，该条线路平均功率因数为0.8，满载与轻载运行时，单位时间内有功功率相差239kW，如把功率因数提高到0.9，通过计算最大补偿容量为90.82kvar，此时可选取1个补偿点，位于距离线路始端0.92km处，补偿容量可匹配为100kvar，通过现场实施应用无功补偿技术，该条线路平均功率因数提高到0.90~0.94。

2#线路长度为20.2km，为57口油井及4座站提供电源，根据现场实际测试数据，该条线路平均功率因数为0.77，满载与轻载运行时，单位时间内有功功率相差2067kW，如把功率因数提高到0.9，通过计算最大补偿容量为785.464kvar，此时可选取2个补偿点，分别位于距离线路始端13.5km处，补偿容量可匹配为500kvar和距离线路始端16.2km处，补偿容量可匹配为300kvar，通过现场实施应用无功补偿技术，该条线路平均功率因数提高到0.91~0.95。

3 线路优化调整技术

3.1 网损率与运行电流和线路长度的关系

网损率是线路损耗的重要指标，也是线路运行的主要影响因素。目前，计算网损率的方法主要有以能量损失计算和以电压损失计算(所选取的参数不同，结果相同)，根据计算公式可以得出影响网损率的主要参数为线路的运行电流和线路长度。

根据能量损失计算方法可模拟出网损率与运行电流的曲线，确定最佳运行电流。以电压损失计算方法，利用计算出的最佳运行电流，可计算最佳线路长度。网损率与运行电流关系如图1所示。

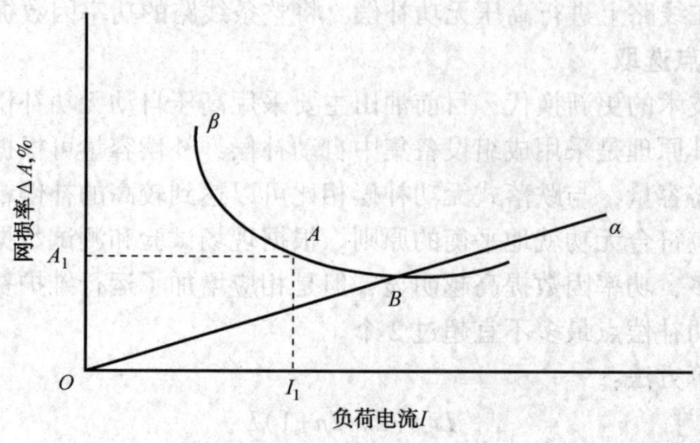

图1　网损率与运行电流曲线图

从图中可以看出，A 点为运行电流最低点，但是网损率不是最低点；B 点为2条曲线交汇处，当运行电流为 B 点值时，为网损率为最低点，所以 B 点的运行电流值可认为是最佳运行电流。

3.2　线路优化调整技术主要方法

目前油田部分站库已实现两端供电，由于逐年产能建设改造，线路的负荷变化，部分线路的网损率已超出企业标准(为6%)，造成电能损耗急需优化调整。同时对于网损率小于6%的线路，通过线路优化调整可以深挖节能潜力。通过计算和现场测试，总结线路优化调整主要方法如下：

一是调整线路长度。对负荷固定的线路，通过测试实际运行电流，计算出最低网损率和最佳线路长度，进行合理分段，缩短供电半径。主要做法是将线路由原来的一条树干式配电线路改为2条放射式配电线路，在原有线路干线中间适当位置安装真空断路器分断线路。为避免在固定路径直接分段的线路出现井站迂回供电问题，可根据现场实地勘察，重新架设线路，采用干线直供、支线分供的方式。

3#线路长度为12.6km，实际测试运行电流为75A，单条线路网损率为6.17%，通过计算得出，最低网损率为5.11%，最佳线路长度为8.9km，优化调整后，减少了电能在远距离传输时的损耗，年节电 3.7×10^4kW·h。

二是降低运行电流。对长度固定的线路，计算出最低网损率和最佳运行电流，进行负荷调整，降低运行电流。主要做法是将线路所带负荷合理分配区间，根据区域配电能力，调整线路的负荷分布，避免区域内线路所带负荷不均匀，单条线路所辖井站过多问题。4#线路长度为8.7km，为22台变压器和2座转油站供电，运行电流为82A，单条线路网损率为6.31%，通过计算得出，最低网损率为4.98%，最佳运行电流为56A，优化调整后，所辖变压器变为14台，转油站变为1座，降低了线路运行时的电能浪费，年节电 6.2×10^4kW·h。

4 应用情况

“十二五”期间，某油田共计更换S7及以下系列高能耗变压器896台，对525台高能耗变压器应用了节能改造技术，实现“零在用”，变压器平均负载率提高了15%，累计节电2131×10^4kW·h；对47条线路应用了无功补偿技术，总装配容量为7050kvar，平均功率数达到了国家标准(为0.9)，累计节电1461×10^4kW·h；对33条线路进行了线路分段，在合理位置处安装了真空断路器，缩短了供电半径，平均网损率为4.68%，对52条运行电流超过74A的线路进行负荷调整，平均运行电流降低了31%，平均网损率为5.26%，累计节电411×10^4kW·h。通过解决影响6kV配电系统优化运行的因素，降低了电能损耗，累计节电4003×10^4kW·h。

5 结论

(1) 变压器作为6kV供配电系统主要能耗节点，鉴于其存在投资大、数量多、投资回收期长等缺点，在更换和改造变压器时，应结合产能和改造等工程项目优先实施，逐年淘汰高能耗变压器，并严格控制实施后的变压器性能指标和节能运行情况。

(2) 无功补偿节能技术作为提高线路功率因数的最有效手段，由于其具有投资少、节能效果显著、投资回收期短等优点，应作为主导节能技术优先实施，对配电网进行全面推广应用，并加大维护和管理力度。

(3) 在改造和新建配电线路时，应优先考虑网损率，确定运行电流和线路长度，对线路进行合理布局，合理分配负荷。

参 考 文 献

[1] 刘国旗. 从变压器负载率与能耗统计看变压器的经济运行点[J]. 电工技术，2010(2)：51-53.
[2] 史京平. 配电变压器经济运行[J]. 电气时代，2006(6)：106-108.
[3] 郑莹. 无功优化和无功补偿在配电系统上的应用[J]. 广东输电与变电技术，2010(3)：23-26.
[4] 王宝俊. 无功补偿与提高功率因数及降损节能的关系[J]. 民营科技，2011(2)：12-17.
[5] 刘俊. 运行方式对过网网损率影响的分析[J]. 上海电力，2007(1)：35-37.
[6] 李云台，邵建军，李霖. 配电网的经济运行与技术改造[J]. 广东输电与变电技术，2008(4)：18-21.

浅谈提高注水泵效的几个主要途径

孙庆斌 熊梦迪 许冬华 刘俊峰 马 威

（第二油矿）

摘 要：受国际石油市场的不景气以及大庆油田内部开发难度不断加大等诸多不利因素影响，如何开源节流，低耗高效地进行油气开采成为新时期大庆人面临的首要问题。本文对油田生产中耗能巨大的水驱系统如何优化管控、提高注水泵效做了详细的阐述。针对离心泵特性曲线及管路特性曲线的特点进行分析，根据不同的干线压力调控离心泵的压力以保证离心泵在高效区运行；对注水站在用离心泵的泵压与注水系统压力进行对比计算，通过机泵减级、叶轮切削等措施达到泵压与管压的合理调控区间；减小泵管压差，合理匹配注水设备；针对不同注水机组的调控区间实施不同的管控措施，确保各注水机组在高效区运行。通过描述的4个主要措施的实施，提高了注水机组的运行效率，注水站低耗高效注水的目标得以实现，效果显著。

关键词：提高注水泵效；高效区运行；节能降耗

目前，大庆油田受国际原油市场不景气，高含水开发后期开采难度不断加大等诸多不利因素的影响。而作为油田主要的开采方式，水力驱油是油田耗能最大的系统，占油田开采总能耗的40%以上。因此，如何做好水驱系统的动力枢纽——注水站的管控工作，是油田节能降耗工作中的重要课题。对影响注水站高压注水机组高效运行的原因进行深入分析，针对高压注水机组运行的特性，制订出切实可行的运行方案，使注水机组在高效区运行，是能够实现低耗高效运行的最终目标的。

1 影响注水高压离心泵泵效的原因分析

1.1 注水站高压离心泵运行特点与管路特性曲线的关联分析

离心泵的工作原理是把电动机高速旋转的机械能转化为被提升液体的动能和势能，是一个能量传递和转化的过程。根据这一特点，离心泵的工况点是建立在水泵和管道系统能量供求关系的平衡上的，只要两者之一的情况产生变更，其工况点就会转移。工况点的转变由两方面引起：第一是管道系统特性曲线转变，如阀门节流；第二是离心泵本身的特性曲线转变，如变频调速、切削叶轮以及离心泵串联或并联等。图1为离心泵的特性曲线与管路特性曲线的关系图。

如图1所示，离心泵的特征曲线 $Q—H$ 与管路特征曲线 $Q—\sum H$ 的交点 A 为阀门全开时水泵的极限工况点(最佳工况点)。关小阀门时，管道局部阻力增加，离心泵工况点向左移至 B 点，相应流量减少。阀门全关时，相当于阻力无限大，流量为零，此时管路特征曲线与纵坐标重合。从图1可以看出，通过关小阀门来把持流量时，离心泵本身的供水才能不

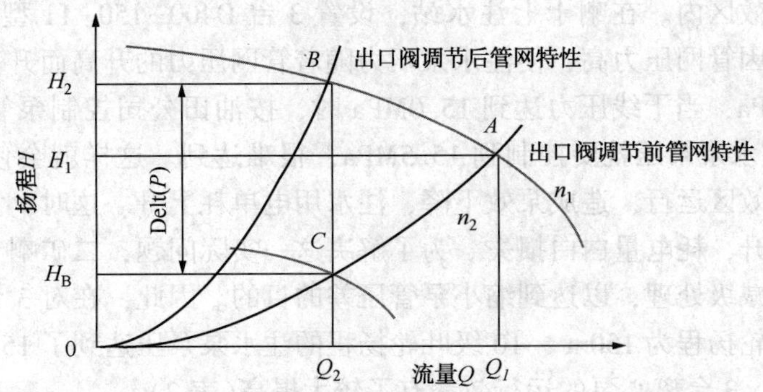

图1　离心泵的特性曲线与管路特性曲线的关系图

变，扬程特征不变，管道阻力特征将随阀门开度的转变而转变。这种方法把持简便、流量持续，可以在某一最大流量与0之间随便调节。但节流调节是以耗费离心泵的过剩能量来保持必定的供应量的，离心泵的效率也将随之降落，能耗随之增加。因此，对于高能耗的高压注水泵，如何合理打开高压注水系统的调控空间是注水站节能降耗的关键所在。

1.2　注水干线压力波动的影响

随着油田开发后期开采难度的不断加大，各种增产措施的实行对水驱系统的影响较大。钻井、修井，配水间调水，注水干线及阀门刺漏、损坏，注水站注水机组启停频繁等诸多因素都会造成注水干线压力的波动。而注水干线压力的波动会直接导致高压注水机组压力升高，这时如果没有进行有效的调控，就会使高压离心泵偏离高效区运行，造成能量损耗。

1.3　注水机组运行中的调控方案不足

在注水站的实际运行中，往往没有制订出切实可行的调控方案。启动离心泵后，直接将泵的出口打开到最大，没有监测高压离心泵是否处于高效区运行。当干线压力升高和降低时，泵的实际效率也会随之变化，如果不及时按高效区的运行参数进行调控，对注水机组的运行效率会有较大影响，造成较大的能量损耗。二矿喇十七注水站未按测算调控区间参数进行调控前，3台注水机组的运行效率见表1。

表1　喇十七注水站1月注水机组泵效

机泵	注水量，m^3	运行时间，h	泵效，%
1#注水机组	220132	666	74.4
2#注水机组	124252	372	75.9
3#注水机组	82090	296	71.3

从表1中可以看出，喇十七注水站在未采取精细管控时，3台注水机组的运行效率较低，明显未达到高压离心泵运行效率标准。因此，针对不同型号的高压离心泵采取有效的运行措施是十分必要的。

2　针对影响高压离心泵的原因制定相关措施

2.1　减小泵管压差

针对注水干线压力波动对高压注水机组泵效的影响，首要解决的就是泵管压差过大的问题。对于注水机组运行压力的调控要根据干线压力的变化特点制订出合理的调控方案以确保注水机组运行在高效区内。在喇十七注水站，设置 3 台 D400-150-11 型高压离心泵机组。在运行期间，常常因管网压力高，使注水泵压力随着管网压力的升高而升高。由于离心泵的设计压力为 16.5MPa，当干线压力达到 15.0MPa 时，按油田公司控制泵管压差的标准执行≤0.5MPa，高压注水泵泵压就要控制到 15.5MPa，很难达到。这样就会使注水泵严重偏离额定压力，远离高效区运行，造成泵效下降，注水用电单耗上升。这时，注水机组的负荷会变小，能量损耗上升，耗电量白白损失。为了解决这一实际问题，二矿喇十七注水站对 3 台高压注水泵进行了减级处理，以达到缩小泵管压差的目的。因此，在对 3 台注水泵进行了减级处理后，单级叶轮扬程为 150m，10 级叶轮扬程的注水泵泵压达到了 15.0MPa，运行时极大缩小了泵管压差，3 台离心泵的运行效率有了较大提高(表 2)。

表 2　减级后泵效测算表

编号	电压 V	电流 A	功率 因数	电机效率 %	进口压力 MPa	泵压 MPa	管压 MPa	泵管压差 MPa	排量 m^3	轴功率 kW	泵效 %	用电单耗 $kW\cdot m^3/h$
1	6000	227	0.86	96	0.06	15.2	15.0	0.2	389	2089	76.1	5.5
2	6000	222	0.88	96	0.06	15.2	15.0	0.2	402	2173	76.2	5.6
3	6000	219	0.88	96	0.06	15.2	15.0	0.2	398	2068	75.5	5.7

2.2　合理搭配注水设备

在泵管压差得到有效缩小的同时，喇十七注水站对注水机组的运行效率进行了测算，经过测算(表 2)，不难看出 3 台注水机组经过减级处理后，泵管压差得到了大幅缩小，泵效和用电单耗都低于油田公司的标准。但是，根据减级处理后实测的特性曲线图(图 2)可知，减级后的泵压等各项参数显示泵仍然偏离最佳工况区运行。因此，喇十七注水站对 3#注水泵进行了叶轮切削，将 3#注水泵的排量调整为接近 D300 高压离心泵的排量。这样，3#机组的排量可达到 270~290m^3，调控后泵在高效区运行。

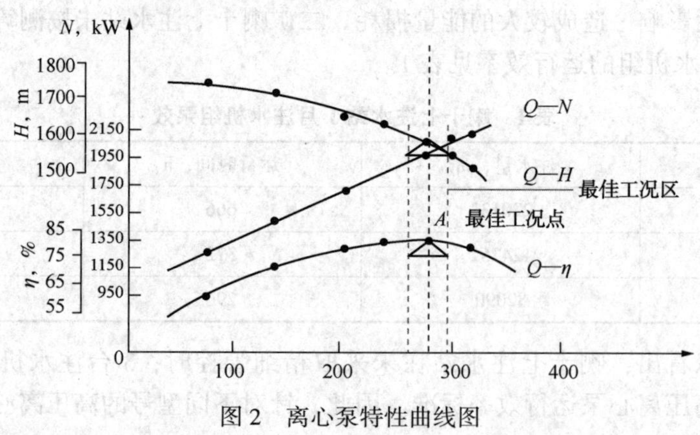

图 2　离心泵特性曲线图

经过高压离心泵的减级及切削处理后，在运行期间采用 1#、3#和 2#、3#的组合进行运行配置。泵效有了明显的提高，1#与 3#注水机组的运行效率提高了 1%~2%，注水用电单耗大大降低。

2.3　通过实测确定注水机组的最佳调控区间

经过对高压注水泵减级、切削的处理后，注水泵的可调控区间彻底打开了。但是，仍然没有解决注水干线压力波动对注水机组泵效的影响。干线压力波动，注水机组的压力也会随之波动，这样注水机组就会偏离泵的高效区运行，严重影响泵的效率，使注水机组用电单耗增大，产生高耗能。如果针对干线压力波动的区间，通过泵的特性曲线测算出泵的相应的调控区间，就能够最大限度地避免高压注水机组偏离高效区运行。喇十七注水站根据生产实际测定出了1#至3#注水机组的调控区间(图3)，进行精准调控。

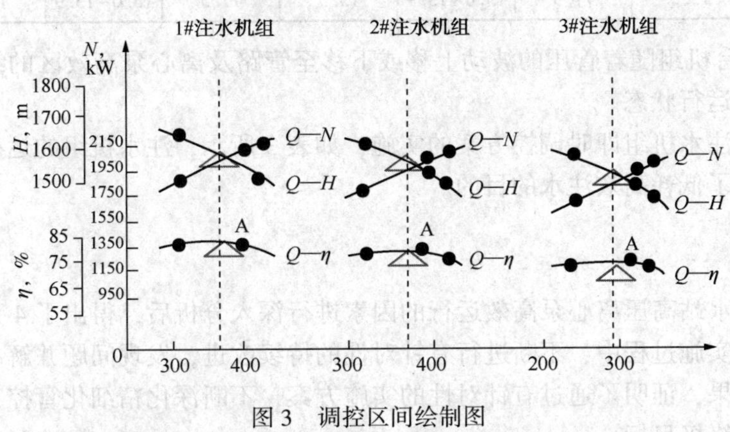

图3　调控区间绘制图

如图3所示，通过调控区间的测定，针对干线压力波动进行精准调控。

2.4　针对不同的注水机组采用不同的调控措施，确保注水机组高效运行

喇十七注水站在制定出3台注水机组的具体调控区间后，根据3台机组的不同特点制定措施如下：

（1）1#注水机组和2#注水机组在同时运行时，由于排量都能够达到370~390m³，因此，在调控过程中，越是开大出口阀门使泵趋于高效区时，2台注水机组对进口水量的要求也越高，造成互相抢水的情况出现。这时，2#机组靠近出口干线，出口阻力相对较小，同条件下的排量更大。这时，可以结合特性曲线的调控区适当关小2#机组的出口阀门，使2台注水机组的运行参数达到平衡点运行。这时，2台机组的运行效率在高效区内，并且最大程度地靠近最佳工况点运行，经过精细化的调控，2台机组的效率可达到最大化。

（2）由于3#注水机组进行了切削，排量达到了260~280m³，为注水机组的大小搭配提供了条件。通过计算，1#和3#机组，2#和3#机组的搭配为优化组合，能够实现3台注水机组互不抢水、平衡注水的目的，实施后，1#和3#注水机组的效率均达到了高效区的最佳参数，并且2台机组的效率达到了平衡状态。

（3）合理调控来水量，使来水量稳定，确保泵的运行参数稳定，避免能量损耗。来水量的稳定是进口压力稳定的保证，而进口压力与泵的平衡压力成正比。泵的平衡压力的最佳范围为0.8~1.0MPa，而这个区间就要求泵的进口压力保持在0.7~0.9MPa，大罐液位在7~9m的范围，这时泵的串量最佳，级间损失最小，泵的机械效率最佳。因此，喇十七注水站根据实际情况，确定调控液位区间在7~9m，进行调控应急演练，效果显著。

经过3个措施及使用高效区参数调控相结合的方法，使注水机组处于高效区运行成为常态。因此，3台注水机组的泵效有了明显的提高。表3为注水机组调控前后对比表。

表 3　注水机组调控前后对比表

调控期	1#注水机组			2#注水机组			3#注水机组		
	管网压力 MPa	注水泵压 MPa	注水泵效 %	管网压力 MPa	注水泵压 MPa	注水泵效 %	管网压力 MPa	注水泵压 MPa	注水泵效 %
前	15.0~15.9	15.3~16.2	76.1	15.0~15.9	15.4~16.2	76.2	15.0~15.9	15.1~15.6	75.9
后	15.0~15.9	15.5	77.3	15.0~15.9	15.5	77.5	15.0~15.9	15.4	76.2

调控后，3 台机组随着管压的波动上移或下移至管路及离心泵高效区的结合区内，使泵的效率达到最佳运行状态。

经过对 3 台注水机组即时调控方案的实施，如表 3 所示，注水机组的运行效率得到了较大的提升，达到了低耗高效注水的目的。

3　结论

在对影响注水站高压离心泵高效运行的因素进行深入分析后，得出了 4 条行之有效的实施方案。在方案实施过程中，不断进行有针对性的持续改进，发现问题并解决问题。通过方案实施的显著效果，证明了通过有针对性的实施方案，不断深化精细化管控，完全可以达到低耗高效注水的终极目标。

变电站直流故障分析及处理

董海江　马　力

（电力维修大队变检队）

摘　要：变电站直流系统作为变电站的动力心脏，为变电站的开关提供动力电源，为变电站的保护提供稳定电源。一旦直流系统出现故障，轻则回路无法投运，重则会造成越级或全所失电等重大事故。因此，我们必须对变电站直流系统进行系统、全面的检修保养。

关键词：变电站；直流；分析；改进

1　直流系统

我厂变电站投产时间跨度大，设备型号种类多，所使用的直流系统型式多样，现在变电站多数使用的是 ZXJK-3 型的直流系统，其中主要故障也多发生在这类直流系统中，ZXJK-3 型直流系统由 1 块 ZXJK-3 型监控模块和 2 块 GKDM-2 型充电模块组成，配套设备为 ZXB-11 型直流系统信号报警系统。

2　直流故障现象

ZXJK-3 型的直流系统故障现象有：(1)蓄电池缺陷严重，包括电池开路、容量崩溃、端电压低和漏液等；(2)监控装置缺陷频繁，包括控制失灵及控制精度差等，严重影响蓄电池的质量和寿命；(3)充电装置自身缺陷多，包括硅整流损坏造成直流失压、阀控蓄电池配相控充电机的稳压稳流精度满足不了要求、充电装置死机、防雷抗干扰能力差、降压单元或其他元件损坏等；(4)绝缘检查装置运行可靠性差，包括死机、选线不正确、报警失灵和装置损坏等。

3　直流故障原因分析

分析以上故障现象，我们发现故障原因为以下两种：

第一种是在充电模块故障发生后，整个直流供电系统由电池供电，短时间系统电压不会发生太大变化，时间一长，由于电池容量有限(现在我厂变电所直流电池容量有 65Ah 与 70Ah 两种)，直流供电系统电压就会下降，影响整个变电所的系统运行。直流监控装置有过压、欠压、+接地和-接地报警，一旦直流系统发生故障，监控装置相应告警指示灯发光，指示故障信息，由于 ZXB-11 型直流系统信号报警系统只有灯光指示而没有声音报警，值班人员无法及时准确判定故障信息，导致故障长时间无响应，根据中华人民共和国电力行业标准 DL/T 724—2000《电力系统用蓄电池直流电源装置运行与维护技术规程》中 5. 3. 1 规定：(1)直流电源装置在空载运行时，额定电压为 220V，用 25kΩ 电阻；额定电压为 110V，用

7kΩ 电阻；额定电压为 48V，用 1.7kΩ 电阻。分别使直流母线接地，应发出声光报警。(2) 直流母线电压低于或高于整定值时，应发出低压或过压信号及声光报警。由于故障存在时间长，直流系统电池放电时间延长，造成电池设计寿命减短，会使直流系统故障频发。

第二种是我们发现在变电站检修过程中，检修员工发现直流电源中的蓄电池组容量不足，达不到设计要求。原本设计寿命五年左右的蓄电池组在变电所只使用了两年，容量下降明显，需要更换。在查阅资料和查找原因的过程中发现，主要问题出现在蓄电池的使用和养护方面。蓄电池长时间闲置不用或使蓄电池长期处在浮充状态而不放电，会导致电池中大量的硫酸铅吸附到电池的阴极表面，形成电池阴极板的“硫酸盐化”。由于硫酸铅本身是一种绝缘体，它的形成必将对电池的充电和放电性能产生不好的影响。因此在阴极板上形成的硫酸盐越多，电池的内阻越大，电池的充电和放电性能就越差，使用寿命就越短。目前。蓄电池大多数都处于长期浮充电状态下，只充电，不放电，这种工作状态极不合理，形成电池阴极板的“硫酸盐化”，使蓄电池内阻急剧增大，蓄电池的实际容量远远低于标准容量，从而导致蓄电池所能提供的实际后备供电时间大大缩短，使用寿命减少，直流系统故障频发。

4 制定对策及对策实施

根据找出的主要原因及验证情况，经过深入细致的探讨和反复推敲，制定相应的对策。

针对第一种直流系统监控无声音报警故障，结合变电站二次设计图纸，在直流回路中增加间隔，设计直流监控装置。

设计直流监控装置，当直流输出电压低于 180V(可调)时，自动发出声音报警，提示工作人员故障指示，设定有复归按钮，自动发音 30min 后停止。

针对第二种电池长时间无放电现象，设计自动定期放电装置。实现对蓄电池组的定时全自动放电维护工作，避免蓄电池长期工作在浮充状态，造成蓄电池极板发生硫酸盐化反应。研发一套电气控制线路对变电所蓄电池进行自动放电。电气控制线路主要由定时装置、放电控制装置和负载放电电阻等 3 大部分组成。

(1) 利用定时器与计数器进行组合，定时器每输出一次，计数器进行累加，达到计数器的设定值后，计数器输出控制蓄电池放电回路，实现定时自动放电。

(2) 放电回路被接通后，辅助继电器线圈得电，辅助触点闭合，实现放电回路自锁保持。

(3) 放电回路接通后，直流电压继电器进行判断，判断电池电压。如果电池电压低于 185V(可自行调整放电电压)，将切断辅助继电器线圈电压，自动回复到电池充电回路，不进行电池放电。如果电池电压高于 185V，直流继电器不动作，辅助继电器线圈继续得电，保持放电状态，直到将电池电压放到 185V 后，直流电压继电器动作切断放电回路，恢复充电状态。实现自动判断充放电功能。

(4) 经过直流电压继电器判断，主继电器线圈得电后，主继电器触点将电池由原来充电回路切换到放电电阻上，实现对负载电阻放电。

(5) 当放电回路接通后，经过直流电压继电器判断，在主继电器线圈得电的同时，延时继电器也得电，进行放电计时，当超过放电设定时间，切断放电回路，恢复充电，实现放电时间保护。

通过以上电路设计和元件安装后，研发出蓄电池组定期自动放电装置，实现以下功能：

(1)根据需要定期自动对蓄电池组进行放电；(2)放电周期可自行设定；(3)放电容量可以设定；(4)放电结束后可自动投入正常运行，继续充电。

运行后，实验证明蓄电池组定期自动放电装置运行安全、可靠，效果明显。与同期投入运行的没有安装蓄电池组定期自动放电装置的变电站相比，蓄电池容量高出 25%，保证了变电站电池容量，减少了直流系统故障的发生。

5 结论

变电站直流系统检修维护是对变电站保养的重要维护措施，是保证变电站运行长期平稳供电的基础。经过多年的工作实践，我们积累了一些检修维护和验收的经验，这些成功的经验将为我厂今后的检修工作起指导作用。它不仅为我厂完成油田公司下达的原油生产任务做出了贡献，也为今后的供电稳定奠定了坚实的基础。

浅谈解决电脱水器不平稳运行的方法

陈柏宇　姜维玮　王　键　王洪艳　王立岩

（第三油矿）

摘　要：喇嘛甸油田目前处于水聚驱两驱开发阶段，由于聚驱注入液对原油乳化液特性的影响，导致原水驱开发的地面处理工艺存在一定不适应性，其中电脱水器的不能正常运行较为明显。地面处理工艺的不适应性使得电脱水器时常出现垮电场、原油脱水效果不理想、含水超标等问题。为保障电脱水器的正常运行，通过分析对比影响喇560联合站电脱水器不稳定运行的原因及处理措施，明确了不同电脱水器运行不稳定的原因及采用的处理措施，进而达到了电脱水器正常运行的目的。

关键词：联合站；电脱水器；平稳外输；处理操作

1　电脱水器工作原理

电脱水器工作时，含水原油通过进液分配管进入电脱水器内油水界面以下的水层中，利用水与原油的导电率的差异，水颗粒发生碰撞，靠油水比重差分离沉降到脱水器底部；油水乳状液再自下而上沿水平截面均匀地经过电场空间，在高电压电场作用下，水滴不断聚结、分离，并沉降至电脱水器底部，经放水排空口排出；原油中的含水率不断降低，最后经出油管线排出。图1为电脱水器结构图。

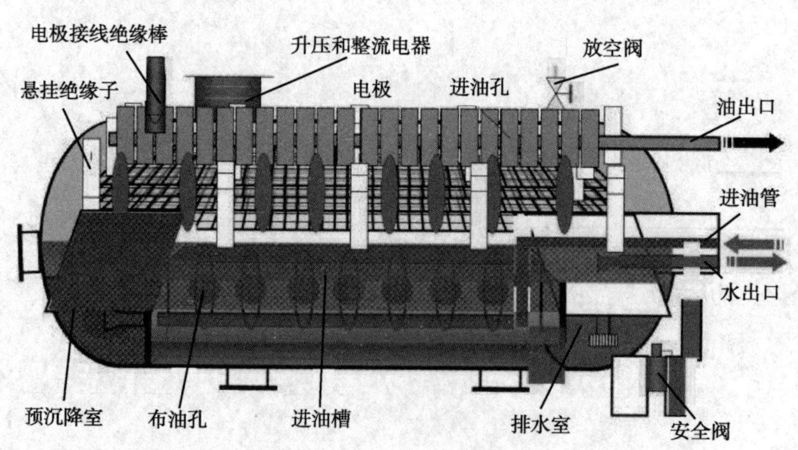

图1　电脱水器结构图

在电场中，由于电场对水滴的作用，削弱了水滴界面膜的强度，促进水滴的碰撞，使水滴聚结成粒径较大的水滴，在原油中沉降下来。水滴在电场中的聚结方式主要有3种：电泳聚结、偶极聚结和振荡聚结(图 2 至图 4)。

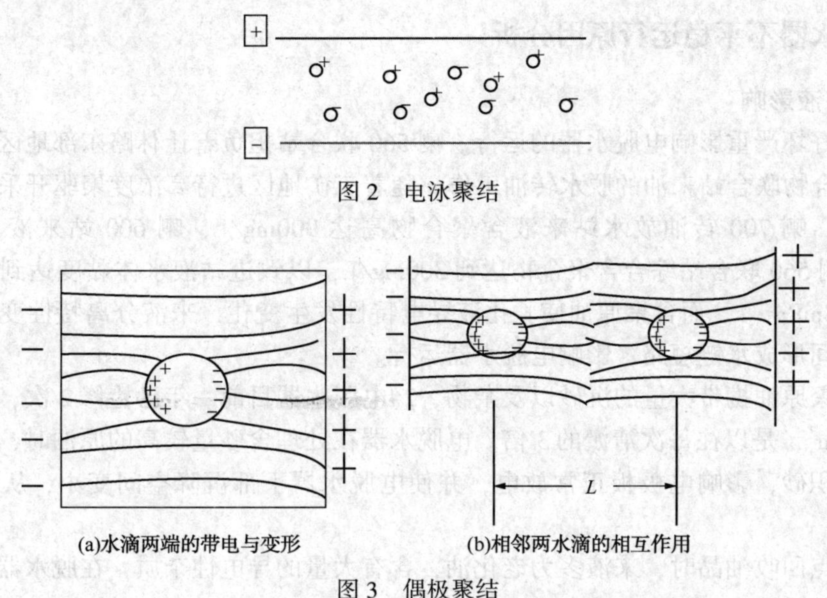

图 2　电泳聚结

(a)水滴两端的带电与变形　(b)相邻两水滴的相互作用

图 3　偶极聚结

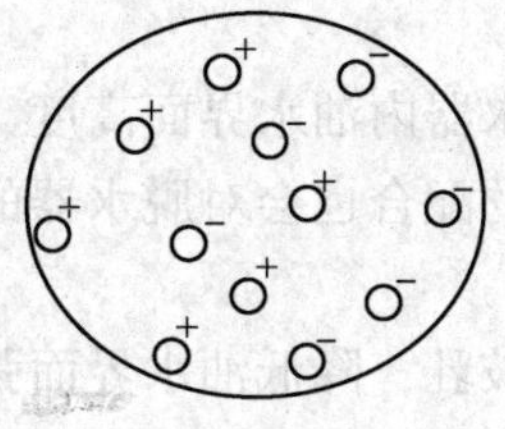

图 4　振荡聚结

2　不稳定运行情况及影响

喇 560 联合站二段岗改造前期，1#以及 3#老式脱水器有 3 个脱水油质选择档位，正常运行时油质选择档位为 1 档，电压在 385V 上下波动，电流在 15A 上下波动。2#变频脉冲式脱水器在正常运行时，高压在 20kV 左右，低压在 385V 左右，电流为 9 ~ 11A，脉冲为 1000Hz。

2.1　不平稳运行情况

从运行情况看，脱水器不平稳运行多表现为：(1) 电场波动甚至是送不上电，出现垮电场现象，电流高；(2) 电脱水器内部油水界面高，即便开大放水、关小油出口也难以下降。

2.2　不平稳运行造成的影响

(1) 脱水器电流明显增大、波动，油质选择档位频繁出现跳动，垮电场次数增多、持续时间长且难恢复。不利于油水处理，增大岗位工人劳动强度。

(2) 从看窗看，出现浑浊甚至跑油，电脱水器处理油水分离不好，浪费油品的同时增大污水岗负担。

(3) 外输油品不合格，多出现高含水情况。

(4) 油水界面升高，难以下降，关小油出口开大放水的同时影响整个工艺流程的系统压力。同时系统压力也反影响着电脱水器的工作环境。

3 脱水器不平稳运行原因分析

3.1 来液影响

油品的好坏严重影响电脱水器的运行。喇 560 联合站担负着让林路东部地区 6 座中转站及喇 600 聚合物联合站来油的脱水转油工作。随着三矿地区进行高浓度聚驱开采，采出液含聚合物较高，喇 700 转油放水站来液含聚合物高达 900mg/L，喇 600 站来液含聚合物达 200mg/L，喇 560 联合站综合含聚合物达到 300mg/L，以致进站液水体黏度达到常规污水的 3 倍，即 1.8mPa · s。而含聚原油使乳化液导电特性发生变化，来液分离特性变差，稳定性增强，在极间形成水链短路，影响电脱水器运行。

由于含聚原油携带大量的沉砂以及杂物，2#电脱水器目前一年已检修 2 次，清出淤泥量达到 50~60m^3，是以往每次清淤的 3 倍。电脱水器在处理含砂量较高的原油时，易在底部和电极板之间积砂，影响电极板正常放电，并使电脱水器下部沉降空间变小，从而影响脱水效果。

在污油点回收油品时，来液多为老化油，含有大量的导电性杂质，在脱水器内部影响电场放电，使其易发生“跳闸”现象。

3.2 运行参数的调控

电脱水器的平稳运行受到电脱水器内油水界面高度、脱水温度、系统压力和加药量等因素的影响。同时，一段岗与二段岗的配合也会对脱水器的平稳运行造成影响。

3.3 加药情况的影响

破乳剂的作用是使原油乳化液破乳，降低油水界面张力，促使油水分离。破乳剂种类有很多，所适合处理的来液也多有不同。如开普破乳剂 CP903 在喇三一联合站应用情况较好，油水分离剂 SP 在喇 560 联合站应用情况较好。所以，破乳剂的适配度将直接影响电脱水器的工作效果。

3.4 电脱水器设备的因素

喇 560 联合站自 1991 年投产运行以来，二段岗电脱水器进行过不同程度的大修以及改造。现阶段 1#电脱水器是钢筋材质的电极板组成的平挂电场式电脱水器。2#电脱水器为不锈钢电网组成的平挂电场，控制柜换为变频脉冲式控制柜(图 5)。3#电脱水器内部为平挂电极板与竖挂电极板组合而成的组合式电脱水器(图 6)。

图 5　2#电脱水器电极板

图 6　3#电脱水器电极板

4 针对不平稳运行的操作措施

4.1 不平稳现象的应对措施

通过学习及摸索，总结出一套针对电脱水器不平稳运行的操作措施，具体情况见表1。

表1 电脱水器不平稳运行操作措施

序号	不平稳现象	判断原因	应对操作	如何预防
1	看窗跑油或者浑浊，电脱水器液位低	电脱水器中的液位低，来液还未经过分离便随油出口流出，造成跑油	关闭或者适当关小放水阀，开大油出口阀位，一次开大一扣至一扣半，继续观察；若依旧跑油，继续关小放水以及油出口；待看窗清时，保持当时的液位	勤观察电脱水器液位，二段三台电脱水器仪表死液位为0.5m，保证最低液位不能低于0.5m；在来液分离不好的情况下，应适当提高电脱水器液位
2	看窗跑油或者浑浊，电脱水器液位正常	电脱水器内部来液分离不好，药量的不足，或是来液突然油品不好、含水高	关小放水，适当开大油出口，提高油温，增加加药量	勤观察看窗情况，发现状况立即采取措施，坚决避免跑油事故发生。与一段岗以及化验岗勤沟通，了解来液情况，提前准备应对方案
3	电压、电流上下波动，系统压力低	系统压力低于电脱水器的正常工作压力，电脱水器电场出现波动	当电脱水器内部液位偏低时，适当关小放水阀，油出口阀不动；当电脱水器内部液位偏高时，关小油出口阀门，开小放水阀；争取在降液位的同时，适当提高电脱水器内部压力；但要注意不要高过一段的来压，以免造成回流；通知一段提压	与一段相互配合，调控好系统压力，控制电脱水器液位在正常范围内
4	电压、电流上下波动，系统压力正常	突然来液不好、含水高或者乳化油，引起原本稳定的电场之间的级间放电。或是操作不稳，开关放水以及油出口操作过急。当电脱水器水位高时，放水不及时，水层冲击电极板	电脱水器内部水位高时，适当开大放水，降低水位，关小油出口，缓解电脱水器工作压力；若是原油含水突然升高，应控制电脱水器处理量；查找原因，如果是电脱水器油温过低，则要立即提温减量；若是回收老化油，则要适当增加药量，减小脱水器处理量	勤检查加热炉炉温以及油温；严格控制脱水器的水位，掌握一段来油情况，积极调控，平稳操作；平稳操作时应该注意，在操作放水时，每次调节最多3个阀位，操作油出口时，每次调节最多2扣
5	电流急剧上升，电压大幅下降，甚至出现垮电场，送不上电，压力正常，电脱水器水位正常	原本形成的稳定电场被破坏，可能由于电场空间某局部区域原油性质突然发生变化。例如含水升高，原油乳化严重，老化油进入电脱水器内部	关闭电脱水器油出口，适当开放水，保持正常工作压力，防止憋压；提高脱水温度，加大破乳剂药量，静止通电等待电场恢复	了解来液情况，加强控制；在得知回收老化油时，提前增加药量以及提高脱水温度；另要加强与一段的配合，注意游离水脱除器的放水，保持平稳操作，防止去电脱水器的原油含水突然升高

续表

序号	不平稳现象	判断原因	应对操作	如何预防
6	电脱水器水位突然升高，开大放水，水位也不降低，处理量下降	在电脱水器内部高温以及高压环境下，泥沙同水一起沉降，形成淤泥，占据了脱水器的大部分空间，甚至是堵塞管线	通过敲打检查放水管线是否结垢；沉砂严重时，要停产扫线	掌握电脱水器沉砂周期，定期进行清理

4.2 针对不同类型电脱水器采取的操控手段

在日常调控中使电脱水器在一个适合的环境下工作，将不平稳控制在预防阶段，至关重要。针对不同的电脱水器设备，总结以下参数调控范围，具体情况见表2。

表2 不同的电脱水器设备下参数调控情况

分类 适用参数	1#电脱水器	2#电脱水器	3#电脱水器
类型	钢筋网状 平挂式	不锈钢电网 平挂式	平竖挂 组合式
适用范围	适合水驱来液	水驱来液	老化油以及聚驱来液
工作压力，MPa	0.13~0.23	0.15~0.25	0.16~0.25
液位，m	0.53~0.72	0.51~1.0	0.55~0.8
放水阀控制(微机)	0~15	0~10	10~25
油出口阀位(现场)	7扣半至10扣	6扣至9扣	7扣至10扣半

5 措施操作实施效果

5.1 措施实施情况

按照以上总结的调控手段操作后，脱水器水位、系统压力、油出口阀位及放水阀位能够保证在预定范围内运行，脱水器运行平稳，取得了一定的效果。二段岗含水情况如图7所示。

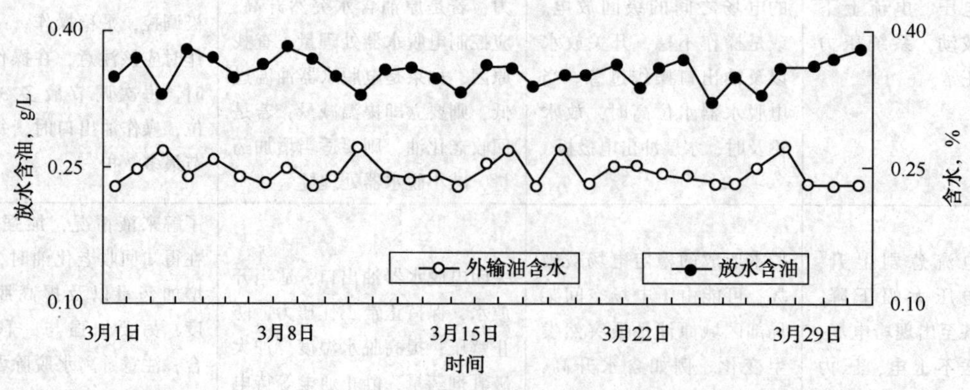

图7 含水以及放水含油情况(3月份)

5.2 结论

通过本文论述的喇560联合站二段岗电脱水器不平稳运行改善操作措施，二段岗能够在相对平稳的环境下运行，外输含水达到 0.28%以下，放水含油达到 400mg/L 以下，效果较好。

参 考 文 献

[1] 陈克宁．组合电极电脱水器[J]．油气田地面工程，2012，31(8)：102-102.
[2] 吴文君．联合站电脱水器运行差异的原因分析[J]．职业技术，2012(3)：138-138.

合理调整无功补偿容量，提高二次变电所功率因数

吴秀范

(第二油矿)

摘　要：电力系统中无功补偿在节能降损、提高设备出力、改善电压质量等方面起着很重要的作用，目前已在供电系统中广泛采用。在油田35kV/6kV二次变电所中，无功补偿主要采用并联电容器集中补偿的方式，这种补偿方式适用于企业以上的供电系统内，它的优点是能够减少由于无功功率引起的损耗，它的不足之处是只能进行有级调节而不能随着企业感性无功功率的变化而进行无级调节。因此随着系统感性负荷的变化，系统功率因数始终不能达到最佳值1。本文首先对无功补偿进行了理论论证，然后结合实际情况，对二次变电所采用的静电电容器在应用中存在的问题进行分析，并通过实践摸索，找出了在实际生产中，如何根据负荷情况，合理投用电容器组，使无功补偿量达到最佳，功率因数达到最好。从而充分发挥静电补偿装置的作用，提高电网的功率因数，降低供电变压器及输送线路的损耗，提高供电效率，改善供电环境，做到最大限度减少网络的损耗，使电网质量提高。

关键词：无功补偿；功率因数；节能降损

电网中的电力负荷(如电动机、变压器)等大部分属于感性负荷，在运行过程中电网需向这些设备提供相应的无功功率。而在电网中安装并联电容器等无功补偿设备后，补偿设备可以替代电网向感性负荷提供其所消耗的无功功率，从而减少了电网电能损失。

由于具备改善电能质量、降低电能损耗、挖掘发供电设备潜力以及减少用户电费支出等诸多优势，无功补偿作为一项投资少、收效快的降损节能措施，开始被越来越多地采纳。同样，我们油田的二次变电所也采用无功补偿的方式，提高了系统功率因数，节约了供电成本。

1　无功补偿在二次变电所中的应用情况及存在问题

1.1　无功补偿的应用情况

目前35kV油田二次变电所均采用并联电容器集中补偿的方式，即在6kV侧母线上进行无功功率补偿。这种方式能够减少由于无功功率引起的损耗。它在实际应用中的情况见表1。

表1　5座变电所功率因数的情况调查表

序号	变电所	电源分类	电容器组容量 kvar	有功 kW	无功 kvar	功率因数
1	喇十一变	Ⅰ段	3600(停)	1936320	6480	1
		Ⅱ段	3600	1934760	6000	1

续表

序号	变电所	电源分类	电容器组容量 kvar	有功 kW	无功 kvar	功率因数
2	喇七变	Ⅰ段	2700(停)	2683296	649440	0.97
		Ⅱ段	2700	2670912	594432	0.97
3	喇五变	Ⅰ段	3000	1911600	619960	0.96
		Ⅱ段	3000(停)	1897320	600360	0.96
4	喇400变	Ⅰ段	4200	4883520	29040	1
		Ⅱ段	4200	2080800	28560	1
5	喇十七变	Ⅰ段	2700(停)	2451240	543480	0.976
		Ⅱ段	2700	2439960	520800	0.978

1.2 存在问题及影响

1.2.1 功率因数对功率损耗的影响

以一回线路为例，设该线路每项导线的电阻为 $R(\Omega)$，线电流为 $I(\mathrm{A})$，则该线路的功率损耗为：

$$\Delta P=3I^2R\times10^{-3}=(S/\sqrt{3}Ue)^2R\times10^{-3}=(P^2/Ue^2+Q^2/Ue^2)R\times10^{-3},\ \mathrm{kW}$$

损耗中的后一项表示由于输送无功功率而引起的有功损耗，当企业需要的有功功率 P 一定时，无功功率 Q 越大，则网络中的功率损耗就越大。P 一定时，将损耗计算公式换写为：

$$\Delta P=3I^2R\times10^{-3}=P^2R\times10^{-3}/U_e{}^2\cos^2\phi,\ \mathrm{kW}$$

由此可看出，当线路的额定电压 Ue 和输送的有功功率 P 一定时，线路的有功损耗与功率因数的平方成反比，功率因数越低，线路功率损耗越大。实际生产中，当功率因数在 0.97 左右时，主变输出总有功到负荷端会损失 2.5%左右。

1.2.2 功率因数对电压损失的影响

$$\Delta U=(PR+QX)/Ue,\ \mathrm{V}$$

当功率因数越低时，说明通过的无功功率 Q 越大，则线路电压损失将越大。如二次变电所功率因数低，会影响整个系统电压。

1.2.3 功率因数对设备的供电能力影响

供电设备的供电能力(容量)是以视在功率来表示的。由 $S=\sqrt{P^2+Q^2}$ 可知，无功功率 Q 增大，使同样容量的供电设备所能供给的有功功率 P 减少，没有发挥应有的供电潜力，降低了供电能力。

因此，功率因数是电力系统的一项重要技术经济指标，要节约能源，降低无功功率，提高功率因数尤为必要。

2 原因分析

静电电容器集中补偿的不足之处是只能进行有级调节，而不能随着企业感性无功功率的变化而进行无级调节。

实际生产中，由于变电所内均装有两组或四组固定容量的电容器组，在两段母线上进行无功补偿，而所带感性负荷，除了受所带注水电机台数的影响，还受到各线路季节性所带负荷的影响。

这样就容易出现这种情况，如果把两段电容器全部投入，结果往往是过补偿，而投入一组，却又欠补。电容器补得太少，起不到多大作用，需要从网上吸收无功，功率因数会很低，计费的无功电能表要“走字”，记录正向无功；电容器补得太多，要向网上送无功，网上也是不需要的，计费的无功电能表也要“走字”，记录反向无功，而且上级不允许过补。要想提高功率因数，就要使电能表的“正向”和“反向”无功均不走或少走。因此要达到全补偿，实际生产中又很难实现。表 2 为变电所功率因数及电容器投入情况表。

表 2　变电所功率因数及电容器投入情况表

序号	变电所	电源分类	电容器组容量，kvar	有功 kW	无功 kvar	功率因数	带注水电机台	备注
1	喇十一变	Ⅰ段	3600(停)	1936320	6480	1	1	投两组电容，表计为负
		Ⅱ段	3600	1934760	6000	1		
2	喇七变	Ⅰ段	2700(停)	2683296	649440	0.97	2 台间歇起停	
		Ⅱ段	2700	2670912	594432	0.97		
3	喇五变	Ⅰ段	3000	1911600	619960	0.96	1	
		Ⅱ段	3000(停)	1897320	600360	0.96		
4	喇 400 变	Ⅰ段	4200	4883520	29040	1	4	
		Ⅱ段	4200	2080800	28560	1		
5	喇十七变	Ⅰ段	2700(停)	2451240	543480	0.976	2	
		Ⅱ段	2700	2439960	520800	0.978		

从上表可知，经过电容器集中补偿后，每座变电所功率因数均在 0.9 以上，功率因数相对较低的变电所都存在这种情况。按设计容量投入一组电容器欠补，投入两组电容器过补。补偿电容的多少，直接影响功率因数的高低。

3　提高系统功率因数所采取的措施

针对变电所所带负荷随时变化，而站内均装有两组固定容量的电容器组，不能根据实际负载产生的感性负荷进行实时调节，我们根据实际生产情况，摸索出每座变电所月平均有功负荷和月最大计算负荷，从而计算出所需无功补偿量，与相关技术人员结合，调节电容器组的电容量，达到最佳补偿状态，提高系统功率因数。具体如下：

(1) 合理调整无功补偿量，提高功率因数。

企业功率因数不合理，主要是由于企业感性负载多，感性负载从供电系统吸取的无功功率是滞后(负值)功率，即：

$$Q_L=\sqrt{3}UI\sin(-\phi)=-\sqrt{3}UI\sin\phi$$

由于电容需要的无功功率是引前(正值)功率，即：$Q_C=\sqrt{3}UI\sin\phi$。因此如果用一组电容器 C 和感性负载并联，并适当选择电容 C 的值，使 $|Q_L|=|Q_C|$，则此时系统中所需的无功功率 $Q_L+Q_C=0$，即企业不再向供电系统吸取无功功率，功率因数 $\cos\phi=1$ 达到最佳值。

而我站投入两组电容器时，过补偿，即 $|Q_L|<|Q_C|$，在这种情况下，表计走负值，达不到企业要求。若使 $|Q_L|=|Q_C|$，必须减小 Q_C。那么减少或增加电容器的个数可按照下式计算：

以喇五变电所为例，平均功率因数 $\cos\phi=0.96$，若使 $\cos\phi_2=1$，则需增加的补偿电容量为：

$$Q_C=P_P(\text{tg}\phi_1-\text{tg}\phi_2)$$

式中 P_P——月平均有功负荷，kW；

$\text{tg}\phi_1$，$\text{tg}\phi_2$——补偿前后月平均功率因数角的正切值。

若只投入 I 段，补偿量不够，功率因数低。此月平均有功负荷 $P_P=5600\text{kW}$，则：

$$\begin{aligned}Q_C&=P_P(\text{tg}\phi_1-\text{tg}\phi_2)\\&=5.6\times10^3(\text{tg}\phi_1-0)\\&=5.6\times10^3\times0.29=1624\text{kvar}\end{aligned}$$

需增加电容器瓶的数量为：1624÷50=30 瓶。

由此可知，如若把功率因数提高到 1，那么需增加电容器容量为 1624kvar。因计算时选最高负荷，但考虑到负荷会随时变化，所需补偿容量还会变化，所以我们和电力维修人员结合，在检修之际，把 I 段电容器内拆除一半，使补偿容量为 1500kvar，另一组为 3000kvar。因每个电容器补偿量为 50kvar，则拆除 30 个电容器。电容器总数为 90 瓶。

这样在负荷较小时，只启用其中一组；当注水电机增加时，投入另一组。电容器投入运行后，功率因数提高到 0.99，接近于 1，有效降低了无功损耗。

（2）在其他变电所措施。

试验成功后，在存在同样问题的其他变电所也逐步采取措施，如喇十七变电所，功率因数平均达到 0.98 以上。随着负荷的增加，补偿量不够，日平均负荷在 7800kW 左右，功率因数为 0.98 左右，欠补：

$$\begin{aligned}Q_C&=P_P(\text{tg}\phi_1-\text{tg}\phi_2)=7800\times(\text{tg}\phi_1-0)\\&=7800\times0.203=1583\text{kvar}\end{aligned}$$

所需瓶数为：1583÷50=32 瓶。

这需要在春检时与电力大队结合，修复恢复相应的电容器，以达到最佳补偿状态。表 3 为实施措施后各站功率因数统计表。

表 3 实施措施后各站功率因数统计表

序号	变电所	电源分类	电容器组容量 kvar	有功 kW	无功 kvar	功率因数
1	喇十一变	Ⅰ段	0(停)	1680240	1200	1
		Ⅱ段	3600	1680480	840	1
2	喇七变	Ⅰ段	0(停)	2187504	464400	0.978
		Ⅱ段	2700	2308032	412272	0.984
3	喇五变	Ⅰ段	停	1818120	245040	0.99
		Ⅱ段	3000	1816200	236040	0.99

续表

序号	变电所	电源分类	电容器组容量 kvar	有功 kW	无功 kvar	功率因数
4	喇 400 变	Ⅰ段	4200	5285280	821760	0.988
		Ⅱ段	4200	4111200	20880	1
5	喇十七变	Ⅰ段	1900	2580960	291000	0.99
		Ⅱ段	1900	2580960	282960	0.99

4 经济效益评价

经过调整后，各站都能根据负荷情况，适当调整电容器投入组数，使功率因数一直在 0.98 以上，效果显著，有效节约了能源，以喇五变电所调整前后两个月供电情况为例：

调整前系统月输出有功为 3808920kW·h，调整前月无功为 $Q_1=1435320\text{kvar}$；调整后月输出有功为 3634320 kW·h，调整后月无功为 $Q_2=481080\text{kvar}$。

则调整前供电系统输出能量为 $S=\sqrt{P^2+Q^2}=4070382\text{kVA}$，功率因数为 $\cos\phi=0.935$；

调整后供电系统输出能量为

$S=\sqrt{P^2+Q^2}=3666022\text{kVA}$，功率因数为 $\cos\phi=0.99$。

所以，在输送有功功率 P 相近时，每月调整后比调整前系统少输出能量为 4070382－3666022＝404360kVA，节能效果显著。

集中监控系统在喇 170 转油放水站的应用

马晓丹　冯　迪　邹世鑫　金火庆　周敏杰

（第一油矿采油 114 队）

摘　要：为了提高油田生产的自动化程度，保障安全，实现减员增效，将集中监控系统应用于油田转油放水站日常生产管理中，集中监控系统通过变送器将设备的生产数据精准传输至 PACSystems 控制器，并由控制器对参数分析后进行对生产状态控制调节。集中监控系统在转油放水站的应用有效保障了平稳生产，降低了劳动强度。

关键词：集中监控；自动化；变频

转油放水站集中监控系统是油田数字自动化技术的关键部分，随着转油放水站监控系统的数字自动化水平的提升，提高了转油放水站管理水平，降低了工作强度，实现资源的节约。喇 170 转油放水站投产于 2014 年 10 月，是一个自动化程度较高，集中化设计、集中化控制、集中化管理的新型转油放水站。喇 170 转油放水站主要通过集中监控系统对全站主要生产环节的各项运行参数进行处理、分析和监控。

1　工作原理

集中监控系统是指 PACSystems 控制器对来自站内主要生产环节运行参数的变送器的设备数据进行采集、处理和分析，控制器将数据和分析结果传输至安装在中控室计算机中的 Proficy iFIX 工作台程序中，Proficy iFIX 工作台实现了数据采集、数据监控和生产操作过程可视化。Proficy iFIX 工作台程序对全站主要生产环节的各项运行参数进行采集和分析，员工可以通过 Proficy iFIX 工作台程序进行操作，通过控制器对生产状态和参数进行调控。图 1 为集中监控系统工作原理示意图。

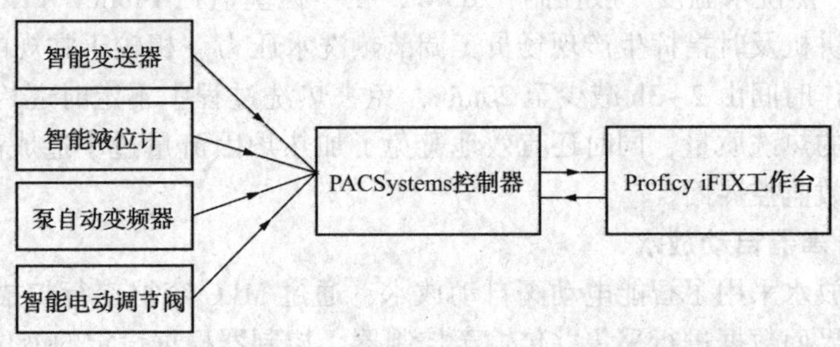

图 1　集中监控系统工作原理示意图

2　应用效果

喇 170 站集中监控系统实现了对全站主要生产环节的自动远程控制管理，主要应用在加热炉参数监控、三相分离器自动放水、污水沉降罐自动放水和压力滤罐自动反冲洗等方面。

2.1 加热炉参数监控

通过安装在炉区、阀组间和油泵房各处各管线的温度变送器、压力变送器和流量计向 PACSystems 控制器传输数据，在 Proficy iFIX 工作台的操作界面对加热炉参数进行监控，图 2 为加热炉参数监控界面。

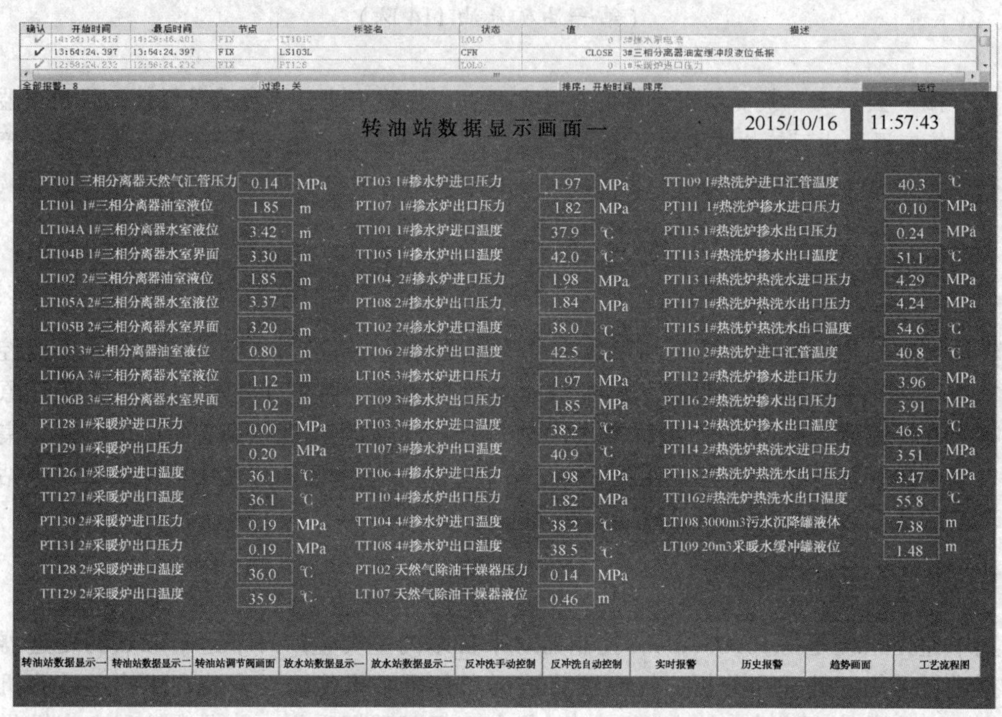

图 2 加热炉参数监控界面

在热洗过程中，员工要根据单井热洗水的温度、压力、流量的变化调节热洗炉温度和热洗水压力。一般情况下，我队螺杆泵井的热洗压力最高为 4.5MPa，抽油机井的热洗压力在 4.5~6MPa 之间，热洗水温度一般控制在 85℃，在中控室监控 Proficy iFIX 工作台中热洗数据的员工通过对讲机及时指挥生产现场员工调节热洗水压力。相较于常规的转油站，喇 170 站加热炉调节工作时间由 2~3h 减少至 20min，免去热洗过程中不定时巡检，这样的工作方式既保障了单井的热洗质量，同时还有效地避免了加热炉因流量过小造成高温汽化的风险。图 3 为热洗水参数监控界面。

2.2 三相分离器自动放水

三相分离器放水采用了智能电动阀自动放水，通过 MLC 容抗串行扫描液位测量仪对分离器沉降段油水界面数据进行采集并传输至控制器，控制器根据设定的液位高度值分析处理液位数据后传出信号控制智能电动阀，调控放水量。喇 170 站三相分离器的油水界面液位高度一般设置在 3.4m，在控制器采用自动调节模式时，一旦液量增加使油水界面上升至超过 3.4m，智能电动放水阀开始放水，放水阀开度由控制器自行控制。相较于常规站的分离器底水靠自压压入加热炉进行加温掺水，喇 170 站三相分离器自动放水使沉降段水室液位始终保持在一定的高度，保证了沉降时间，确保沉降效果，减少了污水含油量。图 4 为三相分离器自动放水监控界面。

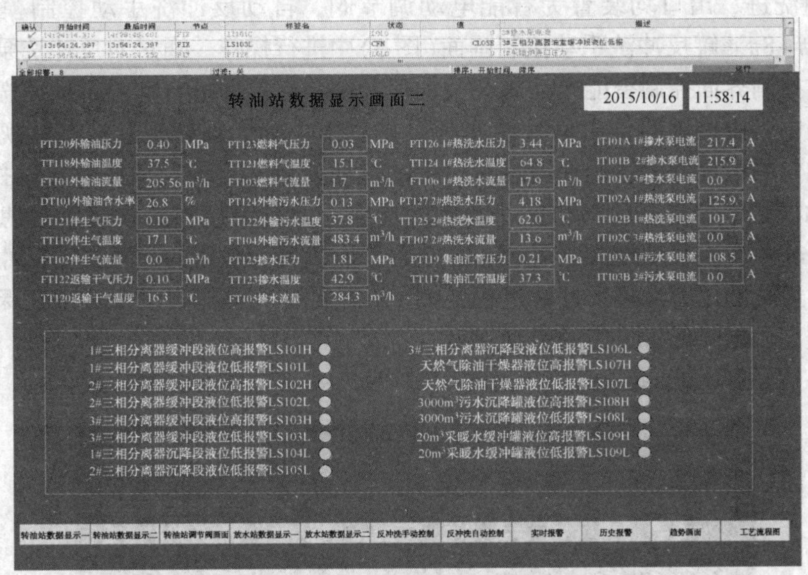

图 3　热洗水参数监控界面

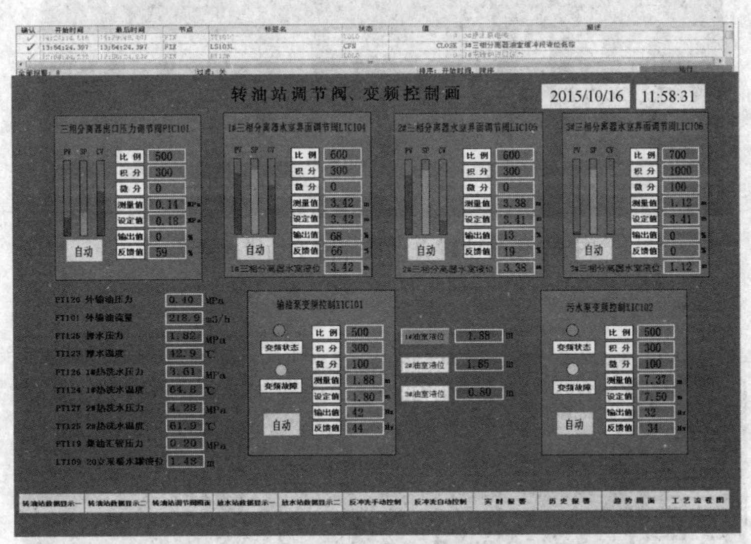

图 4　三相分离器自动放水监控界面

2.3　污水沉降罐自动放水

与三相分离器自动放水原理相同，控制器根据液位设定值与智能液位仪传回的液位数据对比分析后，通过控制自动变频器启、停或调节污水泵排量来保证污水沉降罐液位稳定。在 Proficy iFIX 工作台中转油站调节阀、变频控制画面(图 4)可以设定 3000m^3 污水缓冲罐液位高度，并进行污水泵自动、手动控制切换。相较于常规站污水沉降罐液位高度均通过人工调控，喇 170 站污水沉降罐自动放水控制了沉降时间，提高了水质，有效地保证了污水处理量计量的准确性。

2.4 压力滤罐自动反冲洗

喇170站的压力滤罐自动反冲洗分为手动控制和自动控制两种模式。压力滤罐的进、出口和滤罐反冲洗进、出口均装置为智能电动调节阀。自动反冲洗手动控制模式在Proficy iFIX工作台1#~8#滤罐反冲洗手动控制画面(图5)中进行操作。通过对反冲洗泵增加自动变频器，员工在控制界面控制智能电动阀开关和反冲洗泵启停即可自动进行反冲洗操作。在自动反冲洗过程中，由控制器传出信号使变频泵排量由小到大逐渐提升，有效规避了滤料跑料、滤层不均匀的情况发生，确保滤罐对污水的过滤质量。自动反冲洗的自动控制模式(图6)免去了手动模式中控制电动阀和反冲洗泵的操作。但自动控制模式对单台滤罐进行反冲洗一次需25min左右，手动模式则需15min左右，所以目前常用的滤罐自动反冲洗为手动模式。相较于常规站的压力滤罐反冲洗过程，喇170站的压力滤罐自动反冲洗在保证了反冲洗效果的基础上，大幅降低了员工的劳动强度。

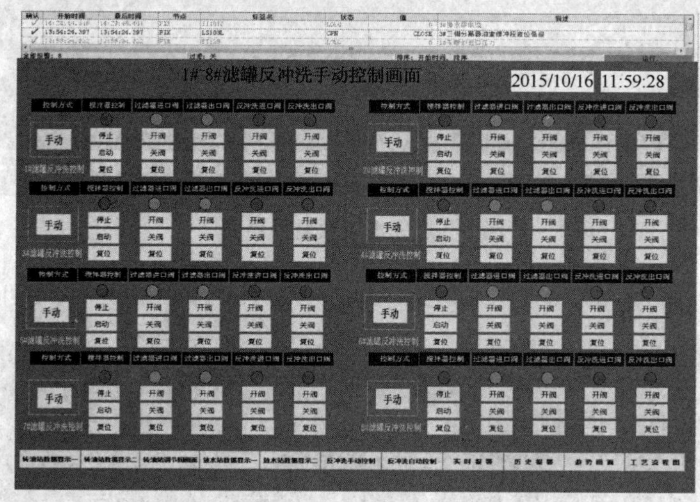

图5 压力滤罐自动反冲洗手动模式界面

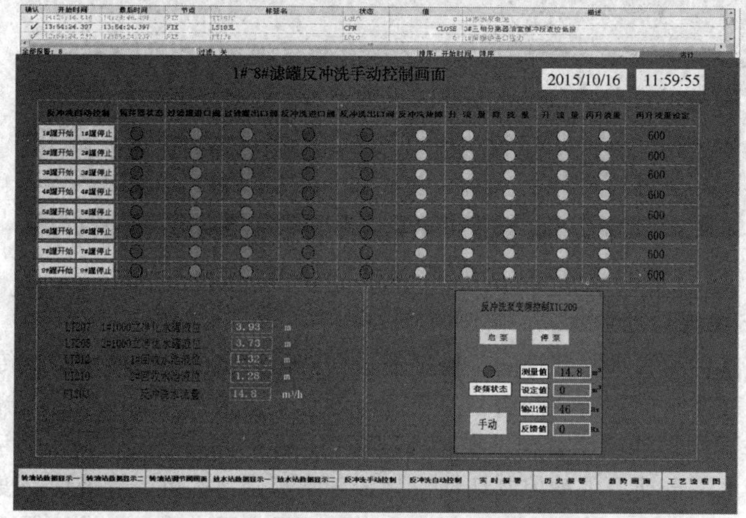

图6 压力滤罐自动反冲洗自动模式界面

3 几点认识

(1) 本系统对生产环节生产状态进行全面的实时监控，系统中仪器仪表精准度高，完全满足了生产需要。

(2) 与常规站对比，本系统在喇 170 站的应用降低了油耗、热耗和电耗(污水泵和反冲洗泵均采用了变频调速技术，有效降低了电耗)；极大地降低了员工劳动强度；大幅削减了人工成本，使喇 170 站实现了集中监控无人值守，定员由原来的 29 人减至 15 人。

(3) 应用集中监控系统的弱点是合岗设计。人员减少，对员工的综合素质提出了更高的要求，喇 170 站员工需拥有集输工和油田水处理工这两个岗位的专业素质。

常温集输对污水水质的影响及解决措施

贾婷婷　于建成　胡延军　邵文利　方庆兰

（第三油矿机关）

摘　要：由于转油站停炉、停泵，造成污水站来水温度较低，出现了含聚污水处理难度日渐加大的问题。分析了污水温度对水质处理的影响，并通过各种试验寻求解决对策，初步摸索出污水进站温度界限及低温情况下污水水质处理的应对措施，为其他污水站水质治理工作提供借鉴。

关键词：常温集输；水质治理；水质指标

随着油井综合含水的上升，集输自耗气呈急剧上升的趋势，其中大部分热能用于集输掺水加热上。原油集油能耗已占地面系统总能耗 78%，吨油集油自耗气达到 $27m^3$，年耗气达到 $13×10^4m^3$。产液量的不断增加和产油量的持续下降，使原油生产成本呈上升趋势，吨油生产成本进一步升高。为此，2007 年以来，我厂利用自主创新的常温集输技术实施部分油井全年或季节性常温集输，取得了明显的节能减排效果，经济效益显著。但由于采出井开展低温集输规模的扩大及温度界限的降低，致使进入污水站的来水温度越来越低，给污水处理带来的难度及问题已经越发明显，污水系统出现原水含油增加、沉降效果变差、滤料污染及过滤罐损坏数量增多，甚至出现水质处理不达标等问题。为此，我们针对常温输送对含油污水处理造成的影响，开展了调查、分析、试验，寻求解决对策，进行水质专项治理。

1　常温集输对污水处理系统影响的调查

在理论上，由斯托克斯定律 $u=\frac{g}{18\mu}(\rho_w-\rho_o)d_p^2$ 可知，液体黏度增加，油水粒径变小后，油珠浮升速度和下沉速度降低，油珠和悬浮固体从水中分离出来的速度就越低。另外，含油污水处理温度越低，絮凝剂在水中的溶解速度越慢，絮凝反应速度也越低。目前聚驱采出水黏度在 0.8mPa·s 以上，而普通污水当温度下降到 32.5℃以下时，黏度接近聚驱采出水黏度。综合作用的结果是原油、悬浮固体乳化严重，形成稳定的胶态体系使沉降分离困难。温度是影响含油污水处理的重要因素，若不采取措施，污水处理温度降低将造成污水的黏度增加，油珠浮升速度降低，并使过滤滤料出现表面结球及板结等问题，使生产不能正常进行。

1.1　温度对沉降罐沉降效果的影响

油温越高，油、水的密度差越大，相应的黏度也越低，适当地提高温度使脱水率上升，使油、水在罐内的分离变得更为简单。根据大庆原油黏温曲线（图 1）可知，原油温度达到 35℃后，黏度急剧下降，黏温性能变好，黏温曲线在 35~38℃附近出现拐点，此点所对应的温度即为理想温度。低于此温度区间，黏度大幅度增加。在低温条件下集输的含油污水中，小于 50μm 的油珠占总含油的 80%以上，均属高乳化含油污水，乳化程度随着温度的降低而加剧，致使污水黏度增加。水温越低，含油污水的乳化就越严重，污水的密度和黏度增加。

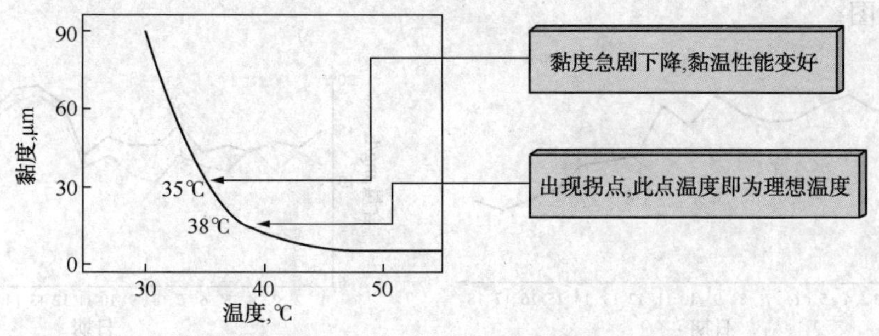

图 1　黏度随温度的变化趋势图

1.2　温度对过滤罐过滤效果的影响

常温集输前，含油污水的处理温度为 39~42℃。采用低温集输后，污水处理温度已降到 35~38℃。每年 4 月，全面实行常温输送，污水处理温度已降到 32~35℃，造成污水水质波动，水质不合格次数增多，开罐检查发现滤料污染和过滤罐损坏现象严重。统计表明，2009 年以来，过滤罐滤料污染数量逐年增加(除了滤罐改造外)，滤料污染程度逐渐加重，部分过滤罐反冲洗时还存在憋压问题。图 2 为过滤罐内滤料变化图。

图 2　过滤罐内滤料变化图

污水站长期低温会造成沉降罐内污油收不下来，沉降空间变小，水处理系统出现紊乱，水质恶化，之后只能采取提高来水温度(36~38℃)的措施，使过滤罐过滤效果恢复正常。在过滤罐运行过程中，滤料污染严重会使滤罐反冲洗有憋压现象，反冲洗泵排量下降，致使强度达不到反冲洗要求。此外，滤料污染严重后会使过滤负荷加重，过滤压差随之加大。

1.3　温度对各污水处理节点水质的影响

针对温度下降的实际情况，开展了温度对各污水处理节点水质的调查。自 1 月份开始，每旬对来水温度和滤后水质录取一次数据，进行跟踪监测，建立了来水温度与水质对比曲线。分析表明，4 月 20 日以前采取常温集输来水温度偏高，大约在 38.3℃；4 月 21 日以后来水温度有所降低，至六月底平均温度为 34.5℃。常温集输前外输水含油平均为 11.4mg/L，含悬浮物为 13.9mg/L；常温集输后含油平均为 17.3mg/L，含悬浮物为 18.3mg/L。污水处理温度对外输水含油和含悬浮物有一定影响(图 3)。

2　常温集输对污水水质影响的解决方法

采用常温集输是节约能源的要求，我们结合生产实际情况，明确规范来水环节、沉降环节、过滤环节、加药环节、缓存环节、干线环节、支线环节和洗井环节等多个管理节点。在每个节点制定相应的控制指标和管理措施，以解决低温集输给污水处理带来的问题。图4为节点流程示意图。

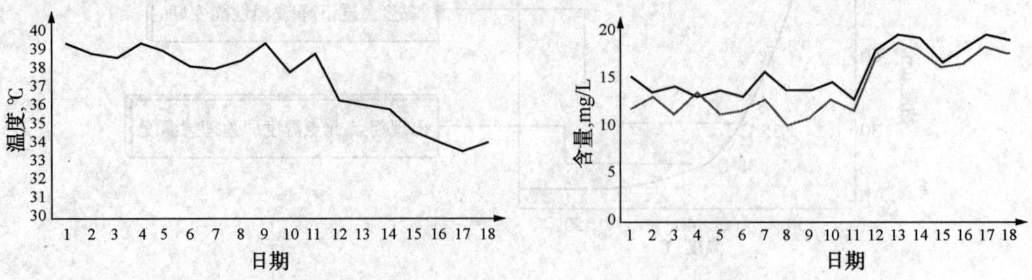

图3　外输水含油和含悬浮物随温度变化趋势图

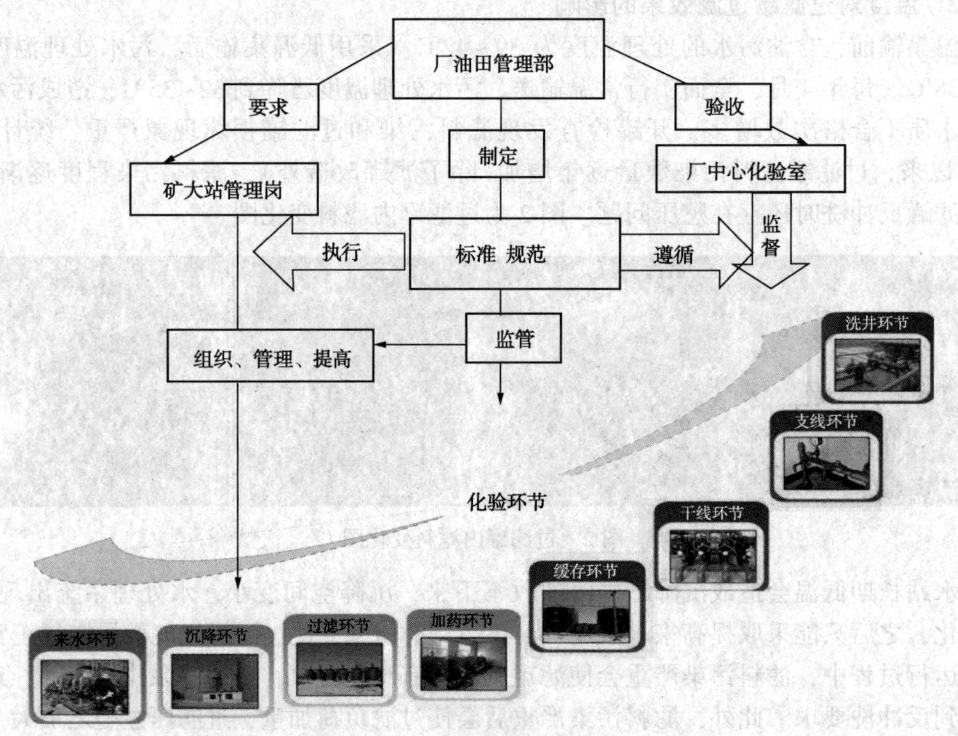

图4　节点流程示意图

2.1　加强来水环节管理，监管上游来水水质

从源头掌控，要求上游放水站着力于降低污水杂质，管控污水含油，提高放水水质，为全程水质达标提供先期有利条件。

2.1.1　保障卧式容器清淤

要求放水站每年清淤一次。具体情况见表1。

表1　各站油系统容器清淤情况统计表

序号	单位	容器名称	沉降时间	清淤间隔时间		备　注
			min	3a	1a	
1	喇560联合站	1#游离水脱除器	30	看窗浑浊	看窗水清	

续表

序号	单位	容器名称	沉降时间 min	清淤间隔时间		备　注
				3a	1a	
2	喇 560 联合站	2#游离水脱除器	30	看窗浑浊	看窗水清	
3	喇 560 联合站	3#游离水脱除器	30	看窗浑浊	看窗水清	
4	喇 560 联合站	4#游离水脱除器	30	看窗浑浊	看窗水清	
5	喇 560 联合站	1#电脱水器	30	看窗浑浊	看窗水清	
6	喇 560 联合站	2#电脱水器	30	看窗浑浊	看窗水清	
7	喇 560 联合站	3#电脱水器	30	看窗浑浊	看窗水清	

2.1.2　放水站污水沉降罐加强存油管理

随时核对界面仪表的准确性，督促收油工作及时进行。图 5 为放水站污水处理流程图。

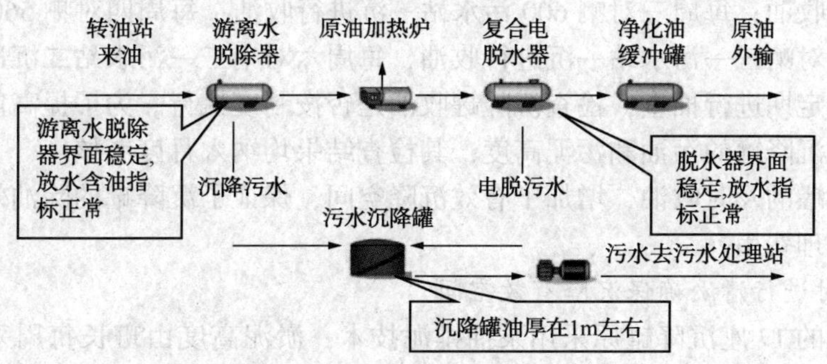

图 5　放水站污水处理流程图

2.1.3　污水站通过来水化验，监管上游来水水质变化

发现超标及时向上级汇报，矿管理人员在处罚上游的同时奖励下游，形成监管的各级联动。同时不定期抽查监督环节的运行情况，将来水含油量控制在 500mg/L 以下。2017 年 1 月份动态运行情况及指标情况见表 2。

表 2　各污水站 2017 年 1 月份动态运行情况及指标情况表

序号	站　　号	水量		一次沉降罐进口水质		奖金考核
		设计能力 $10^4m^3/d$	外输水量 $10^4m^3/d$	含油 mg/L	悬浮物 mg/L	
1	喇 560 污水站	3.0	1.53	428.0	240.2	来水悬浮物超标，罚 560 油系统 200 元
2	喇三一污水站	3.0				停产改造
3	喇三联污水站	2.0	1.33	440.0	145.0	
4	喇十六深度污水站	2.5	1.36	12.3	12.8	
5	喇 600 污水站	3.0	2.71	545.2	55.3	来水污水含油大于 500mg/L，罚 600 油系统 200 元
6	喇 600 高浓度污水站	1.0	0.83	236.5	37.8	奖励喇 700 站 200 元，奖励喇 800 站 200 元

2.2　规范沉降环节管理，提升污水沉降罐运行能力

采油三矿现有5座含油污水处理站，每天需要约对8.5×$10^4$$m^3$污水进行沉降处理，累计有17座污水沉降罐，其中一沉8座、二沉9座。在运行中，对沉降罐的控制指标是：一次沉降罐污油高度不超0.5m，二次沉降罐污油高度不超0.2m的，底部淤泥均不超0.5m，沉降出水水质悬浮物不大于100mg/L，含油不大于50mg/L。

2.2.1　保障沉降罐收油工作有序进行

在污水处理的整个过程中，上一级的处理效果直接影响到下一级的正常运行，每一个环节出现问题都将影响最终的水质达标处理。沉降出水含油量高，会导致过滤罐滤料污染严重，进而影响过滤水质。因此，要求岗位员工每天通过界面仪和液位仪监测沉降罐存油高度，每周一班长采用温差法上罐摸油。发现存油超高时应立即汇报队长，然后严格按照操作程序进行收油。通过实际摸索，我矿将沉降罐收油周期缩短，降低老化油形成的机率。为便于管理，将收油日期进行明确规定，每周一对喇560污水站一沉进行收油；每周二对喇560污水站二沉进行收油；每周三对喇600污水站一沉进行收油；每周四对喇560污水站二沉进行收油；每周五对喇三一污水站一沉进行收油，每周六对喇三一污水站二沉进行收油。每月队里和矿里会不定期进行抽查，检查沉降罐收油是否按制度执行。为了提高监管力度，矿里不定期检测污水沉降罐的污油和污泥高度，其检查结果均纳入月度考核。

通过对沉降罐的及时收油，增加了有效沉降空间，保证了沉降罐的除油效果，减少了老化油的数量和处理费用。

2.2.2　及时进行清淤确保沉降有效空间

三矿污水站的17座沉降罐原采用泵抽排泥技术，淤泥高度由班长每周采用温差法摸罐测算。按照沉降罐杂质下沉的思路，将下沉物及时排出，避免淤积杂质在系统内循环影响处理水质。因三矿污水站泵抽排泥和静压穿孔排泥方式，效果不好，淤泥排不出去，一直以来采用定期人工清淤的方法对污水沉降罐进行清淤。

通过及时收油，完善排泥设施，强化运行管理，有效减少了污油淤泥在系统中的恶性循环，为水质达标提供了有力保障。

2.3　强化过滤环节管理，保障核心设备高效运行

过滤环节是污水处理过程中最重要的一个环节，直接决定着滤后水质的好坏。为此，我们重点做了以下几方面工作：

(1) 改变滤罐内部结构，提高过滤效果。

污水普遍见聚后，过滤系统出现不适应性，主要表现为滤料再生困难、筛板开焊跑料、布水不均匀及过滤效果差等。因此规划建设中对过滤罐实施低压稳流技术改造，主要措施为：新增立体搅拌装置及防护筛板，防止滤料整体上移堵塞筛管；在滤罐顶部新增集油器，避免滤罐顶部出现死油区；在筛板上部填加高砾石垫层及压板，增大去污能力；增加立向布水筛管，确保正滤布水均匀和反冲洗时集水系统的有效通量。图6为污水站过滤罐内部结构图。

但是随着污水含聚浓度的不断增加，聚合物的存在给过滤系统带来了新的问题，滤罐顶部出现板结层，跑料现象越加严重。因此，又对过滤罐进行了高浓度污水过滤技术改进，将滤罐搅拌浆由单层叶片改为二层叶片，有效破坏板结层，同时将滤罐罐体加高0.8m，并在滤料上部0.5m处增加防板结网，提高滤料膨化高度的同时，防止滤料跑料。

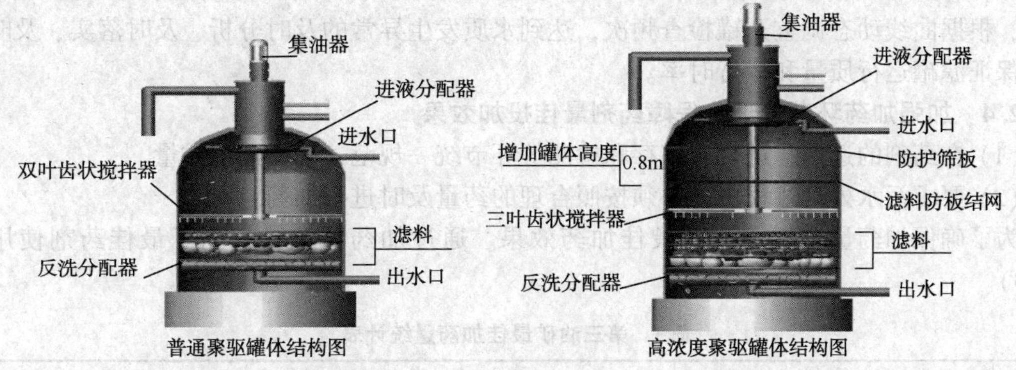

图 6　污水站过滤罐内部结构图

针对污水含聚后滤罐出现滤料板结、筛管损坏、内部结构不合理等问题，对滤罐内部结构进行改造，通过优化过滤罐集水、布水、收油等内部结构，控制滤料的膨化高度，提高过滤罐的适应能力，同时配合使用搅拌系统，提高滤料再生能力。改造后，油及悬浮物均达到 20mg/L 以下指标要求。

(2) 加强过滤罐运行管理。

过滤罐正常运行时，要求进水水质指标含油量≤100mg/L、悬浮物含量≤50mg/L。过滤罐出水水质含油量≤20mg/L、悬浮物含量≤20mg/L。在正常情况下，过滤罐要严格按照规定的反冲洗周期、强度、时间进行反冲洗，过滤罐进出口压差应控制在不大于 0.1MPa 的范围内。若是出现过滤罐反冲洗参数有不适应的问题，开展参数优化，依据来水水质和过滤压差变化，动态调整反冲洗参数，实现变强度反洗，提高过滤罐反冲洗效果，减少由于滤料污染而导致的内部结构损坏的发生。

随着油田污水含聚浓度的逐渐增高，对反冲洗工艺的要求也不段提升，油田公司不断摸索、不断完善反冲洗控制方式，利用系统设定反冲洗过程的梯形曲线，来控制反冲洗泵的排量，实现变流量、变强度控制，从而解决滤罐憋压、滤料再生困难的问题。而我厂在油田公司的基础上，根据自身特点总结、提出了“单站单模式”的反冲洗理论，即根据各污水站的水质特性，确定与之相适应的反冲洗参数及方式，以提高滤罐反冲洗能力，增加滤罐过滤效果。

(3) 开展了反冲洗水提温加密反冲洗试验。

常温集输后，过滤罐滤料污染严重，反冲洗时产生憋压现象，反冲洗强度达不到要求。针对这一现状，我们利用集油系统提温冲洗干线的时间，即反冲洗水温度由 35℃升到 40℃，将反冲洗周期由 24h 调整为 12h，加密反冲洗，每次连续 5d，通过摸索确定为两个月进行一次。

(4) 定期进行开罐检查。

按照油田管理部的要求，每年进行一次开罐检查。主要检查滤料污染程度和过滤罐内部结构损坏情况。2016 年上半年开罐检查时发现滤料普遍污染，滤罐被污染 39 座，占总数(52 座)的 55.6%。根据开罐检查情况，对滤料进行离线清洗。

(5) 建立单罐水质曲线。

为了及时掌握单罐运行情况，监督单罐水质达标，摸索过滤罐运行及疲劳规律，随时调整反冲洗强度和反冲洗周期，施行“一罐一方案”的精细管理。每座滤罐每 15 天检测单罐出水水质，并绘制了单罐水质曲线，经对比分析，对出水水质不合格的过滤罐制定整改措施。同时，根据曲线动态调整开罐检查频次，达到水质发生异常的及时分析、及时落实、及时治理，保证滤罐运行质量和运行时率。

2.4　加强加药环节管理，保障药剂最佳投加效果

（1）在药剂的选用、进货、储存和检测等环节统一规范，确保药剂质量。

（2）要求污水处理过程中，必须按照合理的药量及时进行加药。

为了确保加药量合理，达到最佳加药效果。通过加药试验，找到了最佳药剂使用量（表3）。

表3　第三油矿最佳加药量统计表

序　号	污水站名称	絮凝剂，kg/d	杀菌剂，kg/d	备注
1	喇600污水站	300	150	
2	喇600高浓度污水站	150	50	
3	喇三一污水站	500	100	
4	喇三联污水站	500	250	
5	喇560污水站	500	50	

2.5　加强缓存环节管理，控制储水罐水质污染

保持污水站外输水罐和注水站储水罐液位稳定运行，防止扰动污泥和污油，夏季按厂计划定期进行清淤和回收罐内存油，确保存油不超0.1m，淤泥不超0.3m。

2.6　加大化验环节监管力度，统领水质环节治理全过程

（1）岗位员工班班化验，提高应对措施的及时性。

（2）采油矿中心化验室每天监督污水站外输水质，强化监管制度落实。

（3）采油厂化验中心每月出水质公报，污水水质考核每旬化验一次污水含油、悬浮物含量，指标不合格一次扣500元，全月都合格奖励2000元。

表4列出了第三油矿2016年8月份污水站水质考核情况。

表4　第三油矿2016年8月份污水站水质考核情况

站　　别	旬度水质检测情况，mg/L								考核情况
	指标		8月上旬		8月中旬		8月下旬		
	悬浮物	含油	悬浮物	含油	悬浮物	含油	悬浮物	含油	
喇三一污水站	20	20	11	8.1	4	3.7	6	3.1	水质全部达标奖1500元
喇560污水站	20	20	7	13.1	9	4.1	13	15.6	水质全部达标奖1500元
喇三污水站	20	20	5	8.2	11	5.8	16	8.4	水质全部达标奖1500元
喇600新污水站	20	20	5	4	3	2.4	5	2.9	水质全部达标奖1500元
喇600污水站	20	20	14	16.8	8	18.3	11	31.3	下旬含油超标，罚款500元
喇十六深度污水站	10	10	2	3.3	5	3.6	3	2.8	水质全部达标奖1500元

2.7　下游延伸，控制污水输送二次污染

向下游治理，着力于干线、支线、洗井3个环节二次污染治理，全面推进注水干线冲洗，为全程水质达标提供沿程保障。

(1) 保障注水干线按需冲洗。所有注水干线年冲洗一次，特殊区域冲洗两次。改造完善污水站标准污水回收水池及配套回收装置，提高冲洗效果。

(2) 加强注水井洗井管理，加大注水井洗井工作量。用自主研发的移动式注水井吐水回收装置进行洗井，实现了自动化控制；节省人力物力，工艺流程实现闭环流程，无泄漏，安全环保，有效控制污水输送二次污染。

3 效果评价

(1) 处理环节规范，回注污水水质指标得到控制和提高。

“环节控制”自实施以来，回注污水达标率得到明显提高，全油田逐步建立起把水量当产量来管，把水质当措施来抓的管理理念，实现了全系统的管理升级。污水处理站污水含油量、悬浮固体含量、硫酸盐还原菌含量 3 项指标合格率分别达到 100%、100%和 90%。

(2) 处理费用降低，达标污水回注成本控制效果明显。

水质“环节控制”带来了环节提效，我矿通过“环节控制”，污水过滤罐精细化维修，单罐维修时间缩短了 1/10，年节约生产运行成本 125. 3 万元；专业化滤料离线清洗，年再生滤料 2650 吨，节约生产运行成本 53. 2 万元；最佳加药比摸索方法，使药剂用量优化，平均加药量下调 10%~30%，年节约成本 101. 1 万元。

4 结论及认识

自开展环节控制管理以来，我们建立了对应的各项工作监督制度，先后制定《排泥设施运行管理规定》《滤罐反冲洗制度》《药剂投加制度》等，同时补充、完善《过滤罐开罐检查制度》《过滤罐单罐化验制度》《污水处理站水质检测制度》，这些制度的建立和完善，有效地保障了水质工作管理水平的提高。

2016—2017 年，我矿生产管理系统围绕水质治理的整体工作，以完成水质治理的指标为出发点，在充分利用现有处理技术和设备的基础上，严明环节、严格制度，精心操作、精细管理，保障现有工艺设施的高效运行。强化异常工况管理，突出九大环节治理，推进日常精细管理，规范整治反冲洗水低温等节点问题，为水质全程达标提供了充分保障。

聚合物驱污水站过滤工艺优选

刘　波　李荣成　李世运

（第一油矿）

摘　要：采油六厂第一油矿位于喇嘛甸油田南中快，建有6座普通含油污水站，过滤工艺采用石英砂过滤罐和核桃壳过滤罐。目前主要存在问题是核桃壳滤罐滤料跑料、滤料污染、出水指标偏高，反冲洗、正滤憋压。石英砂滤罐滤料轻度跑料、污染。针对存在问题，通过对比6座污水站，从两种滤料自身不同特性对过滤效果的影响、滤罐前端污水处理工艺对过滤效果的影响、污水过滤级数等方面进行分析，得出在水驱见聚后，核桃壳滤料再生效果受聚合物影响较大，过滤效果变差，易污染、易流失，对污水中悬浮物的去除率低于石英砂滤料，二者的原油去除率基本相同。相同工艺流程的污水站，含聚浓度越高，污水过滤效果越差。两级过滤效果优于一级过滤效果。

关键词：聚驱污水站；过滤工艺；优选

采油六厂一矿地区位于喇嘛甸油田南中块，建有6座普通含油污水站，水驱设计5座，聚驱设计1座。喇1-1污水站建于1982年，喇1-2污水站建于1986年，2001年及2003年两座污水站分别由重力式流程改造为两级沉降压力式过滤流程。喇一联老污水站及新污水站分别建于1997年及1991年，均为一级沉降一级过滤流程。聚喇140污水站和喇170污水站分别于1996年及2014年，均为两级沉降压力式过滤流程。其中过滤工艺主要是使用核桃壳过滤器和石英砂过滤器单向过滤。随着油田开发深入，水驱逐步见聚，原有的水驱设计参数已不适应水质处理要求，污水处理难度增加，6座污水站中有3座污水站出现滤后水指标超标问题。

1　污水站过滤工艺目前存在主要问题

表1为一矿各污水站水质数据表喇1-1污水站设计处理能力为30000m³/d，实际处理能力为23000m³/d，负荷率为77%，10座核桃壳滤罐。喇1-2污水站设计处理能力为30000m³/d，实际处理能力为27000m³/d，负荷率为90%，12座核桃壳滤罐。喇一老污水站设计处理能力为20000m³/d，实际处理能力为12000m³/d，负荷率为51%，8座石英砂滤罐。喇一新污水站设计处理能力为24000m³/d，实际处理能力为15000m³/d，负荷率为62%，8座石英砂滤罐。聚喇140污水站设计处理能力为40000m³/d，实际处理能力为30000m³/d，负荷率为75%，18座石英砂滤罐。喇170污水站设计处理能力为18000m³/d，实际处理能力为9000m³/d，负荷率为50%，8座石英砂滤罐。核桃壳滤罐的共性问题是开罐检查内部滤料流失0.3~1.0m；滤料污染。其中喇1-2污水站12座核桃壳滤罐正滤憋压，最高达到0.30MPa，反冲洗憋压最高达到0.20MPa。采取优化滤罐反冲洗参数，滤料洗料、补料，加药工艺改进、加药浓度调整，收油方式优化等措施后，滤后水指标仍时有超标。石英砂滤罐

主要是喇一老污水站和喇一新污水站滤料流失、污染，滤后水指标超标。

表 1　一矿各污水站水质数据表

站　名	处理量 m^3/d	来水			滤前		回注	
		聚合物浓度 mg/L	含油量 mg/L	悬浮固体含量，mg/L	含油量 mg/L	悬浮固体含量，mg/L	含油量 mg/L	悬浮固体含量，mg/L
喇 1-1	23000	130	350	36	90	27	16	19
喇 1-2	27000	290	240	57	100	48	30	36
喇一老污	10000	259	200	49	130	39	50	23
喇一新污	12000	239	400	63	160	46	50	26
聚喇 140	30000	280	100	32	30	27	10	17
喇 170	9000	120	80	27	10	11	2	4

2　原因分析

2.1　滤料影响过滤效果

2.1.1　滤料再生性能影响

一矿 6 座污水站使用的是核桃壳滤料和石英砂滤料。核桃壳滤料对原油吸附力强，粒径均一，耐腐蚀性差。水驱见聚后，聚合物形成的污染层具有黏度高和附着力强的特点。污水中油污及污染物通过滤层时，滤料吸附截留油污和杂质。但正是由于核桃壳滤料对原油的强吸附性，其再生效果下降，反冲洗后滤料无法得到有效恢复，从而使滤料过滤性能降低，影响过滤效果。同时核桃壳滤料粒径均一，截留能力相对较弱，对污水中杂质去除能力小，因此滤后水质悬浮物含量偏高。2015 年 3 月选择喇 1-2 污水站进行核桃壳滤罐反冲洗参数优化试验，试验参数及滤后水指标结果见表 2。

表 2　喇 1-2 污水站滤罐反冲洗参数调整前后数据对比表

时　间	反冲洗周期 h	反冲洗时间 min	反冲洗强度 $L/(s \cdot m^2)$	滤前水含油 mg/L	滤前水悬浮物 mg/L	滤后水含油 mg/L	滤后水悬浮物 mg/L
调整前	24	15	8	76.2	37.9	25.3	29.4
调整后 1	24	40	11	82.4	39.6	21.6	26.3
调整后 2	12	30	8	89.3	42.8	33.8	39.1
调整后 3	12	40	11	94.6	44.7	19.5	28.9

从表中数据可以看出，喇 1-2 污水站核桃壳滤罐设计反冲洗周期为 24h，反冲洗时间为 15min，反冲洗强度为 $8L/(s \cdot m^2)$，无论缩短反冲洗周期，还是增加反冲洗时间、加大反冲洗强度，滤后水指标均超标。滤料对原油的去除率为 70%，悬浮物的去除率为 32%。同时滤料的再生效果差，导致滤料污染。在每年开罐检查中，可以用肉眼很明显地见到许多污染物粘结在一起，核桃壳滤料与原油浸为一体，呈黑褐色，用手抓，手上有油污。滤料送到实验室化验，表面残余含油量在 0.3～0.55mg/L 的范围内（标准规定大于 0.1mg/L 反洗效果差，小于 0.1mg/L 反洗效果较好）。与之相比，石英砂滤料具有粒径小、密度大、截留吸附能力强及反冲洗再生性差的特点，但是石英砂滤料是浅层过滤，并且滤罐近年增加了搅拌装

置、集油器、更换筛管等内部结构后，其反冲洗再生性能提高，对污油的过滤效果较好，但悬浮物过滤效果相对较差。一矿聚喇 140 污水站 18 座石英砂滤罐效果最明显，数据见表 3。

表 3　聚喇 140 污水站水质数据表

站　名	处理量 m^3/d	来水			滤前		回注	
		聚合物浓度 mg/L	含油量 mg/L	悬浮固体含量 mg/L	含油量 mg/L	悬浮固体含量 mg/L	含油量 mg/L	悬浮固体含量 mg/L
聚喇 140	30000	280	80	42	30	28	10	17

从以上数据可得，聚喇 140 站石英砂滤料对污油去除率达到 67%，悬浮物的去除率为 40%。

2.1.2　滤料流失影响

核桃壳滤料具有耐腐蚀性差、机械强度低、易碎的特点。核桃壳滤罐内部具有搅拌装置，在搅拌过程中，增加了滤料之间的碰撞，滤料易磨损，粒径变小，造成滤料流失。同时污染的滤料易形成板结块和滤饼层，局部破裂时反冲洗强度突然增大，导致滤料流失。滤料流失既影响污水过滤效果，也易堵塞筛管。石英砂滤料具有密度大、强度高、耐腐蚀性强等特点，虽然同样装有搅拌装置，但滤料流失量较小，因此石英砂滤料流失对过滤效果影响较小。每年一矿污水站滤罐开罐检查时，核桃壳滤料和石英砂滤料均有污染，料身渗有污油。内部滤料均不同程度板结，呈大片块状。滤料流失，筛管有堵塞现象。核桃壳滤料流失量从 10cm 至 1m 不等，最严重的情况是 2014 年喇 1-2 污水站核桃壳滤罐开罐检查后补料 13t。石英砂滤料流失量 5cm 至 30cm 不等。以喇 1-2 污水站为例，滤料流失情况见表 4。

表 4　一矿喇 1-2 普通含油污水站核桃壳滤罐开罐检查情况汇总表

序号	污水站	开罐检查日期	过滤罐罐号	滤罐类别	滤料类别	滤料污染程度描述			滤料流失程度			补料
						横向 mm	纵向 mm	有无板结	流失滤料类别	流失滤料粒径，mm	流失量 cm	数量 t
1	喇 1-2 污水	20140508	10#	压力式	核桃壳	3200	1200	片状板结	核桃壳	0.6-1.2	10	无
2	喇 1-2 污水	20140508	12#	压力式	核桃壳	3200	1200	片状板结	核桃壳	0.6-1.2	10	无
3	喇 1-2 污水	20140514	8#	压力式	核桃壳	3200	1200	片状板结	核桃壳	0.6-1.2	80	1.5
4	喇 1-2 污水	20140514	11#	压力式	核桃壳	3200	1200	片状板结	核桃壳	0.6-1.2	80	1.5
5	喇 1-2 污水	20140515	3#	压力式	核桃壳	3200	1200	片状板结	核桃壳	0.6-1.2	80	1.5
6	喇 1-2 污水	20140515	6#	压力式	核桃壳	3200	1200	片状板结	核桃壳	0.6-1.2	10	无
7	喇 1-2 污水	20140516	4#	压力式	核桃壳	3200	1200	片状板结	核桃壳	0.6-1.2	50	1.5
8	喇 1-2 污水	20140516	1#	压力式	核桃壳	3200	1200	片状板结	核桃壳	0.6-1.2	1	1.8
9	喇 1-2 污水	20140517	2#	压力式	核桃壳	3200	1200	片状板结	核桃壳	0.6-1.2	80	1.5
10	喇 1-2 污水	20140517	5#	压力式	核桃壳	3200	1200	片状板结	核桃壳	0.6-1.2	10	无
11	喇 1-2 污水	20140518	7#	压力式	核桃壳	3200	1200	片状板结	核桃壳	0.6-1.2	1	2
12	喇 1-2 污水	20140519	9#	压力式	核桃壳	3200	1200	片状板结	核桃壳	0.6-1.2	1	2

2.1.3　污水中聚合物浓度影响

污水中聚合物浓度越大，污水黏度越高，核桃壳滤料反冲洗再生效果越差，而石英砂滤料因其表面圆滑，对原油的吸附能力弱于核桃壳，且石英砂滤料粒径不均一，截留能力强。

因此，相同聚合物浓度时，石英砂滤料过滤效果较好。一矿喇 1-2 污水站、喇 1-1 污水站和聚喇 140 污水站的工艺流程相同，喇 1-2 污水站和喇 1-1 污水站使用核桃壳滤罐，设计处理能力相同，但其聚合物浓度不同。聚喇 140 污水站采用石英砂滤罐，聚合物浓度与喇 1-2 污水站相同，处理负荷为 75%，与喇 1-2 污水站基本一致。喇 1-1 污水站聚合物浓度在 120mg/L 至 130mg/L，喇 1-2 污水站和聚喇 140 污水站聚合物浓度在 230mg/L 至 300mg/L 之间。喇 1-1 污水站和聚喇 140 污水站滤后水指标达标，喇 1-2 污水站滤后水指标超标。具体数据见表 5。

表 5　喇 1-2 普通含油污水站与喇 1-1 普通含油污水站水质数据对比表

站　名	时间	处理量 m^3/d	来水			滤前		回注	
			聚合物浓度 mg/L	含油量 mg/L	悬浮固体含量，mg/L	含油量 mg/L	悬浮固体含量，mg/L	含油量 mg/L	悬浮固体含量，mg/L
喇 1-1	2015 年 9 月	23000	130	350	36	90	27	16	19
喇 1-2	2015 年 9 月	27000	290	240	57	100	48	30	36
聚喇 140	2015 年 9 月	29000	280	100	32	30	27	10	17

从以上三站数据对比表可以看出，聚合物浓度对核桃壳过滤罐的过滤效果影响大于石英砂滤罐的过滤效果。

2.2　滤罐前端污水处理工艺对过滤效果的影响

污水站沉降空间越大，沉降时间越长，滤前水质会越好，滤罐过滤负荷相对较小，滤后水指标会相对较高。反之，滤后水指标相对较低。表 6 是聚喇 140 污水站、喇一老污水站与喇一新污水站相关数据对比表。

表 6　2015 年 8 月聚喇 140 污水站、喇一老污水站、喇一新污水站数据对比表

站　名	含聚浓度 mg/L	滤罐类型	负荷率 %	进污水站前污水沉降罐容积，m^3	一沉总容积 m^3	二沉总容积 m^3	总沉降时间 h	缓冲罐总容积 m^3	原水含油 mg/L	滤前水含油 mg/L	滤后水含油 mg/L
聚喇 140 污水站	280	石英砂	75	3000	24000	14000	31	1000	100	30	10
喇一老污水站	115	石英砂	50	无	2000	无	4.8	500	200	130	50
喇一新污水站	105	石英砂	50	无	5000	4000	18	500	400	160	50

从表 6 可以看出，同为石英砂过滤工艺，在污水含聚浓度高、来液负荷大的情况下，沉降空间越大，沉降时间越长，滤前水质含油越低，滤罐过滤效果越好。

2.3　污水过滤级数影响

与只有一级过滤工艺相比，污水经过两级过滤效果更好。表 7 是喇 1-2 深污水站与喇一联深污水站水质相关数据表。

表 7　喇 1-2 深污水站与喇一深污水站水质数据对比表

站　　名	含聚浓度 mg/L	一级滤罐种类	数量	二级滤罐种类	数量	原水含油 mg/L	一级出水含油，mg/L	二级出水含油，mg/L
喇 1-2 深污水站	115	搅拌式核桃壳滤罐	3	石英砂滤罐	3	20~40	20~30	5~10
喇一联深污水站	260	搅拌式核桃壳滤罐	8	石英砂滤罐	8	40~50	30~40	5~10

从表中可以看出污水经过两级过滤后，污水含油去除率能达到75%，且水质达标。同时两座深度污水站的一级核桃壳滤罐对来水的含油去除率是25%，二级石英砂过滤罐对一级过滤罐出水的含油去除率是50%以上，说明石英砂过滤罐的过滤效果优于核桃壳滤料。

3 结论及建议

(1) 水驱见聚后，聚合物影响核桃壳滤料再生效果，滤罐出水指标偏高。

(2) 核桃壳滤料强吸附性致其易污染，机械强度低致其易流失，每年开罐检查、洗料及补料要耗费一定资金。

(3) 污水中聚合物浓度越高，对核桃壳过滤罐过滤效果影响越大，核桃壳滤罐的使用应考虑污水含聚浓度的影响。

(4) 对于含聚合物的污水站，沉降空间越大，沉降时间越长，滤罐过滤效果越好，可以通过扩建沉降罐或降低污水站来液量实现。

(5) 多级过滤对污水的处理效果优于一级过滤，且石英砂滤罐对污油的去除率优于核桃壳过滤罐，建议污水站采用两级过滤工艺或使用石英砂滤罐。

喇二一联合站最佳排泥方案的确定及问题分析

徐春亮　景吉善　赵微微　刘福斌

（第四油矿喇二一联合站）

摘　要：污水沉降罐作为污水处理系统中应用最广泛的工艺设备，在实际运行中，含油污水中的重质颗粒在重力作用下沉降至罐底，形成罐底污泥。若不及时将其排出，将会影响后续处理设备的运行。泵吸式排泥工艺作为油田排泥工艺中应用最普遍的排泥方式，可一定程度降低罐底污泥的堆积高度。喇二一联合站立足于站内现有工艺、设备，通过不同方式确定最佳排泥方案及运行参数。另一方面，目前油田应用的排泥工艺较多，如负压排泥和静压穿孔式排泥，受限于泵吸式排泥的局限性和站内化验条件，排泥设备运转周期仍多依靠生产经验决定，排泥存在无规律、效率低的不足之处，待以后进一步解决完善。

关键词：污水沉降罐；排泥工艺；泵吸式排泥；最佳排泥方案

污水沉降工艺是目前油田污水处理系统应用最广泛的工艺，沉降效果好坏直接影响后续处理工艺的稳定性，而沉降罐内积累的污泥能否及时有效地排出将直接影响沉降罐出水水质。油田含油污水本身存在着大量的泥砂、悬浮物和其他颗粒杂质，在沉降分离阶段，通过重力沉降分离泥砂沉于罐底部，形成底部淤泥，这部分污泥的颗粒直径较大，约占油田污泥总量的40%左右，部分悬浮性污泥还会随水流进入后续处理工段。若不及时清除污泥，将会形成恶性循环，影响水质指标。

1　污水沉降罐排泥技术概述及发展现状

在处理含油污水的过程中，为沉降含油污水中较小的颗粒、悬浮物及其他杂质絮凝生成的较大絮体，通常将絮凝剂投加至污水沉降罐中，体积大、重量轻、有流动性的絮体在沉降罐中积累到一定高度之后就会随着沉降出水流入到污水过滤环节，从而极大程度地危害污水系统水质，在整个污水系统中进一步形成恶性循环，从而使系统的水质处理受到严重的影响。因此，沉降罐排泥是一个复杂的系统问题，要同时考虑系统水质处理受到沉降下来的污泥的排泥周期的影响和生产运行管理受到的排泥方式的影响。

近年来，新型的污水沉降罐排泥技术逐步被研发出来，新的排泥方法可以在正常生产的状态下进行排泥作业，不需要停产操作，如负压排泥器排泥技术及静压穿孔式排泥技术等，这些排泥技术在排泥时不需要停产，在排泥过程中不会使正常的水质处理受到影响，而且具有良好的排泥效果和较高的排泥效率。

2 油田常用排泥工艺及工作原理

2.1 负压排泥技术

负压排泥装置由喷射助排气、助排液管道及吸泥盘3部分构成。该装置的原理是外界的高压液体通过喷嘴时会产生负压，利用外部助排气产生的负压效应，将污泥和高压液体一同排出罐外。由于喷嘴的直径比较小，因此当助排液经过喷嘴时会产生节流，从而增大助排液的流速，降低压力，在这种作用下就会在喷嘴和混合管之间产生一个低压区，在压差作用下，罐底污泥不断地涌入低压区，然后又被高速流动的助排液抽吸，进入混合管，在扩散管内增加压力，从而将污泥从排污管排出。负压排泥技术工艺简单、吸力强、吸泥量大、排泥均匀，可利用出口压力实现由低液位向高液位排泥。但改造过程中投资大、工程量、操作复杂以及需要外加助排液，导致排污量增加。

2.2 静压穿孔式排泥

静压穿孔式排泥方法的工作原理是将高密度的聚乙烯穿孔管安装在污水沉降罐底部，在排泥时依靠沉降罐自身的静压水头，将罐底污泥通过穿孔管进入排泥管内。静压穿孔式排泥工艺较为简单，设备操作简便、投资小，工程改造方便，同时具有较高的排泥效率、不需要附加动力等优良特征，但是它也有固有的缺点，如只能从高位向低位进行排泥等。

2.3 泵吸式(集泥坑)排泥

在污水沉降罐底部设置集泥坑，当集泥坑污泥集满后，利用阀室内的排泥泵将污泥排至罐外，清除的污泥浓度高，含水率低，但因集泥坑面积的局限性，服务面积小。

3 污水沉降罐底泥特性及对系统的影响

污水沉降罐底泥外观为黑色，黏稠状，含油较多，乳化严重，颗粒细密，杂质较少，呈明显的分布较均匀的“油泥”形态。污水沉降罐底泥的组成成分极其复杂，一般由水包油、油包水以及悬浮固体杂质组成，是一种极其稳定的悬浮乳状液体系，含有大量的老化原油、腊质、沥青质、胶体、固体悬浮物、细菌、盐类、酸性气体和腐蚀产物等，还包括生产过程中投加的大量絮凝剂、缓蚀剂、阻垢剂和杀菌剂等水处理剂。污水沉降罐底泥总体呈现的特点是流动性差，在冬季呈块状，夏季软化，高温时有黑色油流析出，黏稠性高。污泥中的油、水、泥相互包裹，油和水以水包油和油包水的形式存在于污泥中，乳化程度较高。

污水沉降罐底泥若长期不进行处理，将会致使后续污水处理设备瘫痪，最终导致后端注水水质不合格；降低污水处理设备的运行效率和处理效果，严重时引起堵塞现象；在污水处理系统内形成恶性循环，造成生产管理困难，加重处理设备的负担，造成能量的巨大损耗；污水沉降罐底泥的随意排放，会造成土壤中石油类超标，土壤板结，使区域内的植被遭到破坏，草原退化，周边生态环境受到影响。

4 喇二一联合站排泥工艺简介及现场运行情况

4.1 排泥工艺简介

喇二一普通污水处理站污水沉降罐(1座6000m^{3}一次沉降罐，2座2000m^{3}二次沉降罐)

均采用泵吸式排泥工艺。泵吸式排泥也称集泥坑排泥，是在污水沉降罐底部设置若干集泥坑，当集泥坑内污泥填满后，先期利用站内净化水罐罐间阀室的高压动力泵先行冲洗；当沉降罐底部污泥搅拌成悬浮状态后，再启用沉降罐罐间阀室的排泥泵将污泥排放至储泥池。也可以不进行高压冲泥，直接启动排泥泵直接排泥。泵吸式排泥清除的污泥浓度高、含水率低，但因集泥坑面积的局限性，服务面积小。图 1 为喇二一联合站排泥工艺流程图。

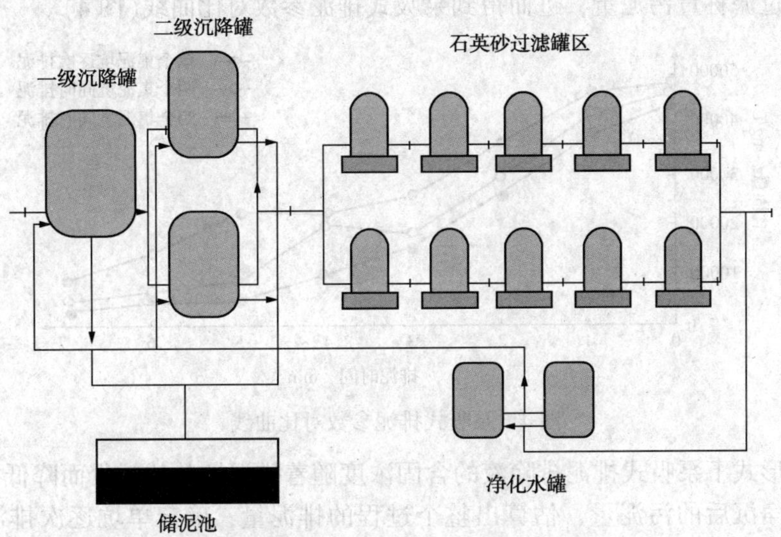

图 1　喇二一联合站排泥工艺流程图

4.2　现场运行情况

污水站所属 6000m³ 一次沉降罐设有 4 座吸泥坑，每座吸泥坑直径为 1. 516m，深 1. 0m，大罐直径为 24. 46m；2000m³ 二次沉降罐设有 3 座吸泥坑，每座吸泥坑直径为 1. 5m，深 1. 0m，大罐直径为 7. 64m。站内拥有 2 台排泥泵（型号为 PWA5×4-14，排量为 120m³/h（40m），安装于 2003 年，生产厂家为四川三台水泵厂）；两台高压动力泵（型号为 GUS（7）80-315，排量为 75m³/h（100m），安装于 2008 年，厂家为大连苏尔寿泵及压缩机有限公司）。2000m³ 二次沉降罐内部结构及吸泥坑如图 2 和图 3 所示。

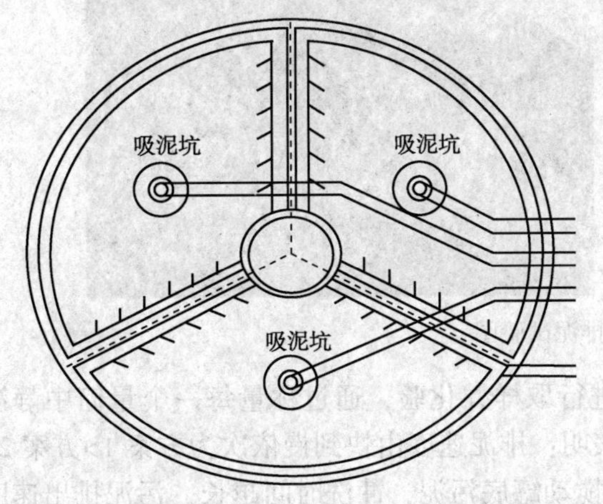

图 2　喇二一联合站 2000m³ 二次沉降罐内部结构图

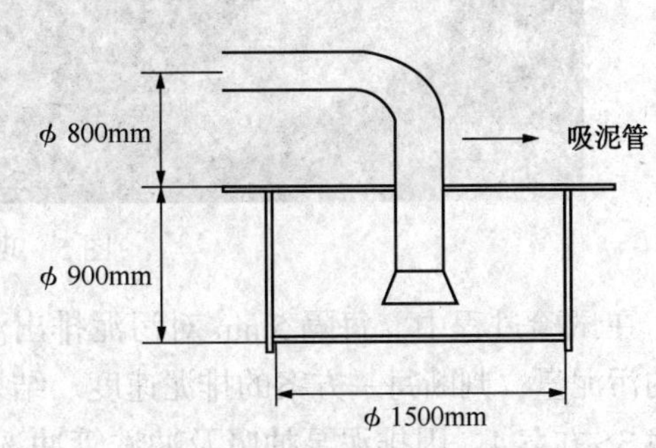

图 3　喇二一联合站污水沉降罐吸泥坑示意图

5 喇二一联合站现场排泥试验情况

5.1 不同排泥形式下的运行效果对比试验

现场分别试验了三种不同排泥形式，分别是单个吸泥坑逐次排泥、两个吸泥坑同时排泥和四个吸泥坑同时排泥。在采用不同的排泥方式进行排泥的过程中，用量筒每5min取一个水样，静沉后过滤称量污泥量，进而得到泵吸式排泥参数对比曲线(图4)。

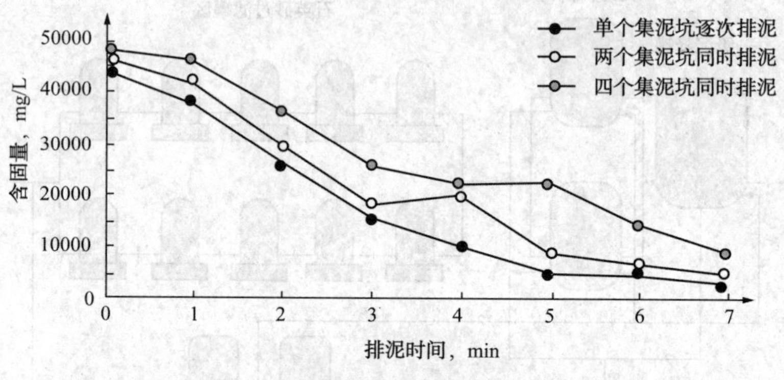

图4 泵吸式排泥参数对比曲线

不同排泥形式下泵吸式排泥排除液的含固浓度随着排泥坑数的减少而降低，依据不同时间段排泥取样净沉后的污泥量，估算出整个过程的排泥量，确定单坑逐次排泥为最佳排泥形式。

5.2 冲洗时间对污泥排除速度的影响试验

现场分别试验了4种不同的方案，分别是方案1：排泥泵运行30min，运行前不进行高压冲洗，排泥过程中大罐正常运行；方案2：排泥前高压冲洗5min后进行排泥，排泥泵运行30min，排泥过程中大罐处于停运状态；方案3：排泥前高压冲洗10min后进行排泥，排泥泵运行30min，排泥过程中大罐处于停运状态；方案4：排泥前高压冲洗20min后进行排泥，排泥泵运行30min，排泥过程中大罐处于停运状态。图5为现场排泥试验图。

图5 现场排泥试验图

在试验过程中，每隔5min对污泥排出液进行取样并化验，通过称量每一个量筒中静沉后的污泥量，判断每一方案的排泥速度。结果表明：排泥速度由快到慢依次为方案1>方案2>方案3>方案4。因排泥泵抽吸及冲洗管冲洗会搅动罐底污泥，冲洗时间越长，污泥排出速度越慢。经过结果比对，我们认为，先期冲洗10min，排泥时间达到30min，悬浮物去除率最高。于是冲洗时间不宜超过 10min，具体排泥时间还要依据现场排除液的情况进行调整。

5.3 沉降罐在运与停运状态下的排泥效果试验

为掌握泵吸式排泥工艺在不停罐与停罐排泥时冲洗罐底污泥对水质的影响情况，选择不同时间点对沉降罐均冲洗 10min，排泥 30min 后取样化验。结果显示，因冲泥过程中将罐底大量的污泥冲起，并漂浮于罐内，大罐出水悬浮物含量恢复至排泥前水平。无论采用停罐排泥还是运行排泥，排泥 2 天到 3 天后水质基本恢复正常。

6 喇二一联合站现场排泥试验结论

表 1 为不同排泥形式下的运行效果对比试验结果。依据目前的实验结果，得出适用于喇二一普通污水站的排泥方式：采用逐坑排泥运行方式。在排泥时，大罐处于停运状态，并将大罐水位下调至 2m 左右。前期启动高压动力泵冲洗 10min，后期启动排泥泵 30min。排泥结束后大罐运行，经过 2 天至 3 天，大罐水质恢复正常。

表 1 排泥效果化验数据统计表

时间	大罐停运状态		大罐运行状态	
	一沉出口悬浮物含量 mg/L	二沉出口悬浮物含量 mg/L	一沉出口悬浮物含量 mg/L	二沉出口悬浮物含量 mg/L
第一天	156.7	92.9	173	99.2
第二天	136.3	74.6	148.7	87.5
第三天	132.7	70.5	134.8	72.5
第四天	129.7	69.4	131.4	69.3
第五天	128.7	67.8	129.4	66.1
第六天	126.2	64.1	125.9	62.7
第七天	125.7	63.8	126.2	64.1

7 喇二一联合站现场排泥问题分析

(1) 因缺乏有效的监测手段，站内人员无法判断沉降罐内污泥的厚度以及分布情况，试验中尝试过红外线热成像仪观察大罐油泥厚度，也使用过手持性红外测温仪对管壁温度进行记录，以确定污泥积存量，但是效果不佳。根据其他采油厂开罐现场情况及其他油田现场经验，罐内污泥多以中心柱或中心反应桶为中心，逐级递减向外堆积。为此，有必要对站内污水沉降罐进行开罐检查，确定污泥的具体分布，这样有利于排泥方案的具体优化。

(2) 受制于污水沉降罐罐底污泥的流动性，以及冲泥管冲泥服务区域面积的限制，高压泵冲洗、排泥泵泵吸排泥工艺的排泥效率较低。若条件资金允许，建议更换为负压排泥或静压管排泥工艺。

(3) 喇二一联合站自身所具备的化验条件较为简陋，并不具备针对排泥实验所要求的化验分析能力及跟踪能力(例如污泥含水率等所需基础数据的确定)，单次的排泥量均是采用简单的方式(即排出液浓度与排出液体积的乘积；排出液平均浓度由各阶段排出液固体浓度曲线趋势定积分得出，排出液体积由泵排量和排泥时间决定)进行估算，有无科学依据、是否规范值得商榷。需要给出科学的污泥量计算方法及标准(例如可否采用《排水工程》中介绍的计算沉淀污泥量的方法），这样以此为基础确定的排泥周期才更加具有参考价值。

（4）排泥周期是随着系统变化而在动态调整，无法根据一次实验结果就此确定。确切地说，排泥周期的确定在于此次排泥实验的前提条件，例如脱水站放水悬浮物含量、脱水站放水黏度、脱水站放水含聚浓度、脱水站放水总量等生产运行数据。所以仅仅通过一次实验得到的排泥周期是否具有在本站的适用性还值得商榷。

（5）污泥处理及回收困难。喇二一联合站排泥最终均排至露天储泥池，排出的污泥需要人工清淤。在安全环保问题日益凸显的问题下，这种排泥处理方式已不适用。同时这种处理污泥的方法费用较大，性价比较低。

参 考 文 献

[1] 柏松林，赵永军．污水站污泥系统工艺优化探讨[J]．油气田地面工程，2005，24(8)：27-28.
[2] 周兰英．污水站污泥排除及处理工艺的优化[J]．油气田地面工程，2012，31(2)：34-36.
[3] 马春燕．污水站污泥处理工艺优化[J]．油气田地面工程，2010，29(5)：49-50.
[4] 胡殿启．沉降罐排泥工艺现场试验[J]．油气田地面工程，2011，30(5)：99.
[5] 毕强．沉降罐排泥工艺运行探讨[J]．中国石油和化工标准与质量，2012(15)：113.
[6] 王潇．污水沉降罐排泥工艺试验及对比[J]．油气田地面工程，2015，34(6)：25-27.

配电线路雷击故障原因及预防措施

陈　庆

（电力维修大队）

摘　要：本文分析了喇嘛甸油田配电线路雷击故障的主要原因，提出了各相对薄弱防雷环节的预防措施。

关键词：雷击；配电线路

2013 年雨季，喇嘛甸油田遭受数次雷暴袭击，造成配电线路跳闸、变压器烧毁、导线烧断、绝缘子击穿等故障，严重影响了油田正常生产。

雷电的平均电流为 3×10^4 A，最大电流可达 3×10^5 A；电压很高，约为 10^8 V 至 10^9 V。如果大能量直击雷直接击中线路，任何电压等级线路保护都会跳闸。今年雷暴日多，持续时间长，而且以直击雷为主，配电线路雷击跳闸 115 条次，自动重合闸成功 63 条次，强送成功 27 条次，永久性故障 25 条次。大部分雷击跳闸线路重合闸成功或可以强送成功，短时间恢复了正常供电，配电线路设备损害不需要长时间停电抢修，不是影响油田生产的主要问题。本文主要针对雷击配电线路造成永久故障的原因进行分析。

喇嘛甸油田地处松嫩平原，高大建筑较少，配电线路电杆比较突出；近年来建设规模不断增大，地下金属管网密布；今年雨量充沛，油田大部分有积水覆盖。这些环境因素都决定了配电线路电杆遭受雷击的概率高。喇嘛甸油田的环境不能改变，随着气候变化，雷雨天气以后还会频繁出现，我们必须找出配电线路本体的主要原因。

1　雷击故障主要原因分析

1.1　配电线路绝缘水平不足

喇嘛甸油田配电线路以前主要采用针式绝缘子和悬式绝缘子，其中针式绝缘子绝缘水平相对较低。在 2010 年雷雨季节，由于针式绝缘子经常击穿，造成配电线路跳闸。近三年来，我们大队结合检修，已经将配电线路上大部分针式绝缘子更换为绝缘等级更高的支柱式绝缘子。至今没有发生过支柱式绝缘子击穿现象。

但是绝缘水平介于针式绝缘子与支柱式绝缘子之间的悬式绝缘子击穿次数明显增加，从平均 3 次增加至 11 次。因为雷击过电压从绝缘薄弱点击穿，以前针式绝缘子相对于悬式绝缘子绝缘水平低，相对容易击穿；现在悬式绝缘子相对于支柱式绝缘子绝缘水平低，相对容易击穿。所以悬式绝缘子的绝缘水平需要进一步提高。

1.2　接地电阻不合格

喇嘛甸油田北部地势低洼，大部分浸泡在芦苇塘中，早期的接地腐蚀严重；南部地势较高，大部分属于黄沙土，不宜存水，土壤电阻率高。上述两点造成大多数接地网接地电阻不能达到小于 10Ω 的水平。我们对雷击跳闸线路上击穿的 16 台变压器台进行了测量，92%接地电阻不合格，有的超出标准 40 多倍。

接地电阻不合格，阻碍了避雷器泄放雷电流的通道，导致雷击过电压击穿变压器绝缘，造成配电线路故障。

1.3 线路泄流防雷范围较小

在配电线路的隔离开关和变压器台上都装有避雷器进行防雷保护，但在变压器台较少的线路上，绝大部分线路电杆没有防雷设施，容易遭受雷击造成故障。

近年来，我们大队结合检修在 36 条线路上加装了顶相泄流装置。由于配电线路的顶相导线高于另外两条导线 750mm，顶相导线更容易遭受雷电击中，顶相泄流装置可以泄放雷电流。在一般雷击概率时，根据滚球法计算，得到防雷保护范围 b_x 为 1080mm，大于直线横担一半的长度 750mm，以及另外两相导线的范围，所以顶相导线起到了避雷线的作用，可以防止这部分线路雷击故障。前几年，装设顶相泄流装置的线路雷击故障率明显低于其他线路。

但是今年雷雨季节期间，顶相泄流装置线路雷击故障率与其他线路基本持平。在高雷击概率时，滚球半径值不同，根据滚球法计算，得到防雷保护范围 b_x 为 680mm，小于直线横担一半的长度 750mm，小于其他两条边相导线的距离，所以顶线起不到避雷线的作用。也就是说，在雷击多发的情况下，雷电有直接击中边相导线的概率。

我们在 7 月 30 日查找喇十一变南干线雷击跳闸的过程中，就亲眼看到旁边喇二变西干线上直线杆的边相导线遭受直击雷的情景。然后和电力调度核实，该条线路速断保护动作，重合闸未成功。顶相泄流未起到保护作用，所以说明泄流防雷范围还需扩大。

1.4 绝缘线雷击断线

以往从来没有绝缘线雷击断线的情况，而今年发生了 3 起。因为之前绝缘导线只要是在穿越居民区、办公楼和林带的线路上使用，不但数量少，而且高大的办公楼和树木为绝缘线提供了防雷的屏障，绝缘线不易遭受过雷击。但随着绝缘线逐渐增多，绿化带的逐年变化，部分绝缘线距离这些天然的防雷屏障远了，今年的直击雷过多，它们也就没能幸免。

采用裸导线时，当受到雷击后，会引起线路闪络。此时，工频续流引起的电弧由于受到电磁力的作用，使电弧向导线落雷点的两侧迅速流动，雷电流经过开关、变压器等设备处的避雷器迅速流入大地，或在工频电流烧断导线之前引起跳闸，因而很少发生断线事故。

但是，当绝缘导线遭受雷击时，情况就完全不同，雷电过电压引起绝缘子闪络，并击穿导线的绝缘层。而击穿点附近的绝缘物阻碍了电弧沿着导线表面向两侧移动。因而，电弧只能在击穿点燃烧。高达数千安培的工频电弧电流集中在绝缘击穿点上，并在断路器跳闸之前很快就把导线熔断。所以需要在易受雷击的绝缘线路上进行防雷保护。

2 预防雷击故障措施

针对喇嘛甸油田配电线路易雷击造成线路故障的主要因素，提出下列预防措施。

2.1 提高配电线路绝缘水平

针对配电线路悬式绝缘子绝缘水平相对较低的问题，可以在完成剩余针式绝缘子更换成支柱式绝缘子后，结合检修，将喇嘛甸配电线路上所有悬式绝缘子再加装一片，变成双片悬式绝缘子串，提高一倍的绝缘水平。这样可以提高配电线路整体绝缘水平，增大电弧的爬电距离，提升耐雷击水平。

2.2 降低接地电阻

(1) 针对已经腐蚀严重常年积水的接地极，可以采用合格的接地模块，避免长期腐蚀。喇嘛甸油田冬季寒冷，为避免接地模块受冻土挤裂，必须埋于冻土层以下。由于地势低洼，为避免中间环节过早腐蚀，与接地模块连接的接地扁钢必须增加防腐处理。

(2) 针对高电阻率的黄沙土地区，不能采用接地模块，因为黄沙土地区干燥，不利于接地模块导电。可以采用增加垂直接地极、添加降阻剂等方法，降低接地电阻。

2.3 扩大线路泄流防雷范围

针对顶相泄流装置不能满足密集雷击条件下，两侧边相线路防雷范围的问题，可以在已经加装顶相泄流装置的电杆的其余两个边相导线上加装泄流装置，来扩大线路泄流防雷范围，保证不同雷暴天气条件下，配电线路各相线路的防雷。

如果效果明显，再进一步在其他线路上进行推广，最终实现喇嘛甸油田配电线路所有电杆都在泄流装置防雷保护范围内。

2.4 预防绝缘线雷击断线

针对空旷地区绝缘线易遭雷击断线问题，可以通过安装穿刺型外串联间隙避雷器等新型绝缘线防雷设备加以解决。

穿刺引弧头安装在绝缘子附近的绝缘线上，与避雷器上端的引弧头相对形成一个间距为90~130mm 的串联外放电间隙，其距离根据使用环境调整，潮湿多雾及重污秽地区应当使放电间隙偏大一些，干燥低污秽地区的放电间隙可偏小一些，可通过避雷器下部的两块铁板相对移动来调节。在正常状态下，高阻性的避雷器电阻片和放电间隙不动作；只有超过规定雷电过电压出现时，放电间隙才被击穿，形成短路通道，接续的工频电弧便在线夹的引弧叉上燃烧，释放过电压能量，以保护绝缘导线免于烧伤。电压释放后，避雷器电阻片恢复高阻性，间隙放电停止。

3 总结

2013 年频繁的雷暴天气，使喇嘛甸油田配电防雷的薄弱环节暴露出来，通过上述 4 项防雷措施，可以继续提高配电线路的耐雷水平，满足以后灾害天气频发的油田生产用电需求。

浅析埋地管线穿孔原因与防护措施

孙丽丽　尹志辉　耿秀丽　蒋松全　王清伟

（第三油矿地质队）

摘　要：管线作为大量输送石油、水、气体等介质的最为安全经济的方式，在油田得到广泛应用。而管线穿孔造成漏油、漏水、漏气等情况发生，不仅造成巨大的经济损失，而且对生态环境造成影响。本文将以第三油矿管线穿孔为例，简单探讨分析管线穿孔原因与维护方法。

关键词：腐蚀；穿孔；管线

第三油矿位于喇嘛甸油田最北端，地处偏远，是大庆油田的北大门。油田总面积 $34.69km^2$。整体地势南高北低，西高东低，低洼地、沼泽地多，属水淹地带，三矿各类埋地管线总长度超过1712km，油水井大多数分布在芦苇塘中，造成地下管线腐蚀严重，管线穿孔也易发生泄漏事故。穿孔次数之多，不仅影响正常生产，还污染环境，还存在火灾爆炸等安全隐患。经统计，仅2016年三矿各类管线穿孔次数达到2745次，穿孔造成的污染次数也达到上千次。随着管线投产年限的增长，腐蚀穿孔的现象日益严重，处于低洼地、水泡处和耕地范围内的管线穿孔尤为严重。

1　穿孔原因及分类

第三油矿管线绝大部分采用20#C钢材质，金属管线腐蚀是金属材料及其制件在周围环境介质的作用下逐渐产生的损坏或变质现象，在防腐层被破坏或防腐工作不到位时极易出现管线穿孔现象。

1.1　管线穿孔原因

据统计，导致油田管线穿孔的原因主要有4类：腐蚀原因、操作原因、破坏原因和施工原因。

（1）腐蚀原因是指管线由于20#C钢自身材质与管内输送介质和外部所处环境作用发生化学腐蚀与电化学腐蚀，进而导致管线穿孔。腐蚀原因又是最为常见、最为频发的原因，在实际生产中占60%。

（2）操作原因是指在热洗期间或操作不当造成的憋压条件下，管线在承受高温高压时在管线连接处或管壁薄弱处发生管线穿孔。在实际生产中占25%。

（3）破坏原因是指管线被盗油打孔或施工方破坏时造成的管线机械性穿孔。在实际生产中占10%。

（4）施工原因是指在敷设管线时，根据实地情况，未能按照设计走向敷设，使管线走向时存在较大折角，通过易导致穿孔发生的地域，造成管线穿孔。在实际生产中占5%。

1.2 腐蚀的分类

根据腐蚀位置，油田管线的腐蚀可分为两大类：内腐蚀与外腐蚀。

(1) 内腐蚀的特点主要有：介质成分复杂，管线腐蚀速度快；介质温度高，管线腐蚀速度快；介质流速慢，管线腐蚀速度快；存在间歇流，管线腐蚀速度快。

(2) 外腐蚀的特点主要有：焊缝处、新旧管交接处、管线折角处腐蚀速度快；同一条管线高温部分腐蚀速度快；细菌含量高的地区管线腐蚀速度快。

2 管线穿孔的影响因素

结合工作实际，根据数据统计，影响管线穿孔的因素主要有以下 3 种：水环境的影响、介质因素影响和管理因素影响。

2.1 水环境的影响

三矿地势低洼，耕地、水泡所占面积较大，采油 309 队和 310 队油水井多处于耕地内，56 配水间、57 配水间、60 配水间和 61 配水间，5702 计量间、5704 计量间、7007 计量间、7008 计量间和 60010 计量间油水井管线多穿越水泡。

当管线穿过耕地时，地下水分布均匀，离地面较远的部分水分多，透气性差，导致管线底部腐蚀严重，这也是农田里的管线漏点多朝下的原因。

当管线穿越柏油路面时，透气性差，具有保水的作用，两侧为沙土，透气性要优于柏油路面，水分蒸发快，导致管线一侧为沙土，另一侧为黏土，黏土一侧腐蚀严重。这也是穿井排路管线穿孔时，漏点多在柏油路面与沙土交界处附近的原因。

表 1 为三矿 2016 年穿孔情况表。从表中可知，三矿单井集输系统穿孔次数为 874 次，站间集输系统穿孔次数为 391 次；单井注水系统穿孔次数为 1426 次，站间的注水系统穿孔次数为 14 次；单井污水系统穿孔次数为 3 次，站间的污水系统穿孔次数为 37 次。

表 1 三矿 2016 年穿孔情况表

穿孔类型	集输系统	注水系统	污水系统
单井穿孔次数，次	874	1426	3
站间穿孔次数，次	391	14	37
合计	1265	1440	40

2.2 介质因素影响

油田管线输送介质成分复杂，介质在管内形成化学腐蚀与电化学腐蚀，同时因各类型管线运行情况不同，在水的因素及材质因素共同作用下对管线穿孔也起到影响。表 2 为三矿 2015—2016 年穿孔情况表。

表 2 三矿 2015—2016 年穿孔情况表

年份	注水系统			集输系统			污水系统		
	穿孔次数 次	管线长度 km	穿孔率 次/(km·a)	穿孔次数 次	管线长度 km	穿孔率 次/(km·a)	穿孔次数 次	管线长度 km	穿孔率 次/(km·a)
2015	1033	263	3.93	1101	1277	0.86	12	43	0.28
2016	1440	273	5.27	1265	1304	0.97	40	79	0.51

通过数据对比分析，发现注入系统管线穿孔率>集输系统管线穿孔率>污水系统管线穿孔率。穿孔率差异较大，各类型管线穿孔率差异原因如下：

(1) 注入系统管线穿孔是由于管内介质流速相对上升，介质温度低，但处于潮湿、细菌含量高的地区井数较多，冬季扫线井管线中存在残留介质，导致穿孔数量较多。

(2) 集输系统管线穿孔是由于管线内介质温度高，流速相对最慢，处于潮湿、细菌含量高的地区井数较多，季节性停掺井较多，存在间歇流，导致穿孔数量最多。

(3) 污水系统管线穿孔次数最少是由于管内介质温度相对较低，流速最快，无间歇流因素。

2.3 管理因素影响

在实际生产中，管理上存在的问题也能对管线穿孔造成影响，如中转站、计量间管线进出口埋地折点处受屋顶下落雨水侵蚀，施工作业时对埋地管线走向不清造成管线断裂等。

由于部分埋地管线埋深不合格，施工人员对埋地管线情况不明，在施工时造成管线被推土机、挖沟机破坏，断裂穿孔。

3 穿孔的维护方法与预防措施

3.1 点焊补漏

挖坑补漏时，将管线穿孔位置附近的防腐层、保温层材料处理干净，打磨穿孔部位，使点焊部位露出金属原色，由外向内逐圈焊接穿孔部位，直至焊满，焊接部位要光滑，无焊渣、棱角和毛刺，使管体露出金属原色，恢复外防腐层、保温层及防护层。

在实际生产中，当管线出现砂眼或小面积穿孔时，可选择点焊补漏的维护方法。

3.2 更换局部管线

挖坑补漏时，清理管线更换部位的防腐层，截去管线穿孔部位，切口尽量平整，切割一段与更换部位等长的钢质管线，做好内防腐措施，焊接至原穿孔部位，焊接部位要光滑，无焊渣、棱角和毛刺，使管体露出金属原色，恢复外防腐层、保温层及防护层。

在实际生产中，管线穿孔后出现大裂缝、大面积穿孔时，可选择更换局部管线的维护方法，但是这种方法一般不采用。因为局部更换后新旧管线连接处容易造成管线二次穿孔，所以不是极特殊情况不采用此方法。

3.3 打卡子

挖坑补漏时，将管线穿孔位置附近的防腐层、保温层材料处理干净，将带有密封胶垫的卡子安装在管线穿孔点附近管段，螺栓适当拧紧，使卡子密封材料面层距离管道外壁 2~3mm，迅速将卡子推至穿孔处，使穿孔处位于卡子中心，同时迅速拧紧螺栓，边紧螺栓边用锤子敲击卡子，使密封材料充分贴合管壁，清理作业部位，检查有无渗漏，恢复外防腐层、保温层及防护层。

在实际生产中，当穿孔管线的管壁薄、砂眼多、有小裂缝、不易焊接的时候，可选择打卡子的维护方式。

3.4 穿孔的预防措施

(1) 对于施工破坏造成的管线穿孔，应注意敷设管线时埋深要合格，施工人员应尽量与井组人员沟通，了解埋地管线走向，减少管线穿孔次数。

(2) 在更换管线的过程中，为了避免破坏地下纵横交错周边的其他管线，矿单项和小队负责人要现场跟踪，以减少管线穿孔次数。

(3) 在焊口处理方面存在焊渣、焊瘤等问题。所以保证焊口质量最主要的途径就是提高焊接技术，减少焊渣、焊瘤的产生，并且在穿孔焊完后，将焊口打磨处理干净。也可以对焊口、焊点等易腐蚀部位进行简单的防腐处理(沥青防腐或玻璃丝布防腐)，尽量使管线与泥土少接触，以减少管线穿孔次数。

4 结论及认识

结合三矿历年穿孔记录与现场常见穿孔发现，导致管线穿孔的因素多种多样、形式复杂，一条管线穿孔应是在多方面因素共同作用下引起的，而非单一因素。总的来说，当管线防腐不到位、穿越潮湿地区、管线上存在异种金属时，管线容易穿孔。

在补漏工作中，应格外注意管线防腐工作，对于未穿孔管线，应尽量避免施工破坏管线防腐保温层，防止保温层吸水、保水，加速外腐蚀进程。对于已经穿孔的管线，应做好补漏后的防腐密封工作，由于补漏中材质差异不可避免，处理后应按照正确的防腐步骤进行防腐。

在管理上加强职工素质提升活动，不但注重技术水平的提高，更重要的是提高职工责任心意识；严格贯彻了班前教育和奖惩制度，可以最大限度地减少人为疏忽。截至 2017 年，各类管线穿孔次数为 936 次，与 2016 年同期对比减少了百余次。

应定期检测管线防腐层的损坏程度，做到心中有数，从而能够确定对哪些管线进行重点监测。

参 考 文 献

[1] 中国腐蚀与防护协会. 石油工业中的腐蚀与防护[M]. 北京：化学工业出版社，2001.

提高螺杆泵井地面设备安全性能浅析

邢书龙

（技术发展部）

摘　要：螺杆泵井停机时杆柱储存的弹性势能和油套环空液位差的马达效应可导致螺杆泵高速反转，一旦超过皮带轮或零部件的使用强度，就会导致零部件飞出，给油田生产和人身安全带来较大危害。本文分析了螺杆泵举升技术的安全隐患点，并从提高安全隐患点的可靠性出发，兼顾地面设备和井下两方面，提出了新型防反转技术，同时，配套完善管理方法，以进一步提高螺杆泵地面举升设备的安全性能，为该举升工艺更好更快发展奠定坚实的基础。

关键词：螺杆泵井；地面设备；安全性能

随着机采举升技术的不断发展，螺杆泵逐步成为重要的举升工艺技术。1992 年，在喇嘛甸油田试验了第一口井，至今已发展到 2092 口井，占机采井总数的 42.3%。在突破规模化发展的同时，各项技术指标均得到显著提高：检泵周期由 2003 年的 163d 延长到目前的 652d，延长 489d；泵型有 12 种规格系列（GLB75—GLB2000），能够满足的排量范围广（4~270t/d），基本适应了喇嘛甸油田的生产需求。但螺杆泵井停机时杆柱储存的弹性势能和油套环空液位差的马达效应可导致螺杆泵高速反转，一旦超过皮带轮或零部件的使用强度，就会导致零部件飞出，给油田生产和人身安全带来较大危害。

以我厂为例，应用该工艺以来，出现 17 口井（常规 13 口，直驱 4 口）因防反转失灵而发生安全事故。分析认为，发生事故这部分井的井下势能较大，同时地面设备防反转控制装置或系统出现异常，未起到防反转作用，故造成事故的发生。表 1 为事故螺杆泵基本情况。

表 1　事故螺杆泵基本情况

序　号	井　号	投产时间	事故时间	事故原因及后果	备注
1	3-2866	2004.8	2005.1	防反转失灵，皮带轮甩碎	常规
2	9-1431	2003.1	2007.9	防反转失灵，皮带轮甩碎	
3	8-PS1211	2006.9	2009.12	防反转失灵，皮带轮甩碎	
4	4-2977	2004.3	2009.9	防反转失灵，皮带轮甩碎	
5	9-PS1631	2006.1	2010.11	防反转失灵，皮带轮甩碎	
6	9-PS1513	2006.1	2010.12	防反转失灵，光杆甩弯	
7	11-PS1701	2006.1	2010.12	防反转失灵，光杆甩弯	
8	6-PS1023	2011.7	2011.1	防反转失灵，皮带轮甩碎	
9	8-AS1023	2006.11	2011.3	防反转失灵，皮带轮甩碎	
10	4-S1200	2011.4	2011.7	防反转失灵，皮带轮甩碎	
11	6-PS1113	2011.7	2012.7	防反转失灵，皮带轮甩碎	
12	6-3202	2006.6	2012.7	防反转失灵，皮带轮甩碎	
13	6-PS2217	2010.12	2012.8	防反转失灵，皮带轮甩碎	

续表

序 号	井 号	投产时间	事故时间	事故原因及后果	备注
14	10-PS1621	2011.5	2011.5	接触器烧坏，光杆甩弯	直驱
15	11-183	2009.4	2011.6	外挂电阻未连接，光杆甩断	
16	6-PS1837	2011.4	2011.7	电机烧坏，光杆甩断	
17	6-PS1817	2011.6	2011.11	防反转失效，光杆甩弯，电机壳体撕裂	

本文分析了螺杆泵举升技术的安全隐患点，并从提高安全隐患点的可靠性出发，兼顾地面设备和井下两方面，提出了新型防反转技术，同时，配套完善管理方法，以进一步提高螺杆泵地面举升设备的安全性能，为该举升工艺更好更快发展奠定坚实的基础。

1 安全隐患点分析

螺杆泵安全事故常常发生在停机时刻，从防反转技术原理和破坏性看，常规卧式驱动螺杆泵存在3处安全隐患点：防反转技术可靠性、皮带轮和光杆。直驱驱动螺杆泵同样存在3处安全隐患点：防反转技术可靠性、电机壳体和光杆。而正常生产工作过程中很少出现安全事故，但杆柱中储存了大量的弹性势能，同时油套环空液位差的马达效应增加了井下的弹性势能，故视杆柱弹性势能和液位差马达效应为工作过程中的安全隐患点。表2为螺杆泵安全隐患点分析表。

表2 螺杆泵安全隐患点分析

项 目	常规卧式驱动螺杆泵	直驱驱动螺杆泵
停机	防反转技术可靠性、皮带轮和光杆	防反转技术可靠性、电机壳体和光杆
工作过程	杆柱弹性势能、液位差马达效应	杆柱弹性势能、液位差马达效应

2 治理手段

从提高安全隐患点的可靠性出发，兼顾地面设备和井下两方面改进，同时，配套完善管理方法，规避风险，从而提高螺杆泵井地面设备的安全性能，促进其更好更快发展。

2.1 完善地面控制，提高防反转技术可靠性

2.1.1 多重保险反转控制装置

采用增加外爪和手动爪的组合设计防反转技术，实现三级保护。在非人为停机时“卡住”双保险。螺杆泵井停机后内棘爪首先在扭簧作用下回弹并被棘轮卡住时，当反转速度超过最高正常运行转速，外棘爪就会克服扭簧弹力向外甩出并被制动盘卡住；在人为停机时“卡住”三保险。设计了手动棘爪，停机前放下手动棘爪，当内外棘爪都失灵时，手动棘爪与压盘固定在一起，棘爪盘的反转即可被手动棘爪卡住。我厂试验应用5口井，安全可靠，未发生危险，提高了停机的安全性。图1为多重保险反转控制装置图。

2.1.2 超越离合器型防反转装置

采用增加超越离合器的防反转技术，实现两级保护。该装置加装在皮带轮和传动轴之间，当停机发生反转时，由于超越离合器的作用，皮带轮不随传动轴反向转动，这样可有效避免皮带轮及侧轴附属零件因高速反转损坏飞出，提高了地面设备的安全性。我厂试验应用

1 口井，实现了皮带轮及侧轴附属零件不随传动轴转动，提高了地面设备的安全性能。超越离合器型防反转装置如图 2 所示。

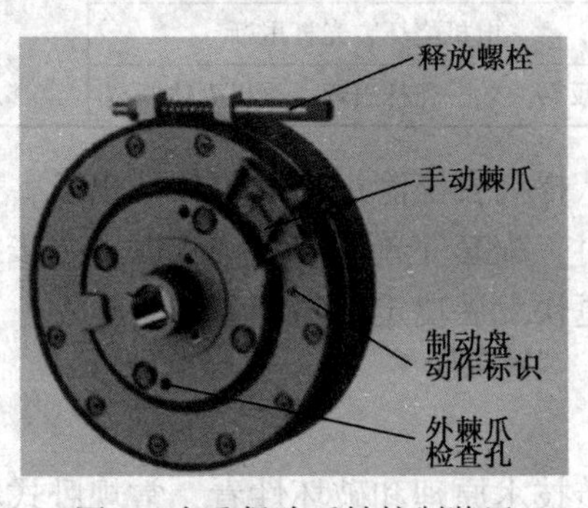

图 1　多重保险反转控制装置

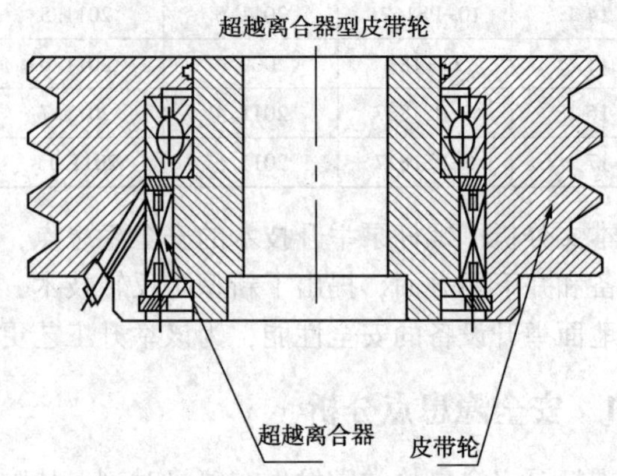

图 2　超越离合器型防反转装置

2.1.3　离心内胀式防反转装置

采用增加离心内胀机构和长臂释放机构的防反转技术，实现两级保护。在原结构基础上增加长臂释放杠杆和离心内胀式刹车结构。长臂释放杠杆实现了人工远距离安全释放功能；离心内胀式刹车部分是在棘轮棘爪失效时起到制动作用，螺杆泵反转速度达到一定值，内胀式刹车片在离心力作用下压向制动毂，当主轴转速达到 200r/min、侧轴转速达到 1050r/min 时与制动毂啮合起到减速作用，主轴转速越高，离心力越大，刹车效果越好。我厂试验应用 5 口井，解决了常规卧式驱动在释放过程中释放螺栓松小了不释放、松大了控制不住的问题。图 3 为内胀式制动刹车装置图。

2.1.4　液压释放反转装置

采用增加液压控制系统的防反转技术，实现两级保护，保证螺杆泵采油系统停机后及时制动和抽油杆柱扭矩自动间歇释放。图 4 为液压防反转制动装置图。

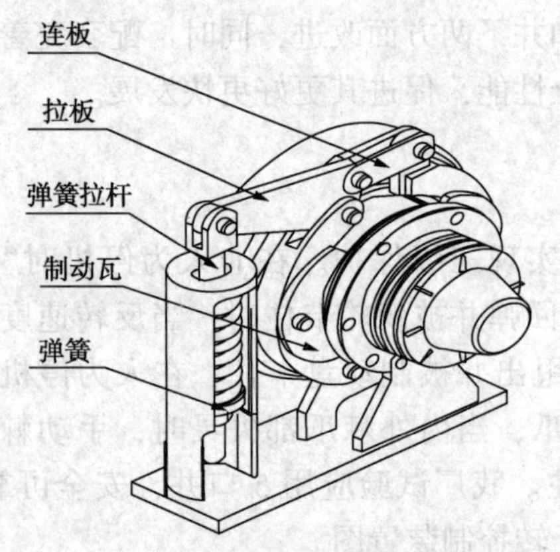

图 3　内胀式制动刹车装置

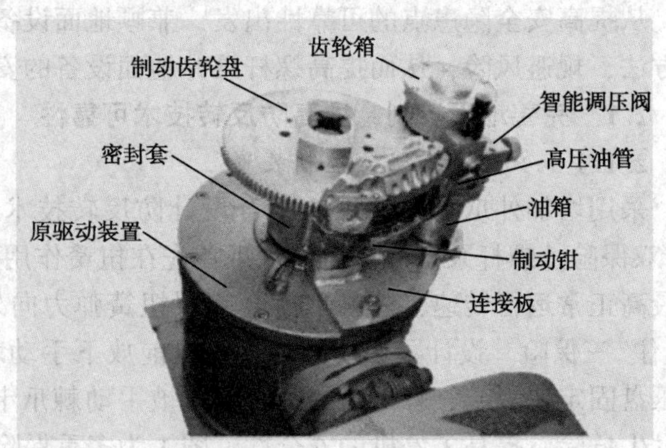

图 4　液压防反转制动装置

正常运转时，大、小齿轮随主轴转动，单向机构脱开，齿轮泵不工作；停机后，主轴产生反转时，单向机构瞬时啮合，带动齿轮泵工作。其工作大致过程如下：在制动钳卡紧制动盘后，系统压力会迅速降低，制动钳失去压力，主轴反转，转动后齿轮泵工作，继续产生压力卡紧制动钳，这样时断时续的卡紧—松开—卡紧—松开，直至主轴的反转扭矩为0。我厂推广应用100口井，达到了井下弹性势能可控释放的目的，提高了地面设备的安全性能。

2.2 优化井下控制，解决或削弱井下弹性势能的影响

2.2.1 井下自动释放装置

该技术通过超越离合器反转制动作用，实现驱动杆离合。在原结构基础上，齿轮箱内传动轴用花键连接上螺纹驱动轴，由上螺纹驱动轴牙嵌式离合器传动承载轴旋转，带动驱动杆及螺杆泵转子旋转工作。停机时驱动杆所产生的扭矩会形成反转释放，承载轴反转两转时，上螺纹驱动轴由单向离合器自动上提与承载轴瞬间分离，传动齿轮箱和皮带部分空载停机，下部驱动杆自动释放。我厂试验应用2口井，使得井下弹性势能不能传递到地面，进而提高了地面设备的安全性能。

2.2.2 限流控制

通过井口安装单流阀，或是泵上安全限流阀，阻止回流产生的“马达效应”。我厂试验应用11口井，控制释放反转时间平均由试验前的13min降低到1min以内，达到了削弱井下势能的目的。

2.2.3 匹配过盈值

控制过盈值，减小运行扭矩，推广应用203口井，井下扭矩平均下降了10.2%。

2.2.4 改变定子结构

应用等壁厚橡胶，均匀膨胀，减小运行扭矩，推广应用80口井，井下扭矩平均下降了15.1%。

2.2.5 取消驱动杆，从根源解决安全问题

伴随着永磁电机的出现，2009年我厂率先试验应用了潜油直驱螺杆泵。截至目前，已经开展了“4口井、5井次”的现场试验。通过不断改进和完善，7-0820井已平稳运行384d。通过现场试验，表明该工艺的举升能力能够满足现场要求，而且能耗低，系统效率高。试验对比情况见表3。

表3 试验对比情况

措施	产液，t/d	消耗功率，kW	系统效率，%	百米吨液耗电，kW·h/t(×100)
试验前	61	5.06	30.7	0.87
试验后	61	3.52	44.1	0.6
差值	0	−1.54	13.4	−0.27

潜油直驱螺杆泵举升工艺取消了井口驱动装置和驱动杆，它的成功应用从根源上解决了地面驱动螺杆泵井的安全问题，推动了螺杆泵举升工艺技术的进一步发展。

2.3 提出规避风险措施，奠定管理基础

为提高螺杆泵地面设备安全性能，规范现场操作管理，提出规避风险措施。

2.3.1 做好安全防护

(1) 操作者必须穿戴好各类劳保用品，带上操作螺杆泵地面设备的相关工具。

(2) 维修操作时不得少于两人，操作时必须有人监护。

(3) 在操作过程中如果遇到异常情况(电流过高、井下卡泵及控制箱提示的各种异常)，

及时联系生产厂家相关人员，待专业技术人员处理。

2.3.2 提出“四禁”要求

（1）严禁利用电动机对脱扣杆柱。

（2）严禁雷雨天气对电气设备进行操作。

（3）严禁地面设备运转时攀爬设备或在皮带轮侧工作。

（4）严禁无故停机、频繁停机。

2.3.3 规范地面设备管理

（1）规范方余长度在30cm以内，避免光杆甩弯或甩断造成伤害。目前，已随螺杆泵井方案设计注明此要求。

（2）改变常规驱动皮带轮材质，避免造成二次机械伤害。

（3）分隔开直驱驱动中能耗制动电阻与电器元件，防止其发热烧毁电器元件。

（4）将控制部分安装于井口房内，保护操作人员安全。

（5）开展优化防护罩材质试验。拟选用塑性好的聚乙烯材质取代铁制防护网，避免造成二次机械伤害。

2.3.4 加强产品质量监管

（1）投产前，生产厂家提供权威部门出具的驱动质检报告和安检报告，确保产品质量和安全性能。

（2）投产后，生产厂家提供驱动接地测试数据报告，避免烧电机或相关电器元件现象的发生。

2.3.5 强化日常管理

（1）进行螺杆泵井维护时，须先向井下灌满掺水，以削弱液柱差积蓄的井下反转的能量，确认反转能量完全释放后，方可开展其他工作。

（2）每年集中组织春检和秋检2次安全大检查，及时更换老化损坏的相应元件，确保使用期间安全可靠。对异常井、大扭矩井每月安全检查一次。

（3）各矿组织制定螺杆泵井热洗周期，并且确保洗井质量，可有效减少卡泵现象的发生，避免由此造成的安全事故。

3 几点认识

（1）从螺杆泵防反转技术原理和破坏性看，螺杆泵举升工艺技术存在5处安全隐患点：防反转技术可靠性、皮带轮(电机壳体)、光杆、杆柱弹性势能和液位差马达效应。

（2）通过不断改进和完善地面防反转控制技术，实现“多级保护”，进一步提升了防反转技术的可靠性，进而提高地面设备的安全性能。

（3）通过深入优化井下控制技术，推广应用限流阀、匹配过盈值、等壁厚螺杆泵和潜油直驱螺杆泵等技术，解决或削弱了井下弹性势能的影响。

（4）配套完善管理方法，规范现场操作管理，提出了规避风险措施，为提高螺杆泵地面设备安全性能奠定了坚实的管理基础。

（5）从提高安全隐患点的可靠性出发，兼顾地面设备和井下两方面提出的新型防反转技术，可以有效提高地面设备安全性能，推动螺杆泵举升工艺技术的进一步发展。

参 考 文 献

[1] 韩修廷，王秀玲，焦振强．螺杆泵采油原理及应用[M]．哈尔滨：哈尔滨工业大学出版社，1998.
[2] 马文蔚．物理学(第四版)[M]．北京：高等教育出版社，1999.
[3] 李青，金东明，戈炳华．机械采油技术管理方法[M]，北京：石油工业出版社，1994.
[4] 陈涛平，胡靖邦．石油工程[M]．北京：石油工业出版社，2000.

注水电机异常运行原因分析及解决办法

杨　洋　高宪武　那　雍　于　波　边晓红

（第三油矿）

摘　要：注水电机是注水站的核心设备。2017 年以来，我矿注水电机异常情况频繁发生，喇十四注水站电机接线柱持续高温，喇三联注水站注水电机启停过程中先后 3 次发生异常情况，造成了不同程度的财产损失。针对这几种情况，本文通过对注水电机的故障经过进行分析，找到发生问题的根本原因，针对原因找到解决方法，从而避免此类问题再次发生。

关键词：注水电机；故障

第三油矿注水队共有注水站 3 座，注水电机 12 台，运行 6 台，备用 6 台，注水量约为 $5.1\times10^4 m^3/d$。随着注水量的增加，高压注水电机呈逐年增加趋势，注水电机的正常运行是生产平稳的重要保障。如果电机异常运行未被发现，就会对电力电网的运行造成极大危害，并能会造成人员伤亡及重大的经济损失。

2017 年以来，我矿注水电机异常情况频繁发生，喇十四注水站电机接线柱持续高温，喇三联注水站注水电机启停过程中先后 3 次发生异常情况，造成了不同程度的财产损失。

1　注水电机的结构及工作原理

注水电机属于三相异步电动机，它的两个基本组成部分为定子（固定部分）和转子（旋转部分）。此外，还有端盖、风扇等附属部分，如图 1 所示。

电动机的工作原理。三相绕组接通三相电源产生的磁场在空间旋转，称为旋转磁场，转速的大小由电动机极数和电源频率而定。转子在磁场中相对定子有相对运动，切割磁杨，形成感应电动势。转子铜条是短路的，有感应电流产生。转子铜条有电流，在磁场中受到力的作用，转子就会旋转起来。电动机工作有 3 个必要条件：(1)要有旋转磁场；(2)转子转动方向与旋转磁场方向相同；(3)转子转速必须小于同步转速。否则，导体不会切割磁场，无感应电流产生，无转矩，电机就要停下来，停下后，速度减慢，由于有转速差，转子又开始转动，所以只要旋转磁场存在，转子总是落后同步转速在转动。电动机的工作原理如图 2 所示。

2　注水电机常见故障类型及现象

注水电机在运行时的故障可分为电气和机械两部分。电气故障有定子绕组缺相运行，三相电流不平衡，绕组短路和接地，绕组过热和转子断条，断路等；机械故障有振动、轴承过热、损坏等。其中常见的几种故障为：电机定子耐压强度不良、电机缺相、电机过热以及电机振动。

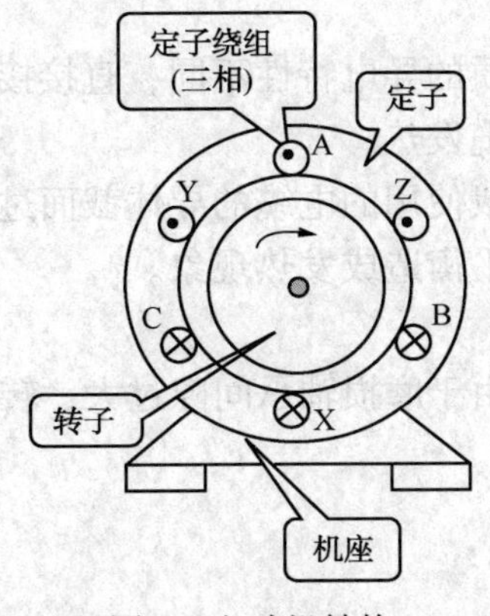

图 1　电动机结构

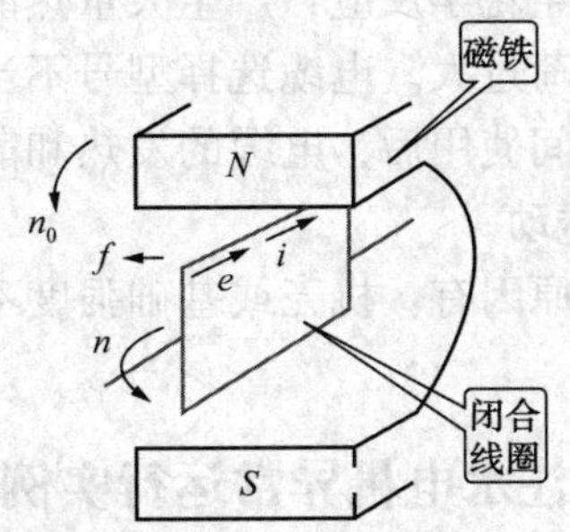

图 2　电动机工作原理图

2.1　电机定子耐压强度不良

耐压强度不良主要表现为电机启动前进行的耐压试验不合格。而电机定子耐压强度不合格主要是由绕组绝缘方面的缺陷造成，如引接线绝缘套管破裂、相间绝缘破损老化等。另外电动机受潮也会导致耐压不良。

2.2　电机缺相

(1) 注水电机缺相的现象。

运行时发生缺相。电机振动增大，有异常声响，温度升高，转速下降，电流增大。

启动时发生缺相。电机有强烈的嗡嗡声且无法启动，其绕组电流为额定电流的 4~7 倍，发热量为正常温升的 16~49 倍，迅速超过允许温升而极易导致电机烧毁。

(2) 电机缺相的原因。

电源缺相。三相电源接入交流电机之前。该电源已少一相或两相(电源已经出现问题，三相熔断器中的一相熔体被烧断)，它可造成电机无法启动或启动运转异常。

控制回路造成缺相。控制回路中的接触器和继电器长期使用，触点可能存在一定程度的氧化。引起接触不良或元件动作机构长期磨损。这些电气元器件受到电机启动电流(一般为额定电流的 5~7 倍)的冲击，或受到机电设备的振动，或由于运动机构卡住失灵等而误动作，会导致定子绕组缺相。

电动机接线盒中接线柱松脱。电机定子三相绕组中一相绕组断开，从而造成电机运行缺相。

连结头虚接或分断。供电线路中的连结头出现虚接或可能受到外力而分断，也会使得电机缺相。

绝缘老化。电机在运行相当一段时间后，定子绕组的绝缘可能出现老化(电机运行的环境温度长期过高；供电电压偏高或者是负载过大时)，造成电机定子绕组相间或匝间短路，电机定子绕组也会出现一相或多相断开。

2.3　电机接线过热

电机接线过热的现象为测温贴发生变色，电缆绝缘外壳变色，发出烧焦味，严重时直接将电缆烧断。

电机接线过热的原因有以下几点：

(1) 接线处松动。接头制造技术不太好，压接不紧密，造成接头处接触电阻过大，使电缆产生发热现象。

（2）接线电缆连接处材质差异。由于不同材质的导电特性不同，直接接触时，通电后将会在接触部位发生化学反应，产生大量热能使电缆发热。

（3）电机负荷过大。电缆选择型号不当，造成使用的电缆的导体截面过小，运行中产生过载现象，长时间使用后，电缆的发热和散热不平衡造成发热现象。

2.4 电机振动

电机振动的原因有：机壳或基础强度不够；由于磨损轴承间隙过大，转子不平衡，电机地脚螺丝松动。

3 注水队注水电机异常运行实例

3.1 喇十四注水站 2#电机接线盒爆炸

2017 年 8 月 26 日 5 时，喇十四注水站 2#电机接线盒突然发生爆炸，电机随即停机。接线盒内电缆烧断，接线端子变形。喇十四注水站 2#电机接线盒如图 3 所示。

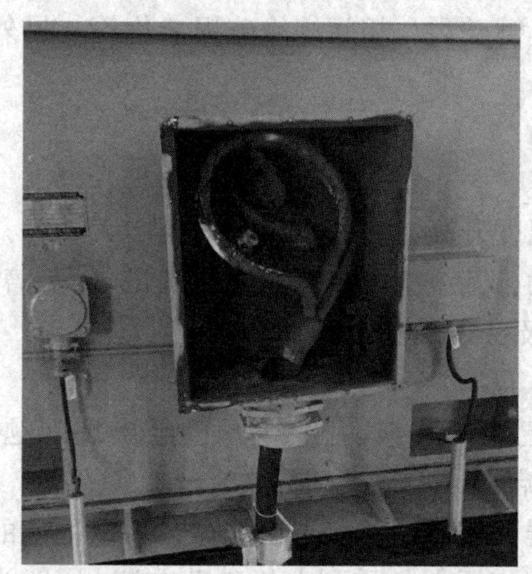

图 3 喇十四注水站 2#电机接线盒

3.2 喇三联 6#电机异常停机

2017 年 8 月 14 日 10 时，喇三联注水站接到调度通知，停 6#注水电机。岗位员工随即按操作流程进行停机操作。按下停机按钮后，该机组运行电流由 195A 上升至量程最大值，员工立即到泵房落实发现机组无法停运，电机电缆过热，绝缘烧坏且发出焦糊味。经过分析判断为断路器未完全跳开，电机缺相运行。变电所岗位员工随即直接断开 6kV 母联开关和 2 号主变 6kV 侧开关，6#电机停止运行。

3.3 喇三联 3#电机异常停机

2017 年 9 月 7 日 15 时，由于喇三联变电所所用变供电线路发生故障，喇三联注水站冷却水和润滑油系统自动切换，在切换过程中由于油压波动造成 3#机组和 6#机组低油压保护动作，造成跳泵。6#机组正常停机，3#机组无法停运，随即变电所岗位员工手动脱扣将 3#注水电机短路器跳开，3#机组停止运行。

3.4 喇三联 2#电机异常启机

2017 年 9 月 7 日 18 时，喇三联注水站 2#机组执行启泵操作，岗位工人按下启动按钮后，电流表上升至 120A 后归 0，电机未能启动。而变电岗电流显示为最大值，随即手动操作断开断路器，电流归零。2#机组轴瓦缝隙冒出大量白烟，后经判断，电机转子烧毁。喇三联 2#电机如图 4 所示。

4 注水电机故障原因分析

喇十四 2#电机接线盒爆炸的直接原因为电缆过热，由于热量长期积累导致最终达到爆炸极限，发生爆炸。

导致喇十四注水电机电缆过热的原因主要是电缆接线方式存在严重缺陷。据调查，我厂安装相同厂家的注水电机均有不同程度的电缆过热现象。与厂家沟通后，最终认为导致电缆

图 4　喇三联 2#电机

过热的原因为接线方式存在缺陷。这种型号电机的接线方式为电机内绕组电缆和变电所电机出线电缆通过接线端子连接，接线端子的材质为铜，而电缆为铝制电缆，铜铝直接接触时，由于导电特性不同，会在接触部位发生反应，产生热量，长时间会导致电缆过热；另外电缆与接线端子的连接方式为线卡子连接，线卡子上只有两条固定螺丝，长期运行后，由于电机振动，线卡子固定螺丝易发生松动，松动后导致接触面减小，电阻增加，最终导致接线处电缆过热。

喇三联 6#电机异常停机的直接原因为断路器未完全跳开，电机缺相运行，导致运行电流过高。由于操作及时，此次事故未造成严重的财产损失。

喇三联 3#电机异常停机的直接原因为低油压保护动作后断路器拒动，由于操作及时，并未造成严重的财产损失。

喇三联 2#电机异常启机的直接原因为电机缺相启动，电机内未形成旋转磁场，不能使电机产生启动转矩，所以电机转子不能正常运转，但电机由于断路器未能及时断开，启动瞬间电机电流突然增大，引起过热，导致电机烧毁。

综合以上异常情况分析，可以发现导致喇三联 6#注水电机异常停机和 2#注水电机异常启机的直接原因均为电机缺相运行，而造成电机缺相的主要原因为断路器拒动。喇三联变电站的 6 台注水电机断路器型号均为 ZN68M-12，据了解，我厂通过两批改造共投运 145 台 ZN68M-12 型真空断路器，其中 2005 年投运 34 台(喇八、喇 140 和喇 I-1 变电所)，2008 年投运 111 台(喇三、喇十三、喇十四、喇十六和喇十七变电所)。根据运行情况统计，2005 年第一批改造的 3 座变电所断路器运行稳定，没有发生过开关拒合、拒跳故障。2008 年第二批改造的 5 座变电所，自投入运行后共发生过 13 次拒动故障，其中造成越级事故 4 次(喇三变电所 2 次，喇十三变电所 1 次，喇十四变电所 1 次)。

该断路器的机械传动部分抗震性能差，弹簧性能不符合要求，设计存在缺陷，易出现拒跳、拒合及自动重合等故障。喇十四变电所和喇十六变电所在改造过程中已经将该型号的断路器全部更换，目前我矿只有喇三变电所仍然使用这种型号的真空断路器。

5　解决方法

针对近期我队注水电机发生的异常情况，通过对故障原因进行分析，总结出以下几点解决方法：

(1) 针对喇十四注水站同型号电机接线存在缺陷的情况，应该改变接线方式，将接线端子去掉，将电机内外电缆用线鼻子直接连接，从根本上解决问题。

（2）确保注水电机接线处测温贴齐全，能够最直观地观察出电缆接线处的温度。

（3）将目前在用的有缺陷的断路器全部更换，从根本上解决由于断路器缺陷导致的注水电机启停异常。

（4）制定相应的应急预案，在注水电机启停过程中一旦发生无法启动或停止现象，严格按照应急预案进行操作。

（5）确保注水电机的差动保护和过流保护的有效性。电力检修时应该重点检测，确保两套保护系统运行良好。

（6）变电岗位员工在启运电机时必须确定保护压板投切正确。即使电机本身存在问题，也能通过差动保护继电器和过流保护继电器的动作来保护电机不受损坏。

参 考 文 献

[1] 李本红，王夕英．电机技术及应用[M]．北京：人民邮电出版社，2009.

浅析区域阴极保护的故障处理及应用效果

熊　妍　张世琦　王　蕾　刘长华　侯贤敏

（第三油矿）

摘　要：评价区域阴极保护系统对油井管线的保护作用，同时重点对在现场管理中出现的阳极线虚接问题、电缆断裂问题、管线的防腐问题、接地电阻过高问题、参比电极流空问题等做了简单的分析并提出解决方案。

关键词：区域阴极保护；阳极线；电缆；防腐；参比电极

采油 301 队管辖 1 座中转站、6 座计量间、47 口油井，自 2003 年 11 月开始，陆续在中转站及 6 座计量间范围内开始投用区域阴极保护，经过十几年的运行，带来了很高的经济效益，同时在现场管理中也出现了一些问题，需要进行分析和总结。

1　区域阴极保护的现场应用

1.1　阴极保护的原理

阴极保护技术是目前国际上流行的管线及金属构筑物防腐技术之一，我们在应用期间，也学到了很多关于阴极保护的知识。从最初只知道读数记录到现在可以进行简单的故障分析，我们对阴极保护的认识也有了新的提高。

阴极保护分为两种。一种是外加电流阴极保护，其原理为：通入一定直流电，把被保护的金属相对于阳极装置变成大阴极，阳极被氧化，阴极被还原，从而降低腐蚀速度。另一种是牺牲阳极的阴极保护，其原理为：在被保护的金属上连接一个电位较高的金属作为阳极，它与被保护的金属在电解液中形成一个原电池，在这个电池中阳极氧化后失去电子，经过电解液（土壤）流向被保护的金属体，此时被保护的金属因得到电子被还原而得到保护。

由于牺牲阳极产生的电流比较小且比较弱，因此不适用于联合站—中转站—计量间—单井管线—油井浅表层套管的大面积保护，为此选择外加电流区域阴极保护方案。从 2003 年开始，逐步以喇 501#中转站所管辖的油井管线以及 6 座计量间的掺水、输油、热洗管线作为一个保护体系实施外加电流阴极保护措施，如图 1 所示。

1.2　阴极保护的保护对象

1.2.1　对单井管线的保护

经过近几年的运行，采油 301 队的管线穿孔情况明显减少。2006—2016 年，油井单井管线穿孔累计 80 次，全线更换喇 5014#计量间至中转站干线及喇 4-1888、喇 5-173、喇 5-1718、喇 6-1777 单井掺水、集油管线后，年平均油井穿孔次数为 8.4 次，干线穿孔 10 次；而在这之前，采油 301 队所辖地区的年平均油井穿孔次数为 16 次（表 1、表 2）。现在相比投用阴极保护之前，油井穿孔次数下降了约 1/2，在节省材料消耗、提高油井时率、降低工人劳动强度、减少污染排放等方面都有非常明显的效益。

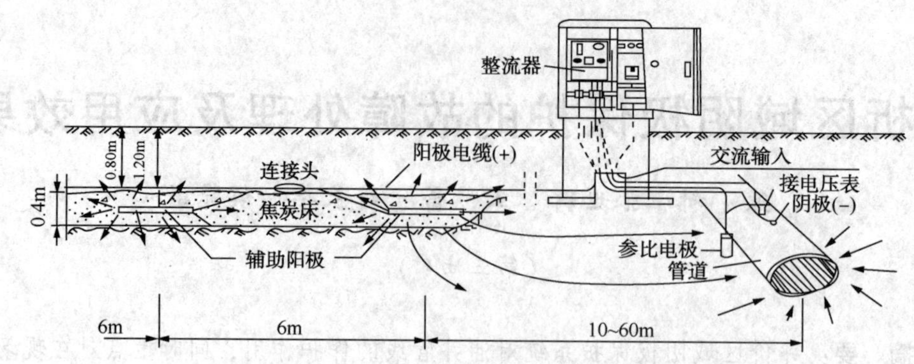

图1　外加电流阴极保护示意图

表1　油井年平均穿孔次数

参　　数	2006年以前	2006—2016年	备注
油井年平均穿孔次数	16	8.4	年平均穿孔次数下降了约1/2

表2　油井历年穿孔频次表

年份	2004	2005	2006	2007	2008	2009	2010	2011	2012	2013	2014	2015	2016
穿孔次数	17	15	11	11	10	9	10	6	6	5	6	4	6

针对恒电位仪的管理，采油301队一直是专人负责、定期巡视，发现问题及时处理解决。按照规定，需要保持电位值在-1.200~-0.850V之间。最初的几年中采油301队始终按照这个标准在进行控制，但是随着技术学习的深入发现，因为有IR降的存在，导致浅表层套管实际保护电位相对于恒电位仪显示保护电位要低，实际的测试数据见表3。

表3　IR降测试数据

间号	输出电压，V	输出电流，A	管地电位法，V	极化探头法，V	IR降，V
5010#	3.8	11.7	-1.092	-0.929	-0.163
5011#	14.2	61.9	-1.035	-0.890	-0.145
5013#	3.4	4.3	-1.068	-0.850	-0.218
5014#	2.6	12.1	-1.086	-0.998	-0.088
5015#	3.6	15.2	-1.102	-0.935	-0.167
5016#	29	6.2	-1.041	-0.920	-0.121
501#站	5.6	26.2	-1.054	-0.953	-0.101

管地电位法是指管线对地的电位，指通电点与管线接触的起始点。一般在没有阴极保护装备的情况下，管地电位即是自然电位，大多数在700MV以内；增设阴极保护后，管地电位经过仪器测试后，至少在850MV。

极化探头法是指在管线末端进行电位测试的一种方法，为了对整段管线进行有效保护，需要从管线起始端进行外加电流后，给管线一段时间进行极化(就是形成回路的过程)。极化过程与外界天气、管线防腐材料以及大地导电性能强弱都有关，极化时间一般在2~3d。极化过程中，需要管理人员不断调控，保证机器合理运行，用极化探头法不断测量末端数值，待阴极保护电压、电流、电位均稳定，设备才可以正常运转。

通过上表我们可以知道，如果想要让所有被保护体都能够获得需要的保护电位，我们需要将恒电位仪的保护电位相应增加，增加的量值如表4。

表4　小保护电位统计表

间号	去除IR降保护电位范围，V	含IR降保护电位范围，V	恒电位仪最小输出电位，V
5010#	−1.200～−0.850	−1.363～−1.013	−1.013
5011#	−1.200～−0.850	−1.345～−0.995	−0.995
5013#	−1.200～−0.850	−1.418～−1.068	−1.068
5014#	−1.200～−0.850	−1.288～−0.938	−0.938
5015#	−1.200～−0.850	−1.367～−1.017	−1.017
5016#	−1.200～−0.850	−1.321～−0.971	−0.971
501#站	−1.200～−0.850	−1.301～−0.951	−0.951

通过学习，我们确定将各台恒电位仪的电位控制在相应的范围之内，达到了良好的保护效果。

1.2.2　对站内系统的保护

中转站内存在管网密集、交叉影响严重、各种防雷接地设施互通等问题，容易造成阴极保护外加电流大量流失、降低保护效果、提高运行成本，因此对恒电位仪的稳定运行提出了更高的要求。

最初501#站使用两台50A/50V的恒电位仪对全站的炉、罐及地下管网进行保护。因为保护物联通，造成两台恒电位仪互相干扰，一旦一台恒电位仪出现故障，另一台就会出现负荷过重、输出电流电压超高的现象；这时我们只好将两台恒电位仪都停下来，待故障处理恢复正常后才重新启动，影响了保护效果。后来经过与地面工程组协商，经过计算，计量间所使用的75A/75V的恒电位仪可以满足中转站的使用要求，而50A/50V的恒电位仪也可以满足计量间的阴极保护使用要求，于是将5014#计量间的恒电位仪与中转站的一台恒电位仪进行调换，经过调换，现在中转站两台恒电位仪运转正常，出现故障也可以尽可能地保证系统的正常运转，而计量间所使用的50A/50V的恒电位仪也运转良好，未出现故障。

通过对501#站内系统的阴极保护，在10年期间，全站只出现过12次管线穿孔；其中加热炉放空管线穿孔4次，对挖掘出的管线进行检测发现，其腐蚀严重，已对局部更换新管线。目前站内各管线集输状态良好。

2　生产中的故障处理

阴极保护系统对单井管线以及站内管线的保护起到了十分重要的作用，但与此同时，在实际生产中，区域阴极保护系统也出现了一些问题，影响了整个系统的安全平稳高效运转。比如恒电位仪恒流现象，地床电阻过高导致设备失效；防爆接线损坏问题；参比电极流空失效；电缆断裂等。类似的情况有很多，如果能够将这些问题很好地解决，对油田生产工作还是有一定益处的。

2.1　发生故障的现象

恒电位仪是阴极保护系统的主要仪器，用以提供直流电源，设定通电点电位。员工在每天例行巡检设备时，最直观的判断来自恒电位仪显示的3组数据，分别是输出电压值、输出电流值、电位值。按照规定，需要保持电位值在-1.200~-0.850V之间，如超出范围需立即上报，以及时处理。在实际生产中，我们遇到过几种不同的问题，主要表现有无电流；有电流但电流值很低，低于0.1A；无电流、无电压或者有电流、电压无限增大；电位无限增大；电流高、电压高、电位低；只有电压高、电流很低；有电位值，但显示值与实测值不同

2.2 处理故障的对策

2.2.1 无电流

阳极电缆断裂或者分线箱连接处接触不良。因为需要将电流加载到每条油井管线上，就需要从恒电位仪及分流柜到各单井管线引出相应电缆线，短则十几米，长则一二百米，在这么长的铺设中，很有可能出现转弯变向等现象。随着人员的调整，当初参与施工的人员多已不在原岗位，因此电缆走向很难说清，可能会在施工开挖时造成电缆断裂。因为电缆埋于地下，地面没有明显标志物，又多处于荒野中，容易造成施工作业时的麻痹大意；但如果将通电点统一放置在计量间单井管线的根部，又容易出现相互之间的干扰，影响保护效果。

针对这种情况，目前的解决办法是绘制出简易的电缆走向图，放在岗位上保存好，便于岗位员工调整后的衔接工作，更能起到施工警示作用。

2.2.2 有电流但电流值很低，低于0.1A

这种现象主要体现在无论选择手动运行还是自动运行，都无法提高电流值，主要原因是阳极电缆或者阴极线有虚接，有腐蚀物附着在电缆线接头上，导致测量仪器也无法准确测出虚接点。这种故障在现场比较难处理，需要通过摇表来摇断隐藏的虚接点，再重新测量才可以找出断点，重新连接线路。案例见表5。

表5 2017年2月3日恒电位仪示数

恒电位仪安装位置	输出电压，V	输出电流，A	电位测量，mV
5016#计量间	26.7	0.03	1014

2.2.3 无电流、无电压

电流值和电压值均无示数，这主要是阴极电缆线或者零位线断裂造成的，需要马上检测线路，进行重新连接或更换。

2.2.4 电流很低，电压很高

发生这种现象，说明接地电阻很高，可能已经达到几欧姆甚至几十欧姆，需要马上更换阳极地床(阳极井)。案例见表6。

表6 2016年12月16日恒电位仪示数

恒电位仪安装位置	输出电压，V	输出电流，A	电位测量，mV
501#站 1#机	28.2	0.6	741

2.2.5 电流高，电压高，电位低

这是阴极保护系统整体被破坏的管道面积增大，导致金属管道接地面积增大，阴极保护系统流失电流增大，从而造成电流升高，电压升高，而电位降低。

管线裸露部位的防腐问题。油井管线在投入运行系统时，防腐工作都是做到位的，而在长期的运行中，难免出现防腐层破损裸露的现象。这时如果不能及时进行防腐处理，任由管线裸露接触地层，将会造成阴极保护系统电流的大量流失，增加恒电位仪的功率消耗，降低

保护效果。因此，对于管线的及时防腐保护是非常必要的，要做到管线问题处理完，防腐工作及时跟上，不让管线与地层有直接接触，保证阴极保护系统高效运转。案例见表7。

表7 2016年7月8日某单位恒电位仪示数

输出电压，V	输出电流，A	电位测量，mV
42.8	36.7	318

2.2.6 恒电位仪电位值很高，实测很低

这是一种假电位的表现，主要是因为参比电极失效造成的，需要更换参比电极。

采油301队目前使用的都是长效硫酸铜参比电极。在长效硫酸铜参比电极的结构中有一块紫铜棒，它在长时间使用之后表面会沾到一些蓝色的硫酸铜污物，这些东西会影响参比电极的使用效果。在阴极保护工程中参比电极是非常重要的，参比电极如果出现故障将会引起更大的损失。比如参比电极一旦出现问题就会导致恒电位仪的输出电压不稳定，最终将影响到整个管线的阴极保护系统无法正常发挥效应。2016年至2017年10月20日，采油301队的8台恒电位仪有3台都更换过参比电极，效果改善是非常明显的(表8)。我们认为应该及时擦洗长效硫酸铜参比电极，并且需要定期检查，使紫铜棒保持铜的原本颜色，这样能够较好地解决问题。

表8 更换参比电极情况表

序　号	仪器安装位置	更换参比电极时间
1	501#站 1#机	2016.10.31
2	501#站 2#机	2016.10.20
3	5011#计量间	2016.11.20

2.2.7 电流高，电压高，电位高

“三高”，还伴随有仪器“嗡嗡”异响，这种现象有两方面原因。主要发生在冬季，受自然环境的影响。冬季，大地绝缘，导电性弱，电流无法正常输送，导致电流高，电压高，电位高；而雨季后的大地导电性能强，有利于阴极保护的正常运行。另一方面原因在于，管道腐蚀后跨接线与大地接触，增加了电流的消耗，继而影响到电压和电位的升高。案例见表9。

表9 2016年7月8日某单位恒电位仪示数

输出电压，V	输出电流，A	电位测量，mV
42.8	36.7	1210

3 应用效果及认识

结合5013#计量间的恒电位仪运转情况，喇4-1888掺水热洗管线、集油管道在2010年全线更换以前，年平均穿孔次数是投用阴极保护后的2倍(表10)。在喇4-1888两条管线全线更换以后，统计记录表明，2003年投用阴极保护以来，至2010年年底，喇4-1888共穿孔6井次；2011—2013年，未发生过一次腐蚀穿孔，而这期间，喇4-1888所属的5013#计

量间恒电位仪运转良好，未发生仪器故障。但是，记录显示，2014 年年初，随着 5013#计量间恒电位仪频繁发生故障，喇 4-1888 在 2014 年就穿孔 8 次，说明阴极保护的投用对管道的腐蚀与防护起到了非常重要的作用。

表 10　增设恒电位仪前后效果对比情况

序号	起点	终点	材质	管道规格 mm×mm	长度 km	输送介质	防腐保温类型	投产时间	保护方式	管道穿孔年均次数（2003 年以前）	管道穿孔年均次数（2003 年以后）	备注
1	喇 5014#计量间	喇 501#转油站	20#C 钢	ϕ273×7	1. 350	气液混合油	泡沫黄夹克	1985-6-1	阴极保护	5	2	2007 年全线更换
2	喇 4-1888	喇 5013#计量间	20#C 钢	ϕ76×3. 5	0. 180	气液混合油	泡沫黄夹克	1985-4-1	阴极保护	3	1	2010 年全线更换
3	喇 5013#计量间	喇 4-1888	20#C 钢	ϕ60×5	0. 180	含油污水	泡沫黄夹克	1985-4-1	阴极保护	4	1	2010 年全线更换

经过计算，埋地管线 7~8a 为一个更换周期，而加装了阴极保护之后，可以在 20 年内不用更换管线，减少了基本建设投资。采油 301 队如果在 20 年内少更换管道两次的话，将减少基建投资近 2000 万元，经济效益显著。

从 2016 年 10 月到 2017 年 6 月，施工队已经完成对采油 301 队所有恒电位仪的维修工作，在这期间，采油 301 队各岗位员工严格值守，全面结合施工队人员、技术员、队长，共同对恒电位仪的管理工作进行了总结与讨论，得出的结果如下：

（1）建议管线跨接点的紧固方式为卡子紧固，化点为面，使跨接线与管线接触更充分，再用沥青防腐，有效隔绝跨接线与大地之间的接触，提高外加电流的有效利用率，减少电流损耗；

（2）建议在管线的每个跨接点处增设相应标识桩，防止作业施工造成管线、电缆等的破坏；

（3）建议在控制阴极保护的空气开关上安装保护器，防止电闪雷鸣等外界因素造成突然断电或者突然来电的现象，维持阴极保护电流的平衡状态，防止电流失衡；

（4）加强巡视，定期清理阴极保护室内卫生，做到设备管理规范化、标准化。

总的来说，区域阴极保护系统对油井管线的保护作用非常明显，有非常好的推广使用价值。同时，通过对阴极保护系统的学习，也学到了很多宝贵的理论知识，对阴极保护这一防腐措施有了进一步的了解和认识，开拓了眼界，增加了经验，为今后的工作学习积累了财富。

参考文献

[1] 刘彦明．阴极保护手册——电化学保护的理论与实践[M]．北京：化学工业出版社，2005.
[2] 李涛．喇嘛甸油田大区域阴极保护技术应用研究[J]．防腐保温技术，2005.

三次采油

北东块一区聚合物驱提效试验做法及认识

于　明　梁　道

（地质大队）

摘　要： 针对喇嘛甸油田二类油层聚合物驱开发中存在聚合物用量大、吨聚合物增油量低的实际问题，为了提高二类油层聚合物驱的开发效益，以喇嘛甸油田北东块一区聚合物驱提效试验区为典型区块，总结了聚合物驱提效的试验思路和一些新做法：一是创立注聚合物体系设计方法，实现注入质量浓度个性化注入；二是创新交替注入方式，实现不同渗透率层段的有效交替；三是建立措施调整技术标准，保证最及时有效的跟踪调整；四是加强地面配注系统黏损控制，保证注聚合物质量。通过提效的几点做法，北东块一区取得较好的开发效果。从对标分类评价曲线看，采收率曲线明显上翘，由 C 类区进入 A 类区，同时节约了聚合物干粉用量，提高了吨聚合物增油量，区块整体效益明显提升。研究成果在提高二类油层开发效益方面具有较高的推广价值和应用前景。

关键词： 喇嘛甸油田；二类油层；聚合物驱；高效益；节约聚合物

喇嘛甸油田一类油层聚合物驱已全面转入后续水驱，二类油层聚合物驱已投入工业化推广，通过近几年的探索和实践，二类油层聚合物驱取得了较好的开发效果。但出现了聚合物用量大、吨聚合物增油量低、开发效益变差的问题。为探索进一步提高聚合物驱开发效果、降低投入成本的有效方法，在北东块一区开展二类油层聚合物驱提效试验。总结形成注聚合物体系参数个性设计、配套跟踪调整等技术方法，为其他二类油层聚合物驱高效益、低成本开发积累经验。

1　北东块一区基本情况及聚合物驱提效试验思路

1.1　北东块一区基本情况

北东块一区位于喇嘛甸油田东北部，北起喇 8-18 井与喇 11-18 井连线，南至喇 8-24 井与喇 12-241 井连线，西起喇 8-18 井与 8-24 井连线，东至萨三组内油水边界线。开发层系为萨Ⅲ4-10 油层，布井面积 7.12km^2，地质储量 960×10^{4}t，孔隙体积 1883×10^{4}m^3，平均单井有效厚度为 8.8m。采用 150 m 五点法面积井网，总井数 355 口，其中注入井 165 口，采油井 190 口。

区块于 2008 年 5 月开始投产，到 2008 年 11 月为空白水驱阶段。2008 年 12 月开始注聚合物，截至 2011 年 3 月，累计注入孔隙体积 0.323PV，聚合物用量 613PV · mg/L，处于低含水稳定期。从数值模拟对比曲线看(图 1)，2011 年 3 月试验区含水率与数值模拟持平，提高采收率 4.8 个百分点，比数值模拟预测多提高 0.6 个百分点，开发效果较好。但从对标分类评价结果看(图 2)，区块处于 C 类区，效益较差。为此，2011 年 4 月开展聚合物驱提效率试验。

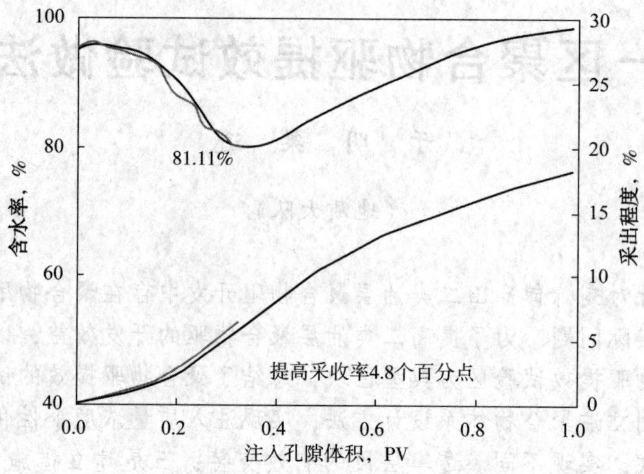

图1　试验区实际与数值模拟对比曲线

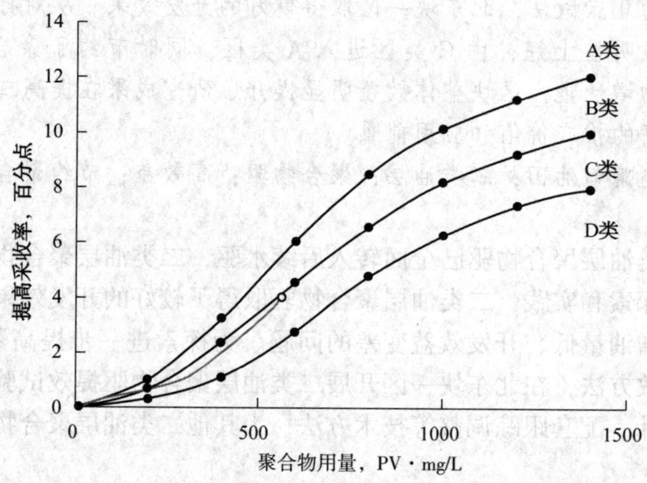

图2　试验区对标分类评价曲线

1.2　聚合物驱提效试验思路

围绕聚合物驱"提效率、提效益"的工作目标，按照"降低三次采油成本、提高聚合物驱效率、改善开发效果"的开发思路，以最小尺度的个性化设计、最及时有效的跟踪调整、最大限度地提高采收率、最佳的经济效果的"四最"为统领，通过深化注聚合物体系配伍性研究，优化注聚合物参数设计；抓住分阶段动态规律，研究建立不同阶段开发调整技术方法；加强注入系统黏损控制；形成提高聚合物驱开发效果的有效技术及降低投入成本的有效方法，为二类油层聚合物驱高效益、低成本开发提供有效指导。

2　聚合物驱提效试验几点做法

2.1　创立注聚合物体系设计方法，实现个性化注入

2.1.1　开展室内恒压实验

由于二类油层发育差异大，为了确保注入质量浓度与油层的匹配性，开展了不同注入体

系渗流实验，为了确保室内岩心实验条件接近现场实际，保持注入压力在油层破裂压力以下注入，率先开展恒压注入实验。经过近 3 年 500 余组恒压岩心实验，搞清了聚合物体系与不同渗透率油层的匹配关系，建立了清水聚合物体系与油层匹配关系图版(图 3)。

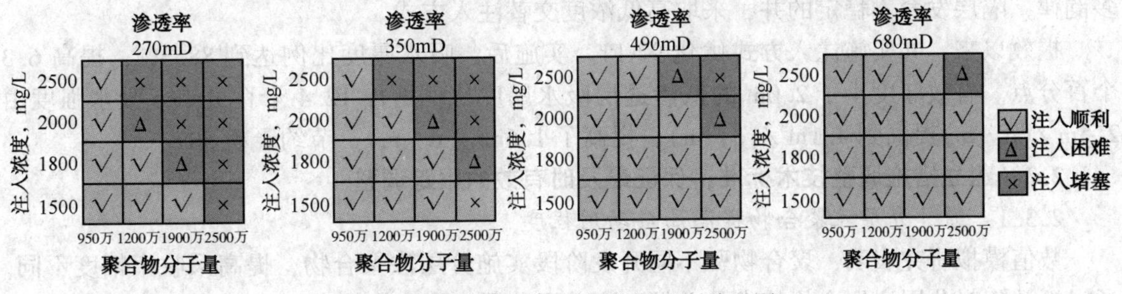

图 3　清水聚合物体系与油层匹配关系图

2.1.2　推导井组平均渗透率公式

由于二类油层的平面上、纵向上非均质性严重，实践证明，单一按照注入井渗透率选择注聚合物参数，与油层匹配性较差。从注聚合物后注入动态变化特征看，存在井组压力分布不均衡、部分井注入压力高、层段吸水差异大等问题。为了解决上述问题，特此推导出注采井组平均渗透率的计算公式，全面反映整个注采井组的综合渗流能力，实现注聚合物体系参数与油层的最佳匹配。按照注采井组平均渗透率对油层进行注聚合物参数的匹配。

井组平均渗透率计算的基本思路：以达西定律为理论基础，综合考虑井组内油水井渗透率分布、连通状况及连通层厚度，利用渗流力学理论推导描述井组综合渗流能力参数的表述公式。

$$K = \frac{\sum_{i=1}^{m}\left\{\frac{f_i}{1\Big/\left[\left(3\sum_{j=1}^{n}k_{oij}h_{oij}/n\right)+h_{wij}\sum_{j=1}^{n}k_{oij}h_{oij}\Big/\sum_{j=1}^{n}h_{oij}\right]+1\Big/\left(3k_{oij}h_{oij}+k_{wij}\sum_{j=1}^{n}h_{oij}/n\right)}\right\}}{\sum_{i=1}^{m}\left[\left(\sum_{j=1}^{n}h_{oij}/n+h_{wij}\right)f_i\right]} \tag{1}$$

式中　k_{wij}——井组内注入井第 i 层与第 j 口连通井连通层渗透率，D；

h_{wij}——井组内注入井第 i 层与第 j 口井连通厚度，m；

k_{oij}——井组内第 j 口油井第 i 层渗透率，D；

h_{oij}——井组内第 j 口油井第 i 层与注入井连通厚度，m；

f_i——第 i 层连通方向比例，%；

n——注入井第 i 层连通方向数，个；

m——注入井不同渗透率层段的小层数，个。

根据室内恒压实验与井组综合渗流能力计算结果，综合考虑不同渗透率层段剩余油分布状况，对注入质量浓度与油层不匹配的井进行了浓度优化。提效以来，共实施单井组注聚合物参数优化 227 井次。优化后，试验区注入压力主要集中在 12~14MPa 之间，注入压力分布均衡，油层动用程度多提高 5.2 个百分点，同时节约聚合物干粉 639t。

2.2　创新交替注入方式，实现不同渗透率层段的有效交替

根据二类油层韵律性质，创新了交替注入方式，对纵向渗透率差异大的油层，优化注入方式，实现注聚合物体系与不同渗透率层段匹配，确保聚合物均匀推进。主要有三点做法：

一是对单一韵律油层，采取梯次注入方式。先注高浓度段塞调驱高渗透层，再逐步下调注入浓度驱替中低渗透层的剩余油；二是对多段多韵律沉积、隔层发育稳定的井，先注高浓度段塞调驱高渗透层，再结合分层优化浓度驱低渗透层，提高低渗透层的动用状况；三是对多段多韵律、隔层发育不稳定的井，采取高低浓度交替注入方式。

提效以来，共实施注入方式优化 97 口。实施后，吸水厚度比例达到 88.3%，提高 6.3 个百分点。有效厚度小于 2.0m 的低渗透层吸水厚度比例增加 12.4 个百分点。吸水强度由 2.5m³/(d·m)提高到 4.1m³/(d·m)，提高了 1.6m³/(d·m)。节约干粉 507t。

2.3 建立措施调整技术标准，保证最及时有效的跟踪调整

2.3.1 通过分层注聚合物提高油层动用程度

数值模拟研究表明，聚合物驱不同开发阶段实施分层注聚合物，提高采收率幅度不同。通过近几年对分层注聚合物技术的总结，完善了分层注聚合物技术规范。

(1) 分层时机。

考虑到聚合物溶液对剖面具有调整作用，以及分层管柱对聚合物溶液的剪切降解，因此，不能在注聚合物前对注入剖面不均匀的井全部进行分层。主要是根据注入剖面的均匀程度变化情况确定分层时机。从北东块一区不同渗透率级差低渗透油层相对吸水比例变化规律看(图 4)，渗透率级差小于 2、注入孔隙体积超过 0.24PV 时，注入剖面反转；渗透率级差为 2~2.5、注入孔隙体积超过 0.16PV 时，注入剖面反转；渗透率级差大于 2.5、注入孔隙体积超过 0.08PV 时，注入剖面反转。因此，对渗透率级差大于 2.5 的井，应在注聚合物初期就采取分层注聚合物措施；对渗透率级差小于 2.5 的井，且低吸水层段厚度比例为 10%~25%的井，在剖面发生反转前及时采取分层注聚合物措施。

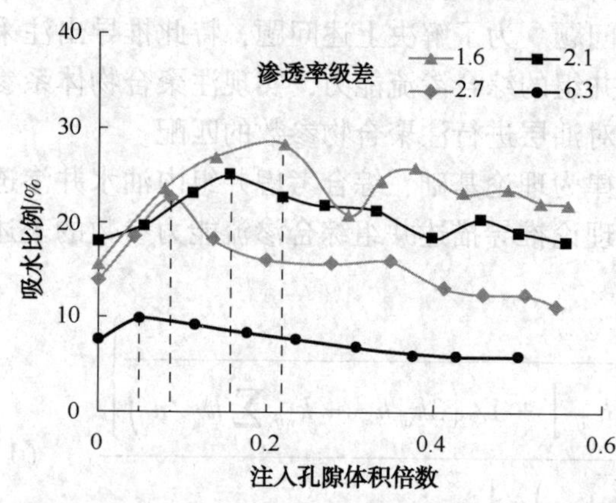

图 4 低渗透层吸水比例与注入孔隙体变化关系

(2) 层段注入量配注原则。

根据不同聚合物驱开发阶段井组注采动态特征，优化层段注入量及调整时机，确保充分发挥每个注入层段的潜力。一是对周围采油井未见效的井分层，按照每个层段强度基本一致的原则进行分层配注。二是对周围采油井处于含水下降期或低含水期的注入井，对动用状况较差的层段增注，对主要吸水层不控注。三是对周围采油井处于含水上升期的注入井，通过细分层段或测试调整措施，对动用状况较差的层段增注，对主要吸水层控注或停注，同时，适当下调注入浓度，提高聚合物溶液波及体积。

(3) 主要做法。

一是对层间吸水不均匀的注入井，利用层间稳定的夹层实施分层，提高差油层的动用状况；二是对既有层间矛盾又有层内矛盾的注入井，采取层间分层和长胶筒层内细分相结合的措施。

根据上述原则和做法，北东块一区共实施注聚合物井分层 101 口，分注率达到 61.2%。分层井的吸水比例达到了 89.3%，比分层前增加了 8.9 个百分点。从统计北东块一区分层井

受效井含水率看，分层井周围油井含水率最低点达到了 79.0%，比无分层井区油井含水率多下降 3.1 个百分点。

2.3.2 通过精细油井压裂提高增油效果

由于聚合物溶液增大了渗流阻力，导致低渗透部位渗流能力变差、产液量下降，为使不同渗透率油层得到有效动用，及时采取压裂措施，提高增油效果。

(1) 压裂选井选层方法。

根据不同开发阶段油井动态变化特征及油层发育状况，确定了压裂井选井选层标准，对压裂井进行初选(表 1)。

表 1　不同阶段油井压裂选井选层原则

注聚合物阶段	含水下降期	低含水稳定期	含水回升期
压裂目的	促进油井见效	提高动用程度延长低含水稳定期	挖潜薄差层剩余油
压裂选井原则	(1) 产液量下降幅度大于 30%； (2) 含水率降幅大于平均水平； (3) 井组注采比大于 1.1； (4) 地层压力高于原始地层压力	(1) 产液量下降幅度大于 30%； (2) 含水率下降在 10 个百分点以上； (3) 地层压力高于原始地层压力	(1) 纵向渗透率级差大于 3； (2) 采出程度低于区块平均水平的 30%； (3) 含水率小于 90%
压裂选层原则	(1) 主力油层为主； (2) 高中水淹比例<40%； (3) 连通厚度比例≥50%	(1) 以中渗透为主，低渗透层为辅； (2) 连通厚度比例≥50%	(1) 低渗透油层； (2) 单层有效厚度≤2.0m； (3) 低未水淹厚度比例≥60%

(2) 压裂效果预测方程。

评价压裂效果的好坏主要体现在总累计增油量上，依据影响压裂效果的主要参数：压裂前产液量下降幅度、含水率下降幅度、压裂前总压差水平、压裂层段低未水淹厚度比例、压裂有效厚度比例及连通方向系数比例 6 个主要因素，采用多元线性回归方法建立压裂效果预测方程，优选压裂井，保证效果。压裂效果预测方程为：

$$\Delta Q_0 = 1026.8X_1 + 3064.8X_2 + 1517.6X_3 + 4098.4X_4 + 226.5X_5 + 351.6X_6 - 2284.8 \qquad (2)$$

式中　X_1——压裂前产液量下降幅度，%；

X_2——压裂前含水率下降幅度，%；

X_3——压裂前总压差水平，%；

X_4——压裂层段低未水淹厚度比例，%；

X_5——连通方向系数比例，%；

X_6——压裂有效厚度比例，%。

根据选井选层标准和压裂效果预测方程，北东块一区共编制实施油井压裂 90 口，初期平均单井日增油 8.7t，累计增油 5.9×10^4t。

2.3.3 确定聚合物驱油井合理工作制度

聚合物驱过程渗流阻力呈非线性变化，不同阶段压力差异较大，影响聚合物溶液在油层中推进及见效程度。为使不同阶段不同性质油层得到有效动用，根据聚合物驱过程的渗流特征，建立非均质油层理论模型，引入产液结构表征系数，根据变化特征确定流压。

根据不同阶段产液结构系数的变化特点(图5)，明确了流压调控机理。在见效期，低渗透层得到有效动用，结构系数增大，应放大生产压差，提高见效程度。从统计北北块一区见效期油井流压与含水率下降幅度关系看(图6)，油井流压为2.0~4.0MPa时，含水率下降幅度较大。根据理论研究，结合生产实际，初步确定见效阶段的合理流压界限为2.0~4.0MPa。

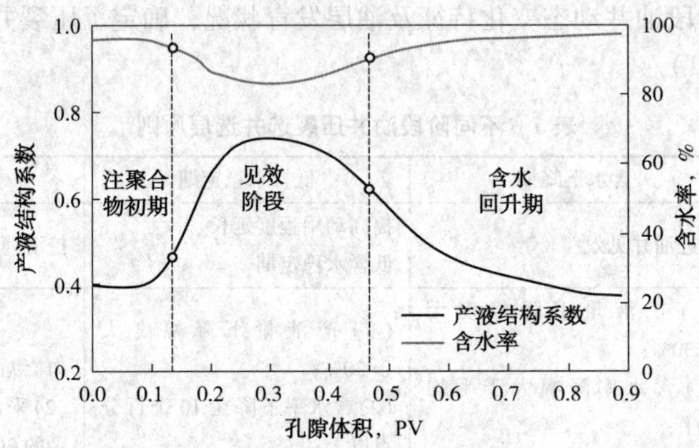

图5 不同聚合物驱阶段产液结构系数变化曲线

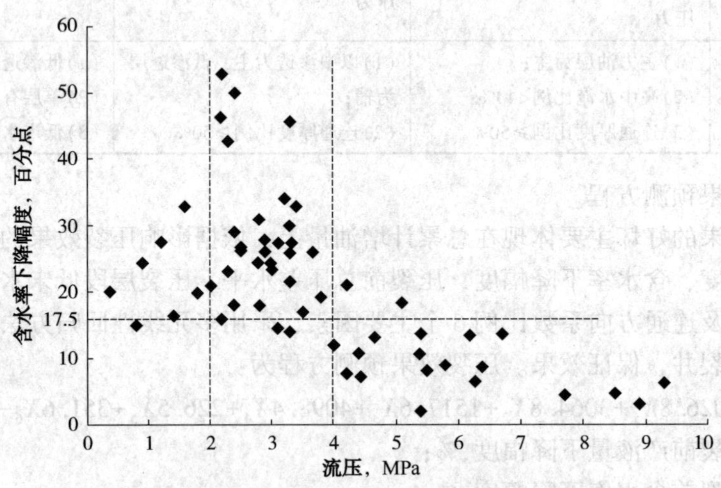

图6 见效期油井流压与含水下降关系

提效以来，北东块一区共实施优化油井流压304井次，日增油195t，含水率下降1.1个百分点。

2.4 加强地面配注系统黏损控制，保证注聚合物质量

通过对地面系统各节点黏损调查，地面配注系统黏度损失达到18.9%。从各节点黏损状况看，黏度损失主要在注入泵后到井口部分，黏损达到14.3%。

目前，为保证聚合物溶液地下工作黏度，主要采取提高聚合物溶液质量浓度的办法，这种方式增加了聚合物投入成本。为了降低聚合物驱投入成本，需要加强地面配注系统黏损控制(主要控制注入泵后到井口部分黏度损失)，从而降低配制浓度，节约聚合物干粉用量。

试验区主要通过加大冲洗地面管线力度、对区块一泵多井流程加强分组分压等措施降低黏损。

几年来，通过精细配注系统节点控制，实现了黏损达标率95%，比公司计划高3个百分点，平均黏损控制在23%~25%之间，比治理前降低了2.1个百分点。在相同注入黏度下，相当于节约干粉447t。

3. 北东块一区聚合物驱提效试验效果

(1) 阶段提高采收率12.0个百分点，取得较好增油效果。

截至2013年9月，区块累计增油125.53×10^4t，阶段提高采收率13.07个百分点，比数值模拟预测高1.1个百分点。预测最终提高采收率16.4个百分点(图7)。

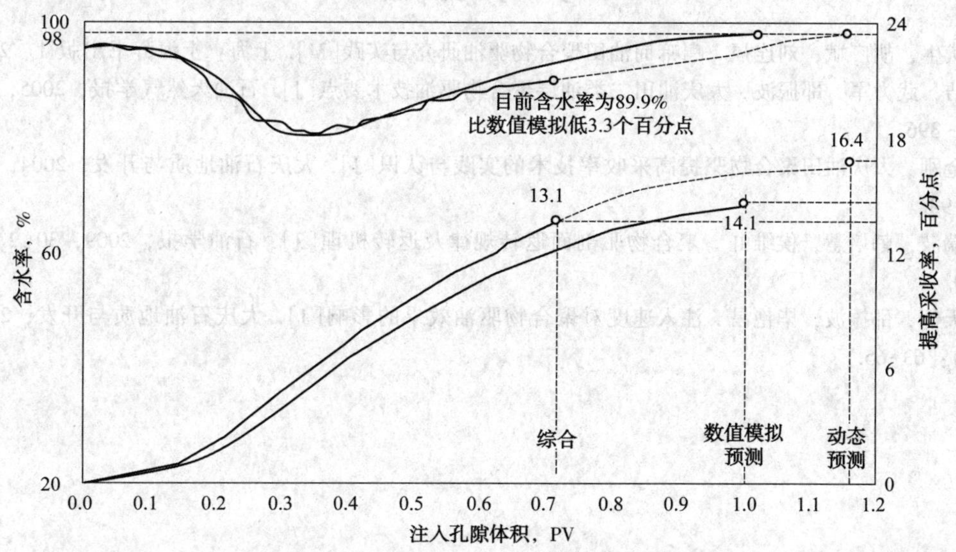

图7 北东块一区实际与数值模拟对比曲线

(2) 提效后区块整体效益明显提升。

开展提效试验后，北东块一区阶段累计注入干粉11018t，与不开展试验相比，节约干粉1914t，节约比例14.8%。从对标分类评价曲线看(图8)，采收率曲线明显上翘，由C类区进入A类区。从试验区的吨聚合物增油曲线看(图9)，试验区吨聚合物增油58.5t，比试验前增加了23t，聚合物驱效益得到提升。

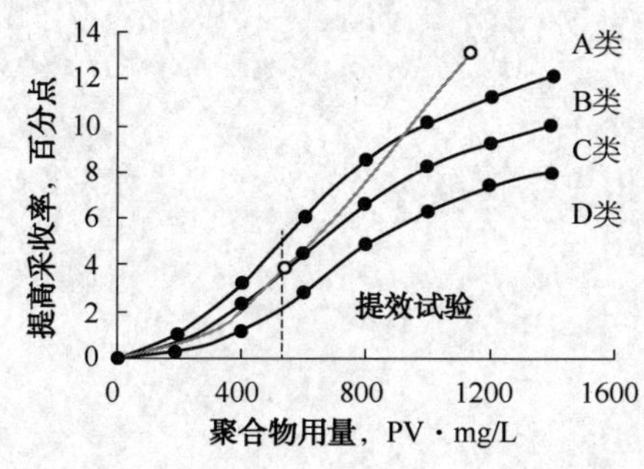

图8 北东块一区对标分类评价曲线

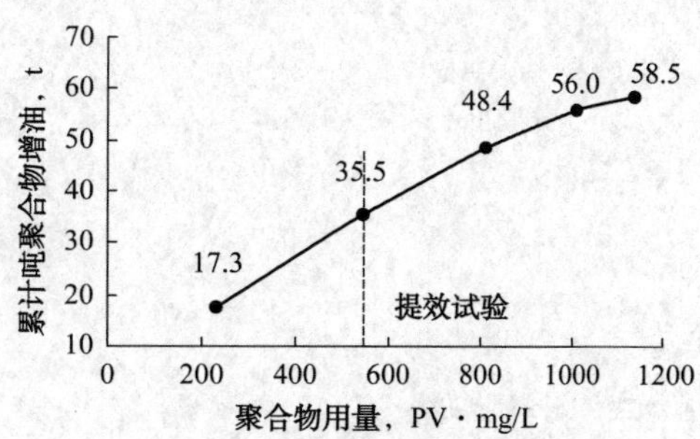

图9 北东块一区吨聚合物增油曲线

4 结论

（1）根据室内恒压实验与井组综合渗流能力计算结果，结合吸水剖面等动态资料，进行的单井注入质量浓度个性化调整，才能保证注入体系与油层较好匹配，提高有效注入。

（2）交替注入能够提高低渗透层动用状况，保证聚合物的均匀推进，改善聚合物驱开发效果，降低聚合物用量。

（3）及时有效的跟踪调整，是提高二类油层聚合物驱增油效果的保障。

（4）试验区通过加大冲洗地面管线力度、对区块一泵多井流程加强分组分压等措施，加强地面配注系统黏损控制，从源头上降低了注聚合物成本。

参 考 文 献

[1] 黄伏生，胡广斌，刘连福．喇嘛甸油田聚合物驱油研究与实践[M]．上海：上海辞书出版社，2006.

[2] 李洁，武力军，邵振波．大庆油田二类油层聚合物驱油技术要点[J]．石油天然气学报，2005，27(2)：394-396.

[3] 牛金刚．大庆油田聚合物驱提高采收率技术的实践与认识[J]．大庆石油地质与开发，2004，23(5)：91-93.

[4] 曹瑞波，韩培慧，侯维虹．聚合物驱剖面返转规律及返转机理[J]．石油学报，2009，30(2)：267-270.

[5] 付天郁，邵振波，毕艳昌．注入速度对聚合物驱油效果的影响[J]．大庆石油地质与开发，2001，20(2)：63-65.

灰色关联法在二类油层聚合物驱开发效果评判中的应用

徐　浩　肖千祝

（地质大队）

摘　要： 由于二类油层各区块地质条件不同，聚合物驱开发效果存在差异。目前采用的对标分类法和数值模拟法，无法满足油田产量规划对区块开发效果预测的要求。为了实现二类油层聚合物驱开发效果的预测与评判，依据数理统计学原理，以反映二类油层地质特性的地质参数为评价参数，采用灰色关联分析方法实现了聚合物驱效果的准确预测与分类评价，并对10个聚合物驱区块进行了聚合物驱效果预测，经实际区块对标分类结果验证，预测精度可达75%以上。

关键词： 灰色关联；聚合物驱效果；分类评价

喇嘛甸油田二类油层首套层系已全部投入聚合物驱开发，由于各区块地质条件及开发调整对策的不同，聚合物驱开发效果存在差异。在油田产量规划及方案编制中，各区块聚合物驱开发效果的准确预测，直接影响着油田中长期产量的规划、产能区块部署及油藏工程方案的编制。目前在聚合物驱开发效果评价上，主要采用两种方法：一种是对标分类法，可以实现聚合物驱全过程的跟踪定性分类评价，但无法对区块的最终效果进行预测；二是数值模拟评价方法，可以实现全过程及最终开发效果定量预测，但存在模拟工作量大、预测时间长等缺点，不适合油田中长期产量预测与规划。因此，为了预测油田各区块二类油层聚合物驱开发效果，依据数理统计学原理中灰色关联方法，对二类油层聚合物驱开发效果评判的方法适用性进行了研究。

1　灰色关联方法及原理

灰色系统评价方法主要是用灰色关联度表示待评价样本与各级别间的相似程度，确定各影响因素的权系数，从而科学地对影响聚合物驱效果的地质、剩余油因素进行分类。其计算原理是各影响因素利用矩阵做数据列处理，确定各影响因素与聚合物驱效果的关联系数。

$$P_i(X) = \frac{\min\limits_i \min\limits_X \Delta_i(X) + A \max\limits_i \max\limits_X \Delta_i(X)}{A \max\limits_i \max\limits_X \Delta_i(X) + \Delta_i(X)} \tag{1}$$

式中　A——分辨系数，其作用是为削弱最大绝对差数值太大而失真的影响，提高关联系数之间的差异显著性，$A \in (0,\ 1)$；

X——影响因素；

P——聚合物驱效果。

经归一化处理即可得到权系数 a_i：

$$\alpha_i = \frac{\frac{1}{n}\sum_{i}^{n} P_i(X)}{\sum_{i=1}^{n}\frac{1}{n}\sum_{i}^{n} P_i(X)} \tag{2}$$

2 评价参数的优选

影响聚合物驱开发效果的因素多而复杂，在生产中开发调整均以最大限度地适应储层地质条件为前提，注入参数与储层性质具有最佳的匹配关系。因此，在评价参数选择上以地质参数为主，综合反映二类油层的地质特征。在反映储层性质上，选择砂岩厚度、有效厚度、孔隙度、孔隙体积、渗透率、渗透率级差、一类连通率、连通厚度、砂体控制程度 9 个参数；在反映剩余油情况上，选择注前含油饱和度和水驱采出程度等两个参数。为了解决反映储层相似性质的参数重复评价的现象，最优化地选出能够反映储层性质的评价参数，采用聚类分析的方法对评价参数进行优选。采用 Q 型聚类最短距离法绘制了评价参数聚类分析谱系图(图 1)。从相关关系上看，砂体控制程度与连通厚度、孔隙度与孔隙体积的相关性较大，考虑实际参数解释精度，优选了有效厚度、孔隙体积、渗透率、渗透率级差、一类连通率、连通厚度、水驱采出程度 7 个参数作为评价参数。

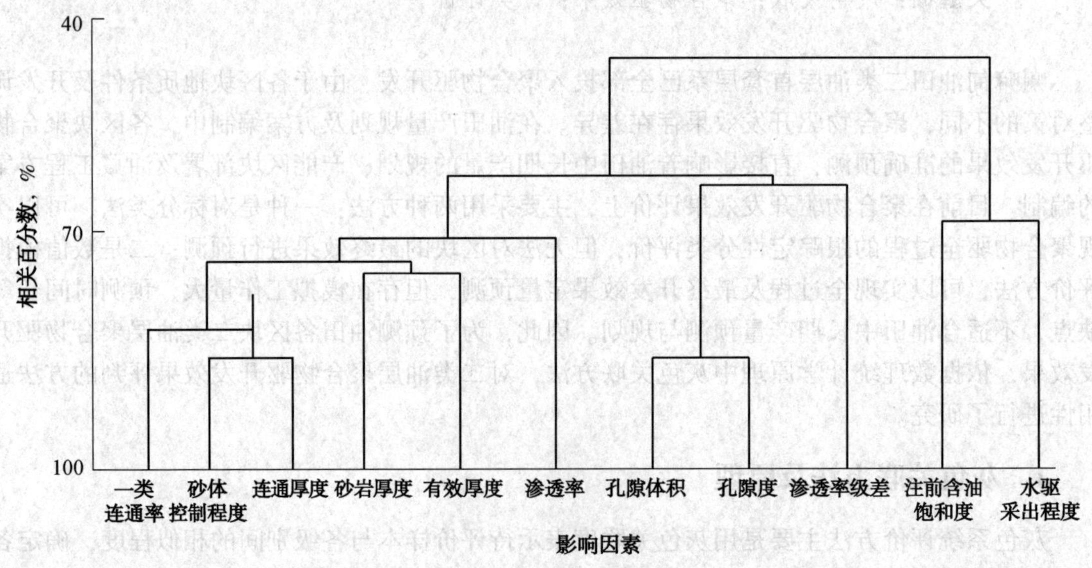

图 1 影响因素聚类分析谱系

3 方法的应用

为了保证各项评价参数具有可比性，采用极大值界限化法对原始数据进行无量纲化和归一化处理，使每项评价参数在 0~1 之间变化。利用灰色关联法对评价参数进行分析(表 1)，从初值权系数情况看，按照影响聚合物驱效果的权系数大小，影响因素依次为一类连通率>渗透率级差>水驱采出程度>连通厚度>有效厚度>渗透率>孔隙体积，说明油层连通状况及非均质性是影响聚合物驱开发效果的主要因素。

表 1　灰色关联法评价参数权系数表

序号	区块	一类连通率 %	渗透率级差	水驱采出程度 %	连通厚度 m	有效厚度 m	渗透率 D	孔隙体积 10^4m^3
1	北北块二区	67.1	3.0	38.7	6.1	7.6	0.639	1577.9
2	北东块二区	58.8	2.6	38.6	4.0	6.9	0.518	936.0
3	北西块一区	65.1	2.8	40.6	10.0	11.5	0.708	1794.2
4	南中东二区	50.2	2.6	38.6	4.8	9.0	0.486	813.9
5	南中西一区	61.9	3.1	37.5	5.6	9.7	0.685	1771.2
6	南中西二区	61.0	2.6	38.5	5.8	9.4	0.445	2482.4
初值权系数		0.187	0.147	0.146	0.141	0.14	0.125	0.114

利用累积概率图版法(图 2)研制了喇嘛甸油田二类油层聚合物驱效果综合评价分类标准(表 2)。

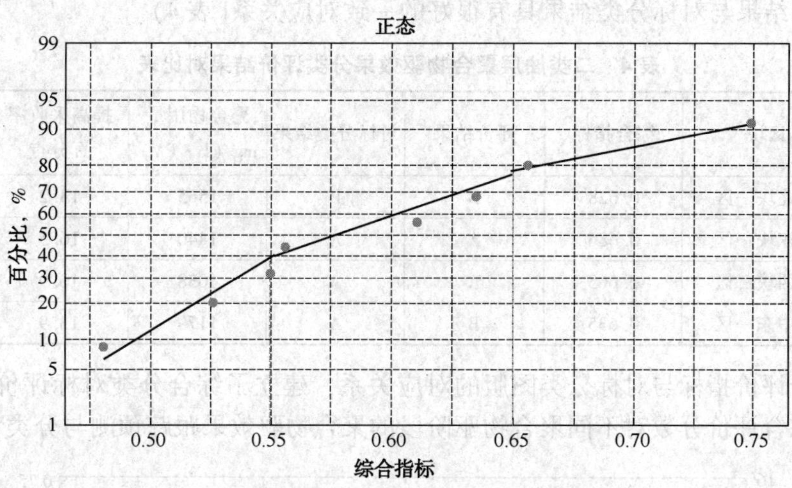

图 2　灰色关联分析概率累积曲线

表 2　灰色关联法综合指标分类标准表

分类	A	B	C
分类标准	≥0.65	0.55≤～<0.65	<0.55

利用以上综合分类评价标准对正注聚合物 6 个区块聚合物驱效果进行预测，预计 A 类区块 3 个，B 类区块 2 个，C 类区块 1 个(表 3)。根据对标分类结果进行类比，按聚合物用量 1400mg/L · PV 计算，A 类区块提高采收率在 12 个百分点以上，B 类区块提高采收率 10～12 个百分点，C 类区块提高采收率 10 个百分点以下。

表 3　二类油层聚合物驱效果分类评价结果预测表

序号	区块	综合指标	评价结果	对标分类结果	聚合物用量 mg/(L · PV)	提高采收率 百分点	备注
1	北北块二区	0.611	B	B	852	7.7	含水率回升期

续表

序号	区块	综合指标	评价结果	对标分类结果	聚合物用量 mg/(L·PV)	提高采收率 百分点	备注
2	北东块二区	0.526	C	B	391	3.1	含水率低值期
3	北西块一区	0.749	A	A	562	4.6	含水率低值期
4	南中东二区	0.55	B	—	28	—	注聚合物初期
5	南中西一区	0.655	A	A	581	5.6	含水率低值期
6	南中西二区	0.656	A	—	67	—	注聚合物初期

4 可靠性验证

为了验证灰色关联方法在聚合物驱效果评判中的准确性，以进入后续水驱开发阶段的北北块一区、北东块一区、南中东一区、北西块二区为例进行验证。从区块实际开发效果看，综合分类评价结果与对标分类结果具有很好的一致对应关系(表4)。

表4 二类油层聚合物驱效果分类评价结果对比表

序号	区块	综合指标	评价结果	对标分类结果	聚合物用量 mg/(L·PV)	提高采收率 百分点	备注
1	北北块一区	0.628	B	B	1565	13.2	后续水驱
2	北东块一区	0.686	A	A	1440	16.5	含水率回升后期
3	北西块二区	0.663	A	A	1058	10.9	含水率回升后期
4	南中东一区	0.635	B	A	1179	13.9	含水率回升后期

根据综合评价指标与对标分类图版的对应关系，建立了综合分类对标评价图版(图3)，实现了根据综合评价分数对不同聚合物驱阶段的聚合物驱效果跟踪预测与分类评价。

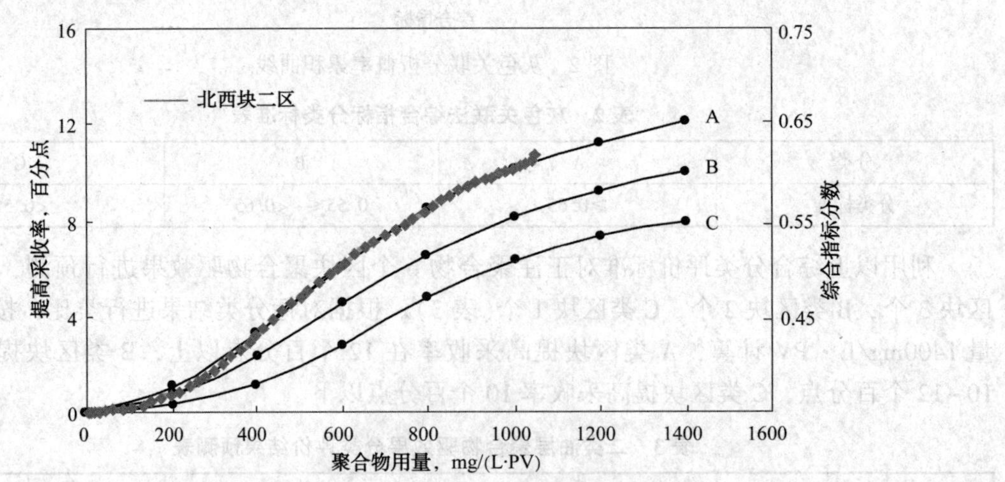

图3 喇嘛甸油田二类油层聚合物驱综合分类对标评价图版

另外，利用此方法对北东块一区190口二类油层聚合物驱采油井的聚合物驱效果进行评判，从评判结果(表5)看，该区块有135口井为A类井，28口井为B类井，27口井为C类井，符合实际开发效果。

表 5　北东块一区二类油层聚合物驱采油井评价结果表

分类	井数 口	比例 %	平均含水降幅 百分点	平均单井累计产油 10^4t
A 类	135	71.1	16.4	1.20
B 类	28	14.7	8.9	0.68
C 类	27	14.2	—	0.32
合计	190	100	15.2	1.00

5　结论

(1)灰色关联方法适用于二类油层聚合物驱效果评判，利用地质参数可以实现聚合物驱效果准确预测与分类评价，评价精度可达 75%以上。

(2)通过地质参数关联度分析，表明油层连通状况及非均质性是影响聚合物驱开发效果的主要因素。

(3)聚合物驱效果预测和评判与对标分类结果具有一致的对应关系，建立的综合分类对标图版可以对不同聚合物驱阶段的聚合物驱效果进行跟踪预测与分类评价，其评判结果对油藏工程方案的编制、二类油层聚合物驱产量规划等具有指导作用。同时，为二类油层聚合物驱井组聚合物驱效果评判提供了方法和借鉴。

参 考 文 献

[1] 邵振波，张晓芹．大庆油田二类油层聚合物驱油实践与认识[J]．大庆石油地质与开发，2009，28(5)：163-168.

[2] 胡永宏，贺思辉．综合评价方法[M]. 北京：科学出版社，2000.

[3] 关治，陈景良．数值计算方法[M]. 北京：清华大学出版社，1990.

[4] 吴丽芳．灰色关联分析在大庆外围油田储层评价中的应用[J]. 科技创新导报，2011(6)：81-82.

喇嘛甸油田二类油层聚合物驱注入压力与见效关系研究

谢尚智　杜建涛

（地质大队）

摘　要：针对二类油层聚合物驱开发过程中井组见效差异性的问题，本文通过对聚合物驱阶段注入压力变化特征、单井见效差异及注入压力与采出井见效关系等进行研究。结果表明，注入压力变化与油井见效具有较好的对应关系，定量地确定了聚合物驱阶段合理的注入压力界限，最高注入压力达到允注压差的81.1%~87.8%，井组采出井见效相对滞后，但含水率下降幅度较大，低含水稳定期相对较长，油井见效最好；最高注入压力达到允注压差的91.0%~95.3%，井组油井见效最快，但是含水率下降幅度小，低含水稳定期短；井组注入压力上升速度缓慢，最高注入压力达到允注压差的60.1%~73.0%，采油井见效差。

关键词：二类油层；聚合物驱；注入压力；见效

聚合物驱注入压力变化是反映注聚合物后油层动用状况的一项基本参数，而油层动用程度高低关系到油井的受效情况，因此，通过对注入压力变化与采油井见效关系分析，确定注入压力变化与采油井见效关系，能够对井组受效情况进行预判，为井组注采调整提供依据，从而有效提高井组的增油效果。

1　二类油层聚合物驱注入压力变化与见效关系

1.1　注入压力变化与含水率变化对应关系较好

统计分析了注聚合物较早的4个二类油层聚合物驱区块，结果表明，注入压力变化与含水率变化有较好的对应关系。聚合物驱见效阶段，注入压力逐步上升，上升3.0MPa左右，油井开始见效；注入压力上升4.5~5.0MPa时（注入压力达到12.0MPa以上），油井进入低含水期，注入压力上升值达到5.0MPa左右，油井含水率下降到最低值，且在低含水期注入压力保持高值，基本稳定，注入压力稳定时间越长，低含水期持续时间越长；进入含水回升期后，注入压力略有下降，注入压力下降幅度越大，含水率上升越快（表1、图1）。

从4个区块聚合物驱压力变化和见效状况对比结果看，北东块一区见效时注入压力上升值最大，为3.6MPa，但注入压力月均上升值低，上升0.45MPa，见效较晚，含水率下降幅度大，达到15.7个百分点，低含水期持续24个月，聚合物驱效果最好；南中东一区注入压力上升值次之，为3.2MPa，但注入压力月均上升值较高，上升0.53MPa，见效较早，含水率下降幅度较大，达到14.3个百分点，低含水期持续17个月，聚合物驱效果次之；北西二断南与南中东一区压力变化和见效情况接近；北北块一区见效时注入压力上升值最小，为

2.9MPa，但注入压力月均上升达到0.58MPa，见效最早，含水率下降幅度小，下降11.4个百分点，低含水期持续13个月，聚合物驱效果最差。

表1　聚合物驱不同阶段注入压力变化情况表

区块	破裂压力 MPa	空白水驱	见效时期		低含水期		含水率最低值时		含水回升期	
		注入压力 MPa	注入压力 MPa	压力上升值 MPa	注入压力 MPa	压力上升值 MPa	注入压力 MPa	压力上升值 MPa	注入压力 MPa	与含水最低值对比 MPa
北北块一区	14.2	7.3	10.2	2.9	11.9	4.6	12.6	5.3	12.5	-0.1
北东块一区	14.1	7.3	10.9	3.6	12.3	5.0	12.8	5.5	12.8	0.0
南中东一区	13.8	7.5	10.7	3.2	12.0	4.5	12.2	4.7	11.9	-0.3
北西二断南	14.1	7.8	11.0	3.2	12.3	4.5	12.0	4.2	11.7	-0.3

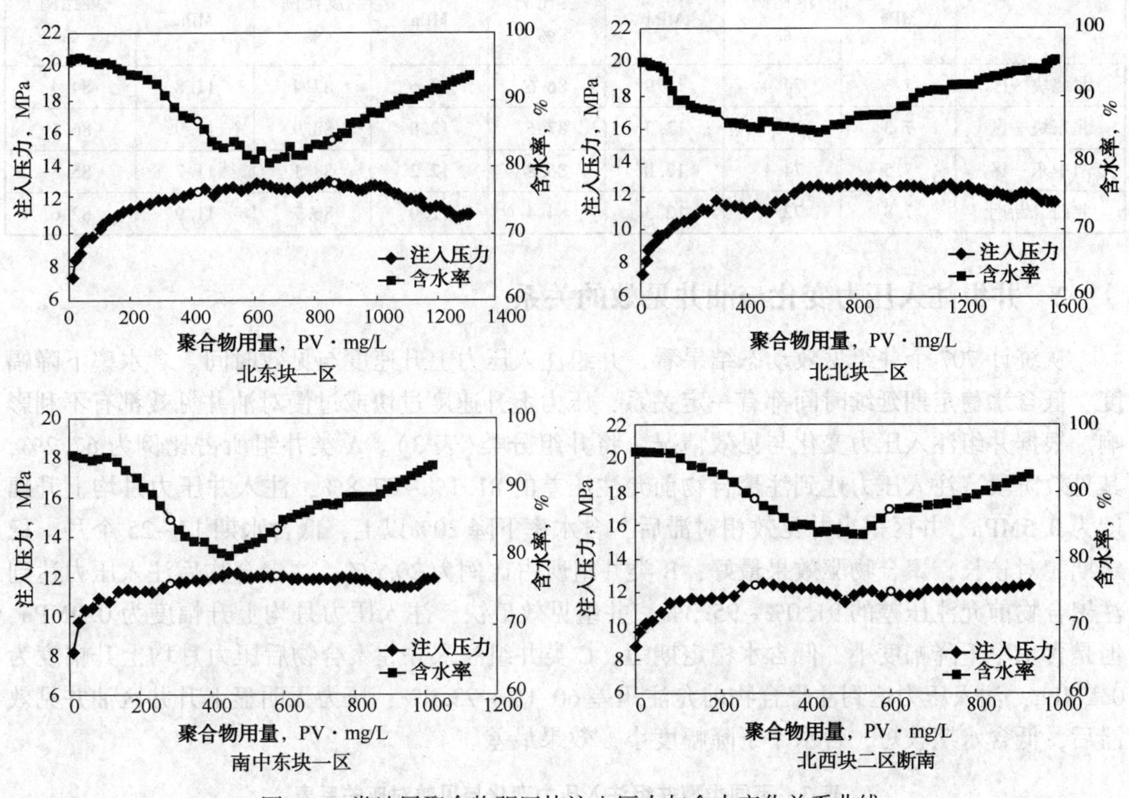

图1　二类油层聚合物驱区块注入压力与含水变化关系曲线

1.2　注入压力变化与见效对应关系分析

聚合物驱油的主要原理就是注入聚合物后，降低油水流度比，提高波及系数，扩大波及体积，促使油井见效。为了搞清注入压力与油井见效的对应关系，统计分析了注入压力变化与注入剖面变化的对应关系。统计结果表明，注入压力变化与剖面变化具有较好的对应关系。

聚合物驱见效阶段，注入压力逐步上升，剖面进行调整，油井开始见效；注入压力上升4.5~5.0MPa时，吸水厚度比例达到84.4%~87.6%；进入低含水期，油井含水率下降到最低值，注入压力上升到阶段最高值，剖面调整均匀，吸水厚度比例达到 87.4%~88.9%，油层吸水厚度比例达到阶段最高值；进入含水回升期，注入压力下降，剖面进行反转，油层吸水厚度降低，吸水厚度比例为 82.6%~86.1%(表 2)。

以北东块一区为例，注聚合物见效期，随着注入压力的升高，油层吸水厚度比例由空白水驱时的 73.8%上升到 87.6%，上升 13.8 个百分点；低含水期由于注入井剖面调整均匀，油层吸水厚度比例达到阶段最高值 88.9%，进入含水回升期，随着注入压力下降，剖面进行反转，油层吸水厚度比例逐渐下降。

表 2　聚合物驱过程注入压力与油层吸水状况情况表

区块	空白水驱		见效期		低含水期		含水回升后期	
	注入压力 MPa	吸水厚度比例 %	注入压力 MPa	吸水厚度比例 %	注入压力 MPa	吸水厚度比例 %	注入压力 MPa	吸水厚度比例 %
北北块一区	7.3	74.4	11.9	86.6	12.6	87.4	11.8	84.4
北东块一区	7.3	73.8	12.3	87.6	12.8	88.9	11.9	86.1
南中东一区	7.5	74.1	12.0	86.8	12.2	88.1	11.7	85.3
北西二断南	7.8	72.9	12.3	84.4	12.0	86.7	11.9	82.6

2　井组注入压力变化与油井见效的关系

从统计 707 个井组见效动态结果看，井组注入压力上升速度与见效时间、含水率下降幅度、低含水稳定期延续时间都有一定关系，压力上升速度过快或过慢对油井见效都有不利影响。根据井组注入压力变化与见效情况，将井组分类(表 3)。A 类井组所占比例为 67.2%，其见效阶段，注入压力达到注聚合物前允注压差的 81.1%~87.8%，注入井压力月均上升幅度为 0.5MPa，井区采出井见效相对滞后，含水率下降 20%以上，低含水期 14~25 个月，稳定期相对较长，聚合物驱效果最好；B 类井组所占比例为 20.6%，注聚合物后注入压力达到注聚合物前允注压差的 91.0%~95.3%，井组见效最快，注入压力月均上升幅度为 0.9MPa，但是含水率下降幅度小，低含水稳定期短；C 类井组注入井注聚合物后压力月均上升幅度为 0.2MPa，注入压力达到注聚合物前允注压差 60.1%~73.0%，压力无明显上升井区油井见效滞后，低含水期较短，含水率下降幅度小，效果最差。

表 3　不同类型井组注入压力变化与见效对应关系表

项目	A 类井组	B 类井组	C 类井组
允注压差，MPa	6.6	6.7	5.8
低含水期注入压力上升值，MPa	5.6	6.3	3.8
注入压力月上升值，MPa	0.5	0.9	0.2
到见效期末所需时间，月	10~14	7~9	>20
含水率下降幅度，百分点	>20	13~20	4~10
低含水期，月	14~25	8~12	0~4

续表

项目	A 类井组	B 类井组	C 类井组
井组，个	475	145	87
比例,%	67.2	20.6	12.2
聚合物驱效果	好	较好	差

3　注入压力与油井对应关系原因分析

采出井见效受到注入压力变化影响，其主要原因在于两方面：一是注入井压力升幅速度影响注入能力；二是注入井压力升幅速度影响剖面动用和改善的程度。受这两方面原因影响，井区采出井见效呈现一定差异性。

3.1　压力上升对油井见效关系的影响

注入井压力上升快慢对采油井见效具有一定的影响关系(表4)。通过不同井组对比分析，压力上升较快的B类井组注聚合物后含水率迅速下降，但下降幅度较小，压力维持在较高水平，注入能力低于全区平均水平，分析认为井组由于油层发育状况差、渗透率低以及注入浓度参数较高，导致油层堵塞，从而造成注入压力升幅较高，采油井低含水稳定期短，井组见效差。相反A类井组油层发育状况好，渗透率相对较高，注入井压力上升速度缓慢，表现为注入能力下降缓慢，油层吸水厚度比例逐渐增加，含水率下降幅度较大，井组见效好。C类井组注入井压力上升幅度较低，油层吸水厚度比例较低，采出井见效时间晚，含水率保持稳定，效果最差。

表4　三类井组注入压力变化与见效对应关系情况表

项目	低含水期压力上升值，MPa	注入压力月均上升值，MPa	有效厚度 m	渗透率 D	达到注聚合物前允注压差,%	低含水期 月	聚合物驱效果
A 类井组	5.6	0.5	8.3	0.328	81.1~87.8	14~25	好
B 类井组	6.3	0.9	6.9	0.281	91.0~95.3	8~12	较好
C 类井组	3.8	0.2	9.1	0.415	60.1~73.0	0~4	差

3.2　注入井剖面对压力上升的影响

各单井低含水稳定期有一定差异性。

(1) 注入压力升幅较慢。A类井组注入井喇9-PS2034，井组见效阶段压力升幅缓慢，从注入井剖面看，注聚合物初期油层相对吸水量集中在底部；进入含水率下降阶段，注入量逐渐往油层顶部中低渗透层推移；低含水期层位吸水状况均匀，油层得到有效动用(图2)。采油井聚合物驱阶段含水率下降幅度平缓，低含水期长达52个月，低含水期最低含水率为37.6%，见效情况好。

(2) 注入压力升幅较高。B类井组注入井喇11-PS1904，井组由于注聚合物初期压力升幅较高，油层顶部中、低渗透层得到动用，含水率由注聚合物初期的99.0%下降到最低点80.7%，井组进入低含水期10个月后上升，进入含水回升期较早，油层动用厚度比例下降，高渗透层吸水比例增大，注入剖面反转时间早(图3)。

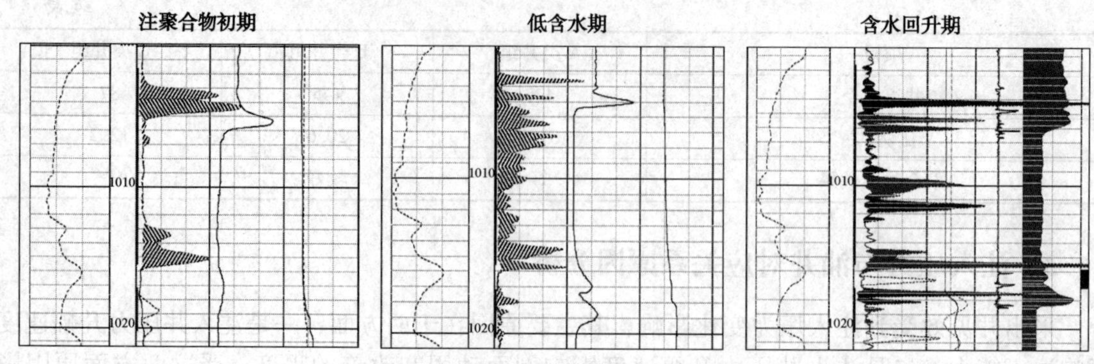

图 2　喇 9-PS2034 井注聚合物时期剖面情况图

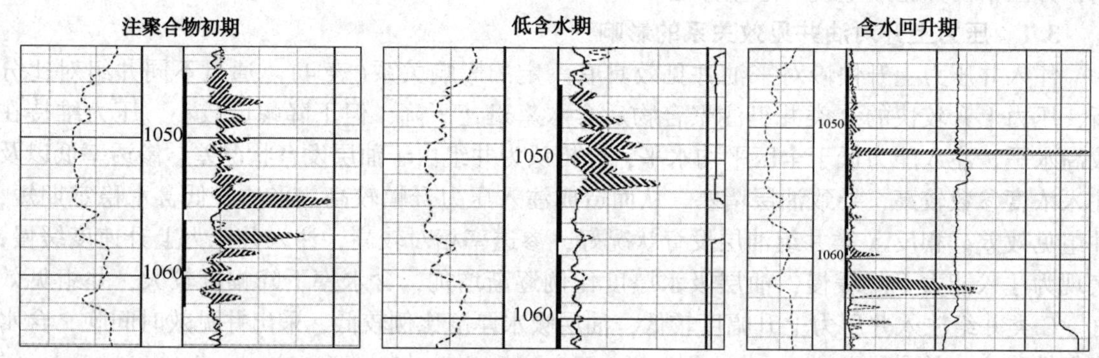

图 3　喇 11-PS1904 井注聚合物时期剖面情况图

4　注入压力变化后期调整建议

针对注聚合物后注入压力上升快的 B 类井组(达到注聚合物前允注压差为 91.0%~95.3%)，建议降低注入强度，合理选择注入浓度，从而减缓注聚合物初期压力上升幅度；针对注聚合物后压力月均上升幅度为 0.2MPa，压力没有明显上升井区采出井见效滞后的 C 类井组(达到注聚合物前允注压差的 60.1%~73.0%)，建议延长高浓度段塞注入，调整吸水比例，从而提高中、低渗透层注入。

5　结论

(1) 二类油层聚合物驱注入压力变化与含水率变化有较好的对应关系。聚合物驱见效阶段，注入压力逐渐上升，压力在 10~11MPa 之间，月均上升 0.40~0.53MPa；进入低含水稳定期后，注入井注入压力达到阶段最高值，且基本保持稳定；进入含水回升期后，注入压力略有下降，含水率上升较快。

(2) 二类油层注聚合物后注入压力变化与采油井见效具有一定匹配性，A 类井组注入井压力上升速度缓慢，井区采出井见效相对滞后，含水率下降幅度较大，低含水稳定期相对较长，效果最好；B 类井组注入井注聚合物后注入压力达到注聚合物前允注压差的 91.0%~95.3%，井组见效最快，但含水率下降幅度小，低含水稳定期短；C 类井组注聚合物后，注入压力没有明显上升，井组采出井见效滞后，低含水期较短，含水率下降幅度较小，效果最差。

(3) 注入压力上升速度影响注入能力和剖面改善，压力上升速度缓慢的注入井注入能力保持较高水平，剖面得到持续改善。合理选择注入参数并在注入过程中及时调整可有效调整注入压力。

参 考 文 献

[1] 张晓芹 . 改善二类油层聚合物驱开发效果的途径[J]. 大庆石油地质与开发，2005，24(4)：81-83.
[2] 陆先亮 . 聚合物驱提液与控制含水的关系[J]. 油气地质与采收率，2002，9(3)：24-26.

清水转污水体系对聚合物驱开发效果影响研究

魏志宇　于复东

（地质大队）

摘　要：南中西一区2015年4月处于含水回升初期，由于污水过剩，区块转为清水配制污水稀释，注入黏度下降45.1%。通过对区块吸水剖面变化分析，明确了清水转污水体系对区块开发效果的影响，其中Ⅰ类、Ⅱ类井组开发效果变差，为今后二类油层清水转污水体系区块开发调整提供依据。

关键词：吸水剖面；聚合物驱；开发效果

南中西一区于2012年4月投产，2013年2月投入聚合物驱，方案设计采用清水配制清水稀释，2013年7月开始逐步见效。2015年4月，因污水过剩，区块转为清水配制污水稀释，注入黏度下降45.1%。为搞清水质改变对聚合物驱开发效果影响，通过对区块分类井组吸水剖面变化及见效情况分析，明确受效变化情况，为二类油层聚合物驱清水转污水体系调整提供依据。

1　清水转污水体系后吸水剖面变化规律

统计南中西一区82口井连续吸水剖面，吸水厚度比例较清配清稀时上升3.0个百分点（表1）。其中有效厚度小于1m的层段，吸水厚度比例上升了9.7个百分点；有效厚度为1~2m的层段，吸水厚度比例上升6.6个百分点；有效厚度为2~3m的层段，吸水厚度比例上升1.4个百分点；有效厚度为3~4m的层段，吸水厚度比例上升0.6个百分点；有效厚度大于4m的层段，吸水厚度比例上升0.3个百分点。

表1　南中西一区82口井自然层吸水状况分级表

小层厚度分级 m	小层数 个	有效厚度 m	渗透率 D	清配清稀（2014年）		清配污稀（2015年）		差值	
				吸水厚度 m	吸水厚度比例 %	吸水厚度 m	吸水厚度比例 %	吸水厚度 m	吸水厚度比例 百分点
<1	146	86.3	0.179	48.3	56.0	56.7	65.7	8.4	9.7
1~2	106	148.7	0.323	101.6	68.3	111.4	74.9	9.8	6.6
2~3	76	194.7	0.519	176.0	90.4	178.7	91.8	2.8	1.4
3~4	46	154.6	0.614	143.6	92.9	144.6	93.5	0.9	0.6
>4	34	156.5	0.815	146.3	93.5	146.8	93.8	0.5	0.3
合计	408	740.8	0.522	615.8	83.1	638.2	86.1	22.4	3.0

从各渗透率油层吸水状况看，转污水体系注聚合物后，低渗透层吸水厚度比例明显增

加，其中渗透率小于 0. 2D 的层段，吸水厚度比例上升了 15. 1 个百分点；渗透率为 0. 2~0. 3D 的层段，吸水厚度比例上升 5. 8 个百分点(表 2)。

表 2　南中西一区 82 口井不同渗透率油层吸水状况分级表

渗透率分级 D	小层数 个	有效厚度 m	渗透率 D	清配清稀(2014 年)		清配污稀(2015 年)		差值	
				吸水厚度 m	吸水厚度比例 %	吸水厚度 m	吸水厚度比例 %	吸水厚度 m	吸水厚度比例 百分点
<0. 2	134	91. 7	0. 147	49. 3	53. 8	63. 2	68. 9	13. 8	15. 1
0. 2~0. 3	112	121. 8	0. 244	84. 4	69. 3	91. 5	75. 1	7. 1	5. 8
0. 3~0. 5	68	183. 7	0. 408	166. 4	90. 6	166. 8	90. 8	0. 4	0. 2
0. 5~0. 8	53	171. 1	0. 685	156. 6	91. 5	157. 1	91. 8	0. 5	0. 3
>0. 8	41	172. 5	0. 878	159. 1	92. 3	159. 6	92. 5	0. 3	0. 2
合计	408	740. 8	0. 522	615. 8	83. 1	638. 2	86. 1	22. 3	3. 0

但后期低渗透层吸水厚度比例明显下降，高渗透层吸水厚度比例上升，整体吸水状况基本保持不变。其中渗透率小于 0. 2D 的层段，吸水厚度比例下降 14. 6 个百分点；渗透率为 0. 2~0. 3D 的层段，吸水厚度比例下降 11. 0 个百分点；渗透率为 0. 3~0. 5D 的层段，吸水厚度比例上升 3. 5 个百分点；渗透率为 0. 5~0. 8D 的层段，吸水厚度比例上升 5. 5 个百分点；渗透率大于 0. 8D 的层段，吸水厚度比例上升 6. 2 个百分点(表 3)。

表 3　南中西一区 82 口井不同渗透率油层吸水状况分级表

渗透率分级 D	小层数 个	有效厚度 m	渗透率 D	清配污稀(2015 年)		清配污稀(2016 年)		差值	
				吸水厚度 m	吸水厚度比例 %	吸水厚度 m	吸水厚度比例 %	吸水厚度 m	吸水厚度比例 百分点
<0. 2	134	91. 7	0. 147	63. 2	68. 9	49. 8	54. 3	−13. 4	−14. 6
0. 2~0. 3	112	121. 8	0. 244	91. 5	75. 1	78. 1	64. 1	−13. 4	−11. 0
0. 3~0. 5	68	183. 7	0. 408	166. 8	90. 8	173. 2	94. 3	6. 4	3. 5
0. 5~0. 8	53	171. 1	0. 685	157. 1	91. 8	166. 5	97. 3	9. 4	5. 5
>0. 8	41	172. 5	0. 878	159. 6	92. 5	170. 3	98. 7	10. 7	6. 2
合计	408	740. 8	0. 522	638. 2	86. 1	637. 8	86. 1	−0. 4	0. 0

通过以上统计表明，南中西一区清水体系转为污水体系注聚合物后，吸水厚度比例小幅度增加。初期低渗透层吸水厚度比例上升 9. 8 个百分点，后期低渗透层吸水厚度比例下降 12. 5 个百分点。

2　分类井组高低渗透层吸水状况

统计南中西一区Ⅰ类井组 44 口注入井连续吸水剖面资料，随着注入孔隙体积的增加，高、低渗透层吸水比例变化趋势与北东块一区差别不大。但清水体系转污水体系后，低渗透层吸水比例明显上升，当注入孔隙体积达到 0.4PV 时，低渗透层吸水比例下降速度高于北东块一区(图 1)。

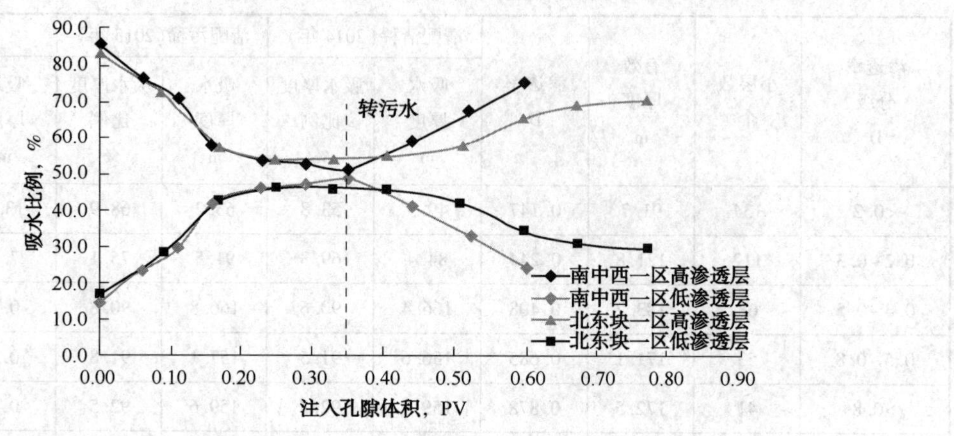

图 1　南中西一区和北东块一区Ⅰ类井组高、低渗透层吸水状况变化

统计南中西一区Ⅱ类井组 22 口注入井连续吸水剖面资料，随着注入孔隙体积的增加，高、低渗透层吸水比例变化趋势与北东块一区差别不大。清水体系转污水体系后，初期低渗透层吸水比例略高于北东块一区，当注入孔隙体系达到 0.5PV 时低渗透层吸水比例下降速度高于北东块一区(图 2)。

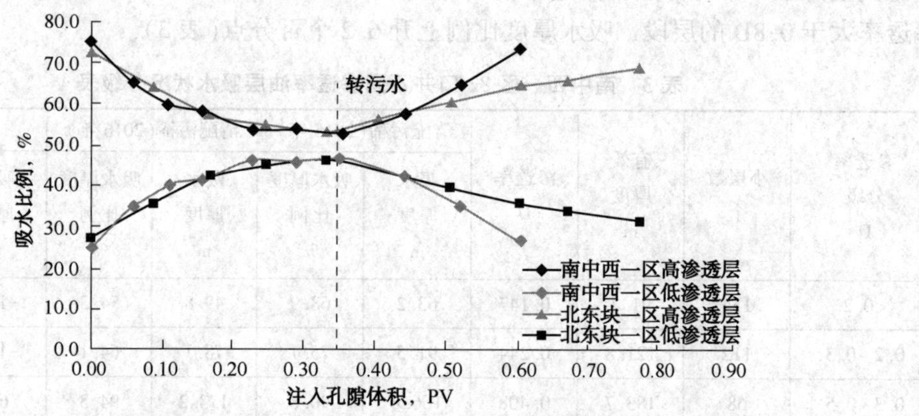

图 2　南中西一区和北东块一区Ⅱ类井组高、低渗透层吸水状况变化

统计南中西一区Ⅲ类井组 15 口注入井连续吸水剖面资料，随着注入孔隙体积的增加，高、低渗透层吸水比例变化趋势与北东块一区差别不大。清水体系转污水体系后，高、低渗透层变化趋势与北东块一区一致，但低渗透层吸水比例高于北东块一区(图 3)。

通过以上统计表明，Ⅰ类井组转污水体系注入后，低渗透层吸水比例上升，当注入孔隙体积达到 0.4PV 时，低渗透层吸水比例下降速度高于北东块一区；Ⅱ类井组转污水体系注入后，低渗透层吸水比例略高于北东块一区，当注入孔隙体积达到 0.5PV 时，低渗透层吸水比例下降速度高于北东块一区；Ⅲ类井组转污水体系注入后，低渗透层变化趋势与北东块一区一致，但吸水比例高于北东块一区。

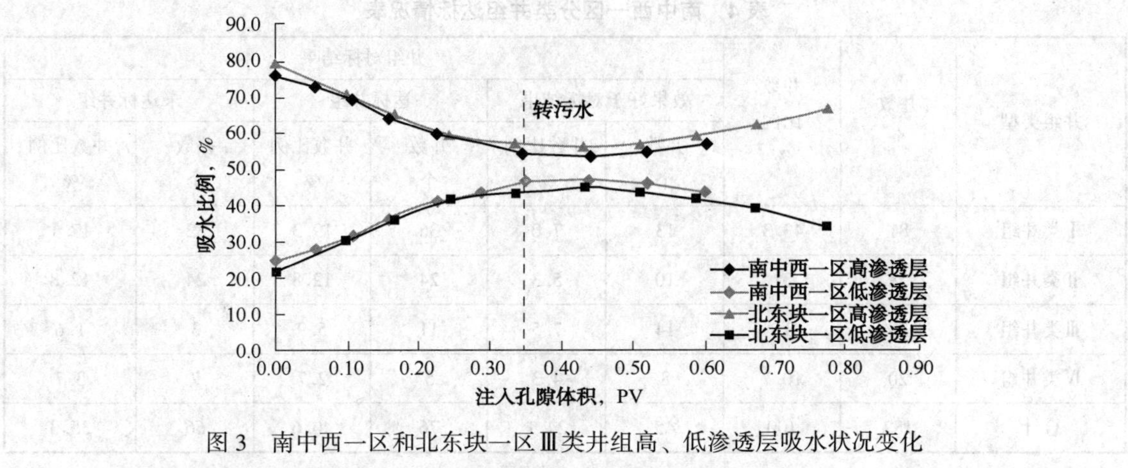

图 3　南中西一区和北东块一区Ⅲ类井组高、低渗透层吸水状况变化

3　清水转污水体系对开发效果的影响

3.1　区块含水率下降幅度小，低含水期持续时间短

南中西一区 2013 年 7 月开始见效，见效前日产液 6357t，日产油 314t，含水率为 95.1%。2015 年 4 月含水率达到最低点 84.1%，含水率下降 11.0 个百分点，2016 年 3 月进入含水回升期，低含水期持续 22 个月。与北东块一区相比，含水率少下降 4.7 个百分点，低含水期持续时间短 11 个月(图 4)。

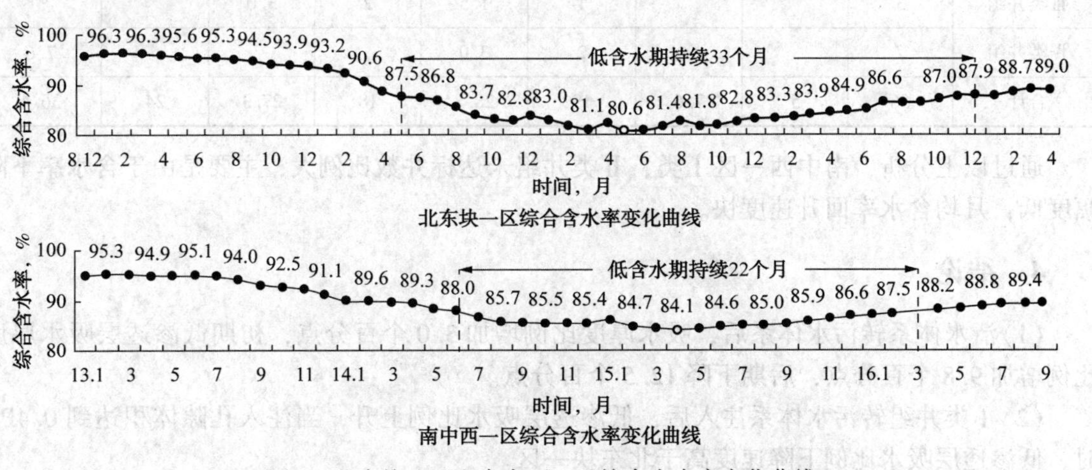

图 4　北东块一区和南中西一区综合含水率变化曲线

3.2　Ⅰ类、Ⅱ类井组未达标井数比例大

通过统计南中西一区分类井组开发效果与北东块一区进行对比。从从分类井组达标情况看，效果好于评价标准的井组有 45 个，达标井组有 76 个，未达标井组有 66 个，比例 35.3%(表 4)。

通过对未达标井组综合分析，其中最高注入压力未达标的井组共有 5 个，占未达标井数的 7.6%；含水率下降幅度未达标的井组共有 19 个，占未达标井数的 28.8%；含水率下降幅度未达标的井组共有 18 个，占未达标井数的 27.3%，；月均含水率回升速度未达标的井组共有 24 个，占未达标井数的 36.4%(表 5)。

表 4 南中西一区分类井组达标情况表

井组类型	井数 个	井数 比例 %	井组对标结果					
			效果好于对标结果		达标井组		未达标井组	
			井数 个	井数比例 %	井数 个	井数比例 %	井数 个	井数比例 %
Ⅰ类井组	81	43.3	13	7.0	36	19.3	32	17.1
Ⅱ类井组	58	31	10	5.3	24	12.8	24	12.8
Ⅲ类井组	28	15	14	7.5	11	5.9	3	1.6
Ⅳ类井组	20	10.7	8	4.3	5	2.7	7	3.7
合计	187	100	45	24.1	76	40.6	66	35.3

表 5 南中西一区分类井组达标情况表

井组类型	未达标 井数 个	最高注入压力		含水率最低点		含水率下降幅度		月均含水率回升速度	
		井数 个	井数比例 %	井数 个	井数比例 %	井数 个	井数比例 %	井数 个	井数比例 %
Ⅰ类井组	32	3	4.5	8	12.1	11	16.7	10	15.2
Ⅱ类井组	24	2	3.0	8	12.1	5	7.6	9	13.6
Ⅲ类井组	3			1	1.5	2	3.0		
Ⅳ类井组	7			2	3.0			5	7.6
合计	66	5	7.6	19	28.8	18	27.3	24	36.4

通过以上分析，南中西一区Ⅰ类、Ⅱ类井组未达标井数比例大，主要是由于含水率下降幅度低，月均含水率回升速度快。

4 结论

(1)清水体系转污水体系后，吸水厚度比例增加 3.0 个百分点，初期低渗透层吸水厚度比例增加 9.8 个百分点，后期下降 12.5 个百分点。

(2)Ⅰ类井组转污水体系注入后，低渗透层吸水比例上升，当注入孔隙体积达到 0.4PV 时，低渗透层吸水比例下降速度高于北东块一区。

(3)Ⅱ类井组转污水体系注入后，低渗透层吸水比例略高于北东块一区，当注入孔隙体积达到 0.5PV 时，低渗透层吸水比例下降速度高于北东块一区。

(4)Ⅲ类井组转污水体系注入后，低渗透层变化趋势与北东块一区一致，但吸水比例高于北东块一区。

(5)南中西一区含水率下降幅度低于北东块一区 4.7 个百分点，低含水阶段持续时间短 11 个月，主要是Ⅰ类、Ⅱ类井组未达标井数比例大。这些未达标井主要是由于含水率下降幅度低，月均含水率回升速度快。

参考文献

[1] 刘露，孙长红，李华斌，等．非均质变异系数对聚合物驱各小层驱油效果及特征的影响[J]．油田化学，2013，30(2)：212-215.

[2] 黄伏生，胡广斌，刘连福．喇嘛甸油田聚合物驱油研究与实践[M]．上海：上海辞书出版社，2006.

二类油层污水利用方式研究

曹 汐 林士英 高 峰

（试验大队）

摘 要：本文研究了将污水合理利用的两种方式，清污水交替段塞和清污水混配聚合物。通过岩心实验考察其驱油效果。结果表明，采用清污水交替方式，依据聚合物用量不变原则，清水段塞至少需设计 0.5PV；依据聚合物黏度不变原则，清污水段塞交替方式不影响驱油效果，只需考虑成本。采用清污水混配聚合物方式，混配比例为 4∶1 或 2∶1 时驱油效果不受影响。

关键词：段塞；清污水混配；采收率；成本

喇嘛甸油田聚合物驱已进入大面积推广阶段。在使用聚合物驱油方法时，采用清水稀释的聚合物体系黏度较高，驱油效果较好，而同样用量的聚合物采用污水稀释时，黏度降低，驱油效果也有所下降。喇嘛甸油田现每年必须使用 $1000\times10^4m^3$ 污水注聚合物来解决污水外排问题，且呈逐年增加的趋势。为将污水合理利用，我们通过实验选取适合二类油层的污水利用方式。

1 清污水交替段塞

依据聚合物用量不变和聚合物黏度不变两个原则设计段塞组合，寻找合适的段塞组合。

1.1 聚合物用量不变段塞组合实验

配制清水 2500 万 1400mg/L 和污水 2500 万 1400mg/L 的聚合物体系，设计三种段塞组合。

方案一：清水段塞 0.3PV+污水段塞 0.7PV。

方案二：清水段塞 0.5PV+污水段塞 0.5PV。

方案三：清水段塞 0.8PV+污水段塞 0.2PV。

实验后，与纯清水 2500 万 1400mg/L 体系对比聚合物驱采收率，并计算段塞组合成本。

表 1 聚合物用量不变不同段塞组合驱油效果对比表

驱替方案	采收率，%			成本
	水驱	聚合物驱	合计	元/m^3
清水 1.0PV	41.51	23.11	64.62	34.40
方案一	42.86	20.85	63.71	28.68
方案二	43.12	22.55	65.67	30.32
方案三	42.66	22.84	65.50	32.77

实验结果(表 1)可以看出，方案二和方案三聚合物驱采收率与清水体系较为接近，计算其成本。

清水 1400mg/L 聚合物体系单价 = 6.85 元/m^3 +4.5 元/m^3 +1400mg/L×(14820.51 元/t)/90% = 34.40 元/m^3。

污水 1400mg/L 聚合物体系单价 =(6.85 元/m^3 +4.5 元/m^3)×1400/5000 + 1400mg/L×(14820.51 元/t)/90% = 26.23 元/m^3。

方案二聚合物单价 = 34.40×1/2+26.23×1/2 = 30.32 元/m^3。

方案三聚合物单价 = 34.40×4/5+26.23×1/5 = 32.77 元/m^3。

经过计算得出，在聚合物用量不变的情况下，方案二采收率降低 0.56 个百分点，成本降低 11.9%，方案三采收率下降 0.27 个百分点，成本降低 4.7%。

1.2 聚合物黏度不变段塞组合实验

污水 2500 万 2200mg/L 的聚合物体系与清水 2500 万 1400mg/L 聚合物体系黏度相同，设计两个段塞。

方案一：清水段塞 0.3PV+污水段塞 0.7PV。

方案二：清水段塞 0.5PV+污水段塞 0.5PV。

表 2 聚合物黏度不变不同段塞组合驱油效果对比表

驱替方案	采收率,%			成本 元/m^3
	水驱	聚合物驱	合计	
清水 1.0PV	41.51	23.11	64.62	34.40
方案一	42.52	24.21	66.73	39.17
方案二	42.48	23.53	66.01	37.81

黏度相同时，污水体系比清水体系采收率高，成本也高(表 2)。因此转注时机越早，采收率和成本提高得越高。

清水 1400mg/L 聚合物体系成本为 34.40 元/m^3，污水 2200mg/L 聚合物体系成本为 41.22 元/m^3。

方案二聚合物单价 = 34.40×1/2+41.22×1/2 = 37.81 元/m^3。

经过计算得出，在聚合物黏度不变的情况下，清污水交替段塞成本升高，方案二成本增加 10%。

2 清污水混配聚合物岩心实验

将清污水按不同比例混合，配制聚合物溶液，同样可以将污水得以运用，只需在配样之前将两种水混合，省去了岩心实验中间段塞交替的过程，更便于操作。依据聚合物用量不变和聚合物黏度不变两个原则设计岩心实验。

2.1 聚合物用量不变混配水体系实验

将清污水按照 4∶1、2∶1、1∶1、1∶3 混合，配制 2500 万 1400mg/L 聚合物体系后，进行驱油实验，与纯清水体系进行对比(表 3)。

表 3　聚合物用量不变清污水混配体系驱油效果对比表

方案序号	清污比例	矿化度 mg/L	黏度 mPa·s	采收率,%			成本 元/m³
				水驱	聚合物驱	合计	
1	清水	848.88	164.3	41.51	23.11	64.62	34.40
2	4∶1	1922.73	135.5	42.11	22.72	64.83	32.77
3	2∶1	2473.21	120.5	40.90	22.12	63.02	31.67
4	1∶1	3332.35	107.7	40.78	20.69	61.47	30.32
5	1∶3	4211.19	91.7	41.68	19.41	61.09	28.27

随着混配水中清水比例的增大，聚合物驱采收率增大，当混配水比例达到 2∶1 以上时，曲线趋于平缓，采收率基本接近纯清水体系(图 1)。当清污水混配比例为 4∶1 时，采收率与清水体系只差 0.39 个百分点。因此当需要应用混配水时，建议清污水混配比例设计为 4∶1，最低不低于 2∶1。

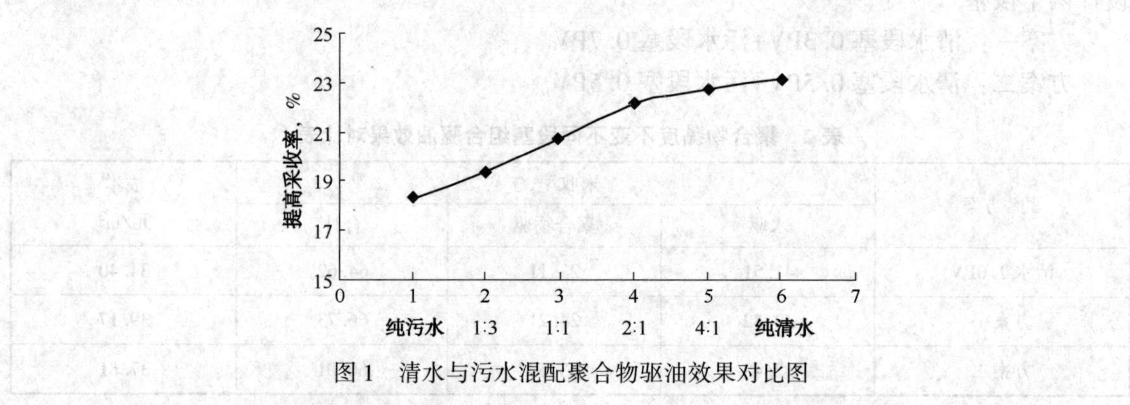

图 1　清水与污水混配聚合物驱油效果对比图

2.2　聚合物黏度不变混配水体系实验

按照黏度和清水体系相同这一原则，将清污水按不同比例混配，配制不同浓度的聚合物体系。经实验，确定了 4∶1 混配水时浓度为 1500mg/L，2∶1 混配水时浓度为 1600mg/L，1∶1混配水时浓度为 1800mg/L，1∶3 混配水时浓度为 2000mg/L，上述聚合物体系的黏度与清水 2500 万 1400mg/L 聚合物体系相同。用确定后的聚合物体系进行驱油实验，并与纯清水体系的驱油效果进行对比，同时计算成本(表 4)。

表 4　黏度不变清污水混配体系驱油效果对比表

方案序号	清污比例	浓度 mg/L	黏度 mPa·s	采收率,%			成本 元/m³
				水驱	聚合物驱	合计	
1	清水	1400	164.3	41.51	23.11	64.62	34.40
2	4∶1	1500	156.1	42.76	22.96	65.72	34.46
3	2∶1	1600	157.8	42.55	23.76	66.31	35.12
4	1∶1	1800	154.7	41.95	25.11	67.06	37.36
5	1∶3	2000	158.9	41.52	24.07	65.59	39.17

绘制成本—采收率曲线(图 2)。

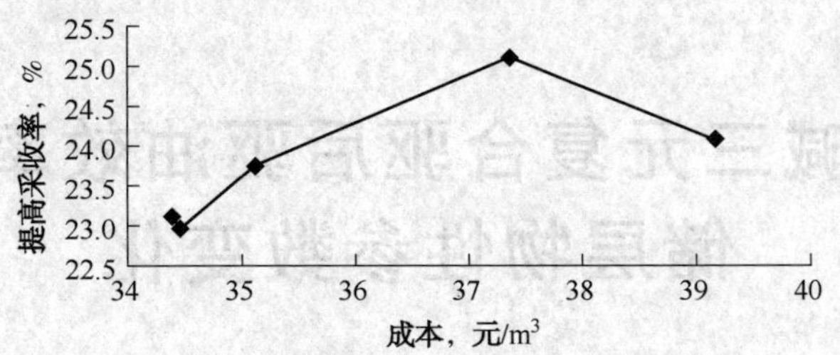

图 2　清污水混配聚合物体系成本采收率曲线

根据成本和采收率，计算采收率每增加一个百分点，所用体系成本单价(表 5)。

表 5　单位采收率成本表

方案序号	清污比例	浓度 mg/L	聚合物驱采收率 %	成本 元/m³	单位采收率成本 元/m³
1	清水	1400	23. 11	34. 40	1. 489
2	4∶1	1500	22. 96	34. 46	1. 501
3	2∶1	1600	23. 76	35. 12	1. 478
4	1∶1	1800	25. 11	37. 36	1. 488
5	1∶3	2000	24. 07	39. 17	1. 627

根据图 2 和图 3，黏度相同时，若要采收率和成本都与清水体系相当，则选择 4∶1 混配 1500mg/L 的聚合物体系；若从投入产出比考虑，则选择 2∶1 混配 1600mg/L 的聚合物体系。

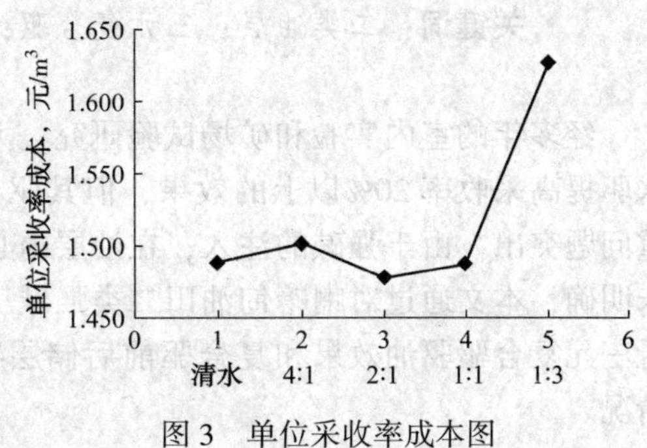

图 3　单位采收率成本图

3　几点认识

(1) 聚合物用量不变时，清污水交替段塞设计时清水段塞应在 0. 5PV 以上。

(2) 聚合物黏度不变时，采用清污水交替段塞方式不影响驱油效果，但成本增加幅度较大。

(3) 清污水混配聚合物体系，在清污水比例为 4∶1 或 2∶1 时，可以保证驱油效果，在使用时可根据需要选择适合的混配水比例。

参 考 文 献

[1] 王启民，冀宝发，隋军，等 . 大庆油田三次采油技术的实践与认识[J]. 大庆石油地质与开发，2001，20(2)：1-8.

[2] 张景存 . 大庆油田三次采油试验研究[M]. 北京：石油工业出版社，1995：3-10.

[3] 陈福明，牛金刚 . 大庆油田聚合物驱深度调剖技术综述[J]. 大庆石油地质与开发，2004，23(5)：97-99.

强碱三元复合驱后驱油效率和储层物性参数变化

崔明玥

（试验大队）

摘　要：喇嘛甸油田于2007年开展二类油层强碱三元复合驱现场试验，现场提高采收率20个百分点以上，为了进一步证明该油田三元复合驱的适用性，在试验区内原取心井同井组钻取心井，对比分析评价三元复合驱后驱油效率变化和储层物性变化。通过取心资料对比分析得出，喇嘛甸油田二类油层强碱三元复合驱驱油效率能够达到60%，复合驱后油层以强水洗为主，纵向上驱油效率更加均匀。通过取心检测等分析，孔隙度和渗透率整体变化不大，结构系数增加，迂曲度增加；歪度降低，渗滤性变差；分选系数变化较小，储层孔隙均匀程度较稳定；综合评价三元复合驱后储层物性变化不大。

关键词：二类油层；三元复合驱；驱油效率；储层物性

经多年的室内实验和矿场试验研究，大庆油田强碱三元复合驱技术日趋成熟，取得了比水驱提高采收率20%以上的效果，但其驱油效果还需进一步评价，而且现场采出端结垢严重问题突出。由于强碱的注入，在油层内必然会发生溶蚀和结垢，但其对储层的影响程度还未明确，本文通过对喇嘛甸油田二类强碱三元复合驱前后两口密闭取心井岩心资料对比，分析三元复合驱驱油效果和复合驱前后储层物性变化，明确强碱复合驱对于储层造成的伤害情况。

1　取心井的选取

通过对该区块储层精细地质研究成果的分析和地面落实现场实施条件，设计密闭取心井喇9-检2600井位于喇9-检PS2604井与喇9-PS2603井连线上，距喇9-检PS2604井60m，取心井井位选取理由如下：

（1）各种沉积类型储层均较发育，厚油层发育较好。

（2）与复合驱前取心井同井场取心，评价、对比性强。

（3）取心井位于注采主流线区域，注采井连通好。

（4）地面条件均可以满足取心井钻井施工要求。

（5）后期可以通过调整井网整体综合利用。

结合取心目的层砂体发育情况、水流方向、取心井所处的位置与周围井的注采关系反映剩余油情况，确定喇9-检2600井取心层位为萨Ⅱ顶—高Ⅱ底油层。

累计取心300块，岩心总厚度为42m，平均单块岩心厚度为14cm。

2 三元复合驱后驱油效率分析

2.1 强碱复合驱后整体驱油效率达到60%

对比三元复合驱前后取心井驱油效率和含油饱和度变化。三元复合驱前取心井9-检PS2604井，对比取心深度为998.67~1017.11m，岩心数量127块，总岩心厚度为17.99m；三元复合驱后取心井9-检2600井，对比取心深度为998.18~1016.93m，岩心数量112块，总岩心厚度为16.93m。

9-检2600取心井位于注采中间部位，从分析结果看，注采中间部位复合驱整体驱油效果好，驱油效率由41.5%增加到59.7%，增加了18.2个百分点；含油饱和度由50.3%下降到33.2%，下降了17.1个百分点。

2.2 复合驱后油层以强水洗为主

强碱复合驱后，中、弱水洗油层驱油效率提高，强水洗段驱油效率变化不大。三元驱后水洗厚度比例提高3.5个百分点；中、弱水洗厚度比例减少60.1个百分点；强水洗厚度比例达77.9%，提高了63.6个百分点(表1)。

表1 三元复合驱前后取心井萨Ⅲ4-10油层水洗状况及驱油效率统计表

项目		三元驱前			三元驱后			前后差值	
		厚度 m	比例 %	驱油效率 %	厚度 m	比例 %	驱油效率 %	比例 百分点	驱油效率 百分点
未水洗		0.8	4.8	—	0.2	1.3	—	-3.5	—
水洗	弱水洗	3.9	23.2	30.1	0.3	2.0	30.9	-21.2	0.8
	中水洗	9.7	57.7	40.7	2.8	18.8	45.5	-38.9	4.8
	弱、中水洗小计	13.6	80.9	37.7	3.1	20.8	44.1	-60.1	6.4
	强水洗	2.4	14.3	63.3	11.6	77.9	63.5	63.6	0.2
	水洗合计	16.0	95.2	41.5	14.7	98.7	59.7	3.5	18.2

2.3 复合驱后纵向上驱油效率更加均匀

三元驱后，层内驱油效率与水驱时比，相对比较均匀。从厚油层内不同部位水洗状况看，三元驱后，各部位驱油效率均大幅增加，提高幅度在14.0个百分点以上。但三元驱前油层上下部位驱油效率相差13.1个百分点，三元驱后相差9.2个百分点(表2)。

表2 三元复合驱前后取心井萨Ⅲ4-10油层不同部位水洗状况及驱油效率统计表

阶段	不同部位	岩心有效厚度 m	未水洗		弱水洗		中水洗		强水洗		水洗合计	
			厚度 m	比例 %	厚度比例,%	驱油效率,%	厚度比例,%	驱油效率,%	厚度比例,%	驱油效率,%	厚度比例,%	驱油效率,%
三元驱前	上	5.6	0.8	14.3	25	29.2	60.7	40.4	—	—	85.7	37.2
	中	5.6	—	—	43.5	30.6	56.5	40.9	—	—	100	36.4
	下	5.6	—	—	1.2	31.5	56.0	40.8	42.9	63.3	100	50.3
	合计	16.8	0.8	4.8	23.2	30.1	57.7	40.7	14.3	63.3	95.2	41.5

续表

阶段	不同部位	岩心有效厚度 m	未水洗		弱水洗		中水洗		强水洗		水洗合计	
			厚度 m	比例 %	厚度比例,%	驱油效率,%	厚度比例,%	驱油效率,%	厚度比例,%	驱油效率,%	厚度比例,%	驱油效率,%
三元驱后	上	4.7	0.1	2.1	—	—	36.4	46.1	61.4	61.1	97.9	55.6
	中	4.7	—	—	6.4	30.9	6.4	47.2	87.1	63.3	100	60.2
	下	4.7	—	—	—	—	2.1	47.2	97.9	65.2	100	64.8
	合计	14.1	0.1	0.7	2.1	30.9	15.0	46.3	82.1	63.5	99.3	60.2

从不同沉积单元看，复合驱后纵向上驱油效率和含油饱和度相对均匀。复合驱前含油饱和度最大相差 17.3 个百分点，复合驱后最大相差 8.9 个百分点；复合驱前驱油效率最大相差 25.4 个百分点；复合驱后最大相差 14.4 个百分点。

3 三元复合驱后储层参数变化

(1) 孔隙度和渗透率整体变化不大。

依据新钻取心井资料对比，三元复合驱后平均孔隙度由 28.27% 下降到 28.15%，下降了 0.12%，降幅为 0.4%；平均渗透率由 1.66D 下降到 1.64D，下降了 0.02D，降幅为 0.9%。对比试验区采油井 9-AS2605 井碳氧比测试结果，复合驱前后曲线基本重合，复合驱前孔隙度平均值为 28.1%，复合驱后孔隙度平均值为 28.2%，孔隙度升高 0.1 个百分点。

(2) 孔隙半径最大值、均值、中值及孔隙分布峰位都比较稳定，小幅增加。

采用压汞法测定岩心孔隙半径最大值、平均值和中值以及孔隙分布情况。通过测试结果对比，孔隙半径最大值由复合驱前的 19.4μm 增加到复合驱后的 22.2μm，增加了 14.0%；孔隙半径平均值由复合驱前的 9.0μm 增加到复合驱后的 9.1μm，增加了 2.1%；孔隙半径中值由复合驱前的 9.0μm 增加到复合驱后的 9.4μm，增加了 4.6%；孔隙分布的峰值所对应的孔隙半径是峰位，峰位由复合驱前的 10.9μm 增加到复合驱后的 11.0μm，增加了 1.2%。

(3) 储层孔隙结构发生变化，迂曲度增加，渗滤性变差。

对比取心资料，三元复合驱后结构系数由 2.1 增加到 2.7，增加了 27.3%，迂曲度增加；三元复合驱后歪度由 0.73 下降到 0.67，降低了 8%，渗滤性变差。

(4) 储层孔隙均匀程度较稳定。

对比取心资料，三元复合驱后分选系数由 3.4 下降到 3.3，下降了 2.9%；三元复合驱后特征结构参数由 1.32 下降到 1.28，降低了 3%，储层孔隙均匀程度较稳定。

(5) 三元驱后粒度变化不大。

综合对比各种粒级砂体含量变化不大，分选性为中等。中砂含量增加 2.0 个百分点，分析认为，储层无论是被溶蚀还是孔隙结垢，都不会使岩心中粒度最大的中砂质量分数增加，对比差异应是两口井相距 60m 的储层原始地质差异造成(表 3)。

对比试验区采油井 9-AS2605 井碳氧比测试结果，泥质含量变化不大，复合驱前后曲线基本重合，复合驱前泥质含量平均值为 13.1%，复合驱后泥质含量平均值为 12.9%，泥质含量下降 0.2 个百分点。

表 3　三元复合驱前后取心井岩石粒度对比数据表

井　号	岩心参数			中砂含量 %	细砂含量 %	粉砂含量 %	泥质含量 %	分选系数	粒度中值 mm
	深度 m	岩心数量 块	岩心长度 m						
9-JPS2604	998.81~1016.79	39	5.50	19.69	49.98	22.41	7.89	3.58	0.16
9-J2600	998.18~1016.93	38	5.54	21.68	50.48	21.44	6.40	3.34	0.16
	差值			1.99	0.49	-0.97	-1.49	-0.24	0.01

4　几点认识

(1) 复合驱前后分别在同一个井组钻取心井进行资料对比，电测曲线形态符合较好，取心资料对比性强。

(2) 喇嘛甸油田二类油层强碱复合驱后整体驱油效率可达到60%，复合驱后油层以强水洗为主，纵向上驱油效率更加均匀。

(3) 喇嘛甸油田二类油层强碱复合驱后孔隙度和渗透率整体变化不大，迂曲度增加，渗滤性变差，孔隙均匀程度较稳定，综合评价表明三元复合驱体系对储层的伤害很小。

(4) 复合驱前后2口取心井岩心粒度分布差异较大现象是储层原始地质差异的结果。

参 考 文 献

[1] 程杰成，廖广志，杨振宇，等．大庆油田三元复合驱矿场试验综述[J]．大庆石油地质与开发，2001，20(2)：46-49.

[2] 王凤兰，伍晓林，陈广宇，等．大庆油田三元复合驱技术进展[J]．大庆石油地质与开发，2009，28(5)：154-162.

[3] 吴国鹏，陈广宇，焦玉国，等．强碱三元复合驱对储层的伤害及结垢研究[J]．大庆石油地质与开发，2012，31(5)：137-141.

[4] 于涛，荆国林，黎钢，等．三元复合驱结垢机理研究[J]．大庆石油学院学报，2001，25(2)：28-30.

[5] 徐典平，薛家锋，包亚臣，等．三元复合驱油井结垢机理研究[J]．大庆石油地质与开发，2001，20(2)：98-100.

提高聚合物干粉熟化效果的室内研究

段　涵

（配制二队）

摘　要：超高抗盐部分水解聚丙烯酰胺是目前三次采油主要选用的聚合物干粉，其熟化效果直接影响聚合物母液的质量以及驱油效果。本文通过整理现场以及对相关理论的研究，总结聚合物干粉熟化时间以及熟化方式，并把熟化阶段分为搅拌熟化阶段与静置熟化阶段。室内模拟搅拌熟化、静置熟化、二次搅拌熟化三个熟化阶段的实验，对比不同熟化时间、熟化阶段聚合物母液的黏度变化情况。实验发现，聚合物溶液在二次搅拌熟化阶段黏度升高效果最明显，熟化效果有进一步提升。

关键词：熟化效果；搅拌熟化；静置熟化；二次搅拌熟化

随着油田开采难度的不断提高，聚合物驱油的三次采油成为增油上产的前驱力量和坚实保障。在聚合物驱油中的一个重要环节便是聚合物母液的熟化，聚合物母液的熟化效果直接影响聚合物母液质量。在站内水矿化度稳定、地面设备和熟化时间相同的情况下，同天不同熟化罐母液取样黏度差值高达 8mPa·s。为了提高熟化质量，确保聚合物母液的高黏度和均衡性，本文进行了聚合物干粉熟化效果的室内研究。

本文针对目前大多数配制站使用的分子量为 2500 万的聚丙烯酰胺进行室内标准样实验。通过搅拌熟化、静置熟化、二次搅拌熟化三个熟化阶段的研究，对比分析不同熟化时间、熟化阶段下的聚合物母液黏度，寻找出最优熟化方式，提高聚合物母液的熟化效果。

1　聚合物熟化的理论研究

聚合物干粉与水的混合液经搅拌、溶胀至完全溶解，溶液黏度达到稳定的过程称为熟化。广义的熟化包括混合液在熟化装置和管道内的熟化，而狭义的熟化仅仅为混合液在熟化罐内的搅拌熟化。本文定义熟化分为搅拌熟化和静置熟化，未用搅拌器进行混合液搅拌的即为静置熟化。

1.1　搅拌熟化

利用搅拌器搅拌聚合物干粉与清水，不仅能强化反应过程，增进反应速率，而且强化传热、加速溶解，使介质成为均匀的混合液。时间是搅拌熟化的重要指标，一方面，当聚合物溶液熟化未达到一定时间，不仅黏度达不到要求，而且聚合物母液中存在黏团和“鱼眼”；另一方面，当聚合物溶液熟化一定时间后，黏度已达到要求。若继续熟化，黏度上升并不明显，反而会因搅拌器的剪切作用，使黏度出现下降趋势。

采用分子量为 2500 万的聚丙烯酰胺配制聚合物母液，母液熟化的初始设计时间为 4h。熟化时间过长不仅会影响聚合物母液的黏度，还会损耗搅拌器的使用寿命、增加耗电。通过查找文献以及整理目前现场实际熟化时间，2500 万分子量聚丙烯酰胺的搅拌熟化时间大多为 90~150min，第六采油厂采用的搅拌熟化时间大多为 90min。

1.2 静置熟化

通过查找文献，静置熟化有管道熟化理论和不熟化配注工艺理论。

管道熟化是以未完全熟化的聚合物溶液进行管道输送，在管道内进行二次熟化。其优点是可以减少黏度损失，适当缩短熟化时间。但是聚合物母液在管线输送过程中存在机械和化学降解，机械降解主要是由溶液的流速、管径的突变、流向的突变而产生；化学降解主要由金属离子、氧、热、其他有机物等影响。

不熟化配注工艺是将聚合物干粉配制成不完全熟化的溶液注入地下，其优点是可以降低地面工程投资、提高聚合物溶液的有效黏度。缺点是聚合物母液所需的溶解时间为 140~150min，减缓了配制站配制聚合物母液的速度，降低了配制能力。

目前，配制站的静置熟化为聚合物母液在搅拌后等待熟化罐外排时间内的熟化，但是静置熟化时间由母液外输量及熟化罐排放顺序决定，生产中具有一定的不确定性。

2 聚合物干粉熟化效果的实验研究

第六采油厂聚喇 2 号配制站目前使用 2500 万分子量的聚合物干粉为南中西一区配制 5500mg/L 的聚合物母液，采用清水配制污水稀释的配注工艺。配制二队熟化罐搅拌器采用螺旋推进Ⅱ型搅拌器，聚合物母液熟化时间为 90min。本次室内实验主要是为了模拟聚合物溶液现场熟化情况，研究 2500 万分子量的聚丙烯酰胺在相同搅拌器转速、相同配制母液量条件下，不同的熟化时间、熟化阶段对聚合物母液熟化效果的影响。

模拟现场进行室内实验，将聚合物干粉用清水(总矿化度为 651.33mg/L)配制成 5500mg/L 的聚合物母液 200mL，搅拌熟化时间 90min，并以此作为参照样。再用配制站清水配制 5500mg/L 的聚合物溶液 200mL，搅拌时间分别为 80min、70min、60min 和 50min(搅拌器转速为 400r/min)，以此作为对比样，进行实验：

(1) 将对比样稀释成 1500mg/L 的目的液，测定其黏度。

(2) 将对比样静置熟化 30min 后，稀释成 1500mg/L 的目的液，测定其黏度。

(3) 将静置熟化 30min 之后的对比样分别再搅拌 10min、20min、30min 和 40min，稀释成 1500mg/L 的目的液，测定其黏度。

注：不同熟化时间的样品分别做 3 组平行样。

2.1 搅拌熟化阶段聚合物母液熟化效果分析

从节能的角度出发，室内实验以 90min 为上限进行不同熟化时间的黏度对比。

从统计数据(表 1)看，熟化时间为 80min 时，每组平行样的检测数据相对稳定，但两组检测数据对比有差距，且有一组检测数据波动较大。熟化时间为 70min 时，检测数据相对波动大，熟化效果不十分理想。熟化时间为 60min 和 50min 时，检测数据与标准样数据接近。但随着熟化时间的减少，当搅拌时间为 50min 时，样品出现黏团现象，熟化效果不理想。

对比图 1 和图 3、图 2 和图 4，搅拌熟化时间低于 60min 时，搅拌熟化时间越短，聚合物母液含气泡越多，越容易出现黏团现象，熟化效果越差。

表1　不同搅拌熟化时间的黏度统计表　　单位：mPa·s

时间	熟化 90min	搅拌 80min 1	搅拌 80min 2	搅拌 80min 3
2016.06.16	75.7	88.5	85.3	78.9
2016.06.17	78.9	76.8	74.7	74.7
时间	标准样 90min	搅拌 70min 1	搅拌 70min 2	搅拌 70min 3
2016.06.16	75.7	70.4	69.3	77.9
2016.06.17	78.9	76.8	74.7	74.7
时间	标准样 90min	搅拌 60min 1	搅拌 60min 2	搅拌 60min 3
2016.06.20	73.6	73.6	72.5	73.6
2016.06.21	73.6	72.5	72.5	74.7
时间	标准样 90min	搅拌 50min 1	搅拌 50min 2	搅拌 50min 3
2016.06.20	73.6	74.7	73.6	73.5
2016.06.21	73.6	73.6	74.7	73.6

注：■比标准样 90min 黏度高有 7 组；■与标准样 90min 黏度一样有 5 组；■比标准样 90min 黏度低有 12 组。

图1　搅拌熟化 50min 时母液含大量气泡

图2　搅拌熟化 50min 时母液含有明显黏团

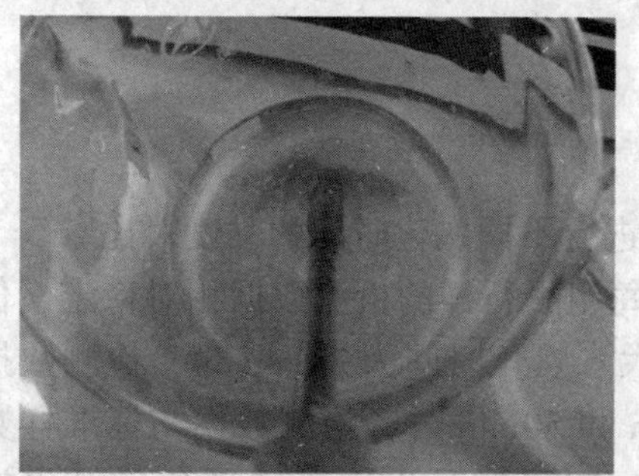

图3　搅拌熟化 60min 时母液含少量气泡

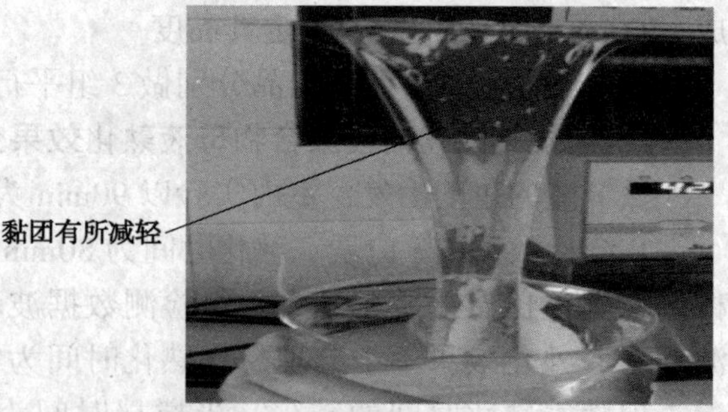

图4　搅拌熟化 60min 时母液含黏团有所减轻

2.2　静置熟化阶段聚合物母液熟化效果分析

2500 万分子量的聚丙烯酰胺原熟化时间为 120min，后降低为 90min。综合考虑配制能力和节能降耗因素，所以设定静置时间为 120min 和 90min 的差值进行实验研究。

表 2　再静置熟化阶段的黏度对比统计表

时间	搅拌 90min	搅拌 80min 1	静置 30min 1	搅拌 80min 2	静置 30min 2	搅拌 80min 3	静置 30min 3
2016.06.16	75.7	88.5	77.9	85.3	75.5	78.9	75.4
2016.06.17	78.9	76.8	74.7	74.7	74.7	74.7	78.7
时间	搅拌 90min	搅拌 70min 1	静置 30min 1	搅拌 70min 2	静置 30min 2	搅拌 70min 3	静置 30min 3
2016.06.16	75.7	70.4	76.4	69.3	77.9	77.9	75.7
2016.06.17	78.9	76.8	78.7	74.7	73.6	74.7	74.7
时间	搅拌 90min	搅拌 60min 1	静置 30min 1	搅拌 60min 2	静置 30min 2	搅拌 60min 3	静置 30min 3
2016.06.20	73.6	73.6	74.7	72.5	71.5	73.6	73.6
2016.06.21	73.6	72.5	73.7	72.5	73.6	74.7	71.5
时间	搅拌 90min	搅拌 50min 1	静置 30min 1	搅拌 50min 2	静置 30min 2	搅拌 50min 3	静置 30min 3
2016.06.20	73.6	74.7	73.6	73.6	73.7	73.5	76.8
2016.06.21	73.6	73.6	76.8	74.7	74.7	73.6	73.6

注：■ 静置 30min 后黏度比搅拌后黏度高 10 组；■ 静置 30min 后黏度与搅拌后黏度一样 5 组；■ 静置 30min 后黏度比搅拌后黏度低 9 组。

从统计数据(表 2)看，聚合物溶液在静置熟化阶段，62.5%数量的检测样品黏度值不低于搅拌熟化阶段的黏度值，熟化质量有一定提高。搅拌 80min 和搅拌 70min 的样品在搅拌熟化阶段的检测数据不稳定，但在静置熟化阶段，检测数据之间以及检测数据与标准样之间黏度值接近，说明聚合物溶液在搅拌后再静置，聚合物溶液熟化效果更为稳定。

对比图 5 和图 6，搅拌熟化结束后，转杆上仍挂着聚合物溶液，气泡存在较多；静置 30min 后，转杆挂着的聚合物溶液基本消失，气泡减少。再静置熟化阶段的熟化效果要优于搅拌熟化阶段的熟化效果。

图 5　搅拌结束后的样品形态

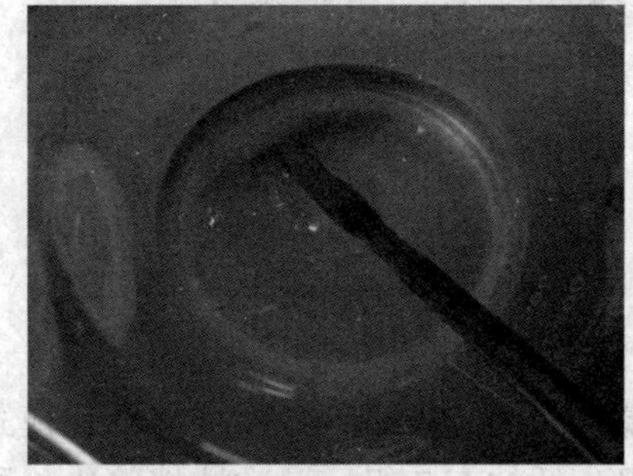

图 6　静置 30min 后的样品形态

2.3　二次搅拌熟化阶段聚合物母液熟化效果分析

以降本增效为出发点，为了不增加搅拌器的耗电、易与和搅拌 90min 的标准样进行对比，把一次搅拌时间和二次搅拌时间之和设定为 90min。因此，把静置 30min 的对比样再分别搅拌 10min、20min、30min 和 40min，进行实验对比分析。

从统计数据(表 3)看，聚合物溶液在二次搅拌熟化阶段下，有 67%数量的检测样品黏度数值比静置熟化阶段的黏度数值略微偏高，说明通过再次搅拌，聚合物溶液的熟化效果还能够进一步提升。对比图 7 和图 8，发现二次搅拌熟化的母液样品黏度附着性更好，聚合物母液更加均匀。

表3　二次搅拌熟化阶段的黏度对比统计表

时间	搅拌 90 min	搅拌 80 min 1	静置 30 min 1	搅拌 10 min 1	搅拌 80 min 2	静置 30 min 2	搅拌 10 min 2	搅拌 80 min 3	静置 30 min 3	搅拌 10 min 3
2016.06.16	75.7	88.5	77.9	76.8	85.3	75.5	75.7	78.9	75.4	76.8
2016.06.17	78.9	76.8	74.7	77.9	74.7	74.7	75.7	74.7	78.7	78.9
时间	搅拌 90 min	搅拌 70 min 1	静置 30 min 1	搅拌 20 min 1	搅拌 70 min 2	静置 30 min 2	搅拌 20 min 2	搅拌 70 min 3	静置 30 min 3	搅拌 20 min 3
2016.06.16	75.7	70.4	76.4	77.9	69.3	77.9	75.7	77.9	75.7	74.7
2016.06.17	78.9	76.8	78.7	79.1	74.7	73.6	76.8	74.7	74.7	76.8
时间	搅拌 90 min	搅拌 60 min 1	静置 30 min 1	搅拌 30 min 1	搅拌 60 min 2	静置 30 min 2	搅拌 30 min 2	搅拌 60 min 3	静置 30 min 3	搅拌 30 min 3
2016.06.20	73.6	73.6	74.7	73.6	72.5	71.5	73.6	73.6	73.6	70.4
2016.06.21	73.6	72.5	73.7	75.6	72.5	73.6	75.7	74.7	71.5	77.9
时间	搅拌 90 min	搅拌 50 min 1	静置 30 min 1	搅拌 40 min 1	搅拌 50 min 2	静置 30 min 2	搅拌 40 min 2	搅拌 50 min 3	静置 30 min 3	搅拌 40 min 3
2016.06.20	73.6	74.7	73.6	72.5	73.6	73.7	74.7	73.6	76.8	74.7
2016.06.21	73.6	73.6	76.8	76.9	74.7	74.7	73.6	73.6	73.6	74.7

注：■二次搅拌熟化样品黏度比静置熟化样品黏度 高16组；■二次搅拌熟化样品黏度与静置熟化样品黏度 相同0组；■二次搅拌熟化样品黏度比静置熟化样品黏度 低8组。

图7　静置熟化30min的样品形态

图8　二次搅拌熟化的样品形态

在搅拌时间一定时，二次搅拌熟化模式下的样品黏度比标准样黏度高的有12组，相同的有5组，低的有7组。一次搅拌熟化阶段的样品黏度比标准样黏度高的有7组，相同的有5组，低的有12组。相比之下，聚合物母液的黏度在二次搅拌熟化阶段有整体提升，有5组黏度数值经二次搅拌熟化后，高于(等于)标准样数值，有16组数值黏度高于一次搅拌熟化的黏度，占比分别为21%和67%。

综上所述，超高抗盐部分水解聚丙烯酰胺干粉在二次搅拌熟化阶段的熟化效果比搅拌熟化阶段和静置熟化阶段更好，所以采用搅拌—静置—搅拌的二次搅拌熟化方式来熟化聚合物干粉，熟化效果最佳。

3　结论

（1）聚合物干粉的搅拌熟化时间低于60min，聚合物溶液易出现黏团，熟化效果较差。

（2）聚合物干粉在静置熟化阶段，熟化效果有一定提升；聚合物干粉在二次搅拌熟化阶段，熟化效果还会再进一步提升。

（3）采用搅拌—静置—搅拌的二次搅拌熟化方式来熟化聚合物干粉，熟化效果最佳。

参 考 文 献

[1] 周彦霞．聚合物不熟化配注工艺可行性实验研究[J]．科学技术与工程，2011，11(10)：2313-2315.

[2] 刘佳．缩短聚合物母液熟化时间的效果分析[J]．内蒙古石油化工，2012(5)：46-48.

[3] 钱思平．配注工艺对聚合物溶液的降解研究[M]．北京：中国地质大学(北京)，2006.

[4] 倪玲英，宋爱军，李成华，等．聚合物母液管道熟化可行性室内试验[J]．管道技术与设备，2008(3)：61-62.

二类油层污水利用效果评价

范洪娟　宋玉华　侯晓梅

（试验大队）

摘　要：本文研究了不同清水聚合物体系和污水聚合物体系的黏度稳定性、黏弹性和注入能力，通过岩心驱油实验将清水体系和污水体系驱油效果进行评价。结果表明，污水体系随着保留时间的增长黏度降解率低，黏弹性好，注入能力强。同浓度污水提高采收率低于清水，将浓度提高至相同黏度污水体系提高采收率比清水高 2 个百分点。

关键词：黏弹性；采收率；驱油效果

喇嘛甸油田已投入聚合物驱的地质储量为 2.08×10^8t，目前一类油层全部转入后续水驱，开发对象已转移到二类油层。二类油层剩余地质储量占全油田剩余地质储量的 64.3%，成为聚合物驱的主要开发对象。与一类油层相比，二类油层非均质性更加严重，渗透率降低，注聚合物前含水率更高。喇嘛甸油田全年污水过剩 1300×$10^4$$m^3$，污水外排给油田造成很大的环保压力。若能将过剩污水合理利用，将减缓这一压力。选择清水、污水配制聚合物，研究黏度稳定性、黏弹性和注入能力，考察其驱油效果，对二类油层污水利用效果进行评价。

1　污水体系聚合物性能分析

（1）污水体系与清水体系相比黏度降解率低。

用清水配制 2500 万 2000mg/L 聚合物溶液，用曝氧污水配制 2500 万 2000mg/L、2800mg/L，测定初始黏度，并放置在 45℃烘箱中密封保存，分别测定 7d、15d、30d、60d 黏度数值，测定黏度降解率。数据见表 1。

表 1　2500 万聚合物清水体系和污水体系黏度数据

体系	黏度，mPa·s					60d 黏度降解率，%
	0	7d	15d	30d	60d	
清水 2000mg/L	330.2	196.2	182.5	175.6	163.4	50.5
污水 2000mg/L	152.5	106.7	100.3	90.1	84.2	44.8
污水 2800mg/L	320.1	224.0	217.7	191.8	185.9	41.9

清水和污水聚合物体系随着保留时间的增长，黏度大幅度降低，且清水体系的黏度随保留时间下降幅度明显大于污水体系。保留时间为 60d 时，清水 2000mg/L 体系黏度降解率为 50.5%，污水 2000mg/L 体系和 2800mg/L 体系黏度降解率分别为 44.8%和 41.9%。

（2）相同黏度的清水体系和污水体系，污水体系的黏弹性好。

黏弹性是指物质对施加外力的响应，表现为黏性和弹性的双重特性。由于弹性的存在会

改变驱替液的微观流线，从而增加作用于残余油团突出部位的微观作用力，提高驱油效率。因此，任何影响黏弹性流体在孔隙中流线改变的弹性参数都可以用来表征影响驱油效率的驱替液弹性的大小。

实验表明：在一定的剪切速率范围内，第一法向应力差与剪切速率呈线性上升的关系。研究认为，用第一法向应力差斜率来表征弹性直观有效。

在剪切速率为 0.01~10000s^{-1}区间内，分别对分子量为 2500 万清水配制 2000mg/L 和污水配制的 2800mg/L 聚合物溶液进行稳态剪切实验，测试第一法向应力差与剪切速率的关系，如图 1 所示。

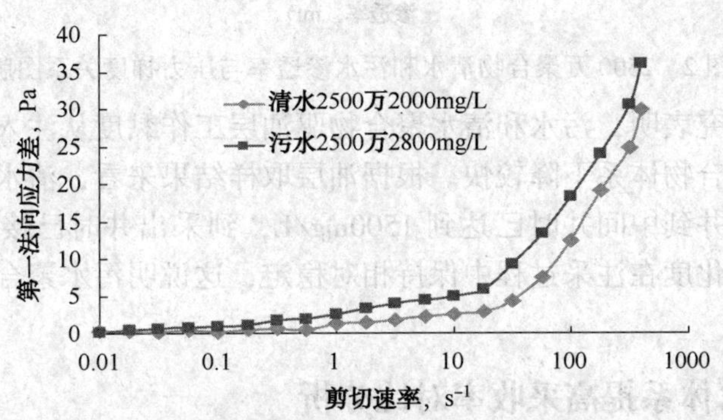

图 1　分子量为 2500 万聚合物清水和污水体系第一法向应力差与剪切速率关系图

从图 1 可以看出，污水体系的黏弹性好于清水体系。清水体系中 HPAM 溶解在水中时—COO^-使基团呈负电性，高分子链上—COO^-基团，相互发生排斥作用，使链的构象较舒展，尺寸较大，流动阻力大，黏度大。污水体系由于盐的存在，一部分 Na^+相对集中在—COO^-周围，遮蔽了有效电荷，使阴离子的排斥作用引起链的扩展作用减弱，分子的卷曲作用增加，使尺寸缩小，抗剪切能力增强，黏弹性增加。

(3) 污水体系比清水体系注入能力强。

传统的驱油机理认为，聚合物的黏性特性是提高驱油效率的主要原因。在聚合物驱油过程中，聚合物溶液的流变特性不仅直接影响其驱油效果，而且影响其渗流特性。无论是对聚合物驱油效果的评价，还是对油井产能的预测，都必须首先研究聚合物溶液在渗流过程中的流变特性。

实验中选取渗透率为 100~3000mD 的小岩心柱，采取恒压实验方法，分别注入清水 2500 万 2000mg/L 及污水 2500 万 2000mg/L、2500mg/L、2800mg/L 聚合物溶液，确定其在不同渗透率中的驱动压差。绘制渗透率与压力梯度关系图版(图 2)。

从图版中可以看出，在相同渗透率的岩心中，污水体系的驱动压差低于清水体系，注入能力好。

(4) 污水聚合物体系性能好，与油层配伍性好。

污水聚合物体系由于采用油田采出污水配制，水质与地层水相当，因此与地层水的配伍性较好。

室内模拟实验表明：清水聚合物溶液与新鲜污水接触后，溶液黏度大幅度下降；而清水配制污水稀释的聚合物溶液，溶液的矿化度较高，与新鲜污水接触后，黏度下降幅度相对较小。

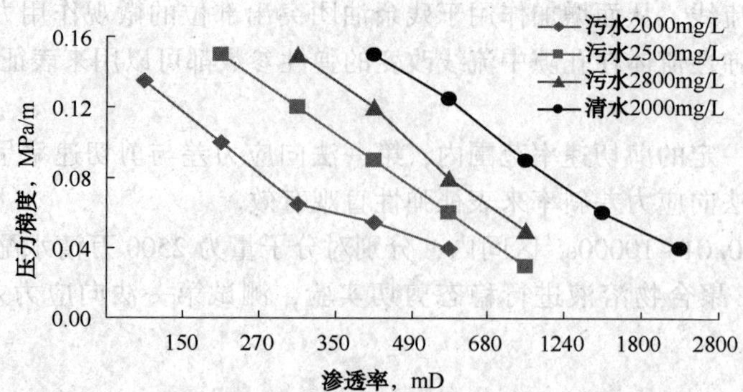

图 2　2500 万聚合物清水和污水渗透率与压力梯度关系图版

油层工作黏度研究表明，污水和清水聚合物驱油层工作黏度从注入井、中间井到采出井逐渐降低，但清水聚合物体系下降较快。根据油层取样结果来看，清水井组聚合物溶液矿化度变化较大，从注入井到中间井时已达到 1500mg/L，到采出井时已接近污水矿化度；而污水井组聚合物溶液矿化度在注采过程中保持相对稳定，这说明污水聚合物体系与地层水配伍性好。

2　清水和污水体系提高采收率对比分析

2.1　实验部分

(1) 岩心：采用变异系数为 0.72 的石英砂环氧胶结两维纵向非均质正韵律人造物理模型，模型尺寸为 4.5cm×4.5cm×30cm，模型分为上中下三层，每层厚度为 1.5cm，水测渗透率为 500~800mD。

(2) 水质：清水为室内配制大庆盐水，污水为油田经过曝氧处理的外排污水。

(3) 实验用油：由第六采油厂原油和煤油配制的模拟油，模拟油黏度(45℃)在 10mPa·s 左右。

(4) 实验用聚合物：大庆助剂厂生产的聚丙烯酰胺(分子量 2500 万)以及抗盐聚合物。

(5) 实验温度：均在 45℃条件进行。

2.2　实验结果及讨论

(1) 同浓度污水体系比清水体系提高采收率低 6 个百分点。

实验方案

方案一：水驱至不出油—清水 2500 万 2000mg/L 1.0PV—后续水驱。

方案二：水驱至不出油—污水 2500 万 2000mg/L 1.0PV—后续水驱。

实验数据见表 2。

表 2　同浓度清水和污水聚合物体系提高采收率数据表

水质	聚合物浓度 mg/L	黏度 mPa·s	采收率,%		
			水驱	聚合物驱	合计
清水	2000	330.2	37.59	27.15	64.74
污水	2000	152.5	36.93	20.73	57.66

(2) 同黏度污水体系比清水体系聚合物驱提高采收率高 2 个百分点，注入成本高 19%。

实验方案

方案一：水驱至不出油—清水 2500 万 2000mg/L 1.0PV—后续水驱。

方案二：水驱至不出油—污水 2500 万 2800mg/L 1.0PV—后续水驱。

实验数据见表 3。

表 3　同黏度清水与污水提高采收率数据对比

水质	聚合物浓度 mg/L	黏度 mPa·s	采收率,%		
			水驱	聚合物驱	合计
清水	2000	330.2	37.59	27.15	64.74
污水	2800	320.1	38.45	29.63	68.08

清水单价为 6.69 元/m^3，2500 万聚合物单价为 14820.51 元/t，污水处理至可以外排的单价为 4.2 元/m^3。

清水 2000mg/L 聚合物体系单价：6.69 元/m^3+2000mg/L×(14820.51 元/t)/90%=39.62 元/m^3。

污水 2800mg/L 聚合物体系单价：6.69 元/m^3×2800/6000+2800mg/L×(14820.51 元/t)/90%−4.2 元/m^3×(1−2800/6000)=46.99 元/m^3。

注入成本增加：(46.99−39.62)/39.62=19%。

(3) 同采收率污水体系比清水体系注入液成本增加 9%。

实验方案

方案一：水驱至不出油—清水 2500 万 2000mg/L 1.0PV—后续水驱。

方案二：水驱至不出油—污水 2500 万 2600mg/L 1.0PV—后续水驱。

实验数据见表 4。

表 4　同采收率清水与污水驱油效果数据表

水质	聚合物浓度 mg/L	黏度 mPa·s	采收率,%		
			水驱	聚合物驱	合计
清水	2000	330.2	37.59	27.15	64.74
污水	2600	268.8	38.86	26.92	65.78

清水 2000mg/L 聚合物体系单价：6.69 元/m^3+2000mg/L×(14820.51 元/t)/90%=39.62 元/m^3。

污水 2600mg/L 聚合物体系单价：6.69 元/m^3×2600/6000+2600mg/L×(14820.51 元/t)/90%−4.2 元/m^3×(1−2600/6000)=43.33 元/m^3。

注入液成本增加：(43.33−39.62)/39.62=9%。

3　几点认识

(1) 污水体系与清水体系相比，黏度降解率低，黏弹性好，注入能力好。

(2) 相同浓度污水体系比清水体系提高采收率低 6 个百分点。

(3) 同黏度污水体系比清水体系聚合物驱提高采收率高 2 个百分点，注入成本高 19%。

(4) 同采收率污水体系比清水体系注入液成本增加 9%。

参 考 文 献

[1] 赵劲毅. 污水驱油效果评价[J]. 油气田地面工程，2006，25(8)：17-18.

[2] 王德民，程杰成，杨清彦. 黏弹性聚合物溶液能够提高岩心的微观驱油效率[J]. 石油学报，2000，21(5)：45-51.

二类油层三元复合驱前置段塞注入参数再优化

李　雪

（试验大队）

摘　要：针对喇北东块二类油层三元复合驱油试验区前置聚合物段塞注入后暴露出的平面渗流能力差异大、注采能力下降幅度大等问题，研究了高分子量、高质量浓度的前置聚合物段塞在非均质二类油层不同井区应用的动态变化特征及对后期开采效果的影响。结果表明，二类油层三元复合驱前置聚合物段塞的注入参数设计，应该根据井组的油层物性和连通程度匹配合理的聚合物分子量和质量浓度，既要起到较好的调剖作用，又不能因分子量和质量浓度过高影响开采效果。研究认为，喇北东块二类油层三元复合驱前置聚合物段塞应采用1200万、1900万、2500万分子量，1500~2500mg/L质量浓度的聚合物体系。

关键词：三元复合驱；前置聚合物段塞；注采能力；注入参数

喇北东块二类油层三元复合驱油试验区开采萨Ⅲ4-10油层，纵向上划分为5个沉积单元，各沉积单元相变复杂，平面、纵向非均质性严重。提高注入体系的黏度可以有效调整注入剖面，减缓油层非均质性的不利影响。为此，试验区在三元段塞注入之前先注入2500万分子量、高质量浓度聚合物溶液进行整体调剖，平均注入聚合物浓度2210mg/L，注入黏度达到200mPa·s以上，注入油层孔隙体积0.082PV；三元主段塞也采用了高质量浓度聚合物三元体系，平均注入聚合物浓度在2250mg/L左右，注入黏度达到95mPa·s左右，注入油层孔隙体积0.363PV。这一做法有效地抑制了化学剂沿高渗透层突进，取得了较好的增油降水效果。试验区28口中心井综合含水率由97.4%下降到72.0%，下降了25.4个百分点，下降幅度在大庆油田三元复合驱工业性试验区中是最大的。截至2015年9月底，阶段提高采收率20.6个百分点，整体开采效果低于其余工业性试验同期水平。其原因在于高质量浓度、高黏度的注入体系使含水率在大幅度下降的同时，也导致注采能力大幅度下降、平面渗流阻力差异大等问题，严重影响了后期的开采效果。因此，针对非均质性较强的二类油层三元复合驱，如何进一步优化前置聚合物段塞的注入参数是提高二类油层三元复合驱开采效果的保证，对实现三元复合驱油技术在喇嘛甸油田二类油层的成功推广具有重要意义。

1　前置聚合物段塞的作用

大庆油田近年来开展的三元复合驱试验均采用多段塞组合注入方式，在注入三元体系之前加注前置聚合物段塞。前置聚合物段塞的作用是降低随后注入的三元体系的碱耗和表面活性剂吸附，更重要的作用是调整剖面，使三元体系更多地进入中、低渗透油层。研究结果表明，非均质程度越强，调整剖面所需的最佳匹配黏度比越高，当聚合物体系与地下原油黏度比达到3.0以上时，扩大波及体积和提高驱油效率的能力越强。还有研究结果表明，聚合物分子量越高、溶液的质量浓度越大，聚合物体系黏度越高，阻力系数及残余阻力系数越大。因此，针对喇北东块二类油层强碱三元复合驱油试验区的严重非均质性，注入了高分子量、高质量浓度的前置聚合物段塞。

前置聚合物段塞注入后有效地调整了吸水剖面。一是水驱吸水优势层渗流阻力明显增大，吸水能力下降，水驱阶段吸水比例占全井 50.0%以上的油层吸水比例由注聚合物前的 58.0%下降至 32.0%，下降了 26.0 个百分点；二是与水驱相比吸水厚度明显增加，44 口注入井中、低渗透油层有效吸水厚度增加 41.2m，表外砂岩吸水厚度增加 14.5m。

试验后期取心资料分析结果也表明，水驱驱油效率较低的上、中部油层三元复合驱油过程中得到有效动用，驱油效率分别提高了 18.4 和 23.8 个百分点(表 1)。

表 1　三元复合驱油前后取心井水洗状况对比

阶段	取心部位	有效厚度 m	未水洗		弱水洗		中水洗		强水洗		水洗合计	
			厚度 m	比例 %	厚度比例 %	驱油效率 %	厚度比例 %	驱油效率 %	厚度比例 %	驱油效率 %	厚度比例 %	驱油效率 %
三元驱前	上	5.6	0.8	14.3	25.0	29.2	60.7	40.4			85.7	37.2
	中	5.6			43.5	30.6	56.5	40.9			100	36.4
	下	5.6			1.2	31.5	56.0	40.8	42.9	63.3	100	50.3
	合计	16.8	0.8	4.8	23.2	30.1	57.7	40.7	14.3	63.3	95.2	41.5
三元驱后	上	4.7	0.1	2.1			36.4	46.1	61.4	61.1	97.9	55.6
	中	4.7			6.4	30.9	6.4	47.2	87.1	63.3	100	60.2
	下	4.7					2.1	47.2	97.9	65.2	100	64.8
	合计	14.1	0.1	0.7	2.1	30.9	15.0	46.3	82.1	63.5	99.3	60.2

高质量浓度前置聚合物整体调剖后三元液在油层中均匀推进，增油降水效果明显。62 口采油井平均含水率最大下降 16.8 个百分点，28 口中心井含水率最大下降 25.4 个百分点，单井含水率最大下降 71.5 个百分点。

2　前置聚合物段塞注入后存在的问题

2.1　平面渗流能力差异较大

喇北东块二类油层强碱三元复合驱油试验区前置高质量浓度聚合物段塞采用统一的聚合物分子量(2500 万)，没有根据二类油层不同井区油层的物性差异进行分子量个性化设计。35 口渗透率小于 0.8D 的井注入 2000mg/L 质量浓度的聚合物溶液，其余 9 口渗透率大于 0.8D 的井注入 2500mg/L 质量浓度的聚合物溶液。因此，注入后不同井区渗流阻力增幅不同，霍尔曲线呈大范围分散状分布，部分井区对高分子量、高质量浓度聚合物不适应，压力上升过快。

试验区平面相变复杂，井间油层性质差异大，地层系数为 1.3~19.6D · m。根据统计，前置聚合物段塞注入后，地层系数越大的井组霍尔曲线斜率越小，即渗流阻力越小；地层系数越小的井组，霍尔曲线斜率越大，即渗流阻力越大(图 1)。地层系数小于 5.0D · m、霍尔曲线斜率大于 3000 的井组渗流阻力过大，压力上升过快，后期出现注入困难现象，说明这部分井对 2500 万分子量、2000mg/L 或 2500mg/L 质量浓度的聚合物溶液不适应。

前置聚合物段塞注入后渗流阻力的增加幅度还与井组的油层连通类型有关。试验区发育河道砂、主体席状砂、非主体席状砂和表外砂岩等不同类型砂岩，不同井区河道砂发育规模不同。从总体上看，注入高浓度前置段塞后，随着井区河道砂一类连通率的增加，霍尔曲线斜率呈现减小趋势。相同聚合物用量条件下，注采井均为多期河道砂发育的井区，油层渗流阻力增幅小(图 2)。河道砂一类连通率低于 40%、霍尔曲线斜率大于 3000 的井组压力上升过快，对 2500 万分子量、2000mg/L 或 2500mg/L 质量浓度的聚合物溶液不适应。

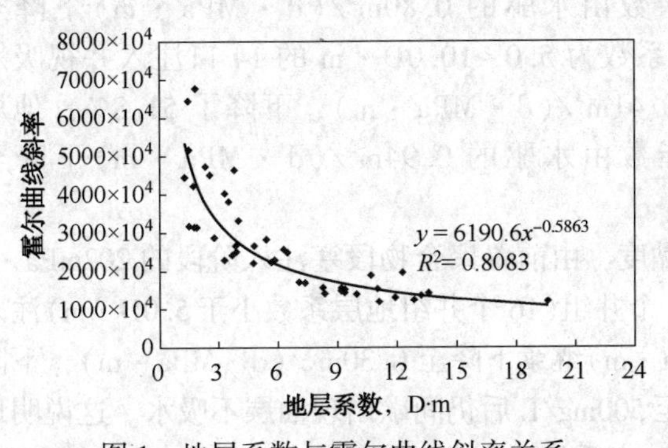

图 1　地层系数与霍尔曲线斜率关系

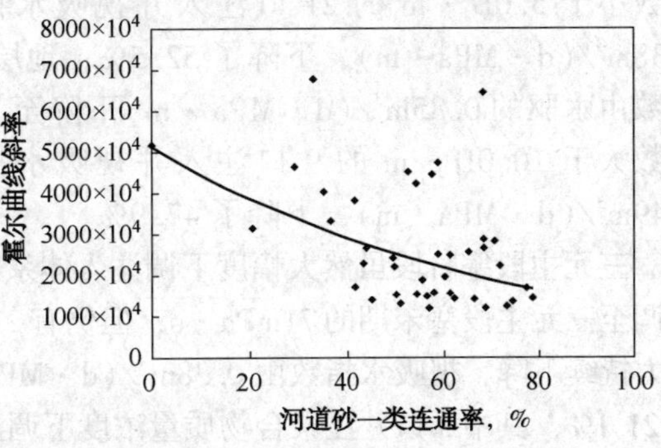

图 2　河道砂一类连通率与霍尔曲线斜率关系

2.2　注采能力下降幅度大

聚合物分子量越高，其在水溶液中的分子回旋半径越大，流过多孔介质时越容易发生吸附滞留。最近的研究表明：相同分子量条件下，聚合物溶液的质量浓度越高，其分子动力学半径越大，聚合物分子在油层中的吸附滞留量也越大。当聚合物分子在储层中的存聚率过高时，则阻力系数增幅大，注采能力大幅度下降，以致影响开发效果。

与开采井距基本相当的北二西二类油层弱碱三元试验区和北一区断东二类油层强碱三元试验区对比，喇北东块二类油层强碱三元试验区存聚率明显高于前两个区块(图 3)，霍尔曲线斜率也明显高于前两个区块(图 4)。

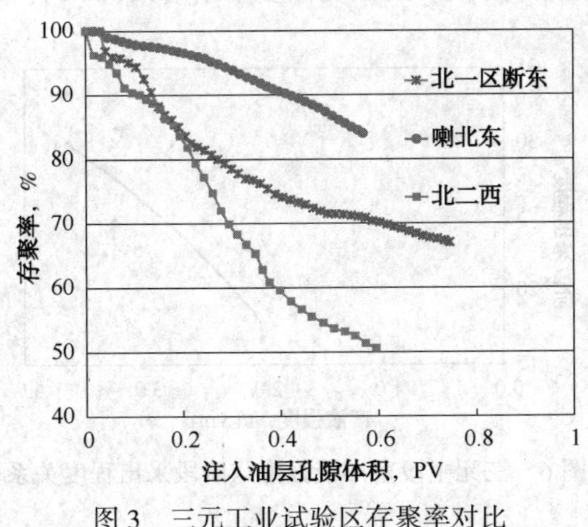

图 3　三元工业试验区存聚率对比

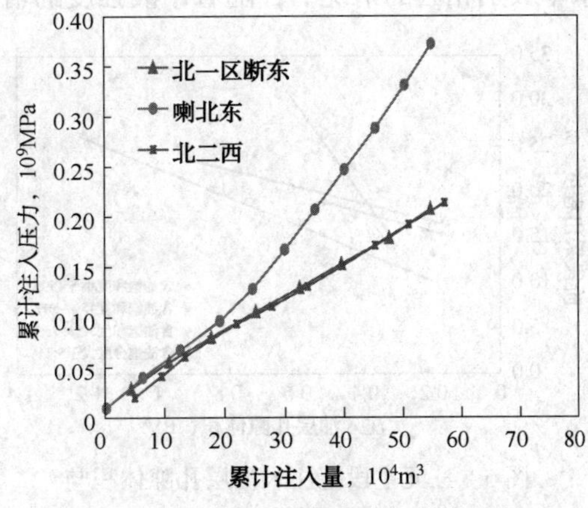

图 4　三元工业试验区霍尔曲线对比

过高的存聚率造成了注采能力大幅度下降。在前置聚合物段塞注入 0.016PV 时，视吸水指数由水驱阶段末的 0.84m^3/(d·MPa·m)快速下降到 0.49m^3/(d·MPa·m)，相当于每注入 0.100PV 下降 2.20m³/(d·MPa·m)；前置聚合物段塞结束时下降至 0.44m³/(d·MPa·m)，下降了 47.6%，之后一直缓慢下降至 0.30m³/(d·MPa·m)。喇北东块试验区产液能力最大下降幅度达到了 83.0%。在前置段塞结束时，产液指数由水驱阶段末的 2.08t/(d·MPa·m)下降到 1.10t/(d·MPa·m)，下降了 47.0%，之后缓慢下降到 0.35t/(d·MPa·m)左右保持稳定。

2.3 个别井区残余阻力大，影响后续化学剂注入

试验区前置聚合物段塞结束时，不同油层类型井注入能力均呈现较大幅度的下降。地层系数小于 5.0D·m 的 21 口注入井视吸水指数由水驱的 0.80m³/(d·MPa·m)下降至 0.38m³/(d·MPa·m)，下降了 52.5%；地层系数为 5.0~10.0D·m 的 14 口注入井视吸水指数由水驱的 0.85m³/(d·MPa·m)下降至 0.41m³/(d·MPa·m)，下降了 51.8%；地层系数大于 10.0D·m 的 9 口注入井视吸水指数由水驱的 0.94m³/(d·MPa·m)下降至 0.49m³/(d·MPa·m)，下降了 47.9%。

三元主段塞阶段虽然大幅度下调注入体系黏度，由前置聚合物段塞注入阶段的 202mPa·s 下调至三元主段塞末期的 71mPa·s，但仍有 21 个井组(16 个井组地层系数小于 5.0D·m)注入能力持续下降，视吸水指数由 0.38m³/(d·MPa·m)继续下降至 0.30m³/(d·MPa·m)，下降了 21.1%，其中 3 口井注聚合物质量浓度下调至 500mg/L 后仍间歇出现油层不吸水。这说明地层系数小于 5.0D·m 的井区不适宜注高分子量、高质量浓度的前置聚合物段塞。

3 前置聚合物段塞注入参数再优化

根据试验区中心井动态资料统计结果，采油井见效程度与井组的三元体系注入油层孔隙体积存在很好的相关性：随着三元体系注入油层孔隙体积的增加，不同含油饱和度级别的采油井均呈现出阶段采出程度随之增大的趋势(图 5)。

采油井的见效程度还与见效期的产液能力存在很好的相关性：在含水率相近的条件下，产液强度越大的采油井阶段采出程度越高。试验区 28 口中心井中有 8 口低含水井，三元体系注入阶段平均含水率小于 80.0%。从 8 口井产液强度与阶段采出程度关系图上可以看出，在含水率级别相当的情况下，随着产液强度的增大，油井阶段采出程度幅度不断增大(图 6)。

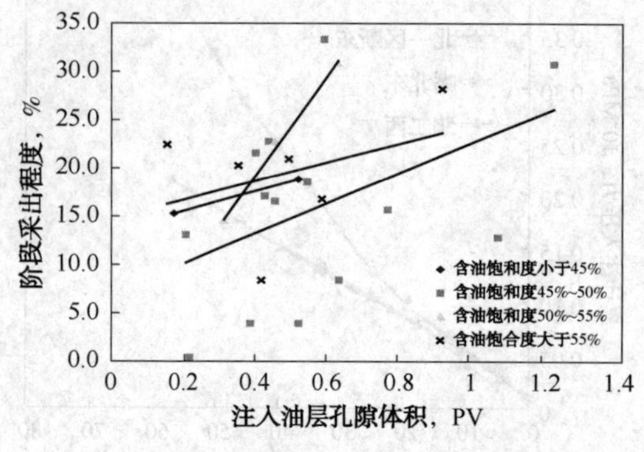

图 5 三元主段塞注入油层孔隙体积与阶段采出程度关系

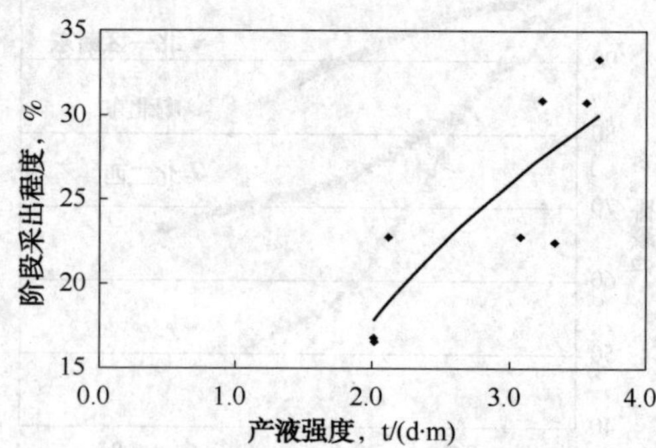

图 6 三元主段塞产液强度与阶段采出程度关系

从以上两点可以看出，保持受效期较高的注采能力是三元复合驱取得好效果的保证。因此，前置聚合物段塞的注入参数设计，既要考虑采用较高的分子量和质量浓度以起到较好的

调剖作用，又要考虑不能因分子量和质量浓度过高导致注采能力下降幅度过大，应该根据井组的油层物性和连通程度匹配合理的聚合物分子量和质量浓度。

室内研究结果表明，在体系黏度相近的条件下，低分子量、高质量浓度的聚合物体系黏度损失率低，第一法向应力差大，体系弹性优于高分子量、低质量浓度的聚合物体系，在中、低渗透油层流动能力强。室内恒压岩心实验结果表明，相同渗透率条件下，聚合物体系形成有效驱动的聚合物浓度范围随着分子量的增大而减小；相同分子量条件下，聚合物体系形成有效驱动的聚合物浓度范围随着岩心渗透率的提高而增大。在渗透率为0.150D的岩心中，1200万、1900万、2500万分子量聚合物溶液形成有效驱动的聚合物质量浓度分别为0~2500mg/L、0~2000mg/L和0~1500mg/L。当岩心渗透率提高至0.270D时，1200万分子量聚合物溶液形成有效驱动的聚合物质量浓度界限提高至2500mg/L；1900万分子量聚合物溶液形成有效驱动的聚合物质量浓度界限提高至2500mg/L；2500万分子量聚合物溶液形成有效驱动的聚合物质量浓度界限提高至2000mg/L。当岩心渗透率为0.350D时，1200万、1900万分子量聚合物溶液在0~2500mg/L质量浓度范围内均顺利通过岩心，形成有效驱动；2500万分子量聚合物溶液在聚合物质量浓度大于2500mg/L时无法形成有效驱动。

综合考虑黏度比、注采能力等因素对提高前置聚合物段塞效果的影响，在保证黏度比的条件下，进一步优化前置聚合物段塞聚合物分子量和质量浓度，采用低分子量、高质量浓度与高分子量、高质量浓度相结合的方式。地层系数小于5.0D·m或河道砂一类连通率低于40%的井应优选1200万分子量、2000mg/L质量浓度的聚合物溶液；地层系数为5.0~10.0D·m或河道砂一类连通率为40%~60%的井应优选1900万分子量、1800mg/L质量浓度的聚合物溶液；地层系数大于10.0D·m或河道砂一类连通率大于60%的井应优选2500万分子量、1500~2500mg/L质量浓度的聚合物溶液。

4 结论

(1) 喇北东块二类油层三元复合驱油试验区高质量浓度前置聚合物段塞整体调剖效果好，试验前、中期取得了明显的增油降水效果。但是高质量浓度前置聚合物存聚率高、注采能力下降幅度大，影响后期整体开发效果。

(2) 喇北东块二类油层平面非均质性严重，不同井区对高分子量、高质量浓度前置聚合物段塞的适应能力不同，前置聚合物段塞注入后平面渗流能力差异较大。

(3) 综合考虑黏度比和注采能力等因素对开采效果的影响，喇北东块二类油层三元复合驱前置聚合物段塞应采用1200万、1900万、2500万分子量，1500~2500mg/L质量浓度的聚合物体系。

参 考 文 献

[1] 程杰成，廖广志，杨振宇，等．大庆油田三元复合驱矿场试验综述[J]．大庆石油地质与开发，2001，20(2)：46-49.

[2] 侯吉瑞，刘中春，夏惠芬，等．三元复合体系的黏弹效应对驱油效率的影响研究[J]．油气地质与采收率，2001，8(3)：61-64.

[3] 李洁，么世椿，于晓丹，等．大庆油田三元复合驱效果影响因素[J]．大庆石油地质与开发，2011，30(6)：138-142.

对《聚合物驱注入井资料录取现场检查规定》现场适应性分析

刘国红 侯晓梅

（试验大队）

摘　要：目前油田聚合物注入井资料录取现场检查执行的是大庆油田有限责任公司下发的《聚合物驱注入井资料录取现场检查规定》，通过几年的运行，该规定中的各项指标在现场检查中适应性如何，本文着重从喇嘛甸油田聚合物注入井与检查指标适应性方面进行了分析，并提出了几点建议，为该规定今后可能的修改提供现场依据。

关键词：聚合物；注入井；资料；检查；建议

从1994年开始，聚合物驱在喇嘛甸油田各区块陆续铺开，目前一类油层各注聚合物区块已全部转入后续水驱；二类油层区块陆续转入后续水驱；三类油层区块即将进行聚合物驱，注聚合物工艺主要有一泵多井、单泵单井和比例调节泵三种。目前油田聚合物注入井资料录取现场检查执行的是大庆油田有限责任公司2010年下发的Q/SY DQ1387—2010《聚合物驱注入井资料录取现场检查规定》，该规定中检查指标主要有7项，具体见表1。

表1　聚合物注入井资料录取现场检查指标

序号	指标	计算方法	考核标准
1	油压差值	报表油压-现场油压	≤±0.2MPa
2	瞬时配比误差	[（瞬时配比-方案配比）/方案配比]×100%	≤±10%
3	折日配比误差	[（折日配比-方案配比）/方案配比]×100%	≤±5%
4	母液波动误差	[（母液折日量-报表母液日注量）/报表母液日注量]×100%	≤±5%
5	母液配注完成率	[（母液折日量-母液日配注量）/母液日配注量]×100%	≤±5%
6	与测试注入误差	[（溶液瞬时折日量-测试日注量）/测试日注量]×100%	≤±20%
7	现场油压<允许注入压力		

此7项指标中一项不准即为全井不准，现场资料检查准确率计算如下：

现场资料检查准确率=（资料准确井数/检查井数）×100%

1　各项检查指标现场适应性分析

通过《聚合物驱注入井资料录取现场检查规定》几年的运行，从现场实际出发，对该规定中各项指标的现场适应性进行分析。

1.1　油压差值

油压差值是指对应报表油压与检查当时的油压之差，它主要反映注入井注入压力变化情况，考核标准是不大于±0.2MPa。如果注入井浓度、黏度无异常变化，注入泵运行状态良好，仪表工作正常，则该项指标在采用单泵单井注入站时比较容易实现，而在一泵多井和比例调节泵注入站，由于同一系统内注入井间干扰，注入压力波动会超过0.2MPa，将出现该项指标检查不合格的现象。如北北块二区采用比例调节泵注入工艺，有约30%的单井油压差值超过±0.2MPa，最大差值达到±0.5MPa，对于这部分压力波动超标井，注入站现场采用挂压力波动签的方法，将压力波动范围标清楚，方便检查人员了解单井情况，同时在压力录取时延长观察时间，录取中间值。

1.2 瞬时配比误差和折日配比误差

方案配比=清水配注/母液配注。

瞬时配比=清水瞬时/母液瞬时。

瞬时配比误差=[(瞬时配比-方案配比)/方案配比]×100%，考核标准是不大于±10%。

折日配比=清水折日/母液折日。

清水折日=清水底数差值+清水瞬时/60×检查时间至14时差值。

母液折日=母液底数差值+母液瞬时/60×检查时间至14时差值。

折日配比误差=[(折日配比-方案配比)/方案配比]×100%，考核标准是不大于±5%。

瞬时配比误差与单井清水和母液瞬时有关；折日配比误差与单井清水和母液底数差值及瞬时有关。

我们分别在采用一泵多井、单泵单井和比例调节泵三种工艺的注聚障、南中西二区和北北块二区选了15口不同配比的井，通过计算瞬时配比误差中母液影响可以看出(表2)：当母液瞬时注入量增加0.1m³/h时，如果清水瞬时没有相应随之变化，那瞬时配比误差将达到-6.42%～-54.55%；当母液瞬时注入量增加0.05m³/h时，瞬时配比误差将达到-3.31%～-37.5%。瞬时配比误差为10%时，母液瞬时波动在0.162～0.009m³/h以下时检查指标才能合格；折日配比误差为5%时，母液瞬时波动在0.077～0.004m³/h以下时检查指标才能合格。随着单井母液配注降低，相同母液瞬时量变化瞬时配比误差逐渐变大；母液配注越低，瞬时配比误差和折日配比误差合格，允许母液瞬时波动越小。如母液配注不大于5m³/d的井，母液瞬时波动超过0.01m³/h折日配比误差将超标，母液瞬时波动超过0.02m³/h瞬时配比误差将超标。通过计算瞬时配比误差中清水影响可以看出(表3)：当清水瞬时注入量波动0.08m³/h时(此范围是根据南中西二区清水自动控制参数确定)，如果母液瞬时没有相应随之变化，那瞬时配比误差和折日配比误差将达到3.84%～12.8%；随着单井清水配注降低，相同清水瞬时量变化瞬时配比误差和折日配比误差逐渐变大。

表2 不同配比注入井母液影响瞬时和折日配比误差情况表

序号	井号	方案					母液瞬时增加0.1m³/h瞬时配比误差%	母液瞬时增加0.05m³/h瞬时配比误差%	瞬时配比误差10%时母液瞬时波动上限m³/h	折日配比误差5%时母液瞬时波动上限m³/h
		清水配注m³/d	清水瞬时m³/h	母液配注m³/d	母液瞬时m³/h	方案配比				
1	L3-PS3022	15	0.63	35	1.46	0.43	-6.42	-3.31	0.162	0.077
2	L3-AS3014	20	0.83	30	1.25	0.67	-7.41	-3.85	0.139	0.066
3	L3-PS3114	35	1.46	35	1.46	1.00	-6.42	-3.31	0.162	0.077

续表

序号	井号	方案					母液瞬时增加0.1m³/h瞬时配比误差%	母液瞬时增加0.05m³/h瞬时配比误差%	瞬时配比误差10%时母液瞬时波动上限m³/h	折日配比误差5%时母液瞬时波动上限m³/h
		清水配注m³/d	清水瞬时m³/h	母液配注m³/d	母液瞬时m³/h	方案配比				
4	L4-PS3626	39	1.63	26	1.08	1.50	-8.45	-4.41	0.120	0.057
5	L5-PS3536	50	2.08	25	1.04	2.00	-8.76	-4.58	0.116	0.055
6	L2-PS3518	33	1.38	12	0.50	2.75	-16.67	-9.09	0.056	0.026
7	L3-PS3319	30	1.25	10	0.42	3.00	-19.35	-10.71	0.046	0.022
8	L2-AS3618	39	1.63	11	0.46	3.55	-17.91	-9.84	0.051	0.024
9	L5-PS3334	32	1.33	8	0.33	4.00	-23.08	-13.04	0.037	0.018
10	L4-PS1422	25	1.04	5	0.21	5.00	-32.43	-19.35	0.023	0.011
11	L4-PS1514	30	1.25	5	0.21	6.00	-32.43	-19.35	0.023	0.011
12	L7-AS1324	26	1.08	4	0.17	6.50	-37.50	-23.08	0.019	0.009
13	L4-PS1614	35	1.46	5	0.21	7.00	-32.43	-19.35	0.023	0.011
14	L6-PS3322	18	0.75	2	0.08	9.00	-54.55	-37.50	0.009	0.004
15	L4-AS1502	46	1.92	4	0.17	11.50	-37.50	-23.08	0.019	0.009

表3 不同配比注入井清水影响瞬时和折日配比误差情况表

序号	井号	方案					清水瞬时增加0.08m³/h		清水瞬时增加0.08m³/h	
		清水配注m³/d	清水瞬时m³/h	母液配注m³/d	母液瞬时m³/h	方案配比	瞬时配比	瞬时配比误差%	折日配比	折日配比误差%
1	L3-PS3022	15	0.63	35	1.46	0.43	0.48	12.80	0.48	12.80
2	L3-AS3014	20	0.83	30	1.25	0.67	0.73	9.60	0.73	9.60
3	L3-PS3114	35	1.46	35	1.46	1.00	1.05	5.49	1.05	5.49
4	L4-PS3626	39	1.63	26	1.08	1.50	1.57	4.92	1.57	4.92
5	L5-PS3536	50	2.08	25	1.04	2.00	2.08	3.84	2.08	3.84
6	L2-PS3518	33	1.38	12	0.50	2.75	2.91	5.82	2.91	5.82
7	L3-PS3319	30	1.25	10	0.42	3.00	3.19	6.40	3.19	6.40
8	L2-AS3618	39	1.63	11	0.46	3.55	3.72	4.92	3.72	4.92
9	L5-PS3334	32	1.33	8	0.33	4.00	4.24	6.00	4.24	6.00
10	L4-PS1422	25	1.04	5	0.21	5.00	5.38	7.68	5.38	7.68
11	L4-PS1514	30	1.25	5	0.21	6.00	6.38	6.40	6.38	6.40
12	L7-AS1324	26	1.08	4	0.17	6.50	6.98	7.38	6.98	7.38
13	L4-PS1614	35	1.46	5	0.21	7.00	7.38	5.49	7.38	5.49
14	L6-PS3322	18	0.75	2	0.08	9.00	9.96	10.67	9.96	10.67
15	L4-AS1502	46	1.92	4	0.17	11.50	11.98	4.17	11.98	4.17

目前部分区块聚合物注入中母液瞬时依靠人工调节，清水注入量按配注自动调节，同时根据《聚合物配制站、注入站、注入井资料录取规定》，岗位工人每 2h 调控一次流量变化，因此容易出现瞬时配比误差和折日配比误差超标现象，从而影响现场资料检查准确率。

针对瞬时和折日配比误差目前在注入站应用现状，我们建议：(1)要提高注入工艺自动化控制程度，建立清水和母液联动系统，提高瞬时配比注入精度，减少工人劳动量；(2)要针对不同单井配注，确定不同的绝对值考核指标，方便工人现场调控。

1.3 母液波动误差和母液配注完成率

母液波动误差=[(母液折日量-报表母液日注量)/报表母液日注量]×100%，考核标准是当母液日注量不大于 $20m^3$ 时，现场检查与报表母液量误差不超过±$1m^3$；当母液日注量大于 $20m^3$ 时，现场检查与报表母液量误差不超过±5%。

母液配注完成率=[(母液折日量-母液日配注量)/母液日配注量]×100%，考核标准是当允许注入压力与现场油压差值不大于 0.2MPa 时，若母液日注量不大于 $10m^3$，母液配注完成率不大于 107%；若母液日注量大于 $10m^3$，母液配注完成率不大于 105%。当允许注入压力与现场油压差值大于 0.2MPa 时，若母液日注量不大于 $10m^3$，93%≤母液配注完成率≤107%；若母液日注量大于 $10m^3$，95%≤母液配注完成率≤105%。

如果一口注入井正常注入的话，每天的母液日注量和配注量应该基本相等，而母液波动误差指标比母液配注完成率宽松，因此母液波动误差和母液配注完成率可以一起考虑，均受母液折日量影响，母液折日量又由母液底数差值和瞬时注入量决定。计算了不同配注单井母液瞬时变化时配注完成率变化情况和波动上限，从表 4 中可以看出：随着单井母液配注的降低，相同瞬时流量变化对母液配注完成率影响逐渐增大，瞬时波动上限逐渐变小。当母液配注为 $2m^3/d$ 时，母液瞬时波动超过 $0.006m^3/h$ 就会使配注完成率超标，这个指标在现场注入过程中是不可能实现的。

表 4 不同配注时母液配注完成率变化和波动上限情况表

序号	井号	方案		母液配注完成率变化，%		母液配注完成率波动 5%时
		母液配注 m^3/d	母液瞬时 m^3/h	瞬时波动 $0.1m^3/h$	瞬时波动 $0.05m^3/h$	瞬时波动上限 m^3/h
1	L5-AS3414	2	0.08	120.00	60.00	0.006
2	L2-PS3516	3	0.13	80.00	40.00	0.009
3	L2-AS3426	4	0.17	60.00	30.00	0.012
4	L4-AS3402	5	0.21	48.00	24.00	0.015
5	L4-PS3336	6	0.25	40.00	20.00	0.018
6	L4-AS3123	8	0.33	30.00	15.00	0.023
7	L6-PS1604	10	0.42	24.00	12.00	0.029
8	L5-AS3230	12	0.50	20.00	10.00	0.025
9	L5-PS1612	15	0.63	16.00	8.00	0.031
10	L4-AS3202	18	0.75	13.33	6.67	0.038
11	L4-PS3408	20	0.83	12.00	6.00	0.042
12	L5-PS3718	24	1.00	10.00	5.00	0.050

续表

序号	井号	方案		母液配注完成率变化,%		母液配注完成率波动 5%时瞬时波动上限
		母液配注 m^3/d	母液瞬时 m^3/h	瞬时波动 $0.1m^3/h$	瞬时波动 $0.05m^3/h$	m^3/h
13	L4-AS3032	27	1.13	8.89	4.44	0.056
14	L7-PS1534	30	1.25	8.00	4.00	0.063
15	L3-PS3022	35	1.46	6.86	3.43	0.073
16	L4-PS3232	39	1.63	6.15	3.08	0.081
17	L3-PS3112	42	1.75	5.71	2.86	0.088

目前报表系统中母液注入量没有小数位，而现场母液表中有小数，底数录取时一般将小数位舍去或四舍五入，而几天的小数位累加将使某天的母液注入量超过配注 $1m^3$，此时母液配注小于 $20m^3$ 的井配注完成率将超标。母液配注小于 $40m^3$ 的井，如果前一天的母液实注低于配注 $1m^3$，检查当天折日母液量高于配注 $1m^3$，母液波动误差也将超标。另外，一泵多井和比例调节泵注入工艺比单泵单井母液瞬时波动大，因此应根据单井配注和注入工艺确定不同的考核指标。

1.4 与测试注入量误差

现场检查与测试聚合物溶液注入量误差=[(溶液折日量-测试日注量)/测试日注量]×100%，考核标准是不超过±20%，该指标中清水母液波动±20%均合格，比母液波动误差和母液配注完成率指标宽松。

1.5 现场油压小于允许注入压力

通过多年的注聚合物实践证实，只要跟踪调整及时、岗位工人能按要求注入，该项考核指标是完全可以达标的。

2 几点建议

(1) 油压差值在单泵单井注入工艺中比较容易达标；测试注入量误差、现场油压小于允许注入压力，这两项指标在聚合物注入过程中现场适应性较好，通过努力是可以达标的。

(2) 瞬时配比误差、折日配比误差、母液波动误差和母液配注完成率，这 4 项考核指标在低配注井注聚合物过程中很难实现，应根据单井配注量和注入工艺的不同，确定不同的考核指标。

(3) 目前现场检查指标多是百分数，不同单井允许波动范围不同，同时各站单井数量较多，在现场调控中计算难度较大，如果考核指标是绝对值，在现场调控难度会降低。

(4) 要提高注入工艺自动化控制程度，建立清水和母液联动系统，提高瞬时配比注入精度，减少工人劳动量。

灰色关联分析法在液量劈分中的应用

金　超

（试验大队）

摘　要：在传统液量劈分方法基础上，研究影响液量劈分的诸多因素，利用灰色关联分析法和熵权法对所挑选的10项因素进行评价，确定了6项主要影响因素，提出一种改进的动态劈分方法。以喇北东块小井距试验区五点法井组为例，计算全井各层液量劈分系数，以PⅠ2_1层劈分系数为例，结合实际资料与传统方法做比对，证实该方法更符合实际情况。

关键词：液量劈分；灰色关联分析法；熵权法；动态劈分方程

液量劈分的准确与否，直接影响到数值模拟研究结果的精度和可信度及增产措施的实施，进而影响到最终采收率的提高。目前，通常采用的液量劈分方法即KH劈分方法，该方法所采用的参数比较单一，而且忽略了多层油藏各小层之间的相互影响，没有充分考虑各小层的连通性、压差、物质平衡和能量平衡，其计算结果不能准确反映地下的实际情况。国内外目前现有的方法中，基于渗流力学原理而建立动态劈分方程的方法效果较好，但是劈分方程中引入的影响因素众多，具有人为的盲目性，没有一个定性的标准。本文分析影响劈分的诸多因素，利用灰色关联分析的方法对影响劈分的因素按关联度大小排序，确定出影响劈分系数的主要因素，以此建立符合实际油田的动态劈分方程。

1　劈分系数的影响因素分析

查阅相关文献，对影响液量劈分的诸多因素筛选，并分为静态因素和动态因素两类。静态因素包括小层有效渗透率(K)、油层有效厚度(H)、油水井连通系数(Z)、层间干扰系数(G)、沉积相影响系数(K_{sh})、方向地层系数($\overline{KH}$)等；动态因素包括注采井距(D)、开采厚度系数(E)、措施改造系数(M)以及位置系数(α)等。

1.1　静态因素

1.1.1　小层有效渗透率

通常采用单井解释结果。实际计算过程中发现，在储层非均质性很强的情况下，将导致同一单井不同小层之间渗透率差异非常大，有时达到了两个数量级以上，严重影响了劈分结果的准确度。因此，可采用对数法处理。

1.1.2　油层有效厚度

有效厚度指的是对产液有贡献的小层厚度值。一般来说，油层有效厚度越大，劈分系数也越大，层段劈分的液量就越多。但对于非均质地层而言，当渗透率很小、有效厚度很大时，动态反映一般很难见效。

1.1.3　油水井连通系数

对于油水井之间，由于物性变差而形成“遮挡”的情况进行定量描述。通过查阅相关资料，对处于不同类型油层部位的井点各含水阶段的产量研究结果可知，对于井组单元内非均质性严重的情况，位于河道砂部位的井，其连通系数可取值0.8~1.3；对于油水井间有变差储层遮挡的情况，若可以绕流，其连通系数为0.3；如大范围的泥岩层遮挡或是对于油井相应层未射开情况，其连通系数为0；对于井组单元内油层较为均质时，各井点连通系数为1。

1.1.4　层间干扰系数

对于严重非均质油层而言，渗透率级差与出液厚度成反比，渗透率级差越大，则出液厚度越少，层间干扰越严重，劈分液量越少。本文选用渗透率级差评价指标，利用测井解释渗透率结果进行确定。

1.1.5　沉积相影响系数

沉积储层的泥质含量越高，流体渗流阻力越大，产液量越低。储层中的泥质含量由沉积相决定，沉积相影响系数越大，泥质含量越小，层段吸水量越大，劈分液量越多。实际计算过程中，可以采用流动单元划分系数来代替沉积微相影响系数。

1.1.6　方向地层系数

注水井和采油井地质条件不均质情况下，注水井向各油井的地层系数可能不同，考虑注采井之间的平均地层系数，即方向地层系数越大，目的层方向劈分液量越多。计算注采井间的方向地层系数时取两点地层系数的算术平均值。

1.2　动态因素

1.2.1　注采井距

在同一注水条件下，注采井距越大，注采井间的渗流阻力越大，注采井间的压力损耗越大，该小层方向的劈分液量越少。无注水对应一般取平均井距的1/3~1/2，或根据试井资料确定。

1.2.2　开采厚度系数

开采厚度系数反映了生产井段射开厚度对该层的干扰情况，由全井射开油层厚度大小确定。油井内射开油层数及厚度对各小层的出油状况影响很大，研究表明，采油强度与油井射开厚度呈指数关系，射开厚度越大，采油强度越小，可根据油层厚度与采油强度关系确定开采厚度系数。

1.2.3　措施系数

通过对注采井目的层进行措施改造，可以增大一段时间内井段的渗透率和流动能力，达到提高注水和产液的目的。通过查阅相关资料知大庆油田措施改造的统计结果：压裂后近期可增产一倍，故$M=2$；对于未压裂的井层，$M=1$；对于堵水的目的层，$M=0$。当实施了某种措施之后随生产时间的增加，措施改造系数会逐渐变小，根据注采井采取的增产措施实际效果确定。

1.2.4　位置系数

注水井与周围几口井的相对位置不同，导致其渗流面积不同，在相同条件下流向各井的流量是不同的。考虑用位置系数表示，即位置系数越大，渗流面积越大，该方向劈分液量就越多。对于非对称情况，可采用相邻两组注采井主流线与该注采井主流线平分角之间的夹角来表示；对于标准型注采井网，相互间的θ值相同。因此，得到的位置系数公式为：

$$\alpha_{ik} = \sqrt{n \times \theta_{ik}/360}$$

式中　n——周围收益生产井数；

θ_{ik}——i 水井与 k 油井方向的夹角。

2 灰色关联度分析法

灰色关联度分析方法，即根据因素之间发展态势的相似或相异程度来衡量因素间的关联程度，它揭示了事物动态关联的特征与程度。由于以发展态势为立足点，因此对样本量的多少没有过分的要求，也不需要典型的分布规律，且计算量较小，其结果与定性分析结果较为吻合，是一种简单可靠的分析方法。

针对所列出的影响劈分系数的指标，寻求主要影响因素，使劈分系数计算合理、方便，利用灰色关联分析法判断各因素对劈分系数的影响程度，选出影响大的因素构造劈分系数，使得液量劈分更加准确，符合实际情况。

2.1 数据变换和处理

将收集到的原始数据进行处理，使其消除量纲，处理后数据的各形状值在[0，1]之间，且数据具有可比性。设因变量构成的参考序列和各自变量构成的 m 个比较序列分别为：

$$x_0 = (x_0(1),\ x_0(2),\ \cdots,\ x_0(n))$$
$$x_1 = (x_1(1),\ x_1(2),\ \cdots,\ x_1(n))$$
$$\vdots$$
$$x_i = (x_i(1),\ x_i(2),\ \cdots,\ x_i(n))$$

其中，$i=1，2，\cdots，m$。

对数列进行无量纲变换时，通常可以选取初值法或百分比法，由于测井解释数据不详尽，利用初值法变换会出现无穷大值的异常值，故对数列进行百分比法无量纲变换有：

$$y_i(k) = \frac{x_i(k)}{\sum_{k=1}^{n} x_i(k)} = (y_i(1),\ y_i(2),\ \cdots,\ y_i(n))$$

其中，$i=1，2，\cdots，m$；$k=1，2，\cdots，n$。

本文选取正向指标数列，在所考虑因素中，如注采井距因素是负向指标，即注采井距越小，渗流阻力越小，对该指标做倒数进行处理。

2.2 关联系数计算

$$\zeta_i = \frac{\min\limits_s \min\limits_t |y_0(t) - y_s(t)| + \rho \max\limits_s \max\limits_t |y_0(t) - y_s(t)|}{|y_0(t) - y_s(t)| + \rho \max\limits_s \max\limits_t |y_0(t) - y_s(t)|}$$

该公式表示为比较数列对参考数列在 t 因素的关联系数，其中 $\rho \in [0,\ 1]$ 为分辨系数，$\min\limits_s\min\limits_t|y_0(t)-y_s(t)|$ 和 $\max\limits_s\max\limits_t|y_0(t)-y_s(t)|$ 分别为两级最小差和两级最大差。

2.3 关联度计算

计算关联度时利用熵权法求权重。熵权是在给定评价对象集后各种评价指标值确定的情况下，各指标在竞争意义上的相对激烈程度，从信息角度考虑，它代表某一评价对象在该问题中提供有效信息量多少的程度，作为一种客观综合评价方法，它主要是根据各指标传递给决策者的信息量大小来确定其权数。

根据熵权法计算各指标的熵值，公式如下：

$$H_j = -k \sum_{i=1}^{m} f_{ij} \ln f_{ij} \quad (j = 1,\ 2,\ \cdots,\ m)$$

其中 $k=\dfrac{1}{\ln m}$，$f_{ij}=\dfrac{R_{ij}}{\sum\limits_{i=1}^{m}R_{ij}}$，$\boldsymbol{R}_{mn}$ 为初始矩阵的规范化矩阵。

利用所求得的熵值来确定评价对象的权重为：

$$\omega_j=\frac{1-H_j}{m-\sum\limits_{i=1}^{m}H_j},\ (j=1,\ 2,\ \cdots,\ m),\ 其中\ 0\leqslant\omega_j\leqslant1,\ \sum_{j=1}^{m}\omega_j=1$$

最终得到数列 y_i 对参考数列 y_0 的关联度为：

$$r_i=\sum_{k=1}^{m}y_i(k)\omega_j$$

3 模型计算与分析

本文选取喇北东块小井距试验区五点法面积注水方式的井组，以 PⅠ2_1 小层为例。同时以该井组投产到 2015 年 8 月的平均注采比为参考序列，根据处理后的数据，利用灰色关联分析方法计算各指标的关联系数及熵权法赋值评价对象的权值，通过 Matlab 软件编程求解在分辨系数分别为 0.3、0.4、0.5 时的关联度，最终可得到液量劈分灰色关联综合评价结果（图 1、图 2 和表 1）。

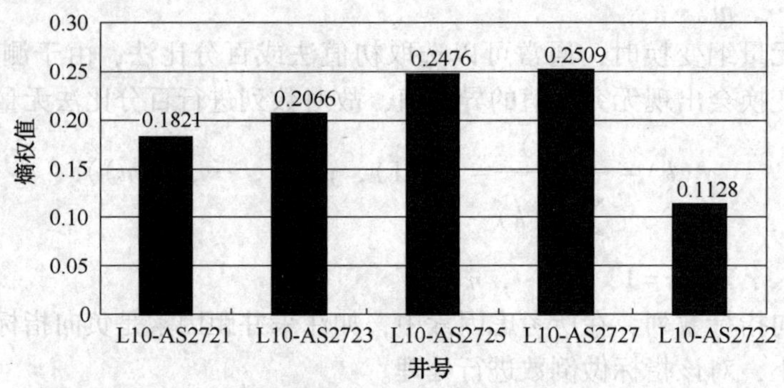

图 1　评价对象权重分布情况图

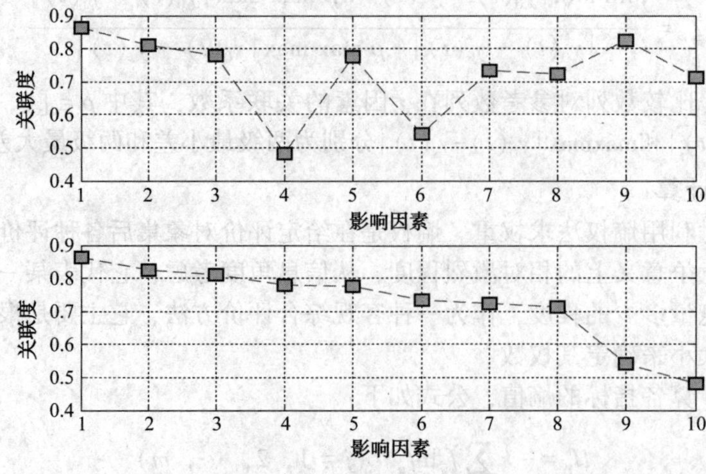

图 2　劈分因素灰色关联度综合评价结果图

表1　不同分辨系数时各因素灰色关联度对比表

影响因素	分辨系数	分辨系数	分辨系数
	$\rho=0.3$	$\rho=0.4$	$\rho=0.5$
	关联度	关联度	关联度
层段渗透率	0.7346	0.7810	0.8098
措施改造系数	0.7017	0.7541	0.7906
油层有效厚度	0.6988	0.7488	0.7843
连通系数	0.6787	0.7334	0.772
沉积相影响系数	0.6736	0.7234	0.762
注采井距	0.6668	0.7226	0.7597
开采厚度系数	0.6601	0.7107	0.7478
位置系数	0.6463	0.6998	0.7388
方向地层系数	0.5867	0.6503	0.6965
层间干扰系数	0.5429	0.6032	0.648

由图1、图2和表1可见，层段渗透率因素影响最大，层间干扰系数因素影响最小；各影响因素随分辨系数变小，其对应关联度值也变小，但各因素的关联度顺序不变。

根据上述得到的关联度排序并结合动静态两方面因素的影响，对影响因素归类，最终得到排序结果为：层段渗透率>措施改造系数>油层有效厚度>连通系数>沉积相影响系数>注采井距>开采厚度系数>位置系数>方向地层系数>层间干扰系数。

利用小井距试验区内该井组在PⅠ2_1层实际数据的关联度计算、排序，选择排序前6种影响因素作为劈分系数的参数。所选参数涵盖了两方面因素，在各类因素综合作用下，这样构建出的劈分系数才更能符合实际结果。

4　动态液量劈分方程

由上述结果所选的6个因素，建立动态液量劈分方程如下：

$$\beta_{ij}=\frac{K_{ij}M_{ij}H_{ij}Z_{ij}\mathrm{Ksh}_{ij}/\ln D_{ij}}{\sum_{j=1}^{m}K_{ij}M_{ij}H_{ij}Z_{ij}\mathrm{Ksh}_{ij}/\ln D_{ij}}$$

式中　K_{ij}——第i口井第j层段的有效渗透率；

M_{ij}——第i口井第j层段的措施改造系数；

H_{ij}——第i口井第j层段的有效厚度；

Z_{ij}——第i口井第j层段的连通系数；

Ksh_{ij}——第i口井第j层段的沉积相影响系数；

D_{ij}——连通油井的i口井第j层段的井距。

进而得到注采井的液量劈分公式：

$$Q_{ij}=Q_i\beta_{ij}=Q_i\frac{K_{ij}M_{ij}H_{ij}Z_{ij}\mathrm{Ksh}_{ij}/\ln D_{ij}}{\sum_{j=1}^{m}K_{ij}M_{ij}H_{ij}Z_{ij}\mathrm{Ksh}_{ij}/\ln D_{ij}}$$

式中 Q_{ij}——第 i 口井第 j 层段的液量；

Q_i——第 i 口井的液量。

以 L10-AS2722 井组为例，利用动态劈分方法，该井组注采井各层液量劈分系数见表 2。

表 2 动态劈分法系数

井号	L10-AS2721		L10-AS2722		L10-AS2723		L10-AS2725	L10-AS2727
日期	2010. 03—2014. 02	2014. 03—2015. 08	2010. 03—2014. 02	2014. 03—2015. 08	2010. 03—2014. 06	2014. 07—2015. 08	2013. 03—2015. 08	2013. 03—2015. 08
PⅠ1	0. 22261	0. 10773	0. 05549	0. 02522	0. 58546	0. 16935	0. 02110	0
PⅠ2_1	0. 25054	0. 37772	0. 66611	0. 62098	0	0. 69667	0. 91546	0. 88445
PⅠ2_2	0. 45634	0. 22084	0. 13584	0. 06173	0. 11164	0. 03229	0. 00000	0. 09563
PⅠ2_3	0. 07051	0. 29371	0. 14256	0. 29208	0. 30290	0. 10168	0. 06345	0. 01992

通过动态劈分方法、地层系数法、有效厚度法计算该井组劈分系数并做误差分析(表 3),可得出动态劈分方法平均相对偏差最小、效果最好。

表 3 三种方法的误差对比分析

参数	动态劈分法	地层系数法	有效厚度法
平均绝对误差	1. 1790	1. 6598	2. 0524
平均相对偏差	0. 2185	0. 2768	0. 31787
评价	好	较好	差

以 L10－AS2722 注入井为例，利用三种方法劈分的系数分别为 0. 6661、0. 5476 和 0. 4359，而实测的吸水剖面图中 PⅠ2_1层投产至 2011 年的相对吸水量为 0. 6279。对比发现，尽管在绝对值上有一定误差，但动态劈分方法计算结果更精确，而其他两种方法与实际测试结果相差较大。

综上所述，动态劈分系数法把油、水井作为一个统一的油水运动系统，综合考虑了注水井与其影响到的采油井的油层条件和开发条件等动、静态方面的因素，克服了常规利用地层系数劈分注采井的分层液量不准确的缺陷，对比实际吸水剖面图，该方法的计算结果更符合实际情况。

5 总结

（1）液量劈分在多层油藏精细开发中具有非常重要的作用，采用科学合理的劈分方法可以提高数值模拟的精度和可信度。

（2）考虑油层条件及开发条件等动、静态因素对注采井液量劈分问题的影响，利用了灰色关联度分析法挑选出小层渗透率、措施改造系数、油层有效厚度、油水井连通系数、沉积相影响系数、注采井距 6 项劈分因素。

（3）建立了符合实际的动态劈分方程。通过实例验证，该方法可有效提高液量劈分问题的精确度，从而更加有利于多层油藏数值模拟的研究。

参考文献

[1] 黄学峰. 注水井分层累计吸水量动态劈分方法[J]. 测井技术，2004，28(5)：465-467.

[2] 于兴河. 碎屑岩系油气储层沉积学[M]. 北京：石油工业出版社，2002.

[3] 熊昕东，杨建军，刘坤，等. 运用劈分系数法确定注水井单井配注[J]. 断块油气田，2004，11(3)：56-59.

[4] 史云清，刘长利. 复杂断块油田开发动态分析方法[M]. 北京：石油工业出版社，2001.

[5] 刘思峰，党耀国，方志耕，等. 灰色系统理论及其应用. 第5版[M]. 北京：科学出版社，2010.

[6] 倪九派，李萍，魏朝富，等. 基于AHP和熵权法赋权的区域土地开发整理潜力评价[J]. 农业工程学报，2009，25(5)：202-209.

注聚合物黏损控制技术

史庆彬

（试验大队）

摘　要：通过室内研究和现场试验结合的方式，明确了不同聚合物分子量、不同聚合物溶液浓度、不同聚合物母液熟化时间及配注工艺节点的黏损规律，摸索出了黏损治理方法：一是通过优化聚合物母液浓度和熟化时间的方式，从整体上控制黏损；二是通过实施分类对标治理，提高黏损治理效率；三是建立节点黏损治理标准，改善节点黏损治理措施的效果。通过在喇嘛甸油田聚合物驱现场进行推广应用，取得了较好效果。

关键词：黏损；聚合物；配注工艺；剪切

黏损是指聚合物溶液在配注过程中由于机械降解、化学降解和生物降解而发生的黏度损失。控制聚合物驱黏损能够提高体系黏度、改善开发效果。经过多年的探索与实践，明确了聚合物溶液在配注过程中产生黏损的影响因素及变化规律，总结出了一套黏损控制的方法，有效控制了聚合物驱黏损。

1　喇嘛甸油田聚合物驱黏损规律认识

聚合物分子量、聚合物溶液浓度、稀释水质及熟化时间对黏损均有一定程度的影响，为了摸清聚合物驱黏损规律，分别对以上影响因素进行研究，进一步明确不同注入体系黏损变化规律，从而更有针对性地开展黏损治理工作。

1.1　聚合物分子量对黏损的影响

室内研究表明，相同浓度及水质条件下，经过相同的剪切作用，分子量越大，黏度保留率越小，抗剪切能力差(图 1)。由于分子量越大，分子链越长，相互缠结，越容易被剪切，机械降解大(图 2)。

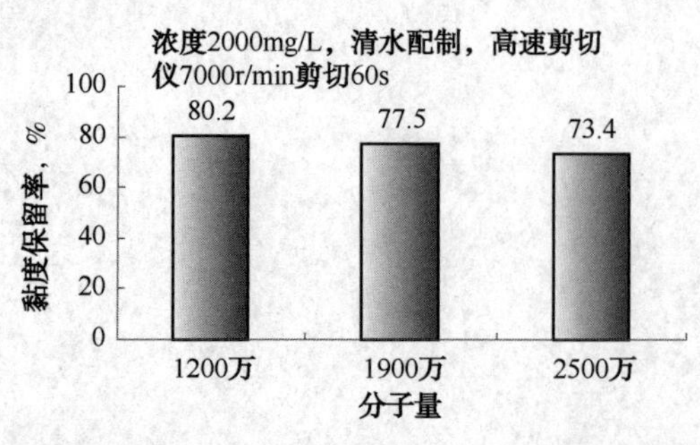

图 1　不同分子量相同剪切条件黏度保留率柱状图

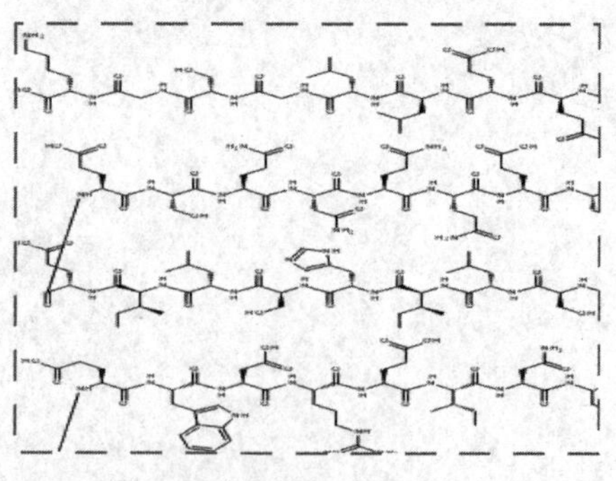

图 2　聚合物的分子链结构

1.2 聚合物溶液浓度对黏损的影响

室内研究表明，相同分子量和水质条件下，经过相同的剪切作用，浓度越大，黏度保留率越高，抗剪切能力强(图3)。主要是由于浓度越大，分子排斥力越大，分子链卷缩，机械降解小。

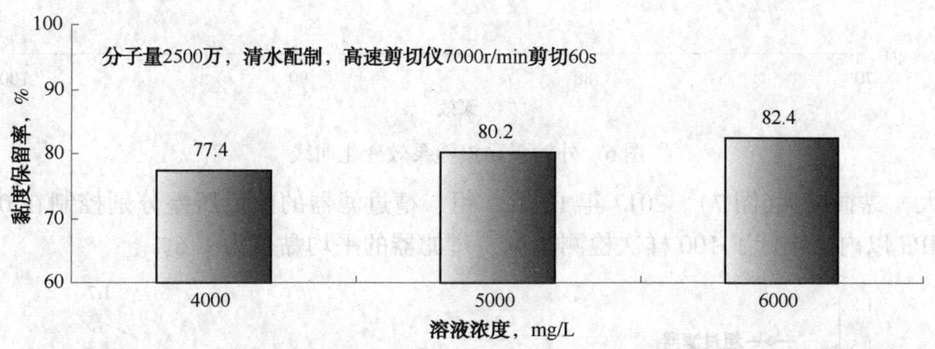

图3　不同浓度相同剪切条件黏度保留率柱状图

1.3 聚合物母液熟化时间对黏损的影响

熟化罐是聚合物母液搅拌熟化的容器，搅拌过程中基本不存在黏损，但母液熟化时间长，分子链充分伸展，抗剪切能力变差(图4、图5)。

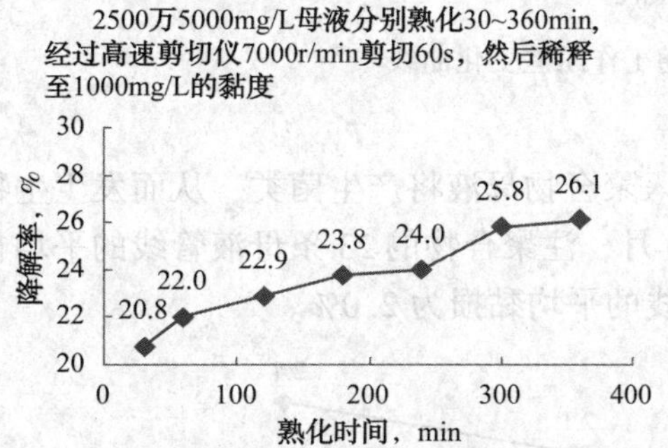

图4　母液熟化时间与抗剪切能力关系曲线

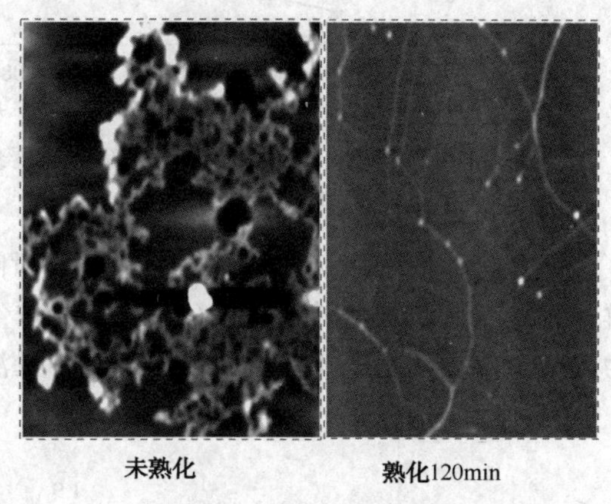

图5　不同熟化时间的聚合物结构

1.4 配注系统节点黏损规律

聚合物溶液配注过程中产生黏损的节点有6个，分别为外输泵、过滤器、母液管线、注聚泵、静态混合器和单井管线。

1.4.1 配制系统节点黏损规律

配制系统影响黏损的节点有3个，分别为外输泵、过滤器及母液管线。

(1) 外输泵黏损规律。

黏损主要受外输泵泵效影响。当外输泵的转子与定子出现磨损时，部分溶液产生回流，泵效降低，回流的溶液被反复剪切，机械降解增加，黏损增大(图6)。2017年10月外输泵的平均泵效为88.2%。统计了100样次检测数据表明，外输泵的平均黏损为1.5%。

(2) 过滤器黏损规律。

黏损主要与过滤器前后压差有关。聚合物黏团及杂质堵塞过滤器，前后压差增加，机械

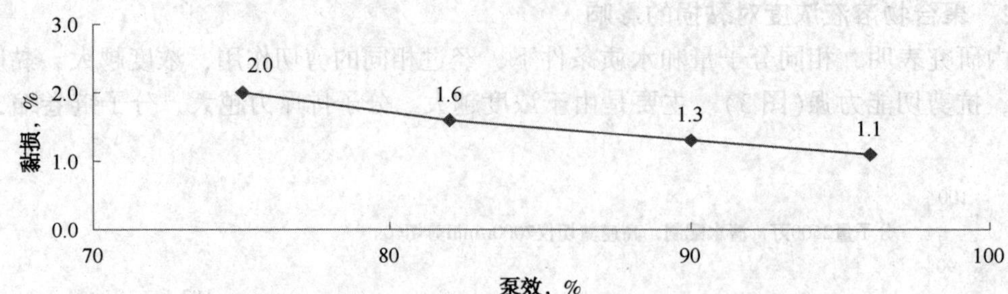

图6　外输泵黏损随泵效变化曲线

降解增大，黏损增大(图7)。2017年10月，粗、精过滤器的前后压差分别控制在0.08MPa和0.1MPa以内。统计了100样次检测数据，过滤器的平均黏损为1.6%。

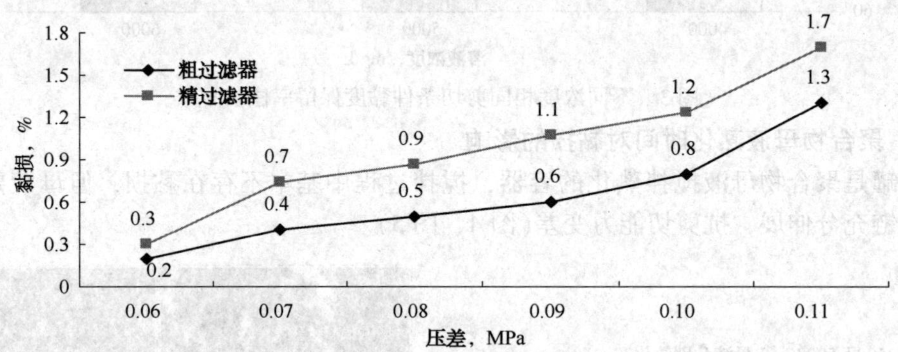

图7　粗、精过滤器黏损随工作压差变化曲线

(3) 母液管线黏损规律。

聚合物母液采用清水配制，但管线长时间注入聚合物母液将产生菌类，从而发生生物降解。管线长度越长，黏损越大(图8)。2017年10月，注聚合物的23条母液管线的平均长度为1997m。统计了230样次的数据表明，母液管线的平均黏损为2.0%。

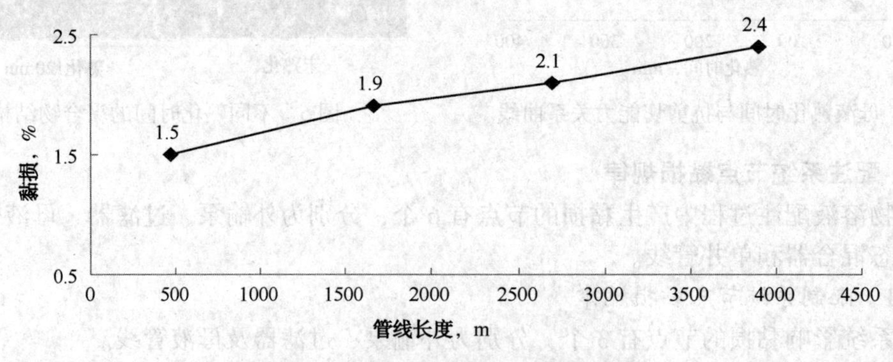

图8　母液管线黏损随长度变化曲线

1.4.2　注入系统节点黏损影响因素及规律

注入系统影响黏损的节点共有3个，包括注聚泵、静态混合器及单井管线。其中，注聚泵包括柱塞泵和比例调节泵两种。

(1) 注聚泵黏损规律。

柱塞泵黏损主要受泵效影响，研究表明，当泵前压力值下降0.02MPa时，泵前过滤器堵塞严重，进液量不足，泵效明显降低，相同液量上的作用力增大，黏损增大(图 9、图 10)；注聚泵泵阀、柱塞和密封圈等磨损后，出现漏液，泵效降低，产生的回流经反复剪切，黏损增大，统计了 1220 样次的数据表明，柱塞泵的平均黏损为 3. 4%。

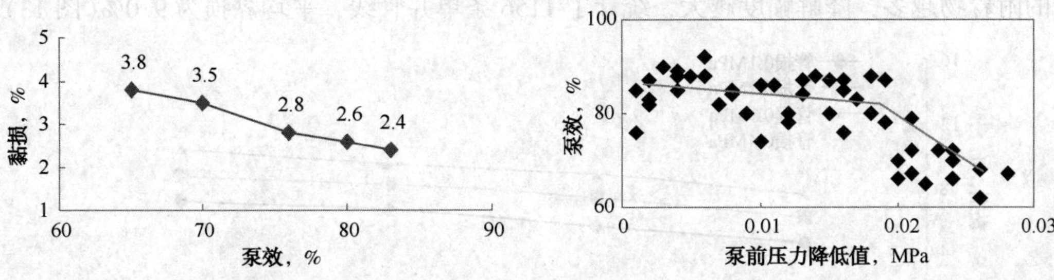

图 9　柱塞泵黏损随泵效变化曲线　　图 10　泵前过滤器黏损抽样调查情况散点图

比例调节泵黏损主要受回流量影响，回流量是指比例调节泵最大排量与单井注入量的差值。回流量越大，经反复剪切，机械降解越大，黏损越大(图 11)。统计了 147 样次的数据表明，比例调节泵的平均黏损为 4. 3%。

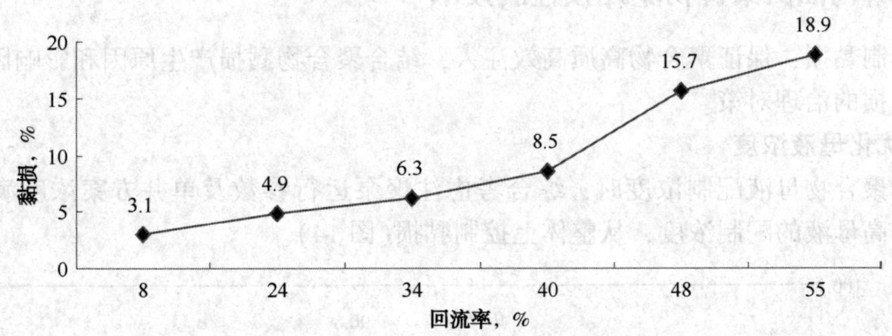

图 11　比例调节泵不同回流率黏损变化曲线

(2) 静态混合器黏损规律。

静态混合器的作用是将聚合物母液与稀释水进一步混合均匀。其黏损主要与前后压差有关。当静态混合器内部单元附着聚合物黏团时，发生堵塞，前后压差增大，机械降解增加，超过 0. 3MPa 时，黏损增大趋势明显，统计了 1170 样次的数据，静态混合器的平均黏损为 3. 2%(图 12)。

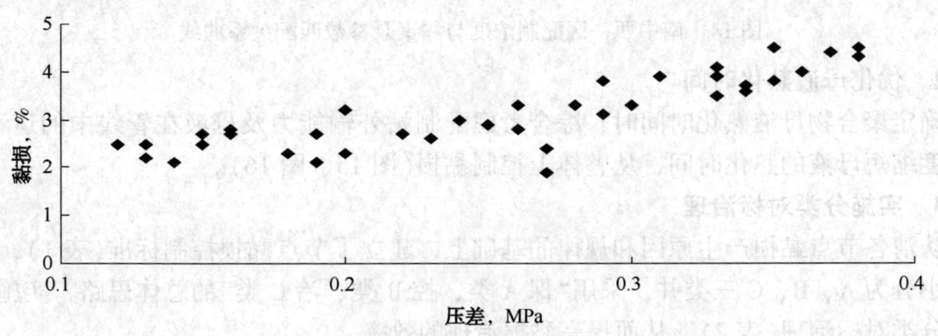

图 12　静态混合器黏损抽样调查情况散点图

(3) 单井管线黏损规律。

采用污水稀释的单井管线中存在菌类、悬浮物等杂质，附着在管壁，发生化学降解和生物降解。管线越长，聚合物溶液在单井管线中的停留时间越长，降解幅度越大；管损越大，管壁的附着物越多，降解幅度越大，统计了 1156 条单井管线，平均黏损为 9.0%(图 13)。

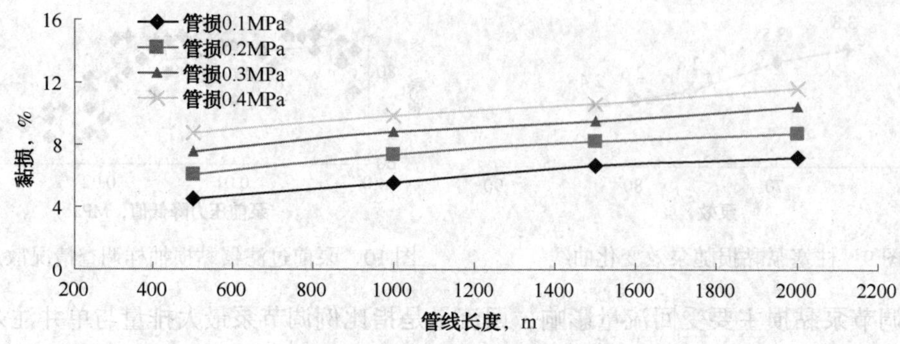

图 13　不同管损单井管线黏损随长度变化曲线

2　喇嘛甸油田聚合物驱黏损控制技术

为了控制黏损，保证聚合物高质高效注入，结合聚合物黏损产生原因和影响因素，摸索出了控制黏损的治理对策。

2.1　优化母液浓度

在确定聚合物母液配制浓度时，综合考虑注聚泵运行参数及单井方案浓度满足的基础上，尽量提高母液的配制浓度，从整体上控制黏损(图 14)。

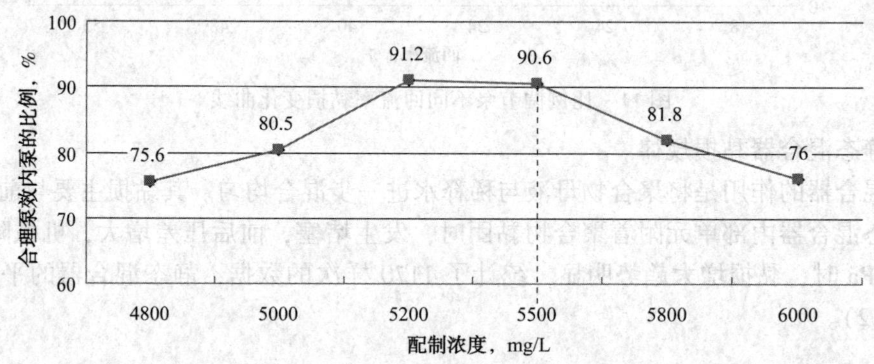

图 14　南中西一区配制浓度与注聚泵参数匹配关系曲线

2.2　优化母液熟化时间

在确定聚合物母液熟化时间时，综合考虑配制站外输能力及母液在管线中的运移时间，最大限度缩短母液的熟化时间，从整体上控制黏损(图 15、图 16)。

2.3　实施分类对标治理

在认清各节点黏损产生原因和规律的基础上，建立了节点黏损控制标准(表 1)，并根据黏损大小分为 A、B、C 三类井，采用“保 A 类、控 B 类、治 C 类”的总体思路，实施侧重点不同的分类对标治理(表 2)，从而提高黏损治理的效率。

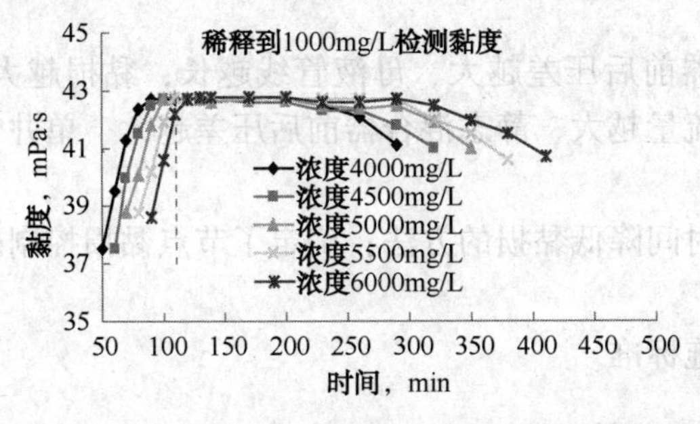

图 15　1900 万分子量不同母液浓度熟化时间图版

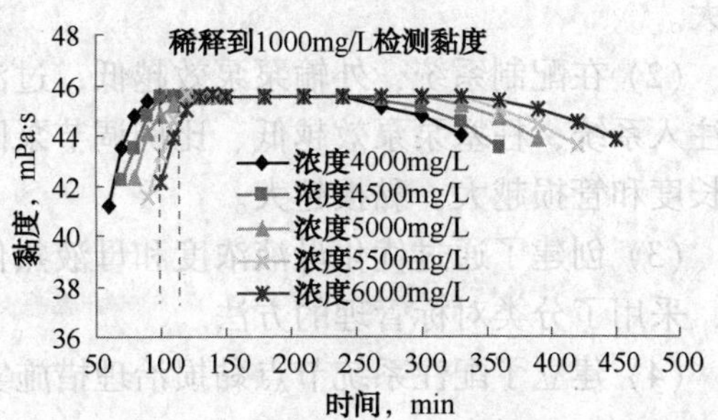

图 16　2500 万分子量不同母液浓度熟化时间图版

表 1　配注工艺节点黏损控制标准

注入工艺	节点黏损控制标准,%						合计,%
	外输泵	过滤器	母液管线	注聚泵	静态混合器	单井管线	
单泵单井	1.5	2.0	2.0	3.0	3.0	9.0	20.5
比例调节泵	1.5	2.0	2.0	4.5	3.0	9.0	22.0

表 2　单井黏损分类表

类别	黏损区间
A	≤21%
B	21%~25%
C	≥25%

2.4　建立了节点黏损治理措施实施标准

多年来，黏损治理措施“冲、洗、分、修”的做法在大庆油田得到广泛应用，但各项措施实施标准尚未明确，为此，结合节点黏损影响因素、规律变化及控制标准，建立了黏损治理措施标准(表 3)，提高了措施的针对性，进一步改善各项措施的治理效果。

表 3　节点黏损治理措施及实施标准

节点	治理措施	治理标准
外输泵	维修	泵效小于 85%
过滤器	更换滤袋	前后压差超过 0.1MPa
母液管线	冲洗	1000m 以下，黏损>1.6%；1000~2000m，黏损>1.8%；2000~3000m，黏损>2.0%；3000m 以上，黏损>2.5%
注聚泵	清洗或更换过滤器	泵前压力值下降 0.02MPa
	维修、清洗或更换过滤器	泵效在 70%以下，回流率在 20%以上
静态混合器	清洗	前后压差超过 0.3MPa
单井管线	冲洗	长度≥1000m 且管损>0.5MPa；长度<1000m 且管损>0.6MPa

3　几点认识

(1) 聚合物分子量越大、溶液浓度越小、母液熟化时间越长，抗剪切能力越差，黏损越大。

（2）在配制系统，外输泵泵效越低、过滤器前后压差越大、母液管线越长，黏损越大；在注入系统，柱塞泵泵效越低、比例调节泵回流量越大、静态混合器前后压差越大、单井管线长度和管损越大，黏损越大。

（3）创建了通过优化母液浓度和母液熟化时间降低黏损的方法；确定了节点黏损控制标准，采用了分类对标管理的方法。

（4）建立了配注系统节点黏损治理措施实施标准。

参 考 文 献

[1] 邵振波，周吉生，孙刚，等．部分水解聚丙烯酰胺驱油过程中机械降解研究——分子量、黏度及相关参数的变化[J]．油田化学，2005，22(1)：72-77.

[2] 韩丰泽，吴永峰，丁明华，等．降低注聚井地面管线黏损工艺探讨[J]．新疆石油科技，2012(1)：18-20.

[3] 卢祥国，闫文华，王克亮，等．聚合物产出水配制聚合物溶液的黏度损失及影响因素研究[J]．油气采收率技术，1997(1)：28-32.

[4] 徐建彬．聚合物溶液黏度影响因素研究[J]．中国石油和化工标准与质量，2011，31(2)：169.

[5] 樊剑，韦莉，罗文利，等．污水配制聚合物溶液黏度降低的影响因素研究[J]．油田化学，2011，28(3)：250-253.

脂肽生物表面活性剂与石油磺酸盐表面活性剂复配体系性能评价

王　晶　张义江　史庆彬

（试验大队）

摘　要：弱碱三元驱油效果优于聚合物驱，但是其折算吨聚合物增油量低于聚合物驱。而制约弱碱三元复合驱进一步发展的关键是其成本较高，主要是石油磺酸盐型表面活性剂成本高。脂肽生物表面活性剂具有特殊的组成和空间结构，与磺酸盐表面活性剂相比，价格较低。本文通过将磺酸盐表面活性剂和脂肽表面活性剂复配，研究复配体系界面活性、乳化性能、抗吸附性能、油溶性能、抗剪切性能、稳定性及复配体系驱油效果。结果表明，复配体系性能得到了改善，其中复配体系界面活性范围拓宽，乳化性能、抗吸附性能、复配体系中表面活性剂在油水两相中的分配比例、在多孔介质通过性能均好于磺酸盐体系，抗剪切性能和稳定性与磺酸盐体系相当；复配体系驱油效果好于磺酸盐体系，筛选出0.2%S+0.2%Z复配体系化学驱采收率比磺酸盐体系高2.5个百分点，降低表面活性剂成本10%以上。

关键词：复配体系；聚合物驱；脂肽生物表面活性剂；性能评价

目前，弱碱三元复合驱已经进入试验阶段。尽管弱碱三元驱油效果优于聚合物驱，但是其折算吨聚合物增油量低于聚合物驱。而制约弱碱三元复合驱进一步发展的关键是其成本较高，主要是石油磺酸盐型表面活性剂成本高。因此，急需找到一种成本低廉、效果良好的替代型表面活性剂。

脂肽生物表面活性剂具有特殊的组成和空间结构，是由油田地层水中筛选出的枯草芽孢杆菌 *Bacillus subtilis* HSO121 培养而得，经过发酵、离心除菌、酸沉淀和溶剂萃取制得，由于是微生物代谢产物，因此对油田地层的适应性很好，对环境无毒害，易生物降解。

1　脂肽表面活性剂与石油磺酸盐表面活性剂复配体系性能评价

1.1　实验条件

实验用水：喇北东块深度处理采出污水。

聚合物：分子量为2500万。

表面活性剂：石油磺酸盐(S)，有效浓度40%；脂肽生物表面活性剂(Z)，有效浓度50%。

实验用油：喇嘛甸油田二类油层井口脱水原油。

碱：碳酸钠(分析纯)。

1.2　复配体系界面活性研究

由图1和图2可知，与磺酸盐体系相比，复配体系表面活性剂总浓度和碱浓度较低时，界面张力变好，复配体系界面活性拓宽，脂肽表面活性剂能够改善磺酸盐体系界面活性。

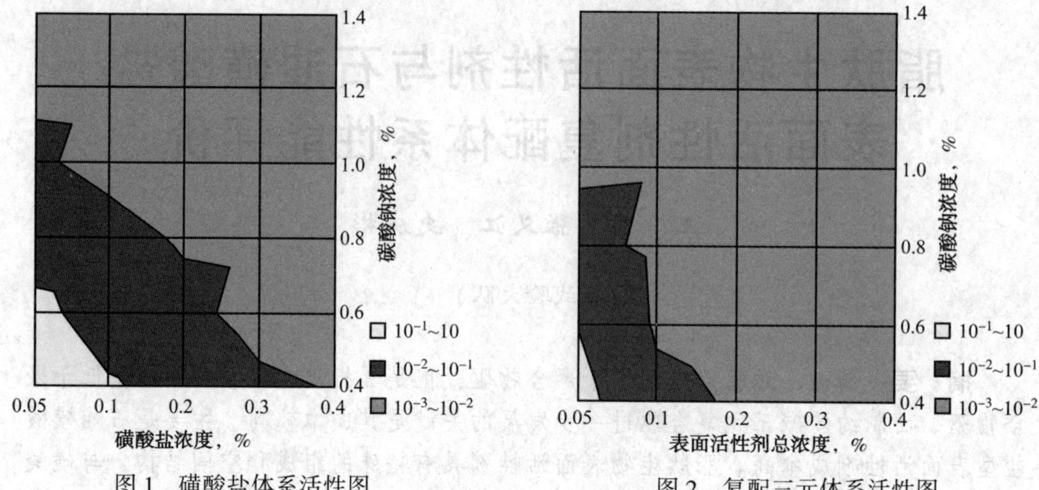

图 1　磺酸盐体系活性图　　　图 2　复配三元体系活性图

复配体系界面活性拓宽是因为脂肽表面活性剂易正离子化，石油磺酸盐表面活性剂易负离子化，溶液中脂肽表面活性剂结合正电性离子，形成正离子氛，减弱了石油磺酸盐表面活性剂分子之间负电斥力作用，促进了脂肽和石油磺酸盐的相互作用，由此加大了分子密度，增强了界面活性(图 3)。

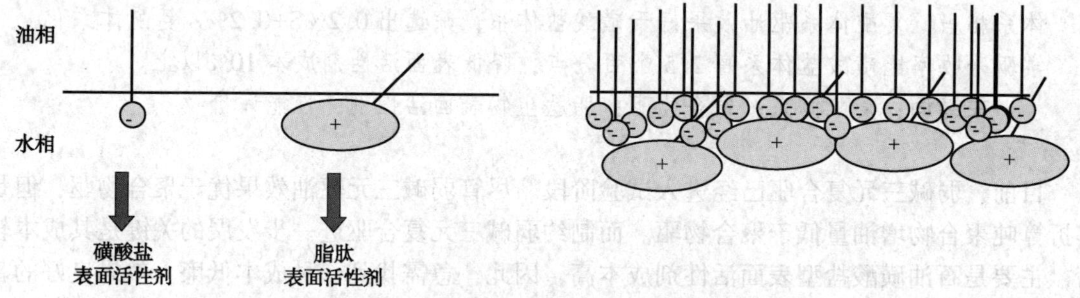

图 3　表面活性剂界面分布图

1.3　复配体系稳定性能研究

将配制好的磺酸盐体系和复配体系放置在 45℃ 恒温烘箱中，放置 7d、15d、30d、60d、90d，考察复配体系稳定性能。

由图 4 和图 5 可知，随着保留时间的延长，磺酸盐体系和复配体系黏度均降低，保留 90d 后，磺酸盐体系和复配体系界面张力均能达到超低界面张力 10^{-3}mN/m，且黏度保留率相差不大，表明复配体系和磺酸盐体系稳定性相当。

1.4　复配体系乳化稳定性研究

将配制好的磺酸盐体系和复配体系与原油按照体积比 1∶1 混合，充分振荡后，观察放置不同时间的析水量。由表 1 可知，充分振荡后，磺酸盐体系和复配体系均能完全乳化，但乳化液不稳定，随静置时间的延长，油水两相逐渐分离，析水量增加，静置 12h 后，析水量达到 90%，并保持稳定。复配体系和磺酸盐体系相比，在析水量达到稳定状态前，复配体系析水量低于磺酸盐体系，且复配体系中脂肽浓度越高，相同时间内析水量越低，复配体系乳化稳定性好于磺酸盐体系。

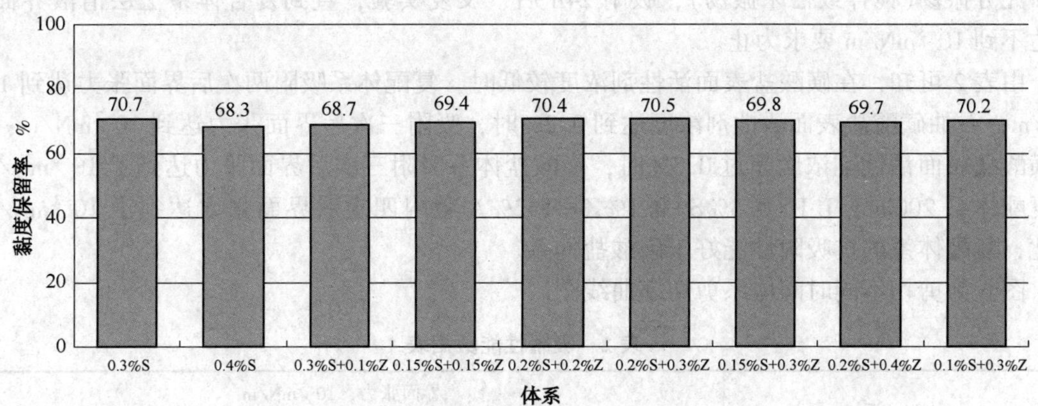

图4　磺酸盐体系与复配体系稳定性黏度保留率

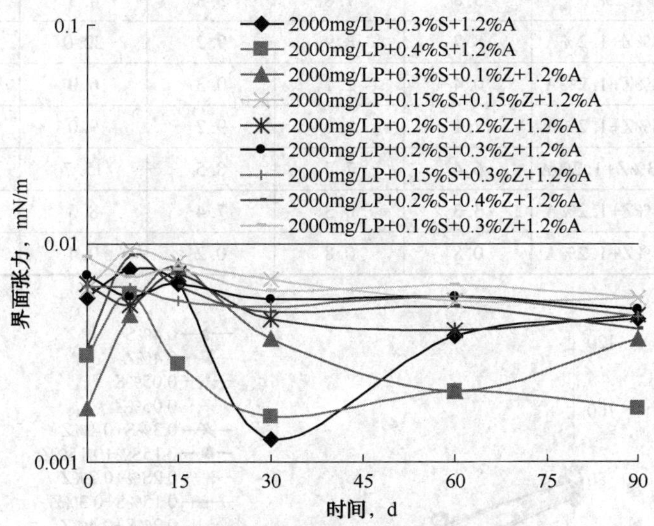

图5　磺酸盐体系与复配体系稳定性界面张力图

表1　乳化性能数据表

体系组成	不同时间析水率,%								
	0h	1h	4h	8h	12h	24h	2d	3d	5d
2000mg/LP+0.3%S+1.2%A	0	20	82	88	90	90	90	90	90
2000mg/LP+0.3%S+0.1%Z+1.2%A	0	16	80	88	90	90	90	90	90
2000mg/LP+0.2%S+0.2%Z+1.2%A	0	10	78	88	90	90	90	90	90
2000mg/LP+0.2%S+0.3%Z+1.2%A	0	9	80	88	90	90	90	90	90
2000mg/LP+0.15%S+0.3%Z+1.2%A	0	10	80	88	90	90	90	90	90
2000mg/LP+0.2%S+0.4%Z+1.2%A	0	10	79	88	90	90	90	90	90
2000mg/LP+0.1%S+0.3%Z+1.2%A	0	18	85	90	90	90	90	90	90

1.5　复配体系抗吸附性能好于磺酸盐体系

将配制好的磺酸盐体系和复配体系分别与油砂按质量比9∶1混合，在油藏温度恒温条件下充分振荡(搅拌或摇床振荡)，吸附 24h 后，反复实验，直到复合体系上层清液界面张力达不到 10^{-3}mN/m 要求为止。

由表 2 可知，在磺酸盐表面活性剂浓度较低时，复配体系吸附两次后界面张力达到 10^{-2} mN/m；石油磺酸盐表面活性剂浓度达到 0.2%时，吸附三次后界面张力达到 10^{-2}mN/m；石油磺酸盐表面活性剂浓度超过 0.3%时，磺酸盐体系吸附三次后界面张力达到了 10^{-2}mN/m，而复配体系 2000mg/L P+0.3%S+0.1%Z+ 1.2%A 吸附四次后界面张力达到了 10^{-2}mN/m。因此，复配体系的抗吸附性能好于磺酸盐体系。

图 6 为剪切不同时间体系剪切率曲线图。

表 2　吸附性能数据表

体　　系	界面张力，10^{-3}mN/m					
	吸附前	一次吸附	二次吸附	三次吸附	四次吸附	五次吸附
2000mg/L P+0.3%S+1.2%A	5.8	7.8	5.8	4.3	11.94	
2000mg/L P+0.1%S+0.3%Z+1.2%A	8.7	8.9	9.2	22.0		
2000mg/L P+0.2%S+0.2%Z+1.2%A	0.4	2.1	0.3	6.0	27.0	
2000mg/L P+0.2%S+0.3%Z+1.2%A	7.1	8.6	9.2	9.0	28.2	
2000mg/L P+0.15%S+0.3%Z+1.2%A	6.4	7.5	8.5	15.7		
2000mg/L P+0.2%S+0.4%Z+1.2%A	3.3	6.3	7.4	8.3	16.2	
2000mg/L P+0.3%S+0.1%Z+1.2%A	0.8	0.8	0.2	0.4	2.0	15.5

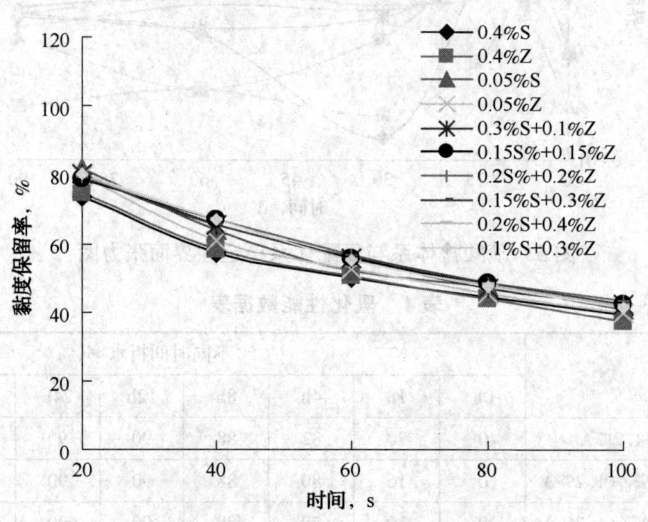

图 6　剪切不同时间体系剪切率曲线

1.6　复配体系抗剪切性能与磺酸盐体系相当

在相同剪切速率和剪切条件下，考察体系的抗剪切性能。由图 6 可知，随着剪切时间的延长，体系黏度降低，剪切后黏度保留率下降；在剪切相同时间时，复配体系的剪切率相当，因此，复配体系和磺酸盐体系抗剪切性能相当。

1.7　复配体系油溶性能研究

将配制好的磺酸盐体系和复配体系分别与脱水原油按质量比 1∶1 混合，放入 250mL 锥形瓶中，在油藏温度恒温条件下充分振荡，考察磺酸盐体系和复配体系中表面活性剂在油水两相中的分配比例。

由表 3 可以看出，在总表面活性剂初始浓度相同的条件下，复配体系中磺酸盐表面活性剂在水相中的分配比例大于磺酸盐体系中表面活性剂在水相中的分配比例。

表 3　油水两相分配比例实验数据表

体系组成	混合前表面活性剂浓度,%	界面张力 mN/m	混合后表面活性剂浓度,%	界面张力 mN/m	表面活性剂保留率,%
2000mg/L P+0.3%S+1.2%A	0.302	0.00868	0.208	0.00405	68.9
2000mg/L P+0.4%S+1.2%A	0.405	0.00259	0.309	0.00314	76.3
2000mg/L P+0.15%S+0.15%Z+1.2%A	0.147	0.00823	0.121	0.00899	82.3
2000mg/L P+0.2%S+0.2%Z+1.2%A	0.201	0.00711	0.158	0.00868	78.6
2000mg/L P+0.3%S+0.1%Z+1.2%A	0.298	0.00629	0.228	0.00896	76.5

1.8　复配体系通过多孔介质性能研究

由表 4 可知，经三层 3.0μm 的核孔滤膜两次过滤后，复配体系和磺酸盐体系的界面张力均保持超低界面张力；复配体系中磺酸盐表面活性剂的保留率明显高于磺酸盐体系。

表 4　动吸附实验数据表

体系组成	初始		一次过滤			二次过滤		
	表面活性剂含量 %	界面张力 mN/m	界面张力 mN/m	表面活性剂含量 %	表面活性剂保留率 %	界面张力 mN/m	表面活性剂含量 %	表面活性剂保留率 %
2000mg/L P+0.3%S+1.2%A	0.304	0.00868	0.00411	0.266	87.5	0.00338	0.246	81.0
2000mg/L P+0.15%S+0.15%Z+1.2%A	0.152	0.00823	0.00352	0.147	96.7	0.00285	0.142	93.4
2000mg/L P+0.2%S+0.2%Z+1.2%A	0.203	0.00711	0.00276	0.196	96.6	0.00125	0.189	93.1
2000mg/L P+0.3%S+0.1%Z+1.2%A	0.301	0.00629	0.00189	0.297	98.7	0.00157	0.288	95.7

2　复配体系驱油效果评价

在化学驱采收率不降的条件下，降低表面活性剂成本，考察复配体系驱油效果。

段塞设计：水驱至含水率 98%—三元驱—保护段塞—后续水驱。

由表 5 看出，复配体系驱油效果好于磺酸盐体系和脂肽生物表面活性剂体系。磺酸盐表面活性剂浓度为 0.3%时，磺酸盐体系化学驱采收率平均为 31.02%，在表面活性剂总量相同时，脂肽体系化学驱采收率为 26.03%，复配比例 1:1 的复配体系驱油效果与磺酸盐体系驱油效果相当，复配体系采收率比磺酸盐体系高 0.37 个百分点，可降低表面活性剂成本 34%。

提高复配体系表面活性剂总量，复配比例为 1:1 驱油效果比 1:2 的复配体系驱油效果高 1.53 个百分点，其中复配比例为 1:1 的复配体系（0.2%S+0.2%Z）可降低表面活性剂成本 12%，复配比例为 1:2 的复配体系（0.15%S+0.3%Z）可降低表面活性剂成本 18%。

表5 驱油效果对比数据表

体系	水驱		化学驱		总采收率 %	表面活性剂成本变化 %
	压力 atm	采收率 %	压力 atm	采收率 %		
1500mg/L P+0.3%S+1.2%A	0.23	42.03	0.73	31.88	73.91	—
	0.29	41.91	1.00	30.15	72.06	
1500mg/L P+0.3%Z+1.2%A	0.37	41.15	1.50	26.03	67.18	—
1500mg/L P+0.15%S+0.15%Z+1.2%A	0.35	43.28	1.52	31.34	74.62	-34.44
	0.29	41.43	1.24	31.43	72.86	
1500mg/L P+0.15%S+0.3%Z+1.2%A	0.36	40.66	1.45	31.99	72.65	-18.88
1500mg/L P+0.2%S+0.2%Z+1.2%A	0.30	40.85	1.33	33.52	74.37	-12.59

注：P为聚合物；A为碳酸钠；S为石油磺酸盐表面活性剂，有效含量为40%；Z为脂肽生物表面活性剂，有效含量为50%。石油磺酸盐表面活性剂成本，8330元/t；脂肽表面活性剂成本，3240元/t。

3 几点认识

（1）与磺酸盐体系相比，复配体系界面活性范围拓宽，乳化性能、抗吸附性能、复配体系中表面活性剂在油水两相中分配比例、在多孔介质通过性能均好于磺酸盐体系。

（2）磺酸盐体系与复配体系抗剪切性能和稳定性与磺酸盐体系相当。

（3）复配体系驱油效果好于磺酸盐体系，在化学驱采收率不降的条件下，降低表面活性剂成本，筛选出0.2%S+0.2%Z复配体系可降低表面活性剂成本10%以上。

参 考 文 献

[1] 吕应年，杨世忠，牟伯中．脂肽类生物表面活性剂的研究进展[J]．生物技术通报，2004(6)：11-16.
[2] 刘向阳，杨世忠，牟伯中．微生物脂肽的结构[J]．生物技术通报，2005(4)：18-26.
[3] 王大威，刘永建，杨振宇，等．脂肽生物表面活性剂在微生物采油中的应用[J]．石油学报，2008，29(1)：111-115.
[4] 吕应年，杨世忠，牟伯中．脂肽的分离纯化与结构研究[J]．微生物学通报，2005，32(1)：67-73.
[5] 邹爱华，牟伯中．脂肽复配体系与原油界面行为的研究[J]．油田化学，2012，29(4)：464-469.

北西块一区注聚合物初期注入压力低原因分析

赵丹丹

（试验大队）

摘　要：本文根据北西块一区注聚合物状况，从理论和实际两方面，对该区块注聚合物初期注入压力偏低的原因进行了深入剖析，分析认为造成这种状况的主要原因是累积注采比和阶段注采比偏低，并与该区块的井网井距、注入黏度以及空白水驱时间长等因素有关。最终得出该区块下步以宏观调整注采比、提高注入质量为主要调整对策。

关键词：聚合物驱；注入压力；二三结合；注采比

聚合物驱注入压力变化是反映注聚合物后油层动用状况的一项基本参数，而油层动用程度高低关系到区块整体的受效情况，因此，通过对北西块一区注入压力低原因进行分析，确定注入压力低与各项原因关系，为区块注采调整提供依据，从而有效提高区块整体开发效果。

1　北西块一区概况

1.1　区块位置及构造特征

北西块一区位于油田北块西部，北起喇 3-18 井与喇 8-18 井连线，南至喇 3-223 井与喇 8-223 井连线，西起萨一组外油水过界线，东至喇 8-18 井与喇 8-223 井连线。

北西块一区油层平均埋藏深度为 917～1196m，油层构造高点海拔-767m。从研究区构造特征看，东高西低，东侧大部分区域处于油田构造轴部高点，构造相对平缓，倾角为 1°～3°，由东向西逐渐变陡，西侧靠近过渡带构造倾角较大，为 12°～24°。

1.2　北西块一区基本情况

北西块一区开发目的层为萨Ⅲ1-7 油层，含油面积 7.87km^2，控制地质储量 1046.53×10^{4}t，孔隙体积 2071.75×10^4 m^3，平均单井发育有效厚度为 10.8m，平均渗透率为 0.323μm^2。区块采用 106m 五点法面积井网，总井数 622 口，其中注入井 306 口，全部为新钻井，采油井 316 口，其中新钻井 310 口，代用井 6 口。

北西块一区于 2010 年 11 月投产，首先开展“二三结合”挖潜，共经历了三年两个月的时间进行水驱强化挖潜，累计注水 1000.52×10^{4}m^3，累计采出量为 1039.4×10^{4}t，阶段注采比为 0.94。2013 年 12 月转注聚合物。

1.3　聚合物驱方案设计

北西块一区方案设计聚合物分子量 2500 万，注入浓度为 2000mg/L，注入速度为 0.20PV/a，聚合物用量为 2000mg/L · PV，注聚合物时间 5 年。

2 注入情况进展

北西块一区于 2013 年 12 月投注聚合物，分别注入 1900 万和 2500 万两种分子量聚合物。2014 年 4 月，对 75 口注入井进行调剖。截至 2015 年 8 月，区块累计注入聚合物溶液 $755.852\times10^4m^3$，累计注入聚合物干粉 1.2×10^4t，注入油层孔隙体积 0.365PV，聚合物用量 538.8PV·mg/L。2015 年 8 月，平均注入压力为 10.4MPa。

北西块一区在注聚合物初期，注入压力一直偏低。从区块压力分级情况(表 1)来看，注聚合物 6 个月后，区块平均注入压力为 7.8MPa，63.1%的注聚井压力小于 8MPa。注聚合物一年后，随着注入压力的逐渐增高，有 58.2%的井注入压力小于 10MPa。

表 1 北西块一区压力分级表

压力分级 MPa	注聚合物 6 个月时			注聚合物 12 个月时		
	井数 口	压力 MPa	占全区比例 %	井数 口	压力 MPa	占全区比例 %
≤8	193	6.4	63.1	39	7.3	12.8
8~10	66	8.9	21.6	139	9.1	45.4
10~12	23	10.9	7.5	92	10.9	30.1
12~14	19	13.1	6.2	31	12.6	10.1
≥14	5	14.1	1.6	5	14.2	1.6
合计(平均)	306	7.8	100	306	10.3	100

相比其他几个上返注聚合物区块，北西块一区在转注聚合物后的 8 个月里，注入压力平均低 2~5MPa(图 1)。

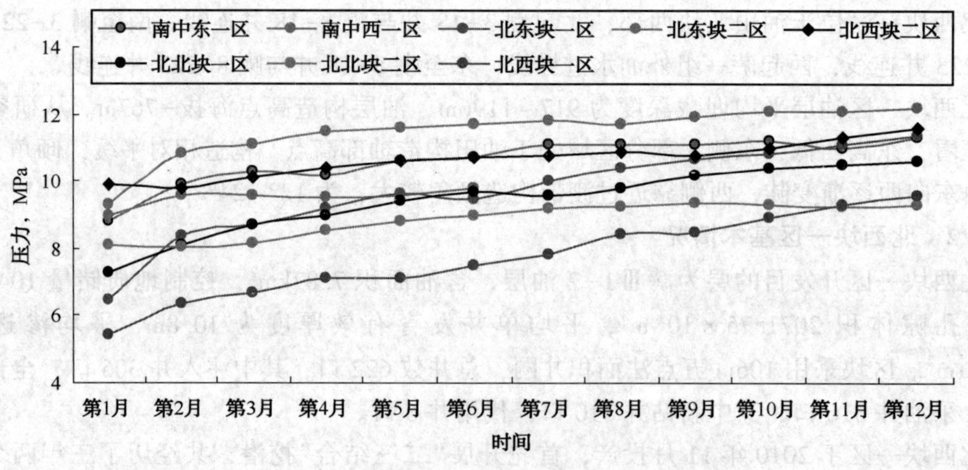

图 1 上返区块相同时间段注聚合物压力对比曲线

3 注入压力低原因分析

根据区块注入聚合物溶液后注入压力上升值计算公式：

$$\Delta p = \frac{Q_p \mu_p}{2\pi K h} \ln\left(\frac{R}{r}\right)$$

式中　Δp——压力上升值，MPa；

Q_p——注入量，m^3/d；

μ_p——聚合物溶液黏度，mPa·s；

K——油层渗透率，D；

h——油层厚度，m；

R——注采井距，m；

r——井筒半径，m。

式中，压力上升值 Δp 与注入量 Q_p、聚合物溶液黏度 μ_p、注采井距 R、油层渗透率 K 及有效厚度 h 有着较为密切的关系。下面从以下几方面逐一进行分析。

3.1　注采井距的影响

研究表明，在区块年注入速度确定后，区块注入压力上升值与注采井距成正比。

北西块一区采用的是106m注采井距，相比其他二类油层上返注聚合物区块，除了北西块二区外，采用的均是150m注采井距(表2)。井距缩短了30%。

表2　北西块一区与其他上返区块井距对比表

区块	北北块一区	北东块一区	南中东一区	北西块二区	北北块二区	南中西一区	北东块二区	北西块一区
井距，m	150	150	150	106	150	150	150	106

北西块一区方案采用的是高浓度聚合物注入。高浓度聚合物驱小井距试验结果表明，在注采井距237m条件下，高浓度段塞难以形成有效驱动，注采井距缩小到100~150m后，压力梯度增加，高浓度段塞能形成有效驱动，注入强度和采液强度增加50%。对于二类油层来说，由于砂体发育较一类油层差，在缩小注采井距后，其一类连通率和聚合物驱控制程度均有不同程度的增加，井距越小，增加的幅度越大。

北西块一区萨Ⅲ1-7油层在150m注采井距时，其聚合物驱井网控制程度为73.9%，当加密到106m井距后，聚合物驱井网控制程度为85.9%，提高了12.0个百分点(图2)。

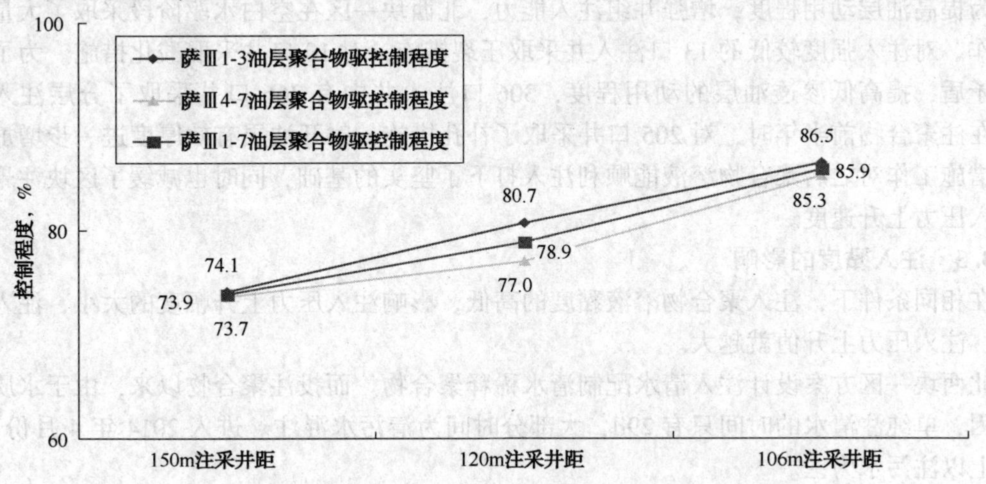

图2　北西块一区萨Ⅲ1-7油层聚合物驱控制程度与井距关系

从北西块一区萨Ⅲ1-7油层不同井距下沉积单元砂体连通率看(表3)，随着井距的缩小，砂体一类连通率及控制程度增加，从150m注采井距加密到106m注采井距，一类连通率提高6.1个百分点，砂体控制程度提高7.4个百分点。

表3 北西块一区萨Ⅲ1-7油层不同井距下连通状况表

序号	沉积单元	150m注采井距			106m注采井距		
		砂体钻遇率 %	一类连通率 %	砂体控制程度 %	砂体钻遇率 %	一类连通率 %	砂体控制程度 %
1	萨Ⅲ1+2	86.0	72.8	84.6	85.6	76.1	92.0
2	萨Ⅲ3_1	94.9	83.8	88.4	95.8	91.2	94.5
3	萨Ⅲ3_2	91.2	73.5	80.6	89.9	82.4	91.6
4	萨Ⅲ4+5	89.7	75.0	83.6	90.5	81.7	90.3
5	萨Ⅲ6+7	85.3	76.5	89.7	84.6	80.7	95.4
小计	萨Ⅲ1-7	89.4	76.3	85.4	89.3	82.4	92.8

经过和其他上返区块对比分析得出，注采井距缩小，使得聚合物溶液能够顺利注入，从而减缓了注聚合物初期压力上升速度。

3.2 开展“二三结合”的影响

北西块一区是“二三结合”试验第一个大面积推广区块，与其他上返区块相比，其空白水驱阶段开采时间及注入参数的选择也有较大的不同。

3.2.1 注水时间长

北西块一区从新井投产到注聚合物，经历了3年零2个月的时间。而其他上返区块空白水驱时间平均只有10个月，作为“二三结合”试验区块的北北块二区空白水驱时间较长，也只有17个月。

油田多年取得的开发经验表明，长期的注水冲刷使地层极易形成大孔道，渗透率有上升的趋势。

3.2.2 措施工作量大

为提高油层动用程度，增强井组注入能力，北西块一区在空白水驱阶段采取了大量的措施工作。对注入强度较低的13口注入井采取压裂措施，对10口井采取酸化措施。为了改善层间矛盾，提高低渗透油层的动用程度，306口注入井中有266口井采取了分层注入。另外，在注聚合物前半年时，对205口井采取了补孔措施，射开油层有效厚度进一步增加。一系列措施工作对之后聚合物溶液能顺利注入打下了坚实的基础，同时也减缓了区块注聚合物后注入压力上升速度。

3.3 注入黏度的影响

在相同条件下，注入聚合物溶液黏度的高低，影响注入压力上升幅度的大小，注入黏度越高，注入压力上升值就越大。

北西块一区方案设计注入清水配制清水稀释聚合物。而投注聚合物以来，由于水质供应的原因，单纯注清水的时间只有29d，大部分时间为清污水混注。进入2014年4月份以来，基本上以注污水为主。

从注聚合物标准曲线上看，当水质为清水时，分子量为1900万、浓度为1800mg/L的聚合物溶液的注入黏度为 130mPa·s，随着矿化度的上升，黏度持续下降，矿化度达到 5000mg/L 时注入黏度已经下降到 60mPa·s，2500 万抗盐聚合物注入黏度也由 156mPa·s 下降到 72mPa·s，黏度下降幅度达到 50%以上。可见，污水水质影响了聚合物溶液的黏度，同时影响了注入压力的上升。

3.4 注采比的影响

注采比低是导致北西块一区注入压力偏低的主要因素。

北西块一区共有采出井 316 口，于 2010 年 1 月投产，2015 年 7 月日产液 1.3×10^4t，含水率为 89.1%。产量最高时达到 1.5×10^4t。在空白水驱阶段，北西块一区年注采比除了 2012 年达到 1.06 外，其他几年注采比均在 1.0 以下，2013 年低至 0.87，区块累积注采比仅为 0.94，地层亏空水量达 $38.9\times10^4m^3$(图 3)。

2014 年转注聚合物后，为了弥补地下亏空，加大区块注入量，注入速度一直保持在设计方案 0.2PV 以上。因此 2014 年阶段注采比有所回升，达到 1.06。但累积注采比仅为 0.98。由于区块长期处于地下亏空状态，地层压力恢复缓慢，导致注入压力在注聚合物初期上升幅度较慢。

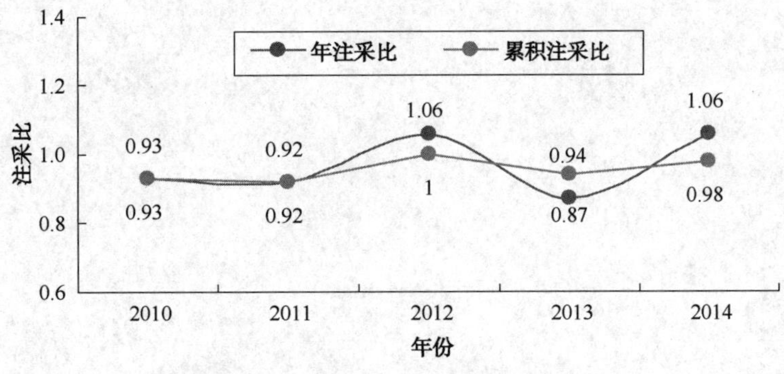

图 3　北西块一区年注采比曲线

2015 年虽然区块注入速度始终保持在 0.21~0.22PV/a 之间，但是由于 7 月、8 月采液速度较高，月注采比又降到 1 以下。因此，应以调整注采平衡为重点，加强宏观注采比的调整，确保均衡开采。建议先降液，合理调控注采比。

4 结论

(1) 北西块一区自开展“二三结合”挖潜到正式转注聚合物，注入压力水平一直偏低，比其他上返区块平均低 2~5MPa。

(2) 从井网井距和开发方式角度来分析，由于采用 106m 小井距，同时空白水驱阶段开展“二三结合”挖潜，建立了有效驱动，注采更均衡，延缓了注入压力上升的幅度。

(3) 从注采状况来分析，无论是空白水驱阶段，还是注聚合物阶段，累积注采比和阶段注采比都小于 1，导致地下亏空，注采比偏低是注入压力低的主要原因。同时注入黏度偏低也是原因之一。

(4) 该区块下步应以宏观调控注采比、加大注采两端调整、提高注入质量为主要调整方向。

参 考 文 献

[1] 张晓芹．改善二类油层聚合物驱开发效果的途径[J]．大庆石油地质与开发，2005，24(4)：81-83.
[2] 陆先亮，周洪钟，徐东萍，等．聚合物驱提液与控制含水的关系[J]．油气地质与采收率，2002，9(3)：24-26.

注聚合物前深度调剖堵剂用量计算公式的建立

曹世焱

（采油厂地质大队）

摘　要：通过对新投注聚合物区块注入井的动、静态资料综合分析，确定出深度调剖井选井原则。结合油藏工程方法，建立了注聚合物前深度调剖井堵剂用量计算公式，实现了调剖层位及堵剂用量的定量化确定。应用该方法对某油田南中块东部和北北块聚合物驱的调剖井调剖层位及堵剂用量进行了定量计算，通过现场实施，取得了明显效果。

关键词：深度调剖；调剖层位；堵剂用量

大庆油田葡Ⅰ1–2油层属于河流—三角洲泛滥平原相沉积，油层以多段多韵律沉积为主，渗透率级差较大，在注入聚合物后，聚合物溶液仍会沿高渗透部位快速突进，采出井中聚合物过早突破，导致聚合物驱效果较差。矿场试验证明，注聚合物前对大孔道注入层段进行深度调剖，可以扩大聚合物驱波及体积，提高聚合物驱整体开发效果和经济效益。在注聚合物前深度调剖的原则和调剖井选井选层方法确定后，根据油水井的动、静态资料确定相关调剖参数，建立深度调剖井堵剂用量计算公式，计算出合理的堵剂用量，从而有效地提高注聚合物前深度调剖井调剖后效果。

1　注聚合物前深度调剖的原则

为了保证注聚合物前区块调剖方案的设计质量，达到调剖的预期目的，根据油田深度调剖矿场试验的实践经验并结合油层的沉积特征，确定出注聚合物前区块深度调剖的基本原则。

(1) 坚持区块整体调剖的原则。即通过对区块全部注入井有关资料的系统分析研究，综合评价、优化，确定出调剖井，以保证区块整体调剖效果。调剖井应选择有大孔道存在的非均质性严重的厚油层井，尽可能减少调剖井数。

(2) 在堵剂的选择上，要保证调剖井、调剖层位封堵率高，堵剂稳定性好，有效期长，要防止对中、低渗透层的伤害。根据喇嘛甸油田调剖矿场试验及第一采油厂调剖试验结果，调剖堵剂选择为复合离子聚合物交联剂和CDG胶联剂。

(3) 调剖工艺设备简单，操作方便，成本低，适用性强。

(4) 在聚合物驱调剖井确定中，对能采用提高聚合物溶液浓度措施即可解决问题的井，原则上不采取深度调剖措施。

(5) 确保注聚合物区块调剖井符合率达100%，调剖井成功率达100%。

(6) 坚持以经济效益为中心，本着“少投入，多产出”的原则，对调剖过程中的每个环节都要进行认真的分析研究，最终优选出一套最经济、最有效的方案。

2 调剖井的选择

2.1 选井前基础资料的确定

注聚合物前水驱阶段基础资料的确定：

(1) 注入井的注入动态资料。利用注入压力、启动压力等注入动态资料，可以初步分析注入井的吸水强度，进而间接判断高渗透层存在的可能性。

(2) 注入井的压降曲线。依据压降曲线可以计算出压力指数 PI 值。通过对区块压降曲线测试结果分析，选择 PI 值较小的井进行调剖。

(3) 注入井的吸水剖面。单层间吸水强度差异越大，注入水的不均匀推进也越严重。因此，必须选择吸水剖面最不均匀的井进行调剖。

同时，为了搞清油层的沉积特点和高渗透条带(大孔道)分布的区域，需要在精细地质研究的基础上绘制油层沉积相带图、渗透率等值分布图等相关地质图幅，选井的重点应放在水淹状况严重、含水饱和度较高的井区。

2.2 调剖井的确定原则

根据喇嘛甸油田深度调剖矿场试验的做法和经验并结合注聚合物后注入压力要上升 4~6MPa 的特点以及调剖对象葡Ⅰ1-2 油层性质，通过对注入井监测资料的分析研究，确定出喇嘛甸油田葡Ⅰ1-2 油层注聚合物区块，聚合物驱前调剖井的选择条件是：

(1) 水驱阶段在完成配注方案的前提下，注入压力应小于 6.5MPa，低于区块平均注入压力。

(2) 压力指数 PI(90)低于注聚合物区块平均压力指数。压力指数 PI 值在关井 90min 时所得值即为 PI(90)。

(3) 油层内吸水差异很大，有特高吸水段，相对吸水量占全井的 40%~60%以上，而且吸水厚度较小，只占全层的 1/3 左右。

(4) 油水井间油层为多段多韵律沉积的河道砂体，油层内非均质性严重，渗透率级差在 8 以上，有大孔道存在。

3 调剖堵剂用量的确定

3.1 确定调剖堵剂用量依据的资料

为了确定调剖井堵剂用量，主要依据以下资料：

(1) 水淹层解释成果。

(2) 吸水剖面精细解释成果。

(3) 渗透率解释资料。

(4) 油层剖面连通图。

(5) 注示踪剂资料。

3.2 调剖参数确定

3.2.1 调剖层段及调剖厚度的确定

调剖层段应选择在吸水强度大、渗透率高以及水淹级别为高中水淹层位上。调剖层段确定因素为相对吸水强度、渗透率级差和水淹级别系数。

(1) 相对吸水强度：指吸水单元吸水强度占该井吸水单元最高吸水强度的比例。吸水单元应按吸水剖面划分。在同一沉积单元内，若相邻吸水单元回返幅度小于1/3，则合并为一个吸水单元。

(2) 渗透率级差：指吸水单元渗透率占该井吸水单元最高渗透率的比例。

(3) 水淹级别系数：高水淹层段水淹级别系数定为1.0，中水淹层段定为0.8，低、未水淹层段定为0.3。

(4) 计算公式及判别条件

$$F_i = 0.6A_i + 0.2K_i + 0.2B_i$$

式中 F_i——吸水单元综合决策系数；

A_i——相对吸水强度；

K_i——渗透率级差；

B_i——水淹级别系数。

0.6、0.2、0.2分别为相对吸水强度、渗透率级差和水淹级别系数占得的权数。

若 $F_i \geqslant 0.8$，则该吸水单元可定为调剖层段。

(5) 调剖厚度：定在调剖层段吸水层段回返根部的1/3处。

3.2.2 调剖层段调剖方向的确定

(1) 调剖层段在注采方向上应属于同一河道砂体。

(2) 该层段在注采方向上均有较高的渗透性，即层段的渗透率为高渗透率对高渗透率或高渗透率对中渗透率。

(3) 结合注示踪剂资料进行综合确定。

3.2.3 调剖深度的确定

根据水驱调剖矿场试验及数值模拟研究成果，调剖深度选择对应油水井井距的1/2~1/3处可取得较好的调剖效果。考虑到喇嘛甸油田聚合物驱调剖井实际情况以及调剖时间和总体成本，调剖深度定为注采井距的1/3。

3.2.4 调剖面积的确定

计算公式：

$$S = 3.14R^2\beta_n N/4$$

式中 S——调剖面积，m^2；

R——调剖半径，m；

β_n——调剖面积系数；

N——调剖方向。

结合调剖方向及流线方向，定出调剖面积系数(表1)。

表1 调剖方向与调剖面积系数关系

调剖方向	调剖面积系数	调剖方向	调剖面积系数
一个方向	0.99	三个方向	0.89
两个相对	0.95	四个方向	0.86
两个相邻	0.92		

3.2.5 调剖层段孔隙度的确定

根据最近几年完钻的喇6-检3555、喇7-检1320、喇8-检29三口取心井资料，制定了孔隙度与空气渗透率关系图版；根据渗透率解释成果，制定空气渗透率与有效渗透率关系图版。通过确定调剖层段的有效渗透率，可在图版上查出相应的空气渗透率，进而可查出对应的孔隙度(图1、图2)。

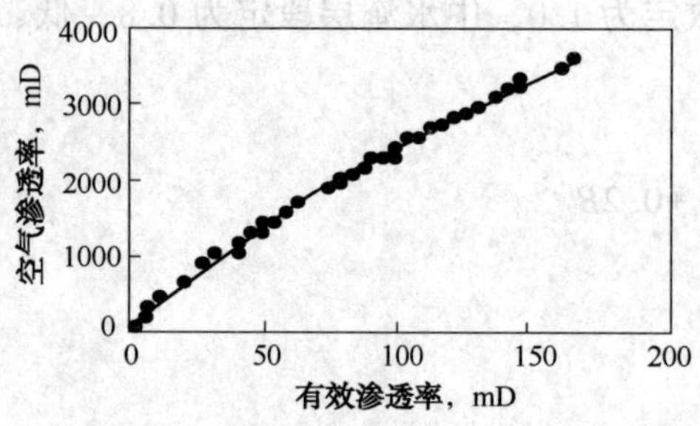

图1　空气渗透率与有效渗透率关系曲线

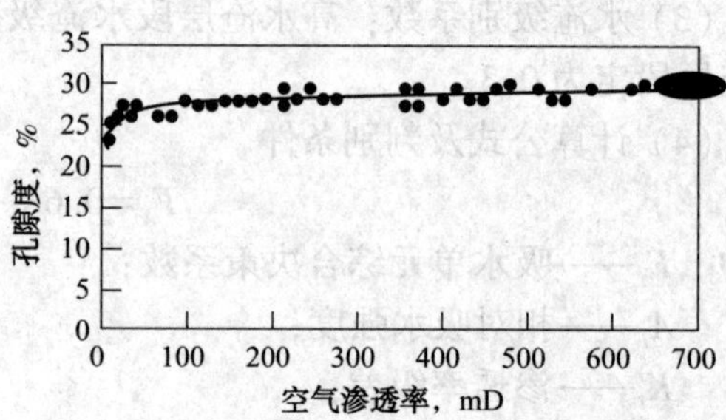

图2　孔隙度与空气渗透率关系曲线

3.2.6　调剖堵剂用量的确定

计算公式：

$$V=\sum_{i=1}^{n}H_iS_i\phi$$

式中　V——堵剂用量，m^3；

H_i——调剖厚度，m；

S_i——调剖面积，m^2；

ϕ——调剖层段的孔隙度,%。

4　实例应用

应用该方法在某油田南中块东部和北北块聚合物驱注聚合物前，选出10口深度调剖井，计算出每口单井的堵剂用量(表2)。每口井的堵剂用量均小于该井从注入示踪剂时起到检测到示踪剂期间的累计注入量，因此认为该方法确定的堵剂用量是合理的。

表2　调剖剂用量情况表

调剖井号	调剖层	调剖层位厚度 m	调剖层顶底界深度 m	调剖层渗透率 mD	孔隙度 %	水淹级别	连通方向	调剖面积 m^2	调剖深度 m	调剖体积 10^4m^3
6-P2725	1	1.1	1021.0~1022.1	990	29.1	高	4	13232	70	0.42
	2	1.2	1022.1~1023.3	1200	29.3	高	4	13232	70	0.47
	小计	2.3								0.89
7-P2725	1	3.0	1048.0~1051.0	850	29.0	高	3	10270	70	0.90
6-A2855	1	2.0	1027.0~1029.0	1100	29.2	高	3	10270	70	0.60
6-P2755	1	3.0	1026.0~1029.0	950	29.1	高	3	10270	70	0.90
7-P2825	1	2.0	1023.0~1025.0	850	29.0	中	3	10270	70	0.60
7-P2925	1	2.5	1013.0~1015.5	1200	29.3	中	2	8362	70	0.61
7-P3235	1	2.0	1040.0~1042.0	870	29.0	高	3	10270	70	0.60

续表

调剖井号	调剖层	调剖层位厚度 m	调剖层顶底界深度 m	调剖层渗透率 mD	孔隙度 %	水淹级别	连通方向	调剖面积 m^2	调剖深度 m	调剖体积 10^4m^3
6-P173	1	1.5	1012.5~1014.0	500	28.2	高	3	20960	100	0.89
7-P173	1	3.0	1014.8~1018.2	1480	29.5	高	2	14915	100	1.32
9-P172	1	1.0	1094.0~1095.0	1370	29.4	中	3	12309	70	0.36
	2	1.5	1096.0~1097.5	1020	29.1	高	3	12309	70	0.54
	小计	2.5								0.90

10 口调剖井调剖后均见到了较好效果：

(1) 注入压力升高。注入压力由 5.4MPa 上升到 7.8MPa，上升了 2.4MPa。

(2) 注入井压降曲线的 PI(90) 值增加幅度较大。调剖后压降曲线 PI(90) 值由 6.62 上升到 11.32，平均上升了 4.7。

(3) 注入剖面得到调整。从吸水剖面对比资料看，高吸水层段的相对吸水量由调剖前的 63.23%下降到 30.97%，低吸水层段的相对吸水量由调剖前的 7.33%上升到 18.67%。

(4) 周围受效采油井含水率下降幅度大，增油显著。与地质条件相近的非调剖区采油井相比，调剖受效油井含水率下降幅度大 3.2 个百分点，单井增油量多 2860t。

5 结论

(1) 注聚合物前调剖井的确定需要注入井各种动、静态资料综合分析判断确定。

(2) 利用综合决策分析方法确定调剖井堵剂用量，与示踪剂实际资料基本一致，因此该方法可行。

(3) 调剖前后各种资料分析，均见到不同程度的调整效果。

参 考 文 献

[1] 石志成，刘国红．喇嘛甸油田聚驱调剖效果及认识[M]//大庆油田开发论文集(下)．北京：石油工业出版社，2001：1084-1089.

[2] 阚春玲，闫亚茹，杨庆鸿，等．萨中地区复合离子调剖剂深度调剖效果[J]．大庆石油地质与开发，2001，20(2)：130-132.

信息工程及其他

地面工程估算指标体系的创建与应用

甄　珍　潘　旭　秦艳威

（规划设计研究所）

摘　要：投资估算是项目方案规划阶段确定工程造价的重要依据。本文根据第六采油厂改造项目投资估算的现状，分析面临的问题，并创建了第六采油厂地面建设估算指标体系，该体系避免了现有估算指标不适用老区改造项目，以及利用概算指标编制估算采集样本的差异，将二者有效结合，创建了适应第六采油厂改造项目的估算指标体系，对大庆油田有限责任公司(简称油田公司)下发的《2012年地面工程估算指标》起到了补充和完善的作用，最终实现了建立标准化估算，形成统一标准；快速投资估算，缩短编制周期；便于科学合理估算，提高估算准确率。

关键词：估算指标体系；创建；应用

投资估算是项目全过程投资控制的首要环节，投资估算的准确与否，直接影响设计阶段和施工阶段的投资控制效果，并最终影响该项目的总造价。如何快速准确地计算出方案估算投资，为调整工程造价争取宝贵时间，并为设计阶段奠定良好基础，是投资估算亟待解决的问题。

1　投资估算概述

由于第六采油厂地面工艺复杂，工程改造内容多样，涉及较多拆迁等施工内容，要求规划方案阶段拓展投资估算的深度，准确把握工程内容，需要不断创新投资估算的编制方法和实用技术。目前油田公司各项单位工程常用的指标估算方法，包括概算指标法和投资估算指标法，在此基础上，汇总每一单项工程投资，再估算建设其他费用及预备费，求得建设项目总造价。

2　方案投资估算面临的问题

2.1　现有估算指标不适用于老区改造项目

目前油田公司下发的《2012年地面工程估算指标》(简称《指标》)是项目方案阶段编制投资估算的主要依据。从《指标》的编制内容和深度来看，它更加适用于产能建设项目的投资估算，对改造类项目具有明显的不适应性。改造项目具有改造内容不固定，涉及局部更换和维修的工程量大且琐碎，给准确估算投资造成一定困难。在这样的情况下，原有的《指标》无法为科学确定估算投资提供合理的依据。

2.2　利用概算指标编制估算采集样本有差异

方案规划阶段，规划人员开列出的工程量不够细化，提供分部分项工程的改造参数有一定难度。估算人员做出的估算表只是单位数据和估算数据，没有列出计算方法，核实其准确与否没有合理的依据。估算人员采用概算指标编制估算，由于个人的技术水平不同，所以无法形成统一的标准，不同估算人员计算的投资存在较大的差异，为校对审核带来一定困难。此外，采用概算指标编制估算，编制过程复杂、重复工作量大，因此估算编制周期较长，不利于提高工作效率。

3 投资估算指标体系的建立

因此，估算人员结合第六采油厂项目改造特点创建了相应的指标体系，为改造项目估算提供了标准，为技术和经济人员快速准确计算造价提供了依据。

3.1 估算指标体系创建的原则

总体上与油田公司指标保持一致，坚持补充完善、避免重复编制的原则，即《指标》中能够满足改造项目估算要求的及工程造价管理平台能查到的指标，不再重新编制估算指标，只针对《指标》中不完善的且工作中常用的施工内容，按重要等级编制相应的估算指标，最终实现两种指标和造价平台相互补充，为准确编制改造项目估算提供准确的依据。

3.2 估算指标体系创建的内容

为了使创建的估算指标体系具有完整性和实用性，以大型站库改造所包含的内容为样本，共编制了 13 个专业共 5763 条估算指标。主要包括：站内工艺、站外管网、标准化设计、供配电、自控仪表、热工暖通、给排水消防、通信、防腐保温、清淤清洗、阴极保护、土建和道路等全部专业内容。指标体系汇总见表 1。

表 1 指标体系汇总表

序号	专业工程	指标数
1	站内工艺	1910
2	站外管网	421
3	标准化设计	658
4	供配电	832
5	自控仪表	506
6	热工暖通	353
7	给排水消防	199
8	通信	158
9	防腐保温	134
10	清淤清洗	50
11	阴极保护	35
12	土建	372
13	道路	135
合计		5763

针对以上每个专业，估算人员结合改造项目特点，对规划设计中出现的内容加以综合对比分析，针对频率较高的改造内容，编制了具体的估算指标。以站外管网指标为例，包含单井集油、掺水(热洗)管道，转油站输油管道等 13 个分部分项工程，指标使用者可根据管线的属性选择使用数据，见表 2。

表 2　站外管网指标统计表

序号	分部分项工程	指标数
1	单井集油、掺水(热洗)管道	21
2	转油站输油管道	21
3	脱水站外输油管道	21
4	转油站集气、返干气管道	21
5	注水管道(污水)	16
6	注水管道(清水)	16
7	注聚管道(污水)	16
8	注聚管道(清水)	16
9	供清水管道	37
10	聚合物母液管道	29
11	污水管道	29
12	站外管线拆除	155
13	公路穿越	23
合计		421

为使估算指标体系更好地服务于项目估算，估算人员不断细化指标的分类，以满足不同改造部位的投资估算。如站内工艺指标中，站内低压油气管道这个分部分项工程的安装指标，又细分为：室外地面保温管、室外埋地保温管、室内地面刷漆管、室内地面保温管、室外埋地防腐管五大类指标，根据管线外径和壁厚，编制了从 ϕ48m 到 ϕ813m 之间全部规格的管线安装指标，完全能够满足站库改造的需要，见表 3。

表 3　站内低压碳钢管道安装估算指标

序号	项目名称	合价 万元/km	安装费 万元/km	建筑费 万元/km	设备费 万元/km
(一)	室外地面保温管：硅酸盐管壳包镀锌铁皮				
1	无缝管 ϕ48mm×3. 5mm	13. 36	13. 36		
2	无缝管 ϕ60mm×3. 5mm	14. 16	14. 16		
…	……	…	…		
21	螺纹管 ϕ426mm×7mm	94. 33	94. 33		
(二)	室内及容器区地面保温管：硅酸盐管壳包镀锌铁皮				
1	无缝管 ϕ48mm×3. 5mm	18. 58	18. 58		
14	无缝管 ϕ219mm×7mm	71. 02	71. 02		
…	……	…	…		
23	螺纹管 ϕ426mm×7mm	136. 18	136. 18		
(三)	室内地面刷漆管				
1	无缝管 ϕ48mm×3. 5mm	12. 17	12. 17		
12	无缝管 ϕ219mm×7mm	55. 48	55. 48		
…	……	…	…		

续表

序号	项目名称	合价 万元/km	安装费 万元/km	建筑费 万元/km	设备费 万元/km
20	螺纹管 ϕ426mm×7mm	109.58	109.58		
(四)	室外埋地保温管：泡沫黄夹克保温(计量间)				
1	无缝管 ϕ48mm×3.5mm	14.59	2.25	4.27	8.07
12	无缝管 ϕ219mm×7mm	57.69	3.62	12.34	41.73
…	……	…	…	…	…
20	螺纹管 ϕ426mm×7mm	106.54	9.54	23.16	73.84
(五)	室外埋地防腐管：沥青管				
1	无缝管外石油沥青防腐加强级二接一 ϕ48mm×3.5mm	11.82	2.32	4.07	5.43
12	无缝管外石油沥青防腐加强级单根 ϕ219mm×7mm	51.94	7.03	12.92	31.99
…	……	…	…	…	…
20	螺纹管外石油沥青防腐加强级单根 ϕ426mm×7mm	91.29	9.97	24.19	57.13

由此可见，同样外径壁厚的管线，由于室内室外、地上地下、保温材质的差异，合价也不同。其中第四条室外埋地保温管(泡沫黄夹克保温)，根据计量间、转油站、脱水站土方管顶埋深的区别，分别进行指标编制。根据油田公司规定，计量间管顶埋深1m，转油站管顶埋深1.2m，脱水站管顶埋深1.3m，所以，计量间、转油站和脱水站的指标建筑费(管沟土方)不同，总合价也不同。

3.3 估算指标体系创建的方法

为了使编制的估算指标更加精确地反映工程投资，根据工程量清单计价原理，针对每个安装子目，整理出全部的概算工程量，套用相应的概算指标，利用概算软件进行取费计算，最终得出单位工程费，即估算指标。

以站内低压集油管线 ϕ48mm×3.5mm 为例，编制室外地面保温管的安装指标过程：

第一步：根据工程量清单计价原理，结合施工实际，整理子项内容为：管线安装、管线主材(按无缝钢管考虑)、管线刷防腐漆(按环氧防腐涂料考虑)、管线保温层安装(按硬质硅酸盐管壳考虑)、管线保护层安装(地面管线按镀锌铁皮考虑)。

第二步：通过管道重量、防腐层、保温层、保护层计算表，计算出每1000m ϕ48mm×3.5mm 管道安装的概算工程量(表4)。

表4 管道重量、防腐层、保温层、保护层计算表

外径 mm	壁厚 mm	长度 m	保温厚度 mm	重量 t	防腐层 $10m^2$	保温层 m^3	保护层 $10m^2$	主材费用 $t\times0.995$
48	3.5	1000	50	3.841	15.072	15.386	46.472	3.822

第三步：将每1000m ϕ48mm×3.5mm 管线的概算工程量录入概算软件，进行施工取费得出安装工程费。

第四步：将数据填入估算指标表。

由表5可知，通过直接工程费，以及施工取费，得出低压集油管线 ϕ48mm×3.5mm 室外保温管的估算指标是 13. 36 万元/km。

表 5　无缝钢管 ϕ48mm×3. 5mm 室外硅酸盐管壳保温包镀锌铁皮估算指标

序号	项目名称	合价 万元/km	估算指标，万元/km		
			建筑费	安装费	设备费
二	站内低压碳钢管道(≤1. 6MPa)	适用于站内油气管道和采暖管道			
(一)	室外地面保温管(≤1. 6MPa) 硅酸盐管壳保温包镀锌铁皮				
1	无缝管 ϕ48mm×3. 5mm	13. 36		13. 36	
2	无缝管 ϕ60mm×3. 5mm	14. 16		14. 16	
3	无缝管 ϕ60mm×4mm	14. 94		14. 94	
4	无缝管 ϕ76mm×4. 5mm	18. 68		18. 68	
5	无缝管 ϕ89mm×4. 5mm	21. 44		21. 44	
6	无缝管 ϕ89mm×5mm	22. 5		22. 5	
7	无缝管 ϕ114mm×4. 5mm	24. 43		24. 43	
8	无缝管 ϕ114mm×5mm	25. 58		25. 58	
9	无缝管 ϕ159mm×6mm	38. 09		38. 09	
10	无缝管 ϕ168mm×5mm	36. 12		36. 12	

以此类推，总共创建了站内工艺、标准化、供配电、自控仪表、站外管网、给排水消防、清淤清洗、防腐保温、通信、阴极保护、暖通、道路、土建 13 个专业，共 5763 个子目的估算指标。

4　投资估算指标体系的应用效果

4. 1　形成了完善的估算指标体系

通过创建地面估算指标体系，为第六采油厂各类项目改造提供了全面的经济指标依据，指标体系涵盖了地面建设的全部专业工程，与油田公司下发的《2012 年地面投资估算指标》和工程造价管理平台配合使用，可以更好地服务于项目估算。利用该指标，规划、设计和管理人员也能够及时查找、计算各类改造费用，做到技术与经济的有效结合，使之成为各专业人员快速测算投资的经济手册。

4. 2　快速投资估算，提高工作效率

以往编制投资估算过程中，针对每一项改造内容，都需要通过编制概算后得出单位投资指标，再将数值计入估算表中，重复工作多且效率低下。通过创建第六采油厂估算指标体系，每项改造内容都可以从中找到对应的经济指标，实现了投资估算的批量编制，估算编制周期比以往平均缩短 2~3 天。

例如 661 转油站改造，气动调节阀按照以往模式，利用概算指标，需要安装、主材和气动执行机构，且气动调节阀需计入设备，在操作中费时费力，容易出错。通过估算指标体系，可以快速找到对应的数值，方便又快捷(表 6)。

表6 自制估算指标气动调节阀

序号	项目名称	合价 万元/台	估算指标，万元/台		
			建筑费	安装费	设备费
(十)	气动调节阀				
1	气动调节阀 PS-1010 RNC DN100mm PN40MPa	1.89		0.13	1.76
2	气动调节阀 PS-1010-RNC ANSI150 6in×4in	2.8		0.13	2.67
3	气动调节阀 PS-1010-RNC ANSI150 8in×6in	4.82		0.13	4.69
4	气动调节阀 PS-6000-WDF 14in CLASS150	7.35		0.13	7.22
5	气动调节阀 PS-1010 RNC DN250mm PN16MPa	7.07		0.13	6.94
6	防爆双座气动调节阀 ZXN-16B PN16MPa DN150mm	4.54		0.13	4.41
7	防爆双座气动调节阀 ZXN-16B PN16MPa DN200mm	5.95		0.13	5.82
8	防爆双座气动调节阀 ZXN-16B PN16MPa DN300mm	7.27		0.13	7.14
9	防爆双座气动调节阀 ZXN-16B PN16MPa DN350mm	9.96		0.13	9.83
10	防爆双座气动调节阀 ZXN-16B PN16MPa DN400mm	12.53		0.13	12.4
11	气动调节阀 ZXNOS-16B150 DN150mm PN16MPa	4.54		0.13	4.41
12	气动调节阀 ZXNOS-16B200 DN200mm PN16MPa	5.95		0.13	5.82
13	气动调节阀 ZXNOS-16B250 DN250mm PN16MPa	6.68		0.13	6.55
14	气动调节阀 ZXNOS-16B300 DN300mm PN16MPa	7.27		0.13	7.14
15	气动调节阀 ZXNOS-16B400 DN400mm PN16MPa	12.53		0.13	12.4

4.3 估算指标清晰，便于校对审核

一是对第六采油厂自行编制估算的审核，可通过估算指标，迅速判断其是否准确合理，在进行方案对比时，将其作为衡量项目技术经济上可行性的主要依据。

另外对于外委项目的方案估算，也可以根据投资估算指标，判定其是否准确。通过应用创建的估算指标体系，第六采油厂老区改造、生产维修、房屋维修，以及产能项目，可以有效保证估算投资的深度，保证方案阶段投资科学合理，为全过程造价管理奠定良好的基础。

5 结论

针对现有估算指标不适用于老区改造项目以及利用概算指标编制估算采集样本有差异的问题，创建了第六采油厂投资估算指标体系。坚持总体上与油田公司指标保持一致，坚持补充完善、避免重复编制的原则，编制了13个专业共5763条估算指标，主要包括：站内工艺、站外管网、标准化设计、供配电、自控仪表、热工暖通、给排水消防、通信、防腐保温、清淤清洗、阴极保护、土建和道路等全部专业内容。针对以上每个专业，估算人员结合改造项目特点，对规划设计中出现的内容加以综合对比分析，针对频率较高的改造内容，编制了具体的估算指标。为使估算指标体系更好地服务于项目估算，估算人员不断细化了指标的分类，以满足不同改造部位的投资估算。应用效果良好，达到了形成完善的估算指标体系；快速投资估算，提高工作效率；估算指标清晰，便于校对审核的目标，可以有效保证估算投资的深度，保证方案阶段投资科学合理，为全过程造价管理奠定良好的基础。

参 考 文 献

[1] 于建游．工程建设项目超概算现状及对策建议[J]．交通世界，2006(7)：59-60.
[2] 李文峰．安装工程预结算最佳审核方法的确定[J]．建筑经济，2001(11)：18-20.
[3] 何宝生．管道工程建设项目的概算编制和采办策略[J]．中国储运，2009(11)：86-87.

喇嘛甸油田地面系统数字管理平台开发技术研究

朱兆阁　付珊珊　陆映桥　孙　铎　张明月

（规划设计研究）

摘　要：油田数字化管理是应用现代信息技术提升油田生产管理水平，针对地面系统规模的不断扩大，生产管理和技术管理难度日益增加，开展了喇嘛甸油田地面系统数字管理平台研究开发工作，把数字信息技术融入到油田的生产管理和技术管理中，实现由“人制”到“数制”。通过精准的图形文字信息对油田生产进行全面管理，对油田生产指挥、规划设计、施工建设、油田管理、技术交流及教学培训等方面具有重要意义。

关键词：数字化；软件开发；勘察测绘；三维建模

油田数字化管理是应用现代信息技术提升油田生产管理水平，充分挖掘数字信息的“定量、提醒、考核、归纳、共享”特征，把数字信息技术融入到油田的生产管理和技术管理中，使其成为生产运行管控的主神经，真正做到“让数字说话，听数字指挥”，用数字化、信息化、智能化提高生产管理效率，实现由“人制”到“数制”，实现科学管理。

1　喇嘛甸油田地面系统现状及存在问题

喇嘛甸油田油藏区域面积100km^2，现有站库615座，油水井9045口，管道7306.5km，供电线路1510km，地面站库密度大，地下管网纵横交错，生产工艺复杂，生产信息数据庞大。其中生产动态信息近1700万条、设备静态信息近200万条，年更新基础数据近300万条，每次生产信息统计均需要投入大量的人力、物力。随着地面系统规模持续扩大，复杂庞大的地面系统使生产指挥管理难度增加，规划设计及技术管理难度增加，由于第六采油厂地面工程领域的数据和业务规范程度相对较低，没有统一集成的动静态信息平台，不能满足生产管理、技术管理需要，管理水平难以提高。

为了加强喇嘛甸油田地面系统管理，提高第六采油厂地面系统生产管理、技术管理水平，改变“活地图、活流程”管理模式，实现基础资料可传承，在借鉴中国测绘局数字中国、美国数字全息人、胜利二维数字指挥系统、长庆局部三维管理平台基础上，开展了喇嘛甸油田地面系统数字管理平台研究开发工作。为油田生产指挥、规划设计、施工建设、生产管理、技术管理及教学培训提供技术支持。

2　建设思路

通过一个喇嘛甸油田三维全景系统图、一个树状网页运行显示视窗、一个统一数据处理平台，实现喇嘛甸油田地面系统全区域立体式全息数字化管理。

喇嘛甸油田地面系统数字管理平台采用整体布局、统一设计、分步实施的开发模式，综合应用软件开发、三维建模、勘察测绘建模及数据库技术，以区域三维场景、标准图形库、二三维系统矢量图及基础信息库为基础，构建的地面系统数字化管理平台，能够全面展示喇嘛甸油田区域规划、系统规划、站库布局、井间布局、管道现状、生产运行等一系列数字化信息，通过可视化多维信息交互表达模式，实现油田全方位、多层次、多专业的综合管理，实现基础资料可传承，改变“活地图、活流程”的管理模式，实现地面规划建设、生产管理、技术管理、辅助规划设计及培训教学数字化。

3　地面数字管理平台技术研究及开发

3.1　系统架构

喇嘛甸油田地面系统数字管理平台以地面设备静态数据和生产动态数据为基础，构建地面系统基础数据库和专业数据库；以航拍影像数据、卫星数字高程模型及数字线划模型为基础，构建喇嘛甸油田全区域三维背景；以设备标准三维模型库、全比例站库工艺三维模型及厂矿办公区三维模型为基础，构建系统三维图形库，通过链接数据库和图形库，建立具有统一数据库、统一权限的地面数字化浏览平台和管理平台(图1)。

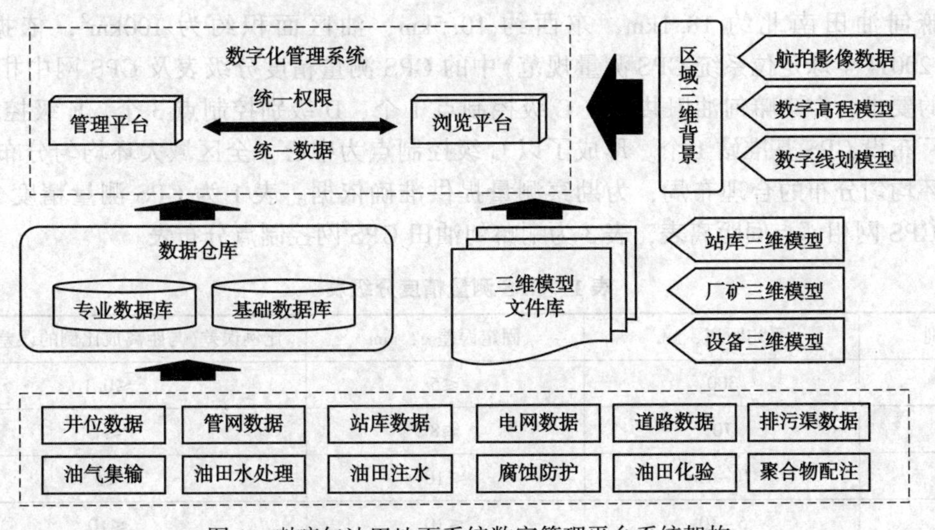

图1　喇嘛甸油田地面系统数字管理平台系统架构

3.2　喇嘛甸油田三维地理信息及GPS控制网建设

目前，三维地理信息开发通常采用卫星影像技术和航拍技术，卫星影像技术的分辨率为1.0m，航拍技术的分辨率为0.3m，在喇嘛甸油田三维地理信息建设中采用了分辨率为0.3m的无人机航拍技术。

3.2.1　喇嘛甸油田三维地理信息建设

三维地理信息建设包括无人机航拍提取数字地面模型DTM(Digital Terrain Model)和Skyline Terra Builder影像处理两方面内容。

(1) 前期DTM数字地面模型提取。

无人机航拍技术是根据待测区域的的形状特点，规划设计航飞路线及地面像控点，对地面像控点进行 GPS 测绘。根据像控点测绘成果，形成整个航拍的航带，输入至无人机的控制系统中，编制航次任务量及飞行程序。在天气晴朗、风力低于 3 级的情况下起飞作业，通过相机校正、像主点 GPS 坐标检查与修改、解析空中三角测量，获取测区内任意点大地坐标，提取带有空间位置特征和地形属性特征的数字地面模型(DTM)。

根据喇嘛甸油田地势平缓、起伏较小的地形特点，结合无人机全画幅相机性能参数和分辨率 0.3m 技术要求，设计航拍高度 900m，单幅影像 996m×600m，图像分辨率达到 0.21m；航带间距 360m，旁向叠加达到 63.85%，像主点曝光间距 150m，航向叠加为 75%，高叠加率航拍保障了区域影像的择优录取。

(2) 后期 Skyline Terra Builder 影像处理。

根据解析空中三角测量成果和数字地面模型 DTM，生成带有公里格网、图廓整饰和注记的数字正射影像 DOM(Digital Orthophoto Map)；应用 Inpho Oth 图形处理技术，进行正射影像镶嵌合并、匀色调整，生成喇嘛甸油田全区域正射影像镶嵌图；应用 Global Map 图形处理技术，进行边缘地带羽化处理，编译生成带镶嵌栅格的正射影像数据集；应用 Skyline 图形处理技术，叠加 DEM 数字高程模型数据，生成三维背景地理信息图，通过线划处理，生成线划图。

3.2.2 喇嘛甸油田 GPS 控制网建设

喇嘛甸油田南北约 18.1km，东西约 10.5km，油区面积约为 $100km^2$，依据 GB/T 18314—2001《全球定位系统 GPS 测量规范》中的 GPS 测量精度分级表及 GPS 网中相邻点间距离表的要求，在喇嘛甸油田共设立 C 级控制点 1 个、D 级别控制点 3 个、E 级控制点 10 个，全厂布设 GPS 基准站 1 个。形成了以 C 级控制点为中心，全区域大环均匀分布，局部区域小环均匀分布的合理布局，为勘察测量提供准确依据。表 1 为 GPS 测量精度分级表，表 2 为 GPS 网相邻点间距离表，表 3 为喇嘛甸油田 GPS 网控制点分布表。

表 1 GPS 测量精度分级表

级别	平均距离，km	固定误差 a，mm	比例误差(与距离成比例的误差)，mm
A	300	≤5	≤0.1
B	70	≤8	≤1
C	10~15	≤10	≤5
D	5~10	≤10	≤10
E	0.2~5	≤10	≤20

表 2 GPS 网相邻点间距离表

级别	A	B	C	D	E
相邻点最小距，km	100	15	5	2	1
相邻点最大距，km	200	250	40	15	10
相邻点平均距，km	130	70	15~10	10~5	5~2

表 3　喇嘛甸油田 GPS 网控制点分布表

级别	相邻点最小间距 km	相邻点最大间距 km	相邻点平均间距 km	埋设标石数量	控制点分布情况
C	5	40	15~10	1	位置：至北 11. 3km，至南 10. 3k 至东 10. 1km，至西 1. 1km
D	2	15	10~5	3	全区域大环，均匀分布
E	1	10	5~2	10	局部区域小环，均匀分布

3.3　软件平台开发

喇嘛甸油田地面系统数字管理平台开发，遵循“顶层式设计、标准式管理、模块式构建、开放式应用”的建设原则，应用 MS Visual Studio、Silver Light 4. 0、NET Framework 4. 0、Web Service 等软件技术，采用客户端/服务器(C/S)和浏览器/服务器(B/S)相结合的开发方式，C/S 用于数据管理、平台运维，B/S 用于终端用户的专业应用，实现了以 B/S 与 C/S 系统架构为基础的“厂、矿、站”三级权限管理维护。为了提高平台的信息处理能力和运行效率，在软件开发方式和数据空间拓扑关系进行了深入研究：

(1) 研究了模块式设计、组件式开发的软件开发新技术，建立了喇嘛甸油田地面系统数字管理平台。二维地图应用以 ESRI ArcGIS for Server 发布的地图服务为基础，使用面向服务的架构(Service-Oriented Architecture)设计，采用 WCF 数据通信应用程序开发接口，保证了平台功能的可扩展、可共享、可二次开发。三维地图应用以 Skyline Global 系列组件为基础，实现了喇嘛甸油田大三维场景的编制和展示，选择 JavaScript 和 Net Framework 相结合的开发模式，提高了客户端三维场景的展示效率和性能，强化了三维场景的应用功能。

(2) 研究地面系统勘察测绘成果数据的空间拓扑关系，以地图数据为载体，深挖地面系统的应用功能，建立了空间目标实体点、线、面之间的邻接、关联和包含关系，即空间拓扑关系，使之成为数据处理和空间分析的基本原则和法则。根据拓扑关系，不需要利用坐标或距离，可以确定一种空间实体相对于另一种空间实体的位置关系，有利于空间要素的查询。

(3) 以空间拓扑关系为索引，开发管网查询统计、产量查询统计、埋地管道穿孔分析及供配电网断电分析等应用功能。例如在管网穿孔分析功能中，当管网中某一段管线发生穿孔事件时，以地理空间位置确定穿孔位置和范围，通过管网与管网、管网与阀门、管网与站间、管网与井口之间的位置关系，根据管网的流程工艺特点，分析统计出受事故影响的管网、站间、井位的数量和明细，结合生产日报数据预警事故影响的规模程度。

(4) 通过研究地面系统实体对象与生产运行环节之间的关系，进行数据信息关联，建立了数据预处理、数据规约、数据清理、数据转换、数据存储的一整套地面数据管理流程体系。

喇嘛甸油田地面系统数字管理平台通过管线勘测数据管理系统、二三维生产数据汇交系统、数据库平台、三维生产辅助管理平台、三维站库及设备模型系统、勘测成图系统、信息查询地理导航平台、通用二维展示平台、通用三维展示平台 9 个功能模块的开发，新建了静态基础信息库、三维模型库、测绘信息库、二维系统库、三维系统库，兼容了 A2 油水井生产数据采集系统和地面工程生产动态信息库。实现了二三维系统联合展示，既保留用户对二维视图的应用习惯，又实现二三维视图的无缝拼接，二三维共用一份数据，实现数据的统一管理和维护。

3.4 勘察测绘建模

勘察测绘建模包括隐蔽设施探测和测绘建模两方面内容。

3.4.1 埋地管道探测技术

地下管线探测技术原理是利用管线的存在能引起物理异常的方法，通过测量各种物理场分布的特征来确定地下管线的存在和位置。利用探测仪器，对埋设于地下的管线进行搜索、追踪、定位和定深，将地下管线中心位置投影至地面，并设置管线点标志，以便于测量其平面位置和高程。主要技术方法有电磁法、电磁波法、磁法及磁梯度法、地震波法、直流电法、红外辐射法等。在喇嘛甸油田地面系统数字管理平台建设中，采用了准确性较高的电磁探测法。

电磁探测法是以地下管线与周围介质的导电性及导磁性差异为主要物性基础，根据电磁感应原理和研究电磁场空间与时间分布规律，从而达到寻找地下管线的目的。探测仪器由发射机和接收机两部分组成。通过发射机在发射线圈中供谐变电流，称为一次电流，从而在地下建立谐变磁场，称为一次场，地下管线在谐变磁场的激励下形成了电流，称为二次电流，然后，在地面通过接收机的接收线圈测定二次电流所产生的谐变磁场，称为二次场，来推算地下管线的存在和具体位置，从而确定埋地管道的位置、走向及埋深。

3.4.2 GPS-RTK 测绘建模技术

测绘建模亦称测绘成图技术，是应用 GPS 测量技术获取待测目标的空间位置信息，其原理是基准站通过数据链将其观测值和测站坐标信息一起传送给移动站，移动站不仅通过数据链接收来自基准站的数据，还要采集 GPS 观测数据，并在系统内组成差分观测值进行实时处理，获取待测目标的大地坐标和高程等空间位置信息，最后，通过建模软件绘制二维、三维系统矢量图。

地面系统数字管理平台开发应用了 GPS-RTK 测绘成图技术，根据探测标志点、供电线路、道路、排水渠的关键特征点，应用 GPS-RTK 双频载波相位差分技术，采集埋地管道、供电线路、道路、排水渠的空间位置信息，通过 Arc Map 绘图软件建设了集输、天然气、污水、注水、配注、供配电、给排水及道路 8 个专业的二维、三维系统矢量图(图 2)，测绘平面位置中误差≤5cm、高程测量中误差≤3cm。

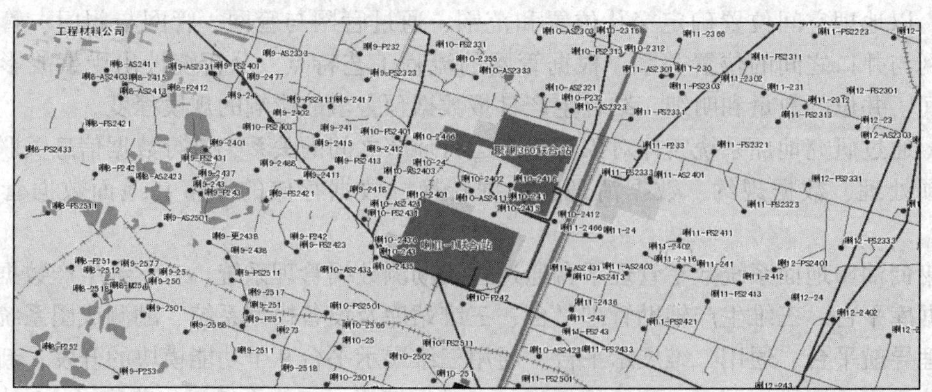

图 2　集输系统二维矢量图

3.5 三维建模

地面系统数字管理平台开发采用了三维激光扫描建模和3D MAX建模相结合的方式进行站间及办公区三维建设，该建模技术包括外业数据采集和内业数据处理两方面内容。

3.5.1 外业数据采集技术

激光点云数据获取：设计合理扫描路径，科学布置扫描站点，利用激光相位扫描仪，通过合理设置扫描参数，获取原始点云数据。

光学影像数据获取：利用激光相位扫描仪内置集成同步相机获取物体表面高清纹理信息。

3.5.2 内业数据处理技术

通过点云拼接、去噪、赋色、纹理处理完成原始点云优化拼接，利用Kubit Point Cloud和3D Max模型编辑软件完成三维仿真模型建设。

三维激光扫描站点拼接：应用Faro SCENE点云数据处理软件，根据已设置的扫描参数，将原始三维点云数据进行自动拼接。

点云赋色：应用Faro SCENE点云数据处理软件，将集成相机拍摄的场景纹理信息与黑白点云匹配，生成具有真实色彩信息的点云数据(图3)。

三维模型建立：将拼接优化后的三维激光点云数据导出，应用Kubit Point Cloud和3D Max三维模型编辑软件进行修整，完成站间三维模型建设(图4)。

图3 第四油矿办公区激光点云数据

图4 第四油矿办公区三维模型

4 实现功能

喇嘛甸油田地面系统数字管理平台建立了集输、天然气、污水、注水、配注、供配电、给排水及道路8个专业系统，实现了三维区域场景浏览、二维系统查询浏览、三维系统查询浏览、二三维一体化查询浏览、站间三维工艺查询浏览、专项系统功能、数据统计分析及平台维护管理八类功能。

4.1 三维区域场景浏览

在三维地球基础上，应用无人机航拍和影像处理技术，构建了分辨率为0.29m的喇嘛甸油田三维地理信息场景，通过俯视、平视、行走、飞行、全图等基本功能操作，实现了区域场景三维立体地形、三维站库、厂矿队三维办公区的统一展现。

4.2 二维系统查询浏览

根据油田地面设施和工艺类别，应用勘察测绘建模技术，开发建设了集输、天然气、污水、注水、配注、供配电、排水及道路8个专业二维系统图，通过图层控制、点击图形查询、定向查询、基本图形操作及距离、面积、周长量测等功能，详细了解各系统生产设施、设备现状。

4.3 三维系统查询浏览

为了更清晰地展示各系统地面设施与周围地形的关系，为油田规划建设提供更加直观的依据，在二维系统图形基础上，开发建设了集输、天然气、污水、注水、配注、供配电、排水及道路8个专业三维系统图，其功能与二维系统功能基本一致。

4.4 二三维一体化查询浏览

为了更好地显示油田地面设施的整体性、更清晰地展示周围地形，使系统展示更加直观，发挥三维视图在管网布设、空间位置关系方面优势和二维视图在表达整体宏观性方面优势，开发了二三维一体化系统。

4.5 站间三维工艺查询浏览

为了更真实、详细地展示站间地面设施和工艺生产现状，应用激光扫描三维建模技术，完成了第四油矿区域7座三维虚拟站间及管辖计量间、配水间、采油井、注水井三维工艺建设和办公区三维虚拟场景建设，通过动静态生产数据展示、工艺流程展示、地下管网展示及设备运行演示，再现了现场生产，为生产指挥、油田管理、培训教学提供了第一手资料。

4.6 专项系统功能

（1）量测功能：通过水平、空间、面积量测功能，可以对系统内任意点、任意形状区域进行测量统计。

（2）辅助规划设计：基于可编辑模型库，开发了辅助规划设计功能，能够实现全比例模型虚拟建设，系统将进一步完善设备参数辅助功能，为规划设计提供有力支持。

（3）产量分析功能：系统通过兼容A2油水井数据库，开发了产量分析功能，可以对任意单位或自定义区域进行产量分析，为站库规划提供依据。

（4）管线查询统计功能：可以对任意单位或自定义区域的埋地管线进行查询、统计、定位，为新建站库、改造站库、管线占压提供准确依据。

（5）穿孔查询统计预警：可以对任意管线或自定义区域管线穿孔情况进行定位查询统计，分析其影响的管线和油水井，当单位管线穿孔达到10次以上，系统预警提示，为管道更换提供技术依据。

(6) 断电分析功能：依据配电网的拓扑关系分析线路负载情况、负荷设备分布情况，确定断电位置后，快速分析统计受影响的电力线、变压器及采油井，为线路增容、检修、故障排除提供依据。

4.7 数据统计分析

(1) 查询统计功能：系统能够根据类别、名称、管径、材质、投产时间等情况，对各类地面设备、管线进行查询统计、生成报表，方便用户进行设备管理统计，节省人力物力。

(2) 生产动态信息统计：平台兼容了地面生产动态库，能够按类别、单位、时间对地面生产动态数据进行统计、形成报表，使系统功能高度集成，满足地面生产需要。

4.8 平台维护管理

喇嘛甸油田地面系统数字管理平台通过用户管理、权限管理、IP 地址管理、模块访问管理、模块访问日志管理、数据查询配置管理、图集管理，对浏览用户和维护人员进行权限分配，保障了系统安全运行。

5 结论与认识

(1) 喇嘛甸油田地面系统数字管理平台是借鉴国内油田二维数字系统、局部三维管理平台，应用先进的激光三维建模、勘察测绘、软件开发技术，结合喇嘛甸油田小而集中的实际现状，建立的国内油田首家以井、间、站为中心的全区域三维仿真数字化管理平台。

(2) 喇嘛甸油田地面系统数字管理平台全面展示喇嘛甸油田区域规划、系统规划、站间布局、井间布局、生产运行、设备参数、管道现状等一系列数字化信息，为油田生产指挥、规划设计、施工建设、生产管理、技术管理及教学培训提供了基础平台。

参考文献

[1] 赵筱斌．数字虚拟校园漫游项目设计与开发[D]．上海：华东师范大学，2010.

[2] 胡小强．虚拟现实技术基础与应用[M]．北京：北京邮电大学出版社，2009.

模块化计算在工程造价中的应用

张世博　印　重　孟凡君　姜义博　张丽杰

（规划设计研究所）

摘　要：随着油田地面建设项目规模的不断扩大，施工技术的难度与质量的要求不断提高，各部门和单位交互的信息量也不断扩大，信息的交流与传递变得越来越频繁，工程造价的复杂程度和难度越来越突出。随之，估算和概算的编制方法、手段发生了巨大变化。为此，本文着重就模块化计算在工程造价过程中的应用进行简要分析及探讨。

关键词：模块化计算；估算；概算；Excel

随着计算机及网络技术的发展，工程造价人员从传统的单纯依靠纸笔、计算器、查定额转变为借助软件及网络平台来完成工程造价管理工作。编制一个工程的估算和概算，从过程繁琐枯燥、编制时间长到应用计算机软件，直接输入定额项目号、输入工程量，自动完成工程费用计算仅需几个小时，大大提高了工作效率，在注重造价管理中技巧的发挥时，更要注重管理方法技术的革新。计算机在工程造价管理过程中的应用，将提供精确和实时的技术支持，便于从不同的角度进行造价的分析和组合。

1　模块化计算的优势

1.1　简化计算过程，提高估算编制效率和准确率

估算总投资计算过程中，工程费、其他费和预备费计算过程复杂，不同类别的项目有不同的单位工程和取费方法，各种其他费的费率和工程费的大小决定着取费的差异。同时取费公式繁琐，手工计算时间长，设计审核难度较大。通过模块化计算使复杂的估算编制项目利用简单的模块组合方式由繁入简，针对不同的项目采用不同的模块，可以显著提高工作效率，使得估算的编制时间大大缩短，且有效提高了估算准确率。

1.2　降低工作难度，提高概算编制效率和准确率

传统概算的编制过程要求编制人员必须掌握相关概算定额、各种图纸和建设项目施工工艺。但是，由于人的精力有限，短时间内不可能对上述内容全面了解，容易出现偏差。同时概算的编制工作耗用人力多、人工计算容易出错。模块化计算的方式可以使造价人员易于上手，能够很快地熟悉本单位概算编制的标准和特点，大大提高概算编制效率和准确率。

2　模块化计算在工程造价中的应用

2.1　建立标准估算模块

2.1.1　工程费的自动计算

标准化模块对于估算编制方面的应用要结合第六采油厂改造项目实际情况，整理分部工程量、应用专项编制软件，进行单位工程量录入，得出具体估算指标。然后利用公式编辑实现工程费自动汇总（表1、表2、表3）。

表 1　综合估算表

单元：万元

序号	项目名称	单位	数量	单位指标					投资估算				
				合计	建筑费	安装费	主材费	设备费	合计	建筑费	安装费	主材费	设备费
	喇Ⅲ-1 联合站改为放水站												
一	脱水站工艺系统								1846.00	47.54	908.23	121.32	768.91
(一)	游离水脱除器及电脱水器操作间								15546.02	2761.21	5622.59	1133.88	6028.34
1	ϕ4000mm×18000mm 游离水脱除器(陶瓷填料)	台	3	131.41		11.04		120.37	394.23		33.12		361.11
2	新建游离水脱除器基础	座	3	6.3	6.3				18.90	18.90			
3	新建联合梯子平台	座	1	15.85	15.85				15.85	15.85			
4	新建 ϕ3600mm×16000mm 含水油缓冲罐	台	1	66.95	2.3	12.72		51.93	66.95	2.30	12.72		51.93
5	新建含水油缓冲罐基础	座	1	3.05	3.05				3.05	3.05			
6	破乳剂加药装置	套	1	5.86		0.18		5.68	5.86		0.18		5.68
7	玻璃钢加药槽	个	1	0.16			0.16		0.16			0.16	
8	加药筒泵	个	1	2.8		0.8		2	2.80		0.80		2.00
9	污油回收装置 $Q=3m^3/h$，$H=50m$，$P=2.2kW$	套	1	3.05		0.7		2.35	3.05		0.70		2.35
10	外输油泵 $Q=45m^3/h$，$H=100m$，$P=30kW$	台	3	3.69		0.7		2.99	11.07		2.10		8.97
11	新建外输泵基础	座	3	0.1	0.1				0.30	0.30			
12	污水泵 $Q=450m^3/h$，$H=65m$，$P=132kW$	台	3	7.1		1.15		5.95	21.30		3.45		17.85
13	新建污水泵基础	座	3	0.25	0.25				0.75	0.75			
14	事故泵 $Q=150m^3/h$，$H=60m$，$P=45kW$	台	1	4.8		0.9		3.9	4.80		0.90		3.90
15	新建事故泵基础	座	1	0.1	0.1				0.10	0.10			
16	污水泵前过滤器 PN16MPa，DN350mm	台	3	2.92		0.07		2.85	8.76		0.21		8.55
…	…	…	…	…	…	…	…	…	…	…	…	…	…
十三	阴极保护系统								139.51	0.00	44.48	18.80	76.23
1	更换恒电位仪(100V/100A)	台	3	10.33		0.22		10.11	30.99		0.66		30.33
2	更换埋地电缆 VV22-1 * 50-0.6/1kV	km	3.5	10.06		6	4.06		35.21		21.00	14.21	
3	组合式闭孔深井钛合金阳极地床装置(ϕ400mm 深 80m)	套	3	22.59		7.29		15.3	67.77		21.87		45.90
4	组合式钛合金阳极(15 支/套)	套	3	1.41			1.41		4.23			4.23	
5	长效硫酸铜参比电极	只	6	0.1		0.04	0.06		0.60		0.24	0.36	
6	测试桩	个	6	0.035		0.035			0.21		0.21		
7	阴极保护调试	座	1	0.5		0.5			0.50		0.50		
	工程费小计								7306.09	1359.98	2691.28	548.06	2706.77
十四	施工单位 HSE 增加费								48.44		48.44		
十五	工程费合计								7354.53	1359.98	2739.73	548.06	2706.77

表 2　地面建设估算投资汇总表

序号	项目名称	投资估算，万元	设备费	比例,%
一	脱水站工艺	1846.00	768.91	25.10
二	喇 560 联合站扩建	277.36	24.80	3.77
三	污水站工艺	2482.52	844.37	33.76
四	供配电部分	524.27	370.04	7.13
五	自控部分	383.87	367.33	5.22
六	通信部分	80.39	36.66	1.09
七	给排水部分	133.86	33.71	1.82
八	道路竖向	240.24	0.00	3.27
九	供热系统	255.46	162.18	3.47
十	采暖系统	68.75	0.00	0.93
十一	通风系统	27.25	22.55	0.37
十二	土建系统	846.63	0.00	11.51
十三	阴极保护	139.51	76.23	1.90
十四	施工单位 HSE 增加费	48.44		0.66
十五	工程费用	7354.53	2706.77	100

表 3　非标准设备设计费计算

序号	非标准设备名称	单位	数量	单位计费额，元	费率%	设计费万元	特殊设备安全监督检查费万元
1	ϕ4000mm×18000mm 游离水脱除器(陶瓷填料)	台	3	1203700	16	30.81	3.61
2	新建 3000m^3 二次沉降罐	座	2	3867500	20	100.56	
3	新建 ϕ3.6m×16000m 含水油缓冲罐	座	1	669500	16	10.71	
4	天然气除油干燥组合装置 ϕ3000mm×9600mm	台	1	466700	16	7.47	0.47
5	新建真空相变炉 1.4MW	台	3	480000	20	15.36	1.44
	费用合计					164.91	5.52

2.1.2　其他费的自动计算

对于各种费用，例如设计费，监理费，建设单位管理费，基本预备费等费用，要查找相关的政府文件并集中保存，汇总将其计算方法保存在 Excel 表格中，利用公式编辑实现取费费率的计算和费用值的汇总计算。在编制估算时可以直接查询、计算、使用。日常工作中应多和施工单位及工程管理部门沟通，随时注意市场及政策变化，及其对价格和费用的影响，并及时更新，保证基础资料的准确性(表 4)。

表 4　工程总投资构成表

序号	项目名称	费率	费用额，万元	备注
一	工程费用		7354.53	
1	建筑安装工程费		0.00	
2	设备费		2706.77	

续表

序号	项目名称	费率	费用额，万元	备注
二	其他费用		923.19	
4	建设单位用地和赔偿费		0.00	
5	可研费		64.94	中油计(2012)534号
6	建设管理费		211.79	
(1)	建设单位管理费		56.07	中油计(2012)534号
(2)	建设工程监理费		151.24	中油计(2012)534号
(3)	建设单位健康安全环境管理费	8%	4.49	中油计(2012)534号
7	专项评价及验收费		64.18	
(1)	环境影响评价费		28.25	中油计(2012)534号
(2)	环境预评价及验收费		16.22	中油计(2012)534号
(3)	职业病危害预评价及控制效果评价费		12.35	中油计(2012)534号
(4)	危险与操作性分析及安全完整性评价费		7.35	中油计(2012)534号
8	勘察费	0.80%	58.86	
9	设计费	4.50%	495.86	
10	联合试运转费	0.50%	0.00	
11	工程保险费	0.30%	22.06	中油计(2012)534号
12	特殊设备安全监督检验费		5.52	中油计(2012)534号
三	预备费		331.11	
14	基本预备费	4%	331.11	
四	总投资		8608.83	

2.1.3 不同类别项目的取费报表

针对项目类别不同，建立了包括老区改造、安全隐患、生产维修、房屋维修在内的4种不同的估算取费报表分类模块。通过公式编辑实现工程投资自动汇总计算(表5、表6、表7)。

表5 其他费用计算表

工程名称：老区改造工程

序号		取费基数	费率,%	金额，万元
一	第一部分工程费用(D_1)			0.00
	设备购置费(Z_1)			0.00
	建筑工程费(Z_2)			0.00
	安装工程费(Z_3)			0.00
二	第二部分其他费用(D_2)			0.00
	前期工作费			0.00
	监理费	>2000万元		0.00
	联合试运转费		0.5	0.00
	建设单位管理费	$Z_1+Z_2+Z_3<500$ 万元	1.04	0.00
	勘察费	$Z_1+Z_2+Z_3$	0.8	0.00
	设计费	$Z_1+Z_2+Z_3$	3.5	0.00

续表

序号		取费基数	费率,%	金额，万元
三	第三部分预备费(D_3)			0.00
	基本预备费	D_1+D_2	2	0.00
	建设项目概算总投资	一+二+三		0.00

表 6　其他费用计算表

工程名称：房屋维修、安全隐患工程

序号		取费基数	费率,%	金额，万元
一	第一部分工程费用(D_1)			0.00
	设备购置费(Z_1)			0.00
	建筑工程费(Z_2)			0.00
	安装工程费(Z_3)			0.00
二	第二部分其他费用(D_2)			0.00
	前期工作费			0.00
	监理费	>3000 万元		0.00
	联合试运转费			0.00
	建设单位管理费	$Z_1+Z_2+Z_3$>200 万元	1	0.00
	勘察费	$Z_1+Z_2+Z_3$		0.00
	设计费	$Z_1+Z_2+Z_3$	3.5	0.00
三	第三部分预备费(D_3)			0.00
	基本预备费	D_1+D_2	1	0.00
	建设项目概算总投资	一+二+三		0.00

表 7　其他费用计算表

工程名称：生产维修工程

序号		取费基数	费率,%	金额，万元
一	第一部分工程费用(D_1)			0.00
	设备购置费(Z_1)			0.00
	建筑工程费(Z_2)			0.00
	安装工程费(Z_3)			0.00
二	第二部分其他费用(D_2)			0.00
	前期工作费			0.00
	监理费	>3000 万元		0.00
	联合试运转费			0.00
	建设单位管理费	$Z_1+Z_2+Z_3$>300 万元	1	0.00
	勘察费	$Z_1+Z_2+Z_3$		0.00
	设计费	$Z_1+Z_2+Z_3$	3.5	0.00
三	第三部分预备费(D_3)			0.00
	基本预备费	D_1+D_2	1	0.00
	建设项目概算总投资	一+二+三		0.00

2.2 建立标准概算模块

2.2.1 工程量的自动计算

建立一个完整、标准化的模块，使该模块包含日常编制概算中的常用项目。先后编制了常用规格的管道理论重量换算“概算模块”、管沟土方“概算模块”、容器清洗“概算模块”运用到概算编制当中，起到了较好效果。这样在新做一个项目的时候，就可以直接调出标准化模块并输入工程量即可。同时根据具体工程的特点对标准化模块进行删减和更改的操作，这样就避免了每次做新项目都要重复套用复杂公式计算的麻烦，节省了时间和精力，也减少了错误的发生(表8、表9、表10)。

表8　管道重量、防腐层、保温层、保护层计算表

外径，mm	壁厚，mm	长度，m	保温厚度，mm	质量，t	防腐层，$10m^2$	保温层，m^3	保护层，$10m^2$
60	4	190	40	1.050	3.580	2.386	8.352
48	3.5	180	40	0.691	2.713	1.990	7.235
48.3	3.5	170		0.657	2.578	0.000	2.578
48	3.5	210	50	0.807	3.165	3.231	9.759
34	3	420	50	0.963	4.484	5.539	17.672
22	3	100		0.141	0.691	0.000	0.691
114	4.5	25		0.304	0.895	0.000	0.895
406.4	7.1	220		15.381	28.074	0.000	28.074
406.4	7.1	80	50	5.593	10.209	5.732	12.721
60	4	150	50	0.829	2.826	2.591	7.536
128	4	150	50	1.835	6.029	4.192	10.739
34	3	300		0.688	3.203	0.000	3.203
116	3.5	210	50	2.039	7.649	5.473	14.243
120	3.5	250	50	2.514	9.420	6.673	17.270

表9　埋地管道土方量计算表

序号	管道外径，m	管底埋深<1.35m	沟底余量，m	管线长度，m	人工土方量，m^3	机械土方量，m^3
1	0.231	1.32	0.3	720	353.26	151.40
2	0.18	1.12	0.3	200	75.26	32.26
3	0.1263	1.25	0.3	200	74.60	31.97
4	0.101	1.33	0.3	1120	418.13	179.20
5	0.088	1.27	0.3	2250	776.10	332.61
小计					1697.36	727.44
序号	管道外径，m	管底埋深>1.35m	沟底余量，m	管线长度，m	人工土方量，m^3	机械土方量，m^3
1	0.231	2.031	0.3	720	1416.72	865.55
2	0.18	1.98	0.3	200	363.58	224.03
3	0.1263	1.9263	0.3	200	333.15	207.34
4	0.101	1.901	0.3	1120	1787.60	1118.24
5	0.088	1.885	0.3	2250	3511.70	2202.77
小计					7412.74	4617.94
合计					9110.10	5345.38

表 10　容器清洗计算表

容器(火筒式加热炉)清洗(高压水面积)					
序号	容器	直径，m	长度，m	高压水内表面积，m^2	高压水内面积公式
1	卧式 1#三项分离器	3.3	8.9	119.58	s=2×3.14×半径的平方×1.6+2×3.14×半径×高度
2	卧式 1#脱水炉	2.8	7.6	86.51	s=2×3.14×半径的平方×1.6+2×3.14×半径×高度
3	卧式 1#电脱水器	2.4	6.3	61.95	s=2×3.14×半径的平方×1.6+2×3.14×半径×高度
高效炉(卧式圆筒炉)功率对照表					
序号	规格	数量	盘管尺寸，m		
1	100×10^4kcal/1.16	一台	ϕ60：42		ϕ114：140.5
2	150×10^4kcal/1.74	一台	ϕ60：77.8		ϕ114：205
3	200×10^4kcal/2.32	一台	ϕ76：134		ϕ159：181.3
4	250×10^4kcal/3.0	一台	ϕ76：196		ϕ159：265

注：烟管、火管面积具体以“现场实测实量”为主。

2.2.2　分部工程的快速计算

针对大量重复出现的工程内容，建立标准概算模型，如管线安装、机泵安装等内容，在工作中遇到可以直接应用标准子目，调整工程量即可。

首先搜集整理各种编制概算需用的基础资料，并结合 Excel 和概算编制程序以合理的方式集中保存在电脑中。概算的基础资料包括建设项目施工工艺情况、材料选择及各种费用的计费依据等。施工工艺有些在设计工程量上是不体现的，但在实际施工中却是发生费用的，因为具体的施工流程要根据工程的实际情况，工程进度要求等来具体确定，则很容易漏计这些费用，造成概算费用偏低。所以应在日常工作中搜集这些信息，并将信息以电子表格或 Word 文档等形式集中保存起来，以便使用时随时调用。例如一条 DN219mm×6mm 室外地面保温管线的安装和回收水泵的安装，看似再简单建设项目，但施工工艺极其复杂，套用子目繁琐(表 11、表 12)。

表 11　室外地面保温管计算模块

ϕ219mm×6mm 室外地面保温管			
定额号	工程名称	单位	工程量
05-2058	室外低压碳钢管道安装(氩电联焊)DN250mm	t	31.5150
YZ0430	无缝管外石油沥青腐加强级单根 ϕ219mm×6mm 20#	km	1.0000
2-1221	防腐绝热管道石油沥青补口补伤加强级无缝钢管(二接一)	1000m	1.0000
07-8003	管道绝热纤维类制口管壳安装	m^3	42.2330
1093	XH-I 硅藻纤维绝热管壳保温(50mm)(乙方购价)	m^3	43.4900
18	硅藻纤维高效粘合剂(乙方购价)	kg	1031.4900
07-21421	管道缠聚乙烯防腐胶带(普通级)	$10m^2$	100.1660
08-6013	防腐预管段运输(20km)DN200mm	km	1.0000
08-6014	防腐预制管段运输每增(减)5km DN200	km	-1.0000

表 12 机泵安装计算模块

回收水泵电机 YB225M-4P=55kW			
定额号	名称	单位	工程量
01-1002	单级离心泵及离心式耐腐蚀泵安装 1t	台	1.0000
26191	回收水泵电机 YB225M-4P=55kW	台	1.0000
09-3025	防爆异步电动机检查接线及调试 75kW(继电保护型)	台	1.0000
Y149	机械设备运杂费(10km 以内，1t 以内)	台	1.0000

3 模块化计算的效果

3.1 标准估算模型效果

通过建立标准估算模型，形成估算编制标准化、规范化管理，估算编制周期由原来的平均 7 天缩短到平均 4 天，估算准确率比公司标准高 7.48 个百分点。

3.2 标准概算模型效果

通过建立标准概算模型，圆满完成全年各项概算编制任务，人员整体专业技能得到大幅提升，概算编制周期由原来的平均 10 天缩短到平均 6 天，概算准确率比公司标准高 4.8 个百分点。

4 体会

在油田建设项目工程任务繁重，时间紧迫的情况下，能较准确地完成设计估概算编制任务，并通过油田公司的评审，除了正确运用编制方法和灵活运用造价软件及自编电子表格，还得益于平时的造价资料积累与工作经验方法总结。造价专业人员平时应注重造价资料积累与工作经验方法总结，将不同规模、不同功能的工程造价数据进行比较分析并存档保存，为以后的工作实践提供参考依据，提高编制工程设计估概算的效率，扩大估概算编制在标准化模块中的灵活应用。

参 考 文 献

[1] 魏连雨. 建设项目管理[M]. 北京：中国建材工业出版社，2000.

[2] 景红霞，赵赟，化俊莉. Excel 在水利工程造价中的应用[J]. 内蒙古水利，2008(4)：149-150.

ASP. NET 环境下的几种数据采集方法在油田生产中的应用研究

姜雪根　谢　竹　刘雪松

（信息中心）

摘　要：油田数字化进程逐渐加快，各项生产业务越来越依托于信息系统，其中业务数据的采集占据着非常重要的位置。针对各种各样的业务数据都依托哪些常用的开发方式，这些开发方式各自有着什么样的特点和适用范围，本文将围绕以上问题进行展开研究。

关键词：Web；数据采集；常用方式；特点与适用范围

随着油田数字化进程的快速发展，油田生产业务也越来越多的依赖于信息技术，大量的程序及系统如雨后春笋般被开发出来，其中数据采集程序占据着重要的席位。传统的数据采集系统往往是基于 C/S 模式而设计的，这种系统存在着软件维护费用高、系统升级困难等诸多问题，在跨平台、跨系统使用或者更新维护的角度上有着较高的壁障。基于 Web 的数据采集系统以其使用方便灵活、平台及系统普适性高、更新维护简便得到了越来越多的重视和认同，本文将从 Web 模式开发为范围，就油田生产中常用的几种数据采集方式进行讨论，研究其各自的特性、优劣及适用范围。

1　Gridview

GridView 是 DataGrid 的后继控件，他们功能相似，都是在 web 页面中显示数据源中的数据，将数据源中的一行数据，也就是一条记录，显示为在 Web 页面上输出表格中的一行。

1.1　Gridview 特点

（1）与 DataSource 控件结合实现了显示与数据操作的分离，大大减化了代码的编写量。

DataSource 控件负责与数据源的交互，而 GridView 负责数据的显示。它们之间通过“双向绑定”联系起来，即 DataSource 控件将检索出来的数据绑定到 GridView 中显示，而 GridView 中修改和删除的数据直接绑定到 DataSource 数据源去。这两个过程由这两个控件相互配合实现的，无需额外编写代码。

（2）具有 CheckBoxField 和 ImageField 列。

CheckBoxField 类型可以满足数据采集时需要额外标记的数据，ImageField 类型可以更好地满足特殊数据列内容为图像的情况，灵活全面的应对越来越多的图像存储需求。

（3）高自由度的属性及事件支持。

Gridview 拥有大量功能强大的属性及控件事件，可以定制从行列显示颜色、页眉页脚、日期格式到行列创建过程、数据绑定完成、键盘输入数据、鼠标点击等一系列事件。

1.2 Gridview 不足

(1) 复杂查询时，需要大量后台代码。

Gridview 对于单表展示或者简单查询结果的支持度很高，但对于多表或需经由复杂查询才能得出结果的数据支持度不够，想对此种数据进行增删改操作时需要编写大量后台代码，易于出错且不利于维护。

(2) 不适用于大量数据采集。

使用 Gridview 进行数据采集时依靠键盘输入，数据多时极消耗人工，不支持多单元格的复制粘贴，大数据量时采集效率低。

1.3 Gridview 适用范围

结合以上特点得出，Gridview 适用于要采集的数据结构不复杂且数据量不大的情况。

1.4 Gridview 开发实例

第六采油厂生产日报平台的开发使用了 Gridview 技术作为主要手段，充分发挥了 Gridview 组件高自由度的特点(图1)。

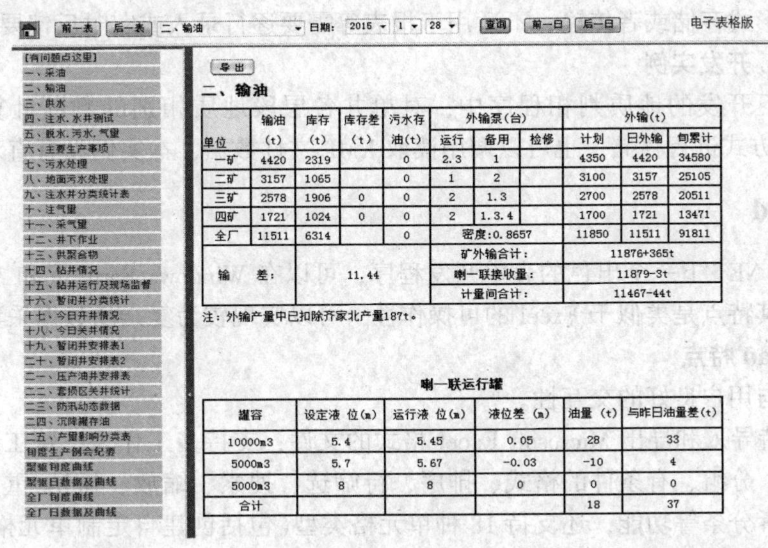

单位	输油(t)	库存(t)	库存差(t)	污水存油(t)	外输泵(台)			外输(t)		
					运行	备用	检修	计划	日外输	旬累计
一矿	4420	2319		0	2.3	1		4350	4420	34580
二矿	3157	1065		0	1	2		3100	3157	25105
三矿	2578	1906	0	0	2	1.3		2700	2578	20511
四矿	1721	1024	0	0	2	1.3.4		1700	1721	13471
全厂	11511	6314		0	密度:0.8657			11850	11511	91811
输　差:	11.44				矿外输合计:			11876+365t		
					喇一联接收量:			11879-3t		
					计量间合计:			11467-44t		

注：外输产量中已扣除齐家北产量187t。

喇一联运行罐

罐容	设定液 位(m)	运行液 位(m)	液位差 (m)	油量 (t)	与昨日油量差(t)
10000m3	5.4	5.45	0.05	28	33
5000m3	5.7	5.67	-0.03	-10	4
5000m3	8	8	0	0	0
合计				18	37

图1　厂生产日报平台

2 XML

XML 是一种用于标记电子文件使其具有结构性的标记语言。

它可以用来标记数据、定义数据类型，是一种允许用户对自己的标记语言进行定义的源语言。它非常适合万维网传输，提供统一的方法来描述和交换独立于应用程序或供应商的结构化数据。是 Internet 环境中跨平台的、依赖于内容的技术，也是当今处理分布式结构信息的有效工具。

2.1 XML 特点

(1) 友好，各协议均可以良好结合。

为了使得标准通用标记语言显得用户友好，XML 重新定义了标准通用标记语言的一些内部值和参数，去掉了大量的很少用到的功能，这些繁杂的功能使得标准通用标记语言在设计网站时显得复杂化。

它保留了标准通用标记语言的结构化功能，这样就使得网站设计者可以定义自己的文档类型，它同时也推出一种新型文档类型，使得开发者也可以不必定义文档类型。

XML 能够与各种通讯协议良好结合，很容易进行传输。

(2) 泛用性好，易于在应用程序中读写。

XML 语言仅存储数据及结构，故而极其简洁，也正因为简洁，使 XML 成为数据交换的公共语言，这意味着程序可以更容易的与其他平台下产生的信息结合，然后可以很容易加载 XML 数据到程序中并分析它，并以 XML 格式输出结果并传输。

2.2 XML 不足

没有交互界面，数据采集过程不直观。XML 更多的是应用在数据存储及传输上，它仅仅存储数据内容及结构，不存储数据的外观，故而没有直观的交互界面，不适用于需要逐行输入的数据采集，也不适用于需要实时看到采集结果反馈的情况。

2.3 XML 适用范围

结合以上特点得出，XML 适用于对已有 XML 类型数据文件的批量导入采集，适用于将数据作为文件形式存储或者传输，不适用于报表等需要逐行录入或实时反馈要求高的情况。

2.4 XML 开发实例

第六采油厂开发的地质判相程序中，对单井各层段地质相别的判断计算结果采用了 XML 格式文件方式进行存储，也可以调用读取 XML 文件数据，本实例没有直观界面展示。

3 Spread

Spread 是 .NET 下一个出色的表单开发程序，可以在 Windows Form 下和 ASP.NET 应用程序中使用，其特点是类似于 Excel 的可操作性，可以实现较为复杂的数据采集。

3.1 Spread 特点

(1) 拥有与用户良好的交互性。

Spread 支持导入和导出 Microsoft Excel 格式的文件；支持多工作表、跨工作表，公式索引、分层显示、分组、有条件的格式、排序、行筛选、搜索、缩放、撤销/重复、数据绑定或解绑模式、拆分条等功能，还支持 18 种单元格类型(包括创建自定制单元格类型)，在单元格级别上支持全面的客户定制，提供单元格合并、多表头、单元格形状、320 种内建的计算函数，单元格提示和注释等。

(2) 支持批量复制粘贴操作。

Spread 支持用户批量复制粘贴操作，相比于逐单元格录入大幅度提升了效率。

(3) 具有实时的公式设置及计算功能。

Spread 具有强大的逐单元格设定公式功能，可以制作出非常复杂的采集界面，配合脚本及后台代码，能够在 Web 环境下实现与本地操作 Excel 相同的操作体验。

3.2 Spread 不足

(1) 后台代码编写复杂。

Spread 需要编写大量后台代码以实现相应高级功能，对于初学者或首次使用者会造成一定的麻烦。

(2) 资源消耗量大。

因为 Spread 是以大量的预存脚本形式来实现各单元格的公式功能及交互功能，所以当大量单元格拥有独立公式设置时，Spread 会消耗大量资源，严重时会影响系统响应速度，Web 程序会有明显卡顿现象。

3.3 Spread 适用范围

结合以上特点得出，Spread 适用于需要批量操作、需要大块数据复制粘贴、需要实时计算或者交互性强的数据采集，在大量单元格都具有公式的情况下使用时消耗资源会增加，响应速度会有所降低。

3.4 Spread 开发实例

第六采油厂经营考核管理系统需要大量数据的录入采集，且需要利用单元格公式进行计算，并对计算结果进行汇总及核对，因此采用了 Spread 组件进行开发(图 2)。

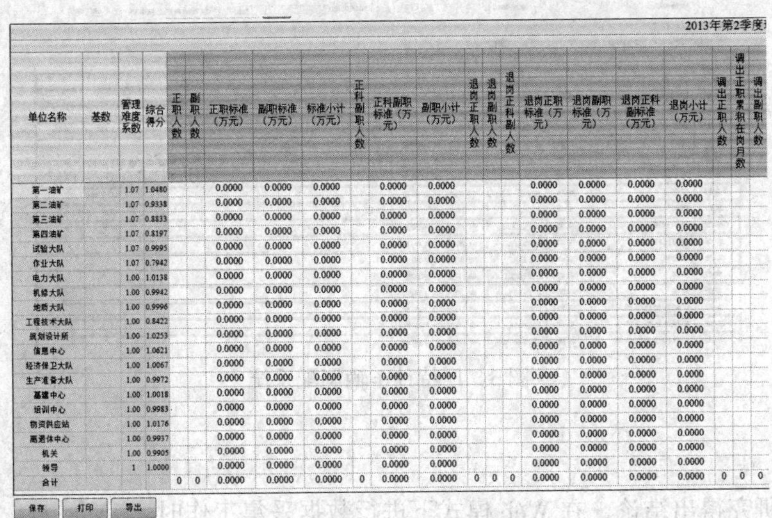

2013年第2季度

单位名称	基数	管理难度系数	综合得分	正职人数	副职人数	正职标准（万元）	副职标准（万元）	标准小计（万元）	正科副职人数	正科副职标准（万元）	副职小计（万元）	退岗正职人数	退岗副职人数	退岗正科副人数	退岗正职标准（万元）	退岗副职标准（万元）	退岗正科副标准（万元）	退岗小计（万元）	调出正职人数	调出正职累积在岗月数	调出副职人数
第一油矿		1.07	1.0480			0.0000	0.0000	0.0000		0.0000	0.0000				0.0000	0.0000	0.0000	0.0000			
第二油矿		1.07	0.9338			0.0000	0.0000	0.0000		0.0000	0.0000				0.0000	0.0000	0.0000	0.0000			
第三油矿		1.07	0.8833			0.0000	0.0000	0.0000		0.0000	0.0000				0.0000	0.0000	0.0000	0.0000			
第四油矿		1.07	0.8197			0.0000	0.0000	0.0000		0.0000	0.0000				0.0000	0.0000	0.0000	0.0000			
试验大队		1.07	0.9995			0.0000	0.0000	0.0000		0.0000	0.0000				0.0000	0.0000	0.0000	0.0000			
作业大队		1.07	0.7942			0.0000	0.0000	0.0000		0.0000	0.0000				0.0000	0.0000	0.0000	0.0000			
电力大队		1.00	1.0138			0.0000	0.0000	0.0000		0.0000	0.0000				0.0000	0.0000	0.0000	0.0000			
机修大队		1.00	0.9942			0.0000	0.0000	0.0000		0.0000	0.0000				0.0000	0.0000	0.0000	0.0000			
地质大队		1.00	0.9996			0.0000	0.0000	0.0000		0.0000	0.0000				0.0000	0.0000	0.0000	0.0000			
工程技术大队		1.00	0.8422			0.0000	0.0000	0.0000		0.0000	0.0000				0.0000	0.0000	0.0000	0.0000			
规划设计所		1.00	1.0253			0.0000	0.0000	0.0000		0.0000	0.0000				0.0000	0.0000	0.0000	0.0000			
信息中心		1.00	1.0621			0.0000	0.0000	0.0000		0.0000	0.0000				0.0000	0.0000	0.0000	0.0000			
经济保卫大队		1.00	1.0067			0.0000	0.0000	0.0000		0.0000	0.0000				0.0000	0.0000	0.0000	0.0000			
生产准备大队		1.00	0.9972			0.0000	0.0000	0.0000		0.0000	0.0000				0.0000	0.0000	0.0000	0.0000			
基建中心		1.00	1.0018			0.0000	0.0000	0.0000		0.0000	0.0000				0.0000	0.0000	0.0000	0.0000			
培训中心		1.00	0.9983			0.0000	0.0000	0.0000		0.0000	0.0000				0.0000	0.0000	0.0000	0.0000			
物资供应站		1.00	1.0176			0.0000	0.0000	0.0000		0.0000	0.0000				0.0000	0.0000	0.0000	0.0000			
离退休中心		1.00	0.9937			0.0000	0.0000	0.0000		0.0000	0.0000				0.0000	0.0000	0.0000	0.0000			
机关		1.00	0.9905			0.0000	0.0000	0.0000		0.0000	0.0000				0.0000	0.0000	0.0000	0.0000			
领导		1	1.0000			0.0000	0.0000	0.0000		0.0000	0.0000				0.0000	0.0000	0.0000	0.0000			
合计				0	0	0.0000	0.0000	0.0000	0	0.0000	0.0000	0	0	0	0.0000	0.0000	0.0000	0.0000	0	0	0

保存　打印　导出

图 2　厂经营考核管理系统

4　自定义控件

自定义控件是已编译的服务器端控件，它将用户界面和其他功能都封装起来到可复用的包中。自定义控件和标准的控件相比，除了它们一个不同的标记前缀，并且必须进行显式注册和部署以外并没有什么不同。此外，自定义控件拥有自己的对象模型，能够触发事件，并支持 Microsoft Visual Studio 的所有设计特性，诸如属性窗口、可视化设计器、属性生成器和工具箱。

4.1　自定义控件特点

(1) 针对性强。

自定义控件多是由开发人员针对某一特殊需求进行针对性开发，普通方式并不能起到良好效果时采取的一种办法，对于某些特殊的业务数据进行匹配，开发出完全适配控件用于数据采集及展示。

(2) 灵活性强。

开发人员可以按照需求对控件的属性及事件进行设置，后期维护时即使业务需求变更，也能够及时的调整自定义控件，增加或修改功能方便灵活。

4.2　自定义控件不足

开发周期长，代码量增加，代码可重用率降低。

4.3 自定义控件适用范围

结合以上特点得出，自定义控件适用于有特殊业务需求，一般方法无法满足或很难让用户满意的情况。

4.4 自定义控件开发实例

第六采油厂特种车辆调配系统在开发每日车辆上报模块时，因车辆及其性质、归属、重要程度的属性各不相同，便采用了自定义控件方式进行开发，将部分信息封装在控件内部，使用户能够方便完成每日车辆信息采集工作(图3)。

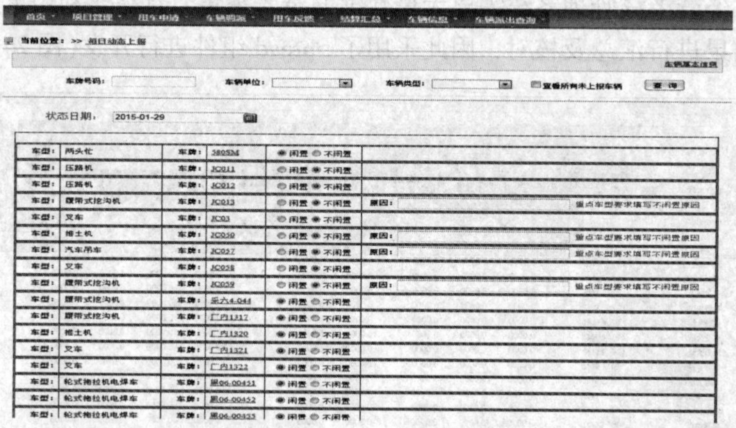

图3 厂特种车辆调配系统

5 结论

结合以上研究得出结论，在Web模式下进行数据采集工作时：

(1) 若要采集的数据结构不复杂且数据量不大的情况下，推荐优先选用Gridview方式进行开发。

(2) 若要对已有XML类型数据文件的批量导入，或对采集数据的实时反馈要求不高的情况下，推荐选用XML方式导入开发。

(3) 若要对大量可复制数据进行导入，或从Excel等文件进行导入，或在数据采集过程中交互性要求高的数据，推荐进行Spread组件进行开发。

(4) 若要采集数据结构特殊，或需求复杂，建议采用自定义控件方式进行开发。

通过对比研究可知，单一的数据采集方式是不可能满足油田多种多样的数据采集需求的，各种方式都有其适用范围和优劣，只有根据实际业务需求进行筛选才能挑选出最符合项目的开发方式。

参 考 文 献

[1] 唐翔弘，汪林林，文展．基于Web的数据采集[J]．计算机科学，2004(8)：74-76.

[2] 徐鹏，王克宏．基于Web的数据采集和在线发布系统[J]．计算机工程与应用，2002(15)：188-191.

[3] 张创建．浅谈利用VBA实现EXCEL与网页的数据交互[J]．电脑与信息技术，2013(1)：53-56.

[4] 钱晓雯．数据交换平台的设计与实现[J]．硅谷，2009(18)：88.

[5] 陈广伟，杨波，马坤，等．一种通用的数据交互接口模型及其应用[J]．济南大学学报：自然科学版，2013(1)：1-5.

利用地质动态数据管理实现数据统计分析需求的研究

姜雪垠　侯筱群　杜　鹃

（信息中心）

摘　要： 随着油田信息化程度日益增高，实际业务中对数据使用的深度也逐渐加深，分散的、单一的、浅层的数据查询及使用已经不能满足业务的需要，同时也存在部分数据未能入库统一管理的问题。针对以上情况，本文对利用地质动态数据管理实现数据统计分析需求进行研究探讨。

关键词： 完善数据库；多平台整合；数据统计分析

目前地质大队在工作中面临着很多油水井动态调整数据没有统一管理，数据的存储、共享等不能满足需要的情况，部分数据项没有建立对应的数据库，大量的常用数据没有直接展示或调用的通道，相关业务人员依靠着手工建立和维护 Excel 文件的形式使用这些数据；很多数据整合或统计深度不能满足业务需求，需要进行手动统计后才能利用，给工作增加了不必要的难度及工作量。如何对数据进行更高效的管理和处理应用便成了本次研究的主要目的。

油水井动态调整数据管理的研究，将对油水井动态调整数据进行统一管理，改善数据的存储、共享等不能满足需要的情况，同时对多个查询系统进行整合，提供大量常用数据直接展示或调用的通道，弥补地质大队业务室实际工作中数据使用不便的不足，提高数据使用时的效率，减少搜索时间，提高数据保存的安全性和计算效率，减轻劳动负担；研究以改善数据存储分散、更新不及时、使用不便的情况，同时以降低数据维护难度，保障数据一致性为目的，结合地质业务人员提出的实际需求对数据进行标准化维护及深度处理，最终提高工作效率。

1　系统结构及模块

按照地质大队业务人员实际需求，根据内容将研究分为三个主要部分：数据查询功能、信息维护功能及统计分析功能。

数据查询功能按照地质需求，分为日数据、旬度数据、月度数据、静态数据、作业数据及监测数据的查询展示 6 个部分，同时可以进行时间点或时间段的对比数据查询，包含了大部分常用数据。信息维护功能是以厂内生产运行计划、措施运行数据、措施井信息、方案编制实施情况、新井投产进度等计划数据的展示查询为主的功能模块，同时可以进行单位或用户个人自定义井组或区块的维护功能。

统计分析功能是对数据进行计算和挖掘，将库中数据进行加工以满足更高使用需求，极大程度降低人工统计工作的时间及计算量，为数据分析提供数据支持。主要分为生产数据统计、开发指标、动态数据统计、开关井统计、措施工作量实施情况、泵况井分析、长关井分析、调参井分析、大修井分析、效益井分析、监测井分析及套损统计 12 个部分。

按照业务需求分类，研究按照数据采集及维护、数据查询、统计分析三个部分建立完善相应数据库，系统架构如图 1 所示。

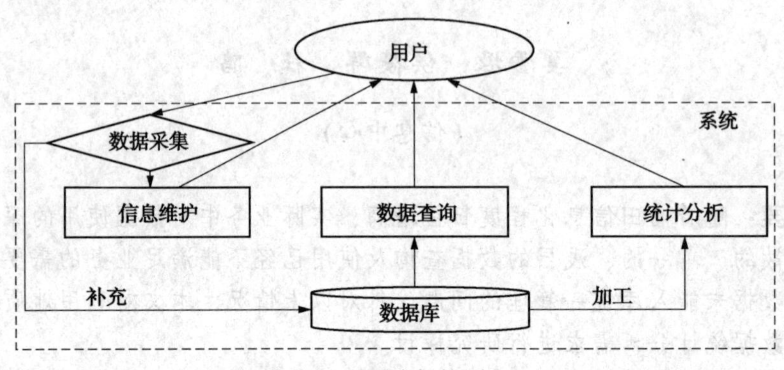

图 1　系统架构图

2　各项工作业务如何利用系统实现

2.1　数据查询

按照业务需求将数据库中数据按要求进行整合及处理，开发展示界面，生成直观表格，满足日常查询及展示功能，减少查询时间。

2.1.1　满足日常查询

在动态数据管理系统中，不仅提供业务人员常用的查询功能，如单井综合记录、区块单日数据、开井查询、关井查询等日报数据，也提供了油水井单井井史、区块月报等月度数据查询，能够按照井别、水聚驱、所属单位、所属区块或层系进行时间点或时间段查询，实现时间段数据汇总，也可以满足多井查询的需求，同时在单井井史等页面还提供了单井静态数据信息以辅助工作人员进行判断。

2.1.2　扩展旬度查询

现有数据库中并没有充分支持旬度数据，所以实际工作中旬度数据大多由业务人员手工计算完成，所以本次研究除却常用动态单日数据及月度数据以外，还进行了旬度数据的查询功能完善。

油水井旬报查询可以按照水聚驱、矿别、区块或层系进行某个月份的旬度查询，系统将自动识别旬度并根据天数进行单日数据的累加计算，按照矿别及区块层系条件统计并展示总井数、开井数、累计产油、累计产液、累计注入量、日均注入量等信息(图 2)。

2.1.3　增加对比查询

结合实际工作需要，很多时候不仅需要查询单日或单月数据，而且还需要将两个日期或时间段的数据进行对比分析，为此研究中也提供了对比数据查询功能以取代业务人员分别查询两次后手工计算 Excel 的计算方式。

油水井日报对比数据查询可以按照分矿或分区块进行时间段对比分析，将两个日期范围的动态数据同时罗列并计算差值，同时可以按照选定的指标，如压力、浓度等进行分级查

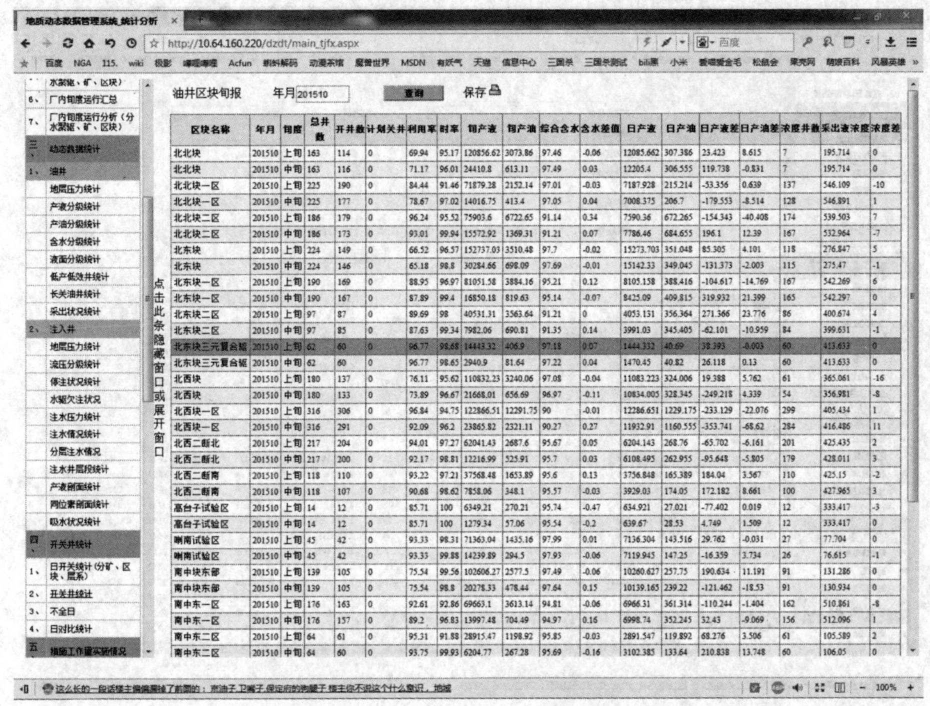

图 2　油井区块旬报查询

询，结果展示直观清楚；旬报数据对比功能可以选定不同的两个旬度进行对比，既可以满足当月旬度与上一旬的差值对比，也可以用于不同月同旬度间的环比分析，节省大量人工计算量；月报对比类似日报对比(图 3)，不仅能够提供不同月间井史数据的差值对比分析，也可以提供按照选定指标的分级筛选功能。

2. 2　数据维护

针对需要采集的数据，研究根据数据表及相应模板开发数据采集程序，采用 Spread 组件进行类似 Excel 文件的操作方式，将部分数据人工录入，同时将部分数据整合进行直接导入数据库。业务人员也能够在数据变更时进行修改及更新操作，进行追加数据操作，以保证数据的及时准确。

数据维护在网页部分进行。数据维护模块包含计划数据维护、日常信息维护及自定义区块井组信息维护三部分。

2. 2. 1　*补充完善数据库*

本次研究中，为完善数据库主要对两类数据进行了补充：一是现有数据库中缺失的数据项，这些数据由地质大队业务人员保存在 Excel 等文件中，需要进行数据采集，建立数据库收纳数据，包括长关井、低产井设备状况；措施效果中措施前及措施初期信息；封堵状况信息；检泵及泵况井信息；单井测压及剖面状况；分层停注停注前破裂压力等；注水井平欠层状况；大修井库；笼统注水统计；钻关影响情况等。二是现有数据库中有数据，但是分散在多张表中，没有进行深度处理，不能很好地应对业务需求，不能直观地进行展示或提取，给业务人员增加了不便，包括射孔小层数及层段信息；砂岩及有效厚度；长关井判断；停注层状况；油水井生产状况等。

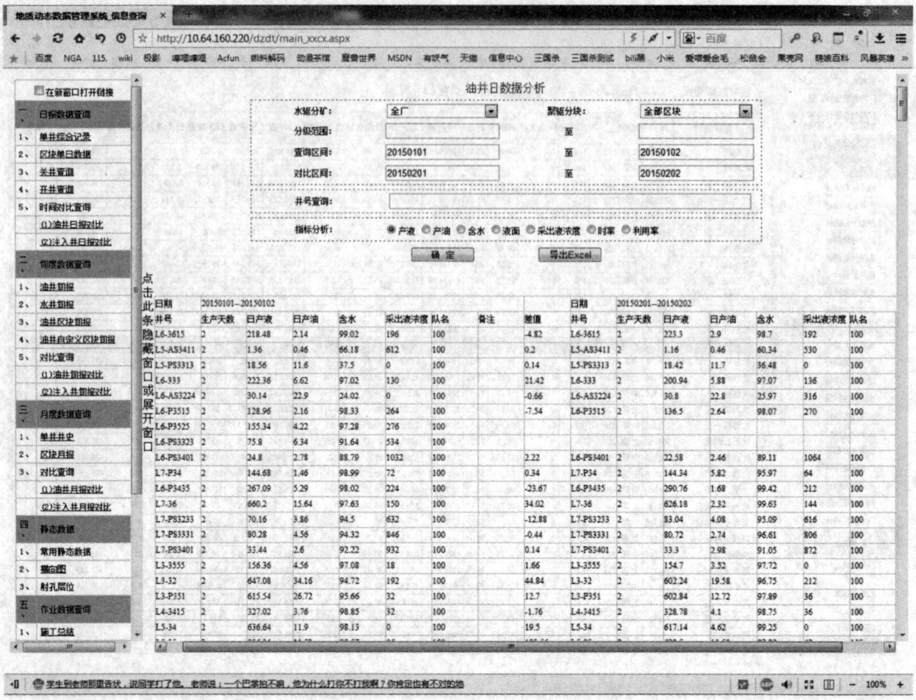

图 3　油井日报对比查询

为完善数据库，研究中共建立信息维护表 15 张，包括生产运行年月旬计划、措施运行年月旬计划、措施维护、措施效果、监测计划、方案实施、新井投产计划、新井投产进度、月度输差、旬度输差及长关井信息维护表；统计分析表 15 张，包括公司年度及月度运行、厂内年度及月度运行、地层压力统计、低产低效井统计、长关井统计、注水压力统计、开关井统计、措施运行统计、长关井治理、调参井实施进度、大修井实施进度、高产高效井统计及套损统计表。

2.2.2　确保数据准确唯一，增加可维护性

在数据采集部分，采用了 Excel 表直接导入数据库和人工页面维护相结合的方式，将历史数据或大量的 Excel 数据直接导入数据库，新增数据及日常维护更新则采用人工维护的办法，逐步将所有需要数据入库，淘汰 Excel 存储的方式，确保数据的准确唯一，增强数据安全性。

同时，人工维护界面采用了 Spread 扩展组件进行辅助录入，业务人员可以在网页上获得和本地使用 Excel 一样的操作体验，包括表格公式和剪贴板等功能，不会给业务人员增加额外的使用难度(图 4)。

2.2.3　收集数据，辅助统计分析

研究所采集的多种数据，不仅用以完善数据库，同时对数据统计分析功能进行支持。采集数据包括以下部分：油田公司及第六采油厂内生产运行计划及措施运行计划，用以每年年初维护当年或下一年的产量及措施情况，并为生产运行计划分析及措施运行计划分析提供数据；年度运行计划包括厂内及公司计划两类，包含每年的产量构成、措施、新井情况，也包含分水、聚驱产量开发指标；旬度运行情况、月度运行情况，包含全厂、水驱、聚合物驱、

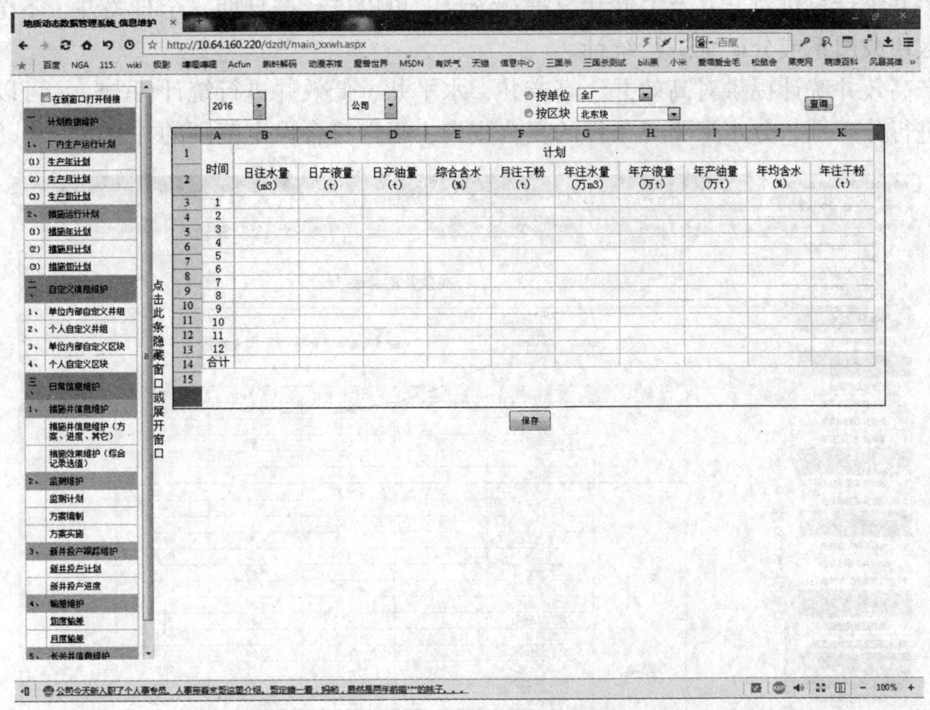

图4　公司月度运行计划采集

各矿水聚驱以及不同区块的计划数据，如日注水量、日产液量、日产油量、综合含水、月注干粉、年均含水等；其他数据，如措施井信息维护、检测维护、新井投产跟踪维护、输差维护及长关井信息维护等。

2.3　统计分析

根据地质大队提供的算法，研究中贴合实际业务需要对数据进行了深度处理和加工，以满足业务分析需求。

2.3.1　提供日常分析，减少手动计算

统计分析研究涉及诸如生产数据统计、动态数据统计、开发指标统计、开关井统计、高产高效井统计等日常分析，数据表模板经由地质大队提供。

生产数据统计提供油水井分矿、分区块的月报及旬报统计功能，由系统按照条件进行筛选，计算得出旬或月数据，并按照分区块、分矿别等方式进行统计，展示总井数、开井数、利用率、时率、综合含水等指标。

开发指标分析包括公司运行指标及厂内运行指标，以及月度和旬度生产状况、产量等的分析功能，由信息维护模块进行年度计划录入，由日数据及月数据计算得出对比表，可以评判开发计划执行情况及总体进度分析。

旬度产量/注入量分析能够根据水驱分矿、聚合物驱分矿分块、后续水驱分矿分块等条件进行统计分析，实现区块、导入井号库的两旬度之间产量/注入量的对比分析。

动态数据统计提供对地层压力、采出状况、注水压力等进行统计，能够按照统计条件，如压力、产液、含水等进行分矿、分区块或层系等的分级统计；能够对注水井进行分层段统计，提供分井网的生产状况及压力状况数据统计。

开关井统计提供对开井及关井状况进行统计，可以进行按日期、全日关井、不全日关井等的分区块或层系或分矿别进行统计。

高产高效井统计提供对高效井、高产井、水平井、低效井进行统计(图5)，可以按照所选条件进行分矿别、分水聚驱等条件的复合查询，筛选符合设定范围的井号。

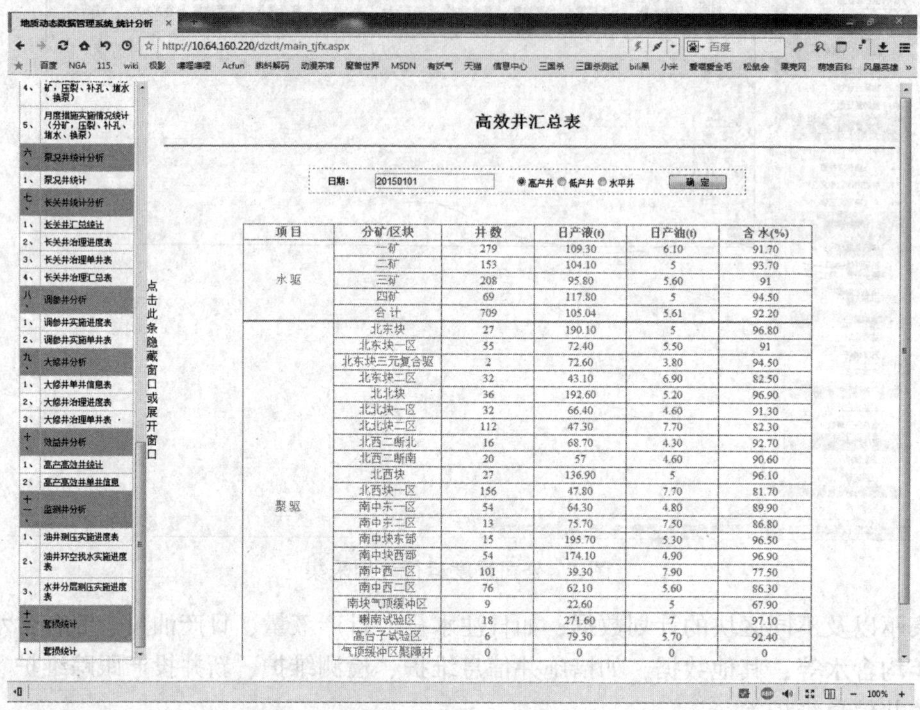

项目	分矿/区块	井数	日产液(t)	日产油(t)	含水(%)
水驱	一矿	279	109.30	6.10	91.70
	二矿	153	104.10	5	93.70
	三矿	208	95.80	5.60	91
	四矿	69	117.80	5	94.50
	合计	709	105.04	5.61	92.20
聚驱	北东块	27	190.10	5	96.80
	北东块一区	55	72.40	5.50	91
	北东块三元复合驱	2	72.60	3.80	94.50
	北东块二区	32	43.10	6.90	82.50
	北北块	36	192.60	5.20	96.90
	北北块一区	32	66.40	4.60	91.30
	北北块二区	112	47.30	7.70	82.30
	北西二断北	16	68.70	4.30	92.70
	北西二断南	20	57	4.60	90.60
	北西块	27	136.90	5	96.10
	北西块一区	156	47.80	7.70	81.70
	南中东一区	54	64.30	4.80	89.90
	南中东二区	13	75.70	7.50	86.80
	南中块东部	15	195.70	5.30	96.50
	南中块西部	54	174.10	4.90	96.90
	南中西一区	101	39.30	7.90	77.50
	南中西二区	76	62.10	5.60	86.30
	南块气顶缓冲区	9	22.60	5	67.90
	喇南试验区	18	271.60	7	97.10
	高台子试验区	6	79.30	5.70	92.40
	气顶缓冲区聚障井	0	0	0	0

图5　高产高效井统计

2.3.2　便于跟踪数据，整体状况清晰

除常用数据统计分析外，研究也包括对需要进行持续跟进的数据进行跟踪维护。

措施状况分析包含措施完成情况、增注措施运行情况及各项措施运行状况的统计，按旬度及月度对措施井进行措施状况跟踪，按分矿别分别进行压裂、补孔、堵水、换泵的分类别统计及措施后状况对比分析。

长关井分析提供对长关井的现状及治理状况进行分析，包含长关井单井信息，长关井治理进度，长关井汇总统计等。

调参大修分析包括调参井实施进度情况及调参井实施单井状况分析、大修井的现状及治理状况对比。

通过对措施井等信息的跟踪对比，使整体状况清晰明确，有利于业务人员掌握全面的信息，为业务分析提供了数据支持。

3　整合其他平台简化工作，提高信息系统集成度

在已有功能外，本次研究还对多个零散查询系统进行了整合，使数据查询业务统一化、平台化、集中化，提高了信息系统集成度，降低了查询次数和劳动强度。

除常用动态数据外，还集成了常用静态数据、横向图及射孔层位数据查询系统，集成了

包括施工总结、射孔进度、钻井进度及投产进度在内的查询页面，同时提供分层测试、注入产出剖面、压力、动液面及示功图的查询功能，并在一定程度上提供了页面跳转是附带井号的功能，让相关查询更迅速便捷，实现一站式数据查询(图6)。

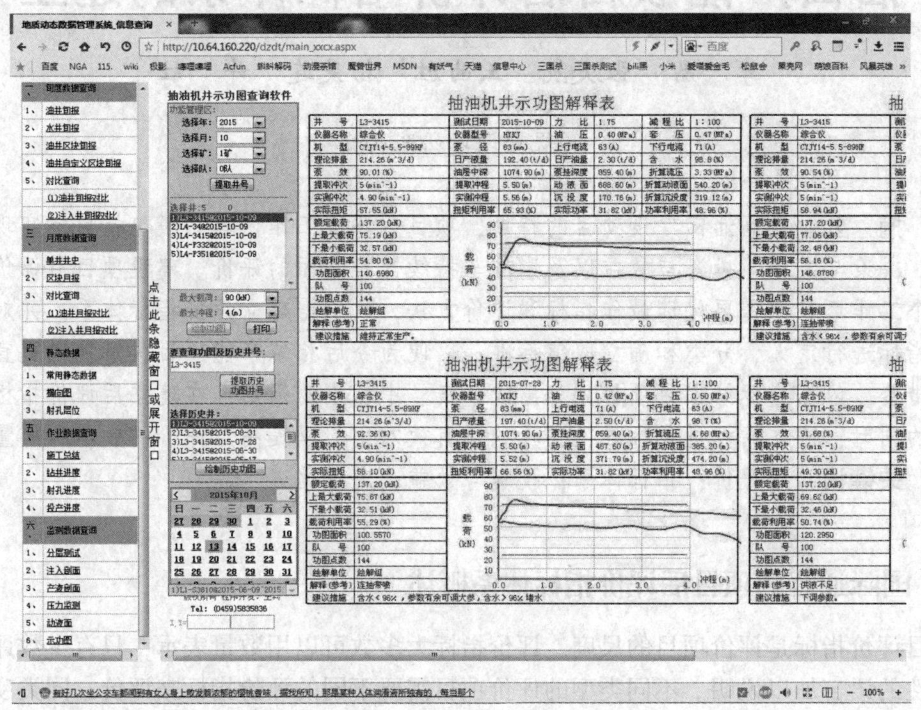

图6　整合多个查询平台

4　认识及结论

利用油水井动态调整数据管理实现数据统计分析需求的研究，实现了对油水井动态调整数据进行统一管理，改善数据的存储、共享等不能满足需要的情况的目的，同时提供大量常用数据直接展示或调用的通道，弥补地质大队业务室实际工作中数据使用不便的问题。

一是将动态调整数据进行了规范和整合，对业务人员手工维护的数据建立数据库并进行采集，将分散的管理转变为数据库集中管理，保证了数据的及时性和准确性；统一了数据出口，保证了业务使用时数据一致性，加强了规范化。

二是使用了整合式的查询方式，整合了多个已有查询系统形成一个集成度高、涵盖面广、快捷度好的查询平台，减少了业务中可能出现的多处查询的可能，降低了操作难度和时间。

三是提供了大量的查询及统计分析功能，利用这些功能能够很好的满足相关业务人员的业务需求，替代了人工计算或Excel计算的工作模式，降低了工作强度，提高了工作效率。

参　考　文　献

[1] 张俊山．企业信息化管理基础分析与评价研究[D]．天津：河北工业大学，2003.

[2] 孟宪会．ASP. NET2. 0应用开发技术[M]．北京：人民邮电出版社，2011.

[3] 周之英．现代软件工程[M]．北京：科学出版社，2003.

油田产能项目后评价指标体系的建立

李　晶　张庆凯　王曲胜　杨爱芝　许　虹

（规划设计研究所）

摘　要： 根据油田建设项目的特点，项目后评价工作内容一般包括目标实现程度、决策与实施、投资与效益以及影响与持续性等方面的评价。建设项目后评价的每个工作环节都需要优选最佳指标和评价方法，故急需建立评价指标体系，并对评价指标进行定义、分类和确立取值标准，以便为今后相似产能项目决策提供更直观的借鉴。依据指标结果将项目划分出优、良、中、差的级别，在建立后评价指标体系的同时，建立指标量化标准，实现项目有效对比，以提高后评价的效率和质量。

关键词： 后评价；指标体系；投资与效益；定量化

1　国际通行的项目后评价指标体系概述

项目评价指标是评价项目的尺度。评价指标大多数可以用数量表示，只有少数评价指标须用定性的语言加以说明。不同类型的评价项目需要不同的评价指标来评价，同类项目评价目的不同，所用评价指标也不尽相同。

1.1　三种评价方法的优缺点

国际通行的项目后评价时一般采用三种方法，即蓝图法、进程法和综合法。采用蓝图法时，醒目计划和评估小组或者专家顾问，在项目执行前就要制定详尽的组织安排和工作计划，该方法的最大缺陷就是缺乏灵活性，在实际情况发生变化时，数据收集工作非常困难。反之，进程法以发展的眼光说明实物和资金监测的基础数据和评价要求，赋予项目管理者制定计划的责任，但是，该方法的关键是项目管理者和监测人员的首创精神和能力，管理人员的素质统一与否决定了项目评价的成败。

1.2　利用国际通用后评价方法案例分析

投资变动分析是将竣工决算投资与批复的开发方案投资估算进行比较，并分析发生变动的原因，最后形成工程投资变动情况表，以萨Ⅲ4-10油层“二三结合”水驱挖潜试验产能建设项目投资为例，利用蓝图法进行后评价，见表1。

表1　萨Ⅲ4-10油层“二三结合”水驱挖潜试验产能建设项目投资汇总表

序号	项目或费用名称	投资第1年		投资第2年	
		金额，万元	占总投资比例，%	金额，万元	占总投资比例，%
1	建设投资	36975	100	9250	100
1.1	开发井投资	26452	71.54	4704	50.85
1.1.1	钻井投资	26452	71.54	—	—

续表

序号	项目或费用名称	投资第1年		投资第2年	
		金额，万元	占总投资比例,%	金额，万元	占总投资比例,%
1.1.2	射孔测井投资	—	—	3950	42.7
1.1.3	压裂投资	—	—	754	8.15
1.2	地面建设投资	10520	28.45	4546	49.15
1.2.1	地面工程投资	10520	28.45	4546	49.15
1.3	助剂投资	—	—	—	—
5	项目总投资	36975	100	9250	100
6	项目报批总投资	36975	100	9250	100

通过表1可看出通过蓝图法进行后评价，在后期项目实施需要后评价之时，有很多数据收集不齐或各部门掌握数据不对应，无法准确做出后评价[1]。由于国际通行的项目后评价指标体系涉及的方面广泛，触及的专业较多，评价方法既繁琐又不实用于所有油田项目。

油田产能项目后评价指标体系的建立是基于后评价内容的一项工作，通过建立适用于本油田产能建设后评价的指标体系，才能够更客观地进行项目综合后评价(图1)。

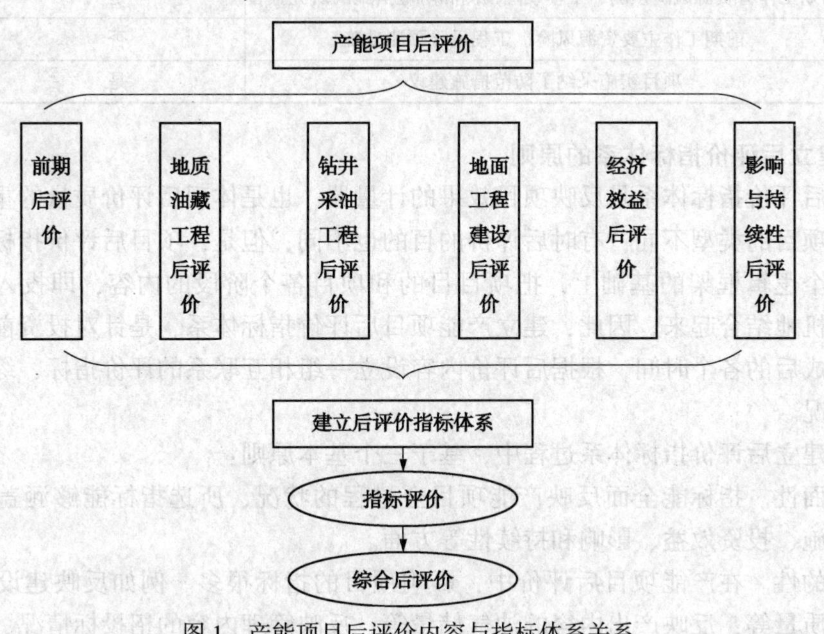

图1　产能项目后评价内容与指标体系关系

2　适用于油田产能项目的后评价指标体系

按照油田建设项目后评价工作的内容，项目后评价的每个工作环节都需要优选评价方法，建立评价指标体系，对评价指标进行定义、分类和确立取值标准是后评价工作不可或缺的部分。由于国际通行的项目评价指标体系不完全适用于油田产能建设项目，故针对油田产能建设项目，建立适用于油田产能项目的后评价指标体系尤为重要。

2.1　油田后评价指标的分类及确定

油田后评价指标体系中的指标主要有数字型、概念型和模糊型三大类。例如，探明可采储量、投资控制程度、成本控制程度等属于数字型指标，招投标、工程监督、HSE(健康、安全和环境)、竣工验收等属于概念型指标；风险认识和规避、技术适应性、环境影响程度属于模糊型指标。

无论哪个层次的指标，都需要根据后评价方法、理论和对比分析，依据指标结果将项目划分出优劣级别。按照产能项目后评价特点，实际评价中分级标准划分为4级，统一规定为0~10分。评价分值Ⅰ级(优)为10≥i≥9分，Ⅱ级(良)为9>i≥7.5分，Ⅲ级(中)为7.5>i≥6分，Ⅳ级(差)为6>i≥0分。其中，i表示指标或要素。以某项目前期后评价工作定性指标建立评分标准为例，完成项记优(表2)。

表2　项目定性指标要素基础项选择示例

指标要素	参数选项	项目1是否含有相关文件	评分
决策资料情况	勘探规划方案批复	是	优
	年度项目分批下达的计划批复文件	是	优
	年度项目部署方案批复	是	优
	年度项目调整部署方案批复	否	差
风险认识与规避情况	前期工作有资源风险预测、工程风险预测和防范措施的研究报告	是	优
	前期工作主要资源风险、工程风险预测准确	否	差
	项目实施采纳了防范措施建议	是	优

2.2　建立后评价指标体系的原则

科学的后评价指标体系是反映项目效果的计量器，也是体现后评价质量的重要因素。虽然油田产能项目的类型不同，有时后评价的目的也不同，但是，项目后评价指标体系都应该建立在同一个逻辑框架的基础上，把项目目的和项目各个阶段的内容，即投入、产出、效果、影响有机地结合起来。因此，建立产能项目后评价指标体系，是针对投资前期、投资期间和投资完成后的各个时间，根据后评价内容设立一组相互联系的评价指标，综合评价产能项目实施情况。

本文在建立后评价指标体系过程中，基于三个基本原则：

(1) 全面性。指标能全面反映产能项目全过程的状况，所选指标能够涵盖项目前期工作、建设实施、投资效益、影响和持续性等方面。

(2) 目的性。在产能项目后评价中，影响项目的指标很多。例如反映建设内容的工程量、工期、质量等；反映产出内容的油气储量等；反映管理内容的招投标情况、管理规范程度、项目运行效率、风险规避能力等；反映效果内容的成本控制水平、投资效率等。要在众多指 标中选择出影响项目成败的关键指标和因素。

(3) 可比性。这是后评价的特点所决定。指标在数量上有可比性，以保证对项目进行前后对比、横向对比。

2.3　指标体系建立的评价方法

指标体系的建立采用计算法、差减定量法和定性描述法三种模式。其中，计算法是通过要素公式计算值与评分标准对比，得出分值；差减法是通过要素与要素评分标准对比的差异，确定分值；定性描述法是通过评价结论与评分标准对比，确定分值。

2.3.1　计算法评价方法

在后评价中，有些指标要素在规范和标准中没有定义，有些指标虽有说明，但在后评价中赋予了新的含义，因此需要进行术语定义。以百万吨产建直接投资为例，在指标要素评价中，定义百万吨产建直接投资符合率，特指在后评价时间段内，项目获得的经审定的百万吨产建直接投资与计划值之比，符合率=(实际/计划)×100%。以2014年北西块一区高浓度聚合物驱产能建设后评价中百万吨产能直接投资这一要素为例，依据其实际和计划的百万吨产能直接投资可计算出符合率为91.65%，符合率极高，给予评分“优”(表3)。

表3　产能项目后评价指标要素计算法结果评分示例

序号	要素指标	实际	计划	符合率	评分
1	建成产能，10^4t	33.48	33.87	—	—
2	开发建设投资，万元	190234.65	209971.8	—	—
3	百万吨产建直接投资，亿元	56.82	61.99	91.65	优

2.3.2　差减定量评价方法

指标体系中，有些指标要素可以通过是否达到集团公司下发执行的管理规范的要求，是否达到行业或石油公司专业规范、标准等，对指标值进行量化，获取要素评分。在产能项目中属于这一类的要素包括前期工作规范性、工程质量达标程度、工程技术适应性等。

例如，在产能项目前期工作中，“决策资料是否完备”就可以通过减分法实现定量化评分。具体评分如下：

对于所有产能建设项目，要求有可行性研究报告(或立项论证报告)、可研评估报告(或立项审查意见)、可研(或立项)批复，规划或总体部署方案编制及批复。资料齐备，评价为“优”，评分为10分；每缺1项减1分。表4以2012年南块注聚障产能建设项目(项目1)、2013年喇南块萨Ⅱ2+3气顶注聚障开发缓冲区试验产能建设项目(项目2)、北西块一区高浓度聚合物驱产能建设项目(项目3)后评价工作内容进行差减定量评价，得出评分。

表4　产能项目后评价指标要素量化结果评分示例

指标	要素	项目1		项目2		项目3	
		要素评分	指标评分	要素评分	指标评分	要素评分	指标评分
1. 目标实现程度	(1)探明可采储量		10		9.35	10	10
	(2)控制预测储量	10		9.35			
2. 前期工作	(1)决策资料完备性	10	9.8	9	9.5	8	9.4
	(2)决策程序规范性	9		9		10	
	(3)方案部署合理性	10		10		10	
	(4)部署调整必要性	10		10		10	
	(5)风险认识与规避	10		9.5		9	
3. 地面工程	(1)管理规范性	9	8.92	9.2	9.1	9	8.7
	(2)工程量完成情况	8.6		9.35		7.78	
	(3)工程质量控制程度	9		8.7		8.6	
	(4)技术适应性	9		9.5		9.2	

续表

指标	要素	项目 1		项目 2		项目 3	
		要素评分	指标评分	要素评分	指标评分	要素评分	指标评分
4. 投资与效益	(1)投资控制程度	8.7	7.9	7.6	7.63	5.5	7.1
	(2)工程成本控制程度	7		6.5		6.2	
	(3)勘探效益指标	8		8.5		9	
5. 影响与持续性	(1)环境影响程度	9.5	8.6	9	8.2	9.5	8.8
	(2)社会影响程度	10		9.6		9.5	
	(3)资源接替性	9.5		9.5		9.1	
	(4)储量升级潜力	8		8		8	
	(5)储量开发潜力	8		7		9	
综合得分		9.05		8.77		8.80	

2.3.3　定性描述评价评分法

有些指标要素不能完全用减分方式量化指标，在产能项目中这一类要素主要有资源接替性、开发潜力等不确定性指标要素，在评分中需要通过经验确定分值。以资源接替性为例，评分见表 5。

表 5　项目定性指标要素评价示例

评价项目要素	资源接替性程度	评分
要素 1	优资源规模大，探明程度低，具备获得商业储量的前景	优
要素 2	良资源规模一般，探明程度稍低，具备获得储量的前景	良
要素 3	资源接替性差	中
要素 4	无资源接替性	差

3　结论及认识

通过对产能建设项目后评价指标体系的建立，量化评价思路和方法的探讨，主要有以下结论：产能建设项目是长周期、高风险、高投入和高回报的系统工程，从项目确立到建设期间，都应跟踪并进行后评价。在评价中，逐步形成以定量为主的评价，评价结果将更有说服力。因此，建立一套后评价指标体系，不仅有利于后评价工作和结果更加客观，而且项目指标体系建立后不断积累的数据资源，能更好地为今后类似产能建设项目前期决策服务。

对于某个具体产能建设项目，如果能够选择前期阶段一致、地质条件相似、地面环境相似的类似项目进行对比，就能更有效地进行后评价。因此，建议建立一个产能项目后评价数据库，以便能够快捷地对后评价指标数据进行查询、统计、对比，从而提高后评价工作效率，提升后评价工作质量。

参　考　文　献

[1] 杨文升．油气田产能建设项目后评价研究[D]．哈尔滨：哈尔滨工程大学，2009.
[2] 李慧娟．油田产能建设项目综合后评价指标体系与方法[J]．统计与决策，2012(20)：69-71.
[3] 马明梅．油田产能建设项目后评价模型的研究与应用[D]．大庆：东北石油大学，2014.

RDLC 报表技术在工程造价管理系统中的研究与应用

谢　竹　姜雪根

（信息中心）

摘　要：在以往的软件开发的报表功能实现中，经常会选择水晶报表作为解决方案，但由于水晶报表技术的格式调整繁琐、二次处理困难等问题，因此在工程造价管理系统开发时，尝试使用 RDLC 报表开发技术来实现报表的展示。本文主要论述了三部分：RDLC 介绍及与水晶报表的性能对比、RDLC 报表设计的主要过程、RDLC 的复杂数据连接方法研究，并详细阐述了 RDLC 在工程造价系统中的应用情况。最后，进一步说明了 RDLC 报表技术的优越性和使用前景。

关键词：RDLC；报表；数据源；工程造价

开发工程造价管理信息系统的工作涉及大量数据报表展示功能的开发，类似的项目大多采用水晶报表技术实现，由于水晶报表技术的格式调整繁琐、导出格式不友好，且在部署时会遇到大量技术问题，因此，尝试使用 RDLC 报表开发技术来实现复杂数据报表的展示。

下面将从 RDLC 报表与水晶报表的性能对比、RDLC 报表设计主要过程概述、RDLC 的复杂数据连接方法研究三个方面阐述 RDLC 报表开发技术在工程造价管理信息系统开发中的应用以及该技术的先进性。

1　RDLC 简述及与水晶报表性能对比

在 VS. Net2005 之前，微软已经提供了一种被称为 RDL 的报表定义语言（Report Definition Language），在 VS. Net2005 中，微软提供了针对这种报表的设计器，并提供了在 WinForm 和 WebForm 中使用这种报表的能力。Microsoft 将这种报表的后缀定为 RDLC，这种报表具有良好的客户端处理能力。

RDLC 报表数据处理过程如图 1 所示。

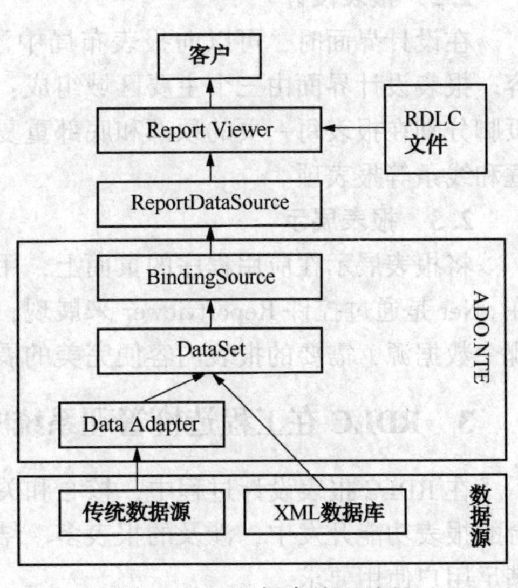

图 1　RDLC 报表处理过程

RDLC 与水晶报表相比较，具有极大的使用优势（表 1）。

但是，RDLC 和水晶报表一样，都只能支持 .NET 平台下的程序开发，这也是 RDLC 不尽如人意的地方。

表1 RDLC 与水晶报表技术性能对比表

序号	RDLC 特点	水晶报表特点
1	最大的优势——完全免费	非免费，需要注册
2	布署方便，只需在 IIS 服务器上把 reportviewer. exe 组件运行一下，其他的设置没有任何变化	发布使用水晶报表的项目需要包含三种组件：报表（＊. rpt）、模块（＊. msm）、运行库（＊. msm）
3	简化了报表设计，控件简单易用，特别是 Table 控件，方便字段在报表上的排列	设计报表时经常需要开发人员手工画线，降低了报表开发效率
4	单个报表支持多数据区域，多数据源	单张报表只支持单一数据区域
5	导出的 Excel 文件格式非常完美，任何其他报表在这方面都不能与之比拟，而且并不需要安装 Excel	导出的 Excel 表格很容易出现跨行跨列等变形的情况，不方便进行数据的二次加工
6	同样能支持 DrillThrough 数据钻取功能	支持 DrillThrough 数据钻取功能
7	优秀的图表集成	数据图表只能静态生成
8	由于 RDLC 本质上是一个 XML 文件，所以对 RDLC 的控制几乎可以达到随心所欲的地步	能够支持 XML 文件，但是效率较 RDLC 弱

通过以上对比分析可以看出：RDLC 报表高效的开发效率、强大的表现力以及与 Office 工具的完美融合，在 . NET 程序开发时，完全有理由选择充分应用 RDLC 报表工具。

2 RDLC 报表设计主要过程

RDLC 的报表设计过程主要分为数据源的确定、报表设计和报表展示三个环节完成。下面对三个环节依次介绍。

2.1 数据源的确定

RDLC 报表的数据源主要是通过 SQL 语句从数据库中得到的 DataTable。DataTable 最常见的使用形式就是“数据集”，其中包含了作为数据源的 DataTable。DataTable 的结构虽然固定，但它只是一个数据框架，并没有限定数据只能来自固定的表或视图。

2.2 报表设计

在设计界面时，可以向报表布局中添加数据区域、文本框、图像、矩形、子报表等内容。报表设计界面由三个主要区域组成：页眉、页脚和表体。表体中包含报表数据，页眉和页脚分别在报表每一页的顶部和底部重复相同的内容，可以在页眉和页脚中放置图像、文本框和线条等报表项。

2.3 报表展示

将报表展示在应用程序的页面上，用户可以对报表进行方便地查看和操作。RDLC 报表在 . Net 是通过控件 Reportviewer 来展现，开发者需要告知 Reportviewer 展现哪个报表，使用哪个数据源，需要的报表内容便完美的展现在用户面前。

3 RDLC 在工程造价管理系统中的应用

在 RDLC 报表设计过程中，核心和关键的问题是数据源的确定。在工程造价管理信息平台的报表功能开发中，涉及的报表多、结构复杂、数据量大，普通的数据绑定方式经常不能满足用户使用要求。

因此，针对 RDLC 复杂数据处理，给出以下三种解决方案，实现了工程造价管理信息系统的报表开发需求。

3.1 利用多个数据区域，分别绑定不同的数据源

首先介绍 RDLC 报表中的一个概念——数据区域(Data Region)。数据区域是用于显示基础数据集中的数据绑定报表项，RDLC 报表设计器中的数据区域包含控件面板上的一系列控件：List、Table、Matrix、Chart 等，最典型的应用即为 Table 控件。在 RDLC 报表中，单个报表可以包含多个数据区域，但每个数据区域只可以链接单个数据集。

由于 RDLC 报表允许在一张报表中存在多个数据区域，而每个数据区域都可有自己的数据源，因此，一张报表使用多个数据源就很容易理解了。工程造价管理系统中，经济评价基础数据和经济评价指标即是同一张报表中的不同数据区域，两个独立的 Table 控件，分别取自数据库不同的数据源。具体应用如下：

```
Dim sql As String = "select * from JJPJSJ_CBCS where xmnd='" & xmnd & "'"
ff. sqldata(sql, dd. Tables("JJPJSJ_CBCS"))
Dim ReportDataSource1 As New Microsoft. Reporting. WebForms. ReportDataSource
ReportDataSource1. Name ="DataSet1_JJPJSJ_CBCS"
ReportDataSource1. Value = dd. Tables("JJPJSJ_CBCS")
ReportViewer1. LocalReport. DataSources. Add(ReportDataSource1)

Dim sql1 As String = "select * from PFGUS_CN where xmbh='" & xmbh & "'"
ff. sqldata(sql1, dd. Tables("PFGUS_CN"))
Dim ReportDataSource2 As New Microsoft. Reporting. WebForms. ReportDataSource
ReportDataSource2. Name ="DataSet1_PFGUS_CN"
ReportDataSource2. Value = dd. Tables("PFGUS_CN")
ReportViewer1. LocalReport. DataSources. Add(ReportDataSource2)
```

多个数据区域报表代码运行结果如图 2 所示。

经济评价数据指标

经济评价数据		
项目年度		2011
评价期（年）		11
财务目标收益率（%）		12
税率	所得税率（%）	25
	原油增值税率（%）	17
	天然气增值税率（%）	13
	资源税原油（元/吨）	30
	资源税天然气（元/吨）	14
	城市建设维护税税率（%）	7
	教育费附加费率（%）	5
成本参数	材料费（万元/井）	2.27
	燃料费（元/吨）	7.72
	动力费（元/吨液）	5.49
	注入费（元/吨水）	3.21
	测井试井费（万元/井）	1.12
	井下作业费（万元/井）	5.97
	油气处理费（元/吨液）	1.34
	工资及福利费（万元/井）	8.84
	厂矿管理费（元/吨）	27.81
	其他直接费（元/吨）	18.73
	维护及修理费用（万元/井）	1.82
	运输作业费（元/吨）	11.12
营业收入参数	油价（美元/桶）	65
	油价（元/吨）	2852
	商品率（%）	98.37

图 2 多个数据区域报表运行结果

3.2 在单一数据区域链接组合数据源

在 RDLC 报表中，每个数据区域只可以链接单个数据集，但是在实际开发和使用中，往往需要在同一数据区域控件内展示来自不同数据表的数据信息。这就产生了矛盾。为了解决这个问题，首先确定解决思路——将多个数据表拟合为一个统一的数据集，并将该数据集与数据区域控件无缝拼合，完成报表的数据源绑定。分两步完成：

(1) 对于报表：在 DATASET 中假定引用进来一个数据源，所有的数据项都是假定出来的，也可以在原有的数据表上修改。将拼凑出来的表中的数据拖拽到 TABEL 中，进行数据绑定。

(2) 对于数据源：将不同数据表的内容通过条件查询和链接的方式拼凑成和 DATASET 中假定数据源同样的数据表，然后为数据区域控件绑定该数据源。

在工程造价管理系统中，多个报表展示部分采用了这种方式进行复杂数据源的链接，有时还与第一种方法结合使用，共同完成报表的数据展示。下面的代码实现的是批复估算阶段数据报表的展示，包括批复估算概况和批复估算地面工程投资明细两张报表，具体应用如下：

```
Dim sql1 As String = " select a. * , b. gsztz, b. jstz, b. kfjtz, b. cygctz, b. dmgctz, b. dmjstz from pfgus_cn a right join pfgus_cn_tzgk_hj b on a. xmbh=b. xmbh where a. xmbh='" & xmbh & "'"
ff. sqldata(sql1, dd. Tables("PFGUS_CN_TZGK"))
Dim ReportDataSource1 As New Microsoft. Reporting. WebForms. ReportDataSource
ReportDataSource1. Name ="DataSet1_PFGUS_CN_TZGK"
ReportDataSource1. Value = dd. Tables("PFGUS_CN_TZGK")
ReportViewer1. LocalReport. DataSources. Add(ReportDataSource1)

Dim sql3 As String = " select * from PFGUS_CN_DMGCTZMX where xmbh='" & xmbh & "'"
ff. sqldata(sql3, dd. Tables("PFGUS_CN_DMGCTZMX"))
Dim ReportDataSource3 As New Microsoft. Reporting. WebForms. ReportDataSource
ReportDataSource3. Name ="DataSet1_PFGUS_CN_DMGCTZMX"
ReportDataSource3. Value = dd. Tables("PFGUS_CN_DMGCTZMX")
ReportViewer1. LocalReport. DataSources. Add(ReportDataSource3)
```

单一数据区域组合数据源报表代码运行结果如图 3 所示。

3.3 向 RDLC 报表传入参数

在特定情况下，报表只需要某几个特殊数据，但该数据与数据区域控件所用数据源分属不同的数据表。此时，就需要应用使用参数的 RDLC 报表。方法是在代码中向报表传递参数，并通过 Reportviewer 控件进行展示，这样就使报表具有多样化的表现方式。但有一点非常重要，由于 RDLC 报表支持多个参数，为了接口上的统一，即使你的报表只使用了一个参数，也必须将它赋予一个参数数组才能向报表传递：

```
Dim RptParameters1 As New ReportParameter
RptParameters1 = New ReportParameter("orgid", 常量或变量)
Dim RptParameters() As ReportParameter = {RptParameters1}
NewViewer. LocalReport. SetParameters(RptParameters)
```

1 /2 查找 | 下一个 选择格式 导出

批复估算（产能）投资概况

项目编号：	(11)0506C1	项目名称	喇嘛甸油田南中西一区萨III-7油层高浓度聚合物产能建设工程
建设投资	开发井投资（万元）54434.80	钻井投资（万元）	35890.30
		测井投资（万元）	12454.50
		表层套管投资（万元）	6090
	采油工程投资（万元）7826.70	压裂、射孔投资（万元）	2206
		封堵投资（万元）	436.10
		机杆泵及配电等投资	5184.60
	地面工程投资（万元）47603	地面工程费（万元）	37132.55
		预备费（万元）	4798.90
		其他费（万元）	5671.55
建设投资（万元）		109864.50	
化学药剂费用（万元）		37274.90	
建设期利息（万元）		1779.50	
流动资金（万元）		2527.40	
估算总投资（万元）		151446.30	

综合指标

单井建设投资（万元/口）	296.13
开发井单井投资（万元/口）	146.72
采油工程单井投资（万元/口）	21.1
地面工程单井投资（万元/口）	128.31
百万吨产能投资（亿元/百万吨）	43.95
地面工程百万吨产能投资（亿元/百万吨）	19.04

其他费用构成表明细

建设用地费和赔偿费（万元）	2290.70
可研费（万元）	323.23

图 3　单一数据区域组合数据源报表运行结果

带参数的报表代码运行结果如图 4 所示。

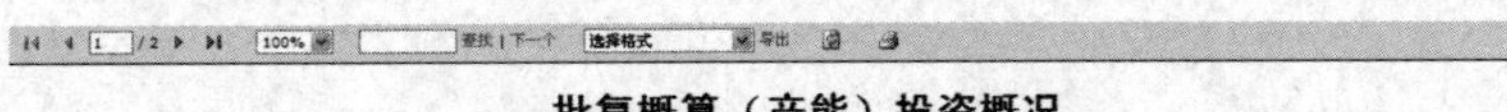

批复概算（产能）投资概况

项目编号			(11)0506C1						
项目名称			喇嘛甸油田南中西一区萨III-7油层高浓度聚合物产能建设工程						
序号	项目号	名称	设备费	建筑工程费	安装工程费	主要材料费	其他费用	合计	备注
1	(11)0506C1-01	喇一联合站扩建工程	1262.08	18.11	74.96	0	0	1355.15	
2	(11)0506C1-02	聚喇160转油放水站一期工程	1837.38	1040.63	1412.68	0	0	4290.69	
3	(11)0506C1-03	喇七注水站扩改建工程	72.89	0.14	26.21	0	0	99.24	
4	(11)0506C1-04	喇5-1注入站扩建一期工程	47.32	61.28	89.08	0	0	197.68	
5	(11)0506C1-05	喇5-2注入站扩建一期工程	50.21	62.46	105.90	0	0	218.57	
6	(11)0506C1-06	喇5-3注入站扩建一期工程	45.33	37.39	89.73	0	0	172.45	
7	(11)0506C1-07	喇5-4注入站扩建一期工程	53.49	40.95	99.02	0	0	193.46	
8	(11)0506C1-08	喇一变电所扩建工程	138.59	0.37	18.83	0	0	157.79	
9	(11)0506C1-09	喇十八变电所扩建工程	86.93	0.37	18.20	0	0	105.50	
10	(11)0506C1-10	聚喇160转油放水站系统工程	7664.28	831.02	2311.83	0	0	10807.13	
11	(11)0506C1-11	聚喇160至喇一输油、集气、反输气管道工程	141.62	20.28	107.91	0	0	269.81	
12	(11)0506C1-12	聚喇160至140污水管道工程	90.22	16.07	71.44	0	0	177.73	
13	(11)0506C1-13	喇嘛甸油田南中西一区萨III-7油层聚驱注水	812.87	644.84	2034.97	0	0	3492.68	
14	(11)0506C1-14	喇嘛甸油田南中西一区萨III-7油层供电系统工程	149.07	0	179.42	0	0	328.49	
15	(11)0506C1-15	喇嘛甸油田南中西一区萨III-7油层聚合物道路系统工程	0	299.66	17.14	0	0	316.80	
16	(11)0506C1-16	喇南中西一区1-7油层聚合物驱通信系统工程	2.15	0	15.57	0	0	17.72	
17	(11)0506C1-17	聚喇160高浓度聚合物污水处理站一期工程	119	3.86	0	0	0	122.86	
18	(11)0506C1-18	聚合物地面不熟化工艺现场试验工程	196.07	0	56.71	0	0	252.78	
19	(11)0506C1-19	喇400转油放水站系统工程	1.10	0	0	0	0	1.10	
20	(11)0506C1-20	喇230转油放水站系统工程	1.46	0	0	0	0	1.46	

图 4　带参数的报表运行结果

4　结论

应用 .NET 自带的 RDLC 报表组件开发的工程造价管理信息系统报表展示功能，实现了 WEB 报表的动态生成，提高了报表的输出效率，实现了企业管理人员对工程造价数据的实时查阅。

由于具有良好的通用性，RDLC 报表组件开发技术能够满足油田各生产部门对数据查询展示的需求。RDLC 报表组件开发技术的应用不仅能够使企业实现无纸化办公，还可以为管理人员提供准确、详实的生产数据，更能为企业的生产经营决策提供可靠的数据支持。因此，RDLC 报表组件开发技术在油田生产和管理中具有广阔的应用前景。

参 考 文 献

[1] 王丹 . 基于存储过程的报表设计与实现[J]. 软件导刊，2008，8：24-26.
[2] 余楷鑫 . 刘魁元 . NET 环境下水晶报表的设计与实现[J]. 电子世界，2013，4：128-129.
[3] 赵党辉 . 基于 . net 环境下的报表应用研究[J]. 科技信息，2012，4：244-245.
[4] 王雯 . 建设项目实施阶段工程造价管理研究[D]. 北京：中国地质大学(北京)，2012.
[5] 黄盼盼 . RDLC 在车间生产能力平衡中的开发与应用[J]. 现代计算机，2012(3)：70-73.

厂矿队生产数据管理系统整合总体设计方案研究

刘宏伟　侯筱群

（信息中心）

摘　要：第六采油厂目前涉及油田生产数据管理系统分为股份公司 A2 系统、厂数据中心、PDPMIS 数据管理系统三套生产数据管理系统，每天第六采油厂的小队资料员、矿级地质调度、厂级地质调度要完成大量的数据录入与统计工作，同时要保障数据准确、及时上报。三套数据系统的并行运行，为第六采油厂的数据维护增加了大量工作量，同时数据流程复杂、数据建设重复、数据资源冗余不断增加、数据标准多样，为第六采油厂数据管理工作带来很大困难。为此结合现有生产数据系统管理现状，设计与开发一套适应第六采油厂生产数据管理系统是非常必要的。本文通过对系统的开发方案的分析，建立完成一套适合第六采油厂目前生产数据管理需求，实现简化数据流程、建立统一的生产数据资源，设定唯一的数据标准，构建专业的生产数据管理平台，为第六采油厂数据管理提升提供有效的实施方案。

关键词：数据；管理；整合

第六采油厂现在数据管理流程是从 A2 下载生产数据到厂数据中心，数据中心处理生产数据后，将日、月数据下载到第一油矿、第二油矿、第三油矿、第四油矿、试验大队 5 个单位生产数据库，全厂生产小队数据下载及处理后，上传至矿地调，由矿地调进行日、旬等油水井生产数据统计处理，再通过录入数据，补充完善厂调所需各类数据，通过 PDPMIS 系统上报数据，同时上报厂调数据，在厂调对上报生产统计数据和基础数据，通过 PDPMIS 系统进行汇总后，上报油田公司开发部。

整体过程涉及数据库多、数据用户多、数据表重复多，生产数据的数据冗余非常大，不仅浪费数据服务器资源，同时不能保证数据来源的统一，经常会出现同一数据在不同平台上，数据不一致情况。另外，PDPMIS 系统运行给厂、矿两级地质调度带多方面的不便，系统运行环境老化，系统功能不完善，系统操作复杂，为此，开发一套适应第六采油厂生产数据管理系统是现在数据管理工作的重中之重，特别是数据建设方案和生产系统开发方案的优劣，决定着第六采油厂生产数据管理系统整合的成功与否，为此从四个方面设计本系统整合方案。

1　数据库建设和用户设计

现有系统数据实例有 7，新系统建立 1 个数据实例，旧系统数据管理用户有 12，新系统建立 7 个，具体内容见表 1。

表1　数据库实例和数据库用户新旧系统对照表

数据单位	旧系统实例名称	旧用户名称	新系统实例名称	新用户名称
厂数据中心	SJ＊＊＊	CY＊＊＊＊	SJZX＊＊＊	CY＊＊＊＊
厂级地调	CJ＊＊＊	CJ＊＊＊		CJ＊＊＊
第一油矿地调	ORAK1＊＊＊	DD＊＊＊＊		K1＊＊＊
		DZ＊＊＊＊		
第二油矿地调	ORAK2＊＊＊	DD＊＊＊＊		K2＊＊＊
		DZ＊＊＊＊		
第三油矿地调	ORAK3＊＊＊	DD＊＊＊＊		K3＊＊＊
		DZ＊＊＊＊		
第四油矿地调	ORAK4＊＊＊	DD＊＊＊＊		K4＊＊＊
		DZ＊＊＊＊		
试验大队地调	ORASY＊＊＊	DD＊＊＊＊		SY＊＊＊
		DZ＊＊＊＊		
合计	7	12	1	7

2　数据表建设

2.1　基础数据表建设

厂数据中心、第一油矿、第二油矿、第三油矿、第四油矿、试验大队、厂地质大队共42个基础数据表，建立6个新数据表取代旧表，具体内容见表2和表3。

表2　现系统基础数据表

旧数据表名称	旧数据表名	厂数据中心	第一油矿	第二油矿	第三油矿	第四油矿	试验大队	厂地质大队	合计
单井基础信息表	DAA01	1	1	1	1	1	1	1	7
油井单井日生产数据	DBA01	1	1	1	1	1	1	1	7
水井单井日生产数据	DBA02	1	1	1	1	1	1	1	7
水井分层日生产数据	DBA021	1	1	1	1	1	1	1	7
油井单井月生产数据	DBA04	1	1	1	1	1	1	1	7
水井单井月生产数据	DBA05	1	1	1	1	1	1	1	7
合计		6	6	6	6	6	6	6	42

表3　新生产数据基础数据表

数据单位	新数据表名称	新数据表名
生产数据管理系统	单井基础信息表	DAA01
	油井单井日生产数据	DBA01
	水井单井日生产数据	DBA02
	水井分层日生产数据	DBA021
	油井单井月生产数据	DBA04
	水井单井月生产数据	DBA05
合计		6

2.2 统计数据建设

目前厂数据中心、第一油矿、第二油矿、第三油矿、第四油矿、试验大队、厂地质大队共有66个数据表，建立12个新数据表取代旧表，具体内容见表4和表5。

表4 现系统统计数据表

旧数据表名称	旧数据表名	厂数据中心	第一油矿	第二油矿	第三油矿	第四油矿	试验大队	厂地质大队	合计
原油生产日数据	D1401	1	1	1	1	1		1	7
油田注水日数据	D1402	1	1	1	1	1	1	1	7
油井开关动态数据	D1403	1	1	1	1	1		1	6
水井开关动态数据	D1404	1	1	1	1	1	1	1	7
日产量变化因素数据	D1405	1	1	1	1	1		1	6
注入量变化因素数据	D1406	1	1	1	1	1	1	1	7
聚合物驱油日数据	D1408	1	1	1	1	1		1	6
聚合物注入日数据	D1414	1					1	1	3
油水井停产分类数据	D1409		1	1	1	1		1	6
天然气生产日数据	D1410	1		1				1	3
输油站综合日数据	D5408	1	1	1	1	1	1	1	7
作业日数据	D1407							1	1
合计		10	9	10	10	10	5	12	66

表5 新生产数据系统统计数据表

数据单位	新数据表名称	新数据表名
生产数据管理系统	原油生产日数据	D1401
	油田注水日数据	D1402
	油井开关动态数据	D1403
	水井开关动态数据	D1404
	日产量变化因素数据	D1405
	注入量变化因素数据	D1406
	聚合物驱油日数据	D1408
	聚合物注入日数据	D1414
	油水井停产分类数据	D1409
	天然气生产日数据	D1410
	输油站综合日数据	D5408
	作业日数据	D1407
合计		12

2.3 补充数据表建设

目前第一油矿、第二油矿、第三油矿、第四油矿、试验大队、厂地质大队共有44个数据表，建立8个新数据表取代旧表，具体见表6和表7。

表6　现系统数据表

旧数据表名称	旧数据表名	第一油矿	第二油矿	第三油矿	第四油矿	试验大队	厂地质大队	合计
井注入分类表	ZRJFL	1	1	1	1	1	1	6
油水井施工数据	YSJSGK	1	1	1	1		1	5
测试进度汇总	CSJD	1	1	1	1	1	1	6
钻井情况汇总表注水量	ZJQKHZBZSL	1	1	1	1	1	1	6
新井投注生产状况表	XJTZSCZK	1	1	1	1	1	1	6
新井投产生产状况表	XJTCSCZK	1	1	1	1		1	5
旬度产油产水情况	XD	1	1	1	1		1	5
旬增产措施情况	D1411	1	1	1	1		1	5
合计		8	8	8	8	4	8	44

表7　现生产系统补充数据表

数据单位	新数据表名称	新数据表名
生产数据管理系统	井注入分类表	ZRJFL
	油水井施工数据	YSJSGK
	测试进度汇总	CSJD
	钻井情况汇总表注水量	ZJQKHZBZSL
	新井投注生产状况表	XJTZSCZK
	新井投产生产状况表	XJTCSCZK
	旬度产油产水情况	XD
	旬增产措施情况	D1411
合计		8

3　数据流程设计

3.1　日数据处理流程设计

原系统油水井生产日数据处理流程：

(1) A2 系统油水井生产日数据录入(小队资料员录入)；

(2) 从 A2 下载油水井单井数据至厂数据中心(小队资料员下载)；

(3) 在厂数据中心中补充录入小队其他生产数据(小队资料员录入)；

(4) 在厂数据中心中生成小队生产数据统计(小队资料员统计)；

(5) 在 PDPMIS 系统中，从厂数据中心下载小队油水井单井生产数据(矿级地质调度)；

(6) 在 PDPMIS 系统中，从厂数据中心下载小队统计生产数据(矿级地质调度)；

(7) 在 PDPMIS 系统中，检测与审核小队统计油水井生产数据情况(矿级地质调度)；

(8) 在 PDPMIS 系统中，生成矿级统计油水井生产数据情况(矿级地质调度)；

(9)在 PDPMIS 系统中，录入矿级生产情况日数据(矿级地质调度)；

(10)在 PDPMIS 系统中，上传矿级数据至厂 PDPMIS 数据库(矿级地质调度)；

(11) 在 PDPMIS 系统中，上传矿油水井单井生产数据至厂 PDPMIS 数据库(矿级地质调度)；

(12)在 PDPMIS 系统中，检测与审核矿级统计油水井生产数据情况(厂级地质调度)；

(13)在 PDPMIS 系统中，生成厂级统计油水井生产数据情况(厂级地质调度)；

(14)在 PDPMIS 系统中，录入厂级生产情况日数据(厂级地质调度)；

(15)在 PDPMIS 系统中，上传厂级数据至油田公司开发数据库(厂级地质调度)。

新系统日数据处理流程：

(1) A2 系统油水井生产日数据录入(小队资料员录入)；

(2) 从 A2 下载油水井单井数据至厂生产数据中心(小队资料员下载)；

(3) 在厂生产数据中心中补充录入小队其他生产数据(小队资料员录入)；

(4) 在厂生产数据中心中生成小队生产数据统计(小队资料员统计)；

(5) 在厂生产数据中心中，检测与审核小队统计油水井生产数据情况(矿级地质调度)；

(6) 在厂生产数据中心中，生成矿级统计油水井生产数据情况(矿级地质调度)；

(7) 在厂生产数据中心中，录入矿级生产情况日数据(矿级地质调度)；

(8) 在厂生产数据中心中，检测与审核矿级统计油水井生产数据情况(厂级地质调度)；

(9) 在厂生产数据中心中，生成厂级统计油水井生产数据情况(厂级地质调度)；

(10) 在厂生产数据中心中，录入厂级生产情况日数据(厂级地质调度)；

(11) 在厂生产数据中心中，上传厂级数据至油田公司开发数据库(厂级地质调度)。

新旧系统日数据处理流程比较：

(1) 数据操作步骤由原来 15 步变成 11 步，减少 4 步操作过程；

(2) 数据系统由原来的厂数据中心和 PDPMIS 系统变成新的生产数据管理系统，无需在两套数据系统中应用；

(3) 原系统在厂数据中心、第一油矿、第二油矿、第三油矿、第四油矿、试验大队、地质大队，分别保留了 7 套油水井日数据，新系统只保留 1 套全厂油水井日数据，确定统一的数据源。

3.2 月数据处理流程设计

原系统月数据处理流程：

(1) 从 A2 系统中将 A2 井史数据下载到厂数据中心，生成厂数据中心井史数据，同时生成 PDPMIS 系统井史数据(小队资料员)；

(2) 审核矿 PDPMIS 井史数据(矿级地质调度)；

(3) 上传 PDPMIS 井史数据到厂井史数据(矿级地质调度)；

(4) 审核厂 PDPMIS 井史数据(厂级地质调度)。

新系统月数据处理流程：

(1) 从 A2 系统中将 A2 井史数据下载到厂生产数据中心(小队资料员)；

(2) 审核矿井史数据(矿级地质调度)；

(3) 审核厂井史数据(厂级地质调度)。

新旧系统日数据处理流程比较：

(1) 数据操作步骤由原来 4 步变成 3 步，减少 1 步操作过程；

(2) 数据系统由原来的厂数据中心和 PDPMIS 系统变成新的生产数据管理系统，无需在两套数据系统中应用；

(3) 原系统在厂数据中心、第一油矿、第二油矿、第三油矿、第四油矿、试验大队、地质大队，分别保留了7套油水井史数据，新系统只保留1套全厂油水井史数据，井史无需厂内生成，直接下载A2系统油水井井史，保证系统唯一性。

4 系统开发设计

4.1 小队系统开发

原系统运行现状：

小队资料员通过厂数据中小队网页系统实现小队数据管理，包括A2单井日数据下载、小队基础数据录入、小队统计报表的生成等。

主要问题：

(1) 系统已无人维护；

(2) 无扩展性，如注水井分层测试成果查询、注水井洗井事件查询，都需要到其他系统中查询；

(3) 无数据录入规则检测功能。

新系统目标：

小队资料员通过新系统实现小队管理网页实现小队数据管理，包括A2单井日数据下载、小队基础数据录入、小队统计报表的生成等。

问题解决：

(1) 系统采用ASP. NET 4.0网页开发工具开发，各类代码简单易懂，开发人员可以随时进行代码维护；

(2) 扩展性强，可根据小队需求增加各类小队需要的查询内容，如注水井分层测试成果查询、注水井洗井事件查询等；

(3) 提供小队数据录入数据检测工具，数据录入后，可通过检测规则将出现问题的数据井筛选出来，为小队资料员的数据审核提供专业化工具，提高第六采油厂数据录入质量。

4.2 矿级系统开发

原系统现状：

矿级PDPMIS系统完成矿级生产数据处理，包括数据中心生产数据下载、矿级基础数据录入、矿级统计报表的生成、矿级数据上传。

主要问题：

(1) 系统PowerBuild开发环境现已无人用，系统无法正常维护，没有扩展性；

(2) 系统运行环境，必须在计算机上装PowerBuild系统才能运行，同时只能在XP操作系统下运行，不能升级操作系统，系统的安全性产生隐患；

(3) 系统操作界面复杂，各种录入界面与查询界面没有整体性。

新系统目标：

矿级新系统完成矿级生产数据处理，包括矿级基础数据录入、矿级统计报表的生成。

问题解决：

(1) 系统采用ASP. NET 4.0网页开发工具开发，各类代码简单易懂，开发人员可以随时进行代码维护，随时增加系统需要的功能；

(2) 系统只需要网页浏览器便可运行，无须安装任何系统，通过任何一台计算机都可以完成系统操作，无需考虑操作系统的版本；

(3) 系统只简化操作流程，各种录入界面统一在一个界面中完成，降低系统操作复杂度。

4.3 厂级系统开发

原系统现状：

厂级 PDPMIS 系统完成厂级生产数据处理，包括厂级基础数据录入、厂级统计报表的生成、厂级数据上传油田公司开发部数据库。

主要问题：

(1) 系统 PowerBuild 开发环境现已无人用，系统无法正常维护，没有扩展性；

(2) 系统运行环境，必须在计算机上装 PowerBuild 系统和 Foxpro 系统才能运行；

(3) 系统操作界面复杂，各种录入界面与查询界面没有整体性。

新系统目标：

厂级新系统完成厂级生产数据处理，包括厂级基础数据录入、厂级统计报表的生成。

问题解决：

(1) 系统采用 VB. NET 客户端开发工具开发，各类代码简单易懂，开发人员可以随时进行代码维护，随时增加系统需要的功能；

(2) 系统无须安装任何系统环境，通过任何一台计算机都可以完成系统操作；

(3) 系统只简化操作流程，各种录入界面统一在一个界面中完成，降低系统操作复杂度。

5 几点认识

(1) 数据资源的整合。通过系统方案的实施，将厂数据中心、地质大队、第一油矿、第二油矿、第三油矿、第四油矿、试验大队 7 套数据资源统一成一套全厂生产数据库资源，减少数据库资源的占有率 83%，避免数据冗余的产生，建立统一数据源，提高数据资源有效合理运用，提高数据资源利用率 80%。

(2) 数据管理的整合。通过系统方案的实施，将原有数据中心系统与 PDPMIS 系统整合，避免小队和矿级用户在两套系统应用，系统复杂度降低，同时通过新系统的简单化操作，提高工作效率 20%。

(3) 全厂生产数据标准统一。通过系统方案的实施，建立全厂统一的油水井生产数据库，未来各类应用系统的数据源指向唯一的源头，保证数据一致性，同时全厂生产数据的备份和数据系统的升级改造都能快速、有效的完成。

参 考 文 献

[1] 郭瑞军．VisualBasic. NET 数据库开发实例精粹[M]．北京：电子工业出版社，2009.

[2] 施平安．ASP. NET2. 0 技术内幕[M]．北京：清华大学出版社，2010.

[3] 贾洪峰．VisualBasic2008 技术内幕[M]．北京：清华大学出版社，2011.

[4] 孟宪会．ASP. NET2. 0 应用开发技术[M]．北京：人民邮电出版社，2011.

[5] 张正礼．ASP. NET4. 0 网站开发与项目实战[M]．北京：清华大学出版社，2012.

三维建模技术在革新成果中的应用

于建成　赵　爽　任传柱　姜晓晴　张凤茹

（培训中心）

摘　要： 三维建模通俗来讲就是利用三维制作软件通过虚拟三维空间构建出具有三维数据的模型。在电脑空间里将革新成果的俯视图、前视图、左视图立体地组织起来，形成可以从各个方向观察的立体模型。三维建模技术通过电脑设计制作，可以将革新成果转化为符合制造要求的图纸，可以将设想中的构建造型真实地体现出来，是辅助革新成果转化成生产力的重要工具。

关键词： 三维建模技术；革新成果转化；推广技术革新；员工培训；实用功能

三维建模通俗来讲就是利用三维制作软件通过虚拟三维空间构建出具有三维数据的模型。在电脑空间里将革新成果的俯视图、前视图、左视图立体地组织起来，形成可以从各个方向观察的立体模型。

随着信息化在各行各业的迅速发展，三维建模技术以其立体可视化，建模数据化，设计标准化的特点深入到工业生产的各行各业中。三维建模技术因为具有不受空间限制，可以建立多种形态的立体模型的特性，可以立体呈现大到地质样貌，矿区鸟瞰；小到机械设备，零件螺丝的各种工业生产活动中所需的模型图纸，可以说，三维建模技术已经成为企业信息化发展步伐中不可缺少的组成部分。三维建模技术也为油田发展提供了实质有效的帮助。

全员创新是大庆油田一个优良传统。进入新的历史时期，大庆油田把全员创新作为构建科技创新体系的一个重要环节，逐渐形成了“人人都成为创新的主体，人人都肩负创新的责任，人人都争当创新的模范”氛围。革新成果只有转化为实实在在的生产力，才能真正作用于生产。在油田公司及厂领导的关注下，三维建模技术作为科技革新主要的演示手段、技术教育最直观的教育方式，被越来越多的革新技术人员所重视。

三维建模技术通过电脑设计制作，可以将革新成果转化为符合制造要求的图纸，可以将设想中的构建造型真实地体现出来，是辅助革新成果转化成生产力的重要工具。

1　在油田科技教育中三维建模技术的实用性

1.1　推广技术革新

因为三维建模技术具有直观写实的特点，将以前抽象的平面图纸制作为立体形象的三维模型，革新成果更容易被理解，成果的工作流程、组装方式通过三维模型的展示思路调理清晰可见。

1.2　安全、环保、节能培训

在对新老员工进行技术培训的时候，三维建模技术可以模拟实际工作环境，避免了员工在现场操作容易面临的危险。虚拟的部件组装动画，可以演示现场的使用情况，避免因演示反复安装、反复开关井阀门、放空等造成的产能浪费和因操作不当造成的环境污染事故。

1.3 使用三维模型进行员工培训效率高，维护费用低

一次建模永久受用，更新方便，管理便捷，通用性强，三维建模技术是油田科技教育中非常实用的工具。

2 三维建模在革新工作室中的实用功能

2.1 实时演示功能

在革新工作室的工作中，众多成员集合在一起共同探讨革新项目的时候，三维建模可以为研讨提供可视化的实时演示，既可以清晰地看见革新成果的所有细节，也可以看见革新成果的任何角度。这对革新成果的设计和研发都提供了直观有效的帮助。

2.2 参数化设计

在革新成果设计阶段，三维建模的模型可以根据设计尺寸，随时进行更换变化，对提高革新成果的设计效率、改善革新成果的参数准确度、增加革新成果的实用性都有很强的实用性。

2.3 设计规范化

在革新设计中很多工人师傅不擅长绘制标准图纸，有些甚至没有设计图纸，纯粹依靠多年积累的工作经验拿捏尺寸，设计制造的时候十分吃力。由于没有标准图纸，虽然可以设计出成功的革新成果，却很难推广和量化生产，三维建模技术不但可以将设计的成果三维化，也可以将图纸二维化，用标准精确的三视图、剖面图阐述革新设计，更有利于革新成果的推广和量产。

2.4 流程推演

对于研发革新成果的安装流程、使用流程，都具有十分清晰的推演动画，技术人员可以在推演中观察流程的应用效果，坐在屋里分析井间、泵站等大型管路流程的运行状况。技术工人们也可以在电脑前演示和分析革新成果的组成结构，什么样的安装方式更科学，更合理。设备流程动画演示直观清晰，对成果革新设计具有很强的辅助功能。

3 三维建模在革新中的实用功能

3.1 辅助革新设计，减少反复修改实物的损失

在以往的革新过程中，工人们由于无法直接从图纸体会革新设计的效果，经常出现加工制作好的革新成果不满意、不符合实际应用要求的问题。为了能够得到一件满意的革新成果往往需要多次反复的加工构件，人力物力的损失很大。三维建模可以在电脑里模拟真实环境，将需要反复修改的构件直接显示出来，既避免了反复修改实物的损失，也可以校对革新设计，提高革新质量提供帮助。

3.2 便于展示，不受场地限制

在革新成果发布演示的时候，由于很多革新成果已经成为实物，有的甚至体量巨大，无法在会场生动的展示，既无法展示成果的剖面结构，也无法实现使用流程、安装组装流程，革新成果的展示效果受到很大影响。使用三维建模技术，可以实现虚拟演示的功能，不需要实物进入会场，在电脑上就可以全方位立体的展示革新成果。

3.3 动画制作全面体现成果细节

经过动画设计的革新成果还可以实现演示成果使用流程，展示成果内部结构，直观地体现成果组装安装的技巧等多方面的优势。

4 三维建模在革新中的应用效果

4.1 水井测试电缆防结冻装置的研制

热气流喷射演示效果如图 1 所示。

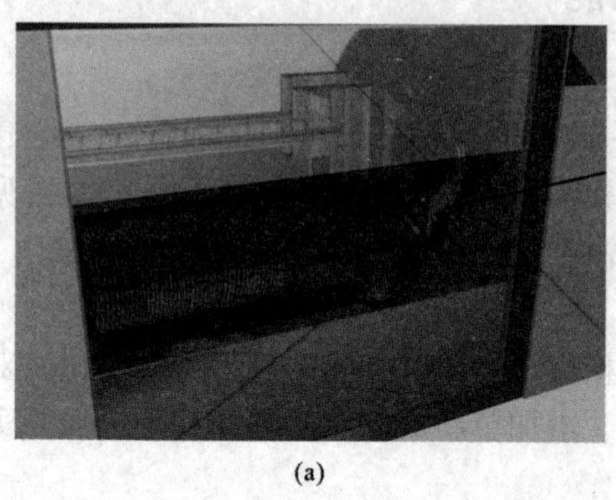

(a)

(b)

图 1 热气流喷射演示效果

4.2 抽油机皮带张紧轮

三维模型及零部件图纸如图 2 所示。

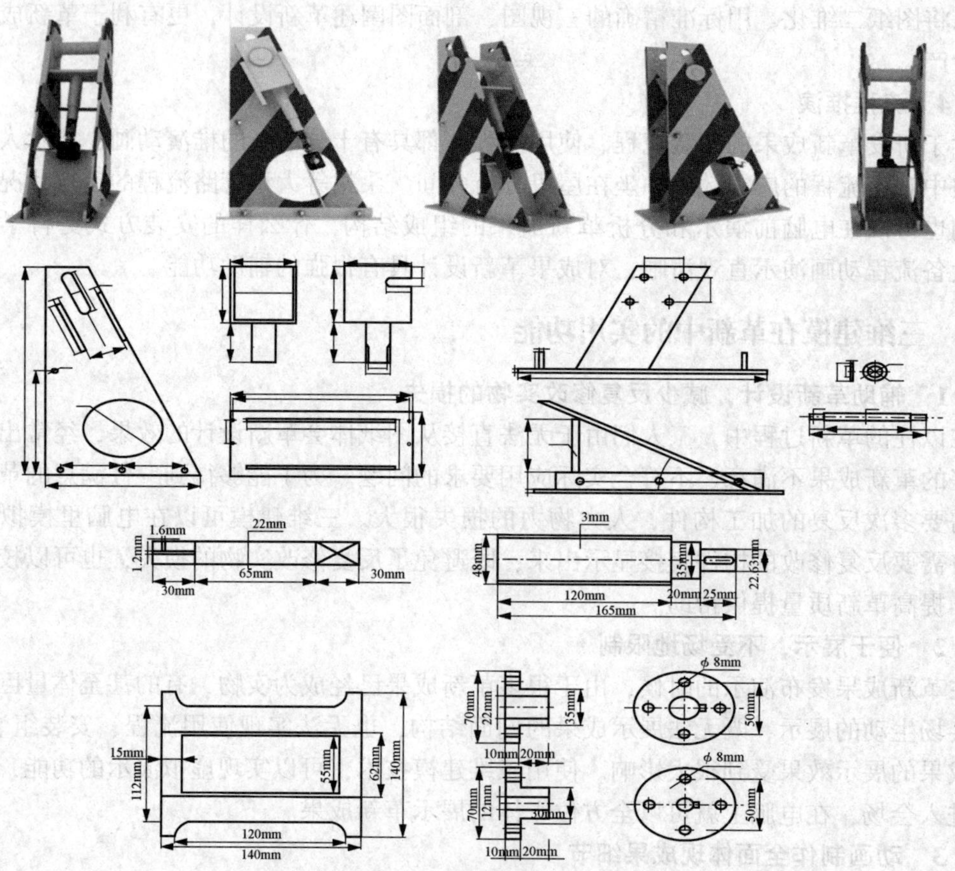

图 2 三维模型及零部件图纸

4.3 油井洗井计量装置的研制

安装流程演示如图 3 所示。

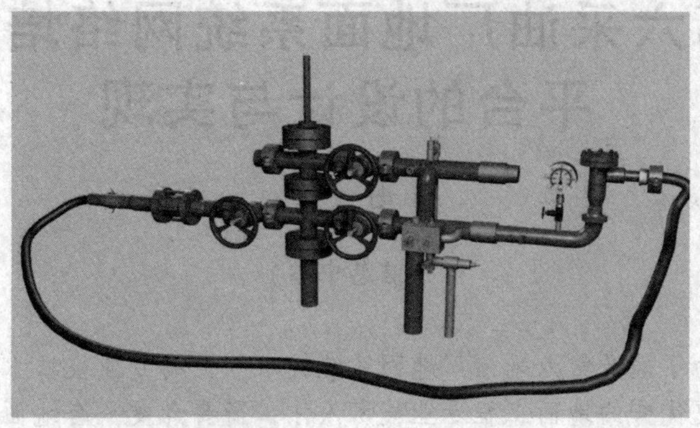

图 3 安装流程演示

4.4 新型抽油机调平衡扳手的改进

组装及使用方法演示如图 4 所示。

图 4 组装及使用方法演示

5 结论

三维建模技术功能强大，应用范围广泛，结合多元化的软件操作平台可以实现更为重要的功能，针对油田数字化发展步伐，可以扩展为多个方面的使用工具：

(1) 油田地质建模；

(2) 油田基建建模；

(3) 油田设备虚拟演练；

(4) 油田配套生产全设备参数化设计。

三维建模技术作为信息化数字化时代的产物，在建设数字油田的大趋势下必将发挥更加重要的作用，为企业发展、油田建设贡献更为丰富的数字信息资源。

第六采油厂地面系统网络培训平台的设计与实现

谢 竹

（信息中心）

摘　要：为了提升第六采油厂地面系统技术人员的专业技术水平，拓宽专业知识领域，培养更优秀的地面工程专业技术人才，需要开发一套地面系统网络培训平台。该平台能够实现地面工程多个专业的在线学习和在线测试，能够实现全厂个人和单位的综合统计排名等功能。本平台的开发使用，将为地面工程技术人员提供一个随学随练的平台，提升技术人员的专业技能和综合素质，同时通过考核评比功能，提升了各单位的学习竞争意识，培养了技术人员"追、赶、超"的学习态度，有助于第六采油厂的地面工程系统学习氛围的建立，也为地面系统评优奖励提供了可靠的依据。

关键词：网络培训；在线学习测试；评比考核

1　问题的提出

为了提升第六采油厂地面工程人员的学习兴趣和专业技术水平，拓宽专业知识领域，促进培养专业知识更全面、技术更优秀的地面工程技术人员，需要研究开发一套地面系统网络培训平台。该平台将实现地面工程 14 个专业的课程在线学习和在线测试功能，并能有效记录用户的学习测试情况；实现在线学习、在线测试的全厂个人统计排名及矿级单位的综合统计排名功能，完成地面工程专业知识学习的系统化管理。

在地面系统网络培训平台的开发过程中，项目组应用动态加载自定义控件的方式实现了专业课件的列表展示和题库的标准化试卷展示，应用 JavaScript 脚本及 PDF 插件实现了 PDF 课件的在线展示，应用多表联合的复杂 SQL 语句和数据转置实现了矿级综合统计功能。

地面系统网络培训平台的开发，将为地面工程技术人员提供一个随学随练的平台，提升相关技术人员的专业技能和综合素质，同时加强各单位的学习竞争意识，增进促进各单位学习的动力，也为地面系统评优奖励提供可靠的数字依据。

2　系统功能分析

系统以在线学习和在线测试为两大主要核心功能模块，两大核心模块分别划分为 14 个子专业模块进行开发，在此基础上，进行学习测试考核评比功能开发，并辅以献计献策、系统管理等功能，最终实现了地面系统的网上培训和考核(图 1、图 2)。

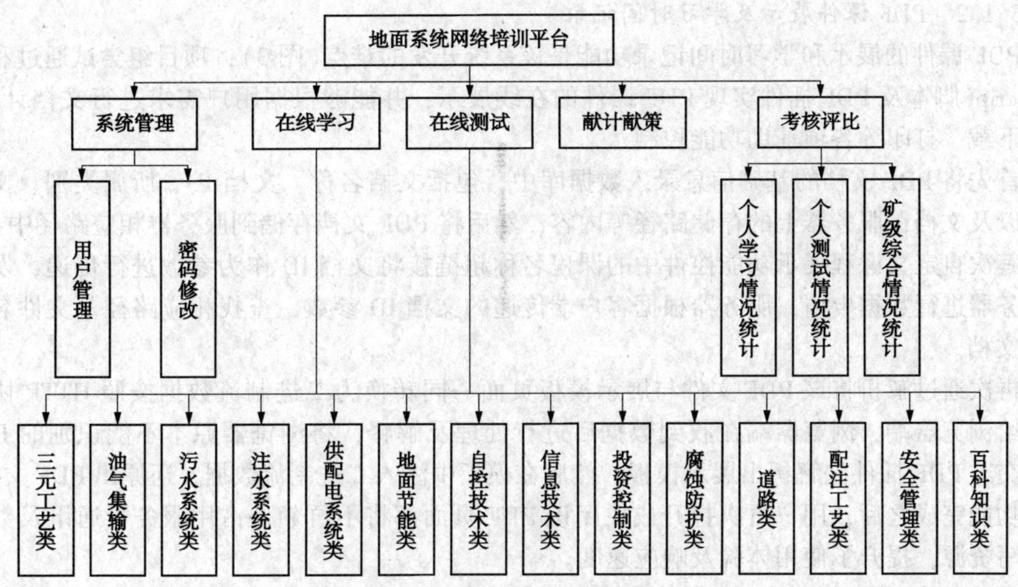

图 1　地面系统网络培训平台功能分析图

图 2　地面系统网络培训平台首页系统介绍

3　系统功能的实现

3.1　在线学习功能开发

3.1.1　各子专业的课程列表显示

地面系统培训分为 14 个子专业，系统要实现根据用户选择的不同子专业名称展示相应专业的课程列表。

为此，项目组开发了标准的自定义课程展示功能控件，通过不同的用户选择参数传入，在数据库中查找相应的所属专业课程，并通过自定义课程展示控件进行动态地、规范地列表输出。该课程展示功能控件的内容包括课程的名称、所属专业、课程内容简介、主讲人、联系方式等，自定义控件在课程名称上做超链接，点击即可展示相应的课件内容。

3.1.2 PDF课件展示及学习时间记录

PDF课件的展示和学习时间记录功能是该系统开发的难点(图3)，项目组尝试通过利用JavaScript脚本及PDF插件实现PDF课件的在线展示，并能够根据用户需求进行文档计时、文档下载、打印等各项辅助功能控制。

首先将PDF文档的基础信息录入数据库中，包括文档名称、文档ID、所属类别、文档概述以及文档在服务器上的存储路径等内容，然后将PDF文档存储到服务器相应路径中。

其次自定义课程展示功能控件中的课程名称超链接将文档ID作为参数进行传递，发送至服务器进行数据申请，服务器根据客户端传递的文档ID参数，查找相应路径及文件名的PDF文档。

再次通过解析将该PDF文件与展示模板页面一同转换为二进制流数据按照HTTP协议传输给浏览器端，浏览器端在收到数据后进行处理及解释，将浏览器原本不能识别的PDF格式交与PDF插件先解析出展示模板，然后在模板中注入二进制流数据，还原出PDF文档。该项功能完成之后，用户再次打开或关闭该PDF页面都将不再额外占用服务器通讯及数据库读写资源，提升了使用体验及响应速度。

最后系统还在JavaScript脚本中插入了时间控制过程，对每次打开及关闭PDF展示页都进行了精准的时间记录，结合用户ID实现了用户学习时间记录的功能，对统计功能中学习时长的汇总提供了依据。利用JS插件实现PDF文档在线展示，满足了系统在线浏览PDF文档的实际需要，通过项目组的反复测试，该方法在IE、360、Google、遨游、搜狗、115、猎豹等多个浏览器中均能正常使用，适用性极强。

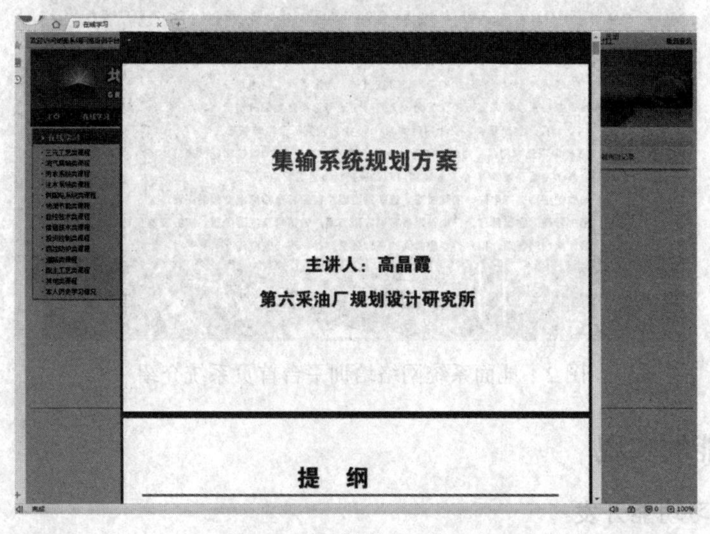

图3　PDF课件展示界面

3.1.3 本人历史学习记录

用户学习结束后，可以在本人历史学习记录功能中，根据选择不同的时间区段，查看自己在某段时间内的历史学习记录，包括学习的专业名称、学习开始时间、学习持续时间等。

3.2 在线测试功能开发

3.2.1 各子专业的在线测试功能

地面系统培训分为14个子专业，要实现根据用户选择的不同子专业名称，随机在相应专业题库中抽取 30 道题目，并限时 30min 完成全部 30 道试题(图 4)。

该项功能的实现过程与课程列表显示类似，项目组开发了标准的自定义试题展示功能控件，通过不同的专业选择参数传入，在数据库中查找相应的专业测试题目，并通过自定义试题功能控件进行规范的试卷输出。用户在线答题完毕后，系统还将重现试卷，并自动给出该次测试成绩和题目的正确答案，用户查看完毕后，可以自由选择“重新答题”或者“提交成绩”，将此次的测试成绩和试卷信息计入数据库，供系统考核评比汇总使用。

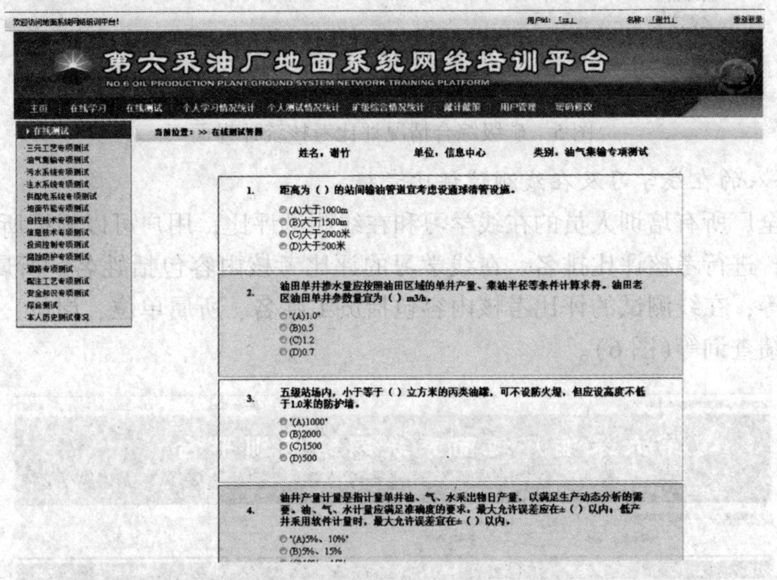

图 4　各子专业的在线测试界面

3.2.2　*本人历史测试记录*

用户在线测试结束后，可以在本人历史测试记录功能中，选择不同的时间区段和测试专业类型，查看自己在某段时间内的历史测试记录，包括测试的专业名称、测试成绩、考试用时等内容，并且可以进行历史试卷回顾，查看到自己每次考试的答题痕迹。

3.3　考核评比功能开发

3.3.1　*矿级综合情况评比考核*

该功能为在选定的时间段内，进行全厂所有二级单位的学习、测试情况综合统计汇总。

矿级综合情况评比考核功能需要同时对数据库中涉及的 6 张数据表进行复杂 SQL 语句的综合信息处理，数据表见表 1。

表 1　复杂 SQL 语句综合处理的相关数据表

数据表名称	注释	数据表名称	注释
ASYS_DL_LIST	系统登录人员列表	EXAM_KSCJ	考试成绩表
ASYS_DW	单位列表	WEBLESSON_XXJCPB	课件学习历史记录表
ASYS_USER	用户表	XJXC	献计献策记录表

应用多表联合的复杂 SQL 语句的连接、过滤处理，会得到一套信息内容非常全面的综合数据，然后通过程序对这套综合数据进行数据转置，并将最终结果与 GRIDVIEW 控件绑定，输出给浏览器，为用户展示选定时间内各项数据的综合统计汇总结果(图 5)。

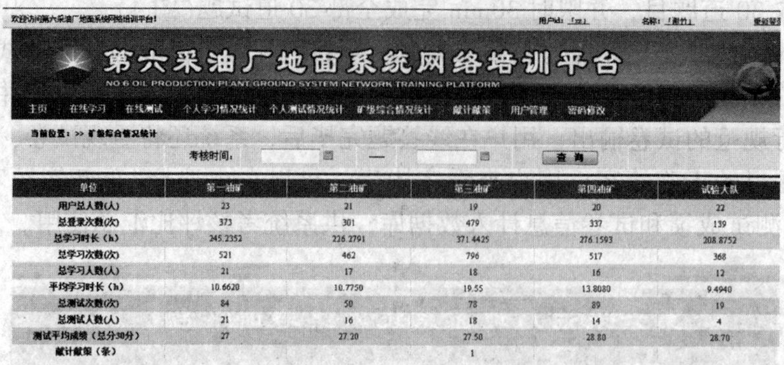

单位	第一油矿	第二油矿	第三油矿	第四油矿	试验大队
用户总人数(人)	23	21	19	20	22
总登录次数(次)	373	301	479	337	139
总学习时长（h）	245.2352	226.2791	371.4425	276.1593	208.8752
总学习次数(次)	521	462	796	517	368
总学习人数(人)	21	17	18	16	12
平均学习时长（h）	10.6620	10.7750	19.55	13.8080	9.4940
总测试次数(次)	84	50	78	89	19
总测试人数(人)	21	16	18	14	4
测试平均成绩（总分30分）	27	27.20	27.50	28.80	28.70
献计献策（条）			1		

图 5　矿级综合情况评比考核统计界面

3.3.2　个人的在线学习及在线测试评比考核

该功能为全厂所有培训人员的在线学习和在线测试评比，用户可以根据所属单位和选择的任意时间段，进行考核评比排名。在线学习的评比考核内容包括姓名、所属单位、岗位、累计学习时长等；在线测试的评比考核内容包括员工姓名、所属单位、岗位、平均分、考试次数、历史成绩查询等(图 6)。

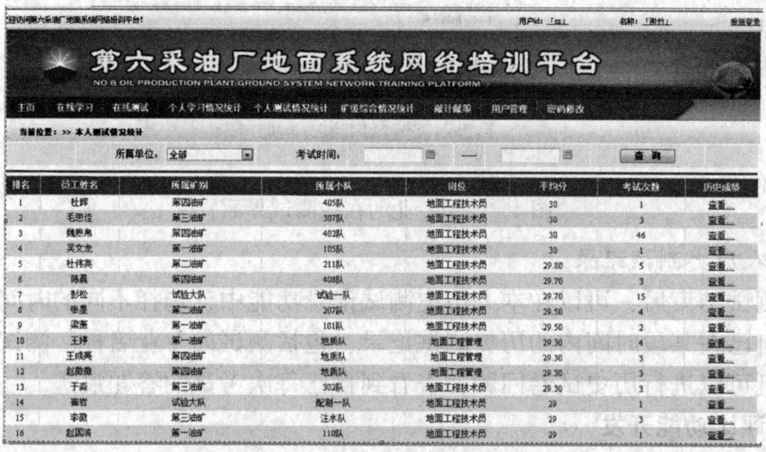

排名	员工姓名	所属矿别	所属小队	岗位	平均分	考试次数	历史成绩
1	杜辉	第四油矿	405队	地面工程技术员	30	1	查看...
2	毛思佳	第三油矿	307队	地面工程技术员	30	3	查看...
3	魏鹏鹏	第四油矿	402队	地面工程技术员	30	46	查看...
4	吴文龙	第一油矿	105队	地面工程技术员	30	1	查看...
5	杜伟英	第二油矿	211队	地面工程技术员	29.80	5	查看...
6	陈晨	第四油矿	408队	地面工程技术员	29.70	3	查看...
7	彭松	试验大队	试验一队	地面工程技术员	29.70	15	查看...
8	张星	第二油矿	207队	地面工程技术员	29.50	4	查看...
9	梁燕	第一油矿	101队	地面工程技术员	29.50	2	查看...
10	王婷	第一油矿	地质队	地面工程管理	29.30	4	查看...
11	王成英	第四油矿	地质队	地面工程管理	29.30	3	查看...
12	赵微微	第四油矿	地质队	地面工程管理	29.30	3	查看...
13	于淼	第三油矿	302队	地面工程技术员	29.30	3	查看...
14	崔岩	试验大队	配制一队	地面工程技术员	29	1	查看...
15	李微	第三油矿	注水队	地面工程技术员	29	3	查看...
16	赵国滨	第一油矿	110队	地面工程技术员	29	1	查看...

图 6　个人在线学习情况统计界面

3.4　系统管理功能及献计献策功能开发

系统管理功能开发包括用户管理及密码修改。用户管理只有管理员用户有权限进行操作，管理员分为矿级管理员和厂级管理员：矿级管理员只能对本单位普通用户人员的基础信息进行修改和新增；厂级管理员可以对全厂的人员信息，包括领导信息、矿级管理员信息进行修改和新增。在密码修改页面中，登录用户可以查看到自己的基础信息，并进行密码修改。

献计献策功能由矿级单位向规划设计所申报地面系统技术方面的“金点子”，再由系统管理员统一录入到该平台中，供地面技术人员共同学习参考。

4　总结

在该系统的开发过程中，通过项目组的共同努力，在有限的时间内利用多项技术完美解决了开发中遇到的各项难题，包括应用动态加载自定义控件的方式实现了课件和试卷的标准化输出，应用 JavaScript 脚本及 PDF 插件实现了 PDF 课件的在线计时展示，应用多表联合的复杂 SQL 语句和数据转置实现了矿级综合统计。

目前系统已经统计入库厂、矿、队各级用户共 175 人，系统包括地面工程 14 个专业共计 28 个 PDF 课件，专业测试题库 1248 道。系统自 2017 年 5 月底正式运行以来，截至 10 月 15 日，系统登录 1775 人次，使用该系统进行专业课程学习 2667 人次，共计 1328. 05 小时，使用该系统进行专业测试 321 人次，平均分为 27. 74 分。本系统的开发使用，为地面系统技术人员提供一个随学随练的平台，提升地面系统技术人员的专业技能和综合素质，也为地面系统评优奖励提供依据。

参 考 文 献

[1] 陈东 . 企业网络培训系统研究与设计[D]. 泰安：山东科技大学，2005.
[2] 王忠贵 . 基于 ASP. NET 在线测试系统的设计与实现[J]. 计算机工程与设计，2007，28(5)：1166-1168.
[3] 保铁汉 . 基于 B/S 结构的企业网络培训系统的设计与实现[D]. 苏州：苏州大学，2006.

基于智能移动终端的油田信息查询系统框架研究

刘博雅　李庆伟　赵立智

（信息中心）

摘　要：本文着重基于智能移动终端的油田信息应用框架研究，即通过智能移动终端访问油田生产数据库中的实时产量数据，系统框架采用 Tomcat 服务器和 Servlet 技术来连接 Oracle 数据库，在智能移动终端通过 HTTP 协议发送查询请求，后台服务器将请求数据及数据查询结果，返回到智能移动终端，通过数据解析后展示出来。本文给出了智能终端应用开发框架、原生程序编译环境的配置方法、智能移动终端访问数据库信息的方法，也可以在搭建好的编译环境下根据需要开发其他原生应用程序。

关键词：智能终端程序开发；Tomcat 服务器搭建；连接 Oracle 数据库

智能移动终端包括智能手机、智能手表、平板电脑等设备，随着油田 A11 物联网项目的建设，油田未来将全面实现无线网络覆盖。这给使用智能移动终端进行生产查询、表报上传、移动办公等应用提供了可能。可以开发智能移动终端程序通过无线网络访问油田信息，进行数据的查询和展示，使员工摆脱必须在办公室电脑上办公的束缚，拓宽工作环境，改变工作方式。目前，在智能终端设备中 Android 智能手机的普及率最高，根据百度 2014 年第二季度发布的《移动互联网发展趋势报告》显示，2014 年二季度智能手机的人口普及率达到 30%以上，本文以 Android 智能手机作为对象，研究开发适合企业的 Android 应用程序。

1　应用开发框架基本理论

1.1　Android 应用程序开发简介

Android 本义是指“机器人”，它是 Google 公司专门为移动设备开发的平台，其中包含操作系统、中间件和核心应用等，是一种开源的操作系统。目前，Android 在手机操作系统领域的市场占有率已经炒超过了 50%，成为使用最广泛、用户最多的智能手机操作系统。

1.1.1　Android 应用程序开发流程

开发 Android 应用程序，其基本的开发流程如下：

（1）创建 Android 虚拟设备或者硬件设备。

需要创建 Android 虚拟设备（AVD）或者将手机链接到电脑上来安装应用程序，进行调试。AVD 即 Android 模拟器，它是 Android 官方提供的一个可以运行 Android 程序的虚拟机，用来模拟调试 Android 程序的设备环境。

（2）创建 Android 项目。

Android 项目中包含应用程序使用的全部代码和资源文件，它被构建成可以在 Android 设备安装的 . apk 文件。

（3）构建并运行应用程序。

在本程序调试使用的是 Eclipse 开发工具，每次保存修改时都会自动构建，而且可以单击“运行”按钮来安装应用程序到模拟器。如果使用其他 IDE，开发人员可以使用 Ant 工具进行构建，使用 abd 命令进行安装。

（4）使用测试框架测试应用程序。

1. 1. 2　Activity 类简介

Activity 类 Android 程序中最基本的模块，提供了和用户交互的可视化界面，程序的展示界面和事件相应等主程序都在 Activity 类中完成，是程序和入口。Android 程序创建时，系统会自动在其 . java 源文件中重写了 Activity 类的 onCreate( ) 方法，该方法是创建 Activity 时必须调用的一个方法，另外，Activity 类中还提供了 onStart( )、onResume( )、onPause( )、onStop( ) 和 onDestroy( ) 等方法，这些方法的先后执行顺序构成了 Activity 对象的一个完整生命周期。

1. 2　Servlet 技术简介

Servlet 是一种运行在服务器上的插件，最常见的用途是扩展 Web 服务器的功能，它可作为非常安全、可移植、易于使用的服务器插件具有以下特点：

（1）提供了可被服务器动态加载并执行的程序代码，为来自客户的请求提供相应服务；

（2）Servlet 完全用 Java 语言编写，因此要求运行 Servlet 的服务器必须支持 Java 语言；

（3）Servlet 完全运行在服务器端，因此它的运行不依赖于客户端程序，不管客户端程序是否支持 Java 语言，都能请求访问服务器端的 Servelt。

1. 3　JDBC 简介

JDBC 是 Java DataBase Connectivity 的缩写，它是连接 Java 程序和数据库服务器的纽带，JDBC 实现了封装与各种服务器通信的细节。通过 JDBC API 来访问数据库，有以下优点：

（1）简化访问数据库的程序代码，无须涉及与数据库服务器通信的细节；

（2）不依赖于任何数据库平台，同一个 Java 程序可以访问多种数据库服务器。

JDBC API 主要位于 java. sql 包中，关键的接口与类主要有以下几种：

（1）Driver 接口和 DriverManager 类，前者表示驱动器，后者表示驱动管理器；

（2）Connection 接口：表示数据库连接；

（3）Statement 接口：负责执行 SQL 语句；

（4）PreparedStatement 接口：负责执行预准备的 SQL 语句；

（5）CallableStatement 接口：负责执行 SQL 存储过程；

（6）ResultSet 接口：表示 SQL 查询语句返回的结果集。

2　智能手机油田信息查询系统技术实现

油田生产信息存储在内网服务器上，小队资料员或是工作人员如果想查询相关信息必须在电脑上进行操作，如果不在办公室或是身边没有电脑就无法完成查询。如果能通过平时使用的智能手机进行查询将摆脱对办公环境的束缚，使工作人员能及时、快捷的掌握信息，进行工作。这里以安卓智能手机作为智能移动终端，编写软件包安装到安卓智能手机上，通过智能手机向后台 Tomcat 服务器发送请求访问数据库信息，Tomcat 服务器做出相应返回数据并在手机上进行展示。

2.1　Android 智能手机开发环境搭建

在开发 Android 应用程序之前，需要先搭建它所需要的开发环境，Eclipse 是一个开放源代码的、基于 Java 的可扩展开发平台，Eclipse 附带了一个标准的插件集，给用户提供一致和统一的集成开发环境，所以，Eclipse 中集成 Android 开发插件和 Tomcat 服务器作为 Android 应用程序的开发平台。

(1)下载并安装 Eclipse 软件。

① 打开浏览器进入 Eclipse 官方主页，如图 1 所示。

② 单击页面中的 Download Eclipse 链接，进入 Eclipse 版本选择页面，选择 Eclipse 针对的操作系统平台及版本。

③ Eclipse 安装文件下载完成后，进行解压缩，进入该文件夹，其结构如图 2 所示，双击 eclipse. exe 文件即可启动 Eclipse。

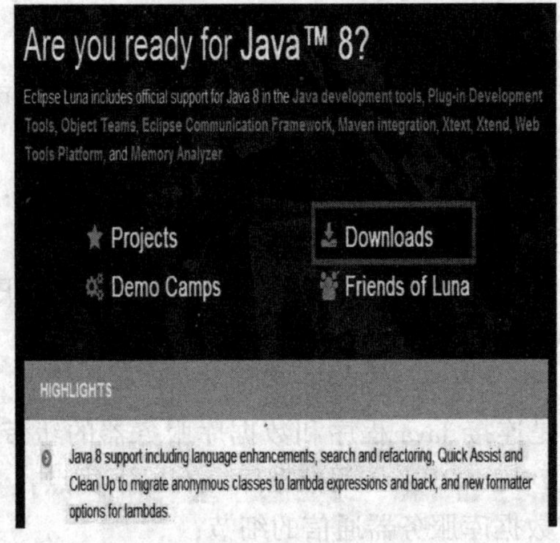

图 1　Eclipse 官方主页

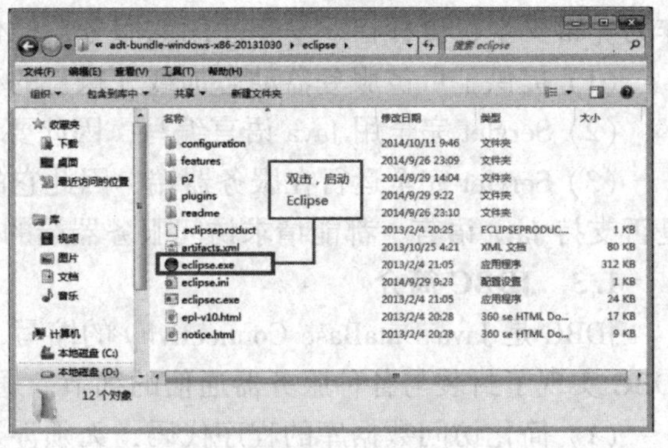

图 2　Eclipse 文件结构

(2) 安装 JDK。

① 打开浏览器下载 JDK 安装包，单击下一步按照指示安装组件即可。

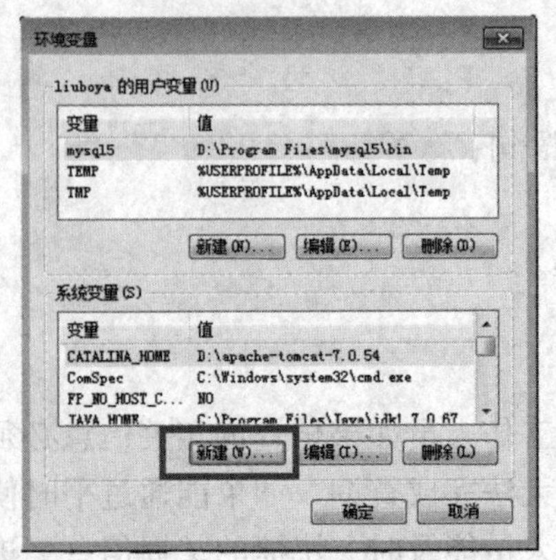

图 3　环境变量界面

② 安装完 JDK，比较重要是需要在系统的环境变量中进行配置，方法如下：

a. 在“计算机”图标上单击鼠标右键，选择“属性”命令，在“属性”对话框的右侧单击“高级系统设置”超链接。

b. 单击“环境变量”按钮，将弹出“环境变量”对话框，如图 3 所示，单击“系统变量”栏中的“新建”按钮，创建新的系统变量。

c. 弹出“新建系统变量”对话框，分别输入变量名为“JAVA_HOME”和变量值(JDK 的安装路径)，如图 4 所示。

d. 在“环境变量”对话框中双击 Path 变量对其进行修改，在原变量值最前端添加“;%JAVA_HOME% \ bin;”，单击“确定”按钮完成环境变量的设置，如图 5 所示。

图 4　JAVA_HOME 设置

图 5　Path 变量设置

（3）安装 Android SDK。

① 下载并解压 Android SDK 文件，里面有两个应用程序：“SDK Manager. exe”(负责下载或更新 SDK 包)运行“SDK Manager. exe”进行 SDK 安装。

② 运行后出现下面的界面，选择安装的 Android 版本，然后点击“Install X packages”安装，如图 6 所示。

③ 在新出现的界面上，选择接受并遵守所有许可内容(Accept All)，再点击“Install”。Android SDK 管理器就开始下载并安装所选的包了。

④ 安装好后，在 Android SDK 管理器界面上你所选的包后面会显示“Installed”，表示已经安装好了，如图 7 所示。

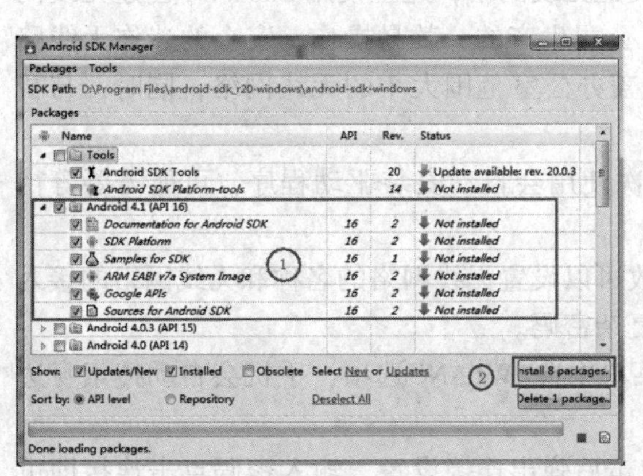

图 6　Android 版本选择

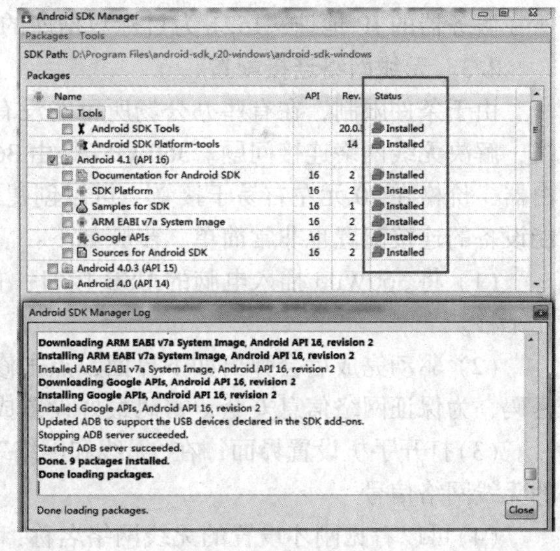

图 7　SDK 安装完成

（4）安装 ADT。

① 在线安装。打开 Eclipse，选择 help->Install New Software…弹出安装新软件窗口，在" Work with" 中输入 https：//dl-ssl. google. com/android/eclipse/，选择所有软件，一直 Next，需要 accept 的就 accept，直到安装完毕。

② 离线安装。下载 ADT 的 zip 文件；打开 Eclipse，选择 help->Install New Software…弹出安装新软件窗口；在" Work with" 中点" Add"，输入 name，点 Archive 中选择 ADT 的路径。然后就可以按照在线安装的方法安装。

2.2 服务器环境配置

使用 Tomcat 服务器通过 JDBC 访问 Orcale 数据库需要配置数据库的配置文件，同时，也需要将 Oracle 驱动文件加载到 Tomcat 服务器的指定目录下，具体实现步骤如下：

(1) 打开 Tomcat 服务器的安装目录，找到 lib 文件夹，将 Oracle 数据库的驱动文件复制到该文件夹下，驱动文件的位置在 Oralce 数据库安装目录的 jdbc 文件夹下，具体位置和文件如下所示，由于使用 jdbc 连接数据库，本地可以不用安装 oracle 软件，可以在网上下载相应 Oracle 数据库的驱动文件。

(2) 在 Tomcat 服务器的安装目录打开 webapps 文件夹，在 webapps 文件夹中新建 AndroidOra 文件夹作为项目文件夹。在 AndroidOra 文件夹中新建 content. xml 文件用于定义数据源。

(3) 编辑 content. xml 代码，其中：

Resource 标签中的 name 属性为连接的名称，type 属性制定了连接方式为 jdbc 的数据源接口连接；

username 属行用来指定要连接数据库的用户名；

password 用来指定要连接数据库的密码；

driverClassName 属性制定驱动类名；

Url 属性中，jdbc：oracle：thin：为连接方式；@ 10. 64. 160. 90 为要连接的目标数据库所在服务器的 IP 地址；1521 为目标数据库的端口号；sjzxora 为目标数据库的标识名。

2.3 无线网络连接配置

由于条件限制，在有些办公场所可能没有覆盖无线网络，这里使用 360WiFi 创建无线网络，解决无线网络连接问题。360WiFi 是由 360 公司生产的一款易操作、安全的迷你无线路由器，价格在 20 元左右易于接受，可以创建覆盖办公室范围大小的无线网络，同时，与智能设备的连接配置也非常简单，步骤如下：

(1) 将 360WiFi 插入电脑的 USB 接口，初次使用会自动安装驱动程序，可能需要等待几十秒。

(2) 驱动完成后会弹出如下界面，点击修改可以设置无线网络的名称和无线网络的接入密码，为保证网络信息安全，密码最好设置成复杂密码。

(3) 打开手机设置界面，在“无线和网络”菜单中选“WLAN”选项，手机会自动搜索身边的无线网络信号。

(4) 可以看见刚才设置的无线网络名称，点击后弹出连接设置，输入密码点击连接即可成功连接无线网络。

(5) 为了确保连接安全，防止未经允许连接网络，在电脑上 360WiFi 的“连接管理”选项中可以将访问者加入黑名单，使其无法连接网络。

2.4 编写手机智能应用系统

在 Eclipse 中新建一个 Android 应用工程，将工程命名为 androidservlet1，依次点击下一步，单击完成后即创建了一个 Android 应用工程。

2.4.1 建立系统工程文件

在工程目录中单击打开 res 文件夹，打开其中 layout 文件夹，找到 activity_main. xml 文件，该文件是程序的界面布局文件。

在 activity_main. xml 文件的代码中：

```
<EditText
        android：id＝"@ +id/editText2"
        android：layout_width＝"wrap_content"
        android：layout_height＝"wrap_content"
        android：layout_below＝"@ +id/editText1"
        android：layout_centerHorizontal＝"true"
        android：ems＝"10" />
```

<EditText />用来指定控件类型，其中<EditText />表示文本编辑框，用来输入和显示信息；<Button />表示按钮控件，用来处理和响应用户单击等操作；<TextView />表示文本显示控件，用来显示文本信息；

android：id＝"@ +id/editText2"：指定控件的名称；android：layout_width＝"wrap_content：指定控件的宽；

android：layout_below＝"@ +id/editText1"：控件的位置，位于 editText1 控件下面；

"wrap_content"：指控件的宽度要包含控件中的内容；

android：layout_centerHorizontal＝"true"：表示控件是在屏幕的中间位置；

可以按照程序需要在 activity_main. xml 文件中定义控件，设计程序的界面。

2.4.2 手机客户端智 Android 编程

打开 src 文件夹下的 MainActivity. java 文件，找到程序的入口函数 onCreate( )，在 onCreate( )函数中获取控件 ID、定义单击事件响应函数、发送 http 请求等操作，主要步骤和代码如下：

(1) 在 MainActivity 类中定义响应控件类型的变量。

(2) 编写一个无返回值的 send( )方法，用于建立一个 http 连接，并将输入的内容发送到服务器，再读取服务器的处理结果。

(3) 在 onCreate( )方法中，获得布局界面文件中添加的用于输入井号和日期、用于显示返回结果和用于执行查询操作的按钮，创建并开启一个新的线程，并且在重写的 run( )方法中，首先调用 send( )方法发送并读取信息，然后获取一个 Meesage 对象，调用其 sendMessage( )方法发送消息。

(4) 创建一个 Handler 对象，在重写的 handleMessage( )方法中，当变量 result 不为空时，将其显示到结果文本框中，并清空编辑文本框中的内容。

(5) 由于要通过网络访问服务器，所以还需要在 AndroidManifest. xml 文件中指定允许访问网络资源的权限。代码如下：

```
<uses-permission android：name＝"android. permission. INTERNET"></uses-permission>
```

此时，Android 客户端已经可以发送并获取消息，还需要编写客户端的程序用于接收 Android 端发送的消息，并根据发送的 jh 和 date 到数据库中检索信息并返回给 Android 端。

2.4.3 服务器端代码

在服务器端的 AndroidOra 文件夹中创建一个 jsp 文件，名称为 android1. jsp，名称一定要对应 Android 端 target 变量中指定的文件名。在该文件中，首先获得参数 param 的值，如果该值不为空，则查询用 jh 和 date 作为限定条件查询 oracle 数据库，并输出查询结果。代码见附录二。

2.5 程序运行结果

在 Eclipse 中项目名称上单击右键，在弹出菜单中选择 Run As 中的 Android Application，即可运行程序。在程序中输入井号和日期，点击查询按钮在线面文本框中就可得到查询信息(图 8、图 9)。

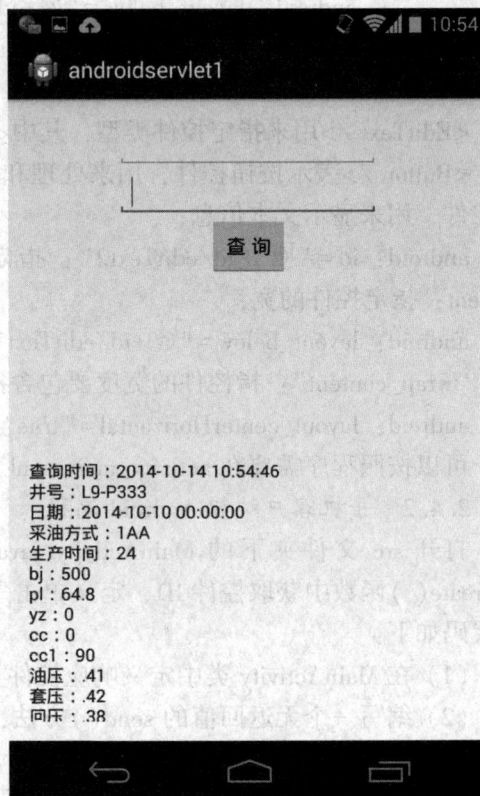

图 8　程序运行界面 1　　　　图 9　程序运行界面 2

3　结论

使用 360WiFi 在办公环境中创建无线网络，Android 手机通过无线网络可以向服务器发送信息，在服务器接收信息并根据信息到数据库中检索响应的数据，最后将数据返回到 Android 手机上展示。Android 手机等智能移动终端具有易携带，不受办公环境限制等特点，随着 A11 项目的进一步建设，无线网络将在整个油田实现覆盖，使得使用智能移动终端办公成为可能。

参考文献

[1] 软件开发技术联盟 . Android 开发实战[M]. 北京：清华工业出版社，2013.

建立以项目管理为核心的科研管理模式

王洪明　樊文杰　卢继平

（技术发展部）

摘　要：针对油田发展面临的新情况、新问题，在科技工作中引入项目管理理念，围绕科研项目组织、时间控制、成本控制、质量控制和范围控制实行全过程跟踪管理。通过管理创新推进技术创新，实现重大关键技术的跨越式突破。深入研究项目管理的经验做法，汲取其核心精化，是一项具有现实意义的研究工作，也是指导和提高科研管理水平的重要途径。

关键词：项目管理；科研管理；模式

大庆油田经过长期的高速高效开发，油田发展面临许多新情况新问题，严峻地考验着油田的可持续发展能力。油田的长期稳产、企业的持续发展对科技创新的倚重越来越大，创新科研管理模式对加快重大关键技术攻关意义重大。

在这种背景下，油田科技工作提出了"五集中"原则，对重大关键技术攻关提出了"大项目管理"新模式。究其中心思想，就是在科研项目全过程管理中千方百计地提高效率、降低成本、保证质量，这恰恰与现代项目管理的核心理念相一致。按照现代管理科学定义，项目管理就是把各种系统、方法和人员结合在一起，在规定的时间、成本预算和质量目标范围内完成项目的各项工作。在科研管理中，运用项目管理手段，可以实现优质、高效、经济地管理目标。本文以大庆油田第六采油厂近年来科研管理模式探索为例，总结建立以项目管理为核心的科研全过程管理模式的实践认识，旨在通过管理创新推进技术创新，实现重大关键技术的跨越式突破。

1　科研全过程管理的具体做法

近年来，第六采油厂在科技工作中引入项目管理理念，围绕科研项目组织、时间控制、成本控制、质量控制和范围控制实行全过程跟踪管理：组织管理重在抓立项，质量管理重在抓检查，时间管理重在抓进度，成本管理重在抓投入，范围管理要重在抓推广规模。通过抓住这五个方面的管理核心，做到任务落实、责任落实、奖惩落实，在科研项目管理模式创新上作出了有益的尝试。

1.1　在立项组织上，强调前期评估与论证管理

一是建立科技情报信息系统。第六采油厂引进了清华同方企业知识库，开发了科技成果查询系统，要求选题单位开题前必须查新检索相关文献，编写查新报告说明项目所处领域的研究现状，避免了重复开题和低水平开题。二是强化项目前期评估。每年在正式开题前，专业技术委员会以开题务虚会的形式组织专家组对各单位的选题系统地评估筛选，避免低水平、低效益项目上会论证，提高了开题论证的工作效率。三是严把开题论证关。项目方案论

证时，评委不限时充分讨论，以量化指标详细论证项目的实用性、创新点和经济效益，明确项目主要研究内容、进度安排和技术、经济指标，并对项目组的组织提出指导意见。通过上述工作，确保不搞重复性试验、不立重复性课题，总体上提高了开题项目的质量和水平。

1.2　在运行管理上，实行全方位过程控制

1.2.1　依据运行计划，实行进度控制

一是编制项目运行计划。按照攻关目标和研究内容，运行甘特图原理编制进度计划网络图，按时间轴明确阶段划分，细化项目组人员分工和职责，详细安排阶段任务、目标、成果和工作量。二是坚持项目报表制度。在完善科研季报、试验月报的基础上，细化现场试验项目的动态跟踪，每15天形成一份试验区生产数据报表并上传到科技管理系统，管理人员依据项目运行计划，通过季、月、旬报及时掌握项目进度。三是抓好项目协调工作。根据现场和报表跟踪检查发现的问题，不定期召开项目协调会，认真调查落实并提出解决方案，适当调整进度安排，保证项目有序开展。

1.2.2　强化监督检查，实行质量控制

一是实行阶段考核检查制度。管理部门定期召开项目巡查例会，采取下基层听汇报和座谈的形式，对照开题报告检查项目阶段任务，研究项目研发过程中存在的重大问题，讨论解决方案，保证项目运行每一个环节都能得到有效的监督。二是实行中评估检查制度。在科研项目运行过半时，组织专家组对项目中期研究报告和自我评价报告进行评估检查。2014年，又将经费使用和外协合同履行情况纳入中期评估范围，使科研项目质量控制更加全面。管理部门根据专家组评审结果做出评估意见，形成纪要上网公示，限期监督整改。三是实行安全检查制度。技术措施安全与科研项目质量密不可分，因此，制定了符合现场实际的项目安全管理办法，所有涉及现场施工的科研、现场试验项目必须签订安全生产施工合同书，编制应急预案，重点强化现场试验施工安全检查和措施落实，杜绝各类安全隐患。

1.2.3　严格经费和外协管理，实行成本控制

一是抓好经费管理工作。科研和现场试验项目必须超前预算所需资金，并详细例出使用明细，科研项目要明确哪些研究需要外协合作，现场试验项目要明确材料购置、特种测试、作业等工作量；经费劈分上，不搞简单的平衡，而是将有限的经费向生产急需和重点项目上倾斜；措施经费使用上，与生产管理部门密切配合，将措施安排纳入月度生产经营计划，避免了生产费用和试验费用相互挤占。通过计划申报、实施跟踪、审查验收等关键环节管理，规范经费使用，有效地控制了研发成本。二是抓好外协合同审查工作。对项目组提出的外协申请，咨询厂内技术专家，根据第六采油厂技术能力审查判定，保证能独立完成的不外协，能合作完成的不外委，能在厂内解决的不外流。同时，建立甲、乙方合同谈判程序，强化合同履行跟踪管理，严格组织外协合同验收，确保有限的投入获得最大的效益。

1.3　在项目验收上，强化质量与风险评估

一是实行科研项目预验收。验收前组织小范围测试组对项目的技术总结、知识产权归属、用户报告和经济效益证明进行审查，登记验收项目并上网公示。二是实行项目验收量化评估。以创新程度、指标先进性、经济效益、应用前景和成果转化风险等为评价参数，细化定量打分标准，评委会对项目确定书面评审意见，以作为成果评奖和推广应用的依据。三是实行主评制。使评委客观、公正、专业地评判项目，杜绝验收当中的人情因素。验收通过后，主评人必须监督项目负责人落实整改措施，确保项目的验收质量。

1.4 在项目推广上，注重提高成果转化率

研发成果推广是科研项目管理的重要环节，尽快将科研项目发展成为常规的生产管理技术，必须狠抓成果转化。在成果推广工作中，注重督促项目研发人员与生产管理人员相互交流和沟通，必要时对项目进行二次开发实现技术完善，确保科研项目能够满足生产开发的现实需要，缩短新技术从研发到工业化所需要的周期。同时，积极扩大新技术推广范围以提高规模效益。以不加热集输技术为例，推广期内由 9 座转油站扩大到 43 座，创新了冬季生产管理方式，见到了巨大的节能降耗效益。

2 对以项目管理为核心的科研管理模式的认识

如上文所述，初步确定科研项目管理的基本模式是：采用现代项目管理理念，遵循资源优化原则，对列入厂级年度科技计划的科研项目采取全过程管理方式，应用统一的管理平台，提高管理效率、提高研发质量、提高经费投入效能，实现科研成果的快速转化。同时，经过几年的探索与实践，取得以下三点认识：

（1）要高度重视科研立项的质量效益性。科研项目要向质量效益型转变，从立项之初就要把项目的整体效益放在首位，突出项目质量，即立项要有针对性，技术含量要高，能够解决生产中的难题，控制成本和风险。

（2）要建立并遵循标准严格的项目管理流程。从科研立项到成果推广全过程的项目监管，超越了以往科研课题研究的范畴，必须突出对科研立项、过程进展、经费管理和推广应用各环节的控制和落实，必须对项目运行过程中每一个步骤实行精细化管理。

（3）成果推广应用是项目管理的重要环节。项目研发的目的是有效的应用，因此，在成果推广中项目研发人员要根据用户的评价反馈及时完善科研成果，提高技术的成熟度，并深入现场，直接负责并指导新技术推广工作和实践。

3 结束语

大量实践证明，项目管理做为现代管理学中独立的学科体系，其先进的管理模式不仅可以提高效率、降低成本、保证质量，而且可以有效地控制风险，大大增强项目的成功率。采油厂的技术研发工作具有专业交叉、技术配套的系统工程特点，继续深入研究项目管理的经验做法，汲取其核心精华，是一项具有现实意义的研究工作，也是指导和提高科研管理水平的重要途径。

参 考 文 献

[1] 黄琨，张坚，王天祥．中国石油工程项目管理策略[M]．北京：石油工业出版社，2006.

[2] 方朝亮，刘克雨．国外油气工业技术创新与管理[M]．北京：石油工业出版社，2006.

[3] 刘国靖．现代项目管理教程[M]．北京：中国人民大学出版社，2004.

如何保障信息安全考核指标注册率方法的研究

李 勃

(信息中心)

摘 要：目前国内外信息安全形势日益严峻，随着集团公司信息化应用领域的持续扩大，油田内外信息安全问题隐患逐渐增多，2011 年初集团公司下发了开展信息安全考核工作的通知，大庆油田公司在全公司范围内开始了信息安全考核评比工作，考核指标完成情况由油田公司企管法规部直接纳入对各采油厂年终绩效考核中。本文针对占主要考核指标的 VRV 桌面安全管理系统和 SEP 防病毒系统的注册率问题进行了分析，结合第六采油厂信息化建设的具体状况，在信息安全管理和技术方法上，给出了相应的意见和方案，并通过落实有效保障了注册率考核达标，使第六采油厂信息安全考核指标连续三年在油田公司名列前茅，同时也有效促进了全厂的网络信息安全工作。

关键词：信息安全考核；注册率；VRV；SEP

目前国内外信息安全形式日益严峻，随着中国石油天然气集团有限公司(简称集团公司)信息化应用领域的持续扩大，油田内外信息安全问题隐患逐渐增多，各类网络媒体带来的压力迅速增大，而相应的技术措施尚不完备，应急处理缺乏可借鉴的经验。“十二五”信息规划建设以来，集团公司统一推广应用了许多重要信息系统，如 ERP、A2、A5、A11、合同、人事等信息系统，油田各专业领域对信息化的需求也日益加大，油藏、地面、采油等各专业应用系统的部署越来越多，大量的油田信息以数据的形式存在于应用系统当中，一旦泄密或者数据丢失将对油田的发展和建设造成重大的影响和损失，实施切实有效的信息安全策略保障信息安全已成为必然发展趋势。

针对这一问题，集团公司统一推广应用了 VRV 桌面安全管理系统和 SEP 防病毒系统，并下发了开展信息安全考核工作的通知。2011 年，大庆油田在全公司范围内开始了信息安全考核评比工作，考核指标完成情况由油田公司企管法规部直接纳入对各采油厂年终绩效考核中。信息安全考核内容主要有两部分组成，一是重大信息安全事件，主要指由于黑客或病毒攻击导致大庆油田全网中断或国家机密泄密、大庆油田内外网门户网站全部中断、集团公司统建重要应用系统服务中断的情况；二是信息安全项目考核，即 VRV 注册率、SEP 注册率、操作系统漏洞、U 盾丢失数。

本文针对占主要考核指标的 VRV 桌面安全管理系统和 SEP 防病毒系统的注册率问题进行了分析，结合第六采油厂信息化建设的具体状况，在信息安全管理和技术方法上，给出了相应的意见和方案，并通过落实有效保障了注册率考核达标，同时也有效地促进了全厂的网络信息安全工作。

1 信息安全考核指标在第六采油厂信息安全体系架构中的位置

第六采油厂信息安全体系架构：以全厂接入层交换机端口绑定为基础，以漏洞扫描、补丁更新、防病毒、桌面安全、实名制、身份认证为核心，全厂部署计算机终端 10 项安全配置策略，以第六采油厂网络安全风险信息管理系统为平台，以管理制度为规范，以季度考核为措施，形成第六采油厂内网信息安全体系(图 1)。

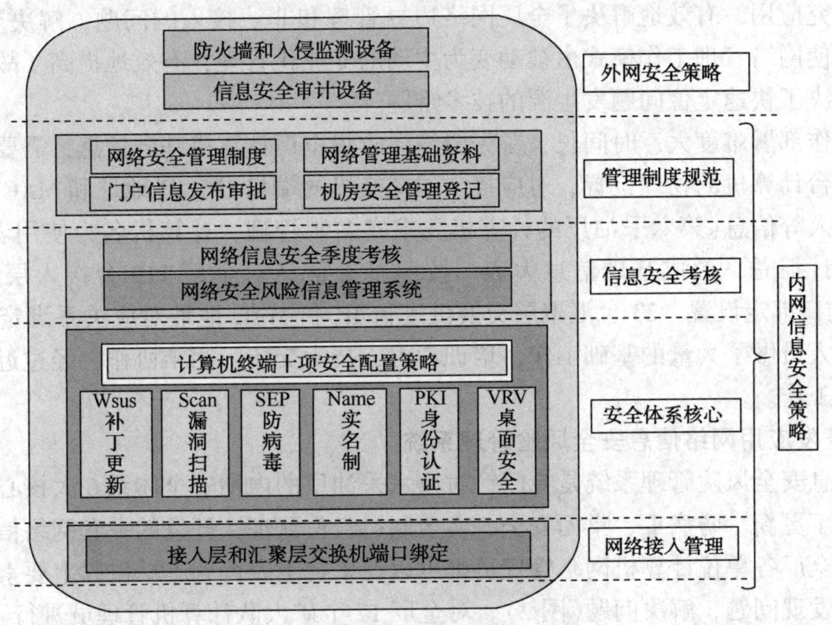

图 1 第六采油厂信息安全体系架构图

占油田公司信息安全考核指标重点部分的 VRV 桌面安全管理系统和 SEP 防病毒系统，在第六采油厂信息安全体系架构中，属安全体系核心之一。油田公司要求各单位接入企业网络的计算机终端必须安装这两个软件，作为硬指标进行考核，没有安装这两个系统而接入企业网的计算机隶属单位，将被考核扣分，记入年终绩效考核。如何保障上述两款软件安装 100%注册率，是信息安全工作的目标和难点之一，经过几年来的研究和探索，逐步形成了第六采油厂技术保障手段和信息安全管理两方面相结合的实施办法。

2 研究探索信息安全考核指标技术保障手段

注册率达标光靠管理和要求是不够的，必须要有技术手段来发现和快速定位未注册的计算机客户端，从而进行整改落实跟进，才能保障注册率持续达标。经过几年来不断的研究探索，研究成功全厂计算机实名制绑定、交换机 IP 和 MAC 地址绑定的技术措施，解决了快速定位问题发生源的技术难题。开发了第六采油厂网络信息安全风险管理系统，将每月两次的 VRV 和 SEP 注册情况扫描结果在平台上及时发布，各矿大队计算机管理人员能够方便快捷的查看了解本单位的注册情况，及时发现故障点进行整改，解决了问题源的发现和发布的难题。

2.1 全厂网络接入层和汇聚层交换机端口绑定

网络边界管理一直是网络管理的难点，原来网络的接入是随意的不可控制的，出现问题以后，排查来源的难度很大、效率低下，随意接入也给企业网带来了信息安全隐患。第六采油厂具有互联网权限的用户大约有500人，不到全厂计算机用户的1/4，原来互联网IP地址盗用的情况时常发生，导致领导和重要业务岗位无法正常工作，严重时直接影响到油田生产。

通过不断探索和钻研，研究成功了网络接入层和汇聚层交换机联合绑定技术，即接入层交换机绑定计算机终端MAC地址到端口，汇聚层交换机绑定IP和MAC地址对应关系。这项技术的研究应用，有效地解决了全厂网络边界管理和非法接入的问题，解决了IP地址盗用的问题，使网络管理工作模式由被动变为主动的专业化管理，有效地提高了故障排查的工作效率，解决了快速定位问题发生源的技术难题。

这项工作部署难度大、时间长，首先要统计收集全厂计算机基础信息，需要准确的统计出全厂每一台计算机的物理位置、对应接入层交换机的端口号、IP地址和MAC地址、计算机使用负责人等信息(第六采油厂的计算机要求实名制管理，计算机名为使用者姓名)。逐一核实、统计汇总，形成基础信息大表。按照基础信息对全厂119台接入层交换机进行MAC地址端口绑定设置，23台汇聚层交换机进行IP和MAC地址对应关系绑定设置。全厂计算机管理人员做了大量的基础工作，培训学习、技术交流、团结协作，经过近半年的努力完成了绑定工作。

2.2 开发应用网络信息安全风险管理系统

网络信息安全风险管理系统是专门针对第六采油厂的内网安全体系6大核心模块，即漏洞扫描、补丁更新、防病毒、桌面安全、实名制、身份认证，开发的一套网络信息安全管理系统平台，全厂各单位计算机网络管理员都可以在平台上查询到本单位以上要素的扫描统计情况，及时发现问题，解决问题(图2)。对全厂17个矿大队计算机管理员进行了用户培训，做到熟练掌握和操作使用，使该系统成为有效的网络日常管理维护工具。

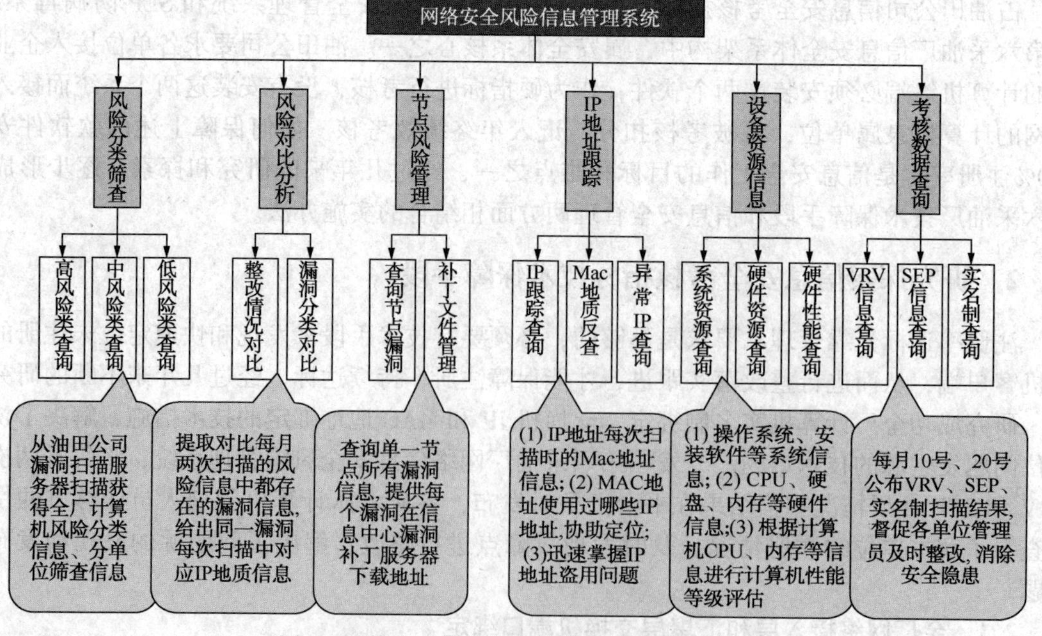

图2 网络安全风险信息管理系统功能架构图

每半个月，对全厂所有网段进行一次 VRV 安装率、SEP 安装率、实名制、操作系统漏洞的扫描，并在该系统网站平台上发布扫描结果，各单位计算机管理员每月上旬和下旬定期查看本单位扫描结果和补丁方案，及时处理问题、进行整改，改变了原始人工逐一节点排查的工作模式，实现了问题源的快速准确发现和定位，极大地提高了工作效率。

3 不断创新信息安全管理办法

3.1 全厂计算机部署十项终端安全配置策略，提高安全管理工作效率

结合油田公司信息安全考核指标和保密工作相关要求，编制了“计算机终端十项安全配置策略”，对全厂 17 个二级单位、14 个机关部室计算机负责人的进行培训，下发 10 项安全策略操作手册，在全厂范围内进行部署工作，已完成部署 2197 个终端用户，安装率 100%。每月结合漏洞扫描结果，进行重点安全检查，及时处理未进行 VRV、SEP 注册和有漏洞的计算机，并在厂门户病毒专栏进行通报，并提供特殊高危漏洞补丁下载，提高计算机终端防御能力。通过培训、部署、检查落实，在全厂计算机操作系统上部署该项策略，有效提高了全厂计算机系统安全性，提高安全管理工作效率。

3.2 针对厂机关部室实行“一对一”服务方式，做到快速响应高效服务

对每一个机关部室设有专人负责计算机的维护和故障处理，做到随叫随到、快速响应。例如，2013 年共处理故障 226 次，其中 ERP、公文系统、合同系统维护 65 次，软件操作使用方面 42 次，网络问题 12 次，设备维护 97 次。通过“一对一”服务方式，方便高效地完成了厂机关全员的 VRV 和 SEP 安装注册、计算机十项终端安全策略部署、电子邮件弱口令整改、计算机实名制应用、RTX 即时通讯普查安装、WPS 安装、涉密计算机普查等工作，服务快捷便利，提升信息安全管理维护工作效率。

3.3 编制演练厂内信息安全应急预案，提高网络信息安全突发事件响应能力

参照《大庆油田有限责任公司信息安全突发事件专项应急预案》，编制了《第六采油厂信息安全突发事件专项应急预案》。根据预案中采油厂内部通过日常维护就可以解决的安全事件不启动不上报的应急响应启动规定，针对厂内网络信息安全维护实际工作，编制了《网络核心服务中断时应急预案》《主干网光缆及矿大队上联交换机故障维护预案》等信息安全突发事件应急预案，编制了《网络核心交换机网络接口地址表》《第六采油厂网络交换机设备台账》《网络备用交换机及备用光模块台账》《网络信息安全日常维护手册》《机房交换机物理位置示意图》等 39 项基础资料和相关信息安全制度规范，用以指导实际网络信息安全故障维护和应急响应。通过不断完善和演练，有效提高网络信息安全突发事件响应能力。

3.4 加强信息安全月度考核和检查整改，保障信息安全考核指标的落实

按照厂企管法规部统一安排，每季度进行一次网络安全考核。厂信息安全考核执行每月一次，考核办法及评分细则参照油田公司考核采油厂的指标制定，直接针对网络安全基础工作落实情况，主要有 6 项，即 VRV 注册率、SEP 注册率、实名制、操作系统高危漏洞、U 盾丢失数、例会及培训出勤率。每月两次的扫描结果数据如果连续存在同一条 IP 同一问题的记录，将被视为未整改，计入该单位月度考核扣分，三个月情况汇总形成厂季度考核打分报表。每月针对扫描结果，到有问题的矿大队单位进行突击检查，核实情况。通过每月的检查落实，敦促整改，考核评比，有效的促进了信息安全管理制度和信息安全考核项目的落实执行。

4 存在问题

影响 VRV 和 SEP 注册率的几个问题：

（1）由于新配机器、更换电脑、硬件损坏、系统崩溃等原因会造成计算机系统重新安装的情况，在安装系统期间完成 VRV 注册之前，如果 VRV 管理服务器进行探测和扫描，将会造成未注册的记录。

（2）重新安装系统后重新安装注册 VRV，造成的重复 IP 记录，同一个 IP 地址在 VRV 管理服务器端认为是两条记录，这就增加了考核指标的分母，导致注册率降低。第六采油厂能够一直保持较高的注册率，是与定期仔细筛选排查全厂存在的历史遗留重复记录，并上报项目组处理是分不开的。

（3）问题的发现和落实整改有时效性，不可能做到注册率实时百分百。第六采油厂每月 10 号和 20 号在网络信息安全风险管理系统平台上发布 VRV、SEP、实名制、操作系统高危漏洞等扫描结果数据，各矿大队计算机管理人员根据扫描结果及时进行问题的处理和整改落实。但是由于问题计算机负责人出差、休假、生病住院等一些具体原因会造成整改的延迟情况，所以在两次扫描期间留出了 10 天的整改时间，但是在这期间，如果 VRV 管理服务器进行探测和扫描，将会造成未注册的记录。

（4）外围单位的网络挂接问题，管理困难。第六采油厂有 6 个外围单位的网络接入，分别是：挂接一矿的硫酸厂、挂接二矿的工程材料公司、挂接培训学校的工程六处、十四处，挂接保卫大队的让北医院、庆新实业公司。我们无法管理这些单位的计算机，目前只能是尽力与这些单位进行沟通和协商，提高他们的网络信息安全意识，尽量不采取强制断网的措施。

（5）SEP 控制台无法导出 IP 地址数据，而 VRV 控制台导出数据中 SEP 是否注册数据不精确、需要现场落实。我们目前正在进行全厂计算机实名制数据库和 SEP 控制台导出设备名称数据的对比编程试验中，用以快速发现落实未注册 SEP 计算机的 IP 地址和物理位置。

5 结论和认识

第六采油厂在油田公司网络信息系统安全工作中总体考核情况是：信息系统安全事件考核从未扣分，第六采油厂未发生过由于黑客或病毒攻击导致大庆油田全网中断或国家机密泄密、大庆油田内外网门户网站全部中断、集团公司统建重要应用系统服务中断的情况；信息系统安全项目考核，即 VRV 注册率、SEP 注册率、服务器操作系统漏洞、U 盾丢失数，第六采油厂的考核排名三年来一直都在油田公司排名前茅，第六采油厂信息安全技术研究和管理方法的创新，信息安全人员的敬业精神，得到了公司领导的认可和好评。

第六采油厂信息安全考核指标一直保持在一个较高的注册率和良好的状况，这是全厂网络管理人员坚持不懈、共同努力的结果。但是，由于计算机更换、操作系统重新安装、历史遗留脱缰数据、外围单位接入管理等原因，还存在着一些个别问题，我们会继续做好监督检查，确保网络信息安全基础工作的落实。

参 考 文 献

[1] 公安部信息安全等级保护评估中心．信息安全等级保护政策培训教程［M］．北京：电子工业出版社，2010.